Grimsehl · Lehrbuch der Physik

BAND 2

Grimsehl
Lehrbuch der Physik

BAND 2

Elektrizitätslehre

21., korrigierte Auflage · Mit 531 Abbildungen

BEGRÜNDET VON PROF. E. GRIMSEHL, HAMBURG
WEITERGEFÜHRT VON PROF. DR. W. SCHALLREUTER, GREIFSWALD
VÖLLIG NEU BEARBEITET VON PROF. DR. R. GRADEWALD, ROSTOCK

LEIPZIG

SPRINGER FACHMEDIEN WIESBADEN GMBH 1988

Grimsehl, Ernst:
Lehrbuch der Physik/Begründet von E. Grimsehl;
weitergeführt von W. Schallreuter;
völlig neu bearb. von R. Gradewald. – Leipzig:
BSB Teubner
NE: Schallreuter, Walter [Bearb.]; Gradewald, Rolf [Bearb.]
Bd. 2. Elektrizitätslehre. – 21., korrigierte Aufl. – 1988.:
531 Abb.

ISBN 978-3-663-05702-4   ISBN 978-3-663-05701-7 (eBook)
DOI 10.1007/978-3-663-05701-7

21. Auflage
VLN 294-375/83/88 · LSV 1154
Lektor: Dr. rer. nat. Ingrid Lischke
Gesamtherstellung: INTERDRUCK Graphischer Großbetrieb Leipzig,
Betrieb der ausgezeichneten Qualitatsarbeit, III/18/97
Bestell-Nr. 666 586 8

Geleitwort

Seit Jahrzehnten gibt der „Grimsehl" aufgrund seines bewährten didaktischen Aufbaues, durch eine ausführliche und gut faßliche Behandlung des Gesamtgebietes der Physik, dank vieler Hinweise auf Zusammenhänge zwischen den einzelnen Teilgebieten der Physik und besonders durch zahlreiche anschauliche Beispiele wertvolle Unterstützung bei der Grundlagenausbildung von Physikern, anderen Naturwissenschaftlern, Lehrern und Ingenieuren. Auch die Absolventen dieser Fachrichtungen verwenden dieses Werk oft zum Nachschlagen einzelner Abschnitte.

In allen Stellungnahmen und Einschätzungen von wissenschaftlichen Institutionen und Hochschullehrern, von seiten der Lehrmittelkommission Physik, des Ministeriums für Hoch- und Fachschulwesen und der Physikalischen Gesellschaft der DDR wurde übereinstimmend zum Ausdruck gebracht, daß der „Grimsehl" als bedeutendes Standardwerk weitergeführt werden sollte. Dank der aktiven Einflußnahme der Lehrmittelkommission Physik auf die nach dem Ableben von Herrn Prof. Dr. W. Schallreuter, des langjährigen Herausgebers dieses Lehrbuches, entstandenen Probleme konnten für die völlige Neubearbeitung Herr Prof. Dr. Altenburg (Band 1: Mechanik, Akustik, Wärmelehre), Herr Prof. Dr. Gradewald (Band 2: Elektrizitätslehre), Herr Prof. Dr. Haferkorn (Band 3: Optik) und Herr Prof. Dr. Lösche (Band 4: Struktur der Materie) gewonnen werden.

In Verbindung mit der Modernisierung der Buchgestaltung erfolgte eine grundlegende inhaltliche und stilistische Überarbeitung. Dabei wurden die Grundsubstanz des Werkes und seine charakteristischen Eigenschaften, speziell Faßlichkeit und Anschaulichkeit, beibehalten.

Durch kompaktere Darstellung und Umstellung der Stoffanordnung konnte Platz gewonnen werden für die Neuaufnahme von wesentlichen modernen Gebieten der Physik und für die Darstellung von aktuellen Zusammenhängen zwischen theoretischen Erkenntnissen und praktischen Anwendungen. Bei der Überarbeitung erfolgte eine inhaltliche Anpassung an die Lehrprogramme für die Physikausbildung an Universitäten und Hochschulen. Das Niveau der mathematischen Betrachtungsweise der Physik sollte angehoben werden. Wenn der „Grimsehl" auch kein Lehrbuch der Theoretischen Physik werden soll, so ist jedoch eine mathematische Beschreibung der Naturbeobachtung notwendig. Die SI-Einheiten und JUPAP-Empfehlungen wurden konsequent angewandt.

Leipzig, im März 1980

BSB B. G. Teubner Verlagsgesellschaft

Vorwort zur 19. Auflage

Nach dem Tode des langjährigen Herausgebers dieses Lehrwerkes, Herrn Prof. Dr. W. Schallreuter, bin ich gern der Aufforderung des Verlages nachgekommen, die Neubearbeitung des 2. Bandes zu übernehmen. Die Entwicklung auf vielen Gebieten der Elektrizitätslehre machte größere Umarbeitungen sowohl inhaltlicher Art als auch in der Form der Wiedergabe nötig. Der Charakter des Grimsehlschen Lehrbuches, verständliche, breite Darstellung und Demonstration genügend zahlreicher Experimente, wurde beibehalten.

Ein Problem, das bei der Überarbeitung eines Lehrbuches häufig auftritt, ist die sinnvolle Herausnahme „veralteten" Stoffes zugunsten neuer Entwicklungen. Gerade beim Grimsehlschen Lehrbuch, das durch seinen Nachschlagecharakter mehr als das „unbedingt Notwendige" behandelt, ist die Grenze zwischen noch zu behandelndem und überflüssigem Lehrstoff oftmals schwer zu ziehen. Der Verfasser hofft, hier das richtige Maß getroffen zu haben.

Um dem Studenten den Zugang zu der verstärkten mathematischen Durchdringung des Stoffes zu erleichtern, wurde ein Abschnitt „Mathematische Hilfsmittel" aufgenommen. Der Abschnitt „Leitung des elektrischen Stromes in Festkörpern" wurde entsprechend der gewachsenen Bedeutung dieses Gebietes stark erweitert.

Damit das Buch in allen Spezialbereichen dem neuesten Stand gerecht wird, unterstützten mich folgende Kollegen:

Prof. Dr. sc. A. Rutscher (Greifswald): Kapitel 8 und Abschn. 11.1 bis 11.3,

Dozent Dr. habil. R. Rösler (Freiberg): Abschn. 4.6,

Dr. W. Becker (Greifswald): Abschn. 11.4 und 11.5,

Dr. J. Einfeldt (Rostock): Kapitel 7.

Herrn Dozent Dr. H. Köster und Herrn Dr.-Ing. O. Wild verdanke ich viele Anregungen bei der Neufassung einer Reihe von Kapiteln. Die Herren Prof. Altenburg und Prof. Ebeling haben in ihren Gutachten wertvolle Hinweise gegeben. Der Verlag hat bereitwillig die Möglichkeit geschaffen, stärkere Veränderungen vornehmen zu können. Besonders bemühten sich die Lektoren Dipl.-Met. Chr. Dietrich und R. Brauer um eine gute Zusammenarbeit. Das Manuskript wurde von meiner Frau geschrieben. Ihnen allen möchte ich hiermit nochmals meinen Dank aussprechen.

Rostock, im März 1980   R. Gradewald

Vorwort zur 21. Auflage

Es wurde die 20. Auflage weitgehend unverändert übernommen. Für die Durchsicht und die Entfernung von Fehlern bin ich Herrn Dr. F. Kuhlmann zu Dank verpflichtet.

Rostock, im März 1988   R. Gradewald

Inhalt

1. Allgemeines zu den elektromagnetischen Erscheinungen

1.1. Entwicklung der Elektrizitätslehre

Das Gebiet der elektromagnetischen Erscheinungen hat sich gegenüber anderen Gebieten der Physik erst sehr spät entwickelt. Das gilt in gleicher Weise für die Entdeckung und Untersuchung der elektrischen und magnetischen Vorgänge als auch für deren praktische Anwendung. Die Ursache liegt im wesentlichen darin begründet, daß wir kein besonderes Sinnesorgan besitzen, mit dem man Elektrizität und Magnetismus unmittelbar wahrnehmen kann. Jahrhundertelang, in denen die Mechanik schon recht ansehnliche Ergebnisse geliefert hatte, beherrschte man an elektrischen Erscheinungen nichts als die simplen elektrostatischen Kräfte, wie sie durch geriebenen Bernstein hervorgerufen werden.
Eine Wende trat gegen Ende des 18. Jahrhunderts ein. Sie wurde durch Untersuchungen von CHARLES A. DE COULOMB (1736–1806), LUIGI GALVANI (1737–1798), ALESSANDRO VOLTA (1745–1827), ANDRÉ MARIE AMPÈRE (1775–1836), HANS CHRISTIAN OERSTED (1777–1851), GEORG SIMON OHM (1789–1854) und MICHAEL FARADAY (1791 bis 1867) eingeleitet. Seit dieser Zeit hat sich das Gebiet der Elektrizitätslehre beträchtlich erweitert, so daß es heute zu den wissenschaftlich umfangreichsten und technisch wichtigsten Teilen der Physik zählt. Beispiele technischer Anwendungen sind jedem aus dem täglichen Leben bekannt. Um einige herauszugreifen, seien genannt Starkstromtechnik (Energiewirtschaft, Beleuchtungswesen, elektrisch betriebene Verkehrsmittel), Schwachstromtechnik (Telefonie, Telegrafie), Hochfrequenztechnik (Rundfunk, Fernsehen). Eine Reihe bedeutender Spezialgebiete der Physik bauen zum großen Teil auf elektromagnetische Erscheinungen auf, wie Festkörperphysik (Transistortechnik), Kernphysik (Kernenergiegewinnung). Nicht zuletzt soll auf den großen Bereich des Maschinenbaus verwiesen werden, beginnend bei den Haushaltsgeräten bis zu den riesigen Förderbrücken in Braunkohlentagebauen, die alle den elektrischen Strom zum Antrieb benötigen. Es ist sofort ersichtlich, daß · ein moderner Industriestaat nicht ohne die Anwendung der elektromagnetischen Vorgänge existieren kann.
Der tägliche Umgang mit elektrischen Geräten und Anlagen seit früher Kindheit hat dazu geführt, daß uns Begriffe wie *elektrischer Strom elektrische Spannung, elektrische Ladung, elektrischer Widerstand* usw. vertraute Begriffe geworden sind, und diese Vertrautheit ersetzt in gewissem Maße das Fehlen eines elektrischen Sinnes. Dort, wo es zweckmäßig ist, werden wir uns bei der Erarbeitung des Stoffes diese Vertrautheit zunutze machen.

1.2. Der elektrisch geladene Zustand der Stoffe

In der Mechanik hatten wir als charakteristische Eigenschaften der Stoffe die Schwere und die Trägheit kennengelernt, die beide durch die physikalische Größe Masse beschrieben werden. Mit der Erarbeitung der elektrischen Erscheinungen stoßen wir auf neue Eigenschaften der Stoffe, die auftreten, wenn sie *elektrisch geladen* sind. Den elektrisch geladenen Zustand beschreiben wir durch eine physikalische Größe, die *Ladung* oder *Elektrizitätsmenge* genannt wird. Während jedoch die Masse der Stoffe nur mit positivem Vorzeichen auftritt, kann die Ladung sowohl positiv als auch negativ sein. Hat ein Stoff beide Ladungsanteile in gleicher Menge vorliegen, ist er „ungeladen". Er hat die Ladung Null. Es ist dies der häufigste Zustand. Demgegenüber ist ein Stoff mit der Masse Null nicht möglich.
Die Eigenschaften der elektrisch geladenen Stoffe zu erörtern wird Aufgabe dieses Buches sein. Ist ein Isolator elektrisch geladen, so ist der Zustand im allgemeinen örtlich begrenzt. Die Ladung ist dort unbeweglich. Auch auf einem Metall kann die Ladung eine bestimmte Verteilung einnehmen und dann unbeweglich verbleiben. Erscheinungen, die durch derartige ruhende Ladungen ausgelöst werden, faßt man in dem Gebiet der *Elektrostatik* zusammen (Statik von stare, lat. = stehenbleiben; Lehre vom Gleichgewicht). Metalle haben zusätzlich noch die Eigenschaft, die Ladung zu transportieren, sie weiterzuleiten. Man spricht in diesem Fall von einem *elektrischen Strom.*
Ladungen können wir nicht unmittelbar wahrnehmen. Wir erkennen sie nur an ihren Wirkungen. Während sich ruhende Ladungen im wesentlichen durch elektrostatische Kräfte auszeichnen, weist der elektrische Strom eine ganze Reihe von Wirkungen auf. Es seien genannt Wärmewirkung,

---

elektromagnetische Kräfte, chemische Wirkung, Lichtwirkung, Erzeugung elektromagnetischer Wellen. Wir erkennen, daß die technischen Anwendungen fast ausschließlich auf Wirkungen des elektrischen Stromes aufbauen. Daher entstammen die uns aus dem täglichen Leben vertrauten Begriffe diesem Bereich der Elektrizitätslehre. Es könnte das zum Anlaß genommen werden, auf die uns bekannten Begriffe aufzubauen und die Elektrizitätslehre vom „elektrischen Strom" her zu erarbeiten. Da jedoch vom physikalischen Wesen her die Erscheinungen, die ruhende Ladungen auszulösen vermögen, die Grundlagen der Elektrizitätslehre darstellen, beginnen wir die Betrachtungen mit der „Elektrostatik".

1.3. Maßeinheiten der Elektrizitätslehre

Aus Gründen der historischen Entwicklung und der unterschiedlichen Auffassungen sind in der Elektrizitätslehre die Verhältnisse bezüglich der Schreibweise der Gleichungen und der verwendeten Einheitensysteme komplizierter als in der Mechanik. Seit der „10. Generalkonferenz für Maß und Gewicht" (1954) hat sich in der Physik das *Internationale Einheitensystem* durchgesetzt (abgekürzt in allen Sprachen „SI", abgeleitet von „Système International d'Unités"). In der Elektrik entspricht diesem Einheitensystem das *MKSA-System* (Meter-Kilogramm-Sekunde-Ampere-System). Das Internationale Einheitensystem hat sich speziell dort bewährt, wo die Messung im Vordergrund der Betrachtungen steht, also im praktischen und im technischen Bereich. Es hat dies seine universelle Vorherrschaft begünstigt.
In der Literatur findet man aber auch häufig Darstellungen in anderen Einheitensystemen. Von den sehr zahlreichen (über 50) elektromagnetischen Einheitensystemen, die im Laufe der Zeit entstanden sind, wird fast nur noch das nach GAUSS benannte *Gaußsche CGS-System* benutzt (Zentimeter-Gramm-Sekunde-System). Es zeichnet sich durch große Übersichtlichkeit und Symmetrie aus, da elektrische und magnetische Größen gleichartig behandelt werden, und bringt für theoretische Untersuchungen bestimmte Vorteile. Es kann als Kombination zweier Einheitensysteme betrachtet werden, die ebenfalls in der Vergangenheit Bedeutung hatten, das *elektrostatische* und das *elektromagnetische CGS-System*. Wir werden das Internationale Einheitensystem verwenden. Das Gaußsche CGS-System wird im Kleindruck angeführt.
Im folgenden Abschnitt werden die wichtigsten elektrischen Einheiten des Internationalen Einheitensystems besprochen. Es geschieht dies auf „Vorgriff"; denn diese Einheiten dürften erst im Abschn. 4.3.3, also relativ spät behandelt werden. Da dann aber die in den davor liegenden Abschnitten der „Elektrostatik" auftretenden Größen ohne Maßeinheiten oder nur mit unhandlichen Umschreibungen geführt werden müßten, wurde der systematische Aufbau des Buches durchbrochen und die Behandlung der wichtigsten elektrischen Maßeinheiten vorgezogen.

Internationales Einheitensystem. Die elektrischen Erscheinungen lassen sich nicht unmittelbar auf die der Mechanik zurückführen. Wie in Abschn. 1.2 ausgeführt wurde, weisen die Stoffe neue Eigenschaften aus, wenn sie elektrisch geladen sind. Um diese Eigenschaften quantitativ bestimmen zu können, ist es nötig, zu den drei Basisgrößen der Mechanik: „Länge", „Masse" und „Zeit" eine neue hinzuzufügen, die den elektrischen Zustand erfaßt. Es bietet sich an, die im Abschn. 1.2 genannte physikalische Größe *Ladung* als neue Basisgröße zu wählen. Da jedoch die Messung der Ladung recht unbequem ist, hat man im SI-Einheiten-System die leichter zu handhabende *elektrische Stromstärke* als neue Basisgröße eingeführt. Das Fließen eines elektrischen Stromes bedeutet Bewegung von elektrischer Ladung durch einen Leiter. Fließt während der Zeit t die Ladung Q durch den Leiterquerschnitt, dann ist die elektrische Stromstärke

$$I = \frac{Q}{t}. \tag{1.1}$$

Umgeformt ergibt sich

$$Q = It. \tag{1.2}$$

(1.1) und (1.2) gelten bei zeitlich konstanter Stromstärke. Wenn sich der Strom zeitlich ändert, müssen beide Gleichungen ersetzt werden durch

$$I = \frac{dQ}{dt} \quad \text{bzw.} \quad Q = \int I \, dt. \tag{1.3}$$

Elektrische Stromstärke. Die Maßeinheit der elektrischen Stromstärke ist das *Ampere* (A). Es tritt als neue *Basiseinheit* zu denen der Mechanik „Meter", „Kilogramm" und „Sekunde" hinzu. Seine Definition wird auf folgende Erscheinung des elektrischen Stromes zurückgeführt: Parallele Leiter, die von einem Strom durchflossen werden, üben aufeinander Kräfte aus. Sie ziehen sich an, wenn die Stromrichtungen in beiden Leitern gleich sind; sie stoßen sich ab, wenn sie entgegengesetzt gerichtet sind (Abschn. 4.3.3). Diese Erscheinung wurde international zur Festlegung der *Maßeinheit der elektrischen Stromstärke* herangezogen. Es wurde definiert:
Das Ampere ist die Stärke des zeitlich unveränderlichen elektrischen Stromes durch zwei geradlinige, parallele, unendlich lange Leiter von vernach-

lässigbarem Querschnitt, die einen Abstand von 1 m haben und zwischen denen die durch den Strom elektrodynamisch hervorgerufene Kraft im leeren Raum je 1 m Länge der Doppelleitung $2 \cdot 10^{-7}$ N beträgt.

Das Ampere ist die einzige Basiseinheit, die beim Übergang von der Mechanik zur Elektrizitätslehre neu eingeführt wird. Alle anderen Einheiten sind abgeleitete Einheiten.

Maßeinheit der elektrischen Ladung: Aus (1.2) ergibt sich $[Q] = $ A s, wobei 1 A s = 1 C (= 1 Coulomb) gesetzt wird (s. Abschn. 3.1).

Spannung und Widerstand. Wenn ein elektrischer Strom durch einen Metalldraht fließt, bewegen sich die Ladungsträger (*Elektronen*) zwischen den Atomen des Leiters. Sie sind in Metallen ständig als „freie Elektronen" vorhanden und werden durch die Stromquelle in Bewegung versetzt. Bei einem Wasserstrom erzeugt eine Pumpe einen Druckunterschied, ohne den die Strömung nicht aufrechterhalten werden kann. Die der Pumpe analoge Tätigkeit übernimmt bei einem elektrischen Strom die Stromquelle. Die dem Druckunterschied beim Wasserstrom entsprechende Größe ist die *elektrische Spannung U*.

Maßeinheit der elektrischen Spannung: Volt (V) (s. Abschn. 3.4.1).

Die Bewegung der Elektronen wird durch den *elektrischen Widerstand* des Leiters behindert. Der Zusammenhang zwischen der Stromstärke I, der Spannung U und dem elektrischen Widerstand R ist durch das *Ohmsche Gesetz* gegeben:

$$I = \frac{U}{R} . \tag{1.4}$$

Maßeinheit des elektrischen Widerstandes: Nach (1.4) erhält man $[R] = $ V/A, wobei 1 V/A = 1 Ω (= 1 Ohm) gesetzt ist (s. Abschn. 3.2.1).

Elektrische Energie. Der Zusammenhang zwischen den Maßeinheiten der Elektrizitätslehre und denen der Mechanik wird über eine Größe vorgenommen, die in allen Gebieten der Physik auftritt und eine universelle Erhaltungsgröße ist, die Energie. Fließt durch einen Leiter ein Strom I während der Zeit t, wobei zwischen den Leiterenden die Spannung U besteht, dann wird in dem Leiter die elektrische Energie

$$W = UIt \tag{1.5}$$

umgesetzt (Abschn. 3.4.1).

Maßeinheit der elektrischen Energie: (1.5) liefert $[W] = $ V A s. Es gilt 1 V A s = 1 W s (1 W = 1 Watt).

Die Verbindung zu den Maßeinheiten der Energie in der Mechanik wurde definitionsgemäß festgelegt. Es gilt

$$1 \text{ J} = 1 \text{ N m} = 1 \text{ W s.} \tag{1.6}$$

Durch (1.5) und (1.6) ist zugleich auch die Einheit der Spannung, das Volt, bestimmt:

Wird in einem Leiter, in dem ein Strom von 1 A fließt, die Leistung 1 J/s umgesetzt, so herrscht zwischen den Enden des Leiters die Spannung 1 V (s. Abschn. 3.4.1).

2. Das statische elektrische Feld

2.1. Die elektrische Ladung

2.1.1. Erzeugung des elektrisch geladenen Zustandes

Reibungselektrizität. Reibt man eine Siegellackstange oder einen Hartgummistab mit einem Stück Fell oder einem seidenen Lappen, dann bekommen diese Gegenstände die Eigenschaft, leichte Teilchen (Papierschnitzel, Holundermarkkügelchen u. ä.) aus einer Entfernung von mehreren Zentimetern anzuziehen. Weitere günstige Stoffkombinationen, die diese Eigenschaft aufweisen, sind folgende: Bernstein wird mit Wolle, Glas mit Wolle oder einem Lederlappen, der mit etwas Zinkamalgam bestrichen ist, gerieben.
Wir wissen heute, daß sich durch das Reiben die genannten Stoffe elektrisch aufladen. Man bezeichnet diese Art der Ladungserzeugung als Reibungselektrizität. Sie ist die älteste Art der Erzeugung des geladenen Zustandes.

Bereits THALES VON MILET (um 600 v. u. Z.) war die Eigenschaft des Bernsteins (élektron, griech. = Bernstein), nach dem Reiben leichte Körperchen anzuziehen, bekannt. GILBERT (Leibarzt der Königin Elisabeth von England, 1540–1603) wies nach, daß diese Eigenschaft vielen anderen Körpern zukommt; er führte die Bezeichnung „elektrisch" ein. Der Name „Elektrizität" findet sich zuerst bei W. CHARLETON um 1650. Bis gegen Ende des 18. Jahrhunderts war die Reibungselektrizität die einzige bekannte elektrische Erscheinung. – In den nächsten Kapiteln wird sich zeigen, daß es sich bei diesen Vorgängen um die gleichen Grunderscheinungen handelt, die letzten Endes das Fließen des elektrischen Stromes in den Leitungen bewirken.

Nachweis der Ladung. Zum Nachweis des elektrisch geladenen Zustandes könnte prinzipiell die obengenannte Eigenschaft, leichte Teilchen anzuziehen, ausgenutzt werden. Es ist jedoch günstiger, auf handelsübliche *Elektroskope* und *Elektrometer* zurückzugreifen. In Abb. 2.1 ist ein

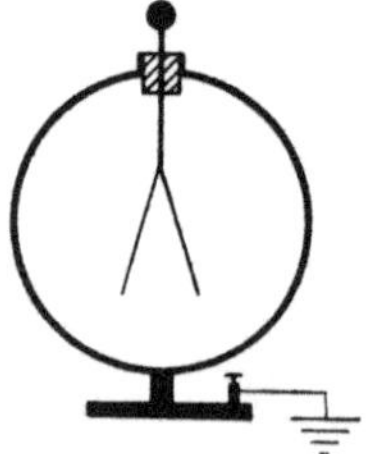

Abb. 2.1. Blättchenelektroskop

Blättchenelektroskop dargestellt. Zur Messung wird die Meßelektrode mit dem elektrisch geladenen Körper durch einen Metalldraht verbunden. Der geladene Zustand wird durch Spreizen der herabhängenden Aluminium- oder Goldfolien angezeigt. – Quantitative Messungen können mit dem *Braunschen Elektrometer* (Abb. 2.2) vorgenommen werden, bei dem ein drehbar gelagerter

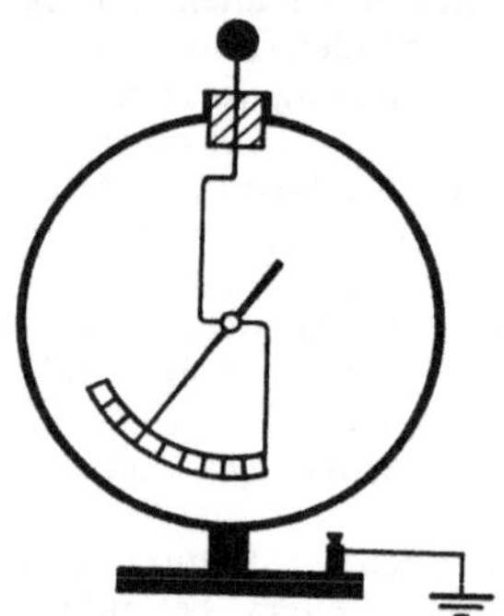

Abb. 2.2. Braunsches Elektrometer

Zeiger den geladenen Zustand anzeigt. (Die Wirkungsweise der Geräte wird in Abschn. 2.1.2 beschrieben.)

Berührung unterschiedlicher Stoffe. Um den elektrisch geladenen Zustand hervorzurufen, ist die „Reibung" der Körper aneinander nicht grundsätzlich erforderlich. Besonders ALFRED COEHN (1863–1938, von 1928 an Prof. der phys. Chemie in Göttingen) hat gezeigt, daß schon die „Berührung" und nachfolgende Trennung zweier stofflich verschiedener Körper hinreicht, um sie elektrisch zu laden. Taucht man z. B. eine Paraffinkugel in Wasser, so erweisen sich nach dem Herausnehmen sowohl die Kugel als auch das Wasser als elektrisch geladen, und zwar Paraffin negativ und Wasser positiv (*Berührungselektrizität*).
Auf analoge Weise erhält man eine Aufladung, wenn man Bleischrot und Schwefelpulver vermischt und anschließend trennt. Zu diesem Zweck setzt man einen flachen Metallteller auf ein Elektroskop und schüttet zunächst das Gemisch aus Bleischrot und Schwefelpulver auf den Teller. Das Elektroskop zeigt keine Ladung an (Abb. 2.3a). Bläst man während des Schüttens von der Seite her das Schwefelpulver aus dem Gemisch heraus, so daß nur das Bleischrot auf den Teller

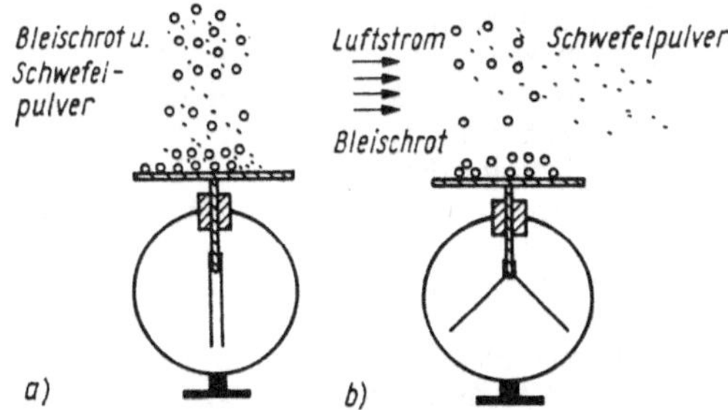

Abb. 2.3. Aufladung von Bleischrot

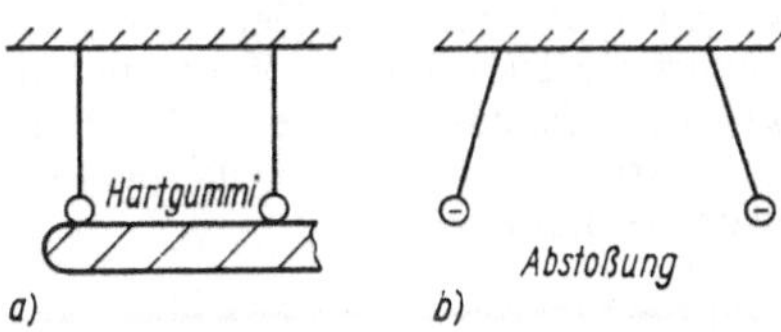

Abb. 2.4. Abstoßung von zwei negativ geladenen Kugeln

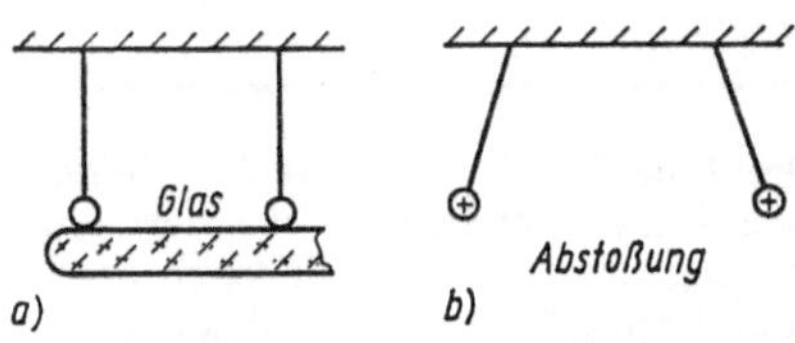

Abb. 2.5. Abstoßung von zwei positiv geladenen Kugeln

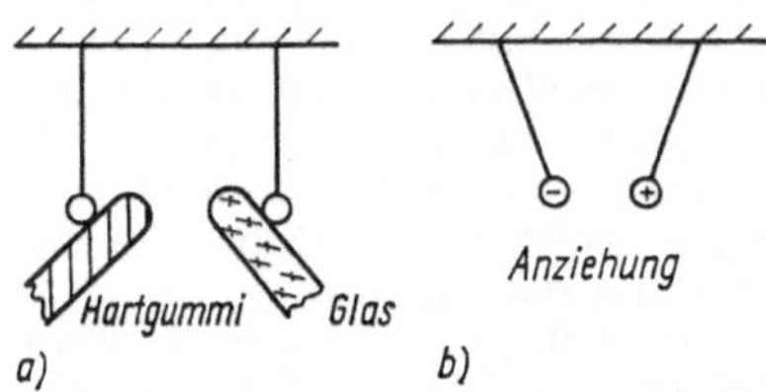

Abb. 2.6. Anziehung einer positiven und einer negativen Kugel

fällt, dann beginnt sich der Teller aufzuladen. Das Elektroskop zeigt den geladenen Zustand an (Abb. 2.3 b).

Es ist also prinzipiell eine innige Berührung und anschließende Trennung zweier unterschiedlicher Stoffe nötig, um den elektrisch geladenen Zustand zu erhalten. Da sich zwei feste Körper (z. B. Glas und ein Lederlappen) wegen der unterschiedlichen Oberflächengestaltung nur in wenigen Punkten wirklich innig berühren können, ist ein festes Andrücken und Reiben nötig, um eine merkliche Aufladung zu erreichen (Abschn. 10.6.2).

Die Reibungselektrizität ist eine Möglichkeit der Erzeugung des geladenen Zustandes. Geräte, die auf Grund ganz anderer Phänomene Aufladungen erzeugen (Influenzmaschine, Hochspannungsgenerator u. a.) werden wir schon in Experimenten verwenden, aber erst später behandeln.

2.1.2. Grundeigenschaften der elektrischen Ladung

Zwei Arten von Ladungen; elektrostatische Kräfte. Nähert man einem freibeweglich aufgehängten Glasstab, der mit Wolle gerieben und somit elektrisch geladen ist, einen zweiten, auf gleiche Weise geladenen Glasstab, so stoßen die beiden einander ab. Die gleiche Beobachtung macht man, wenn man zwei geladene Siegellackstangen einander nähert. Auch sie stoßen sich gegenseitig ab. Nähert man aber einem geladenen Glasstab eine geladene Siegellackstange, so ziehen sich die beiden an. Die Kraftwirkungen auf eine Siegellackstange durch einen Glasstab und durch eine zweite Siegellackstange sind entgegengesetzt gerichtet. Die Aufladung des Glases und die des Siegellacks muß also mit unterschiedlicher Polarität erfolgen. Wir sagen: Die Körper sind *positiv* bzw. *negativ elektrisch geladen*. (Der Franzose DU FAY, 1698–1739, entdeckte um 1734 die Verschiedenheit zwischen den beiden Arten von Elektrizität.) Die durch die geladenen Körper ausgelösten Kräfte nennen wir *elektrostatische Kräfte*.

Da die Glasstäbe und die Siegellackstangen eine relativ große Masse besitzen und die bei den Experimenten wirkenden Kräfte klein sind, treten nur geringe, schwer erkennbare Auslenkungen auf. Erheblich eindrucksvoller werden die Versuche, wenn wir die Ladungen auf leichte Probekügelchen übertragen und die dort wirkenden Kräfte beobachten. Zu diesem Zweck hängen an einer Halterung an Seidenfäden zwei Holundermarkkügelchen, die (aus später zu erörternden Gründen) mit einer dünnen Metallschicht überzogen sind. Wir nähern einen geriebenen Hartgummistab den Kügelchen und berühren sie schließlich (Abb. 2.4a). Wir erkennen, daß schlagartig eine abstoßende Kraft zwischen den Kügelchen wirkt (Abb. 2.4b). Wir wiederholen den Versuch mit einem geriebenen Glasstab (Abb. 2.5a). Es wirken ebenfalls abstoßende Kräfte zwischen den Kügelchen (Abb. 2.5b). In einem dritten Experiment wird die eine der Kugeln mit einem geriebenen Hartgummistab und die zweite mit einem geriebenen Glasstab aufgeladen (Abb. 2.6a). Beide Kugeln ziehen sich gegenseitig an (Abb. 2.6b).

Es gibt zweierlei Arten elektrischer Ladung; wir nennen sie positiv (+) und negativ (−).

Gleichartig elektrisch geladene Körper stoßen einander ab; ungleichartig elektrisch geladene Körper ziehen einander an.

Ungeladene Körper werden von elektrisch geladenen (gleich welcher Ladungsart) angezogen.

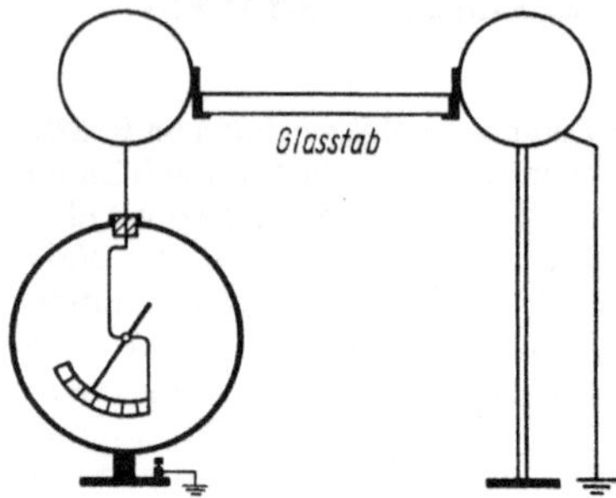

Abb. 2.7. Zur elektrischen Leitfähigkeit

Festlegung der Polarität. Da bei der Entdeckung der unterschiedlichen Arten der Ladung experimentell noch keine sinnvolle Entscheidung bzgl. der Benennung getroffen werden konnte, legte man willkürlich fest (LICHTENBERG, 1777), daß sich Glas, wenn es mit einem Wolllappen gerieben wird, positiv auflädt; Siegellack, Hartgummi, Bernstein, Schwefel laden sich beim Reiben mit Fell negativ auf. (Glas und Hartgummi können sich bei anderen Reibzeugen auch regelwidrig verhalten, s. Abschn. 10.6.2.)

Es hat sich später herausgestellt, daß es günstiger gewesen wäre, die umgekehrte Definition zu wählen. In Leitern beruht der Stromfluß auf der Bewegung der Elektronen, und die sind nach der gewählten Festlegung negativ geladen. Betrachten wir also Ströme in Leitern, so hat ein positiver Strom eine Richtung, die der tatsächlich sich bewegenden Ladung entgegengerichtet ist. Das Elektron wurde erst etwa hundert Jahre nach der genannten Festlegung entdeckt. Man hat jedoch die nicht ganz zweckmäßige Definition beibehalten.

Elektroskop und Elektrometer. Auf Grund der Erkenntnisse können wir die Arbeitsweise des Blättchenelektroskops (Abb. 2.1) und des Braunschen Elektrometers (Abb. 2.2) erklären. In einem geerdeten Metallgehäuse ist isoliert die Meßelektrode eingeführt, an der zwei herabhängende Aluminium- oder Goldfolien (Abb. 2.1) bzw. ein Metallbügel mit einem daran befestigten beweglichen Zeiger (Abb. 2.2) leitend angebracht sind. Die Ladung wird über die Meßelektrode auf das Anzeigesystem übertragen. Da die beiden Blättchen gleichartig geladen sind, spreizen sie sich. Beim Braunschen Elektrometer kommt es zu einem Ausschlag des Zeigers, da er von dem gleichartig geladenen Bügel abgestoßen wird.

Mechanismus der Ladungserzeugung durch Reibung. Er wird ausführlich in Abschn. 10.6.2 behandelt. Zum Verständnis der weiteren Betrachtungen seien einige Ergebnisse dieses Abschnitts schon vorweggenommen: Wir greifen darauf zurück, daß heute die Kenntnis des Grundaufbaus eines Atoms bei den meisten Menschen bereits zum Allgemeinwissen gehört. Ein Atom hat einen Durchmesser von etwa 10^{-8} cm und besteht aus einem Kern (Durchmesser etwa 10^{-12} cm) und um den Kern kreisenden Elektronen. Der Kern ist positiv und die Elektronen sind negativ geladen. Im Kern sind die Protonen der Sitz der positiven Ladung. Protonen und Elektronen haben gleich große Ladung, jedoch mit entgegengesetztem Vorzeichen. Ein Atom besitzt normalerweise die gleiche Zahl Protonen und Elektronen, so daß es elektrisch neutral ist.

Reiben wir einen Stoff A an einem Stoff B, dann kommt es zu Wechselwirkungen zwischen Bahnelektronen von A mit solchen von B. Hierbei verhalten sich die Stoffe unterschiedlich. Gibt beispielsweise Stoff A leichter Elektronen ab als Stoff B, dann fehlen nach der Trennung in A einige Elektronen. Da zuvor beide Stoffe „elektrisch neutral" waren, weist jetzt A eine positive und B eine negative Ladung auf.

Ein positiv geladener Körper hat Elektronenmangel, ein negativ geladener hat Elektronenüberschuß.

Erhaltung der Ladung. Der Prozeß des Reibens bewirkt keine Ladungserzeugung, sondern eine Ladungstrennung der zuvor ungeladenen Stoffe. Daher hat der Lappen oder das Fell jeweils die gleich große, aber entgegengesetzte Ladung wie der Hartgummi- oder der Glasstab. Die Summe beider Ladungen ist Null. Die letzte Aussage kann man experimentell nachweisen, indem man einen Glasstab reibt und den Wollappen nicht vom Glasstab trennt. Glasstab und Wollappen gemeinsam zeigen nach außen hin keine Wirkung. Sie sind zusammen *elektrisch neutral*.

Aus der Tatsache, daß Ladungen nur paarweise erzeugt werden können, folgt der *Erhaltungssatz der elektrischen Ladung*:

In einem abgeschlossenen System ist die Summe der erzeugten positiven und negativen elektrischen Ladungen stets Null.

Dieses wichtige Gesetz wurde gleichzeitig erstmalig von WATSON und von FRANKLIN (1747) ausgesprochen. (Auf den Erhaltungssatz der Ladung werden wir in Abschn. 3.5.4 noch genauer eingehen.)

Leiter und Isolator. Entsprechend Abb. 2.7 ist ein Elektrometer mit einer Metallkugel versehen. Das Elektrometer wird aufgeladen. In einem Abstand von 15 bis 20 cm befindet sich eine zweite Kugel, die geerdet ist (sie ist mit der Wasserleitung verbunden). Wir verbinden beide Kugeln durch einen Glasstab. Zu diesem Zweck besitzen die Kugeln zwei Halterungen, auf die wir den Glasstab vorsichtig legen können. Wir sehen, daß das Elek-

Abb. 2.8. Zum Coulombschen Gesetz

trometer unverändert seine Ladung beibehält. Wir entfernen den Glasstab und ersetzen ihn durch einen (nicht völlig ausgetrockneten) Holzstab. Das Elektrometer entlädt sich allmählich. Der Entladungsprozeß zieht sich über mehrere Sekunden hin. Wir entfernen den Holzstab, laden das Elektrometer erneut auf und verbinden die Kugeln durch einen Metallstab. Schlagartig entlädt sich das Elektrometer. (STEPHAN GRAY, gest. 1736 in London, entdeckte 1729 den Unterschied zwischen Leitern und Nichtleitern.) Wir erkennen an den Experimenten:

Elektrische Ladung kann durch Stoffe fortgeleitet werden. Metalle sind gute elektrische Leiter. Glas, desgleichen Hartgummi, Porzellan, Bernstein sind elektrische Nichtleiter, sog. Isolatoren.

Holz liegt in seiner Leitfähigkeit zwischen beiden Gruppen. Trockene Gase (z. B. Luft) zählen zu den Isolatoren.

Leitungsmechanismus. Die Stromleitung kommt in Metallen folgendermaßen zustande: Bei den Metallatomen sind die äußersten Elektronen so schwach an den Atomkern gebunden, daß sie praktisch zwischen den Atomen des Körpers frei beweglich sind. Wir sprechen von einem „Elektronengas", das sich zwischen den Metallatomen befindet. (Die Summe der Ladungen ist trotz der freien Beweglichkeit der Elektronen im neutralen Zustand Null.) Werden einem Metallstab an einer Stelle Elektronen hinzugefügt (negative Aufladung) oder abgezogen (positive Aufladung), dann breitet sich dieser Zustand wegen der frei-beweglichen Elektronen sofort über den ganzen Metallstab aus. Isolatoren besitzen nicht derartige freie Elektronen. Sie können Ladungen nicht transportieren. (s. a. Abschn. 3.5.1 und 10.1.2.)

Körper, in oder auf denen keinerlei Leitung von Ladung stattfindet, gibt es nicht. Auch die Luft hat ein geringes Leitvermögen. Daher verliert ein nur von Luft umgebener, geladener Körper im Laufe der Zeit seine Ladung vollständig. Trotz dieser Einschränkung sprechen wir auch weiterhin von Nichtleitern. (Daß es Isolatoren in strengen Sinne überhaupt nicht gibt, hat schon AEPINUS, 1724–1802, bemerkt.)

Die gute Leitfähigkeit eines Metalls ist die Ursache dafür, daß wir für die Experimente die Holundermarkkügelchen mit einer dünnen Metallhaut überzogen haben. Dadurch breitet sich die übertragene Ladung sofort über die ganze Kugel aus.

2.1.3. Das Coulombsche Gesetz

Kräfte zweier Punktladungen. Die Versuche der Abbn. 2.4 bis 2.6 hatten gezeigt, daß geladene Körper Kräfte aufeinander ausüben. Um eine quantitative Abhängigkeit mathematisch formulieren zu können, nehmen wir an, zwei nahezu punktförmige Kugeln tragen die Ladungen $+Q_1$ und $+Q_2$. (Die Benutzung punktförmiger geladener Körper, sog. Punktladungen, ist eine Idealisierung. Sie erleichtert viele mathematische Ableitungen. Praktisch können wir immer dann von Punktladungen sprechen, wenn die Abmessungen der geladenen Körper, verglichen mit den Abständen der Körper voneinander, genügend klein sind.)

Da die Ladungen gleiches Vorzeichen haben, stoßen sich die Kugeln ab. Messungen ergeben, daß die Kraft zwischen den beiden Kugeln proportional dem Produkt aus ihren Ladungen ist, $F \sim Q_1 Q_2$. Die Abstandsabhängigkeit der Kraft fand C. A. COULOMB (1785) in völliger Analogie zum Gravitationsgesetz als $F \sim 1/r^2$, so daß sich insgesamt ergibt:

$$F = f \frac{Q_1 Q_2}{r^2} .$$

COULOMB, CHARLES A. DE, 1736–1806; entdeckte die Grundgesetze der statischen elektrischen und magnetischen Felder und wichtige Beziehungen über die Reibung bei Festkörpern und Flüssigkeiten.

Berücksichtigt man den Vektorcharakter der Kraft, dann erhält man

$$F = f \frac{Q_1 Q_2}{r^2} \frac{r}{r} . \qquad (2.1)$$

F ist die Kraft der Ladung Q_1 auf die Ladung Q_2. Sie hat die Richtung von r (Abb. 2.8). r/r ist der Einheitsvektor in Richtung von r. Er wird auch in der Form e_r oder r_0 geschrieben. Die Kraft F ist positiv, wenn die Ladungen gleiches Vorzeichen haben, wenn sie sich also abstoßen.

Die Wahl des Faktors f in (2.1) legt zugleich die Maßeinheit der Ladung fest. Im „Internationalen Einheitensystem" (Abschn. 1.3) wird die Ladung in Coulomb (C) gemessen. Es hat sich eingebürgert, in diesem Maßsystem das *Coulombsche Gesetz* in der Form

$$F = \frac{1}{4\pi\varepsilon_0} \frac{Q_1 Q_2}{r^2} \frac{r}{r} \qquad (2.2)$$

zu schreiben. ε_0 ist ein Proportionalitätsfaktor, die *elektrische Feldkonstante* oder *Influenzkonstante*, und hat die Größe

$$\varepsilon_0 = 8{,}859 \cdot 10^{-12} \frac{C}{Vm} = 8{,}859 \cdot 10^{-12} \frac{As}{Vm} .$$

(2.2) gilt im Vakuum. In Luft weichen die Kräfte nur minimal hiervon ab, so daß wir praktisch

---

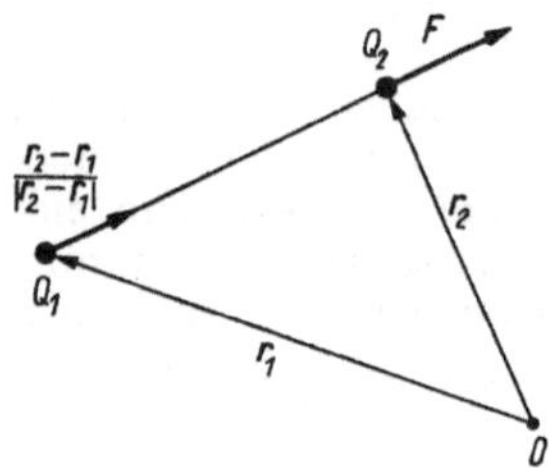

Abb. 2.9. Zum Coulombschen Gesetz

die elektrostatischen Kräfte in Luft gleich denen im Vakuum setzen können.

Wir hätten den Faktor $^1/_{4\pi\varepsilon_0}$ auch zu einer einzigen Größe zusammenfassen können. Die etwas ungewöhnlich erscheinende Schreibweise hat jedoch den Vorteil, daß dadurch in den meisten Gleichungen der Elektrostatik ein lästiger Faktor 4π verschwindet.

Beliebige Lage des Koordinatennullpunktes. In (2.2) liegt der Koordinatennullpunkt in Q_1. Hat im allgemeinsten Fall der Nullpunkt beliebige Lage im Raum und sind (Abb. 2.9) r_1 und r_2 die Ortsvektoren der Punktladungen, dann erhält man für ihren Abstand voneinander

$$r = r_2 - r_1 .$$

Der Einheitsvektor ist

$$\frac{r}{r} = \frac{r_2 - r_1}{|r_2 - r_1|} ,$$

so daß sich das Coulombsche Gesetz in der allgemeinen Form ergibt:

$$F = \frac{1}{4\pi\varepsilon_0} \frac{Q_1 Q_2}{|r_2 - r_1|^2} \frac{r_2 - r_1}{|r_2 - r_1|} . \qquad (2.2\,\text{a})$$

Elektrostatisches CGS-System. Da das Coulombsche Gesetz eines der ersten der Elektrizitätslehre war, das gefunden wurde, ist es nicht weiter überraschend, daß ursprünglich dieses Gesetz zur Festlegung der Maßeinheit der Ladung herangezogen wurde. Das hieraus resultierende Maßsystem, das elektrostatische CGS-System (Zentimeter-Gramm-Sekunde-System), wird ebenfalls in der Physik verwendet. Da es außerdem die Möglichkeit bietet, die Maßeinheit der Ladung unmittelbar aus der Elektrostatik einzuführen, soll es hier vorgestellt werden. Wir setzen in dem Coulombschen Gesetz (2.1) den Faktor $f = 1$ (dimensionslos) und messen dem CGS-System entsprechend die Kraft in dyn (1 dyn = 1 cm g s^{-2}) und die Länge in cm. Dann ergibt sich aus (2.1) für die Maßeinheit der Ladung $[Q^*] = \sqrt{\text{dyn} \cdot \text{cm}}$, wobei 1 $\sqrt{\text{dyn}} \cdot \text{cm}$ = 1 ESL = 1 elektrostatische Ladungseinheit gesetzt wird. Üben zwei geladene Kugeln (Abstand der Mittelpunkte $r = 1$ cm) die Kraft 1 dyn aufeinander aus, dann tragen sie die Ladungsmenge 1 ESL.
Mit dieser Einführung wurde der Versuch unternommen, die physikalischen Maßeinheiten der Elektrik auf die der Mechanik zurückzuführen und beim Übergang von der Mechanik zur Elektrik ohne die Einführung einer neuen Grundeinheit auszukommen. Gleichzeitig ergibt sich mit dem Fortfall des Faktors im Coulombschen Gesetz eine verlockende Vereinfachung dieses Gesetzes. Es zeigt sich jedoch, daß die hierdurch festgelegte Ladungseinheit (1 ESL) bei der Behandlung elektromagnetischer Pro-

bleme zu unhandlich ist. Daher hat sich das elektrostatische CGS-System nicht universell durchgesetzt. Es wird oftmals noch in der atomphysikalischen Literatur verwendet. Den Übergang vom Internationalen Einheitensystem zum CGS-System kann man leicht vollziehen, indem man $4\pi\varepsilon_0$ durch 1 ersetzt. – Die Ladungsmengen 1 ESL und 1 C sind sehr unterschiedlich groß. Es ist 1 C = 3 · 10^9 ESL.

Analogie zum Gravitationsgesetz. Das Coulombsche Gesetz (2.1) hat formal den gleichen Aufbau wie das Newtonsche Gravitationsgesetz der Mechanik, das die Anziehungskräfte zweier Punktmassen beschreibt:

$$F = \gamma \frac{m_1 m_2}{r^2} \frac{r}{r} .$$

Diese Analogie mit dem Newtonschen Gravitationsgesetz, das früher aufgestellt wurde, hat zum schnellen Auffinden des Coulombschen Gesetzes beigetragen. Wir dürfen hinter der formalen Gleichheit jedoch nicht eine physikalische Verwandtschaft sehen. Beide Kräfte gehen auf verschiedene Ursachen zurück. Darüber hinaus sind die Größenordnungen beider Kräfte sehr unterschiedlich, was man nicht auf den ersten Blick erkennt. Dazu ein Beispiel: Zwei Eisenkugeln von je 100 kg Masse liegen sich im Abstand von 1 m gegenüber (Abstand der Mittelpunkte). Die Anziehungskraft infolge der Gravitation beträgt entsprechend dem Gravitationsgesetz $\approx 7 \cdot 10^{-7}$ N, sie ist also sehr klein. Bringt man nun 1 % der Elektronen der einen Kugel auf die zweite (d. h. etwa von jedem 4. Atom ein Elektron), dann ist die zwischen beiden Kugeln infolge der elektrostatischen Anziehung wirkende Kraft rund $2 \cdot 10^{25}$ N. Das entspricht dem „Gewicht" von $^1/_3$ der Erdmasse! (Eine derartig hohe Aufladung ist nicht realisierbar. Daher ist das Beispiel nur ein Gedankenexperiment.)

2.1.4. Die Elementarladung

In Abschn. 2.1.2 hatten wir erfahren, daß in einem Atom die um den Kern kreisenden Elektronen der Sitz der negativen und die im Kern befindlichen Protonen der Sitz der positiven Ladungen sind. Ein Elektron hat die gleiche Ladungsmenge wie ein Proton, jedoch negatives Vorzeichen. Diese Ladungsmenge ist

$$e = (1{,}602191 \pm 0{,}000007) \cdot 10^{-19} \text{ C}$$

$$= 4{,}77 \cdot 10^{-10} \text{ ESL}.$$

Da ein Elektron oder ein Proton nicht teilbar sind, sind sie zugleich die kleinste mögliche Ladungsmenge, die *Elementarladung* oder auch *Elementarquantum*. (Eine Meßmethode zur Bestätigung dieser Tatsache wird in Abschn. 2.3.8 demonstriert.) An einem elektrischen Vorgang können nur ganzzahlige Vielfache der Elementarladung beteiligt sein. Da die Elementarladung sehr klein ist, spielt diese *Quantisierung der Ladung* bei der Bewegung makroskopischer Ladungsmengen keine Rolle, sondern nur bei der Betrachtung sehr kleiner Ladungsmengen.

Die Elementarladung ist stets mit Masse verbunden. Die Masse eines Elektrons beträgt

$$m_e = (9{,}109\,55 \pm 0{,}000\,05) \cdot 10^{-31}\ \text{kg}.$$

Protonen haben eine 1 836mal so große Masse.

2.2. Das elektrostatische Feld im Vakuum

2.2.1. Fernwirkung und Nahwirkung

Übertragung der Kraft. Die im Coulombschen Gesetz erfaßten Kräfte sind *Fernwirkungskräfte*. Sie werden durch den Raum übertragen, ohne daß wir ein verbindendes Medium erkennen. Von den Vorgängen des täglichen Lebens und ebenfalls von denen der Mechanik her sind wir daran gewöhnt, daß nur dann eine Kraft auf einen Körper übertragen werden kann, wenn ein direkter Kontakt mit dem Körper besteht, wenn eine *Nahwirkung* vorliegt. Führen wir uns jedoch den Vorgang der Berührung zweier Körper im mikroskopischen Bereich etwas eingehender vor Augen, müssen wir beachten, daß sich die Atome der beiden Körper jeweils in Gitterpunkten befinden, die einen gewissen Abstand voneinander haben. Das gilt auch für die Atome an den Berührungsflächen der beiden Körper. Sie können einen bestimmten Mindestabstand nicht unterschreiten. Der unmittelbare Kontakt zwischen zwei Körpern entpuppt sich also als Fernwirkung in kleinen Bereichen.

Man gewinnt somit den Eindruck, als ließe sich jede Kraftübertragung auf Fernwirkungskräfte zurückführen und als wären sie die einzig möglichen Kräfte. Die Fernwirkungstheorie ist jedoch mit einer großen Unvollkommenheit behaftet. Wenn wir die Kraftwirkung zweier sehr weit voneinander entfernter geladener Kugeln Q_1 und Q_2 aufeinander untersuchen und die Ladung Q_1 verändern (bez. ihrer Größe oder sie örtlich verschieben), dann ruft dies nach dem Coulombschen Gesetz bei der Ladung Q_2 im gleichen Augenblick eine veränderte Kraftwirkung hervor. Die Erfahrungen (und die Relativitätstheorie) zeigen jedoch, daß sich alle Arten von Wirkungen höchstens mit Lichtgeschwindigkeit ausbreiten können. Die veränderte Kraftwirkung kommt bei der Ladung Q_2 mit einer durch die Laufzeit hervorgerufenen Verzögerung an. Die Kräfte werden mit einer bestimmten endlichen Geschwindigkeit durch den Raum übertragen. Damit ist die Existenz von Fernwirkungskräften unmöglich geworden.

Feldtheorie. FARADAY (1791–1867) nahm nun an, daß es wirkliche Fernwirkungskräfte gar nicht gibt, sondern daß durch die Anwesenheit eines Körpers der ihn umgebende Raum selbst zum Träger physikalischer Eigenschaften wird. Diese Eigenschaften hängen von der Beschaffenheit des Körpers (Masse, Ladung) und von der Entfernung ab. Im betrachteten Beispiel wird also durch die Anwesenheit einer Ladung Q_1 dem umgebenden Raum eine solche Eigenschaft vermittelt, die auf eine Ladung Q_2 eine Kraftwirkung ausübt. Diese Kraft ist im allgemeinen von Ort zu Ort verschieden (bez. Betrag und Richtung). Eine derartige Verteilung einer physikalischen Größe im Raum bezeichnet man als ein *Feld*. Wir haben ein *Kraftfeld* vorliegen. Jedem Punkt des Raumes kommt hierbei eine Kraft von bestimmtem Betrage und bestimmter Richtung zu. Die Eigenschaft des Raumes, die die Kräfte erzeugt, muß ebenfalls ein Feld ergeben. Wir sprechen von einem *elektrostatischen Feld* oder kurz von einem *elektrischen Feld*, das die Ladung Q_1 umgibt.

Verändern wir nun die Ladung Q_1 (bez. ihrer Größe oder örtlichen Lage), dann verändert sich auch das elektrische Feld. Die Ausbreitung der Veränderung des Feldes geht mit einer bestimmten endlichen Geschwindigkeit vonstatten. Wir werden später erfahren, daß diese Ausbreitungsgeschwindigkeit mit der Lichtgeschwindigkeit identisch ist. Der Raum selbst ist also durch das elektrische Feld zum Vermittler der Kräfte geworden. Wir haben somit die Fernwirkung der Kräfte durch die Einführung des Feldes auf eine Nahwirkung zurückgeführt. Die Nahwirkungstheorie heißt daher auch *Feldtheorie*.

Energie- und Impulserhaltung. Die Erhaltungssätze der Energie und des Impulses bedürfen vom Standpunkt der Feldtheorie aus einer Erweiterung. Leistet eine Kraft an einem Körper Arbeit, so ändern sich seine Energie und sein Impuls. Diese Änderungen gehen auf Kosten von Energie und Impuls des Körpers, von dem die Kraftwirkung ausgeht. Da nun bei einem endlichen Abstand zwischen beiden Körpern die Kraftwirkung eine bestimmte Laufzeit benötigt, vergeht auch eine endliche Zeit zwischen Energie- und Impulsabgabe durch den einen Körper und Energie- und Impulsaufnahme durch den zweiten Körper. Während dieser Zeit müssen sich Energie und Impuls in dem Raum zwischen beiden Körpern befinden. Das Feld muß also Träger von Energie und Impuls sein.

2.2.2. Das elektrische Feld

Feldlinien. Das elektrische Feld ist dadurch charakterisiert, daß in jedem Punkt des Raumes eine

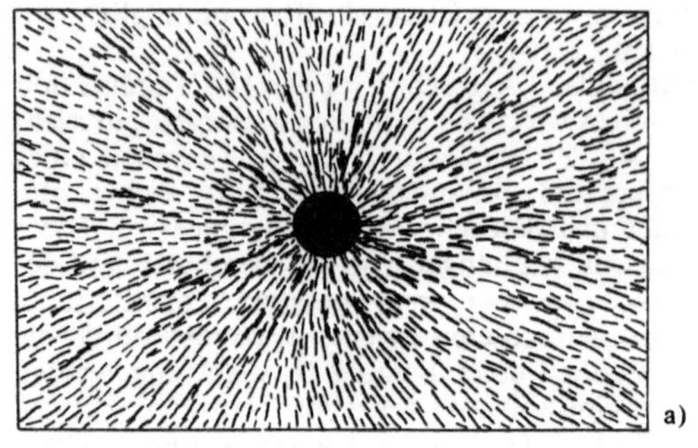

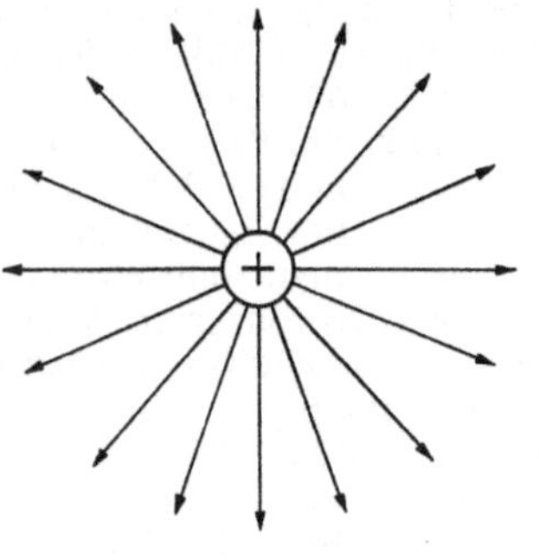

Abb. 2.10. Elektrostatisches Feld einer positiven Punktladung

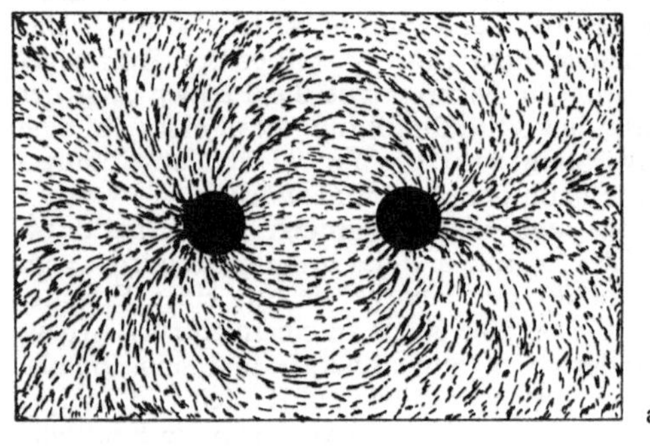

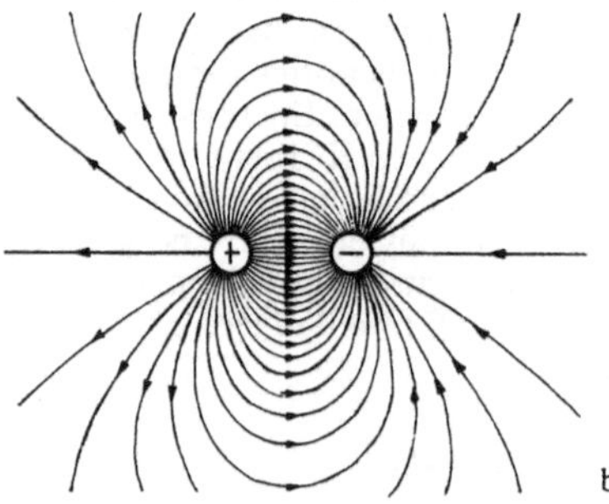

Abb. 2.11. Elektrostatisches Feld zweier entgegengesetzt geladener Kugeln

Kraft auf eine an diese Stelle gebrachte Ladung wirkt. Es ist ein Kraftfeld. (In analoger Weise ist das Gravitationsfeld ebenfalls ein Kraftfeld. Bei ihm wirkt in jedem Punkt des Raumes eine Kraft auf eine an diese Stelle gebrachte Masse.) Schreitet man in einem elektrischen Kraftfeld von Punkt zu Punkt stets in Richtung der wirkenden Kraft fort und verbindet die Punkte durch eine Linie, so erhält man eine *Feldlinie*. In der Weise kann man den ganzen Raum von solchen Feldlinien erfüllt denken. Die Feldlinien zeigen hierbei die Eigenschaft, sich nirgends zu schneiden. Das bedeutet, daß die Richtung der Kraft in jedem Punkt des Feldes eindeutig bestimmt ist und gewonnen werden kann, wenn man in dem betreffenden Punkt eine Tangente an die Feldlinie legt.

Die Richtung der Feldlinien müssen wir willkürlich festlegen. In Übereinstimmung mit dem Vorzeichen der Kraft im Coulombschen Gesetz wählen wir als Probeladung eine positive Ladung. Dann gilt:

Die Feldlinien des elektrostatischen Feldes verlaufen stets von den positiven zu den negativen Ladungen. Sie zeigen die Richtung der Kraft an, die eine positive Probeladung im Feld erfährt. (Liegt nur eine Ladungsart vor, dann befindet sich der Gegenpol im „Unendlichen".)

Demonstration der Feldlinien. Feldlinien können experimentell sichtbar gemacht werden. Zu dem Zweck trägt eine waagerecht liegende Glasplatte, an der Unterseite aufgeklebt, dünne Metallfolien, die in der Form der Profile geschnitten sind, deren Feldlinienbild man sichtbar machen will. Auf der Oberseite der Glasplatte verteilt man ein isolierendes Gleitmittel, in dem sich kleine Körnchen befinden. Sehr gut eignet sich Rizinusöl, in das man Grießkörner schüttet. (Weitere Möglichkeiten sind gepulvertes Rutil, TiO_2, oder Chininkristalle in Vaselinöl oder auch Gipspulver, das aus frisch gepulverten Gipskristallen hergestellt ist, auf der trockenen Glasplatte.) Die Metallfolien werden elektrisch geladen (z. B. mit Hilfe einer Influenzmaschine). Die Grießkörner folgen in dem Gleitmittel der wirkenden Kraft. Sie richten sich aus und reihen sich aneinander. Sie bilden hierbei den Verlauf der Feldlinien ab. Diese „Feldlinienbilder" kann man projizieren.

Die Abbn. 2.10 bis 2.15 zeigen den Verlauf der Feldlinien zwischen verschieden geformten, elektrisch geladenen Körpern. Die Metallfolien und die Feldlinienbilder stellen Schnitte durch die Körper und die räumlich verteilten Kraftfelder dar. Sie lassen sich leicht in der Vorstellung zu räumlichen Bildern ergänzen.

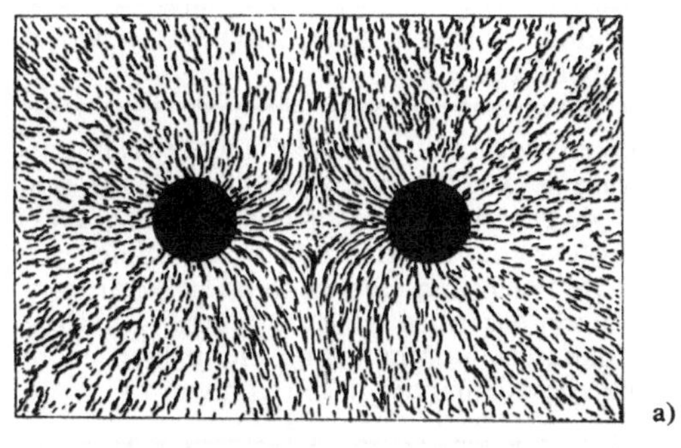

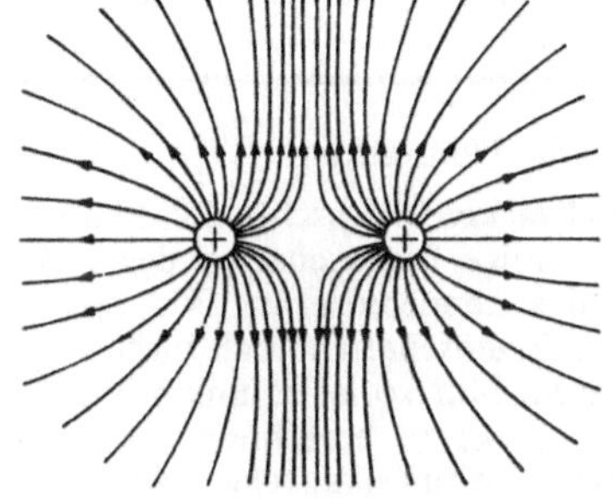

Abb. 2.12. Elektrostatisches Feld zweier gleichartig geladener Kugeln

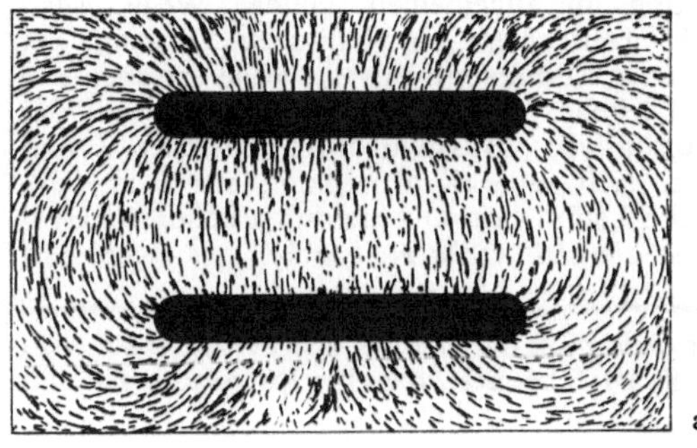

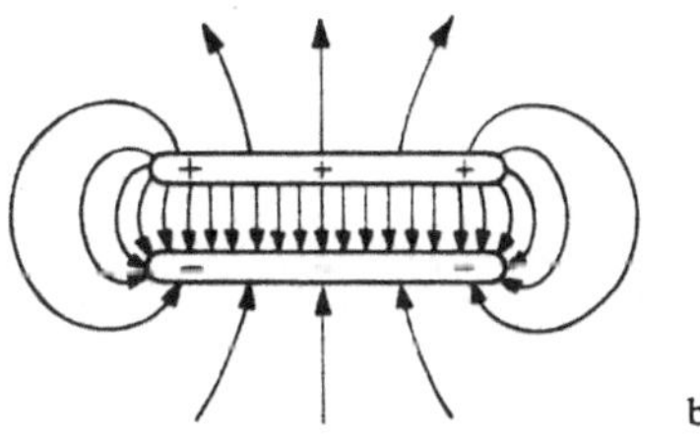

Abb. 2.13. Elektrostatisches Feld eines Plattenkondensators

Die mit Hilfe der Grießkörner erhaltenen Bilder zeigen Verdickungen und Verästelungen, die durch ungleichmäßige Verteilung und durch unterschiedliche Formen der Grießkörner zustande kommen. Den exakten Verlauf der Feld-

linien erhält man, wenn man den Raum um eine genügend große analoge Anordnung mit Hilfe eines „elektrischen Pfeiles" ausmißt. Ein elektrischer Pfeil besteht aus einem dünnen Quarzstäbchen, das mit einer Pfanne auf einer Nadelspitze aufgesetzt ist und an seinen Enden zwei mit Metallfolie überzogene Korkkugeln trägt. Die Kugeln werden etwa gleich groß mit entgegengesetztem Vorzeichen aufgeladen. In einem elektrischen Feld stellt sich ein elektrischer Pfeil durch die auf die Ladung wirkenden Kräfte in Richtung der Feldlinien ein. Neben den mit den Grießkörnern erhaltenen Bildern (Abbn. 2.10 bis 2.15) sind die exakten Feldlinienbilder gezeichnet. In den gezeichneten Abbildungen ist eine angenommene Polarität mit eingetragen, wodurch der Richtungssinn der Feldlinien fixiert wurde.

Feldlinienbilder. Abb. 2.10 zeigt einen Schnitt durch das Feld einer geladenen Kugel, die sich in weitem Abstand von anderen Körpern befindet (damit der symmetrische Feldlinienverlauf nicht gestört wird). Die Feldlinien beginnen bei positiv geladener Kugel an der Ladung und enden im „Unendlichen". Der Verlauf der Feldlinien für eine positiv geladene Kugel ist vollkommen der gleiche wie für eine negativ geladene; es ist lediglich der Richtungssinn der Feldlinien entgegengesetzt.

Um eine geladene Kugel bildet sich ein *Radialfeld* aus; die Feldlinien verlaufen radial nach außen, wobei sich der Gegenpol im Unendlichen befindet.

Abb. 2.11 demonstriert das Feld zwischen zwei entgegengesetzt geladenen Kugeln (*Dipol*). Die Feldlinien verlaufen von der positiven zur negativen Kugel.

Zwei gleichartig geladene Kugeln ergeben das Feldlinienbild der Abb. 2.12. Die Feldlinien beginnen bei positiv geladenen Kugeln an den Ladungen und enden im Unendlichen. Bei negativ geladenen Kugeln ist der Richtungssinn umgekehrt.

Einen Spezialfall stellt das Feld zweier paralleler, entgegengesetzt geladener Platten (*Plattenkondensator*) (Abb. 2.13) dar.

Im Innern eines geladenen Plattenkondensators ist das Feld homogen; die Feldlinien verlaufen parallel und liegen überall gleichmäßig dicht.

An den Rändern ist die Homogenität gestört. Dort ist das Feld inhomogen.

Abb. 2.14 zeigt als weiteren Spezialfall das Feld einer Spitze, die einer Platte gegenübersteht. Spitze und Platte sind entgegengesetzt geladen.

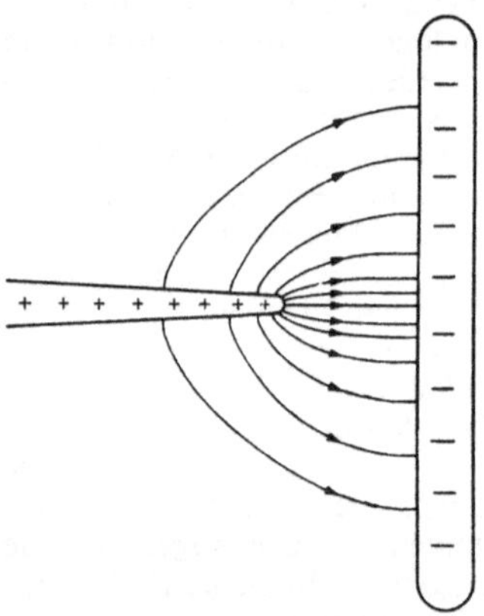

Abb. 2.14. Elektrostatisches Feld zwischen einer Spitze und einer Platte

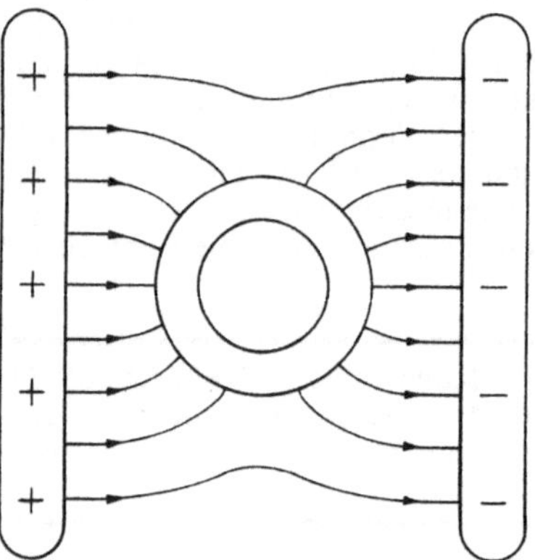

Abb. 2.15. Metallring im homogenen Feld

Eine Spitze können wir als Halbkugel mit sehr kleinem Krümmungsradius ansehen.

Eine geladene Spitze erzeugt ein stark inhomogenes Feld, wobei in unmittelbarer Nähe der Spitze die Feldliniendichte besonders groß ist.

In Abb. 2.15 ist ein metallener Ring im Feld eines Plattenkondensators dargestellt. Die Feldlinien legen einen Teil des Weges von der positiven zur negativen Platte über den Ring zurück. Das Innere des Ringes ist jedoch frei von Feldlinien. Das bedeutet, ins Räumliche übertragen:

Das Innere eines Metallkörpers ist frei von elektrischen Feldern.

Aus allen Feldlinienbildern gemeinsam entnehmen wir noch eine weitere wichtige Beobachtung:

Die Feldlinien treten stets senkrecht aus der Metalloberfläche aus.

Betrachten wir die Feldlinienbilder zweier entgegengesetzt geladener Kugeln (Abb. 2.11) und zweier gleichartig geladener Kugeln (Abb. 2.12) und berücksichtigen wir, daß die Feldlinien zugleich die Richtung der wirkenden Kraft angeben, dann erkennen wir eine gewisse Analogie zu gespannten Gummifäden, die jedoch nicht beliebig eng aneinander liegen können.

In Richtung der Feldlinien herrscht ein Zug, quer zu ihnen ein Druck.

2.2.3. Die elektrische Feldstärke

Definition der Feldstärke. In Abschn. 2.2.2 haben wir experimentell einige Eigenschaften des elektrostatischen Feldes kennengelernt. Wir setzen uns das Ziel, diese Eigenschaften auch mathematisch zu formulieren. Nur so ist es uns möglich, elektrische Felder exakt zu berechnen. Zu dem Zweck müssen wir eine physikalische Größe definieren, mit deren Hilfe wir ein elektrisches Feld quantitativ erfassen können. Vor diese Aufgabe ist man in der Physik häufig gestellt und geht zur Lösung im allgemeinen analoge Wege: Man sucht nach einem physikalischen Vorgang, der die zu bestimmende physikalische Erscheinung als Ursache enthält. Im vorliegenden Fall der quantitativen Erfassung des elektrischen Feldes bietet sich seine Kraftwirkung auf eine elektrische Ladung an. Die hierdurch definierte Größe ist die *elektrische Feldstärke*. Wir legen fest:

Zur Definition der elektrischen Feldstärke E wird die Kraft F benutzt, die eine Probeladung Q' im Feld erfährt, wobei gilt:

$$F = Q'E. \tag{2.3}$$

Wir sprechen von einer ,,Probeladung'', um anzudeuten, daß Q' möglichst klein sein soll. Nur dann ist gewährleistet, daß Q' den ursprünglichen Feldverlauf nicht merklich verändert. Der Begriff Probeladung darf nicht mit dem der Punktladung verwechselt werden, s. Abschn. 2.1.3. Die Punktladung hat keine räumliche Ausdehnung; die Ladungsmenge braucht jedoch nicht klein zu sein.

Umgeformt erhält man

$$E = \frac{F}{Q'}. \tag{2.4}$$

Die Feldstärke E ist ein Vektor, der die gleiche Richtung wie die Kraft F hat. Die Feldstärke hat in den einzelnen Punkten des Raumes die Richtung der Tangenten an die Feldlinien.

Die Kraft auf eine Probeladung im elektrischen Feld erscheint in (2.3) als Produkt aus zwei Faktoren: nämlich der Probeladung Q', also einer Eigenschaft des Objektes, auf das die Kraft wirkt, und der elektrischen Feldstärke E, einer Eigenschaft des Raumes, die durch Ladungen hervorgerufen wird. Die Ladung tritt uns also mit zweierlei Eigenschaft entgegen: 1. als felderzeugende Ursache und 2. als Objekt, das im Feld eine Kraftwirkung erfährt.

Um zu berücksichtigen, daß Q' eine sehr kleine Probeladung darstellt, wird (2.4) als Grenzwert dargestellt:

$$E = \lim_{Q' \to 0} \frac{F}{Q'}. \tag{2.4a}$$

Maßeinheit der elektrischen Feldstärke: (2.4) liefert $[E] = [F]/[Q] = \text{N/As}$. Wir formen den Ausdruck um, wobei wir nach (1.6) berücksichtigen, $1\,\text{Nm} = 1\,\text{Ws} = 1\,\text{V As}$, und erhalten $[E] = \text{V/m}$.

Im CGS-System erhalten wir $[E^*] = [F]/[Q^*] = \text{dyn}/\sqrt{\text{dyn}}\,\text{cm} = \sqrt{\text{dyn}}/\text{cm}$ (s. auch Anhang II).

Dichte der Feldlinien. Die Feldlinienbilder (Abbn. 2.10 bis 2.15) lassen anschaulich aus der Dichte der Feldlinien Rückschlüsse auf die Größe der Feldstärke in den einzelnen Punkten des Raumes zu. Verlaufen die Feldlinien dichter, dann ist die Feldstärke an der betreffenden Stelle größer. In homogenen Feldern ist die Dichte der Feldlinien überall konstant. Die Feldstärke hat also in Abb. 2.13 in jedem Punkt zwischen den Platten die gleiche Größe.

Wir müssen hierbei beachten, daß die Begriffe „Feldlinien" und „Dichte der Feldlinien" nur modellmäßigen Charakter haben. Einzelne diskrete Feldlinien gibt es nicht. Trotzdem unterstützt diese Modellannahme sehr gut die Anschauung.

Feld einer Punktladung. Im Feld einer Punktladung $+Q$ erfährt eine Probeladung $+Q'$ nach dem Coulombschen Gesetz (2.2) eine Krafteinwirkung

$$F = \frac{1}{4\pi\varepsilon_0}\frac{QQ'}{r^2}\frac{r}{r}. \tag{2.2}$$

Nach (2.4) erhalten wir daraus für die Feldstärke der Punktladung

$$E = \frac{F}{Q'} = \frac{1}{4\pi\varepsilon_0}\frac{Q}{r^2}\frac{r}{r}. \tag{2.5}$$

Die Feldstärke der Punktladung hat den Betrag

$$E = \frac{1}{4\pi\varepsilon_0}\frac{Q}{r^2} \tag{2.6}$$

und die Richtung des Radiusvektors. E zeigt bei positiver Punktladung in radialer Richtung nach außen, wobei der Betrag von E mit $1/r^2$ abnimmt. Dies entspricht dem experimentell gefundenen Verlauf der Abb. 2.10.

Feld mehrerer diskreter Punktladungen. Es seien die Punktladungen Q_i an den Orten r_i gegeben. Gesucht wird die elektrische Feldstärke am Ort r. Es gilt das *Superpositionsprinzip*: Die Felder der einzelnen Punktladungen überlagern sich additiv. Nach (2.2a) und (2.4) gilt

$$E(r) = \sum_i \frac{1}{4\pi\varepsilon_0}\frac{Q_i}{|r - r_i|^2}\frac{r - r_i}{|r - r_i|}.$$

Feld einer Raumladung. Liegt eine kontinuierliche Ladungsverteilung vor (z. B. eine Ladungswolke), dann ist es zweckmäßig, zu ihrer Charakterisierung die *Ladungsdichte* oder *Raumladungsdichte* ϱ einzuführen:

$$\text{Raumladungsdichte} = \frac{\text{Ladung}}{\text{Volumen}}; \quad \varrho = \frac{Q}{V}. \tag{2.7}$$

Maßeinheit der Raumladungsdichte: Aus (2.7) erhält man $[\varrho] = \text{As/m}^3$.

Im allgemeinen ist die Ladungsdichte örtlich verschieden: $\varrho = \varrho(r)$, so daß (2.7) nur eine mittlere Ladungsdichte angibt. Zur exakten Bestimmung muß man ein differentiell kleines Volumenelement dV betrachten, in dem sich die Ladungsmenge dQ befindet. Dann gilt nach (2.7)

$$\varrho = \frac{dQ}{dV} \quad \text{oder} \quad dQ = \varrho\,dV. \tag{2.8}$$

Die Ladungsmenge dQ liefert nach (2.5) zur Gesamtfeldstärke den Beitrag

$$dE = \frac{1}{4\pi\varepsilon_0}\frac{dQ}{r^2}\frac{r}{r} = \frac{1}{4\pi\varepsilon_0}\frac{\varrho\,dV}{r^2}\frac{r}{r}.$$

Die gesamte Feldstärke erhält man durch Integration über alle Feldstärkenbeträge dE, also

$$E = \frac{1}{4\pi\varepsilon_0}\int \frac{\varrho\,dV}{r^2}\frac{r}{r}. \tag{2.9}$$

2.2.4. Der elektrische Feldfluß

Definition des elektrischen Feldflusses. In Abschn. 2.2.3 hatten wir erkannt, daß die modellmäßige Einführung der „Dichte der Feldlinien" eines elektrischen Feldes anschaulich ein Maß für die elektrische Feldstärke darstellt. Bilden wir das Produkt aus Feldstärke und senkrecht zu den Feldlinien verlaufender Fläche, so ergibt dies die „Gesamtzahl der Feldlinien", die durch die Flä-

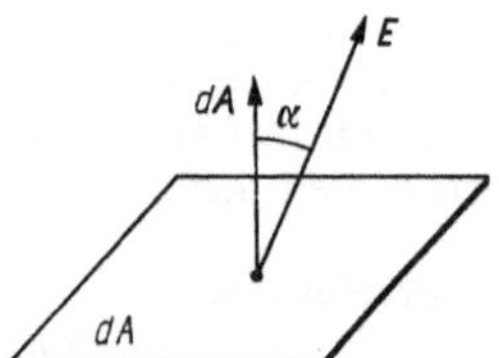

Abb. 2.16. Zum elektrischen Feldfluß

che hindurchtreten. Diese Größe hat natürlich auch nur anschauliche Bedeutung, da die Anzahl der Feldlinien, die von einer Ladung ausgehen, nicht gemessen werden kann. Trotzdem liefert uns das Produkt aus Feldstärke und senkrecht hierzu verlaufender Fläche eine wichtige physikalische Erkenntnis und soll darum berechnet werden. In Abb. 2.16 sei dA ein Flächenelement in einem elektrischen Feld. Die Flächennormale von dA bilde mit der Feldrichtung den Winkel α. Dann beträgt das gesuchte skalare Produkt aus den beiden Vektoren E und dA

$$\mathrm{d}\psi_E = E\,\mathrm{d}A \cos\alpha. \qquad (2.10)$$

Die Größe dψ_E nennen wir den *elektrischen Feldfluß* im Flächenelement dA.

Die Bezeichnung *Fluß* ist aus der Strömungslehre der Mechanik (Bd. 1) übernommen. Dort ist das Produkt aus Geschwindigkeit und senkrecht hierzu verlaufender Fläche der Strömungsfluß. Daraus abgeleitet hat man allgemein das Produkt aus einem Vektor und der hierzu senkrecht verlaufenden Fläche als -fluß bezeichnet (daher elektrischer Feldfluß).

(2.10) können wir als Produkt zweier Vektoren schreiben, wobei wir beachten, daß eine Fläche als Vektor, der die Richtung der Flächennormalen hat, dargestellt wird (Bd. I):

$$\mathrm{d}\psi_E = E\,\mathrm{d}A. \qquad (2.11)$$

Der Feldfluß in einer endlichen Fläche beträgt dann

$$\psi_E = \int E\,\mathrm{d}A \cos\alpha = \int E\,\mathrm{d}A. \qquad (2.12)$$

Ist das Feld homogen und ist die Fläche eben und zur Feldrichtung senkrecht (cos α = 1), dann wird aus (2.12)

$$\psi_E = EA. \qquad (2.13)$$

Quellen des Feldes. Um zu einer physikalischen Aussage zu kommen, berechnen wir den Feldfluß, der insgesamt von einer Punktladung $+Q$ ausgeht. Hierzu betrachten wir eine die Punktladung umgebende Kugeloberfläche vom Radius r, die die Punktladung als Mittelpunkt enthält.

Von der Punktladung gehen die Feldlinien radial nach allen Richtungen aus, wobei sie die Kugeloberfläche überall senkrecht (cos α = 1) und mit gleicher Dichte (E = const) treffen. Zur Berechnung ziehen wir (2.12) heran, wobei die Kugeloberfläche $4\pi r^2$ beträgt und E durch (2.6) gegeben ist:

$$\psi_E = \frac{1}{4\pi\varepsilon_0}\,\frac{Q}{r^2} \cdot 4\pi r^2 = \frac{Q}{\varepsilon_0}.$$

Man erhält also

$$\psi_E = \oint E\,\mathrm{d}A = \frac{Q}{\varepsilon_0}. \qquad (2.14)$$

(Der Kreis in dem Integralzeichen bedeutet: Integration über eine geschlossene Oberfläche. Es wird also der Feldfluß durch eine geschlossene Oberfläche betrachtet.) Der von der Punktladung ausgehende Feldfluß ist proportional der Ladung und ist unabhängig vom Radius der betrachteten Kugel. Durch die Oberfläche einer kleinen Kugel, die die Punktladung umgibt, geht der gleiche Feldfluß („Gesamtzahl der Feldlinien") wie durch die Oberfläche einer großen Kugel. Das entspricht der schon experimentell gefundenen Tatsache, daß Feldlinien nie frei im Raum beginnen oder enden. Sie haben stets Ladungen als Ausgangspunkt, wobei sie bei den positiven Ladungen beginnen und bei den negativen enden. Bei Vorliegen von nur einer Ladungsart ist der Gegenpol im Unendlichen.
Wird in (2.14) die positive Punktladung durch eine negative ersetzt, dann wird der Feldfluß negativ. Die Feldlinien gehen von außen her durch die Kugeloberfläche und enden an der Ladung.
Da man sich jede beliebige Ladungsverteilung aus Punktladungen zusammengesetzt denken kann, hat (2.14) allgemeingültigen Charakter. Es kann die Integrationsoberfläche beliebige Form haben, sofern sie eine *geschlossene Fläche* darstellt, die die Ladung umgibt. (2.14) zeigt uns also auf mathematischem Wege eine *erste Eigenschaft des elektrostatischen Feldes*:

Das elektrostatische Feld ist ein Quellenfeld. Die positiven Ladungen sind die Quellen, die negativen die Senken des Feldes. Liegt nur eine Ladungsart vor, dann ist der Gegenpol im Unendlichen.

Kontinuierlich verteilte Ladungen. Wir wollen, von der Punktladung ausgehend, die Betrachtungen auf kontinuierlich verteilte Ladungen erweitern. Gegeben sei eine Ladungsverteilung der Dichte

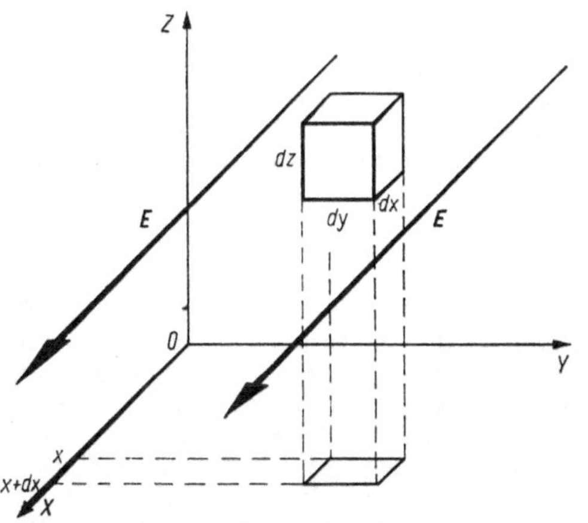

Abb. 2.17. Zum Gaußschen Integralsatz

$\varrho(\mathbf{r})$. In einem Volumen V befindet sich dann die Gesamtladung

$$Q = \int \varrho \, \mathrm{d}V. \qquad (2.8)$$

Mit (2.8) erhalten wir aus (2.14)

$$\psi_E = \oint \mathbf{E} \, \mathrm{d}\mathbf{A} = \frac{1}{\varepsilon_0} \int \varrho \, \mathrm{d}V. \qquad (2.15)$$

Die Integration des linken Integrals erfolgt über die geschlossene Oberfläche des Volumens, in dem sich die Raumladung befindet, die mit dem rechten Integral erfaßt wird.

Um (2.15) umformen zu können, müssen wir das linke Integral ebenfalls in ein Volumenintegral umwandeln. Hierzu die folgende Betrachtung: Wir greifen aus dem gesamten Volumen ein kleines Volumenelement $\mathrm{d}V$, das die Form eines Würfels mit den Kantenlängen $\mathrm{d}x$, $\mathrm{d}y$ und $\mathrm{d}z$ haben soll, heraus. Es ist also $\mathrm{d}V = \mathrm{d}x \, \mathrm{d}y \, \mathrm{d}z$. Der Einfachheit halber soll sich dieses Volumen in einem Feld befinden, das nur in x-Richtung zeigt (Abb. 2.17). Das Feld durchsetzt senkrecht die Stirnflächen des Würfels von der Größe $\mathrm{d}y \, \mathrm{d}z$. Hätten wir ein homogenes Feld vorliegen und wäre der Würfel raumladungsfrei, dann würden wir an den beiden Stirnflächen die gleiche Feldstärke messen. Für uns von Interesse ist jedoch der Fall, daß sich in dem Volumenelement Ladungen befinden. Sie sollen so angeordnet sein, daß sie ebenfalls nur Beiträge in der x-Richtung liefern. (Das ist z. B. bei in der y-z-Ebene flächenhaft angeordneten Ladungen der Fall.) Hierdurch ist die Feldstärke an den Stirnflächen nicht mehr gleich. An der Stelle x soll die Feldstärke $E(x)$ und an der anderen Seite des Würfels, an der Stelle $x + \mathrm{d}x$, soll die Feldstärke $E(x + \mathrm{d}x)$ herrschen. Für den letzten Ausdruck können wir schreiben: $E(x + \mathrm{d}x) = E(x) + (\mathrm{d}E/\mathrm{d}x) \, \mathrm{d}x$. (Der Ausdruck $\mathrm{d}E/\mathrm{d}x$ ist die Änderung der Feldstärke längs des Weges $\mathrm{d}x$.)

Berechnen wir nun den Feldfluß durch die Oberfläche des kleinen Würfels, dann liefern nur die beiden Stirnflächen in der x-Richtung einen Beitrag. Beachten wir außerdem, daß an der Stelle x das Feld in den Würfel eintritt und an der Stelle $x + \mathrm{d}x$ aus dem Würfel austritt, dann erhalten wir für den Feldfluß

$$\mathrm{d}\psi_E = -E(x) \, \mathrm{d}y \, \mathrm{d}z + E(x + \mathrm{d}x) \, \mathrm{d}y \, \mathrm{d}z$$

$$= \frac{\mathrm{d}E}{\mathrm{d}x} \, \mathrm{d}x \, \mathrm{d}y \, \mathrm{d}z,$$

also

$$\mathrm{d}\psi_E = \frac{\mathrm{d}E}{\mathrm{d}x} \, \mathrm{d}V. \qquad (2.16)$$

Dieser Beitrag muß von den Ladungen herrühren, die sich in dem kleinen Würfel befinden.

Wir erweitern unsere Betrachtungen, indem wir die Einschränkungen fallenlassen. Sowohl das äußere Feld als auch die Ladungen in dem kleinen Würfel liefern Komponenten in allen Koordinatenrichtungen. Aus (2.16) wird dann

$$\mathrm{d}\psi_E = \left(\frac{\mathrm{d}E_x}{\mathrm{d}x} + \frac{\mathrm{d}E_y}{\mathrm{d}y} + \frac{\mathrm{d}E_z}{\mathrm{d}z} \right) \mathrm{d}V. \qquad (2.17)$$

ψ_E ist das Integral über $\mathrm{d}\psi_E$, so daß wir aus (2.17) erhalten:

$$\psi_E = \int \left(\frac{\mathrm{d}E_x}{\mathrm{d}x} + \frac{\mathrm{d}E_y}{\mathrm{d}y} + \frac{\mathrm{d}E_z}{\mathrm{d}z} \right) \mathrm{d}V.$$

Für den Ausdruck in der Klammer gilt in der Mathematik ein eigenes Formelzeichen:

$$\frac{\mathrm{d}E_x}{\mathrm{d}x} + \frac{\mathrm{d}E_y}{\mathrm{d}y} + \frac{\mathrm{d}E_z}{\mathrm{d}z} = \mathrm{div} \, \mathbf{E} \qquad (2.18)$$

(div = Divergenz). Wir können also das linke Integral von (2.15) umformen in ein Volumenintegral:

$$\oint \mathbf{E} \, \mathrm{d}\mathbf{A} = \int \mathrm{div} \, \mathbf{E} \, \mathrm{d}V. \qquad (2.19)$$

Es ist dies der *Gaußsche Integralsatz* (s. auch Abschn. „Mathematische Hilfsmittel"). Mit (2.19) wird aus (2.15)

$$\psi_E = \int \mathrm{div} \, \mathbf{E} \, \mathrm{d}V = \frac{1}{\varepsilon_0} \int \varrho \, \mathrm{d}V.$$

Da die Integration in beiden Integralen über das gleiche Volumen erfolgt, können wir die Integration unterdrücken und erhalten

$$\mathrm{div} \, \mathbf{E} = \frac{\varrho}{\varepsilon_0}. \qquad (2.20)$$

(2.20) und (2.14) liefern beide die gleiche Aussage, nämlich daß die Ladungen die Quellen des

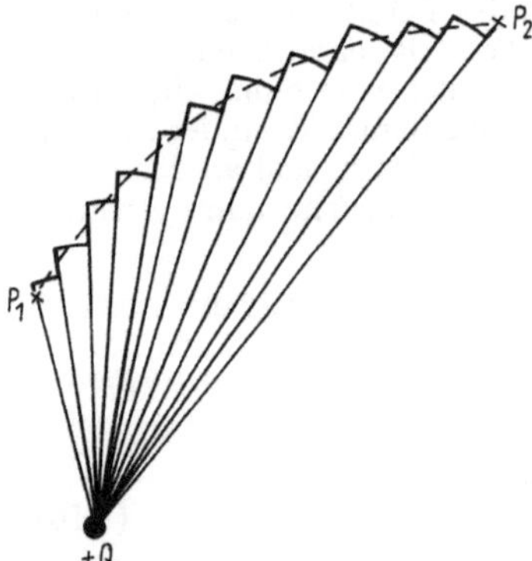

Abb. 2.18. Verschiebung einer Ladung

elektrischen Feldes sind. Es ist lediglich diese Aussage in (2.20) in differentieller Form und in (2.14) in integraler Form angegeben.

2.2.5. Arbeit im elektrischen Feld

Verschiebung einer Ladung im Feld. Die Arbeit zur Verschiebung eines Körpers längs eines Wegstückes ist (Bd. I) gleich dem Weg, multipliziert mit der zur Verschiebung nötigen Kraftkomponente in Richtung des Weges. Befindet sich die Ladung $+Q'$ in einem elektrischen Feld E, so ist die Kraft, die auf die Ladung wirkt, nach (2.3) $F = Q'E$. Wird Q' unter dem Einfluß der Feldkräfte um die Strecke $\mathrm{d}r$ bewegt, verrichtet das Feld die Arbeit

$$\mathrm{d}W = Q'E_r\,\mathrm{d}r = Q'E\cos\alpha\,\mathrm{d}r = Q'\boldsymbol{E}\,\mathrm{d}\boldsymbol{r}. \quad (2.21)$$

α ist der Winkel zwischen E und $\mathrm{d}r$. Erfolgt die Verschiebung von P_1 nach P_2, so wird insgesamt die Arbeit

$$W = Q'\int_{P_1}^{P_2} E_r\,\mathrm{d}r = Q'\int_{P_1}^{P_2} \boldsymbol{E}\,\mathrm{d}\boldsymbol{r} \quad (2.22)$$

aufgebracht. Wird die (positive) Ladung Q' in Richtung der Feldstärke E bewegt, dann liefert das Feld Arbeit; es ist $W > 0$. Bei Verschiebung *entgegen* der Feldrichtung müssen wir zur Bewegung der Ladung Arbeit aufwenden ($W < 0$).
Maßeinheit der elektrischen Arbeit. Aus (2.22) erhält man $[W] = \mathrm{VAs}$. Beachtet man, daß $1\,\mathrm{VA} = 1\,\mathrm{W}$ ist, so ergibt sich $[W] = \mathrm{Ws}$.
Unabhängigkeit vom Weg. Wir wollen den Vorgang der Verschiebung einer Ladung Q' speziell im Feld einer Punktladung $+Q$ genauer untersuchen. Die Feldstärke verläuft radial nach außen. Die Verschiebung soll von P_1 nach P_2 erfolgen. Den Weg zerlegen wir in kleine Beträge, die abwechselnd auf einem Kreisbogen um $+Q$ und längs des Radius verlaufen (Abb. 2.18). Nur die Bewegungen in Richtung (oder entgegen der

Richtung) des Radius liefern einen Beitrag zur Arbeit, da nur dann die Bewegungsrichtung und die Feldrichtung übereinstimmen. Die Bewegungen auf einem Kreisbogenstück liefern keinen Beitrag zur Arbeit, da Feldrichtung und Bewegungsrichtung senkrecht aufeinander stehen und die Feldstärke keine Komponente in Richtung des Weges hat. In (2.21) ist $\cos\alpha = 0$. Die Arbeit ist also insgesamt durch den Abstand der beiden Kreise, die durch P_1 und P_2 gehen, bestimmt. Wir verbinden P_1 und P_2 durch einen zweiten Weg miteinander und zerlegen ihn in der gleichen Weise in kleine Beträge, die abwechselnd auf einem Kreisbogen und längs des Radius verlaufen. Auch hier liefern nur die Bewegungen in Richtung (oder entgegen der Richtung) des Radius einen Beitrag zur Arbeit, so daß ebenfalls die Arbeit einzig durch den Abstand der beiden Kreise, die durch P_1 und P_2 gehen, bestimmt ist. Für beide Wege erhalten wir also den gleichen Wert der benötigten Arbeit. Es ergibt sich folgender Schluß, den wir für beliebige Ladungsverteilungen verallgemeinern können:

Im elektrostatischen Feld ist die Verschiebungsarbeit unabhängig vom Weg und nur abhängig vom Anfangs- und Endpunkt der Bewegung. Speziell im Feld einer Punktladung ist die Arbeit nur abhängig von den Abständen des Anfangs- und Endpunktes von der Punktladung.

Wir wollen die Verschiebungsarbeit einer Ladung Q' im Feld einer Punktladung Q berechnen. Nach (2.22) und (2.5) ergibt sich:

$$W = Q'\int_{P_1}^{P_2} E\,\mathrm{d}r = \frac{Q'}{4\pi\varepsilon_0}\int_{P_1}^{P_2} \frac{Q}{r^2}\frac{r}{r}\,\mathrm{d}r.$$

r/r ist der Einheitsvektor in Richtung des Feldes, also in Richtung des Radius; $\mathrm{d}r$ ist die Verschiebung längs des Weges. Es ist somit das Produkt $(r/r)\,\mathrm{d}r = \mathrm{d}r\cos(r/r, \mathrm{d}r)$. Verläuft die Verschiebung in Richtung des Radius, sind also r/r und $\mathrm{d}r$ parallel, dann wird $(r/r)\,\mathrm{d}r = \mathrm{d}r$. Verläuft die Verschiebung senkrecht zum Radius, stehen r/r und $\mathrm{d}r$ senkrecht aufeinander, wird $(r/r)\,\mathrm{d}r = 0$. Wir können somit die gesamte Verschiebung auf eine solche nur in Richtung des Radius reduzieren, wobei wir für die Punkte P_1 und P_2 nur ihre Abstände von der Punktladung r_1 und r_2 einsetzen:

$$W = \frac{Q'Q}{4\pi\varepsilon_0}\int_{r_1}^{r_2} \frac{\mathrm{d}r}{r^2} = \frac{Q'Q}{4\pi\varepsilon_0}\left(\frac{1}{r_1} - \frac{1}{r_2}\right) = W_1 - W_2,$$

womit der o. g. Satz bestätigt wird.
Geschlossener Umlauf. Von dem oben gefundenen Satz ausgehend, wollen wir die Arbeit bestim-

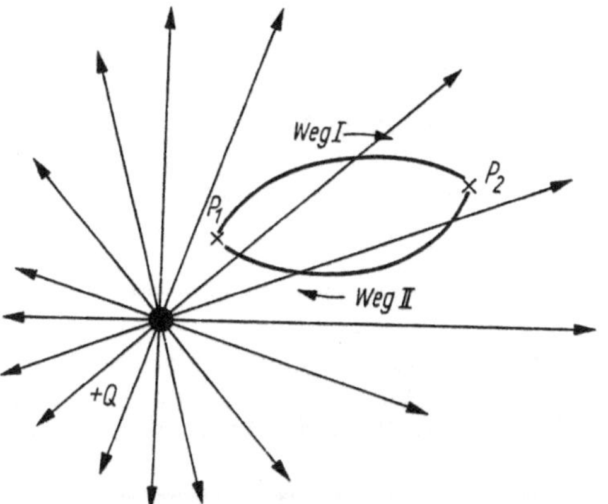

Abb. 2.19. Verschiebung längs eines geschlossenen Umlaufs

men, die bei der Verschiebung der Ladung $+Q'$ längs eines geschlossenen Weges umgesetzt wird. Dazu führen wir die Bewegung von P_1 nach P_2 auf einem Weg I aus und die Verschiebung zurück von P_2 nach P_1 auf einem Weg II (Abb. 2.19). Die Arbeit für den Rückweg hat den gleichen Betrag wie für den Hinweg, nur mit umgekehrtem Vorzeichen. Es gilt also

$$Q' \int_{\substack{P_1 \\ \text{Weg I}}}^{P_2} E\,\mathrm{d}r = -Q' \int_{\substack{P_2 \\ \text{Weg II}}}^{P_1} E\,\mathrm{d}r$$

oder $\quad Q' \int_{\substack{P_1 \\ \text{Weg I}}}^{P_2} E\,\mathrm{d}r + Q' \int_{\substack{P_2 \\ \text{Weg II}}}^{P_1} E\,\mathrm{d}r = 0.$

Wir haben einen geschlossenen Umlauf ausgeführt und schreiben das Ergebnis in der Form:

$$Q' \oint E\,\mathrm{d}r = 0. \tag{2.23}$$

Im elektrostatischen Feld ist die Verschiebungsarbeit auf einem beliebigen geschlossenen Umlauf Null.

(Der Kreis im Integralzeichen bedeutet: Integration über eine geschlossene Kurve.)
Wirbelfreiheit des Feldes. Aus (2.23) folgt

$$\oint E\,\mathrm{d}r = 0. \tag{2.24}$$

(2.24) erlaubt eine wichtige physikalische Interpretation, die schon die Experimente (Abschn. 2.2.2) gezeigt haben und die neben der Quellenbehaftung (Abschn. 2.2.4) eine *zweite Eigenschaft*

des elektrostatischen Feldes charakterisiert:

Das elektrostatische Feld ist wirbelfrei; es gibt keine in sich geschlossenen Feldlinien.

Der Beweis soll indirekt geführt werden. Angenommen, es gibt in sich geschlossene elektrische Feldlinien (*Wirbel*). Dann kann die Ladung Q' in (2.22) entlang solch einer Feldlinie, von einem Punkt beginnend, verschoben werden, bis man wieder den Ausgangspunkt erreicht. Da E und $\mathrm{d}r$ immer gleiche Richtung haben, wird die Verschiebungsarbeit positiv und $\oint E\,\mathrm{d}r > 0$ (also nicht Null). Das widerspricht aber (2.24). Also gilt die o. g. Aussage bez. der Wirbelfreiheit der Feldlinien.
Die Existenz von geschlossenen Feldlinien würde auch dem Energieprinzip widersprechen. Durch Verschiebung einer Probeladung entlang einer geschlossenen Feldlinie könnte man ständig Arbeit (Energie) entnehmen, ohne daß sich das Feld ändert (Perpetuum mobile).
(2.24) ist die mathematische Formulierung für das Fehlen geschlossener Feldlinien.
Für viele Betrachtungen ist es zweckmäßig, den Ausdruck (2.24), der mathematisch die Wirbelfreiheit des Feldes ausdrückt, in differentieller Schreibweise darzustellen. Zu diesem Zweck formen wir das Linienintegral mit Hilfe des Integralsatzes von STOKES in ein Flächenintegral um (s. Abschn. „Mathematische Hilfsmittel“):

$$\oint E\,\mathrm{d}r = \int \operatorname{rot} E\,\mathrm{d}A = 0.$$

Da die Integration für beliebigen Umlauf bzw. für die umspannte Fläche gilt, muß sein:

$$\operatorname{rot} E = 0. \tag{2.24a}$$

(2.24) und (2.24a) beinhalten die gleiche physikalische Aussage, die *Wirbelfreiheit des Feldes*.

2.2.6. Das elektrische Potential

Definition des Potentials. Die Arbeit, die beim Verschieben einer Ladung $+Q'$ von P_1 nach P_2 im elektrischen Feld E umgesetzt wird, ist nach (2.22) $W = +Q' \int_{P_1}^{P_2} E\,\mathrm{d}r$. Eine universelle Bedeutung erhält der Ausdruck, wenn der Endpunkt der Verschiebung in ein Gebiet gelegt wird, das weit außerhalb des Einflusses des elektrischen Feldes liegt. Experimentell erfüllt die Erde (feuchter Boden, Wasserleitung, Gestein) diese Bedingung. Mathematisch legen wir den Endpunkt ins „Unendliche“, da dieses Gebiet durch die vorhandenen Ladungen nicht mehr beeinflußt wird und folglich feldfrei ist. Die Arbeit, die bei der Verschiebung der Ladung Q' vom Punkt P zum feldfreien Raum (∞) abgegeben wird,

$$W_P = Q' \int_P^\infty E\,dr = -Q' \int_\infty^P E\,dr, \qquad (2.25)$$

ist die *potentielle Energie* der Ladung Q' im elektrischen Feld E am Punkt P. Sie ist gleich der Arbeit, die man aufwenden muß, um Q' vom feldfreien Raum (∞) zum Punkt P zu befördern [zweites Integral in (2.25)].

Jedem Punkt des Raumes können wir nach (2.25) einen bestimmten Wert der potentiellen Energie zuordnen. Sie setzt sich als Produkt aus der Ladung, die verschoben wird, und aus einem feldabhängigen Anteil zusammen. Es erscheint sinnvoll, den feldabhängigen Anteil abzuspalten, wobei wir in (2.25) die zweite Formulierung wählen:

$$\varphi = - \int_\infty^P E\,dr. \qquad (2.26)$$

φ ist das *elektrostatische Potential* des Feldes. Es ist eine *skalare Ortsfunktion* und liefert für jeden Punkt des Raumes einen bestimmten Wert, bildet also ein *Skalarfeld*. Der Zahlenwert des Potentials ist die Arbeit, die man aufwenden muß (oder erhält), wenn man die Ladungseinheit aus einem unendlich entfernten Gebiet an einen bestimmten Punkt innerhalb des Feldes bringt. Ein unendlich entfernter Punkt erhält bei dieser Festlegung willkürlich das Potential Null und ist unser Bezugspunkt. Das Potential eines beliebigen Punktes ist positiv, wenn E und dr entgegengerichtet sind, wenn also positive Ladungen die Ursache des Feldes sind. Im anderen Fall ist es negativ.

Maßeinheit des elektrostatischen Potentials: Aus (2.26) ergibt sich $[\varphi] = \mathrm{V}$.

Im CGS-System erhält man $[\varphi] = \sqrt{\mathrm{dyn}}$. 1 Volt entspricht $^1/_{300}$ der elektrostatischen Potentialeinheit, also $1\,\mathrm{V} \triangleq (^1/_{300})\sqrt{\mathrm{dyn}}$.

Spannung und Potentialdifferenz. Mit Hilfe des Potentials φ kann der Ausdruck für die Verschiebungsarbeit einer Ladung Q' von P_1 nach P_2,

$$W = Q' \int_{P_1}^{P_2} E\,dr \qquad (2.22)$$

umgeformt werden. Hierzu zerlegen wir den Weg in zwei Teilschritte: von P_1 zum feldfreien Raum und von dort nach P_2,

$$W = Q' \left(\int_{P_1}^\infty E\,dr + \int_\infty^{P_2} E\,dr \right).$$

Mit (2.26) ergibt sich hieraus

$$W = Q'(\varphi_1 - \varphi_2). \qquad (2.27)$$

Die Potentialdifferenz zwischen P_1 und P_2 heißt die *Spannung* zwischen diesen Punkten:

Spannung = Potentialdifferenz;
$$U = \varphi_1 - \varphi_2. \qquad (2.28)$$

Somit erhält man aus (2.27)

$$W = Q'U. \qquad (2.29)$$

Die Arbeit zur Bewegung einer Ladung Q' zwischen zwei Punkten, zwischen denen die Spannung U herrscht, ist gleich dem Produkt aus Ladung und Spannung.

Durch Vergleich von (2.29) mit (2.22) ergibt sich

$$U = \int_{P_1}^{P_2} E\,dr. \qquad (2.30)$$

Die Spannung U zwischen P_1 und P_2 ist gleich dem Linienintegral der Feldstärke zwischen diesen Punkten.

Die Spannung ist positiv, wenn der Anfangspunkt ein positiveres Potential hat als der Endpunkt, wenn also E und dr gleichgerichtet sind. (Die Identität der hier eingeführten Spannung mit der uns von den elektrischen Leitungen im Haushalt her bekannten wird weiter unten gezeigt.)

Äquipotentialflächen. Alle Punkte eines Feldes, in denen das gleiche Potential herrscht, liegen auf einer Fläche, der *Fläche gleichen Potentials* oder der *Äquipotentialfläche*. Zwischen zwei Punkten einer solchen Äquipotentialfläche besteht nach (2.28) die Spannung Null. Daher wird zur Verschiebung einer Ladung Q' auf einer Äquipotentialfläche wegen (2.29) keine Arbeit benötigt. Das bedeutet aber, daß die Verschiebung senkrecht zur Richtung der elektrischen Feldstärke erfolgt sein muß, da nur dann die Feldstärke keine Komponente in Richtung des Verschiebungsweges aufweist.

Feldrichtung und Äquipotentialflächen stehen stets senkrecht aufeinander.

Die Spannung zwischen zwei beliebigen Punkten des Feldes ist gleich der Potentialdifferenz zwischen den durch die Punkte verlaufenden Äquipotentialflächen.

Der Potentialgradient. Wir wollen die Gleichung

$$\varphi = - \int_\infty^P E\,dr \qquad (2.26)$$

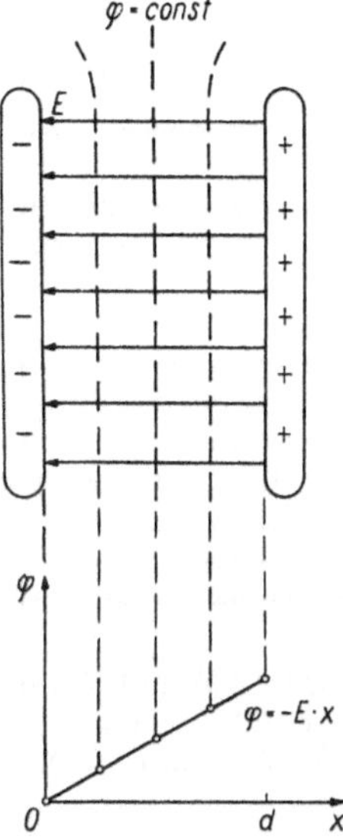

Abb. 2.20. Feldlinien und Äquipotentialflächen im Plattenkondensator

so umformen, daß wir sie nach E auflösen. Zu dem Zweck differenzieren wir beide Seiten nach dr. Dann heben sich auf der rechten Seite die Differentiation und die Integration als zueinander inverse Rechenoperation auf, und man erhält

$$E = - \frac{d\varphi}{dr} = -\mathrm{grad}\ \varphi. \qquad (2.31)$$

Der Gradient (Bd. I) ist ein Vektor, der in die Richtung der größten Änderung der Funktion weist.

Die Feldstärke zeigt in die Richtung des größten Potentialgefälles.

Ist das Potential $\varphi = $ const, so liefert (2.31) für die Feldstärke $E = 0$.

Anmerkung: In der Mechanik wurde die Arbeit, die einem System von außen zugeführt wird, mit positivem Vorzeichen versehen. Bei den obigen Ableitungen (Abschn. 2.2.5 und 2.2.6) haben wir den entgegengesetzten Standpunkt eingenommen: Gibt das Feld nach außen Arbeit ab, dann hat sie positives Vorzeichen. Im anderen Fall ist sie negativ. Mit dieser Vereinbarung ist zugleich das Vorzeichen der Spannung festgelegt. Die Spannung zwischen zwei Punkten wird dann positiv gerechnet, wenn das Feld bei der Bewegung einer positiven Ladung längs des vorgegebenen Weges Arbeit abgibt (2.22), wenn also das Potential des Anfangspunktes größer als das des Endpunktes ist (2.28).
Dieses Vorgehen ist in den einzelnen Lehrbüchern nicht einheitlich. Unser Weg hat den Vorteil, daß das hierdurch festgelegte Vorzeichen der Spannung unmittelbar auf die Verhältnisse des elektrischen Stromes übertragen werden

kann (Abschn. 3.3.1). Das unterschiedliche Vorgehen in den einzelnen Lehrbüchern muß gegebenenfalls beachtet werden. Die Angabe des Potentials in einem Punkt bleibt von den beiden Betrachtungsweisen unberührt. In beiden Fällen ergibt sich der gleiche Ausdruck (2.26).

2.2.7. Spezielle Fälle von Feldstärke und Potential

Es ist eines der Ziele der Elektrizitätslehre, die Kräfte, die geladene Leiteranordnungen auf Ladungen im Raum ausüben, zu berechnen. Hierzu benötigt man wegen $F = QE$ den Verlauf der Feldstärke. Für einfache Fälle von Leiteranordnungen läßt sich unmittelbar die Feldstärke angeben. Wir werden auch Leiteranordnungen kennenlernen, bei denen die Angabe des Potentials leichter möglich ist als die der Feldstärke. Da jedoch die Feldstärke mit dem Potential durch $E = -\mathrm{grad}\ \varphi$ verknüpft ist, kann man aus dem Potentialverlauf ohne Schwierigkeiten die Feldstärke berechnen. Im folgenden sollen Feldstärke und Potential für einfache Ladungsanordnungen angegeben werden.

Plattenkondensator. Ein besonders einfacher Fall ergibt sich, wenn sich das Potential linear zu einer Koordinatenrichtung (x-Achse) ändert und in den beiden anderen Koordinatenrichtungen konstant ist, wenn also gilt:

$$\varphi = ax + b.$$

Nach (2.31) erhält man hieraus für die Feldstärke

$$E = - \frac{d\varphi}{dx} = -a = \mathrm{const},$$

wobei die Feldstärke die Richtung der x-Achse hat. Das Feld ist homogen; die Feldstärke hat überall gleichen Betrag und gleiche Richtung. Diesen wichtigen Fall hatten wir als Feld zwischen den Platten eines Plattenkondensators kennengelernt (Abb. 2.20). Die Äquipotentialflächen verlaufen parallel zu den Platten. Sie werden von den Feldlinien senkrecht durchstoßen. (An den Rändern der Platten ist der homogene Feldlinienverlauf gestört. Diese Effekte bleiben unberücksichtigt.)
Ist d der Abstand der Platten, dann liefert (2.30) im vorliegenden Fall ($E = $ const) ein einfaches Ergebnis:

$$U = \int_0^d E\,dx = Ed.$$

Umgeformt erhält man

$$E = \frac{U}{d}. \qquad (2.32)$$

Die Feldstärke in einem Plattenkondensator ist Plattenspannung, geteilt durch Plattenabstand. Sie ist im ganzen Kondensatorraum konstant.

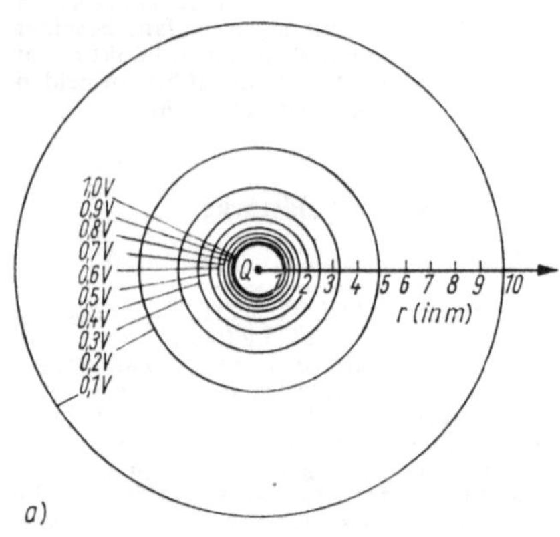

a)

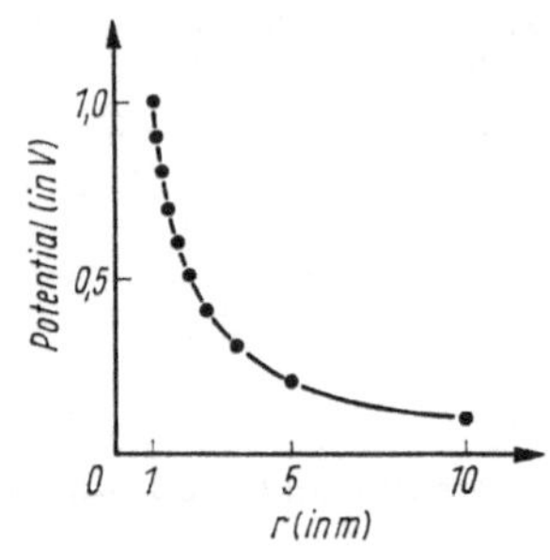

b)

Abb. 2.21. Potential einer Punktladung Q.
Das Potential im Abstand 1 m wurde 1 V gesetzt
($Q = 1,11 \cdot 10^{-10}$ As)

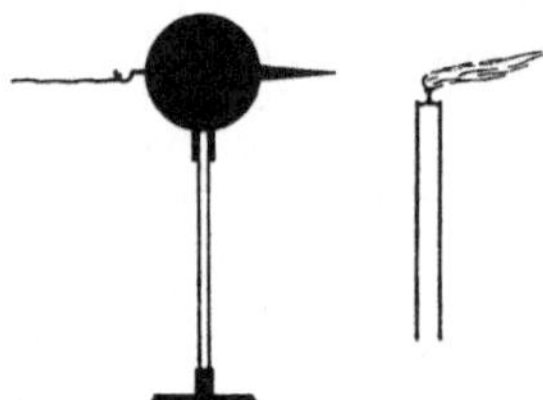

Abb. 2.22. Elektrischer Wind

Punktladung. In (2.5) ist die Feldstärke einer Punktladung $+Q$ angegeben:

$$E = \frac{1}{4\pi\varepsilon_0} \frac{Q}{r^2} \frac{r}{r}; \qquad \text{Betrag } E = \frac{1}{4\pi\varepsilon_0} \frac{Q}{r^2}. \tag{2.5}$$

Die Feldstärke E hat die Richtung des Radiusvektors r. Für das Potential gilt (2.26): $\varphi = -\int\limits_{\infty}^{r} E \, dr$. Da E und r gleiche Richtung haben, können wir analog dem Beispiel in Abschn. 2.2.5 mit den Beträgen rechnen und erhalten

$$\varphi = -\int\limits_{\infty}^{r} E \, dr = -\frac{1}{4\pi\varepsilon_0} \int\limits_{\infty}^{r} \frac{Q}{r^2} \, dr,$$

$$\varphi = \frac{1}{4\pi\varepsilon_0} \frac{Q}{r}. \tag{2.33}$$

Das Potential nimmt in (2.33) einen konstanten Wert an, wenn $r = $ const ist (also auf konzentrischen Kugelflächen).

Das Potential einer Punktladung ist proportional $1/r$. Die Äquipotentialflächen sind konzentrische Kugelflächen, die die Ladung zum Mittelpunkt haben. Sie werden von den radial verlaufenden Feldlinien senkrecht durchsetzt (Abb. 2.21).

Geladene Kugel. Die Beziehungen (2.5) und (2.33) sind auch für Feldstärke und Potential einer geladenen Kugel vom Radius R im Raum außerhalb der Kugel ($r \geqq R$) gültig.

Eine geladene Kugel wirkt so, als sei ihre gesamte Ladung in ihrem Mittelpunkt vereinigt.

Trägt die Kugel die Ladung $+Q$, so haben Feldstärke und Potential nach (2.5) und (2.33) an der Kugeloberfläche den Betrag

$$E = \frac{1}{4\pi\varepsilon_0} \frac{Q}{R^2} \quad \text{und} \quad \varphi = \frac{1}{4\pi\varepsilon_0} \frac{Q}{R}. \tag{2.34}$$

Geladene Spitze. Die Feldstärke an der Oberfläche einer Kugel kann nach (2.34) große Werte annehmen, wenn man eine Kugel mit sehr kleinem Radius verwendet (z. B. eine Spitze). Die Luft verliert bei hohen Feldstärken ihr Isolationsvermögen. Sie wird leitend. Die Moleküle der Luft werden *ionisiert* (*Spitzenentladung*, s. Abschn. 8.2.3). Die Luftionen, die gleiches Vorzeichen wie die Spitze haben, werden von der Spitze fortbewegt. Sie reißen durch innere Reibung die neutralen Luftmoleküle mit, so daß sich ein *elektrischer Wind* ausbildet. Er kann mit einer Kerzenflamme nachgewiesen werden (Abb. 2.22.)
Will man bei Hochspannung führenden Metallteilen die Spitzenentladung unterdrücken, so muß man unbedingt darauf achten, daß scharfe Kanten und Spitzen vermieden werden.
Stetige Ladungsverteilung. In Abschn. 2.2.3 hatten wir die Feldstärke einer Raumladung angegeben:

$$E = \frac{1}{4\pi\varepsilon_0} \int \frac{\varrho \, dV}{r^2} \frac{r}{r}. \tag{2.9}$$

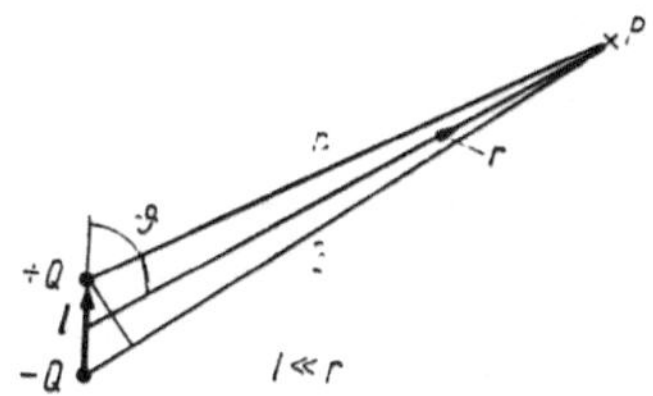

Abb. 2.23. Zum Potential eines Dipols

In analoger Weise können wir das Potential einer Raumladung bestimmen. Ist die Raumladungsdichte $\varrho(r)$, dann befindet sich im Volumenelement dV die Ladungsmenge $dQ = \varrho\, dV$. Sie liefert nach (2.33) zum Potential den Beitrag

$$d\varphi = \frac{1}{4\pi\varepsilon_0}\frac{dQ}{r} = \frac{1}{4\pi\varepsilon_0}\frac{\varrho\, dV}{r}.$$

Durch Integration erhält man das *Potential der Raumladung*:

$$\varphi = \frac{1}{4\pi\varepsilon_0}\int\frac{\varrho\, dV}{r}. \qquad (2.35)$$

Liegt flächenhaft verteilte Ladung vor, so führen wir zur Erfassung die *Flächenladungsdichte*

$$\sigma = \frac{dQ}{dA}$$

ein. Auf einem Flächenstück dA befindet sich die Ladung $dQ = \sigma\, dA$, und für das *Potential der flächenhaft verteilten Ladung* ergibt sich

$$\varphi = \frac{1}{4\pi\varepsilon_0}\int\frac{\sigma\, dA}{r}. \qquad (2.36)$$

In entsprechender Weise verfährt man bei linienhaft verteilter Ladung der Linienladungsdichte

$$q = \frac{dQ}{dl}.$$

Man erhält für das *Potential der linienhaft verteilten Ladung*

$$\varphi = \frac{1}{4\pi\varepsilon_0}\int\frac{q\, dl}{r}. \qquad (2.37)$$

2.2.8. Dipole

Potential eines Dipols. Zwei Punktladungen gleicher Größe und unterschiedlichen Vorzeichens $+Q$ und $-Q$, die den Abstand l voneinander

haben, bezeichnet man als *Dipol*. Da die Moleküle der Stoffe zur Bildung derartiger Dipole fähig sind, werden die Eigenschaften der Stoffe durch das Verhalten dieser molekularen Dipole bestimmt. Daher ist die Untersuchung der Kräfte, die auf einen Dipol im elektrischen Feld wirken, für uns von Interesse.

Das Potential eines Dipols in einem Punkt P außerhalb des Dipols (Abb. 2.23) ergibt sich durch Addition der beiden Anteile der Punktladungen

$$\varphi = \frac{1}{4\pi\varepsilon_0}\left(\frac{Q}{r_1} - \frac{Q}{r_2}\right),$$

$$\varphi = \frac{Q}{4\pi\varepsilon_0}\frac{r_2 - r_1}{r_1 r_2}.$$

Um uns den Größenverhältnissen der molekularen Dipole im Stoff anzunähern, berechnen wir das Potential in *großer Entfernung* vom Dipol. Da dann der Abstand l der Punktladungen voneinander klein ist gegen r_1 und r_2, gilt $r_1 \approx r_2 \approx r$, so daß wir setzen können: $r_1 r_2 \approx r^2$ und $r_2 - r_1 \approx l \cos\vartheta$,

$$\varphi = \frac{Q}{4\pi\varepsilon_0}\frac{l\cos\vartheta}{r^2}.$$

Den Ausdruck $l \cos\vartheta$ können wir als skalares Produkt zweier Vektoren schreiben, nämlich $lr/r = l\cos\vartheta$, wobei der Vektor l von der negativen zur positiven Punktladung zeigen soll und r/r der Einheitsvektor ist, der von der Mitte zwischen beiden Ladungen zum Punkt P hinweist:

$$\varphi = \frac{Q}{4\pi\varepsilon_0}\frac{l}{r^2}\frac{r}{r}. \qquad (2.38)$$

Wir setzen

$$p = Ql. \qquad (2.39)$$

p ist das *Dipolmoment des Dipols. Es hat die Richtung von der negativen zur positiven Ladung.* (2.39) in (2.38) eingesetzt, ergibt für das Potential eines Dipols

$$\varphi = \frac{1}{4\pi\varepsilon_0}\frac{p}{r^2}\frac{r}{r}. \qquad (2.40)$$

Abb. 2.24 zeigt den nach (2.40) berechneten Potentialverlauf. In unmittelbarer Nähe des Dipols gilt (2.40) nicht, da die geforderte Einschränkung $l \ll r$ verletzt ist. Man erkennt außerdem, daß in einer Ebene senkrecht zur Dipolachse durch die Mitte des Dipols das Potential Null ist (da p und r senkrecht aufeinander stehen).

Dipol im homogenen elektrischen Feld. Der Dipol möge eine beliebige Richtung zum Feld haben. Es wirken auf die Ladungen des Dipols gleich große, entgegengesetzt gerichtete Kräfte $+QE$

3   Grimsehl II, 21. Aufl.

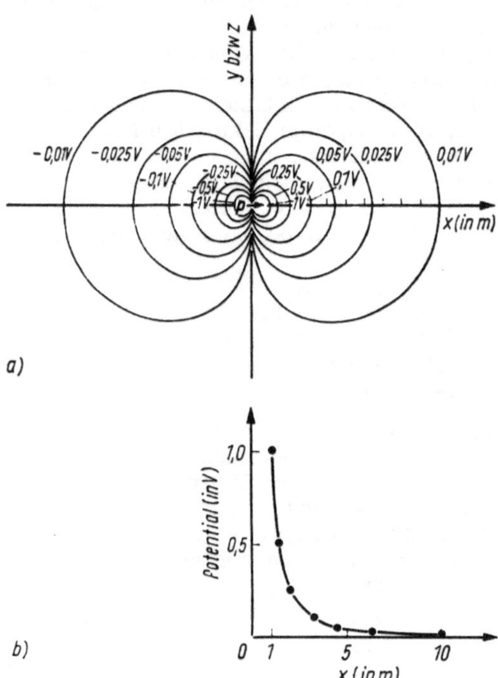

a)

b)

Abb. 2.24. Potential eines elektrischen Dipols. Das Potential für $x = 1$ m wurde 1 V gesetzt ($|p| = 1{,}11 \cdot 10^{-10}$ A s m)

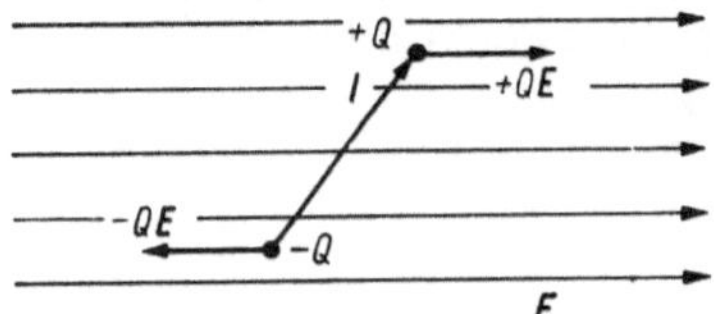

Abb. 2.25. Dipol im homogenen Feld

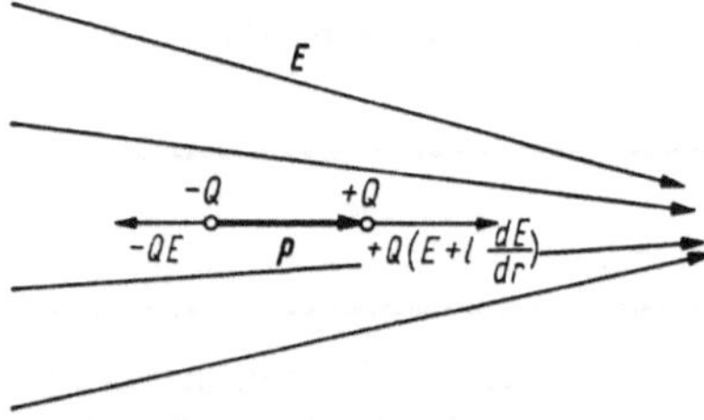

Abb. 2.26. Dipol im inhomogenen Feld

und $- QE$. Sie bilden ein Kräftepaar, das ein Drehmoment auf den Dipol ausübt, so daß er sich mit seiner Dipolachse in die Richtung des Feldes einzustellen sucht (Abb. 2.25). Ist l der Abstand der Ladungen voneinander, so liefert das Kräftepaar ein Drehmoment (Bd. I)

$$M = l \times F = l \times QE = lQ \times E.$$

Mit dem Dipolmoment $p = lQ$ wird daraus

$$M = p \times E. \tag{2.42}$$

Das Drehmoment ist am größten, wenn p und E senkrecht aufeinander stehen. Es ist Null, wenn beide parallel verlaufen, wenn also der Dipol in der Feldrichtung liegt.

Ein homogenes Feld übt auf einen Dipol ein Drehmoment aus, das den Dipol zu drehen sucht, bis Dipolrichtung und Feldrichtung übereinstimmen.

Dipol im inhomogenen elektrischen Feld. Die Feldstärke am Ort der positiven und der negativen Ladung ist im inhomogenen Feld im allgemeinen nach Größe und Richtung verschieden, so daß die Summe der wirkenden Einzelkräfte ein Kräftepaar und eine resultierende Einzelkraft ergeben. Wir wollen zur Vereinfachung annehmen, das Kräftepaar habe den Dipol bereits in die Feldrichtung gedreht. (Wir können dann für die weiteren Betrachtungen mit den Beträgen der Vektoren rechnen.) Das Feld sei inhomogen, habe aber am Ort des Dipols überall gleiche Richtung (Abb. 2.26). Am Ort der negativen Dipolladung $-Q$ sei der Betrag der Feldstärke E. Dann hat die Felsdtärke (bei nicht zu schneller örtlicher Änderung) am Ort der positiven Dipolladung $+Q$ den Betrag $E + l\,\mathrm{d}E/\mathrm{d}r$. (Der Ausdruck $\mathrm{d}E/\mathrm{d}r$ gibt die örtliche Änderung der Feldstärke an. Sie ist um so größer, je inhomogener das Feld ist.) Die Resultierende der beiden entgegengesetzt gerichteten Kräfte liegt in der Richtung des Feldes und hat den Betrag

$$F = +Q\left(E + l\frac{\mathrm{d}E}{\mathrm{d}r}\right) - QE = Ql\frac{\mathrm{d}E}{\mathrm{d}r},$$

$$F = p\frac{\mathrm{d}E}{\mathrm{d}r}. \tag{2.42}$$

Im inhomogenen Feld erfährt ein Dipol zusätzlich zum Drehmoment eine Translationskraft. Sie hängt nicht von der Feldstärke selbst, sondern von ihrem Differentialquotienten, ihrem örtlichen Gefälle ab. Diese Kraft zieht den Dipol immer in die Richtung der größeren Feldstärke. Der Dipol wird unabhängig von der Richtung des Feldes in das Feld hineingezogen.

2.2.9. Die Potentialgleichung

Wir hatten in Abschn. 2.2.7 und 2.2.8 die Feldstärke und das Potential von einfachen Ladungsanordnungen kennengelernt. Wir konnten sie in einigen Fällen, von der Punktladung ausgehend, berechnen. Wenn die Ladungsanordnungen komplizierter werden, versagt diese Methode. In der theoretischen Physik ist die *Potentialtheorie* entwickelt worden, die es gestattet, den Potential- und Feldstärkeverlauf auch bei komplizierteren Anordnungen zu berechnen. Die Theorie geht von einer Differentialgleichung, der Potentialgleichung, aus. Wir werden uns nicht mit der vollständigen Theorie beschäftigen. Da wir jedoch die Potentialgleichung noch an anderer Stelle benötigen, soll sie abgeleitet werden.

Der Zusammenhang zwischen E und φ ergab sich in Abschn. 2.2.6 zu

$$E = -\operatorname{grad} \varphi. \tag{2.31}$$

Abschn. 2.2.4 lieferte uns

$$\operatorname{div} E = \frac{\varrho}{\varepsilon_0}. \tag{2.20}$$

Setzen wir (2.20) in (2.31) ein, dann erhält man

$$\operatorname{div} \operatorname{grad} \varphi = -\frac{\varrho}{\varepsilon_0}. \tag{2.43}$$

Dies ist die *Poissonsche Potentialgleichung*. Für die Operation „div grad" hat sich in der Mathematik ein spezieller Operator eingebürgert, der *Laplacesche Operator* Δ (= Delta). In kartesischen Koordinaten bedeutet er

$$\operatorname{div} \operatorname{grad} = \Delta = \frac{\partial^2}{\partial x^2} + \frac{\partial^2}{\partial y^2} + \frac{\partial^2}{\partial z^2}. \tag{2.44}$$

(Siehe auch Abschn. „Mathematische Hilfsmittel".)

Mit Hilfe des Laplaceschen Operators erhält die *Poissonsche Potentialgleichung* die Form

$$\Delta \varphi = -\frac{\varrho}{\varepsilon_0}. \tag{2.45}$$

Werden die Betrachtungen im raumladungsfreien Gebiet durchgeführt, dann wird in (2.40) und (2.42) $\varrho = 0$, und wir erhalten die *Laplacesche Potentialgleichung*

$$\operatorname{div} \operatorname{grad} \varphi = \Delta \varphi = 0. \tag{2.46}$$

Die in den Abschn. 2.2.7 und 2.2.8 angegebenen Potentiale sind Lösungen der Laplaceschen Potentialgleichung. Setzt man sie in (2.46) ein, so erfüllen sie die Gleichung.

2.3. Leiter im elektrostatischen Feld

In den vergangenen Abschnitten hatten wir bereits mehrfach das Zusammenwirken von elektrischen Leitern und elektrischen Feldern betrachtet, sei es, daß die Leiter die Ladungen tragen, die das Feld erzeugen, oder daß sich die ungeladenen Leiter in einem elektrischen Feld befinden und den Feldlinienverlauf beeinflussen. Im folgenden sollen die Erscheinungen genauer untersucht werden. Wir werden dabei feststellen, daß das Verhalten eines elektrischen Leiters im Feld im wesentlichen durch seine Grundeigenschaft bestimmt wird, nämlich die freie Verschiebbarkeit der negativen Ladungsträger, der Elektronen (s. Abschn. 2.1.2).

2.3.1. Feldstärke und Potential in Leitern

Wird ein Leiter mit einem geriebenen Hartgummistab aufgeladen, indem man ihn mit dem Stab an einer Stelle berührt, so befindet sich zunächst an dieser Stelle des Leiters ein Ladungsüberschuß. (Beim Berühren mit einem geriebenen Glasstab haben wir an der Berührungsstelle Elektronenmangel vorliegen. Wir können ihn als Überschuß positiver Ladungen ansehen, so daß die folgenden Ausführungen in gleicher Weise gelten.) Da sich die Ladungen gegenseitig abstoßen, streben sie auseinander. Die Felder der einzelnen Ladungsträger überlagern sich, so daß für jede Ladung eine nach außen wirkende Kraftkomponente resultiert. Die Bewegung findet an der Leiteroberfläche ihre Grenze, da die Ladungen im allgemeinen nicht aus der Oberfläche austreten können. Sie können sich lediglich noch längs der Oberfläche bewegen, und zwar so lange, wie die Feldstärke eine Komponente parallel zur Oberfläche hat. Die Bewegung parallel zur Oberfläche hört auf, wenn die Ladungsträger an der Oberfläche eine solche Verteilung eingenommen haben, daß die Feldstärke überall senkrecht zur Oberfläche steht. Da auch im Innern des Leiters die Bewegung der Ladungsträger zur Ruhe gekommen ist, muß die Feldstärke dort Null sein. Die Felder der (an der Oberfläche befindlichen) Ladungsträger überlagern sich im Innern derart, daß sie sich gegenseitig aufheben.

Diese Erkenntnis hatten wir schon aus dem Fehlen von Feldlinien innerhalb eines metallischen Ringes (Abb. 2.15) gewonnen. Sie läßt sich gut experimentell bestätigen. Zu dem Zweck befindet sich auf einem Metallteller ein senkrechter Metallstab mit einem daran befestigten kleinen Pendel. Wird der Metallteller aufgeladen, so spreizt sich das Pendel ab (Abb. 2.27a). Stülpen wir über den Teller einen Metallkäfig (*Faradaykäfig*), auf dem sich ebenfalls an einer vertikalen Stange ein Pendel befindet, und laden die Anlage erneut auf,

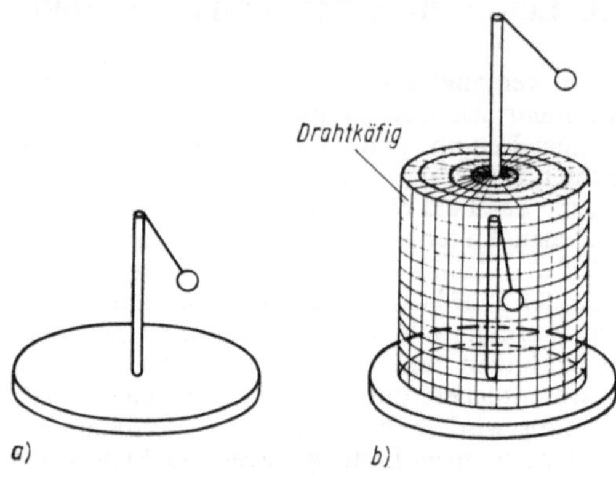

Abb. 2.27. Wirkung des Faradaykäfigs

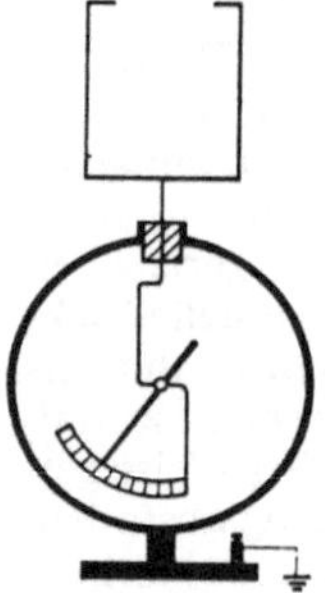

Abb. 2.28. Becherelektrometer

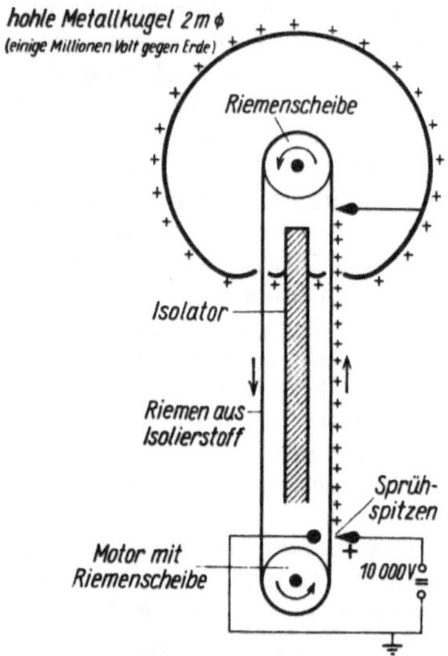

Abb. 2.29. Prinzip des Hochspannungsgenerators von VAN DE GRAAFF

so spreizt sich nur das äußere Pendel ab. Das innere Pendel bleibt in Ruhe (Abb. 2.27 b).

Im Innern eines im elektrostatischen Gleichgewicht befindlichen Leiters ist die Feldstärke Null.

Wegen $E = -\text{grad}\,\varphi$ ergibt sich hieraus:

Das Innere eines im elektrostatischen Gleichgewicht befindlichen Leiters ist immer ein Bereich konstanten Potentials. Alle Punkte eines Leiters sind auf gleicher Spannung.

Es folgt weiterhin:

Die Oberfläche eines im elektrostatischen Gleichgewicht befindlichen Leiters ist stets eine Äquipotentialfläche. Die Feldlinien treten senkrecht aus der Oberfläche aus. Die Feldstärke weist an der Leiteroberfläche nur eine Normalkomponente auf.
Der Sitz der Ladungen eines metallischen Leiters ist seine Oberfläche. Bei Hohlkörpern ist es die äußere Oberfläche.

Faradays Käfigversuch. FARADAY führte (1836) den oben genannten Versuch im Großen aus, indem er einen Behälter mit leitenden Wandungen von solcher Größe herstellte, daß er selbst darin Platz hatte. Nachdem der Käfig vom Erdboden isoliert aufgestellt war, ging er mit einem empfindlichen Elektroskop in den Behälter und ließ nun starke elektrische Funken von außen auf die Wandungen überschlagen. Er nahm weder einen Ausschlag des Elektroskops wahr, noch hatte er selbst irgendwelche Empfindungen beim Überspringen der elektrischen Funken.
Elektrostatische Schirmwirkung. Die besprochenen Erscheinungen werden dazu benutzt, elektrische Leitungen und elektrische Apparate gegen die Einwirkung äußerer elektrischer Felder zu schützen. Man umgibt sie zu diesem Zweck möglichst vollständig mit einer metallischen Hülle, die geerdet wird.
Vollständige Übertragung der Ladung. Die Tatsache, daß sich Ladungen bei einem Hohlkörper nur auf der äußeren Oberfläche befinden, kann man zum praktisch unbegrenzten Aufladen derartiger Hohlkörper ausnutzen. Entsprechend Abb. 2.28 trägt ein Elektrometer einen Metallbecher (Hohlkörper). Mit einer kleinen Kugel an einem isolierenden Stiel kann man den Becher mit Elektrometer in kleinen Portionen schrittweise aufladen, indem man die Kugel z. B. mit einer Influenzmaschine auflädt, in den Becher hineinführt und dort die Ladung an den Becher abgibt. Hierbei wird die Kugel vollständig entladen, da die Ladung sofort zur Becheraußenseite abfließt. Diesen Vorgang kann man unbegrenzt wiederholen.

Hochspannungserzeugung. Man hat die Aufladung von metallischen Hohlkörpern durch in ihr Inneres gebrachte Ladungen in größerem Maßstab zur Erzeugung von sehr hohen Spannungen (bis 10 Millionen Volt) ausgenutzt. Abb. 2.29 zeigt das Schema der verwendeten Anordnung. Ein durch Berührung oder Spitzenwirkung mit elektrischer Ladung belegtes, in sich zurücklaufendes Seidenband wird ins Innere einer großen Kugel geführt, wo ihm die Ladung entzogen wird und sich diese auf das Äußere der Kugel verteilt. Das Seidenband kehrt ungeladen wieder zur Ladestelle zurück. Die Größe der Kugeln ist bedingt durch das Bestreben, die Feldstärke an der Oberfläche möglichst klein zu halten, um die Sprühverluste nicht zu sehr ansteigen zu lassen. Abb. 2.30 zeigt den Laboraufbau eines VAN DE GRAAFF-Hochspannungsgenerators. In der waagerecht gelagerten Stützsäule der Kugel ist die Bandanordnung untergebracht.

2.3.2. Die Flächendichte der Ladung

Wir wollen die gewonnenen Erkenntnisse dazu benutzen, die Verteilung der Ladung an der Oberfläche eines Leiters zu untersuchen. Wir berühren den geladenen Leiter an der uns interessierenden Stelle mit einem gegen die Abmessungen des Körpers kleinen metallischen Plättchen. Dann bildet offenbar das kleine Probeplättchen einen Teil der Oberfläche des Leiters. Es werden die Feldlinien, die an diesem Teil der Oberfläche des Körpers endeten, nun an dem Probeplättchen enden, vorausgesetzt, daß es das Feld nicht verändert, worauf man zu achten hat (langer isolierender Stiel). Die Ladungen, die zuvor auf der Oberfläche des Körpers waren, sind auf das Probeplättchen übergegangen. Ziehen wir vorsichtig das Probeplättchen aus dem Feld und messen seine Ladung (z. B. mit einem Becherelektrometer, s. Abschn. 2.3.7),

dann können wir bei bekannter Fläche A des Plättchens die *Flächendichte der Ladung* bestimmen:

$$\sigma = \frac{Q}{A}. \qquad (2.47)$$

Maßeinheit der Flächendichte der Ladung:

$$[\sigma] = [Q]/[A] = \text{C/m}^2.$$

Flächendichte der Ladung und Feldstärke. In Abschn. 2.2.7 hatten wir gesehen, daß Potential und Feldstärke einer Punktladung und einer Kugel durch die gleichen Formeln bestimmt werden, sofern wir den Raum außerhalb der Kugel betrachten, nämlich

$$\varphi = \frac{1}{4\pi\varepsilon_0}\frac{Q}{r} \quad \text{und} \quad E = \frac{1}{4\pi\varepsilon_0}\frac{Q}{r^2}\frac{r}{r}. \qquad (2.33)$$

Es ist gleichgültig, ob die Ladung in einem Punkt vereinigt ist oder ob sie auf einer metallischen Kugelfläche (einer Äquipotentialfläche der Punktladung) angeordnet ist. Aus Symmetriegründen verteilt sich die Ladung gleichmäßig über die Kugeloberfläche. Dann ist die Flächendichte der Ladung

$$\sigma = \frac{\text{Ladung}}{\text{Kugeloberfläche}} = \frac{Q}{4\pi R^2}.$$

Der Betrag der Feldstärke an der Kugeloberfläche ist

$$E = \frac{1}{4\pi\varepsilon_0}\frac{Q}{R^2}, \qquad (2.34)$$

so daß man erhält:

$$E = E_n = \frac{\sigma}{\varepsilon_0}. \qquad (2.48)$$

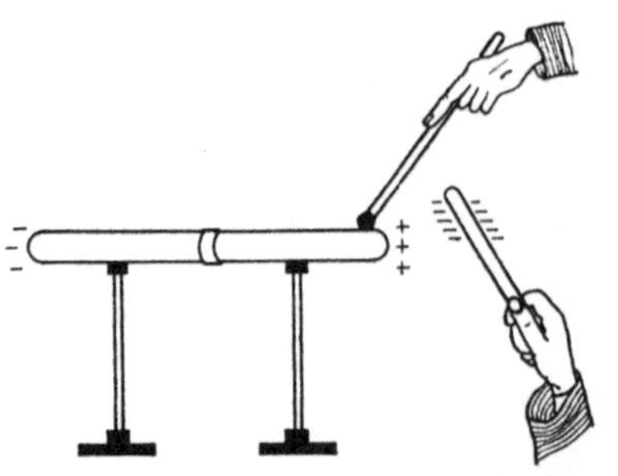

Abb. 2.31. Influenz im Feld eines geladenen Hartgummistabes

Da die metallische Kugelfläche eine Äquipotentialfläche darstellt, existiert dort nur eine Normalkomponente der Feldstärke. Das Innere der Kugel ist wie bei jedem Metallkörper feldfrei. (2.48) gilt nicht nur für die Ladung auf einer Kugeloberfläche, sondern für jede flächenhaft verteilte Ladung:

An einer metallischen Fläche, die Ladung der Flächendichte σ trägt, erleidet die Normalkomponente der Feldstärke einen Sprung; innen ist sie Null, außen ist sie σ/ε_0. Die Tangentialkomponente der Feldstärke ist innen und außen Null.

Flächendichte und Krümmungsradius. (2.48) wollen wir umstellen zu

$$\sigma = \varepsilon_0 E.$$

Der Betrag der Feldstärke und das Potential einer Kugel sind

$$E = \frac{1}{4\pi\varepsilon_0}\frac{Q}{R^2} \quad \text{und} \quad \varphi = \frac{1}{4\pi\varepsilon_0}\frac{Q}{R}.$$

Beides eingesetzt liefert

$$\sigma = \varepsilon_0 \frac{\varphi}{R}. \tag{2.49}$$

Bei gleichem Potential ist die Flächendichte der Ladung umgekehrt proportional dem Krümmungsradius.

Verbinden wir zwei Kugeln unterschiedlicher Radien leitend miteinander und laden sie auf, dann bilden ihre Oberflächen eine gemeinsame Äquipotentialfläche. An den Oberflächen der Kugeln gilt demnach $\varphi_1 = \varphi_2 = \text{const}$, so daß sich nach (2.49) die Flächendichten ihrer Ladungen umgekehrt wie ihre Radien verhalten:

$$\frac{\sigma_1}{\sigma_2} = \frac{R_2}{R_1}.$$

Die Ladung ist also auf der kleinen Kugel dichter als auf der großen. Dies läßt sich leicht durch Prüfung zweier verschieden großer Kugeln an isolierenden Stäben, die zunächst leitend verbunden waren und nach dem Aufladen getrennt wurden, im Becherelektrometer nachweisen.

Da außerdem eine große Flächendichte der Ladung wegen $E = \sigma/\varepsilon_0$ eine große Feldstärke ergibt, ist an der Oberfläche der kleinen Kugel die Feldstärke größer als an der der großen Kugel. (Hierauf wurde schon in Abschn. 2.2.7 hingewiesen.)

2.3.3. Influenz

Experimente zur Influenz. Bringen wir in die Nähe einer Ladung, z. B. eines geladenen Hartgummistabes, einen ungeladenen metallischen Körper (Abb. 2.31), so zeigt sich der Leiter, solange er sich in der Nähe des Hartgummistabes befindet, geladen. Wir stellen dies fest, indem wir den Metallkörper mit einer kleinen metallischen Probekugel, die auf einem isolierenden Stiel sitzt, berühren und die Kugel anschließend mit einem Elektroskop untersuchen. Der Metallkörper ist auf der dem Hartgummistab zugekehrten Seite positiv geladen, hat also entgegengesetztes Vorzeichen wie der Hartgummistab. Auf der abgewendeten Seite ist die Ladung negativ, also gleichnamig mit der des Hartgummistabes. In der Zwischenzone finden wir ein Gebiet, das keine merkliche Ladung aufweist. Entfernen wir den geladenen Hartgummistab wieder vom Metallkörper, dann ist der Leiter ungeladen wie zu Beginn.

Die geschilderte Erscheinung nennen wir *Influenz*. Den Vorgang können wir folgendermaßen erklären: Wirkt auf den Metallkörper das Feld des negativ geladenen Hartgummistabes ein, dann werden die frei beweglichen Metallelektronen zu der dem Hartgummistab abgewendeten Seite gedrängt. Diese Seite wird negativ, während die dem Hartgummistab zugewendete Seite Elektronenmangel aufweist und folglich positiv ist. In der Mitte des Metallkörpers haben wir ein Gebiet, in dem etwa Neutralität herrscht. Nach dem Entfernen des Hartgummistabes gleichen sich die Elektronen wieder aus.

Wir wandeln den Versuch etwas ab: Wir bringen erneut den geladenen Hartgummistab in die Nähe des zunächst ungeladenen Metallkörpers und trennen dann, während er sich noch im Feld des Hartgummistabes befindet, den zu- und den abgewandten Teil des Metallkörpers voneinander (mit Hilfe der isolierenden Füße). Entfernen wir nun den Hartgummistab und untersuchen die beiden Teile des Metallkörpers, dann stellen wir fest, daß sie gleich stark und entgegengesetzt geladen sind. Die Ladungen konnten sich nicht wieder ausgleichen.

Der gleiche Versuch läßt sich mit zwei bequem zu handhabenden Metallplättchen, die sich an isolierenden Stielen befinden, durchführen (*Dop-*

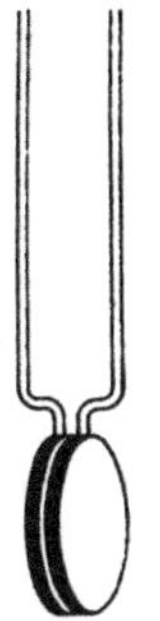
Abb. 2.32. Doppelplättchen

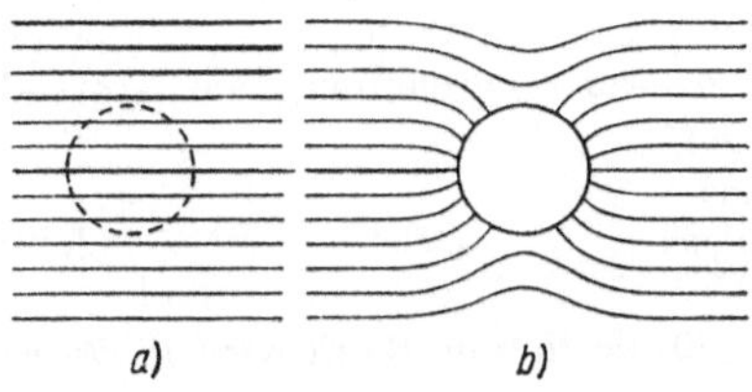

Abb. 2.33. Leitende Kugel im homogenen Feld

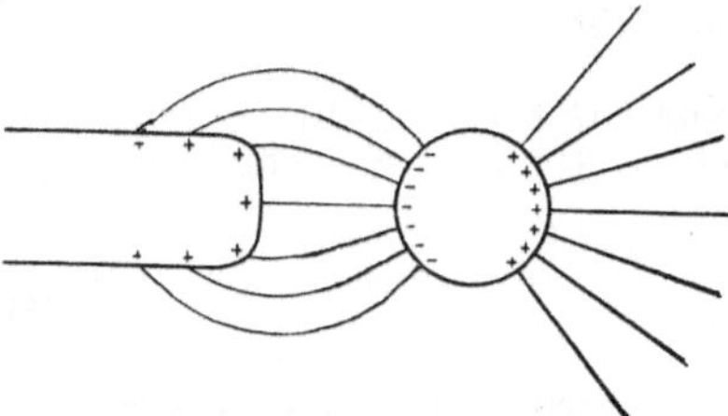
Abb. 2.34. Influenz in einem ungeladenen Leiter durch einen geladenen Körper

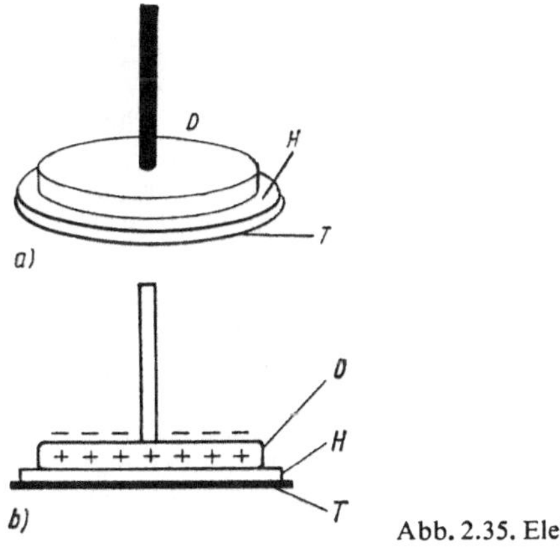

Abb. 2.35. Elektrophor

pelplättchen, Abb. 2.32). Diese Plättchen werden eng aneinanderliegend in das Feld eines Plattenkondensators gebracht, so daß die Feldlinien sie senkrecht durchdringen. Im Feld trennt man die Plättchen und zieht sie heraus. Mit einem Elektro-

meter kann man nachweisen, daß die Plättchen entgegengesetzt gleich große Ladung tragen.

Ein geladener Körper influenziert an der ihm zugewendeten Seite eines isoliert aufgestellten Leiters eine entgegengesetzte, an der ihm abgewendeten Seite eine gleichnamige Ladung. Die Ursache liegt in der Verschiebung der Elektronen des Leiters durch das Feld des geladenen Körpers.

Ungeladene Leiter im elektrischen Feld. Befindet sich eine Metallkugel in einem homogenen elektrischen Feld, so kommt es zu einer Verschiebung der Ladung innerhalb der Kugel. Diese Ladungen verändern den ursprünglich homogenen Feldlinienverlauf (Abb. 2.33a), bis die Feldlinie senkrecht aus der Metallkugel austreten (Abb. 2.33b). Abb. 2.34 zeigt das Auftreten der Influenzladung in einer leitenden Kugel bei Annäherung eines geladenen Glasstabes.
Eine Abwandlung liefert folgendes Experiment: Wenn man einen geladenen Körper, z. B. einen geriebenen Glasstab, einem ungeladenen Elektroskop nähert, ohne es zu berühren, so spreizen sich die Blättchen. Bei Entfernung des geladenen Körpers fallen sie wieder zusammen. Es ist dies die Wirkung der Influenz auf die Elektroskopstange mit den Blättchen.
Anziehung ungeladener Leiter durch einen geladenen Körper. Wir können nun auch die Anziehung ungeladener leitender Körper durch einen elektrisch geladenen verstehen. Bei der Annäherung des geladenen Stabes (Abb. 2.34) an eine ungeladene leitende Probekugel erfolgt in dieser eine Trennung und Verschiebung der Ladungen. Die Probekugel ist zum Dipol geworden, der sich in dem inhomogenen Feld des geladenen Stabes befindet und daher angezogen wird (s. Abschn. 2.2.8).

Kommen geladener und influenzierter Körper einander sehr nahe, so wird die Feldliniendichte zwischen beiden so groß, daß die Isolation der Luft zusammenbricht und unter Bildung eines Funkens die Ladung überströmt.
Anmerkung: Die Einführung eines Leiters in ein Feld ändert also den Feldverlauf. Die Änderung ist um so kleiner, je kleiner der Leiter im Vergleich zu den Dimensionen des Feldes ist. Hieraus ergibt sich die Forderung nach der Anwendung möglichst kleiner (punktförmiger) Probekörper.
Der Probekörper zur Ausmessung des Feldes muß also so klein sein, daß keine merkliche Influenzwirkung auf ihm eintreten kann, daß er also in dem Feld keine Kraftwirkung erfährt. Andererseits muß auch seine Ladung klein sein, damit nicht durch die Influenzwirkung des Probekörpers die Ladungsverteilung auf dem das zu untersuchende Feld erregenden Körper geändert wird.

Elektrophor (phóros, gr. = Träger). Den Effekt der Influenz kann man im Elektrophor (Abb. 2.35) zur „Erzeugung" von Ladungen benutzen. Er besteht aus einer kreisrunden Hartgummischeibe *H* (oder Glasscheibe oder einem sog. Harzkuchen,

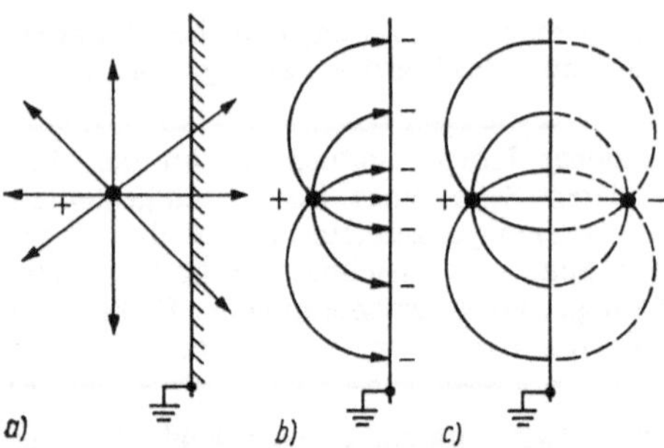

Abb. 2.36. Punktladung neben einer leitenden Wand

einer Mischung von Geigenharz, Wachs und Schellack), die in einem Metallteller T liegt oder auf der Unterseite mit Stanniol beklebt ist. Auf der Hartgummischeibe liegt ein flacher Deckel D aus Metall mit einem isolierenden Handgriff.
Nach Abheben des Deckels wird die im Teller liegende Hartgummischeibe durch Reiben oder Schlagen mit einem wollenen Tuch oder einem Fell negativ aufgeladen. Setzt man nun den Deckel D auf die Hartgummischeibe, so wirkt die Ladung der Scheibe influenzierend auf den Deckel ein, da sich der Deckel im elektrischen Feld der Hartgummischeibe befindet. Infolgedessen tritt auf der Unterseite des Deckels positive, auf der Oberseite negative Ladung auf. Berührt man hierauf den Deckel ableitend mit dem Finger, so strömt die freie negative Ladung der Oberseite des Deckels zur Erde ab. Hebt man darauf den Deckel am isolierenden Handgriff ab, so kann man mit dem positiv geladenen Deckel die gewünschten Versuche machen. Bringt man einen geerdeten Leiter in die Nähe des Deckels D, so kann dieser meist schon kurz vor Berührung durch einen Funken entladen werden. Den Vorgang kann man beliebig oft wiederholen und auf diese Weise beliebige Mengen von Ladungen „erzeugen". Durch den ganzen Vorgang wird an dem Ladungszustand der Hartgummischeibe nichts geändert; denn nur die *influenzierende* Wirkung ihrer Ladung wird zur Trennung der Ladungen im Deckel benutzt.

Punktladung neben einer leitenden Wand. Es sei entsprechend Abb. 2.36a eine Punktladung $+Q$ neben einer leitenden Wand, die geerdet ist, angeordnet. Die von der Punktladung strahlenartig ausgehenden Feldlinien treffen die leitende Wand zunächst z. T. unter einem spitzen Winkel. Hieraus resultiert eine Kraftkomponente auf die frei beweglichen Elektronen, die parallel zur Oberfläche weist. Die dadurch ausgelöste Verschiebung der Elektronen führt zu einer Anhäufung negativer Ladungen unmittelbar gegenüber der Punktladung (Abb. 2.36b), wodurch es zu einer Verformung der Feldlinien kommt. Es tritt Gleichgewicht ein, wenn die Feldlinien senkrecht auf

die leitende Wand treffen. (Da die Wand geerdet ist, werden letzten Endes aus diesem Reservoir die Elektronen abgezogen.) Insgesamt wird auf der (unendlich großen) Wandfläche die gleiche negative Ladungsmenge influenziert, wie die positive Punktladung ausmacht.
Das entstehende Feld hat den gleichen Verlauf wie die eine Hälfte des Feldes, das von zwei entgegengesetzt gleich großen Punktladungen erzeugt wird (Abb. 2.11). Wir ergänzen daher die Anordnung durch eine hinter der Wand im gleichen Abstand angebrachte *Spiegelladung* (Abb. 2.36c). Die Kraft, mit der die Punktladung von der leitenden Wand angezogen wird, ist dann wegen des völlig gleichen Verlaufs der Feldlinien gleich der von zwei Punktladungen im Abstand $2d$ voneinander:

$$F = \frac{1}{4\pi\varepsilon_0} \frac{Q^2}{4d^2}. \tag{2.50}$$

Die durch (2.50) bestimmte Kraft wird *Bildkraft* genannt.

2.3.4. Die Kapazität

Trägt eine Kugel (Radius R) die Ladung $+Q$, dann gilt nach (2.34) an der Kugeloberfläche für das Potential

$$\varphi = \frac{1}{4\pi\varepsilon_0} \frac{Q}{R}. \tag{2.34}$$

Die Spannung (Potentialdifferenz) zwischen der Kugeloberfläche und dem unendlich fernen Raum (Potential Null) ist $U = \varphi(R) - \varphi(\infty) = \varphi(R)$, so daß wir in (2.34) $\varphi = U$ setzen können. Wir formen um und erhalten

$$Q = 4\pi\varepsilon_0 R U.$$

Die Gleichung gibt die Ladung an, die die Kugel aufzunehmen vermag, wenn sie mit der Spannung U (gegen Erde) aufgeladen wird. Sie ist das Produkt aus der angelegten Spannung U und einer Größe

$$C = 4\pi\varepsilon_0 R, \tag{2.51}$$

die das Fassungsvermögen oder die *Kapazität der Kugel* angibt (capax, lat. = aufnahmefähig). Mit (2.51) erhalten wir schließlich die *Kondensatorformel*

$$Q = CU. \tag{2.52}$$

(2.52) gilt allgemein für jede elektrische Anordnung, die in der Lage ist, Ladung aufzunehmen.

Die Kapazität ist eine für jede Leiteranordnung spezifische Gerätekonstante. [(2.51) gilt nur für die Kapazität einer Kugel.]

Maßeinheit der Kapazität: Aus (2.52) erhält man $[C] = [Q]/[U] = \text{As/V}$. Es wird gesetzt 1 As/V = 1 F (= 1 Farad) (zu Ehren von FARADAY), so daß gilt: $[C] = \text{F}$. Ein Leiter hat die Kapazität 1 F, wenn durch eine Spannung von 1 V eine Elektrizitätsmenge von 1 As aufgenommen wird.

Da das Farad eine sehr große Einheit darstellt, werden im allgemeinen die kleineren Einheiten 1 μF = 1 Mikrofarad = 10^{-6} F und 1 pF = 1 Pikofarad = 10^{-12} F verwendet. Beispielsweise beträgt die Kapazität der Erdkugel (2.51)

$$C_{\text{Erde}} = 4\pi\varepsilon_0 R_{\text{Erde}} = 4\pi\varepsilon_0 \cdot 6{,}37 \cdot 10^6\,\text{m} = 708\,\mu\text{F}.$$

Hieraus ersieht man, daß bereits das Mikrofarad eine recht große Einheit darstellt.

Eine Kugel vom Radius $R = 1$ cm hat nach (2.51) eine Kapazität von $C = 1{,}11 \cdot 10^{-12}$ F ≈ 1 pF.

Im CGS-System ist $'[C] = [Q]/[U] = \sqrt{\text{dyn}}\,\text{cm}/\sqrt{\text{dyn}} = \text{cm}$. Eine Kugel vom Radius $r = 1$ cm hat die elektrostatische Kapazitätseinheit.

2.3.5. Kondensatoren

Man nennt Vorrichtungen, die so gestaltet sind, daß sie eine möglichst große oder eine genau definierte Kapazität haben, *Kondensatoren* (condensare, lat., = verdichten). Im allgemeinen bestehen sie aus zwei voneinander isolierten Metallflächen, die mit einer Spannungsquelle verbunden werden können. Im folgenden wollen wir die wichtigsten Formen behandeln.

Kugelkondensator. Er besteht aus einer Kugel, die von einer konzentrischen Hohlkugel umgeben ist. Der Zwischenraum ist leer (oder mit Luft gefüllt). Die Ladung der inneren Kugel erfolgt durch einen dünnen, isoliert durch die äußere Kugel geführten Draht. Die von der inneren Kugel mit der Ladung $+Q$ ausgehenden Feldlinien enden sämtlich an der äußeren Kugel, wo sie die entgegengesetzt gleiche Influenzladung binden. Das Feld zwischen den Flächen des geladenen Kugelkondensators rührt nur von der Ladung der inneren Kugel her. (Das Feld der Ladung der äußeren Kugel ist in ihrem Innenraum wie bei jedem metallischen Körper Null.) Das Potential der Innenkugel ist an der inneren Fläche ($r = R_1$) nach (2.33)

$$\varphi_1 = \frac{1}{4\pi\varepsilon_0}\frac{Q}{R_1}$$

und an der äußeren Fläche ($r = R_2$)

$$\varphi_2 = \frac{1}{4\pi\varepsilon_0}\frac{Q}{R_2}.$$

Die Spannung des Kondensators ist die Potentialdifferenz zwischen den Kugeln:

$$U = \varphi_1 - \varphi_2 = \frac{Q}{4\pi\varepsilon_0}\left(\frac{1}{R_1} - \frac{1}{R_2}\right)$$

$$= \frac{Q}{4\pi\varepsilon_0}\frac{R_2 - R_1}{R_1 R_2}. \tag{2.53}$$

Mit $Q = CU$ erhält man hieraus für die Kapazität eines Kugelkondensators ($R_1 < R_2$)

$$\frac{1}{C} = \frac{1}{4\pi\varepsilon_0}\left(\frac{1}{R_1} - \frac{1}{R_2}\right) \tag{2.54}$$

oder umgeformt

$$C = 4\pi\varepsilon_0 \frac{R_1 R_2}{R_2 - R_1}. \tag{2.55}$$

Für $R_2 = \infty$ erhält man aus (2.54) den schon behandelten Sonderfall der Kapazität einer Kugel (2.51).

Plattenkondensator. Wir gewinnen einen Ausdruck für seine Kapazität aus der des Kugelkondensators. Ist der Abstand der Kugelschalen voneinander klein gegen die Kugelradien, dann vereinfacht sich (2.54). Hierzu setzen wir in (2.53) und (2.55) $R_1 = R$ und $R_2 = R + d$ (d = Abstand der Kugelschalen) und erhalten

$$U = \frac{Q}{4\pi\varepsilon_0}\frac{d}{R(R + d)} \quad \text{und} \quad C = 4\pi\varepsilon_0\frac{R(R + d)}{d}.$$

Wegen $d \ll R$ können wir in den Klammern d gegen R vernachlässigen,

$$U = \frac{Q}{4\pi\varepsilon_0}\frac{d}{R^2} \quad \text{und} \quad C = 4\pi\varepsilon_0\frac{R^2}{d}.$$

Aus Symmetriegründen ist die Ladung Q gleichmäßig auf der Kugeloberfläche $4\pi R^2$ verteilt. Auf einer Teilfläche A sitzt daher nur die Teilladung $QA/4\pi R^2$. Zwei solche sich gegenüberliegende Teilflächen A im Abstand d haben also die Teilkapazität

$$C = \frac{Q}{U} = \frac{QA}{4\pi R^2}\frac{4\pi\varepsilon_0 R^2}{Qd} = \varepsilon_0\frac{A}{d}. \tag{2.56}$$

In (2.56) ist die Kapazität unabhängig vom Kugelradius, gilt also auch für den Krümmungsradius $R = \infty$. Zwei sich gegenüberliegende Teilflächen A mit dem Krümmungsradius Unendlich bilden jedoch einen Plattenkondensator. Somit ist die *Kapazität des Plattenkondensators*

$$C = \varepsilon_0\frac{A}{d}. \tag{2.57}$$

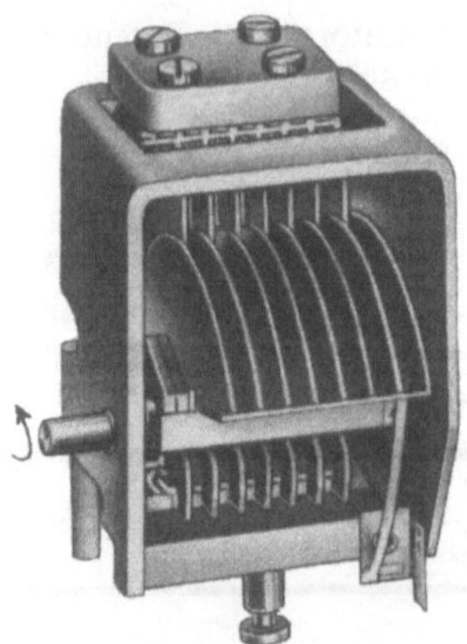

Abb. 2.37. Drehkondensator

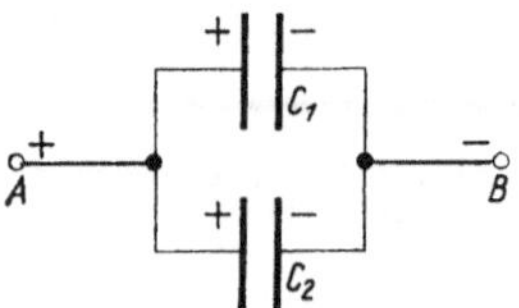

Abb. 2.38. Parallelschaltung von zwei Kondensatoren

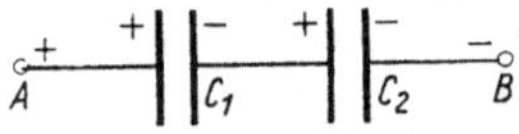

Abb. 2.39. Reihenschaltung von zwei Kondensatoren

Die Festlegung der Maßeinheit der Kapazität, die für die Kugel getroffen wurde, gilt in gleicher Weise für den Kondensator. Beachte:

Ein Kondensator hat die Kapazität 1 F, wenn bei einer Plattenspannung von 1 V die Ladung 1 As auf *einer* Platte gespeichert wird.

Nach (2.52) und (2.57) trägt ein Plattenkondensator die Ladung

$$Q = \varepsilon_0 \frac{A}{d}\, U. \qquad (2.58)$$

Von praktischem Interesse sind Plattenkondensatoren, deren Kapazität sich variieren läßt. Nach (2.57) ist dies durch Veränderung des Plattenabstandes möglich. Eleganter ist die Aufgabe jedoch beim Drehkondensator (Abb. 2.37) gelöst, bei dem ein bewegliches Plattensystem gegen ein festes verdreht wird. Die Kapazität ändert sich durch die mehr oder weniger eingedrehte Plattenfläche. Bei völlig ineinandergreifenden Plattensystemen ist die Kapazität des Drehkondensators am größten. (Der Drehkondensator ist von KOEPSEL angegeben worden (1901). Seine Kapazität beträgt meistens nur 20 bis 1000 pF.)

2.3.6. Schaltung von Kondensatoren

Parallelschaltung. Werden zwei Kondensatoren parallel geschaltet und an eine Spannungsquelle U angeschlossen (Abb. 2.38), dann ist jeder Kondensator unmittelbar mit der Spannungsquelle verbunden. Es liegt an jedem Kondensator die gleiche Spannung U. Entsprechend der Kondensatorformel ist die Ladung der einzelnen Kondensatoren $Q_1 = C_1 U$ und $Q_2 = C_2 U$, so daß das System die Gesamtladung

$$Q_{\text{ges}} = Q_1 + Q_2 = (C_1 + C_2)\, U = C_{\text{ges}} U$$

trägt. Hieraus ist für den allgemeinen Fall zu entnehmen:

$$C_{\text{ges}} = \sum_n C_n. \qquad (2.59)$$

Die Kapazität eines Systems parallelgeschalteter Kondensatoren ist gleich der Summe der Einzelkapazitäten.

Reihenschaltung. Sind zwei Kondensatoren in Reihe geschaltet und mit einer Spannungsquelle U verbunden (Abb. 2.39), dann wird zunächst die äußerste linke Kondensatorplatte positiv und die äußerste rechte negativ aufgeladen. Infolge der Influenzwirkung wird die jeweils gegenüberliegende Platte entgegengesetzt aufgeladen, so daß die in Abb. 2.39 gezeigte Ladungsverteilung entsteht. (Sind mehr als zwei Kondensatoren in Reihe geschaltet, dann pflanzt sich das Aufladen der Kondensatoren durch Influenz durch die ganze Reihenschaltung fort.) *Jede Kondensatorplatte der Reihenschaltung trägt die gleiche Ladung* Q. Unterschiedlich sind die einzelnen Teilspannungen, die an jedem Kondensator liegen, $U_1 = Q/C_1$ und $U_2 = Q/C_2$. Da sich die Teilspannungen zur gesamten angelegtén Spannung U addieren, erhält man

$$U = U_1 + U_2 = Q \left(\frac{1}{C_1} + \frac{1}{C_2} \right) = Q\, \frac{1}{C_{\text{ges}}}.$$

Allgemein gilt

$$\frac{1}{C_{\text{ges}}} = \sum_n \frac{1}{C_n}. \qquad (2.60)$$

Die reziproke Kapazität eines Systems in Reihe geschalteter Kondensatoren ist gleich der Summe der reziproken Einzelkapazitäten.

Die Gesamtkapazität eines Systems in Reihe geschalteter Kondensatoren ist also stets kleiner als die Kapazität des kleinsten Kondensators des Systems.

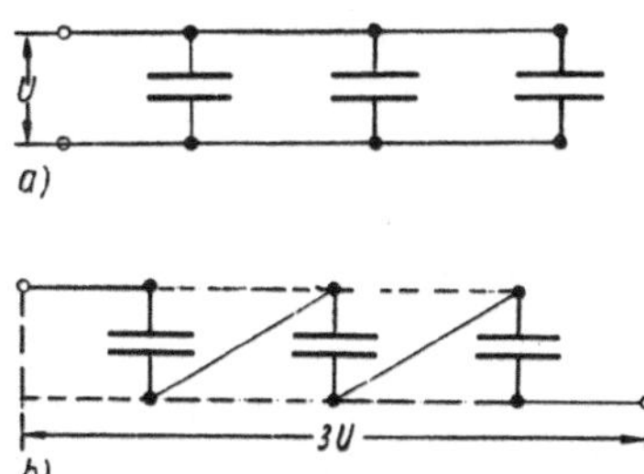

Abb. 2.40. Kaskadenschaltung

Spannungserhöhung durch Kondensatoren. Um mit einer gegebenen Spannung U eine größere Spannung zu erzeugen, kann man eine Reihe parallelgeschalteter Kondensatoren zunächst mit der Spannung U aufladen (Abb. 2.40a) und dann (Abb. 2.40b) hintereinanderschalten. Hierzu müssen die Kondensatoren gut isoliert voneinander stehen. Man nennt eine derartige Anordnung *Kaskadenbatterie*. Hat man *n gleiche* Kondensatoren zur Verfügung, so beträgt die Spannung nach dem Hintereinanderschalten nU. Dafür ist aber die Ladung, die jetzt zur Verfügung steht, nur $1/n$ der ursprünglichen. Denn durch Verbinden der beiden äußeren Platten des Systems wird dieses vollständig entladen. Auf den äußeren Platten sitzt aber nur $1/n$ der ursprünglich in den Kondensator bei der niederen Spannung eingeführten Ladung.

Stoßspannungsanlagen. Die Spannungserhöhung durch Umschalten von Kondensatoren hat praktische Bedeutung zur Herstellung sehr hoher Spannungen gewonnen, die aber stets nur für kurze Zeit, nämlich die Entladungszeit der Kondensatoren, zur Verfügung stehen. Als besonders geeignet hat sich die von MARX (1925) entwickelte Methode erwiesen. Es werden mehrere Kondensatoren in Parallelschaltung aufgeladen. Bei Erreichen der vollen Ladespannung U schalten sie sich durch Funkenüberschlag über richtig eingestellte Funkenstrecken selbsttätig hintereinander. Man hat solche Anlagen bis zu 10 Millionen V hergestellt.

2.3.7. Elektrometer

Elektrometrische Messung von Spannungen. In Abschn. 2.1.2 hatten wir Aufbau und Wirkungsweise des Blättchenelektroskops und des Braunschen Elektrometers kennengelernt. Beide Geräte benutzten wir zum qualitativen bzw. grob quantitativen Nachweis des geladenen Zustandes eines Körpers. Die Ladung des zu untersuchenden Körpers geht bei Berührung zum Teil auf das Meßsystem des Elektroskops bzw. des Elektrometers über. Durch die hierdurch auftretenden elektrostatischen Kräfte kommt es zum Spreizen der Blättchen bzw. zum Ausschlag des Zeigers. Der Ausschlag ist proportional der auf dem Elektrometer befindlichen Ladung. Somit können

Elektrometer (unter Anwendung einiger noch zu besprechender Kunstgriffe) zur Ladungsmessung herangezogen werden. Es ist dies jedoch nicht der wichtigste Einsatz.

Ein Elektrometer hat eine bestimmte Kapazität. Durch eine angelegte Spannung wird ihm eine Ladung zugeführt. Beide Größen sind durch $Q = CU$ miteinander verknüpft. Es ist also jedem Ausschlag eine bestimmte Ladung und eine bestimmte Spannung zugeordnet. Das Elektrometer kann daher sowohl zur Messung von Ladungen als auch bei entsprechender Eichung zur Messung von Spannungen verwendet werden.

Wir werden in Abschn. 4.3.9 zur Messung elektrischer Spannungen Voltmeter kennenlernen, bei denen eine Spule in einem Magnetfeld drehbar gelagert ist. Diese Meßgeräte zeigen die Spannung an, wenn in der Spule ein Strom fließt. Die Geräte sind sehr handlich und sind daher die gebräuchlichsten Spannungsmesser. Sie versagen jedoch, wenn Spannungen ruhender Ladungen gemessen werden sollen, weil durch den zur Messung nötigen Stromfluß sofort die Ladungen abgeleitet werden und die Spannung zusammenbricht. In dem Fall muß man zur Messung Elektrometer verwenden, die aus den genannten Gründen auch *elektrostatische Voltmeter* genannt werden. In der Messung statischer Spannungen liegt die wichtigste Bedeutung der Elektrometer.

Das bereits besprochene *Blättchenelektroskop* (Abb. 2.1) und das *Braunsche Elektrometer* (Abb. 2.2) sind die einfachsten Geräte dieser Art. Sie sind im allgemeinen nur für grobe Messungen geeignet, da die Kraftwirkung auf den beweglichen Teil des Gerätes nur gering ist.

Elektrometer mit Hilfsfeld. Eine erheblich größere Kraftwirkung auf den geladenen, beweglichen Teil des Elektrometers erhält man, wenn man diesen Teil des Instruments in ein elektrisches Feld bringt, das mit Hilfe einer zusätzlichen, geeigneten Spannungsquelle erzeugt wird. Da die Kraftwirkung proportional der Feldstärke dieses Hilfsfeldes ist, kann man durch Erhöhung der Hilfsfeldspannung die Meßempfindlichkeit stark vergrößern. Es ist dies der Grundgedanke der *Elektrometer mit Hilfsfeld*. Fast alle neueren Ausführungsformen von Elektrometern sind mit Hilfsfeld gebaut. (Die erste Ausführungsform derartiger Elektrometer geht auf BOHNENBERGER zurück. Das Bohnenbergersche Elektrometer hat im Unterschied zum Blättchenelektrometer nur ein Aluminiumblättchen, das sich im Felde eines seitlich angebrachten Kondensators zu bewegen vermag.)

Lutzsches Einfadenelektrometer. Bei diesem Gerät befindet sich ein nachgiebig gespannter, sehr dünner Platinfaden zwischen zwei Schneiden (Abb. 2.41). Die Stärke des Fadens beträgt 1 bis 2 μm bei etwa 6 cm Länge. Durch die elastische Einspannung des Fadens ist das Instrument gegen Erschütterung und gegen Neigung sehr weit unempfindlich. Auch ist die Meßempfindlichkeit durch die elastische Fadenspannung leicht regu-

---

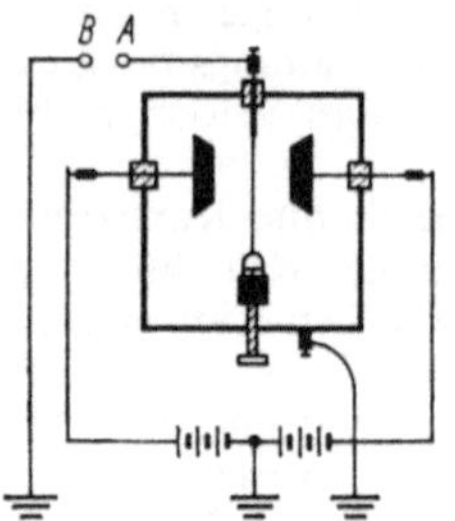

Abb. 2.41. Einfadenelektrometer

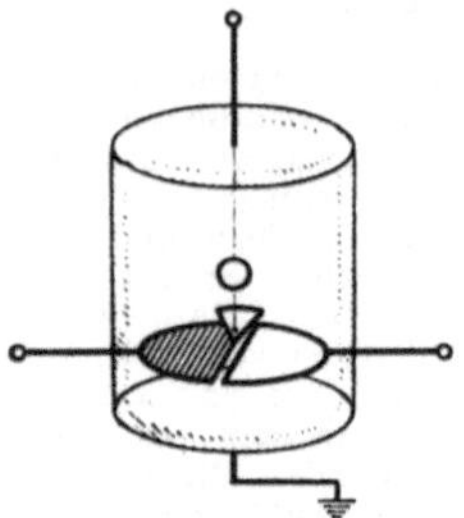

Abb. 2.42. Duantenelektrometer

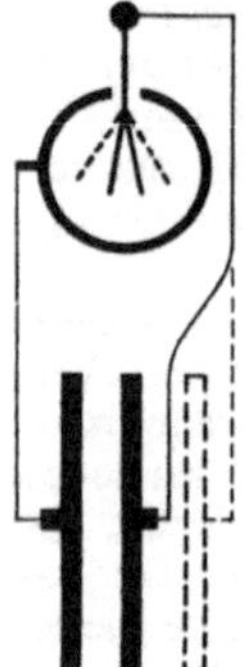

Abb. 2.43. Steigerung der Spannung durch Vergrößerung des Plattenabstandes

lierbar. Man führt zur Messung den beiden Schneiden eine Hilfsspannung zu. Die Spannungsquelle (z. B. Batterie) muß entsprechend Abb. 2.41 in der Mitte geerdet sein, so daß die Schneiden gegen Erde entgegengesetzt gleiche Spannung haben. Desgleichen wird das Gehäuse geerdet. Die zu messende Spannung wird zwischen Faden und geerdetem Gehäuse gelegt, so daß der Faden eine Kraftwirkung erfährt. Durch Einregulierung des Schneidenabstandes und der Hilfsspannung wird die Empfindlichkeit noch gesteigert.

Die Schaltung der Abb. 2.41 läßt sich etwas abwandeln, wodurch das Gerät für manche Zwecke noch besser geeignet ist. Es kann die zu messende Spannung an die Schneiden gelegt werden, und der Faden erhält eine Hilfsladung. Ferner kann man auch den Faden und die eine Schneide mit dem einen Pol der zu messenden Spannung, die andere Schneide mit dem zweiten Pol verbinden.

Man arbeitet hierbei also ohne Hilfsspannung (*idiostatische Schaltung*, von idios, gr., = eigen, da ohne Hilfsladung). Bei dieser Schaltung ähnelt die Arbeitsweise der des Braunschen Elektrometers.

Sehr empfindlich ist das *Wulfsche Zweifadenelektrometer*; bei ihm wird die Anziehung zweier sich gleichnamig aufladender Quarzfädchen, die durch ein kleines Gewicht oder einen elastischen Bügel gespannt sind, durch zwei ihnen gegenüberstehende Backen, die die entgegengesetzte Ladung bekommen, mikroskopisch beobachtet oder projiziert.

Eine außerordentliche Steigerung der Empfindlichkeit erreichte HOFFMANN in seinem *Vakuumduantenelektrometer* (Abb. 2.42). Bei diesem Gerät spielt eine unsymmetrisch aufgehängte Nadel über zwei isoliert angeordneten halbkreisförmigen Metallflächen, den Duanten. Der Aufhängedraht sowie die Nadel selbst sind nur einige μm dick. Die zu messende Spannung wird der Nadel zugeführt. Bei einem Hilfsfeld von etwa 50 V an den Duanten lassen sich im Vakuum noch Ladungen von der Größenordnung einiger 10^{-16} C = etwa 600 Elementarladungen bzw. bei längeren Aufladungszeiten ein Strom von etwa 1 Elementarladung pro Sekunde nachweisen.

Bei den älteren Quadrantenelektrometern schwebte ein Blech innerhalb einer geteilten Metalldose.

Multizellularelektrometer. Durch Vereinigung vieler Quadrantendosen kann man für Zeigerinstrumente hinreichende Kräfte erzielen.

Kondensatorelektrometer. Will man sehr kleine Spannungen messen, so ist man auf empfindliche Elektrometer angewiesen, deren Benutzung wegen der oft auftretenden Isolationsschwierigkeiten nicht leicht ist. Man kann nun die zur Verfügung stehende Spannung durch einen von VOLTA (1782) herrührenden Kunstgriff im Prinzip beliebig erhöhen. Er beruht darauf, daß durch Auseinanderziehen der Platten eines Plattenkondensators die Spannung zwischen den Platten, die durch $U = Ed$ gegeben ist, proportional zu d, der Entfernung der Platten, wächst. Denn da bei allen Entfernungen, die klein sind gegen den Plattendurchmesser, die Feldliniendichte die gleiche bleibt, ist die Feldstärke konstant.

Wir machen folgenden Versuch: Die beiden Platten eines Kondensators werden je mit einem Pol eines Elektrometers verbunden (Abb. 2.43). Die Entfernung der Platten sei 5 cm. Wir laden eine Platte auf, das Elektrometer zeigt einen bestimmten Ausschlag, entsprechend der dem System zukommenden Spannung. Entfernen wir die Platten voneinander, ohne die Isolation zu stören, so wird der Ausschlag des Elektrometers größer. Nähern wir die Platten wieder, so sinkt auch der Ausschlag des Elektrometers. Solange die Entfernung der Platten klein bleibt, ist die Spannung dem Abstand proportional, wie man mit einem geeichten Elektrometer feststellen kann.

Hat man eine kleine Spannung zu messen, die direkt am Elektrometer keinen Ausschlag gibt,

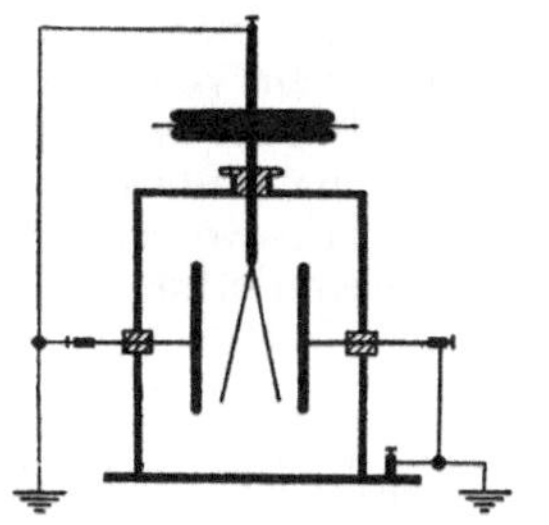

Abb. 2.44. Kondensatorelektrometer

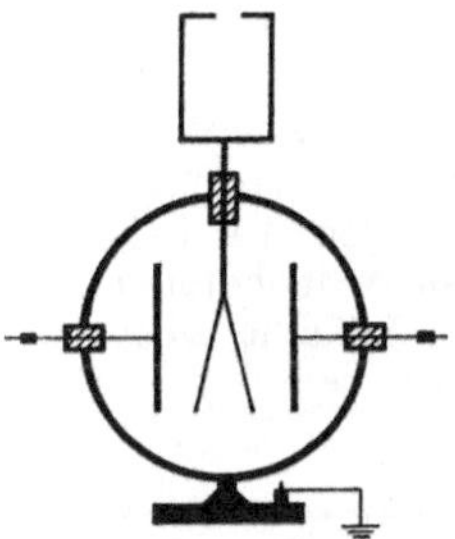

Abb. 2.45. Becherelektrometer

so verbindet man zunächst das auf Spannung zu untersuchende System mit der aus Elektrometer und Kondensator bestehenden Anordnung und lädt hierdurch letztere auf. Dann unterbricht man die Verbindung mit dem zu messenden System und zieht hierauf die Kondensatorplatten auseinander. Sind die Platten genügend groß und ist ihr Anfangsabstand klein, so kann man leicht auf eine Verstärkung bis zum Hundertfachen kommen. Um den Anfangsabstand möglichst gering zu machen, überzieht man eine Platte mit einer dünnen Lackschicht, so daß man die Platten einander direkt berühren lassen kann. Oft bringt man die Platten in der in Abb. 2.44 angegebenen Form unmittelbar auf dem Elektrometer an.
Die Eichung der Elektrometer erfolgt mit Hilfe einer bekannten Spannung.

Elektrometrische Messung von Ladungen. Man kann ein Elektrometer prinzipiell auch auf Ladungsmengen eichen und zur Ladungsmessung heranziehen. Die Eichung gilt allerdings nur, wenn die Kapazität des Meßsystems und der mit ihm verbundenen Teile nicht verändert wird.

Becherelektrometer. Es existiert jedoch noch ein zweites Problem: Bei bloßer Berührung der Elektrometerklemme mit dem geladenen Körper fließt nur ein Teil der zu messenden Ladung auf das Meßsystem. Um die Ladung des zu untersuchenden Körpers vollständig auf das Elektrometer zu übertragen, versieht man das Elektrometer mit einem Becher (Abb. 2.45). Führen wir den geladenen Körper in das Innere des Bechers ein, berühren die Wandung von innen und ziehen den

Körper wieder heraus, dann ist die gesamte Ladung auf das Elektrometer übergegangen (s. Abschn. 2.3.1). Der Ausschlag zeigt also die vollständige Ladung des Körpers an.

Wir können die Aufladung des Elektrometers offenbar auch in der Weise vornehmen, daß wir den Körper in den Becher halten, die beiden Pole des Elektrometers, dessen zweiter Pol (Gehäuse) geerdet ist, für einen Augenblick leitend miteinander verbinden und nach Aufheben der leitenden Verbindung den Körper aus dem Becher herausziehen, ohne den Becher zu berühren. Das Elektrometer zeigt dann einen entgegengesetzten, aber gleich großen Ausschlag wie bei direkter Berührung.

Kapazität der Elektrometer. Jedes Elektrometer stellt eine Anordnung von einer gewissen (sogar etwas mit dem Ausschlag veränderlichen) Kapazität dar. Zu jeder Spannungsmessung ist das Überströmen einer dieser Kapazität und der Spannung entsprechenden Ladungsmenge auf das Elektrometer und auf die zu ihm führenden Leitungsdrähte notwendig. Die Ladung wird dem zu messenden System entnommen. Soll die Messung also die vor dem Anlegen des Elektrometers herrschende Spannung des zu untersuchenden Systems angeben, so muß die auf das Elektrometer überfließende Elektrizitätsmenge klein sein gegen die auf dem System befindliche.

Kann man diese Bedingung nicht erfüllen, so muß zur Feststellung der richtigen Spannung die Kapazität des Elektrometers bekannt sein.
Beträgt die Kapazität des Elektrometers C_{E1}, die des zu messenden Systems C, und ist die ganze verfügbare Elektrizitätsmenge Q, so befand sich diese vor der Messung auf dem System der Kapazität C. War also die ursprüngliche Spannung des Systems U, so ist $Q = UC$. Nach der Verbindung mit dem Elektrometer hat sich die Ladung Q auf die Gesamtanordnung von der Kapazität $(C + C_{E1})$ verteilt. Die abgelesene Spannung ist U', folglich ist $Q = U'(C_{E1} + C)$. Durch Gleichsetzung der beiden Werte für Q wird $UC = U'(C_{E1} + C)$, woraus als ursprüngliche Spannung des Systems der Wert $U = U'[1 + (C_{E1}/C)]$ folgt.
Ist C groß gegen C_{E1}, C_{E1}/C also sehr klein gegen 1, so stimmt die abgelesene Spannung mit der ursprünglichen fast überein. Ist die Kapazität des untersuchten Systems nicht bekannt, so kann man sie dadurch messen, daß man eine bekannte Kapazität zu dem mit dem Elektrometer verbundenen System hinzuschaltet. Aus der Spannungserniedrigung kann die unbekannte Kapazität berechnet werden. Alle diese Messungen setzen natürlich sehr gute Isolation voraus.
Die Größenordnung der Kapazität der gebräuchlichen Elektrometer ist etwa 1 bis 10 pF, die der Quadrantelektrometer ist bis zu 10mal größer.
Absolute Ladungsmessung. Schließt man etwa an das Becherelektrometer einen Normalkondensator (Kondensator genau bekannter Kapazität) von 0,01 μF an, so ist dessen Kapazität etwa 1 000mal größer als die des Elektrometers. Eine solche Anordnung gestattet also unter Vernachlässigung der Elektrometerkapazität, die Ladung auf 0,1 % genau zu messen. Es ist jedoch nur möglich, größere Ladungen zu messen, da sonst die entstehende Spannung zu klein wird. Für kleine Ladungen muß man das Elektrometer ohne Kondensator verwenden und seine Kapazität bestimmen. Hierzu geht man aus von der Gleichung $U = U'[1 + (C_{E1}/C)]$. Man lädt das auf Spannung geeichte Elektrometer mit einer bekannten Spannung U auf, schaltet, nachdem die Spannungsquelle entfernt ist, eine bekannte Kapazität C zu und beobachtet den nun

<hr>

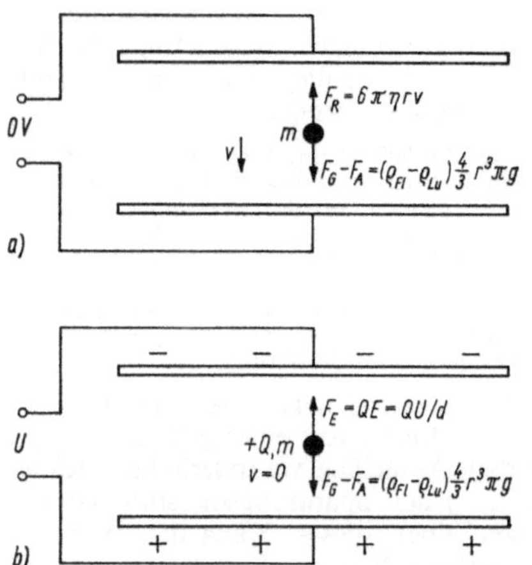

Abb. 2.46. Bestimmung der Elementarladung nach MILLIKAN; F_R Reibungskraft; F_G Gewicht; F_A Auftrieb; F_E elektrische Feldkraft; ϱ_{Fl}, ϱ_{Lu} Dichte der Flüssigkeit bzw. der Luft

kleineren Ausschlag des Elektrometers, der die Spannung U' angibt. Es läßt sich hieraus C_{El} einfach berechnen, sehr gute Isolation vorausgesetzt.

2.3.8. Messung der Elementarladung

Quantenhafte Struktur der elektrischen Ladung. Um die in Abschn. 2.1.4 vertretene Anschauung der Quantisierung der Ladung an der Erfahrung zu prüfen, geht man grundsätzlich in gleicher Weise vor wie im Falle der Prüfung der atomistischen Struktur der Materie. Man untersucht möglichst kleine Teilchen eines elektrisch geladenen Körpers, wobei man bis an die mögliche Grenze, also etwa bis zur Grenze der mikroskopischen Sichtbarkeit geht. Wie sich gezeigt hat, ist dies zur Beantwortung obiger Frage tatsächlich genügend.

Schwebemethode. Die Untersuchung der Ladung an möglichst kleinen Einzelteilchen hat zuerst EHRENHAFT (1910) vorgeschlagen und ausgeführt, wobei sich eine Meßmethode als sehr geeignet erwiesen hat, die eine direkte Kraftmessung in sehr eleganter Weise umgeht.

Man läßt das geladene Teilchen der Masse m im homogenen Feld eines Plattenkondensators, dessen Plattenabstand d klein gegen die Ausdehnung der Plattenfläche ist, durch Regelung der Feldstärke E so schweben, daß die elektrische Kraft F nach oben gerichtet und eben hinreichend ist, um der Schwerkraft G das Gleichgewicht zu halten:

$$G = -F \quad \text{bzw.} \quad mg = -QE.$$

Berücksichtigt man die Beziehung $|E| = U/d$, so ist

$$mg = Q\frac{U}{d}, \quad \text{also} \quad Q = \frac{mgd}{U}.$$

Die Schwerebeschleunigung g ist bekannt, U läßt sich mit dem Elektrometer oder einem Voltmeter, d mit einer geeigneten Längenmeßvorrichtung bestimmen. Die Masse m kann aus Radius und Dichte ermittelt werden. Sind alle Größen gemessen, so kann man nach obiger Formel auch einen zahlenmäßig angebbaren Wert für Q erhalten.

Da es sich meist um sehr kleine, auch mit dem Mikroskop nicht mehr meßbare Teilchen handelt (z. B. die feinen Tröpfchen, aus denen der Nebel von zerstäubtem elektrisiertem Paraffinöl besteht), verwendet man zur Bestimmung des Radius der Teilchen das Stokessche Widerstandsgesetz (Bd. 1), indem man die Geschwindigkeit des gleichförmigen freien Falles des Teilchens in Luft mißt.

Elementarladung. Die Untersuchung sehr kleiner Teilchen nach dieser Methode hat ergeben (hauptsächlich nach den Untersuchungen von MILLIKAN) (Abb. 2.46), daß sich die beobachteten Ladungen stets als ganzzahlige Vielfache einer bestimmten kleinsten Ladung erweisen.
Es gilt also:

Die elektrische Ladung kommt nur in ganzzahligen Vielfachen der Elementarladung vor.

Genaue Messungen der Elementarladung ergeben

$$e = (1{,}602\,191 \pm 0{,}000\,007) \cdot 10^{-19} \text{ C}.$$

2.4. Dielektrika im elektrostatischen Feld

Bisher haben wir das elektrische Feld im materiefreien Raum (oder in Luft, was keinen erheblichen Unterschied bedingt) und in Leitern betrachtet. Wir wollen uns im kommenden Kapitel dem Verhalten der *Isolatoren* oder, nach FARADAYS Bezeichnung, der *Dielektrika* im Feld zuwenden (dia, gr., = durch). Da die Isolatoren keine freien Elektronen besitzen, wie etwa die Metalle, wäre zu erwarten, daß Isolatoren keinen Einfluß auf ein elektrisches Feld ausüben. Wir werden jedoch sehen, daß in einem elektrischen Feld auch die Atome und Moleküle der Isolatoren geringe Veränderungen erfahren, die in der Summe das Feld erheblich beeinflussen.

Die Tatsache, daß es vollkommene Isolatoren nicht gibt und eine geringe Leitfähigkeit immer noch vorhanden ist, soll bei unseren Betrachtungen unberücksichtigt bleiben.

2.4.1. Die relative Dielektrizitätskonstante (Dielektrizitätszahl)

Änderung der Kapazität durch Einführung eines Dielektrikums. Entsprechend Abb. 2.47 verbinden wir die Platten eines Plattenkondensators mit

---

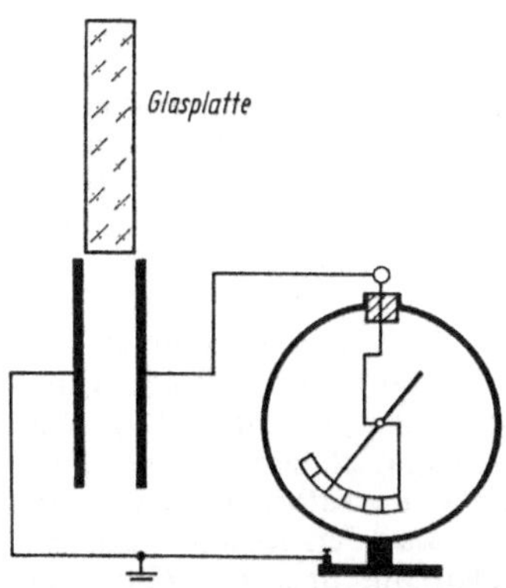

Abb. 2.47. Einführen eines Dielektrikums in den Plattenkondensator

einem Elektrometer. Laden wir die Platten auf, so zeigt das Elektrometer einen Ausschlag, der im allgemeinen, wenn die Zimmerluft trocken ist, über längere Zeit unverändert bestehen bleibt. Nun schieben wir vorsichtig eine Glasplatte zwischen die geladenen Platten, ohne sie zu berühren. Wir beobachten, daß der Ausschlag am Elektrometer sinkt. Die Plattenspannung ist offensichtlich durch das Einschieben der Glasplatte kleiner geworden, $U_M < U_V$ (U_M = Plattenspannung mit Materie, U_V = Plattenspannung ohne Materie bzw. im Vakuum). Nach dem Entfernen der Glasplatte zeigt das Elektrometer wieder den ursprünglichen Wert.

Wir wollen das beobachtete Verhalten des Kondensators mathematisch erfassen. Sind Q_M und C_M Ladung und Kapazität des Kondensators mit Materie und Q_V und C_V die entsprechenden Größen des Kondensators ohne Materie (im Vakuum), dann gilt auf Grund der Kondensatorformel $Q = CU$ (2.52)

$$Q_V = C_V U_V \quad \text{und} \quad Q_M = C_M U_M. \tag{2.61}$$

Da sich die Ladung während des Experiments nicht ändert, können wir setzen: $Q_V = Q_M = Q$ = const. Berücksichtigen wir das Ergebnis des Experiments $U_M < U_V$, so erhalten wir aus (2.61) $C_M > C_V$; *die Kapazität des Kondensators wird durch das Einschieben der Glasplatte vergrößert.* Da der Effekt offensichtlich durch eine Materialeigenschaft der Glasplatte ausgelöst wird, erscheint es sinnvoll, die Kapazitätsänderung zur Festlegung der entsprechenden Materialgröße des Glases heranzuziehen. Wir definieren sie durch das Verhältnis der Kapazität mit Materie zu der ohne Materie, wobei das Isoliermaterial den Raum zwischen den Platten vollständig ausfüllen muß:

$$\frac{C_M}{C_V} = \varepsilon_r. \tag{2.62}$$

ε_r wird *Dielektrizitätszahl, Permittivitätszahl* oder *relative Dielektrizitätskonstante* (kurz: DK) genannt. Da für alle Stoffe $C_M \geqq C_V$ ist, gilt $\varepsilon_r \geqq 1$. ε_r ist eine reine Zahl (dimensionslos). In den meisten Formeln tritt die relative Dielektrizitätskonstante in Verbindung mit der dielektrischen Feldkonstante auf. Deshalb hat es sich eingebürgert zu setzen:

$$\varepsilon = \varepsilon_r \varepsilon_0. \tag{2.63}$$

ε ist die *Dielektrizitätskonstante*. Sie hat die gleiche Maßeinheit wie ε_0: $[\varepsilon] = \text{As/Vm}$. In Tab. 2.1 sind die Dielektrizitätszahlen einiger Stoffe angegeben. Für das Vakuum gilt definitionsgemäß $\varepsilon_r = 1$. Die DK der Gase liegt wenig über 1 und ist proportional der Dichte der Gase. Die meisten festen Isolatoren und Flüssigkeiten haben DK-Werte bis zu 10, können bei einzelnen

Tabelle 2.1. Dielektrizitätszahlen einiger Stoffe

Stoff	ε_r	Stoff	ε_r	Stoff	ε_r
Holz	1 bis 7	Hartporzellan	5 bis 6,5	Terpentinöl	2,3
Papier (trocken)	1,5 bis 2,5	Glas	2 bis 16	Toluen	2,3
Paraffin	$\approx$ 2,0	Steinsalz	5,6	Rizinusöl	4,6
Schwefel	2 bis 4	Zellulose	6,6	Aceton	21,5
Hartgummi	2,5 bis 3,5	Marmor	$\approx$ 8,5	Nitrobenzen	36,0
Schellack	2,5 bis 3,5	Basalt	$\approx$ 9,0	Wasser dest.	81,0
Kolophonium	$\approx$ 2,6	Diamant	16,5		
Bernstein	2,8	Kerafar	60 bis 80		
Vinidur	3,5 bis 4,0	Keram. Massen	bis 2 500	Luft	1,000 594
Hartpapier	3,5 bis 6,0	mit BaO		Kohlendioxid	1,000 99
Quarzglas	3,7			Wasserstoff	1,000 22
Phenolpreßharz	4 bis 5			Helium	1,000 07
Glimmer	4 bis 8	Ethylalkohol	26	Stickstoff	1,000 61
Siegellack	4,5 bis 5,5	Glyzerin	56	Sauerstoff	1,000 55
Pertinax	4,8	Petroleum	2,0	Wasserdampf	1,007 16
Steatit	$\approx$ 5,0	Benzen	2,28	Quecksilberdampf	1,007 4

Stoffen jedoch auch ganz beträchtliche Werte annehmen. Destilliertes Wasser hat ebenfalls eine erstaunlich große DK von $\varepsilon_r = 81$. (2.62) liefert umgestellt

$$C_M = \varepsilon_r C_V. \qquad (2.64)$$

Durch Ausfüllen eines Kondensators mit einem Stoff der relativen Dielektrizitätskonstante ε_r steigt seine Kapazität auf den ε_r-fachen Wert.

Änderung der Feldstärke bei konstanter Ladung. Die Definition der relativen Dielektrizitätskonstanten durch das Verhältnis der Kapazitäten der Kondensatoren mit Materie und ohne Materie geht auf FARADAY zurück. (FARADAY entdeckte diesen Zusammenhang mit Hilfe des Kugelkondensators.) Sie hat den Vorteil, daß hiermit zugleich die Meßmethode zu ihrer Bestimmung festgelegt wurde. Für die theoretische Physik ist dies jedoch von Nachteil, da man dort bemüht ist, Zusammenhänge mit geräteunabhängigen Größen auszudrücken. Solch eine Größe ist die elektrische Feldstärke. Für die Feldstärke im Plattenkondensator gilt (2.32): $E = U/d$. Das Experiment hat ergeben: $U_V > U_M$. Hieraus folgt $E_V > E_M$.

Somit läßt sich die relative Dielektrizitätskonstante durch das Verhältnis der Feldstärken definieren:

$$\frac{E_V}{E_M} = \varepsilon_r. \qquad (2.65)$$

Beide Definitionen (2.62) und (2.65) sind einander äquivalent.

(2.65) umgestellt ergibt

$$E_M = \frac{1}{\varepsilon_r} E_V.$$

Bei gegebener Ladung ist die Feldstärke im Dielektrikum kleiner als im Vakuum. Sie sinkt auf den $1/\varepsilon_r$-fachen Wert.

Die Aussage $E_V > E_M$ läßt sich experimentell grob bestätigen. Da die Feldstärke durch die Kraft auf eine Probeladung definiert ist, bringen wir ein kleines, geladenes Pendel oder Metallblättchen in den Raum zwischen den Platten. In Luft hat das Pendel einen bestimmten Ausschlag. Schieben wir nun vorsichtig von beiden Seiten ein Dielektrikum derart ein (etwa zwei Küvetten mit Wasser), daß nur noch ein schmaler Längsschlitz für das Pendelchen frei bleibt, so wird der Ausschlag erheblich kleiner. Nach dem Entfernen

des Dielektrikums nimmt er wieder den ursprünglichen Wert an.

Änderung der Ladung bei konstanter Spannung. Für die folgenden Betrachtungen ändern wir den Versuch der Abb. 2.47 ab. Wir laden den Kondensator ohne Materie mit Hilfe einer konstanten Spannungsquelle auf und trennen ihn von der Spannungsquelle. Nun entladen wir den Kondensator über ein ballistisches Galvanometer. Ein derartiges Meßgerät zeigt die gesamte Ladung an, die der Kondensator trägt (Abschn. 4.3.9). Wir wiederholen den Versuch, nachdem wir eine Glasplatte zwischen die Kondensatorplatten geschoben haben. Wir laden also den Kondensator erneut auf und entladen ihn über das Galvanometer. Es zeigt sich, daß bei gleicher Spannung die Ladung des Kondensators mit Materie größer ist als die ohne Materie. Auch dieses Ergebnis stimmt mit unseren bisherigen Beobachtungen überein. Es gilt auf Grund der Kondensatorformel $Q_V = C_V U_V$ und $Q_M = C_M U_M$. Da die Spannung während des Experiments unverändert bleibt, können wir setzen: $U_V = U_M = U = \text{const}$. Mit $C_M = \varepsilon_r C_V$ folgt schließlich $Q_M = \varepsilon_r Q_V$. Diesen Ladungszuwachs hat das Galvanometer angezeigt.

Bei gegebener Spannung ist die Ladung eines Kondensators mit Dielektrikum größer als im Vakuum. Sie steigt auf den ε_r-fachen Wert.

Da bei dem Experiment die Spannung konstant ist, ändert sich wegen $E = U/d$ auch nicht die elektrische Feldstärke. Diese Aussage läßt sich mit Hilfe des bereits erwähnten Pendelchens bestätigen.

2.4.2. Polarisation des Dielektrikums

Experimente zur Polarisation. In Abschn. 2.4.1 haben wir erfahren, daß die Kapazität eines Kondensators wächst, wenn man den Raum zwischen den Platten mit einem Dielektrikum ausfüllt. Das Einführen des Dielektrikums hat also die gleiche Wirkung wie das Verringern des Plattenabstandes. Der Einfluß des Dielektrikums kommt einer teilweisen Verkürzung der Feldlinien gleich. Es erhebt sich somit die Frage: In welcher Weise beeinflußt ein elektrisches Feld einen Isolator, so daß er den genannten Effekt erzeugt? Wir untersuchen hierzu das Feldlinienbild, das ein isolierender Körper im Feld liefert. Eine kleine isolierende Scheibe bringen wir in den Plattenkondensator der Abb. 2.13 und machen das Feldlinienbild sichtbar. Die Scheibe muß aus einem Stoff mit möglichst großer Dielektrizitätszahl bestehen. Abb. 2.48 zeigt den Feldlinienverlauf. Die Feldlinien werden verformt und enden zum Teil

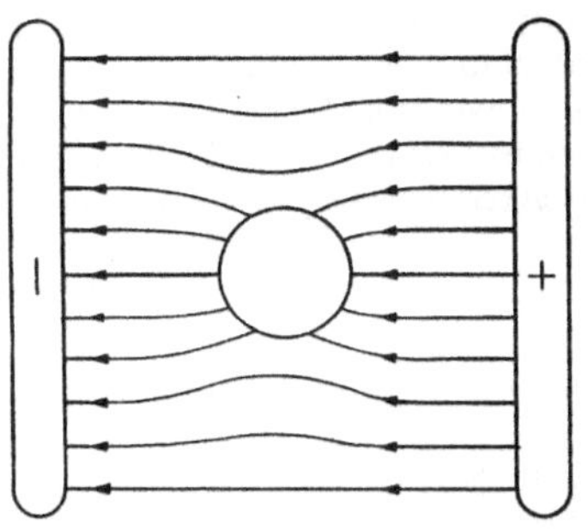

Abb. 2.48. Isolatorscheibe im homogenen Feld

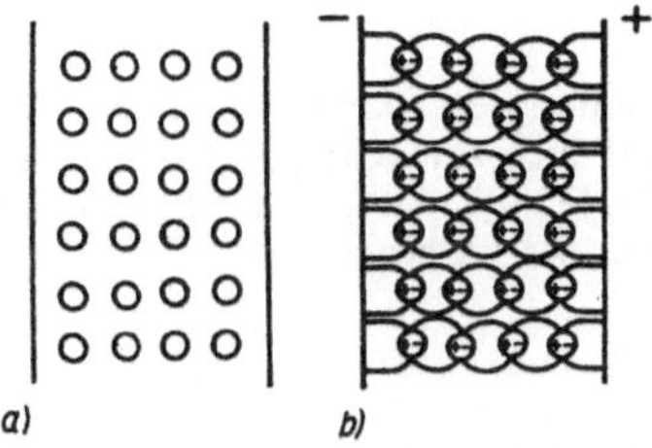

Abb. 2.49. Schema der dielektrischen Polarisation

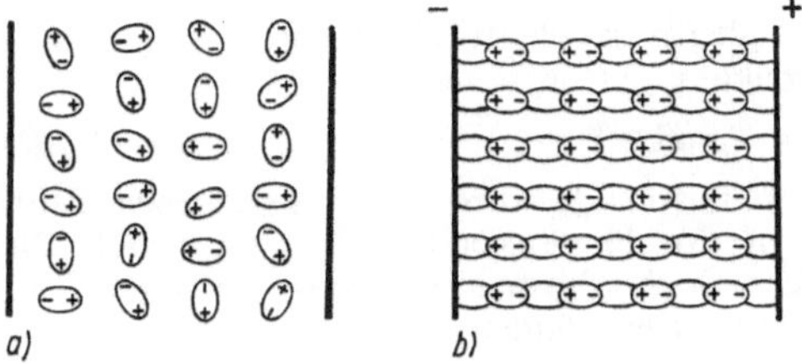

Abb. 2.50. Schema der parelektrischen Polarisation

auf der Scheibe. Der Feldlinienverlauf hat etwas Ähnlichkeit mit dem, der entsteht, wenn wir einen metallischen Körper in das Feld bringen (Abb. 2.15 u. 2.33). Die Verformung ist jedoch nicht ganz so ausgeprägt.

Bei dem metallischen Körper verschieben sich im Feld infolge der Influenz die freien Elektronen, so daß an den Enden jeweils positive und negative Ladung auftritt. An diesen Ladungen enden die Feldlinien. Die Abb. 2.48 zeigt, daß auch an den Enden der isolierenden Scheibe Ladungen auftreten. Sie können jedoch nicht durch die Bewegung freier Elektronen entstanden sein, da der Isolator gar keine freien Elektronen besitzt. Zur Erhärtung dieser letzten Aussage wiederholen wir den Versuch der Trennung der Doppelplättchen im Feld (Abb. 2.32), wobei wir an Stelle der metallischen Doppelplättchen solche aus einem isolierenden Stoff verwenden. Wir bringen die Plättchen eng aneinanderliegend ins Feld, trennen sie

im Feld und ziehen sie heraus. Sie erweisen sich beide als ungeladen.

Die Aufladung der Enden der isolierenden Kugel im elektrischen Feld muß also durch eine Veränderung der Bausteine des Isolators, der Atome und Moleküle, begründet sein.

Verschiebungs- und Orientierungspolarisation. Wir vergegenwärtigen uns noch einmal den grundsätzlichen Aufbau der Atome, aus denen der Isolator aufgebaut ist. Sie bestehen aus dem Atomkern, der positiv geladen ist, und den negativen Elektronen, die um den Kern kreisen. Im Gegensatz zu den Metallen besitzen Isolatoren keine freien Elektronen. Die Elektronen sind im wesentlichen unmittelbar an den Kern gebunden. Normalerweise fallen der Ladungsschwerpunkt des positiven Kerns und der der negativen Elektronenhülle zusammen (Abb. 2.49a). Befindet sich jedoch solch ein Stoff in einem elektrischen Feld (z. B. zwischen den Platten eines Kondensators), dann werden die positiven und die negativen Ladungsschwerpunkte ein wenig voneinander getrennt. Jedes Atom wird zu einem kleinen Dipol (Abb. 2.49b). Das Verschieben der Ladungsschwerpunkte ist um so größer, je stärker das äußere elektrische Feld ist. Man nennt diesen Vorgang *Verschiebungspolarisation* oder *dielektrische Polarisation*. Sie existiert bei allen Stoffen.

Es ist noch eine andere Art der Polarisation möglich. Sie tritt zusätzlich bei solchen Stoffen auf, bei denen die Moleküle durch ihre Struktur schon von vornherein permanente Dipole bilden. Infolge der Wärmebewegung liegen sie regellos durcheinander, so daß im feldfreien Zustand nach außen keine Wirkung existiert (Abb. 2.50a). Unter der Einwirkung des Feldes werden die Dipole etwas in die Vorzugsrichtung gezwungen. Dies geschieht um so mehr, je stärker das Feld und je niedriger die Temperatur ist, da die Wärmebewegung die Einstellung der Dipole stört (*Orientierungspolarisation* oder *parelektrische Polarisation*, in Abb. 2.50b stark vereinfacht). Beide Möglichkeiten kommen in der Natur vor. Zunächst brauchen wir zwischen ihnen nicht zu unterscheiden, da in beiden Fällen die Polarisation der äußeren Feldstärke proportional ist.

Wahre, scheinbare und freie Ladungen. Die Struktur eines polarisierten Dielektrikums können wir also durch das in Abb. 2.49b und 2.50b dargestellte Schema wiedergeben. Zwischen den Kondensatorplatten befinden sich Ketten aneinandergereihter Dipole. Im Innern des Dielektrikums kompensieren sich die jeweils gegenüberliegenden entgegengesetzten Ladungen zweier Dipole der Kette. Lediglich an der Oberfläche des Isolators bleiben scheinbar Ladungen übrig (in Abb. 2.51 an der linken Seite positive und an der rechten Seite negative Ladungen). Durch diese Oberflächenladungen, die mit den Enden der polari-

---

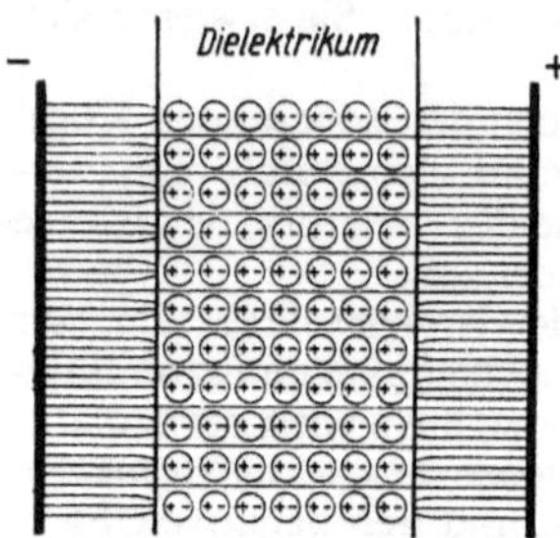

Abb. 2.51. Zur Entstehung der scheinbaren Ladungen

sierten Dipolkette gleichbedeutend sind, wird ein Teil der von den Kondensatorplatten ausgehenden Feldlinien gewissermaßen kurzgeschlossen; die Oberflächenladung sättigt, wie Abb. 2.51 zeigt, einen ihr entsprechenden Teil der Feldlinien und somit der Kondensatorladung ab.

Man nennt die auf den Kondensatorplatten vorhandene Gesamtladung die **wahren** Ladungen. Die an der Oberfläche des Dielektrikums auftretenden Enden der Dipolketten werden als **scheinbare** Ladungen bezeichnet. Den durch die Polarisation des Dielektrikums nicht abgesättigten Teil der Ladungen der Elektrodenplatten nennt man die **freien** Ladungen.

Da sich die einander zugekehrten Enden zweier aufeinanderfolgender Dipole anziehen, so *herrscht in Richtung der Feldlinien ein Zug*. Dagegen *herrscht quer zu ihrer Richtung ein Druck*, da die gleichnamigen Pole zweier benachbarter Teilchen einander abstoßen.

2.4.3. Die elektrische Verschiebung

Zur Charakterisierung eines elektrischen Feldes haben wir die elektrische Feldstärke E herangezogen. Wir hatten sie durch die Kraft eines Feldes auf eine Probeladung definiert. In dem letzten Experiment des Abschn. 2.4.1 wurde bei konstantgehaltener Plattenspannung ein Dielektrikum zwischen die Platten des Kondensators geschoben. Die Ladung auf den Platten wuchs. Trotzdem änderte sich die Feldstärke nicht. Es zeigt sich somit, daß die elektrische Feldstärke E zur Charakterisierung des elektrischen Feldes in Materie nicht mehr ausreicht. Sie erfaßt nicht die durch das Dielektrikum hervorgerufenen Veränderungen. Wir müssen nach einer anderen Größe suchen. Hierzu folgende Überlegung: Die elektrischen Felder werden durch Ladungen erzeugt. Bei dem vorliegenden Experiment befinden sie sich auf den Platten des Kondensators. Wird

die Ladung der Platten vergrößert, dann wächst auch die Flächendichte der Ladung $\sigma = Q/A$. Diese Größe ziehen wir zur Charakterisierung des elektrischen Feldes heran. Nach (2.58) ist die Ladung eines Plattenkondensators *im Vakuum*

$$Q_\mathrm{V} = \varepsilon_0 \frac{A}{d} U \qquad (2.58)$$

und somit die Flächendichte der Ladung

$$\sigma_\mathrm{V} = \frac{Q_\mathrm{V}}{A} = \varepsilon_0 \frac{U}{d} = \varepsilon_0 E.$$

Die Flächendichte der Ladung nennen wir *elektrische Verschiebung D*. Somit gilt im Vakuum

$$D_\mathrm{V} = \varepsilon_0 E. \qquad (2.66)$$

Befindet sich zwischen den Platten ein Dielektrikum ε_r, vergrößert sich die Kapazität des Kondensators nach (2.64): $C_\mathrm{M} = \varepsilon_\mathrm{r} C_\mathrm{V}$. Folglich trägt er *mit Dielektrikum* die Ladung

$$Q_\mathrm{M} = \varepsilon_\mathrm{r} \varepsilon_0 \frac{A}{d} U.$$

Die Flächendichte der Ladung ist somit

$$\sigma_\mathrm{M} = \frac{Q_\mathrm{M}}{A} = \varepsilon_\mathrm{r} \varepsilon_0 \frac{U}{d} = \varepsilon_\mathrm{r} \varepsilon_0 E.$$

Also gilt für die elektrische Verschiebung im Dielektrikum

$$D_\mathrm{M} = \varepsilon_\mathrm{r} \varepsilon_0 E. \qquad (2.67)$$

(2.66) und (2.67) wurden für homogenen Feldverlauf (im Plattenkondensator) abgeleitet. Sie gelten jedoch allgemein für jeden Feldverlauf, so daß wir setzen können:

$$D = \varepsilon_\mathrm{r} \varepsilon_0 E. \qquad (2.68)$$

Die elektrische Verschiebung D ist ein Vektor, der die gleiche Richtung wie die elektrische Feldstärke E hat.

Da die relative Dielektrizitätskonstante eine Materialeigenschaft charakterisiert, ist (2.68) eine *Materialgleichung*.
Der Sonderfall, daß sich die Platten im Vakuum befinden, ist mit $\varepsilon_\mathrm{r} = 1$ in (2.68) enthalten.
Während die elektrische Feldstärke durch die Kraft, die eine Probeladung im Feld erfährt, festgelegt ist, gilt:

Zur Definition der elektrischen Verschiebung wird die Flächendichte der Ladung herangezogen, die das Feld erzeugt: $|D| = \sigma$.

Maßeinheit der elektrischen Verschiebung: Es gilt $[D] = [\sigma] = \mathrm{As/m^2}$.

Im CGS-System wird gesetzt: $D^* = \varepsilon_r E^*$, so daß D^* die gleiche Maßeinheit wie E^* hat: $[D^*] = \sqrt{\text{dyn/cm}}$.

Die experimentelle Bestimmung der Flächendichte der Ladung und des Betrages der elektrischen Verschiebung kann (vor allem bei inhomogenen Feldern) durch die in Abb. 2.32 gezeigten Doppelplättchen vorgenommen werden. Wir bringen die Plättchen eng aneinanderliegend senkrecht zu den Feldlinien in das zu untersuchende Feld. Durch Influenz kommt es in den Plättchen zu einer Ladungsverschiebung. Trennen wir im Feld die Plättchen und ziehen sie heraus, dann können wir mit einem Becherelektrometer ihre Ladung bestimmen. Bei bekannter Fläche der Plättchen erhalten wir hieraus die Flächendichte der Ladung, also den Betrag der elektrischen Verschiebung D. (Der Vorgang der Ladungsverschiebung durch Influenz hat der Größe D den Namen „elektrische Verschiebung" gegeben.) Wollen wir die Bestimmung der elektrischen Verschiebung in einem Isolator, der sich im Feld befindet, vornehmen, dann müssen wir ihn mit einem schmalen Querschlitz (senkrecht zu den Feldlinien) versehen. In dem Schlitz können wir die Flächendichte der Ladung mit Hilfe der Doppelplättchen ermitteln.

Zum Ausmessen inhomogener Felder ist nötig, daß die Plättchen genügend klein gegen die örtlichen Änderungen des Feldes sind, da wir mit der Methode nur eine mittlere Flächendichte der Ladung erfassen.

Man könnte nun vermuten, daß die elektrische Verschiebung D zur vollständigen Charakterisierung eines elektrischen Feldes geeignet ist und die elektrische Feldstärke E zur Bestimmung nicht benötigt wird. Das erste Experiment in Abschn. 2.4.1 zeigt jedoch, daß dies nicht möglich ist. Wegen $Q = $ const wird auch $D = $ const, obwohl ein Dielektrikum eingeführt wurde. *Erst E und D zugleich beschreiben das Feld vollständig.*

2.4.4. Erweiterung der Elektrostatik im Vakuum auf Dielektrikum

Mit Hilfe der Erkenntnisse der vergangenen beiden Abschnitte sollen die bei der Behandlung elektrostatischer Felder im Vakuum gefundenen Ergebnisse auf Felder in Dielektrika ausgedehnt werden. Diese Übertragung bereitet keine Schwierigkeiten, wenn wir aus Abschn. 2.4.1 beachten, daß bei gegebener Ladung die Feldstärke im Dielektrikum kleiner wird, und zwar auf den $1/\varepsilon_r$-fachen Wert sinkt.

Feld einer Punktladung im Dielektrikum. Befindet sich eine Punktladung Q zunächst im Vakuum (oder in Luft) und wird dann der umgebene Raum mit einem Dielektrikum ausgefüllt (z. B. Öl), so sinkt die Feldstärke auf den $1/\varepsilon_r$-fachen Wert, da

sich die Ladung hierbei nicht ändert. Wir erhalten

$$E = \frac{1}{4\pi\varepsilon_r\varepsilon_0}\,\frac{Q}{r^2}\,\frac{r}{r}\,; \quad \text{Betrag:}\ E = \frac{1}{4\pi\varepsilon_r\varepsilon_0}\,\frac{Q}{r^2}\,.$$

$$(2.69)$$

Coulombsches Gesetz im Dielektrikum. Befinden sich zwei Punktladungen Q_1 und Q_2 in einem Dielektrikum, dann können wir zur Berechnung der zwischen ihnen wirkenden Kraft annehmen, die Ladung Q_2 liegt im Feld der Punktladung Q_1. Da die Feldstärke der Punktladung (2.69) auf den $1/\varepsilon_r$-fachen Wert sinkt, erhalten wir für die wirkende Kraft wegen $F = QE$

$$F = \frac{1}{4\pi\varepsilon_r\varepsilon_0}\,\frac{Q_1 Q_2}{r^2}\,\frac{r}{r}\,;$$

$$\text{Betrag:}\ F = \frac{1}{4\pi\varepsilon_r\varepsilon_0}\,\frac{Q_1 Q_2}{r^2}\,. \qquad (2.70)$$

Die Kraft zweier Punktladungen aufeinander sinkt durch die Einführung des Dielektrikums auf den $1/\varepsilon_r$-fachen Wert.

Der elektrische Verschiebungsfluß. Im Abschn. 2.2.4 haben wir den elektrischen Feldfluß durch eine geschlossene Oberfläche, die die Ladung Q im Vakuum umgibt, bestimmt:

$$\oint E\,\mathrm{d}A = \frac{Q}{\varepsilon_0}\,. \qquad (2.14)$$

Befindet sich die Ladung Q im Dielektrikum, so sinkt der Feldfluß auf den $1/\varepsilon_r$-fachen Wert:

$$\oint E\,\mathrm{d}A = \frac{Q}{\varepsilon_r\varepsilon_0}\,. \qquad (2.71\,\text{a})$$

Wir formen um, wobei wir berücksichtigen: $D = \varepsilon_r\varepsilon_0 E$, und erhalten

$$\psi_D = \oint D\,\mathrm{d}A = Q\,. \qquad (2.71\,\text{b})$$

Der Ausdruck $\int D\,\mathrm{d}A$ ist der *elektrische Verschiebungsfluß* ψ_D.

Der elektrische Verschiebungsfluß durch eine geschlossene Oberfläche ist gleich der umfaßten Ladung.

(2.71) gilt sowohl im Dielektrikum als auch (mit $\varepsilon_r = 1$) im Vakuum.

Analog dem Vorgehen im Abschn. 2.2.4 läßt sich (2.71) mit Hilfe des Gaußschen Integralsatzes aus

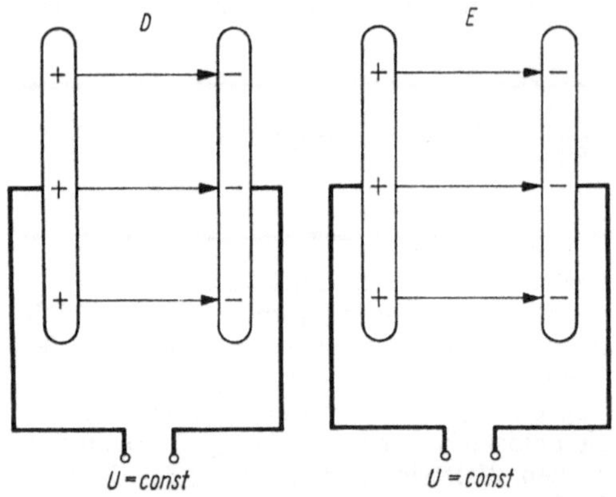

Abb. 2.52. *D*- und *E*-Linien im leeren Kondensator

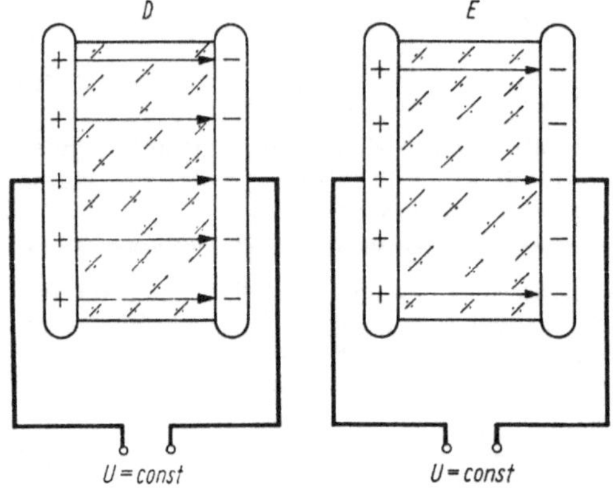

Abb. 2.53. *D*- und *E*-Linien im Kondensator mit Dielektrikum

der integralen Schreibweise in die differentielle überführen. Es gilt (s. Abschn. „Mathematische Hilfsmittel")

$$\oint \boldsymbol{D} \, \mathrm{d}\boldsymbol{A} = \int \operatorname{div} \boldsymbol{D} \, \mathrm{d}V = Q.$$

Mit $Q = \int \varrho \, \mathrm{d}V$ erhalten wir schließlich

$$\operatorname{div} \boldsymbol{D} = \varrho. \tag{2.72}$$

(2.71 b) und (2.72) drücken mathematisch aus, daß das elektrische Feld ein „Quellenfeld" ist. Die Ladungen sind die Quellen des Feldes. Beim elektrischen Feld im Vakuum ist es gleichgültig, ob diese Eigenschaft des Feldes in der Formel durch $\boldsymbol{E}$ oder durch $\boldsymbol{D}$ ausgedrückt wird. Da jedoch Q bzw. ϱ die wahren Ladungen erfaßt und nur sie die Quellen von $\boldsymbol{D}$ sind, ist im stofferfüllten Raum die Darstellung (2.71 b) bzw. (2.72) sinnvoll.

2.4.5. Feldstärke und Verschiebung im Dielektrikum

Für die folgenden Betrachtungen sei ein Plattenkondensator ständig mit einer Spannungsquelle verbunden, so daß $U = $ const gilt. Ist der Raum zwischen den Platten leer, dann erhält man (stark vereinfacht) den in Abb. 2.52 dargestellten Zustand. Es sind die Linien der Verschiebung und der Feldstärke jeweils für sich gezeichnet. Für die Verschiebung und für die Feldstärke gilt entsprechend den Definitionen

$$D_{\mathrm{V}} = \frac{Q}{A} \quad \text{und} \quad E_{\mathrm{V}} = \frac{U}{d}.$$

A und d sind Plattenfläche und Plattenabstand des Kondensators. Da wir ein homogenes Feld vorliegen haben, benötigen wir nur die Beträge der Verschiebung und der Feldstärke. Die Indizes V und M bezeichnen die Größen im leeren (Vakuum) bzw. im materieerfüllten Raum.

Füllen wir den Raum zwischen den Platten mit einem Dielektrikum ε_{r} aus, dann wächst nach (2.64) die Kapazität des Kondensators, $C_{\mathrm{M}} = \varepsilon_{\mathrm{r}} C_{\mathrm{V}}$. Die angelegte Spannung ist konstant; also erhöht sich wegen $Q_{\mathrm{M}} = C_{\mathrm{M}} U$ die Ladung: $Q_{\mathrm{M}} = \varepsilon_{\mathrm{r}} Q_{\mathrm{V}}$. Wir erhalten somit für die Verschiebung

$$D_{\mathrm{M}} = \frac{Q_{\mathrm{M}}}{A} = \varepsilon_{\mathrm{r}} \frac{Q_{\mathrm{V}}}{A} = \varepsilon_{\mathrm{r}} D_{\mathrm{V}}.$$

Die Verschiebung wächst auf den ε_{r}-fachen Betrag. Da sich die Spannung nicht geändert hat, bleibt die Feldstärke konstant. Es gilt

$$E_{\mathrm{M}} = \frac{U}{d} = E_{\mathrm{V}}.$$

Dieses Ergebnis ist in Abb. 2.53 demonstriert. Da die Ladungsdichte auf den Platten gewachsen ist, vergrößert sich die Verschiebung. Trotzdem herrscht im Dielektrikum die gleiche Feldstärke wie im Vakuum; denn ein Teil der wahren Ladungen auf den Platten wird durch die (nicht gezeichneten) scheinbaren Oberflächenladungen des Dielektrikums kompensiert. Die freie Ladung des Kondensators mit Dielektrikum ist gleich der Ladung des leeren Kondensators.

Im Dielektrikum gilt:
Für die Erzeugung der D-Linien sind die wahren Ladungen des Kondensators verantwortlich;
für die Erzeugung der E-Linien sind die (nicht kompensierten) freien Ladungen des Kondensators verantwortlich.

Ist der Kondensator entsprechend Abb. 2.54 nur z. T. mit einem Dielektrikum ausgefüllt, dann können wir ihn wie zwei parallelgeschaltete Kondensatoren ansehen. In beiden Teilkondensatoren

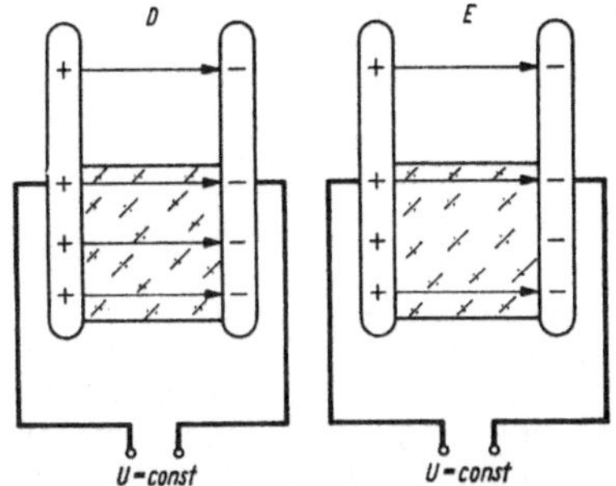

Abb. 2.54. Kondensator zur Hälfte mit einem Dielektrikum gefüllt

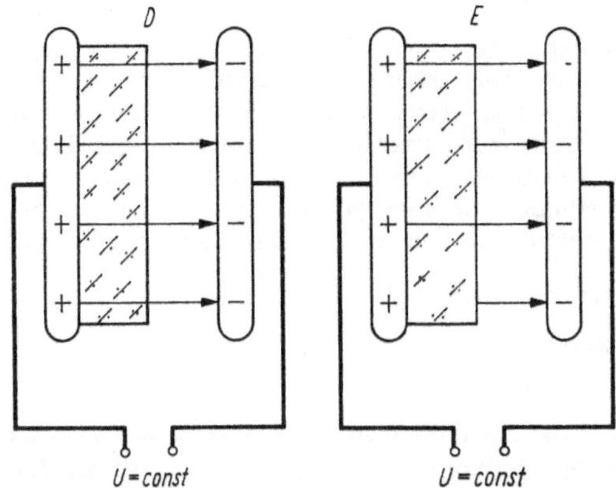

Abb. 2.55. Kondensator zur Hälfte mit einem Dielektrikum gefüllt

ist die Spannung gleich. Also gilt wegen $E = U/d$

$$E_M = E_V;$$

die Feldstärke ist in den Teilkondensatoren gleich.

Die Platten der Teilkondensatoren zeigen jedoch unterschiedliche Ladungsdichte. In dem stofferfüllten Teil ist die Ladungsdichte größer als in dem leeren. Daher ist auch die Verschiebung im stofferfüllten Teil größer. Im leeren Teil gilt

$$D_V = \varepsilon_0 E_V$$

und im stofferfüllten Teil

$$D_M = \varepsilon_r \varepsilon_0 E_M.$$

Wegen $E_M = E_V$ erhält man hieraus

$$D_M = \varepsilon_r D_V;$$

die Verschiebung wächst in dem stofferfüllten Teil auf den ε_r-fachen Wert. Beachten wir außerdem, daß in Abb. 2.54 Feldstärke und Verschiebung tangential zur Grenzfläche Vakuum/Dielektrikum verlaufen, dann können wir formulieren:

Die Tangentialkomponente der Feldstärke verläuft an der Grenzfläche Vakuum/Dielektrikum stetig, während die der Verschiebung einen Sprung aufweist.

In Abb. 2.55 ist der Kondensator ebenfalls nur z. T. mit einem Dielektrikum ausgefüllt, wobei die Grenzfläche parallel zu den Platten verläuft. Die Verschiebung ist in beiden Bereichen gleich, da wegen $D = Q/A$ in beiden Fällen die gleichen wahren Ladungen der Platten die Ursache der D-Linien sind, $D_M = D_V$.
Für den Zusammenhang zwischen Feldstärke und Verschiebung im leeren Teil gilt

$$D_V = \varepsilon_0 E_V$$

und im stofferfüllten Teil

$$D_M = \varepsilon_r \varepsilon_0 E_M.$$

Da $D_M = D_V$ ist, erhält man somit

$$E_M = \frac{1}{\varepsilon_r} E_V;$$

die Feldstärke ist im stofferfüllten Teil kleiner als im leeren. Im leeren Teil sind die für die E-Linien verantwortlichen freien Ladungen gleich den wahren des Kondensators. Im stofferfüllten Teil dagegen werden die wahren Ladungen durch die (nicht gezeichneten) scheinbaren Oberflächenladungen des Dielektrikums z. T. kompensiert, so daß für die Ausbildung der E-Linien nur die nicht kompensierten freien Ladungen übrigbleiben.
Wir können den Kondensator in Abb. 2.55 als zwei in Reihe geschaltete ansehen, wobei sich die Gesamtspannung U auf die beiden Kondensatoren aufteilt. Sind d_M und d_V die Dicken des jeweiligen Bereichs, dann gilt nach (2.30)

$$U = \int E \, dr = E_M d_M + E_V d_V.$$

Feldstärke und Verschiebung liegen in Abb. 2.55 normal zur Grenzfläche Vakuum/Dielektrikum.

Die Normalkomponente der Verschiebung verläuft an der Grenzfläche Vakuum/Dielektrikum stetig, während die der Feldstärke einen Sprung aufweist.

Die beiden gefundenen Sätze sind zugleich eine Erklärung für die bereits in Abschn. 2.4.1 und 2.4.3 angeführten Fakten:

Die Feldstärke in einem Dielektrikum ist gleich der Feldstärke in einem schmalen Längsschlitz.
Die Verschiebung in einem Dielektrikum ist gleich der Verschiebung in einem schmalen Querschlitz.

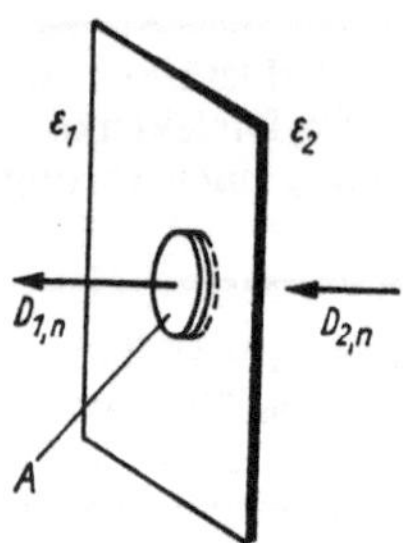

Abb. 2.56. Grenzfläche mit Normalkomponente von D

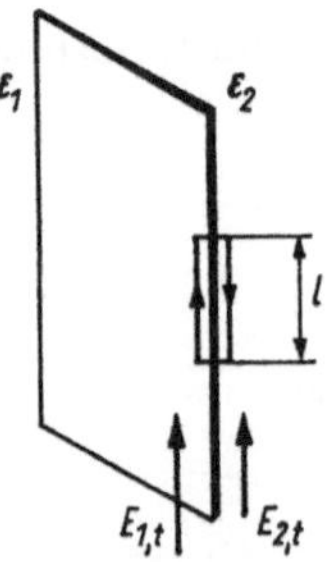

Abb. 2.57. Grenzfläche mit Tangentialkomponente von E

Zwei aneinandergrenzende Dielektrika. Die an einer Grenzschicht Vakuum/Dielektrikum gefundenen Sätze lassen sich auf beliebige aneinandergrenzende Medien erweitern. Die relativen Dielektrizitätskonstanten der beiden Medien seien ε_1 und ε_2. Dann gilt

$$\frac{E_{1,n}}{E_{2,n}} = \frac{\varepsilon_2}{\varepsilon_1}; \qquad E_{1,t} = E_{2,t}; \qquad (2.73)$$

$$\frac{D_{1,t}}{D_{2,t}} = \frac{\varepsilon_1}{\varepsilon_2}; \qquad D_{1,n} = D_{2,n}. \qquad (2.74)$$

Der Sonderfall Vakuum/Dielektrikum ist mit $\varepsilon_1 = 1$ in den Gleichungen enthalten und ergibt die bez. der Normal- und der Tangentialkomponenten gefundenen Sätze.

Da im Innern der Metalle $E_{\mathrm{Met}} = 0$ ist, so folgt aus (2.73), daß sich Metalle im statischen Feld so verhalten, als wäre ihre relative Dielektrizitätskonstante unendlich groß. Ferner folgt aus $E_{\mathrm{Met}} = 0$ auch $E_{1,t} = E_{\mathrm{Met},t} = 0$, unsere schon oft erörterte Bedingung, daß die Feldlinien auf der Leiteroberfläche senkrecht stehen.

Berechnung der Stetigkeitsbedingungen. Die soeben gefundenen Stetigkeitsbedingungen der elektrischen Feldstärke und der elektrischen Verschiebung wurden weitgehend aus der Anschauung heraus entwickelt. Sie lassen sich aus den Eigenschaften des elektrostatischen Feldes, der *Quellenbehaftung* und der *Wirbelfreiheit*, ableiten. Diese Eigenschaften werden mathematisch

durch

$$\oint D\,dA = Q \qquad (2.71\,\mathrm{b})$$

und

$$\oint E\,dr = 0 \qquad (2.24)$$

dargestellt. Q sind die wahren Ladungen.

Gegeben sei die Grenzfläche zwischen zwei Medien ε_1 und ε_2. Zunächst soll das Verhalten der Normalkomponenten von elektrischer Verschiebung und elektrischer Feldstärke untersucht werden. Da auf der Grenzfläche keine wahren Ladungen sind, wird aus dem obigen Ausdruck

$$\oint D\,dA = 0.$$

Zur Berechnung des Oberflächenintegrals schneiden wir entsprechend Abb. 2.56 einen sehr flachen Zylinder der Grundfläche A, der im Innern die Grenzfläche (parallel zu seiner Grundfläche) enthält, heraus. Da die Höhe des Zylinders verschwindend klein ist, gehen nur die Normalkomponenten von D in das Oberflächenintegral ein:

$$D_{1,n}A - D_{2,n}A = 0.$$

Also ist

$$D_{1,n} = D_{2,n}.$$

Die Normalkomponente von D verläuft an der Grenzfläche stetig.

Wegen $D = \varepsilon_r\varepsilon_0 E$ wird aus dem letzten Ausdruck

$$\varepsilon_1 E_{1,n} = \varepsilon_2 E_{2,n}.$$

Die Normalkomponente von E erleidet an der Grenzfläche einen Sprung.

Zur Ermittlung des Verhaltens der Tangentialkomponenten der Verschiebung und der Feldstärke an der Grenzfläche legen wir entsprechend Abb. 2.57 ein sehr schmales Rechteck so in die Grenzfläche, daß die Längsseiten (Länge l) parallel zur Grenzfläche verlaufen. Berechnen wir das Linienintegral (2.24) $\oint E\,dr = 0$, dann gehen nur die Tangentialkomponenten von E in die Rechnung ein:

$$E_{1,t}\,l - E_{2,t}\,l = 0.$$

Also ist

$$E_{1,t} = E_{2,t}.$$

Die Tangentialkomponente von E verläuft an der Grenzfläche stetig.

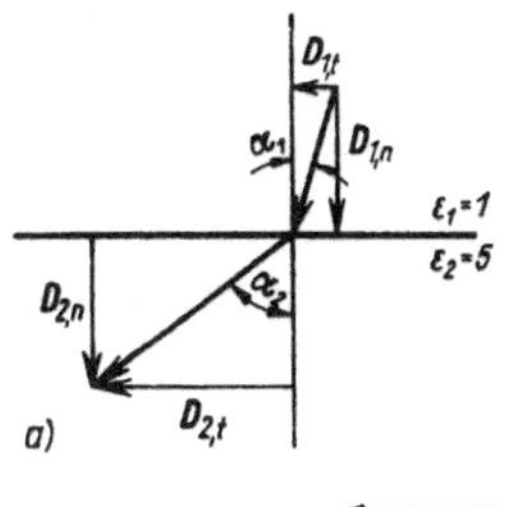

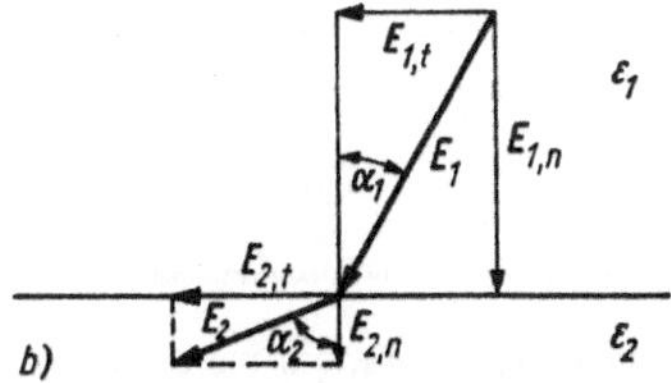

Abb. 2.58. Brechung der D- und E-Linien

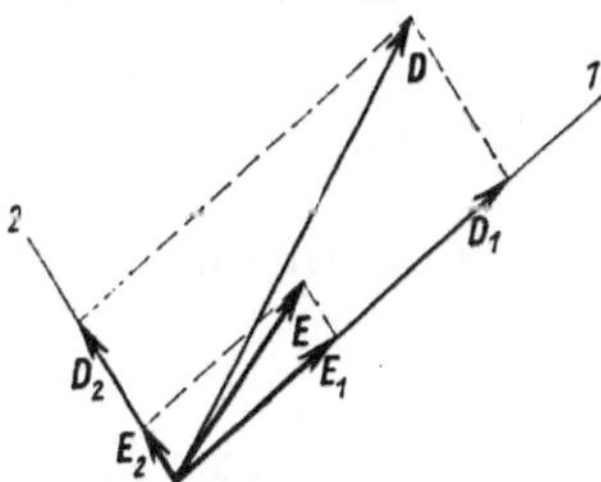

Abb. 2.59. Unterschiedliche Richtung von Feldstärke und Verschiebung in Kristallen

Wegen $D = \varepsilon_r \varepsilon_0 E$ wird aus dem letzten Ausdruck

$$\frac{D_{1,t}}{\varepsilon_1} = \frac{D_{2,t}}{\varepsilon_2}.$$

Die Tangentialkomponente von D erleidet an der Grenzfläche einen Sprung.

2.4.6. Brechung der Feldlinien

Brechungsgesetz der Feldstärke und der Verschiebung. Wenn elektrische Feldlinien unter einem beliebigen Winkel auf die Grenzfläche zweier Dielektrika treffen, ist nach den Stetigkeitsbedingungen (Abschn. 2.4.5) eine Brechung zu erwarten. In Abb. 2.58 ist angenommen, die Feldlinien (und damit auch die E- und die D-Linien) treffen unter dem Winkel α_1 auf die Grenzfläche der Dielektrika (ε_1 und ε_2, wobei $\varepsilon_1 < \varepsilon_2$). D und E zerlegen wir in die Normal- und in die Tangentialkomponenten, da die Komponenten jeweils unterschiedlichen Stetigkeitsbedingungen genügen.

Der weitere Verlauf der D-Linien wird durch (2.74) bestimmt:

$$D_{2,n} = D_{1,n}; \qquad D_{2,t} = \frac{\varepsilon_2}{\varepsilon_1} D_{1,t}.$$

Die Normalkomponente bleibt erhalten, während die Tangentialkomponente wegen $\varepsilon_2 > \varepsilon_1$ wächst. Die Brechung erfolgt vom Einfallslot weg gerichtet. Aus Abb. 2.58 entnehmen wir

$$\tan \alpha_1 = \frac{D_{1,t}}{D_{1,n}}; \qquad \tan \alpha_2 = \frac{D_{2,t}}{D_{2,n}}.$$

Wir bilden den Quotienten aus beiden Ausdrücken und ersetzen $D_{2,t}$ und $D_{2,n}$:

$$\frac{\tan \alpha_1}{\tan \alpha_2} = \frac{\varepsilon_1}{\varepsilon_2}. \tag{2.75}$$

In analoger Weise wird der weitere Verlauf der E-Linien durch (2.73) festgelegt, wobei sich ebenfalls eine Brechung ergibt, die vom Einfallslot weg gerichtet ist. Aus Abb. 2.58 ersieht man

$$\tan \alpha_1 = \frac{E_{1,t}}{E_{1,n}}; \qquad \tan \alpha_2 = \frac{E_{2,t}}{E_{2,n}}.$$

Bilden wir den Quotienten und ersetzen nach (2.73) $E_{2,t} = E_{1,t}$ und $E_{2,n} = \frac{\varepsilon_1}{\varepsilon_2} E_{1,n}$, dann erhält man ebenfalls (2.75).

Die Linien der Feldstärke und die der Verschiebung genügen dem gleichen Brechungsgesetz

$$\frac{\tan \alpha_1}{\tan \alpha_2} = \frac{\varepsilon_1}{\varepsilon_2}. \tag{2.75}$$

Waren E und D vor der Grenzfläche parallel, dann sind sie es auch nach dem Durchtritt durch die Grenzfläche.

Feldstärke und Verschiebung in Kristallen. Es gibt Kristalle (z. B. Kalkspat), in denen die relative Dielektrizitätskonstante richtungsabhängig ist. In den verschiedenen Richtungen innerhalb des Kristalls hat sie unterschiedliche Werte. In solchen Kristallen haben E und D nicht mehr die gleiche Richtung. Wir können dies an Abb. 2.59 verfolgen. D stelle die Richtung der Verschiebungslinien dar. Dann finden wir E in folgender Weise: Die Komponente der Feldstärke in irgendeiner Richtung ist proportional der Komponente der Verschiebung in dieser Richtung; der Proportionalitätsfaktor ist $1/\varepsilon_r \varepsilon_0$. Wir zerlegen nun E in Komponenten nach zwei Richtungen (1 und 2), in denen die relative Dielektrizitätskonstante unterschiedliche Werte hat (ε_1 und ε_2) (2.68). Dann ist die zur Richtung 1 parallele Komponente der Feldstärke gleich $D_1/\varepsilon_1\varepsilon_0$, die zur Richtung 2 parallele Komponente $D_2/\varepsilon_2\varepsilon_0$. Der Proportionalitätsfaktor ist in jeder Richtung verschieden. In Abb. 2.59 ist $\varepsilon_1 : \varepsilon_2 = 2 : 3$ gesetzt. Die aus den Komponenten resultierende Feldstärke ist E. Wie man sieht, hat sie nicht die Richtung von D, wie es der Fall wäre, wenn $\varepsilon_1 = \varepsilon_2$ (isotropes Medium) ist.

2.4.7. Energiedichte und Kräfte des elektrostatischen Feldes

Energiedichte des elektrischen Feldes. Wird durch Trennung der positiven und negativen Ladungen voneinander ein elektrisches Feld aufgebaut, dann muß für diese Ladungstrennung eine Arbeit aufgebracht werden. Sie ist als elektrische Energie in dem Feld gespeichert. Da das Feld im allgemeinen in den einzelnen Punkten des Raumes unterschiedliche Werte hat, ist es sinnvoll, zur Charakterisierung der energetischen Verhältnisse die *elektrische Energiedichte* w_E einzuführen:

$$\text{Energiedichte} = \frac{\text{Energie}}{\text{Volumen}}; \qquad w_E = \frac{W_E}{V}.$$

Wir berechnen die elektrische Feldenergie am Beispiel des Plattenkondensators (Fläche A, Plattenabstand l). An den Platten herrsche bereits die Spannung U. Bringt man nun eine kleine Ladung $+dQ$ von der negativen Platte zur positiven, dann wird die negative noch negativer und die positive noch positiver. Zugleich muß gegen die Wirkung des Feldes eine Kraft $dF = E\,dQ$ aufgebracht werden. Es wird also für die Verschiebung der Ladung die Arbeit

$$dW = l\,dF = El\,dQ$$

benötigt. Da sich die wahre Ladung der Platten um dQ vergrößert hat, ist auch die elektrische Verschiebung D gewachsen, und zwar um

$$dD = \frac{dQ}{A}.$$

Formt man um zu $dQ = A\,dD$ und setzt oben ein, ergibt sich

$$dW = EAl\,dD.$$

Diese Arbeit zur Verschiebung der Ladung dQ wird als *elektrische Feldenergie* im Kondensatorvolumen $V = Al$ gespeichert:

$$dW_E = EV\,dD.$$

Wir teilen durch das Volumen und erhalten

$$\frac{1}{V}\,dW_E' = d\left(\frac{W_E}{V}\right) = dw_E = E\,dD.$$

Die insgesamt in dem Feld gespeicherte Energie erhalten wir durch Integration. Dazu können wir wegen $D = \varepsilon_r\varepsilon_0 E$ setzen: $dD = \varepsilon_r\varepsilon_0\,dE$ und bekommen

$$w_E = \int dw_E = \varepsilon_r\varepsilon_0 \int\limits_0^E E\,dE = \frac{1}{2}\,\varepsilon_r\varepsilon_0 E^2 = \frac{1}{2}\,ED.$$

Die Formel wurde für das homogene Feld eines Plattenkondensators abgeleitet. Sie gilt jedoch allgemein, so daß man für die *Energiedichte des elektrischen Feldes* erhält:

$$dw_E = E\,dD \tag{2.76}$$

$$w_E = \frac{1}{2}\,ED. \tag{2.77}$$

Energie eines Plattenkondensators. Es ist dies ein Sonderfall von (2.77). Da ein homogenes Feld vorliegt, können wir in (2.77) mit den Beträgen rechnen. Hat der Kondensator das Volumen $V = Al$, dann gilt

$$W_E = w_E V = \frac{1}{2}\,EDV = \frac{1}{2}\,EDAl.$$

Mit $D = \varepsilon_r\varepsilon_0 E$ und $E = U/l$ erhalten wir

$$W_E = \frac{1}{2}\,\varepsilon_r\varepsilon_0\,\frac{U^2 A}{l}.$$

Die Kapazität des Plattenkondensators ist $C = \varepsilon_r\varepsilon_0 A/l$:

$$W_E = \frac{1}{2}\,CU^2 \tag{2.78}$$

oder mit $Q = CU$

$$W_E = \frac{1}{2}\,QU. \tag{2.79}$$

(2.78) und (2.79) geben die Energie an, die im elektrischen Feld eines Plattenkondensators steckt.

Zur Interpretation dieser Ergebnisse soll die Arbeit des Aufladeprozesses des Kondensators berechnet werden. Wir nehmen an, der Kondensator der Kapazität C trage bereits die Ladung Q. Die negative Platte sei geerdet. Nach der Kondensatorformel herrscht zwischen den Platten die Spannung $U = Q/C$. Bringt man gegen diese Spannung die Teilladung $+dQ$ zusätzlich auf die positive Platte (z. B. aus einem angeschlossenen Akkumulator), dann ist hierzu die Arbeit

$$dW = U\,dQ = \frac{Q\,dQ}{C}$$

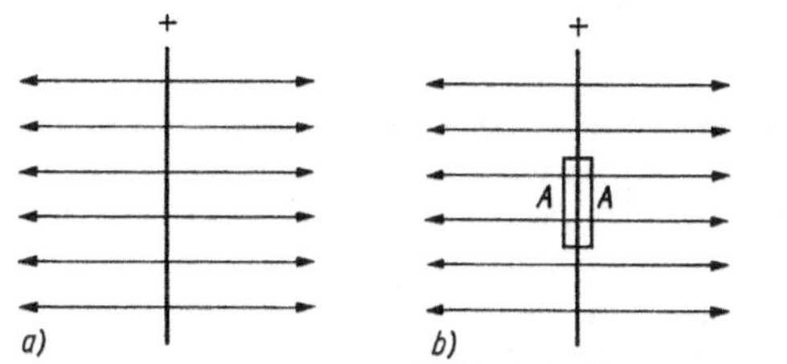

Abb. 2.60. Feld einer positiv geladenen Fläche (im Schnitt)

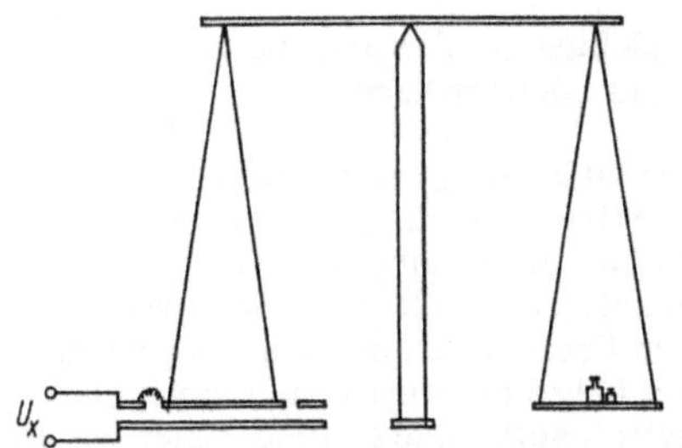

Abb. 2.61. Spannungswaage nach THOMSON

erforderlich. Die gesamte Arbeit erhalten wir durch Integration:

$$W = \int dW = \frac{1}{C} \int_0^Q Q \, dQ = \frac{1}{2} \frac{Q^2}{C}$$

oder umgeformt

$$W = \frac{1}{2} CU^2 .$$

Wir bekommen also den gleichen Ausdruck wie (2.78).

Die Arbeit, die zum Aufladen eines Kondensators nötig ist, wird als elektrische Feldenergie gespeichert.

Kraft zwischen den Platten eines Kondensators. Sind die Platten eines Kondensators geladen, dann ziehen sie sich wegen der unterschiedlichen Polarität an. Zur Bestimmung der Größe der Kraft wenden wir $F = QE$ an. Wir können die Ladung $-Q$ der einen Platte als im Feld der zweiten Platte ansehen. Zur Bestimmung der Feldstärke E, die Platte 2 erzeugt, betrachten wir zunächst nur diese Platte. Ist sie genügend groß, dann verlaufen die Feldlinien nach beiden Seiten der Ebene parallel in gleicher Dichte und stehen senkrecht auf der Platte (Abb. 2.60a). Unser Ziel soll sein, die Feldstärke E mit Hilfe des elektrischen Feldflusses (2.71a) zu berechnen. Zu diesem Zweck betrachten wir ein Flächenstück der Größe A der Platte, das die Ladung $+Q$ tragen

soll, und umgeben es derart mit einer geschlossenen Fläche, daß sie an dem Plattenstück von beiden Seiten möglichst dicht anliegt (Abb. 2.60b). Wir berechnen nun den elektrischen Feldfluß durch diese geschlossene Fläche $\oint E \, dA$, wobei wir beachten müssen, daß die Fläche ein Vektor ist, der überall nach außen weist. Für die Bildung des Feldflusses heißt das, E und A sind sowohl rechts als auch links der Platte immer gleichgerichtet. Die kurzen Stücke der umhüllenden Fläche oben und unten liefern keinen Beitrag, da deren Flächennormale senkrecht zur Feldrichtung steht. Wir können also nach (2.71a) setzen:

$$\oint E \, dA = EA_{\text{rechts}} + EA_{\text{links}} = E \cdot 2A = \frac{Q}{\varepsilon_r \varepsilon_0} ,$$

also

$$E = \frac{Q}{2\varepsilon_r \varepsilon_0 A} .$$

In diesem Feld befindet sich die Ladung $-Q$ der Platte 1. Also gilt mit $F = QE$

$$F = \frac{Q^2}{2\varepsilon_r \varepsilon_0 A} .$$

Wir formen um, wobei wir für die Ladung $Q = CU$ und für die Kapazität des Plattenkondensators $C = \varepsilon_r \varepsilon_0 \dfrac{A}{d}$ setzen:

$$F = \frac{1}{2} \varepsilon_r \varepsilon_0 \frac{U^2}{d^2} A . \tag{2.80}$$

Spannungswaage. Die Anziehung zwischen den Platten des Plattenkondensators läßt sich mit der Waage messen. Unter der Voraussetzung, daß das Feld homogen ist, kann man aus der Messung von F, A und d, also durch Messung rein mechanischer Größen, die Spannung zwischen den Platten ermitteln (2.80).

Der Plattenkondensator ist also als Elektrometer verwendbar und besonders dann erwünscht, wenn es sich um die Messung hoher Spannungen handelt. Für genaue Messungen ist die Homogenität des Feldes sehr wesentlich, die durch Anwendung eines Schutzringes (Abb. 2.61) gewährleistet wird.

Einbringen eines Dielektrikums in das Feld. Wir betrachten zwei Fälle:

1. Die Kondensatorplatten werden aufgeladen und anschließend von der Spannungsquelle getrennt. Es ist also für die weiteren Betrachtungen die Ladung der Platten $Q = $ const. Die Feldstärke ist E_0, die Verschiebung D_0. Für die Energiedichte erhalten wir nach (2.77)

$$w_{\text{E},0} = \frac{1}{2} D_0 E_0 = \frac{1}{2} \varepsilon_0 E_0^2 .$$

Nun führen wir ein Dielektrikum ε_r ein, das den Raum zwischen den Platten vollständig ausfüllt. Die Verschiebung bleibt unverändert, da sich die Ladung der Platten nicht ändert. Nach Abschn. 2.4.5 sinkt die Feldstärke auf den Wert $E = E_0/\varepsilon_r$. (Desgleichen sinkt die Spannung $U = U_0/\varepsilon_r$.) Also ist die Energiedichte mit Dielektrikum

$$w_E = \frac{1}{2}\, DE = \frac{1}{2}\, \varepsilon_r \varepsilon_0 E^2 = \frac{1}{2}\, \varepsilon_0 E_0{}^2 \, \frac{1}{\varepsilon_r} = \frac{1}{\varepsilon_r}\, w_{E,0}\,.$$

Wird der felderfüllte Raum bei konstanter Ladung mit einem homogenen Dielektrikum ε_r erfüllt, so sinken Feldstärke, Spannung und Energiedichte auf den $1/\varepsilon_r$-fachen Wert.

Die Energiedifferenz wird als mechanische Arbeit frei; das Feld zieht das Dielektrikum in den Kondensator hinein.

2. *Die Kondensatorplatten sind ständig mit einer Spannungsquelle verbunden.* Es gilt für die weiteren Betrachtungen $U = $ const, also auch $E = $ const. Da die Kapazität gewachsen ist (bei konstanter Spannung), wächst die Ladung der Platten $Q = \varepsilon_r Q_0$. Folglich wird $D = \varepsilon_r D_0$. Man erhält somit für die Energiedichte

$$w_E = \frac{1}{2}\, DE = \frac{1}{2}\, \varepsilon_r \varepsilon_0 E_0{}^2 = \varepsilon_r w_{E,0}\,.$$

Wird der felderfüllte Raum bei konstanter Spannung mit einem homogenen Dielektrikum ε_r erfüllt, so wachsen Verschiebung, Ladung und Energiedichte auf den ε_r-fachen Wert.

Auch in diesem Fall wird mechanische Arbeit durch das Hereinziehen des Dielektrikums in den Kondensator frei, die noch größer ist als im Fall 1, da die Spannung während des Vorgangs nicht sinkt. Zusätzlich wächst die im Feld gespeicherte Energie. Die beiden Energiebeträge werden von der angeschlossenen Spannungsquelle geliefert, die bei der Spannung U die Ladung auf den Wert $\varepsilon_r Q_0$ erhöht.

Zug der Feldlinien. In (2.80) haben wir die Kraft, mit der sich die Platten eines materieerfüllten Kondensators anziehen, gefunden:

$$F = \frac{1}{2}\, \varepsilon_r \varepsilon_0 \, \frac{U^2}{d^2}\, A\,.$$

Mit $E = U/d$ und $D = \varepsilon_r \varepsilon_0 E$ führen wir die Feldgrößen und mit (2.77) die Energiedichte ein:

$$F = \frac{1}{2}\, DEA = w_E A\,.$$

Folglich beträgt der Druck bzw. der Zug der Feldlinien

$$p = \frac{F}{A} = w_E\,.$$

In einem elektrischen Feld ist der Zug der Feldlinien (die Kraft pro Fläche normal zur Feldrichtung) gleich der Energiedichte.

2.4.8. Die molekularen Vorgänge bei der Polarisation des Dielektrikums

Wir haben in den bisherigen Abschnitten den Einfluß des Dielektrikums auf das elektrische Feld durch eine Materialkonstante, die relative Dielektrizitätskonstante ε_r, erfaßt. Dieses Vorgehen ist rein formal und berücksichtigt nicht im einzelnen die durch das Feld hervorgerufenen molekularen Veränderungen innerhalb der Stoffe. Einen ersten Schritt zur Beschreibung des Verhaltens der Dielektrika haben wir getan, als wir rein phänomenologisch die Polarisation des Dielektrikums erkannten und neben den wahren Ladungen der Kondensatorplatten auf die Existenz scheinbarer Oberflächenladungen des Dielektrikums geführt wurden. Diese Betrachtungen sollen unter Berücksichtigung der molekularen Struktur der Stoffe theoretisch gestützt werden.

Die elektrische Polarisation. Wir wollen zunächst eine physikalische Größe erarbeiten, die quantitativ das Ausmaß der Polarisation eines Stoffes erfaßt. Ist ein Plattenkondensator ohne Dielektrikum aufgeladen, haben die elektrischen Feldlinien zwischen den Platten Anfang und Ende bei den Ladungen auf den Platten. Zwischen der Oberflächenladungsdichte auf den Platten und der Feldstärke gilt

$$\sigma = \varepsilon_0 E\,. \tag{2.48}$$

Die gesamte Flächendichte der Ladung σ führt also im Kondensator ohne Dielektrikum zur Ausbildung der E-Linien. Fügen wir zwischen den Platten ein Dielektrikum (eine dielektrische Platte) ein, dann wird ein Teil der wahren Ladungen auf den Kondensatorplatten durch die scheinbaren Ladungen auf der Oberfläche des Dielektrikums kompensiert, so daß für die Bildung der E-Linien *im Dielektrikum* nur die verbleibenden (nicht kompensierten) freien Ladungen zur Auswirkung kommen:

$$\sigma_w - \sigma_{sch} = \sigma_f = \varepsilon_0 E\,.$$

(σ_w, σ_{sch} und σ_f sind die Flächendichten der wahren, der scheinbaren und der freien Ladung.) Wir formen um:

$$\sigma_w = \varepsilon_0 E + \sigma_{sch}\,,$$

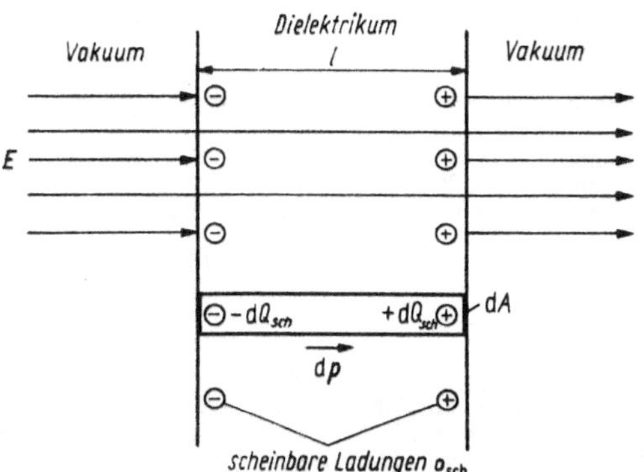

Abb. 2.62. Zur elektrischen Polarisation

und berücksichtigen, daß nach Abschn. 2.4.5 die wahren Ladungen der Kondensatorplatten für die Bildung der D-Linien im Dielektrikum verantwortlich sind, $D = \sigma_w$. Dann ergibt sich

$$D = \varepsilon_0 E + \sigma_{\text{sch}}. \tag{2.81}$$

Wir wollen für die Flächendichte der scheinbaren Ladung eine Aussage formulieren. Zu diesem Zweck denken wir uns nach Abb. 2.62 aus dem Dielektrikum parallel zu den Feldlinien einen schlanken Zylinder herausgeschnitten, der die Grundfläche dA hat.

Ist σ_{sch} die Flächendichte der scheinbaren Ladung, dann trägt die Grundfläche dieses Zylinders die scheinbare Ladung $dQ_{\text{sch}} = \sigma_{\text{sch}}\, dA$, und zwar an der einen Seite mit negativem und an der anderen mit positivem Vorzeichen. Das herausgeschnittene Zylinderelement hat somit ein Dipolmoment

$$|dp| = l\, dQ_{\text{sch}} = \sigma_{\text{sch}}l\, dA = \sigma_{\text{sch}}\, dV. \tag{2.82}$$

Für uns ist von Interesse das auf die Volumeneinheit bezogene Dipolmoment, das wir *elektrische Polarisation P* nennen. Wir definieren:

$$P = \frac{dp}{dV}; \tag{2.83}$$

die elektrische Polarisation P ist ein Vektor, der die gleiche Richtung wie das Dipolmoment p und somit wie die Feldstärke E hat. Für den Betrag der elektrischen Polarisation gilt $P = \sigma_{\text{sch}}$.

Mit dieser Festlegung erhalten wir aus (2.81)

$$D = \varepsilon_0 E + P. \tag{2.84}$$

(2.84) gilt nicht nur im homogenen Feld eines Plattenkondensators, sondern für allgemeinen Feldverlauf. Daher sind für die Größen die Vektoren geschrieben.

Die elektrische Suszeptibilität. Es hat sich experimentell gezeigt, daß die Polarisation P in weiten Grenzen proportional der Feldstärke E ist. Das gilt für die Verschiebungspolarisation und für die Orientierungspolarisation in gleicher Weise, so daß wir zwischen beiden nicht zu unterscheiden brauchen. Die Proportionalität schreiben wir in der Form

$$P = \chi_E \varepsilon_0 E. \tag{2.85}$$

χ_E ist die *elektrische Suszeptibilität*. Sie ist dimensionslos. (2.85) in (2.84) eingesetzt, liefert

$$D = \varepsilon_0 E + \chi_E \varepsilon_0 E = (1 + \chi_E)\,\varepsilon_0 E.$$

Vergleicht man diesen Ausdruck mit $D = \varepsilon_r \varepsilon_0 E$, so bekommt man

$$\varepsilon_r = 1 + \chi_E; \qquad \chi_E = \varepsilon_r - 1; \tag{2.86}$$

$$P = (\varepsilon_r - 1)\,\varepsilon_0 E, \tag{2.87}$$

Die elektrische Suszeptibilität χ_E beschreibt die gleiche Materialeigenschaft wie die relative Dielektrizitätskonstante ε_r. Durch (2.86) sind beide miteinander verknüpft. In vielen Fällen ist die Verwendung von χ_E handlicher als die von ε_r.

Im CGS-System definiert man $P^* = \chi E^*$, so daß $\chi = \dfrac{\varepsilon_r - 1}{4\pi}$ wird. Wegen $D^* = \varepsilon_r E^*$ erhält man $D^* = E^* + 4\pi P^*$.

Verschiebungspolarisation. Unser nächster Schritt ist die Darstellung der Polarisation P durch rein molekulare Größen. Wir wenden uns hierbei zunächst der Verschiebungspolarisation zu. Befindet sich ein Isolator, der nur aus nichtpolaren Molekülen besteht, außerhalb eines elektrischen Feldes, dann fallen die Ladungsschwerpunkte der positiven Atomkerne und die der negativen Elektronenhüllen jeweils zusammen. Bringen wir den Isolator in ein elektrisches Feld, dann verschieben sich die einzelnen Ladungsschwerpunkte, so daß molekulare Dipole entstehen. Die Auslenkung der Ladungsschwerpunkte voneinander ist direkt proportional der an dem Ort wirkenden Feldstärke E_i, so daß das Dipolmoment eines Moleküls (Ladung mal Abstand der Ladungsschwerpunkte) ebenfalls proportional der Feldstärke E_i ist:

$$p_M = \alpha E_i.$$

α ist die *Polarisierbarkeit des Moleküls (molekulare elektrische Polarisierbarkeit)*, also eine für das Molekül charakteristische Größe. Für Gase sind die einzelnen Moleküle so weit voneinander entfernt, daß sich die aus dieser Polarisation herrührenden Felder der einzelnen Moleküle gegenseitig nicht beeinflussen. Es herrscht am Ort des Moleküls nur das äußere Feld, $E_i = E$. In festen Stoffen dagegen muß diese gegenseitige Beeinflussung berücksichtigt werden; die wirkende Feldstärke ist größer. Es gilt $E_i = E + \dfrac{1}{3\varepsilon_0} P$. (Die zu diesem Ergebnis führende Rechnung ist nicht mit elementaren Mitteln abzuleiten und soll daher übersprungen werden.) Wir erhalten somit für das Dipolmoment eines Moleküls

$$p_{\mathrm{M}} = \alpha\left(E + \frac{1}{3\varepsilon_0} P\right). \qquad (2.88)$$

Enthält der Isolator im Volumen V insgesamt N Moleküle, dann ist seine Teilchendichte $n = N/V$. Folglich ergibt sich für die Polarisation P (gesamtes Dipolmoment aller Moleküle, geteilt durch Volumen)

$$P = \frac{N}{V} p_{\mathrm{M}} = n p_{\mathrm{M}} = n\alpha\left(E + \frac{1}{3\varepsilon_0} P\right).$$

Löst man nach P auf, dann erhält man

$$P = \frac{n\alpha}{1 - \dfrac{n\alpha}{3\varepsilon_0}} E.$$

Die Gleichung bringt vom atomistischen Standpunkt den Zusammenhang zwischen der Polarisation des Dielektrikums und der Feldstärke. Makroskopisch hatten wir in (2.87) für diesen Zusammenhang gefunden:

$$P = (\varepsilon_r - 1)\,\varepsilon_0 E. \qquad (2.87)$$

Stellen wir die Verbindung zwischen beiden Betrachtungsweisen her, indem wir die Ausdrücke einander gleichsetzen:

$$(\varepsilon_r - 1)\,\varepsilon_0 E = \frac{n\alpha}{1 - \dfrac{n\alpha}{3\varepsilon_0}} E.$$

Wir formen um:

$$\left(\varepsilon_r - 1\right)\left(1 - \frac{n\alpha}{3\varepsilon_0}\right) = \frac{n\alpha}{\varepsilon_0}.$$

Ausmultiplizieren und Ordnen liefert schließlich

$$\frac{\varepsilon_r - 1}{\varepsilon_r + 2} = \frac{n\alpha}{3\varepsilon_0}. \qquad (2.89)$$

Ist m_{M} die Masse eines Moleküls, dann ist $N m_{\mathrm{M}}/V = n m_{\mathrm{M}}$ die gesamte Masse, geteilt durch das Volumen, also die Dichte ϱ des Isolators, $n m_{\mathrm{M}} = \varrho$. Legen wir den Betrachtungen die Stoffmenge 1 mol zugrunde, dann befinden sich in dem Volumen $N = N_{\mathrm{A}}$ Moleküle ($N_{\mathrm{A}} = 6{,}02 \cdot 10^{23}$ mol^{-1} ist die Avogadro-Konstante), und es ist $N_{\mathrm{A}} m_{\mathrm{M}} = M$ die Molmasse (die Masse der Stoffmenge 1 mol). Somit können wir in (2.89) die

Teilchendichte ersetzen durch $n = \varrho/m_{\mathrm{M}} = N_{\mathrm{A}}\varrho'$ M. Umformen liefert schließlich

$$\frac{\varepsilon_r - 1}{\varepsilon_r + 2}\,\frac{M}{\varrho} = \frac{1}{3\varepsilon_0} N_{\mathrm{A}}\alpha = P_{\mathrm{M}}. \qquad (2.90)$$

(2.90) wurde zuerst von MOSOTTI und CLAUSIUS aufgestellt und ist als *Clausius-Mosottisches Gesetz* bekannt.

In dieser Form geschrieben, enthält die linke Seite leicht meßbare Größen, nämlich ε_r, M und ϱ. Der Ausdruck ist der Polarisierbarkeit pro Mol proportional und wird in Tabellenwerken als „*Molpolarisation*" oder auch als „*Molekularpolarisation*" P_{M} angeführt. Mit seiner Hilfe läßt sich die Polarisierbarkeit des Moleküls α bestimmen. Die Schreibweise von (2.90), die in Tabellenwerken Eingang gefunden hat, rührt von der Darstellung im CGS-System her (s. u.). Dort liefert P_{M} unmittelbar die Polarisierbarkeit pro Mol. (Im CGS-System hat α die Maßeinheit cm^3, s. Tab. 2.2.)

Für Gase ist die Rückwirkung der einzelnen Dipole aufeinander hinreichend klein. Somit kann in (2.88) das Korrekturglied $P/3\varepsilon_0$ wegfallen. In diesem Fall vereinfacht sich (2.90). Da für Gase die relative Dielektrizitätskonstante ε_r nur wenig von 1 abweicht, können wir $\varepsilon_r + 2 \approx 3$ setzen und erhalten

$$\frac{\varepsilon_r - 1}{3}\,\frac{M}{\varrho} = \frac{1}{3\varepsilon_0} N_{\mathrm{A}}\alpha = P_{\mathrm{M}}. \qquad (2.91)$$

Im CGS-System lauten die beiden Gleichungen:

$$\frac{\varepsilon_r - 1}{\varepsilon_r + 2}\,\frac{M}{\varrho} = \frac{4\pi}{3} N_{\mathrm{A}}\alpha^* = P_{\mathrm{M}}^*$$

bzw.

$$\frac{\varepsilon_r - 1}{3}\,\frac{M}{\varrho} = \frac{4\pi}{3} N_{\mathrm{A}}\alpha^* = P_{\mathrm{M}}^*.$$

Orientierungspolarisation. Weisen die Moleküle des Isolators bereits durch ihre Struktur Dipolcharakter auf, dann sind diese Dipole im feldfreien Fall zunächst durch die Wärmebewegung völlig ungeordnet gerichtet. Unter der Einwirkung eines elektrischen Feldes suchen sie sich entgegen der desorientierenden Temperaturbewegung auszurichten. Das bedeutet aber nichts anderes, als daß zu der auch bei diesen polaren Molekülen bestehenden Polarisierbarkeit infolge der Verschiebungspolarisation zusätzlich ein temperaturabhängiger Term $\bar{\alpha}_{\mathrm{D}}$ tritt. Die Orientierungspolarisation kann allerdings so groß werden, daß der Einfluß durch die Verschiebungspolarisation nicht mehr in Erscheinung tritt.

Die Wärmebewegung der Moleküle übt auf die Polarisierbarkeit infolge der Verschiebungspolarisation α keinen nennenswerten Einfluß aus, da die Polarisation auf einer Verschiebung der

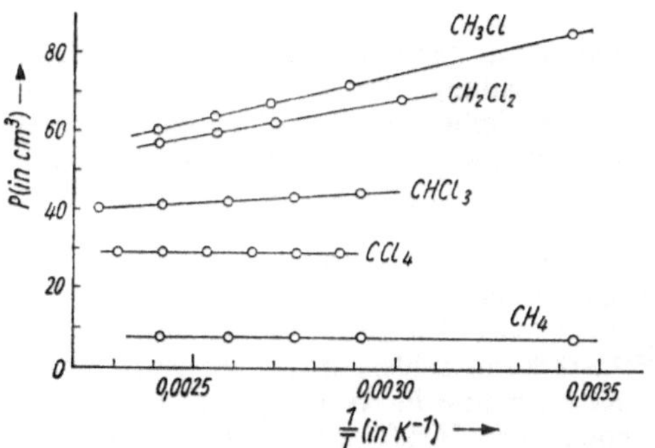

Abb. 2.63. Temperaturabhängigkeit der Molpolarisation verschiedener Stoffe (im Gaszustand)

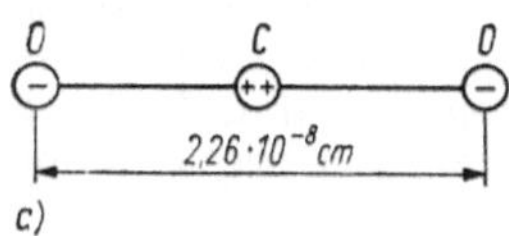

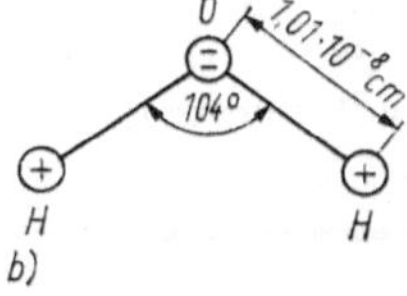

Abb. 2.64. Struktur des CO_2- und des H_2O-Moleküls

Elektronen beruht und diese nahezu trägheitsfrei erfolgt. Anders ist es mit der auf der Orientierung der Dipolmoleküle beruhenden gemittelten Polarisierbarkeit $\bar{\alpha}_D$. Es wirkt die Wärmebewegung der Ausrichtung durch das äußere Feld entgegen. Die Polarisation nimmt mit wachsender Temperatur ab. Es war das Verdienst von DEBYE, der zeigen konnte, daß sich die von LANGEVIN an

Tabelle 2.2. Dipolmomente und Polarisierbarkeiten der Moleküle einiger Stoffe

Stoff	$p_M \cdot 10^{30}$ in C m	$p_M{}^*$ in D	$\alpha \cdot 10^{40}$ in $\dfrac{C\,m}{V/m}$	$\alpha^* \cdot 10^{24}$ in cm³
H_2	0	0	0,88	0,79
O_2	0	0	1,78	1,60
Cl_2	0	0	1,96	1,76
CO	0,34	0,101	2,17	1,95
HCl	3,44	1,03	2,92	2,63
CO_2	0	0	2,94	2,65
SO_2	5,38	1,62	4,13	3,72
H_2O	6,22	1,86		
CCl_4	0	0	11,7	10,5
$CHCl_3$	3,52	1,05	9,16	8,23
CH_3Cl	6,20	1,85	5,07	4,56
CH_4	0	0	2,89	2,60

Molekülen mit permanentem magnetischem Moment durchgeführten analogen Betrachtungen glatt auf den elektrischen Fall übertragen lassen. Danach ergibt sich, wie hier nicht weiter ausgeführt sei, $\bar{\alpha}_D = \bar{p}_M{}^2/(3kT)$, wenn unter $\bar{p}_M$ das mittlere Dipolmoment eines einzelnen Moleküls und unter kT ein Maß für die einem Molekül zukommende Wärmeenergie (s. Bd. I) verstanden wird ($k = 1{,}38054 \cdot 10^{-23}$ JK^{-1} ist die Boltzmannkonstante).

Somit folgt für die *Molpolarisation* nach CLAUSIUS-MOSOTTI und DEBYE

$$P_M = \frac{\varepsilon_r - 1}{\varepsilon_r + 2}\, \frac{M}{\varrho} = \frac{1}{3\varepsilon_0}\, N_A \left(\alpha + \frac{\bar{p}_M{}^2}{3kT}\right). \tag{2.92}$$

Für Gase können wir wiederum $\varepsilon_r + 2 \approx 3$ setzen und erhalten

$$P_M = \frac{\varepsilon_r - 1}{3}\, \frac{M}{\varrho} = \frac{1}{3\varepsilon_0}\, N_A \left(\alpha + \frac{\bar{p}_M{}^2}{3kT}\right). \tag{2.93}$$

(2.92) und (2.93) ist die quantitative Fassung der zunächst qualitativ angeführten beiden Möglichkeiten der Polarisation P.

Das permanente Dipolmoment p_M ist eine wichtige Konstante des Moleküls. Seine annähernde Größe läßt sich folgendermaßen abschätzen: Wir nehmen an, die beiden Ladungen des Dipols seien je eine Elementarladung ($1{,}602 \cdot 10^{-19}$ C), die im Abstand der Atome in den Molekülen (etwa 10^{-10} m) angeordnet sind. Dann hat das Molekül ein Dipolmoment von $p_M = 1{,}6 \cdot 10^{-29}$ C m. Es ist dies die Größenordnung der Dipolmomente der Moleküle.

In Anerkennung der Verdienste von P. DEBYE auf diesem Gebiet hat man die Größe der Einheit des Dipolmoments im atomaren Bereich nach ihm benannt. Sie ist auf das elektrostatische Maßsystem aufgebaut. Die Dipolmomente der Moleküle liegen in CGS-Einheiten in der Größenordnung von 10^{-18} ESL cm. Man bezeichnet daher $1 \cdot 10^{-18}$ ESL cm $\hat{=} 3{,}33 \cdot 10^{-30}$ C m als 1 Debye (D).

Die experimentellen Untersuchungen der Temperaturabhängigkeit von P_M bei Dielektrika haben in guter Näherung die von der Debyeschen Theorie geforderte lineare Beziehung zwischen P_M und $(1/T)$ bestätigt. Graphisch aufgetragen, verraten sich symmetrisch gebaute Stoffe, die kein permanentes Dipolmoment besitzen können, wie CH_4 und CCl_4, durch ihre parallel zur $(1/T)$-Achse verlaufende Charakteristik, während Dipolsubstanzen wie Mono-, Di- und Trichlormethan eine Gerade liefern, deren Steigung das Moment p_M und deren auf $(1/T) = 0$ zu extrapolierende Ordinate die Polarisierbarkeit zu bestimmen gestattet (Abb. 2.63).
In Tab. 2.2 sind Dipolmomente und Polarisierbarkeiten der Moleküle einiger ausgewählter Stoffe angegeben. Die Größen sind in SI- und in CGS-Einheiten angegeben. Die angegebenen Zahlen-

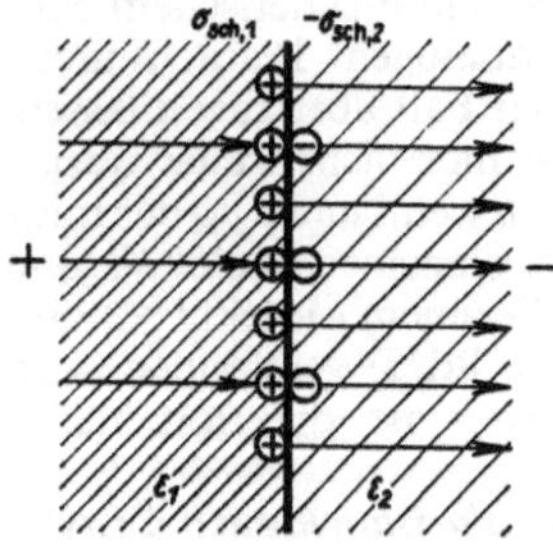

Abb. 2.65. Feldlinien und scheinbare Ladungen an der Grenzfläche zweier Dielektrika, $\varepsilon_1 > \varepsilon_2$

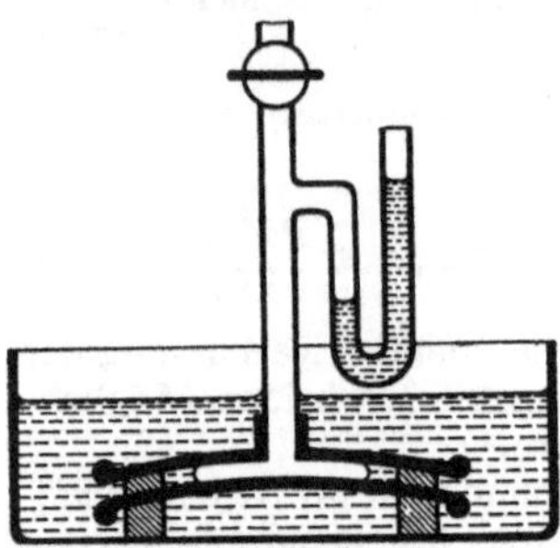

Abb. 2.66. Druckkräfte im homogenen Dielektrikum

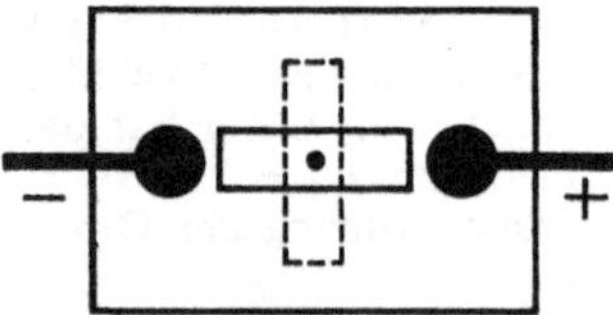

Abb. 2.67. Hartgummistäbchen im homogenen Feld. Gestrichelt: nach Füllung des Troges mit Nitrobenzen

werte lassen Rückschlüsse auf die Molekülstruktur zu. CO_2 hat kein Dipolmoment. Das läßt auf langgestreckte Struktur des Moleküls schließen (Abb. 2.64a). Das H_2O-Molekül hat dagegen ein Dipolmoment. Also muß die Struktur des Moleküls hiervon abweichen. Es ergibt sich die gewinkelte Struktur des H_2O-Moleküls (Abb. 2.64b).

2.4.9. Durch Polarisation hervorgerufene Effekte

Kraft an der Grenzfläche zweier Dielektrika. Stoßen zwei Medien mit unterschiedlichem ε_r aneinander, so bilden sich in einem elektrischen Feld zu beiden Seiten der Grenzfläche scheinbare Ladungen unterschiedlicher Flächendichte. Hierbei hat das Medium mit größerem ε_r auch eine größere Flächendichte der scheinbaren Ladung $|\sigma_{sch}|$. In Abb. 2.65 ist $\varepsilon_1 > \varepsilon_2$, und folglich ist $|\sigma_{sch\,1}| > |\sigma_{sch\,2}|$. Da die scheinbaren Ladungen zu beiden Seiten der Grenzfläche unterschied-

liches Vorzeichen haben, kompensieren sie sich, wobei in dem Medium 1 nichtkompensierte scheinbare Ladung der Flächendichte $|\sigma_{sch\,1}|$ $- |\sigma_{sch\,2}|$ verbleibt. Auf diese Ladung wirkt das Feld und übt eine Kraft aus, die im vorliegenden Fall von ε_1 nach ε_2 gerichtet ist. Kehrt man die Richtung des ganzen Feldes um, so bleibt die Kraft trotzdem von ε_1 nach ε_2 gerichtet, weil sich zugleich auch das Vorzeichen der scheinbaren Ladungen umkehrt. Da die Tangentialkomponente der Feldstärke in beiden Mitteln gleich ist, so ist keine Komponente in Richtung der Grenzfläche vorhanden. Die Kraft wirkt also normal zur Grenzfläche. Da die Größe dieser nichtkompensierten scheinbaren Ladung an der Oberfläche der Feldstärke proportional, aber auch die Kraft auf eine Ladung der Feldstärke proportional ist, so folgt, daß die Kraftwirkung auf diese Ladung dem Quadrat der Feldstärke proportional ist. Dadurch ist auch die Unabhängigkeit von der Richtung des Feldes verständlich.

An der Grenze zweier Medien mit verschiedenen relativen Dielektrizitätskonstanten herrscht im elektrischen Feld eine Kraft, die normal zur Grenzfläche wirkt, der Größe E^2 proportional ist und nach dem Medium mit kleinerer Dielektrizitätskonstante gerichtet ist.

Es erfährt daher ein jeder Körper, der in einem Medium eingebettet ist, dessen Dielektrizitätskonstante von der des Körpers abweicht, im *homogenen Feld* einen allseitig gleichen Zug oder Druck. Ist das Feld *nicht homogen*, so wird, da die Kraft dem Quadrat der Feldstärke proportional ist, der Körper mit größerer Dielektrizitätskonstante als seine Umgebung in das Gebiet größerer Feldstärke, ein Körper mit kleinerer Dielektrizitätskonstante als die Umgebung aber in das Gebiet der kleineren Feldstärke getrieben.

Man kann diese Druckkräfte sehr schön durch folgenden Versuch zeigen (nach QUINCKE): Zwischen den Platten eines Kondensators (Abb. 2.66), der in eine isolierende Flüssigkeit eingebettet ist, befindet sich eine Luftblase. Sie ist nach außen in der gezeichneten Weise durch ein Glasrohr mit einem kleinen Manometer verbunden. Dieses zeigt im normalen Zustand einen der Flüssigkeitssäule über der Luftblase entsprechenden Druck an. Verbindet man nun den Kondensator mit einer Spannungsquelle, so wird der Überdruck im gleichen Augenblick wesentlich größer.
Ist ein Körper im elektrischen Feld von einem anderen umgeben (Flüssigkeit, Gas), so ist die Kraftwirkung auf den Körper von der Dielektrizitätskonstanten des umgebenden Mittels abhängig. Es stellt sich daher ein Hartgummistäbchen ($\varepsilon_r = 3$), das an einem Seidenfaden hängt, in Luft in die Verbindungslinie zweier entgegengesetzt geladener Kugeln ein (Abb. 2.67), bei Füllen des Troges mit gut gereinigtem Nitrobenzen ($\varepsilon_r = 36$) aber in die dazu senkrechte Richtung (Abb. 2.67, gestrichelt).

Abb. 2.68. Turmalinkristall

Elektrostriktion. Nach den obigen Darlegungen muß jeder Isolator, dessen Dielektrizitätskonstante von der seiner Umgebung abweicht, im elektrischen Feld eine elastische Verformung erfahren. Man nennt diese Wirkung Elektrostriktion (stringere, lat., = zusammenziehen). Befindet sich beispielsweise ein Isolator im Vakuum, so werden im Feld seine Dipole infolge der elektrischen Polarisation ausgerichtet. Es entsteht somit in Richtung der Dipolketten ein Zug, quer zu ihnen ein Druck.

Durch die Zugwirkung verkürzen sich die Ketten, bis die hierdurch entstandenen elastischen Gegenspannungen Gleichgewicht verursachen.

Pyroelektrizität. Eine große Anzahl von Kristallen (z. B. Turmalin, Pentaerythrit, Lithiumsulfat-monohydrat) zeigt die Eigentümlichkeit, daß an entgegengesetzten Stellen der Oberfläche beim Erwärmen oder Abkühlen Flächenladungen entgegengesetzten Vorzeichens auftreten (Pyroelektrizität, entdeckt 1703; pyr, gr., = Feuer).

Besonders am Turmalin sind diese Erscheinungen eingehend untersucht worden. Abb. 2.68 zeigt einen Turmalinkristall. Die beiden Enden A und B sind durch die Flächenausbildung unterschieden. Man kann das Auftreten der Ladungen in folgender Weise sichtbar machen. Man hängt den Turmalin mittels eines Seidenfadens im Innern eines Trockenkastens auf, der auf etwa 120 °C erhitzt ist. Nach Erreichen des Temperaturgleichgewichtes hängt man ihn außen frei auf und läßt, während er erkaltet, aus einem Beutel aus Baumwollstoff ein Gemenge von Mennige und Schwefelpulver auf ihn herabfallen. Durch die Reibung mit der Baumwolle wird der Schwefel negativ, die Mennige positiv geladen. Die Schwefelteilchen werden von den positiv geladenen, die Mennigeteilchen von den negativ geladenen Oberflächenstellen angezogen und bleiben dort haften. Der erkaltende Turmalin zeigt am B-Ende rote Bestäubung, also negative Oberflächenladung, am A-Ende gelbe Bestäubung, also positive Ladung. Bei Erwärmung des kalten Kristalls ist das Vorzeichen der Elektrisierung umgekehrt. (Nach dem Prinzip des kleinsten Zwanges (Bd. 1) erfolgt bei Einbringen eines solchen Kristalls in ein elektrisches Feld je nach Feldrichtung Abkühlung oder Erwärmung [Elektrokalorischer Effekt].)

Die Erscheinungen führen zu folgender im wesentlichen durch weitere Versuche bestätigten Vorstellung. Die einzelnen Volumenelemente des Turmalins zeigen schon ohne Feld eine elektrische Polarisation, die durch die regelmäßige Anordnung der Atome auch an großen Stücken durchgehend gleich gerichtet ist. Der Turmalin wäre also von vornherein ein permanent elektrischer Dipol. Die Enden der polarisierten Ketten bilden an der Oberfläche Belegungen von scheinbaren Ladungen. Infolge der Leitfähigkeit der Luft und der Wasserhaut der Kristalle lagern sich aber über diese Oberflächenladung Belegungen wahrer Ladungen, die die Oberflächenladung kompensieren. Bei konstanter Temperatur sind also unter gewöhnlichen Bedingungen diese Oberflächenladungen nicht beobachtbar.

Ändert man die Temperaturen, so ändert sich auch die Polarisation und damit die Dichte der scheinbaren Oberflächenladungen. Nimmt man die Änderung so rasch vor, daß der Ausgleich durch freie Ladungen nicht schnell genug nachkommen kann, da Luft und die Wasserhaut sehr schlechte Leiter sind, so ist die Aufladung der Oberflächen feststellbar. Diese Erscheinung entspricht also dem oben angegebenen Versuch.

Künstliche permanent-elektrische Körper. Man kann leicht Körper herstellen, die, wie der Turmalinkristall, permanent elektrische Dipole darstellen. Man gießt hierzu eine Isoliermasse – zweckmäßig ist eine Mischung, wie sie für den Harzkuchen des Elektrophors (s. Abschn. 2.3.3) verwendet wird – heiß in eine Glasröhre, in die von oben und unten zwei Drähte eingeführt sind. Während des Erkaltens erzeugt man zwischen den Drähten ein starkes elektrisches Feld. Die im Felde gerichteten Volumenelemente behalten dann auch beim Erstarren ihre Lage, und der Körper zeigt nach dem Herausnehmen aus der Glashülle ständig eine positive Ladung an dem einen, eine negative Ladung am anderen Ende. Ein solcher Körper heißt (nach HEAVISIDE) ein *Elektret*.

Um die Bildung von Oberflächenladungen zu verhindern, wie sie gewöhnlich beim Turmalin auftreten (s. o.), wird der Elektret sorgfältig mit Stanniol umhüllt; so aufbewahrt, behält er seine Ladung jahrelang. Die Größe der Ladung an der Oberfläche eines solchen Elektreten liegt bei 10^{-9} C.

Piezoelektrizität. Ein Quarzkristall ist aufgebaut aus sechseckigen Waben, deren Eckpunkte abwechselnd positive und negative Ladungen tragen (Abb. 2.69a). Beim unbeanspruchten Kristall halten sich die gegenseitigen Coulombschen Kräfte das Gleichgewicht, so daß der Kristall nach außen ungeladen erscheint. Wird jedoch der Kristall mechanisch belastet, so wird beispielsweise an der

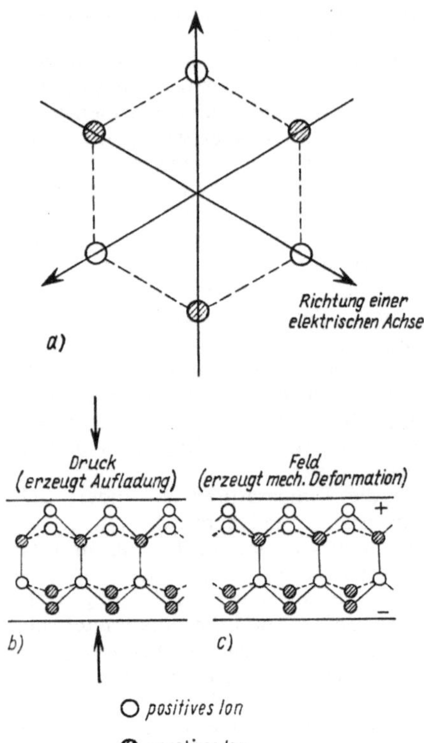

Abb. 2.69. Zum piezoelektrischen Effekt

Oberseite die positive Ladung, an der Unterseite die negative Ladung ein wenig nach innen gedrückt. Infolgedessen wird die Entfernung der beiden zu den benachbarten ungleichnamigen Ladungen von den Begrenzungsflächen geringer, und somit muß sich die obere Seite negativ, die untere Seite positiv aufladen (Abb. 2.69 b). (Der weitaus größte Teil der pyroelektrischen Aufladung des Turmalins beruht auf der Bildung von piezoelektrischen Oberflächenladungen infolge des Auftretens elastischer Beanspruchungen des Kristalls bei Temperaturänderungen (sog. falsche Pyroelektrizität).)

Wird umgekehrt der Kristall zwischen die Platten eines aufgeladenen Kondensators gebracht, so treten infolge Coulombscher Kräfte Verzerrungen der Wabenstruktur des Kristalls auf, d. h., der Kristall wird deformiert (Abb. 2.69 c; *reziproker piezoelektrischer Effekt*). (Der piezoelektrische Effekt wurde 1880 von den Gebrüdern J. und P. CURIE entdeckt, der reziproke piezoelektrische Effekt 1 Jahr später von LIPPMANN und den Gebrüdern CURIE; piézein, gr., = drücken.) Legt man eine Wechselspannung an die Platten, so wird der Quarzkristall zu erzwungenen Schwingungen angeregt. Diese erreichen insbesondere

dann beträchtliche Werte, wenn Resonanz zwischen Erreger und Resonator stattfindet (s. Bd. 1). Benutzt man den schwingenden Quarz in einer Rückkopplungsschaltung, dann schwingt der Quarzkristall in seiner Grund- bzw. einer seiner Oberschwingungen, und diese sind infolge der hochelastischen Eigenschaft des Kristalls außerordentlich konstant (vgl. Bd. 1). Der piezoelektrische Effekt wird zur Erzeugung genau definierter Elektrizitätsmengen, zur sehr exakten Messung von Drücken sowie bei der Herstellung von Mikrophonen angewendet; der umgekehrte piezoelektrische Effekt findet eine ausgedehnte Anwendung für die Erzeugung von Ultraschallschwingungen (Bd. 1), zur Steuerung hochfrequenter elektrischer Schwingkreise sowie beim Bau außerordentlich genauer Uhren (Quarzuhren) und für Lautsprecher.

Dielektrische Nachwirkung. Ein Kondensator mit Dielektrikum, den man entladen hat, zeigt nach einiger Zeit wieder Spannung. So zeigt z. B. eine stark aufgeladene und dann durch kurzdauernde leitende Verbindung beider Belegungen wieder entladene Leidener Flasche nach einiger Zeit eine merkliche Spannung. Der Isolator ist somit Sitz eines elektrischen Feldes, und der Übergang des Dielektrikums in den Polarisationszustand bzw. der rückwärtige Vorgang erfordern also eine gewisse Zeitspanne; man spricht daher von einer *dielektrischen Nachwirkung* oder einem *dielektrischen Rückstand*.

Bei periodischer Polarisation wird ein Teil der elektrischen Energie in Wärme umgesetzt (*Siemens*-Wärme).

Ferroelektrizität. Die *Ferro-* oder *Seignetteelektrizität* ist, wie die Pyro- und die Piezoelektrizität, eine Kristalleigenschaft.

Seignette- oder Rochelesalz, Kaliumnatriumtartrat von der Zusammensetzung KOOC−CHOH−CHOH−COONa · 4 H₂O, ist benannt nach dem Apotheker SEIGNETTE, der es schon 1672 darstellte. Es ist einer der wichtigsten ferroelektrischen Stoffe, daher wurde die Ferroelektrizität ursprünglich Seignetteelektrizität genannt. Die Curiepunkte liegen bei diesem Salz bei −16 °C und bei +24 °C. In diesem Bereich hat die DK einen Wert > 1000 und der Piezoeffekt ist 10000mal so groß wie beim β-Quarz. Mit Seignettesalzkristallen kann man mechanische Schwingungen in elektrische umwandeln, indem bei Druck auf der Oberfläche elektrische Spannungen auftreten. Daher werden derartige große Kristalle als elektroakustische Wandler technisch verwertet.

In einem Kristall können die Bausteine, die Ionen oder Atomkerne, in verschiedenen Richtungen unterschiedlich angeordnet sein oder mehr oder weniger dicht zusammenliegen; daher ist die Dielektrizitätskonstante eines Kristalls im allgemeinen richtungsabhängig, sie ist ein (symmetrischer) Tensor (Bd. 1). Die Richtungen von D und E fallen nicht zusammen; der Zusammenhang zwischen diesen beiden Vektoren läßt sich in einem rechtwinkligen Koordinatensystem durch

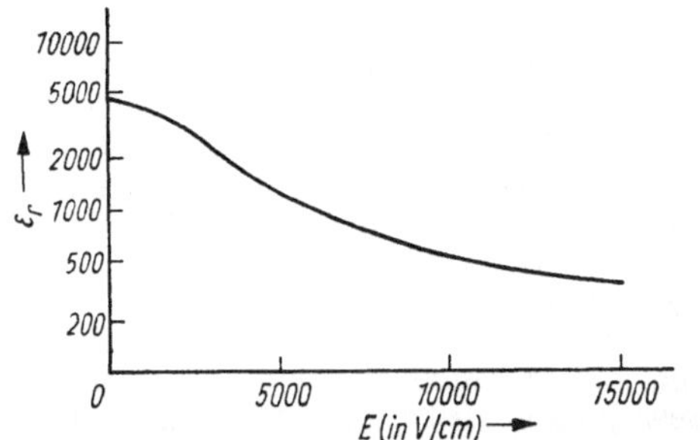

Abb. 2.70. Abhängigkeit der Dielektrizitätskonstanten von der anliegenden Feldstärke; gemessen an HK_2PO_4 bei 0,755 K oberhalb der Curie-Temperatur (nach SACHSE)

die Formeln

$$D_x = \varepsilon_{11}E_x + \varepsilon_{12}E_y + \varepsilon_{13}E_z,$$
$$D_y = \varepsilon_{21}E_x + \varepsilon_{22}E_y + \varepsilon_{23}E_z,$$
$$D_z = \varepsilon_{31}E_x + \varepsilon_{32}E_y + \varepsilon_{33}E_z$$

darstellen, wobei $\varepsilon_{ik} = \varepsilon_{kl}$ ($i, k = 1, 2, 3$) ist.

Bei einigen Kristallen hat man nun in bestimmten Richtungen außerordentlich hohe Werte für ε_r und für den Piezoeffekt gefunden. Diese Kristalle zeigen in ihrem elektrischen Verhalten eine ausgeprägte Ähnlichkeit mit den magnetischen Eigenschaften der ferromagnetischen Stoffe; daher nennt man jene Körper *Ferroelektrika*. Wie wir oben gesehen haben, ist die Polarisation P gegeben durch den Ausdruck

$$P = \chi_E \varepsilon_0 E = (\varepsilon_r - 1)\,\varepsilon_0 E.$$

Diese Beziehung ist nun nicht in allen Fällen gültig, beispielsweise nicht für Elektrete, die eine nahezu permanente Polarisation unabhängig von E besitzen. Ferner gibt es äußerst stark polarisierbare Stoffe, bei denen P nicht eine lineare Funktion von E ist, bei denen jedoch ein Sättigungsgrad mit wachsender Feldstärke erreicht wird.

Die Verhältnisse liegen hier also ähnlich wie bei magnetischen Stoffen: Die *Elektrete* kann man mit den Dauermagneten, die ferromagnetischen Körper mit den ferroelektrischen Kristallen vergleichen. Jedoch enthalten diese keineswegs Eisen in irgendeiner Form.

Ganz allgemein bricht bei einem polarisierten Dielektrikum die Polarisation P beim Abschalten des Feldes nicht augenblicklich zusammen, sondern die Dipole erlangen ihre natürliche Unordnung erst nach ihrer von der Temperatur abhängigen Zeit. War P zur Zeit Null, beim Abschalten des Feldes, gleich P_0, so ist die Polarisation nach der Zeit t

$$P_t = P_0\,e^{-t/T}.$$

T nennt man die Relaxationszeit; sie ist die Zeitspanne, innerhalb derer P_0 auf den Teil $1/e$ abgesunken ist.

Bei Ferroelektrika ist nun diese Erscheinung besonders ausgeprägt, z. B. beim Seignettesalz. In Richtung der Kristallachse erreicht bei diesem Salz P besonders hohe Werte; Sättigung tritt schon bei Feldstärken von einigen hundert V/cm ein, und die Remanenzerscheinungen gleichen den bei Ferromagnetika beobachteten in völlig gleicher Weise.

Auch sonst haben die Ferroelektrika starke Ähnlichkeit mit den ferromagnetischen Stoffen: Sie haben einen oder mehrere Curiepunkte, ihre Dielektrizitätskonstanten sind von der Feldstärke und stark von der Temperatur abhängig und erreichen sehr hohe Werte (bei $BaTiO_3$ bis 10^4), sie zeigen Remanenz, Hysterese und Sättigungserscheinungen.

Entsprechend den Verhältnissen bei den Ferromagnetika bedeutet die Hysterese bei ferroelektrischen Kristallen, daß hier der tatsächliche Wert von ε_r von seinem vorherigen Wert sowie vom Vorzeichen und dem Betrag der Feldstärke E bestimmt wird, also von seiner Vorgeschichte abhängt und nicht mehr eindeutig ist (Abb. 2.70).

Die Polarisation P ändert sich nicht stetig, sondern sprungweise (besonders auffällig bei niedrigen Temperaturen), wenn man die Feldstärke allmählich ändert. Hier wie bei den Ferromagnetika gibt es Bezirke, die mehr oder weniger in sich gesättigt sind, aber alle möglichen Richtungen einnehmen (*spontane Polarisation*), sich aber in einem genügend starken Feld ordnen. Auch diese Bezirke kann man, wie die Weißschen (vgl. Abschn. 4.5.7), sichtbar machen, da die Brechzahlen dieser Gebiete in zwei zueinander senkrechten Richtungen unterschiedliche Werte aufweisen.

Im allgemeinen sind die ferroelektrischen Erscheinungen auf einen bestimmten Temperaturbereich, begrenzt durch die Curiepunkte, beschränkt. Beispiele von Ferroelektrika sind außer dem Seignettesalz vor allem Bariumtitanat $BaTiO_3$, das primäre Kaliumphosphat KH_2PO_4, das Kaliumarsenat KH_2AsO_4, ferner einige Zirkonate u. a. Im allgemeinen sind bisher wenige Ferroelektrika bekannt, da offensichtlich besondere Bedingungen im Aufbau dieser Stoffe vorherrschen müssen, damit polare Gruppen als freie Dipole wirken können.

Der ferroelektrische Bereich des Seignettesalzes ist sehr eng, der von Phosphaten und Arsenaten auf tiefe Temperaturen beschränkt; zudem sind diese piezoelektrisch oberhalb ihrer Curiepunkte und erweisen sich als ferroelektrisch nur in einer Kristallrichtung.

Deshalb eignet sich besonders $BaTiO_3$ zu experimentellen und theoretischen Untersuchungen. Dieser Stoff ist oberhalb des Curiepunktes durchsichtig mit gelber Tönung. Beim Abkühlen zeigen

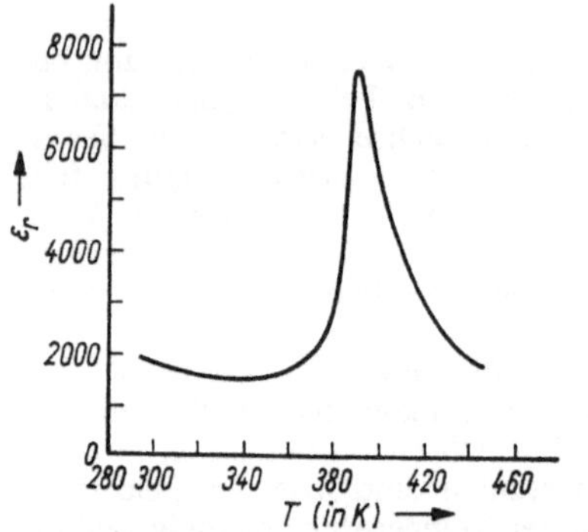

Abb. 2.71. Temperaturabhängigkeit der Dielektrizitätskonstanten, gemessen an $BaTiO_3$ mit BaO-Überschuß (nach SACHSE)

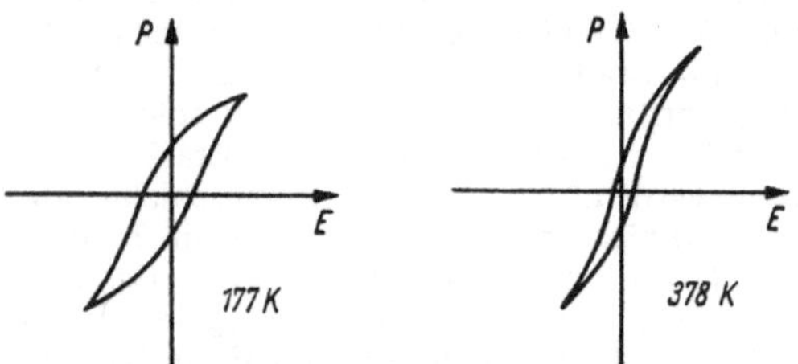

Abb. 2.72. Dielektrische Hysteresekurven bei zwei verschiedenen Temperaturen; gemessen an polykristallinem $BaTiO_3$ (nach A. DE BREITEFILLER)

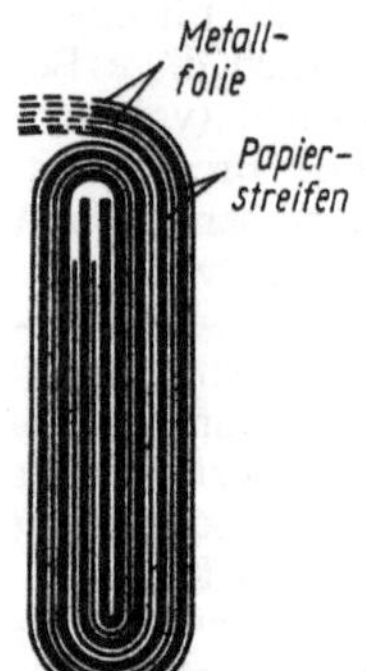

Abb. 2.73. Wicklungsschema eines Papierkondensators

sich bei etwa 110 °C ein scharfes Maximum und ein Minimum der Dielektrizitätskonstanten (Abb. 2.71), Hystereseschleifen (Abb. 2.72) treten auf, die kubische Kristallstruktur ändert sich in das tetragonale Gefüge, und die Wärmeausdehnungskurve ändert ihre Richtung. (Die ferroelektrischen Eigenschaften von $BaTiO_3$ wurden von E. WAINER, A. SALOMON und A. VAN HIPPEL entdeckt.)

Wegen der erwähnten hohen Dielektrizitätskonstanten eignen sich Ferroelektrika zum Bau von Kondensatoren, bei denen starke Spannungsabhängigkeit der Kapazität erwünscht ist. Daher werden sie zur Verstärkung und zur Frequenzmodulation technisch verwertet.

Im Kristallgitter des Bariumtitanats ist das Ti-Ion von 6 Sauerstoffionen umgeben, die auf der Oberfläche eines Oktaeders angeordnet sind. Die Oktaeder berühren sich im Gitter nur an den Ecken und werden durch die Bariumionen in ihren Stellungen festgehalten. Verlagert sich nun ein Titanion, so beeinflußt es durch eine Art Rückkopplung andere Titanionen und zwingt sie zu einer Bewegung in gleichsinniger Richtung; hierdurch erklärt sich die leichte und starke Polarisierbarkeit.

Eine Verzerrung im Kristallgitter kann wie bei $CaTiO_3$ zerstörend auf die ferroelektrischen Eigenschaften wirken oder diese sogar umkehren. So ist bei einigen Stoffen wie $PbZrO_3$ bei tieferen Temperaturen ursprüngliche Polarisation vorhanden, die Dipole stellen sich jedoch im Feld antiparallel. Man nennt solche Stoffe Antiferroelektrika; zu ihnen gehört beispielsweise Ammoniumphosphat.

2.4.10. Kondensatoren mit Dielektrikum

In Abschn. 2.4.1 haben wir gesehen, daß die Kapazität eines Kondensators, der mit einem Dielektrikum ε_r ausgefüllt ist, auf den ε_r-fachen Wert steigt: $C_M = \varepsilon_r C_V$. Für die Kapazität des Plattenkondensators gilt somit

$$C = C_M = \varepsilon_r \varepsilon_0 \frac{A}{d} = \varepsilon \frac{A}{d}. \tag{2.94}$$

Durch die Wahl eines Stoffes von großer relativer Dielektrizitätskonstante ist es möglich, sehr viel Ladung auf den Platten eines Kondensators zu speichern. Die gebräuchlichen Kondensatoren sind je nach der Spannung, für die sie Verwendung finden sollen, verschieden gebaut. Um hohe Kapazitäten zu erreichen, werden meist viele Elemente parallelgeschaltet.

Für kleinere Spannungen verwendet man als Dielektrikum meist paraffiniertes Papier, das auf beiden Seiten mit Stanniol oder Aluminiumfolie belegt ist (Abb. 2.73). Man kann so leicht maschinell Kondensatoren von ziemlich großer Kapazität herstellen, die etwa 2 µF bei einer Spannungsbelastung bis 200 V haben und nur 0,1 kg wiegen.

Ein ausgezeichnetes Material ist ferner wegen seiner hohen Dielektrizitätskonstanten und sehr hohen Durchschlagsfestigkeit Glimmer (s. Tab. 2.1). Um den Einfluß der Luftfeuchtigkeit zu vermeiden, werden solche Kondensatoren oft luftdicht eingeschlossen. Auch Normalkondensatoren werden manchmal mit Glimmer als Dielektrikum

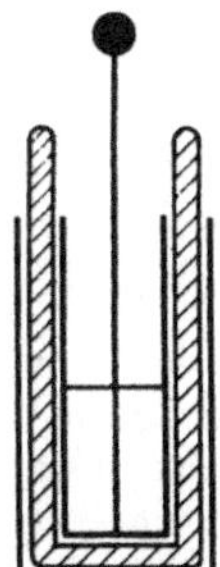

Abb. 2.74. Leidener Flasche

ausgeführt, da Luftkondensatoren größerer Kapazität wegen der kleinen Dielektrizitätskonstanten der Luft und der geringen Durchschlagsfestigkeit zu groß würden. Man hat neuerdings keramische Massen hergestellt, die unter Verwendung von TiO_2 relative Dielektrizitätskonstanten bis über 100 erreichen lassen (Condensa). Bei Bariumtitanat ($BaTiO_3$) gelangt man bis zu Werten von 10000.

Für höhere Spannungen wählt man entweder Glas oder Öl. Man hat besondere Glassorten hergestellt, die hohe relative Dielektrizitätskonstanten und große Durchschlagsfestigkeit haben (*Minosglas* von Schott). Auch diese werden für Spannungen bis zu einigen tausend Volt als Plattenkondensatoren ausgeführt. Für höhere Spannungen verwendet man oft flaschenförmige Kondensatoren, bei denen das meist zylindrische Gefäß, das mit Ausschluß eines breiten Randes auf der inneren und äußeren Seite metallisch leitend gemacht, z. B. mit Stanniol beklebt, ist (Abb. 2.74, *Kleistsche* oder *Leidener Flasche*).

Kondensatoren bis zu 100000 V Spannungsbelastung werden auch als Plattenkondensatoren ausgeführt, bei denen die Metallbeläge zur Vermeidung des Durchschlags durch Luft in Hartgummi einvulkanisiert sind.

Transatlantische Kabel und auch Festlandskabel stellen ebenfalls Kondensatoren sehr großer Kapazität dar, bei denen die innere Belegung durch die Leitung, die äußere Belegung durch das leitende Meerwasser (bzw. den Erdboden) und das Dielektrikum durch die Kabelisoliermasse dargestellt werden. Ein solches Kabel kann Hunderte von Mikrofarad Kapazität haben.

Elektrolytkondensatoren. Gewisse Metalle wie Titan oder Aluminium bedecken sich bei der Elektrolyse (s. Abschn. 7.9) saurer Lösungen (meist H_2SO_4) mit einer dünnen isolierenden Oxidschicht, sofern sie die positiv geladene Platte bilden. Hierbei kann die Oxydation so lebhaft vor sich gehen, daß starkes Funkensprühen während der Formierung zu beobachten ist. Meist wählt man Betriebsspannungen von 100 bis höchstens 500 V. Die gebildete außerordentlich dünne Schicht (0,01 bis 0,1 µm Dicke) bedeckt die Platte vollständig und bildet das Dielektrikum eines Kondensators, dessen eine Elektrode die Platte und dessen andere Elektrode die leitende Flüssigkeit ist.

Die Elektrolytflüssigkeit darf das Oxid chemisch nicht angreifen; daher verwendet man bei Aluminium eine wäßrige Lösung von Borax und Borsäure. Die Durchschlagsfestigkeit derartiger Elektrolytkondensatoren beträgt etwa 1000 V. Bei einem etwa erfolgten Durchschlag tritt jedoch bei nassen Kondensatoren keine Zerstörung ein, da sich die schadhaften Stellen während des weiteren Betriebes wieder mit neugebildeten isolierenden Schichten bedecken.

Elektrolytkondensatoren sind für Kapazitäten bis zu einigen 1000 µF (für Spannungen von wenigen Volt) hergestellt worden. Die Kapazität beträgt pro dm^2 etwa 0,5 bis 6 µF. Neben nassen Elektrolytkondensatoren gibt es auch trockene, bei denen der Elektrolyt durch saugfähige Stoffe eine konsistente Form erhält.

---

3. Der stationäre elektrische Strom (Gleichstrom)

3.1. Allgemeine Grundlagen

Elektrische Stromquellen. Im Kapitel „Das statische elektrische Feld" haben wir die Wirkungen *ruhender Ladungen* betrachtet. Alle Ladungen befinden sich im statischen Gleichgewicht. Das gilt auch für die frei beweglichen Ladungen (*Elektronen*) in einem Metall. Daraus folgt, daß die Oberflächen von metallischen Leitern unabhängig von ihrer Form Äquipotentialflächen sind.

In den technischen Anlagen, die uns im täglichen Leben umgeben, werden Wirkungen ausgenutzt, die *bewegte Ladungen* auszulösen vermögen. Um die Ladungen durch einen Leiter (z. B. Metalldraht) zu bewegen, muß zwischen seinen Enden eine Potentialdifferenz erzeugt werden. Das sich hierdurch im Leiter aufbauende elektrische Feld übt auf die Ladungen eine Kraft aus und setzt sie in Bewegung. Diese gerichtete Bewegung (*Drift*) überlagert sich der ungeordneten Wärmebewegung der Ladungsträger.

Die gerichtete Bewegung elektrischer Ladungen nennen wir einen elektrischen Strom.

Ein ständig fließender Strom kann nur mit Hilfe äußerer *Stromquellen* aufrechterhalten werden. (Oft wird auch von *Spannungsquellen* oder von *Energiequellen* gesprochen.) Gebräuchliche Stromquellen sind *galvanische Elemente, Akkumulatoren* und *Generatoren*. Für die Betrachtungen der nächsten Abschnitte setzen wir die Existenz derartiger Stromquellen voraus. Ihre Arbeitsweise soll weiter unten (Abschn. 6.2 u. 7.5) beschrieben werden. Zum Verständnis sei hier jedoch folgendes ausgeführt: Jede Stromquelle hat einen positiven und einen negativen Pol. Die Anschlüsse dieser Pole werden üblicherweise *Klemmen* genannt. Wir können die Stromquelle mit einer Zirkulationspumpe vergleichen, die in einem Rohrleitungssystem von der Rücklaufleitung das Wasser ansaugt und in die Druckleitung pumpt. Die Pumpe erzeugt zwischen ihren beiden Rohranschlüssen eine Druckdifferenz, die das Wasser in den Rohrleitungen zirkulieren läßt. Diese Druckdifferenz entspricht der Spannung (Potentialdifferenz) zwischen den Klemmen, der *Klemmenspannung* U_K.

Der Leiter, in dem der Strom fließen soll, wird mit den Klemmen der Stromquelle verbunden.

In Abschn. 2.1.2 hatten wir erfahren, daß ein metallischer Leiter durch frei bewegliche Ladungen (*freie Elektronen*) gekennzeichnet ist. Die Stromquelle „saugt" am positiven Pol die frei beweglichen Elektronen an, transportiert sie durch das Innere der Stromquelle und „drückt" sie am negativen Pol wieder in den Leitungsdraht. Die Spannung, die diese gesamte Bewegung bewirkt, ist die *Urspannung* U_E. (Sie wird auch *elektromotorische Kraft* EMK genannt. Diese nicht sehr glücklich gewählte Bezeichnung rührt daher, daß man sich den Stromerzeuger als den Sitz einer kraftähnlichen Größe vorstellen kann, die die Fähigkeit hat, Elektronen in Bewegung zu versetzen.)

Die Elektronen müssen auch durch das Innere der Stromquelle bewegt werden. Die Vorgänge, die sich hierbei im Innern einer Stromquelle (Batterie, Generator) abspielen, sind recht komplexer Natur. Wir können den Einfluß dieser Vorgänge zusammenfassen und in einem entsprechenden Anteil der Urspannung, der auf diesen Bewegungsmechanismus entfällt, kenntlich machen. Wir nennen ihn den *inneren Spannungsabfall* U_i (ohne hiermit eine physikalische Vorstellung verbinden zu wollen). Folglich ist

$$U_E = U_K + U_i. \qquad (3.1)$$

Die Stromquelle ist also der Sitz der Urspannung U_E, während für einen angeschlossenen Leiter (Verbraucher) nur die Klemmenspannung U_K zur Verfügung steht. Wird allgemein von der Spannung U einer Stromquelle gesprochen, so ist stets die Klemmenspannung gemeint.

Maßeinheit der Spannung: Es gilt $[U] = $ V (s. auch Anhang II).

Stromrichtung. Bereits in den Anfängen der Untersuchungen hatte man festgestellt, daß die Klemmen der Stromquellen *unterschiedliche Polarität* aufweisen. Zugleich hatte man erkannt, daß dem Strom eine Richtung zuzuordnen ist. Da man jedoch noch nicht in der Lage war, die Bewegungsrichtung und die Polarität der bewegten Ladungsträger nachzuweisen, gab man willkürlich *positive Ladungsträger* vor, die sich auf Grund der Richtung des elektrischen Feldes vom positiven zum negativen Pol bewegen. Später entdeckte man, daß der Stromfluß in einem Metall die Bewegung negativ geladener Elektronen bedeutet, die sich aber gerade in entgegengesetzter Richtung bewegen. Aus Gründen der Zweckmäßigkeit (weil alle weiteren Gesetze darauf auf-

---

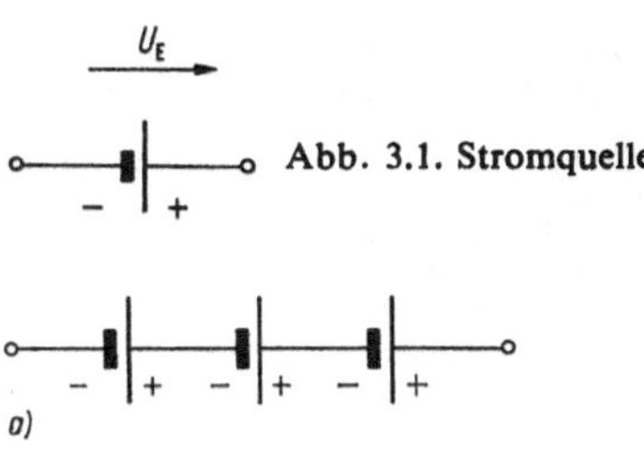

Abb. 3.1. Stromquelle

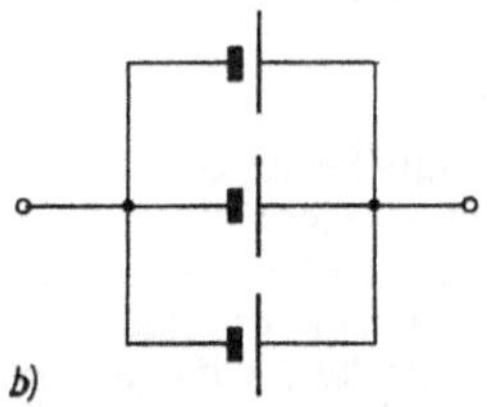

Abb. 3.2. Reihenschaltung (a) und Parallelschaltung (b) von Stromquellen

gebaut waren) wurde jedoch die Definition der „klassischen" Stromrichtung beibehalten:

Zur Festlegung der Richtung des elektrischen Stromes setzen wir positive Ladungsträger voraus, die außerhalb der Stromquelle vom positiven zum negativen Pol fließen.

(Die Bewegungsrichtung der Elektronen ist umgekehrt.)

Ströme und Spannungen sind trotz der soeben festgelegten Stromrichtung keine Vektoren, sondern skalare Größen. Sie können jedoch positiv oder negativ sein. Dem tragen wir durch die Angabe einer Pfeilrichtung (Zählpfeil) Rechnung. Die oben definierte Stromrichtung legt die positive Richtung des Zählpfeils fest. In analoger Weise werden wir für die Spannungen eine positive Richtung einführen.

Urspannung. Zur Darstellung einer Stromquelle in einer Schaltung wird das Schaltzeichen der Abb. 3.1 verwendet. Der lange Strich bedeutet den positiven, der kurze Strich den negativen Pol.
In der Stromquelle erfolgt eine Trennung von Ladungen. Hierbei werden Kräfte wirksam, die entgegengesetzt zu den Coulombschen Kräften gerichtet sind. Daher ist die Ladungstrennung mit einem Energieaufwand verbunden. Er wird einem Energievorrat nichtelektrischer Art entnommen. So kann die Ladungstrennung beispielsweise durch Kräfte mechanischer Natur (Reibungselektrizität, Generatoren), durch Kräfte chemischer Natur (galvanische Elemente, Akkumulatoren) oder durch thermisch erzeugte Kräfte (Thermoelemente) vorgenommen werden. In der Stromquelle wird mechanische, chemische oder

thermische Energie in elektrische umgewandelt. Wir können die Kraft nichtelektrischen Ursprungs, die gegen die Coulombschen Kräfte wirkt, durch eine elektrische Feldstärke E_E darstellen. Sie bewirkt die Ladungstrennung in der Stromquelle, ist also vom negativen zum positiven Pol der Stromquelle gerichtet. Das Linienintegral $\int E_E\,\mathrm{d}r$ ergibt die Urspannung U_E. Sie ist also ebenfalls vom negativen zum positiven Pol der Stromquelle gerichtet (Abb. 3.1).
Um einen stationären Strom (Gleichstrom) durch einen Leiter aufrechtzuerhalten, muß ständig elektrische Energie nachgeliefert werden. Dies bewirken die Stromquellen. In ihnen spielen sich (weiter unten zu besprechende) Prozesse der Energieumwandlung ab. Sie haben zur Folge, daß ständig eine Feldstärke E_E, die ihren Ursprung in Kräften nichtelektrischer Natur hat, ausgebildet wird. Es wird also ständig eine Urspannung U_E erzeugt.
Wir beziehen die Vorzeichenfestlegung auf die Stromrichtung in den Leitungen, die an der Stromquelle angeschlossen sind:

In Richtung des Bewegungsantriebs der Stromquelle auf positive Ladungen zählt man die Urspannung U_E positiv.

Schaltung von Stromquellen. Mehrere Stromquellen (z. B. Akkumulatoren) kann man zu einer Batterie zusammenschalten. Erfolgt das Zusammenschalten nach Abb. 3.2a, spricht man von einer *Reihenschaltung*. Es ergibt sich:

Die Urspannung zwischen den Klemmen einer Batterie aus mehreren in Reihe geschalteten Stromquellen ist gleich der Summe der Urspannungen der einzelnen Stromquellen.

Werden mehrere Stromquellen gleicher Urspannung nach Abb. 3.2b in einer *Parallelschaltung* vereinigt, so ist die Urspannung einer solchen Batterie gleich der einer einzelnen Stromquelle. Die Batterie kann jedoch stärker belastet werden.
Die elektrische Stromstärke. Der elektrische Strom ist Bewegung von elektrischer Ladung durch einen Leiter. Diese Tatsache ziehen wir zur Charakterisierung einer Meßgröße für den elektrischen Strom heran:

Die elektrische Stromstärke ist definiert durch die Ladung, die in der Zeiteinheit durch den Leiterquerschnitt fließt:

$$I = \frac{\mathrm{d}Q}{\mathrm{d}t}. \tag{3.2}$$

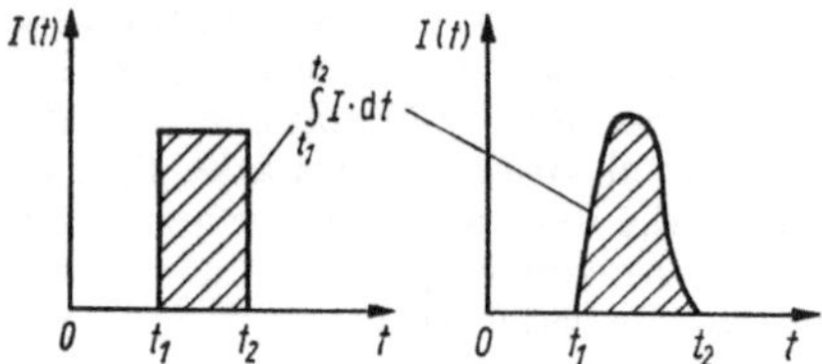

Abb. 3.3. Zum Stromstoß

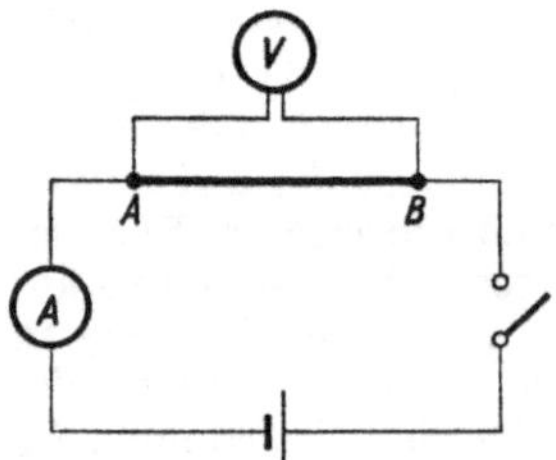

Abb. 3.4. Zum Ohmschen Gesetz

Aus (3.2) ergibt sich durch Integration

$$Q = \int_{t_1}^{t_2} I\,\mathrm{d}t. \tag{3.3}$$

Das Zeitintegral der Stromstärke liefert die gesamte geflossene Ladung. $\int I\,\mathrm{d}t$ wird *Stromstoß* genannt. (Die Bezeichnung wurde in Analogie zur Mechanik eingeführt. Dort ist das Zeitintegral der Kraft $\int F\,\mathrm{d}t$ der „Kraftstoß".)
Der Stromstoß wird dann zur Messung herangezogen, wenn in einem Leiter Ströme nur während einer kurzen Zeitspanne fließen. Der zeitliche Verlauf der Ströme braucht hierbei nicht bekannt zu sein. In Abb. 3.3 sind in einem I-t-Diagramm zwei Beispiele eines kurzzeitig fließenden Stromes, der jeweils ganz unterschiedlichen Verlauf besitzt, eingezeichnet. Die insgesamt geflossene Ladung ist durch (3.3) bestimmt. In dem Diagramm wird sie durch die schraffierte Fläche unter der Kurve dargestellt. Ein häufig verwendetes Gerät für die Messung des Stromstoßes ist das *ballistische Galvanometer*. (Besprechung des Gerätes erfolgt in Abschn. 4.3.9.)
Ist die Stromstärke konstant, fließt also in gleichen Zeiten die gleiche Ladung durch den Leiterquerschnitt, dann vereinfachen sich (3.2) und (3.3) zu

$$I = \frac{Q}{t} \quad \text{bzw.} \quad Q = It. \tag{3.4}$$

Maßeinheit der Stromstärke: Aus (3.4) ergibt sich $[I] = \mathrm{C/s}$, mit $1\,\mathrm{C} = 1\,\mathrm{As}$, also $[I] = \mathrm{A}$. Das Ampere ist, wie schon in Abschn. 1.3 ausgeführt,

eine *Grundeinheit*. Seine Definition wird in Abschn. 4.3.3 besprochen (s. auch Anhang II).

Neben der Existenz von Stromquellen setzen wir für die Betrachtungen der nächsten Abschnitte voraus, daß es geeignete Meßgeräte gibt, mit denen man die hier auftretenden Spannungen und Ströme messen kann. Diese Spannungsmesser (Voltmeter) und Strommesser (Amperemeter, Galvanometer) werden in Abschn. 4.3.9 besprochen.

3.2. Der elektrische Widerstand

3.2.1. Das Ohmsche Gesetz

Wird mit Hilfe einer Stromquelle an den Enden eines Leiters eine Spannung angelegt, dann fließt durch den Leiter ein Strom. Um einen gesetzmäßigen Zusammenhang zwischen der angelegten Spannung U und der Stromstärke I aufzustellen, bauen wir die in Abb. 3.4 gezeigte Schaltung auf. Als Stromquelle kann eine Akkumulatorenbatterie dienen. Die an den Enden des Leiters $A \ldots B$ liegende Spannung messen wir mit einem Spannungsmesser V, den in dem Leiter fließenden Strom mit einem Strommesser A.
Zur Ermittlung des gesuchten Zusammenhangs ändern wir durch entsprechende Abgriffe an der Akkumulatorbatterie die Spannung an dem Leiter $A \ldots B$ und messen die jeweils zusammengehörenden Werte der Spannung und Stromstärke. Wir stellen, vorausgesetzt, daß sich der Leiter nicht merklich erwärmt hat, folgende Abhängigkeit fest:

Die Stromstärke in einem beliebigen Leiterstück ist proportional der angelegten Spannung:

$$I = GU. \tag{3.5}$$

Um über den Proportionalfaktor G eine Anschauung zu bekommen, ändern wir bei konstanter Spannung U das Material und die Dimensionen des Leiters, nehmen also z. B. einen Kupferdraht oder einen Eisendraht oder wählen Drähte verschiedener Länge und Dicke. Es zeigt sich, daß dann für jeden Draht das obige Gesetz gilt, daß aber die Proportionalitätskonstante G jedesmal einen anderen Wert hat. G ist also eine für den Leiter charakteristische Größe, und zwar ist bei konstanter Spannung U die Stromstärke I um so größer, je größer G ist. G charakterisiert somit die Fähigkeit des Leiters, die Bewegung der Ladungen, den Stromfluß herbeizuführen. Man nennt daher G den *elektrischen Leitwert*.
Es ist üblich, (3.5) in der folgenden Form zu schreiben (*Ohmsches Gesetz*):

$$U = RI. \tag{3.6}$$

Ist die Temperatur des Leiters konstant, sind auch G und R konstant. Das Verhältnis der Spannung zur Stromstärke

$$U/I = R = 1/G \qquad (3.6\,\mathrm{a})$$

nennt man den *elektrischen Widerstand* des Leiters; denn je größer R ist, um so höher muß die an die Enden des Leiters angelegte Spannung sein, damit der gleiche Strom fließt. (3.6) drückt somit folgendes aus:

Das Produkt aus Stromstärke und Widerstand ist gleich der Spannung, die an den Enden des Leiters liegt.

Maßeinheit des Widerstandes: Aus (3.6) ergibt sich $[R] = [U]/[I] = \mathrm{V/A}$, wobei $1\ \mathrm{V/A} = 1\ \Omega$ ($= 1$ Ohm) gesetzt wird. (3.6a) liefert $[G] = 1/\Omega$, wobei $1/\Omega = 1\ \mathrm{S}$ ($= 1$ Siemens) ist (s. auch Anhang II).

Ein Leiter hat einen Widerstand von $1\ \Omega$, wenn bei einer Spannung von 1 V durch ihn ein Strom von 1 A fließt.

Tabelle 3.1. Spezifischer Widerstand (bei 18 °C) und Temperaturkoeffizient (zwischen 0 °C und 30 °C) einiger Stoffe

Stoff	$\varrho \cdot 10^6$ in Ωm	β in K^{-1}
Aluminium	0,032	$+0,0036$
Antimon	0,45	$+0,0041$
Blei	0,21	$+0,0042$
Eisen	0,09 bis 0,15	$+0,0045$ bis $+0,006$
Gold	0,023	$+0,0040$
Kupfer	0,017	$+0,0040$
Nickel	0,08 bis 0,11	$+0,0037$ bis $+0,006$
Osmium	0,10	$+0,004$
Platin (rein)	0,108	$+0,0039$
Quecksilber	0,958	$+0,00092$
Silber	0,016	$+0,0040$
Stahl	0,15 bis 0,50	$+0,0052$ bis $+0,006$
Tantal	0,15	$+0,0033$
Wismut	1,2	$+0,0042$
Zink	0,061	$+0,0037$
Kohle	50 bis 100	$-0,0002$ bis $-0,0008$
Graphit	11	$-$
Legierungen		
Messing	0,07 bis 0,09	$+0,0015$
Neusilber (60 % Cu, 21 % Ni, 19 % Zn)	0,15 bis 0,40	$+0,00022$ bis $+0,0007$
Nickelin (58 % Cu, 41 % Ni, 1 % Mn)	0,42	$+0,00023$
Konstantan (35 bis 55 % Ni, 65 bis 45 % Cu, 0 bis 20 % Zn)	0,49 bis 0,52	0
Manganin (70 % Cu, 30 % Mn)	0,42	0 bis $+0,00003$

3.2.2. Abhängigkeit des Widerstandes eines Leiters von den Abmessungen und dem Leitermaterial

Untersucht man mit der Schaltung Abb. 3.4 das Verhältnis der Spannung zur Stromstärke, wenn verschiedene Leiter benutzt werden, so erhält man folgende Gesetzmäßigkeit:
1. Der Widerstand ist proportional der Länge l und umgekehrt proportional dem Querschnitt A des Leiters.
2. Der Widerstand ist von dem Leitermaterial abhängig. Die diese Eigenschaft charakterisierende Materialkonstante ist der *spezifische Widerstand* ϱ. Es ergibt sich somit

$$R = \varrho\,\frac{l}{A}. \qquad (3.7)$$

Durch (3.7) ist der spezifische Widerstand definiert. Sein Kehrwert wird *elektrische Leitfähigkeit* $\varkappa$ genannt:

$$\varkappa = 1/\varrho. \qquad (3.8)$$

Maßeinheit der elektrischen Leitfähigkeit: Aus (3.7) und (3.8) erhält man $[\varrho] = \Omega\mathrm{m}$ und $[\varkappa] = \Omega^{-1}\,\mathrm{m}^{-1}$.

Ein Stoff hat den spezifischen Widerstand $1\ \Omega\mathrm{m}$, wenn ein Block von 1 m Länge und $1\ \mathrm{m}^2$ Querschnitt den Widerstand $1\ \Omega$ hat.

Tabelle 3.1 zeigt aus der Fülle der Möglichkeiten einige Beispiele des spezifischen Widerstandes und des Temperaturkoeffizienten der Stoffe. Der in (3.7) angeführte Zusammenhang ist nicht auf metallische Leiter beschränkt; er gilt ebenso für Elektrolyte (s. Abschn. 7.3). Es ist jedoch die Leitfähigkeit von Metallen rund 10^5mal so groß wie die der bestleitenden Elektrolyte. Die Leitfähigkeit von Metallen wird durch Verunreinigung außerordentlich beeinflußt, meistens stark erniedrigt, und zwar viel mehr, als man nach der Konzentration vermuten würde. Dies spielt insbesondere bei der Verwendung von Kupfer für den Bau elektrischer Maschinen und für Überlandleitungen eine entscheidende Rolle, so daß man außerordentlich reines Kupfer (Elektrolytkupfer, s. Abschn. 7.9) für diese Zwecke verwendet.
Weiterhin differiert die Leitfähigkeit um mehrere Prozent in Abhängigkeit von der chemischen oder mechanischen Vorbehandlung des Metalls. Bemerkenswert ist auch, daß für Einkristalle, die nicht dem regulären (kubischen) System angehören, sehr starke Unterschiede der Leitfähigkeit

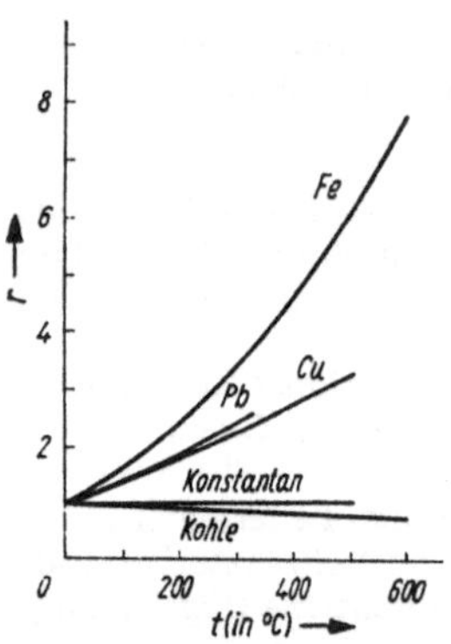

Abb. 3.5. Änderung des Widerstandes mit der Temperatur ($r = \varrho/\varrho_0$)

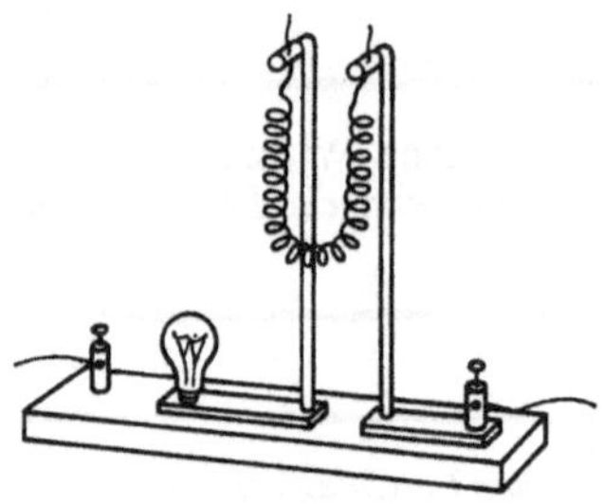

Abb. 3.6. Abhängigkeit des Widerstandes von der Temperatur

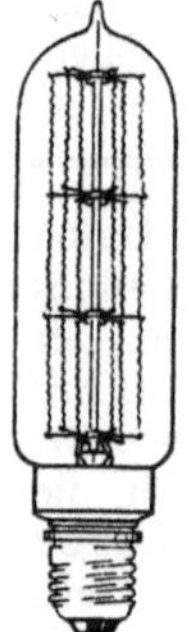

Abb. 3.7. Eisenwasserstoffwiderstand

in den verschiedenen Richtungen beobachtet werden. So ist der spezifische Widerstand des Zinns (tetragonal) parallel zur Achse $\varrho = 0{,}00131$ Ωm, senkrecht zur Achse nur $\varrho = 0{,}00090\ \Omega$m, zeigt also einen Unterschied von fast 50%. Dreiachsige Kristalle haben die 3 Hauptrichtungen entsprechend 3 Hauptwerte der Leitfähigkeit.

3.2.3. Temperatureinfluß

Temperaturkoeffizient. Der elektrische Widerstand der Stoffe ändert sich mit der Temperatur, und zwar nimmt er bei den Metallen mit Erhöhung der Temperatur zu; bei Kohle dagegen, ferner

bei Silizium, Tellur und einigen anderen Stoffen, nimmt er ab (Abb. 3.5).

Hat ein Leiter bei einer bestimmten Temperatur den Widerstand R_0, so hat er bei einer um t K höheren Temperatur den Widerstand $R_t = R_0(1 + \beta t)$. Die als *Temperaturkoeffizient*

$$\beta = \frac{1}{R_0}\frac{\mathrm{d}R}{\mathrm{d}t} \tag{3.9}$$

bezeichnete Größe ist jedoch, wie Abb. 3.5 zeigt (da die Kurven keine Geraden sind), nicht unveränderlich; man gibt gewöhnlich einen Mittelwert für die Temperaturen zwischen 0 °C und 30 °C an; er beträgt für die gebräuchlichsten Metalle etwa 1/200 bis 1/300 K^{-1}. Auffallend an diesem Wert ist, daß er in der Größenordnung des Ausdehnungs- und Spannungskoeffizienten der Gase liegt (vgl. Bd. 1). Zur genaueren Darstellung des Widerstandsverlaufes muß man eine quadratische Abhängigkeit des Widerstandes von der Temperatur ansetzen:

$$R_t = R_0(1 + \beta t + \gamma t^2). \tag{3.10}$$

Widerstandsänderung mit der Temperatur. Einige neusilberähnliche Legierungen wie Nickelin und Konstantan, ebenso Manganin, zeichnen sich dadurch aus, daß ihr Widerstand nur sehr wenig von der Temperatur abhängt, ihr Temperaturkoeffizient also sehr klein ist (Tab. 3.1). Sie finden daher Anwendung zur Herstellung von Normalwiderständen und Regelwiderständen.

Zur Vorführung der Widerstandsänderung mit der Temperatur eignet sich die in Abb. 3.6 dargestellte Anordnung: Auf einem Grundbett sind eine kleine Glühlampe und zwei lotrechte Stativdrähte mit zwei Zuleitungsklemmen verbunden. Zwischen den oberen Enden der Stativdrähte wird eine kleine Eisenwendel befestigt. Man wählt nun eine Stromquelle von solcher Spannung, daß bei ihrem Einschalten in die Zuleitungsklemmen das Glühlämpchen hell leuchtet. Erwärmt man darauf die Eisendrahtwendel durch einen Bunsenbrenner, so verlöscht die Glühlampe fast vollständig, weil der Widerstand des Eisendrahtes auf den vier- bis fünffachen Betrag anwächst. Beim Abkühlen des Eisendrahtes leuchtet das Glühlämpchen wieder hell auf.

Schaltet man statt des Eisendrahtes zwischen den Klemmen der Stativdrähte einen Draht aus Nickelin oder Konstantan ein, so bleibt die Lichtstärke der Glühlampe selbst bei Erhitzen des Drahtes auf Rotglut unverändert.

Praktische Anwendung hat der hohe Temperaturkoeffizient des Eisens zur automatischen Regulierung der Stromstärke gefunden. Schaltet man nämlich einen Eisendraht in einen Stromkreis zu anderen Widerständen ein, so wird dadurch der Widerstand des Kreises stark temperaturabhängig. Wird nun die Spannung an den Enden des Stromkreises erhöht, so würde die Stromstärke sofort vergrößert werden, wenn nicht zugleich der Widerstand des Eisendrahtes durch die entstehende Temperaturerhöhung vergrößert würde. Durch passende Wahl der Abmessungen kann man nun erreichen, daß trotz der Erhöhung der Spannung an den Enden des Eisendrahtes die Stromstärke nicht oder doch nur sehr wenig wächst. In der praktischen Ausführung ist der Eisendraht meistens in einer kleinen luftdicht verschmolzenen Glashülle von Wasserstoff umgeben (*Eisenwasserstoffwiderstand*, Abb. 3.7).

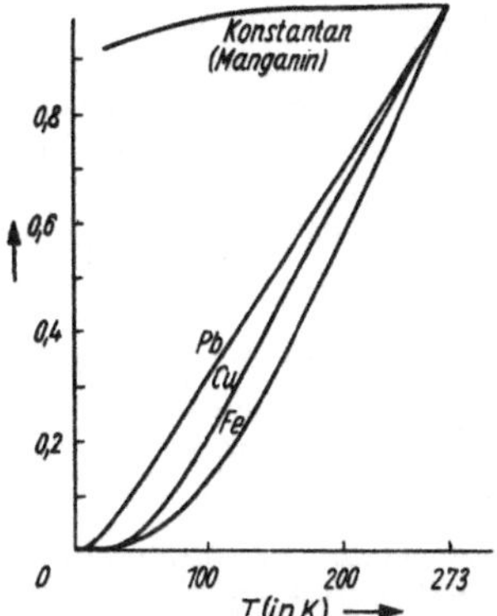

Abb. 3.8. Widerstandsverhältnis $r = \varrho/\varrho_0$ metallischer Leiter bei tiefen Temperaturen

Der spezifische Widerstand von verunreinigten Metallen, der, wie schon erwähnt, größer ist als der reiner Metalle, zeigt eine einfache Beziehung. Das Produkt aus dem spezifischen Widerstand ϱ und dem Temperaturkoeffizienten β gibt nämlich sowohl für das reine als auch für das verunreinigte Metall für irgendeine Temperatur denselben Wert (*Mathiessensche Regel*). Dies bedeutet, daß bei der Erhöhung des Widerstandes des Metalls durch eine Verunreinigung dafür die Änderung des Widerstandes mit der Temperatur geringer wird; es zeigt sich, daß durch die Verunreinigung ein von der Temperatur unabhängiger Zusatzwiderstand zum Widerstand des reinen Metalles hinzukommt. Besonders interessant sind die Änderungen des elektrischen Widerstandes bei tiefen Temperaturen. Wie Abb. 3.8 zeigt, ist unterhalb des Eispunktes die Abhängigkeit des Widerstandes von der Temperatur nichtlinear. Er hat aber selbst bei sehr tiefen Temperaturen (etwa -250 °C, also 23,15 K) noch merkliche Werte, nämlich etwa 0,001 bis 0,0001 des Widerstandes bei Zimmertemperatur.

Bei der Annäherung an den absoluten Nullpunkt verschwindet bei einigen Stoffen der Widerstand vollständig. Man nennt diesen Zustand *Supraleitung*. (Eine eingehende Darstellung erfolgt in Abschn. 10.3.)

Widerstandsthermometer. Da eine eineindeutige Zuordnung zwischen der Temperatur und dem spezifischen Widerstand besteht, wird diese Widerstandsänderung eines Leiters benutzt, um Temperaturen zu messen. Diese Thermometer sind die genauesten Temperaturmeßinstrumente bis hinauf zu 600 °C und namentlich für tiefe Temperaturen unentbehrlich. Meist wird Platin, das im Inneren einer Schutzröhre (aus Glas, Quarz, Porzellan oder Nickel) als Draht auf ein Glimmerkreuz aufgewickelt ist, verwendet, für tiefere Temperaturen auch Blei und Gold. Man eicht die Thermometer mittels der festgesetzten Fundamentalpunkte (Bd. 1). Die Messung der Widerstandsänderung kann in einer Wheatstone-Brücke oder in einer Kompensationsschaltung erfolgen.

Eine häufige Anwendung ist die Messung von Strömungsgeschwindigkeiten in Gasen, wobei ein ausgespannter, von einem starken Strom durchflossener Draht dem Gasstrom ausgesetzt wird. Die sich einstellende Temperatur des Drahtes und damit sein Widerstand ist von der Gasgeschwindigkeit abhängig (*Windmesser, Gasmesser*), aber auch bei konstanter Gasgeschwindigkeit von der Zusammensetzung (Wärmeleitfähigkeit) des Gases (Anwendung zur *Gasanalyse, Rauchgasprüfer*).

Bolometer. Widerstandsthermometer, die nicht durch Leitung, sondern durch Strahlung erwärmt werden, nennt man Bolometer (bolë, gr., = Wurf, Strahlung). Sie werden benutzt, um die Intensität der auffallenden Strahlung zu messen. Man verwendet sehr dünne Drähte oder Blechstreifen aus Platin, Eisen oder Nickel. Platinbleche, mit einer zehnfach dickeren Silberschicht zusammengeschweißt, lassen sich bis auf 0,5 µm Dicke auswalzen. Nach Aufspannen auf einen Schieferrahmen wird das Silber abgeätzt. Man erhält so Platinfolien von 0,00005 mm Dicke. Diese oft im Zickzackstreifen geschnittenen Folien werden mit Ruß überzogen. Wird ein solcher Streifen von Strahlung (z. B. Licht) getroffen, so absorbiert er die Strahlen und verwandelt ihre Energie in eine Wärmemenge, die fast augenblicklich seine Temperatur und damit seinen Widerstand, der in der Brücke gemessen wird, erhöht.

Andere Einflüsse auf die Leitfähigkeit. *Mechanische Einflüsse* ändern den spezifischen Widerstand der Metalle. Im allgemeinen wird der Widerstand mit zunehmendem Druck kleiner; bei Dehnung ist meist eine Zunahme in der Dehnungsrichtung festzustellen. Durch Anlassen auf bestimmte Temperaturen kann der Einfluß der mechanischen Vorbehandlung des Metalls meist beseitigt werden.

Magnetische Felder sowie *Licht und Röntgenstrahlen* haben ebenfalls Einfluß auf die elektrische Leitfähigkeit. Diese Erscheinungen werden erst später behandelt (s. Abschn. 10.5.1 u. 10.5.2).

Zusammenhang zwischen elektrischer Leitfähigkeit und Wärmeleitfähigkeit. Zwischen der thermischen Leitfähigkeit λ_w und der elektrischen Leitfähigkeit $\varkappa$ hat sich erfahrungsgemäß ein einfacher Zusammenhang ergeben, der als *Wiedemann-Franzsches Gesetz* bekannt ist (1853):

Das Verhältnis zwischen λ_w und $\varkappa$ ist für eine bestimmte Temperatur für alle reinen Metalle nahezu konstant und der absoluten Temperatur T proportional.

$$\frac{\lambda_w}{\varkappa} = \text{const } T. \tag{3.11}$$

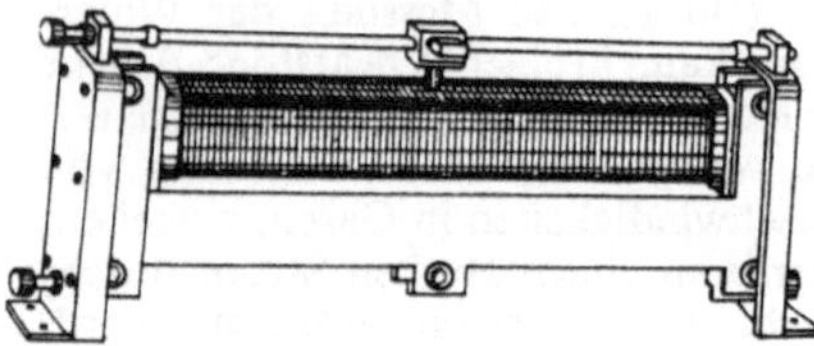

Abb. 3.9. Schiebewiderstand

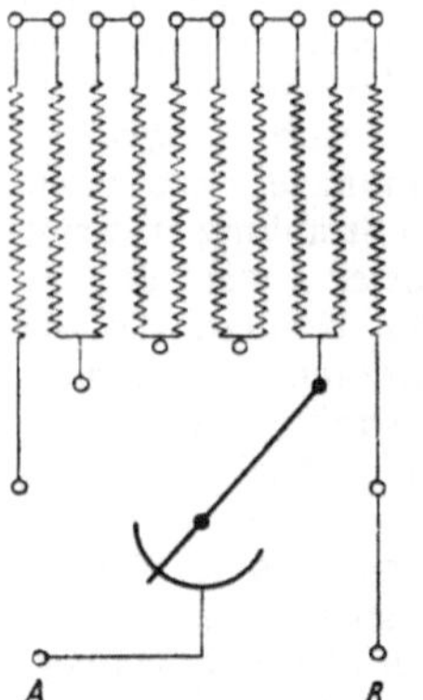

Abb. 3.10. Kurbelwiderstand

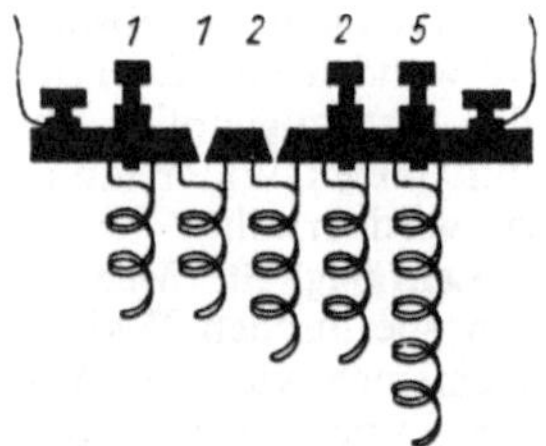

Abb. 3.11. Stöpselwiderstand

Je besser also die elektrische Leitfähigkeit eines Materials ist, um so besser wärmeleitend ist es auch. Alle schlechten Elektrizitätsleiter, wie Glas, Holz und ähnliche, leiten auch die Wärme schlecht; Metalle leiten sie wesentlich besser und unter diesen wieder am besten die elektrisch gut leitenden wie Kupfer oder Silber; Eisen dagegen leitet wesentlich schlechter (vgl. Bd. 1).

Das Wiedemann-Franzsche Gesetz ist für tiefe Temperaturen nicht mehr gültig, und zwar steigt die Wärmeleitfähigkeit nicht so rasch wie die elektrische Leitfähigkeit. Beim Übergang zur *Supraleitung* ändert sich die Wärmeleitfähigkeit nicht in ähnlicher Weise wie die elektrische.

3.2.4. Praktische Ausführungsformen von Widerständen

In Abschn. 3.2.1 haben wir das Verhältnis der Spannung zur Stromstärke den „elektrischen Widerstand" eines Leiters genannt. Diese Bezeichnung wurde auf Geräte und Bauelemente übertragen, die man ihres elektrischen Widerstandes wegen verwendet. Die früher benutzte Bezeichnung „Rheostat" ist heute nur noch selten in Gebrauch.

Die technischen Ausführungsformen der Widerstände richten sich nach dem Verwendungszweck. Sie dienen beispielsweise

– zur Einstellung bestimmter Werte der Stromstärke oder der Spannung in Schaltungen,
– als Normalwiderstände zum Ausmessen unbekannter Widerstände.

Bei der Wahl eines Widerstandes für eine Schaltung spielt die Belastung eine wesentliche Rolle. Da die Erwärmung eines Leiters von der Stromstärke abhängt, muß bei höherer Belastung die nötige Wärmeabfuhr gewährleistet sein. Um den Widerstand nicht zu zerstören, darf daher die auf jedem Widerstand angegebene maximal zulässige Leistung nicht überschritten werden.

Zur Regelung der Stromstärke oder der Spannung verwendet man *Schiebewiderstände, Kurbelwiderstände* und *Stöpselwiderstände*. Schiebewiderstände (Abb. 3.9) ermöglichen eine stetige Regelung der Stromstärke, Kurbelwiderstände (Abb. 3.10) eine stufenweise. Stöpselwiderstände (Abb. 3.11) bestehen aus einer größeren Zahl von Widerständen aus zu Spulen gewickeltem Manganindraht. Die Größe dieser einzelnen Widerstände ist angegeben und ähnlich wie bei einem Massensatz abgestuft, so daß jeder gewünschte Widerstandswert eingeschaltet werden kann. Stöpselwiderstände können als Vergleichswiderstände verwendet werden. Zum bequemeren Arbeiten hat man Regelwiderstände in handlicher Form als Widerstandsdekaden gebaut. Über einen Drehschalter werden stufenweise die Dekaden eingeschaltet.

In den Schaltungen der Rundfunk- und Fernsehgeräte werden im allgemeinen Widerstände benötigt, die sehr kleine Abmessungen haben und nur geringe Ströme aufzunehmen brauchen. Sie bestehen meist aus einem stabförmigen Keramikkörper, der mit einem Widerstandsmaterial überschichtet ist. Extreme Verhältnisse liegen in den sog. integrierten Schaltkreisen vor. Bei ihnen bestehen die Widerstände oftmals aus kleinen aufgedampften Leiterbahnen.

Für exakte Vergleichsmessungen verwendet man *Normalwiderstände* (Abb. 3.12 und 3.13). Sie werden bei Ansprüchen auf höchste Genauigkeit aus einem Draht einer geeigneten Metallegierung (z. B. Manganin, Konstantan, Nickelin) hergestellt, der in einer Dose untergebracht und z. B. durch ein Ölbad auf einer bestimmten Temperatur gehalten wird. Als Zuleitungen dienen die beiden hakenförmigen Kupferbügel, deren Widerstand vernachlässigt werden kann; sie werden bei Vergleichsmessungen in Quecksilbernäpfe gehängt, damit eine sichere metallische

Abb. 3.12. Normalwiderstand

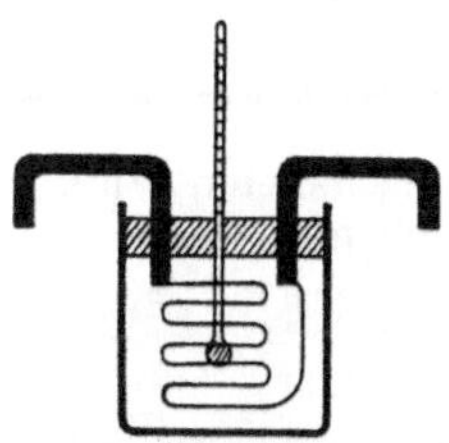

Abb. 3.13. Innerer Teil eines Normalwiderstandes

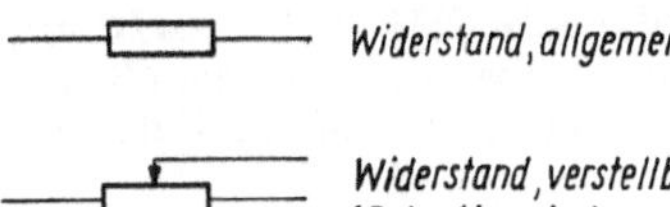

Widerstand, allgemein

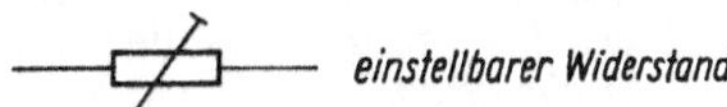

Widerstand, verstellbar
(Potentiometer)

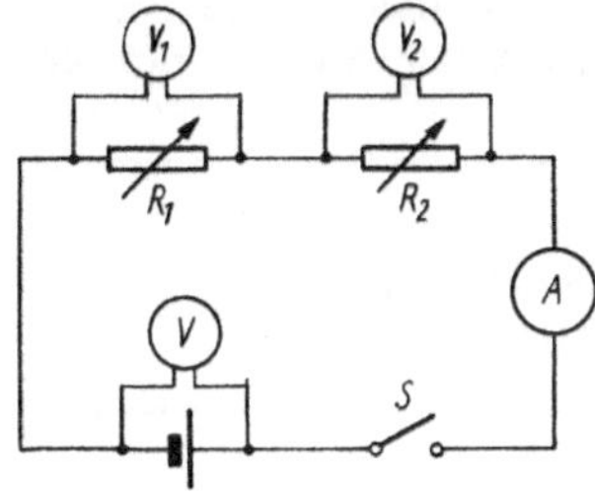

einstellbarer Widerstand

Abb. 3.14. Schaltbilder für Widerstände

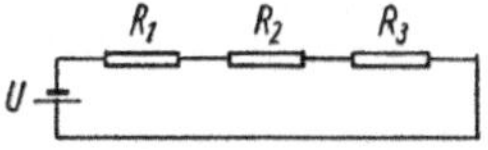

Abb. 3.15. Zum Spannungsabfall

Abb. 3.16. Reihenschaltung von Widerständen

Verbindung besteht. Hierbei ist die Temperatur möglichst konstant zu halten.

Schaltzeichen. Zur zeichnerischen Darstellung der Widerstände in elektrischen Schaltungen werden die in Abb. 3.14 angegebenen Schaltzeichen verwendet. Die in den Schaltungen eingetragenen *Verbindungsleitungen* werden in idealisierter Weise als *widerstandsfrei* betrachtet.

3.3. Ströme in einfachen und in verzweigten Stromkreisen

3.3.1. Die Kirchhoffschen Regeln

Widerstand und Spannungsabfall. Es seien zwei Widerstände nach Abb. 3.15 mit einer Stromquelle verbunden. Das Voltmeter V mißt die Klemmenspannung der Stromquelle. Die Voltmeter V_1 und V_2 sind an den Enden der Widerstände angeschlossen. Wird der Schalter S geschlossen, zeigen V_1 und V_2 einen Ausschlag an. Wir erkennen, daß Spannungen nicht nur zwischen den Klemmen der Stromquelle, sondern auch zwischen den Enden stromdurchflossener Widerstände auftreten. Verändert man die Widerstände und mißt die einzelnen Spannungen, so ergibt sich:

Die Summe der über die einzelnen Widerstände abfallenden Spannungen ist gleich der Klemmenspannung.

Für jede der Teilspannungen U_n gilt nach dem Ohmschen Gesetz $U_n = IR_n$. Die Teilspannung ist also porportional dem durchflossenen Widerstand. Man spricht von einem *Spannungsabfall* über den Widerstand R_n. Der *Spannungsabfall zählt in Richtung des Stromes positiv.*

Reihenschaltung von Widerständen. Es seien die Widerstände R_1, R_2 und R_3 in Reihe geschaltet und mit der Stromquelle der Spannung U verbunden (Abb. 3.16). Durch jeden Widerstand fließt der gleiche Strom I. Für die Teilspannung gilt $U_1 = IR_1$, $U_2 = IR_2$ und $U_3 = IR_3$. Ihre Summe liefert die Klemmenspannung $U = U_1 + U_2 + U_3$. Man erhält somit

$$U = IR = IR_1 + IR_2 + IR_3$$

oder

$$R = R_1 + R_2 + R_3.$$

Allgemein:

$$R = \sum_{\nu=1}^{n} R_\nu. \tag{3.12}$$

In einer Reihenschaltung ist der Gesamtwiderstand gleich der Summe der Einzelwiderstände.

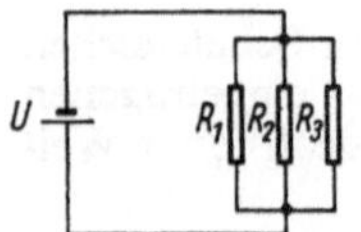

Abb. 3.17. Parallelschaltung von Widerständen

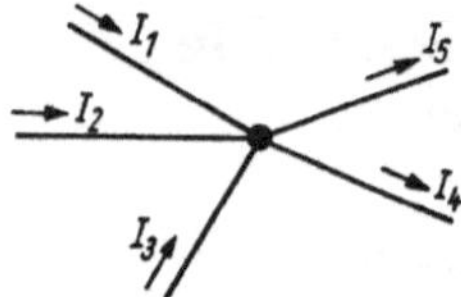

Abb. 3.18. Knotenpunkt

Bildet man das Verhältnis der Teilspannungen zueinander, ergibt sich

$$U_1 : U_2 : U_3 = R_1 : R_2 : R_3. \qquad (3.13)$$

In einer Reihenschaltung verhalten sich die Teilspannungen über die Widerstände wie die Widerstände.

Parallelschaltung von Widerständen. Es seien die Widerstände R_1, R_2 und R_3 parallelgeschaltet und mit der Stromquelle verbunden (Abb. 3.17). An allen drei Widerständen liegt die gleiche Spannung U, so daß nach dem Ohmschen Gesetz in den Widerständen jeweils die Teilströme

$$I_1 = \frac{U}{R_1}, \qquad I_2 = \frac{U}{R_2}, \qquad I_3 = \frac{U}{R_3}$$

fließen. Sie ergeben zusammen den Gesamtstrom I, also

$$I = I_1 + I_2 + I_3. \qquad (3.14)$$

Man erhält somit

$$\frac{U}{R} = \frac{U}{R_1} + \frac{U}{R_2} + \frac{U}{R_3} \quad \text{oder}$$

$$\frac{1}{R} = \frac{1}{R_1} + \frac{1}{R_2} + \frac{1}{R_3}.$$

Allgemein:

$$\frac{1}{R} = \sum_{\nu=1}^{n} \frac{1}{R_\nu}. \qquad (3.15)$$

Mit $1/R = G$ ($=$ *elektrischer Leitwert*) wird hieraus

$$G = \sum_{\nu=1}^{n} G_\nu$$

In einer Parallelschaltung von Widerständen ist der Gesamtleitwert gleich der Summe der Einzelleitwerte. Der Gesamtstrom ist gleich der Summe der Teilströme.

Betrachtet man zwei parallelgeschaltete Widerstände R_1 und R_2, dann gilt für die Teilströme

$$I_1 = \frac{U}{R_1} \quad \text{und} \quad I_2 = \frac{U}{R_2}.$$

Bildet man das Verhältnis beider Ströme zueinander, so ergibt sich

$$\frac{I_1}{I_2} = \frac{R_2}{R_1}. \qquad (3.16)$$

In zwei parallelgeschalteten Widerständen verhalten sich die Teilströme umgekehrt wie die Widerstände.

Sonderfall: Von zwei parallelgeschalteten Widerständen sei $R_2 \gg R_1$. Dann gilt nach (3.15) annähernd

$$R \approx R_1.$$

Die 1. Kirchhoffsche Regel. Um ganz allgemein die Verhältnisse bei beliebigen Schaltungen berechnen zu können, kann man von zwei Grundregeln ausgehen, die KIRCHHOFF (1847) aufgestellt hat und die die oben besprochenen Schaltungen von Widerständen als Sonderfälle enthalten.

Vereinigen sich mehrere Stromzuflüsse und -abflüsse in einem Punkt, so spricht man von einem *Verzweigungspunkt* oder auch *Knotenpunkt* (Abb. 3.18). Auf Grund des Erhaltungssatzes der Ladung gilt die *1. Kirchhoffsche Regel* (*Knotenpunktsatz*):

In einem Knotenpunkt ist die Summe der zufließenden Ströme gleich der Summe der abfließenden.

Belegen wir die zufließenden Ströme mit positivem und die abfließenden mit negativem Vorzeichen, dann wird hieraus

$$\sum_{\nu} I_\nu = 0.$$

Die Parallelschaltung (Abb. 3.17) enthält zwei derartige Knotenpunkte. (3.14) ist ein Sonderfall des Knotenpunktsatzes.

Die 2. Kirchhoffsche Regel. Ein geschlossener Stromkreis wird als *Masche* bezeichnet. Sie kann Teil eines umfangreicheren Stromnetzes sein. Abb. 3.19 zeigt eine derartige Masche, die nur aus Widerständen besteht. In den Punkten A, B, C, D mögen die eingezeichneten Ströme zu- bzw. abfließen.

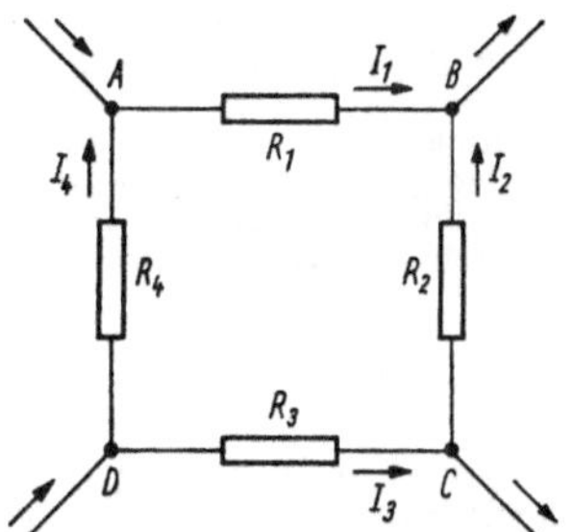

Abb. 3.19. Masche, die nur Widerstände enthält

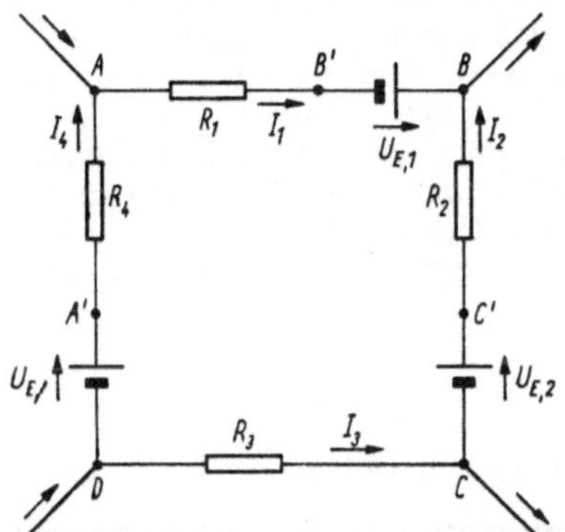

Abb. 3.20. Masche mit eingebauten Stromquellen

Wir betrachten zunächst den Abschnitt zwischen den Punkten A und B. In diesen Punkten mögen die Potentiale φ_A und φ_B existieren. Soll der Strom I_1 in der eingezeichneten Richtung fließen, muß $\varphi_A > \varphi_B$ sein. Die Spannung (Potentialdifferenz) zwischen den Punkten A und B ist nach dem Ohmschen Gesetz gleich $R_1 I_1$. Es gilt also

$$\varphi_A - \varphi_B = R_1 I_1.$$

In analoger Weise ergibt sich unter Beachtung der Stromrichtung für die übrigen Abschnitte

$$\varphi_B - \varphi_C = -R_2 I_2,$$
$$\varphi_C - \varphi_D = -R_3 I_3,$$
$$\varphi_D - \varphi_A = R_4 I_4.$$

Wir addieren jeweils die Ausdrücke auf der linken und die auf der rechten Seite. Die Summe der Potentiale wird Null. Wir erhalten

$$0 = R_1 I_1 - R_2 I_2 - R_3 I_3 + R_4 I_4.$$

Durchlaufen wir die Masche im Uhrzeigerdrehsinn und belegen die Ströme in dieser Richtung mit positivem Vorzeichen, die in entgegengesetzter

Richtung mit negativem, dann gilt

$$\sum_{\nu} R_{\nu} I_{\nu} = 0.$$

Wir erweitern die Masche durch den zusätzlichen Einbau von Stromquellen (Abb. 3.20). Die Stromquellen tragen mit ihrer Urspannung U_E zur Potentialverteilung in der Masche bei. In Richtung des Bewegungsantriebs der Stromquelle auf positive Ladungen zählt man die Urspannung U_E positiv. In Abb. 3.20 gelten die eingezeichneten Richtungen der Urspannungen.

Zunächst betrachten wir den Abschnitt zwischen den Punkten A und B'. Für die Potentialdifferenz und dem durch den Widerstand R_1 fließenden Strom gilt

$$\varphi_A - \varphi_{B'} = R_1 I_1.$$

Die linke Seite formen wir um, indem wir eine Nulladdition vornehmen:

$$(\varphi_A - \varphi_B) + (\varphi_B - \varphi_{B'}) = R_1 I_1.$$

φ_B und $\varphi_{B'}$ sind die Potentiale zu beiden Seiten der Stromquelle. Es ist $\varphi_B > \varphi_{B'}$, und folglich ist nach den Ausführungen in Abschn. 2.2.6 $\varphi_B - \varphi_{B'} = +U_{E,1}$. Wir erhalten somit

$$(\varphi_A - \varphi_B) + U_{E,1} = R_1 I_1.$$

In analoger Weise ergibt sich unter Beachtung der Vorzeichen der Urspannungen für die übrigen Abschnitte

$$(\varphi_B - \varphi_C) - U_{E,2} = -R_2 I_2,$$
$$(\varphi_C - \varphi_D) \qquad\quad = -R_3 I_3,$$
$$(\varphi_D - \varphi_A) + U_{E,4} = R_4 I_4.$$

Wir addieren die Ausdrücke jeweils auf der linken und auf der rechten Seite, wobei die Summe der Potentiale Null wird. Es ergibt sich

$$U_{E,1} - U_{E,2} + U_{E,4}$$
$$= R_1 I_1 - R_2 I_2 - R_3 I_3 + R_4 I_4.$$

Durchlaufen wir die Masche im Uhrzeigerdrehsinn und belegen die Ströme und Urspannungen in dieser Richtung mit positivem Vorzeichen, die in entgegengesetzter Richtung mit negativem, dann gilt die 2. *Kirchhoffsche Regel (Maschensatz)*:

$$\sum_{\nu} R_{\nu} I_{\nu} = \sum_{\nu} U_{E,\nu}.$$

In einer Masche ist die Summe der Spannungsabfälle über die Widerstände gleich der Summe der Urspannungen.

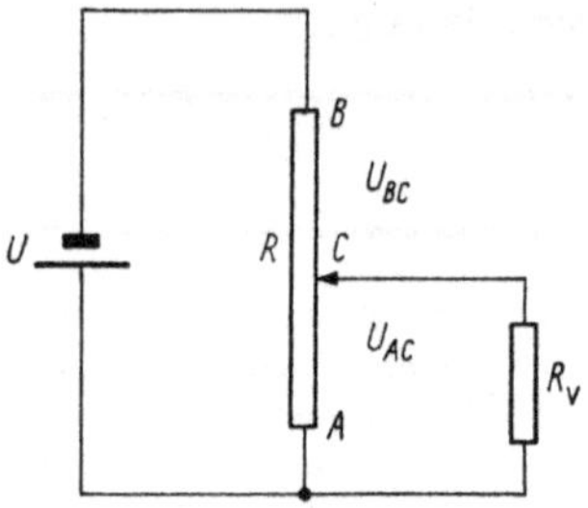

Abb. 3.21. Potentiometerschaltung

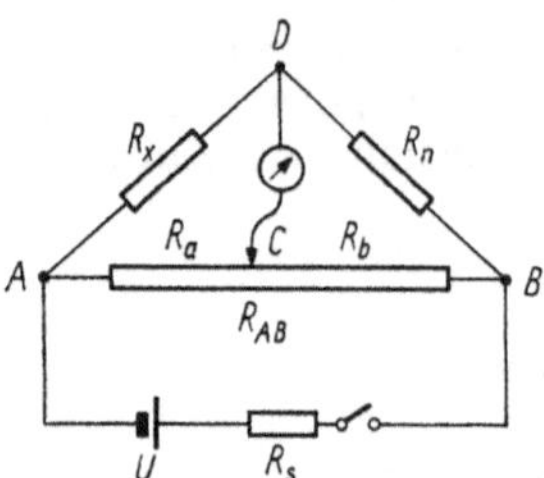

Abb. 3.22. Wheatstonesche Brückenschaltung

Das Durchlaufen der Masche kann auch entgegen dem Uhrzeigerdrehsinn erfolgen. Es muß nur die vereinbarte Festlegung der Vorzeichen eingehalten werden.
Die Reihenschaltung Abb. 3.16 ist eine Masche.

Zur Berechnung eines beliebigen Stromnetzes zerlegt man es in einzelne Maschen. Durch Anwendung der beiden Kirchhoffschen Regeln erhält man dann so viele Gleichungen, wie Unbekannte zu berechnen sind.

3.3.2. Spezielle Widerstandsschaltungen

Potentiometerschaltung (Spannungsteiler). Sie ist eine Schaltung, die sehr oft benutzt wird, wenn eine gegebene Spannung bequem einstellbar herabgesetzt werden soll. Hierzu wird ein Schiebewiderstand nach Abb. 3.21 an die Stromquelle angeschlossen. Der Abgriff zerlegt den Widerstand R in die beiden in Reihe geschalteten Teilwiderstände R_{AC} und R_{BC}. Für die sich einstellenden Teilspannungen gilt (Abschn. 3.3.1)

$$U_{AC} : U_{BC} = R_{AC} : R_{BC} \quad \text{bzw. umgeformt}$$
$$U_{AC} : U = R_{AC} : R. \tag{3.17}$$

Am Potentiometer verhält sich die abgegriffene Spannung zur Gesamtspannung wie der abgegriffene Widerstand zum Gesamtwiderstand.

(3.17) gilt, wenn der Widerstand des Verbrauchers $R_V \gg R_{AC}$ ist; nur dann ist in dem unteren parallelge-

schalteten Teil nach Abschn. 3.3.1 der Gesamtwiderstand $\approx R_{AC}$. Ist die Bedingung $R_V \gg R_{AC}$ nicht erfüllt, dann gilt (3.17) nur angenähert.
Bei der Potentiometerschaltung ist zu berücksichtigen, daß die Spannungsquelle ständig durch den Widerstand R geschlossen ist und mit einem viel höheren Strom belastet wird, als ihn der Verbraucher benötigt. Das führt zu unnötigen Verlusten.

Wheatstonesche Brücke. Diese Schaltung dient zum Ausmessen von Widerständen. In Abb. 3.22 stellt R_{AB} einen Widerstand mit verschiebbarem Abgriff, R_n einen bekannten Widerstand (Normalwiderstand) und R_x den auszumessenden unbekannten Widerstand dar. R_s ist ein eingebauter Schutzwiderstand. Der Abgriff C zerlegt R_{AB} in die beiden Teilwiderstände R_a und R_b. Er wird so eingeregelt, daß das in der „Brücke" liegende Meßinstrument (Galvanometer G) stromlos ist. Dann herrscht zwischen C und D keine Spannung, d. h., der Spannungsabfall an R_x muß gleich dem an R_a sein und der an R_n gleich dem an R_b. Es ist also $U_{AD} = U_{AC}$ und $U_{BD} = U_{BC}$. Fließen in beiden Zweigen die Ströme I_1 und I_2, dann gilt

$$R_x I_2 = R_a I_1,$$
$$R_n I_2 = R_b I_1.$$

Division beider Ausdrücke liefert:

Ist die Brücke stromlos, dann gilt die Proportion
$$R_x : R_n = R_a : R_b. \tag{3.18}$$

Der Widerstand R_{AB} ist ein homogener, auf der ganzen Länge gleich starker Metalldraht, der neben einem Maßstab gespannt ist. Das Verhältnis der durch den Abgriff eingestellten Teilwiderstände $R_a : R_b$ ist dann gleich dem Verhältnis der abgelesenen Drahtlängen. So läßt sich aus (3.18) unmittelbar der unbekannte Widerstand R_x berechnen.

Die größte Meßgenauigkeit besitzt die Brückenschaltung, wenn der verschiebbare Abgriff möglichst in der Mitte liegt. Zu diesem Zweck ist es notwendig, den bekannten Widerstand R_n so zu wählen, daß er dem unbekannten R_x etwa vergleichbar ist.

3.3.3. Messung der Urspannung

Innerer Widerstand einer Stromquelle. In Abschn. 3.1 hatten wir festgestellt, daß sich die Urspannung U_E aus der Klemmenspannung U_K und dem inneren Spannungsabfall der Stromquelle U_i zusammensetzt:

$$U_E = U_K + U_i. \tag{3.1}$$

Um dies zu erklären, muß man annehmen, daß die Stromquelle selbst dem Strom einen Widerstand entgegensetzt, den inneren Widerstand R_i.

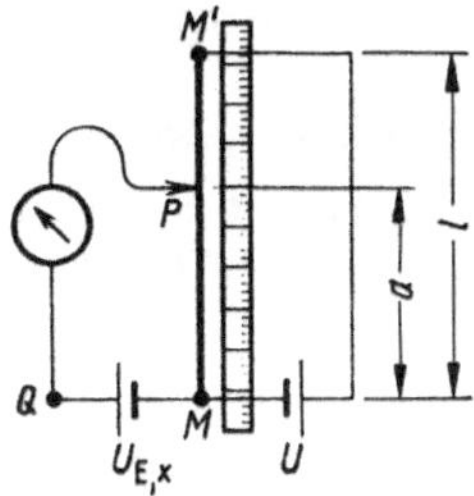

Abb. 3.23. Kompensationsmethode (nach POGGEN-DORFF)

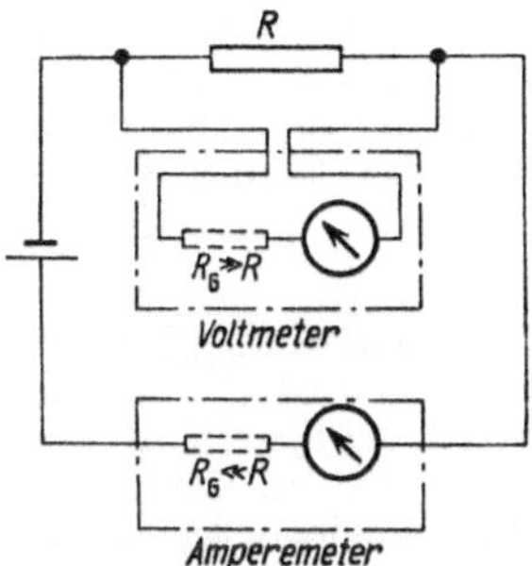

Abb. 3.24. Schaltung von Strom- und Spannungsmessern

Fließt durch eine Schaltung und somit auch durch die Stromquelle der Strom I, dann ruft er an dem inneren Widerstand der Stromquelle einen Spannungsabfall, den inneren Spannungsabfall, hervor. Es gilt somit (s. Abschn. 3.3.1)

$$U_E = U_K + IR_i. \tag{3.19}$$

Für viele Zwecke ist die Bestimmung der Urspannung U_E von Interesse. Sie ist der Messung nicht unmittelbar zugänglich. Voltmeter sind nur in der Lage, die Klemmenspannung U_K zu messen. Nach (3.19) erkennen wir jedoch, wenn der Stromfluß Null ist, dann ist die Urspannung gleich der Klemmenspannung. Wir benötigen also eine Schaltung, die es gestattet, die Klemmenspannung „stromlos" zu messen.

Kompensationsmethode. Sie wurde zuerst von POGGENDORFF angegeben und dient zur Messung der Urspannung. In Abb. 3.23 ist $U_{E,x}$ die Urspannung der auszumessenden Stromquelle. U ist die Klemmenspannung einer eingebauten bekannten Stromquelle. Sie erzeugt in dem Metalldraht MM' einen konstanten Strom. Nach dem Ohmschen Gesetz fällt die Klemmenspannung U längs des Metalldrahtes stetig ab. Die unbekannte Stromquelle ist zwischen M und dem Schleifkontakt P geschaltet. Der Schleifkontakt wird so eingeregelt, daß das Galvanometer G stromlos ist. Zwischen P und Q herrscht somit keine Spannung. Es muß also der Spannungsabfall zwischen M und P auf dem Metalldraht gleich

der Spannung zwischen M und Q sein. (Man beachte, daß beide Stromquellen mit gleichem Pol an M angeschlossen sind.) Da in dem Galvanometerkreis kein Strom fließt, ist die Spannung zwischen M und Q zugleich die Urspannung der unbekannten Stromquelle.

Die Spannung zwischen M und P kann man direkt an einem parallel an den Draht MM' gelegten Maßstab ablesen, da der Spannungsabfall linear ist. Wenn $\overline{MP} = a$ und $\overline{MM'} = l$ ist, gilt

$$U_{E,x} : U = a : l \quad \text{oder} \quad U_{E,x} = Ua/l.$$

3.3.4. Anwendung des Ohmschen Gesetzes zur Spannungs- und Strommessung

Das Ohmsche Gesetz gestattet, die Strommesser zur Spannungsmessung zu verwenden und umgekehrt. Ferner kann man auf Grund dieser Beziehung den Meßbereich der Instrumente beliebig erweitern. Von dieser Möglichkeit wird sehr weitgehend Gebrauch gemacht. Fast alle verwendeten Volt- und Amperemeter bedienen sich der unten erwähnten Schaltungen.

Galvanometer als Amperemeter und Voltmeter. Zu beachten ist folgendes: Durch die Einschaltung eines Meßinstrumentes soll der zu messende Vorgang möglichst wenig beeinflußt werden. Um *Stromstärken* zu messen, müssen wir also Galvanometer verwenden, deren Widerstand R_G klein ist gegen den Widerstand R des übrigen Kreises, damit durch die Einschaltung des Instrumentes die darin fließende Stromstärke $I = U/(R + R_G)$ nur unmerklich von U/R abweicht. Um die *Spannung* zwischen zwei Punkten A und B zu messen, muß andererseits der während der Messungen parallel gelegte Galvanometerwiderstand R_G sehr groß gegen den Widerstand R sein, um die Spannung zwischen A und B nicht merklich zu verändern.

Es ergibt sich also die allgemeine Regel:

Strommesser (Amperemeter) haben geringen Widerstand und werden in den Hauptkreis des Leitungssystems gelegt.
Spannungsmesser (Voltmeter) haben großen Widerstand und werden parallel zu der zu messenden Strecke des Hauptkreises, also in den Nebenschluß, gelegt (vgl. Abb. 3.24).

Erweiterung des Meßbereiches von Amperemetern. Wir können jeden Strommesser durch einen passenden *Nebenschluß* (parallelgeschalteten Widerstand R_N) zur Messung jeder beliebigen größeren Stromstärke, als für die er normal gebaut ist, geeignet machen (Abb. 3.25). Man zweigt zu diesem Zweck von dem starken Strom einen bestimmten Bruchteil ab und leitet diesen durch das Instrument.

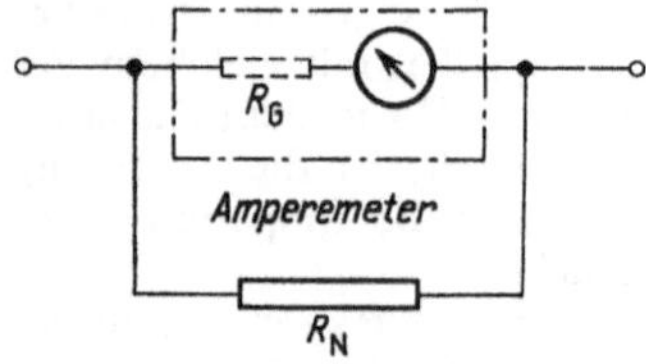

Abb. 3.25. Erweiterung des Meßbereichs eines Strommessers

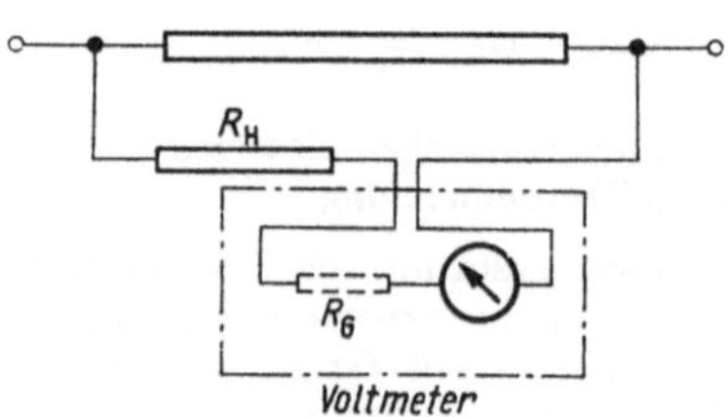

Abb. 3.26. Erweiterung des Meßbereichs eines Spannungsmessers

Soll z. B. ein Milliamperemeter benutzt werden, um tausendmal stärkere Ströme als oben angegeben zu messen, also um durch einen Ausschlag von 1 Skalenteil eine Stromstärke von 1 A anzuzeigen, so legt man zwischen die Klemmen des Instrumentes einen Nebenschluß, dessen Widerstand 1/999 des Widerstandes des Galvanometers ist. Nach Abschn. 3.3.1 verhalten sich die Stromstärken im Nebenschluß und im Galvanometer umgekehrt wie die Widerstände, also wie 999 zu 1. Von dem gesamten Strom gehen also 999/1000 durch den Nebenschluß und 1/1000 durch das Instrument. Allgemein fließen durch das Gerät $1/10, 1/100, \ldots, 1/10^n$ des Gesamtstromes, d. h., der Meßbereich des Instrumentes wird auf das 10-, 100-, $\ldots$, 10^n-fache erweitert, wenn die Widerstände der Nebenschlüsse $1/9, 1/99, \ldots, 1/(10^n - 1)$, von dem inneren Widerstand des Gerätes betragen.

Erweiterung des Meßbereiches von Voltmetern. Man kann in analoger Weise jeden Spannungsmesser durch einen passenden hintereinandergeschalteten Widerstand R_H (*Hauptschluß*) zur Messung jeder beliebigen größeren Spannung, als für die er an sich vorgesehen ist, geeignet machen (Abb. 3.26). Man läßt zu diesem Zweck die Spannung bereits zu einem großen Teil an diesem Widerstand abfallen, so daß am Instrument nur der übriggebliebene Teil der Spannung anliegt.

Soll ein in Volt geeichtes Gerät benutzt werden, um tausendmal stärkere Spannungen zu messen, also um durch einen Ausschlag von 1 Skalenteil eine Spannung von 10^3 V anzuzeigen, so schaltet man vor das Instrument einen Widerstand, der 999mal größer als der Widerstand des Instrumentes ist. Von der gesamten Spannung liegen also 999/1000 am Vorschaltwiderstand und 1/1000 am Instrument. Allgemein gilt ($n = 1, 2, 3, \ldots$)

$$U_G = \frac{U}{10^n}, \quad \text{wenn} \quad R_H = (10^n - 1)\, R_G;$$

d. h.: Der Meßbereich des Voltmeters wird auf das 10^n-fache erweitert, wenn der Widerstand R_H des Hauptschlusses $(10^n - 1)$mal größer als der innere Widerstand R_G des Instrumentes ist.

3.4. Elektrische Arbeit; Stromwärme

3.4.1. Arbeit und Leistung elektrischer Ströme

Wird eine Ladung Q in einem elektrostatischen Feld E vom Punkt P_1 nach P_2 bewegt, verrichtet hierbei das Feld die Arbeit (2.22)

$$W = Q \int_{P_1}^{P_2} E \, dr.$$

Beim Strom durch einen Leiter läuft der analoge Vorgang ab. Zwischen den Enden des Leiters herrscht die Spannung (Potentialdifferenz) U. Die Ladung fließt vom höheren Potential zum niederen; sie wird in Richtung der Feldstärke transportiert. Sind die Potentiale in den beiden Punkten φ_1 und φ_2 und ist $\varphi_1 > \varphi_2$, dann liefert das Feld die Arbeit

$$W = Q(\varphi_1 - \varphi_2) = QU.$$

Diese Energie wird dem elektrischen Feld entzogen. Aufgabe der Stromquelle ist es, die elektrische Feldstärke und somit die Spannung ständig auf konstantem Wert zu halten. Die Stromquelle ist also zugleich die Energiequelle, die den laufenden Energieverlust nachliefert. (Bei einem Akkumulator wird diese Energie letzten Endes aus einem Vorrat an gespeicherter „chemischer Energie" geschöpft, s. Abschn. 7.8. Eine Dynamomaschine benötigt mechanische Arbeit zum Antrieb. Dort wird ständig mechanische Arbeit in elektrische Energie umgewandelt, s. Abschn. 6.2.)

Fließt der Leitungsstrom mit der konstanten Stromstärke I, dann können wir $Q = It$ setzen und erhalten:

In einem elektrischen Kreis wird die Stromarbeit

$$W = QU = UIt \tag{3.20}$$

umgesetzt.

Maßeinheit der Stromarbeit: Aus (3.20) ergibt sich $[W] = \text{VAs}$, wobei $1\,\text{VA} = 1\,\text{W}$ ($= 1$ Watt) gesetzt wird, also $[W] = \text{W s}$. Für die Angabe größerer Energiebeträge, wie sie bereits schon im Haushalt auftreten, ist gebräuchlich: $[W] = \text{kWh}$ ($= $ Kilowattstunden), wobei $1\,\text{kWh} = 3{,}6 \cdot 10^6\,\text{W s}$ ist. Die Verbindung zwischen den Maßeinheiten der elektrischen und denen der mechanischen Arbeit wurde definitionsgemäß festgelegt. Es gilt (s. auch Anhang II)

$$1\,\text{J} = 1\,\text{Nm} = 1\,\text{Ws}. \tag{1.6}$$

Leistung des Stromes. Der Quotient aus Arbeit und Zeit heißt Leistung (s. Bd. 1). Man erhält so-

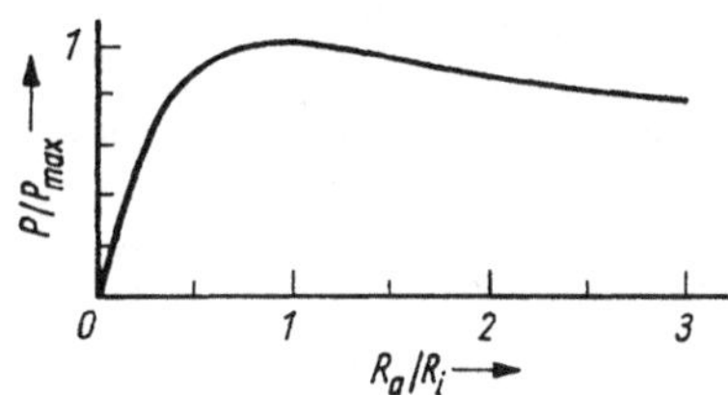

Abb. 3.27. Zur Leistungsanpassung von R_a

mit aus (3.20) für die elektrische Leistung

$$P = UI.$$

Formen wir mit Hilfe des Ohmschen Gesetzes um, erhalten wir

$$P = I^2 R = \frac{U^2}{R}. \qquad (3.21)$$

Maßeinheit der elektrischen Leistung: Aus (3.21) erhält man: $[P] = VA$, also $[P] = W$ (s. auch Anhang II).

Joulesche Wärme. Je nach dem Aufbau der vom Strom durchflossenen Anordnung kann die Stromarbeit (3.20) in andere Energieformen umgewandelt werden. Wird ein Leitungsdraht, also ein elektrischer Widerstand durchflossen, dann wird die Stromarbeit in Wärme umgesetzt. (3.20) liefert also unmittelbar die durch den Strom erzeugte Wärmeenergie. Sie wird auch in Wattsekunden gemessen, wobei $1\,Ws = 1\,J$ ist.

Soll die Wärmeenergie in der historisch bedingten inkohärenten Einheit *Kalorie* (s. Bd. 1) angegeben werden, dann gilt

$1\,J\ =\ 1\,Ws\ =\ 0{,}239\,cal$

$1\,cal = 4{,}1868\,J = 4{,}1868\,Ws.$

Nach Bd. 1 entspricht 1 PS rund 736 W. Die Leistung einer mittelgroßen Glühlampe ist etwa 60 W, also fast 1/10 PS. Es wird also während der Brenndauer für jede brennende Glühlampe 1/10 PS benötigt, also etwa so viel, wie ein Mensch ununterbrochen zu leisten vermag. Eine Kochplatte hat eine Leistungsaufnahme von 600 W bis 1500 W, also rund 1 bis 2 PS. Schon die Tatsache dieser Leistung, die gering ist neben der industriell benötigten, zeigt die gewaltige Vervielfachung der Kräfte der Menschheit durch die moderne Technik.

Die Leistung eines Stromes gestattet die *Festlegung der Spannungseinheit*, des Volt (V):

Das Volt ist die elektrische Spannung zwischen zwei Punkten eines homogenen, gleichmäßig temperierten metallischen Leiters, in dem bei einem zeitlich unveränderlichen Strom der Stärke 1 A zwischen den beiden Punkten eine Leistung von 1 W umgesetzt wird.

3.4.2. Leistungsanpassung

In Abschn. 3.3.3 hatten wir erfahren, daß eine Stromquelle durch ihre Urspannung U_E, die Klemmenspannung U_K und den inneren Widerstand R_i gekennzeichnet ist. Wir stellen uns die Aufgabe, aus einer Stromquelle eine möglichst große elektrische Leistung zu entnehmen. Die Leistung kann nur an einem angeschlossenen Verbraucherwiderstand R_a entnommen werden. In dem Kreis fließt der Strom

$$I = \frac{U_E}{R_i + R_a}.$$

In dem Verbraucherwiderstand R_a wird die Leistung umgesetzt:

$$P = I^2 R_a = \frac{U_E^2 R_a}{(R_i + R_a)^2}.$$

Während U_E und R_i feste Größen sind, können wir den Verbraucherwiderstand R_a variieren. Es ist also $P = P(R_a)$. Den Extremwert der Leistung erhalten wir durch Differentiation:

$$\frac{dP}{dR_a} = U_E^2 \frac{(R_i + R_a)^2 - 2R_a(R_i + R_a)}{(R_i + R_a)^4}$$

$$= U_E^2 \frac{R_i - R_a}{(R_i + R_a)^3}.$$

Der Differentialquotient wird für $R_a = R_i$ Null. Es wird die maximale Leistung am Verbraucherwiderstand entnommen, wenn er gleich dem inneren Widerstand der Stromquelle ist (*Leistungsanpassung*). Die umgesetzte Leistung beträgt dann

$$P_{max} = I^2 R_a = U_E^2 \frac{1}{4R_i}.$$

Für andere Widerstandsverhältnisse R_a/R_i ist die abgegebene Leistung kleiner (Abb. 3.27).

3.4.3. Anwendungen der Stromwärme

Hitzdrahtinstrumente. (Die ersten Hitzdrahtinstrumente wurden hergestellt von W. G. HANKEL (1814–1899), bekannt auch durch Forschungen über Pyroelektrizität.) Man kann die durch die entwickelte Wärme eintretende Verlängerung eines Drahtes zur Messung der Stromstärke benutzen, wobei nach den Ausführungen im vorigen Abschnitt die Ausdehnung dem Quadrat der Stromstärke proportional ist. Die Ausdehnung kann auf verschiedene Weise durch einen Zeiger sichtbar gemacht werden (z. B. Abb. 3.28). Die Hitzdrahtinstrumente (heute nur noch selten verwendet) sind nicht sehr genau. Sie haben aber den Vorteil, in ihren Angaben von der Richtung des Stromes unabhängig zu sein, und werden heute aus Gründen, auf die erst später eingegangen werden kann, hauptsächlich noch in der

---

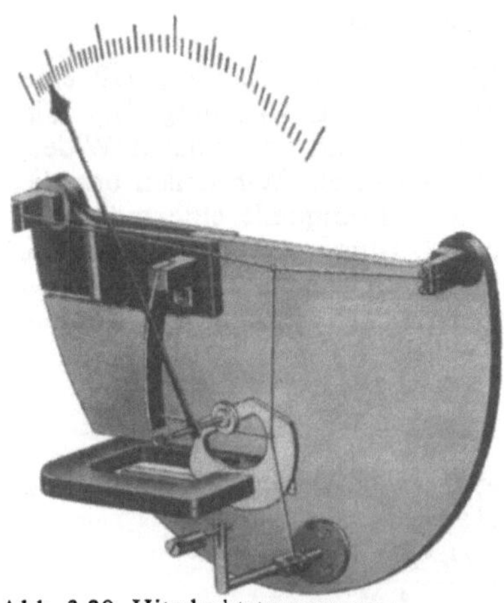

Abb. 3.28. Hitzdrahtstrommesser

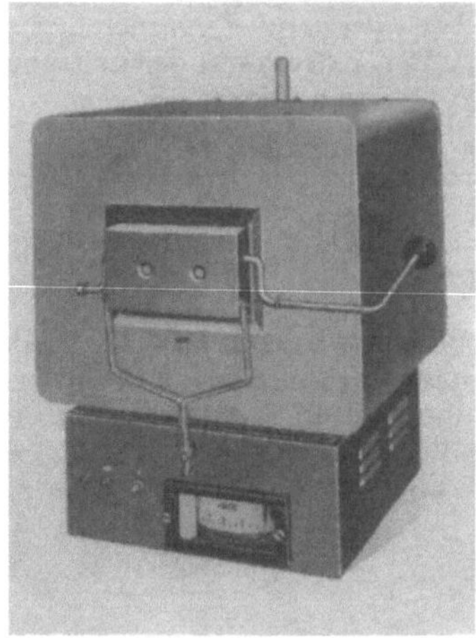

Abb. 3.29. Widerstandsofen

Hochfrequenztechnik verwendet. Durch Einschluß des Hitzdrahtes in ein hohes Vakuum läßt sich die Empfindlichkeit sehr steigern.

Erzeugung hoher Temperaturen. Die Umwandlung der elektrischen Energie in Wärmeenergie bietet ein bequemes Mittel zur Erzeugung hoher Temperaturen. Darauf beruht die Einrichtung der elektrischen Öfen und der elektrischen Glühlampen.

Gewisse elektrische Öfen bestehen aus einem Porzellanrohr, das mit einer Wendel aus dünnem Platindraht oder Iridiumdraht, für niedrige Temperaturen (bis 800 °C) auch mit Drähten aus Nickellegierungen, umwickelt ist. Zum Schutz gegen Beschädigungen, besonders aber zum Schutz gegen Wärmeverluste durch Ausstrahlung, ist das Rohr mit einem zweiten Rohr umgeben und der Zwischenraum mit Magnesiumoxid ausgefüllt. Beim Gebrauch wird der zu erhitzende Körper in einen in das Porzellanrohr gesetzten Tiegel gebracht. In Abb. 3.29 ist ein solcher Ofen dargestellt. Hohe Temperaturen lassen sich durch Verwendung der höchstschmelzenden Metalle Wolfram, Tantal und Molybdän erreichen. Diese Öfen, die in der Industrie vielfache Anwendung finden, bestehen aus einer Röhre aus Hartporzellan oder Zirkondioxid, auf die der Draht oder zweckmäßigerweise das Metallband aufgewickelt wird. Zum Schutz gegen Oxydation wird der Ofen im Betrieb mit Wasserstoff oder mit Stickstoff oder mit einem Stickstoff-Wasserstoff-Gemisch gespült. (Diese Rohre aus Zirkondioxid (ZrO_2) haben einen außerordentlich hohen Schmelzpunkt (> 2500 °C), sind gegen Temperaturschwankungen weitgehend unempfindlich und auch in mechanischer und chemischer Hinsicht genügend widerstandsfähig.)

Die höchsten Temperaturen, die man durch Widerstandsheizung erzielen kann, erlangt man im Vakuum oder im Wasserstoffstrom, indem man eine Wendel aus Wolframdraht oder -band oder ein korbartiges Gebilde aus Wolframstäben durch die Stromwärme zum Glühen bringt und den zu erhitzenden Körper entweder unmittelbar oder in einem Tiegel auf den Glühkörper stellt.

Ähnlich sind die *elektrischen Kochtöpfe* eingerichtet, bei denen der eigentliche Kochtopf mit einem isolierten metallischen Leiter umgeben ist, durch den der elektrische Strom fließt. Dieser Leiter wird nach außen durch eine Schutzhülle verdeckt. Er besteht entweder aus dünnen Eisendrähten, die in eine isolierende und schützende Emailleschicht eingeschmolzen sind, oder aus einer auf Glimmer niedergeschlagenen Platinschicht von etwa 0,00025 mm Dicke; oft werden auch dünne Bänder aus Nickellegierungen benutzt.

Bei den *Kryptolöfen* befindet sich zwischen zwei mit der Stromquelle verbundenen Metallelektroden ein aus Karborundum, Graphit und Ton bestehendes grobkörniges Gemenge. Infolge des Widerstandes des Gemenges wird dieses durch den hindurchgeleiteten Strom zum Glühen gebracht. Es können in einem derartigen Ofen Temperaturen bis 2000 °C erzeugt werden.

In der Technik wird ferner in sehr großem Maßstab die Joulesche Wärme als Widerstandserhitzung von Schmelzen, die elektrolytisch zerlegt werden sollen, benutzt.

Glühlampen. DAVY bemerkte 1801, daß sich ein Platindraht durch den Strom eines galvanischen Elementes so weit erwärmt, daß er zum Glühen kommt und Licht aussendet. Die Umsetzung dieser Entdeckung in die Praxis erforderte außerordentlich viel Mühe und Scharfsinn. Das wirtschaftliche Problem der Glühlampe, nämlich das Problem der rationellen Lichterzeugung durch glühende Körper, kann erst später quantitativ behandelt werden. An dieser Stelle genügt der Hinweis, daß die Lichtausbeute, d. h. die Lichtenergie, die durch ein Watt elektrischer Leistung erzeugt werden kann, mit der Temperatur des Glühdrahtes außerordentlich wächst. Es ist also notwendig, Stoffe zu finden, die eine sehr hohe Temperatur zu erreichen gestatten und auch diese hohe Temperatur aushalten. Der erste technisch brauchbare Stoff waren Kohlefäden, hergestellt durch Glühen von Zellulosefäden unter Luftabschluß. Der Kohlefaden wurde im Vakuum geglüht, so daß er nicht verbrennen konnte.

Der Erfinder der Kohlefadenlampe ist der nach New York ausgewanderte hannoversche Lehrer HEINRICH GOEBEL, der schon 1855 Kohlefadenlampen herstellte und zur Beleuchtung seiner Uhrmacherwerkstatt benutzte. 1873 stellte der Russe LODYGIN eine brauchbare Glühlampe her. EDISON entwickelte als erster technisch einwandfreie Lampen (1879) und erzeugte auch zuerst den Kohlefaden durch Verkohlung einer Bambusfaser. Von ihm rührt auch die Edison-Fassung her, mit der die Glühlampe bequem und sicher in die elektrische Leitung durch ein Schraubengewinde eingeschaltet wird. Edison führte die Parallelschaltung mehrerer Glühlampen in demselben Stromkreis durch und erreichte damit, daß die Lampen unabhängig voneinander brennen können. Er erfand auch die Schmelzsicherungen.

Trotz des hohen Schmelzpunktes der Kohle (3500 °C) kann man die Kohlefäden nur relativ niedrig erhitzen

(Betriebstemperatur 1865 °C), da sie stark zerstäuben, die Wandungen undurchsichtig machen und selbst zerbrechen. Die Metalle zeigen diese Erscheinung weniger, und die Anwendung hochschmelzender Metalle wie Osmium (Schmelzpunkt 2700 °C, Betriebstemperatur 1925 °C), Tantal (3000 °C) und schließlich Wolfram (3380 °C) bezeichnen die Stufen der Weiterentwicklung dieser Lampen.

Die Osmiumlampe wurde von AUER V. WELSBACH (geb. 1858 in Wien, gest. 1929), dem Erfinder des Gasglühlichts und Cereisenfeuerzeugs, im Jahre 1898 erfunden. AUER wählte Osmium, weil es nach den damaligen Angaben das höchstschmelzende Metall zu sein schien.

Die Herstellung der benötigten feinen Wolframdrähte war ein schwierig zu lösendes technisches Problem, da sich das harte, spröde, hochschmelzende Wolfram nicht wie andere Metalle bearbeiten und zu Draht ausziehen läßt. Um einen geeigneten Ausgangskörper für den Drahtzug zu erhalten, stellt man zunächst durch hohen Druck aus reinstem Wolframpulver stabförmige Preßkörper her, die durch Glühen bei hoher Temperatur im Wasserstoffstrom im Wolframofen zu metallähnlichen Stäben zusammensintern, und verfestigt das lockere Gefüge dieser Stäbe durch weitere Erhitzung mittels Joulescher Wärme; der Drahtzug geschieht durch Düsen aus Diamant. Dieser gezogene Wolframdraht gestattet die Unterbringung der erforderlichen beträchtlichen Längen in den kleinen Lampenkolben. Man kann mit diesen Fäden bei befriedigender Lebensdauer ($\approx$ 1000 Stunden) Betriebstemperaturen bis zu 2250 °C erreichen, denn ganz allgemein wird jede Erhöhung der Glühtemperatur mit einer Einbuße an Lebensdauer erkauft werden müssen.

Ein weiterer wichtiger Fortschritt (LANGMUIR, 1913) war die Füllung des Lampenkolbens mit Gasen, wodurch die Verdampfung des Wolframs weitgehend verzögert werden konnte. Eine solche Gasfüllung muß gegenüber dem Wolfram chemisch beständig sein; weiterhin hat sich gezeigt, daß eine um so wirksamere Verlangsamung der Zerstäubung des Glühfadens stattfindet, je spezifisch schwerer das Gas ist. Man füllt deshalb kleinere Lampen mit dem schweren Edelgas Argon, größere aus wirtschaftlichen Gründen mit einem Argon-Stickstoff-Gemisch. Der Fülldruck beträgt etwa 2/3 Atmosphären, so daß beim Betrieb der Lampe das Gas unter Atmosphärendruck steht. Durch die Gasfüllung wird zwar die Ableitung der Wärme nach außen den Vakuumlampen gegenüber beschleunigt, jedoch konnte man diesen Nachteil durch Aufwicklung des Drahtes in engen Wendeln nahezu beheben. Die Ableitung beträgt dann nur noch einen kleinen Bruchteil – den siebenten Teil, wenn die Wendel den zehnten Teil der Drahtlänge ausmacht –, so daß sie praktisch nicht ins Gewicht fällt. Außerdem ließ sich die Betriebstemperatur so wesentlich steigern – bis nahezu 3000 °C –, daß die gasgefüllten Lampen eine fast dreimal so große Wirtschaftlichkeit aufweisen wie die Vakuumlampen: Größere gasgefüllte Lampen haben eine Leistungsaufnahme von ungefähr 0,5 Watt zur Erzeugung der Lichtstärke von etwa 1 cd (erzeugen je Watt eine Lichtausbeute von 25 Lumen).

Zur weiteren Herabsetzung der Wärmeableitung verwendet man heute doppelte Wendelung (D-Lampen) oder füllt die Lampen mit dem noch schwereren Edelgas Krypton (K-Lampen), auch kann man durch wesentliche Steigerung des Fülldruckes – bis zu mehreren Atmosphären – eine weitere beträchtliche Erhöhung der Wirtschaftlichkeit erzielen.

Quarziodlampen. In einer Glühlampe schlagen sich die zerstäubenden oder verdampfenden Wolframteilchen auf der Kolbenwand nieder, schwärzen sie und erzeugen somit eine stetige Verminderung der Lichtausbeute. Daher läßt sich die Temperatur des Glühfadens nicht über ein gewisses Maß steigern. Wirtschaftlichkeit und Lebensdauer werden beeinträchtigt.

Wird der Lampenkolben mit etwas Iod gefüllt, so bindet der Ioddampf chemisch die verdampften Wolframteilchen; diese Verbindung wird jedoch an dem heißen Glühdraht wieder zersetzt; auf dem Faden schlägt sich das Metall nieder, das Iod wird zu neuem Kreislauf frei, und die Schwärzung des Kolbens wird weitgehend vermieden. Daher kann dieser außerordentlich klein gehalten werden. Bei Krypton- oder Xenon-Hochdruckfüllungen in Quarzkolben wird eine wesentliche Steigerung der Wirtschaftlichkeit, der Leuchtdichte und der Lebensdauer erzielt, so daß derartige Quarziodglühlampen zur Straßenbeleuchtung und für Flutlicht- und Projektionszwecke Verwendung finden.

Schmelzsicherungen. Weitere Anwendung findet die Stromwärme in den Sicherungen. Diese dienen dazu, ein Leitungssystem vor Überlastung zu schützen. Man verwendet dünne Drähte einer Silberlegierung, die beim Überschreiten einer kritischen Stromstärke durchschmelzen. Hierdurch wird der Stromkreis unterbrochen und die Anlage vor Schädigung bewahrt.

3.5. Elektronenkinetik des elektrischen Stromes

3.5.1. Nachweis der „freien Elektronen"

Wir hatten in Abschn. 2.1.2 darauf hingewiesen, daß die Elektrizitätsleitung in einem Metall die Bewegung der dort stets vorhandenen „freien Elektronen" bedeutet. Die von uns a priori gegebene Voraussetzung wurde mit Hilfe eines von C. R. TOLMAN durchgeführten Experimentes nachgewiesen (1916–1926). Das Prinzip der Methode ist folgendes: Sind die negativen Träger im Metall frei beweglich, dann müssen sie sich bei einer beschleunigten Bewegung des Metallstückes gegen das feste Gerüst des Metalls verschieben, da sie eine träge Masse besitzen. Sie müssen sich dann an einem Ende stauen, dort also eine Aufladung hervorrufen, während am anderen Ende ein Mangel an Trägern entsteht. Zwischen den Enden des Leiters bildet sich also eine Spannung aus, deren Größe sich aus der Beziehung

$$eE = -ma$$

zu

$$U = \frac{m}{e} l |a|$$

ergibt; hierin bedeutet m/e die reziproke spezifische Ladung, l die Länge des Leiters und a die Beschleunigung. Die praktische Ausführung erfolgt in der Weise, daß eine flache Spule mit vielen Windungen dünnen Drahtes aus dem zu untersuchenden Stoff in ihrer Ebene schnell gedreht und plötzlich angehalten wird. Die Enden der Spulen stehen durch die in der Drehachse ver-

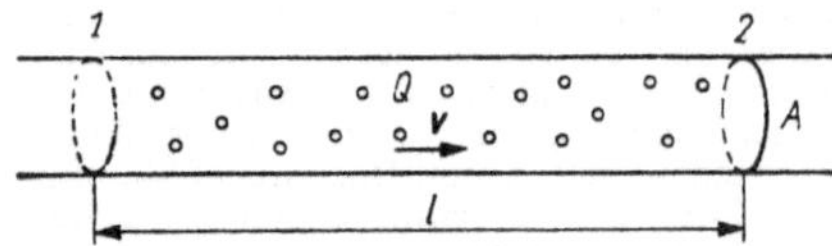

Abb. 3.30. Bewegung der Ladungsträger im Leiter (schematisch)

laufenden Drähte mit einem empfindlichen Galvanometer in Verbindung.

Die Ergebnisse waren: Die frei beweglichen Träger sind negativ geladen. Für e/m ergab sich für Cu, Ag, Al im Mittel $1,5 \cdot 10^{11}$ C/kg. Dies stimmt sehr befriedigend mit dem Wert $1,76 \cdot 10^{11}$ C/kg für Elektronen überein.

Die im Metall frei beweglichen Träger sind Elektronen, die man innerhalb der Metalle zwischen den Ionen des Gitters befindlich annehmen muß.

S. J. BARNETT hat 1931 den umgekehrten Effekt erhalten, die mechanische Beschleunigung (den Rückstoß) durch Ingangsetzen eines Stromes.

Frie Elektronen zur Erklärung der hohen elektrischen und Wärmeleitfähigkeit der Metalle haben zuerst E. RIECKE (1898) und P. DRUDE (1906) angenommen. Hierdurch gelangt man bereits zu einem Verständnis des Wiedemann-Franzschen Gesetzes. A. SOMMERFELD nahm an, daß das Elektronengas im Metall entartet sei, und konnte damit die Mehrzahl der physikalischen Eigenschaften der Metalle erklären (s. Bd. 4); er berücksichtigte insbesondere auch die Tatsache, daß die Elektronen nicht frei, sondern in einem periodischen elektrischen Wechselfeld bewegt sind. Der Leitungswiderstand der Metalle beruht auf der Wärmebewegung der Metallionen, denn bei ruhigen Ionen müßten sich die Elektronen widerstandslos bewegen (SOMMERFELD-BETHE).

3.5.2. Der Elektronenstrom

Legt man an einen Leiter eine Spannung an, dann bildet sich in dem Leiter ein elektrisches Feld aus. Die freien Elektronen werden durch das Feld bewegt. Im statischen Falle würden sich sehr schnell eine bestimmte Ladungsverteilung als Endzustand einstellen, und das Leiterinnere ist feldfrei. Durch die angeschlossene Stromquelle wird jedoch am negativen Pol für Eletronennachschub gesorgt, am positiven Pol werden sie abgezogen, so daß sich im Innern eine konstante elektrische Feldstärke $E = $ const einstellt. Es wirkt somit die Kraft eE auf ein Elektron. Die hierdurch eingeleitete gerichtete Bewegung überlagert sich der ungerichteten Wärmebewegung. Es kommt zu einer *Driftbewegung*.

Durch den Zusammenstoß des Elektrons mit den infolge der Wärmebewegung um eine Nullage schwingenden Atomen wirkt der beschleunigenden Kraft eine Reibungskraft entgegen. Sie kann als proportional der Geschwindigkeit angesetzt werden. Bei kleiner Bewegungsgeschwindigkeit ist die Reibungskraft klein und wird mit wachsender Geschwindigkeit immer größer. Es tritt ein Gleichgewichtszustand ein, sobald die Geschwindigkeit so groß ist, daß die „Reibungskraft" gleich der Kraft des elektrischen Feldes auf das Elektron ist. Dann bleibt die Geschwindigkeit konstant.

Es gilt für die Driftbewegung die Bewegungsgleichung ($\gamma = $ Dämpfungsfaktor)

$$m_e \ddot{s} = eE - \gamma \dot{s}.$$

Umgeformt erhält man

$$\ddot{s} + \frac{\gamma}{m_e} \dot{s} = \frac{e}{m_e} E.$$

Die rechte Seite ist konstant.

Ist beim Einschalten die Geschwindigkeit $\dot{s} = 0$, hat die Beschleunigung ihren größten Wert $\ddot{s} = (e/m_e) E$. Mit wachsender Geschwindigkeit nimmt $\ddot{s}$ ab (da die rechte Seite konstant ist). Im Endzustand ist $\ddot{s} = 0$, und für die Geschwindigkeit erhält man aus der Bewegungsgleichung ($v_D = $ *Driftgeschwindigkeit*)

$$v_D = \dot{s} = \frac{e}{\gamma} E = \text{const}. \tag{3.22}$$

Das ist der *stationäre* Fall (*Gleichstrom*).

Elektronenbewegung und Leitungsstrom.. Ein homogener Leiter vom konstanten Querschnitt A enthalte in einem Leiterstück der Länge l die Ladung Q (Abb. 3.30). Fließt durch den Leiter der Strom I, so hat die Ladung Q in der Zeit t den Leiterquerschnitt beim Punkt 2 durchströmt, wobei gilt:

$$I = \frac{Q}{t}. \tag{3.4}$$

Ist der Strom konstant, dann bewegen sich die Ladungsträger mit konstanter Geschwindigkeit durch den Leiter. Nach der Zeit t haben die letzten Ladungsträger vom Punkt 1 schließlich Punkt 2 erreicht. (Beim Punkt 1 sind natürlich neue Ladungsträger nachgeströmt.) Somit ist die Driftgeschwindigkeit der Ladungsträger $v_D = l/t$, oder umgeformt $t = l/v_D$. Setzen wir diesen Ausdruck für t in (3.4) ein, erhalten wir

$$I = \frac{Q}{t} = \frac{Q v_D}{l}.$$

Umformen liefert

$$Q v_D = Il.$$

Die Betrachtungen gelten für jede beliebige Stromröhre. Der Ladungstransport ist nicht nur auf einen metallischen Leiter beschränkt, sondern kann ebenso in einem anderen Medium (Luft, Flüssigkeit) oder im Vakuum vor sich gehen. Hierzu gehört auch der *Konvektionsstrom*, der Ladungstransport durch bewegte geladene Körper. Bewegte geladene Kugeln stellen beispielsweise einen Konvektionsstrom dar.

Wir formulieren die gefundene Beziehung daher für den allgemeinen Fall:

$$Qv_D = Il. \tag{3.23}$$

Bewegt sich die Ladung Q mit der Driftgeschwindigkeit v_D, dann ist das gleichbedeutend einem Strom I im Leiter der Länge l.

3.5.3. Das Ohmsche Gesetz in allgemeiner Form

Wir betrachten für unsere folgenden Erörterungen das zwischen den Punkten 1 und 2 liegende Leiterstück der Abb. 3.30. Befinden sich in dem Leitervolumen N Ladungsträger (Elektronen), dann ist $n_e = N/V$ die Teilchendichte und $Q = Ne$ ihre Gesamtladung. Hieraus ergibt sich die Ladungsdichte

$$\varrho = \frac{Q}{V} = \frac{N}{V} e,$$

also

$$\varrho = n_e e. \tag{3.24}$$

Wir multiplizieren die Ladungsdichte mit der Driftgeschwindigkeit der Ladungsträger $v_D = l/t$ und erhalten

$$\varrho v_D = \frac{Q}{V} \frac{l}{t} = \frac{Q}{lA} \frac{l}{t} = \frac{Q}{At} = \frac{I}{A} = j.$$

j ist die *Stromdichte*. Die Beziehung gilt nicht nur für eine parallele Stromröhre, sondern für beliebigen Verlauf, so daß wir setzen können:

$$j = \varrho v_D. \tag{3.25}$$

Im stationären Fall (Gleichstrom) ist

$$v_D = \frac{e}{\gamma} E. \tag{3.22}$$

Setzen wir (3.22) in (3.25) ein, wobei wir (3.24) beachten, so ergibt sich

$$j = \varrho v_D = en_e \frac{e}{\gamma} E = \frac{n_e e^2}{\gamma} E. \tag{3.26}$$

n_e, e^2 und γ sind konstante Größen, die wir zur elektrischen Leitfähigkeit $\varkappa$ zusammenfassen, und wir erhalten das *Ohmsche Gesetz* in der *allgemeinen Form*

$$j = \varkappa E. \tag{3.27}$$

(3.27) ist eine der *Materialgleichungen*.
Die in Abschn. 3.2.1 besprochene Schreibweise des Ohmschen Gesetzes $I = U/R$ ist in (3.27) als Sonderfall enthalten. Dies läßt sich leicht zeigen: Liegt an einem homogenen Draht der Länge l

und vom Querschnitt A die Spannung U, dann gilt $E = U/l$ (homogenes Feld), und aus (3.27) erhalten wir $j = \varkappa E = \varkappa U/l$. Beide Seiten multiplizieren wir mit dem Querschnitt A. Es ergibt sich aus der linken Seite $jA = I$ und aus der rechten $\varkappa(U/l) A$, also $I = \varkappa(A/l) U$. Nach (3.7) und (3.8) ist $\varkappa A/l = 1/R$. Wir erhalten somit $I = U/R$.
Driftgeschwindigkeit der Elektronen im Leiter.
Aus den bisher durchgeführten Betrachtungen heraus können wir relativ leicht eine Abschätzung der Geschwindigkeitskomponente der Elektronen in Feldrichtung vornehmen. Nach (3.22) ist die Elektronengeschwindigkeit in Richtung des Feldes $v_D = (e/\gamma) E$. Da nach (3.26) die Leitfähigkeit $\varkappa = n_e e^2/\gamma$ ist und wegen (3.7) und (3.8) für den elektrischen Widerstand $R = (1/\varkappa) (l/A)$ gilt, erhält man für die gesuchte Driftgeschwindigkeit

$$v_D = \frac{U}{n_e eAR} .$$

Legen wir beispielsweise an einen Kupferdraht von 1 mm² Querschnitt und 10 m Länge eine Spannung von 1 V an, dann fließt, da nach Tab. 3.1 der Widerstand eines solchen Drahtes $R = 0,17\ \Omega$ ist, in ihm ein Strom von etwa 5,7 A; eine Stromstärke, die wir einem solchen Draht eben noch ohne allzu starke Erwärmung zumuten können. Mangels genauerer Kenntnisse können wir die Voraussetzung machen, daß die Zahl der Leitungselektronen gleich ist der Zahl der Atome. 1 cm³ Kupfer wiegt nach Bd. 1 $8{,}75 \cdot 10^{-2}$ N. Da die relative Atommasse des Kupfers gleich 63,54 ist, sind dies 0,14 mol. Da 1 mol $6{,}02 \cdot 10^{23}$ Atome (Bd. 1) enthält, so sind in 1 cm³ Kupfer $84 \cdot 10^{21}$ Atome enthalten. Ferner gilt: $e = 1{,}6 \cdot 10^{-19}$ C, $A = 0{,}01$ cm². Daraus folgt für

$$v_D = \frac{1\ \text{V}}{0{,}17\ \Omega \cdot 84 \cdot 10^{21}\ \text{cm}^{-3} \cdot 1{,}6 \cdot 10^{-19}\ \text{C} \cdot 0{,}01\ \text{cm}^2}$$

$$= \frac{1}{24} \frac{\text{V cm}}{\Omega\,\text{C}} = 0{,}042 \frac{\text{cm}}{\text{s}} \approx \frac{1}{2} \frac{\text{mm}}{\text{s}}$$

als Geschwindigkeitskomponente in Richtung des negativen Feldes. Die Überschlagsrechnung zeigt: Die Geschwindigkeit der in metallenen Leitern strömenden Elektronen ist sehr gering. Der Grund für diese niedrige Geschwindigkeit liegt vor allem in den geringen Feldstärken, die man in Metallen herstellen kann. Im vorliegenden Fall, der bereits eine Strombelastung des Drahtes darstellt, die man normalerweise nicht überschreitet, beträgt die Feldstärke nur
$|E| = U/d = 0{,}001$ V/cm.

Betätigen wir den Schalter einer Lampe, so leuchtet sie praktisch im gleichen Augenblick auf, obwohl die Driftgeschwindigkeit der Elektronen im Leitungsdraht nur sehr klein ist. Das ist auf die große Ausbreitungsgeschwindigkeit des elektrischen Feldes in und um den Draht zurückzuführen. Es setzen sich praktisch alle Elektronen gleichzeitig in Bewegung.

3.5.4. Satz von der Erhaltung der Ladung

Wir haben bereits in Abschn. 2.1.2 festgestellt, daß elektrische Ladung weder erzeugt noch vernichtet werden kann; bei Aufladungsprozessen wird positive und negative Ladung voneinander getrennt. Die Änderung der Ladung eines Körpers kann nur durch Zuleitung (bzw. Ableitung) von Ladung, d. h. durch Ströme verursacht werden. Wir suchen nach einer mathematischen Formulierung dieses Erhaltungsprinzips der Ladung. Zu dem Zweck betrachten wir ein bestimmtes Volumen V, das die Ladung Q enthält. Tritt durch die geschlossene Oberfläche des Volumens ein Leitungsstrom I hindurch, dann ändert sich die Ladung in dem Volumen. Sie ist also eine Funktion der Zeit: $Q = Q(t)$. Die zeitliche Änderung der Ladung ist dQ/dt. Den Strom I drücken wir durch die Stromdichte j durch die geschlossene Oberfläche aus. Somit bekommen wir den *Erhaltungssatz der Ladung* (*Kontinuitätsgleichung*):

$$\oint j \, dA = - \frac{dQ}{dt} \, . \tag{3.28}$$

Der Vektor des Flächenelementes dA zeigt nach außen. Haben dA und j gleiche Richtung (nach außen), dann wird Ladung aus dem Volumen abgeführt. Die Ladung nimmt ab. Daher steht rechts ein Minuszeichen.

Für viele Zwecke ist die differentielle Schreibweise von (3.28) zweckmäßig. Zu ihrer Aufstellung ersetzen wir die Ladung Q durch die Ladungsdichte ϱ, also $Q = \int \varrho \, dV$:

$$\oint j \, dA = - \frac{d}{dt} \int \varrho \, dV \, .$$

Wir können auf der rechten Seite die Reihenfolge der Differentiation und der Integration vertauschen.

$$\oint j \, dA = - \int \dot{\varrho} \, dV \, .$$

Die linke Seite formen wir mit Hilfe des Gaußschen Integralsatzes in ein Volumenintegral um (s. Abschn. „Mathematische Hilfsmittel"):

$$\int \operatorname{div} j \, dV = - \int \dot{\varrho} \, dV \, .$$

Da auf beiden Seiten die Integration über das gleiche Volumen erfolgt, können wir sie unterlassen und bekommen den *Erhaltungssatz der Ladung* in *differentieller* Schreibweise:

$$\operatorname{div} j = -\dot{\varrho} \, . \tag{3.29}$$

(3.28) und (3.29) drücken beide den gleichen physikalischen Sachverhalt aus:

In einem geschlossenen Volumen ändert sich die Gesamtladung nur dann, wenn ein Leitungsstrom durch die Oberfläche des betrachteten Volumens tritt.

Es sei darauf hingewiesen, daß der Knotenpunktsatz einen Sonderfall dieses Satzes darstellt.

4. Das elektromagnetische Feld

4.1. Magnetische Felder

4.1.1. Felder der Permanentmagnete

Die magnetischen Grunderscheinungen. Außer dem elektrischen Zustand ist der Raum noch eines weiteren Zustandes fähig, nämlich des *magnetischen*.

In der Natur kommen Stoffe vor (z. B. Magneteisenstein $FeO \cdot Fe_2O_3$, Magnetkies $6 FeS \cdot Fe_2S_3$), die die Fähigkeit haben, in ihrer Nähe befindliche Eisenstückchen anzuziehen. Man nennt sie *natürliche Magnete*. Streicht man einen Stahlstab mit einem solchen Magneten, so erhält er selbst die Eigenschaft, Eisenteilchen anzuziehen; er wird zu einem *künstlichen Magneten*. Wir werden im folgenden ausschließlich mit künstlichen Magneten experimentieren, denen wir aus Gründen der Zweckmäßigkeit Stab-, Hufeisen- oder Nadelform geben.

Besonders die aus der Nähe der Stadt Magnesia in Kleinasien stammenden Erze zeigten diese Eigenschaft. Daher stammt der Name „magnetisch". (Die magnetische Wirkung gewisser Eisenerze war schon THALES VON MILET bekannt.)

Die Fähigkeit eines Magneten, Eisenstückchen aus mehreren Zentimetern Entfernung anzuziehen, ist sowohl in Luft als auch im Vakuum vorhanden. Magnetismus ist Zustandsmöglichkeit des Raumes. Der Magnet ist von einem magnetischen Kraftfeld oder kurz von einem *magnetischen Feld* umgeben.

Eigenschaften eines Magneten. Wir führen die folgenden Experimente durch:
Einen magnetischen Stahlstab tauchen wir in Eisenfeilspäne und ziehen ihn wieder heraus (Abb. 4.1). Wir sehen, daß die Eisenspäne hauptsächlich an zwei bestimmten Stellen des Stabes hängenbleiben, die etwa 1/12 der Stablänge von den Enden entfernt sind. Wir nennen sie *Pole*. Die Mitte des Stabes zeigt nur schwache magnetische Wirkung.

Zu einem weiteren Experiment hängen wir einen Stabmagneten frei beweglich horizontal auf. Einen zweiten Stabmagneten nähern wir dem frei hängenden, wobei wir ihm jeweils einen der beiden

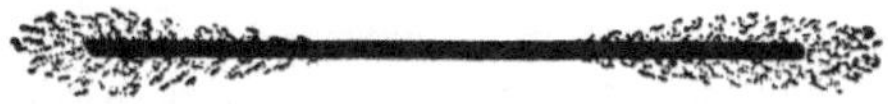

Abb. 4.1. Starke anziehende Wirkung an den Enden eines Magneten

Pole zuwenden. Wir erkennen unterschiedliche Reaktion der Pole aufeinander (Abstoßung bzw. Anziehung). Wir müssen daher auf zwei entgegengesetzte Pole (*Polarität*) schließen.

Ein horizontal frei drehbar aufgehängter Magnetstab stellt sich mit seiner Achse ungefähr in Nord-Süd-Richtung ein. Man benutzt diese Eigenschaft zur *Festlegung der beiden Pole*:

Das nach Norden zeigende Ende eines frei beweglichen Magneten bezeichnet man als Nordpol oder positiven Pol, das nach Süden zeigende als Südpol oder negativen Pol.

Nähert man einem frei drehbar aufgehängten Magnetstab einen anderen Magnetstab, dessen Nord- und Südpol schon vorher durch freies Aufhängen bestimmt wurden, so ergibt sich folgende Gesetzmäßigkeit:

Gleichnamige magnetische Pole stoßen einander ab, ungleichnamige ziehen einander an.

Unmagnetisches Eisen wird von beiden Polen in gleicher Weise angezogen.

Die abstoßende Wirkung gleichnamiger Pole wurde zuerst von P. DE MARICOURT 1289 beobachtet. Auf die Richtwirkung einer Magnetnadel hatte schon A. NEKKAM 1180 hingewiesen.

Zwei gleich starke Magnete, die mit ihren entgegengesetzten Polen aufeinander liegen, ziehen sich sehr stark an. Nach außen zeigen sie jedoch fast keine magnetischen Wirkungen. Es verhalten sich also die nordpolaren zu den südpolaren Eigenschaften wie Größen entgegengesetzten Vorzeichens, ganz analog dem Verhalten der Kraftwirkung elektrischer Ladungen.

Bringt man ein Stück Eisen in die Nähe eines Magnetpoles, so wird das Eisen selbst zu einem Magneten, der andere Eisenteilchen anziehen kann. Das dem Magnetpol zugewandte Ende des Eisenstücks erhält die entgegengesetzte Polarität, das abgewandte Ende die gleiche wie der Magnetpol. Weiches Eisen verliert den Magnetismus, wenn es vom Magneten wieder entfernt wird, fast vollständig, während Stahl nach Entfernen vom Magnetpol magnetisch bleibt. Stahl wird zu einem *Dauermagneten* oder auch *Permanentmagneten* (s. hierzu Abschn. 4.5.7).

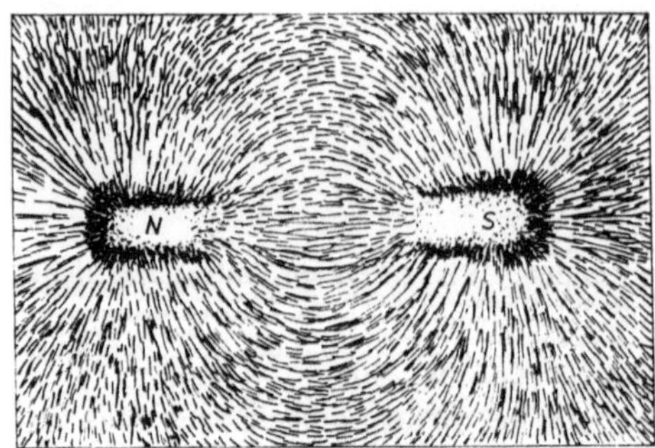

Abb. 4.2. Feldlinienverlauf eines Stabmagneten

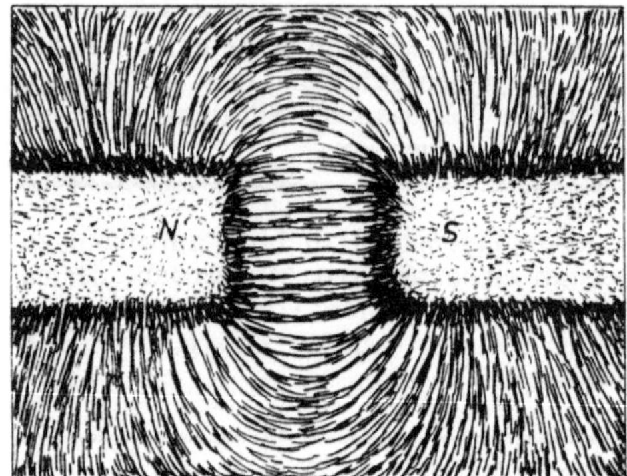

Abb. 4.3. Magnetfeld zweier entgegengesetzter Pole

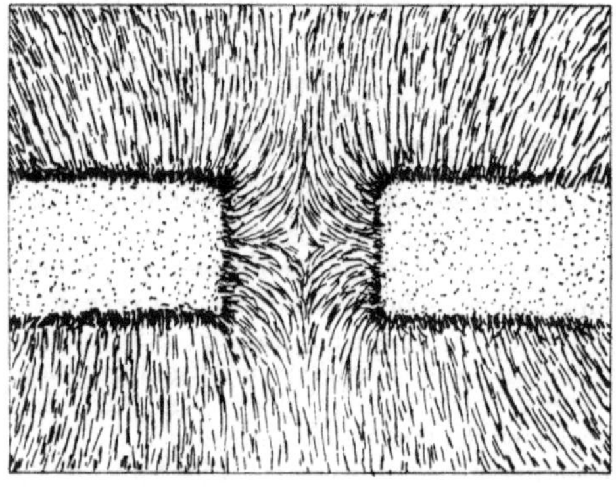

Abb. 4.4. Magnetfeld zweier gleichnamiger Pole

Feldlinienbilder der Permanentmagnete. Die Lehre, die sich mit den Wirkungen ruhender magnetisierter Körper (Permanentmagnete) beschäftigt, ist die *Magnetostatik*. Die Fähigkeit eines Magneten, Eisenstückchen aus mehreren Zentimetern Entfernung anzuziehen, ist sowohl in Luft als auch im Vakuum vorhanden. Magnetismus ist also eine Zustandsmöglichkeit des Raumes. Die Kraftwirkung des Magnetismus auf Eisenstückchen hat außerdem in jedem Raumpunkt eine bestimmte Richtung. Diese Richtung der Kraft läßt sich noch besser erkennen, wenn wir den Raum um einen Magneten mit einer frei drehbar aufgehängten Magnetnadel abtasten. Obwohl sich die Magnetnadel weit außerhalb des Magneten in Nord-Süd-Richtung einstellt, folgt sie in unmittelbarer Nähe des Magneten Linien, die von dem einen Pol zum anderen verlaufen. Wir erkennen, daß der Magnet von einem *magnetischen Kraftfeld* oder kurz von einem *magnetischen Feld* umgeben ist, das zur Ausbildung von *magnetischen Feldlinien* im Raum führt. Um die magnetischen Feldlinien sichtbar zu machen, legen wir einen Magneten auf den Tisch, bedecken ihn mit einem Stück Papier und streuen Eisenfeilspäne darauf. Wenn wir dann das Papier durch Klopfen ein wenig erschüttern, verschieben und drehen sich die Eisenteilchen etwas und ordnen sich zu Linien.

Abb. 4.2 zeigt das Feldlinienbild eines Stabmagneten. Wir erkennen, daß die Feldlinien von dem einen Pol des Magneten zu dem anderen in gekrümmten Bahnen verlaufen. Abbn. 4.3 und 4.4 demonstrieren den Feldlinienverlauf zwischen zwei entgegengesetzten und zwischen zwei gleichnamigen Polen. Auch hier sehen wir, daß die Feldlinien von dem einen Magnetpol zu dem anderen hinübergehen. (In Abb. 4.4 geschieht dies im Bogen nach außen zum Gegenpol.) Zugleich weisen die Abbildungen eine weitgehende Übereinstimmung mit den entsprechenden Feldlinienbildern elektrischer Ladungen entgegengesetzter bzw. gleicher Polarität auf (Abbn. 2.11 und 2.12).

In Abb. 4.5 ist das Magnetfeld eines Hufeisenmagneten dargestellt. Die Feldlinien verlaufen ebenfalls von dem einen Magnetpol zum anderen. Zwischen den Magnetpolen bildet sich ein nahezu *homogenes Magnetfeld* aus. Es ist dem elektrischen Feld in einem Plattenkondensator vergleichbar (Abb. 2.13).

Die von den Eisenteilchen gebildeten Linien zeigen auf den Bildern Verästelungen, die durch Unregelmäßigkeiten der Eisenspäne bedingt sind. Den ungestörten Verlauf erhält man, wenn man den Raum um einen Magneten mittels einer allseitig drehbaren kleinen Magnetnadel (Abb. 4.6) untersucht.

Da das magnetische Feld ein Kraftfeld ist, müssen die Feldlinien einen Richtungssinn besitzen. An Hand der Abbn. 4.2 bis 4.5 ist es jedoch nicht möglich, eine bestimmte Richtung zu erkennen. Wir legen sie willkürlich fest:

Die Feldlinien eines Magneten gehen vom Nordpol aus und münden beim Südpol.

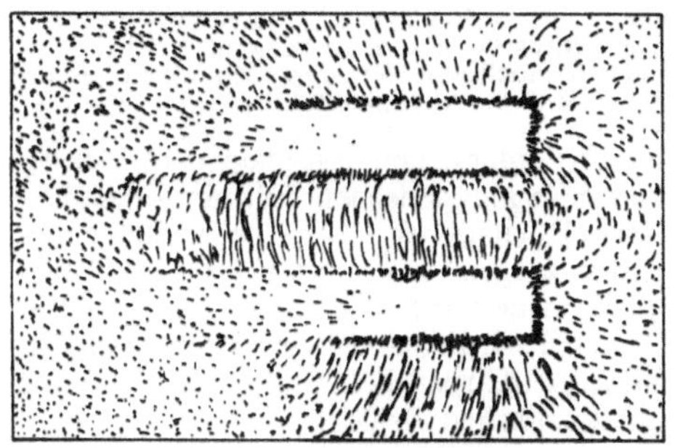

Abb. 4.5. Magnetfeld eines Hufeisenmagneten

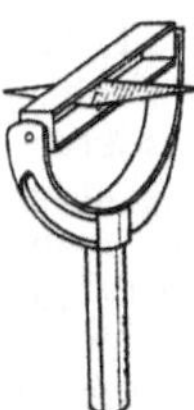

Abb. 4.6. Allseitig drehbare Magnetnadel

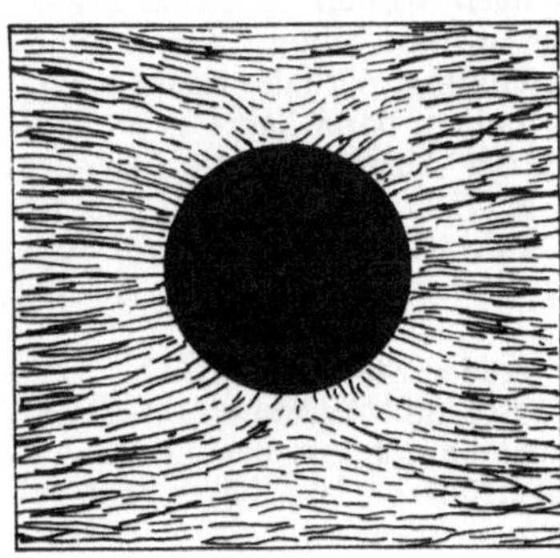

Abb 4.7. Deformation eines homogenen Magnetfeldes durch eine kreisrunde Eisenplatte

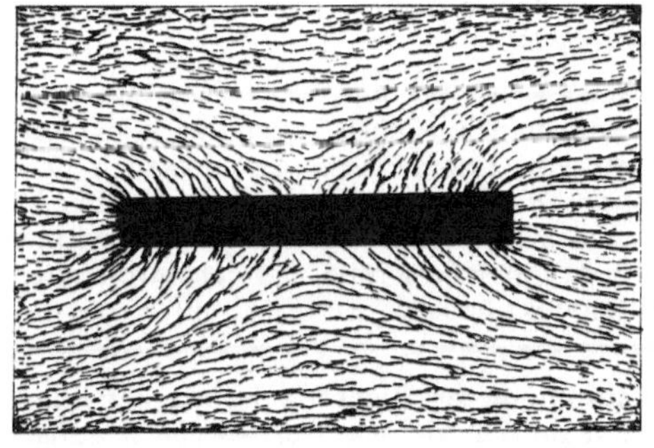

Abb. 4.8. Deformation eines homogenen Magnetfeldes durch einen Eisenstab

In allen Feldlinienbildern erkennen wir, daß *das Feld eines Permanentmagneten im Außenraum –* und auf den müssen wir uns vorläufig beschränken – *ein Quellenfeld ist und keine Wirbel aufweist. Es gibt keine in sich zurücklaufenden Feldlinien.*

4.1.2. Eisen im Magnetfeld

Der Verlauf der magnetischen Feldlinien wird durch materielle Körper im allgemeinen nur wenig beeinflußt. Eine Ausnahme bilden die sog. *ferromagnetischen Stoffe*, zu denen die Elemente Eisen, Kobalt und Nickel gehören. Der Einfluß des Eisens ist am ausgeprägtesten.

Zur Untersuchung des Einflusses bringen wir ein Plättchen aus Eisen in ein homogenes Magnetfeld (Hufeisenmagnet). Es tritt eine starke Verformung der Feldlinien ein, während Messing oder Holz das Magnetfeld praktisch unverändert lassen. Die Abbn. 4.7 und 4.8 zeigen die Feldverformung durch ein rundes Eisenplättchen und durch einen Eisenstab. In beiden Fällen werden die Feldlinien zu dem Eisen hin zusammengezogen, wobei zugleich die Ausbildung zweier Magnetpole in dem Eisen zu erkennen ist. Es wird zu einem kleinen Magneten. In dem Eisenstückchen werden ein Nordpol und ein Südpol „induziert". In Abb. 4.9 befindet sich ein Eisenzylinder in einem Magnetfeld. Wir erkennen ebenfalls die Bildung zweier Magnetpole. Zusätzlich sehen wir, daß auf die Eisenspäne im Innern des Zylinders keine ausrichtende Kraft wirkt. Das Eisen schirmt die Wirkung des magnetischen Feldes ab. Von dieser Eigenschaft macht man Gebrauch, um Körper und Geräte vor den Einflüssen eines magnetischen Feldes zu schützen.

Polloser Magnet. Legen wir zwei halbkreisförmige Stahlmagnete mit ihren ungleichnamigen Polen aneinander, so treten fast alle Feldlinien aus dem Nordpol des einen Magneten in den Südpol des anderen ein. Der äußere Raum bleibt praktisch frei von Feldlinien. Die beiden halbkreisförmigen Magnete bilden einen geschlossenen Ring, wobei die Feldlinien ganz im Inneren des Stahlringes verlaufen. Wir erhalten einen *pollosen Magneten, ein Toroid.* Schlitzt man ein solches Toroid auf, so hat man ein äußerst starkes, aber räumlich eng begrenztes magnetisches Feld an der Schlitzstelle zwischen den beiden einander nun sehr nahe gegenüberstehenden Polen.

4.1.3. Unterschied zwischen dem elektrostatischen und dem magnetostatischen Feld

Ein Vergleich der Abbn. 4.3 und 4.4 mit den Abbn. 2.11 und 2.12 zeigt eine weitgehende Übereinstimmung im Verlauf der elektrischen und der magnetischen Feldlinien. Sie beginnen und enden im einen Fall bei den elektrischen Ladungen, im

---

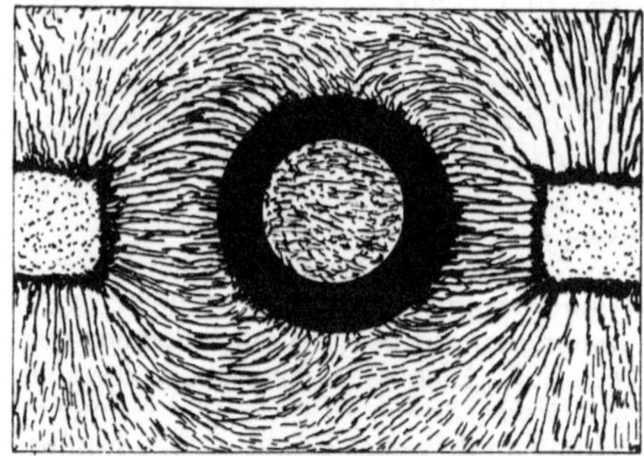
Abb. 4.9. Magnetische Schirmwirkung des Eisens

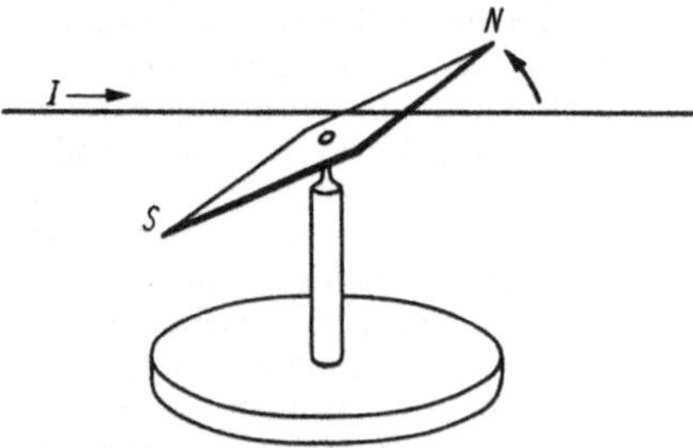

Abb. 4.10. Zum Oerstedschen Versuch

anderen an den Polen der Magnete. Um auch noch ein Analogon zum Feld einer geladenen Kugel (s. Abb. 2.10) herzustellen, versuchen wir, die beiden Magnetpole voneinander zu trennen. Zu diesem Zweck brechen wir eine magnetische Stricknadel (Abb. 4.1) in der Mitte durch. Untersuchen wir das Feld der beiden Stricknadelhälften, so stellen wir fest, daß sich zwei vollständige Magnete mit Nord- und Südpol gebildet haben. An den Bruchstellen sind zusätzlich ein Süd- und ein Nordpol entstanden. Eine weitere Teilung liefert immer wieder das gleiche Ergebnis:

Magnetpole lassen sich nicht trennen; sie treten stets paarweise auf. Ein Magnet ist ein magnetischer Dipol.

Da die magnetischen Feldlinien bei den Magnetpolen beginnen bzw. enden, treten stets ebenso viele Feldlinien aus dem Magneten heraus, wie an einer anderen Stelle in ihn einmünden.

WILHELM EDUARD WEBER (1804–1891) hat folgende Erklärung entwickelt:
Da die mechanische Teilung eines Magneten beliebig weit getrieben werden kann und immer wieder die Magnetpole nur paarweise auftreten, muß man schlußfolgern, daß schon die kleinsten Teilchen eines Magneten, die Moleküle selber, magnetisch sind, also kleine Molekularmagnete oder permanente magnetische Dipole darstellen. Genau entsprechend dem Fall permanenter elektrischer Dipole bei einem Dielektrikum (Abschn. 2.4.2) besteht nach seiner Ansicht ein magnetisierbarer Körper aus einer

großen Zahl regellos durcheinanderliegender Molekularmagnete, die durch die Magnetisierung ausgerichtet werden und erst dadurch eine Wirkung nach außen hervorrufen können (s. auch Abschn. 4.5.11).

Ein weiterer Unterschied zwischen dem elektrischen und dem magnetischen Feld ist folgender: Ein elektrisch geladener Körper übergibt einem berührenden Gegenstand stets einen Teil seiner Ladung, d. h., er wird hierdurch ärmer an Ladung. Dagegen erleidet ein Magnet beim Magnetisieren anderer Körper keinesfalls eine Einbuße seiner „magnetischen Kraft".

4.1.4. Magnetische Felder elektrischer Ströme

Der Oerstedsche Versuch. Im Jahre 1820 entdeckte der dänische Physiker CHRISTIAN OERSTED, daß Wechselwirkungen zwischen elektrischen Strömen und Magneten existieren. Er schaltete in einem Leiter, der oberhalb einer Magnetnadel verlief, den Strom ein und beobachtete, daß die Magnetnadel aus ihrer Nord-Süd-Richtung abgelenkt wird. Verläuft der Leiter parallel zur Magnetnadel, und fließt der Strom in dem Leiter nach dem Einschalten in Richtung vom Südpol zum Nordpol, so wird der Nordpol der Magnetnadel nach Westen abgelenkt (Abb. 4.10). Umkehr der Stromrichtung führt zur entgegengesetzten Ablenkung. Wird der Draht unterhalb der Nadel gehalten, dann kehrt sich ebenfalls die Richtung der Ablenkung um. Darüber hinaus konnte OERSTED bereits zeigen, daß die Magnetnadel um so kräftiger aus der Nord-Süd-Richtung abgelenkt wird, je größer die Stromstärke ist.

Magnetfeld eines geraden Stromleiters. Der Versuch von OERSTED läßt vermuten, daß der Raum um einen stromdurchflossenen Leiter von einem Magnetfeld erfüllt ist. Um dieses Feld genauer zu untersuchen, führen wir einen geraden Draht lotrecht durch die Bohrung in einer waagerecht aufgestellten Glasplatte oder Pappscheibe, die mit Eisenfeilspänen bestreut ist. Wird der Strom eingeschaltet, dann ordnen sich die Eisenfeilspäne zu den in Abb. 4.11 a gezeigten Kreisen. Wir erkennen:

Ein von einem elektrischen Strom durchflossener Leiter ist von ringförmigen geschlossenen magnetischen Feldlinien umgeben. Sie verlaufen in einer zum Stromleiter senkrechten Ebene und bilden konzentrische Kreise, die den Stromleiter als Mittelpunkt haben.

Zur Bestimmung der Richtung der magnetischen Feldlinien führen wir eine frei beweglich aufgehängte Magnetnadel um den vertikal gespannten stromdurchflossenen Leiter. Die Magnetnadel

---

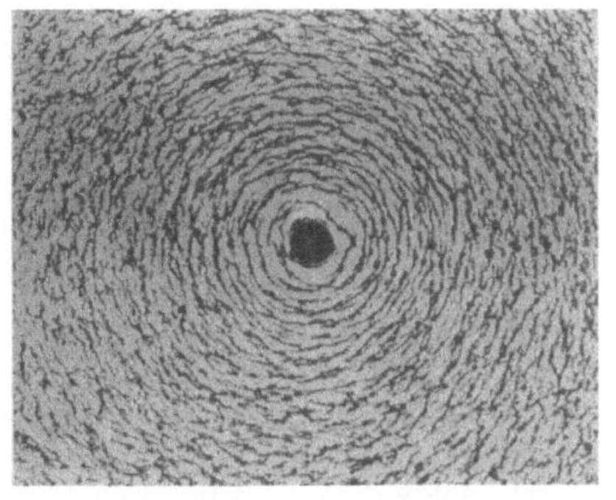

a)

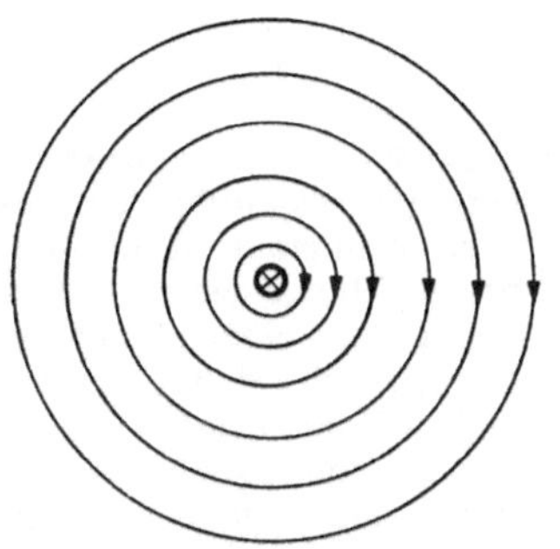

b)

Abb. 4.11. Magnetfeld eines geraden Leiters

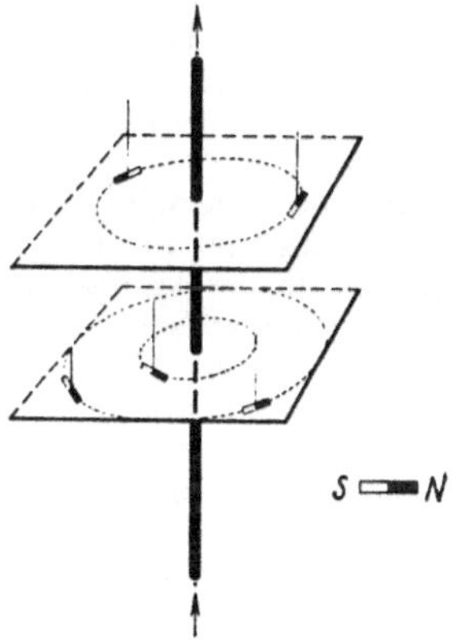

Abb. 4.12. Zum Richtungssinn der magnetischen Feldlinien

stellt sich in der in Abb. 4.12 gezeigten Weise ein. Beachten wir die in Abschn. 4.1.1 gefundenen Grundregeln der Kräfte zwischen Magnetpolen und dem dort definierten Richtungssinn der Feldlinien, dann können wir folgenden Zusammenhang erkennen (*Maxwellsche Schraubenregel, Korkenzieherregel*, Abb. 4.13):

Die Richtung der magnetischen Feldlinien zeigt im Sinne der Rechtsdrehung eines Korkenziehers, wenn die Vorwärtsbewegung des Korkenziehers mit der Stromrichtung übereinstimmt.

Tragen wir an dem Feldlinienbild der Abb. 4.11a die Richtung ein, erhalten wir Abb. 4.11b.

Das Kreuz in dem Stromleiter bedeutet, daß der Strom in die Zeichenebene hineinfließt; man sieht von dem Richtungspfeil den Schweif. Im umgekehrten Fall wird ein Punkt gezeichnet; man sieht von dem Richtungspfeil die Spitze.

Magnetfeld einer kreisförmigen Leiterschleife. Wollen wir das Magnetfeld einer Leiterschleife sichtbar machen, dann stellen wir die Schleife vertikal auf und führen sie in der Weise durch einen Bogen Papier hindurch, daß der Bogen waagerecht liegt und zweimal von der Leiterschleife durchstoßen wird. Streuen wir Eisenfeilspäne auf das Papier und schalten den Strom ein, dann ordnen sich die Späne in der in Abb. 4.14a gezeigten Weise. Beachten wir die Stromrichtung, dann können wir die Richtung der magnetischen Feldlinien festlegen (Abb. 4.14b). Den gleichen Feldverlauf liefert eine Doppelleitung, die in entgegengesetzten Richtungen vom Strom durchflossen wird.

Wenden wir die Maxwellsche Schraubenregel auf die verschiedenen Teile einer kreisförmigen Leiterschleife an, erhalten wir Abb. 4.15. Wir erkennen, daß die magnetischen Feldlinien insgesamt an der einen Seite in die Fläche der Leiterschleife eintreten und sie an der anderen wieder verlassen.

Magnetfeld einer Stromspule. Wickelt man einen isolierten Leitungsdraht in engen Schraubenwindungen auf einen Zylinder (z. B. auf ein Glasrohr) auf, so kann man jede einzelne Drahtwindung als eine Leiterschleife ansehen. Eine derartige Drahtspule heißt auch *Solenoid*. Die durch Eisenfeilspäne sichtbar gemachten Feldlinienbilder sind in Abb. 4.16 für eine lose und eine dicht gewickelte Spule dargestellt.

Das magnetische Feld der Spule entspricht im Außenraum vollkommen dem Feld eines Stabmagneten. Im Innern ist das Feld der Spule annähernd homogen, wie die Feldlinienbilder zeigen. Jede Spule ist daher wegen der Gleichheit der Felder im Außenraum durch einen Stabmagneten ersetzbar, dessen Nordpol beim Austritt und dessen Südpol beim Eintritt der Feldlinien in die Spule liegt. Tragen wir die Richtung der Feldlinien ein, ergibt sich Abb. 4.17. Je kürzer die Spule ist, um so kürzer muß auch der die Spule ersetzende Magnet sein. Reduziert man demnach die Spule wieder zu einer Leiterschleife (Abb. 4.14), so muß sich ihre Ebene verhalten wie ein kurzer breiter Magnet, also wie eine dünne Platte, die auf der einen Seite nordmagnetisch, auf der

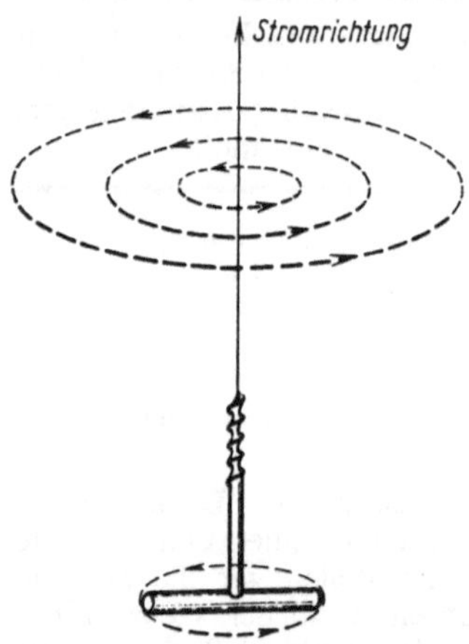

Abb. 4.13. Maxwellsche Schraubenregel (Korkenzieher-regel)

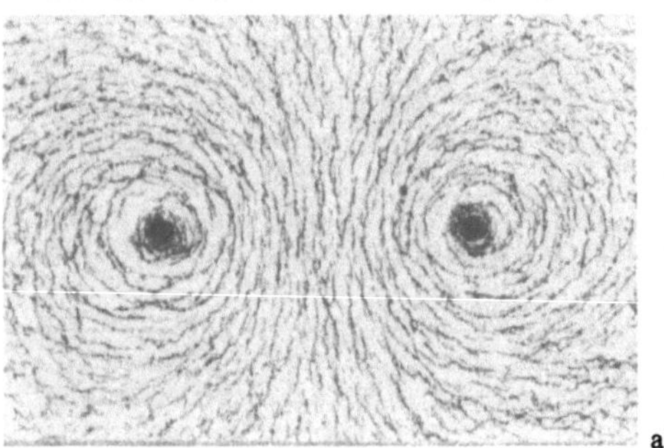
a)

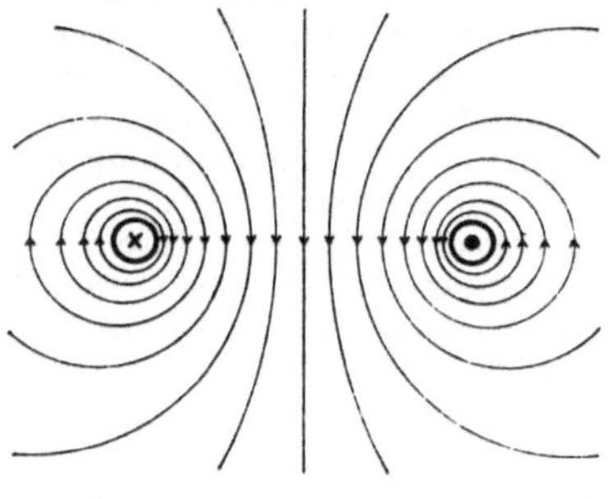
b)

Abb. 4.14. Magnetfeld einer Leiterschleife

Abb. 4.15. Richtungssinn des Magnetfeldes einer Leiter-schleife

anderen südmagnetisch ist. Ein derartiges Gebilde wird ein *magnetisches Blatt* oder eine *magnetische Doppelfläche* genannt.

Eine Leiterschleife entspricht einer magnetischen Doppelfläche.

Magnetfeld einer Ringspule. Bringen wir eine Spule in die in Abb. 4.18 angegebene Form, so erhalten wir das in Abb. 4.19 dargestellte magnetische Feld. Wir haben einen magnetischen Kreis, dessen Feld ganz analog dem eines pollosen Magneten (Abschn. 4.1.2) gestaltet ist. Seine Feldlinien verlaufen fast vollständig im Innenraum der Spule; das Feld im Außenraum ist Null. Dies gilt mit um so größerer Annäherung, je enger die Windungen zusammenliegen.

Magnetfeld der Leiter und der Permanentmagnete. Die Experimente zeigen, daß stromführende Leiter ebenso wie Permanentmagnete im Raum magnetische Felder erzeugen. Durch geeignete Gestaltung der Leiter kann man einen ähnlichen Verlauf der Feldlinien erreichen, wie ihn Magnete erzielen. Obwohl es sich bei den Feldern stromführender Leiter, sofern sie von Gleichstrom erzeugt werden, auch um ruhende Felder handelt, zählt man sie nicht zur Magnetostatik. Man spricht von den *Magnetfeldern elektrischer Ströme*, im speziellen Fall von *Magnetfeldern stationärer elektrischer Ströme*.

Um die Gleichartigkeit zwischen den Magnetfeldern der Ströme und denen der Permanentmagnete noch eingehender vor Augen zu führen, sollen folgende Experimente durchgeführt werden:

Hängt man nach Abb. 4.20 eine Leiterschleife an der einen Seite einer Waage auf und führt dem Leiter den Strom an der Achse der Waage zu, so kann man die Wechselwirkung zwischen dem Leiter und einem Magneten messen. Tritt der Strom in der hinteren Klemme ein und in der vorderen Klemme aus, und ist der obere Pol des Magneten ein Nordpol, so findet Anziehung statt, die man durch aufgesetzte Reitergewichte messen kann.

In ähnlicher Weise (Abb. 4.21) kann man für eine Spule die Einstellung in den magnetischen Meridian sowie auch die anziehende und abstoßende Wirkung eines genäherten Magneten nachweisen.

AMPÈRE hat (um 1820) die Wechselwirkung zwischen einem stromdurchflossenen Leiter und einem Magneten zuerst eingehend untersucht und einen besonderen Apparat gebaut, bei dem die Stromleiter drehbar aufgehängt werden können. Dieser Apparat ist unter dem Namen *Ampèresches Gestell* bekannt.

Trotz der überzeugenden Gleichartigkeit zwischen den Magnetfeldern der Ströme und denen

---

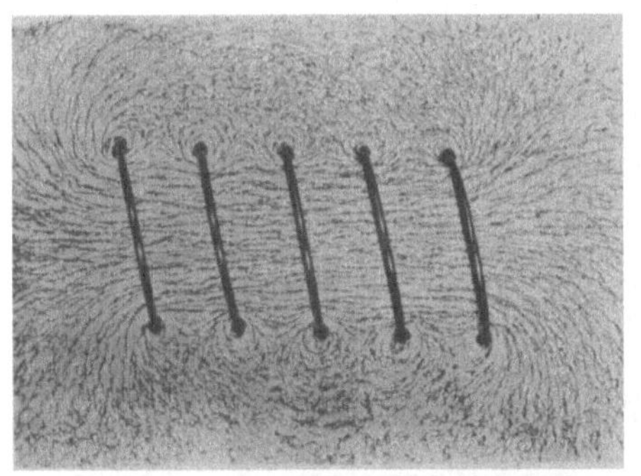

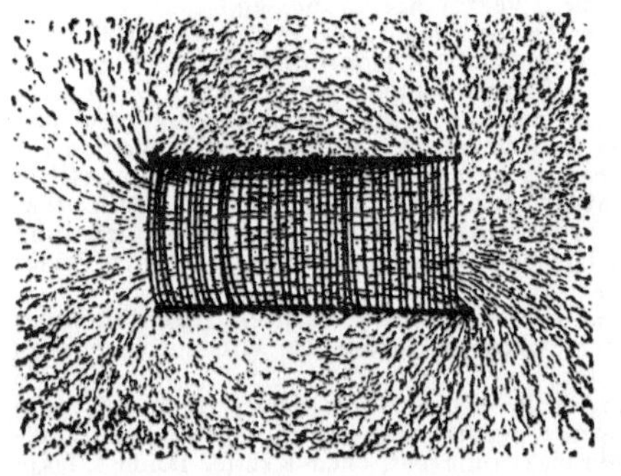

Abb. 4.16. Magnetfeld einer lose und einer dicht gewickelten Spule

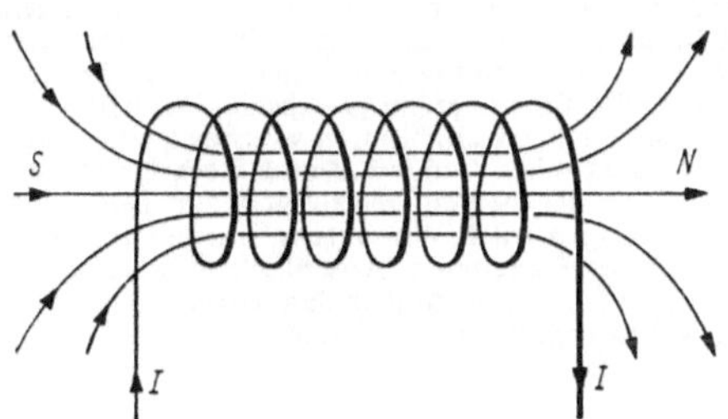

Abb. 4.17. Richtungssinn des Magnetfeldes einer Spule

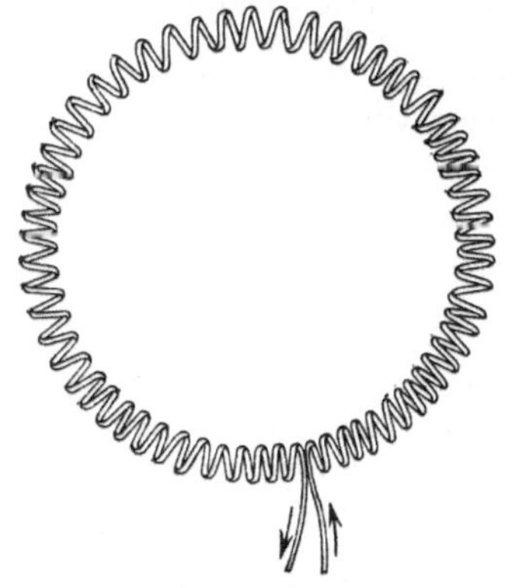

Abb. 4.18. Ringspule

der Magnete lassen die Abbildungen einen wichtigen Unterschied erkennen: *Während die Feldlinien der Magnete bei den Polen beginnen und enden, zeigen die magnetischen Feldlinien der Ströme geschlossene Ringe. Sie bilden Wirbel.* Bei der mathematischen Behandlung der Magnetfelder wird uns dieser Umstand noch besonders beschäftigen.

4.1.5. Spule mit Eisenkern

In Abb. 4.7 haben wir beobachtet, daß ein Stück Eisen in einem Magnetfeld selbst zu einem Magneten wird. Es wird ein Nordpol und ein Südpol „induziert". Der gleiche Effekt tritt ein, wenn wir einen Eisenstab in das Innere einer stromführenden Spule bringen. Das Feldlinienbild einer derartigen *Spule mit Eisenkern* zeigt das gleiche Aussehen wie das einer Spule ohne Kern (Abb. 4. 16 b). Allerdings ist die ausrichtende Wirkung des Feldes auf die Eisenfeilspäne außerhalb der Spule erheblich stärker geworden.

Auf die Vorgänge, die sich hierbei innerhalb des Eisens abspielen, wird in Abschn. 4.4 eingegangen.

Elektromagnete (STURGEON, 1825; HENRY, 1831). Eine stromführende Spule mit einem Eisenkern wird ein *Elektromagnet* genannt. Sein Nordpol liegt an dem gleichen Ende wie bei einer Spule ohne Eisenkern. Für seine Lage gilt ebenfalls die Rechtsschraubenregel (Abschn. 4.1.4) (Abbildung 4.22).
Beschränken wir uns auf die Untersuchung des außerhalb des Elektromagneten verlaufenden Mangetfeldes, so ergibt sich, daß das äußere Feld wesentlich stärker ist als das der Spule ohne Eisenkern bei derselben Stromstärke. Das erkennen wir daran, daß die mit dem Eisenkern versehene Spule schwere Eisenstücke anzuziehen und zu tragen vermag, ferner daran, daß eine in der Nähe aufgestellte Magnetnadel bedeutend stärker abgelenkt wird, als wenn die Spule ohne Eisenkern wirkt. Wenn wir den Eisenkern wieder herausnehmen, so können wir die Stromstärke so vergrößern, daß jetzt die Spule dieselbe Wirkung nach außen ausübt wie vorher die mit dem Eisenkern verschene Spule bei der geringeren Stromstärke. Es verhält sich also die Spule mit Eisenkern so wie eine Spule ohne Eisenkern, aber mit wesentlich vergrößerter Stromstärke.
Die Anwendung der Elektromagnete in der Technik ist sehr vielgestaltig. Entsprechend dem jeweiligen Verwendungszweck gibt man dem Eisenkern die Form eines Stabes, eines Hufeisens, eines geschlitzten Ringes u. ä. Um einen bestimmten Verlauf der Feldlinien außerhalb des Kerns zu erzielen, versieht man die Enden des Eisenkerns zusätzlich mit speziell geformten *Polschuhen* (halbkreisförmig, spitz u. ä.).

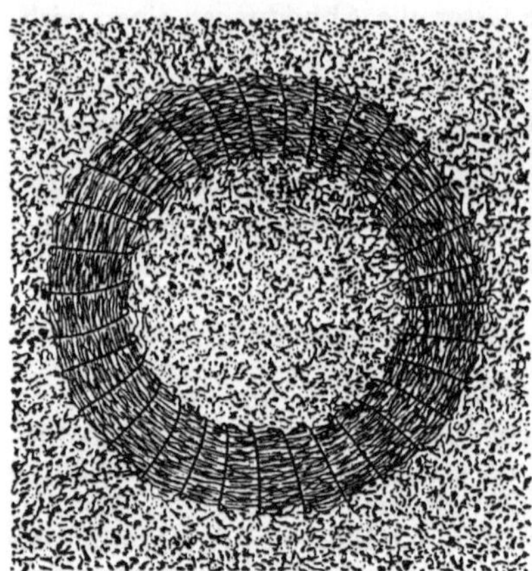

Abb. 4.19. Magnetfeld einer Ringspule

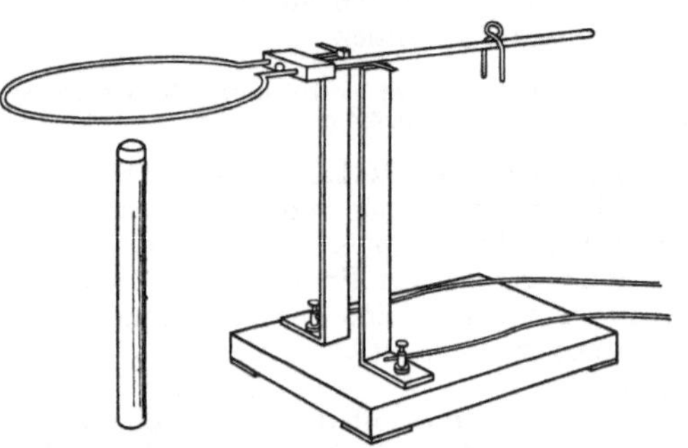

Abb. 4.20. Kraft zwischen Leiterschleife und Stabmagneten

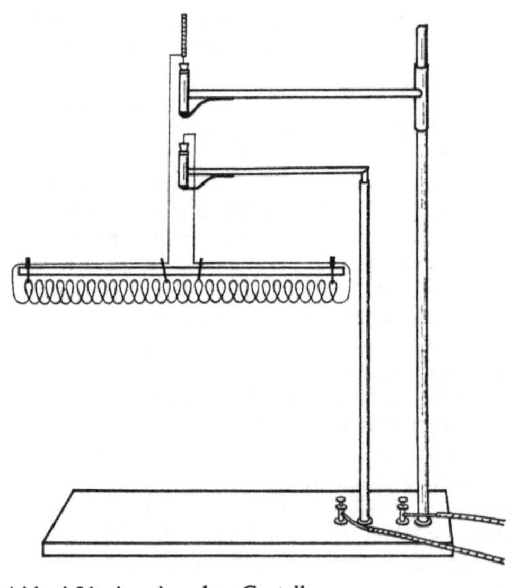

Abb. 4.21. Ampèresches Gestell

4.1.6. Allgemeines über Größen des magnetischen Feldes

Die letzten Abschnitte haben gezeigt, daß sowohl Permanentmagnete als auch stromdurchflossene Leiter magnetische Kräfte ausüben. In beiden Fällen erkennen wir mit Hilfe der Eisenfeilspäne die Bildung magnetischer Felder. Bei der Festlegung einer geeigneten physikalischen Größe zur quantitativen Erfassung magnetischer Felder stehen wir vor einer ähnlichen Schwierigkeit, wie sie uns auch schon bei der Behandlung elektrischer Felder entgegentrat. Um den Einfluß des Mediums, in dem sich das Feld ausbreitet, erfassen zu können, reicht nur eine Feldgröße nicht aus; es müssen zwei definiert werden. Dies sind die *magnetische Feldstärke H* und die *magnetische Induktion B*. Aus dem richtungsbehafteten Verlauf der magnetischen Feldlinien ergibt sich, daß beides gerichtete Größen, Vektoren, sein müssen.

Historisch gesehen wurden die magnetischen Größen zuerst in der Magnetostatik eingeführt. Dieser Weg wird in Abschn. 4.1.14 kurz demonstriert. Er ist z. T. mit recht unhandlichen Messungen an Permanentmagneten verbunden. Da sich elektrische Ströme im allgemeinen bequem messen lassen, ist die Definition der magnetischen Größen in Magnetfeldern stromführender Leiter für praktische Zwecke günstiger. Hierbei kann man zur Definition sowohl die Ursache als auch die Wirkungen der Felder heranziehen.

Die *Ursache der magnetischen Felder* stromführender Leiter ist der elektrische Strom. Er wird zur Definition von *H* benutzt.

Als *Wirkungen der magnetischen Felder* treten uns zwei Erscheinungen entgegen: die elektromagnetische Induktion und die elektromagnetischen Kräfte. Beide Effekte lassen sich unabhängig voneinander zur Definition der magnetischen Induktion *B* heranziehen. Trotz der Benutzung zweier unterschiedlicher Effekte zur Definition erhalten wir die gleiche Größe *B*. Der Grund hierfür liegt darin, daß beides einander äquivalente Erscheinungen sind: Die Induktion einer Spannung in einem Leiter kann auf Kräfte, die die Leitungselektronen im Draht verschieben, zurückgeführt werden (s. Abschn. 4.3.8).

Im allgemeinen ist es gleichgültig, in welcher Reihenfolge die beiden magnetischen Größen *H* und *B* erarbeitet werden und welche der beiden Wirkungen zur Definition von *B* herangezogen wird. Wir werden mit der magnetischen Feldstärke *H* beginnen. Anschließend werden wir die magnetische Induktion *B* über den Vorgang der elektromagnetischen Induktion definieren.

4.1.7. Die magnetische Feldstärke

Wie beim elektrischen Feld sind auch beim magnetischen Feld die einfachsten mathematischen Ausdrücke für homogene Felder zu erwarten. Wir führen daher unsere Untersuchungen zunächst im Innern einer Zylinderspule aus, da dort nach Abschn. 4.1.4 ein homogenes Magnetfeld vorliegt. Die magnetische Feldstärke *H*, die dieses Feld charakterisiert, soll durch seine Ursache festgelegt werden. Die Ursache des Magnetfeldes ist der Spulenstrom, wobei die Stärke des Feldes von der Stromstärke und den Spulendaten (Windungszahl und Spulenlänge) abhängt. Die Spule selbst soll genügend lang gegenüber ihrem Durchmesser sein, so daß sich die Randeffekte am Ende der Spule in ihrem Innern nicht mehr auswirken.

Um quantitative Angaben über die Abhängigkeit der Stärke des magnetischen Feldes vom Strom und von den Spulendaten machen zu können,

---

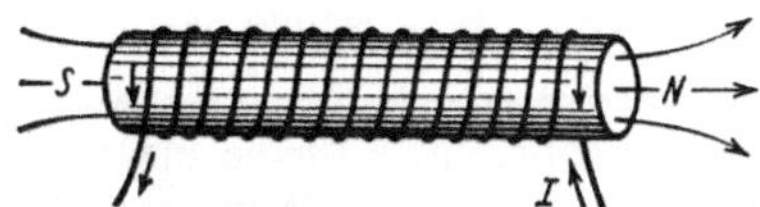

Abb. 4.22. Elektromagnet

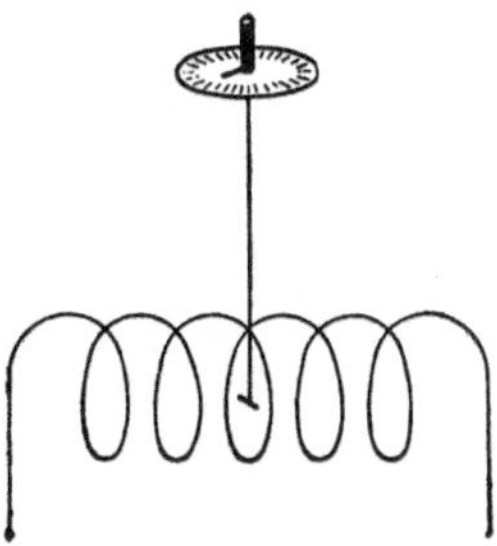

Abb. 4.23. Magnetometer

bringen wir eine drehbar gelagerte Magnetnadel, deren Ruhelage mit Hilfe eines Torsionsdrahtes oder einer Feder festgelegt ist, in das Feld (Abb. 4.23). Wir hatten bereits in Abschn. 4.1.1 gesehen, daß sich eine Magnetnadel in die Richtung der Feldlinien einstellt. Eine Magnetnadel besitzt (wie jeder Magnet) einen Nord- und einen Südpol, stellt also einen Dipol dar. Da die Kraft auf den Nord- und den Südpol im Magnetfeld jeweils entgegengesetzte Richtung hat, wirkt auf die Magnetnadel ein Drehmoment ein. Dieses Drehmoment, das eine Magnetnadel im Feld erfährt, ist ein Maß für die Stärke des magnetischen Feldes. Es ist proportional der magnetischen Feldstärke, $M_{\mathrm{mech}} \sim H$. (Es sei hier schon auf diese Abhängigkeit des Drehmomentes von der Feldstärke hingewiesen. Sie wird eingehend in Abschn. 4.3.4 behandelt. Hier soll sie uns nur dazu dienen, die Abhängigkeit der magnetischen Feldstärke von Spulenstrom und Spulendaten zu ermitteln.) Zur experimentellen Untersuchung bringt man die Magnetnadel in die Spule und ordnet sie im stromlosen Zustand senkrecht zur Spulenachse an. Schickt man einen Strom durch die Spule, so wird die Nadel in die Richtung der Spulenachse gedreht. Durch Verdrehen des Torsionsdrahtes bringt man die Nadel wieder in die Ausgangslage zurück. Aus diesem Drehwinkel kann man auf das Drehmoment schließen. (Der Einfluß des magnetischen Feldes der Erde kann bei genügend großen Strömen vernachlässigt werden.) Variiert man den Spulenstrom und benutzt Spulen mit unterschiedlichen Windungszahlen und Längen, dann beobachtet man folgende Proportionalität: Bei gleichen Spulendaten ist $H \sim I$. Vertauschen wir die Spule gegen eine mit größerer Windungszahl, wobei Strom und Spulenlänge unverändert bleiben, dann ist $H \sim N$. Nun wird die Länge der Spule verändert (z. B. durch

Zusammenschieben einer weitmaschigen Spule), dann gilt $H \sim 1/l$. (Eine Veränderung des Spulenquerschnitts hat keinen Einfluß auf die magnetische Feldstärke.) Wir erhalten insgesamt

$$H = \frac{NI}{l}. \tag{4.1}$$

(4.1) bietet die Möglichkeit, mit Hilfe einer Zylinderspule experimentell magnetische Felder bestimmter Feldstärke zu erzeugen. (4.1) enthält nur Größen, die das Feld verursachen.
Maßeinheit der magnetischen Feldstärke: Aus (4.1) ergibt sich $[H] = [I]/[l]$, also $[H] = $ A/m (s. auch Anhang II).
Magnetometer. Da wir die in einem Magnetfeld wirkenden Kräfte noch nicht behandelt haben, können wir mit dem besprochenen Magnetometer noch keine quantitativen Messungen ausführen. Wenn wir das Gerät jedoch etwas abwandeln, sind wir dazu schon in der Lage. Zu diesem Zweck hängt die Magnetnadel wie in Abb. 4.23 an einem Torsionsfaden im Innern einer Zylinderspule und wird mit ihr gemeinsam in das zu untersuchende Magnetfeld gebracht. Dieses Magnetfeld bewirkt eine Drehung der Magnetnadel aus ihrer Ruhelage. Wenn wir nun einen regelbaren Strom in der entsprechenden Richtung durch die Spule schicken, können wir die Wirkung des äußeren unbekannten Magnetfeldes gerade aufheben. Aus dem Spulenstrom und den Spulendaten läßt sich nach (4.1) die unbekannte Feldstärke H ermitteln. Die Spulenachse ordnet man in Richtung der Feldlinien des unbekannten Feldes an. Um Störungen durch das Erdfeld zu vermeiden, legt man beide zweckmäßigerweise in Ost-West-Richtung, wobei die Magnetnadel in der Nullage senkrecht dazu, also in Nord-Süd-Richtung, liegt.

4.1.8. Das Durchflutungsgesetz

Im vergangenen Abschnitt haben wir mit (4.1) einen Zusammenhang zwischen der Feldstärke H und dem das Feld erzeugenden Strom I speziell für das Feld einer Zylinderspule gefunden. Wir wollen nun einen derartigen Zusammenhang für den allgemeinen Fall erarbeiten. Zu diesem Zweck führen wir zunächst einen neuen Begriff ein:
Die magnetische Spannung. Wir legen im Feld eines Permanentmagneten zwei beliebige Punkte P_1 und P_2 fest und verbinden sie durch einen Kurvenzug miteinander (Abb. 4.24). Längs des Verbindungsweges bilden wir das Linienintegral $\int H \, \mathrm{d}r$. Da beim elektrischen Feld das Linienintegral $\int E \, \mathrm{d}r$ die elektrische Spannung dar-

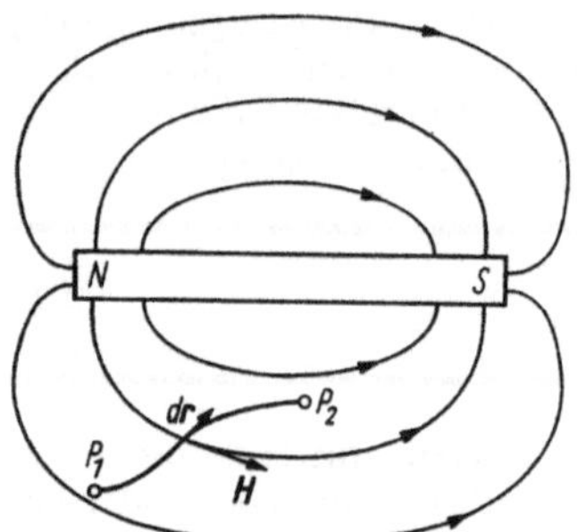

Abb. 4.24. Zur magnetischen Spannung

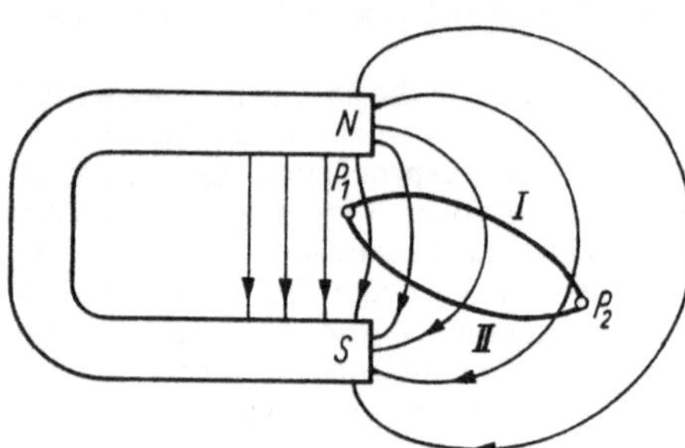

Abb. 4.25. Zur magnetischen Randspannung

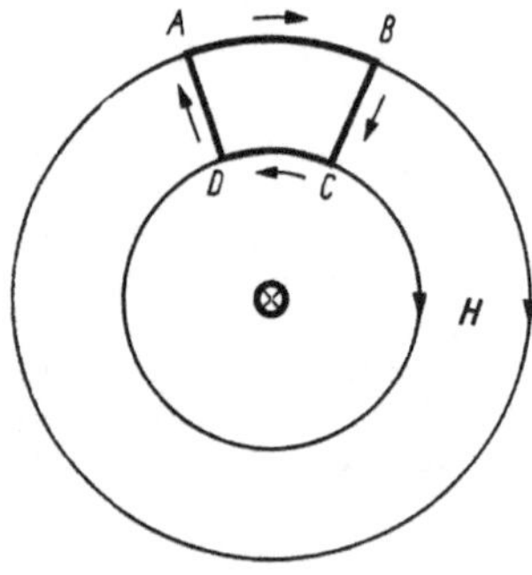

Abb. 4.26. Der Integrationsweg umfaßt nicht den Leiter

stellt, sprechen wir hier von der *magnetischen Spannung* zwischen P_1 und P_2:

$$U_\mathrm{m} = \int_{P_1}^{P_2} H \, \mathrm{d}r. \tag{4.2}$$

Die *magnetische Spannung über einen geschlossenen Umlauf* nennen wir

magnetische Randspannung $= \oint H \, \mathrm{d}r$.

Maßeinheit der magnetischen Spannung: Nach (4.2) erhalten wir $[U_\mathrm{m}] = \mathrm{A}$.

Permanentmagnete. Es gelten folgende Sätze:

Im Feld der Permanentmagnete ist die magnetische Spannung unabhängig vom Weg und nur abhängig von der Lage des Anfangs- und des Endpunktes.
Im Feld der Permanentmagnete verschwindet die magnetische Randspannung, $\oint H \, \mathrm{d}r = 0$.
Dort gibt es keine magnetischen Wirbel.

Beide Aussagen sind einander äquivalent. Der zweite Satz geht aus dem ersten hervor. Hierzu folgende Betrachtung: In Abb. 4.25 sind die beiden Punkte P_1 und P_2 durch zwei verschiedene Wege miteinander verbunden. Auf Grund des ersten Satzes gilt

$$\int_{P_1}^{P_2} H \, \mathrm{d}r_\mathrm{I} = \int_{P_1}^{P_2} H \, \mathrm{d}r_\mathrm{II}.$$

Beim Integral der rechten Seite vertauschen wir Anfangs- und Endpunkt; dann kehrt sich das Vorzeichen des Integrals um:

$$\int_{P_1}^{P_2} H \, \mathrm{d}r_\mathrm{I} = - \int_{P_2}^{P_1} H \, \mathrm{d}r_\mathrm{II}.$$

Hieraus ergibt sich

$$\int_{P_1}^{P_2} H \, \mathrm{d}r_\mathrm{I} + \int_{P_2}^{P_1} H \, \mathrm{d}r_\mathrm{II} = 0.$$

Dies ist aber ein geschlossener Umlauf. Also gilt der zweite Satz. (Im Abschn. 4.1.9 werden beide Sätze experimentell bestätigt.) Das Fehlen elektrischer Wirbel in der Elektrostatik wurde mathematisch durch $\oint E \, \mathrm{d}r = 0$ dargestellt. $\oint H \, \mathrm{d}r = 0$ ist also der äquivalente Ausdruck für das Fehlen magnetischer Wirbel im Außenraum der Permanentmagnete, das wir bereits aus den Feldlinienbildern (Abbn. 4.2 bis 4.5) entnommen hatten.

Stromführende Leiter. Wir wollen nun die magnetische Randspannung $\oint H \, \mathrm{d}r$ im Feld stromführender Leiter untersuchen. Bei der Festlegung des Integrationsweges müssen wir zwei Fälle unterscheiden:
1. Der Leiter wird von dem geschlossenen Integrationsweg nicht umfaßt;
2. der Integrationsweg umfaßt den Leiter.
Der erste Fall liefert das gleiche Ergebnis wie im Feld der Permanentmagnete. Wird kein Leiter umfaßt (Abb. 4.26), so ist die magnetische Randspannung Null.
Wird dagegen ein stromführender Leiter bei der Integration umfaßt, so wird die magnetische Randspannung $\oint H \, \mathrm{d}r$ ungleich Null. Führen wir z. B. in Abb. 4.27 die Integration im Uhrzeigerdrehsinn entlang einer Feldlinie aus, dann haben H und $\mathrm{d}r$ immer gleiche Richtung. Ein voller Umlauf liefert also $\oint H \, \mathrm{d}r > 0$. Es ist dies der mathematische Ausdruck für die Existenz ringförmig geschlossener magnetischer Feldlinien.

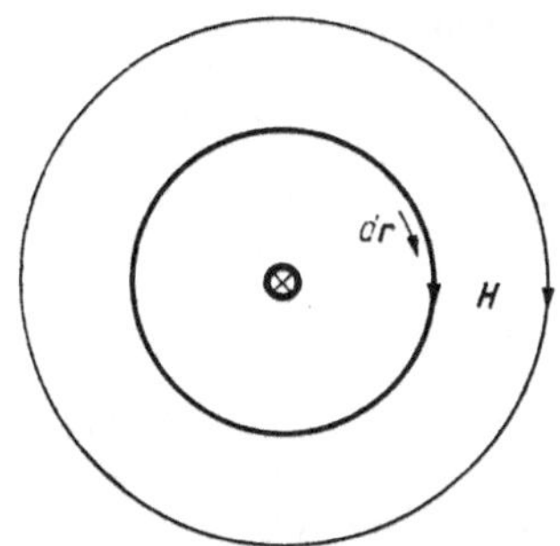

Abb. 4.27. Der Integrationsweg umfaßt den Leiter

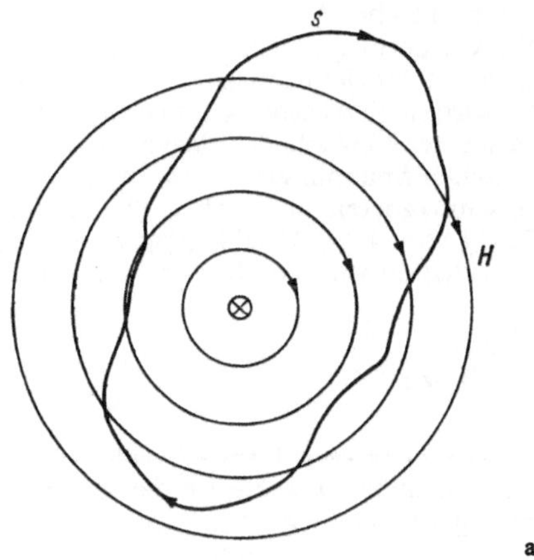

a)

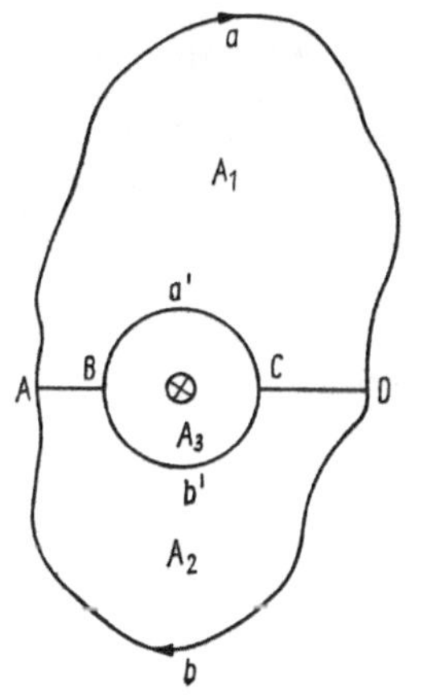

b)

Abb. 4.28. Beliebige Form des Integrationsweges

Die Ursache der geschlossenen Feldlinien ist der Strom in dem Leiter. Der Strom tritt durch die Fläche, die von dem Integrationsweg des Ringintegrals umspannt wird, hindurch. Nach F. EMDE nennt man diesen Strom die *Durchflutung*. Aus den Betrachtungen heraus erhalten wir das

Durchflutungsgesetz (Ampèresches Verkettungsgesetz):

$$\oint H \, \mathrm{d}r = I. \tag{4.3a}$$

Treten mehrere Leitungsströme durch die umspannte Fläche, dann muß auf der rechten Seite die Summe der Ströme (unter Beachtung der Stromrichtungen) gesetzt werden:

$$\oint H \, \mathrm{d}r = \sum_{\nu} I_{\nu}. \tag{4.3b}$$

Die magnetische Randspannung ist gleich der Summe der umfaßten Ströme.

Ein zu erwartender Proportionalitätsfaktor auf der rechten Seite hat im internationalen Maßsystem den Wert 1; er kann also unterdrückt werden. Wird bei der Integration kein Strom umfaßt, gilt $\oint H \, \mathrm{d}r = 0$.

Wir hatten zur Aufstellung des Durchflutungsgesetzes die Integration entlang einer magnetischen Feldlinie ausgeführt. Es soll gezeigt werden, daß die Einschränkung aufgehoben werden kann. Zu diesem Zweck betrachten wir in Abb. 4.28a den Integrationsweg s. Wir zerlegen die gesamte umfaßte Fläche in drei Teilflächen, wobei entsprechend Abb. 4.28b die Teilflächen A_1 und A_2 nicht den Stromleiter enthalten und die Teilfläche A_3 von einer magnetischen Feldlinie begrenzt wird und somit den Stromleiter erfaßt. Wir führen die Integration entlang der Kurven aus, die die Teilflächen A_1 und A_2 begrenzen.

Für die Integration entlang der Randkurve von A_1 gilt, da kein Stromleiter umfaßt wird, $\oint H \, \mathrm{d}r = 0$ oder ausführlich

$$\int_A^D H \, \mathrm{d}r \, (\text{Weg}\,a) + \int_D^C H \, \mathrm{d}r + \int_C^B H \, \mathrm{d}r \, (\text{Weg}\,a') + \int_B^A H \, \mathrm{d}r = 0.$$

Im 3. und 4. Term vertauschen wir die Integrationsgrenzen; dadurch wechselt das Vorzeichen:

$$\int_A^D H \, \mathrm{d}r \, (\text{Weg}\,a) + \int_D^C H \, \mathrm{d}r - \int_B^C H \, \mathrm{d}r \, (\text{Weg}\,a') - \int_A^B H \, \mathrm{d}r = 0. \tag{4.4}$$

Für die Integration entlang der Randkurve von A_2 gilt analog $\oint H \, \mathrm{d}r = 0$, also

$$\int_A^B H \, \mathrm{d}r + \int_B^C H \, \mathrm{d}r \, (\text{Weg}\,b') + \int_C^D H \, \mathrm{d}r + \int_D^A H \, \mathrm{d}r \, (\text{Weg}\,b) = 0.$$

Im 2. und 3. Term vertauschen wir die Integrationsgrenzen:

$$\int_A^B H \, \mathrm{d}r - \int_C^B H \, \mathrm{d}r \, (\text{Weg}\,b') - \int_D^C H \, \mathrm{d}r + \int_D^A H \, \mathrm{d}r \, (\text{Weg}\,b) = 0. \tag{4.5}$$

Wir addieren (4.4) und (4.5) und ordnen den Ausdruck, wobei sich die Integrale über AB und über DC heraus-

7   Grimsehl II, 21. Aufl.

heben:

$$\int_A^D H\,dr\ (\text{Weg } a) + \int_D^A H\,dr\ (\text{Weg } b) = \int_B^C H\,dr\ (\text{Weg } a')$$

$$+ \int_C^B H\,dr\ (\text{Weg } b').$$

Die linke Seite stellt das Ringintegral über die Kurve s dar und die rechte Seite das Ringintegral über die Feldlinie a', b', und zwar mit gleicher Umlaufrichtung:

$$\oint H\,dr\ (\text{Weg } s) = \oint H\,dr\ (\text{Weg } a', b').$$

Der Integrationsweg des Ringintegrals ist also gleichgültig, sofern der Strom umfaßt wird. Das Ringintegral auf einem beliebigen Weg um den Strom ist gleich dem Ringintegral längs einer Feldlinie um diesen Strom. Es ist daher völlig egal, an welcher Stelle der Strom die vom Umlauf eingespannte Fläche durchflutet.

Das Durchflutungsgesetz ist der exakte Zusammenhang zwischen der magnetischen Feldstärke und der Stromstärke. Es ist eines der *Grundgesetze des elektromagnetischen Feldes*. Wir können insgesamt formulieren:

Das Magnetfeld wird durch die magnetische Feldstärke H gemessen. Sie ist über das Durchflutungsgesetz durch die Ströme, die das Feld erzeugen, bestimmt.
Experimentell lassen sich genau festgelegte homogene Magnetfelder mit Hilfe langer Zylinderspulen herstellen.

4.1.9. Experimentelle Bestätigung des Durchflutungsgesetzes

Für die folgenden Experimente verwenden wir eine Anordnung, die es gestattet, die *magnetische Spannung* zu messen. Der *magnetische Spannungsmesser* besteht aus einer flachen Spule (etwa 10 000 Windungen und 1 m Länge), die auf einem biegsamen Träger (z. B. Leder) aufgewickelt ist. Die Spule ist mit einem Galvanometer verbunden. Zum Gebrauch setzen wir die Enden des Spannungsmessers an die Punkte, zwischen denen die magnetische Spannung gemessen werden soll, und legen die biegsame Spule in den Integrationsweg. Bringen wir nun den Spannungsmesser vom felderfüllten Raum schnell in den feldfreien Raum, dann zeigt das Galvanometer einen Stromstoß an. Den Wechsel vom felderfüllten zum feldfreien Raum realisiert man beim Feld eines Permanentmagneten durch schnelles Herausreißen der Spule und beim Feld stromdurchflossener Leiter durch plötzliches Ausschalten des Stromes. (Da die Wirkungsweise des magnetischen Spannungsmessers auf der elektromagnetischen Induktion beruht, wird sie in Abschn. 4.2.7 besprochen.)
Felder permanenter Magnete. Wir legen die Enden des magnetischen Spannungsmessers an die Pole eines Hufeisenmagneten und ziehen ihn schnell aus dem Feld (Abb. 4.29). Unabhängig vom Integrationsweg erhalten wir den gleichen Ausschlag. Es gilt also

$$\int_A^B H\,dr_{\mathrm{I}} = \int_A^B H\,dr_{\mathrm{II}}.$$

Im Feld permanenter Magnete ist die magnetische Spannung unabhängig vom Weg. Die magnetische Randspannung ist Null.

Die letzte Aussage können wir experimentell nachweisen, indem wir die Enden des magnetischen Spannungsmessers aneinander legen und

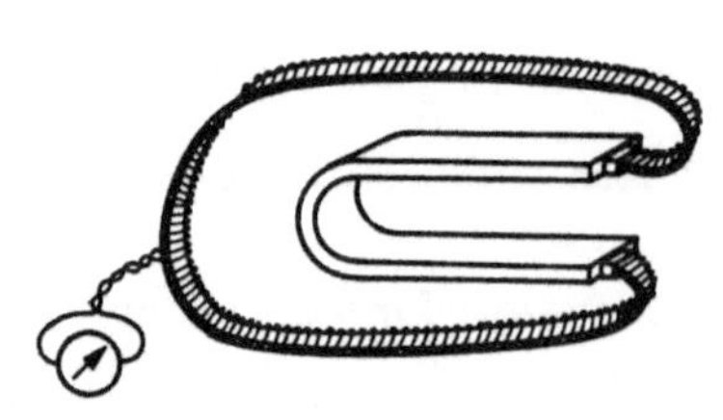

Abb. 4.29. Magnetische Spannung zwischen den Polen eines Permanentmagneten

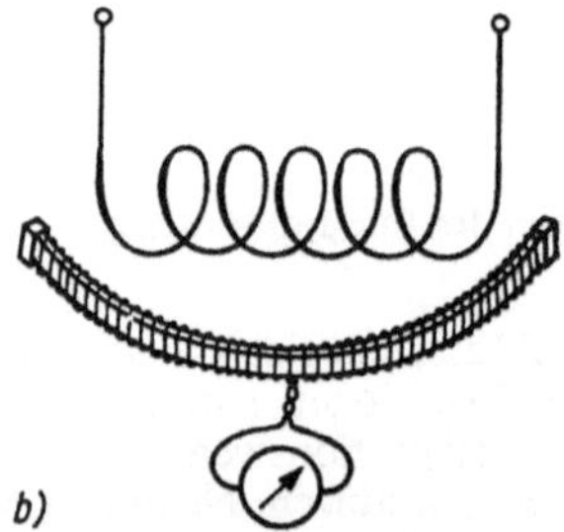

Abb. 4.30. Magnetische Spannung im Feld einer Spule

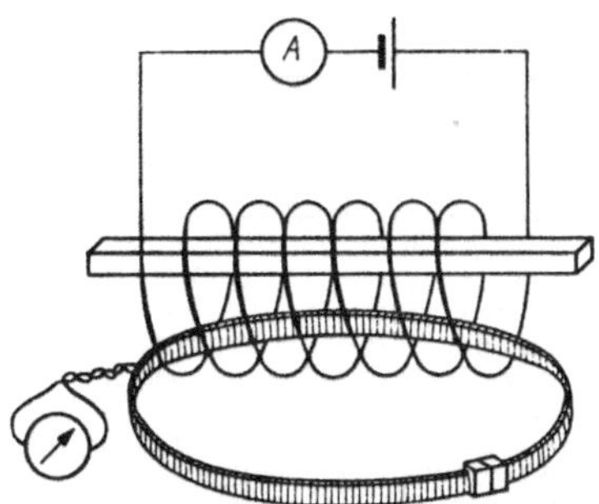

Abb. 4.31. Magnetische Spannung bei Anwesenheit von Spulenkernmaterialien

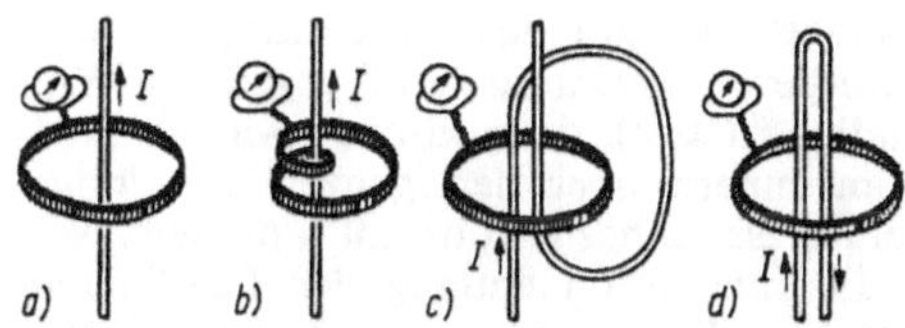

Abb. 4.32. Magnetische Randspannung im Feld stromführender Leiter

in dieser Form den Spannungsmesser aus dem Feld des Hufeisenmagneten ziehen. Der Ausschlag des Instruments ist Null.

Felder stromdurchflossener Leiter. Wir legen den magnetischen Spannungsmesser einmal in das Innere einer geraden, stromdurchflossenen Spule (Abb. 4.30a) und einmal außen herum, so daß die gleichen Endpunkte eingehalten werden (Abb. 4.30b). Schalten wir den Strom aus, dann zeigt das Instrument im Fall der Abb. 4.30a einen sehr großen und im Fall der Abb. 4.30b einen fast verschwindenden Ausschlag. Hieraus folgt:

Die magnetische Spannung ist in Feldern stromdurchflossener Leiter vom Weg abhängig.

Wir führen den magnetischen Spannungsmesser durch eine stromdurchflossene Zylinderspule und legen die Enden aneinander, so daß er einen geschlossenen Ring bildet. Schalten wir den Spulenstrom aus, dann zeigt der Spannungsmesser einen Ausschlag an. Wir wiederholen den Versuch, indem wir zuvor einen Eisenstab in die Spule einführen (Abb. 4.31). Beim Ausschalten des Stromes zeigt der Spannungsmesser den gleichen Ausschlag an. Der Ausschlag ändert sich auch nicht, wenn wir mehrere Eisenstäbe einführen.

Dieses zunächst verblüffende Ergebnis scheint den in Abschn. 4.1.5 angeführten Beobachtungen zu widersprechen, wonach z. B. die ausrichtende Wirkung einer stromführenden Spule auf eine Magnetnadel erheblich von dem Eisenkern der Spule beeinflußt wird. Vergegenwärtigen wir uns jedoch, daß der magnetische Spannungsmesser in der geschlossenen Form die magnetische Randspannung $\oint H\,\mathrm{d}r$ mißt. Sie ist über das Durchflutungsgesetz mit dem Strom, der das Feld erzeugt, verknüpft. Dieser Strom und demnach auch die magnetische Randspannung haben sich bei den Experimenten nicht geändert. Die magnetische Randspannung $\oint H\,\mathrm{d}r$ und damit die magnetische Feldstärke H erfassen nicht den Einfluß des Spulenkernmaterials. Die magnetische Feldstärke allein reicht also zur Charakterisierung des Magnetfeldes bei Anwesenheit anderer Stoffe nicht aus. Zugleich erkennen wir:

Das Durchflutungsgesetz gilt in unveränderter Form auch bei Anwesenheit von Spulenkernmaterialien.

Für die nächsten Untersuchungen legen wir den magnetischen Spannungsmesser um einen stromdurchflossenen geraden Leiter, und zwar mit den Enden aneinander, so daß er einen geschlossenen Ring bildet (Abb. 4.32a). Schalten wir plötzlich den Strom aus, dann zeigt das Instrument einen Ausschlag an. Verdoppeln wir den Strom in dem Leiter, dann verdoppelt sich auch der Ausschlag des Spannungsmessers. Ebenfalls erhalten wir eine Verdoppelung des Ausschlages, wenn wir den Leiter mit dem Spannungsmesser zweimal umschlingen (Abb. 4.32b) oder wenn der Strom zweimal in der gleichen Richtung den Spannungsmesser durchdringt (Abb. 4.32c). Wenn jedoch der Spannungsmesser zweimal in entgegengesetzten Richtungen vom gleichen Strom durchdrungen wird (Abb. 4.32d), heben sich die magnetischen Wirkungen der Ströme gegenseitig auf. Der Ausschlag des Spannungsmessers ist Null. Damit hat sich das Durchflutungsgesetz bestätigt.

4.1.10. Magnetfelder spezieller Leiteranordnungen

Gerader Leiter. Wir suchen die magnetische Feldstärke H als Funktion des Abstandes R vom Leiter. (Die Feldlinien sind konzentrische Kreise um den Leiter.) Aus Symmetriegründen ist im Abstand R der Betrag der Feldstärke $H = \text{const}$ (Abb. 4.33). Die zugehörige Feldlinie ist ein Kreis um den Leiter. Auf diesem Kreis führen wir die Integration im Durchflutungsgesetz aus. Es gilt also

$$\oint H\,\mathrm{d}r = I. \qquad (4.3)$$

H und $\mathrm{d}r$ haben auf dem Kreis gleiche Richtung. Wir können also mit den Beträgen rechnen. Un-

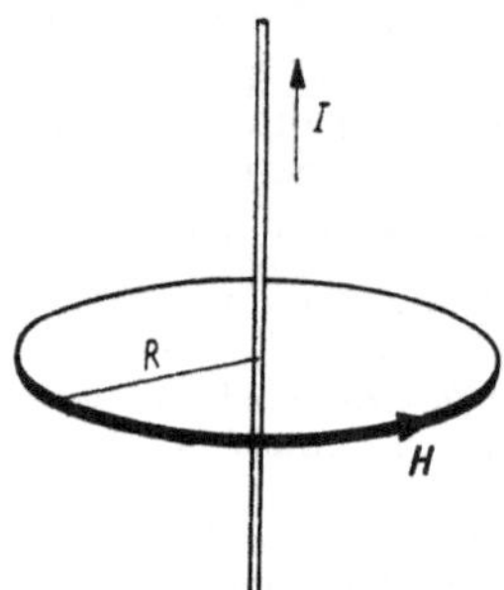

Abb. 4.33. Zur magnetischen Feldstärke eines geraden Leiters

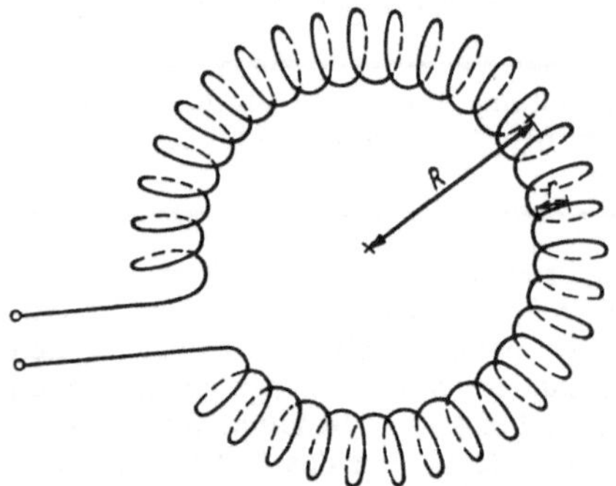

Abb. 4.34. Zur magnetischen Feldstärke einer Ringspule

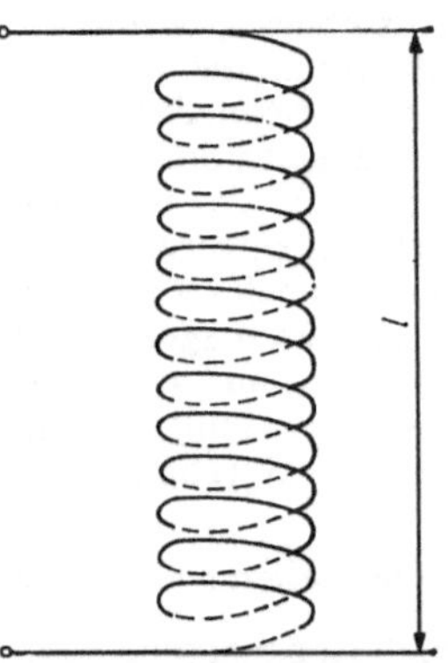

Abb. 4.35. Zur magnetischen Feldstärke einer Zylinderspule

ter Beachtung von $H = $ const formen wir die linke Seite um:

$$\oint_{\text{Kreis } R} H\, dr = \oint_{\text{Kreis } R} H\, dr = H \oint_{\text{Kreis } R} dr$$
$$= H \cdot 2\pi R.$$

Wir erhalten

$$2\pi RH = I$$

oder

$$H = \frac{I}{2\pi R}. \qquad (4.6)$$

In Abschn. 4.1.7 hatten wir bereits die Maßeinheit der magnetischen Feldstärke angegeben: $[H] = $ A/m. Um mit dieser Einheit auch eine bestimmte Vorstellung verbinden zu können, ziehen wir (4.6) heran. Setzen wir $R = 1/(2\pi)$ m, dann gilt: Ein langer gerader Leiter, der von einem Strom von 1 A durchflossen wird, erzeugt im Abstand $R = 1/(2\pi)$ m $= 15{,}9$ cm eine magnetische Feldstärke von $H = 1$ A/m.

Ringspule. Eine Ringspule (Torus) von N Windungen habe die in Abb. 4.34 eingezeichneten Abmessungen. Es gilt das Durchflutungsgesetz. Ist der mittlere Torusradius groß gegen den Windungsradius ($R \gg r$), dann können wir die Feldstärke im Innern über den ganzen Windungsquerschnitt als nahezu konstant ansehen. Wir führen die Integration entlang der Feldlinie in der Mitte der Toruswindungen (Radius R) aus. Es gilt

$$\oint H\, dr = NI.$$

Da H und dr ständig gleiche Richtung haben, können wir die linke Seite umformen zu

$$\oint_{\text{Kreis } R} H\, dr = \oint_{\text{Kreis } R} H\, dr = H \oint_{\text{Kreis } R} dr$$
$$= H \cdot 2\pi R.$$

Wir erhalten

$$2\pi RH = NI$$

oder

$$H = \frac{NI}{2\pi R}. \qquad (4.7)$$

Zylinderspule. Sie möge die in Abb. 4.35 gezeichneten Abmessungen haben. Auch hier bestimmen wir die magnetische Feldstärke mit Hilfe des Durchflutungsgesetzes. Bei der Integration müssen wir jedoch folgendes beachten: Bei einer langen Zylinderspule ist die Feldstärke im Außenraum so klein, verglichen mit dem Spuleninneren, daß der Außenraum zur Integration praktisch keinen Beitrag liefert. Wir führen also die Integration nur im Innern der Spule über die Spulenlänge l aus. Dort liegt ein homogenes Feld mit $H = $ const vor. Wir erhalten

$$\oint H\, dr = NI.$$

Umgeformt ergibt sich

$$\oint H\, dr = Hl = NI,$$

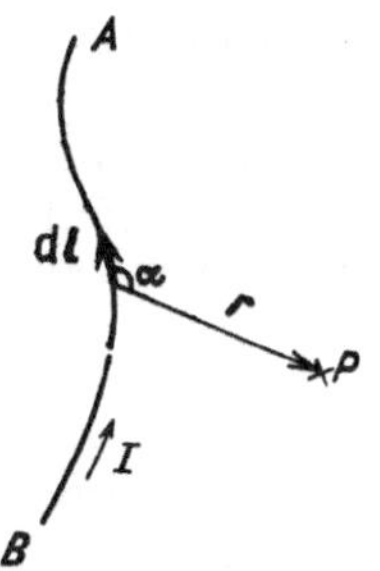

Abb. 4.36. Zum Biot-Savartschen Gesetz

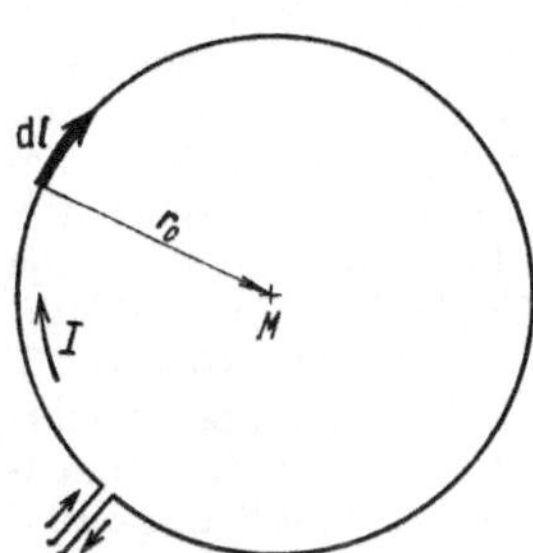

Abb. 4.37. Zur magnetischen Feldstärke eines Kreisstromes

also

$$H = \frac{NI}{l}. \tag{4.1}$$

Der Spulenquerschnitt hat sowohl bei der Ringspule als auch bei der Zylinderspule keinen Einfluß auf die Größe der Feldstärke.

(4.1) gilt unter der Voraussetzung, daß der Spulenradius klein ist gegen die Spulenlänge ($R < l$). Ist dies nicht erfüllt, ist das Feld im Innern nicht mehr homogen. In der Spulenachse gilt dann

$$H = \frac{NI}{\sqrt{4R^2 + l^2}}.$$

4.1.11. Das Biot-Savartsche Gesetz

BIOT und SAVART haben das Magnetfeld eines beliebig gestalteten Stromleiters eingehend untersucht (1820). Sie kamen zu dem Ergebnis, daß sich die Wirkung des ganzen Stromleiters auf die Wirkung der den Leiter zusammensetzenden Leiterelemente zurückführen lasse. In Abb. 4.36 ist ein beliebiger Leiter gezeichnet, der von dem Strom I durchflossen wird. Das Leiterelement dl (l hat die Richtung des Stromes) erzeugt im Punkt P den Beitrag dH zur magnetischen Feldstärke. (dH zeigt senkrecht in die Zeichenebene

hinein.) Für diesen Beitrag gilt (auf die Ableitung der Formel wird verzichtet):

$$dH = \frac{1}{4\pi} \frac{I}{r^2} dl \times \frac{r}{r}. \tag{4.8a}$$

Der Betrag ist

$$dH = \frac{1}{4\pi} \frac{I}{r^2} dl \sin \varphi. \tag{4.8b}$$

Das Biot-Savartsche Gesetz ist das Äquivalent zum Durchflutungsgesetz. Es stellt nur eine andere Formulierung dar. Für einige Feldberechnungen führt es schneller zum Ziel als das Durchflutungsgesetz.

Magnetisches Feld eines Kreisstromes (im Mittelpunkt). Nach Abb. 4.37 steht der Radiusvektor ständig senkrecht auf dem Leiterelement dl. Wir verwenden das Biot-Savartsche Gesetz (4.8b), wobei $\varphi = 90°$, also $\sin \varphi = 1$, $I = $ const und $r = $ const sind. Die Integration ergibt

$$\int dH = \frac{1}{4\pi} \frac{I}{r^2} \int_0^{2\pi r} dl,$$

$$H = \frac{1}{4\pi} \frac{I}{r^2} \cdot 2\pi r = \frac{I}{2r},$$

also

$$H = \frac{I}{2r}. \tag{4.9}$$

Weitere Formen des Biot-Savartschen Gesetzes. In

$$dH = \frac{1}{4\pi} \frac{I}{r^2} dl \times \frac{r}{r} \tag{4.8a}$$

ersetzen wir $I\, dl = j\, A\, dl = j\, dV$:

$$dH = \frac{1}{4\pi} \frac{j \times \dfrac{r}{r}}{r^2} dV.$$

Die Integration liefert die magnetische Feldstärke als Funktion der Stromdichte:

$$H = \frac{1}{4\pi} \int \frac{j \times \dfrac{r}{r}}{r^2} dV. \tag{4.8c}$$

Der Ausdruck $j\, dV$ läßt sich mit (3.25), $j = \varrho v$, umgestalten zu $j\, dV = v\varrho\, dV = v\, dQ$. In (4.8c)

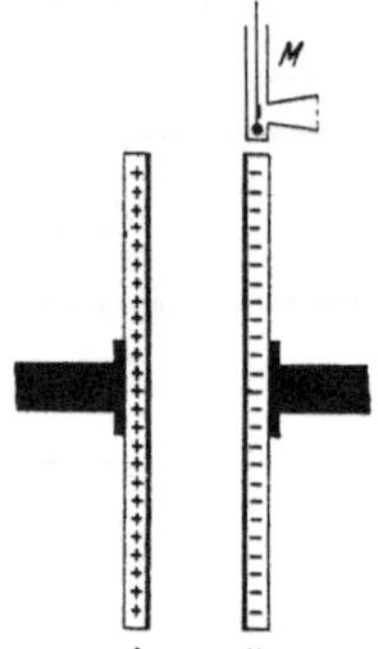

Abb. 4.38. Magnetische Wirkung bewegter elektrischer Ladung

eingesetzt, erhalten wir

$$H = \frac{1}{4\pi} \int \frac{v \times \dfrac{r}{r}}{r^2}\, \mathrm{d}Q.$$

Betrachten wir speziell das Magnetfeld einer *bewegten Punktladung*, dann vereinfacht sich die Integration:

$$H = \frac{1}{4\pi}\, \frac{Qv \times \dfrac{r}{r}}{r^2}. \tag{4.8d}$$

4.1.12. Differentielle Schreibweise des Durchflutungsgesetzes

Zur Berechnung der Magnetfelder spezieller Leiteranordnungen ist die integrale Schreibweise des Durchflutungsgesetzes im allgemeinen gut geeignet. Wir werden jedoch auch auf Probleme stoßen, bei denen eine Umformung des Gesetzes zweckmäßig ist. Wir ersetzen im Durchflutungsgesetz

$$\oint H\, \mathrm{d}r = I$$

die rechte Seite durch $I = \int j\, \mathrm{d}A$ (j = Stromdichte) und erhalten

$$\oint H\, \mathrm{d}r = \int j\, \mathrm{d}A.$$

Die Integration des Ausdrucks auf der rechten Seite erfolgt über die Fläche, die von der Randkurve des Integrals auf der linken Seite umspannt wird. Mit Hilfe des Integralsatzes von STOKES (s. Abschn. „Mathematische Hilfsmittel") formen wir das Ringintegral um und erhalten

$$\int \mathrm{rot}\, H\, \mathrm{d}A = \int j\, \mathrm{d}A.$$

Die Integration erfolgt auf beiden Seiten über die gleiche Fläche. Also müssen auch die Integranden gleich sein. Es ergibt sich das *Durchflutungsgesetz in differentieller Schreibweise*:

$$\mathrm{rot}\, H = j. \tag{4.10}$$

(4.3) und (4.10) sprechen beide den gleichen physikalischen Sachverhalt aus, nämlich die Existenz ringförmig geschlossener magnetischer Feldlinien, deren Ursache die Leitungsströme sind.

4.1.13. Magnetfeld eines Konvektionsstromes

Wir haben bewegte Ladungen als einen elektrischen Strom kennengelernt, der mit seinem Magnetfeld untrennbar verknüpft ist. Wir müssen also erwarten, daß jede auf irgendeine Weise bewegte elektrische Ladung ihr Magnetfeld hat. Dies ist tatsächlich der Fall, wie vor allem die Versuche von RÖNTGEN, HIMSTEDT, ROWLAND, EICHENWALD, WILSON, BARNETT und TOLMAN gezeigt haben. Darüber hinaus haben wir in (4.8 d) unmittelbar einen Zusammenhang zwischen einer bewegten Punktladung und der hierdurch erzeugten magnetischen Feldstärke gefunden.

Konvektionsstrom. Eine bewegte elektrische Ladung, z. B. eine bewegte geladene Kugel oder ein bewegter Kondensator, bildet einen Strom, den man *Konvektionsstrom* nennt. Er zeigt gegenüber dem Leitungsstrom insofern eine besondere Eigentümlichkeit, als er ohne EMK konstant fließen kann und auch keine Stromwärme erzeugt.

Wie wir in Abschn. 3.5.2 erkannt hatten, gilt für einen Konvektionsstrom

$$Qv = Il. \tag{3.23}$$

Er ist also einem Leitungsstrom äquivalent.

Magnetische Wirkung des Konvektionsstromes (ROWLAND, 1876; A. EICHENWALD). Um definierte Verhältnisse zu haben, benutzt man einen Kondensator mit zwei drehbaren Scheiben. Abb. 4.38 zeigt einen Querschnitt der Anordnung. Über der geladenen Scheibe K befindet sich zur Untersuchung der magnetischen Wirkung eine kleine Magnetnadel M mit Spiegel. Sie ist zum Schutz gegen elektrostatische Störungen in einem geerdeten Metallgehäuse untergebracht. Wird der Kondensator geladen und werden die Scheiben gedreht, so erfolgt ein Ausschlag der Magnetnadel. Die Versuche haben gezeigt, daß bei der Rotation der Scheiben einzeln und zusammen sowie auch gegeneinander stets ein Magnetfeld erzeugt wird, das von der Bewegung der auf A und K sitzenden Ladungen herrührt und das von derselben Größe und Richtung ist, als wäre es durch gewöhnliche Leitungsströme gleicher Größe und Richtung in ruhenden Scheiben erzeugt.

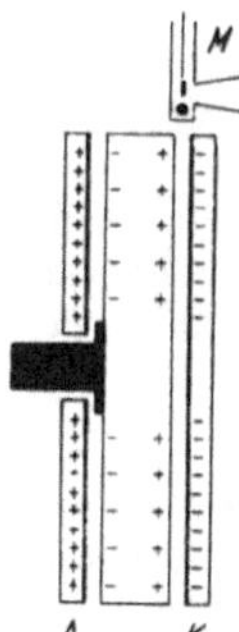

Abb. 4.39. Magnetische Wirkung eines bewegten polarisierten Dielektrikums

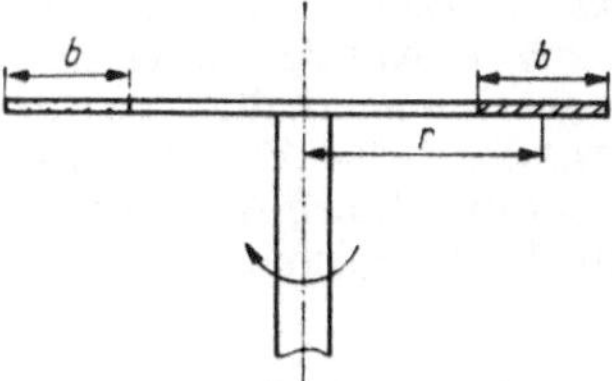

Abb. 4.40. Zur Konvektionsgleichung

Der Konvektionsstrom ist in seiner magnetischen Wirkung einem Leitungsstrom vollkommen gleichwertig.

Magnetische Wirkung eines bewegten polarisierten Dielektrikums. Sehr lehrreich und wichtig sind ferner die Versuche, die magnetische Wirkung eines bewegten polarisierten Dielektrikums festzustellen. Durch Ausfüllung des Kondensatorzwischenraumes mit einem Dielektrikum der relativen Dielektrizitätskonstanten ε_r werden die Ladungen auf den Kondensatorplatten bei gleicher Spannung ε_r-mal so groß. Die magnetische Wirkung entspricht also bei Rotation der Kondensatorplatten einem ε_r-mal so großen Konvektionsstrom. Dies ist auch das Ergebnis der Beobachtung.

Auch bei ruhendem Kondensator und Rotation des Dielektrikums (Abb. 4.39) ist ein magnetisches Feld feststellbar (RÖNTGEN, 1885; EICHENWALD). Es wird hervorgerufen durch die an den Oberflächen des Dielektrikums sitzenden scheinbaren Ladungen, deren Oberflächendichte gleich $(\varepsilon_r - 1)/\varepsilon_r$-mal der Oberflächendichte der wahren Ladung der Scheiben ist. Da beide Oberflächen des Dielektrikums gleichzeitig rotieren, ist nur die Differenzwirkung der beiden Oberflächen feststellbar.

Quantitativer Zusammenhang zwischen der Bewegung des elektrischen Feldes und dem Magnetfeld. Um den zahlenmäßigen Zusammenhang des bei der Bewegung eines elektrischen Feldes entstehenden Magnetfeldes mit der Geschwindigkeit der Bewegung und der Stärke des elektrischen Feldes zu bestimmen, denken wir uns folgenden Versuch ausgeführt (Abb. 4.40):

Es drehe sich ein sehr dünner, positiv geladener Metallring mit der Drehzahl f. Da die elektrischen Feldlinien auf dem Metall senkrecht enden (die entgegengesetzten Ladungen sollen außerdem sehr weit entfernt sein), ist die Bewegung in der Nähe des Ringes überall senkrecht zur elektrischen Feldrichtung. Hat der Ring den mittleren Radius r, und ist die Breite b, so ist seine beiderseitige Fläche $4\pi rb$. Die Flächendichte der Ladung ist daher $\sigma = Q/(4\pi rb)$. Das elektrische Feld unmittelbar vor dem Metallring in Luft ist also

$$|E| = \frac{\sigma}{\varepsilon_0} = \frac{Q}{4\pi\varepsilon_0 rb}. \tag{4.11}$$

Der rotierende Metallring verhält sich wie ein elektrischer Strom der Stärke $I = Qf$, der sich senkrecht zu den elektrischen Feldlinien bewegt. Das Durchflutungsgesetz liefert uns den Zusammenhang zwischen diesem Strom und dem hierdurch erzeugten Magnetfeld: $\oint H\,\mathrm{d}r = I$. Wir suchen die magnetische Feldstärke in unmittelbarer Nähe der Ringoberfläche und führen daher die Integration entlang einem rechteckigen, den Ring eng umschließenden Weg aus:

$$\oint H\,\mathrm{d}r = H \cdot 2b = I.$$

Setzen wir $I = Qf$ ein, wobei wir beachten müssen, daß $2\pi rf = v$ die mittlere Geschwindigkeit ist, mit der die Ladung bewegt wird, so erhalten wir

$$2bH = \frac{Qv}{2\pi r}.$$

Ersetzen wir die Ladung nach (4.11) durch die elektrische Feldstärke, ergibt sich

$$H = v\varepsilon_0 E = vD.$$

Beachten wir den Vektorcharakter der einzelnen Größen, erhalten wir die *Konvektionsgleichung* in vektorieller Form:

$$H = v \times D. \tag{4.12}$$

Wird ein elektrisches Feld D mit der Geschwindigkeit v bewegt, so erhält man ein magnetisches Feld, das auf der durch v und D bestimmten Ebene senkrecht steht.

Die Geschwindigkeit v ist relativ zu dem System zu messen, in dem die magnetische Feldstärke gemessen werden soll. Für einen mit der Ladung mitbewegten Beobachter ist kein magnetisches Feld feststellbar.

4.1.14. Magnetostatik

Wir haben in den vergangenen Abschnitten die magnetische Feldstärke von den magnetischen Feldern elektrischer Ströme her eingeführt. Es ist dies nicht die einzige Möglichkeit, diese Größe zu gewinnen. Ein anderer Weg, der, historisch gesehen, früher beschritten wurde, nutzt die weitgehende Analogie zwischen den elektrostatischen Feldern elektrischer Ladungen und den magnetostatischen Feldern der Permanentmagnete aus.

Magnetische „Einzelpole". Wie wir in Abschn. 4.1.3 erkannt haben, wird die verblüffende Analogie zwischen dem elektrischen und dem magnetischen Feld, die vor allem auf dem vergleichbaren Aussehen der elektrischen und der magnetischen Feldlinien beruht, durch das Fehlen magnetischer Einzelpole durchbrochen. Um nun trotzdem auch für die *Magnetostatik* eine Theorie aufstellen zu können, die der Elektrostatik vergleichbar ist, wendet man einen Kunstgriff an: Man kann die Annahme magnetischer Einzelpole mit großer Näherung dadurch realisieren, daß man sehr lange und dünne Magnete benutzt (z. B. magnetische Stricknadeln). Untersucht man die Kraftwirkungen solcher „Einzelpole" aufeinander, dann ist der Gegenpol weit genug entfernt, so daß sein Einfluß zu vernachlässigen ist. Unter dieser Voraussetzung können aus der Magnetostatik der Permanentmagnete ebenfalls die magnetischen Größen gewonnen werden. Man macht sich hierbei das dem elektrischen Feld vergleichbare Aussehen des magnetischen Feldes zunutze.

Coulombsches Gesetz des Magnetismus. COULOMB stellte 1784 für die Kraftwirkungen magnetischer „Einzelpole" ein dem elektrischen Fall ganz analoges Gesetz auf. Zu diesem Zweck ordnen wir jedem Pol eine Polstärke P zu, die der Ladung Q entspricht:

Die Kraft zweier (isoliert) gedachter Punktpole aufeinander im materiefreien Raum ist proportional dem Produkt der Polstärken und umgekehrt proportional dem Quadrat der Entfernung:

$$F = f_\mathrm{M} \frac{P_1 P_2}{r^2} \frac{r}{r}.$$

Der Proportionalitätsfaktor f_M ist durch das Maßsystem festgelegt. Im internationalen Maßsystem ist $f_\mathrm{M} = 1/4\pi\mu_0$. μ_0 ist die *Induktionskonstante*: $\mu_0 = 1{,}256 \cdot 10^{-6}$ Vs/Am. Somit ergibt sich für das *Coulombsche Gesetz des Magnetismus*

$$F = \frac{1}{4\pi\mu_0} \frac{P_1 P_2}{r^2} \frac{r}{r}.$$

F ist die Kraft von P_1 auf P_2. Sie ist abstoßend, wenn P_1 und P_2 gleiches Vorzeichen haben (Nordpol positiv, Südpol negativ). Anderenfalls ist sie anziehend.

Magnetische Feldstärke. Die elektrische Feldstärke hatten wir durch die Kraft, die eine Probeladung im Feld erfährt, definiert. In völliger Analogie hierzu führen wir einen „Probepol" P' ein und legen fest:

Die magnetische Feldstärke ist definiert durch die Kraft, die ein Probepol im Feld erfährt:

$$F = P'H.$$

Maßeinheiten der magnetischen Polstärke bzw. der magnetischen Feldstärke: Aus dem Coulombschen Gesetz des Magnetismus erhalten wir für die magnetische Polstärke $[P] = $ Vs. Die magnetische Feldstärke hat die gleiche Maßeinheit, wie sie in Abschn. 4.1.7 gefunden wurde: $[H] = $ A/m.

Elektromagnetisches CGS-System. Das Coulombsche Gesetz des Magnetismus bildet die Grundgleichung zu diesem Maßsystem. In Analogie zum elektrostatischen CGS-System setzen wir den Faktor $f_\mathrm{M} = 1$ und erhalten

$$F = \frac{P_1^* P_2^*}{r^2} \frac{r}{r}.$$

Dieser Ausdruck wird zur Festlegung der magnetischen Polstärke verwendet: Die Einheit der magnetischen Polstärke ist diejenige Polstärke, die auf eine gleich große (im Vakuum), im Abstand von 1 cm befindliche, die Kraft 1 dyn = 1 cm g s^{-2} ausübt. Es gilt also

$$[P^*] = \mathrm{cm}\, \sqrt{\mathrm{dyn}}.$$

Für die magnetische Feldstärke ergibt sich: Die Einheit der magnetischen Feldstärke ist diejenige Feldstärke, die auf die Polstärkeneinheit die Kraft 1 dyn ausübt:

$$[H^*] = [F]/[P^*] = \sqrt{\mathrm{dyn}}/\mathrm{cm}.$$

Diese Größe nennt man 1 Oersted (= 1 Oe):

$$1\, \sqrt{\mathrm{dyn}}/\mathrm{cm} = 1\ \mathrm{Oe}.$$

Die Umrechnung der Feldstärkeneinheit des elektromagnetischen CGS-Systems in das SI liefert

$$1\ \mathrm{Oe} \triangleq \frac{10^3}{4\pi} \frac{\mathrm{A}}{\mathrm{m}}.$$

4.2. Die elektromagnetische Induktion

4.2.1. Experimentelle Grunderscheinungen

Wir haben in Abschn. 4.1.4 die Erzeugung magnetischer Felder durch elektrische Ströme kennengelernt. Die elektromagnetische Induktion führt uns zu der Umkehrung dieser Erscheinung, nämlich der Erzeugung elektrischer Ströme oder richtiger elektrischer Spannungen durch magnetische Felder.

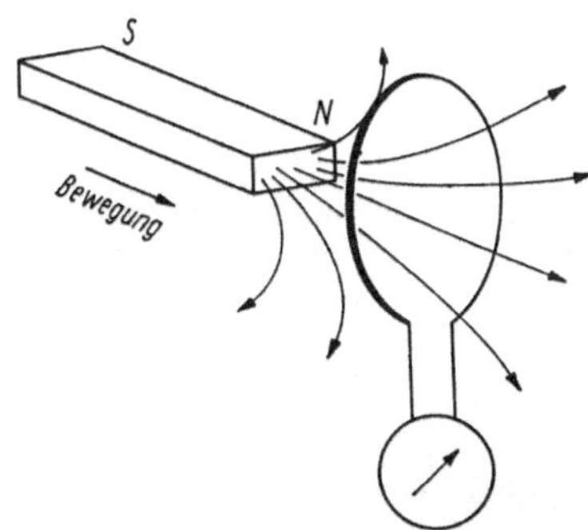

Abb. 4.41. Bewegung eines Permanentmagneten gegenüber der Leiterschleife

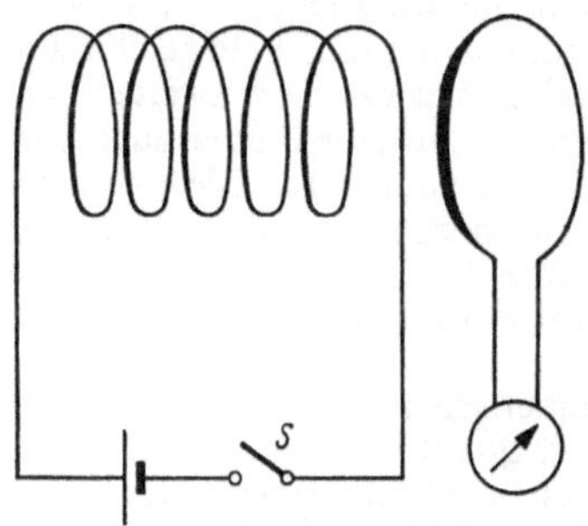

Abb. 4.42. Ein- und Ausschalten des Spulenstromes

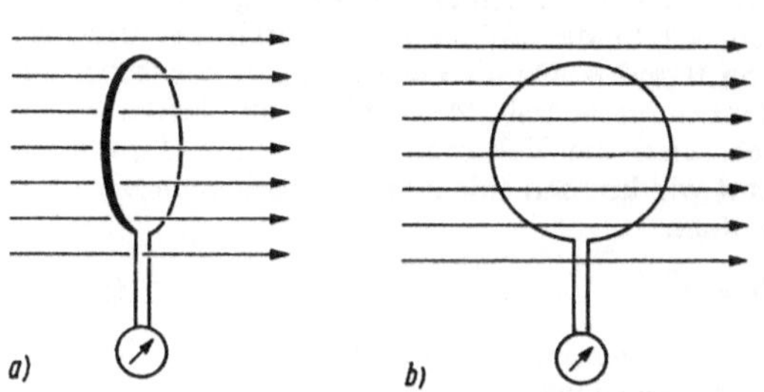

Abb. 4.43. Drehung der Leiterschleife im homogenen Magnetfeld

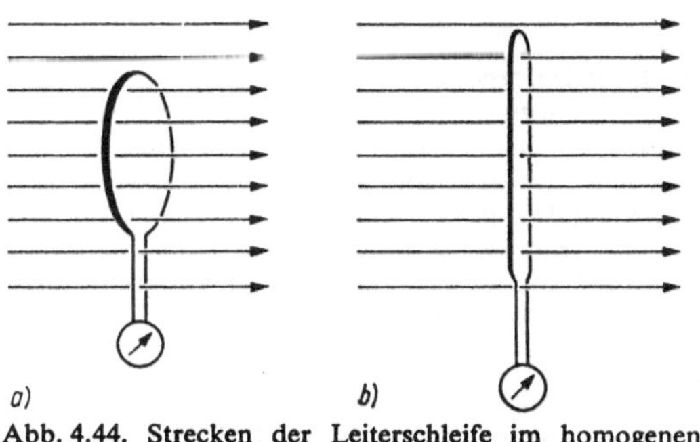

Abb. 4.44. Strecken der Leiterschleife im homogenen Magnetfeld

FARADAY, der von der Möglichkeit einer Umwandlung magnetischer Felder in elektrische Spannungen überzeugt war, fand nach unermüdlichem Suchen im Jahre 1831 die elektromagnetische Induktion. Etwa gleichzeitig und unabhängig von ihm entdeckte auch der amerikanische Physiker HENRY die gleichen Vorgänge.

Wir führen folgende Experimente durch.

1. Wir verbinden eine Leiterschleife mit einem Galvanometer. Einen *Stabmagneten* nähern wir der Leiterschleife und schieben ihn hinein (Abb. 4.41). Man beobachtet folgendes: Während der Bewegung des Magneten fließt in der Leiterschleife ein Strom. Stoppen wir die Bewegung, dann ist auch der Stromfluß unterbrochen. Kehren wir die Bewegungsrichtung um, dann kehrt sich die Stromrichtung um. Eine Umkehrung der Stromrichtung erhalten wir auch, wenn wir die Magnetpole miteinander vertauschen. Halten wir den Magneten fest und bewegen die Spule, zeigt sich der gleiche Effekt. Es ist für den Stromfluß offensichtlich nur die Relativbewegung zwischen Magnet und Leiterschleife ausschlaggebend.

Führen wir die Experimente unter sonst unveränderten Bedingungen mit *zwei* gleichen Stabmagneten durch, dann verdoppelt sich der jeweilige Ausschlag.

2. Wir ersetzen den Permanentmagneten durch eine *stromdurchflossene Spule*. Bei Annäherung bzw. Entfernung der Spule von der Leiterschleife beobachten wir die gleichen Erscheinungen.

3. Wir ordnen die Spule unmittelbar neben der Leiterschleife an, ohne sie zu bewegen, und schließen und öffnen abwechselnd den Schalter des Spulenstromkreises (Abb. 4.42). Wir machen folgende Beobachtung: Während des *Einschaltens* fließt in der Leiterschleife kurzzeitig ein Strom, der sofort wieder auf Null abfällt, obwohl der Strom in der Spule auch weiterhin eingeschaltet ist. Während des *Ausschaltens* fließt ein Strom, jedoch in umgekehrter Richtung, der ebenfalls schnell wieder auf Null abfällt. Verdoppeln wir unter sonst gleichen Versuchsbedingungen den Spulenstrom, dann verdoppelt sich auch der Galvanometerausschlag.

4. In einem weiteren Experiment ordnen wir die Leiterschleife derartig in einem homogenen Magnetfeld an, daß die Feldlinien die von der Leiterschleife umspannte Fläche senkrecht durchsetzen. Nun *drehen* wir die Leiterschleife um 90°, so daß die Feldlinien in der Schleifenebene verlaufen (Abb. 4.43). Wir beobachten während der Drehung einen Galvanometerausschlag. Drehen wir die Leiterschleife aus der Anfangslage um 180°, dann verdoppelt sich der Ausschlag. In analoger Weise beobachten wir einen Ausschlag, wenn wir die Leiterschleife, die von den Feldlinien senkrecht durchsetzt wird, so strecken, daß sie praktisch die Fläche Null umspannt (Abb. 4.44).

5. Wir ordnen Stromspule und Leiterschleife wie in Versuch 3 dicht nebeneinander an, wobei in der Spule ein konstanter Strom fließen möge. Das Galvanometer zeigt während des konstanten Stromflusses keinen Ausschlag. Nun schieben wir in das Innere von Spule und Leiterschleife einen *Eisenkern*. Während des Einführens des Kerns beobachten wir am Galvanometer einen Ausschlag. Ziehen wir den Kern wieder heraus, dann kehrt sich die Stromrichtung um.

6. Wir ordnen Stromspule und Leiterschleife wieder in der gleichen Weise dicht nebeneinander an und führen durch beide einen gemeinsamen Eisenkern. Wenn wir nun den Spulenstrom abwechselnd ein- und ausschalten, beobachten wir einen Galvanometerausschlag, der ein Vielfaches von dem in Versuch 3 beträgt.

4.2.2. Das Faradaysche Induktionsgesetz

Die Experimente des vergangenen Abschnitts zeigen, daß in der Leiterschleife ein Strom fließt, obwohl kein unmittelbarer *(galvanischer)* Kontakt mit der Spule besteht. Es wird offensichtlich mit Hilfe des Magnetfeldes in der Leiterschleife eine Spannung erzeugt, die den Stromfluß auslöst. Diesen Vorgang nennen wir *elektromagnetische Induktion*; die Spannung in der Leiterschleife ist die *induzierte Spannung* U_{ind}.

So vielgestaltig die Experimente, die zur Erzeugung einer induzierten Spannung führen, auf den ersten Blick auch sein mögen, so lassen sie sich auf eine allen Experimenten gemeinsame Aussage konzentrieren:

In einer Leiterschleife wird eine Spannung induziert, wenn sich das durch die Leiterschleife hindurchgreifende Magnetfeld zeitlich ändert.

Die Experimente unterscheiden sich nur in der Art und Weise, wie die zeitliche Änderung des Magnetfeldes durchgeführt wird. Dies kann geschehen

– durch Änderung der Stärke des Magnetfeldes am Ort der Leiterschleife (Versuch 1, 2 und 3),
– durch Änderung der von der Leiterschleife umspannten Fläche bezüglich ihrer Größe oder ihrer Richtung zum Feld (Versuch 4),
– durch Änderung des Kernmaterials, das Spule und Leiterschleife durchsetzt (Versuch 5 und 6).

Die magnetische Induktion und der Induktionsfluß. Um die obigen Aussagen mathematisch zu formulieren, erscheint es naheliegend, die im vergangenen Kapitel eingeführte magnetische Feldstärke zur Festlegung des durch die Fläche der Leiterschleife hindurchgreifenden Magnetfeldes heranzuziehen. Dazu muß jedoch folgendes gesagt werden: Die Versuche 5 und 6, bei denen die felderzeugende Spule und die Leiterschleife im Spuleninneren durch einen Eisenstab miteinander verbunden sind, zeigen, daß die in der Leiterschleife induzierte Spannung ganz entscheidend von dem Material des Spulenkerns abhängt. Die magnetische Feldstärke ist durch das Durchflutungsgesetz definiert: $\oint H\,\mathrm{d}r = I$. Sie ist also nur vom erzeugenden Strom und nicht vom umgebenden Medium abhängig. Sie erfaßt nicht das Kernmaterial. Ebenso wie wir zur Charakterisierung des elektrischen Feldes im stofferfüllten Raum zwei Feldgrößen benötigen (E und D), kommen wir auch zur Beschreibung des magnetischen Feldes nicht mit nur einer Feldgröße aus.

Um die zweite Feldgröße zu gewinnen, führen wir uns folgendes vor Augen: Die elektromagnetische Induktion besagt, daß zeitlich sich ändernde Magnetfelder in einer Leiterschleife eine Spannung induzieren. Da wir die Spannung messen können, bietet sich die Möglichkeit, mit Hilfe dieses Vorganges das magnetische Feld zu charakterisieren. Wir erhalten hierdurch die zweite Feldgröße, die *magnetische Induktion B* oder auch *magnetische Flußdichte* genannt wird. Die magnetische Induktion B ist ebenso wie die magnetische Feldstärke ein Vektor. Bis auf einige Sonderfälle hat sie die gleiche Richtung wie die magnetische Feldstärke.

Mit Hilfe der magnetischen Induktion B wollen wir das Magnetfeld quantitativ bestimmen. Wir nehmen zunächst an, ein homogenes Magnetfeld von der Größe B durchsetze eine Leiterschleife senkrecht zu ihrer umspannten Fläche A. Den durch die Leiterschleife hindurchgreifenden Anteil des Feldes erfassen wir durch das Produkt von B und A. Da die Leiterschleife senkrecht von dem homogenen Magnetfeld durchsetzt wird, verlaufen die Vektoren von B und A parallel, und wir können mit den Beträgen rechnen. Wir nennen

$$\Phi = BA \tag{4.13a}$$

den *magnetischen Induktionsfluß*, kurz den *magnetischen Fluß*.

Es sei daran erinnert, daß wir in den Abschn. 2.2.4 und 2.4.4 durch analoge Produktbildung den „elektrischen Feldfluß" und den „elektrischen Verschiebungsfluß" gefunden hatten.

Liegt ein inhomogenes Feld vor, und durchsetzt es die Leiterschleife unter beliebigem Winkel, müssen wir das Produkt aus magnetischer Induktion B und einem differentiell kleinen Flächenelement $\mathrm{d}A$ bilden und über die von der Leiterschleife umspannte Fläche integrieren. Hierbei sind die Größen als Vektoren zu behandeln. Somit erhalten wir für den magnetischen Fluß

$$\Phi = \int B\,\mathrm{d}A. \tag{4.13b}$$

(4.13a) erläutert zugleich auch den Namen „magnetische Flußdichte" für B.

Differentielle Schreibweise des Induktionsgesetzes.
Der magnetische Fluß Φ erfaßt nach (4.13) das
durch die Leiterschleife hindurchgreifende Feld.
Bei den in Abschn. 4.2.1 besprochenen Experimenten ist der magnetische Fluß eine Funktion
der Zeit: $\Phi = \Phi(t)$; die zeitliche Flußänderung
ist der Differentialquotient nach der Zeit: $d\Phi/dt$.
Wir kommen somit zum *Faradayschen Induktionsgesetz*:

$$U_{\text{ind}} = -\frac{d\Phi}{dt}. \qquad (4.14a)$$

In einer Leiterschleife wird eine Spannung induziert, wenn sich der durch die Leiterschleife hindurchgreifende magnetische Fluß zeitlich ändert.

Ein im Induktionsgesetz zu erwartender Zahlenfaktor hat
im internationalen Maßsystem den Wert 1 (dimensionslos). Die Begründung des Minuszeichens wird bei der
Besprechung der Lenzschen Regel (Abschn. 4.3.7) gegeben. Die Spannung ist demnach positiv, wenn der magnetische Fluß zeitlich abnimmt. Die Abnahmegeschwin-
digkeit bezeichnet man als *magnetischen Schwund*.

Wird die elektromagnetische Induktion nicht in
einer Leiterschleife, sondern in einer Spule mit
N Windungen vorgenommen, dann wird in jeder
Windung eine Spannung induziert. Die Gesamtspannung hat also den N-fachen Wert:

$$U_{\text{ind}} = -N\frac{d\Phi}{dt}. \qquad (4.14b)$$

Setzt man (4.13b) in (4.14a) ein, ergibt sich das
Induktionsgesetz in der Form:

$$U_{\text{ind}} = -\frac{d}{dt}\int B\,dA. \qquad (4.15)$$

Während wir die magnetische Feldstärke H über
das Durchflutungsgesetz durch die das Feld erzeugenden Ströme definiert haben, gilt:

Die magnetische Induktion B ist über das Induktionsgesetz durch die in einer Leiterschleife induzierten Spannungen bestimmt.

H ist also durch die Ursache des Feldes, B durch
seine Wirkung festgelegt.
*Maßeinheiten des magnetischen Flusses bzw. der
magnetischen Induktion*: Aus (4.14) ergibt sich
$[\Phi] = \text{Vs}$ und aus (4.13) $[B] = \text{Vs/m}^2$. Es gilt
$1\,\text{Vs} = 1\,\text{Wb}$ (1 Weber) und $1\,\text{Vs/m}^2 = 1\,\text{Wb/}$
$\text{m}^2 = 1\,\text{T}$ (1 Tesla). In einer Leiterschleife wird
die Spannung 1 V induziert, wenn der von der

Leiterschleife umschlungene magnetische Fluß
1 Wb während der Zeit 1 s gleichmäßig auf Null
abnimmt.

Im CGS-System wird die magnetische Induktion B^* in
„Gauß" gemessen, wobei

$10^4\,\text{G} \cong 1\,\text{V s/m}^2.$

Integrale Schreibweise des Induktionsgesetzes. Wir
formen (4.14a) um zu

$$U_{\text{ind}}\,dt = -d\Phi.$$

Integrieren wir den Ausdruck, erhalten wir einen
Zusammenhang zwischen dem *Zeitintegral der
Spannung*, also dem *Spannungsstoß*, und der Flußänderung. Es ist dies eine weitere Form des Induktionsgesetzes:

$$\int_{t_1}^{t_2} U_{\text{ind}}\,dt = -\int_{\Phi_1}^{\Phi_2} d\Phi = -(\Phi_2 - \Phi_1). \qquad (4.16)$$

Der Spannungsstoß in einer Leiterschleife ist
gleich der gesamten Änderung des magnetischen
Flusses.

Die magnetische Induktion kann man im Prinzip so
messen, daß man eine kleine Leiterschleife, an die ein
Galvanometer angeschlossen ist, in das Feld bringt und
sie so ausrichtet, daß beim Ein- oder Ausschalten des
Feldes ein möglichst großer Spannungsstoß erzeugt wird.
Die Flächennormale der Leiterschleife gibt dann die
Richtung von B an. Der Betrag von B ist der Spannungsstoß (in Vs), geteilt durch die Fläche der Leiterschleife
(in m^2).

**Zusammenhang zwischen magnetischer Induktion
B und magnetischer Feldstärke H.** Zwischen B
und H besteht im Vakuum direkte Proportionalität. Es gilt

$$B = \mu_0 H. \qquad (4.17)$$

$\mu_0 = 4\pi \cdot 10^{-7}\,\text{Vs/Am} = 1{,}256\,6 \cdot 10^{-6}\,\text{Vs/Am}$
ist die *Induktionskonstante*.
Durch Einsetzen in (4.17) erkennt man: Zu der
magnetischen Feldstärke 1 A/m gehört (im Va-
kuum) die magnetische Induktion $4\pi \cdot 10^{-7}\,\text{Vs/}$
m^2. Im CGS-System ergibt sich: Zu der Feldstärke 1 Oersted gehört (im Vakuum) die magnetische Induktion 1 Gauß.

4.2.3. Elektromagnetische Induktion in bewegten Leitern

Zwei parallele Metallschienen mit dem Abstand l,
deren Verbindungsebene von einem homogenen
Magnetfeld der magnetischen Induktion B senkrecht durchdrungen wird, sind an einem Ende
mit einem Galvanometer verbunden (Abb. 4.45).
Quer über den Schienen liegt verschiebbar ein
Metallstab. Das System stellt eine Leiterschleife
dar, die von magnetischen Feldlinien durchsetzt

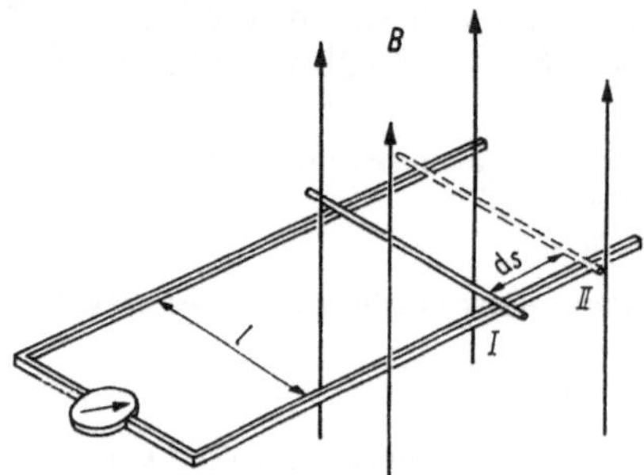

Abb. 4.45. Zur induzierten Spannung in bewegten Leitern

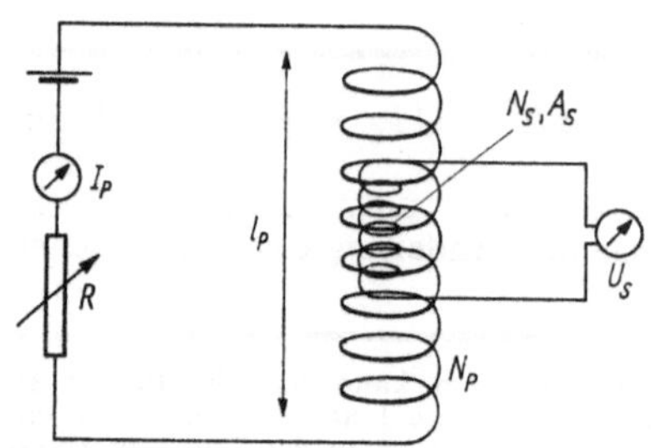

Abb. 4.46. Zur gegenseitigen Induktion zweier Spulen

wird. Verschieben wir nun den Stab mit konstanter Geschwindigkeit nach rechts, dann ändert sich die Fläche der Leiterschleife, die von den Feldlinien durchdrungen wird. Somit ändert sich der magnetische Fluß Φ, und in der Leiterschleife wird eine Spannung induziert. Es gilt das Induktionsgesetz

$$U_{\text{ind}} = -\frac{d\Phi}{dt} = -\frac{d}{dt} \int B \, dA. \qquad (4.15)$$

Da B und dA senkrecht aufeinander stehen und ein homogenes Feld vorliegt ($B = $ const), vereinfacht sich der Ausdruck zu

$$U_{\text{ind}} = \frac{d}{dt}(BA) = B\frac{dA}{dt}.$$

dA ist der in der Zeit dt erzielte Flächenzuwachs der Leiterschleife. Wird in der Zeit dt der Metallstab von der Lage I nach II mit der konstanten Geschwindigkeit v verschoben, dann legt er die Wegstrecke $ds = v \, dt$ zurück. Somit ergibt sich für den Flächenzuwachs $dA = l \, ds = lv \, dt$. In der Leiterschleife wird also die Spannung

$$U_{\text{ind}} = Blv \qquad (4.18)$$

induziert.

4.2.4. Gegenseitige Induktion zweier Stromkreise

Das Induktionsgesetz besagt ganz allgemein, daß in einer Leiterschleife eine Spannung induziert wird, wenn sich der magnetische Fluß durch die Leiterschleife zeitlich ändert. In Abschn. 4.2.1 (Versuch 3) hatten wir mit Hilfe einer stromdurchflossenen Spule ein Magnetfeld erzeugt, das durch eine Leiterschleife hindurchgreift. Durch Ein- und Ausschalten des Spulenstromes wurde erreicht, daß sich der magnetische Fluß in der Leiterschleife zeitlich ändert und daher eine Spannung induziert wird. Diesen Induktionsvorgang wollen wir genauer berechnen. Zu dem Zweck sei das benötigte Magnetfeld durch eine Spule (*Primärspule*) von N_P Windungen und der Länge l_P erzeugt. Nach Abb. 4.46 wird die Spule mit einer Stromquelle verbunden, so daß in der Spule ein Strom I_P fließt, der durch einen Regelwiderstand R zeitlich verändert werden kann; $I_P = I_P(t)$. Entsprechend Abb. 4.46 ist innerhalb der Primärspule eine zweite Spule (*Sekundärspule*) mit N_S Windungen und dem Spulenquerschnitt A_S angeordnet. (Um die Querschnittsfläche gut bestimmen zu können, sei die Sekundärspule einlagig gewickelt.) Da der Strom in der Primärspule mit Hilfe des Widerstandes zeitlich verändert wird, greift durch die Sekundärspule ein zeitlich veränderlicher Magnetfluß. Nach dem Induktionsgesetz wird also in der Sekundärspule eine Spannung der Größe

$$U_S = -N_S \frac{d\Phi_S}{dt} \qquad (4.14\,\text{b})$$

induziert. Diese Spannung soll durch Spulengrößen und durch den Strom ausgedrückt werden. Hierzu folgende Überlegungen: Die Primärspule erzeugt in ihrem Innern nach (4.1) die magnetische Feldstärke

$$H_P = \frac{N_P I_P}{l_P}.$$

Es herrscht dort also die magnetische Induktion

$$B_P = \mu_0 H_P = \mu_0 \frac{N_P I_P}{l_P}.$$

Die Sekundärspule wird somit von dem magnetischen Fluß

$$\Phi_S = B_P A_S = \mu_0 \frac{N_P}{l_P} I_P A_S \qquad (4.19\,\text{a})$$

durchsetzt. Der Fluß ist zeitlich veränderlich, da der Strom der Primärspule zeitlich geändert wird: $I_P = I_P(t)$. In das Induktionsgesetz (4.14 b) eingesetzt, ergibt sich

$$U_S = -\mu_0 \frac{N_P}{l_P} N_S A_S \frac{dI_P}{dt}.$$

Die konstanten Größen fassen wir zu einem Koeffizienten L_{12} zusammen, den wir *gegenseitige Induktion* oder kurz *Gegeninduktivität* nennen:

$$L_{12} = \mu_0 \frac{N_P}{l_P} N_S A_S. \tag{4.19b}$$

Somit ergibt sich das Induktionsgesetz in der Form

$$U_S = -L_{12} \frac{dI_P}{dt}. \tag{4.20}$$

Haben zwei Spulen miteinander induktiven Kontakt, dann ist die in der Sekundärspule induzierte Spannung proportional der Gegeninduktivität und der zeitlichen Änderung des Stromes in der Primärspule.
Die Gegeninduktivität ist eine Gerätekonstante; sie hängt nur von den Abmessungen der Spulen ab. Sie ist dem Produkt der Windungszahlen proportional.

Vertauschen wir die Rollen der beiden Spulen, erhalten wir die gleiche Gegeninduktivität: $L_{12} = L_{21}$.
Maßeinheit der Gegeninduktivität: Aus (4.20) ergibt sich $[L_{12}] = \text{Vs/A}$, wobei wir setzen: $1\ \text{Vs/A} = 1\ \Omega\text{s} = 1\ \text{H}$ (1 Henry). Zwei Spulen haben die Gegeninduktivität 1 Henry, wenn bei einer gleichmäßigen Änderung der Stromstärke der Primärspule um 1 Ampere in 1 Sekunde in der Sekundärspule eine Spannung von 1 Volt induziert wird.
Integrieren wir (4.20), dann erhalten wir

$$\int_{t_1}^{t_2} U_S\, dt = -L_{12}(I_{P2} - I_{P1}). \tag{4.21}$$

Der in der Sekundärspule induzierte Spannungsstoß ist proportional der Gegeninduktivität und der Stromänderung in der Primärspule.

4.2.5. Selbstinduktion

Eine Zylinderspule sei an eine Stromquelle angeschlossen, wobei mit Hilfe eines regelbaren Widerstandes der Strom in der Spule verändert wird: In der Spule entsteht somit ein zeitlich veränderliches Magnetfeld. Dieses Magnetfeld durchsetzt die Windungen der eigenen Spule. Jede Spulenwindung erzeugt ein Magnetfeld, das durch alle Windungen greift. Demnach wird in jeder Windung eine Spannung induziert. Es spielt sich also der Effekt, der bei der gegenseitigen Induktion

zur Entstehung einer Induktionsspannung in der Sekundärspule führte, auch in den Windungen der eigenen Spule ab. Man nennt diesen Vorgang *Selbstinduktion*. Hierbei übernimmt die Spule zugleich die Funktion der Primär- und der Sekundärspule der gegenseitigen Induktion. Daher erhalten wir das der Selbstinduktion zugrunde liegende Gesetz, wenn wir in (4.19) die Daten beider Spulen einander gleichsetzen: $N_P = N_S = N$, $l_P = l_S = l$, $A_P = A_S = A$. Es ergibt sich

$$U_{ind} = -L \frac{dI}{dt} \tag{4.22}$$

mit

$$L = \mu_0 \frac{N^2}{l} A. \tag{4.23}$$

Schreiben wir (4.22) in der integralen Form, erhalten wir

$$\int_{t_1}^{t_2} U_{ind}\, dt = -L(I_2 - I_1). \tag{4.24}$$

L ist der *Selbstinduktionskoeffizient* oder kurz die *Induktivität*. Sie hat die gleiche Maßeinheit wie die Gegeninduktivität. Sie ist eine Gerätegröße, die eine Spuleneigenschaft charakterisiert. Hierauf wird noch genauer eingegangen. Es gilt: Eine Spule hat die Induktivität 1 H, wenn bei einer Stromänderung um 1 A ein Spannungsstoß von 1 Vs entsteht.

Meßmethoden zur Bestimmung der Induktivität werden wir bei der Behandlung des Wechselstroms (Abschn. 5.9.3) kennenlernen.

Aus (4.22) entnehmen wir auf Grund des negativen Vorzeichens:

Wächst die Stromstärke in einer Spule, so wird eine Spannung induziert, die der primären Spannung entgegenwirkt; die Induktionsspannung verlangsamt das Anwachsen des Stromes.
Nimmt die Stromstärke in einer Spule ab, so wird eine Spannung induziert, die mit der primären Spannung gleichgerichtet ist; die Induktionsspannung unterstützt den Stromfluß.

Die Sätze lassen sich indirekt begründen: Angenommen, entgegen dem ersten Satz sei beim Anwachsen der Stromstärke in einer Spule die induzierte Spannung mit dem primären Strom gleichgerichtet. Dann würde das zu einem stärkeren Anwachsen des Stromes führen. Dies hätte

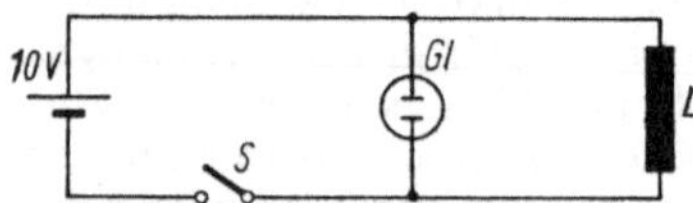

Abb. 4.47. Induktionsspannung durch plötzliche Stromunterbrechung

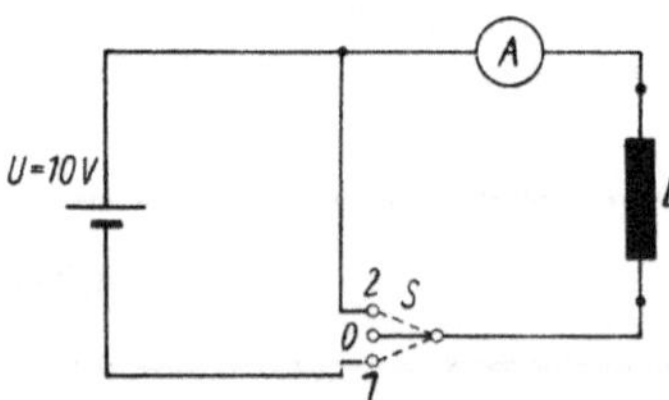

Abb. 4.48. Schaltung zur Demonstration des Ein- und Ausschaltvorganges

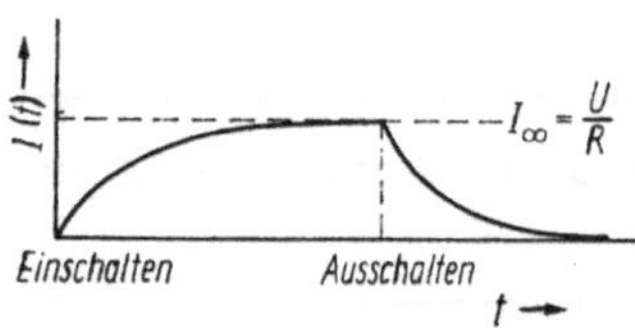

Abb. 4.49. Zeitlicher Stromverlauf beim Einschalt- und beim Ausschaltvorgang

eine noch größere Induktionsspannung und daher weitere Steigerung des Stromes zur Folge. Das widerspricht dem Energieerhaltungssatz.

Stromunterbrechung. Nach (4.22) ist die induzierte Spannung proportional der zeitlichen Änderung der primären Stromstärke. Eine Unterbrechung des Stromes bedeutet seine außerordentlich schnelle Änderung auf den Wert Null. In diesem Fall entsteht eine sehr große Induktionsspannung, die dem primären Strom gleichgerichtet ist. Sie kann höhere Werte annehmen als die primäre Spannung. Das Auftreten von sog. Öffnungsfunken an einem Schalter ist die Folge der hohen Induktionsspannung, da die Induktionserscheinungen natürlich nicht auf Spulen beschränkt sind, sondern in gleicher Weise auch in geraden Leitern ablaufen.

Das Experiment der Abb. 4.47 demonstriert in analoger Weise die Entstehung einer hohen Induktionsspannung. Eine Spule L und eine Glimmlampe Gl werden parallelgeschaltet und an eine Stromquelle der Spannung von 10 V angeschlossen. (Die Spule hat zur Vergrößerung der Induktivität einen Eiseakern. Auf die Wirkungsweise eines Eisenkerns in einer Spule wird in Abschn. 4.5.2 eingegangen.) Die Glimmlampe hat eine Zündspannung von etwa 90 V. Diese Spannung muß mindestens erreicht werden, damit die Lampe brennt. Wenn sie gezündet hat, brennt sie auch

noch bei Spannungen unter 90 V. Wird jedoch die Spannung kleiner als 60 V, dann erlöscht sie. Die angeschlossene Spannung von 10 V reicht also auf keinen Fall aus, um die Lampe zu zünden. Unterbrechen wir mit Hilfe des Schalters S den Spulenstrom, dann leuchtet die Lampe kurz auf. Es wurde durch den schnellen Stromabfall eine Spannung induziert, die erheblich größer ist als die anliegende. Beim Ausschalten ist die zeitliche Flußänderung durch die schlagartige Unterbrechung des Stromes sehr groß. Daher wird kurzzeitig eine hohe Selbstinduktionsspannung induziert. Die Glimmlampe zündet und verlöscht sofort wieder.

Einschalt- und Ausschaltvorgänge. Entsprechend Abb. 4.48 ist eine Spule mit einem Amperemeter und einer Spannungsquelle verbunden. Wir schalten den Strom ein (Schalterstellung 1). Durch das Anwachsen des Stromes erzeugt die Spule eine Induktionsspannung, die dem Strom entgegenwirkt. Das Amperemeter erreicht folglich nicht sofort den vollen Endausschlag, sondern nähert sich ihm allmählich. Der Strom hat etwa den Verlauf der Abb. 4.49. Beim Ausschalten (Schalterstellung 2, Abb. 4.48) spielt sich der entsprechend umgekehrte Vorgang ab. Da die Stromstärke abnimmt, wird eine Spannung induziert, die dem primären Strom gleichgerichtet ist. Obwohl also die Spannungsquelle von der Anlage getrennt ist, zeigt das Amperemeter einen Stromfluß an, der erst allmählich auf Null absinkt (Abb. 4.49).

Um den *Einschaltvorgang* zu berechnen, müssen wir beachten, daß die Spule (Abb. 4.48) außer der Induktivität L stets einen Ohmschen Widerstand R besitzt. Wir können ihn als mit der Spule in Reihe geschaltet ansehen. Der Strom durch diesen Widerstand wird in jedem Augenblick durch das Ohmsche Gesetz bestimmt, wobei sich die wirkende Spannung aus der angelegten Spannung U und der induzierten Spannung U_{ind} zusammensetzt:

$$U + U_{\mathrm{ind}} = RI.$$

Die induzierte Spannung ist nach (4.20) $U_{\mathrm{ind}} = -L\,\mathrm{d}I/\mathrm{d}t$. Wir erhalten somit

$$U - L\frac{\mathrm{d}I}{\mathrm{d}t} = RI,$$

umgeformt

$$\frac{\mathrm{d}I}{\mathrm{d}t} + \frac{R}{L}I = \frac{U}{L} \quad \text{mit} \quad U = \text{const.}$$

Für einen zur Zeit $t = 0$ eingeschalteten Strom ($I_0 = 0$) lautet die Lösung dieser Differentialgleichung

$$I = \frac{U}{R}\left(1 - e^{-\frac{R}{L}t}\right).$$

Für $t = \infty$ wird die Exponentialfunktion Null. Die Stromstärke erreicht also erst nach sehr langer Zeit (theoretisch nach unendlich langer Zeit) den durch das Ohmsche Gesetz bestimmten Wert

$$I = \frac{U}{R}.$$

Der zeitliche Stromverlauf ist in Abb. 4.49 gezeigt.

In analoger Weise können wir den *Ausschaltvorgang* berechnen. Der Strom sei schon lange eingeschaltet, so daß er den Wert $I_0 = U/R$ angenommen hat. Mit dem Ausschalten ($U = 0$) beginnen wir die Zeitzählung ($t = 0$). Dann gilt als Lösung der Differentialgleichung

$$I = I_0\, e^{-\frac{R}{L}t}.$$

Erst für $t = \infty$ wird die Stromstärke Null. Der zeitliche Stromverlauf des Ausschaltprozesses ist ebenfalls in Abb. 4.49 gezeigt.

Der Exponent erhält für

$$t = \tau = \frac{L}{R}$$

den Wert -1. Nach dieser Zeit ist also die Stromstärke auf den e-ten Teil gesunken:

$$I = \frac{I_0}{e}.$$

τ heißt die *Zeitkonstante der Spule*.

Zusammenhang zwischen Selbstinduktion und gegenseitiger Induktion. Zwei Zylinderspulen *1* und *2* seien so aufgestellt, daß der magnetische Fluß der einen Spule jeweils die zweite vollständig durchdringt. Wird die Spule *1* vom Strom I_1 durchflossen, dann ist nach (4.19a) der Fluß in der Spule *2*

$$\Phi_{12} = \mu_0 \frac{N_1}{l_1} A_2 I_1.$$

Wir führen mit Hilfe von (4.19b) die Gegeninduktivität L_{12} ein und erhalten

$$\Phi_{12} = \frac{L_{12}I_1}{N_2}.$$

Den in Spule *2* erzeugten magnetischen Fluß können wir uns andererseits durch einen Strom I_2 in dieser Spule erzeugt denken, so daß gilt:

$$\Phi_2 = \mu_0 \frac{N_2}{l_2} A_2 I_2$$

oder mit dem Selbstinduktionskoeffizienten L_2 nach (4.23)

$$\Phi_2 = \frac{L_2 I_2}{N_2}.$$

Da $\Phi_{12} = \Phi_2$ ist, erhalten wir

$$L_{12}I_1 = L_2 I_2.$$

Vertauschen wir die Funktionen beider Spulen, bekommen wir

$$L_{21}I_2 = L_1 I_1.$$

Aus beiden Ausdrücken ergibt sich

$$L_{12}L_{21} = L_1 L_2.$$

Da die Gegeninduktivitäten gleich sind: $L_{12} = L_{21}$, wird hieraus

$$L_{12} = \sqrt{L_1 L_2}.$$

Die Gleichung gilt, wenn die „Kopplung" zwischen beiden Spulen so fest ist, daß der gesamte magnetische Fluß der einen Spule die zweite vollständig durchdringt. Ist dies nicht der Fall, liegt „lose Kopplung" vor, dann gilt

$$L_{12} = k\sqrt{L_1 L_2}. \tag{4.25}$$

k ist der *Kopplungsfaktor*. Er gibt das Verhältnis von dem in der zweiten Spule umfaßten Fluß Φ_{12} zu dem in der ersten Spule erzeugten Φ_1 an:

$$k = \frac{\Phi_{12}}{\Phi_1}.$$

$k = 1$ bezeichnet 100%ige Kopplung. Für praktische Fälle gilt $0 < k < 1$. (4.25) gilt nicht nur für gekoppelte Zylinderspulen, sondern für jede beliebige Art von Spulen.

4.2.6. Die magnetische Feldenergie

In Abschn. 4.2.5 haben wir festgestellt, daß in einem Stromkreis, der eine Spule enthält, auch nach dem Abschalten der Stromquelle noch ein Strom in der ursprünglichen Richtung fließt. Die Ursache ist die in der Spule erzeugte Selbstinduktionsspannung. Die Energie für diesen Stromfluß kann nur aus dem Magnetfeld stammen. Wird beim Einschalten des Stromes das Magnetfeld aufgebaut, dann wird hierzu Energie verbraucht, die in dem Feld gespeichert ist. Bricht beim Ausschalten des Stromes das magnetische Feld wieder zusammen, dann wird die gespeicherte Energie an den Stromkreis zurückgeliefert.

Wir wollen nun die in einem Magnetfeld enthaltene Energie berechnen. Zu diesem Zweck sei eine Zylinderspule der Induktivität L an eine Stromquelle der Spannung U_E angeschlossen. Beim Einschalten hat der Strom infolge der Selbstinduktion nicht sofort die volle Größe. Er möge in einem bestimmten Zeitpunkt t den Wert $I = I(t)$ erreicht haben. Die Stromquelle leistet in der Zeit dt die Arbeit

$$dW = U_E I\, dt.$$

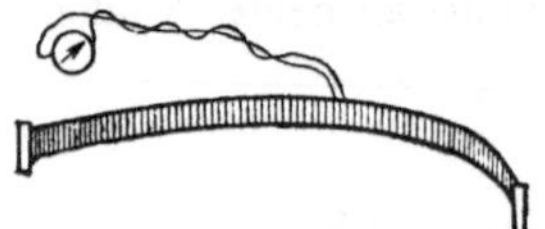

Abb. 4.50. Der magnetische Spannungsmesser

Während des Stromanstiegs in der Zeit $\mathrm{d}t$ entsteht in der Spule eine induzierte Spannung:

$$U_{\mathrm{ind}} = -L\frac{\mathrm{d}I}{\mathrm{d}t},$$

die der angelegten Spannung U_{E} entgegengerichtet ist. In der Spule kommt also nur der Spannungsanteil $U_{\mathrm{E}} - L\,\mathrm{d}I/\mathrm{d}t$ zur Auswirkung; nur er kann zur Erzeugung von Joulescher Stromwärme beitragen. In der Zeit $\mathrm{d}t$ wird somit in der Spule die Joulesche Wärme

$$\mathrm{d}W_{\mathrm{J}} = \left(U_{\mathrm{E}} - L\frac{\mathrm{d}I}{\mathrm{d}t}\right)I\,\mathrm{d}t$$

umgesetzt. Dieser Betrag ist kleiner als die von der Stromquelle geleistete Arbeit. Die Differenz

$$\mathrm{d}W - \mathrm{d}W_{\mathrm{J}} = \mathrm{d}W_{\mathrm{M}} = LI\frac{\mathrm{d}I}{\mathrm{d}t}\,\mathrm{d}t = LI\,\mathrm{d}I$$

ist die in dem Magnetfeld gespeicherte Energie. Die insgesamt aufzuwendende Arbeit und damit die gesamte im Magnetfeld der Spule gespeicherte Energie erhalten wir durch Integration:

$$W_{\mathrm{M}} = \int_{0}^{I} LI\,\mathrm{d}I = \frac{1}{2}LI^{2}.$$

Wir wollen die magnetische Energie der Spule durch Feldgrößen ausdrücken. Nach (4.23) ist die Induktivität einer Zylinderspule

$$L = \mu_0 \frac{N^2}{l}A.$$

Eingesetzt ergibt sich

$$W_{\mathrm{M}} = \frac{1}{2}\mu_0 A \frac{N^2 I^2}{l}.$$

Die magnetische Feldstärke einer Zylinderspule ist $H = NI/l$. Da das Feld im Außenraum vernachlässigt werden kann, befindet sich die magnetische Feldenergie praktisch vollständig in dem von der Spule umschlossenen Volumen. Also ist $V = Al$ das von der magnetischen Energie erfüllte Volumen. Wir erhalten somit

$$W_{\mathrm{M}} = \frac{1}{2}\mu_0 H^2 V.$$

Wir wollen die Energiedichte $w_{\mathrm{M}} = W_{\mathrm{M}}/V$ angeben, wobei wir beachten, daß $B = \mu_0 H$ ist (4.17). Die erhaltene Formel gilt nicht nur für das homogene Feld einer Zylinderspule, sondern allgemein, so daß wir setzen können:

$$w_{\mathrm{M}} = \frac{1}{2}BH.$$

Vergleichen wir die hier gefundenen Formeln mit den entsprechenden des elektrischen Feldes (Abschn. 2.4.7), erkennen wir einen völlig analogen Aufbau. Die elektrische Energie eines geladenen Kondensators ist

$$W_{\mathrm{E}} = \frac{1}{2}CU^2$$

und die elektrische Energiedichte

$$w_{\mathrm{E}} = \frac{1}{2}DE.$$

4.2.7. Messung der magnetischen Spannung

In Abschn. 4.1.8 hatten wir in Analogie zur elektrischen Spannung den Begriff der „magnetischen Spannung" eingeführt:

$$U_{\mathrm{m}} = \int_{P_1}^{P_2} H\,\mathrm{d}r.$$

Zugleich hatten wir in Abschn. 4.1.9 ein Gerät kennengelernt, das die Messung dieser Größe gestattet. Die Wirkungsweise des „magnetischen Spannungsmessers" (CHATTOK, ROGOWSKI, STEINHAUS) soll im folgenden vorgestellt werden. Sein Kernstück bildet eine flache Spule von etwa 10 000 Windungen und rund 1 m Länge. Die Spule ist auf einem biegsamen Träger (z. B. Leder) in zwei Lagen aufgewickelt. Die Enden der Spule befinden sich in der Mitte der oberen Lage und werden mit einem ballistischen Galvanometer verbunden (Abb. 4.50).
Zur Messung bringen wir die Enden der Spule an die Punkte des magnetischen Feldes, zwischen denen die magnetische Spannung gemessen werden soll, und legen die Spule selbst in den Integrationsweg. Wir messen den Induktionsspannungsstoß in der Spule beim Ausschalten des Feldes oder beim Herausziehen der Spule aus dem Feld in den feldfreien Raum. Wird bei dem Vorgang in einer Windung der Spule die Spannung U_{ind} induziert, dann entsteht nach (4.16) in dieser Leiterschleife der Spannungsstoß

$$\int_{t_1}^{t_2} U_{\mathrm{ind}}'\,\mathrm{d}t = -(\Phi_2 - \Phi_1).$$

Da die Windung vom felderfüllten zum feldfreien Raum gebracht wird, können wir $\Phi_1 = \Phi$

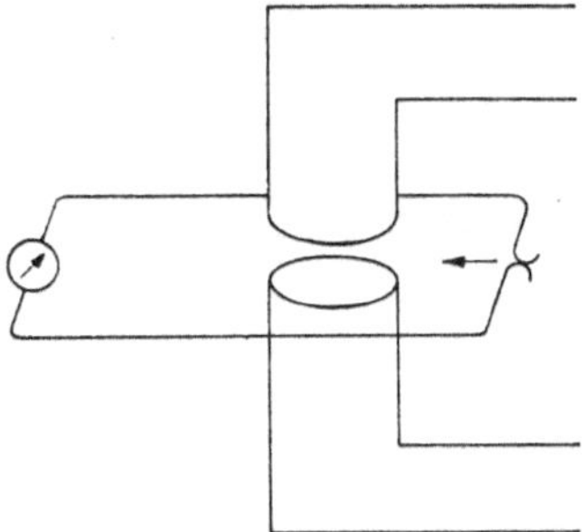

Abb. 4.51. Zum Heringschen Paradoxon

und $\Phi_2 = 0$ setzen. Also gilt

$$\int U_{\text{ind}}' \, \mathrm{d}t = \Phi$$

Die Fläche der betrachteten Leiterschleife ist, verglichen mit den Abmessungen des gesamten magnetischen Spannungsmessers, klein. Wir können daher annehmen, daß innerhalb der Leiterschleife das Magnetfeld homogen ist. Besitzt das Magnetfeld die Induktion B und umfaßt die Leiterschleife die Fläche A, dann gilt $\Phi = BA$. Hierbei haben B und A beliebige Richtung zueinander. Da die Normale von A in Richtung des Integrationsweges s liegt, können wir hierfür $\Phi = B_s A$ setzen. Also gilt für den Induktionsspannungsstoß in der Leiterschleife (mit $B_s = \mu_0 H_s$)

$$\int U_{\text{ind}}' \, \mathrm{d}t = B_s A = \mu_0 H_s A.$$

Die gesamte Spule mit der Länge l hat N Windungen. Dann entfallen auf die Länge $\mathrm{d}s$

$$\mathrm{d}N = \frac{N}{l} \, \mathrm{d}s$$

Windungen. Folglich wird in der Spulenlänge $\mathrm{d}s$ der Spannungsstoß

$$\mathrm{d}N \int U_{\text{ind}}' \, \mathrm{d}t = \mu_0 \frac{NA}{l} H_s \, \mathrm{d}s.$$

induziert. Den Spannungsstoß in der gesamten Spule $\int U_{\text{ind}} \, \mathrm{d}t$ erhält man durch Integration über alle Wegelemente $\mathrm{d}s$:

$$\int U_{\text{ind}} \, \mathrm{d}t = N \int U_{\text{ind}}' \, \mathrm{d}t = \mu_0 \frac{NA}{l} \int_{P_1}^{P_2} H_s \, \mathrm{d}s.$$

Die magnetische Spannung $U_\mathrm{m} = \int_{P_1}^{P_2} H_s \, \mathrm{d}s$ zwischen zwei Punkten ist also proportional dem gemessenen Spannungsstoß und kann mit dem Gerät gemessen werden. Im allgemeinen werden nur relative Angaben benötigt, so daß sich eine Eichung erübrigt.

4.2.8. Die allgemeinste Gleichung für die induzierte Spannung

In (4.14) und (4.15) haben wir das Induktionsgesetz in der Form

$$U_{\text{ind}} = -\frac{\mathrm{d}\Phi}{\mathrm{d}t} = -\frac{\mathrm{d}}{\mathrm{d}t} \int B \, \mathrm{d}A$$

angegeben. Das rechts stehende Integral setzt sich aus zwei Anteilen zusammen, einer zeitlichen Änderung der magnetischen Induktion B und einer zeitlichen Änderung der vom Magnetfeld durchsetzten Fläche. Wir erhalten somit

$$U_{\text{ind}} = -\int \frac{\partial B}{\partial t} \, \mathrm{d}A - \int B \, \mathrm{d}\left(\frac{\partial A}{\partial t}\right).$$

Für den Sonderfall des homogenen Feldes wird hieraus

$$U_{\text{ind}} = -A \frac{\partial B}{\partial t} - B \frac{\partial A}{\partial t}.$$

Die Änderung der umfaßten Fläche erfolgt durch Verschieben der Wegelemente $\mathrm{d}s$ des Integrationsweges (der Längenelemente der Drahtschleife) mit der Geschwindigkeit v':

$$\mathrm{d}\left(\frac{\partial A}{\partial t}\right) = v' \times \mathrm{d}s.$$

Also wird

$$U_{\text{ind}} = -\int \frac{\partial B}{\partial t} \, \mathrm{d}A + \oint (v' \times B) \, \mathrm{d}s.$$

Die von uns behandelten Induktionsvorgänge sind als Sonderfälle hierin enthalten.

Das Heringsche Paradoxon. Nach Abb. 4.51 umschließt eine Leiterschleife einen geschlitzten Eisenkern eines Magneten. Ziehen wir die Leiterschleife durch den Schlitz, dann zeigt das Instrument einen Spannungsstoß an. Der die Schleife durchsetzende Magnetfluß ist während des Experiments auf den Wert Null abgefallen.
Wir wiederholen den Versuch, wobei sich die Gleitkontakte der Leiterschleife entlang der Oberfläche des Eisenkerns bewegen. Der elektrische Leiterkreis ist über das Eisen ständig geschlossen. Das Instrument zeigt keine Induktionsspannung an, obwohl am Ende des Experimentes der magnetische Fluß durch die Schleife Null ist.
Das zunächst paradox erscheinende Ergebnis läßt sich folgendermaßen erklären: Die aufgestellten Gleichungen gelten nur, wenn der Leiterkreis einfach zusammenhängend ist und keine ausgedehnten Metallmassen enthält. Im vorliegenden Fall gehört der Eisenkern zum Leiterkreis, wobei die Bewegung des Leiters in einem Gebiet durchgeführt wird, in dem gar kein Magnetfeld vorhanden ist. In obiger Gleichung liegen also v' und B nicht im gleichen Gebiet.

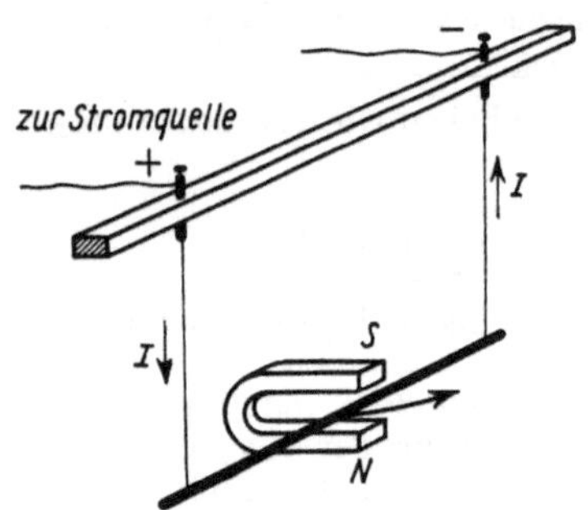

Abb. 4.52. Kraft auf einen Stromleiter im homogenen Magnetfeld

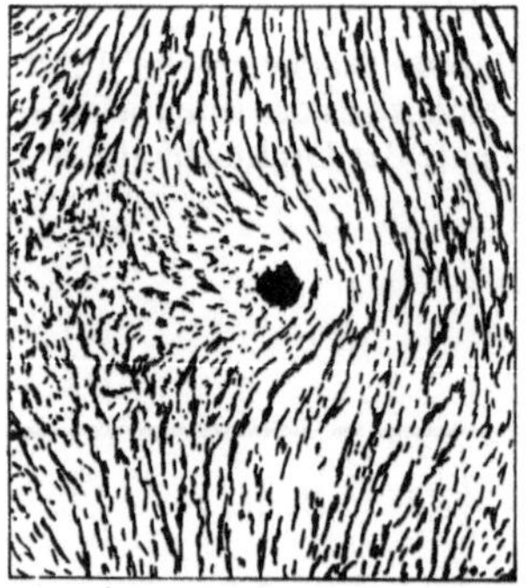

Abb. 4.53. Magnetische Feldlinien eines Stromleiters im homogenen Magnetfeld

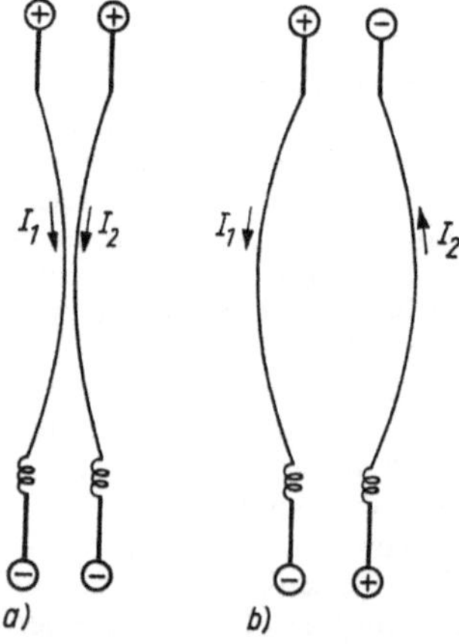

Abb. 4.54. Anziehung zwischen parallelen und gleichgerichteten Strömen (a) und Abstoßung zwischen parallelen und entgegengesetzt gerichteten Strömen (b)

4.3. Kraftwirkung auf Ströme im Magnetfeld

4.3.1. Experimentelle Grundlagen

Leiter und Permanentmagnet. Permanente Magnete üben Kräfte aufeinander aus (z. B. ein Stabmagnet auf eine Magnetnadel). Es ist dies eine der magnetischen Grunderscheinungen, die in Abschn. 4.1.1 besprochen wurden. Die Wechselwirkung wird durch die Magnetfelder beider Magnete übertragen. Da elektrische Ströme in Leitern ebenfalls magnetische Felder erzeugen (Abschn. 4.1.4), ist zu erwarten, daß auch zwischen stromführenden Leitern und Permanentmagneten und zwischen stromführenden Leitern untereinander Kräfte wirken. Eine Bestätigung dieser Aussage ist uns bereits im Oerstedschen Versuch begegnet (Ablenkung einer Magnetnadel durch einen stromdurchflossenen Leiter). Wir benutzen das Auftreten solch einer Kraft als ersten Hinweis für die Ausbildung eines magnetischen Feldes um den Leiter.

Die Abb. 4.52 zeigt ein Experiment zum qualitativen Nachweis der Kraft auf einen stromdurchflossenen, geraden Leiter in einem Magnetfeld. Zwischen den Polen eines hufeisenförmigen Permanentmagneten hängt pendelnd ein gerader Leiter. Schalten wir den Strom ein, dann schwingt der Leiter nach rechts aus und verbleibt in der Lage. Durch den Stromfluß im Leiter wirkt offensichtlich eine Kraft auf ihn, die die Bewegung auslöst. Beachten wir die Richtungen von Strom, Magnetfeld und Kraft, erkennen wir, daß alle drei Größen aufeinander senkrecht stehen. Die Kraft wirkt senkrecht zu der Ebene, die durch den geraden Leiter und die magnetischen Feldlinien gebildet wird. Versucht man den Leiter wieder zwischen die Pole zu bringen, so empfindet man eine merkliche Gegenkraft.

In Abb. 4.53 ist das zu diesem Experiment gehörende Bild der magnetischen Feldlinien dargestellt. Die homogenen Feldlinien eines Permanentmagneten verlaufen in der Zeichenebene. Ein gerader stromführender Leiter durchsetzt dieses Feld senkrecht zur Zeichenebene und erzeugt kreisförmige Feldlinien. Beide Felder überlagern sich und ergeben das in Abb. 4.53 dargestellte Feld. Wir sehen, daß sich die resultierenden Feldlinien links des Leiters zusammendrängen. Analog den Verhältnissen im elektrischen Feld herrscht auch in Richtung der magnetischen Feldlinien ein Zug und quer zu ihnen ein Druck. Es wirkt also in Abb. 4.53 auf den Leiter eine Kraft nach rechts.

Parallele Leiter. In Abb. 4.54 sind zwei parallele Leiter dargestellt, die von Strömen durchflossen werden. Da jeder Leiter magnetische Feldlinien

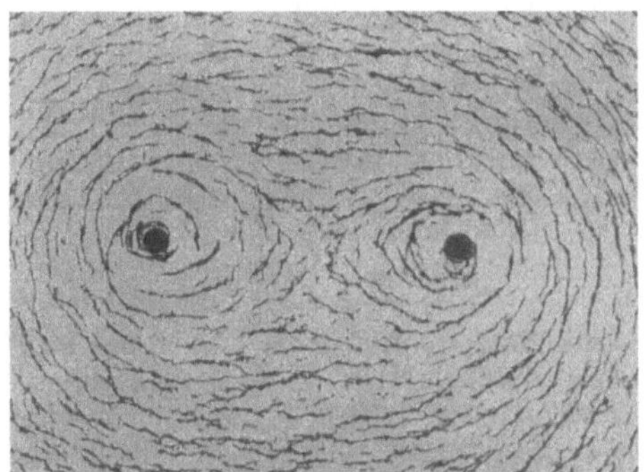

Abb. 4.55. Magnetische Feldlinien zu Abb. 4.54a

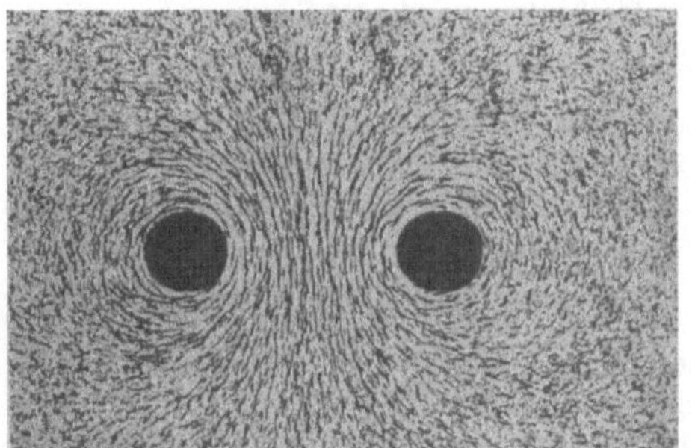

Abb. 4.56. Magnetische Feldlinien zu Abb. 4.54b

Abb. 4.57. Aufwickeln eines Stromleiters auf einen Stabmagneten

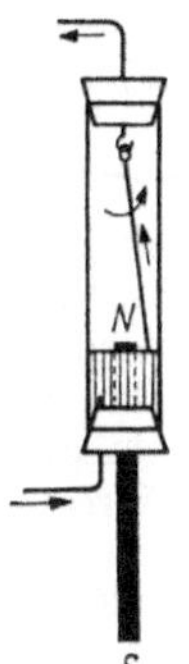

Abb. 4.58. FARADAYS Rotationsversuch

erzeugt, treten Kräfte zwischen ihnen auf. Das Experiment zeigt, daß die wirkenden Kräfte von der Stromrichtung abhängen. Werden parallele Leiter von Strömen in gleicher Richtung durchflossen, ziehen sie sich an; werden sie von Strömen in entgegengesetzten Richtungen durchflossen, stoßen sie sich ab.

Die zugehörigen magnetischen Feldlinienbilder sind in den Abbn. 4.55 und 4.56 dargestellt. In unmittelbarer Umgebung des Leiters erfolgt nahezu keine gegenseitige Beeinflussung. Dort existieren kreisförmige Feldlinien. In größeren Abständen überlagern sich die Felder beider Leiter. Bei gleichgerichteten Strömen erkennen wir, daß sich die Feldlinien vereinigen und beide Leiter gemeinsam umschließen. Es tritt eine anziehende Kraft zwischen den Leitern auf. – Werden die Leiter in entgegengesetzten Richtungen durchflossen, dann kommt es zwischen den Leitern zu einer großen Feldliniendichte. Da quer zu den Feldlinien ein Druck herrscht, stoßen sich die Leiter gegenseitig ab.

Stromleiter im Magnetfeld. Die Bewegung eines Stromleiters kann man auch durch folgenden Versuch zeigen (Abb. 4.57): Ein aus mehreren Lamettafäden hergestellter biegsamer Leiter ist lotrecht neben einem Stahlmagneten aufgehängt. Schickt man durch den biegsamen Leiter einen elektrischen Strom, so wickelt sich der Leiter schraubenförmig um den Stabmagneten. Bei Stromumkehr wickelt er sich wieder ab und dann in entgegengesetzten Windungen wieder auf.

Man kann den Versuch auch in der Weise abwandeln, daß man nach Abb. 4.58 einen beweglichen Draht, der vom Strom durchflossen wird, dauernd um die eine Hälfte eines Stabmagneten rotieren läßt (FARADAY).

Eine Abänderung dieser Versuche stellt das *Barlowsche Rad* dar (Abb. 4.59). Das im Magnetfeld befindliche, leicht drehbare Kupferrädchen taucht in eine Quecksilberrinne, durch die die Stromabführung erfolgt. Die Stromeintrittsstelle liegt in der Achse des Rädchens. Bei geschlossenem Strom rotiert das Rädchen dauernd. Statt des Speichenrades kann man auch eine Vollscheibe verwenden.

Rogetsche Spirale. Eine weitere Abänderung der Versuche zeigt die Abb. 4.60. Eine weitmaschige Spirale taucht mit ihrem unteren Ende in ein Gefäß mit Quecksilber. Schickt man durch die Spirale über das Quecksilbernäpfchen einen Strom, dann ziehen sich die von parallelen Strömen durchflossenen Windungen der Spirale an. Die Spirale zieht sich zusammen und unterbricht dadurch den Strom über das Quecksilbernäpfchen. Hierdurch sind auch die anziehenden Kräfte unterbrochen, und die Spirale nimmt wieder ihre ursprüngliche Länge ein. Es kommt zum erneuten Stromkontakt, und das Spiel beginnt von vorn.

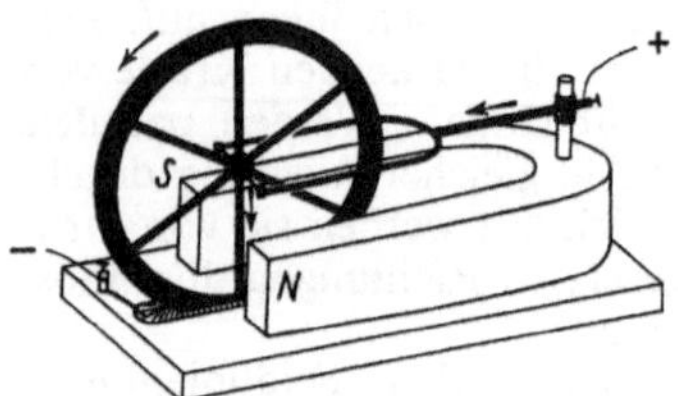

Abb. 4.59. Barlowsches Rad

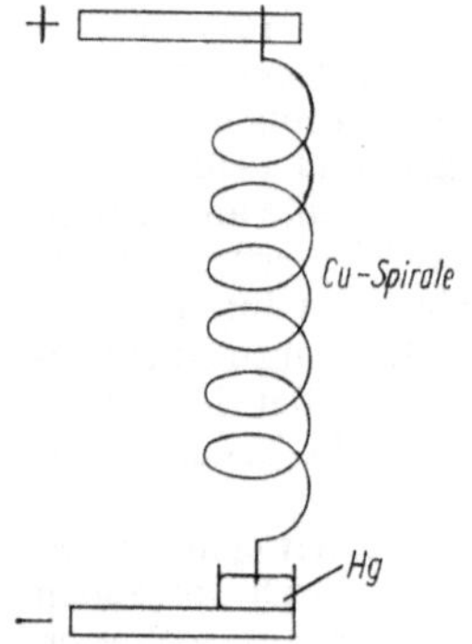

Abb. 4.60. Rogetsche Spirale

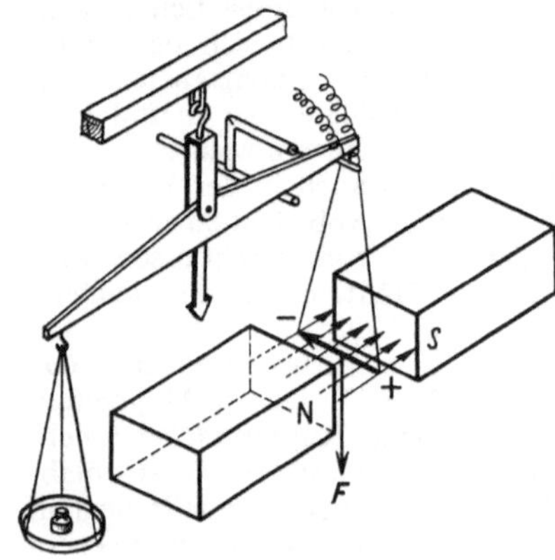

Abb. 4.61. Messung der Kraft auf einen Stromleiter im Magnetfeld

4.3.2. Gerader Leiter im homogenen Magnetfeld

In Abb. 4.61 ist ein gerader Leiter, der sich in einem homogenen Magnetfeld befindet, mit einem Waagebalken verbunden. Das Experiment bietet die Möglichkeit, die auftretende Kraft unmittelbar zu messen. Hat der Strom die eingezeichnete Richtung, dann wirkt die Kraft auf den Leiter nach unten.

Um einen quantitativen Zusammenhang zwischen Magnetfeld, Strom und wirkender Kraft berechnen zu können, stellen wir folgende Überlegung an: Wir vergleichen den Versuch der Abb.

4.61 mit der elektromagnetischen Induktion einer Spannung in einem bewegten geraden Leiter (Abschn. 4.2.3, Abb. 4.45). Wir erkennen, daß Abb. 4.61 gerade die Umkehrung des Induktionsexperiments darstellt. Bei der elektromagnetischen Induktion wird durch die Bewegung eines Leiters in einem Magnetfeld eine Spannung induziert, also ein Stromfluß ausgelöst. Demgegenüber wird beim Experiment der Abb. 4.61 durch einen Leitungsstrom in einem Magnetfeld eine Bewegung erzielt. Da also die Kraftwirkung auf einen Stromleiter die Umkehrung des Induktionsvorganges ist, bietet sich durch die Analogie die Möglichkeit, die gesuchte Kraft zu berechnen.

Wir betrachten zu diesem Zweck zunächst die Induktion einer Spannung in einem bewegten Leiter (Abschn. 4.2.3, Abb. 4.45). Durch die Bewegung des Leiters wird eine Spannung

$$U_{\mathrm{ind}} = Blv \tag{4.18}$$

induziert. Da der Leiterkreis geschlossen ist, ruft die induzierte Spannung einen Strom I hervor. In dem Leiterkreis wird somit eine elektrische Leistung

$$P_{\mathrm{el}} = U_{\mathrm{ind}}I = BlvI$$

umgesetzt. Die einzig mögliche Energiequelle hierfür liegt in der mechanischen Arbeit, die beim Verschieben des Stabes aufgebracht worden sein muß. (Hiermit ist nicht die Arbeit zum Überwinden der Reibung gemeint; denn wir setzen reibungsfreie Verschiebung voraus.) Durch den Stromfluß tritt die in Abb. 4.61 beobachtete Kraft auf, die sich dem Induktionsvorgang überlagert und die Bewegung zu hemmen sucht. Die Bewegung des Stabes mit der Geschwindigkeit v wird also gegen diese Kraft F geführt, so daß die mechanisch aufzubringende Leistung

$$P_{\mathrm{mech}} = Fv$$

ist. Elektrische und mechanische Leistung sind einander gleich. Also gilt

$$Fv = BlvI$$

oder

$$F = BlI. \tag{4.26}$$

(4.26) gibt die Kraft an, die ein vom Strom I durchflossener gerader Leiter der Länge l im Magnetfeld der Induktion B erfährt, wenn Stromrichtung und Feldrichtung aufeinander senkrecht stehen. Die Kraft ihrerseits steht senkrecht auf der von I und B gebildeten Ebene, wobei Strom, Feld und Kraft in dieser Reihenfolge ein Rechtssystem bilden (Abb. 4.62). Drücken wir (4.26) in vektorieller Schreibweise aus, dann erfassen wir

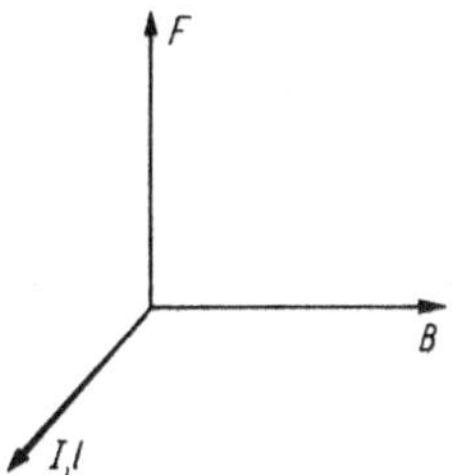

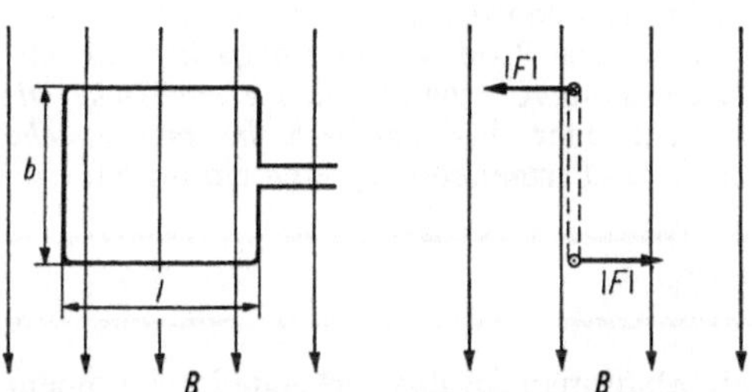

Abb. 4.62. Strom, Feld und Kraft bilden ein Rechtssystem

Abb. 4.63. Leiterschleife im homogenen Magnetfeld

zugleich den allgemeinen Fall, bei dem der gerade Leiter beliebige Richtung zum Feld haben kann. Die Kraft steht immer senkrecht auf der von Strom und Feld gebildeten Ebene. Es gilt

$$F = I\boldsymbol{l} \times \boldsymbol{B}. \tag{4.27}$$

Hat der Leiter beliebige Form, und ist das Feld inhomogen, können wir (4.27) zur Berechnung der Kraft nicht verwenden. Ist d$\boldsymbol{l}$ ein Leiterelement, das vom Strom I durchflossen wird, dann wirkt hierauf die Kraft

$$\mathrm{d}\boldsymbol{F} = I\,\mathrm{d}\boldsymbol{l} \times \boldsymbol{B}.$$

Die Kraft auf den gesamten Leiter erhält man durch Integration über alle Leiterelemente

$$\boldsymbol{F} = I \int \mathrm{d}\boldsymbol{l} \times \boldsymbol{B}. \tag{4.28}$$

(4.27) ist ein Sonderfall von (4.28).

4.3.3. Kräfte paralleler Stromleiter aufeinander

Zwei parallele Stromleiter haben den Abstand R voneinander. Sie werden von Strömen der Stromstärke I_1 und I_2 durchflossen. l ist die Länge der Stromleiter. Der Leiter 1 ruft am Ort des Leiters 2 ein magnetisches Feld

$$H_2 = \frac{I_1}{2\pi R}$$

hervor. Es wirkt dort also die magnetische Induktion

$$B_2 = \mu_0 H_2 = \mu_0 \frac{I_1}{2\pi R}.$$

Leiter 2 steht senkrecht auf B_2. Auf den Leiter wirkt nach (4.26) die Kraft

$$F = I_2 l B_2.$$

Also gilt

$$F = \frac{\mu_0}{2\pi}\,\frac{l}{R}\,I_1 I_2. \tag{4.29}$$

Ist der Strom in beiden Leitern gleich groß ($I_1 = I_2 = I$), dann wird hieraus

$$F = \frac{\mu_0}{2\pi}\,\frac{l}{R}\,I^2. \tag{4.30}$$

Für die Richtung der wirkenden Kräfte erhalten wir:

Parallele gleichgerichtete Ströme ziehen einander an; parallele entgegengesetzt gerichtete Ströme stoßen einander ab.

Auf der „10. Generalkonferenz für Maß und Gewicht" (1954 in Paris) wurde festgelegt, daß die *Einheit der elektrischen Stromstärke* durch die Kraft, die zwei stromdurchflossene parallele Leiter aufeinander ausüben, definiert ist:

Das Ampere (A) ist die Stärke eines zeitlich unveränderlichen elektrischen Stromes durch zwei geradlinige, parallele, unendlich lange Leiter von vernachlässigbarem Querschnitt, die einen Abstand von 1 m haben und zwischen denen die durch den Strom elektrodynamisch hervorgerufene Kraft im leeren Raum je 1 m Länge der Doppelleitung $2 \cdot 10^{-7}$ N beträgt.

4.3.4. Drehmoment einer Leiterschleife im Magnetfeld

Eine rechteckige Leiterschleife befindet sich in einem homogenen Magnetfeld. Zunächst sollen die Feldlinien in der Ebene der Schleife verlaufen (Abb. 4.63). Eine derartige Leiterschleife stellt eine Kombination von mehreren geraden Leitern im Magnetfeld dar. Fließt durch die Schleife der Strom I, dann wirken wegen (4.27) auf die Leiter, die parallel zu den Feldlinien verlaufen, keine Kräfte. Nur an den Leitern, die senkrecht zu den Feldlinien liegen, greifen Kräfte an. Da die Ströme in diesen Leitern entgegengesetzte Richtung haben, sind auch die an den Leitern (Länge l) angreifenden Kräfte gleich groß, aber entgegenge-

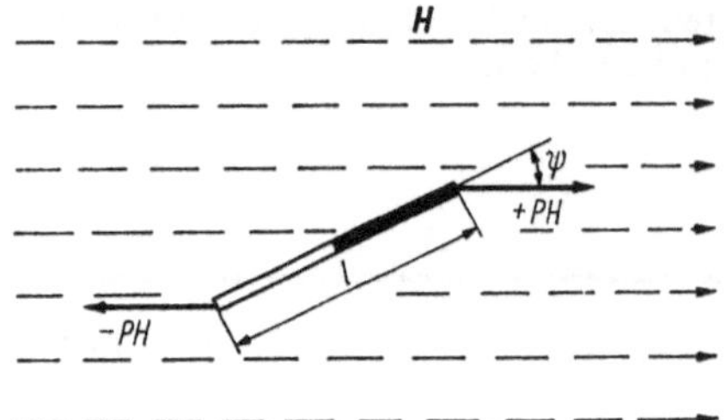

Abb. 4.64. Stabmagnet im homogenen Magnetfeld

setzt gerichtet. Es wirkt somit ein Kräftepaar auf die Leiterschleife. Für die Einzelkraft gilt

$$F = Il \times B. \tag{4.27}$$

Nach Abb. 4.63 haben die Angriffspunkte der Kräfte den Abstand b voneinander. Daher wirkt auf die Leiterschleife das Drehmoment (Bd. I)

$$M_{mech} = b \times F = b \times [Il \times B].$$

Das Produkt $b \times l$ ist die Fläche A der Leiterschleife. b wie auch l haben die Richtung des Stromes. Also gilt

$$M_{mech} = IA \times B. \tag{4.31}$$

Die Richtung der Fläche A ist durch die Umlaufrichtung des Stromes in der Randkurve festgelegt (Rechtsschraubenregel). An (4.31) erkennt man, daß das Drehmoment am größten ist, wenn A und B senkrecht aufeinanderstehen (wenn die Feldlinien in der Schleifenebene verlaufen). Es wird Null, wenn A und B gleiche Richtung haben (wenn die Leiterschleife quer zu den Feldlinien liegt).
Den Ausdruck

$$m = IA \tag{4.32}$$

nennt man *elektromagnetisches Moment* oder *Ampèresches magnetisches Moment* der Leiterschleife. Mit (4.32) erhält man für das Drehmoment der Leiterschleife im Magnetfeld

$$M_{mech} = m \times B. \tag{4.33}$$

In entsprechender Weise gilt für das elektromagnetische Moment einer Zylinderspule

$$m = NIA.$$

Maßeinheit des elektromagnetischen Moments: Aus (4.32) ergibt sich $[m] = Am^2$.

Magnetostatik. Befindet sich ein Permanentmagnet in einem homogenen Magnetfeld, dann wirken auf seine beiden Pole entgegengesetzt gerichtete Kräfte gleichen Betrages ein (Abb. 4.64). Sind $+P$ und $-P$ seine Polstärken, dann unterliegt er dem Einfluß eines Kräftepaares $+PH$ und $-PH$. Das Moment des Kräftepaares hat die Größe

$$M_{mech} = PHl \sin \psi.$$

Wir schreiben den Ausdruck in Vektorform, wobei wir für das Produkt aus Polstärke und Abstand der Pole voneinander das *magnetische Dipolmoment* oder das *Coulombsche magnetische Moment* des Permanentmagneten einführen:

$$\mu = Pl.$$

Somit erhält man für das wirkende Drehmoment

$$M_{mech} = \mu \times H.$$

Maßeinheit des magnetischen Dipolmoments: Es ergibt sich $[\mu] = [P][l] = Vs\,m$.
Die Formeln der Magnetostatik sind völlig analog denen der Elektrostatik aufgebaut (Abschn. 4.1.14). In der Elektrostatik ist das Drehmoment eines Dipols im elektrischen Feld $M_{mech} = p \times E$. p ist das elektrische Dipolmoment. Es ist definiert als Ladung mal Abstand der Ladungen: $p = Ql$. Die elektrische Ladung und die magnetische Polstärke werden als einander äquivalente Größen verwendet.
In dem völlig symmetrischen Aufbau der Gleichungen im Vergleich zu denen der Elektrostatik liegt der Wert der Magnetostatik. Daher wurden historisch gesehen die magnetischen Größen zuerst aus der Magnetostatik abgeleitet. Es ist jedoch die Messung der Polstärke eines Permanentmagneten im Vergleich zur Messung der Stromstärke einer Spule erheblich schwieriger. Daher wurden später vor allem für experimentelle Untersuchungen die magnetischen Größen auf Wirkungen stromführender Leiter zurückgeführt. Die Bedeutung der Magnetostatik für theoretische Betrachtungen bleibt jedoch weiterhin bestehen. Erschwerend wirkt sich aus, daß man auf diese Weise zwei verschiedene magnetische Momente erhält, das elektromagnetische Moment m einer Leiterschleife und das magnetische Dipolmoment μ eines Permanentmagneten. Der Vergleich beider miteinander zeigt, daß sie sich um den Faktor μ_0 voneinander unterscheiden. Die Ursache hierfür erkennt man an den Formeln für das Drehmoment: Bei der Spule ergibt es sich als Vektorprodukt des magnetischen Momentes mit der In-

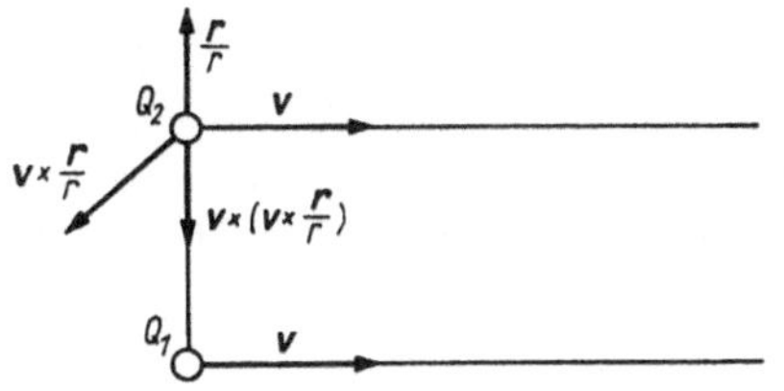

Abb. 4.65. Parallele Bewegung zweier Ladungen

duktion B und beim Permanentmagneten als Vektorprodukt mit der Feldstärke H. – In der Atom- und Kernphysik wird meist mit dem magnetischen Dipolmoment gerechnet. In der Geophysik benutzt man das elektromagnetische Moment.

4.3.5. Kraft auf bewegte Ladung im Magnetfeld

In Abschn. 3.5.2 hatten wir erkannt, daß eine mit der Geschwindigkeit v bewegte Ladung Q gleichbedeutend ist einem Strom im Leiter der Länge l:

$$Qv = Il. \tag{3.23}$$

Demzufolge erzeugt jede bewegte Ladung ein Magnetfeld, wie wir in Abschn. 4.1.13 gesehen hatten. Es muß also auch eine in einem Magnetfeld bewegte Ladung eine Kraftwirkung erfahren. Diese Kraft, die *Lorentzkraft*, erhalten wir, wenn wir (3.23) in (4.27) einsetzen:

$$F = Qv \times B. \tag{4.34}$$

(4.34) gilt für bewegte Ladungen (z. B. bewegte Elektronen im Vakuum). Die Lorentzkraft steht senkrecht auf der von v und B festgelegten Ebene. Haben v und B gleiche Richtung, dann wird nach (4.34) die Lorentzkraft Null; stehen v und B aufeinander senkrecht, hat sie den größten Wert. Unterliegt eine Ladung Q zugleich dem Einfluß eines elektrischen Feldes E und eines magnetischen B, ergibt sich die gesamte Kraft als Summe aus (2.3) und (4.34):

$$F = Q(E + v \times B). \tag{4.35}$$

4.3.6. Kräfte zweier bewegter Punktladungen aufeinander

Zwei Punktladungen Q_1 und Q_2 werden im Vakuum mit der Geschwindigkeit v parallel zueinander bewegt. Ihr Abstand voneinander sei r. Außer der Coulombkraft

$$F_C = \frac{1}{4\pi\varepsilon_0} \frac{Q_1 Q_2}{r^2} \frac{r}{r}$$

üben sie eine Lorentzkraft aufeinander aus. Zunächst soll die Lorentzkraft F_L berechnet werden. Die Ladung Q_1 erzeugt am Ort der Ladung Q_2 nach dem Biot-Savartschen Gesetz (4.8) eine magnetische Feldstärke

$$H_2 = \frac{1}{4\pi} \frac{Q_1 v \times \dfrac{r}{r}}{r^2}.$$

Es herrscht dort also die magnetische Induktion

$$B_2 = \frac{\mu_0}{4\pi} \frac{Q_1 v \times \dfrac{r}{r}}{r^2}.$$

Auf Q_2 wirkt in diesem Feld die Lorentzkraft

$$F_L = Q_2 v \times B_2,$$

also

$$F_L = \frac{\mu_0}{4\pi} Q_1 Q_2 \frac{v \times \left[v \times \dfrac{r}{r} \right]}{r^2}.$$

In Abb. 4.65 sind die beiden Ladungen $+Q_1$ und $+Q_2$ und ihre Geschwindigkeit v eingetragen. Der Vektor r zeigt von Q_1 nach Q_2. Das Vektorprodukt $v \times \dfrac{r}{r}$ weist nach vorn auf den Betrachter zu. Die Kraft auf Q_2 hat die Richtung von $v \times \left(v \times \dfrac{r}{r} \right)$, und dieser Vektor zeigt von Q_2 nach Q_1. Es wirken demnach zwischen beiden Ladungen anziehende Kräfte. Die Coulombkraft ist abstoßend.

Haben die Ladungen unterschiedliche Vorzeichen, dann kehren sich die Richtung der Lorentzkraft und die der Coulombkraft um. Auch in diesem Fall verringert die Lorentzkraft die Coulombkraft. Der Betrag der insgesamt wirkenden Kraft ist demnach

$$F = \frac{1}{4\pi\varepsilon_0} \frac{Q_1 Q_2}{r^2} - \frac{\mu_0}{4\pi} \frac{Q_1 Q_2}{r^2} v^2. \tag{4.36}$$

Es erhebt sich die Frage: Wann heben sich Coulombkraft und Lorentzkraft gegenseitig auf? Zur Beantwortung dieser Frage formen wir (4.36) um:

$$F = \frac{1}{4\pi\varepsilon_0} \frac{Q_1 Q_2}{r^2} (1 - \varepsilon_0 \mu_0 v^2),$$

Es wird $F = 0$ für

$$1 - \varepsilon_0 \mu_0 v^2 = 0.$$

Die dann vorliegende Geschwindigkeit, die *Grenzgeschwindigkeit*, ist

$$v_{gr} = \frac{1}{\sqrt{\varepsilon_0 \mu_0}}. \tag{4.37}$$

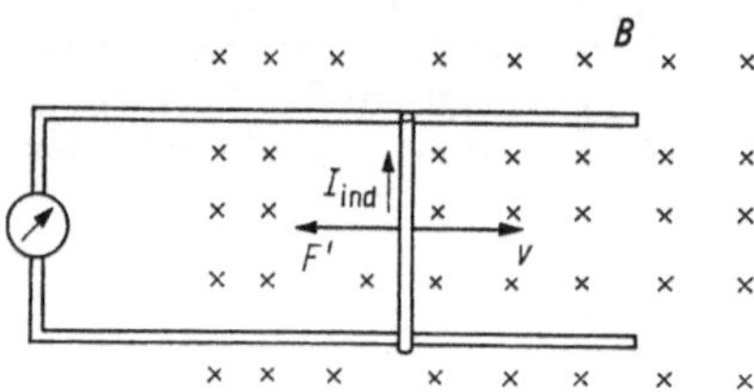

Abb. 4.66. Zur Lenzschen Regel

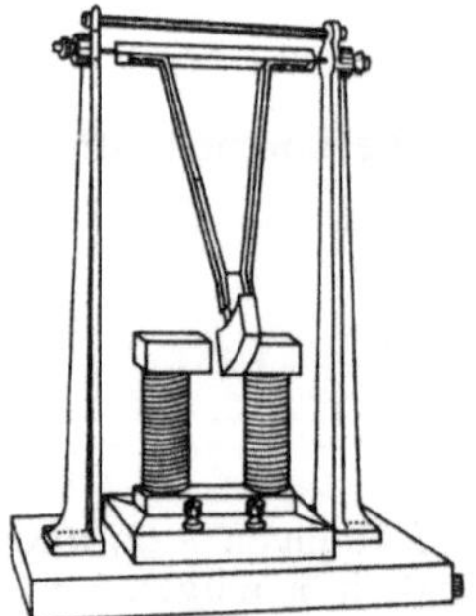

Abb. 4.67. Wirbelstromdämpfung

In Abschn. 11.3.1 werden wir erfahren, daß diese Grenzgeschwindigkeit die Ausbreitungsgeschwindigkeit der elektromagnetischen Wellen im Vakuum ist:

$$v_{\mathrm{gr}} = c. \tag{4.38}$$

Sie ist grundsätzlich nicht überschreitbar.

4.3.7. Die Lenzsche Regel

In Abschn. 4.2.3 wurde bei der Bewegung eines geraden Leiters im Magnetfeld in dem Leiter eine Spannung induziert. Ist entsprechend Abb. 4.66 der Leiter über zwei Schienen und ein Strommeßinstrument zu einem geschlossenen Kreis verbunden, und wird er mit der Geschwindigkeit v nach rechts bewegt, dann fließt in dem Leiter ein Strom I_{Ind} in der eingezeichneten Richtung.
Durch das Fließen des Induktionsstromes tritt zusätzlich zur elektromagnetischen Induktion ein neuer Vorgang hinzu: Ein stromdurchflossener Leiter befindet sich in einem Magnetfeld. Es wirkt folglich auf den Leiter eine Kraft. Nach (4.27) hat sie in Abb. 4.66 die Richtung von rechts nach links. Sie wirkt also der Bewegung des Leiters entgegen. Gegen diese Kraft muß man bei der Bewegung des Leiters Arbeit aufwenden. Das Ergebnis überrascht uns nicht weiter, da es letzten

Endes nur den Energieerhaltungssatz ausdrückt: Wir gewinnen elektrische Energie (realisiert durch den im Leiterkreis fließenden Strom) und müssen dafür mechanische Arbeit aufwenden.
Die Schlußfolgerung tritt bei jedem analog gearteten Vorgang auf. Es gilt daher ganz allgemein die *Lenzsche Regel* (H. F. E. LENZ, 1834):

Die durch eine Zustandsänderung induzierten Ströme, Spannungen und Kräfte sind stets so gerichtet, daß sie die Zustandsänderung zu hemmen suchen.

Eine Bestätigung der Lenzschen Regel fanden wir bereits beim Vorgang der Selbstinduktion (Abschn. 4.2.5). Beim Einschalten des Stromes durch eine Spule tritt eine Gegenspannung auf, die das Anwachsen des Stromes verlangsamt; beim Ausschalten tritt eine gleichgerichtete Spannung auf, die den Stromfluß noch fortsetzt.
Wird bei dem oben geschilderten Experiment der Abb. 4.66 durch einen Schalter im Leiterkreis der Stromfluß unterbrochen, dann tritt die erwähnte Gegenkraft natürlich nicht auf. Da kein Strom fließt, wird auch keine elektrische Energie entnommen; es ist somit zur Bewegung keine mechanische Arbeit erforderlich. Von Reibungsverlusten soll abgesehen werden.
Wirbelströme. Eine weitere Bestätigung der Lenzschen Regel zeigt der folgende Versuch (Abb. 4.67, *Waltenhofensches Pendel*, 1874):
Zwischen den Polen eines starken Elektromagneten hängt ein Pendel, dessen Pendelkörper aus einer massiven Kupferplatte von der Form eines Kreisringsektors besteht, der sich nur in der durch den engen Zwischenraum zwischen den Polen des Magneten gehenden Ebene bewegen kann. Versetzt man das Pendel in Schwingungen, ohne daß der den Elektromagneten erregende Strom geschlossen ist, so schwingt es als gewöhnliches Pendel hin und her und kommt erst infolge der Reibungswiderstände und des Luftwiderstandes nach vielen Schwingungen wieder zur Ruhe. Wenn man aber während der Schwingungen des Pendels den Strom des Elektromagneten plötzlich einschaltet, so kommt das Pendel fast sofort zur Ruhe, wenn es in den Zwischenraum zwischen den starken Magnetpolen gerät. Man empfindet, wenn man das Pendel während des Bestehens des magnetischen Feldes hin und her bewegen will, einen Bewegungswiderstand, der ähnlich ist, als bewegte sich das Pendel in einer zähflüssigen Masse, wie z. B. Sirup.
Verwendet man aber einen geschlitzten Kupferkörper, wie er in Abb. 4.68 dargestellt ist, so ist keine wesentliche Bremsung im Magnetfeld zu beobachten.

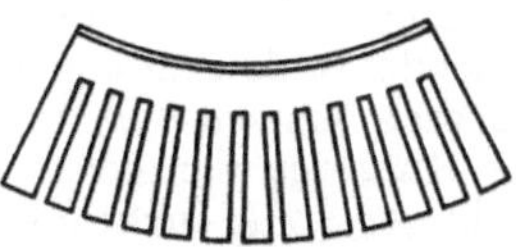

Abb. 4.68. Vermeidung der Wirbelströme durch Schlitzung beim Waltenhofenschen Pendel

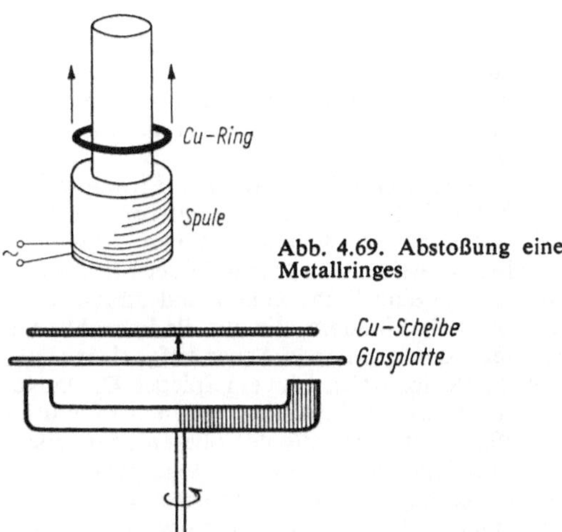

Abb. 4.69. Abstoßung eines Metallringes

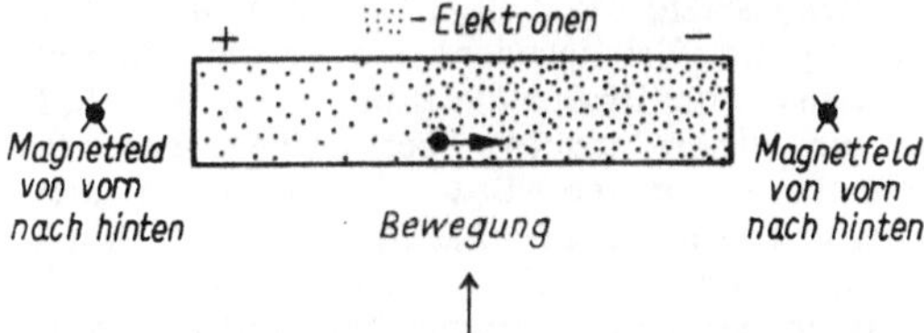

Abb. 4.70. Umkehrung des Versuchs von ARAGO

Abb. 4.71. Zur Entstehung der Induktionsspannung in einem Metallstück (schematisch)

Bei den Experimenten werden die Ladungen des Metalls in dem Magnetfeld bewegt. Auf sie wirkt folglich eine Kraft, die sie im Leiter in Bewegung versetzt. Es entstehen Ströme, die innerhalb des bewegten Körpers geschlossen sind (*Wirbelströme*). Diese Wirbelströme erfahren ihrerseits durch das äußere Magnetfeld eine Krafteinwirkung, und zwar von solcher Richtung, daß sie die ursprüngliche Bewegung zu hemmen sucht. Das Pendel wird abgebremst. – Ist dagegen der Pendelkörper geschlitzt, dann können sich die Wirbelströme nicht in voller Stärke ausbilden. Abb. 4.69 zeigt ein weiteres Experiment. Eine Spule besitzt einen Eisenkern, der über die Wicklungen der Spule hinausragt. Über das freie Ende des Eisenkerns wird ein Kupferring geschoben. Läßt man einen Wechselstrom (Netzfrequenz $50 \, \text{s}^{-1}$) durch die Spule fließen, dann wird in dem Kupferring ein Strom induziert, der seine Ur-

sache zu hemmen sucht. Er ist also immer dem Wechselstrom in der Spule entgegengerichtet. Da entgegengesetzte Ströme einander abstoßen, wird der Kupferring nahezu schlagartig von dem Eisenkern heruntergeschleudert.

Die Wirbelströme finden praktische Anwendung vor allem zur Dämpfung von Bewegungen. Man läßt eine mit dem zu bremsenden Teil verbundene Metallscheibe sich zwischen den Polen eines starken Magneten bewegen, so daß es zur Ausbildung von Wirbelströmen kommt.

Geschichtliches. Die ersten Beobachtungen über derartige Erscheinungen stammen von ARAGO, der zuerst (1825) feststellte, daß eine Magnetnadel, die frei über einer rotierenden Kupferscheibe hängt, ebenfalls in Rotation versetzt wird, auch dann, wenn eine zwischen die Scheibe und die Magnetnadel eingeschobene Glasplatte jede etwa eintretende Luftbewegung abhält. ARAGO nannte diese Erscheinung *Rotationsmagnetismus*. Die Ursache der Drehung der Magnetnadel sind, wie nach FARADAYS Entdeckung der Induktion (1831) klar wurde, Wirbelströme, die in der rotierenden Kupferscheibe durch das Feld der Magnetnadel induziert werden. Aus der Lenzschen Regel ergibt sich dann weiter die Erklärung für den Sinn der Drehung. Da die Wirbelströme später von FOUCAULT eingehend untersucht wurden, werden sie auch *Foucaultsche Ströme* genannt. Man kann den Aragoschen Versuch auch umkehren: Ein unter einer Glasplatte rotierender Magnet versetzt eine über der Glasplatte leicht drehbar aufgestellte Kupferscheibe ebenfalls in Drehung, eine Erscheinung, die wiederum aus dem Lenzschen Gesetz gefolgert werden kann (Abb. 4.70).

4.3.8. Lorentzkraft und elektromagnetische Induktion

Bewegen sich Ladungsträger in einem magnetischen Feld, so wirkt auf sie die Lorentzkraft (4.34). Das gilt auch für die Ladungen in einem Metall. Wird ein Metalldraht in einem Magnetfeld senkrecht zu den Feldlinien bewegt, so erfahren sowohl die freien Elektronen als auch die positiven Atomreste Kräfte in entgegengesetzten Richtungen. Da jedoch die positiven Atomreste starr miteinander verbunden sind, können nur die freien Elektronen der Kraft folgen. Es kommt somit an den entgegengesetzten Enden des Metalldrahtes zur Elektronenanreicherung (negative Aufladung) bzw. zur Elektronenverarmung (positive Aufladung) (Abb. 4.71). Zwischen den beiden Leiterenden entsteht eine Spannung, die Induktionsspannung. Wir haben die Entstehung einer Induktionsspannung auf die Kraftwirkung bewegter Ladungen im Magnetfeld zurückgeführt. Auf die Ladung Q wirkt die Lorentzkraft

$$F = Q v \times B.$$

Bewegt sich ein Beobachter mit dem Draht, so sind für ihn die Ladungen des Leiters in Ruhe. Er registriert als Ursache der Ladungsverschiebung eine Kraft, die durch ein elektrisches Feld E' hervorgerufen wird:

$$F = Q E'.$$

Es gilt also der Zusammenhang

$$E' = v \times B. \qquad (4.39)$$

Mit Hilfe der elektrischen Feldstärke können wir die Spannung angeben. Es gilt allgemein $U = \int E \, dr$. Da wir die induzierte Spannung im (nicht gezeichneten) zuge-

---

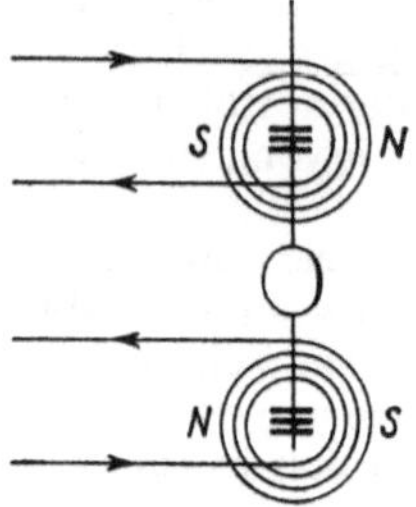

Abb. 4.72. Astatisches System-
paar mit Spulen

hörigen ruhenden Teil des Stromkreises angeben, gilt

$$U_{ind} = \int_0^P (v \times B)\, ds.$$

v ist die Geschwindigkeit des Leiters im Magnetfeld und
ds ein Längenelement des Leiters. Man vergleiche das
Ergebnis mit Abschn. 4.2.8.

4.3.9. Elektrische Meßgeräte

Die geschilderten Kraftwirkungen, die Leiterschleifen und Spulen beim Stromfluß im Magnetfeld erfahren, werden zur Messung der elektrischen Stromstärke und der Spannung ausgenutzt.
Die benötigten magnetischen Felder werden je
nach dem Verwendungszweck des Instruments
mit Dauermagneten oder mit Elektromagneten
ausgerüstet.

Strommeßinstrumente. Man unterscheidet hauptsächlich drei Typen: *Galvanometer* beruhen auf
der Wechselwirkung eines Magneten und einer
stromdurchflossenen Spule. Bei *Weicheiseninstru-
menten* wird das Hineinziehen eines Weicheisen-
stückes in eine Spule bzw. in ihre stärkeren Ma-
gnetfeldgebiete ausgenutzt. Bei den *Dynamo-
metern* ziehen sich zwei Stromspulen gegenseitig
an.

Jedes dieser Instrumente kann nach der Art der
Ablesung als Zeiger-, Torsions- oder Spiegel-
instrument ausgebildet sein. Für die meisten
Zwecke bedient man sich heute der *Zeigerinstru-
mente*, bei denen der Ausschlag direkt auf einer
Skala abgelesen werden kann.

Bei den *Torsionsinstrumenten* dient das Drehmoment, das ein tordierter Draht hervorruft,
dazu, den beweglichen Teil in seine Ruhelage
zurückzudrehen.

Die *Spiegelinstrumente* besitzen einen kleinen Spiegel, der mit dem beweglichen Teil fest verbunden ist. Seine Drehung wird durch die Ablenkung eines Lichtstrahles gemessen (Gauß-Poggen-
dorffsche Spiegelablesung, s. Bd. 3, S. 44).

Wichtig für alle Meßinstrumente ist eine gute
Dämpfung; die Ruhelage muß sicher und ohne
langes Hin- und Herpendeln erreicht werden.
Meist bewirkt man diese durch einen Flügel aus
Aluminium, der durch den Luftwiderstand ge-
dämpft wird, oder durch Wirbelstromdämpfung.

Galvanometer. Bei den älteren Galvanometern
benutzte man eine feststehende Spule und einen
beweglichen Magneten. Dieser befindet sich im
Innern der Spulen in der Ruhelage parallel zu
deren Windungen; das Feld der Spule sucht ihn
senkrecht zu den Windungen zu stellen, wobei
das auf die Magnetnadel ausgeübte Drehmoment
dem Strom proportional ist. Als Gegenkraft benutzte man entweder den Erdmagnetismus (z. B.
bei der Tangentenbussole; dann muß die Windungsebene der Spulen in den magnetischen Meridian fallen) oder das Feld äußerer Magnete. Bei
neueren Modellen bringt eine Feder die Rückstell-
kraft auf.

Bei der Messung sehr schwacher Ströme stört
die Richtkraft des Erdfeldes; daher benutzt man
zwei Spulen mit zwei Magnetsystemen; Abb. 4.72
zeigt eine derartige Anordnung. In der Mitte jeder
Spule sitzt je eine Reihe kurzer und dünner magnetisierter Stahlnadeln, die auf die lotrecht von
oben nach unten gehende Achse aufgeklebt sind.
In der Mitte der Achse sitzt ein Spiegel. Die lange
lotrechte Achse wird an einem dünnen Metallfa-
den aufgehängt. Die Pole des oberen Magnetsystems sind denen des unteren entgegengerichtet.
Wären die magnetischen Momente beider Magnetsysteme vollständig gleich, so würde auf die
Nadel überhaupt keine richtende Kraft einwirken,
wenn kein Strom durch die Spulen fließt; das zu-
sammengesetzte Magnetsystem würde also in jeder Lage im Gleichgewicht sein, da die Horizontalintensität des Erdmagnetismus bei beiden Hälf-
ten ein gleich großes, aber entgegengesetztes
Kräftepaar erzeugen würde. Ein solches Magnetsystem heißt ein *astatisches System*. In Wirklichkeit wird stets eins der beiden Teilsysteme ein
etwas größeres magnetisches Moment haben als
das andere, so daß also außer der meist sehr kleinen Richtkraft der Aufhängung noch eine geringe
richtende Kraft des Erdmagnetismus übrigbleibt.
Man kann durch zwei oberhalb des Apparates
angebrachte Stahlmagnete (*Kompensierung*), die
sich auf einer lotrechten Stange nach oben und
unten verschieben und drehen lassen, das äußere
Feld innerhalb weiter Grenzen so verändern, daß
das ganze Magnetsystem des Apparates eine richtende Kraft von beliebiger Stärke und Richtung
erhält.

Die Wicklungen auf den Spulen des Galvanometers sind so angeordnet, daß ein Strom beide
Magnetsysteme in demselben Sinne dreht; die
Wirkungen aller Spulen unterstützen sich demnach. Da man nun die durch den äußeren Feld-
magnetismus hervorgerufene richtende Kraft des
Magnetsystems beliebig verringern kann, ohne
an der ablenkenden Wirkung der beiden Stromspulen etwas zu ändern, so hat man es in der
Hand, den beschriebenen Apparat sehr empfindlich zu machen und mit ihm noch sehr schwache

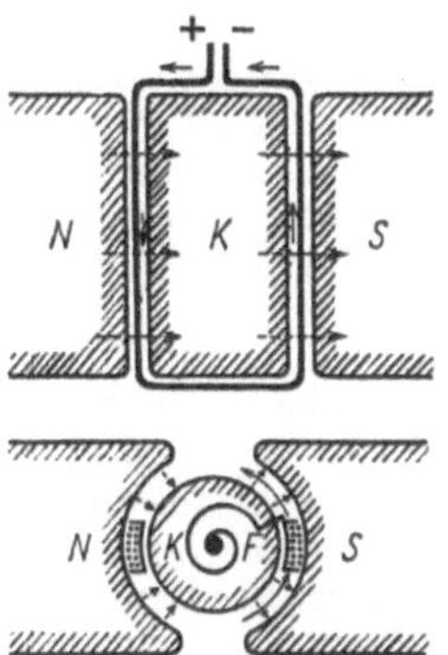

Abb. 4.73. Prinzip der Drehspulinstrumente

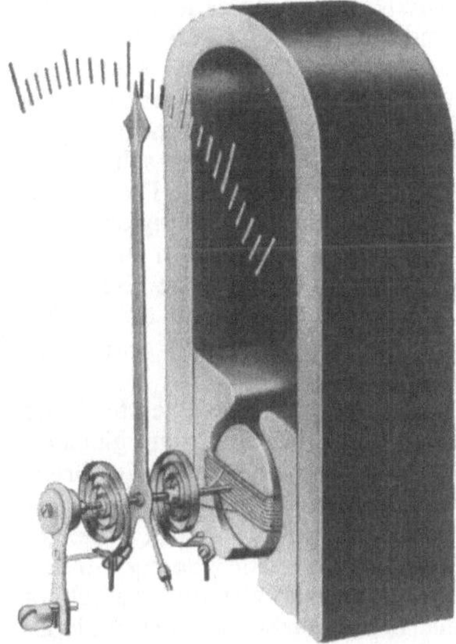

Abb. 4.74. Drehspulgalvanometer

Ströme nachzuweisen und zu messen. Dabei muß man zwecks Erreichung hoher Empfindlichkeit und schneller Einstellung äußerst kurze Magnetstäbe verwenden (nach PASCHEN 52 Stäbchen von 1 mm Länge).

Zur weiteren Schwächung des Erdfeldes und zur Abhaltung magnetischer Störungen durch elektrische Ströme umgibt man das Galvanometer auch noch mit einem Eisenschutz (*Panzergalvanometer* von DU BOIS und RUBENS). Man verwendet heute kaum noch empfindliche Galvanometer mit beweglichen Magnetsystemen ohne Panzerschutz.

Die zuverlässigsten und empfindlichsten Instrumente sind die *Drehspulgalvanometer*. Hierbei ist der Magnet fest und die stromdurchflossene Spule beweglich. Die Spule sucht sich bei Stromfluß senkrecht zum Feld des permanenten Magneten zu stellen. Das auftretende Drehmoment ist dem Strom proportional. Um die ablenkende Kraft auf die Spule möglichst groß zu machen, ist es erforderlich, eine Spule mit möglichst vielen Windungen einem möglichst großen magnetischen Fluß auszusetzen.

Man erreicht dies, indem man den Zwischenraum zwischen den Polschuhen des permanenten Magneten zylindrisch macht und in diesen Zwischenraum ein zylindrisches Stück Eisen setzt, das ihn bis auf einen schmalen Spalt ausfüllt. Dann entsteht eine Anordnung, wie sie in Abb. 4.73 in zwei aufeinander senkrecht stehenden Schnitten dargestellt ist. N und S sind die Polschuhe, und K ist der dazwischen angebrachte Eisenzylinder. Die Feldlinien verlaufen so, daß sie den schmalen Spalt fast senkrecht durchsetzen. Hängt man einen rechteckigen Stromleiter so auf, daß er mit seinen Längsseiten gerade in dem homogenen Teil des Magnetfeldes ist, so wird die linke Seite des Leiters aus der Ebene der Zeichnung nach vorn, die rechte Seite des Stromleiters aus der Ebene der Zeichnung nach hinten bewegt. Es entsteht also ein Kräftepaar, das in Abb. 4.73 linksdrehend ist.

Wegen der Homogenität des Feldes ist das Moment des Kräftepaares der Stromstärke auch bei Drehung des Rahmens proportional. Wenn man die Spule an einem Draht aufhängt oder ihr durch kleine Spiralfedern eine Gleichgewichtslage gibt, so kann man an der Spannung dieser Federn die ablenkende Kraft messen. Nun ist die elastische Formänderung einer Feder innerhalb der Elastizitätsgrenzen dem Moment proportional; also ist die Formänderung, hervorgerufen durch die Drehung der Spule, der Stromstärke proportional. Man kann daher die Stromstärke messen, indem man die Drehung der Spule an einer Kreisteilung abliest, bei der die Skalenabstände vollständig gleich sind. Die Zuleitung des elektrischen Stromes zur Drehspule geschieht durch die beiden Federn, die die sichere Gleichgewichtslage der Drehspule bewirken. (In Abb. 4.73 unten ist eine der Federn F angedeutet.)

Die innere Anordnung der Drehspulinstrumente kann man aus Abb. 4.74 ersehen. Die Drehspulgalvanometer haben neben dem Vorzug der proportionalen Teilung noch zwei weitere Vorzüge vor anderen Galvanometern. Sie sind von dem äußeren magnetischen Feld fast vollständig unabhängig, im besonderen ganz unabhängig von der Intensität und Richtung des Erdfeldes, da dessen Stärke gegenüber der in den Spalten herrschenden nur außerordentlich gering ist; auch ist die Nullage nicht durch das Erdfeld bestimmt, sondern durch die Elastizität der Aufhängefedern. Die Ablenkung hängt außer von der Stärke des Stromes nur von der Stärke des im Instrument enthaltenen permanenten Magneten ab. Daher muß man dafür sorgen, daß der Magnet möglichst

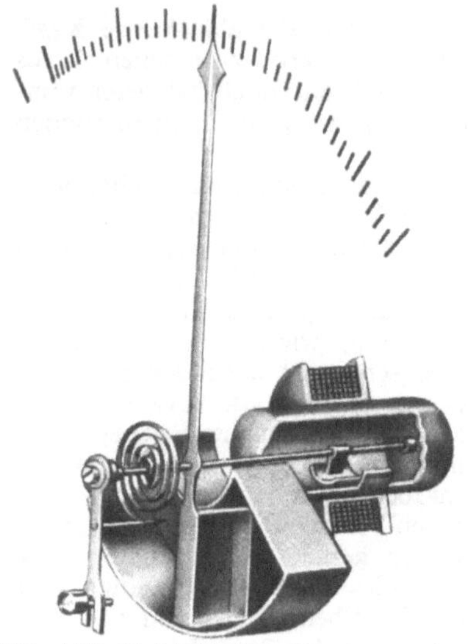

Abb. 4.75. Weicheiseninstrument

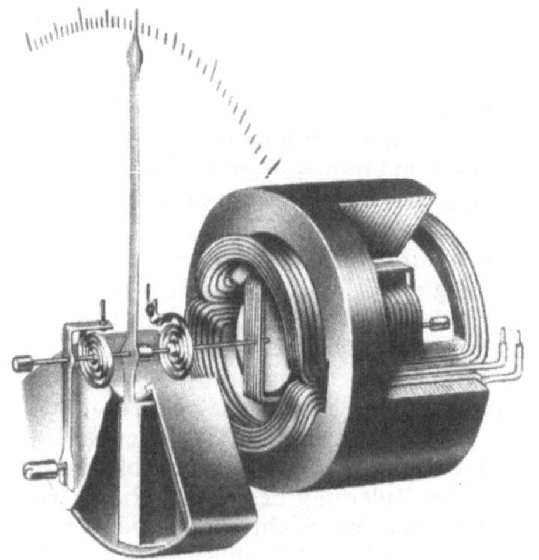

Abb. 4.76. Elektrodynamischer Strommesser

Drehspulmeßwerk mit Dauermagnet

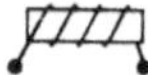

Weicheisenmeßwerk

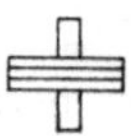

elektrodynamisches Meßwerk

Abb. 4.77. Bezeichnungen für Meßinstrumente

unveränderlich ist; das erreicht man dadurch, daß man ihn nach dem Magnetisieren stark erschüttert und vielfachem Temperaturwechsel aussetzt (künstliches Altern).

Der weitere Vorzug der Drehspulinstrumente besteht darin, daß sie sich leicht so einrichten lassen, daß der Zeiger des Instrumentes fast sofort nach Einschaltung des Stromes seinen endgültigen Stand einnimmt: Der Ausschlag ist aperiodisch.

Weicheiseninstrumente. Meist wird der Eisenkern so geformt, daß der Ausschlag der Stromstärke möglichst proportional ist. Der Anfang der Teilung ist aber meist enger als der eigentliche Meßbereich.

Abb. 4.75 zeigt eine gebräuchliche Ausführungsform. Rechts ist durchgeschnitten die Spule erkennbar, durch die der Strom geleitet wird; sie enthält einen feststehenden Eisensektor, der den links davon erkennbaren beweglichen Sektor bei Stromdurchgang abstößt. Die Luftdämpfung sowie die Torsionsfeder mit einer Justierschraube sind im linken Teil der Abbildung ersichtlich.

Während diese Geräte in einfacher Bauart als Schalttafelinstrumente vielfach verwendet werden, ist es andererseits durch Verwendung sehr weicher magnetischer Legierungen mit sehr hoher Koerzitivkraft möglich geworden, Präzisionsweicheisen-Geräte mit einer Genauigkeit von $\pm 0{,}2\%$ für Gleich- und Wechselstrom zu bauen. Auch der im allgemeinen etwas hohe Eigenverbrauch dieser Instrumente konnte bei den Lichtmarken-Weicheisen-Präzisionsgeräten ganz erheblich vermindert werden.

Dynamometer. Der durch die feststehende Spule geleitete Strom übt auf die von dem gleichen Strom durchflossene bewegliche Spule ein Drehmoment aus (Abb. 4.76), wenn ihre Windungsebenen nicht übereinstimmen. Da durch Steigerung der Stromstärke die Felder beider Spulen entsprechend stärker werden, ist der Ausschlag dem Quadrat der Stromstärke proportional. Er ist also unabhängig von der Richtung des Stromes. Hierauf und auf ihrer großen Zuverlässigkeit beruht vor allem der Verwendungsbereich dieser Instrumente.

Bezeichnung der Genauigkeit der Instrumente. Die Genauigkeit ist aus der Klassenverteilung (Klassen 0,1; 0,2; 0,5; 1,5 und 4) ersichtlich, die unmittelbar die zulässigen Anzeigefehler in % des Endwertes des Meßbereiches erkennen lassen. Die Art des Meßwerkes wird auf den Instrumenten durch die in Abb. 4.77 dargestellten Symbole angegeben.

Schleifenoszillograf. Auf der Bewegung eines Stromleiters im magnetischen Feld beruht auch die Arbeitsweise des *Schleifenoszillografen*. Eine Drahtschleife D ist zwischen den Polen eines Elektromagneten gespannt (Abb. 4.78). Zwischen die beiden Drähte der Schleife ist ein kleiner Spiegel s (etwa 1 mm²) eingeklemmt. Wird durch die Drahtschleife ein Strom geleitet, dann bildet sich hierdurch ein Kräftepaar, das eine Drehung der Schleife und somit des Spiegels bewirkt. Ein

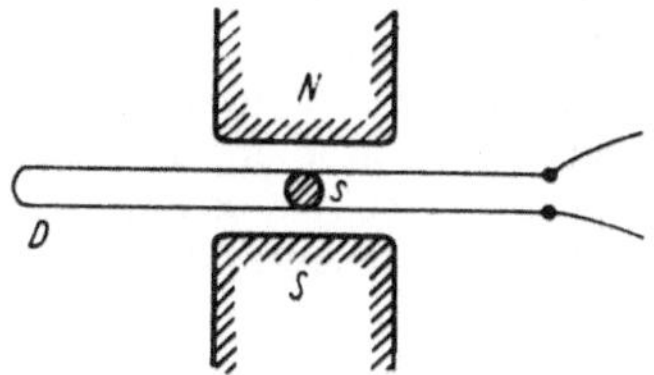

Abb. 4.78. Schleifenoszillograf (Prinzip)

Abb. 4.79 a. Einfacher Schleifenoszillograf mit zwei Schleifen

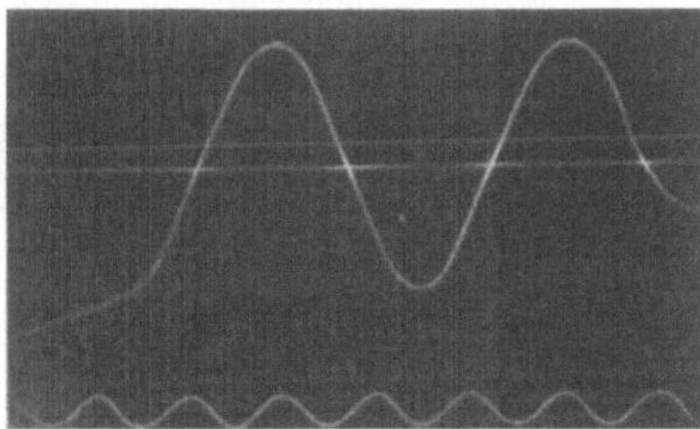

Abb. 4.79 b. Fotografische Oszillografenkurve.
Oben: Ablenkung durch Wechselstrom;
unten: Stimmgabelschwingung als Zeitmarke

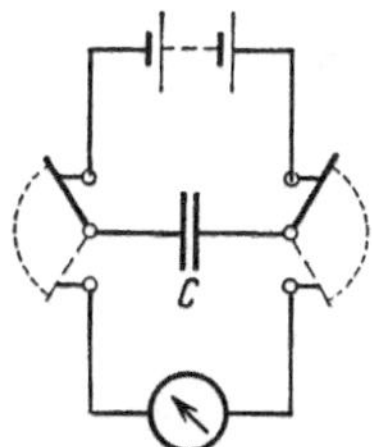

Abb. 4.80. Eichung eines ballistischen Galvanometers

auf den Spiegel geleitetes Lichtstrahlenbündel wird reflektiert und bei einer Drehung des Spiegels aus seiner Nullage gebracht. Da die Drahtschleife und der Spiegel nur eine geringe Masse besitzen, folgen sie den etwa eintretenden Stromschwankungen sehr schnell. Leitet man das vom Oszillografenspiegel reflektierte Lichtstrahlenbündel zuerst auf einen rotierenden Spiegel und dann erst auf einen Schirm, so zeichnen sich die Stromschwankungen in der Form einer fortlaufenden Kurve auf. Zur fotografischen Registrierung wirft man das punktförmige Bild einer Lichtquelle auf bewegtes fotografisches Papier.

Abb. 4.79 a zeigt einen einfachen Oszillografen. Der Schleifenoszillograf gestattet noch die Aufnahme von Schwingungsvorgängen von 10^{-3} s Dauer. In Abb. 4.79 b ist das von diesem Oszillografen erzeugte und fotografisch aufgenommene Bild der Schwankungen des Stromes einer Wechselstrommaschine wiedergegeben.

Ballistisches Galvanometer. Ein Galvanometer zeigt nur dann einen ruhigen Ausschlag, wenn es von einem Strom mit unveränderlicher Stromstärke durchflossen wird. Wenn aber nur ein kurzer Stromstoß hindurchfließt, wenn sich also z. B. die Ladung eines Kondensators durch das Galvanometer entlädt, so erhält das drehbare System (Nadel oder Drehspule) nur einen kurzen Impuls. Es wird aus der Gleichgewichtslage herausgeworfen und bewegt sich aus dieser infolge der Trägheit bis zu einer Entfernung, die von der Stärke der Entladung abhängt. Dann kehrt es wieder in die Gleichgewichtslage zurück, schwingt infolge seiner Trägheit nochmals darüber hinaus und kommt oft erst nach vielen Schwingungen in der Gleichgewichtslage zur Ruhe. Dauert der Impuls auf ein ungedämpft schwingendes System nur eine kurze Zeit τ, d. h. sehr viel weniger, als zu einer Viertelschwingung erforderlich ist, wirkt also der Impuls immer in demselben Sinne und nur so lange, wie sich das System noch wenig aus der Ruhelage entfernt hat, so ist die Größe des ersten Ausschlages – unabhängig von der Dauer des Impulses – der durch das Galvanometer fließenden Elektrizitätsmenge proportional. Ein in diesem Sinne wirkendes Galvanometer heißt ein *ballistisches* oder *Stoßgalvanometer*. Es kann hierzu jedes Galvanometer mit genügend großer Schwingungsdauer benutzt werden. Wir können uns von der Tatsache, daß der erste Ausschlag eines ballistischen Galvanometers der hindurchgehenden Elektrizitätsmenge proportional ist, durch folgenden Versuch überzeugen:

Ein Kondensator C (Abb. 4.80) kann durch eine Wippe wahlweise mit einer regelbaren Stromquelle S oder mit einem ballistischen Galvanometer verbunden werden. Wir verbinden, wie in der Abbildung, den Kondensator zuerst mit der Stromquelle. Die Ladespannung kann mit einem

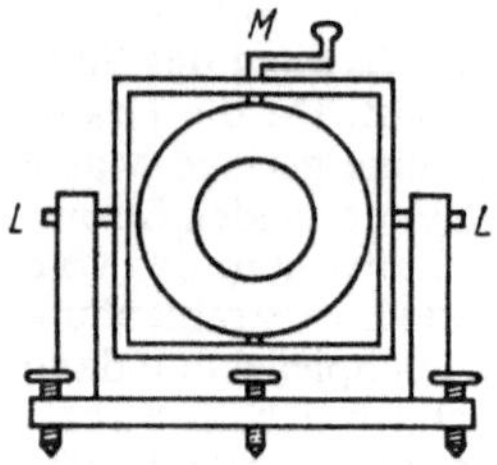

Abb. 4.81. Schema des Erdinduktors

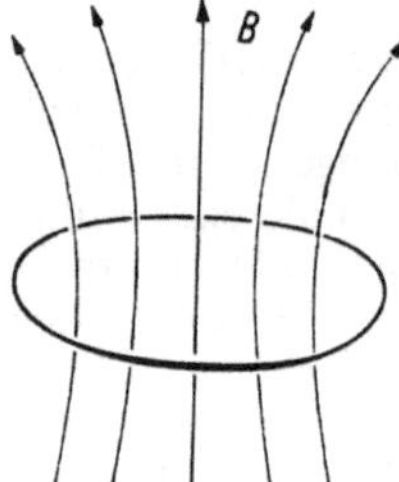

Abb. 4.82. Zur elektrischen Randspannung

Voltmeter gemessen werden. Legt man die Wippe um, so entlädt sich der Kondensator über das Galvanometer. Die bei verschiedenen Spannungen zu beobachtenden Erstausschläge sind den Ladungsspannungen, also auch der entladenen Elektrizitätsmenge proportional. – Mit einem regelbaren Kondensator kann man bei unveränderter Ladespannung die Kapazität ändern. Man findet den Ausschlag der Kapazität, also auch wieder der entladenen Elektrizitätsmenge proportional. Man kann also, je nachdem, welche Größen bekannt sind, mit einem ballistischen Galvanometer Elektrizitätsmengen, Kapazitäten oder Spannungen messen.

Ohmmeter. Man hat auch Zeigergeräte gebaut, deren Wirkungsweise ebenfalls auf dem Prinzip der Drehspulgalvanometer beruht und deren Skala in Ohm geeicht ist (*Ohmmeter*). Mit Hilfe einer eingebauten Stromquelle schickt man einen Strom durch den unbekannten Widerstand. Der Zeigerausschlag gibt unmittelbar den Widerstand an (s. auch Abschn. 3.3.2).

Erdinduktor. Die Drehung einer Spule in einem homogenen Magnetfeld kann man benutzen, um die Stärke des Feldes aus dem Zeitintegral der Spannung zu messen. Diese Methode wird besonders zur Messung des Erdfeldes angewandt. Es ist $U_{\mathrm{ind}}\,\mathrm{d}t = -N\,\mathrm{d}\Phi$. Ändert sich also während einer Zeit t der magnetische Fluß von Φ_1 auf Φ_2, so ist das Zeitintegral der Spannung $\int U_{\mathrm{ind}}\,\mathrm{d}t = N(\Phi_1 - \Phi_2)$. Dreht sich ein Leiterkreis im Erdfeld um eine vertikale Achse, so gilt, da nun $\Phi = AB_{\mathrm{h}}\cos\varphi$ ist,

$$\int_{t_1}^{t_2} U_{\mathrm{ind}}\,\mathrm{d}t = NAB_{\mathrm{h}}\,(\cos\varphi_1 - \cos\varphi_2).$$

Hierbei bezeichnet B_{h} die horizontale Komponente der Induktion des Erdmagnetismus. Steht am Anfang der Messung die Windungsebene senkrecht zum magnetischen Meridian, und wird sie dann um 180° gedreht, so ist $\cos\varphi_1 = 1$; $\cos\varphi_2 = -1$. Es wird das Zeitintegral der Spannung

$$\int_0^\pi U_{\mathrm{ind}}\,\mathrm{d}t = 2NAB_{\mathrm{h}} = Q_{\mathrm{h}}R,$$

wenn Q_{h} die ballistisch gemessene Elektrizitätsmenge und R den Widerstand des ganzen Leiterkreises bedeutet. Hieraus läßt sich B_{h} berechnen.

Lagert man den drehbaren Leiterkreis so, daß die Drehachse waagerecht, und zwar im erdmagnetischen Meridian liegt, so ist das induzierende Feld die Vertikalintensität B_{v} des erdmagnetischen Feldes. Man kann also in gleicher Weise B_{v} bestimmen. Abb. 4.81 zeigt das Schema des zuerst von W. WEBER benutzten Erdinduktors. Das Verhältnis $\dfrac{Q_{\mathrm{h}}}{Q_{\mathrm{v}}} = \dfrac{B_{\mathrm{h}}}{B_{\mathrm{v}}}$ der Ausschläge am ballistischen Galvanometer bei den beiden Drehungen des Erdinduktors gestattet, die Verikalintensität bei bekannter Horizontalintensität zu messen.

4.4. Die Maxwellschen Gleichungen

4.4.1. Verallgemeinerung des Induktionsgesetzes

Die elektrische Randspannung. In Abschn. 4.2.2 haben wir erkannt, daß immer dann eine Spannung in einer Leiterschleife induziert wird, wenn sich der magnetische Fluß in der Leiterschleife zeitlich ändert. Dieses Ergebnis wollen wir allgemeiner gestalten. Zu dem Zweck betrachten wir eine Leiterschleife, die von einem zeitlich veränderlichen Magnetfeld B durchsetzt wird (Abb. 4.82). Es soll uns hierbei nicht interessieren, wie das veränderliche Magnetfeld erzeugt wird. Entsprechend dem Induktionsgesetz (4.15)

$$U_{\mathrm{ind}} = -\frac{\mathrm{d}}{\mathrm{d}t}\int B\,\mathrm{d}A$$

wird in der Leiterschleife eine Spannung induziert. Es kommt zu einer Elektronenbewegung, die bei geschlossener Leiterschleife einen Strom zur Folge hat. Es muß demnach in der Leiterschleife durch den Induktionsvorgang eine elektrische Feldstärke erzeugt worden sein, die auf die Elektronen einwirkt. Das zeitlich veränderliche Magnetfeld ist von einem elektrischen Feld begleitet. Der Strom in der geschlossenen Leiterschleife zeigt hierbei, daß die elektrischen Feldlinien geschlossen sind. Herrscht am Ort eines

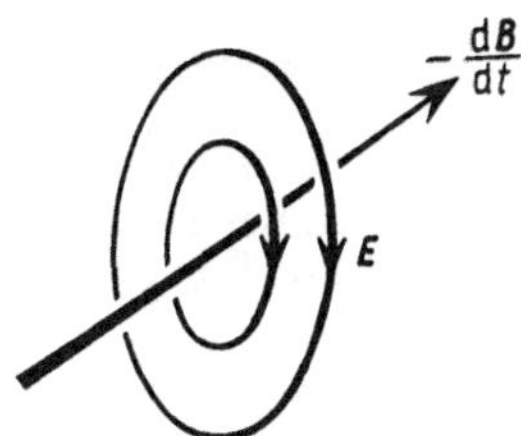

Abb. 4.83. Elektrisches Wirbelfeld

Längenelementes ds der Leiterschleife die elektrische Feldstärke E, dann wird in dem Längenelement die Spannung $dU_\text{ind} = E\,ds$ induziert. Die in der ganzen Leiterschleife induzierte Spannung erhalten wir durch Integration über einen geschlossenen Umlauf. Wir nennen sie die *elektrische Randspannung*

$$U_\text{ind} = \oint E\,ds.$$

Die Leiterschleife, die Drahtwindung, ist bei diesem Vorgang nur ein Indikator zum Nachweis des elektrischen Feldes. Das elektrische Feld ist auch dann vorhanden, wenn der Indikator (die Leiterschleife) entfernt wird. Es erfüllt den Raum und weist eine Eigenschaft auf, die elektrostatische Felder nicht besitzen: Die elektrischen Feldlinien sind ringförmig geschlossen; sie bilden *Wirbel* (Abb. 4.83).
Hieraus ergibt sich das Induktionsgesetz in allgemeiner Fassung, die *zweite Maxwellsche Gleichung* (J. C. MAXWELL, um 1870):

$$\oint E\,dr = -\frac{d}{dt}\int B\,dA. \qquad (4.40)$$

Ein zeitlich veränderliches magnetisches Feld ist räumlich mit einem elektrischen Wirbelfeld verknüpft, dessen Feldrichtung überall senkrecht zum magnetischen Feld steht und dessen elektrische Randspannung dem Schwund des magnetischen Flusses gleich ist.

Differentielle Schreibweise. (4.40) ist die Integralform der zweiten Maxwellschen Gleichung. Zur Ableitung der differentiellen Schreibweise wandeln wir die linke Seite von (4.40) mit Hilfe des *Integralsatzes von Stokes* in ein Flächenintegral um:

$$\oint E\,dr = \int \operatorname{rot} E\,dA,$$

und erhalten

$$\int \operatorname{rot} E\,dA = -\frac{d}{dt}\int B\,dA = -\int \frac{\partial B}{\partial t}\,dA.$$

Da auf beiden Seiten über die gleiche Fläche integriert wird, sind auch die Integranden gleich. Wir erhalten die *zweite Maxwellsche Gleichung in differentieller Schreibweise*:

$$\operatorname{rot} E = -\frac{\partial B}{\partial t}. \qquad (4.41)$$

Im CGS-System lautet sie

$$\operatorname{rot} E^* = -\frac{4\pi}{c}\frac{\partial B^*}{\partial t}.$$

4.4.2. Verallgemeinerung des Durchflutungsgesetzes

Wir haben im Abschn. 4.1.4 gefunden, daß ein elektrischer Strom von ringförmigen magnetischen Feldlinien umgeben ist. Es ist dies eine Wirkung des Stromes, die durch den Oerstedschen Versuch entdeckt wurde. Der quantitative Zusammenhang zwischen der Stromstärke und der erzeugten magnetischen Feldstärke wird durch das *Durchflutungsgesetz* gegeben:

$$\oint H\,dr = I.$$

Im Abschn. 4.1.13 konnten wir zeigen, daß ein Konvektionsstrom die gleichen magnetischen Wirkungen besitzt. Auch er erzeugt ringförmige magnetische Feldlinien. Er ist also einem Leitungsstrom völlig gleichwertig.
Wir wollen diese Gedanken noch weiter ausbauen. Wenn ein Kondensator aufgeladen wird, fließt in dem Kreis ein Ladestrom. Lediglich zwischen den Platten ist er unterbrochen. Es ist also der ganze Stromkreis von einem „Schlauch" magnetischer Feldlinien umgeben. Nur zwischen den Kondensatorplatten reißt er plötzlich ab. Es ist dies ein unlogisches Ergebnis. Das tritt noch krasser in Erscheinung, wenn wir während des Stromflusses die Kondensatorplatten durch einen Leitungsdraht überbrücken. Dann werden die Platten nicht mehr aufgeladen. Dafür setzt sich der Strom in dem Leitungsdraht fort und erzeugt somit auch zwischen den Platten ringförmige magnetische Feldlinien.
J. C. MAXWELL findet auf einem radikalen Wege die Lösung des Problems. Hierzu folgender Gedankengang: Während des Aufladeprozesses des Kondensators baut sich zwischen den Platten ein elektrisches Feld auf. In analoger Weise bricht während des Entladevorgangs das elektrische Feld zusammen. Diesem zeitlich sich ändernden elektrischen Feld schreibt MAXWELL die gleichen magnetischen Wirkungen wie einem Leitungsstrom zu. Der Leitungsstrom wird also zwischen den Kondensatorplatten durch das sich

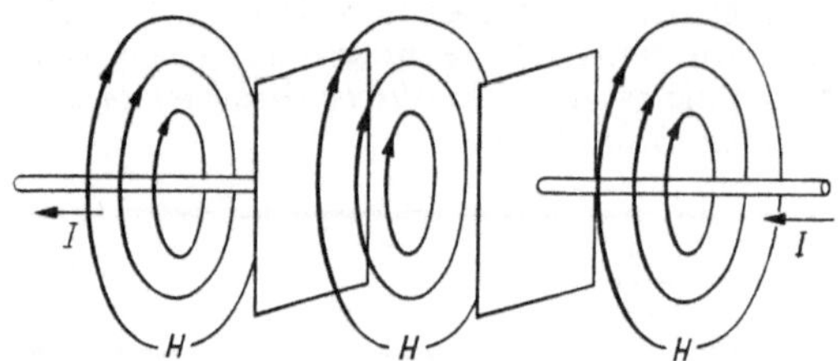

Abb. 4.84. Ausbildung ringförmiger magnetischer Feldlinien

zeitlich ändernde elektrische Feld fortgesetzt, so daß sich auch dort ringförmige magnetische Feldlinien ausbilden (Abb. 4.84). Ist der Aufladeprozeß (bzw. der Entladeprozeß) abgeschlossen, dann fließt in dem Leitungskreis kein Strom mehr. Zwischen den Kondensatorplatten hat das elektrische Feld eine konstante Stärke erreicht und behält sie unverändert bei. Die Erzeugung magnetischer Feldlinien ist also an die *zeitliche Änderung des elektrischen Feldes* gebunden.

Der Verschiebungsstrom. Um quantitative Angaben machen zu können, nehmen wir an, ein Plattenkondensator wird aufgeladen. Die Platten seien genügend groß gegen den Plattenabstand, so daß Randeffekte vernachlässigt werden können. Tragen die Platten der Fläche A die Ladung Q, dann herrscht auf den Platten die Flächendichte der Ladung $\sigma = Q/A$. Auch bei Anwesenheit eines Dielektrikums ist hierunter die Flächendichte der wahren Ladung zu verstehen. Sie ist dem Betrag nach gleich der elektrischen Verschiebung (Abschn. 2.4.3). Also gilt in dem Plattenkondensator

$$Q = DA.$$

Fließt in dem Leiterkreis der Ladestrom I, dann wird die transportierte Ladung den Kondensatorplatten zugeleitet. Der Strom I führt somit zu einer zeitlichen Änderung der Ladung auf den Platten:

$$I = \frac{\mathrm{d}Q}{\mathrm{d}t}.$$

Diese Ladungsänderung ist mit einer zeitlichen Änderung der Flächendichte der Ladung und somit der elektrischen Verschiebung verbunden. Wir können daher einsetzen:

$$I = \frac{\mathrm{d}}{\mathrm{d}t}\,(DA).$$

Die Stromstärke in dem Leiterkreis ist gleich der zeitlichen Änderung des elektrischen Feldes, die durch die rechte Seite dargestellt wird. Es hat sich hierfür der Name *Verschiebungsstrom* eingebürgert. Es wird also der Leitungsstrom zwischen den Platten durch den Verschiebungsstrom fort-

gesetzt, wobei er die gleichen magnetischen Wirkungen besitzt. Er ist ebenfalls von ringförmigen magnetischen Feldlinien umgeben.

Das Produkt $\psi_D = DA$ ist der *elektrische Verschiebungsfluß* zwischen den Platten des Kondensators (Abschn. 2.4.4). Liegt kein homogenes Feld vor, dann gilt

$$\psi_D = \int D\,\mathrm{d}A.$$

Wir erhalten somit die *allgemeine Definition des Verschiebungsstromes*

$$I_{\text{Versch}} = \frac{\mathrm{d}}{\mathrm{d}t} \int D\,\mathrm{d}A. \tag{4.42}$$

Mit der Einführung des Verschiebungsstromes erhalten wir das Durchflutungsgesetz in allgemeinster Fassung, die *erste Maxwellsche Gleichung*:

$$\oint H\,\mathrm{d}r = I + \frac{\mathrm{d}}{\mathrm{d}t} \int D\,\mathrm{d}A. \tag{4.43}$$

Sowohl ein Leitungsstrom (einschl. einem Konvektionsstrom) als auch ein Verschiebungsstrom sind von ringförmigen magnetischen Feldlinien umgeben, deren magnetische Randspannung gleich der Summe aus dem umfaßten Leitungs- und Konvektionsstrom sowie dem Verschiebungsstrom ist.

Differentielle Schreibweise. (4.43) ist die integrale Schreibweise der ersten Maxwellschen Gleichung. Die differentielle Schreibweise erhalten wir, wenn wir die linke Seite mit Hilfe des Integralsatzes von STOKES in ein Flächenintegral umwandeln und den Leitungsstrom durch die Stromdichte ersetzen:

$$\int \mathrm{rot}\,H\,\mathrm{d}A = \int j\,\mathrm{d}A + \frac{\mathrm{d}}{\mathrm{d}t} \int D\,\mathrm{d}A.$$

Bei dem letzten Term können wir die Reihenfolge der Differentiation und der Integration vertauschen. Alle drei Terme werden über die gleiche Fläche integriert. Es sind also auch auf beiden Seiten die Integranden gleich. Wir erhalten die *erste Maxwellsche Gleichung in differentieller Schreibweise*:

$$\mathrm{rot}\,H = j + \frac{\partial D}{\partial t}. \tag{4.44}$$

Im CGS-System erhält man

$$\mathrm{rot}\,H^* = \frac{4\pi}{c}\left(j^* + \frac{\partial D^*}{\partial t}\right).$$

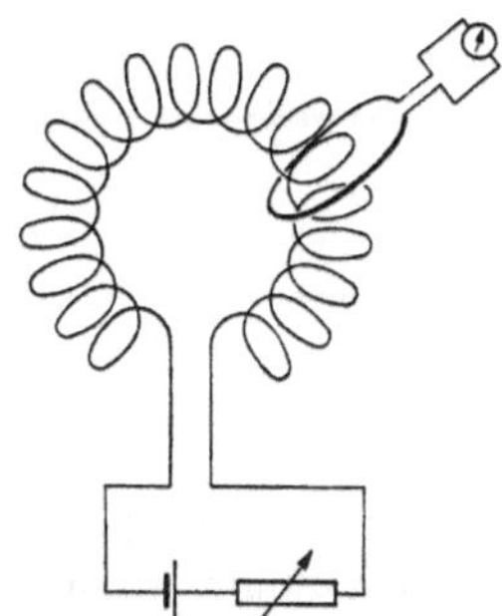

Abb. 4.85. Einfluß des Kernmaterials auf den Induktionsspannungsstoß

4.5. Stoffe im Magnetfeld

4.5.1. Experimentelle Grunderscheinungen

Eine der auffälligsten Eigenschaften eines Magneten ist das Vermögen, Eisenstückchen aus mehreren Zentimetern Entfernung anzuziehen (Abschn. 4.1.1). Die Eisenstückchen erfahren eine Krafteinwirkung, die im inhomogenen Magnetfeld auftritt und zu den Bereichen höherer Feldstärke hin gerichtet ist. Im homogenen Feld erfolgt nur ein Ausrichten der Eisenteilchen in Richtung der Feldlinien. In ähnlicher Weise werden auch Kobalt- oder Nickelstückchen von einem Magneten angezogen. Es ist hierbei gleichgültig, ob das magnetische Feld von einem Permanentmagneten oder von einem Elektromagneten erzeugt wird. Stoffe, die eine derartig starke anziehende Kraft im inhomogenen Magnetfeld erfahren, nennen wir *ferromagnetisch*.
Im Jahre 1845 gelang FARADAY der Nachweis, daß jeder Stoff derartige magnetische Eigenschaften aufweist. Die Kraftwirkung eines Magnetfeldes auf die übrigen Stoffe ist jedoch erheblich kleiner als auf ferromagnetische. Zum experimentellen Nachweis hängt man den Stoff an einem dünnen Faden frei beweglich vor den Polen eines Elektromagneten auf. Um ein stark inhomogenes Feld zu erzeugen, sind die Polschuhe spitz ausgebildet. Schalten wir den Strom ein, machen wir folgende Beobachtung: Eine Anzahl Stoffe werden ähnlich den ferromagnetischen in das inhomogene Feld hineingezogen, jedoch erheblich schwächer als die ferromagnetischen. Wir nennen sie *paramagnetisch*. Zu ihnen gehören z. B. Aluminium, Zinn, Chrom, Mangan. Daneben gibt es eine Reihe Stoffe, die sich gerade umgekehrt verhalten: Sie werden von den Bereichen größerer Feldstärke abgestoßen. Wir nennen sie *diamagnetisch*. Zu ihnen gehören z. B. Wismut, Schwefel, Silber, Blei. (Eigentlich müßten wir diese Experimente im Vakuum als Bezugsmedium durchführen. Luft ist ein schwach paramagnetischer Stoff.)

4.5.2. Die relative Permeabilität

Die Experimente lassen erkennen, daß die Materialeigenschaft, die das geschilderte Verhalten auslöst, einen sehr breiten Bereich überstreicht. Um diese Eigenschaft quantitativ zu erfassen und durch eine Materialgröße charakterisieren zu können, müssen wir auf Experimente zurückgreifen, die durch den jeweiligen Stoff beeinflußt werden. Zunächst bietet sich an, die soeben geschilderte Kraftwirkung auf Stoffe im inhomogenen Magnetfeld hierfür zu nutzen. Zweckmäßiger ist es jedoch, den Einfluß der Stoffe auf die elektromagnetische Induktion zu untersuchen. Wir hatten in Abschn. 4.2.1 zwei Spulen nebeneinander angeordnet. Fließt in der einen Spule, der Primärspule, ein zeitlich veränderlicher Strom, dann wird in der Sekundärspule eine Spannung induziert. Während der Stromänderung können wir einen Spannungsstoß nachweisen. Schieben wir durch beide Spulen gemeinsam einen Eisenkern und wiederholen das Experiment, dann wird der induzierte Spannungsstoß erheblich größer. Diesen Effekt ziehen wir zur Untersuchung der Materialeigenschaft heran. Um ein exakt definiertes Magnetfeld zu erzeugen, verwenden wir eine Ringspule, die auf einen hohlen Pappring gewickelt ist (Abb. 4.85). Das Magnetfeld einer derartigen stromdurchflossenen Spule ist nahezu vollständig auf das Innere der Spule beschränkt. Um die Spule legen wir eine Leiterschleife, die mit einem ballistischen Galvanometer verbunden ist. Ändert man den Strom in der Spule, dann wird in der Leiterschleife ein Spannungsstoß induziert. Für ihn gilt

$$\int U_V\, dt = -L_V(I_2 - I_1). \tag{4.21}$$

L_V ist die Gegeninduktivität der leeren Spule (Vakuum). Benutzt man statt des hohlen Pappringes einen Spulenkern aus Eisen, dann ist bei gleicher Stromänderung der Spannungsstoß erheblich größer. Es gilt in analoger Weise

$$\int U_M\, dt = -L_M(I_2 - I_1).$$

L_M ist die Gegeninduktivität der Spule mit Eisenkern (Material). Das Anwachsen des Spannungsstoßes ist auf das veränderte Kernmaterial der Spule zurückzuführen. Die Gegeninduktivität ist durch den Eisenkern gewachsen. Es gilt

$$\int U_M\, dt = \mu_r \int U_V\, dt \tag{4.45}$$

mit

$$\frac{L_M}{L_V} = \mu_r. \tag{4.46}$$

μ_r ist die *Permeabilitätszahl* oder die *relative Permeabilität* (permeare, lat., = durchdringen). Wegen (4.46) ist sie dimensionslos. Sie ist eine Materialgröße. Das Produkt

$$\mu = \mu_r \mu_0$$

ist die *Permeabilität*. Sie hat die gleiche Maßeinheit wie μ_0, nämlich $[\mu] = \text{Vs/Am}$. Häufig wird der Ausdruck

$$\chi_m = \mu_r - 1,$$

die *magnetische Suszeptibilität*, verwendet.
Die meisten Stoffe zeigen relative Permeabilitäten, die sich kaum (meist erst in der 6. oder 7. Dezimalstelle) von 1 unterscheiden. Um zur Charakterisierung der Stoffe diesen geringen Unterschied kenntlich zu machen, ist es daher zweckmäßig, die magnetische Suszeptibilität χ_m zu benutzen. Das Vakuum hat definitionsgemäß $\mu_r = 1$, entsprechend $\chi_m = 0$. In Tab. 4.1 sind die magnetischen Suszeptibilitäten für verschiedene Stoffe angegeben. Hierbei gilt folgende Einteilung:

diamagnetische Stoffe $\mu_r < 1$, bzw. $\chi_m < 0$.

Vakuum $\qquad\qquad \mu_r = 1$, bzw. $\chi_m = 0$,

paramagnetische Stoffe $\mu_r > 1$, bzw. $\chi_m > 0$.

Für ferromagnetische Stoffe ist die relative Permeabilität wesentlich größer als 1.

Die relative Permeabilität läßt sich mit Hilfe von (4.45) ermitteln. Hierzu müssen entsprechend Abb. 4.85 die jeweiligen Spannungsstöße der leeren und der gefüllten Spule gemessen werden. Bei der Messung ist darauf zu achten, daß das Innere der Spule vollständig mit dem zu untersuchenden Material ausgefüllt ist.

An (4.46) erkennt man, daß die *Gegeninduktivität* zweier Spulen auf den μ_r-fachen Wert anwächst, wenn sich die Spulen in einem Medium der relativen Permeabilität μ_r befinden. Das gleiche gilt für den *Koeffizienten der Selbstinduktion*. Auch er wächst auf den μ_r-fachen Wert, wenn das Innere der Spule mit einem Stoff der relativen Permeabilität μ_r ausgefüllt ist. Für die *Zylinderspule*

Tabelle 4.1. Magnetische Suszeptibilität einiger Stoffe

Diamagnetische Stoffe	χ_m	Paramagnetische Stoffe	χ_m
Wismut	$-176 \cdot 10^{-6}$	Palladium	$+690 \cdot 10^{-6}$
Gold	$-36 \cdot 10^{-6}$	Platin	$+330 \cdot 10^{-6}$
Silber	$-25 \cdot 10^{-6}$	Aluminium	$+21 \cdot 10^{-6}$
Quecksilber	$-19 \cdot 10^{-6}$	Sauerstoff	$+1,8 \cdot 10^{-6}$
Zink	$-12 \cdot 10^{-6}$	Luft	$+0,4 \cdot 10^{-6}$
Kupfer	$-10 \cdot 10^{-6}$		
Wasser	$-9 \cdot 10^{-6}$		

gilt demnach

$$L = \mu_r \mu_0 \frac{N^2}{l} A.$$

4.5.3. Die Magnetisierung der Stoffe

Die Erörterungen des letzten Abschnitts haben gezeigt, daß ein Eisenkern den Vorgang der elektromagnetischen Induktion zwischen zwei Spulen erheblich beeinflußt. Der Spannungsstoß, der in der Sekundärspule induziert wird, ist mehrere hundertmal so groß, wenn Primär- und Sekundärspule durch einen Eisenkern miteinander verbunden sind. Der Eisenkern hat also die gleiche Wirkung wie eine erhebliche Vergrößerung der Stromstärke der Primärspule. Es erhebt sich die Frage: Welche Vorgänge gehen im Eisen vonstatten, die zu einer derartigen scheinbaren Vergrößerung der Stromstärke führen?
In Abschn. 4.1.2 haben wir die Feldlinienbilder untersucht, die ein Eisenstab in einem homogenen Magnetfeld liefert. Man erkennt an dem Verlauf der Feldlinien, daß sich in dem Eisenstab ein Nordpol und ein Südpol ausbilden. Entfernen wir den Eisenstab aus dem Feld, dann verschwinden beide Pole wieder, sofern es sich um „magnetisch weiches Eisen" handelt. Diesen Vorgang nennen wir *Magnetisierung*. (Die Begriffe „magnetisch weiches" und „magnetisch hartes Eisen" werden in Abschn. 4.5.7 besprochen. Führen wir die Magnetisierung mit magnetisch hartem Eisen durch, dann bleiben die beiden Pole erhalten. Der Eisenstab wird zu einem Permanentmagneten.)
In Abschn. 4.1.3 haben wir eine magnetisierte Stricknadel mehrmals durchgebrochen und festgestellt, daß immer wieder vollständige Magnete entstehen. Der dort ausgeführten Weberschen Ansicht entsprechend haben wir daraus geschlußfolgert, daß bereits das Eisen im Innern aus kleinen Elementarmagneten aufgebaut ist, die regellos durcheinander liegen und durch das äußere Feld ausgerichtet werden. Des weiteren wurde in Abschn. 4.1.4 gezeigt, daß eine stromdurchflossene Spule in ihren magnetischen Wirkungen einem Stabmagneten vollkommen gleichwertig ist. Es liegt daher der Schluß nahe, daß aller Magnetismus auf die magnetische Wirkung von Strömen zurückzuführen ist. Die Weberschen Elementarmagnete bestehen aus kleinen Kreisströmen. Diese Vorstellung vom Magnetismus hat zuerst AMPÈRE ausgebildet. WEBER hat sie weiter verfolgt. Die Elementarmagnete sind als Elementarströme aufzufassen, die zwar ständig in dem Stoff kreisen, aber völlig ungeordnet sind (Abb. 4.86a). Sie werden erst durch ein

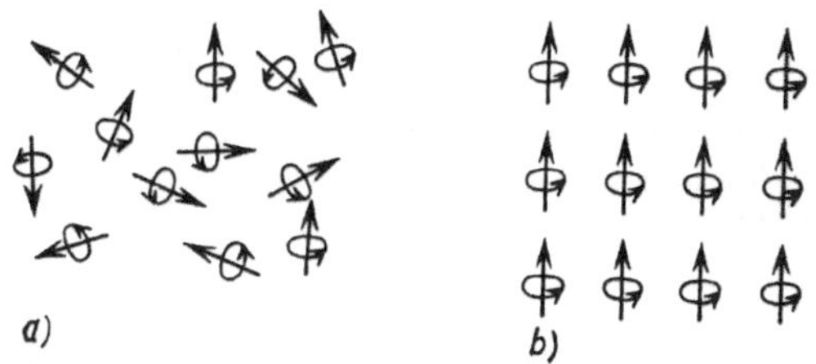

Abb. 4.86. Zur Theorie der Ampèreschen Elementarströme.
a) Regellose Verteilung;   b) Ausrichtung

äußeres Feld gerichtet (Abb. 4.86 b). Im Innern der Stoffe grenzen jeweils Elementarströme entgegengesetzter Richtung aneinander, so daß sich dort ihre Wirkung aufhebt. An der Oberfläche jedoch bleibt sie bestehen. Wir können also annehmen, daß in der Oberfläche ein „scheinbarer" Kreisstrom fließt, sobald der „wahre" Strom eingeschaltet wird.

Dia-, para- und ferromagnetische Stoffe. Bei der Untersuchung der elektrischen Polarisation fanden wir, daß wir zwei Arten unterscheiden müssen, die dielektrische und die parelektrische Polarisation. In einem elektrischen Feld verschieben sich die positiven und die negativen Ladungsschwerpunkte der Atomkerne und der Elektronenhülle: Es kommt zur dielektrischen Polarisation. Sie ist unabhängig von der Temperatur. Bestehen dagegen die Stoffe aus fertigen elektrischen Dipolen, dann werden sie im elektrischen Feld ausgerichtet: Es kommt zusätzlich noch zur parelektrischen Polarisation. Da die Ausrichtung der Dipole durch die Wärmebewegung gestört wird, ist sie temperaturabhängig (s. Abschn. 2.4.2).
Ähnlich liegen die Verhältnisse bei der Magnetisierung der Stoffe. Die Atome der diamagnetischen Substanzen haben ursprünglich kein magnetisches Moment. Sie bekommen es erst in einem äußeren magnetischen Feld. (Wie dieser Mechanismus ausgelöst wird, und warum das magnetische Moment dem äußeren Feld entgegengerichtet ist ($\chi_m < 0$), wird in Abschn. 4.5.11 besprochen.) Diamagnetisches Verhalten zeigen alle Stoffe. Es wird jedoch bei den para- und ferromagnetischen Stoffen überdeckt. Die Magnetisierung der diamagnetischen Stoffe ist von der Temperatur unabhängig.
Bei den paramagnetischen Stoffen bestehen die Atome schon aus fertigen magnetischen Dipolen. Sie besitzen von vornherein ein magnetisches Moment. Ohne äußeres magnetisches Feld sind diese Momente völlig ungeordnet. Durch das äußere Feld werden sie in eine Vorzugsrichtung gezwungen. Die Wärmebewegung wirkt der Ausrichtung entgegen. Die Magnetisierung ist daher von der Temperatur abhängig. Auf einen magnetischen Dipol wirken außer dem äußeren magnetischen

Feld auch die Felder der anderen Dipole ein. Diese Beeinflussung hatten wir auch bei der elektrischen Polarisation der Stoffe berücksichtigt. Bei den paramagnetischen Stoffen ist jedoch die gegenseitige Einwirkung so gering, daß sie unbeachtet bleiben kann.
Die Atome der ferromagnetischen Stoffe besitzen ebenfalls von vornherein ein magnetisches Moment. Im Gegensatz zu den paramagnetischen Stoffen existieren bei ihnen zwischenmolekulare Wechselwirkungen, die nur quantenmechanisch erklärbar sind (s. Bd. 4). Durch den Einfluß dieser Kräfte haben die Dipole die Tendenz, sich parallel zu orientieren. P. WEISS hat gefunden, daß es in den ferromagnetischen Stoffen relativ große Bereiche gibt (*Weißsche Bezirke*), in denen die Ausrichtung bereits völlig erfolgt ist. Diese Weißschen Bezirke liegen ungeordnet durcheinander. Unter dem Einfluß eines äußeren magnetischen Feldes suchen sie sich auszurichten. Auch bei den ferromagnetischen Stoffen wirkt die Wärmebewegung der Ausrichtung entgegen, so daß der Vorgang temperaturabhängig ist. (Einzelheiten hierzu werden in Abschn. 4.5.11 besprochen.)

4.5.4. Die Materialgleichung

In Abschn. 4.5.2 haben wir die relative Permeabilität durch das Verhältnis der Gegeninduktivität zweier Spulen mit Materie zu der ohne Materie definiert. Wir wollen den Zusammenhang durch Feldgrößen darstellen. Das Feld der Ringspule, mit der wir in Abschn. 4.5.2 die Experimente ausführten, können wir als das einer langen Zylinderspule ansehen. Dann läßt sich die in Abschn. 4.2.4 gefundene Formel für die Gegeninduktivität zweier Zylinderspulen

$$L_{12} = \mu_0 \frac{N_P}{l_P} N_S A_S \qquad (4.19)$$

auch hier verwenden. Wir müssen setzen: $N_P = N$, $N_S = 1$, $A_S = A$, $l_P = l$. Also gilt im Vakuum (bzw. in Luft)

$$L_V = \mu_0 \frac{N}{l} A.$$

Dann ergibt sich für den Spannungsstoß (4.21)

$$\int U_V \, dt = -\mu_0 \frac{N}{l} A(I_2 - I_1).$$

Berücksichtigt man, daß die magnetische Feldstärke einer Zylinderspule $H = NI/l$ (4.1) ist, erhält man

$$\int U_V \, dt = -A\mu_0(H_2 - H_1).$$

Wir führen die magnetische Induktion $B = \mu_0 H$ ein:

$$\int U_V \, dt = -A(B_{V,2} - B_{V,1}).$$

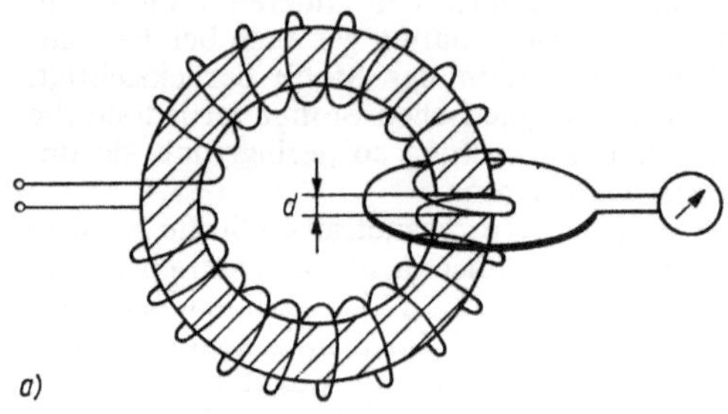

a)

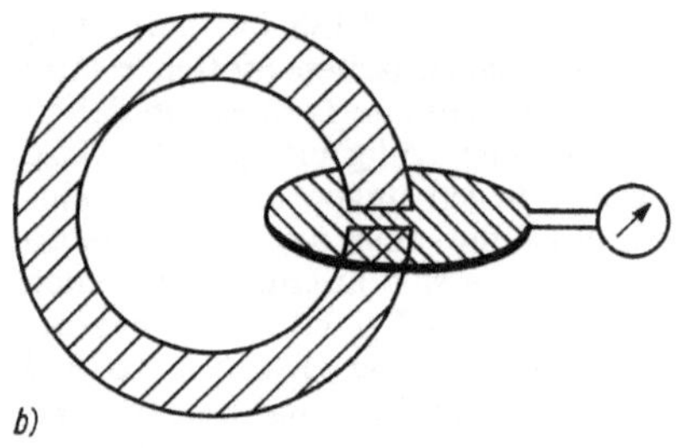

b)

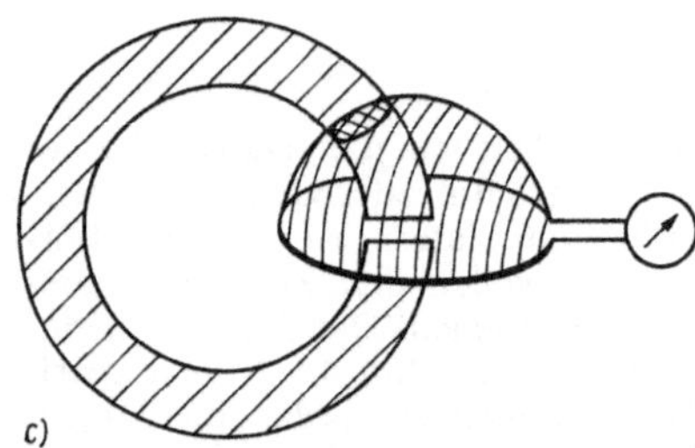

c)

Abb. 4.87. Zum magnetischen Fluß im Eisen
(in b und c sind die Spulenwindungen nicht eingezeichnet)

Füllt man das Innere der Spule mit einem Stoff aus, so ist nach (4.45)

$$\int U_M \, dt = -\mu_r \mu_0 \frac{N}{l} A(I_2 - I_1)$$

oder umgeformt

$$\int U_M \, dt = -A\mu_r\mu_0 (H_2 - H_1). \qquad (4.47)$$

Die magnetische Feldstärke H ist durch ihre Ursache, durch den Strom, der das Feld erzeugt, bestimmt. Mit dem Einführen des Kernmaterials in die Spule ändert sich der Strom nicht; daher behält H den gleichen Wert. Es ändert sich dagegen der induzierte Spannungsstoß, also auch die Feldgröße, die durch den induzierten Spannungsstoß definiert ist, nämlich die magnetische Induktion B. In ihr muß der Materialeinfluß auf das magnetische Feld zum Ausdruck kommen. Somit können wir (4.47) umformen zu

$$\int U_M \, dt = -A(B_{M,2} - B_{M,1}). \qquad (4.48)$$

Aus (4.47) und (4.48) erhält man

$$B = \mu_r\mu_0 H.$$

Diese Beziehung ist nicht auf das homogene Feld einer Spule beschränkt. Sie gilt allgemein, so daß sich ergibt:

$$B = \mu_r\mu_0 H. \qquad (4.49)$$

(4.49) ist die *Materialgleichung*, die die magnetischen Eigenschaften der Stoffe berücksichtigt.

4.5.5. Magnetische Feldstärke und Induktion in unterschiedlichen Medien

Verhalten der Normalkomponenten an einer Grenzfläche. Eine Ringspule sei mit einem Eisenkern ausgefüllt, der einen schmalen Schlitz der Breite d besitzt (Abb. 4.87a). (Zur Vermeidung von Streufeldern sei d klein gegen den Kerndurchmesser.) Über die Ringspule ist eine Leiterschleife geschoben, die mit einem Galvanometer verbunden ist. Schalten wir den Strom in der Ringspule ein, wird in der Leiterschleife ein Spannungsstoß $\int U_{ind} \, dt$ induziert. Nach dem Induktionsgesetz gilt

$$\Delta\Phi = \Phi_2 - \Phi_1 = - \int\limits_{t_1}^{t_2} U_{ind} \, dt. \qquad (4.16)$$

Da zur Zeit t_1 der Spulenstrom Null ist, gilt $\Phi_1 = 0$, und (4.16) vereinfacht sich zu

$$\Phi = - \int\limits_{0}^{t} U_{ind} \, dt.$$

Φ ist der magnetische Fluß, der die von der Leiterschleife umfaßte Fläche durchsetzt. Der magnetische Fluß hängt mit der magnetischen Induktion B durch

$$\Phi = \int B \, dA$$

zusammen. Also können wir setzen:

$$\Phi = \int B \, dA = - \int\limits_{0}^{t} U_{ind} \, dt. \qquad (4.50)$$

Die Integration im zweiten Term muß über die von der Leiterschleife umfaßte Fläche vorgenommen werden. Über die spezielle Form der Fläche enthält die Gleichung keine Einschränkung. Die Form der Fläche können wir nach eigener Wahl festlegen. Diesen Fakt nutzen wir aus, um eine Aussage über die magnetische Induktion B im Eisenkern zu erhalten. Wir gestalten die Integrationsfläche in einer ersten Betrachtung so, daß sie in dem eisenfreien Schlitz liegt (Abb. 4.87b). In einer zweiten Betrachtung beulen wir die Fläche aus, so daß sie von dem Eisenkern durchdrungen

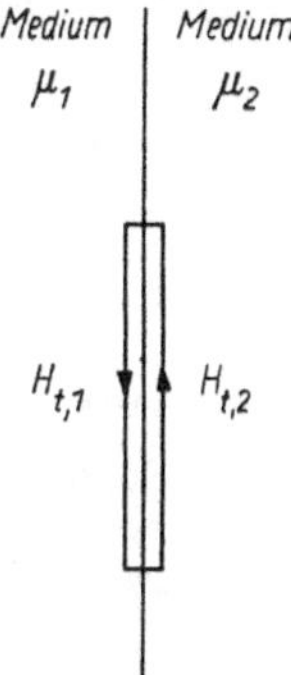

Abb. 4.88. Verhalten der Tangentialkomponenten an einer Grenzfläche

wird (Abb. 4.87c). Da die Form der Integrationsfläche ohne Einfluß auf den Induktionsspannungsstoß ist (4.50), liegt auch in beiden Fällen der gleiche magnetische Fluß Φ vor. Somit ist die magnetische Induktion im Eisen gleich der im Luftspalt:

$$B_M = B_V.$$

Wegen $B = \mu_r\mu_0 H$ gilt $B_M = \mu_r\mu_0 H_M$ und $B_V = \mu_0 H_V$. Da $B_M = B_V$ ist, erhält man hieraus

$$H_M = \frac{1}{\mu_r} H_V;$$

die magnetische Feldstärke ist im Eisenkern kleiner als im leeren Teil der Spule.

Bei den Betrachtungen kommt die jeweilige Normalkomponente zur Auswirkung. Somit können wir allgemein formulieren:

Die Normalkomponente der magnetischen Induktion verläuft an der Grenzfläche zweier Medien stetig, während die der magnetischen Feldstärke einen Sprung erleidet.

Die oben nachgewiesene Gleichheit zwischen der Normalkomponente der magnetischen Induktion im Eisen und der im Luftspalt läßt sich experimentell zeigen. Zu diesem Zweck führen wir die Induktionsschleife der Abb. 4.87a bei eingeschaltetem Spulenstrom einmal um die Ringspule herum. Wäre die magnetische Induktion im Eisen eine andere als die im Luftspalt, müßte das Galvanometer beim Überstreichen des Luftspaltes einen Induktionsspannungsstoß anzeigen. Er bleibt jedoch aus.

Verhalten der Tangentialkomponenten an einer Grenzfläche. Wir legen in die Grenzfläche zwischen den beiden Stoffen μ_1 und μ_2 eine geschlossene Kurve, die zu beiden Seiten eng an der Grenzfläche anliegt (Abb. 4.88). In den Stoffen mögen die Tangentialkomponenten der magnetischen

Feldstärke $H_{t,1}$ und $H_{t,2}$ existieren. Entsprechend dem Vorgehen in der Elektrostatik (Abschn. 2.4.5) bilden wir $\oint H\,\mathrm{d}r$ über die geschlossene Kurve. Da in der Grenzfläche keine Ströme vorhanden sind ($I = 0$), vereinfacht sich das Durchflutungsgesetz zu

$$\oint H\,\mathrm{d}r = 0.$$

Analog zu Abschn. 2.4.5 ergibt sich

$$H_{t,1} = H_{t,2}.$$

Wegen $B = \mu_r\mu_0 H$ erhält man für die Tangentialkomponenten der Induktion

$$\frac{B_{t,1}}{B_{t,2}} = \frac{\mu_1}{\mu_2}.$$

Die Tangentialkomponente der magnetischen Feldstärke verläuft an der Grenzfläche zweier Medien stetig, während die der magnetischen Induktion einen Sprung erleidet.

Brechung der Feldlinien. Sind die relativen Permeabilitäten zweier aneinandergrenzender Medien μ_1 und μ_2, dann gilt an Hand der letzten Betrachtungen

$$\frac{H_{n,1}}{H_{n,2}} = \frac{\mu_2}{\mu_1}; \qquad H_{t,1} = H_{t,2}; \tag{4.51}$$

$$\frac{B_{t,1}}{B_{t,2}} = \frac{\mu_1}{\mu_2}; \qquad B_{n,1} = B_{n,2}. \tag{4.52}$$

Hieraus folgt das *Brechungsgesetz der magnetischen Feldlinien* (vgl. die Brechung der elektrischen Feldlinien Abschn. 2.4.6):

$$\frac{\tan \alpha_1}{\tan \alpha_2} = \frac{\mu_1}{\mu_2}. \tag{4.53}$$

Da die relative Permeabilität der ferromagnetischen Stoffe sehr groß gegen die der Luft ist, treten die magnetischen Feldlinien fast senkrecht zur Oberfläche (vor allem aus Eisen) in Luft über (Abb. 4.89).

Eisenkern und Luftspalt. Mit Hilfe von Eisen, das eine hohe relative Permeabilität aufweist, lassen sich sehr starke magnetische Felder erzeugen. Den Eisenkern formt man zu einem geschlitzten Ring oder zu einem Hufeisen und schiebt eine Spule über die Schenkel (Abb. 4.90). Ist die Feldstärke innerhalb des Eisens H_{Fe} und zwischen

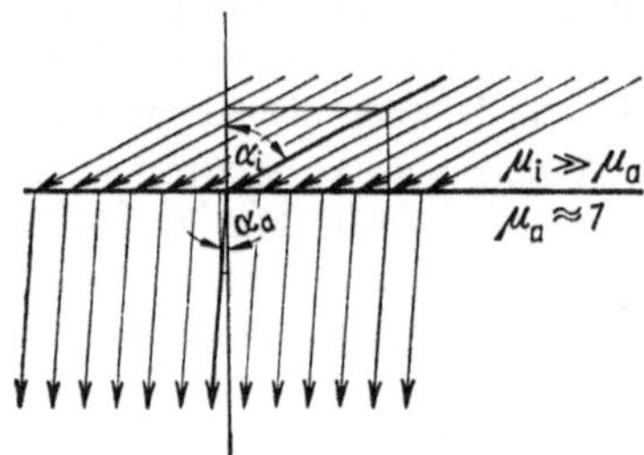

Abb. 4.89. Brechung der Feldlinien an der Grenzfläche sehr unterschiedlicher Permeabilitätszahlen

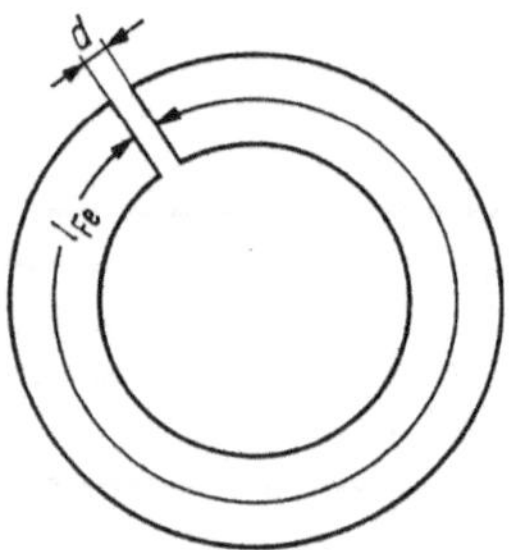

Abb. 4.90. Eisenkern mit Luftspalt (Erregerspule ist nicht gezeichnet)

den Polen H_V, dann gilt auf Grund des Durchflutungsgesetzes

$$\oint H\, \mathrm{d}r = H_{Fe} l_{Fe} + H_V d = NI.$$

l_{Fe} und d sind die Längen der Feldlinien im Eisen und im Luftspalt (Vakuum). Die magnetische Induktion ist in beiden Bereichen gleich: $B_{Fe} = B_V$, also

$$\mu_r \mu_0 H_{Fe} = \mu_0 H_V.$$

Eliminiert man H_{Fe} aus den Gleichungen, ergibt sich

$$H_V = \frac{NI}{d + l_{Fe}/\mu_r}\cdot$$

Ist der Luftspalt sehr klein ($d \ll l_{Fe}/\mu_r$), dann wächst die Feldstärke auf den μ_r-fachen Wert der eisenfreien Spule. μ_r kann von der Größenordnung 1 000 und mehr sein.

Magnetischer Induktionsfluß durch eine geschlossene Fläche. Er läßt sich leicht angeben, wenn wir auf die Überlegungen, die wir zur Abb. 4.87 anstellten, zurückgreifen. Wir denken uns die beiden von der Leiterschleife umspannten Flächen der Abbn. 4.87b und c zu einer gemeinsamen vereinigt. Sie ist geschlossen. Die magnetische Induktion B tritt an der einen Seite in diese geschlossene Fläche ein und an der anderen wieder aus, durchdringt sie also mit unterschiedli-

chem Vorzeichen. Da der Betrag in beiden Fällen gleich ist, gilt

$$\oint B\, \mathrm{d}A = 0. \tag{4.54}$$

Der magnetische Induktionsfluß durch eine geschlossene Fläche ist Null.

Wollen wir (4.54) in die differentielle Schreibweise umwandeln, müssen wir das Flächenintegral mit Hilfe des Gaußschen Integralsatzes in ein Volumenintegral überführen:

$$\oint B\, \mathrm{d}A = \int \operatorname{div} B\, \mathrm{d}V = 0.$$

Also wird

$$\operatorname{div} B = 0. \tag{4.55}$$

(4.54) und (4.55) gelten in der gleichen Weise auch in der *Magnetostatik*. Die dem magnetischen Induktionsfluß analoge Größe der Elektrostatik ist der elektrische Verschiebungsfluß. Für ihn gilt

$$\oint D\, \mathrm{d}A = Q,$$

ist also nicht Null wie der magnetische Induktionsfluß (4.54). Die Abweichung beider Ausdrücke voneinander läßt sich leicht interpretieren. An Hand der Coulombschen Gesetze der Elektrostatik und der Magnetostatik erkennen wir, daß die magnetische Polstärke der elektrischen Ladung äquivalent ist. Magnetpole treten aber nur paarweise auf. Bilden wir also den magnetischen Induktionsfluß durch eine geschlossene Oberfläche, innerhalb der sich Magnetpole befinden, so ist ihre Summe stets Null. Dieser physikalische Sachverhalt wird durch (4.54) ausgedrückt.

4.5.6. Die Magnetisierung M

In den letzten Abschnitten haben wir das Verhalten des magnetischen Feldes bei Anwesenheit von Stoffen untersucht. Der Einfluß des Materials wurde als Eigenschaft der Stoffe angesehen und durch die Permeabilität charakterisiert. Unser nächstes Ziel ist es, diese Materialeigenschaft auf atomare und molekulare Vorgänge im Innern der Stoffe zurückzuführen.

Eine Ringspule sei vollständig mit einem Eisenkern ausgefüllt. Wird in der Spule der Strom eingeschaltet, dann erhöht der Eisenkern die magnetische Induktion B gegenüber der leeren Spule bei gleicher Stromstärke. Als Ursache für die Vergrößerung hatten wir (Abschn. 4.5.3) einen scheinbaren Strom erkannt, der in der Oberfläche zu fließen beginnt, sobald der wahre Strom der Spule eingeschaltet wird. Dieser scheinbare Strom kommt durch die Ausrichtung der elementaren Kreisströme zustande. Der wahre Strom liefert zur Induktion B den gleichen Anteil wie in der leeren Spule; der scheinbare Strom bringt einen zusätzlichen Anteil. Das Einschalten des Feldes

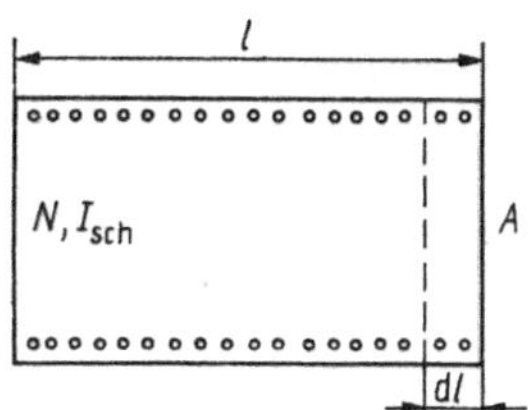
Abb. 4.91. Fiktive Spule mit scheinbarem Strom

wirkt so, als würden zugleich auch noch stromdurchflossene Windungen in die Spule geschoben werden. Wir nennen diesen Anteil *Magnetisierung M.*
Es gilt also

$$B = \mu_0(H + M).$$

Wegen $B = \mu_r \mu_0 H$ wird hieraus

$$M = (\mu_r - 1)\, H.$$

Führen wir aus Abschn. 4.5.2 die magnetische Suszeptibilität $\chi_m = \mu_r - 1$ ein, erhalten wir

$$M = \chi_m H.$$

Da die Ausdrücke nicht nur im homogenen Feld einer Ringspule gelten, können wir sie in Vektorform schreiben:

$$B = \mu_0(H + M), \tag{4.56}$$

$$M = (\mu_r - 1)\, H = \chi_m H. \tag{4.57}$$

Die Magnetisierung M ist ein Vektor, der die gleiche Richtung wie die magnetische Feldstärke H hat.

Es soll noch eine weitere Aussage zur Magnetisierung M eines Stoffes gefunden werden. Nach Abschn. 4.3.4 hat eine flache Spule ein elektromagnetisches Moment

$$m = NIA.$$

Wir hatten festgestellt, daß durch die Einwirkung eines magnetischen Feldes in dem Stoff scheinbare Ströme fließen. Nach außen hin erscheint es so, als würde zugleich mit dem Einschalten des Feldes auch noch eine Spule eingeschoben werden, durch die der scheinbare Strom I_{sch} fließt. In Abb. 4.91 sei die zusätzliche Spule dargestellt. Auf einer Länge l habe sie N Windungen. Sie füllt das Volumen $V = lA$ aus. Wir denken uns eine kleine Scheibe der Länge dl von der Spule abgeschnitten. Sie hat $dN = (N/l)\, dl$ Windungen und das Volumen $dV = A\, dl$. Dieser Spulenteil besitzt demnach ein elektromagnetisches Moment

$$|dm| = \frac{N}{l} I_{sch} A\, dl.$$

I_{sch} ist der scheinbare Strom in der zusätzlichen fiktiven Spule, also ist $(N/l)\, I_{sch}$ die hierdurch erzeugte zusätzliche Feldstärke H'. Wir erhalten somit

$$|dm| = H'\, dV.$$

Nach (4.56) ist die durch den scheinbaren Strom erzeugte Feldstärke H' die Magnetisierung. Folglich gilt allgemein (in Vektorform)

$$dm = M\, dV. \tag{4.58}$$

Die Magnetisierung ist also das elektromagnetische Moment, geteilt durch das Volumen, also seine Dichte.

Magnetostatik. Wir hatten erkannt, daß die Wirkung eines Stoffes in einem Magnetfeld dem zusätzlichen Einfügen einer stromführenden Spule gleichwertig ist. In analoger Weise können wir uns den Einfluß eines Stoffes im Magnetfeld durch das zusätzliche Einführen kleiner ausgerichteter Magnete ersetzt denken, die das Volumen des Stoffes vollständig ausfüllen. Eine Scheibe der Länge dl hat dann ein Coulombsches magnetisches Moment $d\mu$. Beziehen wir in analoger Weise diese Größe auf das Volumen, erhalten wir

$$d\mu = J\, dV,$$

wobei J die *magnetische Polarisation* ist. Da sich das elektromagnetische Moment und das Coulombsche magnetische Moment um den Faktor μ_0 unterscheiden, gilt dies auch für die Magnetisierung und die magnetische Polarisation. Der Zusammenhang zwischen B und H wird dementsprechend

$$B = \mu_0 H + J,$$

$$J = (\mu_r - 1)\, \mu_0 H = \chi_m \mu_0 H.$$

Der Aufbau der Formel ist völlig analog derjenigen, die wir für die elektrische Polarisation gefunden hatten: $D = \varepsilon_0 E + P$.

Im CGS-System ist der Zusammenhang zwischen B^*, H^* und J^*

$$B^* = H^* + 4\pi J^*,$$

$$J^* = \frac{\mu - 1}{4\pi} H^* = \chi_m^* H^*,$$

$$\chi_m^* = \frac{\mu - 1}{4\pi}.$$

In Tabellenwerken sind oft noch die CGS-Einheiten der magnetischen Suszeptibilität angegeben.

4.5.7. Dia, Para- und Ferromagnetismus

Para- und diamagnetische Stoffe. Die meisten Stoffe zeigen relative Permeabilitäten, die sich kaum (meist erst in der 6. oder 7. Dezimalstelle)

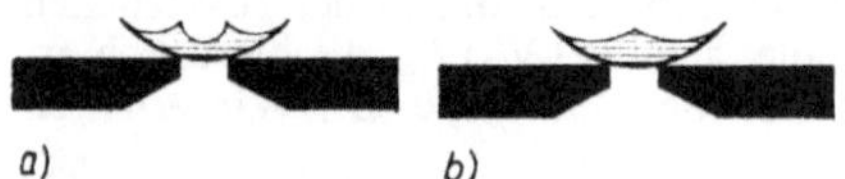

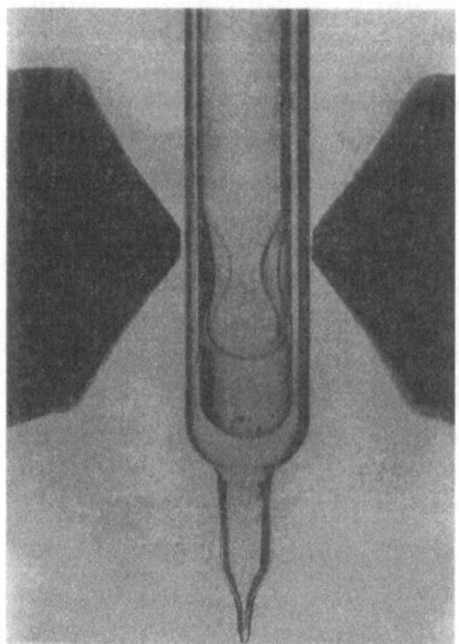

Abb. 4.92. Paramagnetische (a) und diamagnetische Flüssigkeit (b) im inhomogenen Feld

Abb. 4.93. Kraftwirkung auf flüssigen Sauerstoff (paramagnetisch) im Magnetfeld

Abb. 4.94. Kraftwirkung auf eine rußende Flamme (diamagnetisch) im Magnetfeld

von 1 unterscheiden. Um diesen geringen Unterschied kenntlich zu machen, ist es daher zu ihrer Charakterisierung zweckmäßig, die magnetische Suszeptibilität χ_m zu benutzen. In Abschn. 4.5.2 sind in Tab. 4.1 die magnetischen Suszeptibilitäten einiger Stoffe angegeben.

An der Tabelle lassen sich die magnetischen Eigenschaften der Stoffe erkennen. Sehr stark diamagnetisch ist Wismut. Daher wird ein Wismutkügelchen, das an einem Faden zwischen den

Polen eines starken Elektromagneten hängt, beim Einschalten des Stromes aus dem Magnetfeld herausgetrieben.

Auch Flüssigkeiten (Abb. 4.92) und Gase können paramagnetisch oder diamagnetisch sein, wie FARADAY schon feststellte. Besonders die Lösungen der Eisensalze, in hohem Grad die des Eisenchlorids, sind paramagnetisch.

Zur genaueren Untersuchung bringt man diese Körper in ein kleines Glasröhrchen, das im leeren Zustand unmagnetisch sein muß, und hängt das Röhrchen zwischen den Polen auf.

Von den Gasen hat sich der Sauerstoff als paramagnetisch im Vergleich zu Luft erwiesen. Eine mit Sauerstoff gefüllte kleine Seifenblase verlängert sich in der Feldrichtung ein wenig, wenn man sie zwischen die Pole des Elektromagneten bringt und den Strom schließt. Besonders gut sieht man den Paramagnetismus an flüssigem Sauerstoff zwischen den Polen des Elektromagneten (Abb. 4.93).

Ein eigentümliches Verhalten zeigen Flammen im Magnetfeld. Die Flamme einer brennenden Talgkerze wird zwischen den Magnetpolen in äquatorialer Richtung verbreitert. Etwas tiefer gehalten, wird sie nach unten abgeblasen. Eine rußende Terpentinölflamme teilt sich zwischen den Polen in zwei vollständig getrennte Äste von aufsteigendem Ruß. Aus diesen Versuchen folgt der starke Diamagnetismus der Verbrennungsgase bzw. des Rußes (Abb. 4.94).

Einfluß der Umgebung. Hängt man einen schwach paramagnetischen Körper, z. B. ein kleines eisenhaltiges Glasstäbchen, zwischen den Magnetpolen in einer Lösung von Eisenchlorid auf, so verhält er sich wie ein diamagnetischer Körper (FARADAY). Die Erscheinung ist dem Auftrieb eines Holzstückes im Wasser vergleichbar; sie zeigt, daß die Kraftwirkungen des Magnetfeldes als *Differenzwirkung* auf den Probekörper und das ihn umgebende Mittel anzusehen sind. Die Luft ist dem Vakuum gegenüber paramagnetisch, und zwar kann $\chi_m = 0{,}36 \cdot 10^{-6}$ bei 18 °C gesetzt werden; um die magnetischen Konstanten, die in Luft gemessen sind, auf das Vakuum zu reduzieren, ist also dieser Betrag hinzuzufügen. Zur Reduktion auf irgendein anderes umgebendes Mittel ist die magnetische Konstante des betreffenden Mittels zu subtrahieren. Die im Magnetfeld beobachteten Wirkungen sind also immer Differenzwirkungen; sie sagen nichts aus über die wirkliche Größe der Magnetisierung.

Es ist manchmal zweckmäßig, den Quotienten $\chi_m/\varrho = \chi_M$ zu bilden, wobei ϱ die Dichte des Stoffes bedeutet. χ_M nennt man die *spezifische Suszeptibilität*.

Einfluß der Temperatur. Der Diamagnetismus ist von der Temperatur unabhängig. Beim Paramagnetismus sind zwei Arten zu unterscheiden,

4. Das elektromagnetische Feld**136**

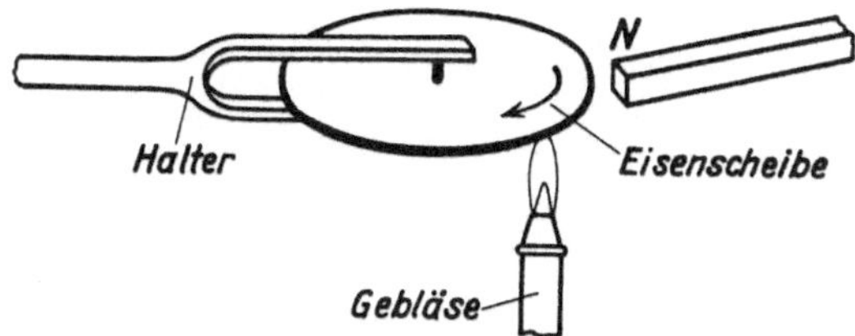

Abb. 4.95. Versuch über das Verschwinden des Ferromagnetismus bei hoher Temperatur

ein temperaturunabhängiger und ein temperaturabhängiger Paramagnetismus. Für diesen gilt in vielen Fällen das *Curiesche Gesetz*

$$\chi_M = \frac{C}{T},$$

worin C *Curiesche Konstante* heißt.

Ferromagnetische Stoffe. Diese Stoffe sind ausgezeichnet durch eine ganz unvergleichlich viel höhere Permeabilität als die der bis jetzt angeführten Stoffe sowie dadurch, daß ihre Permeabilität von der erregenden Feldstärke abhängt. Der wichtigste Stoff dieser Gruppe ist das Eisen. Seine Permeabilität ist von der besonderen Eisensorte abhängig; sie erreicht die höchsten Werte (bis zu 10^4) für weiches Schmiedeeisen. Dem Eisen ähnlich verhalten sich Nickel und Kobalt, die in reinem Zustand sogar schon von einem gewöhnlichen starken Stahlmagneten kräftig angezogen und festgehalten werden. HEUSLER hat (1900) die Entdeckung gemacht, daß die unmagnetische Legierung von 30% Mangan und 70% Kupfer magnetische Eigenschaften erhält, wenn eines der Metalle Aluminium, Zinn, Antimon oder Wismut hinzugesetzt wird. Neuerdings sind noch andere Legierungen hinzugekommen, wie CrTe, die ferromagnetische Eigenschaften zeigen, obwohl ihre Bestandteile nicht ferromagnetisch sind. Es zeigt sich ferner, daß aufgenommene Gase, besonders Stickstoff, einen wesentlichen Einfluß haben. Bei Nickel sind Werte bis $\mu_r = 290$, bei Kobalt bis $\mu_r = 170$, bei den Heuslerschen Legierungen bis $\mu_r = 40$, bei CrTe bis $\mu_r \approx 80$ gemessen worden. Mit steigender Temperatur nimmt ganz allgemein die Magnetisierbarkeit ab. Oberhalb einer bestimmten Temperatur (sog. *Curie-Temperatur*) verlieren die Stoffe die Eigenschaft des Ferromagnetismus. Die Temperaturen sind: Eisen 769 °C, Kobalt 1 075 °C, Heuslersche Legierungen je nach Zusammensetzung 60 °C bis 380 °C, Nickel 360 °C.
Oberhalb dieser Temperatur sind diese Stoffe nur noch schwach paramagnetisch. Eine in bestimmter Weise hergestellte und behandelte Legierung von Eisen mit etwa 26% Nickel ist schon bei Zimmertemperatur schwach paramagnetisch, während sie bei tiefen Temperaturen ferromagnetisch ist. Die Verbindungen MnP und MnAs haben ihre Curie-Temperaturen bei 26 °C bzw. 130 °C.

Man kann das Verschwinden des Ferromagnetismus bei Eisen leicht in folgender Weise zeigen: Eine horizontale, um eine lotrechte Achse drehbare Scheibe aus weichem Eisenblech (etwa 0,3 mm dick, Durchmesser etwa 25 cm) wird nach Abb. 4.95 in die Nähe eines Magneten gebracht. Neben dem Magneten wird die Scheibe auf helle Rotglut stark erhitzt. Infolge des Verschwindens des Ferromagnetismus an dieser Stelle wird die Kraftverteilung unsymmetrisch und die kältere Seite der Scheibe stärker vom Magneten angezogen, so daß die Scheibe bei genügend schneller Erhitzung in Umdrehung kommt.
Die Temperaturabhängigkeit des Ferromagnetismus läßt sich durch das *Curie-Weißsche Gesetz*

$$\chi_M = \frac{C}{T - \Theta}$$

darstellen, wo Θ die Curie-Temperatur, C die Curie-Konstante bedeutet.

Abhängigkeit der Permeabilität von der Feldstärke. Während man bei den gewöhnlichen para- und diamagnetischen Stoffen μ_r als eine Konstante (also ähnlich der relativen Dielektrizitätskonstanten) anzusehen hat, die unabhängig von dem Betrag von H ist, gilt dies nicht mehr für ferromagnetische Stoffe. Man hält trotzdem an der Gleichung $B = \mu_r\mu_0 H$ fest, muß aber dann μ_r als mit H veränderlich ansehen.
Bei sehr niedrigen Feldstärken ist die relative Permeabilität (*Anfangspermeabilität*) annähernd eine Konstante; im allgemeinen erreicht sie nur einen geringen Bruchteil des Höchstwertes der Permeabilität. So hat sie z. B. für Schmiedeeisen bis zur Feldstärke von $|H| = 2$ A/m annähernd den unveränderlichen Wert $\mu_r = 300$. Bei härteren Eisensorten liegt die Grenze der Feldstärke, bis zu der die Permeabilität unveränderlich bleibt, etwas höher; bei den weichsten und reinsten Eisensorten liegt sie niedriger. Bei einer weiteren Erhöhung der Feldstärke nimmt die Permeabilität sehr rasch zu: So erreicht sie für gewöhnliches Schmiedeeisen bei der Feldstärke $|H| = 250$ A/m den Wert $\mu_r = 2\,500$. Bei noch weiterer Erhöhung der Feldstärke nimmt sie zuerst wieder rasch, dann langsam, aber stetig ab. Für Schmiedeeisen hat sie bei $|H| = 5\,000$ A/m den Anfangswert wieder erreicht. Bei sehr weichen Eisensorten hat man bei sehr hohen Feldstärken eine Abnahme der Permeabilität auf weniger als 2 gemessen. Es ist wahrscheinlich, daß sie bei weiterer Erhöhung der Feldstärke bis auf $\mu_r = 1$ sinkt. Ist μ_r so weit gesunken, daß eine Vermehrung der Feldstärke von H nur noch einen Zuwachs der magnetischen Induktion B hervorruft, der dem Zuwachs im Vakuum entspricht, so nennt man das Eisen magnetisch *gesättigt*.

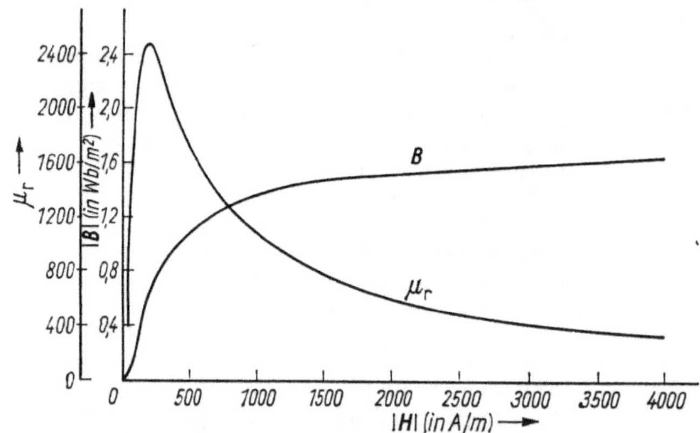

Abb. 4.96. Abhängigkeit der relativen Permeabilität und der magnetischen Induktion von der Feldstärke (für Flußeisen)

In Abb. 4.96 ist die Abhängigkeit der relativen Permeabilität μ_r des Flußeisens von der Feldstärke grafisch dargestellt. Man erkennt das Gebiet der konstanten Permeabilität nicht, da die Kurve für μ_r erst von der Feldstärke $|H| = 50\,\text{A/m}$ an gezeichnet ist. Man erkennt aber gut das rasche Ansteigen der μ_r-Kurve bei wachsender Feldstärke, ferner das zuerst rasche und dann langsame Abfallen der μ_r-Kurve.

In dieselbe Abbildung sind auch noch die Werte der magnetischen Induktion eingetragen. Wäre μ_r eine Konstante, so wäre die B-Kurve eine gerade Linie; das ist sie aber annähernd nur ganz im Anfang.

Man hat gelernt, ferromagnetische Stoffe herzustellen, bei denen die Abhängigkeit der Permeabilität von der Feldstärke bestimmte gewünschte Eigenschaften aufweist; z. B. zeigt eine Legierung von 22% Eisen mit 78% Nickel (Permalloy) eine sehr große Anfangspermeabilität (1 200 gegen 400 bei reinem Eisen), so daß schon für sehr schwache Felder sehr große Induktion erreicht wird. Solche Legierungen sind insbesondere für die Schwachstromtechnik (Fernmeldetechnik) sehr erwünscht; man hat daher neuerdings sehr wertvolle Steigerungen dieser Eigenschaften erzielt; z. B. zeigt die Legierung Supermalloy (79% Ni, 15% Fe, 5% Mo, 0,5% Mn und Spuren von C, S, Si) eine Anfangspermeabilität von 100000 und eine maximale Permeabilität von mehr als 1 000 000. Die Fortschritte gründen sich hauptsächlich auf einen möglichst hohen Reinheitsgrad der Werkstoffe, eine günstige Kristallausrichtung und eine Verkleinerung der inneren Spannungen. Wichtig sind ferner die Legierungen des Eisens mit Silizium (einige Prozent Si) oder Aluminium. Sie zeigen sehr gute magnetische Eigenschaften und haben sehr geringe elektrische Leitfähigkeit. Infolgedessen sind die Verluste durch Wirbelströme in ihnen sehr gering, so daß diese Legierungen in der Technik weitestgehende Verbreitung gefunden haben.

Hysteresis (oder Hysterese). Die in Abb. 4.96 wiedergegebene Kurve stellt den Verlauf der Induktion unter der Voraussetzung dar, daß das im magnetischen Feld befindliche Eisen zu Beginn des Versuches vollständig unmagnetisch war. Nun behält aber jedes Eisen, das einmal magnetisiert ist, auch nach Aufhören der magnetischen Erregung durch ein äußeres magnetisches Feld stets einen Teil seines erregten Magnetismus als *remanenten* Magnetismus, während ein anderer Teil des erregten Magnetismus als *temporärer* Magnetismus verschwindet. Daraus folgt, daß die Induktion B des Eisens bei Ausschaltung des Stromes nicht wieder den Wert Null annimmt. Ihre Größe ist außer von der erregenden Feldstärke noch von dem Zustand abhängig, in dem sich das Eisen vorher befand.

Zur weiteren Untersuchung unterwerfen wir das Eisen dem Einfluß eines zuerst allmählich anwachsenden Feldes, indem wir das Eisen in eine Spule einführen und die Stromstärke in der Spule allmählich vergrößern. Darauf vermindern wir die Stromstärke, also auch die Feldstärke, allmählich bis zum Wert Null. Dann kehren wir die Stromrichtung um, erregen also ein magnetisches Feld, dessen Feldlinien denen von vorhin entgegengesetzt sind, und verstärken das Feld in dieser neuen Richtung bis auf die Höhe, die es bei der ersten Richtung hatte. Darauf verringern wir die Feldstärke wieder und gehen durch Null hindurch zum ersten höchsten Wert. So wird das Eisen wiederholt einem Wechselfeld ausgesetzt. Wird nun in jedem Augenblick die Induktion gemessen, so erhält man Werte, die für eine bestimmte Eisensorte durch die Abb. 4.97 dargestellt werden.

Die Kurve OAM stellt die magnetische Induktion des ursprünglich unmagnetischen Eisens dar. Diese

---

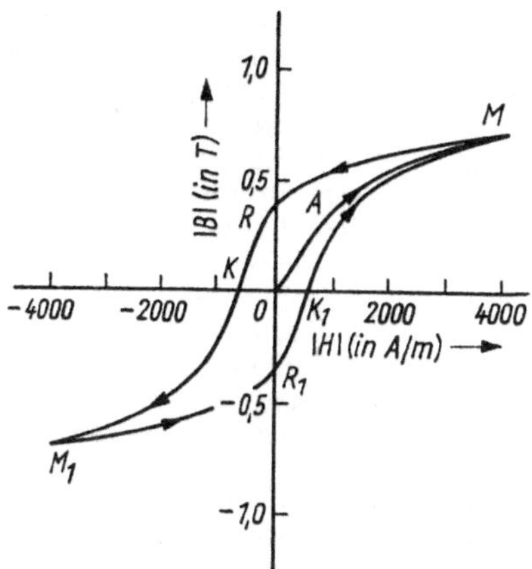

Abb. 4.97. Hysteresiskurve

Kurve heißt die *jungfräuliche Kurve* oder auch *Neukurve* der Induktion. Der durch OR bzw. OR_1 dargestellte Wert der Induktion $|B| = 0{,}38$ T gibt an, daß die Induktion nicht auf Null zurückgegangen ist, wenn die erregende Feldstärke Null geworden ist. Dieser Betrag wird die *Remanenz* genannt. Um das Eisen wieder zu entmagnetisieren, muß im vorliegenden Fall die Feldstärke erst wieder den durch OK dargestellten negativen Wert $H = -800$ A/m erhalten. Dieser Wert heißt die *Koerzitivfeldstärke* des Eisens.

Man kann eine solche Kurve unmittelbar experimentell erhalten, wenn man den Elektronenstrahl einer Braunschen Röhre (Katodenstrahloszillograph) durch vier senkrecht zueinander stehende Magnetspulen, die hintereinander geschaltet und vom gleichen Wechselstrom durchflossen sind, ablenkt. Die vertikal stehenden Spulen sind eisenfrei, so daß das entstehende Feld die Elektronen proportional zu H in der Horizontalen ablenkt, die horizontal stehenden Spulen sind eisenhaltig und lenken also proportional zu B die Elektronen in senkrechter Richtung ab. Man wählt die Windungszahl für die horizontalen Spulen geringer, um einen geeigneten Maßstab für B zu haben.

Der ganze beschriebene Vorgang und die durch den Vorgang gekennzeichnete Eigenschaft des Eisens heißt *Hysteresis*; die zwischen den beiden Punkten M und M_1 liegende geschlossene Kurve wird die *Hysteresisschleife* genannt. Das von der Hysteresisschleife begrenzte Flächenstück gibt durch seine Größe den Betrag der Energiedichte an, der beim Ummagnetisieren des Eisens in einem Wechselfeld verlorengeht, d. h. im Eisen in Wärme umgewandelt wird.

Dieser Energieverlust hat für die Konstruktion der Generatoren, Elektromotoren und Transformatoren eine besondere Wichtigkeit. Man muß durch die Wahl passender Eisensorten dafür sorgen, daß der Betrag der verlorengehenden Energie (sog. Eisenverluste) möglichst gering bleibt, da sonst neben dem Energieverlust eine schädliche Erwärmung der Maschine eintritt.

Infolge der Remanenz ist magnetisiertes Eisen nach Verschwinden des magnetisierenden Feldes noch magnetisch. Man beseitigt diesen Restmagnetismus, indem man das Eisen in einer Spule durch Wechselstrom dauernd ummagnetisiert und die Intensität des Stromes allmählich abnehmen läßt (z. B. bei der Reparatur magnetisch verdorbener Taschen- oder Armbanduhren).

Sehr bemerkenswert ist, daß *Eiseneinkristalle* sowie aus guten Kristallen bestehende Aggregate außerordentlich kleine Hysterese und Remanenz und auch eine abweichende Form der Magnetisierungskurve zeigen (W. GERLACH).

Einkristalle sind ferner magnetisch anisotrop. Es ist nämlich bei ihnen die Arbeit, die von dem magnetisierenden Feld bis zur Sättigung geleistet wird, in der Richtung leichter Magnetisierbarkeit am niedrigsten. Bei Eisen ist das die Würfelkante der kubisch raumzentrierten Elementarzelle. Bei vielkristallinen Stücken können Vorzugsrichtungen durch mechanische Behandlung (Ziehen, Walzen) erzielt werden.

Die Erscheinung der Hysterese tritt bei allen ferromagnetischen Stoffen auf und hängt offenbar ursächlich mit dem Ferromagnetismus zusammen.

Man bezeichnet Stoffe mit kleiner Koerzitivkraft als *magnetisch weich*, mit hoher als *magnetisch hart*. Werkstoffe wie Permalloy, „1004", Hyperm mit hoher Permeabilität haben geringe Koerzitivkraft, sind also magnetisch weiche Legierungen. Während die Koerzitivkraft für allerreinstes Eisen nur 2 A/m beträgt, liegt sie für normale Fe-Si-Bleche, wie sie für Transformatoren u. ä. verwendet werden, in der Größenordnung von 20 bis 100 A/m. Legierte Stähle können 40 000 bis 72 000 A/m erreichen (z. B. Fe-Ni-Al-Legierungen, sog. Oerstit). Man hat bei Pt-Co-Legierungen bis 300 000 A/m, bei der Heuslerschen Legierung Ag_5MnAl sogar 400 000 A/m erreicht.

Dauermagnete. Für viele Zwecke der Schwachstromtechnik, beispielsweise für Klein-Generatoren und Kleinmotoren, Telefone, Drehspul- und Nadelgalvanometer, aber auch für Kompaßnadeln und in Magnetometern benötigt man Dauermagnete (*Permanentmagnete*). Das sind Magnete, die eine große Koerzitivkraft bei möglichst hoher Remanenz besitzen. Die Hysteresiskurve (Abb. 4.97) hat also große Werte von OR und OK. Künstliche permanente Stabmagnete stellt man nach der „Strichmethode" her, indem der zu magnetisierende Stab in Längsrichtung einige 20- bis 50mal mit dem Pol eines starken Magneten überstrichen wird. Hufeisenmagnete, Drähte oder Bänder werden magnetisiert, indem

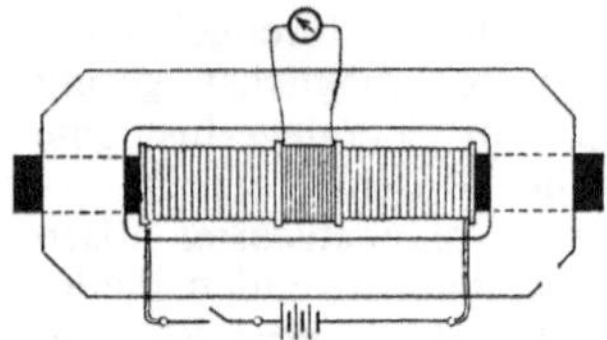

Abb. 4.98. Schema der Jochmethode zur Bestimmung der magnetischen Induktion in ferromagnetischen Stoffen

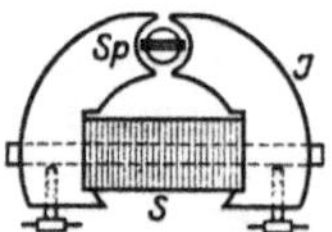

Abb. 4.99. Koepsel-Apparat

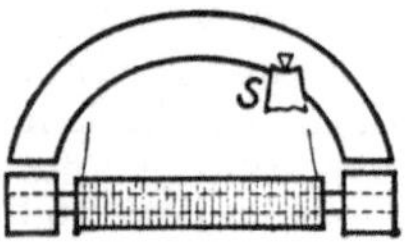

Abb. 4.100. Magnetische Waage von DU BOIS

man sie als Kern einer in einem magnetischen Kreis befindlichen Spule anordnet und die Spule kurzzeitig sehr stark überlastet. Die höchste Remanenz über 1 T besitzen W-Stähle bei einer Koerzitivkraft von etwa 3 200 bis 3 600 A/m. Heute verwendet man in zunehmendem Maße Drei- und Vierstofflegierungen (von HONDA, MISHIMA, KÖSTER u. a.), so z. B. Oerstit (65 % Fe, 15 % Al, 20 % Ni) mit einer Koerzitivkraft von etwa 48 000 A/m und einer Remanenz bis 0,6 T oder die Legierung Alnico (63 % Fe, 12 % Al, 20 % Ni, 5 % Co) mit einer Koerzitivkraft von 64 000 A/m und einer Remanenz von etwa 0,7 T. Auch die früher gebräuchlichen Cr-C-Stähle (Koerzitivkraft 3 500 bis 4 800 A/m, Remanenz etwa 0,6 T) werden noch häufig verwandt. Sie zeigen jedoch im Gegensatz zu den neuen Legierungen stärkere Alterungserscheinungen.

Die Messung der magnetischen Eigenschaften erfolgt entweder mit dem Magnetometer, durch Induktionsmethoden oder durch die Kraftwirkungen des Magnetfeldes. Die Messung mit dem Magnetometer erfolgt in der Weise, daß man in die ablenkende Stromspule (Abschn. 4.1.7) den zu untersuchenden Körper bringt und die Verstärkung des Außenfeldes, die durch Einführen dieses Körpers in die Spule hervorgerufen wird, durch die Ablenkung des Magnetometermagneten feststellt. Die Wirkung der Spule selbst auf das Magnetometer wird durch eine zweite auf der anderen Seite des Magnetometers aufgestellte Spule kompensiert. Die Induktionsmethoden beruhen darauf, den Induktionsfluß durch eine Spule, die mit dem betreffenden Material ausgefüllt ist,

direkt in Voltsekunden mit einem Galvanometer ballistisch zu messen. Zur Vermeidung der Entmagnetisierung und der Streuung muß das Material möglichst in Form eines geschlossenen Ringes verfügbar sein. Ist dies nicht der Fall, so muß man den zu untersuchenden Stoff als Glied eines geschlossenen magnetischen Ringes in eine Anordnung einfügen, deren magnetische Eigenschaften bekannt sind.

Abb. 4.98 zeigt die sogenannte *Jochmethode*. Der Probestab befindet sich im Innern der magnetisierenden Spule. Die magnetischen Feldlinien werden durch die Eisenmassen des Joches geschlossen.

Auf den Kraftwirkungen des Magnetfeldes beruht ein in der Technik viel verwendeter Apparat, der nach dem Prinzip der Drehspulinstrumente gebaut ist (Abb. 4.99), wobei aber der Eisenkreis die zu untersuchende Probe als Joch enthält. Der magnetische Fluß wird direkt durch den Ausschlag der Drehspule gemessen, die durch Messung mit einem bekannten Material geeicht wird.

Zu Präzisionsmessungen geeignet ist die *magnetische Waage* (DU BOIS) (Abb. 4.100). Es wird die Anziehung der Stirnflächen eines geschlitzten Toroids im Luftspalt gemessen; ein eiserner Bügel, der zugleich den einen Teil des magnetischen Kreises darstellt, bildet einen Waagebalken mit ungleichen Dreharmen. Der gut in eiserne Backen eingeklemmte Probestab, von der Magnetisierungsspule umgeben, schließt den magnetischen Kreis. Durch die in den Luftspalten auftretenden Anziehungskräfte entstehen ungleiche Drehmomente, die durch Laufgewichte ausgeglichen werden. Die Differenz der Drehmomente ist angenähert dem Quadrat der magnetischen Induktion proportional.

4.5.8. Der magnetische Kreis

Streuung. Wie wir in Abschn. 4.1.2 gesehen haben, wird in einem Stoff größerer relativer Permeabilität (z. B. Eisen) der Feldlinienverlauf der Umgebung konzentriert. Bei der außerordentlich hohen relativen Permeabilität des Eisens folgt daraus, daß bei Anwesenheit des Eisens im Magnetfeld so gut wie alle Feldlinien im Eisen verlaufen. Wird daher ein Eisenring an irgendeiner Stelle mit einer Wicklung versehen (Abb. 4.101 a), so verläuft praktisch der ganze magnetische Fluß in dem Ring. Nur ein geringer Teil verläuft in der Umgebung. Er ist um so größer, je weniger geschlossen der Ring ist. Man bezeichnet diesen Teil des magnetischen Flusses als *Streuung* (Abb. 4.101 b, c).

Ohmsches Gesetz für den Magnetismus. Der magnetische Fluß in einem geschlossenen leeren To-

 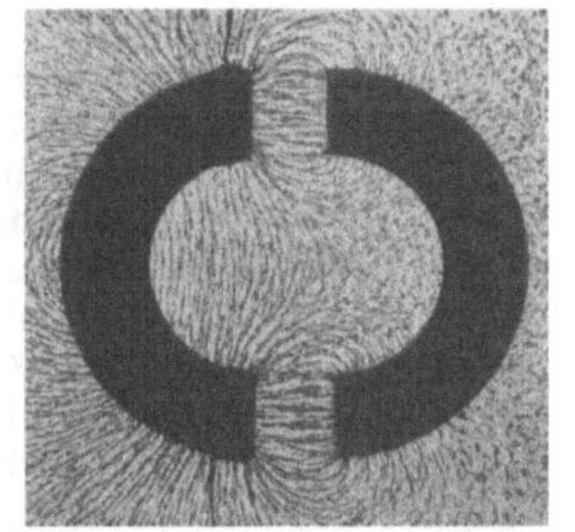 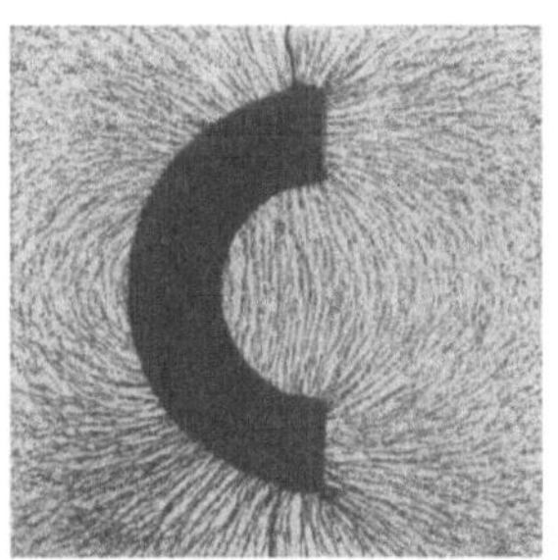

a)   b)   c)

Abb. 4.101. Magnetische Streuung

roid ist

$$\Phi = AB_\mathrm{V} = \mu_0 \frac{N}{l} IA \qquad (4.59)$$

(N Anzahl der Windungen, I Stromstärke, l mittlere Länge des Toroids.)
Ist das Toroid von Eisen erfüllt, so ist der magnetische Fluß μ_r-mal so groß, also

$$\Phi = AB = \mu_\mathrm{r}\mu_0 \frac{NI}{l} A .$$

Man kann für $1/\mu_\mathrm{r}\mu_0$ eine Größe ϱ_m einführen, die *spezifischer magnetischer Widerstand* genannt wird. Es ist dann

$$\Phi = \frac{NI}{\varrho_\mathrm{m} l/A} = \frac{V}{R_\mathrm{M}} .$$

Hierin ist $V = NI$ die magnetische Randspannung.

$$R_\mathrm{M} = \varrho_\mathrm{m} l/A$$

wird als *magnetischer Widerstand* bezeichnet.
Dieser Formulierung liegt folgender Gedankengang zugrunde: Man kann das Zusammendrängen der Feldlinien formal so deuten, als böte das Eisen dem magnetischen Fluß einen geringeren „Widerstand". Es verhält sich so wie ein Stück gut leitenden Materials im Feld der Stromlinien des elektrischen Stromes. Sein Widerstand wird analog dem Leitungswiderstand R eines Leiters durch $R_\mathrm{M} = \varrho_\mathrm{m} l/A$ ausgedrückt. Die Randspannung V ist es, die die Durchflutung der umschlossenen Fläche bewirkt; man kann sie also formal in Analogie zu einer elektromotorischen Kraft U_e setzen. Den magnetischen Fluß kann man mit der Stromstärke I vergleichen. Man erhält also für den magnetischen Fluß das oben formulierte Gesetz, das dem Ohmschen Gesetz analog gebaut ist:

Der magnetische Fluß ist gleich dem Quotienten aus magnetischer Randspannung und magnetischem Widerstand.
Der magnetische Widerstand ist der Länge proportional, dem Querschnitt umgekehrt proportional und hängt von einer Materialkonstanten ab, der Permeabilität.

Der große Vorteil dieser Betrachtungsweise ist, daß der magnetische Fluß in komplizierter gebauten Systemen in einfacher Weise berechnet werden kann.
Besteht ein magnetischer Kreis aus einer größeren Zahl von einzelnen Teilen, die nacheinander von den Induktionslinien durchsetzt werden und die die magnetischen Widerstände $R_{\mathrm{M}1}$, $R_{\mathrm{M}2}$, ... haben, so berechnet sich der Gesamtwiderstand R_{Mges} ähnlich wie der elektrische Widerstand mehrerer hintereinander geschalteter Leiter aus der Gleichung

$$R_{\mathrm{Mges}} = \sum_n R_{\mathrm{M}n} .$$

Verzweigt sich hingegen der Fluß der Induktionslinien in magnetische Leitungswege von den Widerständen $R_{\mathrm{M}1}$, $R_{\mathrm{M}2}$, ... ähnlich wie der elektrische Strom bei nebeneinander geschalteten Leitern, so berechnet sich auch der magnetische Widerstand, jenen Verhältnissen entsprechend, nach der Gleichung

$$\frac{1}{R_{\mathrm{Mges}}} = \sum_n \frac{1}{R_{\mathrm{M}n}} .$$

Diese Gleichungen sind für die Berechnung der magnetischen Wirkung zusammengesetzter Körper, wie sie die Nutzanwendung in der Technik bietet, von größtem Wert. Sie wurden zuerst von den Brüdern HOPKINSON für diese Zwecke angegeben.

Einwände. Die Anwendung der obigen Gleichungen muß mit Vorsicht erfolgen. Der Grund dafür, daß das Ohmsche Gesetz nicht mit solcher Schärfe für den magnetischen Induktionsfluß verwendbar ist wie für den galvanischen Strom liegt darin, daß die Feldlinien immer teil-

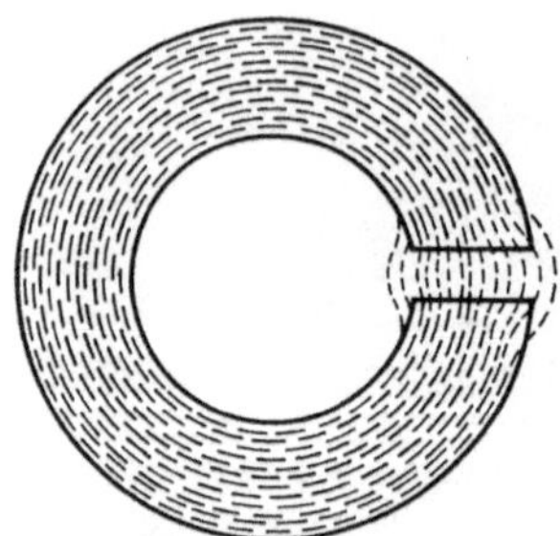

Abb. 4.102. Einfluß eines Schlitzes auf den magnetischen Fluß

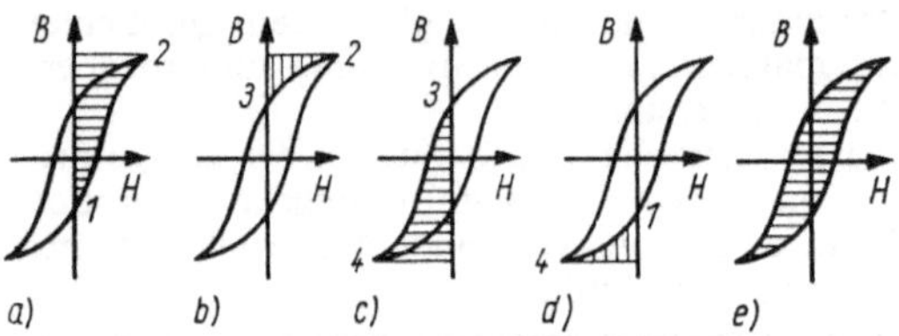

Abb. 4.103. Energieverlust bei der Hysterese

weise durch den Raum gehen, daß sich also, elektrisch gesprochen, keine genügende Isolation des Induktionsflusses erzielen läßt. Es beeinträchtigen daher immer störende Nebenschlüsse, d. i. Streuung der Induktionslinien, die Verwendbarkeit des Gesetzes. Noch wichtiger ist, daß der magnetische Widerstand von der magnetischen Spannung abhängt, also, wie sich auch in den unten ausgeführten Rechnungen zeigt, nicht als konstant (also eigentlich nicht als ohmscher Widerstand) angesehen werden kann.

Das geschlitzte Toroid. Als Anwendungsbeispiel wollen wir das geschlitzte Toroid behandeln. Die Streuung ist um so größer, je breiter der Schlitz im Verhältnis zum Querschnitt des Ringes ist. In Abb. 4.102 sind die streuenden Feldlinien eingezeichnet. Ist der Schlitz schmal, so kann die Streuung vernachlässigt werden; wir können so rechnen, als sei der magnetische Fluß Φ im ganzen Kreis konstant und auf den gleichen Querschnitt verteilt. Es gilt nun, wenn b die Breite des Schlitzes ist,

$$V = \Phi R_\text{M}; \qquad V = NI;$$

$$R_\text{M} = \frac{l}{A\mu_r\mu_0} + \frac{b}{A\mu_0} = \frac{1}{A\mu_0}\left(\frac{l}{\mu_r} + b\right).$$

Es ist also

$$V = NI = \frac{\Phi}{A\mu_0}\left(\frac{l}{\mu_r} + b\right)$$

oder

$$\frac{\Phi}{A} = |\boldsymbol{B}| = \frac{\mu_0 NI}{\dfrac{l}{\mu_r} + b}.$$

Aus dieser Gleichung folgt, daß schon ein schmaler Spalt den Induktionsfluß eines magnetischen Kreises bedeutend schwächt (s. Abschn. 4.5.5). Wie sich zeigt, muß man zur Erzielung eines starken oder auch eines einigermaßen berechenbaren magnetischen Flusses einen möglichst geschlossenen Kreis aus einem Material hoher Permeabilität, einen *magnetischen Kreis*, verwenden. Man sucht daher, sich in der Praxis stets der Form des magnetischen Kreises anzunähern.

4.5.9. Kräfte und Energieeinwirkung auf Stoffe im Magnetfeld

Hystereseverluste. In Abschn. 4.5.7 haben wir die Vorgänge, die sich beim ständigen Ummagnetisieren im Eisen abspielen, besprochen. Wir erkannten das Auftreten von Hystereseerscheinungen. Das Ummagnetisieren erfordert Arbeit, die im allgemeinen als Energieverlust in Erscheinung tritt. Die Energieumsetzungen beim Magnetisieren wollen wir berechnen.

In einer Spule mit Eisenkern werde der erregende Strom um einen kleinen Betrag geändert, so daß sich die magnetische Feldstärke um den Wert dH ändert. Damit ist gleichzeitig eine Änderung der magnetischen Induktion um dB verbunden. Die Energiedichte des magnetischen Feldes ist nach Abschn. 4.2.6

$$w_\text{M} = \frac{1}{2}\,HB.$$

Durch die Vergrößerung der Induktion um dB wächst die Energiedichte um dw_M:

$$w_\text{M} + \mathrm{d}w_\text{M} = \frac{1}{2}\,(H + \mathrm{d}H)(B + \mathrm{d}B).$$

Das Produkt dH dB kann als vernachlässigbar klein angesehen werden. Berücksichtigt man ferner, daß bei genügend kleiner Änderung μ_r als konstant angesehen werden kann und folglich $B\,\mathrm{d}H = H\,\mathrm{d}B$ ist, erhält man

$$\mathrm{d}w_\text{M} = H\,\mathrm{d}B.$$

Während des Magnetisierens, von der Feldstärke $H = 0$ beginnend bis zur Sättigung, muß die Energiedichte

$$w_{\text{M},1} = \int\limits_{B_1}^{B_2} H\,\mathrm{d}B$$

aufgebracht werden (Abb. 4.103a: schraffierte Fläche). Geht die Feldstärke des erregenden Feldes wieder auf Null zurück, wird die Energiedichte

$$w_{\text{M},2} = \int\limits_{B_2}^{B_3} H\,\mathrm{d}B$$

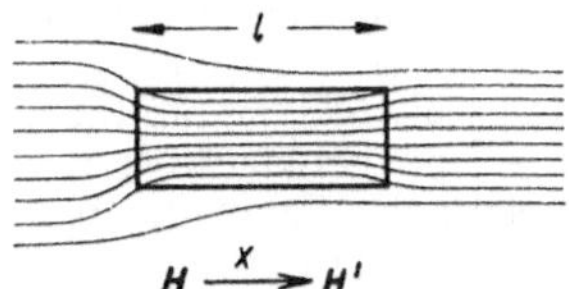

Abb. 4.104. Kräfte im inhomogenen Magnetfeld

zurückgeleitet (Abb. 4.103 b). An der Abbildung erkennt man, daß dieses Integral negativ ist. Es wird von dem Feld Energie an die Stromquelle abgegeben. Für die Magnetisierung in entgegengesetzter Richtung gilt der analoge Vorgang (Abb. 4.103 c, d). Die insgesamt umgesetzte Energiedichte für einen vollen Zyklus ist

$$w_\mathrm{M} = \oint H\,\mathrm{d}B.$$

Hierzu müssen wir die einzelnen Beiträge unter Beachtung des Vorzeichens addieren. Die Summe liefert gerade die Fläche der Hystereseschleife (Abb. 4.103 e). Wir können also formulieren (WARBURG):

Die Fläche der Hystereseschleife gibt die Dichte des Energieverlustes (den Energieverlust pro Volumen) des Stoffes beim Durchlaufen eines vollständigen magnetischen Zyklus an.

Um die Hystereseverluste klein zu halten, benutzt man für Transformatoren Fe-Si-Legierungen, die einen sehr kleinen Flächeninhalt der Hystereseschleife haben. Außerdem sind in ihnen wegen des hohen elektrischen Widerstandes die Wirbelstromverluste gering.
Eine Hystereseschleife mit einer Fläche von 10^2 Ws/m³ entspricht bei einem Wechselstrom von 50 Perioden einem Verlust von 0,64 W/kg, wenn die Dichte zu 7,8 g/cm³ = 7800 kg/m³ angenommen wird. Die durch die Hysterese des Eisens bedingten Energieverluste werden in der Technik als *Eisenverluste* gekennzeichnet. Als Näherungsformel für diese Eisenverluste E_v kann man nach STEINMETZ die Formel $E_\mathrm{v} = Cn|B|^{1,6}$ ansetzen, in der n die Frequenz der Ummagnetisierung und C eine von der Stoffart abhängige Konstante bedeutet. Diese hat für die gebräuchlichen Eisensorten Werte zwischen $^1/_{40}$ und $^1/_{10000}$.

Zug der magnetischen Feldlinien. Aus den obigen Ableitungen ist erneut ersichtlich, daß die Energieverhältnisse im magnetischen Feld durch die Größen μ, H und B genauso dargestellt werden wie im elektrischen Feld die Größen durch ε, E und D. Wir können daher auch die Betrachtungen über die „fiktiven" Maxwellschen Spannungen auf den magnetischen Fall übertragen und erhalten das Ergebnis:

In einem magnetischen Feld ist der Zug der Feldlinien (die Kraft pro Fläche normal zur Feldrichtung) gleich der Energiedichte. Der Querdruck der Feldlinien hat die gleiche Größe.

Es gilt also die Beziehung

$$p = \frac{|F|}{A} = \frac{\frac{1}{2}HBA}{A} = w_\mathrm{M}.$$

Mechanische Kräfte im Feld. In einem homogenen Feld heben sich um einen Punkt herum die Maxwellschen Spannungen auf. Tritt aber im Feld an einer Stelle eine Änderung der Größe $H \cdot B$ auf, z. B. an der Grenze zweier Mittel mit verschiedenen Permeabilitäten, so greift an der Grenzfläche eine mechanische Kraft an. Der auftretende Druck ist gegeben durch die Differenz der Maxwellschen Spannungen auf beiden Seiten der Fläche, also

$$p = \frac{\mu_0 H^2}{2}\,(\mu_{\mathrm{r}_1} - \mu_{\mathrm{r}_2}).$$

Ist das Feld homogen, so ist der betreffende Körper einem allseitigen Zug oder Druck ausgesetzt; ist das Feld inhomogen, so wird er einen Bewegungsantrieb erfahren. Auf diese Weise lassen sich die Erscheinungen der Bewegung para- und diamagnetischer Körper im homogenen Feld verstehen und berechnen. Nimmt z. B. das Feld in der x-Richtung zu, wobei die Zunahme der Feldstärke gegeben sei durch $\mathrm{d}H$ auf der Strecke $\mathrm{d}x$, so erfährt ein Körper der Permeabilität μ_r, der sich im Vakuum befindet, eine Kraft, die bei einem paramagnetischen Körper ($\mu_\mathrm{r} > 1$) in der x-Richtung wirkt. Sie berechnet sich für die in Abb. 4.104 angegebene Anordnung, wobei die x-Komponenten der Kräfte auf die Seitenflächen vernachlässigt werden können, auf folgende Weise: Der Druck auf die linke Grenzfläche ist $p_\mathrm{l} = \frac{1}{2}\mu_0 H^2(1 - \mu_\mathrm{r})$; der Druck auf die rechte Grenzfläche ist gleich $p_\mathrm{r} = -\frac{1}{2}\mu_0 H'^2(1 - \mu_\mathrm{r})$. Die fortbewegende Kraft ist gegeben durch $|F| = (p_\mathrm{l} + p_\mathrm{r}) A = \frac{1}{2}\mu_0 A\chi_\mathrm{m}(H^2 - H'^2)$; ist l die Länge des Körpers, so ist $H' = H + l\,\mathrm{d}H/\mathrm{d}x$; es ist also, wenn $(l\,\mathrm{d}H/\mathrm{d}x)^2$ vernachlässigt werden kann, wenn also der Körper klein im Vergleich zur Inhomogenität des Feldes ist, $H'^2 = H^2 + 2Hl\,\mathrm{d}H/\mathrm{d}x$. Unter Berücksichtigung von $Al = V$ wird

$$|F| = -H\frac{\mathrm{d}H}{\mathrm{d}x}\mu_0(1 - \mu_\mathrm{r})\,lA = V\chi_\mathrm{m}\mu_0 H\frac{\mathrm{d}H}{\mathrm{d}x}.$$

Ein stabiles *Schweben* eines Körpers entgegen seiner Schwere in einem statischen magnetischen Feld ist nur für diamagnetische (oder supraleitende) Körper bei sehr starker Inhomogenität

---

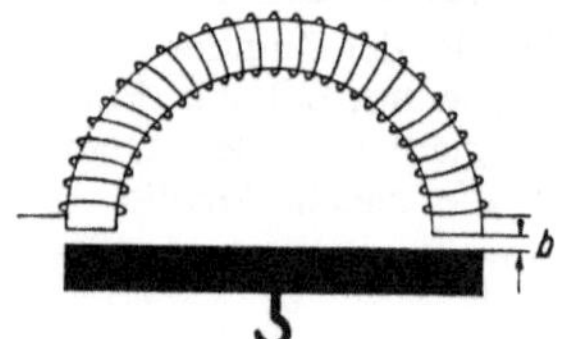

Abb. 4.105. Magnet mit Anker

des Magnetfeldes möglich. Ein stabiles Schweben im elektrostatischen Feld ist für einen Körper nicht möglich (BRAUNBEK).

Quinckesche Steighöhenmethode. Die Messung der Induktion bzw. der Permeabilität oder Suszeptibilität paramagnetischer oder diamagnetischer Stoffe erfolgt im allgemeinen aus den Kraftwirkungen im inhomogenen Feld. Besonders einfach ist die Messung bei Flüssigkeiten. Bringt man ein Rohr mit der zu untersuchenden Flüssigkeit, das mit einem außerhalb befindlichen weiteren Rohr kommuniziert, in ein horizontales Magnetfeld so hinein, daß sich die Oberfläche etwa mitten zwischen den Polen eines Elektromagneten befindet, so *steigt* bei paramagnetischen Stoffen die Flüssigkeit im Rohr, bei diamagnetischen *fällt* sie. Aus der Höhe kann man bei bekanntem Feld auf die Suszeptibilität bzw. bei bekannter Suszeptibilität auf die Größe des Feldes schließen.

Diese nach QUINCKE benannte Methode ist uns bereits vom elektrischen Analogiefall her bekannt (Abschn. 2.4.9).

Der Druck an der Grenzschicht Flüssigkeit–Luft ist nach obigem gegeben durch

$$p = \frac{H^2}{2}\,\mu_0(\mu_{r_1} - \mu_{r_2}) = \frac{H^2}{2}\,\mu_0(\chi_1 - \chi_2).$$

Andererseits ist auch $p = \varrho g h$, wo ϱ die Dichte der Flüssigkeit, h die Steighöhe und g die Schwerebeschleunigung bedeuten (Bd. 1). Bei einer stark magnetischen Flüssigkeit kann man $\chi_{\text{Luft}} = 0$ setzen und erhält durch Gleichsetzen beider Ausdrücke für p

$$h = \frac{1}{2\varrho g}\,\mu_0\chi_{\text{m}}H^2.$$

Magnetostriktion. Der allseitige Zug und Druck, der an den Unstetigkeitsflächen von μ_r in einem homogenen Feld an einem eingebrachten ferromagnetischen Körper, z. B. einem Eisendraht, an Stäben oder Röhren aus reinem Nickel oder seinen Legierungen angreift, ruft eine mechanische Deformation (Verlängerung, Verkürzung) des Körpers hervor. Diese allseitig wirkende mechanische Spannung, die wie in dem eben betrachteten Beispiel durch die Differenz der Maxwellschen Spannungen an beiden Seiten der Unstetig-

keitsfläche zu berechnen ist, nennt man *Magnetostriktion.*

Dieses Verhalten ist ohne weiteres verständlich, da ja die Magnetisierung eine Umlagerung der Moleküle des Körpers bedingt. Wenn nun beispielsweise Nickel im magnetischen Feld eine Verkürzung erfährt, so muß umgekehrt nach dem Prinzip des kleinsten Zwanges äußerer Druck die Magnetisierung des Nickels erleichtern. Solche elastisch-magnetischen Erscheinungen sind in der Tat beobachtet worden; Eisen verhält sich z. B. bei geringen Feldstärken so, daß Druck die Magnetisierung verringert, Zug sie entsprechend erhöht.

Tragkraft eines Magneten. Wir können das oben erhaltene Ergebnis zur Berechnung der Tragkraft eines Magneten anwenden.

Nehmen wir etwa einen Magneten der Abb. 4.105; er bildet zusammen mit dem Anker einen magnetischen Kreis. Hat der Anker von dem Eisen des Magneten einen kleinen Abstand b, so können wir die Streuung vernachlässigen und das Feld in diesem Schlitz als homogen ansehen. Da die Feldlinien senkrecht die Grenzfläche durchsetzen, so ist die Kraft zwischen dem Eisen und dem Anker gleich dem Zug p der Feldlinien, multipliziert mit der Magnetstirnfläche A. Da die Zugspannung $p = \frac{1}{2} HB = B^2/(2\mu)$ ist, so ist die Kraft, mit der der Anker angezogen wird (wobei zu berücksichtigen ist, daß wir bei obiger Anordnung zwei Schlitze haben),

$$|F| = \frac{1}{\mu_0}\,B^2 A = \frac{1}{\mu_0}\,\frac{\Phi^2}{A}.$$

Die Formel liefert für die Praxis, in der sehr unterschiedlich geformte Magnete verwendet werden, keine exakten Werte. Sie liegen jedoch in der richtigen Größenordnung. Wir erkennen, daß wir zur Erreichung einer großen Tragkraft die magnetische Induktion B verstärken müssen. Wir streben daher einen möglichst kleinen magnetischen Widerstand des Kreises an. Man konstruiert die Tragmagnete, die zum Heben großer Lasten verwendet werden, so, daß ein möglichst geschlossener magnetischer Kreis entsteht.

Der in Abb. 4.106a angegebene Versuch zeigt sehr deutlich die Wirkung eines geschlossenen Kreises. In dieser Anordnung trägt der Magnet höchstens etwa 1 N; bei Überstülpen des Topfes aus weichem Eisen über den Magneten – wodurch der Eisenkreis geschlossen und der magnetische Widerstand außerordentlich herabgesetzt wird (Abb. 4.106b) – ist die Tragkraft etwa 1000 N, also das Tausendfache.

4.5.10. Entmagnetisierung

Bringt man einen geschlossenen Eisenring als Kern in das Feld einer stromdurchflossenen Spule, dann ist bei einer bestimmten Stärke des Ma-

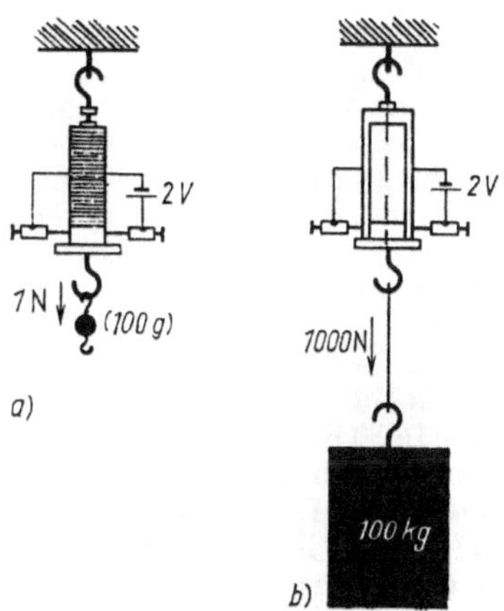

Abb. 4.106. Topfmagnet mit offenem (a) und mit geschlossenem magnetischem Kreis (b)

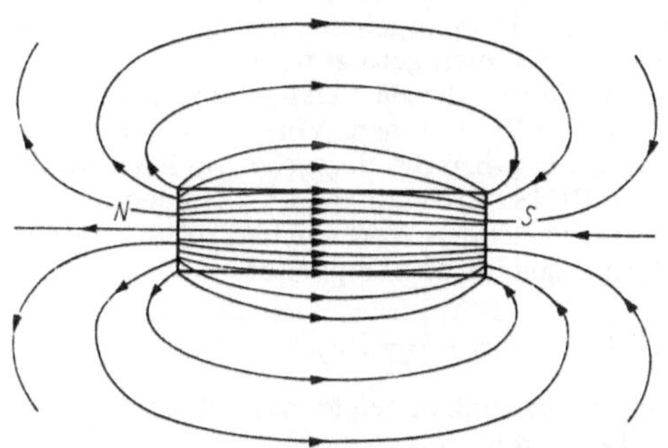

Abb. 4.107. Verlauf der H-Linien eines Stabmagneten im Außen- und Innenraum

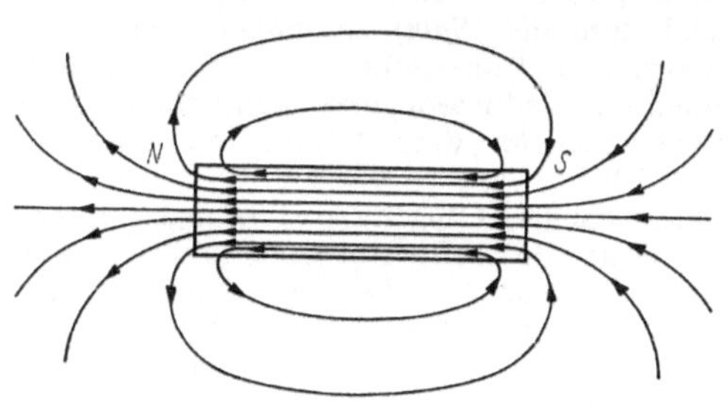

Abb. 4.108. Verlauf der B-Linien eines Stabmagneten im Außen- und Innenraum

gnetfeldes der Spule das Eisen vollständig magnetisiert. Die Elementarmagnete sind ausgerichtet. Magnetisieren wir jedoch einen Eisenring mit einem Spalt oder einem kurzen Eisenstab, dann tritt die Sättigung erst bei einer erheblich höheren Stärke des Spulenfeldes ein. Während bei der Magnetisierung des geschlossenen Eisenringes das Feld der Spule wirksam wurde, ist es offensichtlich bei dem Eisenring mit Spalt oder dem kurzen

Eisenstab geschwächt. Dieser Sachverhalt läßt sich folgendermaßen deuten: Sind in dem geschlossenen Eisenring die Elementarmagnete ausgerichtet, dann folgt jeweils ein positiver Pol auf einen negativen. Hat der Eisenring jedoch einen Spalt, oder magnetisieren wir einen kurzen Eisenstab, dann ist diese Reihenfolge an den Stirnflächen unterbrochen. Dort scheint die eine Fläche positive und die andere negative Pole zu tragen. Diese Pole sind die Quellen und die Senken der Feldstärke. In dem Spalt führen sie zu einer Verstärkung des äußeren Feldes, im Innern des Eisens zu einer Schwächung. Die von den induzierten Polen ausgehenden Feldlinien verlaufen im Innern ebenso wie im Außenraum vom positiven zum negativen Pol (Abb. 4.107). Sie schwächen also das Feld der Spule.

Die Schwächung des magnetischen Feldes, die durch die Ausbildung induzierter Pole an der Oberfläche hervorgerufen wird, heißt Entmagnetisierung.

Diese Schwächung des Spulenfeldes tritt bei dem geschlossenen Eisenring nicht auf, da es dort nicht zur Ausbildung der Pole kommt. Ist H_M die magnetische Feldstärke im Stoff, H_0 die Feldstärke der leeren Spulen und M die Magnetisierung, dann gilt

$$H_M = H_0 - N_M M.$$

N_M ist der *Entmagnetisierungsfaktor*. Er hängt von der Form des magnetisierten Körpers ab. Beispielsweise hat er für eine sehr flache Scheibe den Wert 1, für eine Kugel ist er 1/3, für einen unendlich langen Stab und für einen geschlossenen Ring verschwindet er. Mit Hilfe von (4.57),

$$M = \chi_m H_M,$$

erhalten wir hieraus

$$M = \frac{\chi_m}{1 + N_M \chi_m} H_0.$$

In Abb. 4.107 ist der Verlauf der H-Linien in einem Eisenstab mit induzierten Polen gezeichnet. Der Eisenstab ist zu einem Magneten geworden. Für das Feld der Permanentmagnete hatten wir in Abschn. 4.1.8 im Außenraum die Wirbelfreiheit der H-Linien gefunden, $\oint H \, dr = 0$. Wir erkennen nun, daß die H-Linien auch unter Hinzunahme des Innenraumes keine geschlossenen Linien sind, sondern in den Polen entstehen und enden. Die B-Linien sind stets geschlossene Linien. Sie beginnen und enden nicht in den Polen, da sie keine Quellen haben. Im Außenraum haben sie die gleiche Richtung wie die H-Linien. Im Innenraum wird ihr Verlauf zu geschlossenen Kurven fortgesetzt (Abb. 4.108).

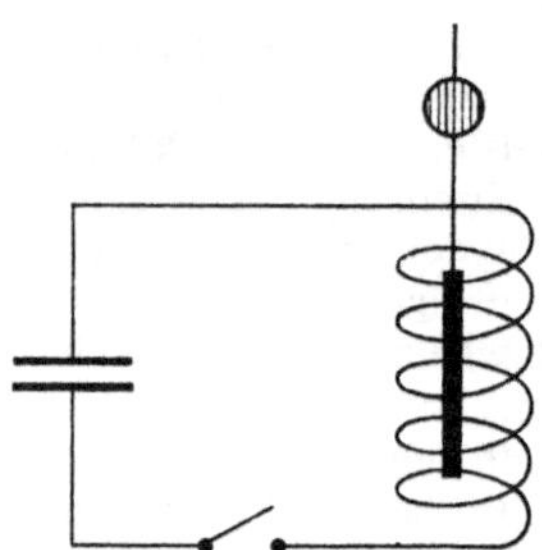

Abb. 4.109. Drehimpuls bei Magnetisierung eines Eisenstabes

4.5.11. Die molekularen Vorgänge bei der Magnetisierung der Stoffe

Barnett-Effekt. Wir stellen uns ein kreisendes Elektron mit der Masse $0{,}9 \cdot 10^{-30}$ kg, als mechanisches Gebilde aufgefaßt, als einen Kreisel mit dem Drehimpuls (Bd. 1)

$$L = \Theta\omega = mr^2\omega$$

vor. Als bewegte Ladung entspricht ihm ein Konvektionsstrom der Stärke

$$I = Q\,\frac{v}{s} = -e\,\frac{\omega r}{2\pi r} = -\frac{\omega}{2\pi}\,e,$$

und das elektromagnetische Moment diese Kreisstromes ist

$$|m_\mathrm{M}| = \pi r^2 I = -\frac{e\omega r^2}{2}.$$

In einem unmagnetischen Körper haben die Kreiselachsen der umlaufenden Elektronen keinerlei Vorzugsrichtung. Wirkt auf den Körper jedoch ein äußeres Drehmoment M, so werden sich die Achsen der Elektronenkreisel in die Richtung dieses äußeren Momentes einzustellen suchen (vgl. Bd. 1). Wird daher beispielsweise ein Eisenzylinder in rasche Umdrehung versetzt, so werden sich die Achsen der Elektronenkreisel parallel zur Drehachse des Zylinders einstellen. Eine solche Drehung muß also ganz wie ein äußeres Magnetfeld eine Magnetisierung des Zylinders bewirken. Derartige Versuche hat BARNETT (1914) mit dem erwarteten Ergebnis angestellt: Er ließ einen Zylinder um seine Achse äußerst schnell rotieren und konnte mit einem höchstempfindlichen Magnetometer die Magnetisierung nachweisen. Erfolgte die Rotation im Uhrzeigersinn, so entstand an der Vorderfläche ein Nordpol. Mithin erzeugen also negative Ladungen, und zwar Elektronen, die magnetische Wirkung.

Einstein-de-Haas-Effekt. Nach dem Prinzip von Aktion und Reaktion ist, wie zuerst RICHARDSON (1908) überlegte, eine mechanische Drehung eines Eisenstabes zu erwarten, wenn er magneti-

siert wird. Nach dem allgemeinen Erhaltungssatz für den Drehimpuls (Bd. 1) muß ja die Summe des Gesamtdrehimpulses aller kreisenden Elektronen im Stab Null bleiben, da sie im unmagnetischen Zustand vor dem Versuch sicher Null war. Mithin muß der Stab bei der mit der Magnetisierung verknüpften Parallelstellung der Elektronenkreisel einen Rückstoß im Gegensinn erfahren, der der Messung zugänglich ist.

Der experimentelle Nachweis dieser Voraussage ist RICHARDSON nocht nicht gelungen; dies geschah erst durch EINSTEIN und DE HAAS (1915) auf Grund einer verfeinerten Versuchsanordnung. Sie brachten einen Eisenstab, an einem sehr dünnen Faden hängend, in eine Spule, durch die der Entladungsstrom eines Kondensators geschickt werden konnte (Abb. 4.109). Wurde der Kreis geschlossen, so konnte tatsächlich die Drehbewegung beobachtet werden. Die Stromdauer mußte kurz gewählt werden, da andernfalls der Stab in dem inhomogenen Feld der Spule dem Zuge der Feldlinien gefolgt wäre.

Somit war durch diesen Versuch die Zulässigkeit der Ampère-Weberschen Vorstellung erwiesen. Allerdings ergaben die Versuche von BARNETT und von EINSTEIN-DE HAAS nicht den theoretisch zu erwartenden Wert von $|m_\mathrm{M}|/|L| = -e/2m$, sondern ungefähr das Doppelte:

$$\left(\frac{|m_\mathrm{M}|}{|L|}\right)_\text{gemessen} = -\frac{e}{m}.$$

Diese Unstimmigkeit zeigte, daß außer den Ampèreschen Kreisströmen noch eine weitere Wirkung für das magnetische Verhalten bestimmend ist. Man fand auf Grund elektro-optischer Erscheinungen, daß man dem Elektron noch einen Eigendrehimpuls (*Spin*) zuschreiben muß. Das Elektron besitzt also schon an und für sich ein magnetisches Moment und stellt somit einen kleinen Magneten dar. (Näheres hierüber folgt im Bd. 4.)

Diamagnetismus. Obigen Ausführungen gemäß haben zwar alle Stoffe kreiselnde und wirbelnde Elektronen; dennoch besitzen diamagnetische Stoffe kein magnetisches Gesamtmoment. In solchen Körpern müssen sich demnach die Einzelmomente gerade aufheben, da die Bewegungen im Atom oder im Atomverband vollkommen symmetrisch verlaufen. Da bei diamagnetischen Stofen $\mu_\mathrm{r} < 1$ ist, so ist in diesen $B < B_\text{vak}$. Bringt man somit im Vakuum einen diamagnetischen Stoff in ein homogenes Feld, so ist der spezifische magnetische Widerstand $\varrho_\mathrm{m} = 1/\mu_\mathrm{r}\mu_0$ für den diamagnetischen Stoff größer als der seiner Umgebung; d. h., die Feldlinien werden ihn nach Möglichkeit meiden (Abb. 4.110). Ein diamagnetischer Körper wird somit in einem inhomogenen Feld in das Gebiet geringster Feldstärke gedrängt. Durch geschickte Formgebung (Wölbung) der

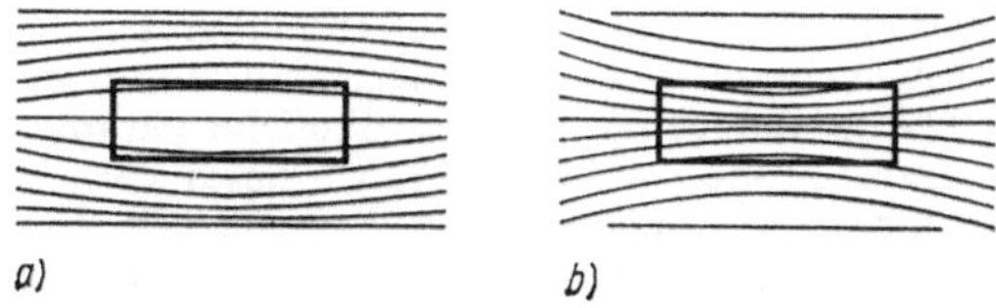

Abb. 4.110. a) Diamagnetischer Stoff;
b) paramagnetischer Stoff im homogenen Magnetfeld

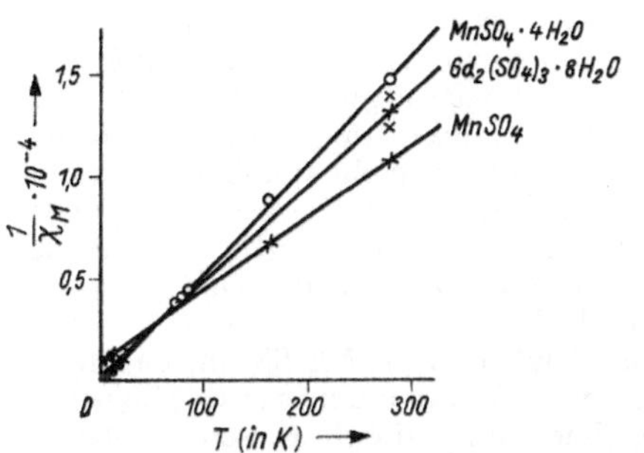

Abb. 4.111. Abhängigkeit der Suszeptibilität verschiedener Salze von der Temperatur

Polschuhe kann man ein Feld erzeugen, das zur Mitte hin stetig abfällt. Leichte diamagnetische Körper können in diesem Gebiet schwächster Feldstärke schweben.

Bringt man einen diamagnetischen Körper in ein Magnetfeld, so ruft die Zunahme der magnetischen Induktion in dem Körper nach der Lenzschen Regel eine Induktionswirkung hervor, d. h. eine so geartete Bewegung der Elektronen, daß hierdurch die induktionserzeugende Ursache, eben das äußere Feld, geschwächt wird. Schon W. WEBER vermochte so (1852) das Wesentliche des Diamagnetismus zu erklären. Die Induktionswirkung muß nun aber bei allen Körpern eintreten, gleichviel, ob sie ein magnetisches Eigenmoment besitzen oder nicht. Mithin ist der Diamagnetismus eine ganz allgemeine stoffliche Eigenschaft, die aber bei den paramagnetischen Körpern von der meist viel größeren Richtwirkung überlagert wird.

Paramagnetismus. Bei paramagnetischen Stoffen wird der magnetische Fluß durch die Eigenmagnetisierung des Körpers erhöht (Abb. 4.110b). Nur Atome (Ionen oder Moleküle) mit nicht vollkommen symmetrisch angeordneten Elektronenbewegungen können ein Eigenmoment besitzen. Überwiegt der Einfluß dieses Moments die diamagnetische Wirkung, dann verhält sich der Stoff paramagnetisch. Ein äußeres Feld H wirkt auf ein paramagnetisches Atom wie ein äußeres Drehmoment: Die im Atomganzen verankerte Achse der Bahnebene beschreibt einen Kegelmantel um die magnetische Feldrichtung, genau wie ein Krei-

sel als Präzessionsbewegung mit seiner Drehachse Kegelmäntel um die Schwererichtung durchwandert (s. Bd. 1). Man nennt diese Bewegung *Larmor-Präzession*.

Die Umlauffrequenz ist hierbei proportional der Feldstärke, und zwar gilt

$$\omega_m = \frac{1}{2}\frac{e}{m}\mu_0 H.$$

Soll jedoch nach den Vorstellungen von AMPÈRE und WEBER eine magnetische Wirkung der Atome eines paramagnetischen Stoffes nach außen erfolgen, so müssen sich die Atome nach einer gewissen Zeit in die Feldrichtung einstellen. Die Präzessionsbewegung muß also schnell abklingen. Wahrscheinlich bewirken die Zusammenstöße der einzelnen Atome infolge ihrer Wärmebewegung die Energieabgabe.

Sind die Achsen der Elementarmagnete ausgerichtet, so ergibt sich für den paramagnetischen Stoff ein magnetisches Moment; der Stoff ist polarisiert. Kann man – wie insbesondere bei Gasen – von Störungen durch die Wärmebewegung der Teilchen absehen, so ergibt sich nach LANGEVIN für die Magnetisierung

$$M = \mu_0 n \frac{\overline{m}_M^2}{3kT} H,$$

wobei n die Teilchendichte, $\overline{m}_M$ das mittlere elektromagnetische Moment des Teilchens, k die Boltzmannsche Konstante und T die absolute Temperatur bedeutet. Somit ergibt sich für die Suszeptibilität

$$\chi_m = \mu_0 n \frac{\overline{m}_M^2}{3kT};$$

sie ist also, wie es das Curiesche Gesetz fordert, umgekehrt proportional der absoluten Temperatur.

Bei nicht gasförmigen Stoffen sowie insbesondere bei tiefen Temperaturen muß die obige Formel abgeändert werden, da einerseits die Wechselwirkung zwischen den Nachbarmolekülen nicht mehr vernachlässigt werden kann, andererseits der Gleichverteilungssatz der Energie (vgl. Bd. 1) im Bereich tiefer Temperaturen seine Gültigkeit verliert. Immerhin gibt das *Curiesche Gesetz* bei nicht zu dichten Stoffen ($\varrho = 1 \, \text{g cm}^{-3}$) das magnetische Verhalten vieler Stoffe recht gut wieder. Durch Vergleich des obigen Ausdrucks mit dem Curieschen Gesetz erhält man für das mittlere elektromagnetische Moment eines Moleküls

$$|\overline{m}_M| = \sqrt{\frac{3k}{\mu_0 n} C},$$

wenn C die Curiesche Konstante bedeutet.

Abb. 4.111 bestätigt am Beispiel des kristallwasserhaltigen Gadoliniumsulfats das Curiesche Ge-

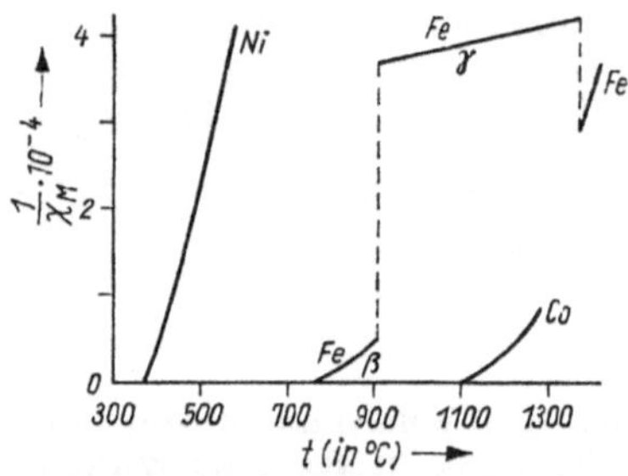

Abb. 4.112. Suszeptibilität ferromagnetischer Stoffe oberhalb des Curie-Punktes (nach WEISS und FOEX). Der Schnitt der Kurve mit der Abszisse bedeutet $\chi_m \approx \infty$, also Auftreten von Ferromagnetismus. Dieser Punkt gibt also die Curie-Temperatur an

Abb. 4.113. Weißsche Elementarbezirke mit Magnetisierungsrichtungen (schematisch)

setz. Bei diesem Stoff konnte bei 1,31 K bei starkem äußerem Feld eine nahezu vollkommene Ausrichtung der Molekularmagnete, d. h. eine nahezu völlige Sättigung der Magnetisierung (etwa 5/6), beobachtet werden, da die Wärmebewegung fast erloschen ist. Andererseits zeigt das Beispiel des wasserfreien Mangansulfats, daß hier bei tiefen Temperaturen das Curiesche Gesetz nicht mehr genau gilt und durch das *Curie-Weißsche Gesetz* $\chi_m = C/(T - \Theta)$ ersetzt werden muß. Hierin bedeutet die Korrektionsgröße Θ die *Curie-Temperatur*, bei der die Suszeptibilität außerordentlich groß werden müßte.

Die Curie-Temperatur beträgt für Eisen 770 °C, Stahl 870 °C, Kobalt 1130 °C, Nickel 358 °C, für Heuslersche Legierungen etwa 380 °C.

Ferromagnetismus. Bei den ferromagnetischen Körpern ist die Permeabilität μ von ganz anderer Größenordnung als bei dia- und paramagnetischen Stoffen und zudem nicht mehr konstant, sondern von der Feldstärke H und von der Vorgeschichte des betreffenden Körpers abhängig. Nur feste Körper sind ferromagnetisch; so sind z. B. Eisensalzlösungen oder dampfförmiges Eisen lediglich paramagnetisch. Zudem ist der Ferromagnetismus sehr stark temperaturabhängig. Er nimmt mit steigender Temperatur ab und verschwindet bei einer für die betreffende Stoffart charakteristischen Temperatur, dem *Curie-Punkt*.

Oberhalb dieses Curie-Punktes verhalten sich die ferromagnetischen Stoffe nahezu und bei hohen Temperaturen genau wie gewöhnliche paramagnetische Stoffe. In Abb. 4.112 ist dieses Verhalten für die ferromagnetischen Elemente Fe, Co, Ni wiedergegeben. Für die Suszeptibilität gilt das *Curie-Weißsche Gesetz*

$$\chi_m = \frac{C}{T - \Theta},$$

wobei Θ die Curie-Temperatur bedeutet (vgl. oben). Der Curie-Punkt liegt für die Heuslerschen und verwandte Legierungen sehr tief. Die starke Temperaturabhängigkeit deutet darauf hin, daß der Ferromagnetismus nicht eine Eigenschaft der Atome, sondern der Festkörper ist; d. h., bei den ferromagnetischen Körpern spielt die Wechselwirkung der Nachbarmoleküle eine ganz entscheidende Rolle.

Man nimmt daher nach WEISS an, daß ferromagnetische Stoffe durch ein inneres Magnetfeld gekennzeichnet sind, durch dessen Größe die Curie-Temperatur bestimmt wird. Durch dieses Eigenfeld richten sich bei nicht zu hohen Temperaturen, d. h. unterhalb der Curie-Temperatur, die Elementarmagnete gegenseitig aus. Es tritt eine *spontane* Magnetisierung im Körper ein. Bei einem unbehandelten Eisenstück ist diese Eigenmagnetisierung unmerklich. Daher nimmt WEISS (1907) an, daß sich die Ausrichtung jeweils nur über Gebiete von etwa 10^{-7} m erstrecke (*Weißsche Bezirke*), die zwar in sich mehr oder weniger gesättigt sind, jedoch alle möglichen Richtungen einnehmen können. Mithin kann der Gesamtkörper kein nach außen wirkendes Moment besitzen (Abb. 4.113). Die Ursache der spontanen Magnetisierung läßt sich auf Grund der neueren Quantentheorie verstehen (HEISENBERG), ebenso die für das Vorhandensein des Ferromagnetismus notwendigen Bedingungen (unsymmetrische Elektronenanordnung und großer Gitterabstand im Vergleich zu den Bahnradien der Elektronen).

Das innere Feld der Weißschen Bezirke ist von der Größenordnung 10^9 A/m (höchste, für kurze Augenblicke technisch bisher erreichte Feldstärke: etwa 10^8 A/m). Nach Untersuchungen von KÖNIG kann bereits ein Verband von etwa 1000 Atomen ferromagnetische Wirkungen ausüben. Bringt man magnetisches Eisen in ein schwaches Magnetfeld, so treten umkehrbare Ausrichtungen in den einzelnen Bezirken auf, wobei Gebiete, deren Richtung mit der äußeren Feldrichtung übereinstimmt, auf Kosten benachbarter Gebiete wachsen (Wandverschiebungen). In starken Feldern treten dagegen nicht mehr umkehrbare Vorgänge auf: Die Bezirke, deren Momente mit der Feldrichtung stumpfe Winkel bilden, klappen um, und es treten nun irreversible Wandverschiebungen in viel größerem Umfang auf.

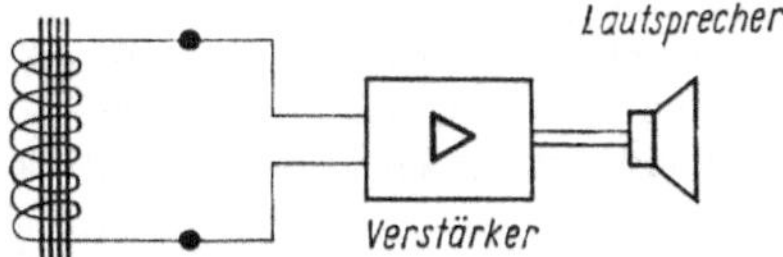

Abb. 4.114. Anordnung zum Nachweis des Umklappens der Elementarmagnete

Nach dem Abschalten des äußeren Feldes bleibt aber zumindest ein Teil der Elementarbezirke ausgerichtet: Das Eisen zeigt Remanenz.
Es ist BARKHAUSEN (1919) gelungen, diese einzelnen Elementarvorgänge durch einen Versuch nachzuweisen (Abb. 4.114): Ein Bündel aus dünnen Weicheisenstiften wird von einer Spule umgeben. Nähert oder entfernt man einen Magneten, so werden in der Spule infolge des Umklappens der Elementarbezirke Induktionsströme erzeugt. Diese Induktionsströme rufen nach geeigneter Verstärkung in einem Lautsprecher lautes Knacken oder Rauschen hervor oder können auch mittels eines Oszillografen aufgenommen werden.
Man kann die Weißschen Bezirke bei einem Eisenkristall auch sichtbar machen. Man bestreut zu diesem Zweck die sehr sorgfältig polierte Fläche eines Eisenkristalls mit feinstem Eisenoxidpulver (am besten eignet sich hierzu eine kolloidale Suspension von Fe_2O_3) und beobachtet das entstehende Bild bei mindestens 1 000facher Vergrößerung (*Bittersche Streifen*).
Erst die moderne Quantentheorie (HEISENBERG) hat eine befriedigende Erklärung des Ferromagnetismus geben können. Hiernach ist das nach WEISS vorhandene innere Feld sehr groß ($> 10^8$ A/m), und die Bedingungen für das Auftreten von Ferromagnetismus sind nur bei Fe, Ni und Co sowie bei den seltenen Erden erfüllt; bei diesen liegt jedoch die Curie-Temperatur sehr tief. Die Atome müssen offene Elektronenanordnungen bei großem Gitterabstand aufweisen. (Näheres hierüber Bd. 4.)
Antiferromagnetismus. Sind innerhalb eines Bereiches benachbarte Atome nicht parallel, wie bei den ferromagnetischen Weißschen Bezirken, sondern antiparallel angeordnet, so spricht man von der Erscheinung des *Antiferromagnetismus* (NEEL, BITTER). Ein Antiferromagnetikum, z. B. Manganoxid (MnO) oder Eisen-II-Oxid (FeO), setzt sich aus zwei Teilgittern zusammen, von denen jedes für sich wie ein ferromagnetischer Stoff angeordnet ist, die sich aber wechselseitig in ihrer Wirkung aufheben. Antiferromagnetika verhalten sich wie paramagnetische Stoffe unterhalb eines bestimmten Wertes der äußeren Feldstärke; oberhalb dieses kritischen Wertes klappt das magnetische Moment des einen Teilgitters plötzlich um, und der Festkörper geht aus dem antiferomagnetischen Zustand in den ferromagnetischen (oder metamagnetischen) Zustand über. Oberhalb einer kritischen Temperatur, der *Neel-Temperatur*, ist das Umklappen nicht mehr zu beobachten; das Antiferromagnetikum zeigt, wie die Ferromagnetika oberhalb der Curie-Temperatur, paramagnetisches Verhalten.
Ferrimagnetismus. Ferrimagnetika besitzen, wie die Antiferromagnetika, gegeneinander antiparallel angeordnete Teilgitter, von denen jedes für sich ferromagnetisch ausgerichtet ist. Die Wirkungen der Teilgitter heben sich jedoch, auf Grund unterschiedlicher Besetzung, nicht wechselseitig auf, sondern es verbleibt ein ferromagnetisches Verhalten und eine von Null verschiedene spontane Magnetisierung. Beispiele für ferrimagnetische Stoffe sind der Magnetit ($Fe^{++}Fe_2^{+++}O_4$) und viele Ferrite. Das eine Teilgitter wird beim Magnetit durch die Hälfte des dreiwertigen Eisenions gebildet, das andere durch deren zweite Hälfte zusammen mit den zweiwertigen Eisenionen. Die antiparallelen Teilmagnetisierungen der Fe^{+++}-Ionen heben sich gegenseitig auf, durch die Teilmagnetisierung der Fe^{++}-Ionen ergibt sich die spontane Magnetisierung des Kristalls.
Die Erklärung für das unterschiedliche magnetische Verhalten der Stoffe hat die Quantentheorie geben können (Bd. 4); die Theorie wird bestätigt durch den Einfluß der Temperatur auf diese Körper.

4.6. Das magnetische Feld der Erde

4.6.1. Der Verlauf des Erdfeldes

Bereits in Abschn. 4.1.1 hatten wir erkannt, daß an der Erdoberfläche ein magnetisches Feld herrscht. Um es zu bestimmen, muß man an möglichst vielen Orten der Erde die Richtung einer frei beweglichen Magnetnadel feststellen. Die Messungen haben ein Bild ergeben, das etwa der Abb. 4.115 entspricht und in erster Annäherung dem Feld einer homogen magnetisierten Kugel (oder dem eines magnetischen Dipols im Erdmittelpunkt) gleichkommt. (WILLIAM GILBERT hat als erster erkannt, daß die Erde ein großer Magnet ist.)

Daß sich die Erde nicht nur einer Magnetnadel gegenüber wie ein Magnet verhält, sondern auch jedem Eisenstück gegenüber, erkennen wir daran, daß jedes in seiner Hauptausdehnung lotrecht stehende Eisenstück (Fenstersprosse, eiserner Ofen, Gitterstäbe) auf der nördlichen Halbkugel der Erde am oberen Ende einen magnetischen Südpol („Senke" der Feldlinien) und am unteren Ende einen magnetischen Nordpol („Quelle" der Feldlinien) hat. Stärker noch ist dieser induzierte Magnetismus, wenn das Eisenstück in seiner Hauptrichtung mit der Richtung der Inklinationsnadel (s. Abschn. 4.6.2), also ganz mit der Richtung der erdmagnetischen Feldlinien zusammenfällt.
Hält man einen Weicheisenstab (z. B. ein Stück Gasleitungsrohr) in die Richtung der erdmagnetischen Feld-

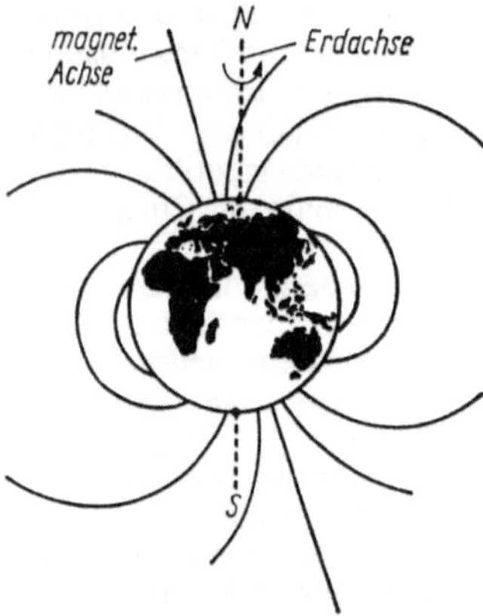

Abb. 4.115. Die Erdkugel und der Verlauf der magnetischen Feldlinien im erdnahen Raum

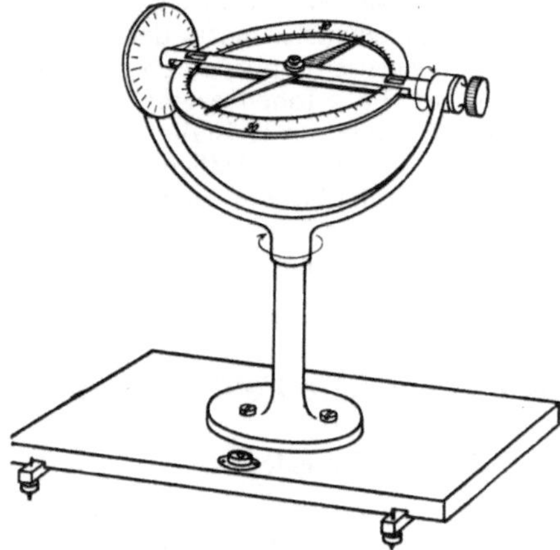

Abb. 4.116. Deklinatorium

linien und erschüttert ihn durch leichte Hammerschläge, so ist seine Magnetisierung mit Hilfe einer Kompaßnadel leicht zu zeigen. Dreht man den Stab um 180° und erschüttert ihn wiederum, so kehren sich auch die Pole um.

Im einzelnen ergibt die Untersuchung des erdmagnetischen Feldes folgendes:
Stellt man eine frei bewegliche Magnetnadel an verschiedenen, nicht allzu weit voneinander entfernten Orten im Freien auf (im Innern eines Gebäudes stören die in den Wänden und Decken enthaltenen Eiseneinbauten), so sind die Richtungen der Magnetnadel an allen diesen Punkten einander parallel; bestimmt man ferner die Schwingungsdauer einer frei beweglichen Magnetnadel an verschiedenen Orten (unter den oben angegebenen Beschränkungen), so erhält man überall den gleichen Wert. Folglich kann man das magnetische Erdfeld innerhalb nicht allzu ausgedehnter Gebiete als homogen ansehen.

Somit kann nur eine Drehung der Magnetnadel eintreten; es tritt keine fortbewegende Kraft auf, da die magnetische Kraft auf beide Pole der Magnetnadel im entgegengesetzten Sinn gleich stark wirkt.
Es zeigt sich ferner, wie auch schon Abb. 4.115 erkennen läßt, daß die Feldlinien gegen die Erdoberfläche geneigt sind und in unseren Breiten gegen Norden hin in den Erdboden hinein verlaufen.
Eine nur in waagerechter Ebene drehbare Magnetnadel gibt bloß die Projektion der Feldlinien auf die Horizontalebene an. Auf sie wirkt nur die Horizontalkomponente des Erdfeldes.
Die Untersuchung der Horizontalprojektion der Feldlinien geschieht mit Hilfe des *Deklinatoriums* (Abb. 4.116), in einfacher Form *Kompaß* oder *Bussole* genannt (von cum, lat., = mit und passus = Schritt; compassus eigentl. Werkzeug zum Messen, Zirkel). Unter „Kompaß" verstand man im 15. und 16. Jahrhundert auch eine kleine Taschensonnenuhr, die mit Hilfe einer Magnetnadel aufgestellt wurde. Der Name ging dann auf die Magnetnadel mit ihrem Teilkreis über (von bussola, ital., = Kästchen, dieses vom mtl. buxola = Büchschen).
Schreitet man, von einem Punkt der Erde ausgehend, jeweils in der Kompaßrichtung weiter, so erhält man die Horizontalprojektionen der einzelnen Feldlinien; sie werden *magnetische Meridiane* genannt. In Abb. 4.117 sind 18 magnetische Meridiane gezeichnet, die am Äquator gleichen Abstand (von 20°) voneinander haben. Die magnetischen Meridiane laufen nach zwei Punkten zusammen. Der nördliche Treffpunkt liegt nordwestlich von der Halbinsel Boothia Felix auf etwa 75,6° N, 101° W. (Von JAMES CLARK ROSS am 1. Juni 1831 entdeckt. Obiger Wert gilt für 1965. Er liegt etwa 600 km von dem von ROSS entdeckten entfernt.) Der südliche Treffpunkt liegt zwischen Viktorialand und Wilhelmsland auf etwa 66,3° S, 141° E (etwa 900 km entfernt von dem 1909 von DAVID, einem Begleiter SHACKLETONS, auf dessen Südpolfahrt entdeckten Pol).
Die Konvergenzstellen der Horizontalkomponenten bezeichnet man als die *magnetischen Pole der Erde*. Da in dem nördlichen Treffpunkt die Feldlinien zusammenlaufen, befindet sich dort der magnetische Südpol der Erde und am südlichen Treffpunkt der magnetische Nordpol der Erde. Wie oben gezeigt, konvergieren die Feldlinien selbst nicht an dieser Stelle, sondern (nach Abb. 4.118) nur ihre Horizontalprojektionen. Die magnetischen Pole der Erde geben also nur die Stellen an, wo die Feldlinien senkrecht zur Erdoberfläche austreten. Die Pole verändern im Laufe der Zeit ihre Lage und liegen sich nicht genau gegenüber. Der eine ist vom Gegenpunkt des anderen

---

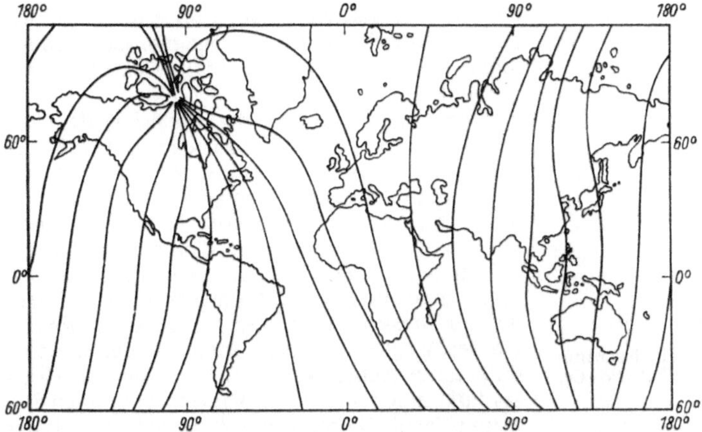

Abb. 4.117. Magnetische Meridiane

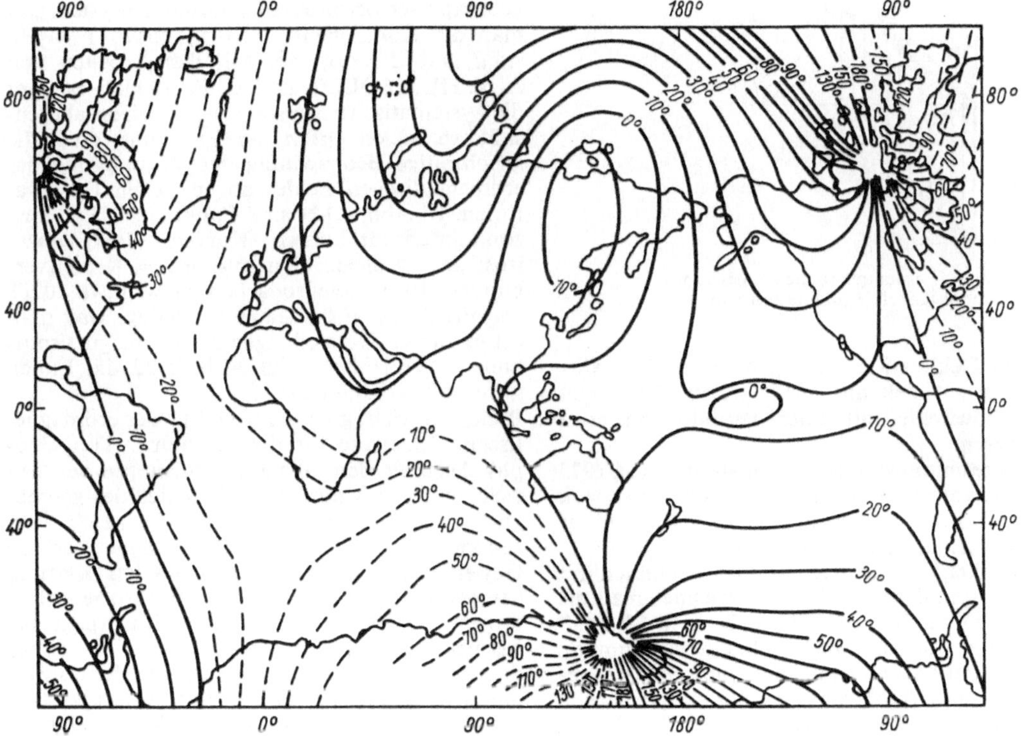

Abb. 4.118. Linien gleicher magnetischer Deklination (Isogonen) für 1965 (nach CAIN u. a.)

um mehr als 2000 km entfernt, so daß die magnetische Dipolachse nicht durch den Erdmittelpunkt verläuft (etwa 300 km Abstand).

Da der Magnetkompaß oft zur Orientierung benutzt wird, ist die Kenntnis der Abweichung des magnetischen Meridians vom geographischen Meridian (*Deklination*; declinatio, lat., = Abweichung. Die Deklination wird mitunter auch Mißweisung genannt.) von großer praktischer Bedeutung. Eine Abweichung nach Osten wird positiv gerechnet. Ebenso wie die Lage der Pole und die Intensität des erdmagnetischen Feldes verändert sich die Deklination im Laufe der Zeit. Für London, Paris, Freiberg/Sachs. und Oslo ist der Ver-

---

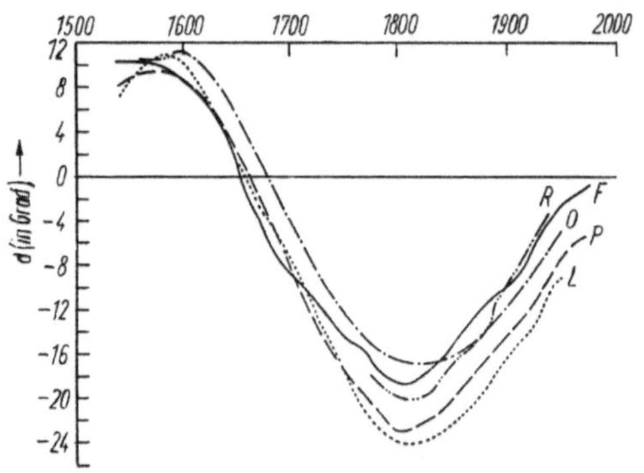

Abb. 4.119. Der Verlauf der Deklination seit der Mitte des 16. Jahrhunderts für London (L), Paris (P), Oslo (O), Rom (R) und Freiberg/Sachs. (F)

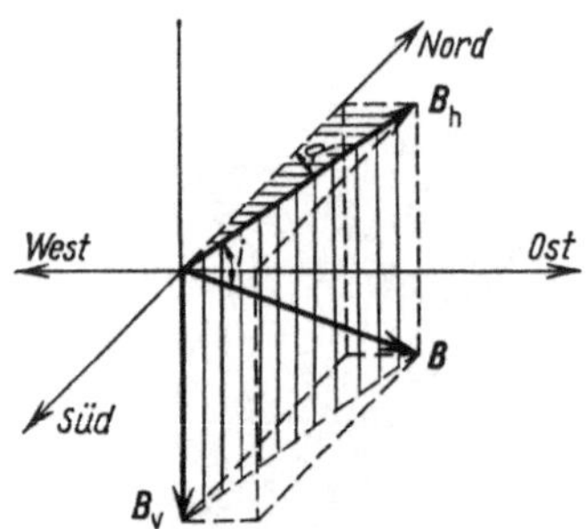

Abb. 4.120. Die erdmagnetischen Elemente.
d Deklinationswinkel; i Inklinationswinkel

lauf der Deklination seit der Mitte des 16. Jahrhunderts gut bekannt (Abb. 4.119). Er ähnelt einer Sinuswelle mit einer Periode von etwa 500 Jahren.

Der Jahresmittelwert der Deklination betrug 1975 am Observatorium für Erdmagnetismus Niemegk (40 km südwestlich von Potsdam) $d = -1°8'$; er nimmt z. Z. jährlich um 3' bis 5' zu.

Den Winkel, den die magnetischen Feldlinien mit der Horizontalebene bilden, bezeichnet man als *Inklination*. Sie betrug 1975 in Niemegk 67°5′45″ und nimmt jährlich etwa 36″ ab. Die Bestimmung der Inklination kann mit einer um eine waagerechte Achse (rechtwinklig zum magnetischen Meridian) drehbaren Magnetnadel (*Inklinatorium*) erfolgen. An den erdmagnetischen Observatorien benutzt man wegen der höheren Genauigkeit jedoch den in Abschn. 4.3.9 näher beschriebenen Erdinduktor.

4.6.2. Die Intensität des Erdmagnetismus

Aus der Karte der magnetischen Meridiane (s. Abb. 4.117) erkennt man eine Verdichtung der Feldlinien mit Annäherung an die Pole. Das ist ein Anzeichen für eine Zunahme der Intensität des erdmagnetischen Feldes vom Äquator zu den Polen. (Allerdings sind die magnetischen Meridiane lediglich die Horizontalprojektionen der Feldlinien.)

Zur absoluten Messung der Intensität des erdmagnetischen Feldes entwickelte GAUSS die nach ihm benannte Methode der Schwingungszeit- und Ablenkungsmessungen eines Magneten, die noch heute in erdmagnetischen Observatorien gebräuchlich ist. Durch die Kombination dieser beiden Messungen werden die magnetische Induktion des Feldes und das magnetische Moment des zur Messung benutzten Magneten bestimmt. Da der Magnet an einem Torsionsfaden um eine senkrechte Achse schwingt, wird nur die Horizontalkomponente B_h gemessen. Totalintensität B und Vertikalkomponente B_v werden mittels der Inklination i daraus berechnet; nach Abb. 4.120 gilt $|B_h| = |B| \cos i$ und $|B_v| = |B| \sin i$. In einem geographisch orientierten Koordinatensystem gibt man die Komponente $X = |B_h| \cos d$, $Y = |B_h| \sin d$ und $Z = |B_v|$ an. Mit den Arbeiten von A. V. HUMBOLDT und C. F. GAUSS beginnt die systematische Messung der Horizontalintensität an vielen Orten der Erde und auch die gleichzeitige Beobachtung der Veränderung des erdmagnetischen Feldes an speziellen Observatorien. In Abb. 4.121 sind Punkte gleicher Horizontalintensität durch Kurven (*Isodynamen*; isos, gr., = gleich, dynamis, gr., = Kraft) verbunden. In Mitteleuropa beträgt sie etwa 20 µT (es gilt 20 µT = 0,2 Gauß = 20000γ, was man oft in älteren Darstellungen des Erdmagnetismus findet). Schließlich zeigt Abb. 4.122 die Linien gleicher Vertikalintensität.

Praktisch wichtig ist die Kenntnis der erdmagnetischen Elemente für die Schiffahrt. Von Geophysikern werden lokale Vermessungen der Abweichungen des normalen Verlaufes des geomagnetischen Feldes (Genauigkeit etwa ±1 nT) vorgenommen, um unterschiedlich magnetisierbare Gesteine nachzuweisen und damit zur Klärung des geologischen Aufbaus der Erdkruste beizutragen. Besonders hohe Anomalien treten bei Eisenerzlagerstätten (Magnetit) auf. Hier sei auf die berühmte Anomalie bei Kursk in der Sowjetunion hingewiesen, wo die Vertikalkomponente das Vierfache ihres normalen Wertes (bis zu 190 µT) erreicht. Im allgemeinen müssen aber oft sehr kleine Differenzen der magnetischen Größen gemessen werden.

Mit älteren (mechanischen) Instrumenten wird vorwiegend die Vertikalintensität gemessen, während mit modernen Instrumenten z. B. aus der Präzessionsfrequenz von Protonen (Wasserstoffkerne) die Totalintensität bestimmt wird. Diese Kernpräzessionsmagnetometer sind beschleunigungsunabhängig und können auch in Flugzeu-

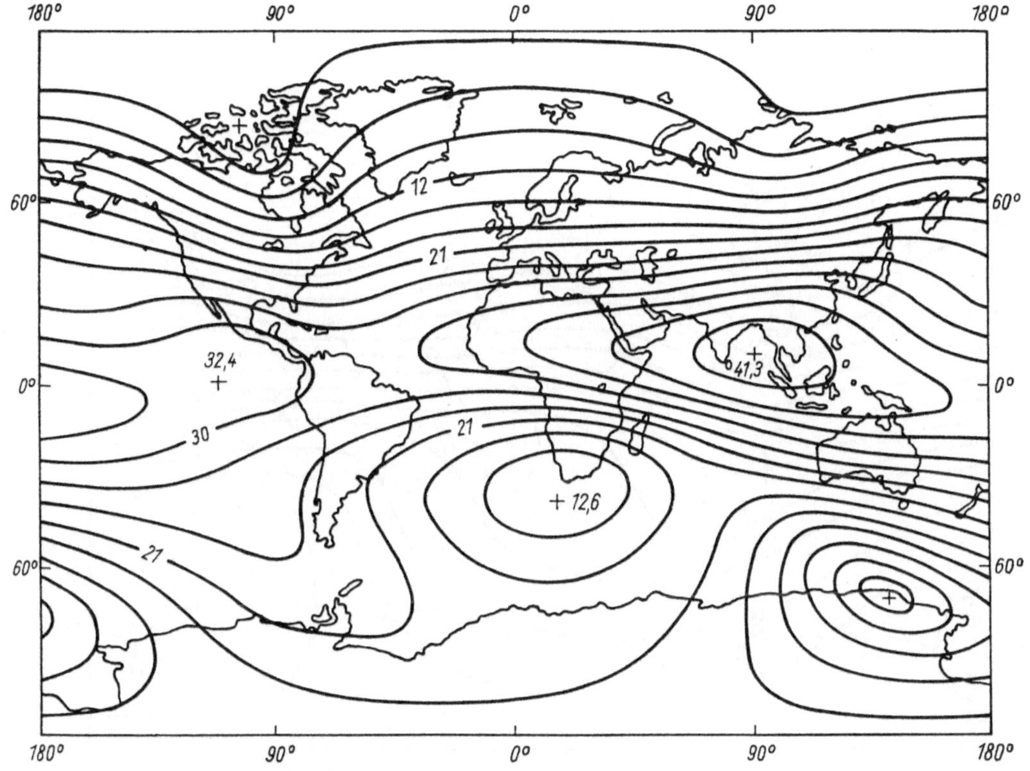

Abb. 4.121. Linien gleicher Horizontalintensität für 1965 in μT

gen, Raketen und Satelliten eingesetzt werden. Die Genauigkeit liegt in der Größenordnung von 1 nT. In jüngster Zeit sind mit Hilfe des Josephson-Effektes (Tunneleffekt in Supraleitern) Feldänderungen in der Größenordnung von 0,1 pT $= 10^{-4}$ nT nachgewiesen worden.

4.6.3. Die physikalischen Grundlagen des Erdmagnetismus

C. F. GAUSS, der die Theorie des Erdmagnetismus begründete, unterschied ein nur langsamen Schwankungen unterworfenes „beharrliches" Erdfeld von einem darüber lagernden Störungsfeld schneller Veränderungen, dessen Ursache hauptsächlich elektrische Ströme in den oberen Schichten der Atmosphäre sind. Aus der Analyse der erdmagnetischen Messungen kann man ableiten, daß die Ursache des beharrlichen Feldes im Erdinnern liegt und zu etwa 90% aus einem Dipolfeld besteht. GAUSS bestimmte das elektromagnetische Moment 1835 zu $8,56 \cdot 10^{22}$ A m². Die Dipolachse ist um 11,5° gegen die Rotationsachse der Erde geneigt und um 340 km verschoben.
In den 140 Jahren, die seit der ersten Bestimmung durch GAUSS vergangen sind, hat sich das elek-

tromagnetische Moment zeitlich linear um etwa 8% auf $7,94 \cdot 10^{22}$ A m² verringert (zum Vergleich: Sonne: $1,7 \cdot 10^{31}$ A m², Merkur: $2,4 \cdot 10^{19}$ A m²).
Für die Entstehung des Magnetfeldes gibt es noch keine endgültige Erklärung, jedloch wird allgemein angenommen, daß es durch Strömungsbewegungen im flüssigen Erdkern hervorgerufen wird (*Dynamo-Theorie*).
Wie bereits erwähnt, läßt sich das Erdfeld zum größten Teil durch ein Dipolfeld beschreiben, woraus sich der in Abb. 4.115 gezeigte Verlauf im erdnahen Raum ergibt. Die mittels künstlicher Erdsatelliten durchgeführten Messungen haben gezeigt, daß das Magnetfeld nur bis zum Abstand von 4 Erdradien (etwa 25000 km) ein Dipolfeld ist. In größerem Abstand entsteht durch die Wechselwirkung mit dem ständig von der Sonne wegströmenden Sonnengas (in der Gegend der Erdbahn etwa 100 Teilchen/cm³ mit Geschwindigkeiten von 300 bis 500 km/s), das ein Magnetfeld mitführt, eine Stoßfront durch Abbremsung im Erdfeld. Der Sonnenwind fließt seitlich an der Erde vorbei, und das Magnetfeld der Erde (*Magnetosphäre*) nimmt eine stark unsymmetrische Gestalt an (Abb. 4.123). Charakteristi-

---

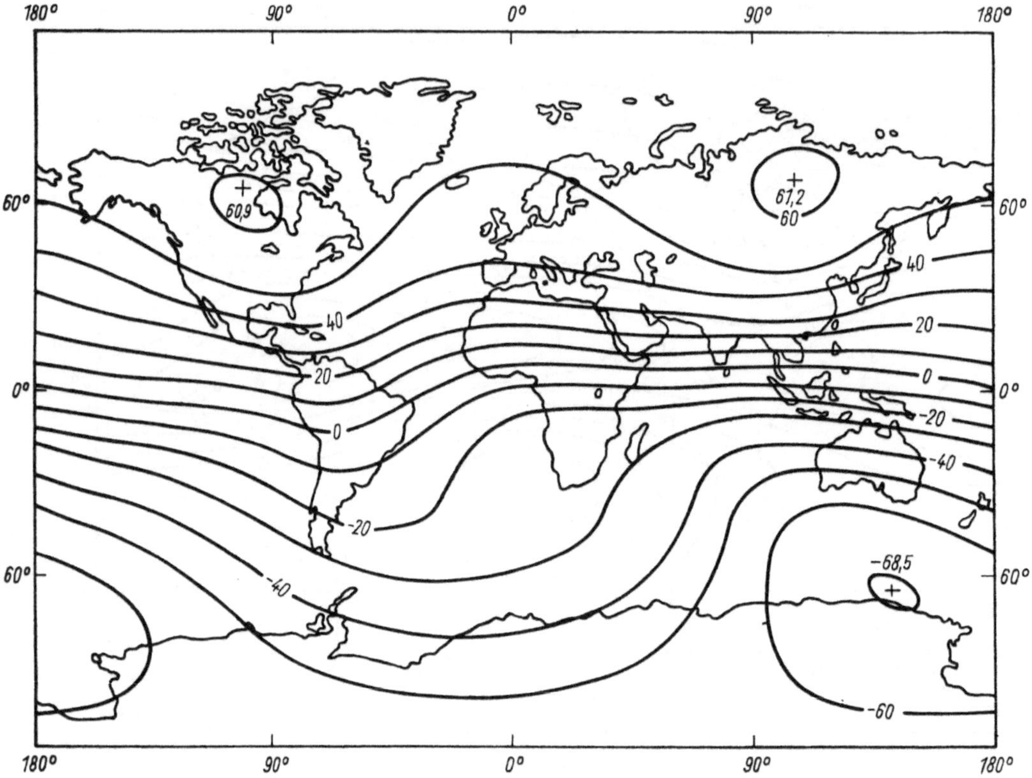

Abb. 4.122. Linien gleicher Vertikalintensität für 1965

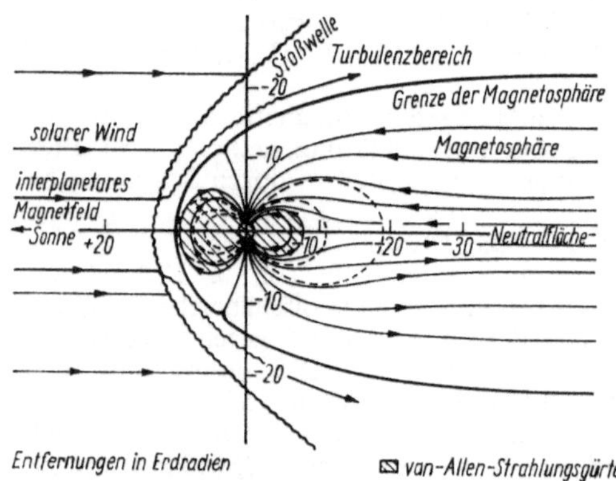

Abb. 4.123. Querschnitt durch die Magnetosphäre der
Erde in einer Ebene durch die Pole.
Projektion des Magnetverlaufes auf die Ebene des Mit-
tagsmeridians theoretisch — — und gemessen ——

sche Unterschiede bestehen zwischen der der
Sonne zugewandten Seite, auf der alle von der
Erde ausgehenden Feldlinien die Erde wieder erreichen, und der abgewandten Seite, wo ein Teil
der Feldlinien innerhalb des *Magnetschweifs* der

Erde weit in den Weltraum hinausläuft. Etwa in
der Symmetrieebene des Magnetschweifs befindet
sich die *Neutralschicht*. Sie beginnt im Abstand
von rund 10 Erdradien. Oberhalb und unterhalb
besitzt das Magnetfeld umgekehrte Richtung
(Betrag etwa 40 nT), in der Schicht selbst ein
Minimum. Aus der Änderung des Magnetfeldes
kann man berechnen, daß in der Schicht (rechtwinklig zum Feld und zum Radiusvektor von der
Erde) ein Flächenstrom (etwa 0,06 A/m) fließt,
der sich am Rande der Neutralschicht aufspaltet
und als *Schweifstrom* längs der *Magnetopause*
(= Grenze der Magnetosphäre) den Schweif umschließt.

In einer Entfernung zwischen 700 und 45 000 km
von der Erde befindet sich der *Strahlungsgürtel*
mit einem sichelförmigen Querschnitt. In ihm
bewegen sich Protonen mit sehr hoher Energie
($v \leqq 170\,000$ km/s), die aus dem Sonnenwind
durch Störungen der Magnetopause einge-
drungen sind. Sie bewegen sich auf Spiralen von
einigen hundert Metern Durchmesser um die
magnetischen Feldlinien und legen die Bahn von
Pol zu Pol in einigen Minuten bis zu einer Stunde
zurück. In großen Höhen über den Polen kehrt

---

sich die NS-Bewegung in eine SN-Bewegung (bzw. umgekehrt) um. Infolge der geringen Teilchendichte (0,1 pro cm³) sind Zusammenstöße und damit verbundene Rekombinationen selten, so daß sich die Teilchen über Monate (bis zu Jahren) im Strahlungsgürtel aufhalten können. Bei Störungen des Magnetfeldes verlassen sie den Strahlungsgürtel in den Umkehrpunkten in Polnähe, dringen in tiefere Schichten ein und rufen die Polarlichter hervor. Bereits frühere Bahnberechnungen von STÖRMER (1911) und Modellversuche (BIRKELAND, 1911; BRÜCHE, 1931) zeigten, daß aus dem Weltraum kommende geladene Teilchen nur dann die Erde erreichen können, wenn sie eine sehr hohe Energie aufweisen (10^9 bis 10^{10} eV) (s. Abschn. 9.2). Ein ähnlicher Aufbau der Magnetosphäre wurde auch für Merkur, Mars und Jupiter nachgewiesen.

Die Schwankungen des Erdfeldes. Das beharrliche Erdfeld unterliegt sowohl nach Stärke als auch nach Richtung, soweit die Beobachtungen reichen (etwa vom Jahre 1550 an), einer dauernden langsamen Veränderung (sog. *Säkularvariation*). Diese ist aber nicht ein die ganze Erde gleichmäßig umfassender Vorgang, sondern sie scheint durch Veränderung der magnetischen Eigenschaften großer Gebiete von kontinentalem Ausmaß bedingt zu sein, durch Zu- oder Abnahme der Magnetisierung der Kruste infolge von vertikalen Konvektionsströmen mit lokaler Erwärmung und Abkühlung des Krustenmaterials.

Dem beharrlichen, sich nur langsam ändernden Magnetfeld überlagern sich periodische und unperiodische Schwankungen. Insbesondere zeigt sich ein sonnentäglicher und ein mondtäglicher Gang, wobei aber die Veränderungen sehr gering sind (etwa 0,5 °/₀₀ Schwankungen der Deklination und 1 °/₀₀ der Feldstärke). Als Ursache kommen (nach SCHUSTER, CHAPMAN u. a.) durch Luftdruck-, Temperatur- bzw. Flutschwankungen erzeugte Bewegungen hochgelegener, leitender Luftschichten in Betracht, die infolge ihrer Bewegung gegen das beharrliche Magnetfeld Induktionsströme erzeugen, die wieder z. T. im Boden Induktionsströme hervorrufen. Wichtig ist, daß ein starker Zusammenhang der periodischen Störungen mit dem Sonnenstand und den periodischen Veränderungen auf der Sonne besteht. So ist z. B. auch der Einfluß der elfjährigen Periode der Sonnenfleckenveränderung unverkennbar, doch tritt er bei weitem nicht so stark wie bei den magnetischen Stürmen (s. u.) in Erscheinung.

Die Störungen des Erdfeldes. Außer den periodischen Schwankungen zeigen sich häufig plötzliche, sehr starke, unregelmäßige Schwankungen („magnetische Stürme"; A. v. HUMBOLDT), die oft auf der ganzen Erde gleichzeitig eintreten und den regelmäßigen Gang stundenlang, oft mehrere Tage lang unterbrechen. Auch der Störungsverlauf ist im allgemeinen über große Gebiete hinweg gleichmäßig. Als Ursache der Störungen wird das Eindringen geladener Teilchen aus der Strahlung der Sonne angesehen, die eine zusätzliche Ionisierung der obersten Luftschichten bewirken. Hierdurch werden starke Induktionsströme erzeugt, deren Magnetfeld die Stürme hervorruft. Wahrscheinlich stammen die geladenen Teilchen aus den Sonnenflecken, da sich die elfjährige Periode der Sonnenfleckenhäufigkeit deutlich in dem Auftreten dieser Stürme wiederfindet.

Die Störungen sind von starken Polarlichtern begleitet und zeigen etwa folgenden Verlauf: Kurz nach dem Einsetzen der Stürme steigen die erdmagnetischen Elemente stark an, dann erfolgt allmähliches Absinken und Übergang zu stark negativen Werten und schließlich – nach durchschnittlich 20 Stunden – wieder langsamer Anstieg bis zu den normalen Werten, die zuweilen auch nach zwei Tagen noch nicht völlig erreicht werden. Die Störungen treten besonders ausgeprägt auf der Nachtseite auf und erreichen an den Polen die Höchstwerte. In unseren Breiten (Potsdam) hat man Änderungen der Deklination bis zu 3° und Schwankungen des Feldes um 1 000 nT festgestellt.

4.6.4. Erd- und Gesteinsmagnetismus

GAUSS zeigte, daß das Feld einer gleichmäßig magnetisierten Kugel in sehr guter Annäherung die tatsächlichen Eigenschaften des inneren (oder beharrlichen) Erdfeldes beschreibt. Diese muß innerhalb der Erde liegen und umfaßt etwa 94% des Gesamterdfeldes. Darüber lagert sich ein äußeres oder atmosphärisches, rasch veränderliches Feld, erzeugt durch Sonnen- und Mondstörungen der Ionosphäre, also durch außerirdische Vorgänge.

Während man also dieses Außenfeld hinlänglich erklären kann, fehlte bislang eine sichere Deutung des Hauptfeldes.

Man hat viele Erklärungsmöglichkeiten vorgeschlagen:

1. Den *Gesteinsmagnetismus*, eine Magnetisierung der Erdkruste. Nach den Messungen ruft aber dieser tatsächlich vorhandene Gesteinsmagnetismus nur etwa 10% der Gesamtmagnetisierung hervor. Fernerhin liegt der Curie-Punkt unter den Festländern bei etwa 25 km, unter dem Großen Ozean bei etwa 35 km Tiefe; daher müßte man eine so starke Magnetisierung der obersten Schicht annehmen, daß sie mit den Beobachtungstatsachen völlig unvereinbar ist; auch kann man durch diese Annahme nicht erklären, warum geographische und Magnetpole nahezu zusammenfallen.

Als weitere Erklärungsmöglichkeiten hat man vorgeschlagen:

2. Die *Bewegung elektrischer Ladungen* im Erdinnern.

3. *Elektrische Ströme* in der Erdkruste oder im Erdkern.

4. Es sollte jeder rotierende Körper von der Größenordnung der Erdkugel eine *Eigenmagnetisierung* in seinem Innern erzeugen (P. M. BLAKKETT).

Die bisher genannten Vorschläge können wohl Teilursachen des Feldes erklären, sie stehen aber sämtlich entweder mit gesicherten Beobachtungstatsachen in Widerspruch oder müssen zu unbewiesenen Hilfsannahmen greifen.

5. Von H. HAALCK wurde folgende Erklärungsmöglichkeit gegeben: Im Erdinnern müssen freie Elektronen vorhanden sein, und diese haben einen Spin, d. h., sie sind kleine geladene Kreisel mit einem Eigendrehimpuls und, damit verknüpft, einem magnetischen Moment. Da nun nach den Kreiselgesetzen ein Kreisel einem aufgezwungenen äußeren Drehmoment folgt (Bd. 1), so werden sich diese Elementarkreisel mit ihrer Achse in die Richtung der Erdachse stellen und so ein Innenfeld, das Hauptfeld der Erde, hervorrufen.

6. Schließlich sei ein in jüngster Zeit von STEENBECK, KRAUSE und RÄDLER vorgeschlagene Erklärungsmöglichkeit wiedergegeben:

Ihre Theorie des *magnetohydrodynamischen Dynamos* in turbulenten Medien unter dem Einfluß von Coriolis-Kräften gestattet eine befriedigende qualitative Erklärung der Existenz des geomagnetischen Hauptfeldes und enthält bereits Weiterentwicklungsansätze in quantitativer Richtung. Auf der Grundlage dieser theoretischen Entwicklungen lassen sich die nachstehenden Folgerungen ableiten:

I. Bei Berücksichtigung der Gegebenheiten, wie sie für die Erde gelten, sind die Anregungsbedingungen für ein dipolares Magnetfeld mit am günstigsten.

II. Auch die aus der rezenten Globalverteilung des geomagnetischen Feldes ableitbaren Besonderheiten:
a) die Neigung der Dipolachse um $11,5°$.
b) der nicht- dipolare Anteil von 5%,
c) die säkulare Drift um $0,2°/$Jahr und
d) die Verminderung des Dipolmomentes um 7% in den lezten 100 Jahren
sind mit der Dynamotheorie vereinbar.

III. Feldinversionen müßten mit Intensitätsminimum verknüpft sein.

IV. Die Durchlaufdauer eines solchen Minimums liegt in der Größenordnung eines Jahrtausends.

Gesteinsmagnetismus. Da jeder Körper, wie wir gesehen haben, magnetische Eigenschaften hat, so lassen sich aus der Magnetisierungsrichtung erstarrter oder geschichteter Gesteinsmassen Rückschlüsse ziehen auf die Richtung des Erdfeldes zur Zeit der Gesteinsmagnetisierung. Durch inzwischen entwickelte hochempfindliche Magnetometer in Verbindung mit Wechselfeldentmagnetisierungsanlagen läßt sich die stabile primäre Thermo- bzw. Chemoremanenz der Gesteinsproben in ihrer (in situ-) Richtung und Größe exakt bestimmen, nachdem die instabileren sekundären Anteile zuvor schrittweise beseitigt wurden.

Die anschließende statistische Auswertung der untersuchten Gesteinsprobeserien und zusätzliche komplexe Testversuche lassen gesicherte Aussagen über die Raum-Zeit-Struktur des geomagnetischen Hauptfeldes und seiner Umkehrungen zu, die inzwischen durch die globale paläomagnetische Forschung bestätigt wurden.

5. Wechselstrom

5.1. Allgemeine Grundlagen

Im Laufe der industriellen Entwicklung in unserem Jahrhundert hat der Wechselstrom seine Überlegenheit in technischer Hinsicht gegenüber dem Gleichstrom bewiesen. Sie basiert in erster Linie auf der Möglichkeit, Wechselstrom transformieren zu können, d. h., mit relativ einfachen Mitteln eine Umformung einer Spannung in eine höhere oder niedere vorzunehmen. Dies ist ein sehr wichtiger Fakt bei der Übertragung elektrischer Energie über weite Strecken und gestattet außerdem eine bequeme Nutzung.

In physikalischer Hinsicht können wir den Wechselstrom als quasistationären Strom betrachten. Die zeitlichen Änderungen des Stromes und der Spannung gehen so langsam vor sich, daß in jedem Augenblick das Ohmsche Gesetz gilt: $I(t) = U(t)/R$. Desgleichen hängen das magnetische und das elektrische Feld zwar von der Zeit ab, sie sind jedoch mit dem Strom und der Spannung derart verknüpft, als wären sie unveränderlich.

Erzeugung des Wechselstromes. Wechselströme werden in Kraftwerken mit Hilfe von Generatoren erzeugt. Es ist dies die technisch wichtigste Art der Gewinnung von elektrischer Energie. Sie beruht letzten Endes auf der Spannungserzeugung durch elektromagnetische Induktion. Die prinzipielle Arbeitsweise eines Generators soll im folgenden beschrieben werden.

In Abb. 5.1 befindet sich eine rechteckige Leiterschleife in einem konstanten, homogenen Magnetfeld. Abb. 5.2 zeigt die Leiterschleife im Magnetfeld im Schnitt. Wird die Leiterschleife um die

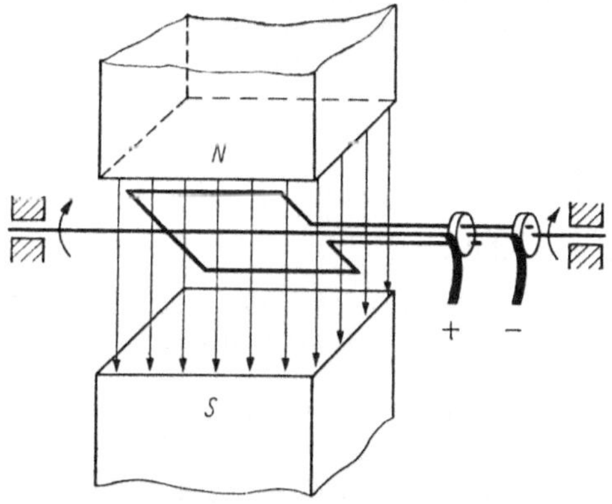

Abb. 5.1. Prinzip des Wechselstromgenerators

senkrecht zur Zeichenebene stehende Achse O gedreht, dann ändert sich die Richtung der von der Leiterschleife umfaßten Fläche A zum Magnetfeld. Somit ändert sich der die Fläche durch-

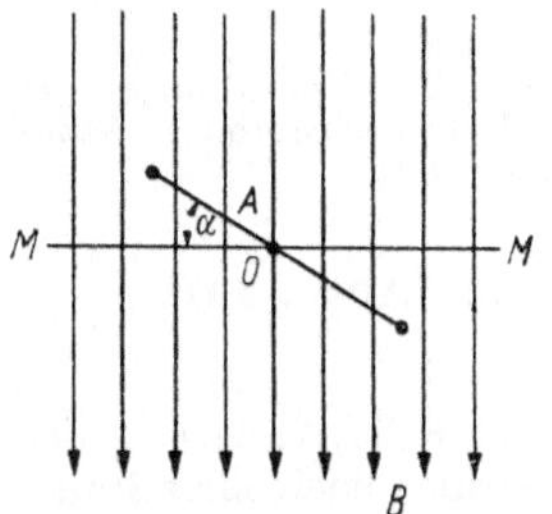

Abb. 5.2. Schnittzeichnung der Leiterschleife

setzende magnetische Fluß. Bildet die Leiterschleife mit der Waagerechten MM den Winkel α, so geht der Fluß

$$\Phi = AB = AB \cos \alpha$$

durch die von ihr umfaßte Fläche. Rotiert die Leiterschleife mit der konstanten Winkelgeschwindigkeit ω, dann gilt für den durchlaufenen Winkel $\alpha = \omega t$. Der magnetische Fluß ist somit eine Funktion der Zeit:

$$\Phi(t) = AB \cos \omega t = \Phi_m \cos \omega t.$$

Φ_m ist der maximale Fluß. Er durchsetzt die Leiterschleife, wenn sie quer zur Feldrichtung steht ($\alpha = 0$). Während der Drehung wird in der Leiterschleife eine Spannung induziert, die durch das Induktionsgesetz bestimmt ist:

$$U_{ind}(t) = -\frac{d\Phi(t)}{dt} = \omega AB \sin \omega t.$$

Die induzierte Spannung hat zeitlich sinusförmigen Verlauf. Bezeichnen wir die Amplitude mit U_m, so ist

$$U_m = \omega AB,$$

und es gilt

$$U_{ind}(t) = U_m \sin \omega t. \tag{5.1}$$

Da die induzierte Spannung sinusförmigen Verlauf hat, erzeugt sie in einem Widerstand einen

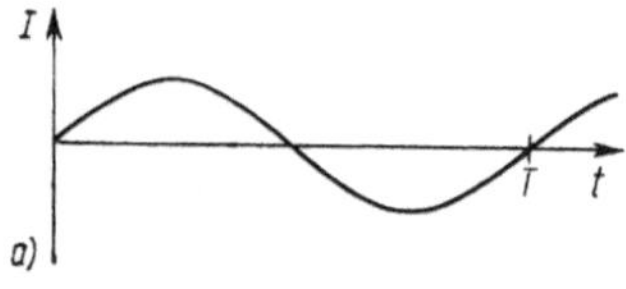

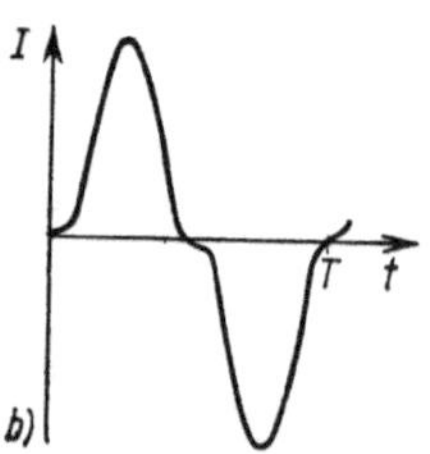

Abb. 5.3. Sinusförmiger (a) und nichtsinusförmiger Wechselstrom (b)

sinusförmigen Wechselstrom (Abb. 5.3a)

$$I(t) = I_\mathrm{m} \sin \omega t.$$

Es ist nicht notwendig, daß die Änderung der Stromstärke oder der Spannung nach einer Sinus- oder Kosinusfunktion erfolgt. Abb. 5.3b zeigt einen Wechselstrom, der zwar periodisch verläuft, jedoch anderen Änderungsgesetzen entspricht. Da jede periodische Funktion nach dem Satz von FOURIER (Bd. 1) in eine Summe von Sinus- und Kosinusfunktionen aufgelöst werden kann, genügt es, wenn wir nur Ströme mit sinus- oder kosinusförmigem Verlauf, also *rein harmonische Wechselströme*, behandeln.

Schwingungstechnische Größen. Die aus der Schwingungslehre bekannten Begriffe (Bd. 1) gelten in gleicher Weise zur Charakterisierung der Wechselströme. Die Zeit zwischen zwei identischen Zuständen der Strom- oder Spannungskurve nennt man *Periodendauer T*. Der reziproke Wert der Periodendauer ist die *Frequenz f = 1/T*. Ihr Zahlenwert ist die Zahl der Perioden in der Zeiteinheit. Die Größe

$$2\pi f = \frac{2\pi}{T} = \omega \qquad (5.2)$$

nennt man *Kreisfrequenz*. Sie entspricht der Winkelgeschwindigkeit, mit der sich die Leiterschleife nach Abb. 5.1 im Magnetfeld dreht. Die Sinus- oder Kosinusbewegung kann als deren Projektion aufgefaßt werden (Bd. 1).

Maßeinheit der Periodendauer und der Frequenz: $[T] = \mathrm{s}; [f] = 1/\mathrm{s}$, wobei $1/\mathrm{s} = 1\,\mathrm{Hz}\,(= 1\,\mathrm{Hertz})$ gesetzt wird. Der technische Wechselstrom hat eine Frequenz von $f = 50\,\mathrm{Hz}$. Die Kreisfrequenz ω hat die gleiche Maßeinheit wie die Frequenz f.

Scheitelwerte und Momentanwerte. Die positiven oder negativen Höchstwerte U_m, I_m und Φ_m, zwischen denen Spannung, Stromstärke und magnetischer Fluß schwanken, heißen *Scheitelwerte*. Mißt man die Stromstärke oder die Spannung eines Wechselstromes, so sind die üblichen Meß-

instrumente im allgemeinen nicht in der Lage, die schnellen Schwankungen anzuzeigen. Ihre Trägheit ist zu groß. Spezielle Oszillografen (*Schleifenoszillograf, Katodenstrahloszillograf*) vermögen den zeitlichen Änderungen des Stromes oder der Spannung zu folgen. Diese Geräte messen den *Momentanwert* des Stromes $I(t)$ oder der Spannung $U(t)$. (Für die Momentanwerte des Stromes und der Spannung werden in der Wechselstromtechnik oft i und u gesetzt.)
Ist im allgemeinen Fall eine Schwingung durch

$$A(t) = A_\mathrm{m} \sin (\omega t + \varphi)$$

gegeben, dann ist $(\omega t + \varphi)$ die *Phase* oder der *Phasenwinkel* der Schwingung und φ der *Nullphasenwinkel* (die Phase zur Zeit $t = 0$).

5.2. Mittelwerte des Stromes und der Spannung

Effektivwert. Die Charakterisierung eines Wechselstromes mit Hilfe der Momentanwerte ist experimentell und mathematisch aufwendig. Die Bestimmung der Momentanwerte ist jedoch nicht immer nötig. In den meisten Fällen reicht es aus, die ständigen Wechsel des Stromes und der Spannung durch geeignete Mittelwerte zu ersetzen. Soll die Arbeit oder die Leistung eines Wechselstromkreises berechnet werden, erweist sich die Einführung des *Effektivwertes des Stromes* als sinnvoll. Er ist folgendermaßen festgelegt: Schickt man einen Wechselstrom durch einen Widerstand, dann erwärmt sich der Widerstand. Da diese Erwärmung sehr träge verläuft, wirkt sich das ständige Ansteigen und Abfallen der Stromstärke nicht aus. Es stellt sich ein zeitlicher Mittelwert der Erwärmung ein. Diese Tatsache zieht man für die gewünschte Definition heran. Als Effektivwert des Stromes bezeichnet man den Wert eines Gleichstromes, der an einem Widerstand dieselbe Wärmeleistung entwickelt, wie sie der Wechselstrom im Zeitmittel abgibt.
Um den Effektivwert des Stromes I_eff zu berechnen, stellen wir folgende Betrachtung an: Während der Zeit $\mathrm{d}t$ erzeugt ein Strom $I(t)$ in einem Widerstand R die Stromwärme

$$\mathrm{d}W = I^2(t)\,R\,\mathrm{d}t.$$

Während der Dauer von einer Periode, also während der Zeit T, wird die Wärmemenge

$$W_T = \int_0^T I^2(t)\,R\,\mathrm{d}t = R \int_0^T I^2(t)\,\mathrm{d}t$$

umgesetzt. Diese Wärmemenge W_T soll gleich der sein, die von einem Gleichstrom mit der

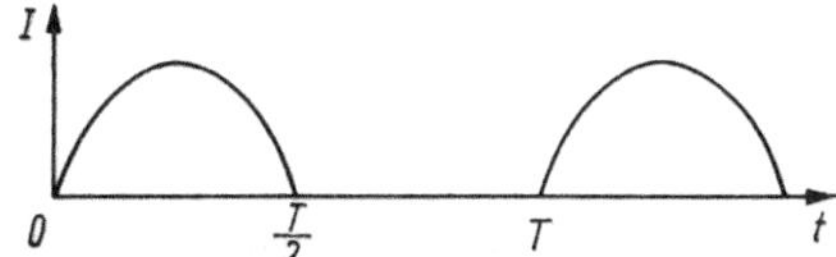

Abb. 5.4. Stromform bei Einweg-Gleichrichtung

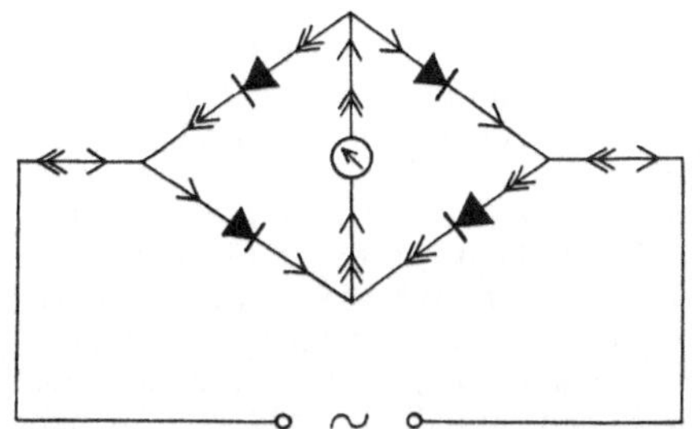

Abb. 5.5. Vollweg-Gleichrichtung nach GRAETZ

Stromstärke I_{eff} in der gleichen Zeit T erzeugt wird:

$$W_T = I_{\text{eff}}{}^2 RT.$$

Aus beiden Ausdrücken erhalten wir den *Effektivwert des Stromes*

$$I_{\text{eff}}{}^2 = \frac{1}{T} \int_0^T I^2(t)\, dt. \tag{5.3}$$

Er ist der *quadratische Mittelwert*. (5.3) gilt ganz allgemein für beliebig geformten Wechselstrom. Speziell für sinusförmigen Wechselstrom ist $I(t) = I_{\text{m}} \sin \omega t$, also

$$I_{\text{eff}}{}^2 = \frac{I_{\text{m}}{}^2}{T} \int_0^T \sin^2 \omega t\, dt.$$

Nebenrechnung:

$$\int_0^T \sin^2 \omega t\, dt = \frac{1}{2} \int_0^T (1 - \cos 2\omega t)\, dt$$

$$= \frac{1}{2} \int_0^T dt - \frac{1}{2} \int_0^T \cos 2\omega t\, dt$$

$$= \frac{1}{2} t \Big|_0^T - \frac{1}{4\omega} \sin 2\omega t \Big|_0^T.$$

Setzt man die Grenzen ein und beachtet, daß wegen (5.2) $\omega T = 2\pi$ gilt, so wird der letzte Term Null. Man erhält

$$\int_0^T \sin^2 \omega t\, dt = \frac{T}{2}.$$

Für den Effektivwert eines sinusförmigen Wechselstromes ergibt sich somit

$$I_{\text{eff}}{}^2 = \frac{I_{\text{m}}{}^2}{2}$$

also

$$I_{\text{eff}} = \frac{I_{\text{m}}}{\sqrt{2}}. \tag{5.4a}$$

In analoger Weise erhält man für den Effektivwert der Spannung

$$U_{\text{eff}} = \frac{U_{\text{m}}}{\sqrt{2}}. \tag{5.4b}$$

Der Effektivwert des Stromes bzw. der Spannung eines sinusförmigen Wechselstromes ist der $\sqrt{2}$-te Teil des Scheitelwertes des Stromes bzw. der Spannung.

Wechselstrommeßinstrumente sind so geeicht, daß sie Effektivwerte anzeigen.

Die Verhältniszahl zwischen Scheitelwert und Effektivwert nennt man *Scheitelfaktor*. Für sinusförmigen Wechselstrom ist er $\sqrt{2}$. Ist die Stromform nicht sinusförmig, so hat er einen hiervon abweichenden Wert.

Mit den Effektivwerten berechnet sich die Leistung P des Wechselstromes an einem Widerstand R in der üblichen Weise:

$$P = I_{\text{eff}} U_{\text{eff}} = I_{\text{eff}}{}^2 R = \frac{U_{\text{eff}}{}^2}{R}.$$

Gleichrichtwert. Neben dem Effektivwert des Stromes und der Spannung benötigt man bei der Behandlung von Wechselstromproblemen noch einen zweiten Mittelwert, den *Gleichrichtwert* (*galvanometrischer Mittelwert*). Hierzu führen wir folgende Betrachtungen durch: Wir schalten in einen Wechselstromkreis einen Gleichrichter. Das ist eine Vorrichtung, die den Strom nur in einer Richtung durchläßt, in der anderen aber sperrt. In der Durchlaßrichtung hat der Strom dann den in Abb. 5.4 gezeigten Verlauf. Bei Verwendung von 4 Gleichrichtern in der sog. *Graetzschen Vollweg-Gleichrichterschaltung* Abb. 5.5 kann man erreichen, daß die entgegengerichtete Halbperiode nicht gesperrt, sondern ebenfalls als positive Halbperiode fließt. Es ergibt sich der Stromverlauf von Abb. 5.6. Der Gleichrichtwert des Stromes ist der Wert eines Gleichstromes, der die gleiche Ladung transportiert, wie es im Zeitmittel durch den gleichgerichteten Wechselstrom geschieht. Er ist somit der *Mittelwert des Betrages*

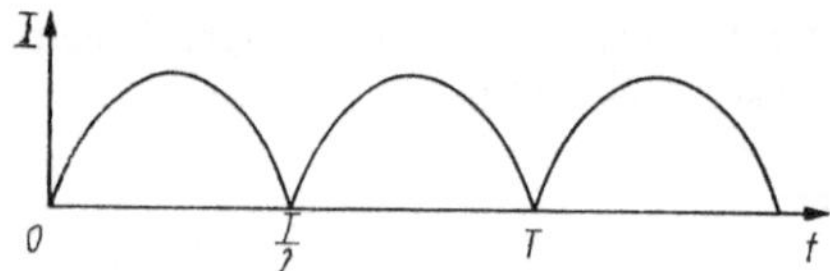

Abb. 5.6. Stromform bei Vollweg-Gleichrichtung

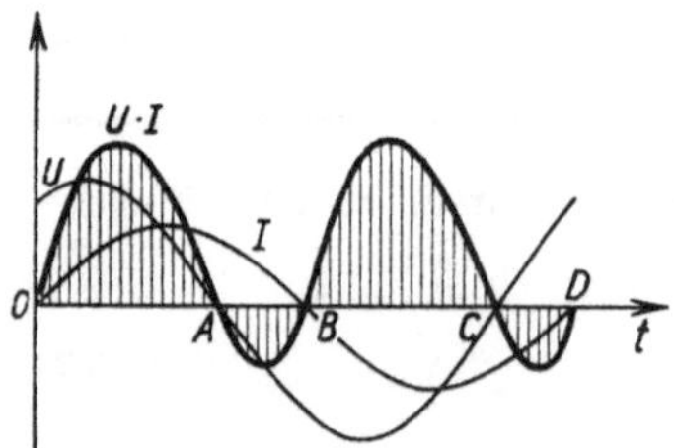

Abb. 5.7. Leistungskurve des phasenverschobenen Wechselstromes

der Wechselstromfunktion:

$$I_{G1} = \frac{1}{T} \int\limits_0^T |I(t)|\, dt.$$

Wir wollen den Gleichrichtwert des Stromes für sinusförmigen Wechselstrom $I(t) = I_m \sin \omega t$ berechnen. In der Zeit dt ist die transportierte Ladung $I(t)\,dt$. Während einer Halbperiode $T/2$ wird also die Elektrizitätsmenge

$$Q = \int\limits_0^{T/2} I(t)\, dt = \int\limits_0^{T/2} I_m \sin \omega t\, dt$$

$$= -\frac{I_m}{\omega} \cos \omega t \Big|_0^{T/2} = \frac{2I_m}{\omega}$$

befördert. Der Definition des Gleichrichtwertes entsprechend ist

$$Q = I_{G1} \frac{T}{2}.$$

Also gilt mit $T/2 = \pi/\omega$ (s. (5.2))

$$I_{G1} = \frac{2}{\pi} I_m.$$

Bei Einweg-Gleichrichtung ist der Gleichrichtwert halb so groß.
Der Quotient aus Effektivwert und Gleichrichtwert wird *Formfaktor* genannt. Für sinusförmigen Wechselstrom beträgt er 1,11; je spitzer die Stromform, um so größer ist er.

5.3. Arbeit und Leistung des Wechselstromes

Die Arbeit eines Wechselstromes während der Zeit dt ist analog der eines Gleichstromes

$$dW = I(t)\, U(t)\, dt.$$

Sie ist das Produkt aus den Momentanwerten des Stromes und der Spannung, multipliziert mit der Zeit. Liegen die Kurven für $I(t)$ und $U(t)$ in Phase, fallen also ihre Maxima und Minima zeitlich zusammen, dann gilt $I(t) = I_m \sin \omega t$ und $U(t) = U_m \sin \omega t$. Dies ist der Fall, wenn ein Widerstand von einem Wechselstrom durchflossen wird. Obwohl Strom und Spannung ständig das Vorzeichen wechseln, haben beide stets das gleiche Vorzeichen, so daß die umgesetzte Arbeit immer positiv ist.
Sind in einem Wechselstromkreis zusätzlich Spulen und Kondensatoren eingebaut, dann liegen Strom und Spannung nicht mehr in gleicher Phase. (Die Gründe für dieses Verhalten werden weiter unten erörtert.) Hat der Strom gegenüber der Spannung $U(t) = U_m \sin \omega t$ eine Verzögerung der Phase um φ, so wird der Strom durch $I(t) = I_m \sin (\omega t - \varphi)$ dargestellt. Abb. 5.7 zeigt ein Beispiel hierzu. Wir erkennen Bereiche, in denen Strom und Spannung gleiches Vorzeichen haben (0 bis A und B bis C). Die Leistung, das Produkt aus den Momentanwerten des Stromes und der Spannung, ist positiv; sie wird von der Wechselstromquelle in die Leitung hineingeliefert und hier teils in mechanische Arbeit oder Joulesche Wärme umgesetzt, teils in den magnetischen Feldern der Spulen und in den elektrischen Feldern der Kondensatoren als potentielle Energie gespeichert. Wir erkennen aber auch Bereiche (A bis B und C bis D), in denen Strom und Spannung entgegengesetztes Vorzeichen haben. Die Leistung wird negativ; zu diesem Zeitpunkt empfängt die Wechselstromquelle die in den magnetischen und elektrischen Feldern der Spulen und Kondensatoren gespeicherte potentielle Energie wieder zurück.
Sind Strom und Spannung durch

$$U(t) = U_m \sin \omega t,$$

$$I(t) = I_m \sin (\omega t - \varphi)$$

gegeben, dann ist die während der Zeit dt geleistete Arbeit

$$dW = U(t) I(t)\, dt = U_m \sin \omega t\, I_m \sin (\omega t - \varphi)\, dt.$$

Mit Hilfe der Beziehung $\sin (x - y) = \sin x \cos y - \cos x \sin y$ zerlegen wir den Strom in zwei Anteile:

$$I(t) = I_m \sin(\omega t - \varphi) = I_m \cos\varphi \sin\omega t$$
$$- I_m \sin\varphi \cos\omega t.$$

Der erste Term auf der rechten Seite ist der Stromanteil, der sich mit der Spannung $U(t) = U_m \sin\omega t$ in gleicher Phase befindet; der zweite Term ist ein Anteil, der gegenüber der Spannung um $\pi/2$ nachhinkt. Wir können dementsprechend zwei Anteile der Arbeit formulieren:

$$dW = U_m I_m \cos\varphi \sin^2\omega t \, dt$$
$$- U_m I_m \sin\varphi \sin\omega t \cos\omega t \, dt$$
$$= U_m I_m \cos\varphi \sin^2\omega t \, dt$$
$$- \frac{1}{2} U_m I_m \sin\varphi \sin 2\omega t \, dt. \qquad (5.5\,a)$$

Die insgesamt umgesetzte Arbeit erhalten wir durch Integration über eine Periode T:

$$W_T = U_m I_m \cos\varphi \int_0^T \sin^2\omega t \, dt$$
$$- \frac{1}{2} U_m I_m \sin\varphi \int_0^T \sin 2\omega t \, dt. \qquad (5.5\,b)$$

Das Integral im ersten Term der rechten Seite liefert $T/2$ (s. Nebenrechnung in Abschn. 5.2). Das Integral im zweiten Term ist Null. Somit erhalten wir für die während einer Periode umgesetzte Arbeit

$$W_T = \frac{1}{2} U_m I_m T \cos\varphi.$$

Hieraus können wir die *mittlere Leistung* formulieren, also die Leistung, die während der ganzen Periode mit konstanter Größe die gleiche Arbeit liefert. Wir nennen sie *Wirkleistung* $\bar{P}$. Wegen $W = \bar{P}T$ ergibt sich

$$\bar{P} = \frac{1}{2} U_m I_m \cos\varphi.$$

Setzen wir nach (5.4) $I_{eff} = I_m/\sqrt{2}$ und $U_{eff} = U_m/\sqrt{2}$, dann erhalten wir

$$\bar{P} = U_{eff} I_{eff} \cos\varphi. \qquad (5.6)$$

Der Faktor $\cos\varphi$ ist der *Leistungsfaktor*.

Die Wirkleistung eines Wechselstromes ist gleich dem Produkt aus effektiver Stromstärke, effektiver Spannung und dem Leistungsfaktor. Die hierdurch bestimmte Energie kann als Wärme oder mechanische Arbeit abgegeben werden.

Der letzte Term von (5.5a) gibt einen Energiebetrag an, der abwechselnd positiv und negativ ist. Er wird von der Wechselstromquelle zunächst in die Leitung hineingeliefert, in den Spulen und Kondensatoren gespeichert und dann wieder an die Stromquelle zurückgegeben. Er pendelt ständig zwischen Erzeuger und Verbraucher hin und her, so daß er insgesamt den Wert Null ergibt. Die Amplitude dieses Terms von (5.5a) ist die *Blindleistung*

$$P_B = \frac{1}{2} U_m I_m \sin\varphi$$

oder umgeformt

$$P_B = U_{eff} I_{eff} \sin\varphi. \qquad (5.7)$$

Die Blindleistung trägt nichts zur Leistung des Stromes bei. Sie kann nicht nach außen abgeführt werden. Man spricht daher auch von der *wattlosen Komponente*. Sie belastet jedoch die Leitungen und muß bei ihrer Dimensionierung berücksichtigt werden.

Besondere Fälle:

1. $\varphi = 0$. Die Stromstärke und die Spannung sind in Phase. Dann ist das Produkt aus Stromstärke und Spannung in jedem Augenblick positiv, weil beide immer gleiche Vorzeichen haben. Es wird also dauernd vom Strom Energie abgegeben, die im Leiter in irgendeine andere Energieform umgesetzt wird. Wenn Stromstärke und Spannung in Phase sind, so erreicht die entwickelte Stromarbeit ihren größten Wert. Die unterhalb der Achse liegenden Flächenstücke der U,I-Kurve in Abb. 5.7 verschwinden in diesem Falle ganz.

2. $\varphi = \pi/2$. Jetzt wird $\cos\varphi = 0$. Während Stromstärke und Spannung in der einen Hälfte einer Periode gleiches Vorzeichen haben, also demnach ein positives Produkt liefern, sind die Vorzeichen der beiden Größen in der anderen Hälfte der Periode entgegengesetzt, ergeben aber ein negatives Produkt. Während daher in der einen Hälfte der Periode die Maschine Energie in die Leitung liefert, strömt in der zweiten Hälfte der Periode die Energie aus der Leitung in die Maschine zurück. Demnach hat die Gesamtarbeit den Wert Null. Es fließt ein Strom in der Leitung hin und her, der keine Arbeit leistet.

Ist nur eine Selbstinduktion vorhanden, so liefert die Stromquelle in der einen Periodenhälfte die Energie, die zur Bildung des magnetischen Feldes der Selbstinduktion dient. Diese Energie fließt dann in der zweiten Periodenhälfte wieder in die Maschine zurück, während das magnetische Feld verschwindet.

Das setzt voraus, daß nicht das magnetische Feld selbst schon Arbeit geleistet hat. Wenn aber z. B. im magnetischen Feld Eisen ist, das stets Hysterese besitzt, so wird

11 Grimsehl II, 21. Aufl.

im Eisen ein Teil der magnetischen Energie verbraucht. Daher kann der in die Stromquelle zurückfließende Betrag der Energie nicht mehr so groß sein wie die gesamte in die Selbstinduktion geflossene Energie, und der Phasenwinkel weicht um so mehr von 90° ab, je mehr Wirkstrom zur Entwicklung der Wärmeenergie notwendig ist. Mit dem Energieverlust ist eine Erwärmung des Eisens verbunden. Gleicherweise Energie verzehrend wirken auch die Wirbelströme sowie im magnetischen Feld geschlossene Strombahnen, z. B. die Sekundärspule eines Induktors oder bewegliche Stromleiter, wie der Anker eines Motors. Da auch in diesen Fällen die vom Strom in das magnetische Feld gelieferte Energie nicht voll zurückgeliefert wird, müssen Rückwirkungen auf den Strom eintreten, die seine Phase ändern.

Ist eine Kapazität in der Leitung vorhanden, so wird in der einen Periodenhälfte in die Kapazität fließende Energie zur Erzeugung eines elektrischen Feldes zwischen den Belegungen des Kondensators benutzt. In der zweiten Periodenhälfte fließt diese Energie wieder in die Maschine bzw. in die Selbstinduktion zurück.

Auch hier wird vorausgesetzt, daß das elektrische Feld im Kondensator keine Arbeit geleistet hatte. Besteht aber der Kondensator aus zwei Belegungen, die durch ein festes Dielektrikum voneinander getrennt sind, so tritt im Dielektrikum eine Erscheinung auf, die der Hysterese des Eisens ähnlich ist. Die Dipole übertragen bei ihrer fortwährend wechselnden Einstellung im Feld einen Teil der Energie auf die Umgebung. Außerdem besitzt das Dielektrikum eine, wenn auch äußerst geringe elektrische Leitfähigkeit. Die Folge dieser verschiedenen Eigenschaften ist ein Verbrauch von elektrischer Energie, der eine Erwärmung der dielektrischen Schicht des Kondensators zur Folge hat. Ferner ist dann der Betrag der in der zweiten Periodenhälfte aus dem Kondensator in die Maschine zurückfließenden Energie nicht so groß wie der Energiebetrag, der in der ersten Periodenhälfte in den Kondensator geflossen ist. Das kommt auch darin zum Ausdruck, daß die Phasenvoreilung nicht genau 90°, sondern um einen geringen Betrag kleiner ist. Hierdurch wird also ein Leistungsverlust vom Betrag

$$P_V = U_{eff}I_{eff} \cos (90 - \delta) \approx U_{eff}I_{eff}\delta$$

verursacht. Da sich der Gesamtstrom aus dem (bei weitem überwiegenden) Blindstrom I_B und dem Wirkstrom I zusammensetzt, gilt $I/I_B = \tan \delta$. Man nennt δ daher den *Verlustwinkel*. Bei der gebräuchlichen Frequenz von 50 Hz liegt δ bei guten Kondensatoren in der Größenordnung von 10^{-3} bis 10^{-4}. Es bedeutet also $\delta = 0,003$ oder $3\,°/oo$ einen Verlust von 3 W je kVA. – Auch durch Nebenschluß der Belegungen, durch das „Sprühen" des Kondensators und durch die Rückwirkung der durch den Kondensator in seiner Nachbarschaft influenzierten elektrischen Ladungen können Energieverluste eintreten.

5.4. Darstellung harmonischer Wechselströme

Wirken in einem Gleichstromkreis mehrere Urspannungen zugleich auf einen Widerstand, dann addieren oder subtrahieren sich je nach der Schaltung der Stromquellen die einzelnen Urspannungen. Analog ist die Berechnung der elektrischen Leistung als Produkt aus Stromstärke und Spannung in einem Gleichstromkreis recht unproblematisch. In einem Wechselstromkreis dagegen können diese einfachen Rechenoperationen, wie sie sich aus der analytischen Schreibweise der Wechselströme ergeben, einen erheblichen Aufwand benötigen, da wir die Addition oder Multiplikation der unhandlichen Kreisfunktionen durchzuführen haben. Auch die zeichnerische Darstellung der Wechselströme in einem Diagramm und ihre grafische Addition sind umständlich und ungenau. Wie wir außerdem am Beispiel der Berechnung der Leistung in einem Wechselstromkreis gesehen haben, ist die Kenntnis der Augenblickswerte gar nicht in jedem Fall von Interesse. Es genügt vielfach die Angabe von Mittelwerten. Man hat daher nach zweckmäßigen Möglichkeiten gesucht, die Wechselströme auf andere Weise darzustellen, so daß die umständlichen Rechenoperationen entfallen und man trotzdem die gewünschten Aussagen erhält. Am Beispiel der Addition zweier harmonischer Wechselströme sollen die analytische und die grafische Darstellung einer einfacheren, der Zeigerdarstellung, gegenübergestellt werden.

Analytische und grafische Darstellung. Die Spannung und die Stromstärke harmonischer (sinusförmiger) Wechselströme können durch Sinusfunktionen von der Form $a \sin x$ dargestellt werden. Von Wichtigkeit ist die Summation zweier Wechselströme von derselben Periode, die verschiedene Scheitelwerte und verschiedene Phasen haben. Wir können uns die tatsächliche Ausführung der Summation zweier solcher Ströme in der Weise denken, daß zwei gleichgebaute Wechselstrommaschinen von verschiedener Größe so auf derselben Drehungsachse angebracht sind, daß die zu den Schleifringen führenden Wicklungen um einen Winkel φ gegeneinander verschoben sind. Dann können wir die Spannung oder die Stromstärke dieser Wechselströme durch die Funktionen

$$A = a \sin x \quad \text{und} \quad B = b \sin (x + \varphi)$$

darstellen. Man nennt φ den *Nullphasenwinkel* oder *Phasenunterschied* der beiden Ströme. Wenn nun beide Maschinen gleichzeitig ihren Strom in eine gemeinsame Leitung senden, so addieren sich die zwei Ströme, und der Gesamtstrom beträgt

$$C = A + B = a \sin x + b \sin (x + \varphi).$$

Der Ausdruck kann in folgender Weise umgeformt werden:

$$C = a \sin x + b \sin (x + \varphi) = a \sin x + b \sin x \cos \varphi$$
$$+ b \cos x \sin \varphi$$
$$= (a + b \cos \varphi) \sin x + b \sin \varphi \cos x.$$

Wir führen einen Hilfswinkel ψ und eine Hilfsgröße m durch die Gleichungen ein:

$$a + b \cos \varphi = m \cos \psi; \qquad b \sin \varphi = m \sin \psi.$$

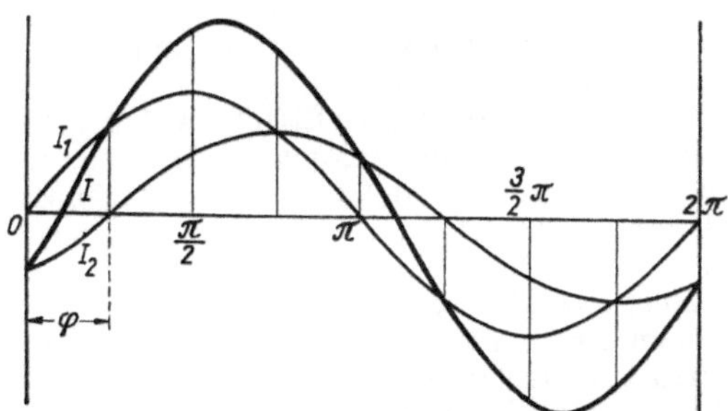

Abb. 5.8. Summation zweier phasenverschobener Wechselströme

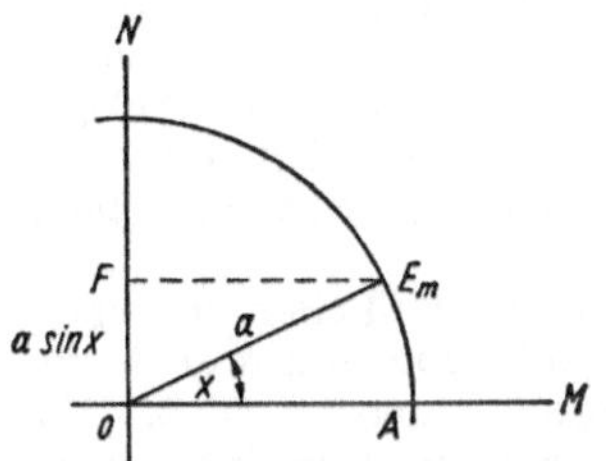

Abb. 5.9. Zeigerdarstellung einer Sinsfunktion

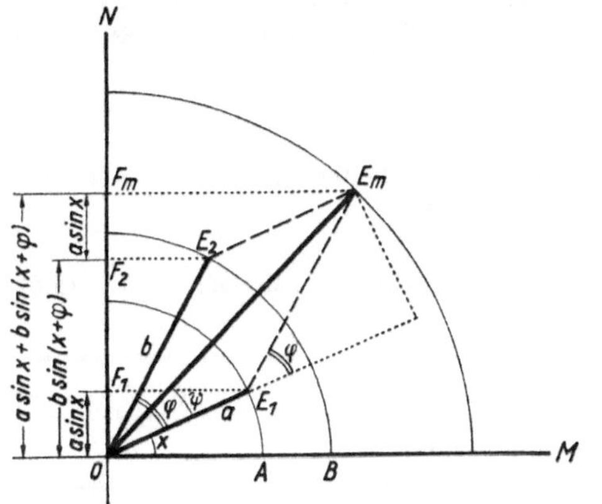

Abb. 5.10. Addition der Zeiger zweier Sinusfunktionen

Aus diesen beiden Gleichungen bestimmen wir m, indem wir sie quadrieren, addieren und die Wurzel aus der Summe ziehen. Damit wird

$$m = \sqrt{(a + b \cos \varphi)^2 + b^2 \sin^2 \varphi}$$

$$= \sqrt{a^2 + b^2 + 2ab \cos \varphi}.$$

Ebenso drücken wir ψ durch a, b und φ aus, indem wir die beiden Gleichungen dividieren. Das ergibt

$$\tan \psi = \frac{b \sin \varphi}{a + b \cos \varphi}.$$

Ersetzen wir nunmehr in der letzten Gleichung für C die entsprechenden Faktoren durch die Hilfsgrößen, so erhalten wir

$$C = a \sin x + b \sin (x + \varphi) = \sin x \, m \cos \psi + \cos x \, m \sin \psi$$

$$= m \sin (x + \psi),$$

worin die Hilfsgrößen m und ψ durch die vorangehenden Gleichungen bestimmt sind. Es entsteht wieder eine Sinuskurve, worin m den Scheitelwert und ψ den Nullphasenwinkel darstellen.

Werden zwei sinusförmige Wechselströme von derselben Periodendauer, die in ihrer Phase gegeneinander verschoben sind und verschiedene Scheitelwerte haben, in dieselbe Leitung geführt, so summieren sie sich wieder zu einem sinusförmigen Wechselstrom, der in seiner Phase gegen die Phasen der Komponenten verschoben ist und andere Scheitelwerte hat.

In Abb. 5.8 ist die Summation zweier Sinusfunktionen durchgeführt, die durch ihre Kurven dargestellt sind. Die mit I_1 und I_2 bezeichneten Kurven unterscheiden sich voneinander durch ihre Scheitelwerte; ferner haben sie die Phasendifferenz φ. Die dicke, mit I bezeichnete Kurve ist dadurch entstanden, daß die Ordinaten der gegebenen Kurven in jedem Punkt addiert sind. Die Verschiebung der Phase und die Vergrößerung der Amplitude (Scheitelwert) sind gut zu erkennen.

Zeigerdarstellung. Man macht mit Vorteil oft von der grafischen Darstellung einer Sinusfunktion durch die Projektion einer sich mit konstanter Winkelgeschwindigkeit drehenden Strecke Gebrauch (Bd. 1).

Man zeichnet zwei aufeinander senkrecht stehende Achsen OM und ON (Abb. 5.9) und schlägt mit dem Radius a, der Amplitude der Schwingung, einen Kreis um ihren Schnittpunkt O. Auf diesem Kreis läuft der „Zeiger" um. Hat er in einem bestimmten Augenblick den Winkel x zurückgelegt, dann hat sein Endpunkt auf dem Kreis E_m erreicht. Die Projektion des Zeigers auf die ON-Achse ist $a \sin x$. Bei gleichförmiger Drehung des Zeigers liefert sie also die Schwingung $A = a \sin x$.

In Abb. 5.10 ist zu dem Zeiger $E_1 = a \sin x$ auch noch der Zeiger $E_2 = b \sin (x + \varphi)$ eingetragen. Der Endpunkt von E_2 läuft mit der gleichen Winkelgeschwindigkeit auf dem Kreis mit dem Radius b um. Zu dem betrachteten Zeitpunkt ist er gegenüber E_1 um den Winkel φ vorverschoben. Die Summe beider liefert $E_m = E_1 + E_2$. Man erhält sie durch vektorielle Addition. In Abb. 5.10 sind die Werte für die beiden Hilfsgrößen m und $\tan \psi$ der analytischen Addition abzulesen. Abb. 5.10 ist das Zeigerdiagramm zum Liniendiagramm der Abb. 5.8. Drehen sich die Zeiger, dann liefern ihre Projektionen die Kurven der Abb. 5.8.

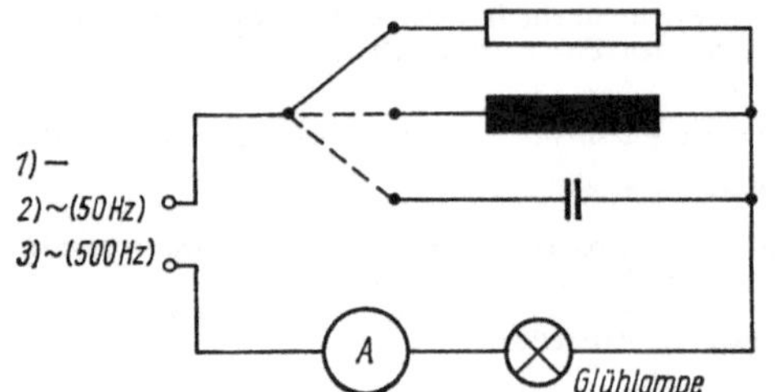

Abb. 5.11. Schaltung zur Untersuchung des Wechselstromes

Die Summe zweier Sinusfunktionen wird gefunden, indem man sie als Zeiger darstellt und vektoriell addiert. Die Länge des Summenzeigers gibt die Amplitude und sein Winkel mit der Abszisse die Phase an.

Die Drehung des Zeigers ist allgemein so festgelegt, daß Drehung entgegen dem Uhrzeigerdrehsinn als positiv gerechnet wird.

Abb. 5.10 stellt also das Zeigerdiagramm der Abb. 5.8 dar, wenn $OE_1 = I_{m1}$, $OE_2 = I_{m2}$ gemacht werden und φ gleich der Phasenverschiebung, im obigen Fall gleich $\pi/4 \cong 45°$, gewählt wird. OE_m gibt dann den Scheitelwert I_m des resultierenden Stromes und ψ dessen Phasenverschiebung gegen I_{m1} an. In gleicher Weise stellt man die Überlagerung von Wechselspannungen dar.

Man kann aber durch die Richtung der Zeiger in einem solchen Diagramm auch die Phasenverschiebung der einzelnen Größen eines einzigen Wechselstromes zum Ausdruck bringen, also z. B. die Phasenverschiebung zwischen Strom und Spannung. Wir werden von solchen Diagrammen im folgenden öfter Gebrauch machen.

5.5. Widerstand, Spule und Kondensator im Wechselstromkreis

Um uns mit den Eigenschaften des Wechselstromes vertraut zu machen, sollen zunächst einige Versuche besprochen werden.

Wir bauen entsprechend Abb. 5.11 einen Stromkreis auf. Mittels eines Schalters können wir nacheinander eine Gleichspannung bzw. Wechselspannungen von 50 Hz und von 500 Hz von gleichem Effektivwert an den Kreis legen. Ein Gleich- und Wechselstrommeßgerät (z. B. Weicheisenamperemeter oder Hitzdrahtamperemeter) und eine Glühlampe zeigen den Stromfluß an. Wir schalten in diesem Kreis:

1. Einen Widerstand: Die Lampe brennt bei Gleichstrom und bei Wechselstrom unterschiedlicher Frequenz gleich hell.
2. Eine Spule mit oder ohne Eisenkern: Die Lampe brennt bei Gleichstrom unverändert hell, bei Wechselstrom um so dunkler, je höher die Selbstinduktion der Spule und je höher die Frequenz des Wechselstromes sind.
3. Einen Kondensator: Der Gleichstrom wird vollkommen unterdrückt (abgesehen von einem kurzen Aufleuchten beim Einschalten). Der Wechselstrom aber geht um so ungehinderter durch den Kondensator, d. h., die Lampe brennt um so heller, je größer die Kapazität des Kondensators und je höher die Frequenz des Wechselstromes sind.

Die drei Schaltelemente zeigen also beim Anlegen einer Wechselspannung ein völlig abweichendes Verhalten gegenüber dem beim Anlegen einer Gleichspannung. Daher sollen diese Erscheinungen im folgenden genauer untersucht werden.

Ohmscher Widerstand. Jeder Leiter in einem Kreis besitzt außer dem Widerstand R auch eine geringe Induktivität und Kapazität (z. B. Hin- und Rückleitung gegeneinander). Wollen wir bei unseren Betrachtungen die Induktivität und die Kapazität unberücksichtigt lassen, sprechen wir von dem ohmschen Widerstand. Er ist also ein idealisiertes Schaltelement. Legen wir an einen ohmschen Widerstand R eine sinusförmige Wechselspannung

$$U = U_m \sin \omega t,$$

dann gilt für den fließenden Strom nach dem Ohmschen Gesetz

$$I = \frac{U}{R} = \frac{U_m}{R} \sin \omega t = I_m \sin \omega t. \qquad (5.8)$$

Liegt eine sinusförmige Wechselspannung an einem ohmschen Widerstand, dann sind Strom und Spannung phasengleich.

Abb. 5.12 zeigt das zugehörige Zeiger- und Liniendiagramm. Die Zeiger des Stromes und der Spannung liegen beide waagerecht.

Spule. Eine ideale Spule sei in einen Wechselstromkreis geschaltet. Unter einer idealen Spule wollen wir eine solche verstehen, deren ohmschen Widerstand wir vernachlässigen können. Fließt durch die Spule ein Strom $I = I(t)$, dann wird durch die zeitliche Änderung des Stromes in der Spule eine Spannung

$$U_{ind} = - L \frac{dI}{dt}$$

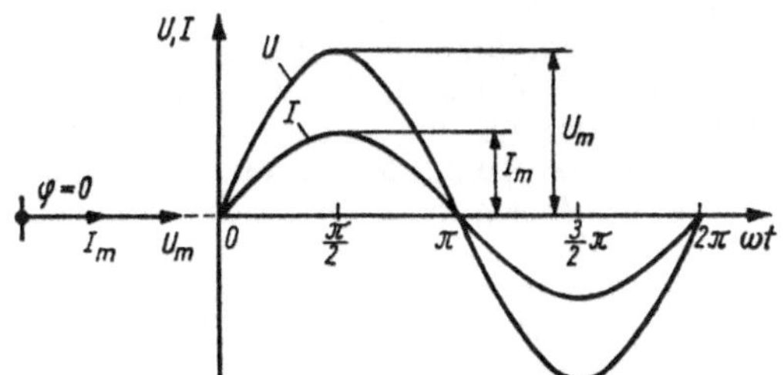

Abb. 5.12. Zeiger- und Liniendiagramm:
ohmscher Widerstand im Wechselstromkreis

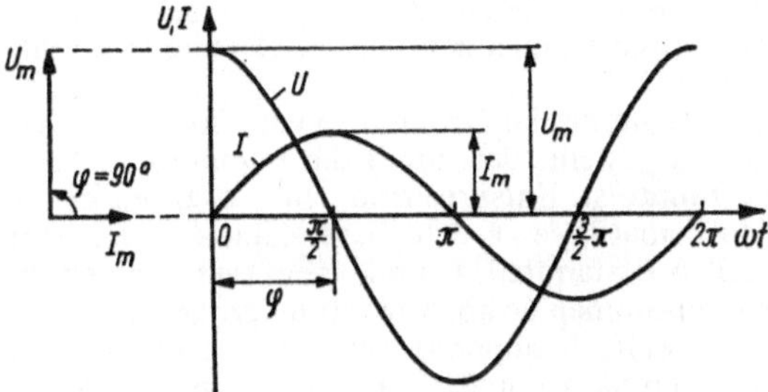

Abb. 5.13. Zeiger- und Liniendiagramm:
Induktivität im Wechselstromkreis

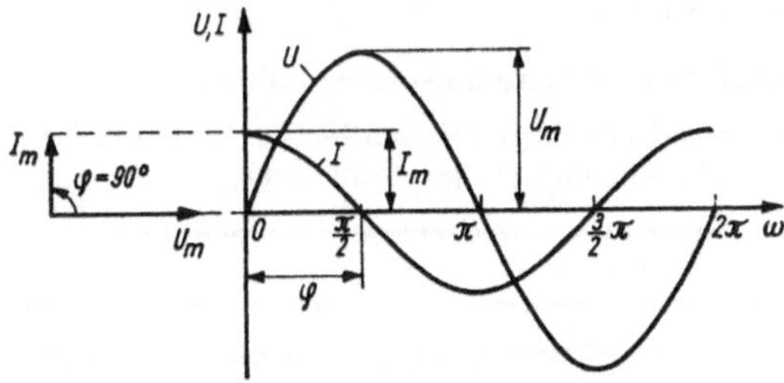

Abb. 5.14. Zeiger- und Liniendiagramm:
Kapazität im Wechselstromkreis

induziert. Sie ist der angelegten Spannung entgegengerichtet. Damit der Strom $I(t)$ fließen kann, muß die Stromquelle eine Spannung liefern, die der induzierten entgegengerichtet ist. Es muß also an der Spule die Spannung

$$U = +L \frac{dI}{dt}$$

anliegen.

Fließt in der Spule sinusförmiger Wechselstrom

$$I = I_m \sin \omega t,$$

dann gilt für die an der Spule anliegende Spannung

$$U = L \frac{dI}{dt} = \omega L I_m \cos \omega t = \omega L I_m \sin \left(\omega t + \frac{\pi}{2} \right).$$

Fassen wir die konstanten Faktoren zusammen, können wir schreiben

$$U = U_m \sin \left(\omega t + \frac{\pi}{2} \right).$$

Zwischen den Amplituden des Stromes und der Spannung besteht also der Zusammenhang

$$U_m = \omega L I_m.$$

Die Größe ωL wird der *induktive Widerstand* genannt. Vergleichen wir die Strom- und Spannungskurven miteinander, erkennen wir eine Phasenverschiebung zwischen Strom und Spannung um $\pi/2$.

Wird eine ideale Spule von sinusförmigem Wechselstrom durchflossen, dann eilt die Spannung dem Strom um $\pi/2$ voraus.

Abb. 5.13 zeigt das zugehörige Zeiger- und Liniendiagramm. Im Zeigerdiagramm liegt der Zeiger des Stromes waagerecht; der der Spannung ist um 90° gegen den Uhrzeigerdrehsinn verschoben. Analog erkennt man im Liniendiagramm das Nachhinken des Stromes.

Da die Drahtwicklungen einer Spule einen ohmschen Widerstand haben, können wir eine *reale Spule* als Reihenschaltung vom ohmschen Widerstand R und Induktivität L auffassen.

Kondensator. Bei einem idealen Kondensator sehen wir den Stoff zwischen den Platten als vollkommenen Isolator an. Solch ein Kondensator sei in einen Wechselstromkreis geschaltet. Um auf einen Zusammenhang zwischen Strom und Spannung zu kommen, gehen wir von der Kondensatorformel aus:

$$Q = CU.$$

Wir differenzieren beide Seiten und erhalten

$$\frac{dQ}{dt} = C \frac{dU}{dt}.$$

Entsprechend der Definition der Stromstärke ist $I = dQ/dt$, so daß man erhält

$$I = C \frac{dU}{dt}.$$

Liegt sinusförmige Wechselspannung an dem Kondensator

$$U = U_m \sin \omega t,$$

dann ergibt sich somit für den Strom

$$I = C \frac{dU}{dt} = \omega C U_m \cos \omega t$$

$$= \omega C U_m \sin \left(\omega t + \frac{\pi}{2} \right).$$

Wir fassen auch hier die konstanten Faktoren zusammen:

$$I = I_m \sin \left(\omega t + \frac{\pi}{2} \right).$$

Zwischen den Amplituden des Stromes und der Spannung besteht der Zusammenhang

$$I_\mathrm{m} = \omega C U_\mathrm{m}.$$

Die Größe $1/\omega C$ wird der *kapazitive Widerstand* genannt. Vergleichen wir die Strom- und die Spannungskurve, erkennen wir:

Liegt an einem idealen Kondensator eine sinusförmige Wechselspannung, dann eilt der Strom der Spannung um $\pi/2$ voraus.

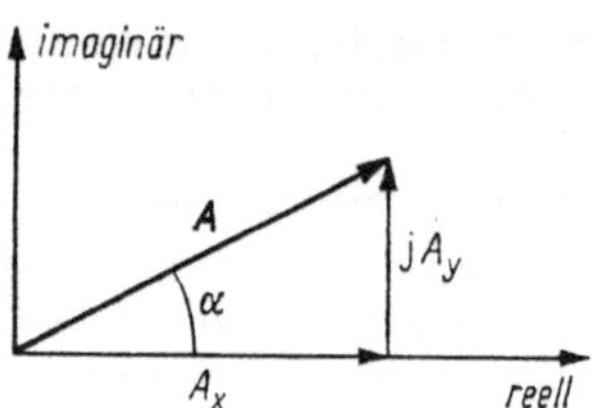

Abb. 5.15. Darstellung eines Zeigers in der Gaußschen Zahlenebene

Das zugehörige Zeiger- und Liniendiagramm ist in Abb. 5.14 dargestellt. Im Zeigerdiagramm liegt der Zeiger der Spannung waagerecht, während der des Stromes um 90° gegen den Uhrzeigerdrehsinn verschoben ist. Analog erkennt man im Liniendiagramm das Nachhinken der Spannung.
Bei einem *realen Kondensator* muß man zusätzlich die Isolationsverluste durch das Dielektrikum beachten. Man kann ihn daher als Parallelschaltung von Kapazität und ohmschen Widerstand darstellen.
Die Liniendiagramme der Abbn. 5.12 bis 5.14 lassen sich mit Hilfe eines Zweistrahloszillografen gut demonstrieren.

5.6. Komplexe Darstellung von Wechselstromgrößen

Bisher haben wir den Strom und die Spannung in einem Wechselstromkreis analytisch durch Sinus- und Kosinusfunktionen angegeben. Schon bei der Berechnung der elektrischen Leistung erkannten wir jedoch, daß infolge der mathematisch sehr unhandlichen Kreisfunktionen die Rechnung äußerst aufwendig wird. Es war zu überblicken, daß bei umfangreichen Schaltungen die Rechnung ins Uferlose gerät. Anschließend ersetzten wir das Liniendiagramm, welches das unmittelbare Abbild der Sinus- und Kosinusfunktionen darstellt, durch umlaufende Zeiger in einem Zeigerdiagramm. Die Durchführung der Rechenoperationen wurde im Zeigerdiagramm auf zeichnerischem Wege recht einfach gelöst. Wir konnten

z. B. die Addition zweier Sinusfunktionen auf die vektorielle Addition zweier Zeiger zurückführen. Unser Ziel soll nun sein, die Vorteile, die das Zeigerdiagramm für die zeichnerische Lösung bietet, mathematisch zu formulieren. Hierzu zerlegen wir den Zeiger ähnlich wie einen Vektor in zwei zueinander senkrechte Komponenten. Zur Unterscheidung der beiden Komponenten stellen wir den Zeiger in der Gaußschen Zahlenebene dar. Wie wir noch sehen werden, hat dies den Vorteil, daß sich nicht nur die Grundrechenarten bequem auf Wechselströme und -spannungen anwenden lassen, sondern auch das Differenzieren und das Integrieren. Zum anderen behalten die bei Gleichströmen gefundenen Gesetze ihre Gültigkeit.
Die harmonische Größe $A(t)$ wird somit als Zeiger dargestellt, der durch die komplexe Zahl A bestimmt ist. Entsprechend dem Vorgehen in der Mathematik setzt sich diese Zahl A aus einem reellen Bestandteil A_x und einem rein imaginären jA_y zusammen (Abb. 5.15). Eine große Erleichterung bei Rechenoperationen ist nun der Umstand, daß sich die komplexe Zahl in drei verschiedenen Schreibweisen angeben läßt, die alle einander gleichwertig sind. Dadurch ist es möglich, sich die für die jeweilige Rechnung günstigste Form auszuwählen.

5.6.1. Schreibweise komplexer Zahlen

Arithmetische Form (Normalform). Aus Abb. 5.15 können wir unmittelbar entnehmen

$$A = A_x + j\,A_y. \tag{5.9}$$

In der Wechselstromtechnik ist es üblich, die imaginäre Einheit $\sqrt{-1}$ durch j zu ersetzen, da i oftmals für die Stromstärke benutzt wird. Da keine Verwechslung möglich ist, verwenden wir für Zeiger (komplexe Zahlen) die gleiche Schreibweise wie für Vektoren.

Der Betrag der komplexen Zahl (des Zeigers) ist nach Abb. 5.15

$$A = |A| = \sqrt{A_x{}^2 + A_y{}^2}.$$

Für den Winkel α liest man ab:

$$\tan \alpha = \frac{A_y}{A_x}.$$

Trigonometrische Form. Aus Abb. 5.15 findet man

$$A_x = A \cos \alpha,$$
$$A_y = A \sin \alpha.$$

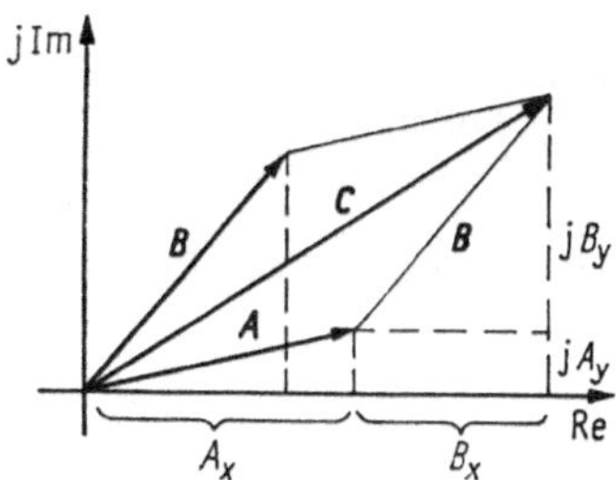

Abb. 5.16. Addition zweier Zeiger in der Gaußschen Zahlenebene

Einsetzen in (5.9) ergibt

$$A = A\,(\cos\alpha + \mathrm{j}\sin\alpha). \qquad (5.10)$$

Exponentialform. Die Reihen für $\cos\alpha$, $\sin\alpha$ und e^α sind

$$\cos\alpha = 1 - \frac{\alpha^2}{2!} + \frac{\alpha^4}{4!} - \frac{\alpha^6}{6!} + - \cdots,$$

$$\sin\alpha = \alpha - \frac{\alpha^3}{3!} + \frac{\alpha^5}{5!} - \frac{\alpha^7}{7!} + - \cdots,$$

$$\mathrm{e}^\alpha = 1 + \frac{\alpha}{1!} + \frac{\alpha^2}{2!} + \frac{\alpha^3}{3!} + \cdots$$

Hieraus findet man die *Eulersche Formel*

$$\cos\alpha + \mathrm{j}\sin\alpha = \mathrm{e}^{\mathrm{j}\alpha}.$$

Wendet man sie auf (5.10) an, bekommt man den Zeiger in der Exponentialform

$$A = A\,\mathrm{e}^{\mathrm{j}\alpha}. \qquad (5.11)$$

5.6.2. Rechenregeln

Addition (Subtraktion) zweier Zeiger. Es seien die beiden Zeiger

$$A = A_x + \mathrm{j}A_y \quad \text{und} \quad B = B_x + \mathrm{j}B_y$$

gegeben. Wir suchen

$$C = A + B.$$

Mit Hilfe von (5.9) erhalten wir

$$C = (A_x + B_x) + \mathrm{j}(A_y + B_y) = C_x + \mathrm{j}C_y.$$

Die Addition (Subtraktion) zweier Zeiger ergibt sich durch die Addition (Subtraktion) der Realteile und der Imaginärteile der beiden Zeiger.

Die Addition zweier Zeiger ist in Abb. 5.16 durchgeführt. Wir erkennen, daß sie der zeichnerischen Addition der Zeiger in Abb. 5.10 völlig analog verläuft. Wir können also auf diese Weise die

Addition (Subtraktion) zweier harmonischer Funktionen bequem durchführen.

Multiplikation (Division) zweier Zeiger. Hierfür ist die Exponentialform günstig. Es seien die beiden Zeiger

$$A = A\,\mathrm{e}^{\mathrm{j}\alpha} \quad \text{und} \quad B = B\,\mathrm{e}^{\mathrm{j}\beta}$$

gegeben. Wir suchen

$$C = AB.$$

Man erhält

$$C = AB\,\mathrm{e}^{\mathrm{j}\alpha}\,\mathrm{e}^{\mathrm{j}\beta} = AB\,\mathrm{e}^{\mathrm{j}(\alpha+\beta)} = C\,\mathrm{e}^{\mathrm{j}\gamma}.$$

Die Multiplikation zweier Zeiger A und B ergibt sich durch Multiplikation der Beträge der Zeiger und Addition ihrer Phasen. Der Zeiger A wird also um das B-fache gestreckt und um den Winkel β entgegen dem Uhrzeigerdrehsinn gedreht.

In analoger Weise führt die *Division zweier Zeiger* zur Division ihrer Beträge und Subtraktion der Phasen.
Sonderfälle:

$$\mathrm{e}^{\mathrm{j}\alpha}$$

ist der *Einheitszeiger* (Betrag 1 und Phase α). Von Interesse sind zwei Fälle der Phase:
$\alpha = 0$ liefert $\mathrm{e}^{\mathrm{j}0} = 1$ (*Einheitszeiger längs der reellen Achse*);
$\alpha = \dfrac{\pi}{2}$ liefert $\mathrm{e}^{\mathrm{j}\pi/2} = \cos\dfrac{\pi}{2} + \mathrm{j}\sin\dfrac{\pi}{2} = \mathrm{j}$ (*Einheitszeiger längs der imaginären Achse*)

$$\mathrm{e}^{\mathrm{j}\pi/2} = \mathrm{j}.$$

Man erkennt

$$A\mathrm{j} = A\,\mathrm{e}^{\mathrm{j}\alpha}\,\mathrm{e}^{\mathrm{j}\pi/2} = A\,\mathrm{e}^{\mathrm{j}(\alpha+\pi/2)}.$$

Multiplikation eines Zeigers mit j bedeutet Drehung um 90° entgegen dem Uhrzeigerdrehsinn.

Analog erhält man

$$\mathrm{e}^{-\mathrm{j}\pi/2} = -\mathrm{j} = \frac{1}{\mathrm{j}}.$$

Multiplikation eines Zeigers mit $-\mathrm{j}$ (bzw. Division durch j) bedeutet Drehung um 90° im Uhrzeigerdrehsinn.

Rechnen mit der konjugiert komplexen Zahl. Es sei uns die komplexe Zahl

$$A = A_x + \mathrm{j}\,A_y = A\,\mathrm{e}^{\mathrm{j}\alpha}$$

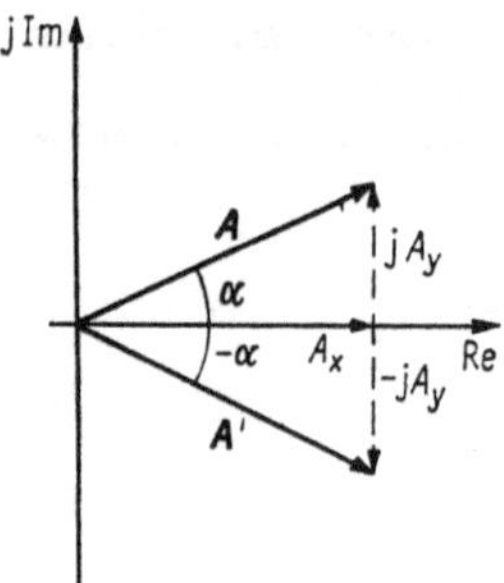

Abb. 5.17. Zur Darstellung der konjugiert komplexen Zahl

gegeben. Die dem Betrag nach gleiche Zahl, deren Imaginärteil umgekehrtes Vorzeichen hat, bezeichnen wir als die zu *A konjugiert komplexe Zahl*:

$$A' = A_x - jA_y = A\,e^{-j\alpha}.$$

Grafisch bedeutet diese Zahl eine Spiegelung an der reellen Achse (Abb. 5.17).

Für uns von Interesse ist das Produkt aus beiden Zahlen:

$$AA' = A^2\,e^{j\alpha}\,e^{-j\alpha} = A^2.$$

Das Produkt aus einer Zahl und ihrer konjugiert komplexen Zahl ist das Quadrat des Betrages der Zahl.

Es ist dies eine weitere Möglichkeit zur Berechnung des Betrages eines Zeigers.

Differentiation eines Zeigers nach der Zeit. Der mit konstanter Winkelgeschwindigkeit $\omega = d\alpha/dt$ umlaufende Zeiger bildet durch seine Projektion eine Sinusfunktion ab. Es ist

$$\alpha(t) = \omega t + \varphi.$$

Den hierdurch festgelegten Zeiger schreibt man in Exponentialform

$$A = A\,e^{j\alpha(t)} = A\,e^{j(\omega t + \varphi)}.$$

Wir differenzieren den Zeiger nach der Zeit

$$\frac{dA}{dt} = j\omega A\,e^{j(\omega t + \varphi)} = j\omega A.$$

Die Differentiation eines Zeigers nach der Zeit ergibt seine Multiplikation mit $j\omega$. Grafisch bedeutet sie Streckung des Zeigers um ω und Drehung um 90° entgegen dem Uhrzeigerdrehsinn. Die differenzierte Größe eilt also der ursprünglichen um 90° voraus.

Durch Vergleich mit Abschn. 5.5 erkennen wir, daß die Differentiation eines Zeigers das gleiche Ergebnis liefert wie die Differentiation einer harmonischen Größe. Der Rechenweg ist jedoch einfacher.

Integration eines Zeigers nach der Zeit. Es sei der Zeiger

$$A = A\,e^{j(\omega t + \varphi)}$$

gegeben. Wir bilden

$$\int A\,dt = A \int e^{j(\omega t + \varphi)}\,dt = \frac{1}{j\omega}\,A\,e^{j(\omega t + \varphi)}$$

$$= \frac{1}{j\omega}\,A = -j\,\frac{1}{\omega}\,A.$$

Die Integration eines Zeigers nach der Zeit ergibt die Multiplikation des Zeigers mit $-j/\omega$. Grafisch bedeutet sie Stauchung des Zeigers und Drehung um 90° im Uhrzeigerdrehsinn. Die integrierte Größe hinkt der ursprünglichen um 90° nach.

5.6.3. Ruhende Zeiger

Für viele Betrachtungen kommt es weniger auf den Umlauf des Zeigers als vielmehr auf die Stellung zweier oder mehrerer Zeiger zueinander an. Daher ist es sinnvoll, den Zeitfaktor abzuspalten und den Zeiger zur Zeit $t = 0$ zu betrachten:

$$A = A\,e^{j(\omega t + \varphi)} = A\,e^{j\omega t}\,e^{j\varphi}.$$

$t = 0$ liefert

$$A = A\,e^{j\varphi}.$$

Dieser *ruhende Zeiger* enthält nur noch den Amplituden- und den Phasenfaktor. Das sind jedoch gerade die Größen, die im allgemeinen bei Berechnungen benötigt werden.

5.7. Der komplexe Wechselstromwiderstand

Ohmscher Widerstand. Liegt eine harmonische Wechselspannung an einem ohmschen Widerstand, dann gilt nach dem Ohmschen Gesetz

$$U = RI.$$

Um diesen Ausdruck in die komplexe Schreibweise zu übertragen, ersetzen wir die harmonischen Größen durch ihre Zeiger:

$$U = RI. \tag{5.12}$$

Strom und Spannung liegen in (5.12) in gleicher Phase.

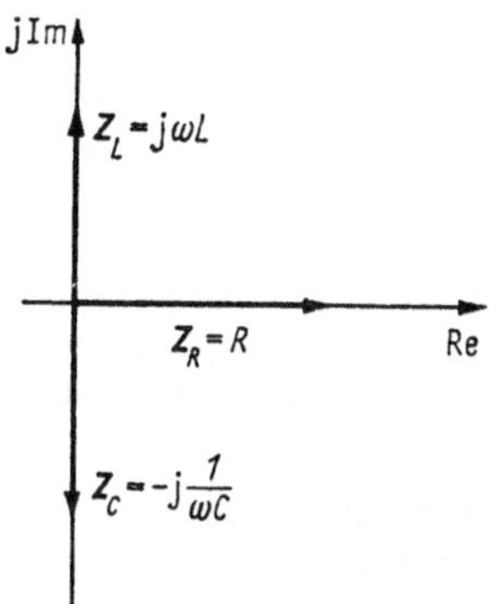

Abb. 5.18. Der komplexe Wechselstromwiderstand

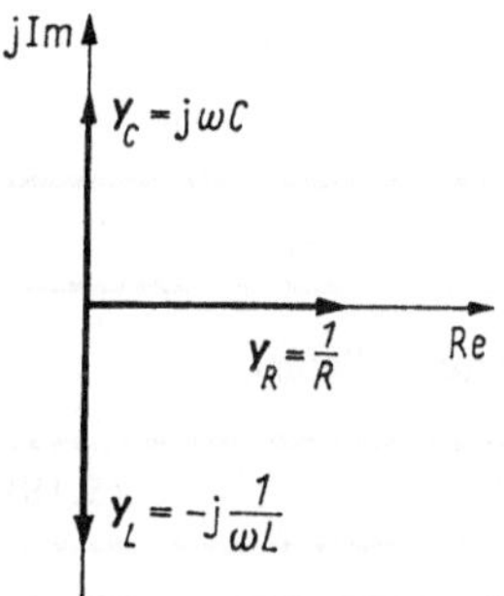

Abb. 5.19. Der komplexe Wechselstromleitwert

Induktivität. Liegt eine harmonische Wechselspannung an einer idealen Spule, dann gilt nach Abschn. 5.5

$$U = L\,\frac{dI}{dt}.$$

Die harmonischen Größen durch ihre Zeiger ersetzt, liefert

$$U = L\,\frac{d\mathbf{I}}{dt}.$$

Nach Abschn. 5.6.2 ergibt die Differentiation eines Zeigers seine Multiplikation mit $j\omega$:

$$\mathbf{U} = j\omega L\mathbf{I}. \qquad (5.13)$$

Strom und Spannung sind infolge des Faktors j in (5.13) um 90° gegeneinander phasenverschoben. Die Spannung eilt voraus. Die Anlehnung von (5.13) an das Ohmsche Gesetz ist möglich, wenn wir setzen

$$\mathbf{Z}_L = j\omega L.$$

Kapazität. Liegt eine harmonische Wechselspannung an einem idealen Kondensator, dann besteht nach Abschn. 5.5 zwischen Strom und Spannung die Beziehung

$$I = C\,\frac{dU}{dt}.$$

Wir ersetzen auch in diesem Fall die harmonischen Größen durch ihre Zeiger und erhalten

$$\mathbf{I} = C\,\frac{d\mathbf{U}}{dt}.$$

Wir führen die Differentiation aus:

$$\mathbf{I} = j\omega C\mathbf{U}$$

und stellen um:

$$\mathbf{U} = \frac{1}{j\omega C}\mathbf{I} = -\frac{j}{\omega C}\mathbf{I}. \qquad (5.14)$$

Infolge des Faktors $-j$ in (5.14) hinkt die Spannung um 90° nach. Zur Anlehnung von (5.14) an das Ohmsche Gesetz fassen wir die konstanten Größen zusammen:

$$\mathbf{Z}_C = -\frac{j}{\omega C}.$$

Ohmsches Gesetz in komplexer Schreibweise. Vergleichen wir (5.12), (5.13) und (5.14) miteinander, dann erkennen wir, daß in (5.13) und in (5.14) eine Größe ($\mathbf{Z}_L$ bzw. $\mathbf{Z}_C$) auftritt, die dem ohmschen Widerstand äquivalent ist. Wenn wir hierfür den *komplexen Wechselstromwiderstand* $\mathbf{Z}$ einführen, erhalten wir einen allgemeingültigen Ausdruck, das *Ohmsche Gesetz in komplexer Schreibweise*:

$$\mathbf{U} = \mathbf{Z}\mathbf{I}. \qquad (5.15)$$

Die Phasenbeziehungen zwischen Strom und Spannung sind jetzt durch die komplexen Werte der Widerstände ausgedrückt. Der komplexe Wechselstromwiderstand ist ein ruhender Zeiger. Für den rein ohmschen Widerstand liegt $\mathbf{Z}_R$ auf der reellen Achse. Für die Induktivität hat $\mathbf{Z}_L$ die Richtung der positiven imaginären Achse, und für die Kapazität hat $\mathbf{Z}_C$ die der negativen imaginären Achse (Abb. 5.18).

Der komplexe Wechselstromleitwert. Analog den Definitionen im Gleichstromkreis ist der komplexe Wechselstromleitwert als der Kehrwert des komplexen Wechselstromwiderstandes festgelegt:

$$\mathbf{Y} = \frac{1}{\mathbf{Z}}. \qquad (5.16)$$

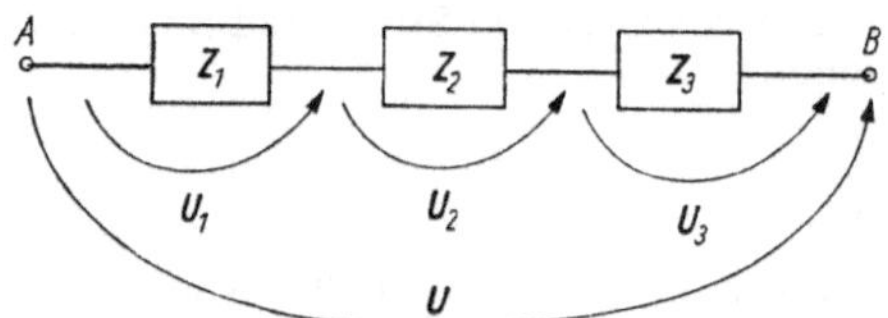

Abb. 5.20. Reihenschaltung

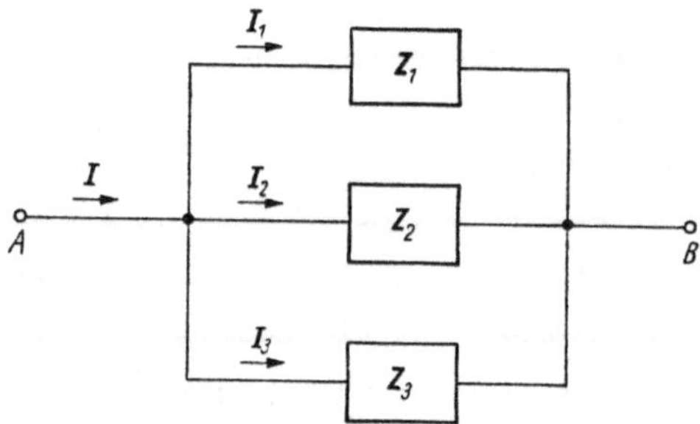

Abb. 5.21. Parallelschaltung

Verwenden wir die in Abschn. 5.7 gefundenen Ausdrücke, dann erhalten wir:
ohmscher Widerstand:

$$Y_R = \frac{1}{R},$$

Induktivität:

$$Y_L = \frac{1}{Z_L} = \frac{1}{j\omega L} = -\frac{j}{\omega L},$$

Kapazität:

$$Y_C = \frac{1}{Z_C} = j\omega C.$$

In Abb. 5.19 sind die drei komplexen Wechselstromleitwerte eingetragen. Für den ohmschen Widerstand liegt Y_R auf der reellen Achse. Für die Induktivität hat Y_L die Richtung der negativen imaginären Achse, und für die Kapazität hat Y_C die der positiven imaginären Achse. Das *Ohmsche Gesetz* hat mit dem komplexen Leitwert die Form

$$I = YU. \tag{5.17}$$

Im komplexen Leitwert sind analog wie im komplexen Widerstand die Phasenbeziehungen enthalten. Wegen der unterschiedlichen Verknüpfung von Strom und Spannung in (5.15) und (5.17) müssen wir jedoch beachten, daß der Winkel der Phasendifferenz im Leitwert gegenüber dem im Widerstand sein Vorzeichen wechselt.

Anwendung des Ohmschen Gesetzes. Es soll die Frage geklärt werden, wie wir aus dem Ohmschen Gesetz in komplexer Schreibweise die uns interessierenden Wechselstromgrößen, Effektiv-

werte des Stromes und der Spannung, zurückgewinnen können. Im Ohmschen Gesetz

$$U = ZI$$

sei der Strom durch den Zeiger

$$I = I_m\, e^{j\omega t}$$

bestimmt. Besteht zwischen Strom und Spannung eine Phasendifferenz von φ, dann ist diese Differenz in dem Zeiger des Widerstandes enthalten:

$$Z = Z\, e^{j\varphi}.$$

Für den Zeiger der Spannung gilt somit

$$U = U_m\, e^{j(\omega t + \varphi)} = U_m\, e^{j\omega t}\, e^{j\varphi}.$$

Setzen wir die drei Zeiger in das Ohmsche Gesetz ein, bekommen wir

$$U_m\, e^{j\omega t}\, e^{j\varphi} = Z\, e^{j\varphi} I_m\, e^{j\omega t}.$$

Hieraus ergibt sich

$$U_m = ZI_m.$$

Beide Seiten durch $\sqrt{2}$ geteilt, liefert

$$U_{eff} = ZI_{eff}. \tag{5.18}$$

Das Verhältnis der Effektivwerte von Spannung und Strom ergibt den *Betrag des Wechselstromwiderstandes (Impedanz, Scheinwiderstand)*. Er ist also ausschlaggebend zur Bestimmung der Effektivwerte von Strom und Spannung. Daher soll unsere nächste Aufgabe darin bestehen, für verschiedene Grundschaltungen den Scheinwiderstand zu berechnen.
In analoger Weise ergibt sich aus (5.17)

$$I_{eff} = YU_{eff}. \tag{5.19}$$

5.8. Anwendung der komplexen Schreibweise

5.8.1. Reihen- und Parallelschaltung

Wir wollen für einfache Schaltungen den Wechselstromwiderstand bzw. den Wechselstromleitwert berechnen. Die Anwendung der komplexen Schreibweise hat hierbei den Vorteil, daß die Kirchhoffschen Gesetze unmittelbar vom Gleichstromkreis auf den des Wechselstromes übertragen werden können.
Es seien die Schaltelemente mit den komplexen Widerständen Z_1, Z_2 und Z_3 in einer Reihenschaltung angeordnet (Abb. 5.20). An den kom-

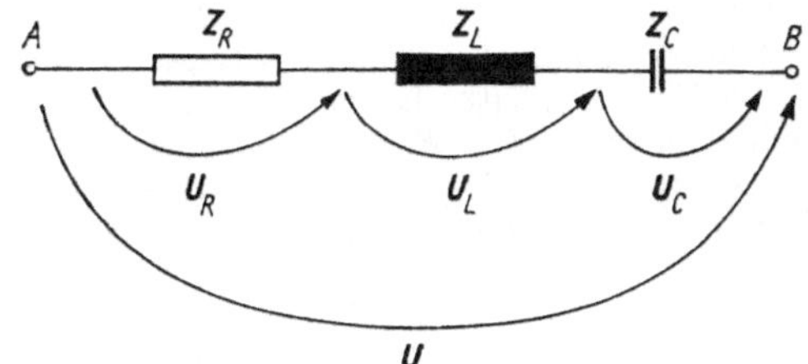

Abb. 5.22. Reihenschaltung von R, L und C

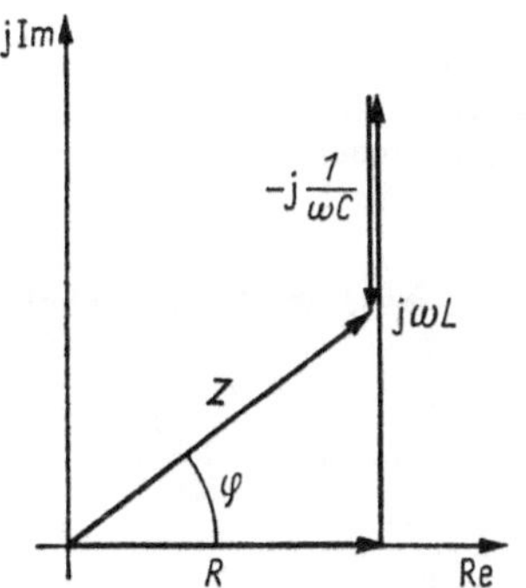

Abb. 5.23. Zeigerdiagramm der Reihenschaltung von R, L und C

plexen Widerständen sollen die komplexen Teilspannungen U_1, U_2 und U_3 abfallen. Die Gesamtspannung sei durch U gegeben. Dann gilt

$$U = U_1 + U_2 + U_3 = Z_1 I + Z_2 I + Z_3 I$$
$$= (Z_1 + Z_2 + Z_3) I = ZI.$$

Bei der Reihenschaltung addieren sich die komplexen Widerstände zum komplexen Gesamtwiderstand.

In analoger Weise seien die Schaltelemente mit den komplexen Widerständen Z_1, Z_2 und Z_3 in einer Parallelschaltung angeordnet (Abb. 5.21). Es sollen die komplexen Teilströme I_1, I_2 und I_3 und der komplexe Gesamtstrom I fließen. Dann gilt

$$I = I_1 + I_2 + I_3 = U \left(\frac{1}{Z_1} + \frac{1}{Z_2} + \frac{1}{Z_3} \right)$$
$$= U(Y_1 + Y_2 + Y_3) = UY.$$

Bei der Parallelschaltung addieren sich die komplexen Leitwerte zum komplexen Gesamtleitwert.

5.8.2. Reihenschaltung von R, L und C

An der Schaltung der Abb. 5.22 liege eine sinusförmige Wechselspannung U_{eff}. Die Teilspannungen seien durch die eingezeichneten Größen festgelegt. Es gilt das Ohmsche Gesetz für Wechselstrom (5.15)

$$U = ZI.$$

Für den komplexen Widerstand einer Reihenschaltung gilt nach Abschn. 5.7

$$Z = Z_R + Z_L + Z_C = R + j\omega L - j\frac{1}{\omega C}$$
$$= R + j \left(\omega L - \frac{1}{\omega C} \right).$$

Abb. 5.23 zeigt das zugehörige Zeigerdiagramm. Der Winkel φ tritt als Winkel zwischen dem Zeiger des ohmschen Widerstandes und dem des Gesamtwiderstandes auf. Er ist die Phasenverschiebung zwischen Strom und Spannung. Im Beispiel der Abb. 5.23 wurde angenommen, daß der induktive Widerstand gegenüber dem kapazitiven überwiegt. Es eilt die Spannung dem Strom voraus. (Zur besseren Unterscheidung wurden die Zeiger des induktiven und des kapazitiven Widerstandes nebeneinander gelegt.) Aus dem Diagramm läßt sich für den *Betrag des gesamten Wechselstromwiderstandes* (*Scheinwiderstand, Impedanz*) entnehmen:

$$Z = \sqrt{ R^2 + \left(\omega L - \frac{1}{\omega C} \right)^2 }. \tag{5.20}$$

Für die Phasenverschiebung ergibt sich

$$\tan \varphi = \frac{\omega L - \dfrac{1}{\omega C}}{R}. \tag{5.21}$$

$Z_W = R$ ist der *Wirkwiderstand*; $Z_B = \omega L - 1/\omega C$ wird *Blindwiderstand* oder auch *Reaktanz* genannt. Setzt man den Scheinwiderstand Z in (5.18) ein, ergibt sich

$$U_{\text{eff}} = I_{\text{eff}} Z = I_{\text{eff}} \sqrt{ R^2 + \left(\omega L - \frac{1}{\omega C} \right)^2 }. \tag{5.22}$$

Die Abhängigkeit des Scheinwiderstandes von ω hat zur Folge, daß bei nichtsinusförmigem Wechselstrom, der mittels Fourier-Analyse stets in eine Summe von Sinusfunktionen mit geradzahligen Vielfachen der Grundfrequenz zerlegt werden kann, die Oberschwingungen durch eine Selbstinduktion geschwächt, durch eine Kapazität aber herausgehoben werden können, da der Stromkreis im ersten Fall einen größeren, im zweiten Fall einen kleineren Widerstand für die hohen Frequenzen bietet als für die Grundfrequenz. Abb. 5.24b und Abb. 5.24c bieten hierfür Beispiele.

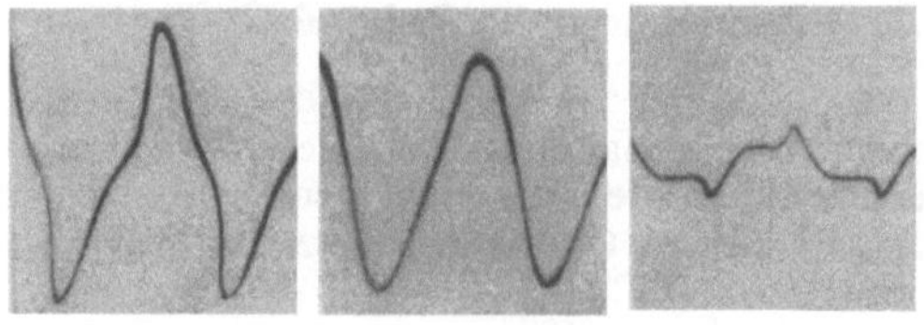

Abb. 5.24. Einfluß von Induktivitäten (b) bzw. Kapazitäten (c) auf nichtsinusförmigen Strom (a)

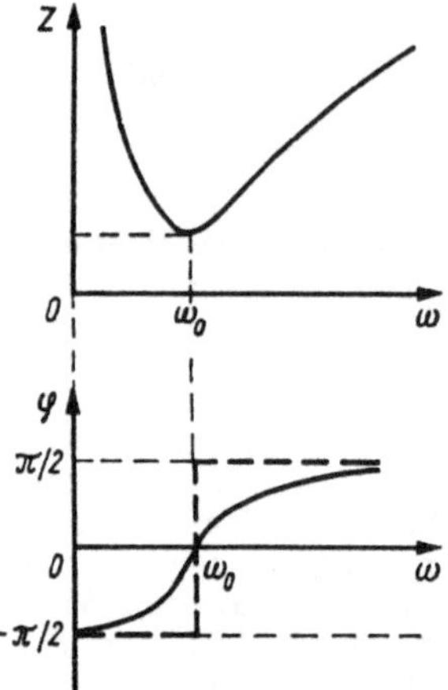

Abb. 5.25. Verlauf des Scheinwiderstandes und der Phasenverschiebung bei Reihenschaltung von R, L und C

Resonanzfall. Der Blindwiderstand

$$Z_\mathrm{B} = \omega L - \frac{1}{\omega C}$$

ist stark frequenzabhängig. Bei niedrigen Frequenzen wird ωL klein und $1/\omega C$ groß. Es überwiegt der kapazitive Einfluß. Der Kondensator sperrt weitgehend. Die Phasendifferenz (5.21) wird negativ: Die Spannung hinkt hinter dem Strom nach. Bei hohen Frequenzen wird demgegenüber ωL groß und $1/\omega C$ klein. Der induktive Einfluß überwiegt. Die Spule sperrt bei hohen Frequenzen. Die Phasendifferenz (5.21) wird positiv: Die Spannung eilt dem Strom voraus.
Zwischen beiden Frequenzbereichen muß eine Frequenz ω_0 liegen, für die der Blindwiderstand Null wird. Dort gilt also

$$\omega_0 L - \frac{1}{\omega_0 C} = 0$$

oder

$$\omega_0 = \sqrt{\frac{1}{LC}} \, . \tag{5.23}$$

ω_0 ist die *Resonanzkreisfrequenz der Reihenschaltung* (*Reihenresonanz*). Für diese Frequenz wird nach (5.21) die Phasendifferenz Null und der Scheinwiderstand $Z = R$. Abb. 5.25 zeigt den Scheinwiderstand und die Phasendifferenz in Abhängigkeit von der Kreisfrequenz. Für sehr kleinen Widerstand R nähert sich die Kurve $\varphi(\omega)$ immer mehr der Treppenform (gestrichelter Verlauf), so daß es für verschwindend kleinen Widerstand R zu einem Phasensprung um π kommt.

5.8.3. Parallelschaltung von R, L und C

An der Schaltung der Abb. 5.26 liege sinusförmige Wechselspannung U_eff an. Die komplexen Ströme sind eingezeichnet. Nach (5.17) ist

$$I = UY.$$

Für den komplexen Leitwert einer Parallelschaltung gilt nach Abschn. 5.7

$$Y = Y_R + Y_C + Y_L = \frac{1}{R} + \mathrm{j}\omega C - \mathrm{j}\frac{1}{\omega L}$$

$$= \frac{1}{R} + \mathrm{j}\left(\omega C - \frac{1}{\omega L}\right).$$

In Abb. 5.27 ist das Zeigerdiagramm der Leitwerte dargestellt. Die Phasenverschiebung φ zwischen Spannung und Strom erscheint in dem Diagramm als Winkel zwischen der reellen Achse und dem Zeiger des Gesamtleitwertes. Es wurde angenommen, daß der kapazitive Leitwert gegenüber dem induktiven überwiegt. Es eilt der Strom der Spannung voraus. Aus Abb. 5.27 können wir für den *Betrag des Gesamtleitwertes* (*Scheinleitwert*) entnehmen:

$$Y = \sqrt{\left(\frac{1}{R}\right)^2 + \left(\omega C - \frac{1}{\omega L}\right)^2} \, . \tag{5.24}$$

Für die Phasenverschiebung erhält man

$$\tan \varphi = \frac{\omega C - \dfrac{1}{\omega L}}{1/R} \, . \tag{5.25}$$

$Y_\mathrm{w} = 1/R$ ist der *Wirkleitwert*; $Y_\mathrm{B} = \omega C - 1/\omega L$ heißt *Blindleitwert*. Setzt man den Scheinleitwert in (5.19) ein, ergibt sich für den Strom in einer Parallelschaltung von R, C und L

$$I_\mathrm{eff} = U_\mathrm{eff} Y = U_\mathrm{eff} \sqrt{\left(\frac{1}{R}\right)^2 + \left(\omega C - \frac{1}{\omega L}\right)^2} \, . \tag{5.26}$$

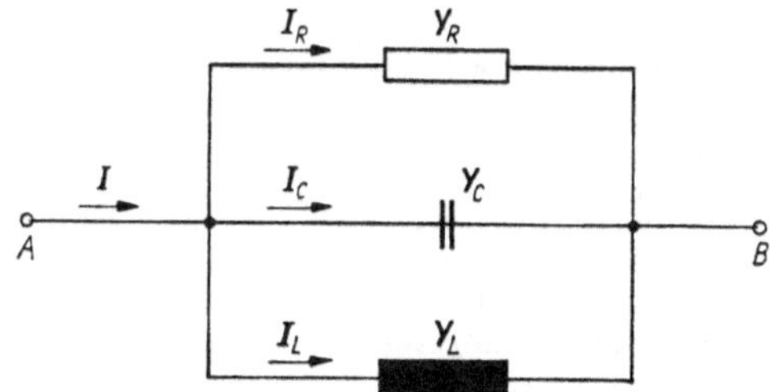

Abb. 5.26. Parallelschaltung von R, L und C

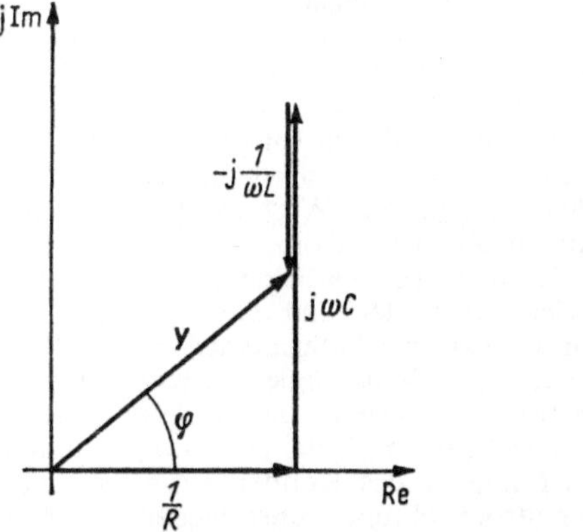

Abb. 5.27. Zeigerdiagramm zur Parallelschaltung von R, L und C

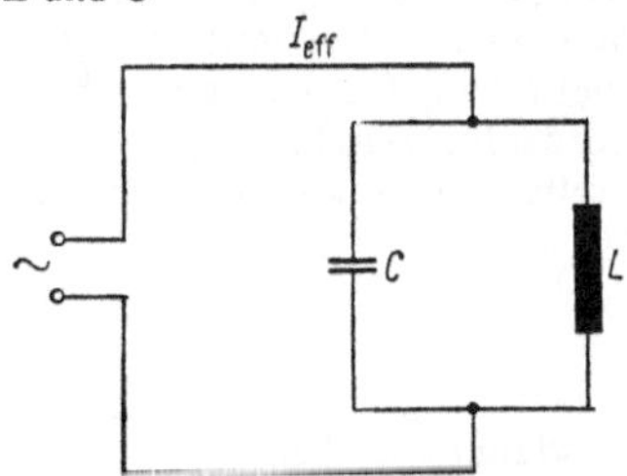

Abb. 5.28a. Parallelschaltung von L und C

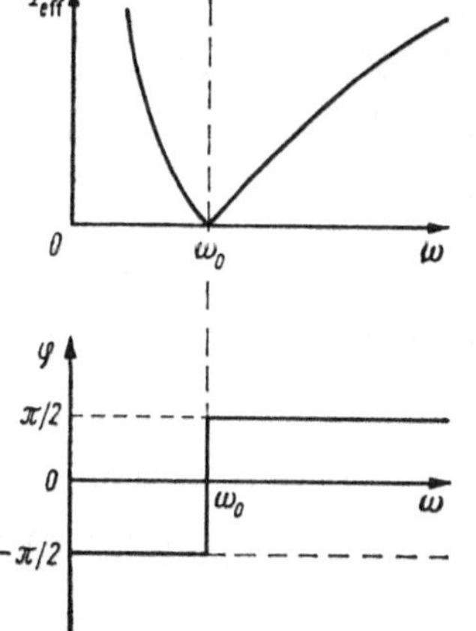

Abb. 5.28b. Strom und Phasenwinkel bei Parallelschaltung von L und C

Analog unserem Vorgehen bei der Behandlung der Reihenschaltung (Abschn. 5.8.2) liegt auch bei der Parallelschaltung der Resonanzfall vor, wenn der Blindleitwert Null wird:

$$\omega_0 C - \frac{1}{\omega_0 L} = 0,$$

also

$$\omega_0 = \sqrt{\frac{1}{LC}}. \tag{5.27}$$

Man bekommt für die *Resonanzkreisfrequenz* ω_0 den gleichen Ausdruck wie für die der Reihenschaltung.

Einen interessanten Sonderfall erhält man, wenn in der Schaltung der Abb. 5.26 der Widerstand entfernt wird (Abb. 5.28a). Es ist dies in unseren Formeln gleichbedeutend mit $R = \infty$. Aus (5.26) ergibt sich in dem Fall für den Strom

$$I_{\text{eff}} = U_{\text{eff}} \left| \omega C - \frac{1}{\omega L} \right|.$$

Bei niedrigen Frequenzen wird ωC klein und $1/\omega L$ groß. Die Stromleitung geht fast ausschließlich über die Spule. Bei hohen Frequenzen dagegen wird ωC groß und $1/\omega L$ klein. Der Kondensator leitet den Strom. Bei der Resonanzkreisfrequenz ω_0 wird nach (5.27) der Blindleitwert Null. Es fließt kein Strom in der Hauptleitung, obwohl ständig eine endliche Spannung an der Schaltung liegt. – An (5.25) erkennt man, daß die Phasenverschiebung für niedrige Frequenzen $\varphi = -\pi/2$ (entspricht $\tan \varphi = -\infty$) und für hohe Frequenzen $\varphi = +\pi/2$ (entspricht $\tan \varphi = +\infty$) beträgt. Bei der Resonanzkreisfrequenz ω_0 tritt ein Phasensprung um π auf.

Abb. 5.28b zeigt den Verlauf des Stromes und den der Phasenverschiebung in Abhängigkeit von der Frequenz der anliegenden Wechselspannung.

In Abb. 5.28b sehen wir, daß in der Nähe der Resonanzkreisfrequenz der Strom in der Hauptleitung sehr klein sein kann. Trotzdem fließt zwischen Spule und Kondensator ein nicht unbeträchtlicher Strom. Das soll das folgende Beispiel demonstrieren.

Es sei ein Zweig mit einer Selbstinduktion L von 1 Henry, die einen Gleichstromwiderstand von $0{,}1\,\Omega$ hat, zu einer Kapazität von $10\,\mu\text{F} = 10^{-5}\,\text{F}$ parallelgeschaltet. Durch die Leitung fließt ein Wechselstrom von 50 Hz und $U = U_{\text{eff}} = 220\,\text{V}$. Dann fließt in dem Zweig mit der Selbstinduktion ein Strom mit dem Scheitelwert

$$I_{\text{m},L} = \frac{U_{\text{m}}}{\sqrt{R^2 + \omega^2 L^2}} = \frac{311}{\sqrt{0{,}01 + (100\,\pi)^2 \cdot 1^2}}\,\frac{\text{V}}{\Omega}$$

$$\approx \frac{311}{100\pi}\,\text{A} = 0{,}99\,\text{A}.$$

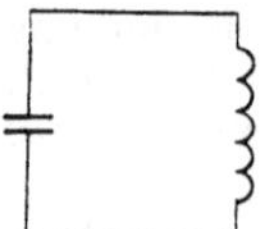

Abb. 5.29. Schwingungskreis

In dem Zweig mit der Kapazität fließt ein Strom mit dem Scheitelwert

$$I_{m,C} = U_m \omega C = 311 \text{ V} \cdot 100\pi \text{ s}^{-1} \cdot 10^{-5} \text{ F} = 0,98 \text{ A}.$$

Da die Phasen dieser beiden Ströme um 180° auseinanderliegen (der ohmsche Widerstand kann vernachlässigt werden), so wirken die beiden Ströme in der Hauptleitung einander entgegen. In der Hauptleitung fließt also nur ein Strom von $(0,99 - 0,98)$ A $= 0,01$ A.

Die große Stromstärke in den Zweigkreisen wird dadurch ermöglicht, daß die elektromagnetische Energie zum größten Teil zwischen Spule und Kondensator hin und her pendelt.

5.8.4. Elektromagnetische Schwingungen

Wir wenden uns der Schaltung Abb. 5.28a etwas eingehender zu. Dem Diagramm Abb. 5.28b ist zu entnehmen, daß im Resonanzpunkt ω_0 die Hauptleitung praktisch stromlos ist. Die elektrische Energie pendelt zwischen dem Kondensator und der Spule hin und her. Es muß also die magnetische Feldenergie der Spule im Maximum (wenn der größte Strom fließt) genau so groß sein wie die elektrische Feldenergie des Kondensators (bei größter Spannung). Dies läßt sich rechnerisch leicht zeigen. Für die Feldenergie der Spule gilt

$$W_L = \frac{1}{2} L I_m{}^2 \text{ und für die des Kondensators}$$

$$W_C = \frac{1}{2} C U_m{}^2. \text{ Es muß also sein}$$

$$\frac{1}{2} L I_m{}^2 = \frac{1}{2} C U_m{}^2.$$

Nun gilt nach Abschn. 5.5 für den Kondensator (mit $\omega = \omega_0$)

$$I_m = U_m \omega_0 C.$$

Eingesetzt erhalten wir

$$\frac{1}{2} L (U_m \omega_0 C)^2 = \frac{1}{2} C U_m{}^2.$$

Daraus folgt

$$\omega_0 = \sqrt{\frac{1}{LC}}$$

oder (*Thomsonsche Schwingungsformel*)

$$T = 2\pi \sqrt{LC}.$$

Wir bekommen also die gleiche Beziehung für die *Eigenkreisfrequenz* bzw. für die *Schwingungsdauer* (wie in Abschn. 5.8.2 und 5.8.3).
Da in der Hauptleitung kein Strom fließt, können wir sie auch entfernen. Wir haben einen Schwingungskreis vorliegen (Abb. 5.29). Wird der Kondensator kurzzeitig aufgeladen und anschließend von der Stromquelle getrennt, dann entlädt er sich über die Spule. Der Strom baut in der Spule ein magnetisches Feld auf. Hat sich der Kondensator vollständig entladen (Spannung Null), hat der Strom in der Spule (und damit das magnetische Feld) seinen größten Wert. Infolge der Selbstinduktion fließt der Strom beim Zusammenbrechen des magnetischen Feldes in der ursprünglichen Richtung weiter und lädt den Kondensator mit umgekehrter Polarität auf. Es wurde also die elektrische Feldenergie des Kondensators in magnetische Feldenergie der Spule und wieder zurück in elektrische Feldenergie umgewandelt. Erneutes Entladen des Kondensators (mit umgekehrter Stromrichtung) führt wieder zum Aufbau eines magnetischen Feldes und schließlich zum Aufladen des Kondensators in der ursprünglichen Polarität. Wir erhalten somit elektromagnetische Schwingungen. Da wir den ohmschen Widerstand vernachlässigt haben, ergeben sich freie, ungedämpfte Schwingungen mit der Eigenkreisfrequenz

$$\omega_0 = \sqrt{\frac{1}{LC}}$$

bzw. der Schwingungsdauer

$$T = 2\pi \sqrt{LC}.$$

Wir können die elektromagnetischen Schwingungen mit den Schwingungen eines Pendels vergleichen (Bd. 1). Der potentiellen Energie der Mechanik entspricht die elektrische Energie des Kondensators, und der kinetischen Energie entspricht die Energie der Spule. (In Abschn. 11.1.1 wird genauer auf die Verhältnisse in elektrischen Schwingkreisen eingegangen.)

5.9. Spezielle Erscheinungen des Wechselstromes

5.9.1. Kompensation der Phasenverschiebung

Fast in jedem Wechselstromkreis besteht zwischen Strom und Spannung eine Phasenverschiebung, deren Ursache die elektrischen (kapazitiven) und magnetischen (induktiven) Felder sind. Eine in eine Wechselstromleitung eingeschaltete Selbst-

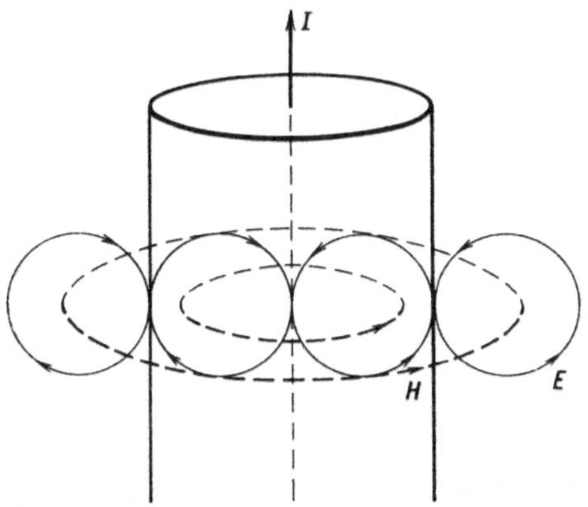

Abb. 5.30. Hautwirkung

induktion bewirkt eine Phasenverzögerung, eine eingeschaltete Kapazität bewirkt ein Phasenvoreilen des Stromes gegenüber der Spannung. Man kann also den Phasenwinkel durch geeignete Wahl von Selbstinduktion und Kapazität zwischen $-\pi/2$ und $+\pi/2$ beliebig verändern. Nach (5.6) ist die Wirkleistung eines Wechselstromes am größten, wenn die Phasenverschiebung Null ist. Das Wechselstromnetz ist im allgemeinen durch ohmsche Widerstände (Heizgeräte, Glühlampen) und durch induktive Widerstände (Motoren) belastet. Zur Verkleinerung der Phasendifferenz muß man also Kapazitäten zuschalten. In Kap. 6 werden wir noch andere Möglichkeiten zur Verkleinerung der Phasendifferenz kennenlernen.

5.9.2. Skineffekt

Bei hohen Frequenzen verteilt sich der Strom über den ganzen Querschnitt eines zylindrischen Leiters nicht mit gleicher Stromdichte. In der Leitermitte ist die Stromdichte geringer als in Oberflächennähe (*Skineffekt*). Die Ursache ist die innere Selbstinduktion.

Fließt ein Wechselstrom durch einen zylindrischen Leiter, dann entsteht auch im Inneren ein wechselndes Magnetfeld. Es ist von einem wechselnden elektrischen Feld begleitet. Das Magnetfeld eines achsennahen Leiterquerschnitts erzeugt elektrische Wirbel, die in Achsennähe dem angelegten elektrischen Feld entgegengerichtet sind und in Randnähe gleiche Richtung haben. Diesem elektrischen Feld überlagert sich das Feld, das durch das magnetische Feld des Außenraumes induziert wird. Die Überlagerung beider Felder ergibt ein Gegenfeld, das von der Achse zum Rand hin abnimmt. Die Stromleitung erfolgt daher bevorzugt in den äußeren Schichten.

Abb. 5.30 veranschaulicht die Verhältnisse bei zunehmendem Strom. Das Magnetfeld des drahtförmig angenommenen Leiters besteht aus untereinander und zur Drahtachse koaxialen Feldröhren, von denen ein zur Achse senkrechter Schnitt dargestellt ist. Nach dem Induktionsgesetz (zweite Maxwellsche Gleichung) ist das beim Anwachsen des Stromes veränderliche Magnetfeld mit einem elektrischen Wirbelfeld verknüpft, dessen Feldrichtung überall senkrecht zur Feldrichtung des magnetischen Flusses steht. Wie die Abbildung erkennen läßt, heben sich an der Leiteroberfläche die auftretenden Induktionsspannungen z. T. auf, im Inneren aber verstärken sie einander in zum Strom entgegengesetzter Richtung, so daß bei sehr schnellem Wechsel der Strom nicht in das Innere des Leiters eindringen kann.

Der Skineffekt hat zur Folge, daß der ohmsche Widerstand des Drahtes für hochfrequenten Wechselstrom merklich größer ist als für Gleichstrom, da der Strom nur durch eine dünne Oberflächenschicht fließt. Die Eindringtiefe E ist nach SOMMERFELD gegeben durch den Ausdruck

$$E = \frac{c}{\sqrt{2\pi\mu_r\varkappa\omega}},$$

wobei $\varkappa$ die Leitfähigkeit und μ_r die relative Permeabilität bedeuten. Ist der Halbmesser R des Leiters sehr groß gegenüber E, so ist der Strom praktisch auf die äußersten Schichten beschränkt.

Je größer die Frequenz und der Querschnitt des Leiters sind, desto größer ist dieser Einfluß. Für einen Leitungsdraht, dessen Permeabilität nahe 1 ist, beträgt die Widerstandsvergrößerung bei 50-periodigem Wechselstrom etwa 3 %, wenn der Durchmesser des Drahtes 2 cm ist. Für sehr hohe Frequenzen leitet ein Rohr u. U. genauso gut wie ein massiver Draht vom gleichen Durchmesser. Man überzieht deshalb auch Drähte, die für sehr hochfrequente Wechselströme bestimmt sind, mit einem Silberüberzug, oder man verwendet Litzen, die aus dünnen isolierten, miteinander verdrillten Drähten bestehen, so daß die Einzeldrähte ebenso oft an der Oberfläche wie im Inneren verlaufen.

5.9.3. Messung von Kapazitäten und Induktivitäten in der Brücke

Kondensatoren und Spulen stellen im Wechselstromkreis Wechselstromwiderstände dar. Man kann sie in einer Wheatstoneschen Brückenanordnung messen. Man gleicht sie mit einem Kondensator bzw. einer Spule ab, wobei man die Schaltung der Abb. 5.31 bzw. Abb. 5.32 verwendet. L_x bzw. C_x sind unbekannt, L_n bzw. C_n sind die Vergleichsnormale für die Induktivität bzw. Kapazität. Als Stromquelle verwendet man einen Wechselstromgenerator (Sinusgenerator), als Anzeigeinstrument ein Wechselspannungsinstrument (Röhrenvoltmeter, Oszillograf). Ist der Abgleich

---

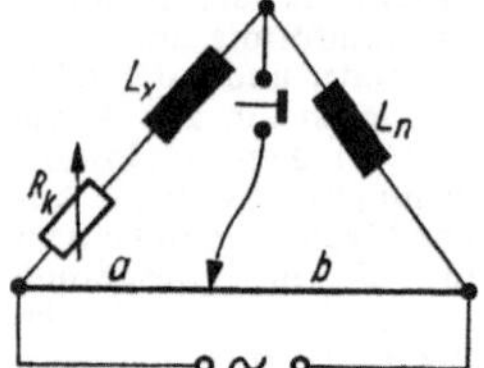

Abb. 5.31. Messung von Induktivitäten in der Brücke

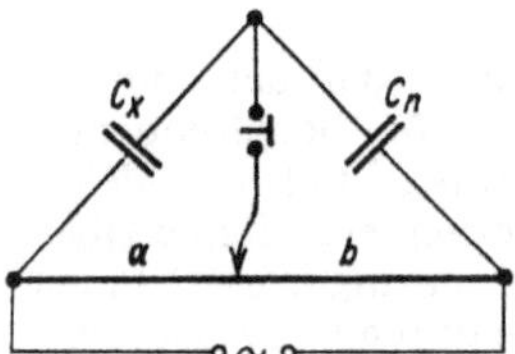

Abb. 5.32. Messung von Kapazitäten in der Brücke

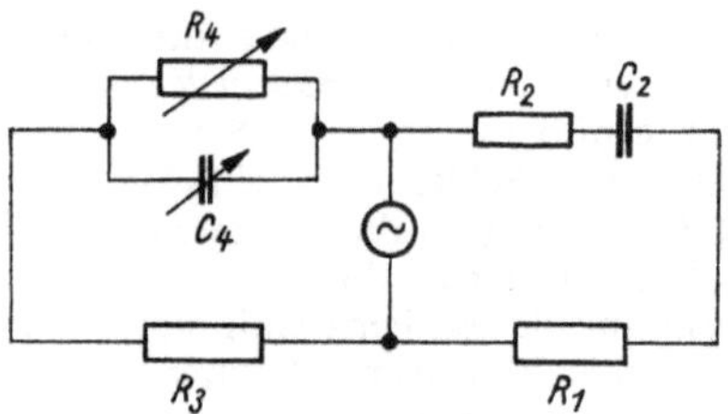

Abb. 5.33. Brückenanordnung zur Frequenzmessung nach KRÖNERT

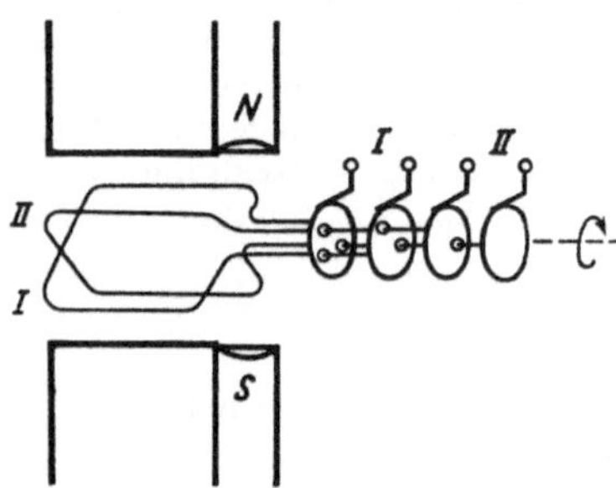

Abb. 5.34. Erzeugung eines Zweiphasenstromes

vollzogen, dann gilt eine der Gleichstrombrücke analoge Proportion in den komplexen Widerständen:

$$\frac{Z_x}{Z_n} = \frac{Z_a}{Z_b} = \frac{R_a}{R_b} = \frac{a}{b}.$$

Ist der ohmsche Widerstand in der Spule bzw. im Kondensator vernachlässigbar, dann gilt $L_x : L_n$

$= a : b$ bzw.

$1/C_x : 1/C_n = a : b.$

Kann der ohmsche Widerstand in L_x und L_n nicht vernachlässigt werden, so muß der gesamte Wechselstromwiderstand $\sqrt{R_x^2 + \omega^2 L_x^2}$ und $\sqrt{R_n^2 + \omega^2 L_n^2}$ berücksichtigt werden. Ferner müssen aber, damit sich die Ströme in der Nullleitung kompensieren, die Phasen gleich sein: Es muß also gelten

$$\tan \varphi = \frac{\omega L_x}{R_x} = \frac{\omega L_n}{R_n}.$$

Die vollständige Bedingung ist also $L_x : L_n = R_x : R_n = a : b.$
Die Widerstände R_x und R_n müssen durch Zuschalten eines induktionsfreien Widerstandes R_k abgeglichen werden, so daß ihr Verhältnis obiger Bedingung genügt.
In den angegebenen Schaltungen können Stromquelle und Anzeigegerät wie bei der Gleichstromanordnung vertauscht werden. Ferner können auch Selbstinduktionen mit Kapazitäten (meist mit parallelgeschaltetem ohmschen Widerstand) in der Brücke verglichen werden.

Messung von ω. Auch zur Frequenzmessung kann man die Brückenschaltung heranziehen. In der Anordnung der Abb. 5.33 lautet die Brückengleichung mit Berücksichtigung der Phasenbeziehungen in komplexer Darstellung

$$Z_1 : Z_3 = Z_2 : Z_4,$$

d. h., wegen $Z_1 = R_1$; $Z_3 = R_3$; $Z_2 = R_2 - j\,(1/\omega C_2)$; $1/Z_4 = (1/R_4) + j\omega C_4$ ist

$$R_1 : R_3 = \left(R_2 - j\,\frac{1}{\omega C_2}\right)\left(\frac{1}{R_4} + j\omega C_4\right).$$

Zur Frequenz ω gehören also bestimmte Werte von C_4 und R_4.

5.10. Mehrphasenströme

5.10.1. Erzeugung von mehrphasigem Wechselstrom

Wir bringen in einem homogenen Magnetfeld zwei Leiterschleifen an, wobei die eine gegen die andere um 90° versezt ist, und führen deren Ableitungen zu eigenen Schleifringen, so daß vier Schleifringe auf der Achse sitzen. Die beiden Stromschleifen sind mechanisch miteinander fest verbunden, so daß sie sich gegeneinander nicht verschieben können. Es dreht sich also jetzt ein Kreuz im homogenen Magnetfeld (Abb. 5.34). Da die beiden Schleifen elektrisch voneinander unabhängig sind, wird bei Drehung in jedem der beiden Leiterkreise eine harmonische Wechsel-

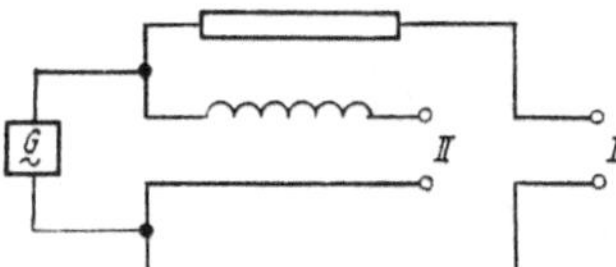

Abb. 5.35. Zweiphasenstrom durch Phasenverschiebung

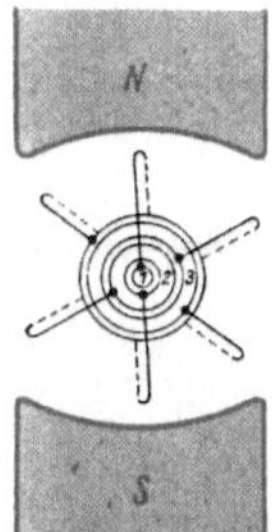

Abb. 5.36. Erzeugung eines Dreiphasenstromes

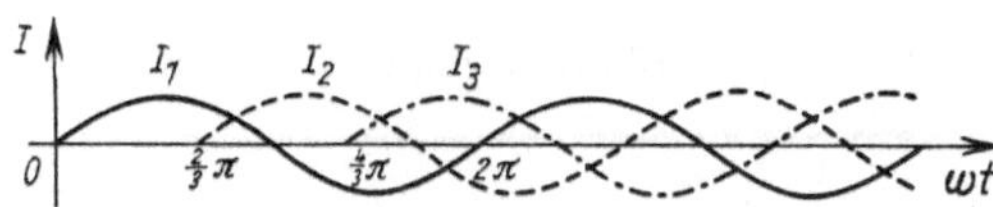

Abb. 5.37. Dreiphasenstrom

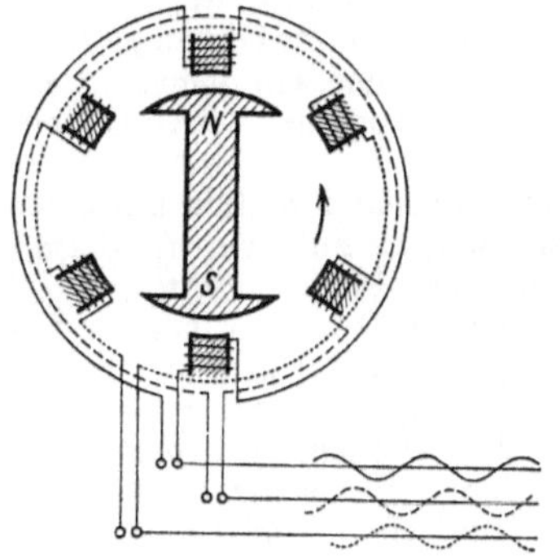

Abb. 5.38. Erzeugung eines Dreiphasenstromes mit ruhenden Spulen

spannung der früher geschilderten Art induziert. Sind die Schleifen gleich groß, so ist, da das Magnetfeld und die Drehgeschwindigkeit gleich sind, auch der Scheitelwert der induzierten Spannung der gleiche. Die beiden Spannungen haben aber gegeneinander eine Phasenverschiebung von 90°. Man kann jeden dieser Ströme für sich verwenden und erhält dann für die einzelnen Stromkreise dieselben Erscheinungen, wie wir sie beim reinen Wechselstrom beschrieben haben.

Man kann aber auch die beiden Ströme zur Erzeugung eines gemeinsamen elektrischen oder magnetischen Feldes benutzen, man kann sie *verketten*. Dann erhält man einen *mehrphasigen* Wechselstrom, im obigen Fall einen *Zweiphasenstrom*.

Es gibt noch eine andere Möglichkeit, einen Zweiphasenstrom herzustellen. Man teilt einen einfachen Wechselstrom in zwei Zweige, deren einer nur induktionsfreien Widerstand und deren anderer nur induktiven Widerstand zahlenmäßig gleicher Induktanz hat (Abb. 5.35). Die Ströme beider Zweige sind dann um 90° in Phase gegeneinander verschoben.

Verwenden wir drei um 120° gegeneinander versetzte Leiterschleifen (Abb. 5.36), so erhalten wir drei um 120° gegeneinander verschobene Spannungen (Abb. 5.37). Wir haben dann sechs Schleifringe anzuwenden. (Diese können nach Abschn. 5.10.3 auf drei reduziert werden.) Werden diese drei Kreise verkettet, so erhalten wir einen *Dreiphasenstrom*.

Eine andere Erzeugungsart eines Dreiphasenstromes, die in der Technik von Bedeutung ist, zeigt Abb. 5.38: Da es nur auf die relative Bewegung von Spule und Magnetfeld ankommt, so kann man bei ruhenden Spulenpaaren auch einen sich drehenden Magneten verwenden.

Die Spannungen (bzw. die Ströme) in den drei Spulenpaaren besitzen Phasenverschiebungen von $2\pi/3$ bzw. $4\pi/3$ (entsprechend $T/3$ bzw. $2T/3$). Analytisch dargestellt gilt also für die drei Spannungen

$$U_1 = U_\mathrm{m} \sin \omega t,$$

$$U_2 = U_\mathrm{m} \sin (\omega t + 2\pi/3),$$

$$U_3 = U_\mathrm{m} \sin (\omega t + 4\pi/3)$$

$$= U_\mathrm{m} \sin (\omega t - 2\pi/3).$$

In der Technik wird von den Mehrphasenströmen meist Dreiphasenstrom, gelegentlich auch Sechsphasenstrom, benutzt. Ein mehrphasiger Strom, insbesondere aber der um 120° verschobene Dreiphasenstrom, wird auch *Drehstrom* genannt.

Der Dreiphasenstrom (Drehstrom) wurde 1887 von dem in den USA lebenden, in Kroatien geborenen Ingenieur NICOLA TESLA (1853–1946) in die Technik eingeführt. Zur gleichen Zeit hatte der Deutsche HASELWANDER in Offenburg die Drehstromübertragung erfunden. Durchschlagend für die spätere fast ausschließliche Verwendung zur Leistungsübertragung auf große Entfernungen war die erste auf Anregung O. V. MILLERS erfolgte Übertragung von 150 kW auf 175 km Entfernung mit 75% Nutzeffekt, die der Berliner Ingenieur M. V. DOLIVO-DOBROWOLSKY († 1920) zwischen Lauffen a. Neckar und Frankfurt a. M. aus Anlaß der Ausstellung zu Frankfurt a. M. im Jahre 1891 mit Drehstrom durchführte. Die Übertragung elektrischer Energie erfolgt heute ausschließlich durch Drehstrom.

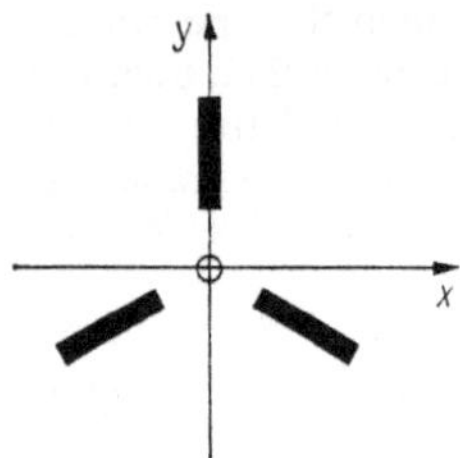

Abb. 5.39. Zum magnetischen Drehfeld

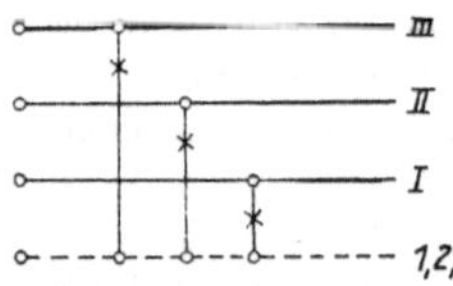

Abb. 5.40. Vierleitersystem des Dreiphasenstromes

5.10.2. Das magnetische Drehfeld

Schickt man den Dreiphasenstrom in die entsprechenden Spulenpaare des Ständers der Abb. 5.38, dann erhält man im Inneren ein zeitlich veränderliches Magnetfeld, das sich aus der Überlagerung der Magnetfelder dreier Spulenpaare ergibt. Dieses Magnetfeld wollen wir berechnen. Zu diesem Zweck seien die Spulen entsprechend Abb. 5.39 in einem x,y-Koordinatensystem angeordnet. Ein Balken soll jeweils ein Spulenpaar darstellen. Die Spulen sind in jedem Falle um 120° gegeneinander versetzt. Die Stromzuführungen sind nicht eingetragen.

Für die magnetische Feldstärke im Nullpunkt des Koordinatensystems gilt

$$H(t) = H_1(t) + H_2(t) + H_3(t).$$

Da die Ströme in den Spulenpaaren gegeneinander phasenverschoben sind, gilt dies auch für die magnetische Feldstärke

$$H_1(t) = H_{1,m} \sin \omega t,$$
$$H_2(t) = H_{2,m} \sin (\omega t + 2\pi/3),$$
$$H_3(t) = H_{3,m} \sin (\omega t + 4\pi/3)$$
$$= H_{3\,m} \sin (\omega t - 2\pi/3).$$

Die Amplituden sind (wegen der unterschiedlichen Richtungen der Spulen) Vektoren. Für ihre Beträge gilt

$$|H_{1,m}| = |H_{2,m}| = |H_{3,m}| = |H_m|.$$

Wir geben ihre Komponenten in dem Koordinatensystem an:

$$H_{1,mx} = 0; \qquad H_{2,mx} = -H_m \sin 2\pi/3;$$
$$H_{3,mx} = +H_m \sin 2\pi/3;$$
$$H_{1,my} = H_m; \qquad H_{2,my} = -H_m \cos 2\pi/3;$$
$$H_{3,my} = -H_m \cos 2\pi/3.$$

Hieraus können wir nun den Verlauf der magnetischen Feldstärke in Parameterdarstellung an-

geben (Zeit t ist Parameter):

$$H_x(t) = H_{2,mx} \sin (\omega t + 2\pi/3)$$
$$+ H_{3,mx} \sin (\omega t - 2\pi/3)$$
$$= H_m \sin 2\pi/3[- \sin (\omega t + 2\pi/3)$$
$$+ \sin (\omega t - 2\pi/3)]$$
$$= H_m \sin 2\pi/3[- 2 \cos \omega t \sin 2\pi/3].$$

Mit $\sin 2\pi/3 = \dfrac{1}{2} \sqrt{3}$ erhält man hieraus

$$H_x(t) = -\frac{3}{2} H_m \cos \omega t.$$

Analog ergibt sich

$$H_y(t) = H_{1,my} \sin \omega t + H_{2,my} \sin (\omega t + 2\pi/3)$$
$$+ H_{3,my} \sin (\omega t - 2\pi/3)$$
$$= H_m[\sin \omega t - \cos 2\pi/3 \sin (\omega t + 2\pi/3)$$
$$- \cos 2\pi/3 \sin (\omega t - 2\pi/3)]$$
$$= H_m[\sin \omega t - \cos 2\pi/3(- 2 \sin \omega t \cos 2\pi/3)].$$

Mit $\cos 2\pi/3 = 1/2$ erhält man

$$H_y(t) = \frac{3}{2} H_m \sin \omega t.$$

Es ist dies die Parameterdarstellung eines Kreises. Die magnetische Feldstärke vom Betrag $(3/2) H_m$ läuft mit der Kreisfrequenz ω im Uhrzeigerdrehsinn herum. Wir haben also ein *magnetisches Drehfeld* vorliegen. Daher sprechen wir von einem *Drehstrom*.

Experimentell kann man das Drehfeld mit einer Magnetnadel oder auch nur mit einer drehbaren Eisenscheibe nachweisen. Beides dreht sich im Inneren der nach Abb. 5.39 angeordneten Spulen. – Die Erzeugung eines derartigen Drehfeldes ist einer der Vorteile des Drehstromes in technischer Hinsicht. Wir werden im Abschn. 6.6 sehen, daß aus diesem Grunde die Drehstrommotoren relativ einfach gebaut sind.

5.10.3. Leitungsführung bei Drehstrom

Die Spannungen in den einzelnen Zweigen eines Mehrphasenstromes sind voneinander unabhängig. Die Ströme verhalten sich genau so, als ob sie von getrennten Maschinen kämen. Man kann daher das Potential des einen Pols beliebig wählen, also z. B. den einen Pol eines jeden Stromzweiges erden. Es lassen sich diese drei Klemmen eines Drehstromes überhaupt vereinigen, und man kann ihnen auch ein anderes Potential als Null (das die Erdung bedeutet) geben. Man könnte demnach die in Abb. 5.40 angegebene

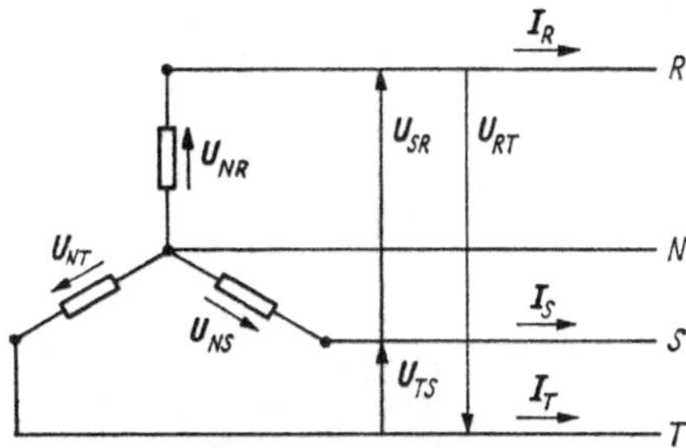

Abb. 5.41. Sternschaltung für Drehstrom

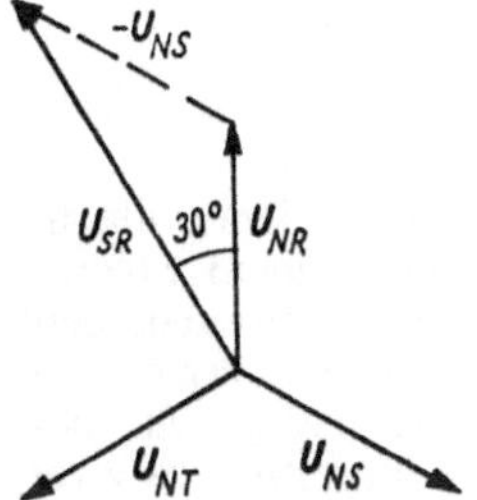

Abb. 5.42. Zeigerdiagramm der Spannung bei Sternschaltung

Schaltung verwenden, also statt sechs Leitungen für einen Drehstrom vier benutzen. Man kann sogar den punktiert gezeichneten gemeinsamen Leiter fortlassen und mit drei Leitungen auskommen, wenn alle drei Zweige gleich stark belastet sind, wenn also sowohl U_m als auch I_m für alle drei Zweige gleich sind. Unter diesen Bedingungen gilt für die drei Spannungen (Abschn. 5.10.1)

$$U_1 = U_m \sin \omega t,$$
$$U_2 = U_m \sin (\omega t + 2\pi/3),$$
$$U_3 = U_m \sin (\omega t - 2\pi/3).$$

Die Summe der Spannung ergibt

$$U = U_1 + U_2 + U_3$$
$$= U_m[\sin \omega t + \sin (\omega t + 2\pi/3)$$
$$+ \sin (\omega t - 2\pi/3)]$$
$$= U_m(\sin \omega t + 2 \sin \omega t \cos 2\pi/3)$$
$$= U_m(\sin \omega t - 2 \cdot 1/2 \cdot \sin \omega t) = 0.$$

Die Spannungssumme ist also in jedem Augenblick Null. Analog verschwindet bei symmetrischer Belastung die Summe der Ströme, so daß dann der Nulleiter stromlos ist. Aus den Betrachtungen heraus ergeben sich zwei Schaltmöglichkeiten eines Drehstromes, die Sternschaltung und die Dreieckschaltung.

Sternschaltung. Drei Verbraucher (ohmsche Widerstände) seien nach Abb. 5.41 geschaltet. R, S

und T sind die drei äußeren Leitungen des Drehstromes; N ist der Nulleiter. U_{NR}, U_{NS}, U_{NT} sind die komplexen *Strangspannungen* (*Leiter-Sternpunkt-Spannungen*), U_{RT}, U_{TS}, U_{SR} die komplexen *Leiterspannungen* und I_R, I_S, I_T die komplexen *Leiterströme*. Aus der Schaltung Abb. 5.41 erkennt man, daß die Ströme in den Verbrauchern (*Strangströme*) gleich den Leiterströmen sind:

$$I = I_L.$$

Für die auftretenden Spannungen können wir entnehmen:

$$U_{SR} = -U_{NS} + U_{NR} = U_{NR} - U_{NS}.$$

Um eine Aussage über die Leiterspannung U_{SR} machen zu können, betrachten wir das Zeigerdiagramm der drei Strangspannungen. Sie haben gleichen Betrag und sind um 120° gegeneinander phasenverschoben (Abb. 5.42). U_{SR} ergibt sich nach obiger Gleichung. Man erkennt, daß die Leiterspannung um 30° gegenüber der Strangspannung voreilt. Aus Abb. 5.42 entnimmt man

$$U_{SR} = U_{NR} \cos 30° = U_{NR} \sqrt{3}.$$

Da wir diese Beziehung auch für die übrigen Spannungen erhalten, gilt allgemein

$$U_L = U \sqrt{3}.$$

Sternschaltung:
Leiterstrom = Strangstrom,
Leiterspannung = $\sqrt{3}$ · Strangspannung.

Im Starkstromnetz beträgt die Strangspannung 220 V und die Leiterspannung 380 V ($= 220 \times \sqrt{3}$ V). Die Haushalte werden zwischen einem Außenleiter und dem Sternpunkt geschaltet. Große Motoren werden dreiphasig an alle drei Außenleiter angeschlossen.

Dreieckschaltung. Drei Verbraucher seien nach Abb. 5.43 geschaltet. Aus der Abbildung entnimmt man, daß die Spannung zwischen zwei Außenleitern gleich der Strangspannung ist:

$$U_L = U.$$

Im Kontaktpunkt V gilt für die Ströme

$$I_S = I_{UV} - I_{VW}.$$

In Abb. 5.44 ist das Zeigerdiagramm der drei Strangströme mit dem Leiterstrom I_S angegeben. Man erkennt analoge Verhältnisse wie in

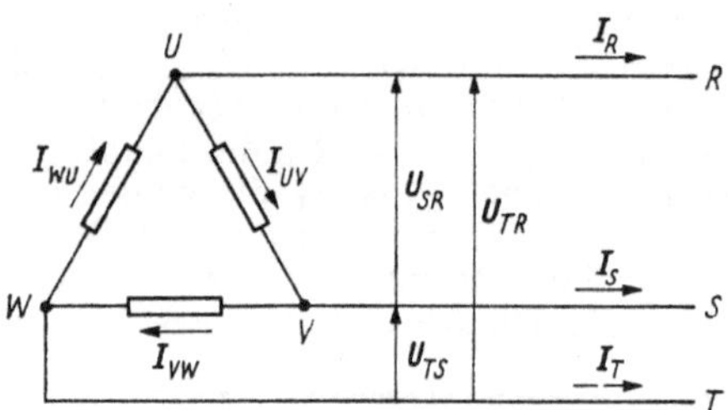

Abb. 5.43. Dreieckschaltung für Drehstrom

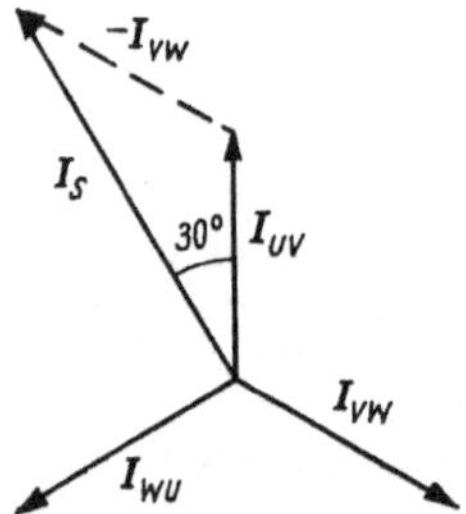

Abb. 5.44. Zeigerdiagramm des Stromes bei Dreieckschaltung

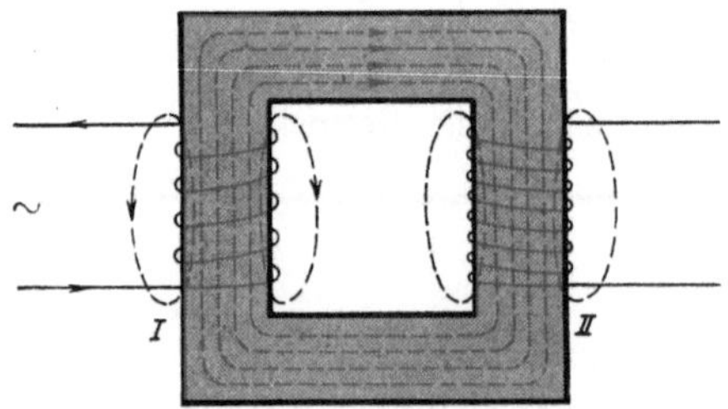

Abb. 5.45. Verlauf der magnetischen Feldlinien im Transformator mit geschlossenem Eisenkern

Abb. 5.42. Somit erhält man allgemein

$$I_\mathrm{L} = I\sqrt{3}.$$

Dreieckschaltung:
Leiterspannung = Strangspannung,
Leiterstrom = $\sqrt{3}$ · Strangstrom.

Auch diese Aussagen gelten nur bei völliger Symmetrie.

Ein Verbraucher kann in einem Drehstromkreis sowohl in Stern- als auch in Dreieckschaltung eingebaut werden. Die Schaltmöglichkeit des Verbrauchers ist unabhängig von der des Erzeugers. Im allgemeinen sind große Motoren so ausgelegt, daß beim Einschalten die Wicklungen in Sternschaltung liegen. Jede Wicklung hat dann die Spannung $U_\mathrm{L}/3$. Dementsprechend ist auch der Strangstrom beim Anlaufen zunächst klein.

Nach dem Hochlaufen wird dann auf die Dreieckschaltung der Wicklungen umgeschaltet.

5.11. Der Transformator

Der Transformator für die Umformung technischer Wechselströme ist zuerst 1880 vom englischen Ingenieur L. GAULARD und von GIBBS durchgebildet, von T. BLATHY in Budapest (1882) verbessert worden; transformare, lat., = umformen. Die Bezeichnung Transformator wird heute vor allem für Apparate, die Leistung zu übertragen haben, angewendet. Für Meßzwecke dienende Apparate werden als *Wandler* bezeichnet; in der Schwachstromtechnik nennt man die transformatorartigen Glieder *Übertrager*.

5.11.1. Allgemeiner Aufbau

Transformatoren oder Wandler dienen dazu, elektromagnetische Energie von einem Stromkreis, dem Primärkreis, auf einen zweiten, den Sekundärkreis, zu übertragen. Die Energieübertragung geschieht auf induktivem Wege. Zu diesem Zweck besteht der Transformator aus zwei Spulen, der Primär- und der Sekundärspule, die induktiv gekoppelt sind. Meist sitzen sie auf einem gemeinsamen Eisenkern (Abb. 5.45). Es können für spezielle Zwecke aber auch reine Luftspulen Verwendung finden.

Da nur dann eine Induktionsspannung in der Sekundärspule entsteht, wenn sich der magnetische Fluß in der Spule zeitlich ändert, muß man für ein ständig wechselndes Magnetfeld sorgen. Man speist daher die Primärspule entweder mit Wechselstrom (Transformatoren im engeren Sinn), oder aber unterbricht den primären Gleichstrom regelmäßig in schneller Folge, d. h., man benutzt zerhackten Gleichstrom (Induktorien).

Die Übertragung der Energie von einem Kreis auf den zweiten hat den Sinn, einen der beiden Faktoren des Produktes IU auf Kosten des anderen zu ändern, also die verfügbaren Spannungen bzw. Stromstärken umzuformen oder zu transformieren, insbesondere hohe Spannungen oder hohe Stromstärken zu erzeugen. Der Transformator hat die gesamte Wechselstromtechnik erst zu ihrer überragenden Bedeutung kommen lassen, da er bei hohem Wirkungsgrad einfache und beliebige Umwandlung von Strom- und Spannungsgrößen ermöglicht.

Prinzipielle Formgebung. Die allgemeine Form eines Transformators ist an Hand der Abb. 5.45 leicht zu erkennen.

Der primäre Wechselstrom wird in die Windungen I geleitet. Ihr magnetischer Fluß Φ ist durch einen aus Blechen zusammengesetzten Eisenring geschlossen. Er durchfließt also auch die Spule II und induziert in ihr eine Sekundärspannung und, wenn der Stromkreis der Spule II geschlossen ist,

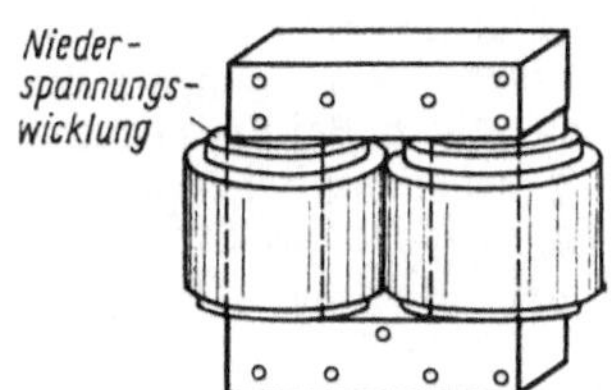

Abb. 5.46. Kerntransformator mit Röhrenwicklung

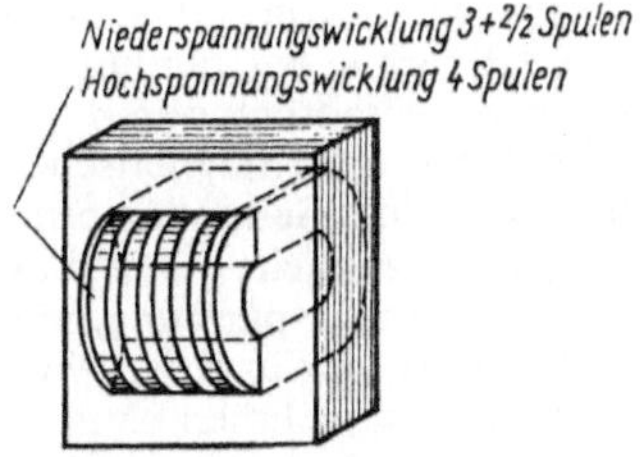

Abb. 5.47. Manteltransformator mit Scheibenwicklung

entsprechende Ströme. Man wählt Bauarten, bei denen die Streuung der magnetischen Felder möglichst klein ist.

Die magnetischen Feldlinien, die in das Medium streuen, das den Eisenkern umgibt (Luft, Öl), bedingen unerwünschte Energieverluste. Zusätzlich sind sie Ursache von mechanischen Kräften, die insbesondere im Falle eines Kurzschlusses außerordentlich hohe Werte annehmen können. Daher müssen beim Bau größerer Transformatoren diese Kräfte mit berücksichtigt werden.

Der Aufbau des *Kerntransformators* (Abb. 5.46) benötigt wenig Eisen, und die Spulen sind leicht zugänglich; diesen Vorteilen steht der Nachteil eines hohen Kupferverbrauches gegenüber. Beim *Manteltransformator* (Abb. 5.47) dagegen wird weniger Kupfer benötigt, und der Magnetisierungsweg ist kurz; hingegen sind die Spulen schwer zugänglich, und es wird verhältnismäßig viel Eisen verbraucht. (In der Fernsprechtechnik benutzt man auch ringförmige Kerne (Ringübertrager) mit je zwei Wicklungen für den inneren primären und den äußeren sekundären Kreis bei einem Übersetzungsverhältnis von 1 : 1.) Wegen der Wirbelströme und zur Herabsetzung der Hystereseverluste (Abschn. 4.3.7) wird der Eisenkreis aus dünnen Blechen besonderer Eisenlegierungen großen spezifischen Widerstandes und sehr geringer Hysterese (meist Legierungen mit Silizium, „Transformatorenbleche") zusammengestellt. (Durch die Lamellierung des Kerns werden die Verluste auf ein sehr geringes Maß beschränkt. Die Bleche haben (bei 50 Hz) eine Stärke von etwa 0,3 mm und werden durch Anstrich mit Speziallack voneinander isoliert.)
Um die Wirkungsweise der Transformatoren zu verstehen, wollen wir zunächst einen auch für das Verständnis der Elektromotoren und Generatoren grundsätzlichen Fall behandeln.

5.11.2. Wirkungsweise

Der Elektromagnet im Wechselstromkreis. Legen wir eine Wechselspannung an einen Elektromagneten, so werden in ihm durch den Strom infolge der Selbstinduktion Spannungen induziert, die zusammen mit dem Spannungsabfall am ohmschen Widerstand der Spule der von außen aufgeprägten Spannung, der Klemmenspannung, das Gleichgewicht halten. Bei einem Elektromagneten können wir den ohmschen Widerstand gegen den induktiven vollkommen vernachlässigen; das Gleichgewicht wird so gut wie ausschließlich durch die EMK der Selbstinduktion gehalten. Sie ist also fast ebenso groß wie die Klemmenspannung. Die in der Spule induzierte Spannung aber ist $U_1 = -N_1\, d\Phi/dt$, wobei N_1 die Zahl der hintereinandergeschalteten Windungen bedeutet. Die Beziehung zwischen der Klemmenspannung U_K und Φ ist dabei folgende: Es ändert sich der von der Spule umfaßte Fluß harmonisch:

$$\Phi(t) = \Phi_m \cos \omega t.$$

Es ist also

$$U_1 = -N_1 \frac{d(\Phi_m \cos \omega t)}{dt} = \omega N_1 \Phi_m \sin \omega t$$
$$= 2\pi f N_1 \Phi_m \sin \omega t.$$

U_1 ist nach Obigem entgegengesetzt gleich der Klemmenspannung U_K.

Der Induktionsfluß des Elektromagneten ist bei konstanter Frequenz nur abhängig von der zur Verfügung stehenden Klemmenspannung.

Der zur Magnetisierung notwendige Strom stellt sich dabei ganz von selbst auf die erforderliche Stärke ein. Machen wir z. B. den Fluß kleiner, indem wir den Eisenkreis, den wir uns zunächst geschlossen vorstellen, mit einem Luftspalt versehen, so steigt die Stromstärke des Wechselstromes in der Spule sofort an, um den Fluß wieder auf die alte Höhe zu bringen. Die aufgenommene Leistung ist dabei allerdings sehr gering, weil ja, wie schon ausführlich behandelt, zwischen Strom und Spannung eine Phasenverschiebung von fast 90° besteht. Die aufgenommene Leistung ist nur so groß, daß die im Eisen (Hysterese- und Wirbelstromwärme) und im Kupfer (Joulesche Wärme) eintretenden Verluste gedeckt werden. Die entsprechende Stromstärke des Magnetisierungsstromes soll im folgenden mit I_μ bezeichnet werden.

Der unbelastete Transformator. Ist die Sekundärwicklung offen, so haben wir im wesentlichen den vorher besprochenen Fall. An den Klemmen der Sekundärwicklung tritt eine Spannung auf von der Größe

$$U_2 = 2\pi f N_2 \Phi_m \sin \omega t.$$

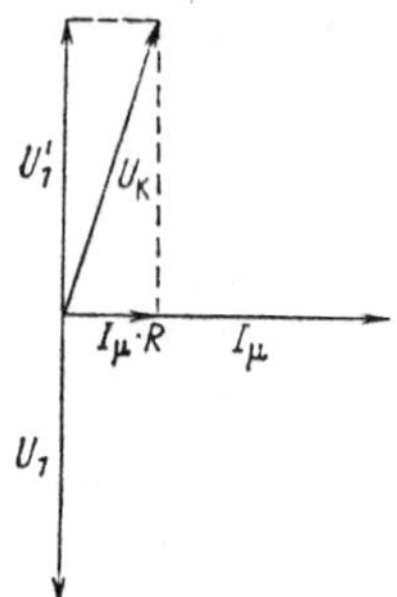

Abb. 5.48. Zeigerdiagramm des
unbelasteten Transformators

Sind die Windungszahlen N_1 und N_2 gleich, so ist auch die an den Klemmen der Sekundärwicklung auftretende Spannung gleich der primären Klemmenspannung (bis auf den durch die Wirbelstrom- und Hystereseverluste hervorgerufenen Unterschied. Die Verluste sind so klein, daß bei Leerlauf die Spannungsunterschiede meist nur 0,5% betragen).

Für den unbelasteten Transformator gilt

$$U_2 : U_1 = N_2 : N_1 .$$

Man nennt diese Proportion das *Übersetzungsverhältnis* oder die *Übersetzung* und mißt es durch das Verhältnis der Spannungen bei Leerlauf. Man kann daher sowohl von niedriger Spannung auf hohe als auch im umgekehrten Sinn umformen.
Die Verhältnisse im Zeigerdiagramm zeigt Abb. 5.48. U_1 ist die in der Primärwicklung induzierte Induktionsspannung, $U_1' = \omega L_1$ der zu ihrer Überwindung notwendige Teil der Klemmenspannung, wenn L_1 die Selbstinduktion der Primärwicklung bedeutet. Beide stehen senkrecht auf dem Strom I_μ, also auch auf dem Spannungsabfall $I_\mu R$, der durch den ohmschen Widerstand hervorgerufen wird, denn Strom und ohmscher Spannungsabfall sind in Phase. U_K ist die resultierende Klemmenspannung an der Primärwicklung des Transformators.
Der belastete Transformator. Die Sekundärspule wird durch einen induktionsfreien Widerstand R, z. B. Glühlampen, geschlossen. Es bildet sich ein Sekundärstrom aus, der auf das Magnetfeld eine Rückwirkung ausübt, indem er nach dem Lenzschen Gesetz den magnetischen Fluß Φ im Transformator schwächt. Die Folge davon ist aber, daß die induzierte Gegenspannung sinkt; denn sie ist gegeben durch $U_1 = 2\pi f N_1 \Phi_m \sin \omega t$, und Φ_m ist kleiner geworden. Infolgedessen steigt sofort die Stromstärke im Primärkreis. Dieser Strom ist (bis auf die Verluste) genau proportional dem entnommenen Sekundärstrom; ihre Phasen sind fast um 180° gegeneinander verschoben.

Auch beim belasteten Transformator ist also das Spannungsübersetzungsverhältnis gleich dem Verhältnis der Windungszahlen. Bei Vernachlässigung der Verluste, d. h. bei einem Leistungsübersetzungsverhältnis von 1 : 1, ist das Stromübersetzungsverhältnis $I_2 : I_1$ gleich dem Reziprokwert des Spannungsübersetzungsverhältnisses $U_2 : U_1 = N_2 : N_1$, also gleich $N_1 : N_2$.
Die von der Primärwicklung aus dem Netz aufgenommene Leistung wird – nach Abzug der Verluste – im Stromkreis der Sekundärwicklung wieder abgegeben. Die Energieübertragung im Transformator ist also ganz wesentlich durch den Eisenkern bedingt. Er leitet den magnetischen Fluß der Primärspule durch die Sekundärspule. Darüber hinaus bedingt die zeitliche Änderung $d\Phi/dt$ des Flusses die Sekundärspannung, die also, da U_2 proportional μ_r ist, nur in Eisen wirtschaftlich brauchbare Beträge annehmen kann.

5.11.3. Spezielle Anwendungen

Energieübertragung. Die leichte Transformierbarkeit des Wechselstromes macht ihn besonders für Übertragungen von Energie über große Strecken geeignet. Hat eine Leitung den Widerstand R und fließt in ihr die Stromstärke I, so ist der in der Zeiteinheit durch die Joulesche Wärme eintretende Energieverlust $I^2 R$. Dieser Verlust ist um so kleiner, je geringer I ist. Um eine bestimmte elektrische Leistung fortzuleiten, kann man aber I beliebig verkleinern, wenn man nur die Spannung des Stromes entsprechend vergrößert. Wo lange Leitungen in Betracht kommen, wird man daher bestrebt sein, die Energie mittels hochgespannter Ströme fortzuleiten. Je höher die Ströme gespannt sind, desto größer ist die Kupferersparnis, da man mit desto dünneren Leitungsdrähten auskommt. Auf der anderen Seite stehen dann freilich höhere Ausgaben für die bei hohen Spannungen erforderlichen größeren Isolationen und die Anlagen zur Sicherung gegen die Lebensgefahr bei den unter Hochspannung stehenden Leitungen. Der Verwendung der Hochspannung ist in der Praxis durch die nicht beliebig hochzutreibende Durchschlagsfestigkeit der Isolatoren eine obere Grenze gesetzt. Die Hochspannungen der Überlandzentralen betragen 20000 V bis 380000 V, neuerdings sogar bis 800000 V. Hierbei ist zu bedenken, daß selbst bei diesen hohen Spannungen die Stromstärken noch sehr groß sind. Bei einer übertragenen Leistung von 400 MW mit 200000 V ist die Stromstärke 2000 A.
Die Energieübertragung durch Wechselstrom gestaltet sich so, daß in einer Wechselstrommaschine ein Wechselstrom hoher Spannung erzeugt wird oder daß der primär erzeugte Wechselstrom durch einen Transformator auf hohe Spannung umgeformt wird. Dieser hochgespannte Strom

Abb. 5.49. Drehstromtransformator

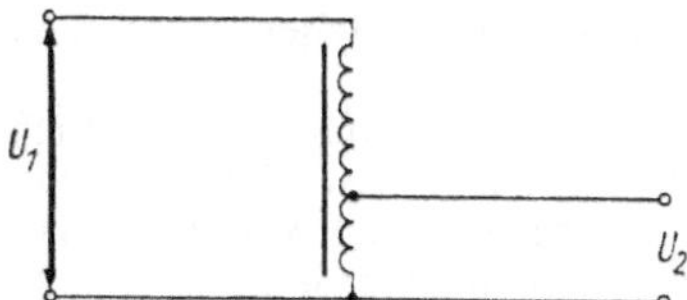

Abb. 5.50. Spartransformator

die äußere Röhre der Niederspannungswicklung sichtbar.

Der abgebildete Transformator ist ohne Ölbad, ohne Umhüllung und ohne oberes Jochstück gezeigt. Er hat innere Wasserkühlung und ist für 2000 kVA, 50 Hz, 6000 bis 10000 V gebaut.

Transformatoren gestatten also eine weitgehend verlustlose und – infolge des Fehlens bewegter Teile – auch sehr bequeme Umformung von Wechselströmen. Hieraus erkennt man die große technische Bedeutung des Wechselstromes, der erst eine wirtschaftliche Übertragung elektrischer Energie auf weite Entfernungen ermöglicht hat.

Erzeugung großer Stromstärken. Die leichte Transformierbarkeit des Wechselstromes gestattet, in einfacher Weise sehr große Stromstärken zu erzielen. Man muß nach den obigen Ausführungen nur die Zahl der sekundären Windungen klein machen und ihren Widerstand möglichst niedrig halten.

Legen wir z. B. an eine Primärwicklung von 1000 Windungen eine Spannung von 220 V und umfassen diese Primärspule mit einem Kupferring von 0,001 Ω Widerstand, so erhalten wir in ihm eine Stromstärke von etwa 220 A, die den Kupferring in kürzester Zeit zum Schmelzen bringt. In der Primärwicklung fließt dabei ein Strom von etwa 0,25 A. Man verwendet dieses Prinzip zum Schweißen sowie in den Induktionsöfen zum Schmelzen von Metallen (Stahlherstellung aus Schrott). Das Schmelzgut, das den Strom leiten muß, liegt in einer ringförmigen, aus schwer schmelzbaren Steinen gemauerten Rinne, die die Primärwicklung umgibt. Durch den induzierten Strom schmilzt das Metall.

Der Spartransformator. Im allgemeinen sind beide Spulen des Transformators voneinander isoliert. Sind jedoch Primär- und Sekundärspannung von der gleichen Größenordnung, so verwendet man vorteilhafterweise die Sparschaltung (Abb. 5.50), bei der die Niederspannungsspule einen Teil der gesamten Spule bildet. Man erzielt dadurch Herabsetzung der Kosten und Verringerung der Verluste.

Der Funkeninduktor. Der Induktor ist eine Vorrichtung, um aus Gleichstrom – meist niedriger Spannung – einen hoch gespannten Strom zu erzeugen. Das Prinzip ist das gleiche wie das des Transformators. Auf einem Eisenkern (Abb. 5.51) befindet sich eine primäre Spule aus wenigen Windungen starken Drahtes, darüber ist – meist in mehreren voneinander isolierten Scheiben – die sekundäre Spule aus dünnem Draht mit sehr vielen Windungen angebracht. Die Schwankung des durch den primären Strom hervorgerufenen Magnetfeldes wird dadurch hervorgebracht, daß man den Gleichstrom schnell schließt und wieder öffnet. Damit die induzierte Spannung möglichst hoch wird, ist es notwendig, daß sich das Magnetfeld schnell ändert. Die Selbstinduktion darf daher nicht zu groß sein. Man erreicht dies, indem man nicht einen geschlossenen Eisenkreis, sondern nur einen geraden, wegen der Wirbelstromverluste unterteilten Eisenkern benutzt. Die Streu-

wird dann in die Ferne geleitet und dort durch weitere Transformatoren auf niedrige Verteilungsspannung und schließlich auf die Gebrauchsspannung heruntertransformiert. Es ist nicht angängig, den hochgespannten Wechselstrom bis an die Verbauchsstelle zu bringen, da eine zufällige Berührung der Drähte den sofortigen Tod des Menschen zur Folge haben kann.

Zum Zweck der Energieübertragung spielen also Transformatoren eine außerordentlich wichtige Rolle. Sie werden z. T. in sehr großer Ausführung gebaut, da die relativen Verluste dann kleiner werden. (Bei großen Anlagen betragen die Verluste nur etwa 1%. Die Eisenverluste – infolge Hysteresis und Wirbelströme – werden ermittelt durch Messung der aufgenommenen Leistung des Transformators bei Leerlauf; die Kupferverluste können durch Messung der ohmschen Widerstände der Spulen bestimmt werden.) Sie haben dann Isolation durch Öl und besondere Kühlvorrichtungen. Abb. 5.49 zeigt die technische Ausführung eines Transformators für Drehstrom, wobei alle drei Phasen mit parallel laufenden Kernen und mit einem gemeinsamen Joch ausgeführt sind. Es ist ein Dreiphasen-Kerntransformator mit unterteilter Niederspannungswicklung. Auf dem mittleren Kern ist die innere Röhre der Niederspannungswicklung und die Hochspannungswicklung, auf dem Kern links

Abb. 5.51. Funkeninduktor

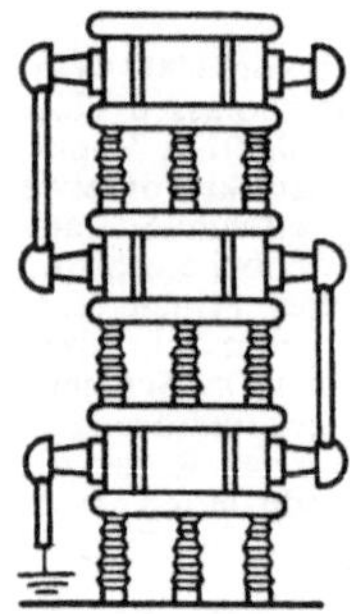

Abb. 5.52. Reihenschaltung von drei Hochspannungstransformatoren

ung, also der Feldlinienweg in Luft, ist daher sehr groß. Dies hat noch den Vorteil, daß man einen großen Betrag elektromagnetischer Energie zur Verfügung hat, der in der magnetisierten Luft steckt (da bei gleichem B in Luft die Feldstärke H Hunderte Male größer ist als in Eisen) und beim Verschwinden des magnetischen Feldes im Sekundärkreis verfügbar wird.

Der Einbau eines Kondensators parallel zum Unterbrecherkontakt entspricht einem Vorschlag von FIZEAU (1853). Er hat den Zweck, die Spannung an der Unterbrechungsstelle im Augenblick der Unterbrechung des Primärstromes so zu erniedrigen, daß sich hier kein Funken und kein anschließender Lichtbogen ausbilden kann. Ist die Kapazität des Kondensators genügend groß, dann ist der Ladestrom so stark, daß die Stromstärke im parallelgeschalteten Lichtbogen des Unterbrechers so weit sinkt, daß er abreißt und die Zeit des Öffnens verkürzt wird.

Erzeugung von Höchstspannungen. Zur Erzeugung von Spannungen von mehreren Hunderttausend oder Millionen Volt kann man bei geeigneter Wahl des Übersetzungsverhältnisses Einzeltransformatoren bauen. Doch machen schließlich die notwendigen Isolationsabstände Schwierigkeiten. Masse und Volumen nehmen für hohe Spannungen beinahe mit der dritten Potenz der erforderlichen Spannung zu. Man verwendet daher oft Reihenschaltungen (Abb. 5.52).

5.12. Meßinstrumente für Wechselstrom

Messungen von Strom und Spannung. Wechselstrommeßinstrumente sind so geeicht, daß sie die Effektivwerte des Stromes und der Spannung anzeigen. Durch entsprechende Nebenschlüsse ist es in analoger Weise, wie es für Gleichstrom geschieht, auch bei Wechselstrominstrumenten möglich, dasselbe Gerät für die unterschiedlichsten Bereiche und zugleich als Amperemeter und als Voltmeter zu verwenden. Es ist jedoch beim Einbau von Nebenschlüssen stets darauf zu achten, daß für Wechselstrom der Scheinwiderstand einzusetzen ist.

Das einfachste, heute aber nur noch gelegentlich verwendete Gerät ist das *Hitzdrahtinstrument*, das wir bereits in Abschn. 3.4.3 kennengelernt haben. Hitzdrahtinstrumente werden mit Gleichstrom geeicht.

Andere Geräte, die den quadratischen Mittelwert des Stromes angeben und somit zur Wechselstrommessung taugen, sind die *Weicheiseninstrumente* (Abschn. 4.3.9). Ein geeignet geformtes Stückchen Weicheisen wird unter dem Einfluß des Stromes in einer Spule magnetisch. Es ist sein magnetisches Moment ungefähr proportional der Stromstärke. Demnach ist die ablenkende Kraft dem Quadrat der Stromstärke proportional, wenn das Eisen frei von Hysterese ist. Wegen der unvermeidlichen Hysterese können Weicheiseninstrumente aber nur für Wechselströme der Frequenz benutzt werden, für die sie geeicht sind.

Am zuverlässigsten sind die *elektrodynamischen Meßwerke*. Sie wurden bereits in Abschn. 4.3.9 behandelt. Sie beruhen darauf, daß der Strom durch eine feststehende Spule, die Feldspule, geleitet wird, die ein magnetisches Feld erzeugt. In Abb. 5.53 ist sie aufgeschnitten mit horizontaler Windungsebene zu sehen. In diesem Feld ist leicht drehbar eine kleine Spule angebracht, die ebenfalls vom Strom (meist von einem Teilstrom) durchflossen wird (Abbn. 5.54 bis 5.56). Die Drehspule erfährt ein Drehmoment, das dem Quadrat der Stromstärke proportional ist, da ihr magnetisches Moment der Stromstärke proportional ist und das äußere Feld ebenfalls derselben Stromstärke proportional ist, da sie vom gleichen Strom durchflossen werden. In Abb. 5.53 sind auch die Luftdämpfung sowie die Federn, die die

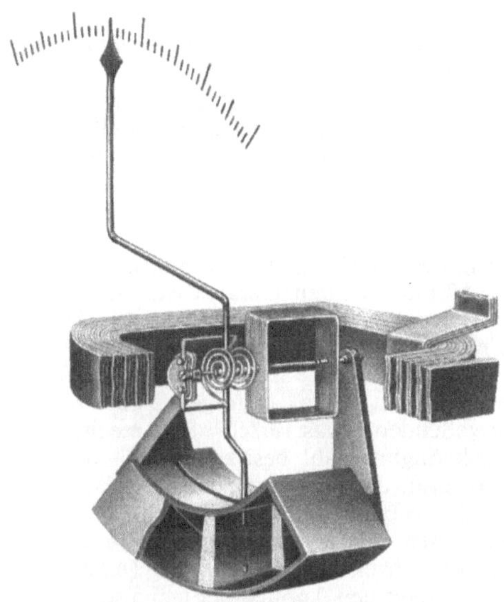

Abb. 5.53. Elektrodynamisches Meßinstrument

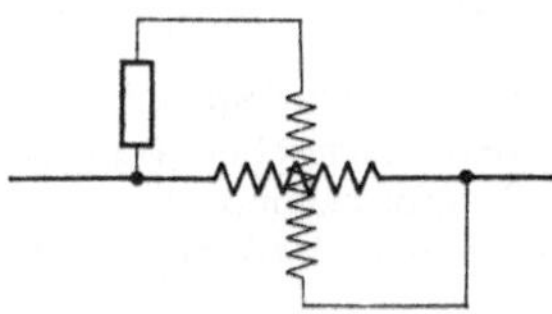

Abb. 5.54. Schaltung eines elektrodynamischen Strommessers

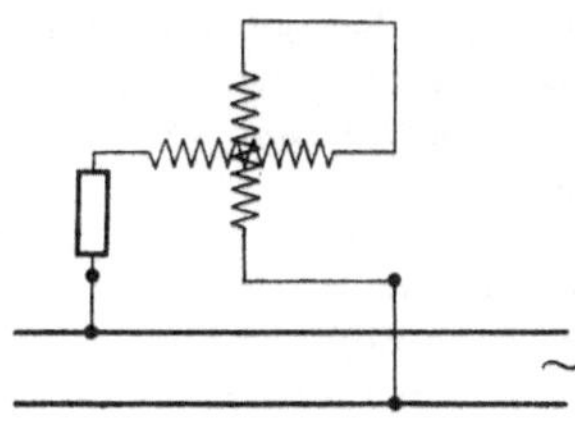

Abb. 5.55. Schaltung eines elektrodynamischen Spannungsmessers

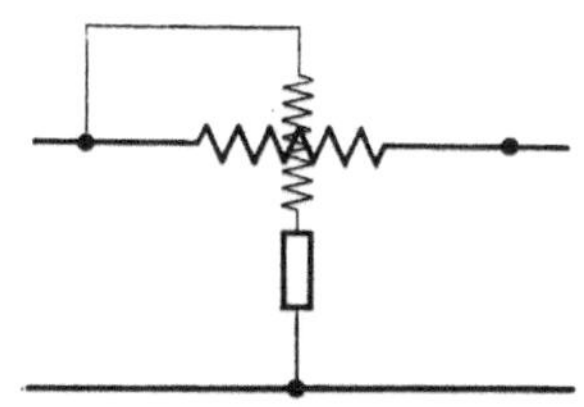

Abb. 5.56. Schaltung eines elektrodynamischen Leistungsmessers

Stromzuleitung und Richtkraft besorgen, zu sehen. Die Instrumente gestatten sehr genaue Messungen und können mit Gleichstrom geeicht werden.

Meßgeräte mit Thermoelementen. Für schnell veränderliche Ströme kann man vorteilhafterweise Geräte verwenden, die mit einem Thermoelement arbeiten. Ein dünner gerader Widerstandsdraht entwickelt die Joulesche Wärme $I^2 R$ und verursacht dadurch die Temperaturerhöhung ΔT; diese wird mit einem Thermoelement gemessen. Erfahrungsgemäß ist die Potentialdifferenz diesem Temperaturunterschied proportional. Bringt man das Element in eine evakuierte Glashülle, so kann man mit beträchtlicher Genauigkeit hochfrequente Ströme messen.

In seltenen Fällen (bei Stromquellen mit hohem Innenwiderstand) werden auch *Elektrometer* benutzt, für feinere Messungen insbesondere Quadrantenelektrometer in Doppelschaltung. Um mit Elektrometern den Strom zu messen, mißt man den Spannungsabfall an einem induktionsfreien, in die Leitung geschalteten Widerstand.

Gleichrichterinstrumente. In Abschn. 4.3.9 haben wir zur Messung der Gleichströme Drehspulinstrumente kennengelernt. Sie zeichnen sich durch äußerst günstige Eigenschaften (hohe Empfindlichkeit) aus. Durch den Einbau eines Gleichrichters lassen sich die Geräte auch zur Messung von Wechselströmen heranziehen. Im Niederfrequenzbereich werden hauptsächlich Kupferoxydulgleichrichter, für höhere Frequenzen Germanium- und Siliziumgleichrichterelemente verwendet. Auf diese Weise kann man das gleiche Instrument durch Umschalten wahlweise für Gleich- oder Wechselstrom benutzen

Messung der Leistung. Nach (5.6) ist

$$\bar{P} = U_{\text{eff}} I_{\text{eff}} \cos \varphi.$$

Stromstärke und Spannung kann man wie oben angegeben messen. Man müßte also noch den Phasenwinkel φ bestimmen, wenn man die Leistung ermitteln will.

Ohne Kenntnis des Phasenwinkels kann man die Wirkleistung messen, wenn man die Feldspule eines elektrodynamischen Meßwerkes vom Strom durchfließen läßt, während die Drehspule unter Vorschaltung eines großen Widerstandes an die beiden Leitungen des Netzes, also wie ein Voltmeter, geschaltet wird. Es ist für die Drehspule, da die Kapazität vernachlässigt werden kann,

$$Z = \sqrt{R^2 + \omega^2 L^2}$$

und

$$\tan \varphi = \omega L / R.$$

Man kann nun in der mit dem Vorschaltwiderstand versehenen Spannungsspule den Vorschaltwiderstand praktisch so groß machen, daß hier-

Abb. 5.57. Aufbau eines Frequenzmessers

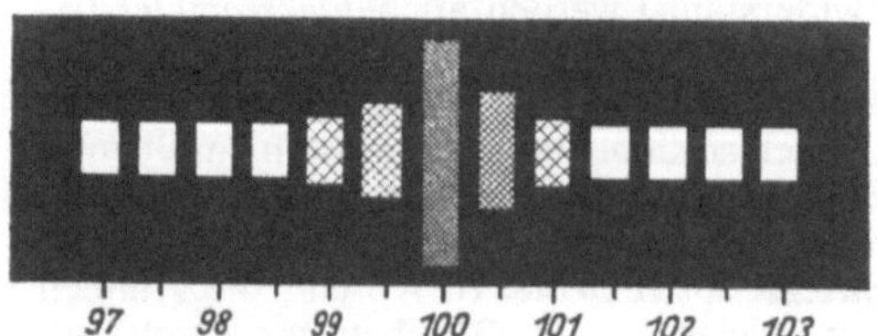

Abb. 5.58. Bild der Zungen eines Frequenzmessers bei 100.3 Polwechsel = 50,15 Hz

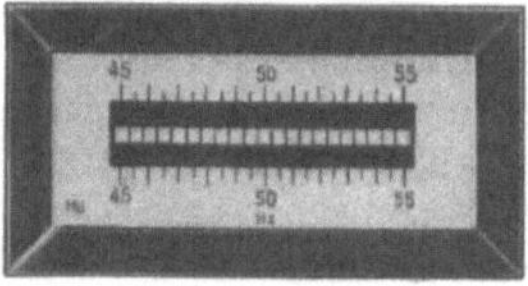

Abb. 5.59. Frequenz-messer

gegen der induktive Widerstand der Spule verschwindet, so daß sich dann die beiden obigen Ausdrücke vereinfachen zu

$$Z = R \quad \text{und} \quad \tan \varphi = 0.$$

Dann ist der Strom in der Spannungsspule des Dynamometers mit der Spannung selbst in Phase, und der Ausschlag des Dynamometers ist der Leistung des Wechselstromes porportional (*Wattmeter*).

Während man früher die elektrodynamischen Meßwerke wegen der Wirbelstrom- und Hystereseinflüsse meist ohne Eisen herstellte, benutzt man heute oft eisengeschlossene Instrumente, in denen der magnetische Fluß der Feldspule möglichst in Eisen verläuft.

Hat man die Wirkleistung $\bar{P}$ gemessen, so kann nach Messung von I_{eff} und U_{eff} unmittelbar $\cos \varphi$ bestimmt werden. Man kann aber auch Instrumente herstellen, die direkt den Leistungsfaktor abzulesen gestatten; diese sind als Kreuzspulenmeßwerk ausgebildet.

Messung der Frequenz. Der Grundgedanke des in Abb. 5.57 dargestellten Gerätes ist, ein von dem Wechselstrom erregtes magnetisches Wechselfeld auf eine Anzahl von Stahlzungen wirken zu lassen, die elastische Schwingungen ausführen können und von denen jede folgende eine von der vorhergehenden etwas verschiedene mechanische Eigenschwingungszahl besitzt. Durch Resonanz (Bd. 1) gerät diejenige Stahlzunge in besonders starke Schwingungen, bei der die Impulse des magnetischen Feldes immer gerade in dieselbe Phase der Einzelschwingung fallen (Abb. 5.58). Abb. 5.59 zeigt den Anblick der technischen Ausführung eines Instrumentes dieser Art mit 21 Zungen von den Periodenzahlen 45 bis 55; es ist für Netze gedacht, die mit Wechselstrom von der technisch normalen Frequenz 50 Hz beschickt werden.

Technische Wechselströme haben bei Starkstromanlagen 40, 50, 60 Hz, bei elektrischen Bahnen $16^2/_3$, 25, 50 Hz, im Telefonbetrieb bis etwa 50 000 Hz, in der Hochfrequenztechnik bis 10^6 Hz und mehr.

Um die *Konstanz von Frequenzen* zu kontrollieren, kann man sich der stroboskopischen Methode bedienen, indem man eine mit Marken versehene Scheibe mit einer durch Wechselstrom bekannter Frequenz betriebenen Glimmlampe beleuchtet. Stimmt die Umdrehungszahl der Scheibe mit der Frequenz des Wechselstromes überein, so scheint die Scheibe stillzustehen. Ist das nicht der Fall, so kann aus der Zahl v' der scheinbaren Umdrehungen in der Sekunde die Frequenz $v \pm v'$ (je nach Umdrehungssinn) bestimmt werden.

Heute werden Frequenzen mit Zählfrequenzmessern bestimmt. Mit diesen Geräten wird die Anzahl der Schwingungen in einer definierten Zeit gezählt.

6. Elektrotechnische Anwendungen

6.1. Allgemeine Grundlagen der Generatoren und Motoren

Einteilung. Durch die von FARADAY entdeckte Erscheinung der elektromagnetischen Induktion ist die Möglichkeit gegeben, durch *mechanische* Bewegung eines Leiters in einem *magnetischen* Feld *elektrische* Spannungen zu erzeugen, die bei Vorliegen eines geschlossenen Stromkreises zu einem Strom Anlaß geben. Die äußerlich so unscheinbare Entdeckung FARADAYS hat sich in ungeahnter Weise in eine technische Form entwickelt, deren Umfang und Bedeutung immer mehr zunimmt und die zweifellos eine neue Stufe in der wissenschaftlich-technischen Entwicklung der Menschheit eingeleitet hat.

Zudem arbeiten die elektrischen Maschinen außerordentlich zuverlässig, sauber und mit hohem Wirkungsgrad (0,7 bis mehr als 0,95).

Die Umkehrung der obengenannten Erscheinung gibt die Möglichkeit, durch die Wirkung eines *magnetischen* Feldes auf einen *elektrischen* Strom *mechanische* Arbeit zu erzeugen.

Wir haben demgemäß zu unterscheiden:
1. Vorrichtungen, die mechanische Arbeit in elektrische Energie verwandeln, *Generatoren*;
2. Vorrichtungen, die elektrische Energie in mechanische Arbeit verwandeln, *Elektromotoren.*

Wie schon die Abb. 4.45 und 4.52 zeigen, ist die prinzipielle Anordnung der beiden Grundversuche dieselbe. Dementsprechend haben auch Generatoren und Elektromotoren grundsätzlich gleichen Bau, nur die möglichst vollkommene Erfüllung verschiedener praktischer Zwecke bedingt gewisse Verschiedenheiten.

Prinzip der Generatoren. Wir haben in Abschn. 4.2.1 bereits zwei Möglichkeiten kennengelernt, um mechanische Energie durch elektromagnetische Induktion in elektrische Energie zu verwandeln. Da es sich bei der praktischen Verwertung um dauernde Umsetzungen handelt, kommt fast ausschließlich rotierende Bewegung in Betracht. Wir behandeln daher im folgenden nur solche Bewegungen.

Unipolare Induktion. Die erste Methode ist durch die in der Abb. 6.1 wiedergegebene Anordnung gekennzeichnet. Eine Drahtschlinge bzw. eine Vollscheibe rotiert in einem konstanten Magnetfeld, das senkrecht zur Scheibenebene verläuft. Dreht sich die Scheibe um ihre Achse, so entsteht zwischen der Achse und dem Umfang der

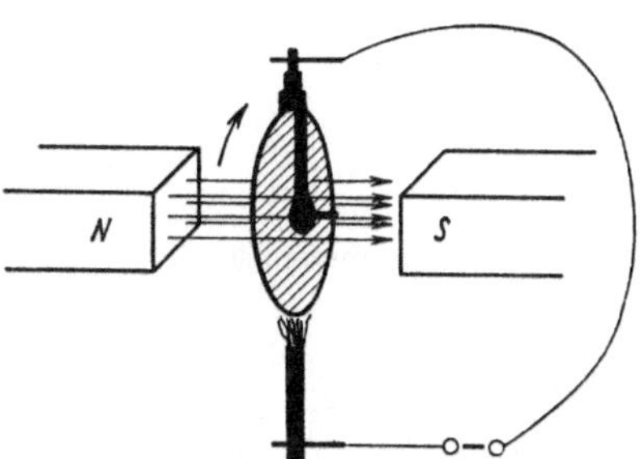

Abb. 6.1. Grundversuch zur Unipolarinduktion

Scheibe eine Induktionsspannung, da durch die Bewegung auf die freien Elektronen eine Kraft ausgeübt wird. Durch Schleifkontakte (Bürsten) läßt sich die Induktionsspannung ableiten, so daß ein Induktionsstrom fließen kann. Die Anwendung der Induktionsregel zeigt unmittelbar, daß der Strom ständig im gleichen Sinne fließt. Sind Magnetfeld und Umdrehungsgeschwindigkeit konstant, so ist auch die auftretende Spannung konstant. Schalten wir zwischen die beiden Bürsten einen Widerstand, so fließt in ihm also ein Gleichstrom konstanter Stärke.

So einfach der Aufbau dieses *Unipolar-* oder *Einpolgenerators* erscheint, so ist doch die technische Ausführung mit beträchtlichen Schwierigkeiten verbunden. Er ist für große Stromstärken (bis 100000 A) bei kleinen Spannungen (10 V) jedem anderen Generator überlegen und dient als Stromquelle in der elektrochemischen Industrie und zur Speisung von Elektromagneten mit außerordentlich hohen Feldstärken. (Der Name „Unipolargenerator" rührt daher, daß der bewegte Leiter das magnetische Feld ständig im gleichen Sinn durchläuft.)

Rotation einer Leiterschleife im Magnetfeld. Bei der zweiten Methode entsteht die Induktionsspannung durch die ständige zeitliche Änderung des von der Leiterschleife umfaßten magnetischen Flusses (Abb. 6.2, s. auch Abschn. 5.1). Es ist wichtig, sich vor Augen zu halten, daß es bei den Induktionswirkungen nur auf die Relativbewegung zwischen Feld und Leiter ankommt. Es kann also auch das Feld rotieren und der Leiter in Ruhe bleiben.

Die Rotation der Leiterschleife im Magnetfeld liefert bei der in Abb. 6.2 dargestellten Ableitung durch Bürsten an den Schleifringen eine Spannung, die sich zeitlich sinusförmig ändert. Wir

---

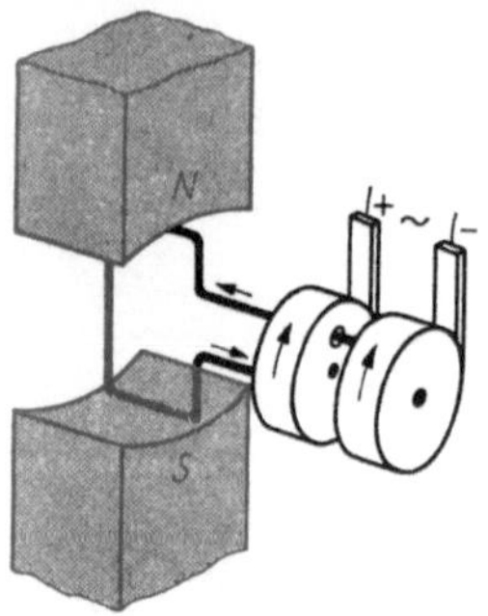

Abb. 6.2. Prinzip der Wechselstromerzeugung

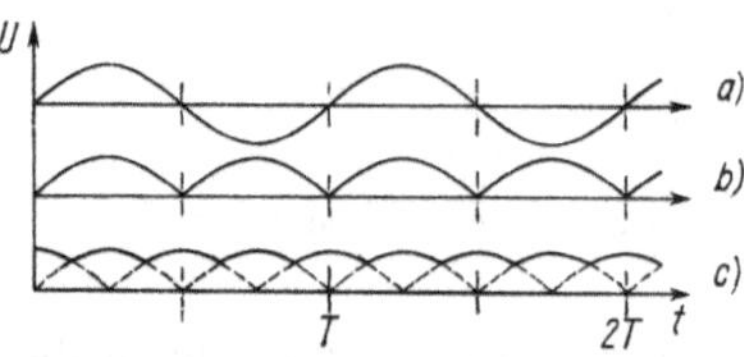

Abb. 6.3. Wechselspannung (a) und pulsierende Gleichspannung (b und c)

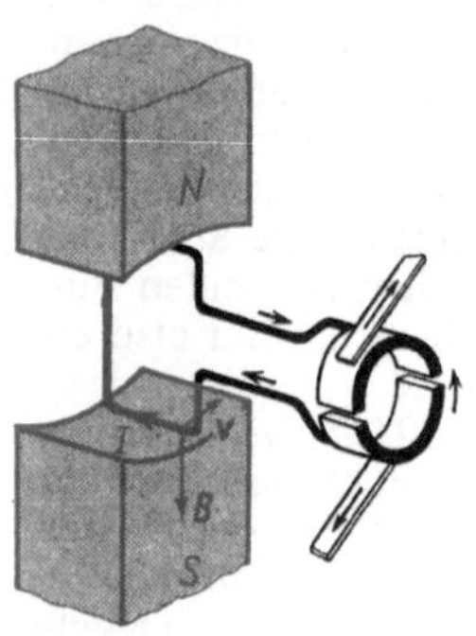

Abb. 6.4.
Gleichstromerzeugung
durch Kommutierung

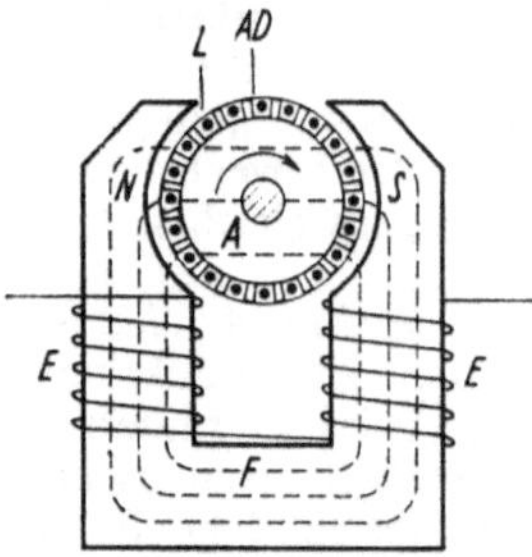

Abb. 6.5. Elektrisch erregter Generator.
A Anker; *AD* Ankerwicklung; *L* Luftspalt; *E* Erregerspulen; *F* Feldmagnet

erhalten also eine Wechselspannung der in Abb. 6.3 oben gezeichneten Form.

Kommutierung. Es ist nicht schwierig, mit dieser Anordnung einen Gleichstrom zu erhalten. Man benutzt nicht zwei Schleifringe, sondern einen ein-

zigen, der aber, wie in Abb. 6.4 angegeben, geteilt ist und dessen Teile voneinander isoliert sind. Man nennt diese Einrichtung *Kommutator.* Jedesmal, wenn die Richtung der Spannung wechselt, erfolgt der Übergang der Bürsten von einem Segment auf das andere, so daß im äußeren Stromkreis die Stromrichtung unverändert bleibt. Die Bürsten, die den Strom vom bewegten Teil nach dem äußeren Verbraucherkreis leiten, sind demnach so gestellt, daß im Augenblick, da der Strom durch Null geht, der Übergang von einem Segment auf das andere erfolgt. Dies ist nach der in Abschn. 5.1 abgeleiteten Formel dann der Fall, wenn die Leiterschleife gerade vom maximalen magnetischen Fluß durchsetzt wird. (Die Bürsten werden aus Kupfer oder graphitartigen Kohlenstoffblöcken hergestellt. Durch sie wird ein geringfügiger Spannungsabfall verursacht.)

Man erhält mit der geschilderten Anlage eine Gleichspannung, deren zeitlicher Verlauf in Abb. 6.3 Mitte wiedergegeben ist. Die Spannung ändert sich rhythmisch von Null bis zum Maximalwert (*pulsierende Gleichspannung*). Diese ständigen Spannungsänderungen sind für technische Belange im allgemeinen unerwünscht. Man kann aber die Kurve glätten, wenn man mehrere um einen Winkel gegeneinander versetzte Leiterschleifen verwendet. Der Kommutator besteht dann aus mehreren Segmenten (Lamellen), die voneinander isoliert sind. Jede Leiterschleife ist jeweils mit einem Lamellenpaar verbunden. In Abb. 6.3 unten ist die Spannung gezeigt, die man erhält, wenn zwei Leiterschleifen verwendet werden. Man erkennt bereits eine weitgehende Glättung. Mit steigender Zahl der Leiterschleifen wird sie immer besser. – Bei der geschilderten Art der Spannungserzeugung ist jede Leiterschleife nur einen Bruchteil der gesamten Zeit mit dem äußeren Kreis verbunden. Im folgenden werden wir Methoden kennenlernen, um auch diesen Nachteil zu vermeiden.

Erhöhung des magnetischen Flusses. Die Größe der induzierten Spannung hängt von der zeitlichen Änderung des magnetischen Flusses in der Leiterschleife ab. Zur Erzielung einer hohen Spannung muß daher der magnetische Fluß, der die Leiterschleife maximal durchsetzt, möglichst groß sein. Nach Abschn. 4.5.8 ist somit der magnetische Widerstand des magnetischen Kreises klein zu halten. Das magnetische Feld muß also weitgehend im Eisen verlaufen. Diese Bedingung wird von der in Abb. 6.5 dargestellten Form erfüllt, die das Prinzip des technischen Generators nun vollständig wiedergibt.

Man bezeichnet den Teil, der die Leiter enthält, in denen die Spannung induziert wird, als *Anker.* Er besteht aus den Ankerdrähten und dem eisernen Ankerkern. Das magnetische Feld wird vom *Feldmagnet* hervorgerufen, der durch die Erreger-

---

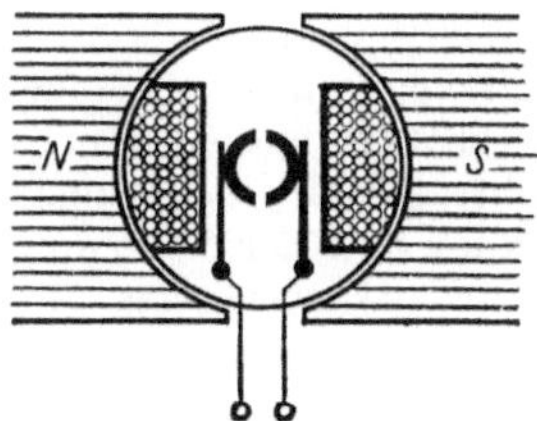

Abb. 6.6. Motor mit Doppel-T-Anker

spulen erregt wird. Man unterscheidet ferner den ruhenden Teil der Maschine, den *Ständer (Stator)*, und den rotierenden Teil, den *Läufer (Rotor)*. Da es nur auf die Relativbewegung von Leiter und Magnetfeld ankommt, kann auch der Feldmagnet rotieren und der Anker stillstehen (sog. *Innenpolmaschine*).

Es ist wichtig, sich klarzumachen, daß der größte Teil der magnetischen Energie in den Luftspalten konzentriert ist; denn dort ist wegen der kleinen Permeabilität der Luft die Feldstärke um das Mehrhundertfache größer als im Eisen. Die Form der modernen Generatoren wird im wesentlichen durch technische Fragen bestimmt, wie möglichst günstige Ausnutzung des magnetischen Flusses und zuverlässige Ableitung der entstehenden Wärme.

Prinzip der Elektromotoren. Wie schon erwähnt, stellt der Elektromotor die Umkehr des Generators dar. Der in Abb. 6.4 dargestellte Gleichstromgenerator läßt sich auch als Gleichstrommotor verwenden. Der zum Betrieb nötige Strom wird den Kommutatorbürsten zugeleitet. Es läßt sich also grundsätzlich jeder Generator zugleich als Motor einsetzen. Unterschiede in der Bauweise der Generatoren und der Motoren berücksichtigen technische Belange.

Zur Erhöhung des magnetischen Flusses verwendet man auch beim Motor möglichst geschlossene Eisenkreise. Abb. 6.6 zeigt einen Motor mit einem *Siemensschen Doppel-T-Anker* (WERNER VON SIEMENS, 1816–1892). Motoren (und Generatoren) dieser Bauart sind heute nicht mehr im Einsatz. Sie eignen sich jedoch gut zur Erklärung der prinzipiellen Wirkungsweise.

Wird der Strom in der in Abb. 6.6 dargestellten Maschine den Windungen durch Bürsten so zugeführt, daß die links liegenden Teile der Ankerwicklung in der Richtung von hinten nach vorn, die rechts liegenden Teile in der Richtung von vorn nach hinten vom Strom durchflossen werden, so erfahren die linken Drahtwindungen einen Bewegungsantrieb nach oben, die rechts liegenden einen solchen nach unten. Hierdurch entsteht ein rechtsdrehendes Kräftepaar, das die Drehung des Ankers rechts herum bewirkt, bis dieser in eine Stellung kommt, die gegen die abgebildete Stellung um 90° gedreht ist. In diesem Augenblick

tritt infolge der Wirkung des Kommutators ein Stromwechsel im Anker ein, der eine Weiterdrehung des Ankers ermöglicht. Dasselbe Spiel wiederholt sich nach jeder halben Drehung.

Man kann die Wechselwirkung zwischen dem Magnetfeld und dem Anker auch so auffassen, daß der den Anker umfließende Strom den Eisenkern des Ankers zu einem starken Magneten macht, dessen Nordpol (Rechtehandregel) oben, dessen Südpol unten liegt. Dann werden die Pole des Ankers von den gleichnamigen Polen des Feldmagneten abgestoßen, von den ungleichnamigen Polen angezogen. Dadurch kommt die beschriebene Drehung zustande.

Die Verwendung einer einzigen Spule und die sich hierauf gründende Form des Ankers (*Doppel-T-Anker*) hat den Nachteil, daß die motorische Kraft des Ankers von der Stellung der Windungsebene zur Richtung der Feldlinien abhängt. Im besonderen ist die motorische Kraft in dem Augenblick gleich Null, wo die Windungsebene zur Richtung der Feldlinien senkrecht steht. Eine mit einem derartigen Elektromotor verbundene Arbeitsmaschine würde demnach ruckweise arbeiten. Jede Unterbrechung des Stromes verursacht aber Bürstenfeuer (Funken und Lichtbogen an der Trennstelle der Kommutatorlamellen). Infolgedessen ist diese Form nicht mehr in praktischer Verwendung; man hat zur Beseitigung der Mängel zu denselben Hilfsmitteln gegriffen, die auch für die Generatoren angewendet worden sind (s. weiter unten).

6.2. Gleichstromgeneratoren

Im gesamten technischen Bereich hat der Wechselstrom den Gleichstrom verdrängt. Daher sind Gleichstromgeneratoren heute nicht mehr im Einsatz. Wird für spezielle Laborzwecke Gleichstrom benötigt, so erzeugt man ihn aus Wechselstrom auf elektronischem Wege (Abschn. 9.1.2). Trotzdem soll der Gleichstromgenerator behandelt werden, da seine Arbeitsweise zugleich auch Grundprinzipien des Wechselstromgenerators enthält.

Erregung der Feldmagnete. Zur Erzeugung des magnetischen Feldes dienen Elektromagnete. Den Strom zu ihrer Erregung entnimmt man entweder einer anderen Stromquelle (*Fremderregung*), oder man leitet einen Teil des Generatorstromes durch die Feldwicklungen (*Selbsterregung*). Dieses Prinzip wurde 1867 von W. v. SIEMENS angegeben. Es fand sehr schnell Verbreitung. Die Möglichkeit, den Generator sofort bei Inbetriebnahme sich selbst erregen zu lassen, ist durch den remanenten Magnetismus des Eisens gegeben. Wird der Generator angetrieben, so induziert das schwache remanente Feld eine entsprechend ge-

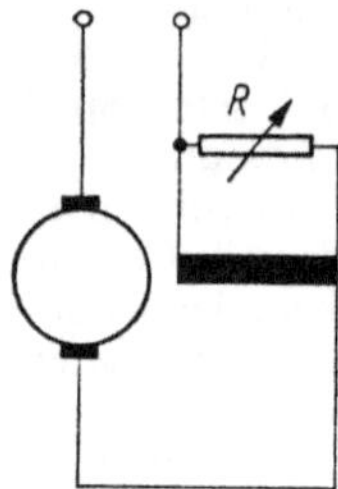

Abb. 6.7. Hauptschlußgenerator

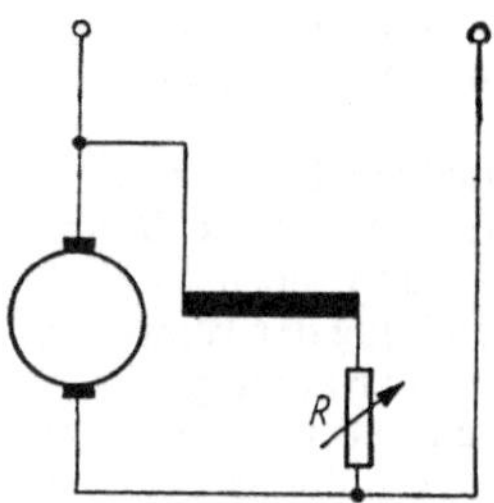

Abb. 6.8. Nebenschlußgenerator

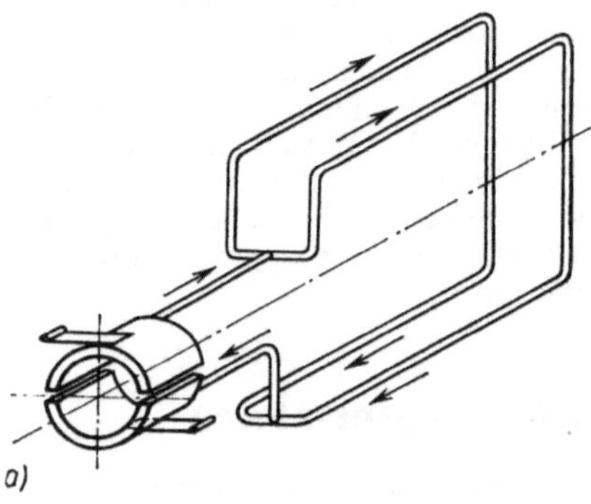

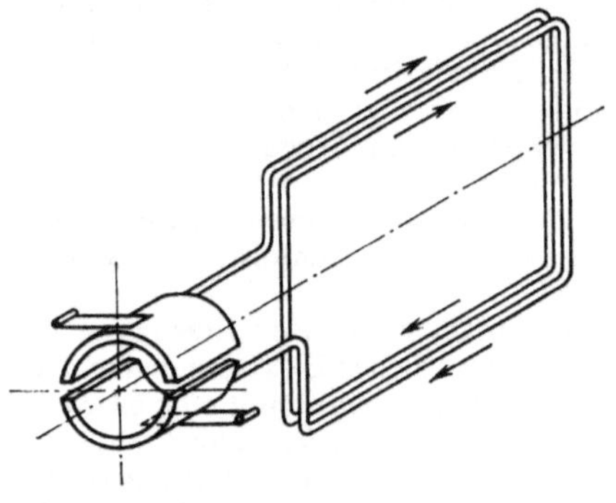

Abb. 6.9. Ankerwicklungen

ringe Induktionsspannung im Anker. Der hierdurch verursachte Strom wird (ganz oder teilweise) durch die Feldwicklungen geleitet und vergrößert das magnetische Feld. Das nun stärkere Feld des Feldmagneten hat eine weitere Erhöhung der im Anker induzierten Spannung zur Folge, was zu einer erneuten Vergrößerung des Stromes in den Feldwicklungen führt. Dieser gegenseitigen Steigerung des Magnetfeldes und der Spannung wird nach kurzer Zeit eine Grenze gesetzt. Die Steigerung hört auf, wenn die induzierte Spannung gerade ausreicht, in den Wicklungen der Feldmagnete bei ihrem ohmschen Widerstand eine Stromstärke zu erzeugen, die der gerade vorhandenen Magnetisierung entspricht.

Hat der Generator lange Zeit unerregt gestanden, so verschwindet der Restmagnetismus allmählich. Der Generator hat dann nicht mehr die Fähigkeit der Selbsterregung und muß künstlich erregt werden. Dies kann durch einen kurzen Stromstoß einer anderen Stromquelle durch die Wicklung des Feldmagneten geschehen. Es genügt schon ein kurzer Strom aus einer Taschenlampenbatterie.

Arten der Erregung. Es gibt verschiedene Möglichkeiten, den Erregerstrom vom Ankerstrom abzuzweigen:

1. Der Gesamtstrom wird durch die Feldwicklungen geschickt (Abb. 6.7). Durch einen Parallelwiderstand R läßt sich die Erregung des Feldes einstellen (*Hauptschlußgenerator*).

2. Die Erregerwicklung liegt im Nebenschluß zum äußeren Stromkreis (Abb. 6.8, *Nebenschlußgenerator*).

3. Die Feldmagnete besitzen eine Hauptschlußwicklung und eine Nebenschlußwicklung (*Doppelschlußgenerator, Verbundgenerator*).

Ankerwicklung. Die in den Abbn. 6.9a und 6.9b schematisch dargestellten Ankerwicklungen, die eine im Feld rotierende Spule zeigen, nennt man *offene Ankerwicklungen*. Sie geben, wie schon erwähnt, stark pulsierenden Gleichstrom und verursachen Funkenbildung am Kommutator. Diese Mängel werden durch die *geschlossenen Wicklungen* vermieden.

Bei der *Trommelwicklung* von V. HEFNER-ALTENECK wird fast der gesamte Hohlraum zwischen den Polschuhen durch den Anker aus massivem Eisen ausgefüllt. (Der Trommelanker wurde von SIEMENS erfunden. Seine moderne Form rührt von V. HEFNER-ALTENECK (1845–1907) her; außerdem bekannt durch seine früher als Einheit der Lichtstärke verwendete Hefnerkerze (Bd. 3).)

Um den magnetischen Widerstand klein zu machen und die für die Induktionswirkung unwesentlichen Querverbindungen möglichst kurz zu halten, kommt man für den Eisenkern zur Form einer Trommel. Man erhält im einfachsten Schema je zwei Drähte übereinander in derselben Richtung, wie es die Abb. 6.10a zeigt, in der auch die Verbindung der Wicklungsgruppe mit dem Kommutator erkennbar ist.

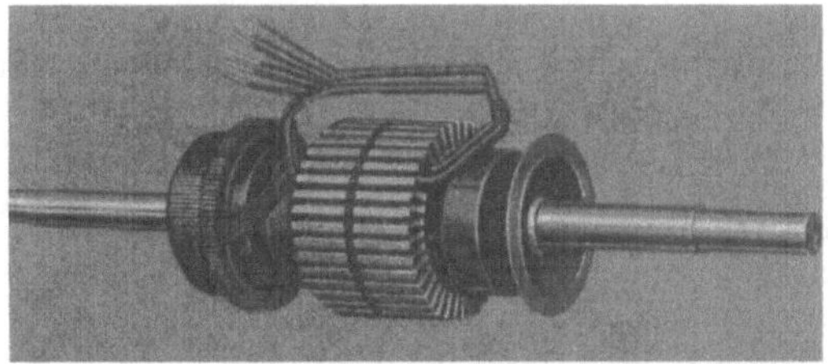

Abb. 6.10. Trommelanker mit Schablonenwicklung

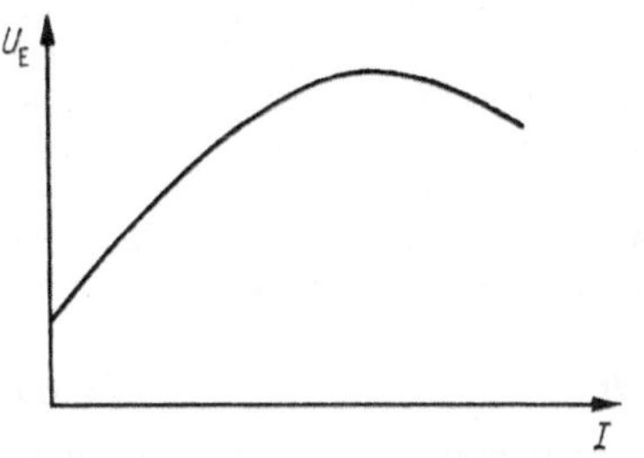

Abb. 6.11. Verlauf der Urspannung beim Hauptschluß-generator

In der praktischen Ausführung wird der Anker aus Blechen hergestellt. Die Drähte bzw. Stäbe oder ganze Spulen werden in Nuten gelegt, die sich am Umfang des Ankers befinden (Abb. 6.10 b).

6.3. Kennlinien der Gleichstrom-generatoren

Wenden wir die obigen allgemeinen Betrachtungen auf die *Hauptschlußgeneratoren* an, so ist zunächst zu beachten, daß bei dem belasteten Hauptschlußgenerator der gleiche Strom I durch den Anker, den Erregerfeldmagneten und den äußeren Stromkreis fließt. Betrachten wir nun bei konstanter Drehzahl die Abhängigkeit der im Anker erzeugten Urspannung U_E von der Stromstärke I, so erhalten wir

$$U_E = U_K + I(R_a + R_f), \tag{6.1}$$

wobei R_a den Widerstand der Ankerwicklungen, R_f den Widerstand der Feldwicklungen und U_K

die Klemmenspannung des Verbrauchers bedeuten. Der Widerstand R in Abb. 6.7 bleibe unberücksichtigt.

$$U_g = I(R_a + R_f) \tag{6.2}$$

ist somit der Spannungsabfall im Generator. Er wächst linear mit dem entnommenen Strom.
Ist der Generator unbelastet ($I = 0$), dann entspricht der magnetische Fluß des Erregerfeldes der Remanenz seines Eisenkerns. Es wird somit in der Ankerwicklung eine kleine Spannung induziert. Hierbei ist (wegen $I = 0$) die Klemmenspannung gleich der induzierten Urspannung ($U_E = U_K$). Wird der Generator durch einen Verbraucher belastet ($I > 0$), dann wächst der magnetische Fluß, da der Strom in der Feldspule ein zusätzliches Magnetfeld aufbaut. Der magnetische Fluß nähert sich mit steigendem Strom entsprechend dem Verlauf der Magnetisierungskurve einem Maximalwert. Infolge der Rückwirkung des Ankerfeldes sinkt mit weiterer Stromsteigerung der magnetische Fluß dann wieder etwas ab. In analoger Weise verhält sich die induzierte Spannung U_E (Abb. 6.11). Der Maximalwert und der anschließende Abfall liegen jedoch weit oberhalb des Nennwertes des Generators. Der Bereich ist einer Messung nicht zugänglich. Er hat (Abb. 6.11) keine Bedeutung für die Praxis.
Für den Einsatz eines Generators ist es wichtig, daß die dem Verbraucher zur Verfügung gestellte Klemmenspannung U_K möglichst unabhängig vom entnommenen Strom ist. Beachten wir in Abb. 6.11 den Verlauf von U_E für kleine Ströme, also in dem interessierenden Arbeitsbereich, und berücksichtigen wir den linearen Spannungsabfall (6.2) im Generator, so ergibt sich mit (6.1) ein stärker Anstieg der Klemmenspannung mit wachsender Belastung. Abb. 6.12 zeigt den Verlauf der Urspannung U_E und der Klemmenspannung U_K im Arbeitsbereich des Generators.
Wegen der starken Änderung der Klemmenspannung mit der Belastung sind Hauptschlußgeneratoren als Stromerzeuger nicht geeignet. Außerdem erkennt man an Abb. 6.12, daß der Generator eine „steigende Charakteristik" hat. Trotz erhöhter Stromentnahme wächst die erzeugte Spannung.
Die Klemmenspannung des *Nebenschlußgenerators* ändert sich bei Belastung erheblich weniger als die des Hauptschlußgenerators. Bei Leerlauf ist der Strom, der durch die Erregerfeldwicklung fließt, gleich dem Ankerstrom. Man stellt bei einem Nebenschlußmotor die Spulen des Erregerfeldes aus vielen Windungen dünnen Drahtes her, um die Stromaufnahme der Spulen klein zu halten. Daher fließt im Leerlauf auch nur ein kleiner Strom durch den Anker, und der Spannungsabfall im Anker ist klein. Die Klemmenspannung U_K

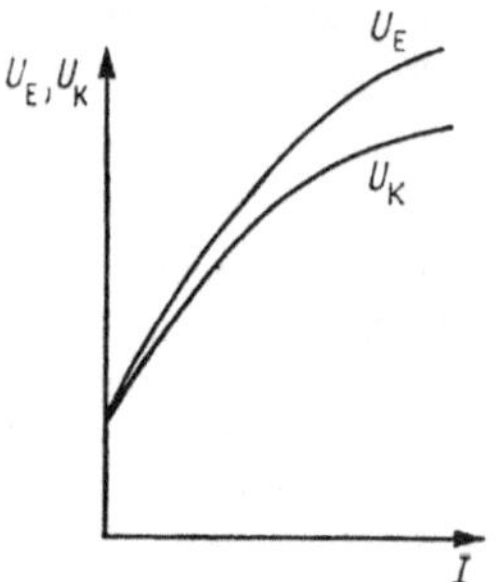

Abb. 6.12. Kennlinien des Hauptschlußgenerators

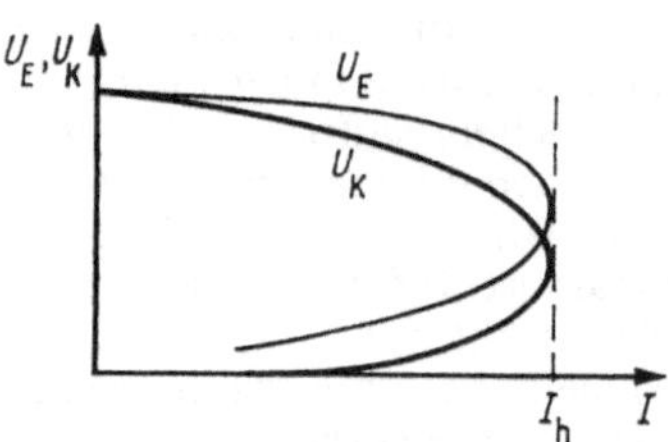

Abb. 6.13. Kennlinien des Nebenschlußgenerators

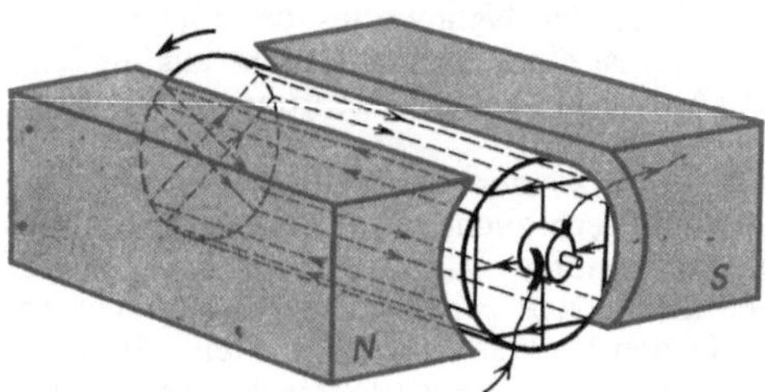

Abb. 6.14. Gleichstrommotor mit Trommelanker

ist nahezu gleich der erzeugten Urspannung U_E. Bei äußerer Belastung durch einen Verbraucher ist die Rückwirkung auf das Feld gering. Mit zunehmendem Laststrom I_L steigt der Ankerstrom I_a wegen

$$I_a = I_L + I_f.$$

Der Widerstand R in Abb. 6.8 bleibe unberücksichtigt. I_f ist der Strom der Feldwicklung. Somit wächst auch der Spannungsabfall $I_a R_a$ im Anker, und für die Klemmenspannung gilt

$$U_K = U_E - I_a R_a.$$

Die Klemmenspannung sinkt; jedoch ist der Abfall in dem interessierenden Arbeitsbereich gering. Steigt der Laststrom im Verbraucher weiter an, dann sinkt die Urspannung so weit, daß überhaupt nur ein höchster Generatorstrom I_h abgegeben werden kann (Abb. 6.13). Er beträgt allerdings bei den üblichen Generatoren ein Mehrfaches des Nennstromes. Wird der Verbraucherwiderstand R_L dann noch weiter verringert,

nimmt bei weiter fallender Urspannung und Klemmenspannung auch der Ankerstrom noch weiter ab. Im Grenzfall, daß der Lastwiderstand Null ist (Fall des Maschinenkurzschlusses!), verschwinden die Klemmenspannung und somit auch der Strom des Erregerfeldes. Die Felderregung geht bis auf die Remanenz des Eisenkreises zurück. Die Urspannung ist gleich der Remanenzspannung (Abb. 6.13).

In den *Doppelschluß*- oder *Verbundgeneratoren* gleicht man den unvermeidlichen Spannungsabfall des Nebenschlußgenerators durch eine zusätzliche Hauptschlußwicklung aus, so daß die Klemmenspannung U_K des Generators auch bei wachsender Belastung nahezu unveränderlich ist.

6.4. Gleichstrommotoren

Grundlagen. In den Generatoren wird mechanische Energie in elektrische umgewandelt. Umgekehrt kann man mit grundsätzlich den gleichen Maschinen auch elektrische Energie in mechanische umsetzen, d. h. den Generator als Motor laufen lassen. Im Prinzip wird einer Leiterschleife der Fläche A im Magnetfeld B ein Strom I zugeführt. Auf die Leiterschleife wirkt ein Drehmoment

$$M_{mech} = IA \times B. \tag{4.31}$$

Sind die Leiterschleifen auf einen Trommelanker gewickelt, so dreht sich die Trommel; der Motor läuft. Hierdurch tritt nun zusätzlich ein weiterer physikalischer Vorgang ein: Da sich die Leiterschleife in einem magnetischen Feld dreht, wird in ihr eine Spannung induziert. Auf Grund der Lenzschen Regel ist diese Spannung der angelegten entgegengerichtet. Der Motor läuft also zugleich als Generator. Die induzierte Gegenspannung ist um so größer, je höher die Drehzahl des Motors ist. Bei höherer Drehzahl ist somit der aufgenommene Strom kleiner.

In Abb. 6.14 ist der Trommelanker eines Gleichstrommotors schematisch wiedergegeben. Entsprechend den 4 gezeichneten Windungen wird der Strom über einen vierteiligen Kommutator zugeleitet, so daß er in dem betrachteten Augenblick den gezeichneten Verlauf hat. Die Stromführung ist (Abb. 6.14) so gestaltet, daß ständig alle Windungen durchflossen werden. Die auf der linken Seite des Kerns liegenden Drähte leiten den Strom von vorn nach hinten, die auf der rechten Seite liegenden von hinten nach vorn. Auf Grund der Richtung des Magnetfeldes erhalten wir also ein Kräftepaar, das den Anker im Gegenuhrzeigerdrehsinn zu drehen sucht.

An den Verhältnissen ändert sich nichts, wenn sich der Anker weiterbewegt. In dem Augenblick,

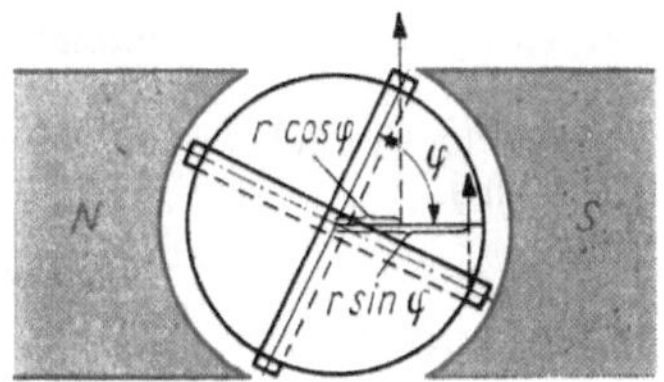

Abb. 6.15. Drehmomente beim Trommelanker

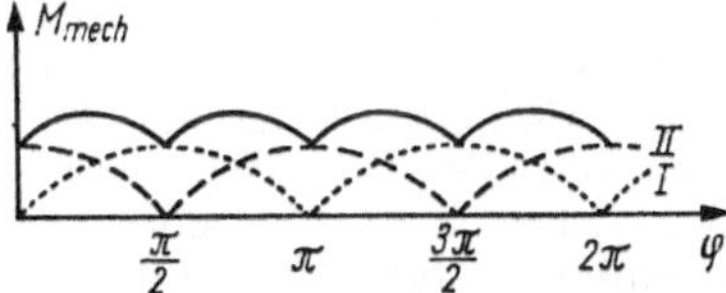

Abb. 6.16. Gesamtdrehmoment beim Trommelanker

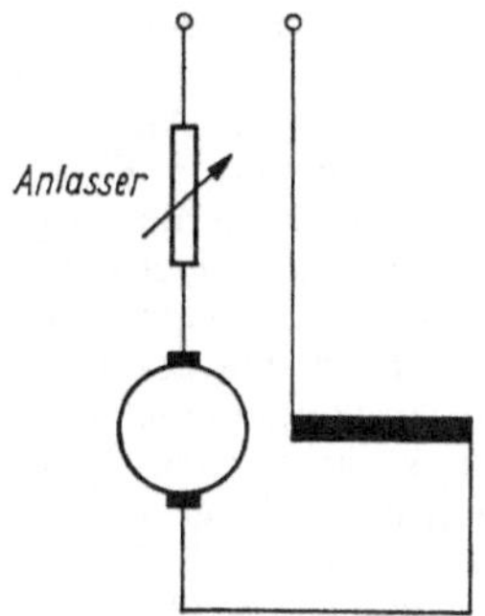

Abb. 6.17. Hauptschlußmotor

in dem eine Wicklung gerade ihre höchste und tiefste Lage durchläuft, wird durch den Kommutator die Stromrichtung in der Wicklung gewechselt. Es wirken also bei weiterer Drehung wieder Drehmomente der gleichen Richtung auf den Trommelanker.

Unmittelbar beim Durchlaufen der höchsten und tiefsten Lage wird auf diese Wicklungen keine Kraft ausgeübt (da keine Flußänderung vorliegt). Zu dem Zeitpunkt ist jedoch die Krafteinwirkung auf die um 90° versetzten Wicklungen am größten. Es wird also das gesamte Drehmoment niemals Null. Das hat den Vorteil, daß der Motor beim Einschalten stets anläuft, gleichgültig, in welcher Stellung er sich gerade befindet, und daß die Drehung nicht ruckartig verläuft. Diesen Vorteil besitzt der Trommelanker gegenüber dem Doppel-T-Anker.

Zur Berechnung des auf den Anker wirkenden Drehmomentes haben wir die auf zwei gegeneinander um den Winkel $\pi/2$ versetzte Leitergruppen wirkenden Einzeldrehmomente zu addieren (Abb. 6.15).
Wirkt auf die erste Gruppe das Drehmoment

$$M_{\text{mech,I}} = NIAB \sin \varphi,$$

so ist das zweite Drehmoment gegeben durch

$$M_{\text{mech,II}} = NIAB \cos \varphi.$$

Mithin ist das Gesamtdrehmoment

$$M_{\text{mech,ges}} = NIAB(\sin \varphi + \cos \varphi).$$

Die grafische Darstellung dieses Ausdruckes ist in Abb. 6.16 gegeben, in der die von den Leitergruppen herrührenden Einzeldrehmomente und das Gesamtdrehmoment dargestellt sind. Aus der Abbildung ist ersichtlich, daß das Gesamtdrehmoment niemals den Wert Null annehmen kann und daß seine Schwankungen wesentlich geringer sind als die der beiden Einzeldrehmomente.
Die induzierte Gegenspannung ist gleich

$$U_i = Cn\Phi,$$

wobei Φ den magnetischen Fluß im Anker, n die Drehzahl bezeichnen; C ist eine für die Anordnung charakteristische Konstante. Diese Gegenspannung ist für die Wirtschaftlichkeit des Elektromotors von Bedeutung.

Wird der Motor nur wenig belastet, so läuft er schneller als bei starker Belastung. Daher wird also bei geringer Belastung eine hohe Gegenspannung induziert, und der Motorstrom wird klein. Daraus folgt, daß ein gering belasteter Motor auch weniger elektrische Energie aufnimmt als ein stark belasteter Motor.

Der von einem Elektromotor aufgenommene Strom ist am größten, wenn der Motor steht. Die Stromstärke kann dann ein Vielfaches von der betragen, die der Motor bei der Nenndrehzahl aufnimmt. Daher muß man beim Anlassen des Elektromotors einen Vorschaltwiderstand vor die Ankerwicklung legen, um zu verhindern, daß der Strom eine für den Elektromotor zulässige Höhe überschreitet und die Netzspannung zusammenbricht. Der Anlaßwiderstand wird mit steigender Drehzahl (schrittweise oder stetig) verringert.
Typen der Gleichstrommotoren. Je nachdem, ob Ankerwicklung und Feldmagnetwicklung hintereinander oder parallel geschaltet sind, unterscheidet man wie bei den Generatoren *Hauptschlußmotoren* (Reihenschlußmotoren) und *Nebenschlußmotoren* (Abbn. 6.17 und 6.18). Soll der Antrieb nicht nur mit einem, sondern mit mehreren Reihenschlußmotoren zugleich vorgenommen werden (z. B. bei Straßenbahnen), so schaltet man sie beim Anfahren zunächst hintereinander, so daß jeder Motor nur einen Teil der Netzspannung erhält. Ist das Anfahren (und damit die Belastung bei niedrigen Drehzahlen) vollzogen, werden die Motoren parallel geschaltet.
Abb. 6.19 zeigt den Zusammenhang zwischen der Drehzahl des Motors und dem wirkenden Drehmoment M_{mech} beim Hauptschlußmotor. Man erkennt das große Drehmoment speziell bei niedrigen Drehzahlen. Daher wird der Hauptschlußmotor speziell dann angewendet, wenn beim Anlauf große Drehmomente benötigt werden (z. B. beim Bahnbetrieb oder bei Kränen).
Der Nebenschlußmotor hat eine von der Belastung weitgehend unabhängige Drehzahl. Die Abhängigkeit vom wirkenden Drehmoment zeigt Abb. 6.20. Die Drehzahländerung weicht bei Be-

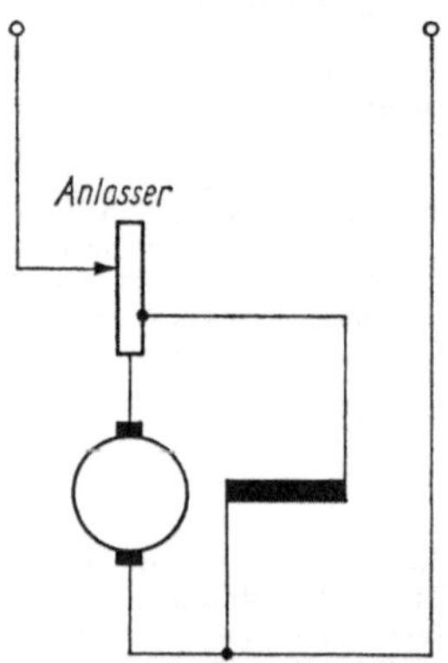

Abb. 6.18. Nebenschlußmotor

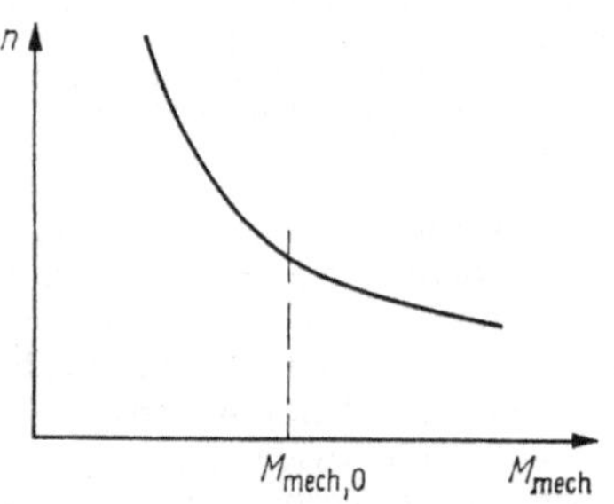

Abb. 6.19. Drehzahlverhalten des Reihenschlußmotors.
n Drehzahl; $M_{\text{mech,0}}$ Nenndrehmoment

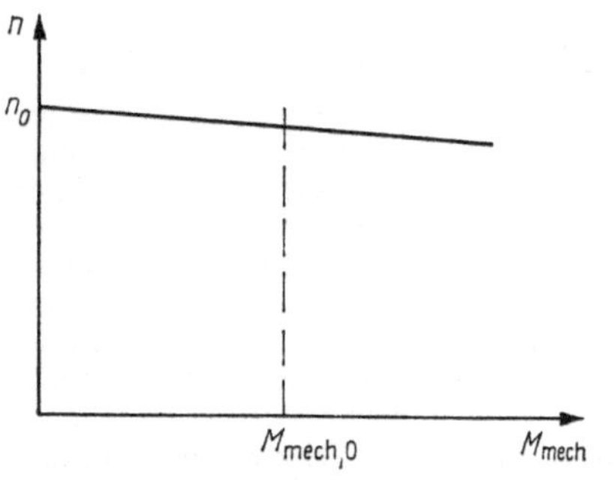

Abb. 6.20. Drehzahlverhalten des Nebenschlußmotors.
n Drehzahl; n_0 Leerlaufdrehzahl; $M_{\text{mech,0}}$ Nenndrehmoment

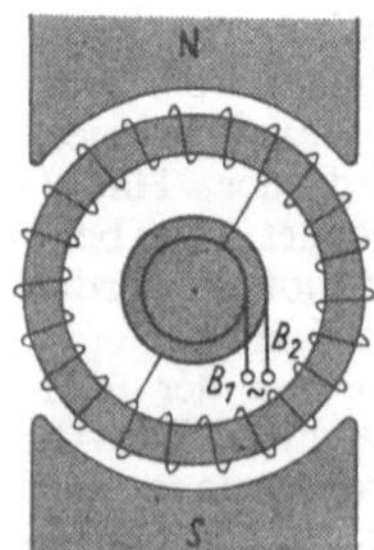

Abb. 6.21. Wechselstromerzeugung durch eine Ringwicklung

lastung nur minimal von der Leerlaufdrehzahl ab. Der Nebenschlußmotor wird daher immer dann bevorzugt, wenn eine weitgehende Drehzahlkonstanz gefordert wird.

6.5. Wechselstromgeneratoren

Grundlagen. Das Prinzip des Wechselstromgenerators ist schon in Abb. 6.2 angegeben worden. Die Rotation eines Leiterkreises in einem konstanten Magnetfeld liefert einen Wechselstrom, der an Schleifringen abgenommen werden kann. Im Prinzip kann man die Gleichstromgeneratoren als Wechselstromerzeuger benutzen, wenn man statt der Kommutatoren Schleifringe verwendet und die in sich geschlossene Ankerwicklung an zwei gegenüberliegenden Punkten mit den Schleifringen verbindet (Abb. 6.21).

In der praktischen Ausführung werden jedoch die Wechselstromgeneratoren heute fast ausschließlich als Innenpolmaschinen gebaut. Der Anker ist ruhend ausgebildet, er bildet den Stator. Es rotieren die Feldmagnete, denen durch Schleifringe der zu ihrer Erregung erforderliche Gleichstrom zugeführt werden kann. Die Wechselspannung wird direkt von den Klemmen des Stators abgenommen. Da hier die Schwierigkeiten einer Bürstenübertragung wegfallen, können hohe Spannungen und große Leistungen bewältigt werden (bis 27 000 V und über 1 GW). Da man in Europa fast ausschließlich Wechselstrom von 50 Hz benutzt und eine volle Periode des Wechselstromes beim Vorübergang an zwei Polen entsteht, so benötigt man bei zwei Polen Drehzahlen der Maschinen von 3 000/min. Ist man durch die Art der Antriebsmaschinen gezwungen, niedrige Drehzahlen zu verwenden, so muß man sehr viele Pole anbringen, was unter Umständen zu sehr großen Durchmessern der Maschine führt. Abb. 6.22 zeigt das Prinzip eines Wechselstromgenerators. Der innere Teil ist der umlaufende, im vorliegenden Fall vierpolige Feldmagnet, der äußere Teil der ruhende Anker, dessen Wechselspannung bei K_1 und K_2 abgenommen wird. Es müssen also je zwei aufeinanderfolgende Spulen entgegengesetzten Wicklungssinn haben, weil sie sich jeweils über entgegengesetzten Polen befinden. In Abb. 6.22 sind die Ankerspulen hintereinander geschaltet, damit sich ihre Spannungen addieren. Man kann die Spulen natürlich auch parallelschalten und bekommt dann geringere Spannung und größere Stromstärke.

Der Erregergleichstrom für die Feldmagnete wird dem Läufer durch die Schleifringe $+$ und $-$ zugeführt. Die Spulen sind so um die Pole gewickelt, daß ein Nordpol vom Erregerstrom im Uhrzeigerdrehsinn, ein Südpol im Gegenuhrzeigerdrehsinn umflossen wird.

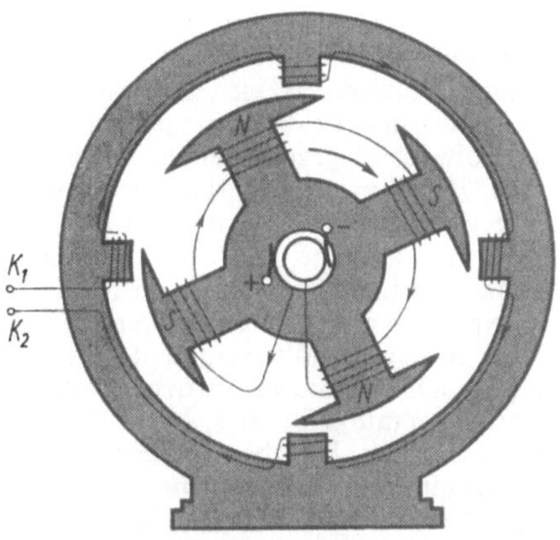

Abb. 6.22. Wechselstromgenerator mit Innenpolen

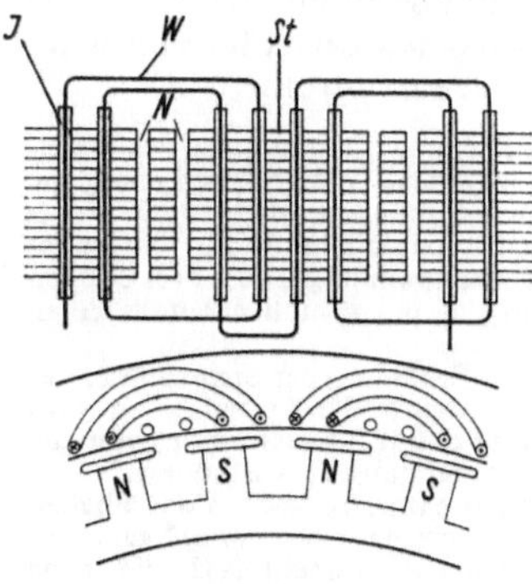

Abb. 6.23. Prinzip der Statorwicklung eines Wechselstromgenerators.
W Wicklung; *St* Statorbleche; *N* Nuten; *I* Isolation

Abb. 6.24. Synchrongenerator mit Einzelpolen, zerlegt

Bei dem eingezeichneten Drehsinn wird in der obersten Spule der Abb. 6.22 im dargestellten Augenblick der magnetische Fluß vergrößert. Es wird also in der Spule nach dem Induktionsgesetz eine Spannung entgegen dem Uhrzeigerdrehsinn hervorgerufen. Dagegen hat das Feld bei der linken Ankerspule entgegengesetzte Richtung. Daher wird die Spannung in dieser Spule im Uhrzeigerdrehsinn gerichtet sein. Infolge der Umkehrung des Wicklungssinnes hat die Spannung in beiden Spulen dieselbe Richtung. Entsprechendes gilt für die übrigen Spulen.

Abb. 6.23 zeigt das Schema einer praktischen Ausführung der Ankerwicklungen. Sie befinden sich in Nuten des Stators, die parallel zur Achse verlaufen. In den Nuten werden die Kupferstäbe oder aus mehreren Windungen auf Schablonen gefertigte Spulen eingelegt.

Man nennt (aus Gründen, die unten erörtert werden) die in der geschilderten Weise aufgebauten Maschinen *Synchrongeneratoren*. Abb. 6.24 zeigt eine praktische Ausführungsform. Links befindet sich der eigentliche Generator. Rechts auf der Welle ist der Anker des Erregergenerators sichtbar (Gleichstrom-Nebenschluß-Generator).

Mehrphasenwicklungen. Man kann die freien Nuten (Abb. 6.25a) in der Weise ausnutzen, daß man einen zweiten in sich geschlossenen Leiterkreis im Anker verlegt (Abb. 6.25b). Da jeder Feldpol etwas später diesen zweiten Kreis mit seinem Feld durchsetzt, so ist die im zweiten Kreis entstehende Wechselspannung gegen die in dem ersten Kreis entstehende in der Phase verschoben, und zwar bei zwei Kreisen um 90°.

Sehr häufig verwendet man drei voneinander unabhängige Kreise (Abb. 6.25c). Man erhält dann drei in der Phase um je 120° verschobene Spannungen, also in ihrer Vereinigung eine Dreiphasenspannung (Drehstromsystem, Abschn. 5.10).

Da für Wechselstrom aus Gründen, die bereits in Abschn. 5.3 dargelegt worden sind, Sinusform anzustreben ist, muß die Feldliniendichte über den Polen ebenfalls sinusförmig verlaufen, was durch geeignete Form der Polschuhe erreicht wird. Für schnell laufende Generatoren (z. B. bei Antrieb mit Dampfturbinen) kann man die Feldmagnete wegen der Fliehkraft nicht mit kompakten Polen bauen, sondern man verwendet zylindrische Trommeln, auf deren Umfang die Erregerwicklung in axialen Nuten liegt. Vermerkt werden muß auch, daß die Phasenverschiebungen zwischen Strom und Spannung nur von der Art der Belastung im äußeren Stromkreis abhängen.

Der zur Erregung der Feldmagnete notwendige Gleichstrom wird entweder einem Gleichstrom-Nebenschluß-Generator, der mit dem Synchrongenerator auf einer Welle gekuppelt ist, entnommen oder durch Gleichrichtung aus der Dreiphasenwechselspannung gewonnen. Nur bei sehr kleinen Einheiten, wie bei Lichtmaschinen oder Tachometergeneratoren, genügen Dauermagnete zur Erzeugung des Erregerfeldes.

6.6. Wechselstrommotoren

Synchronmotoren. Die Umkehrung der oben beschriebenen Wechselstromgeneratoren bilden die Synchronmotoren. Sie benötigen für die Erregerwicklung Gleichstrom, der durch eine spezielle Quelle geliefert werden muß. Der Feldmagnet, der

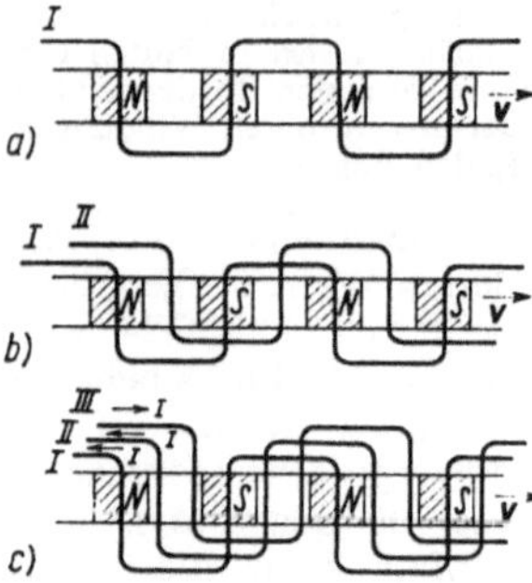

Abb. 6.25. Vereinfachtes Schema einer Einphasen-, Zweiphasen- und Dreiphasen-(Drehstrom-)Wicklung (Wellenwicklung)

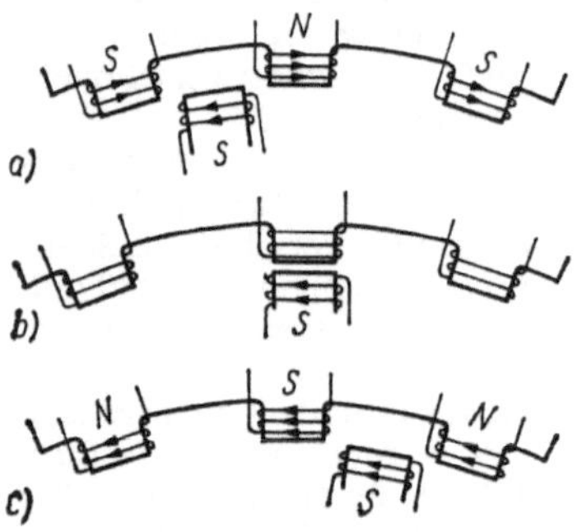

Abb. 6.26. Prinzip des Synchronmotors

mit Gleichstrom gespeist wird, hat ständig die gleiche Polarität. Er bildet in Abb. 6.26 den Läufer; es ist nur der Südpol sichtbar. Der Anker dagegen wird von Wechselstrom durchflossen. Er wechselt entsprechend der jeweiligen Stromrichtung auch laufend seine Polarität. In Abb. 6.26 bildet er den Stator. Der Läufer soll im Uhrzeigerdrehsinn rotieren. Wir erkennen, daß nur dann ein antreibendes Drehmoment möglich ist, wenn die Polwechsel genau mit dem Vorübergang der Feldpole zusammenfallen. Der Motor hat also eine genau auf die Wechselstromfrequenz abgestimmte Drehzahl. Er läuft *synchron*.

Die Drehzahl des Motors hängt von der Zahl der Ankerpolpaare und der Frequenz der Wechselspannung ab. Läuft ein Pol des Feldmagneten (z. B. der in Abb. 6.26 dargestellte Südpol) in der Zeiteinheit n-mal an p Ankerpolpaaren vorbei, so muß in dieser Zeit der Strom im Anker (np)-mal seine Richtung gewechselt haben, d. h., der Wechselstrom muß np Polpaarwechsel in der Zeiteinheit haben. Es muß also gelten

$$n = f/p = n_\text{syn}.$$

Ein Synchronmotor der besprochenen Ausführung kann nicht von selbst anlaufen. Er muß durch einen Anwurfmotor auf die synchrone Drehzahl beschleunigt werden. Analog wie beim

Gleichstrommotor wird auch bei der Drehung des Wechselstrommotors in den Wicklungen eine Gegenspannung induziert. Sie ist um so kleiner, je mehr die Anker- und Feldwicklungen im Augenblick der Polwechsel gegeneinander verschoben sind. Bei Belastung bleibt der rotierende Feldmagnet gegen die Polmitten des Ankers zurück, und zwar um so mehr, je größer die Belastung ist. Trotzdem läuft aber der Motor dabei vollkommen synchron mit der Netzfrequenz. Erst bei sehr starker Belastung fällt er außer Tritt und bleibt stehen. Synchronmotoren werden im allgemeinen für Antriebe mit geforderter hoher Drehzahlkonstanz verwendet. Darüber hinaus werden sie eingesetzt, um induktive Blindströme im Netz zu beseitigen. Macht man nämlich die Erregung stärker als notwendig, so wird die induzierte Gegenspannung größer als die Klemmenspannung. Die Ankerwicklung entnimmt dem Netz einen Strom, der den magnetischen Fluß schwächt. Dies ist aber ein voreilender Strom.

Die am Motor liegende Klemmenspannung U_K des Wechselstromnetzes sei fest gegeben. Infolgedessen muß wie beim Transformator die durch den Magnetfluß Φ bedingte Gegenspannung U_i ebenfalls konstant sein, nämlich entgegengesetzt der Netzspannung. Diese drei Größen bedingen sich gegenseitig, d. h., Φ muß ebenfalls einen festen Wert haben.
Verstärken wir nun durch Erhöhung der Stromstärke des Gleichstromes im Feldmagneten die Erregung, so wird der magnetische Fluß und damit die hierdurch bedingte, im Anker erzeugte Gegenspannung U_i vergrößert.
Diese Erhöhung der Gegenspannung bewirkt das Fließen eines Gegenstromes I', der infolge seiner um $\pi/2$ gegen U_i verschobenen Phase gegen U_K voraneilt (vgl. die ganz ähnlichen Verhältnisse beim Transformator). Dieser Gegenstrom bedingt nun einen Gegenfluß, der den Gesamtfluß auf das bedingte feste Maß Φ herabsetzt.
Umgekehrt liegen die Verhältnisse bei Untererregung. Es wird dem Netz ein induktiver Strom entnommen. Ein übererregter Synchronmotor belastet also das Netz kapazitiv; er verhält sich wie ein Kondensator. Nun ist stets im Netz ein induktiver Strom vorhanden, der hinter der Spannung um 90° zurückbleibt. Der kapazitive Strom eilt ihr um 90° vor. Macht man beide gleich groß, so heben sie sich vollkommen auf. Der übererregte Synchronmotor vermag also den Leistungsfaktor zu vergrößern und befreit die Kraftwerksgeneratoren, die das Netz speisen, von der Lieferung des Blindstromes. Solche „Phasenschieber" sind für große (Blindstrom-)Leistungen – bis zu 50 000 kV A – im Gebrauch. Sie haben bei der Vergrößerung des Leistungsfaktors vor Kondensatoren den Vorteil, daß sie nicht wie diese mit den Induktivitäten der Motoren ein schwingungsfähiges Gebilde darstellen, das Anlaß zu unerwünschten Resonanzerscheinungen mit Überspannungen und damit zu Schädigungen der Anlage geben kann.

Asynchronmotoren. In den Asynchronmotoren wird das Drehmoment des magnetischen Drehfeldes eines Mehrphasenstromes ausgenutzt. Leiten wir in die Ständerwicklungen, deren Wicklungsart durch die Abb. 6.25 wiedergegeben wurde, die entsprechend phasenverschobenen Ströme, so entsteht ein rotierendes Magnetfeld. Die Läuferwicklung ist analog der Ständerwicklung aufgebaut und wird außen kurzgeschlossen.

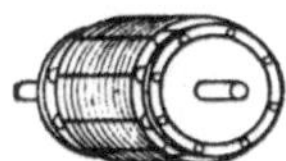

Abb. 6.27. Käfigläufer

Man könnte natürlich dem Versuch von ARAGO (Abschn. 4.3.7) entsprechend eine volle Scheibe oder einen Vollzylinder verwenden. Doch sind die in ihnen von den induzierten Wirbelströmen umkreisten Flächen zu klein. Infolgedessen ist auch ihr magnetisches Moment, das der Fläche proportional ist und das für das Drehmoment maßgebend ist, klein. Bei den oben angegebenen Wicklungen sind die vom Strom umrandeten Flächen größer. Sie nehmen praktisch den ganzen Querschnitt des Läufers ein. Man kann auch die Läuferwicklung einfach in der Art, wie sie in Abb. 6.27 gezeigt ist, in sich kurzschließen (*Käfigläufer*). Sie besteht aus Kupfer- oder Aluminiumstäben, die in die Nuten des Rotors eingelegt bzw. eingegossen werden und die an den beiden Stirnseiten durch kräftige Ringe miteinander verbunden sind.

Halten wir den Rotor fest, so haben wir den Fall des kurzgeschlossenen Transformators vorliegen. Die Frequenz des Wechselstromes in der Rotorwicklung ist gleich der Frequenz des in der Ständerwicklung fließenden Wechselstromes. Lassen wir den Läufer los, so setzen die vom Statorfeld auf die Induktionsströme der Läuferwicklungen ausgeübten mechanischen Kräfte den Rotor in Drehung. Je schneller sich der Läufer dreht, um so geringer wird die Relativbewegung zwischen Ständerfeld und Läufer. Nun führt aber gerade die Relativbewegung zwischen Ständerfeld und Läufer zu einer zeitlichen Änderung des magnetischen Flusses in der Läuferwicklung. Wenn also die Relativbewegung geringer wird, nimmt die Stromstärke in der Läuferwicklung immer mehr ab. Sie wird Null, wenn der Läufer genauso schnell umläuft wie das Drehfeld. In diesem Zustand, dem idealen Leerlauf, kann der Läufer kein Drehmoment entwickeln. Wird er mechanisch belastet, so vermindert sich seine Geschwindigkeit ein wenig, dadurch steigt in ihm die Stromstärke so lange, bis das entstehende Drehmoment zur Überwindung der äußeren Kräfte ausreicht. Der Rotor läuft also langsamer als das Drehfeld, er läuft *asynchron*. Man nennt das Verhältnis

$$\frac{\text{Differenz der Drehzahlen des Drehfeldes und des Läufers}}{\text{Drehzahl des Drehfeldes}}$$

den *Schlupf* des Läufers.

Da der Läufer nur einen geringen Widerstand hat, so genügt schon ein kleiner Schlupf (0,5 bis 5%), um genügend große Rotorströme hervorzurufen. Ein Käfigläufer mit seinem sehr geringen Widerstand hat daher auch bei veränderlicher Belastung eine fast konstante Drehzahl.

Ist n die Drehzahl des Feldes, n' die des Läufers, also die Drehzahldifferenz zwischen Läufer und Feld gleich $n - n'$, so ist der *Schlupf*

$$s = \frac{n - n'}{n}.$$

Zur Berechnung des Schlupfes vergleichen wir die mechanisch nutzbare Leistung P_m des Läufers mit der vom Ständer gelieferten elektromagnetischen Leistung P_e. Diese wird von einem mit der Drehzahl n umlaufenden Drehfeld abgegeben, ist also gleich

$$P_e = M_{\text{mech}} \cdot 2\pi n,$$

wobei M_{mech} das Drehmoment des Motors bedeutet. Die mechanisch nutzbare Leistung ist gleich

$$P_m = M_{\text{mech}} \cdot 2\pi n' < P_e.$$

Die Differenz beider muß sich als Stromwärmeverlust im Läufer wiederfinden, d. h., es gilt

$$3I_2{}^2 R_2 = 2\pi M_{\text{mech}}(n - n'),$$

wenn für den Läuferstrom I_2 und für den ohmschen Widerstand einer Läuferwicklung R_2 gesetzt wird. Der Faktor 3 gilt beim Antrieb durch Drehstrom.

Bei Stillstand des Motors findet sich die ganze übertragene Leistung als Stromwärmeverlust wieder; je schneller die Maschine läuft, um so geringer werden diese Wärmeverluste. Für den Schlupf ergibt sich

$$s = \frac{n - n'}{n} = \frac{3I_2{}^2 R_2}{P_e}.$$

Der Schlupf ist gleich dem Verhältnis der Stromwärmeverluste im Läufer zur abgegebenen elektromagnetischen Leistung des Ständers.

Vorteile des Drehstrom-Asynchronmotors. Verglichen mit den Motoren der anderen besprochenen Bauart, zeigen Drehstrom-Asynchronmotoren folgende Vorteile: Sie besitzen ein starkes Anzugsmoment bei starker Überlastbarkeit, fast konstante Drehzahl, bei gleichen äußeren Abmessungen eine höhere Leistung und infolge des Käfigläufers keine elektrischen Verschleißteile. Infolge dieser Vorteile hat der Drehstrommotor dazu beigetragen, daß gegenwärtig das dreiphasige Wechselspannungssystem fast ausschließlich angewendet wird.

Ein Nachteil des Drehstrommotors ist anscheinend seine hohe Umdrehungszahl; denn bei einer zweipoligen Maschine muß das Feld fünfzigmal in der Sekunde (= 3 000/min) umlaufen. Man begegnet dieser Schwierigkeit, indem man die Zahl der Pole entsprechend vermehrt. Bei 12 Polen beispielsweise läuft das Drehfeld und damit der Motor nur noch $8^1/_3$mal in der Sekunde (= 500/min) um.

Kommutatormotoren. Vertauscht man bei einem Gleichstrommotor die Zuleitungen, so läuft er in der gleichen Richtung wie vorher weiter, weil sich sowohl in den Wicklungen des Feldmagneten als auch des Ankers die Stromrichtung umkehrt. Man kann also einen Gleichstrommotor auch

Abb. 6.28. Ständer eines Wechselstrom-Reihenschluß-motors einer elektrischen Lokomotive

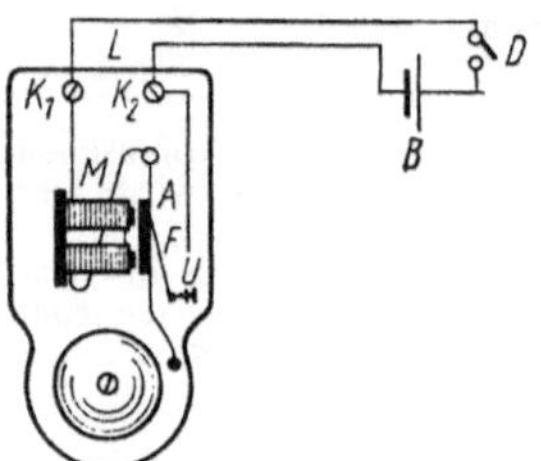

Abb. 6.29. Hausklingel

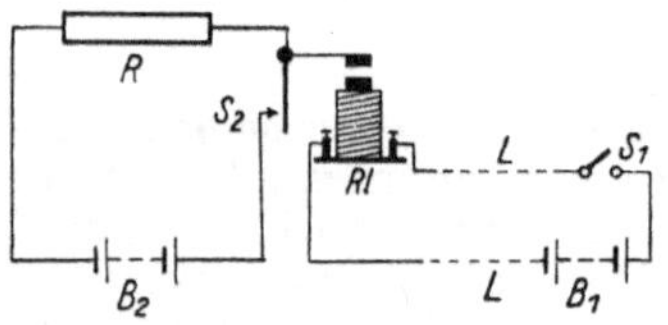

Abb. 6.30. Relaisschaltung.
B Stromquelle; *S* Schalter; *Rl* Relais; *L* Fernleitung;
R Verbraucher;
Index 1 für Schaltkreis, Index 2 für Verbraucherkreis

mit Wechselstrom betreiben. Wegen der dabei auftretenden Ummagnetisierung des Eisens müssen aber die Eisenkerne aus dünnen Blechen zusammengesetzt sein. Ferner tritt wegen der Selbstinduktion der Wicklungen Funkenbildung am Kommutator auf, die aber durch Wendepole herabgesetzt werden kann. Diese Motoren haben den Vorteil bequemer Regelbarkeit und werden daher oft als Bahnmotoren benutzt. Wegen des induktiven Widerstandes braucht man mit Wechselstrom bei gleichen Stromstärken eine höhere Spannung. Zur Herabsetzung dieses Einflusses macht man den Luftspalt, in dem ja der größte Teil der magnetischen Energie sitzt, möglichst klein.

In gleicher Weise wirkt auch eine Kompensationswicklung, ferner Herabsetzung der Periodenzahl der Wechselspannung, weshalb man bei Bahnen eine Frequenz von $16^2/_3$ Hz benutzt. Abb. 6.28 zeigt die technische Ausführung des Stators eines solchen Reihenschlußmotors.

6.7. Verschiedene Anwendungen des Elektromagnetismus

Elektromagnetischer Unterbrecher. Man kann Elektromagnete sehr gut zur Öffnung und Schließung von Stromkreisen benutzen. (Der selbsttätige Unterbrecher wurde 1837 von J. P. WAGNER in Frankfurt a. M. (1799 bis 1879) erfunden, daher auch der Name *Wagnerscher Hammer* für den elektromagnetischen Unterbrecher. Die erste Anwendung zum Betrieb einer Glocke erfolgte durch JOHN MIRAND, 1850.) Das Prinzip besteht darin, ein Weicheisenstück von einem Elektromagneten für die Dauer des Stromschlusses anziehen zu lassen und diese Bewegung zur Unterbrechung des Stromes zu benutzen.

Hausklingel. Vor einem Elektromagneten *M* ist entsprechend Abb. 6.29 ein eiserner Anker in geringem Abstand mit einer Feder befestigt. Die Feder zieht den Anker vom Magneten ab und drückt hierbei einen am unteren Ende des Ankers (meist an einer Stahlfeder) befindlichen Gegenkontakt gegen eine Kontaktschraube *U*. Die Wicklung des Elektromagneten ist entsprechend Abb. 6.29 mit einer Stromquelle verbunden.
Wird der Schalter *D* geschlossen, zieht der Elektromagnet den Anker an und unterbricht hierdurch den Strom. Somit ist auch die anziehende Kraft des Elektromagneten unterbrochen, und der Anker schnellt wieder gegen die Kontaktschraube. Dadurch ist die Stromleitung erneut hergestellt, der Vorgang beginnt von vorn.
Außer bei der Klingel findet der Unterbrecher auch beim Induktionsapparat, der elektromagnetischen Stimmgabel, dem Summer und der Elektrohupe Anwendung.
Elektromagnetische Relais. Zur Steuerung eines beliebig starken Stromes durch einen verhältnismäßig schwachen dient das Relais. Die Bewegung des Ankers wird dazu benutzt, um den stärkeren Stromkreis zu schließen oder zu öffnen (Abb. 6.30).
Telegraf (téle, gr., = fern; grápho, gr., = schreibe). Jeder Telegraf besteht aus zwei Teilen: dem Geber und dem Empfänger. Sie sind an zwei Orten aufgestellt und durch eine elektrische Leitung miteinander verbunden. Der Geber besteht aus einer Taste, mit der der Leitungsstrom geschlossen wird. Der Empfänger besteht aus einer Vorrichtung, durch die der Strom nachgewiesen werden kann. Wenn diese Vorrichtung den Stromschluß sichtbar auf einen Streifen Papier aufschreibt, ist es ein *Schreibtelegraf.* (Die erste

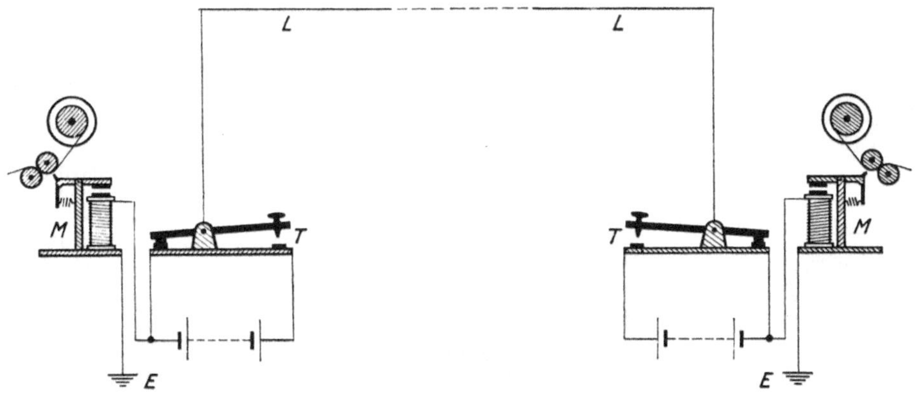

Abb. 6.31. Morse-Telegraf

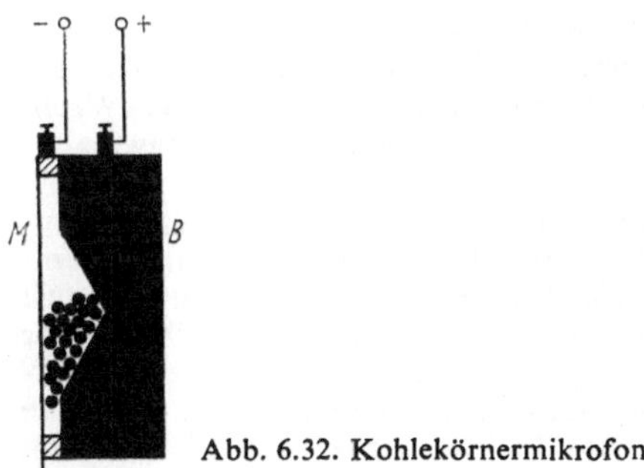

Abb. 6.32. Kohlekörnermikrofon

praktisch brauchbare elektromagnetische Telegrafenanlage wurde 1833 von GAUSS und W. WEBER in Göttingen eingerichtet.)

Weit verbreitet war früher der *Morsesche Schreibtelegraf* (Abb. 6.31). Er besteht aus dem Elektromagneten M, vor dem ein Anker an einem drehbaren Hebel angebracht ist. Eine an dem Hebel angreifende Feder zieht den Anker vom Elektromagneten fort. Wird die Taste T niedergedrückt, so fließt der Strom durch die Leitung L zum Empfänger, der ständig „in Linie" liegt, so daß ein ankommendes Signal durch die Taste T in Empfangsstellung über den Elektromagneten M zur Erdplatte E und von da durch das Erdreich zurück zum zweiten Pol der Sendebatterie fließt.

Wenn der Strom durch die Wicklung des Elektromagneten fließt, zieht er den Anker an. Infolgedessen wird ein an dem Hebel sitzender Schreibstift gegen einen Papierstreifen gedrückt, der sich, durch ein Uhrwerk getrieben, vor dem Schreibstift vorbeibewegt. Wird der Strom mit Hilfe des Tasters T längere Zeit geschlossen, so macht der Schreibstift auf dem Papierstreifen einen Strich. Dauert der Stromschluß nur kurze Zeit, so wird ein Punkt aufgezeichnet. Aus Punkten und Strichen können in verabredeter Weise die Buchstaben des Alphabetes und andere Zeichen zusammengesetzt werden. (SAMUEL MORSE, 1781–1872, Amerikaner, führte den Schreibtelegrafen 1837 nach Vorschlägen von STEINHEIL ein.)

Galitzinpendel. Bei Messungen von Erdbewegungen werden Horizontalpendel (Seismometer, Bd. 1) angewendet. Die Empfindlichkeit derartiger Geräte läßt sich dadurch außerordentlich steigern, daß man an den Pendelkörper eine Spule anbringt und sie an den Polen eines Magneten vorbeischwingen läßt. Dann werden nach der Stärke der Bewegung mehr oder minder starke Spannungen in der Spule induziert, die ein Maß der Erderschütterung darstellen (GALITZIN).

Mikrofone (mikrós, gr., = klein; phoné, gr., = Ton). Mikrofone sind Schallwandler zur Umwandlung von Schallschwingungen in niederfrequente (tonfrequente) elektrische Ströme und Spannungen. Eine der ältesten Ausführungen ist das *Kohlekörnermikrofon* (Abb. 6.32). Es besteht aus einer Kohlemembran M, die sich isoliert von einem Kohleblock B befindet. Der Zwischenraum ist z. T. mit Kohlekörnern ausgefüllt. Unter dem Einfluß von Schallschwingungen bewegt sich die Membran im Rhythmus der Schwingungen und drückt dabei die Kohlekörner mehr oder weniger stark zusammen. Dadurch ändert sich der Übergangswiderstand zwischen den einzelnen Körnern, und ein Gleichstrom, der das Mikrofon durchfließt, schwankt im Rhythmus der Tonfrequenz. Das Kohlekörnermikrofon vermag Frequenzen bis zu einigen 1 000 Hz zu übertragen. Es wird vornehmlich für Fernsprechzwecke eingesetzt.

Das *Bändchenmikrofon* (W. SCHOTTKY und E. GERLACH) erzeugt den niederfrequenten Strom durch elektromagnetische Induktion. Ein dünnes, gefaltetes Metallbändchen ist zwischen den Polen eines starken Magneten befestigt (Abb. 6.33). Durch die Schallwellen wird das Bändchen in dem Magnetfeld (senkrecht zu den Feldlinien) bewegt. Infolgedessen wird in dem Bändchen eine niederfrequente Wechselspannung induziert (s. Abschn. 4.2.3). Das Bändchenmikrofon ist heute nur noch bedingt im Einsatz.

Das *Tauchspulenmikrofon* stellt die Umkehrung des elektrodynamischen Lautsprechers (s. u.) dar. Eine leichte Spule, die mit einer Membran verbunden ist, schwingt in dem ringförmigen Luft-

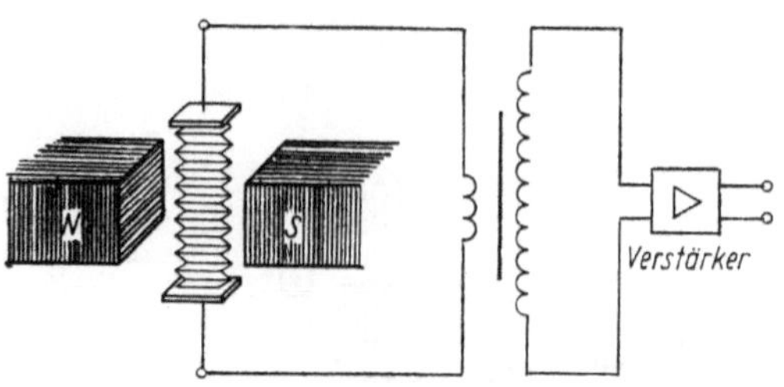

Abb. 6.33. Bändchenmikrofon

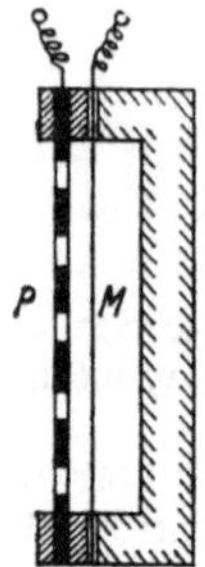

Abb. 6.34. Kondensatormikrofon

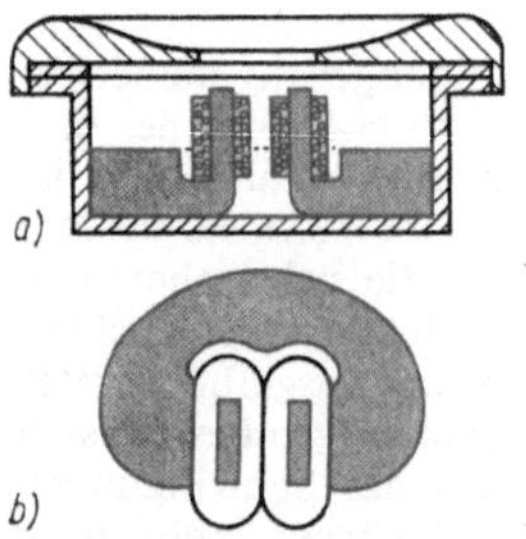

Abb. 6.35. Aufbau eines Telefonhörers.
a) Querschnitt; b) Magnetsystem von oben

spalt eines Magneten. Durch elektromagnetische Induktion entstehen in der Spule niederfrequente Wechselspannungen, die einem Verstärker (s. u.) zugeleitet werden. Tauchspulenmikrofone sind für Frequenzen bis über 12000 Hz einsetzbar. Sie werden daher zur Musikübertragung verwendet. Auf elektrostatischer Grundlage beruht das *Kondensatormikrofon* (A. E. DOLBEAR; E. C. WENTE; Abb. 6.34). Die Kondensatorbelegungen werden einerseits von einer mit Löchern versehenen Metallplatte P, andererseits von einer außerordentlich dünnen Aluminiummembran M gebildet. Die auftreffenden Schallwellen bewegen die Membran und ändern so die Kapazität des Kondensators. Werden die Kondensatorbelegungen mit einer Gleichspannungsquelle verbunden (z. B. 100 V), so fließen niederfrequente Ladeströme. Die aus ihnen unmittelbar zu gewinnenden Spannungen sind sehr gering. Deshalb wird in dem Gehäuse des Mikrofons schon die erste

Verstärkerstufe mit eingebaut. Der Frequenzbereich des Kondensatormikrofones erstreckt sich von den niedrigsten Tonfrequenzen bis über die Hörbarkeitsgrenze hinaus (s. Bd. 1). Daher sind die Mikrofone für hochwertige Musikaufnahmen und für Meßzwecke geeignet.

Das *piezoelektrische Mikrofon* (*Kristallmikrofon*) nutzt den piezoelektrischen Effekt zur Erzeugung der niederfrequenten Spannung aus. Zwei schmale Kristallstreifen aus Seignettesalz (KOOC–(HCOH)$_2$–COONa) werden an ihren Oberflächen mit einem leitenden Belag versehen, zusammengekittet und mit einer Membran verbunden. Die Schallschwingungen übertragen sich auf den Kristall und erzeugen piezoelektrische Spannungen (s. Abschn. 2.4.9). Kristallmikrofone sind gut für die Übertragung von Sprache geeignet. Ihr Frequenzbereich erstreckt sich von 100 bis etwa 8000 Hz.

Lautsprecher. Sie sind Schallwandler zur Rückwandlung niederfrequenter (tonfrequenter) Wechselströme bzw. Spannungen in Schallschwingungen.

Telefon (téle, gr., = fern; phoné, gr., = Ton). Das Telefon besteht aus einer biegsamen Membran aus Weicheisen, die an ihren Rändern fest eingespannt ist. Sie befindet sich unmittelbar vor einem Elektromagneten, der als Kern einen permanenten Stahlmagneten enthält (Abb. 6.35). Die Wicklung des Elektromagneten wird von dem Strom, der im Rhythmus der übertragenen Sprache schwankt, durchflossen. Im gleichen Rhythmus ändert sich die anziehende Kraft der Polschuhe auf die Membran und gibt die Stromschwankungen als Schwingungen an die Luft ab. Die Verwendung eines permanenten Magneten als Kern des Elektromagneten führt dazu, daß die Membran ständig mit einer konstanten Kraft angezogen wird, der sich eine im Rhythmus der Stromschwankungen wechselnde Kraft überlagert. Diese Vormagnetisierung geschieht aus zweierlei Gründen: Der Zug auf die Membran ist proportional zu B^2. Treten nun durch die Sprechströme Schwankungen der magnetischen Induktion um ΔB auf, so ist die Kraft, die auf die Membran wirkt, proportional zu $(B + \Delta B)^2 - B^2 \approx 2B\Delta B$. Ein Telefon ist also um so empfindlicher, je größer B ist, d. h., je stärker die Vormagnetisierung durch den Permanentmagneten ist. Der zweite Vorteil der Vormagnetisierung liegt in folgendem: Der am Telefon eintreffende Sprechstrom ist ein Wechselstrom. Ein Weicheisenstab des Telefons würde in diesem Fall bei wechselnder Stromrichtung jeweils Ummagnetisierung erfahren. Da aber sowohl ein Südpol als auch ein Nordpol die Weicheisenmembran anziehen, würde eine einzige Schallschwingung in zwei Membranschwingungen verwandelt werden. Die Wiedergabe würde also in der nächsthöheren Oktave erfolgen.

Abb. 6.36. Schema einer Telefonanlage

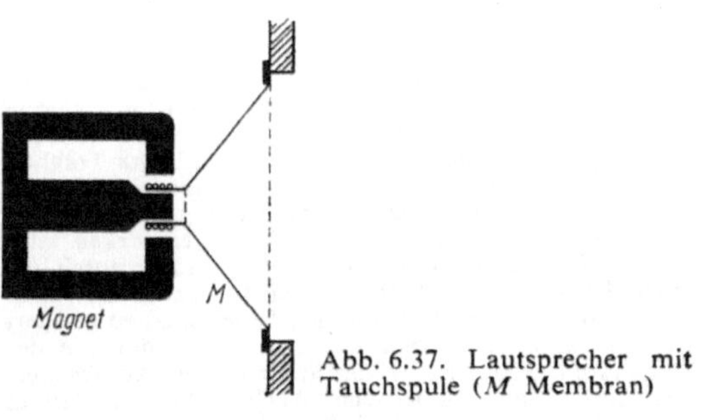

Abb. 6.37. Lautsprecher mit Tauchspule (M Membran)

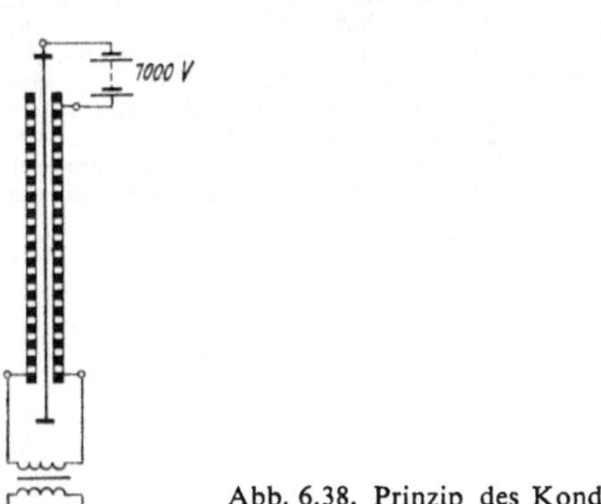

Abb. 6.38. Prinzip des Kondensatorlautsprechers

Man kann auch umgekehrt das Telefon als Mikrofon verwenden. Wird die Membran durch Schallwellen in Schwingungen versetzt, entstehen in der Spule des Elektromagneten Induktionsspannungen. Sie haben ihre Ursache in den Schwankungen des magnetischen Flusses, die durch die Bewegungen der eisernen Membran hervorgerufen werden. Auf diese Weise läßt sich mit zwei Telefonen eine vollständige Fernsprechanlage aufbauen (Abb. 6.36).

Vielfach wird zur Wiedergabe der *elektrodynamische Lautsprecher* verwendet, dessen Grundgedanke auf W. v. SIEMENS zurückgeht. Eine sehr verbreitete Form ist in Abb. 6.37 wiedergegeben. Die Membran trägt an ihrem Ende eine kleine leichte Spule (Tauchspule), die sich in dem ringförmigen schmalen Luftspalt eines starken Elektromagneten bewegen kann. Der Sprechstrom wird durch die Tauchspule geleitet, der Elektromagnet durch Gleichstrom erregt. Das Prinzip der Wirksamkeit der Anordnung entspricht dem in Abschn. 4.3.2 wiedergegebenen Grundversuch. Wird die Tauchspule von niederfrequentem Strom durchflossen, erfährt sie im Magnetfeld Krafteinwirkungen im Rhythmus des Stromes. Über die Membran werden durch diese Schwingungen Schallwellen in der Luft erregt.

Im *Kondensatorlautsprecher* wird die elektrostatische Anziehung zwischen Platten eines Plattenkondensators zur Schallerzeugung ausgenutzt. Die Arbeitsweise beruht auf dem gleichen Grundprinzip wie die der Einfadenelektrometer. Eine sehr dünne Aluminiummembran (Abb. 6.38) erhält eine Vorspannung von etwa 1 000 V. Sie kann zwischen zwei Metallgittern schwingen, denen über einen Transformator die Spannung der Sprechströme zugeführt wird. Es ist dies die Umkehrung des Kondensatormikrofons (Abb. 6.34).

Der *piezoelektrische Lautsprecher* stellt die Umkehrung des piezoelektrischen Mikrofones dar. Zwei aus Seignettesalz bestehende Plättchen erhalten an ihren Außenseiten einen Metallüberzug und werden so miteinander verkittet, daß sie sich beim Anlegen einer niederfrequenten Wechselspannung durchbiegen. Auf diese Weise wird eine Membran, die mit ihnen verbunden ist, zum Schwingen angeregt.

Die Verwendung von Membranen führt bei der Wiedergabe dazu, daß Schwingungen in der Nähe der Resonanzfrequenz der Membran stärker abgestrahlt werden als solche, die von dieser Frequenz entfernt sind. Es hat daher nicht an Versuchen gefehlt, Lautsprecher ohne schwingende Membranen zu konstruieren. Das *Ionophon* nutzt eine Plasmasäule zum Erregen der Schallschwingungen aus. Es erlangte bisher aber wenig Bedeutung.

Bei jeder elektroakustischen Anordnung (Telefon, Mikrofon, Verstärker, Lautsprecher) legt man größten Wert auf eine verzerrungsfreie Wiedergabe der übertragenen Sprache oder Klänge. Dieses Ziel kann heute noch nicht in allseitig befriedigender Weise erreicht werden, so daß sich beispielsweise der Charakter des Klanges durch Unterdrückung ursprünglich vorhandener Teiltöne oder durch neuauftretende Oberwellen ändert. Daher führt man zur Kennzeichnung der Verzerrung und für Meßzwecke (nach KÜPFMÜLLER) den Klirrfaktor k ein und setzt diesen gleich der Wurzel aus der Summe der Intensitäten aller in dem Klang auftretenden Oberschwingungen zu der aller ursprünglich vorhandenen. Bei einer linearen Schwingung ist nur die Grundschwingung n_0 vorhanden, infolgedessen wäre hier (n_n Oberschwingungen)

$$k = \sqrt{\frac{n_1{}^2 + n_2{}^2 + n_3{}^2 + \ldots}{n_0{}^2}}.$$

Tonfilm. Bei dem älteren *Lichttonverfahren* werden die Schallschwingungen mit Hilfe eines Mikrofons in elektrische Stromschwankungen umgewandelt, dann verstärkt und schließlich dem Lichttonschreiber zugeführt. Dieser besteht aus der gleichen Anordnung, wie wir sie beim Schleifenoszillografen kennengelernt haben. Die stromdurchflossene Schleife führt im Feld eines starken Magneten Drehungen aus, die durch Spiegel und Lichtzeiger auf das Filmband übertragen werden. Es entsteht eine zackenförmige, von der jeweiligen Amplitude des Stromes abhängige Abbildung der Wechselströme. Daher spricht man von *Zacken*- oder *Amplitudenschrift*. Wird nun der Tonfilm belichtet und mit dem so entstehenden Wechsellichtstrom eine Fotozelle bestrahlt, so lassen sich die Lichtschwankungen in Stromschwankungen und diese endlich durch einen Lautsprecher in akustische Schwingungen zurückverwandeln.

In dem *Intensitätsverfahren* nach KAROLUS läßt man den Wechselstrom auf eine Kerr-Zelle (Bd. 3) einwirken. Hierdurch wird ein durch die Zelle gestrahltes Lichtbündel nach Maßgabe der Stromschwankungen verändert, und so entstehen auf dem Aufnahmefilm Streifen mit unterschiedlicher Schwärzung (*Streifen*- oder *Sprossenschrift*).

Magnetofon (POULSON, STILLE, PFLEUMER, v. BRAUNMÜHL, WEBER). Das Magnetofon gilt den gleichen Zwecken wie die Schallplatte: der Aufnahme und Wiedergabe von Schallschwingungen.

Zur Aufnahme wandelt man die akustischen Schwingungen in elektrische um, die vom Mikrofon durch eine Spule geleitet werden und so im Aufnahmegerät, dem *Sprechkopf*, ein Magnetfeld wechselnder Stärke erzeugen. Als Tonträger wird ein dünnes, einige Millimeter breites Band aus Kunststoff benutzt, das mit einem Überzug feinster Stahlteilchen oder Magnetitteilchen bedeckt ist. Die durch die Hysteresis der Teilchen bedingte Trägheit wird dadurch herabgesetzt, daß man während der Aufnahme, d. h. während des Magnetisierungsvorgangs, ein Zusatzhochfrequenzfeld (etwa 100 kHz) einwirken läßt. Hierdurch wird zugleich die Magnetisierung durch die Sprechkopfspule erleichtert. Bei der Wiedergabe läßt man das Band, das ohne Veränderung beliebig lange gelagert werden kann, durch den *Hörkopf* laufen, der wie der Sprechkopf gebaut ist. In der Spule des Hörkopfes werden durch das magnetische Wechselfeld des Bandes Wechselspannungen induziert, die nach Verstärkung einem Lautsprecher zugeführt werden. Die Vorteile des Magnetofonverfahrens liegen einmal darin, daß eine Abnutzung praktisch nicht stattfindet, daß weiterhin die Aufzeichnungen durch ein starkes Magnetfeld (*Löschkopf*) leicht ausgelöscht werden können, und zum anderen in der sehr guten Tonwiedergabe und der Billigkeit des Verfahrens.

7. Leitung des elektrischen Stromes in Flüssigkeiten

7.1. Das Phänomen der Ionenleitung in Flüssigkeiten und die Faradayschen Gesetze

Flüssigkeiten besitzen, wie Tab. 7.1 zeigt, eine elektrische Leitfähigkeit, die über etwa 20 Größenordnungen variiert. Sieht man von flüssigen Metallen, Salzschmelzen und Säuren ab, sind die Leitfähigkeiten der gewöhnlichen Flüssigkeiten klein. Löst man aber z. B. in Wasser ein Salz, so steigt die elektrische Leitfähigkeit dieses Systems beträchtlich an. Die gelösten Salzmoleküle bilden in der Flüssigkeit Ionen, die für den Stromtransport verantwortlich sind. In Flüssigkeiten dieser Art ist die Stromleitung ein Ionenphänomen im Gegensatz zu den Metallen, in denen Elektronen für den Stromfluß verantwortlich sind.

In den meisten Stromkreisen mit einem flüssigen Leiter erfolgt aber der Ladungsfluß nicht vollständig in der flüssigen Phase, wie die in den Abbn. 7.1 und 7.2 skizzierten Versuche zeigen. Sie machen deutlich, daß die Stromleitung in diesen Systemen mit chemischen Prozessen in der

Tabelle 7.1. Spezifische Leitfähigkeit von Flüssigkeiten

Stoff	chemische Formel	$\varkappa$ in $\Omega^{-1}\,cm^{-1}$	Temperatur in °C
anorganische Flüssigkeiten			
Wasser, reinst	H_2O	$4 \cdot 10^{-8}$	
Wasser, aqua. dest.		$4 \ldots 5 \cdot 10^{-6}$	
Schwefelkohlenstoff	CS_2	$2,9 \cdot 10^{-4}$	25
Flußsäure	HF	$1,1 \cdot 10^{-2}$	
Schwefelsäure	H_2SO_4	$1,1 \cdot 10^{-2}$	
Salpetersäure	HNO_3	$3,7 \cdot 10^{-2}$	
organische Flüssigkeiten			
Benzen		$3,8 \cdot 10^{-14}$	25
Tetrachlorkohlenstoff	CCl_4	$4 \cdot 10^{-18}$	18
Methanol	CH_3-OH	$2 \ldots 7 \cdot 10^{-9}$	25
Ethanol	CH_3-CH_2-OH	$1,3 \cdot 10^{-9}$	25
n-Propanol	$CH_3-CH_2-CH_2-OH$	$2 \cdot 10^{-8}$	25
Aceton	C_3H_7O	$1 \ldots 6 \cdot 10^{-9}$	25
Nitrobenzen		$1 \cdot 10^{-10}$	25
1molare wäßrige Lösungen			
Lithiumchlorid	$LiCl$	$0,63 \cdot 10^{-1}$	
Natriumchlorid	$NaCl$	$0,74 \cdot 10^{-1}$	
Kaliumchlorid	KCl	$0,98 \cdot 10^{-1}$	
Natronlauge	$NaOH$	$1,6 \cdot 10^{-1}$	
Kalilauge	KOH	$1,8 \cdot 10^{-1}$	
verdünnte Schwefelsäure	H_2SO_4	$3,94 \cdot 10^{-1}$	18
verdünnte Salpetersäure	HNO_3	$2,99 \cdot 10^{-1}$	
verdünnte Salzsäure	HCl	$3,01 \cdot 10^{-1}$	
Magnesiumsulfat	$MgSO_4$	$0,58 \cdot 10^{-1}$	
Natriumsulfat	Na_2SO_4	$1,01 \cdot 10^{-1}$	
Magnesiumchlorid	$MgCl_2$	$1,23 \cdot 10^{-1}$	
Salzschmelzen			
Lithiumchlorid	$LiCl$	$5,83$	620
Natriumchlorid	$NaCl$	$3,91$	900
Kaliumchlorid	KCl	$2,47$	900
Natriumhydroxid	$NaOH$	$2,82$	400
Calciumchlorid	$CaCl_2$	$2,21$	800

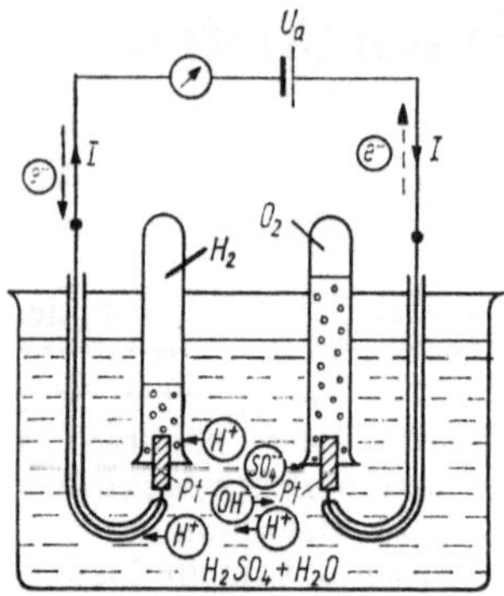

Abb. 7.1. Elektrolyse des Wassers

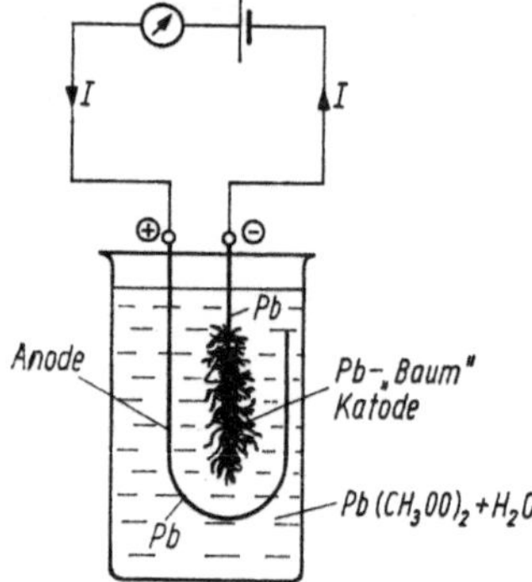

Abb. 7.2. Elektrolyse von Bleiazetat und Bildung eines Bleibaumes

Flüssigkeit – also Stoffumsätzen – verbunden ist. Im Versuch der Abb. 7.1 entsteht an der positiven Metallelektrode – der Anode – Sauerstoff und an der negativen Metallelektrode – der Katode – Wasserstoff. Aus dem Mengenverhältnis $m_{H_2} : m_{O_2}$ kann man schließen, daß diese Gase aus der chemischen Zersetzung des Wassers stammen. Bei Stromfluß durch die Zelle läuft eine chemische Reaktion ab, deren Bruttoumsatz sich in der Form

$$2\,H_2O \rightarrow 2\,H_2 + O_2 \qquad (7.1)$$

darstellen läßt.
Da in den metallischen Leitungen der Versuchsanordnung Abb. 7.1 ein Elektronenstrom fließt, müssen an der Katode Elektronen an die Flüssigkeit übertragen werden. Das geschieht im Rahmen der beobachteten chemischen Reaktionen an den Elektroden. Man spricht von den *Durchtritts-* oder *Übergangsreaktionen*. Die in der Flüssigkeit den elektrischen Strom transportierenden Ionen werden durch Elektronenaufnahme oder -abgabe an den Elektroden entladen. Die in (7.1) dargestellte Bruttoreaktion müssen wir uns in einen

anodischen und einen katodischen Teil zerlegt vorstellen. Von der Katode werden der Flüssigkeit Elektronen zugeführt; von der Anode werden diese der Flüssigkeit entzogen. In den metallischen Leitungen zwischen der Katode und Anode existiert ein ständiger Elektronenstrom, der zur Aufrechterhaltung der elektrischen Neutralität des Systems notwendig ist und damit auch notwendig für den räumlich getrennten Ablauf der Gesamtreaktion in den beiden Elektrodenräumen. An den Elektroden finden im Sprachgebrauch der Chemie „Oxydations- und Reduktionsprozesse" statt.
In Flüssigkeiten erfolgt der Ladungstransport als Ionenstrom, der von allen in der Lösung existierenden Ionen getragen wird, unabhängig davon, ob sie an den chemischen Reaktionen teilhaben oder nicht.

Die Stromleitung in Flüssigkeiten ist, wenn man von flüssigen Metallen absieht, eine *Ionenleitung*.

Die positiven Ionen wandern zur Katode und heißen *Kationen*, die negativen Ionen – die *Anionen* – wandern zur Anode.
Ionenleiter nennt man auch Leiter II. Klasse im Gegensatz zu den Leitern I. Klasse, den Metallen, bei denen eine Elektronenleitung vorliegt.
Die Ionen entstehen durch Zerfall von neutralen Flüssigkeitsteilchen (das sind Lösungsmittelteilchen oder gelöste Teilchen).

Stoffe, die in der Flüssigkeit in Ionen zerfallen, heißen *Elektrolyte*.

Im Versuch der Abb. 7.1 zerfällt Wasser in H^+-Ionen, sog. Hydronium-Ionen (H_3O^+), und Hydroxyl-Ionen (OH^-):

$$2\,H_2O \rightleftarrows H_3O^+ + OH^-. \qquad (7.1\,a)$$

An der Anode läuft der Oxydationsvorgang

$$2\,OH^- \rightleftarrows \frac{1}{2}\,O_2 + H_2O + 2\,e^- \qquad (7.1\,b)$$

ab, wobei zwei Elektronen von der Anode aufgenommen werden und Sauerstoff frei wird. An der Katode läuft der Reduktionsprozeß

$$2\,H_3O^+ + 2\,e^- \rightleftarrows H_2 + 2\,H_2O \qquad (7.1\,c)$$

ab, wobei zwei Elektronen von der Katode abgegeben werden und Wasserstoff frei wird. Die Bruttoreaktion (7.1) zerfällt also in eine Dissoziationsreaktion (7.1a), die anodische Reaktion (7.1b) und die katodische Reaktion (7.1c)
Im Versuch der Abb. 7.2 findet an der Katode die Reduktion von Bleiionen statt unter Elektro-

nenabgabe an die Elektrode

$$P^{++} \rightleftharpoons Pb - 2e^-, \tag{7.2}$$

wobei metallisches Blei entsteht, das sich an der Bleielektrode ablagert und einen sog. *Bleibaum* bildet.

Wird die chemische Reaktion der Zelle durch eine äußere Spannungsquelle durch ständige Energiezufuhr aufgezwungen, spricht man von *Elektrolyse*. Die chemische Energie des Systems wächst bei der Reaktion um den Betrag der zugeführten elektrischen Arbeit.

Aus der obigen Darstellung geht hervor, daß die Behandlung des Phänomens der Ionenleitung in Flüssigkeiten mit chemischen Prozessen verbunden ist, wobei es sinnvoll erscheint, diese Prozesse in bezug zu den entsprechenden chemischen Gleichgewichten zu sehen. Die Dissoziationsreaktion (7.1a) stellt z. B. ein Gleichgewicht dar, und die Elektrodenprozesse (7.1b) und (7.1c) gehen ebenfalls für den stromlosen Fall in eine Beschreibung für ein chemisches Gleichgewicht an der Grenzfläche über. Es stellt sich für $I = 0$ an der Phasengrenze Metall – Lösung ein und ist durch Stoff- und Ladungsaustausch zwischen den beiden angrenzenden Phasen charakterisiert. Für die Beschreibung solcher heterogener Gleichgewichte müssen wir auf die Thermodynamik von Mehrphasensystemen (Bd. 1) zurückgreifen.

Das Anlegen einer äußeren Spannung stellt nichts anderes dar als eine Störung des Gleichgewichts bzw. seine Verschiebung auf die rechte Seite der Gln. (7.1b) und (7.1c). Die Tatsache, daß die physikalischen Vorgänge bei der Stromleitung in Flüssigkeiten auf das engste mit chemischen Prozessen gekoppelt sind, macht dieses Stoffgebiet zu einem Grenzgebiet zwischen Physik und Chemie. Es hat sich wegen seiner großen praktischen Bedeutung und Verknüpfung mit der Chemie zu einem selbständigen Wissensgebiet – der *Elektrochemie* – entwickelt.

Der chemische Stoffumsatz im Verlauf der Übertrittsreaktion an der Elektrodenfläche wird durch die übertragene Ladung zwischen Lösung und Elektrode bestimmt.

Diese Erkenntnis formulierte FARADAY 1834 (*1. Faradaysches Gesetz*):

Die Masse (m) der als Folge eines Stromflusses an den Elektroden umgewandelten Stoffe ist der durch den Elektrolyten transportierten Ladung (Q) proportional:

$$Q \sim m \quad \text{oder} \quad m = kQ. \tag{7.3}$$

$k = m/Q$ ist das *elektrochemische Äquivalent* und eine charakteristische Größe für jeden Elektrolyten. Das wird deutlich, wenn die Aussage (7.3)

auf die abgeschiedene Stoffmenge von 1 mol bezogen wird (s. Bd. 1, Abschn. 11.4):

$$k = \left(\frac{m}{Q}\right)_{1\,\text{mol}} = \frac{M}{N_A ze} = \frac{M/z}{N_A e} \equiv \frac{\ddot{A}}{F}. \tag{7.4}$$

M ist die Molmasse, z die Ladungszahl des Ions und N_A die Avogadrosche Konstante.

Dabei ist $\ddot{A} = M/z$ die *Äquivalentmasse* (Masse pro Mol und pro Ladungszahl) und

$$F = N_A e = 6,022 \cdot 10^{23} \cdot 1,6022 \cdot 10^{-19} \frac{\text{As}}{\text{mol}}$$
$$= 96484 \, \text{As} \cdot \text{mol}^{-1}$$

die *Faraday-Konstante*. Sie ist eine charakteristische Größe aller elektrochemischen Prozesse. (7.4) ist das *2. Faradaysche Gesetz*:

Die aus verschiedenen Elektrolyten bei gleichem Ladungsfluß an den Elektroden abgeschiedenen Stoffmengen verhalten sich wie ihre Äquivalentmassen:

$$\left(\frac{m_1}{m_2}\right)_Q = \frac{k_1 Q}{k_2 Q} = \frac{k_1}{k_2} = \frac{\ddot{A}_1}{\ddot{A}_2}.$$

(7.4) in (7.3) eingesetzt ergibt die abgeschiedene Masse (als zugeschnittene Größengleichung mit M_r relative Molekülmasse)

$$m/\text{g} = \frac{1}{96484} \frac{M_r}{z} Q/\text{As}.$$

Die empirisch gefundenen Faradayschen Gesetze stellen einen Beweis für das oben benutzte Modell des Stromtransports durch Ionen in Flüssigkeiten dar. Um viele Einzelheiten aber verstehen zu können, müssen wir das atomistische Bild einer elektrolytischen Lösung etwas genauer darstellen.

7.2. Das atomistische Modell einer elektrolytischen Lösung

7.2.1. Echte und potentielle Elektrolyte

Die kleine elektrische Leitfähigkeit der meisten reinen Flüssigkeiten erklärt sich daraus, daß bei ihnen nur sehr wenige Flüssigkeitsmoleküle in Ionen zerfallen sind (vgl. Tab. 7.1). Ideal reines Wasser besitzt z. B. eine Leitfähigkeit von etwa $4 \cdot 10^{-8} \, \Omega^{-1} \, \text{cm}^{-1}$, die sich aus dem Gleichgewicht von (7.1a) ergibt. Hingegen zeigt gut destilliertes Wasser bereits eine Leitfähigkeit von 4 bis $5 \cdot 10^{-6} \, \Omega^{-1} \, \text{cm}^{-1}$, die durch gelöste Fremdionen entsteht. Diese Ionen können aus den Gefäßwänden oder dem CO_2 der Luft stammen, das sich im Wasser löst und in Ionen zerfällt. Eine Erhöhung der gelösten Salzmenge im Wasser läßt die Leitfähigkeit weiter ansteigen, und eine 1molare KCl-Lösung (d. h. 1 mol Salz in 1 l Lösung) besitzt bereits eine elektrische Leitfähigkeit von etwa $0,1 \, \Omega^{-1} \, \text{cm}^{-1}$.

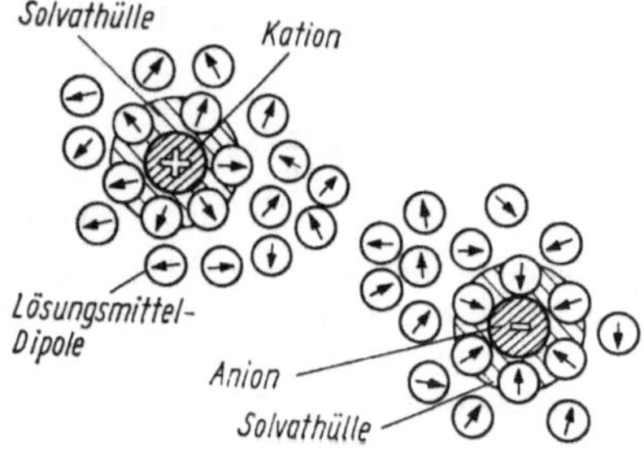

Abb. 7.3. Schematische Darstellung von solvatisierten Ionen in einer Lösung

Wir unterscheiden echte Elektrolyte und potentielle Elektrolyte.

Echte Elektrolyte sind z. B. Salze. Sie bestehen bereits in der festen Phase aus Ionen und bilden sog. Ionenkristalle. Sie zeigen auch in der festen Phase eine Ionenleitung. Beim Lösungsvorgang gehen positive und negative Ionen getrennt in die Lösung über, wobei ihr Zahlenverhältnis durch die Forderung nach Aufrechterhaltung der Ladungsneutralität bestimmt ist. Die stöchiometrische Zusammensetzung in der freien Phase bleibt damit in der Lösung erhalten.

Potentielle Elektrolyte sind z. B. Säuren, die meisten organischen Basen und auch CO_2. Diese Stoffe bestehen in der reinen Phase aus neutralen Molekülen. Sie zeigen eine vorwiegend kovalente Bindung und besitzen meist ein permanentes Dipolmoment. Potentielle Elektrolyte bilden erst in der flüssigen Phase Ionen durch Reaktion mit dem Lösungsmittel.

Allgemein sind nicht alle gelösten Moleküle in getrennte Ionen zerfallen (bei potentiellen Elektrolyten), oder es haben sich entgegengesetzt geladene Ionen zu einer neutralen Molekel vereinigt (bei echten Elektrolyten). Wir sagen, die gelösten Moleküle sind nicht vollständig *dissoziiert*, oder die Ionen sind teilweise *assoziiert*. In jeder Lösung existiert ein Gleichgewicht (genannt: Dissoziationsgleichgewicht) zwischen neutralen Molekülen und Ionen:

$$A_{\nu_-}K_{\nu_+} \rightleftarrows \nu_+ K^{(z_+)+} + \nu_- A^{(z_-)-}$$

(A Anion; K Kation; z_+, z_- Ladungszahlen des Kations und der Anions; ν_+, ν_- Zerfallszahlen des Kations und des Anions).

Beispiele von wäßrigen Elektrolyten:

$NaCl \rightleftarrows Na^+ + Cl^-$:

$$\nu_+ = \nu_- = 1; \qquad z_+ = z_- = 1;$$

$Na_2SO_4 \rightleftarrows 2\,Na^+ + SO_4^{2-}$:

$$\nu_+ = 2, \nu_- = 1; \qquad z_+ = 1, z_- = 2.$$

Diese Gleichungen sind als Bruttoreaktionen oder Bilanzgleichungen zu verstehen. Die eigentlichen kinetischen Prozesse verlaufen unter Einbeziehung des Lösungsmittels oft über Zwischenstufen und sind recht kompliziert. Wegen der elektrischen Neutralität muß gelten:

$$\nu_+ z_+ = \nu_- z_- = z_e.$$

z_e ist die *elektrochemische Wertigkeit*.

Das Verhältnis der in Ionen zerfallenen Moleküle zu der Gesamtzahl der gelösten Moleküle wird als *Dissoziationsgrad* α bezeichnet:

$$\alpha = \frac{\text{Zahl der dissoziierten Moleküle}}{\text{Zahl der gelösten Moleküle}}$$

Wenn c die Konzentration der gelösten Moleküle ist, ist αc die Konzentration der zerfallenen Moleküle und $(1 - \alpha)\,c$ die Konzentration der undissoziierten bzw. assoziierten Moleküle.

Elektrolyte, für die gilt $\alpha = 1$, heißen *starke Elektrolyte*. Dazu gehören z. B. die Alkalihalogenide in Wasser.

Elektrolyte, für die gilt $\alpha \ll 1$, heißen *schwache Elektrolyte*. Dazu gehören z. B. die organischen Säuren wie Essigsäure in Wasser.

7.2.2. Solvatation der Ionen in der Lösung

Wir wollen zwei Fragen nach der Stabilität einer elektrolytischen Lösung stellen:

1. Warum existieren die frei beweglichen positiven und negativen Ionen in der Lösung stabil nebeneinander, obwohl zwischen ihnen anziehende Kräfte wirken?

2. Woher stammt die Energie für den Lösungsvorgang eines Salzes, bei dem die Bindungsenergie des Kristalls (U_G) überwunden werden muß?

Die thermische Energie in Flüssigkeiten liegt in der Größenordnung von einigen J/mol, die Gitterenergien aber zwischen 600 und 800 J/mol!

Mit dem Einbringen der Ionen in die Flüssigkeit tritt eine starke Wechselwirkung zwischen den Ionen und den Flüssigkeitsmolekülen (die als elektrische Dipole aufzufassen sind) auf. Man spricht von der Ion-Lösungsmittel-Wechselwirkung. Da die elektrische Feldstärke in der Umgebung eines Ions in der Größenordnung von $10^5\ \mathrm{V\,cm^{-1}}$ ($\sim ze/4\pi\varepsilon_0 r_i^2$ mit r_i als Ionenradius) liegt, ist jedes Ion mit einer quasi durch elektrostatische Kräfte fest gebundenen Hülle von Lösungsmittelmolekülen umgeben. Wir sprechen von der Solvathülle oder speziell in wäßrigen Lösungen von der Hydrathülle des Ions (Abb. 7.3). Sie wird vom Ion bei seiner Bewegung in der Flüssigkeit mitgeschleppt. Die Lösungsmittelmoleküle als elektrische Dipole in der Solvathülle sind durch das Ionenfeld vollständig ausgerichtet, so daß äußere elektrische Felder keine weitere elektrische Polarisation der Dipole be-

---

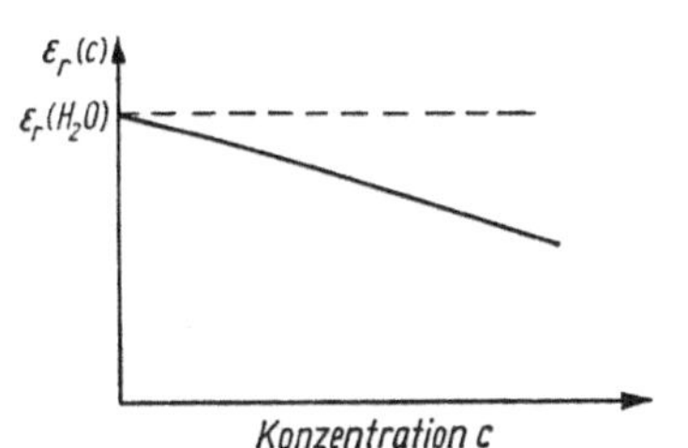

Abb. 7.4. Abnahme der DK einer wäßrigen Salzlösung mit der Elektrolytkonzentration

wirken. Der Bereich der Solvathülle erscheint durch ein äußeres elektrisches Feld nicht polarisierbar, was in einer Abnahme der DK von Lösungen mit steigender Salzkonzentration zum Ausdruck kommt (Abb. 7.4).

Die Solvathülle verhindert nicht nur eine Assoziation von Anion und Kation, sondern beeinflußt alle Reaktionen der Ionen untereinander sowie mit anderen Lösungsbestandteilen und mit der Metallelektrode.

Der Anlagerungsprozeß der Lösungsmittelmoleküle an ein Ion – der Solvatationsprozeß – setzt Energie frei, die Bindungsenergie der Lösungsmittelmoleküle in der Solvathülle. Sie wird Solvatations- oder im Fall von Wasser Hydratationsenergie genannt und liegt in der Größenordnung der Bindungsenergie der Ionen im Kristall U_G. Der Solvatationsvorgang der in die Lösung übergegangenen Ionen liefert die für die Auflösung des Kristalls notwendige Gitterenergie. Die Differenz aus der molaren Gitterenergie U_G und der molaren Solvatationsenergie U_S ist die experimentell beobachtete molare Lösungswärme W_L:

$$U_G - U_S = -W_L.$$

Für $U_G < U_S$ ist $W_L > 0$, der Lösungsvorgang verläuft endotherm, während für $U_G > U_S$ der Lösungsvorgang exotherm ist ($W_L < 0$).

In Tab. 7.2 sind für einige wäßrige Lösungen die molaren Energiewerte U_G, U_S und W_L angegeben. Die Solvatationsenergien entsprechen den Reaktionsenergien für den Vorgang

$$A^- + n_-L \rightleftarrows (AL_{n_-})^-; \quad K^+ + n_+L \rightleftarrows (KL_{n+})^+,$$

wo L ein Lösungsmittelmolekül, A ein Anion,

Tabelle 7.2. *Molare Gitterenergie, Solvatationsenergie und Lösungswärme für einige Salze und Wasser als Lösungsmittel*

Salz	U_G in kJ mol^{-1}	U_S in kJ mol^{-1}	W_L in kJ mol^{-1}	
KCl	−710,1	−691,7	+18,4	endotherm
KBr	−681,6	−660,3	+21,3	endotherm
LiI	−743,6	−805,5	−61,9	exotherm

$(AL_{n_-})^-$ ein solvatisiertes Anion und $(KL_{n_+})^+$ ein solvatisiertes Kation darstellen.

7.3. Die elektrische Leitfähigkeit elektrolytischer Lösungen

Nach Abschn. 3.5.3 gilt für die elektrische Stromdichte j die Beziehung

$$j = \varrho v_D = \varkappa E.$$

ϱ ist die Ladungsdichte und v_D die Driftgeschwindigkeit der geladenen Teilchen im elektrischen Feld.

Die Ladungsträger vollführen im zeitlichen Mittel eine stationäre Bewegung, die sich aus dem Gleichgewicht der Feldkräfte $F_e = qE$ und der die Bewegung hemmenden „Reibungskräfte" F_R ergibt: $F_e + F_R = 0$. Die Ladung eines Ions q ist ein ganzzahliges Vielfaches der Elementarladung e: $q = ze$. Die Reibungskräfte wachsen mit der Geschwindigkeit an: $F_R = -\mu_R v_D$. Aus der Bedingung für das Kräftegleichgewicht folgt dann

$$v_D = \frac{zeE}{\mu_R} = uE.$$

Hier ist $u = ze/\mu_R$ die *Beweglichkeit*; ihre Maßeinheit ist $[u] = [v_D]/[E] = \text{m}^2\,\text{s}^{-1}\,\text{V}^{-1}$.

Die Ladungsdichte ergibt sich aus den Teilchendichten der Anionen und Kationen n_- und n_+:

$$\varrho = n_+ q_+ + n_- q_-.$$

Damit läßt sich für die elektrische Leitfähigkeit $\varkappa = j/E$ schreiben:

$$\varkappa = (z_+ n_+ u_+ + z_- n_- u_-)\,e. \tag{7.5}$$

Nach allen experimentellen Befunden – sieht man von extrem hohen Feldstärken ab – gehorchen die elektrolytischen Lösungen dem Ohmschen Gesetz (Abschn. 3.5.3). Damit sind die Beweglichkeiten der Ionen unabhängig von der Feldstärke E bzw. die „Reibungskräfte" auf ein Ion in einer Lösung lineare Funktionen der Ionengeschwindigkeit v_D.

Die Zahl der Anionen und Kationen ergibt sich aus der Konzentration der Lösung c, den Zerfallszahlen des Elektrolyten und dem Dissoziationsgrad:

$$n_+ = \alpha\,\frac{v_+ c}{1\,000}\,N_A, \qquad n_- = \alpha\,\frac{v_- c}{1\,000}\,N_A.$$

(c Konzentration in mol pro 1 l Lösung = „*molare*" *Konzentration*; n_+, n_- Teilchendichten der Kationen und Anionen in cm^{-3}. Die Verwendung dieser Maßeinheiten ist allgemein üblich. Sie führt aber dazu, daß die nachstehenden Gleichungen als zugeschnittene Größengleichungen zu ver-

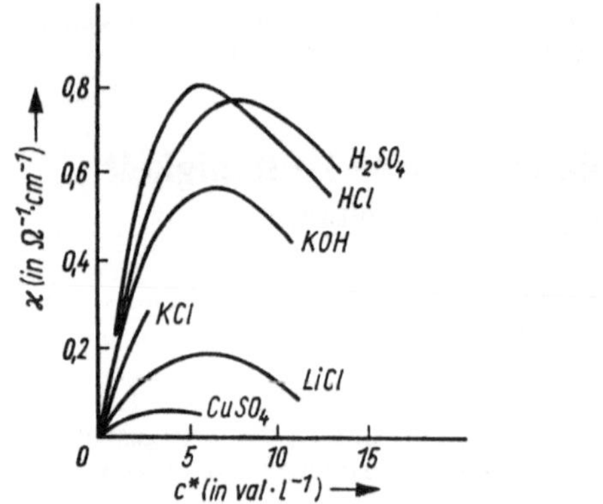

Abb. 7.5. Konzentrationsabhängigkeit der spezifischen Leitfähigkeit von wäßrigen Elektrolytlösungen

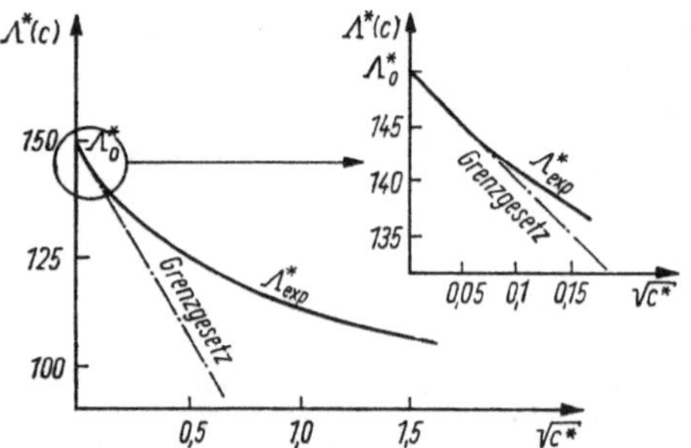

Abb. 7.6. Konzentrationsabhängigkeit der Äquivalentleitfähigkeit für starke Elektrolyte

stehen sind und 10^{-3} einen Maßstabsfaktor darstellt.) Damit geht (7.5) über in

$$\varkappa = \alpha F \cdot 10^{-3}[z_+ v_+ u_+ + z_- v_- u_-]\, c$$
$$= \alpha(c)\, z_e F \cdot 10^{-3}[u_+(c) + u_-(c)]\, c, \qquad (7.6)$$

wenn die Faraday-Konstante $F = qN_A/z$ und die *elektrochemische Wertigkeit* z_e eingeführt werden. Es ist zu beachten, daß die Beweglichkeiten der Ionen u_+ und u_- sowie der Dissoziationsgrad α von der Konzentration abhängen.

Die molare Leitfähigkeit. Es ist üblich, die elektrische Leitfähigkeit auf die Konzentration $c = 1\ \mathrm{mol\ l^{-1}}$ zu beziehen und die *molare Leitfähigkeit*

$$\Lambda = \frac{\varkappa \cdot 1000}{c}$$

einzuführen. Weiter reduziert man die molare Leitfähigkeit auf die Ionenladungszahl $z = 1$, oder – anders formuliert – man reduziert die Leitfähigkeit auf die *Äquivalentkonzentration* $c^* = z_e c$ und führt die *Äquivalentleitfähigkeit* ein:

$$\Lambda^* = \frac{\varkappa \cdot 1000}{c^*} = \frac{\Lambda}{z_e}.$$

Die praktisch benutzte Maßeinheit ist

$$[\Lambda^*] = \Omega^{-1}\ \mathrm{cm^{-1}\ mol^{-1}}\, 1 = 10^3\ \Omega^{-1}\ \mathrm{cm^2\ mol^{-1}}$$
$$= 10^{-1}\ \Omega^{-1}\ \mathrm{m^2\ mol^{-1}}.$$

Mit (7.6) ergibt sich dann

$$\Lambda^*(c) = \alpha(c)\, F[u_+(c) + u_-(c)]$$
$$= \alpha(c)\, [l_+(c) + l_-(c)], \qquad (7.7)$$

wenn anstelle der Beweglichkeiten die in der Elektrochemie üblichen *Ionenbeweglichkeiten* $l_+ = u_+ F$ und $l_- = u_- F$ benutzt werden. Ihre Maßeinheit ist $[l] = [\Lambda^*] = \Omega^{-1}\ \mathrm{m^2\ mol^{-1}}$.

Für starke Elektrolyte ($\alpha = 1$) ist die Äquivalentleitfähigkeit gleich der Summe der Ionenbeweglichkeiten.

Konzentrationsabhängigkeit der Leitfähigkeit. Experimentell findet man den in der Abb. 7.5 dargestellten Verlauf der spezifischen Leitfähigkeit mit der Konzentration. Das Maximum in der spezifischen Leitfähigkeit hat bei starken Elektrolyten seine Ursache in der wachsenden gegenseitigen Behinderung der Ionen (Ion-Ion-Wechselwirkung), in der Erhöhung der Viskosität des Lösungsmittels durch die Ion-Lösungsmittel-Wechselwirkungen und in der Abnahme des Dissoziationsgrades mit wachsender Konzentration.

Aufschlußreicher ist oft die Darstellung der Abb. 7.6, da die Äquivalentleitfähigkeit direkt mit den Ionenbeweglichkeiten zusammenhängt. Die Äquivalentleitfähigkeit aller Salze nimmt mit steigender Konzentration monoton ab. Für kleine Konzentrationen gilt das experimentell von KOHLRAUSCH gefundene und theoretisch sehr gut bestätigte Grenzgesetz von DEBYE, HÜCKEL, ONSAGER und FALKENHAGEN (1928–1933) $\Lambda^*(c) = \Lambda_0^* - A\sqrt{c}$. Λ_0^* ist die Äquivalentleitfähigkeit bei unendlicher Verdünnung oder *Grenzleitfähigkeit*.

Während bei endlichen Konzentrationen die Driftbewegung der Ionen im elektrischen Feld einmal durch die „Reibung" der solvatisierten Ionen mit dem Lösungsmittel und zum anderen durch die elektrischen Wechselwirkungen der entgegengesetzt geladenen und entgegengesetzt im elektrischen Feld driftenden Ionen untereinander behindert wird, ist bei unendlicher Verdünnung nur die Reibung mit dem Lösungsmittel ausschlaggebend:

$$\Lambda_0^* = l_{0+} + l_{0-}. \qquad (7.8)$$

Die Grenzleitfähigkeit ist gleich der Summe der Ionenbeweglichkeiten bei unendlicher Verdünnung, die als Maß für die Reibung zwischen Ion und Lösungsmittel betrachtet werden können. Prinzipiell liefern Leitfähigkeitsmessungen also keine Einzelionenbeweglichkeiten (l_i), sondern nur die Summe der Kationen- und Anionenbeweglichkeit. Daß sich die Grenzleitfähigkeiten additiv aus den Einzelionenbeweglichkeiten zusammensetzen („Additivität" der Grenzleitfähigkeit genannt), ist experimentell bestätigt. Es gelten Relationen von folgendem Typ

Abb. 7.7. Versuch zur Ionenreibung

gung überträgt sich durch die Ionenreibung auf das Wasser, und die gesamte Flüssigkeit rotiert.

7.4. Überführungszahlen und individuelle Ionenbeweglichkeit

Überführungszahlen. Auch wenn Leitfähigkeitsmessungen keine individuellen Ionenbeweglichkeiten liefern, kann man sich leicht überzeugen, daß die Ionen verschiedene Beweglichkeiten besitzen. Dazu vergleichen wir die Leitfähigkeit für zwei Salze mit einem gemeinsamen Ion:

$$\Lambda_0^*(\text{NaCl}, 25\ °\text{C}) = l_{\text{Na}^+} + l_{\text{Cl}^-}$$
$$= 126\,\Omega^{-1}\,\text{cm}^2\,\text{mol}^{-1}$$

$$\Lambda_0^*(\text{HCl}, 25\ °\text{C}) = l_{\text{H}^+} + l_{\text{Cl}^-}$$
$$= 426\,\Omega^{-1}\,\text{cm}^2\,\text{mol}^{-1}$$

$$\overline{l_{\text{H}^+} - l_{\text{Na}^+}}$$
$$= 300\,\Omega^{-1}\,\text{cm}^2\,\text{mol}^{-1}$$

zwischen den gemessenen Λ_0^*-Werten:

$$\Lambda_0^*(\text{KCl}) - \Lambda_0^*(\text{NaCl}) = \Lambda_0^*(\text{KI}) - \Lambda_0^*(\text{NaI}).$$

Temperaturabhängigkeit der Leitfähigkeit. Die Leitfähigkeit von elektrolytischen Lösungen steigt mit wachsender Temperatur an. Bei wäßrigen Lösungen beträgt der Anstieg etwa 2,0 bis 2,5 % K⁻¹. Ein Temperaturanstieg der Flüssigkeit kann durch die Stromwärme selbst entstehen, was zu einem Anwachsen des Stromes mit der Zeit führt, wenn nicht durch gute Thermostatisierung ein Anwachsen der Temperatur verhindert wird. Durch das Fehlen isothermer Bedingungen wird ein nichtohmsches Verhalten vorgetäuscht. Mit der Eigenschaft $(\mathrm{d}\varkappa/\mathrm{d}T) > 0$ unterscheiden sich Flüssigkeiten (Leiter II. Klasse) von den Metallen (Leiter I. Klasse), für die gilt $(\mathrm{d}\varkappa/\mathrm{d}T) < 0$.

Deuten läßt sich der positive Temperaturkoeffizient bereits durch folgendes einfache Modell:
Die solvatisierten Ionen kann man als Kugeln auffassen, die im zähen Medium des Lösungsmittels mit der Viskosität η_0 driften. Für die auftretende Reibungskraft durch das Lösungsmittel wird der Stokessche Ausdruck angesetzt

$$F_{\text{R}} = 6\pi\eta_0 r_{\text{solv}} v_{\text{D}}$$

(r_{solv} Radius des solvatisierten Ions)
und für die elektrische Kraft

$$F_{\text{e}} = zeE = zev_{\text{D}}/u = zev_{\text{D}}F/l.$$

Aus der Gleichheit beider Kräfte im stationären Fall folgt dann die *Waldensche Regel* $l_0\eta_0 = $ const oder für den gesamten Elektrolyten $\Lambda_0\eta_0 = $ const. Da aber die Viskosität mit der Temperatur abnimmt, steigt in gleichem Maße die elektrische Leitfähigkeit einer elektrolytischen Lösung mit der Temperatur an. Für endliche Konzentrationen ist zu beachten, daß die mittlere Wechselwirkung der Ionen untereinander und der Dissoziationsgrad auch von der Temperatur abhängen. Demonstriert werden kann die Reibung zwischen den Ionen und dem Lösungsmittel durch den Versuch der Abb. 7.7. Die ohne äußeres Magnetfeld sich im elektrischen Feld bewegenden Ionen werden vom Magnetfeld infolge der Lorentzkraft in Richtung des Kreisumfangs abgelenkt. Diese Drehbewe-

Wenn sich in einem Elektrolyten die Ionenbeweglichkeit des einwertigen Kations und des ebenfalls einwertig angenommenen Anions unterscheiden, z. B. $l_+ : l_- = 5 : 1$, so transportieren die Kationen eine 5mal größere Ladungsmenge als die Anionen ($j_+ : j_- = 5 : 1$). Aus der Erhaltung der elektrischen Neutralität in der Lösung bzw. der Kontinuitätsgleichung (vgl. Abschn. 3.5.4) folgt aber, daß an der Anode und an der Katode die gleiche Ladung pro Zeiteinheit die Phasengrenze überschreitet. Dieser Widerspruch löst sich, wenn man beachtet, daß die Ionen neben der Driftbewegung (v_{D}) eine thermische Bewegung (v_{th}) ausführen, die wesentlich größer ist als die Driftbewegung ($v_{\text{D}} \ll v_{\text{th}}$). Auch wenn sich die Driftbewegung des Kations und des Anions unterscheiden, gelangt infolge der thermischen Bewegung die gleiche Anzahl von Anionen und Kationen an die positive bzw. an die negative Elektrode und werden dort im Verlauf der Elektrodenreaktionen entladen. Die elektrische Neutralität ist damit gesichert. Da sich der Nachtransport von Ionen in die beiden Elektrodenräume durch die abweichenden Driftgeschwindigkeiten von Anionen und Kationen unterscheidet, entstehen Konzentrationsunterschiede zwischen den Volumenbereichen in der Lösung und den Elektrodenräumen. Die Messung dieser Konzentrationsunterschiede liefert eine Information über das *Verhältnis* der Ionenbeweglichkeiten.
Das Verhältnis des Stromanteils der Anionen (j_-) zum Gesamtstrom (j) nennt man die *Überführungszahl* des Anions t_- und das Verhältnis des Stromanteils der Kationen zum Gesamtstrom die Überführungszahl des Kations t_+:

$$t_- = \frac{j_-}{j}, \qquad t_+ = \frac{j_+}{j}.$$

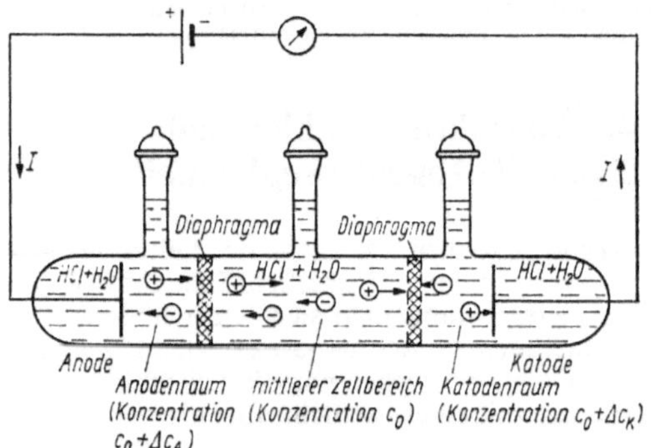

Abb. 7.8. Prinzip der Messung der Überführungszahlen nach HITTORF

Mit (7.7) ergibt sich daraus für starke Elektrolyte der Zusammenhang zwischen den Überführungszahlen und den Ionenbeweglichkeiten:

$$t_- = \frac{l_-}{l_+ + l_-}, \qquad t_+ = \frac{l_+}{l_+ + l_-}. \qquad (7.9)$$

Dabei gilt offensichtlich die Beziehung

$$t_+ + t_- = 1. \qquad (7.10)$$

Das Prinzip der Messung der Überführungszahlen veranschaulicht Abb. 7.8. In unserem Beispiel wird als Elektrolyt HCl in Wasser benutzt. Hier verhalten sich die Ionenbeweglichkeiten nahezu wie $l_{H+} : l_{Cl-} = 5 : 1$.
Schreiben wir die Stoffbilanz für die einzelnen Bereiche der Zelle auf. Dabei messen wir die Stoffumsätze in Vielfachen von Äquivalentmasseneinheiten und die transportierte Ladung in Vielfachen der Faradayschen Konstanten. Wir nehmen an, daß z. B. eine Ladungsmenge $Q = 6\,z \cdot F\,\text{mol}$ ($z = z_{Cl-} = z_{H+} = 1$) transportiert wur-

Tabelle 7.3. Die molaren Stoffumsätze in einer Elektrolysezelle mit wäßriger HCl-Lösung bei einem Ladungstransport von $Q = 6\,F\,mol$

Ursache für die Konzentrations-änderung	Anzahl der umgesetzten Massen-äquivalente		
	Anoden-raum	mittlerer Zellbereich	Katoden-raum
Entladung an den Elektroden	$-6\,Cl^-$	0	$-6\,H^+$
Wanderung der Ionen im elektrischen Feld führt Ionen zu	$+1\,Cl^-$	$+1\,Cl^- + 5\,H^+$	$+5\,H^+$
Wanderung der Ionen im elektrischen Feld führt Ionen ab	$-5\,H^+$	$-5\,H^+ - 1\,Cl^-$	$-1\,Cl^-$
gesamter Stoff-umsatz	$-5\,HCl$	0	$-1\,HCl$

de, wodurch sich nach den Faradayschen Gesetzen bei $z = 1$ ein Stoffumsatz von 6 mol ergibt und das in Tab. 7.3 dargestellte Bilanzschema.
Im Anodenraum erfolgt also eine schnellere Verarmung an HCl als im Katodenraum. Das Verhältnis der Konzentrationsänderungen im Katodenraum $\Delta C_K = C_K - C_0$ und im Anodenraum $\Delta C_A = C_A - C_0$ ist gleich dem Verhältnis der Ionenbeweglichkeiten:

$$\frac{l_-}{l_+} = \frac{\Delta C_K}{\Delta C_A}.$$

Mit (7.9) und (7.10) ergibt sich dann die Bestimmungsgleichung für die Überführungszahlen:

$$\frac{t_+}{t_-} = \frac{t_+}{1 - t_+} = \frac{\Delta C_A}{\Delta C_K},$$

$$t_+ = \frac{\Delta C_A}{\Delta C_A + \Delta C_K}, \qquad t_- = \frac{\Delta C_K}{\Delta C_A + \Delta C_K}.$$

Die aus den Konzentrationsänderungen gefundenen Überführungszahlen heißen *Hittorfsche Überführungszahlen.*

Individuelle Ionenbeweglichkeiten. Kombiniert man die Überführungszahlen mit Leitfähigkeitsmessungen, die bekanntlich die *Summe* der Ionenbeweglichkeiten liefern, lassen sich individuelle Ionenbeweglichkeiten für starke Elektrolyte bestimmen:

$$l_+(c) = \Lambda^*(c)\,t_+(c); \qquad l_-(c) = \Lambda^*(c)\,t_-(c),$$

die ihrerseits natürlich auch konzentrationsabhängig sind. Besonders interessant sind die Ionenbeweglichkeiten für unendliche Verdünnung, da sie die „Reibung" des driftenden Ions mit dem umgebenden Lösungsmittel charakterisieren:

$$l_{0,+} = \Lambda_0^*\,t_{0,+}, \qquad l_{0,-} = \Lambda_0^*\,t_{0,-}$$

($t_{0,+} = t_+(c \to 0)$ und $t_{0,-} = t_-(c \to 0)$).
Für wäßrige Elektrolytlösungen sind in Tab. 7.4 die Ionenbeweglichkeiten einiger Ionen bei 25 °C angegeben.
Für schwache Elektrolyte ($\alpha < 1$) muß zur Berechnung der Einzelionenbeweglichkeit der Dissoziationsgrad berücksichtigt werden:

$$l_+ = t_+\,\frac{\Lambda^*}{\alpha}, \qquad l_- = t_-\,\frac{\Lambda^*}{\alpha}.$$

Berechnet man die Beweglichkeit (u) der Ionen in m s⁻¹/V m⁻¹ für 25 °C in Wasser, erhält man die Tab. 7.5. Sie gibt eine bessere Vorstellung davon, wie klein die Geschwindigkeit der driftenden Ionen in Wirklichkeit ist und daß $v_{th} \gg v_D$ immer mit hoher Genauigkeit gilt.
Die auffallend große Beweglichkeit des H^+-Ions in Wasser erklärt sich daraus, daß die einzelnen Wassermoleküle H-Atome enthalten und daß zwischen den einzelnen Wassermolekülen sog. chemische Wasserstoffbrückenbindungen existieren. Die Driftbewegung der H^+-Ionen, die wir uns als Kugeln in einem zähen Medium vorstellen können, erfolgt nun nicht wie die Bewegung der anderen

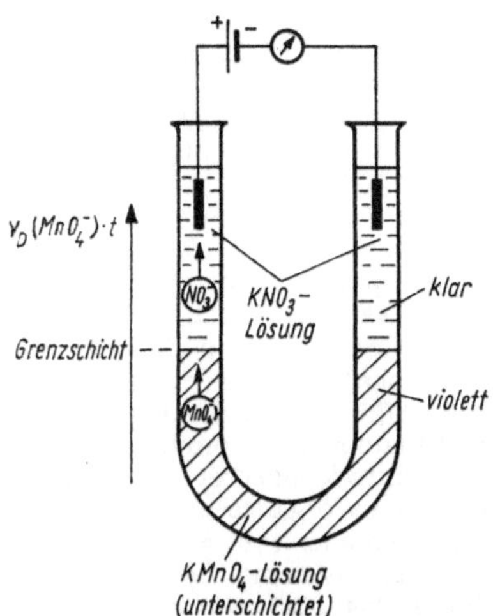

Abb. 7.9. Nachweis der Ionenbewegung durch Beobachtung der wandernden Grenzschicht

Ionen, sondern als eine Art Sprungmechanismus von Wassermolekül zu Wassermolekül.

Die Genauigkeit der experimentellen Bestimmung der Überführungszahlen nach HITTORF ist durch die Genauigkeit der Konzentrationsmessung begrenzt. Gleichzeitig wird die exakte Kenntnis der chemischen Elektrodenprozesse vorausgesetzt. Da die in den Elektrodenräumen ein- bzw. auswandernden Ionen solvatisiert sind, wird von ihnen Lösungsmittel mitgeschleppt, wodurch die Konzentrationsänderungen individuell beeinflußt

Tabelle 7.4. Ionenbeweglichkeit für unendliche Verdünnung einiger Ionen in wäßrigen Lösungen bei 25 °C

Kation	$l_{0,+}$ in $\Omega^{-1}\,mol^{-1}\,cm^2$	Anion	$l_{0,-}$ in $\Omega^{-1}\,mol^{-1}\,cm^2$
H^+	349,8	OH^-	198,3
Li^+	38,6	F^-	55,4
Na^+	50,1	Cl^-	76,4
K^+	73,5	Br^-	78,1
Rb^+	77,8	I^-	76,8
Cs^+	77,2	NO_3^-	71,5
Ag^+	61,9	ClO_4^-	67,3
NH_4^+	73,5	Acetat-Ion	40,9
Mg^{++}	53,0	SO_4^{--}	80,0
Ca^{++}	59,5		
Sr^{++}	59,4		
Ba^{++}	63,6		
La^{+++}	69,7		

Tabelle 7.5. Beweglichkeit u in m s^{-1}/(V m^{-1}) der Ionen für Wasser bei 25 °C

Ion	Beweglichkeit u	
	in m^2 s^{-1} V^{-1}	in mm^2 s^{-1} V^{-1}
Li^+	$4,0 \cdot 10^{-8}$	0,040
K^+	$7,6 \cdot 10^{-8}$	0,076
H^+	$36,2 \cdot 10^{-8}$	0,362
Cl^-	$7,9 \cdot 10^{-8}$	0,079
NO_3^-	$7,4 \cdot 10^{-8}$	0,074
OH^-	$20,5 \cdot 10^{-8}$	0,205

werden. Deshalb versucht man die Hittorfschen Überführungszahlen um die solvatisierten Lösungsmittelmengen zu korrigieren und gewinnt „*wahre*" *Überführungszahlen*. Dieses Verfahren enthält allerdings eine Reihe von zusätzlichen Annahmen.

Grundsätzlich ist bei der Messung der Überführungszahlen eine Vermischung zwischen den einzelnen drei Zellbereichen durch Konvektion oder Diffusion zu vermeiden.

Andere Verfahren zur Bestimmung von Überführungszahlen messen die Wanderungsgeschwindigkeit der Ionen direkt. Dazu gehört z. B. das Verfahren der „wandernden Grenzschicht" oder die Verwendung von radioaktiv markierten Ionen. In Abb. 7.9 ist ein einfacher Versuch gezeigt, der die direkte Beobachtung der Driftbewegung von MnO_4^--Ionen im elektrischen Feld erlaubt. Durch Unterschichten einer KNO_3-Lösung mit einer Kaliumpermanganatlösung entsteht eine scharfe Grenzschicht, die gut beobachtet werden kann, da die MnO_4^--Ionen eine violette Färbung hervorrufen und die KNO_3-Lösung klar ist. Beim Anlegen einer Spannung driftet die Grenzschicht, und ihre Geschwindigkeit ist leicht meßbar.

Wie bei allen Geschwindigkeitsmessungen spielt auch hier die Wahl des Bezugssystems eine entscheidende Rolle. Die Gefäßwand der Meßzelle ist kein unbedingt geeignetes Bezugssystem, da infolge der in der Zelle auftretenden Konzentrationsänderungen Dichte- und damit Volumenänderungen auftreten, die die Flüssigkeit als Ganzes sich relativ zur Zellwand bewegen lassen. Benutzt man das Lösungsmittel selbst als Bezugssystem – wie es quasi bei der Hittorfschen Methode geschieht –, ist zu beachten, daß es durch die Solvatation und hydrodynamische Reibungskräfte an der Ionenbewegung teilnimmt. Dabei ist der Einfluß der Anionen und Kationen nicht gleich. In einer anderen Variante wird eine der Lösung zugesetzte „Neutralkomponente" als Bezugssystem verwendet. Dabei ist es allerdings problematisch, den Einfluß der „Neutralkomponente" auf das Ion und das Lösungsmittel ganz zu ignorieren. Trotz dieser Probleme lassen sich heute mit den verschiedenen Methoden gut übereinstimmende Überführungszahlen gewinnen, wie die Gegenüberstellung von Überführungszahlen in Wasser bei 25 °C zeigt (Tab. 7.6).

7.5. Galvanische Elemente

Taucht man einen Kupferstab und einen Zinkstab in eine wäßrige H_2SO_4-Lösung, ist zwischen den beiden Metallen eine Gleichspannung U_z mit der in Abb. 7.10 angegebenen Polung zu messen. U_z heißt *Zellspannung*. Die Elektrode mit dem positiven Potential heißt wieder Anode, die mit dem negativen Potential Katode. Eine gesamte Anordnung dieser Art, die eine elektrische Potentialdifferenz erzeugt, wird *galvanische Zelle* oder *galvanisches Element* genannt. Werden beide Elektroden über einen Verbraucher mit dem Widerstand R_a verbunden, liefert die Anordnung einen elektrischen Strom I und gibt die elektrische Leistung $U_z I$ an den Verbraucher ab. Es ist zu beobachten, daß bei Stromfluß an der positiven Elektrode, dem Kupferstab, Wasserstoffbläschen aus der Lösung aufsteigen, während sich die Zinkelektrode mit der Zeit auflöst. In der Zelle findet fortlaufend eine spontane chemische Reaktion statt, die chemische Energie freisetzt und die

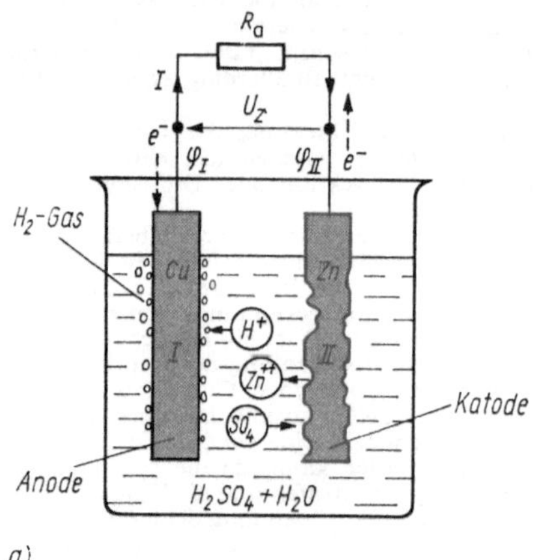

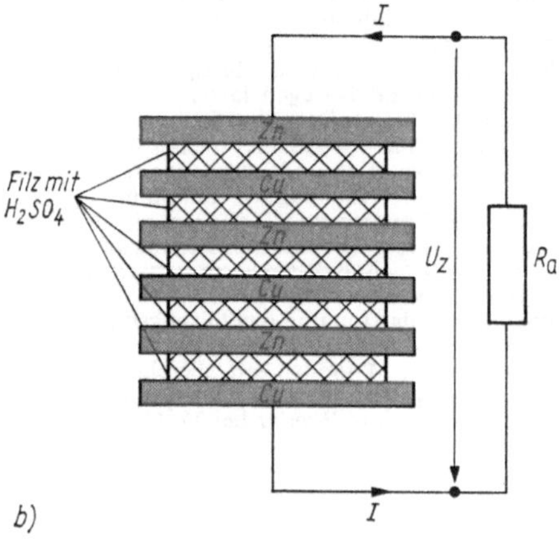

Abb. 7.10. Das Volta-Element.
a) Prinzipielle Struktur;
b) Voltasche Spannungssäule
(Reihenschaltung von Volta-Elementen)

als elektrische Arbeit an den angeschlossenen Stromkreis abgegeben wird.

Das in Abb. 7.10a dargestellte spezielle galvanische Element heißt *Volta-Element*, weil es von

Tabelle 7.6. Vergleich von experimentell bestimmten Überführungszahlen nach verschiedenen Methoden für wäßrige Lösungen bei 25 °C
(nach G. KORTÜM, Lehrbuch der Elektrochemie, Verlag Chemie, Weinheim 1957)

Salz	experimentelle Methode	Konzentration c in mol l^{-1}	
		0,02	0,05
KCl	Hittorf	0,4893	0,4894
	wandernde Grenzschicht	0,4901	0,4899
LiCl	Hittorf	0,3269	0,3230
	wandernde Grenzschicht	0,3261	0,3211

A. VOLTA bereits Ende des 18. Jahrhunderts angegeben wurde. Es besteht aus der Kombination einer Cu-Elektrode und einer Zn-Elektrode mit wäßriger H_2SO_4-Lösung. Abgekürzt schreiben wir den Aufbau dieses Elements mit Cu/H_2SO_4/Zn, wobei die Schrägstriche eine Phasengrenze symbolisieren. Es ist typisch für alle galvanischen Elemente, daß es heterogene Systeme sind mit mindestens zwei Phasengrenzen von der Struktur Metall I/Elektrolyt/Metall II.

An den Phasengrenzen findet ein Wechsel des Leitungstyps von einer Elektronenleitung zu einer Ionenleitung statt. Entsprechend den Darlegungen in Abschn. 7.1 laufen bei Stromfluß an diesen Grenzen – den Elektrodenoberflächen – Reduktions- und Oxydationsvorgänge ab. Es sind im Fall der galvanischen Elemente energieliefernde *spontane* Reaktionen, während sie im Fall der Elektrolyse durch das Anlegen einer äußeren Spannungsquelle, die der Zelle elektrische Energie zuführt, aufgezwungen werden.

Die von A. VOLTA angegebene Spannungssäule (Abb. 7.10b) ist eine Reihenschaltung von Volta-Elementen und stellte in der Geschichte die erste leistungsfähige Stromquelle dar. Ausgangspunkt für ihre Entdeckung war die Beobachtung L. GALVANIS, daß ein präparierter Froschschenkel, der mit einem Cu-Draht an einem Eisengitter aufgehängt war, Zuckungen ausführte, wenn er das Eisengitter berührte. A. VOLTA deutete diese Erscheinung so, daß die beiden über den Muskel (die Zellflüssigkeit ist ein Elektrolyt) verbundenen Metalle einen elektrischen Strom im gesamten Stromkreis fließen lassen, der die Nervenzellen reizt. Das System Eisen/Zellelektrolyt/Kupfer ist das wirksame galvanische Element.

Daniell-Element. Ein anderes galvanisches Element ist das Daniell-Element (Abb. 11a). Eine Cu-Elektrode taucht in eine $CuSO_4$-Lösung und eine Zn-Elektrode in eine $ZnSO_4$-Lösung. Beide Bereiche sind durch eine poröse Membran – das Diaphragma – getrennt, das eine Vermischung der Kationen verhindert, aber eine elektrische Verbindung darstellt. In der obigen Symbolik schreibt sich dieses Element: Cu/$CuSO_4$//$ZnSO_4$/Zn, wobei der doppelte Schrägstrich die Phasengrenze zwischen beiden Lösungen mit dem Diaphragma symbolisiert. Eine andere Variante zur leitenden Verbindung der beiden Elektrodensysteme benutzt einen sog. „Stromschlüssel". Das ist ein elektrolytischer Leiter, der durch Membranen von den Elektrodenbereichen getrennt ist. In dem Beispiel von Abb. 7.11b wird eine KCl-Lösung verwendet, von der man allgemein fordert, daß sie nicht mit den Elektrolyten in den Elektrodenräumen reagieren darf. Symbolisch schreibt sich das Element Cu/$CuSO_4$//KCl//$ZnSO_4$/Zn und ist ebenfalls natürlich ein Daniell-Element. Allgemein nennt man galvanische Zellen, bei denen der anodische und der katodische Bereich durch ein Diaphragma getrennt sind, Zellen mit *Überführung*. Bei Stromfluß tritt im

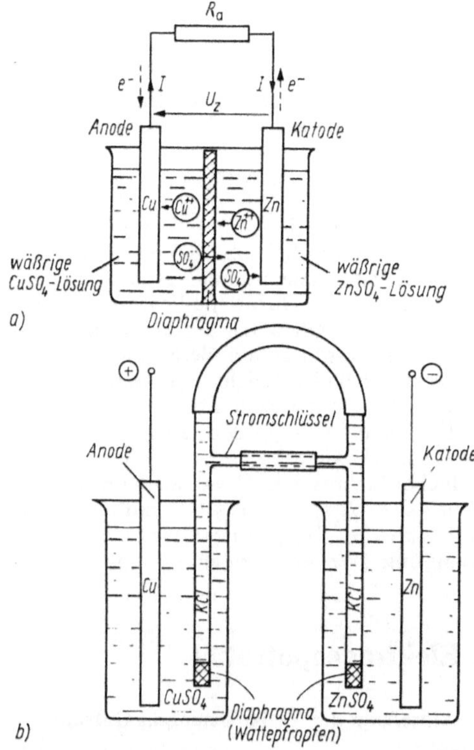

Abb. 7.11. Das Daniell-Element.
a) Prinzipielle Struktur;
b) Realisierung mit Stromschlüssel

Daniell-Element keine Gasentwicklung auf, d. h., die Reaktionsprodukte an den Elektroden verlassen das System der Zelle nicht. Hierin liegt ein wesentlicher Vorteil, wie wir zeigen werden, gegenüber dem Volta-Element, da es möglich ist, den Vorgang des Daniell-Elements umzukehren (reversibler Prozeß), den des Volta-Elements aber nicht (irreversibler Prozeß).
Im Volta-Element laufen an den Elektroden folgende Reaktionen ab:

Katode: $Zn - 2\,e^- \rightleftharpoons Zn^{2+}$.

Zink wird oxydiert und geht in Lösung, wobei zwei Elektronen frei werden, die über die Elektrode in den äußeren Stromkreis abgegeben werden.

Anode: $2\,H_3O^+ + 2\,e^- \rightleftharpoons H_2 + H_2O$.

H_3O^+ wird zu Wasserstoff reduziert, wobei zwei Elektronen verbraucht werden, die dem äußeren Stromkreis entzogen werden. Dazu findet in der Lösung die Dissoziationsreaktion

$$H_2SO_4 + 2\,H_2O \rightleftharpoons 2\,H_3O^+ + SO_4^{2-}$$

statt. Die Summe dieser Umsatzgleichungen ergibt dann die Bruttoreaktion $Zn + H_2SO_4$

$\rightarrow ZnSO_4 + H_2$ oder wenn die Schwefelsäure weggelassen wird, da sie nicht am Ladungsdurchtritt an der Elektrode beteiligt ist:

$$Zn + 2\,H^+ \rightleftharpoons Zn^{2+} + H_2. \tag{7.11}$$

Zink wird oxydiert durch Reduktion des Wasserstoff-Ions. Da die Reduktions- und Oxydationsprozesse räumlich getrennt an verschiedenen Elektroden erfolgen, nämlich an der Anode die Reduktion und an der Katode die Oxydation, müssen Elektronen über die äußere leitende Metallverbindung von der Katode zur Anode transportiert werden.
Beim Daniell-Element gilt folgendes Reaktionsschema:

Katode: $Zn - 2\,e^- \rightleftharpoons Zn^{2+}$ (Oxydation) (7.12a)

Anode: $Cu^{2+} + 2\,e^- \rightleftharpoons Cu$ (Reduktion)

Bruttoreaktion $Zn + Cu^{2+} \rightleftharpoons Zn^{2+} + Cu$ (7.12b)

Zink geht im Rahmen des Oxydationsvorganges an der Katode in Lösung, und Kupfer wird infolge Reduktion an der Anode aus der Kupferlösung abgeschieden.

Anmerkung: In der Elektrochemie sind etwas andere Bezeichnungen üblich, worauf deutlich hingewiesen werden muß. Wir stellen uns auf den Standpunkt der Elektrizitätslehre und nennen immer die Elektrode, die das positive elektrische Potential hat, Anode, und die mit dem negativen elektrischen Potential Katode. Die Folge ist, daß im Fall der Elektrolyse an der Anode chemisch eine Oxydation und an der Katode eine Reduktion stattfinden, hingegen im Fall des galvanischen Elements an der Anode chemisch eine Reduktion und an der Katode eine Oxydation. Die Umkehrung ist plausibel, da im ersten Fall elektrische Energie in das System hineingesteckt wird, im zweiten Fall aber Energie entzogen wird, wodurch sich die Stromrichtung in der Zelle trotz gleicher elektrischer Polung umkehrt. In der Chemie interessiert man sich primär für die chemischen Reaktionen. Die Oxydation wird als anodische Reaktion und die Reduktion als katodische Reaktion bezeichnet und der Standpunkt eingenommen, daß die Elektrode, an der die Oxydation abläuft, immer als Anode und die, an der die Reduktion abläuft, immer als Katode zu bezeichnen ist. Danach ist beim galvanischen Element der positive Pol die Katode. Diese in der Elektrizitätslehre ungewohnte Bezeichnung hat für die Beschreibung der chemischen Vorgänge an den Elektroden Vorteile.

Bei den spontan ablaufenden Reaktionen (7.11) und (7.12) geht das chemische System in einen Zustand geringerer „Eigenenergie" über. In der Thermodynamik (Bd. 1) wurde gezeigt, daß der energetische Zustand eines Systems, wenn Temperatur T und Druck p als Zustandsvariable auftreten, durch die freie Enthalpie $G(T, p)$ charakterisiert werden kann. Für die in der Zelle ablaufenden spontanen Reaktionen gilt also, wenn Temperatur und Druck konstant gehalten werden,

$$(\Delta G)_{p,T} < 0.$$

Verläuft die Reaktion reversibel, liefert die Abnahme der freien Enthalpie die maximal nach außen abgegebene Arbeit W_{max} minus der Volumenarbeit ($W_{mech} = -p\,\Delta V$), also in unserem Fall die maximal abgegebene elektrische Arbeit $W_{el,max}$ (vgl. Bd. 1):
Mit $G = U + pV - TS$ ergibt sich für die reversible Änderung der freien Enthalpie

$$(\Delta G)^{rev} = (\Delta U)^{rev} + p\,\Delta V + V\,\Delta p - T(\Delta S)^{rev}$$
$$- S\,\Delta T.$$

Nach den Hauptsätzen der Thermodynamik gilt aber: $(\Delta U)^{rev} = (W_Q)^{rev} + (W)^{rev}$ und $(W)^{rev} \equiv W_{max}$ sowie $(W_Q)^{rev} = T(\Delta S)^{rev}$ und $(\Delta S)^{rev} = 0$. Wenn die maximal abgegebene Arbeit in eine elektrische Arbeit $W_{el,max}$ und in eine mechanische Arbeit aufgespalten wird ($W_{max} = W_{el,max} - p\,\Delta V$), gilt für einen isotherm ($\Delta T = 0$) und isobar ($\Delta p = 0$) verlaufenden Prozeß

$$(\Delta G)_{p,T}{}^{rev} = W_{max} + p\,\Delta V = W_{el,max}. \qquad (7.13)$$

Die reversible Änderung der chemischen Energie des Systems ist gleich der nach außen abgegebenen maximalen elektrischen Arbeit.

Die Anwendung der Thermodynamik auf galvanische Elemente setzt aber die Gleichgewichtssituation in der Zelle voraus, also den stromlosen Zustand. Das heißt, unsere Überlegungen liefern nur eine Aussage für den Grenzfall $I \to 0$. Für diesen Fall ist die von der galvanischen Zelle dem Verbraucher R_a zugeführte elektrische Arbeit: transportierte Ladung Q mal elektrischer Potentialdifferenz $U_z(I = 0)$. Schreibt man die transportierte Ladung als Vielfaches des elektrochemischen Äquivalents $F = 96484\ \text{As} \cdot \text{mol}^{-1}$ nämlich $Q = nF$, liefern die thermodynamischen Relationen (7.13)

$$(\Delta G)_{p,T}{}^{rev} = -nFU_z(0) = -nFU_E. \qquad (7.14)$$

$U_E = +U_z(0)$ wird als *Urspannung* oder *elektromotorische Kraft* bezeichnet. Sie stellt für den angeschlossenen Stromkreis bekanntlich eine „eingeprägte“ Spannung dar. Dabei ist das Vorzeichen von U_E so festgelegt, daß bei der spontan ablaufenden chemischen Reaktion das elektrische Potential und damit U_E in Richtung des Stromes ansteigen.

Die EMK U_E einer galvanischen Zelle gibt für den reversiblen Fall die umgewandelte chemische Energie pro transportierter Ladung an, die als „eingeprägte“ Spannung die Ursache für den Stromfluß im angeschlossenen Stromkreis ist.

Die Rerversibilität des Daniell-Elementes drückt sich darin aus, daß beim Anlegen einer äußeren Spannung genügender Stärke mit ihrem Plus-Pol an die Cu-Elektrode (der Anode des Elements) und ihrem Minus-Pol an die Zn-Elektrode (der Katode des Elements) unter Zuführung von elektrischer Energie die Reaktion in der Zelle umgekehrt werden kann. Cu wird oxydiert und geht in Lösung(Cu $- 2e^- \to Cu^{2+}$; vgl. (7.12a)); Zn^{2+}-Ionen werden reduziert, und metallisches Zn scheidet sich am Zn-Stab ab. Elektrische Energie wird also wieder in chemische Energie umgewandelt. Der ablaufende chemische Prozeß ist aufgezwungen; für ihn gilt $(\Delta G)_{p,T} > 0$. Beim Volta-Element kann durch eine äußere Spannung der chemische Prozeß (7.11) nicht umgekehrt werden, da kein H_2-Gas in der Zelle existiert.
Verlaufen die Prozesse in der galvanischen Zelle nicht reversibel, wie z. B. im Volta-Element oder bei endlicher Stromstärke ($I \neq 0$) auch im Daniell-Element, ist $|\Delta G_{p,T}| < |\Delta G_{p,T}{}^{rev}|$, und damit verkleinert sich die abgegebene Urspannung bzw. Zellspannung. (Weitere Elemente s. Abschn. 7.8.)

7.6. Elektrodenpotential

7.6.1. Aufteilung der Zellspannung in Galvanispannungen

Der stromlose Fall kann bei galvanischen Elementen durch das Anlegen einer äußeren Spannung $U_a = U_E$, die die Zellspannung entsprechend Abb. 7.12 kompensiert, erzwungen werden. Im stromlosen Fall kennzeichnen die Reaktionsgleichungen (7.11) und (7.12) die chemischen Gleichgewichte in den betreffenden Zellen. An jeder Elektrode halten sich die Reduktions- und die Oxydationsprozesse das Gleichgewicht, und der mittlere Stoffumsatz ist Null. Das Gleichgewicht an den Elektroden ist durch die Existenz eines inneren elektrischen Feldes charakterisiert. Nehmen wir als Beispiel das Volta-Element: Die Cu-Elektrode – die Anode – trägt eine positive Überschußladung als Folge der spontanen Reduktion des H^+-Ions. Elektronen sind bei dieser chemischen Reaktion von dem Anodenmaterial in die Lösungsphase übergegangen und haben dort positive H^+-Ionen vernichtet. Die elektrische Neutralität der Lösung im Bereich der Elektrode ist gestört. Es überwiegen SO_4^{2-}-Ionen, die eine negative Raumladung von gleicher Größe wie die Ladung auf der Anode erzeugen. Während die Ladung der Metallelektrode nur auf der Oberfläche sitzt, verteilt sich die Ladung in der Lösung als diffuse Raumladung (Abb. 7.13a).
Das sich aufbauende innere elektrische Feld (E_i) wirkt dem weiteren Übertritt der Minus-Ladun-

---

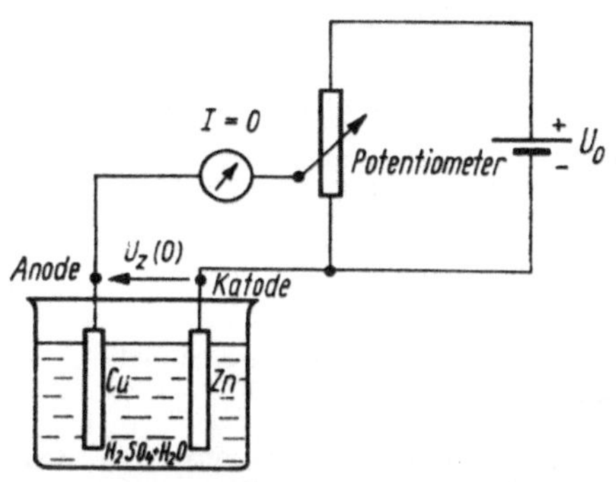

Abb. 7.12. Realisierung des stromlosen Falles bei galvanischen Elementen (Leerlauf-Fall)

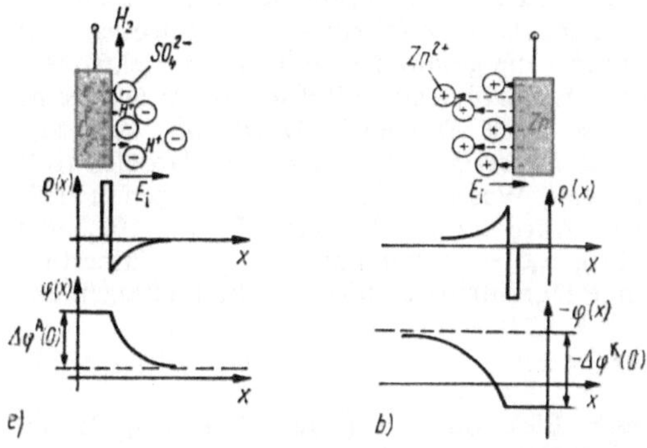

Abb. 7.13. Elektrische Verhältnisse an der Anode (a) und Katode (b) eines galvanischen Elements (Volta-Element)

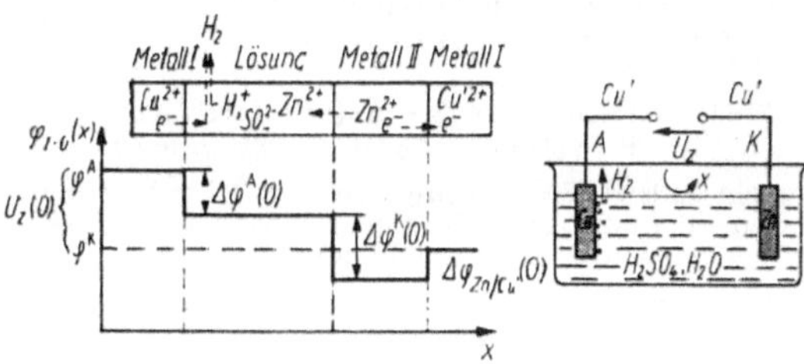

Abb. 7.14. Potentialschema eines Volta-Elements im stromlosen Fall

gen in die Lösung entgegen und ist mit einem Potentialgefälle $\Delta\varphi^A(0)$ zwischen Lösung und Metall verbunden.

$\Delta\varphi(0)$ berechnet sich aus der Arbeit, die notwendig ist, um eine Ladung Q aus dem Unendlichen in der flüssigen Phase auf die Elektrode zu bringen, dividiert durch Q.

Das elektrische Potentialgefälle hält dem chemischen Potentialgefälle für die die Phasengrenze überschreitenden Ladungsträger zwischen Metall und Lösung das Gleichgewicht:

$$(\Delta G)_{p,T}{}^A = -nF\,\Delta\varphi^A(0).\qquad(7.15a)$$

Man spricht von einem *elektrochemischen Gleichgewicht*. Es existiert auch in der Phasengrenze zwischen Katodenmetall (Zn) und elektrolytischer Lösung (Abb. 7.13b). Nur hat die spontan ablaufende Oxydation des Zn hier dem Metall eine negative Oberflächenladung erteilt, während die in Lösung gegangenen Zn^{2+}-Ionen eine positive Raumladung aufbauen. Die sich im Gleichgewicht, also bei $I = 0$, einstellende Potentialdifferenz $\Delta\varphi^K(0)$ ergibt sich wieder aus der Abnahme der chemischen Energie bei der spontanen Reaktion:

$$(\Delta G)_{p,T}{}^K = -nF\,\Delta\varphi^K(0).\qquad(7.15b)$$

Die zwischen Elektrode und Lösung im Gleichgewichtsfall gemessene Potentialdifferenz $\Delta\varphi(0)$ heißt *Galvani-Spannung*.

Das sich an der Phasengrenze Metall/Elektrolyt einstellende elektrochemische Gleichgewicht wird nach (7.15a) und (7.15b) durch

$$(\Delta G^*)_{p,T}{}^{rev} = (\Delta G)_{p,T}{}^{rev} + nF\,\Delta\varphi(0) = 0$$

charakterisiert, wo $G^* = G + nF\varphi$ das *elektrochemische Potential* ist. Die Gleichgewichtsbedingung zwischen den beiden Phasen I und II lautet $G^*(\text{I}) = G^*(\text{II})$, woraus sofort (7.15) folgt. Die Galvani-Spannungen $\Delta\varphi(0)$ sind direkt nicht meßbar. Verbindet man z. B. die Zn-Elektrode über einen Spannungsmesser mit der elektrolytischen Phase, erfolgt diese Verbindung über einen metallischen Leiter, z. B. Kupfer. Es liegt damit eine zweite Phasengrenze Metall/Elektrolyt vor.

Ein Volta-Element $Cu/H_2SO_4/Zn$ ist entstanden, dessen Leerlaufspannung

$$U_z(0) = \Delta\varphi^A(0) - \Delta\varphi^K(0) = -U_E$$

ist (Abb. 7.14). Sieht man sich die Struktur des galvanischen Elements genauer an, existiert noch eine weitere Phasengrenze, nämlich zwischen der metallischen Zn-Phase und der metallischen Cu-Phase der Zuleitung, an der ebenfalls eine Potentialdifferenz $\Delta\varphi_{Zn,Cu'}(0)$ entsteht.

Das vollständige Volta-Element hat die in Abb. 7.14 gezeigte Struktur $Cu/H_2SO_4/Zn/Cu'$ und das Potentialschema

$$U_z(0) = \Delta\varphi^A(0) - \Delta\varphi^K(0) - \Delta\varphi(Zn, Cu').$$

Allgemein gilt für ein beliebiges galvanisches Element

$$U_z(0) = \Delta\varphi(\text{Me I, Lsg}) - \Delta\varphi(\text{Me II, Lsg})$$
$$- \Delta\varphi(\text{Me II, Me I'}).$$

Beim Daniell-Element ergibt sich durch die Überführung an der Membran eine zusätzliche Phasengrenze zwischen der $CuSO_4$-Lösung (Lsg I) und der $ZnSO_4$-Lösung (Lsg II) mit einer Potentialdifferenz $\Delta\varphi_Ü(0)$, die sich aus der Umladungsreaktion der Kationen ergibt. Das Potential-

---

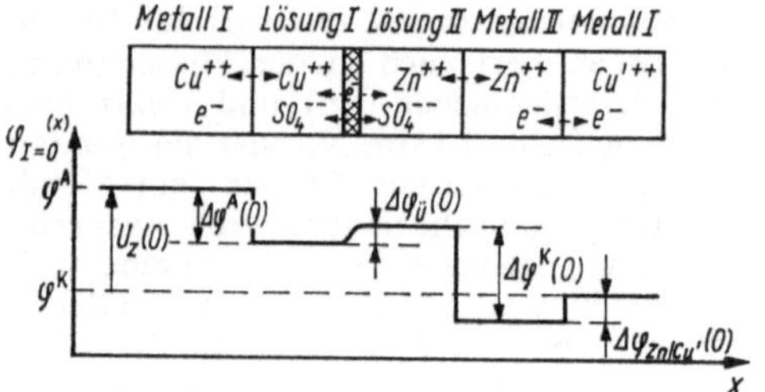

Abb. 7.15. Potentialschema eines Daniell-Elements im stromlosen Fall

schema zeigt Abb. 7.15:

$$U_z(\text{Me I/Lsg I//Lsg II/Me II/Me I'})$$

$$= \Delta\varphi(\text{Me I/Lsg I}) - \Delta\varphi(\text{Me II/Lsg II})$$

$$+ \Delta\varphi(\text{Lsg I, Lsg II}) + \Delta\varphi(\text{Me II, Me I'}).$$

Allgemein existieren in einer galvanischen Zelle 4 Phasengrenzen. Die so erhaltene Aufteilung der Zellspannung in die Galvani-Spannungen an den Grenzflächen entspricht nichts anderem als der Aufteilung der Bruttoreaktion der Zelle in katodische, anodische und andere Phasengrenzflächenreaktionen mit der entsprechenden Aufteilung der Änderung der freien Enthalpie der Gesamtreaktion in einzelne Teilschritte.

Die Zellspannung einer galvanischen Zelle wird nur dann Null sein, wenn an beiden Elektroden die gleichen Verhältnisse (gleiche Metalle, gleiche Oberflächenbeschaffenheit, gleiche Elektrolytzusammensetzung und Temperatur) existieren und gleiche Reaktionen ablaufen. Grundsätzlich gilt:

Die an einer galvanischen Zelle gemessene Zellspannung ist gleich der Differenz aller Galvani-Spannungen.

Bei konstanter Temperatur und konstantem Druck sind die Galvani-Spannungen Funktionen der Konzentration des den Ladungsaustausch mit der Elektrode durchführenden Ions bzw. Elektrons. Dieser Zusammenhang wird durch die Nernstsche Gleichung

$$\Delta\varphi = \Delta\varphi^0 + \frac{RT}{nF} \ln \frac{a(\text{Me}^{++})}{a(\text{Me})}$$

beschrieben. $a(\text{Me}^{++})$ ist die Aktivität des Ions in der Lösung und $a(\text{Me})$ die Aktivität im Metall (R Gaskonstante). Die Aktivitäten sind effektive Konzentrationen, die über die Aktivitätskoeffizienten f mit den Konzentrationen zusammenhängen: $a = fc$. Treten nicht Ionen, sondern Elektronen über die Phasengrenze an der Elektrode, gilt eine analoge Gleichung, nur erscheinen jetzt die Aktivitäten der End- und Anfangsprodukte der Durchtrittsreaktion.

In der Thermodynamik wird mit Hilfe der Aktivitäten die Konzentrationsabhängigkeit der thermodynamischen Parameter von Lösungen und Mischungen so beschrieben, daß die Form der Gleichungen für ideale Lösungen und Mischungen angesetzt, aber die wahre Konzentration durch eine effektive Konzentration ersetzt wird. Sie beschreibt die in der realen Lösung oder Mischung zusätzlich auftretenden Wechselwirkungen zwischen den gelösten Teilchen bzw. verschiedenen Teilchensorten einer Mischung durch die Aktivitätskoeffizienten.

7.6.2. Die Galvanische Spannungsreihe und Elektrodenarten

Die Galvani-Spannungen charakterisieren den chemischen Vorgang an einer Elektrode; zum anderen kann aus ihnen für jede Elektrodenkombination die Zellspannung im Leerlauf berechnet werden. Da $\Delta\varphi$ aber einzeln nicht meßbar ist, gibt man zur Charakterisierung der Elektroden (das ist immer die gesamte Kombination Elektrodenmetall–Elektrolyt!) eine Zellspannung gegen eine *Bezugs-* oder *Standardelektrode* an, das sog. *Standardpotential* U_H. Als Standardelektrode wird eine Wasserstoffelektrode mit genau definierter Aktivität des Wasserstoffs ($p = 101{,}3$ kPa (1 atm), $a_{H+} = 1$) benutzt. Die potentialbestimmende Durchtrittsreaktion für die Ladungen ist

$$\frac{1}{2}\,H_2 \rightleftarrows H^+ + e^-.$$

Dieser Elektrode wird das Standardpotential $U_H = 0$ V zugeordnet.

Das Schema der zur Bestimmung des Standardpotentials einer Elektrode (Me I/Lsg I) verwendeten galvanischen Zelle mit der Wasserstoffelektrode als Bezugselektrode (H⁺(Standard)/Lsg II) ist Me I/Lsg I//Lsg II/H⁺(Standard) mit der Zellspannung

$$U_H(\text{Me I}) = \Delta\varphi(\text{Me I/Lsg I}) - \Delta\varphi(\text{Lsg II, H}^+(\text{Stand.}))$$
$$+ \Delta\varphi_0(\text{Lsg I//Lsg II}) + \Delta\varphi(\text{H}^+/\text{Me I'}).$$

Für ein anderes Elektrodensystem (Me II/Lsg II) ergibt sich in einer analogen Zelle eine Zellspannung, bezogen auf die Standardwasserstoffelektrode:

$$U_H(\text{Me II}) = \Delta\varphi(\text{Me II, Lsg II}) - \Delta\varphi(\text{Lsg II/H}^+(\text{Stand.}))$$
$$+ \Delta\varphi_0(\text{Lsg II//Lsg II}) + \Delta\varphi(\text{H}^+, \text{Me I'}).$$

Aus den so bestimmten und tabellierten Zellspannungen (Tabellen 7.7 und 7.8) ergibt sich die Zellspannung einer Zelle Me I/Lsg I//Lsg II/Me II mit den Elektrodenmaterialien Metall I und Metall II zu

$$U_z(\text{Me I/Me II}) = U_H(\text{Me I}) - U_H(\text{Me II}),$$

wenn man die kleinen Potentialdifferenzen an den Überführungsmembranen vernachlässigt.

Die Zellspannung einer beliebigen Elektrodenkombination ohne Überführung ist gleich der Differenz der Standardpotentiale der Elektroden.

Die gegen eine Wasserstoffelektrode unter Standardbedingungen gemessenen Zellspannungen werden auch als Standardpotentiale φ_H der Elektrode bezeichnet: $U_H \equiv \varphi_H$.

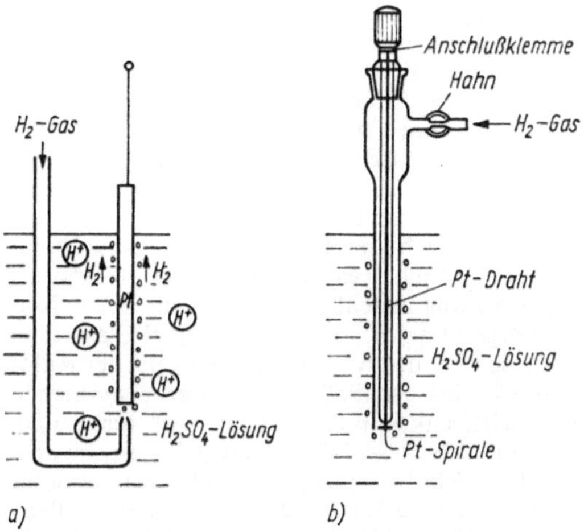

Abb. 7.16. Wasserstoffelektrode (Gaselektrode).
a) Prinzip;
b) technische Ausführung

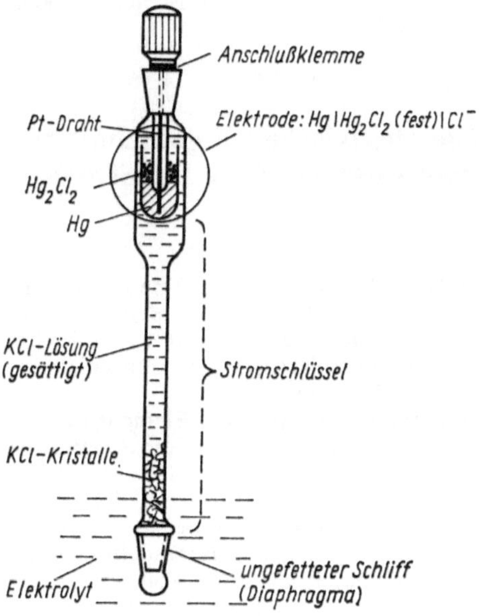

Abb. 7.17. Kalomel-Elektrode

Der Übergang vom elektrischen Potential φ zum Standardpotential φ_H entspricht einer anderen Wahl des – prinzipiell frei verfügbaren (Abschn. 2.2.6) – Bezugspunktes des elektrischen Potentials.

Die Galvani-Spannung bzw. das Galvani-Potential bezieht sich auf einen unendlich fernen Punkt in der Lösungsphase, während sich das Standardpotential auf einen Punkt – im Endlichen – in der Metallphase hinter der Wasserstoff-Bezugselektrode bezieht. Gleichzeitig wird kein Gleichgewicht in der Meßzelle vorausgesetzt, sondern nur $I = 0$. In vielen Zellen stellt sich infolge von „Hemmungen" auch im stromlosen Zustand kein thermodynamisches Gleichgewicht ein. Also wäre in diesem Fall die Galvani-Spannung nicht definiert.

Realisiert wird die *Standardwasserstoffelektrode* – eine sog. Gaselektrode – in Form der Abb. 7.16. Wasserstoffgas umspült eine Platinelektrode, die allein die Funktion des An- und Abtransportes der Elektronen hat. In der symbolischen Darstellung ergibt sich folgende Elektrodenstruktur: $Pt/H_2/H^+$. Die eigentlichen kinetischen Vorgänge beim Ladungsübertritt in der Wasserstoffelektrode sind kompliziert, und die Einstellung eines Gleichgewichtes ist sehr empfindlich, so daß ihre praktische Handhabung problematisch wird. Daher werden in der Meßpraxis allgemein andere Bezugselektroden benutzt, an denen sich besonders gut reproduzierbare Standardpotentiale einstellen. Ein Beispiel ist die *Kalomel-Elektrode* Hg/Hg_2Cl_2 (fest), Cl^- (Abb. 7.17). Das metallische Quecksilber ist von dem schwer löslichen Hg_2Cl_2 – dem Kalomel – umgeben und befindet sich in einer Chloridlösung. Es läuft die Reaktion

$$Hg_2Cl_2(\text{fest}) + 2\,e^- \rightleftarrows 2\,Hg + 2\,Cl^-$$

ab. Wegen der Schwerlöslichkeit des Kalomels und der Sättigungskonzentration für die Chloridionen wird die Galvani-Spannung nahezu konzentrationsunabhängig, woraus sich die Konstanz des Potentials erklärt. Aber die Kalomelschicht um die Quecksilberelektrode macht die Elektrode sehr hochohmig.

Zur Messung von Standardpotentialen mit Hilfe einer Bezugselektrode (B) benutzt man eine Serienschaltung: Versuchselektrode (X)/Bezugselektrode (B) – Bezugselektrode (B)/Standardwasserstoffelektrode (H), wobei die Zellspannung der ersten Zelle $U_B(X)$ gemessen wird und die der zweiten Zelle $U_H(B)$ aus Eichtabellen bekannt ist. Dann errechnet sich $U_H(X)$ zu

$$U_H(X) = U_B(X) - U_H(B).$$

Ordnet man die Metalle nach ihrem Standardpotential, erhält man die *Galvanische Spannungsreihe* (Tab. 7.7). Da zur eindeutigen Charakterisierung der Elektrode nicht nur das Metall, sondern auch das Ion bzw. der Ladungsträger angegeben werden muß, der die Phasengrenze überschreitet, sind in der Tabelle immer die Ionen zum Metall mit angegeben, mit denen das Metall im Gleichgewicht steht. Zum Beispiel bezeichnet Zn/Zn^{2+} eine Zinkelektrode, die sich in einer Lösung mit Zn^{2+}-Ionen im Gleichgewicht befindet. Edle Metalle, wie z. B. Au, Pt, Ag, ..., also Metalle, die schwer oxydierbar sind, haben große Standardpotentiale, und unedle Metalle, wie z. B. Na, K, Al, Mg, ..., die leicht oxydierbar sind, haben kleine Standardpotentiale. In einem galvanischen Element ist das edlere Metall die Anode und das unedlere Metall die Katode. Taucht man ein unedleres Metall in eine Salzlösung eines edleren Metalls, z. B. einen Zn-Nagel in eine $CuSO_4$-Lösung, so geht das unedlere Metall in Lösung

---

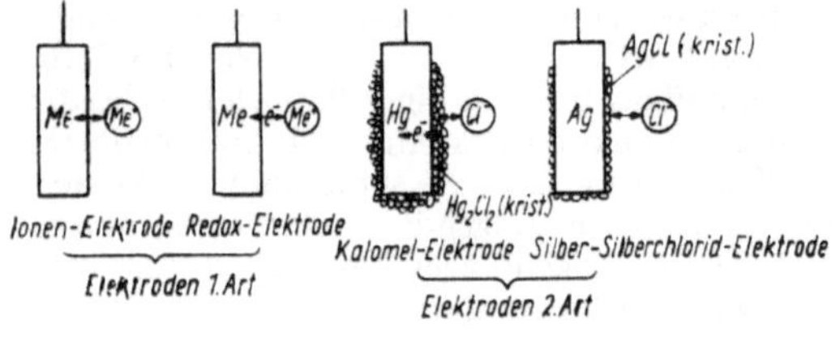

Abb. 7.18. Elektrodentypen

und verdrängt das edlere Metall aus der Lösung. Im Beispiel eines Zn-Nagels in einer $CuSO_4$-Lösung scheidet sich Kupfer auf dem Nagel ab und überzieht diesen mit einer dichten Schicht. Damit hört der Prozeß aber auf, da sich jetzt ein Gleichgewicht Cu/Cu^{2+} an der Phasengrenze einstellt und nicht mehr ein Zn/Cu^{2+}-System vorliegt. das kein Gleichgewicht bildet.

Für die Gewinnung der Galvanischen Spannungsreihe werden immer Gleichgewichte an Elektroden der Form Me/Me^+ betrachtet, d. h. aber, die Elektrode ist aktiv an der Einstellung des Gleichgewichtes beteiligt, und Ionen überschreiten die Phasengrenze. Solche Elektroden heißen *Ionenelektroden*.

Benutzt man z. B. Platinelektroden in wäßrigen Salzlösungen, so ist das Platin nicht an der Übertrittsreaktion der Ladungen beteiligt und fungiert nur als Elektronenlieferer oder -aufnehmer. Ein Beispiel ist die Reduktion oder Oxydation von Eisenionen an einer Platinelektrode je nach ihrer Polung, also das System Pt/Fe^{2+}, Fe^{3+}. Der die Phasengrenze überschreitende Ladungsträger ist das Elektron. Elektroden dieser Art heißen *Redoxelektroden*. Ionenelektroden und Redoxelektroden zusammen heißen *Elektroden 1. Art*. Beispiele für Standardpotentiale einiger Redoxelektroden sind in Tab. 7.8 aufgeführt. Die Kalomel-Elektrode ist eine *Elektrode 2. Art*. Typisch für sie ist, daß sich der für den Ladungsdurchtritt verantwortlichen Reaktion im Elektrolyten eine Folgereaktion anschließt, die einen Kristallisationsvorgang (z. B. bei der Kalomel-Elektrode) oder einen Lösungsvorgang enthält. Bei der Kalomel-Elektrode schließt sich der eigentlichen Durchtrittsreaktion $Hg \rightleftharpoons Hg^+ + e^-$ die Folgereaktion $2\,Hg^+ + 2\,Cl^- \rightleftharpoons Hg_2Cl_2$ an, wobei Hg_2Cl_2 kristallisiert und ausfällt. Ein anderes Beispiel für eine Elektrode 2. Art ist die Silber/Silberchlorid-Elektrode. Der Durchtrittsreaktion $Ag \rightleftharpoons Ag^+ + e^-$ schließt sich die Folgereaktion $Ag^+ + Cl^- \rightleftharpoons AgCl$ an, wo AgCl ausfällt. Im Aufbau besteht diese Elektrode aus einem Silberdraht, der mit einer Silberchloridschicht bedeckt ist (Abb. 7.18).

7.7. Die elektrischen Eigenschaften einer galvanischen Zelle bei Stromfluß

Galvanische Zelle bei Stromfluß. Eine galvanische Zelle kann je nach den äußeren Betriebsbedingungen ein galvanisches Element (vgl. Abschn. 7.5) oder eine Elektrolysezelle bzw. Leitfähigkeitszelle (Abschn. 7.1) sein.

Dazu betrachten wir das Volta-Element mit der Zellspannung $U_z(I)$, dem eine äußere Spannungsquelle U_a entsprechend Abb. 7.19 entgegengeschaltet ist. Für $U_a = U_z(0)$ wird der Strom gleich Null, und es ergibt sich der in den Abbn. 7.19b und 7.19c gestrichelt dargestellte Verlauf des elektrischen Potentials in der Zelle. Um einen elektrischen Strom $I \neq 0$ in der Zelle zu erzeugen, muß $U_a \neq U_z(0)$ sein. Für eine Elektrolysezelle gilt $U_a > U_z(0)$ und $I > 0$ sowie

$$U_z(I) > U_z(0).$$

Wenn umgekehrt $U_a < U_z(0)$ ist, fließt in der Zelle ein elektrischer Strom $I < 0$, der durch die Zellspannung dem Stromkreis aufgeprägt ist. Es gilt für die Zelle als galvanisches Element

$$U_z(I) < U_z(0).$$

Die Zellspannung eines galvanischen Elementes sinkt mit der Belastung.

Tabelle 7.7. Galvanische Spannungsreihe der Metalle für 25 °C (Ionenelektroden)

Elektrode	U_H in V	Elektrode	U_H in V
L /Li^+	$-3{,}01$	Cu/Cu^{++}	$+0{,}34$
Rb/Rb^-	$-2{,}98$	Cu/Cu^+	$+0{,}52$
Cs/Cs^+	$-2{,}92$	Hg/Hg^{++}	$+0{,}798$
K/K^+	$-2{,}92$	Ag/Ag^+	$+0{,}799$
Ba/Ba^{++}	$-2{,}92$	Au/Au^{+++}	$+1{,}42$
Sr/Sr^{++}	$-2{,}89$	Au/Au^+	$+1{,}69$
Ca/Ca^{++}	$-2{,}84$		
Na/Na^+	$-2{,}71$		
Mg/Mg^{++}	$-2{,}38$		
Be/Be^{++}	$-1{,}70$		
Al/Al^{+++}	$-1{,}66$		
Zn/Zn^{++}	$-0{,}76$		
Fe/Fe^{++}	$-0{,}44$		
Ni/Ni^{++}	$-0{,}23$		
Pb/Pb^{++}	$-0{,}13$		

Tabelle 7.8. Spannungsreihe für einige Redoxelektroden bei 25 °C

Elektrode	U_H in V	Elektrode	U_H in V
Cr^{++}, Cr^{+++}	$-0{,}41$	Cu^+, Cu^{++}	$+0{,}17$
		$I^-, I_2(fest)$	$+0{,}54$
		Fe^{++}, Fe^{+++}	$+0{,}77$
		$Br^-, Br_2(flüss.)$	$+1{,}07$
		$Cl^-, Cl_2(gasf.)$	$+1{,}36$
		$F^-, F_2(gasf.)$	$+2{,}85$

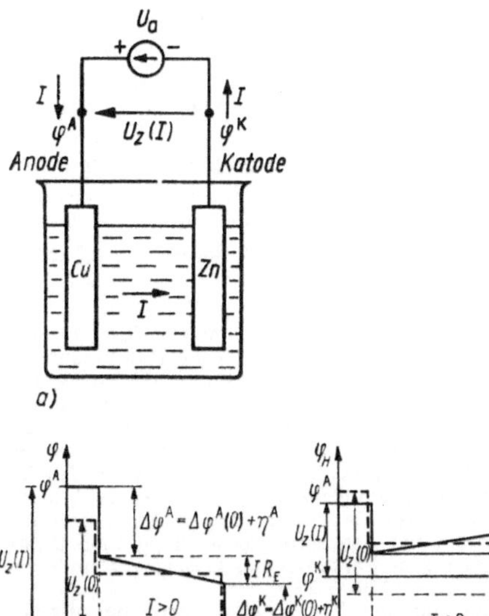

Abb. 7.19. Zum elektrischen Verhalten einer galvanischen Zelle.
a) Schaltung zur Aufnahme der Strom-Spannungs-Kennlinie;
b) Potentialverlauf für eine Elektrolysezelle;
c) Potentialverlauf für ein galvanisches Element

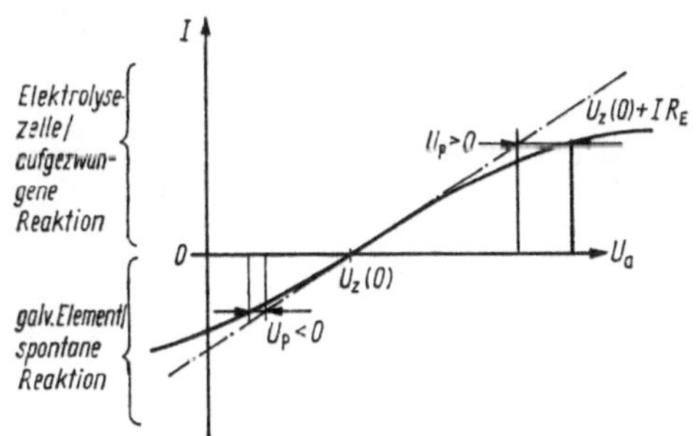

Abb. 7.20. Strom-Spannungs-Kennlinie einer galvanischen Zelle

Der Unterschied zwischen $U_z(I)$ und $U_z(0)$ erklärt sich nur teilweise aus dem Spannungsabfall am ohmschen Widerstand R_E der elektrolytischen Strombahn zwischen den Elektroden der galvanischen Zelle, wie er im Abschn. 7.3 aus der Äquivalentleitfähigkeit und der Konzentration des Elektrolyten berechnet wurde.
Die Differenz

$$U_z(I) - U_z(0) - IR_E = U_p(I)$$

heißt *Polarisationsspannung* (oder Überspannung, wenn $I = 0$ und thermodynamisches Gleichgewicht vorausgesetzt werden) der galvanischen Zelle. Im Fall der Elektrolysezelle ist $U_p > 0$, und im Fall des galvanischen Elements ist $U_p < 0$. Dabei kann U_p in eine anodische und katodische Polarisationsspannung zerlegt werden: $U_p = \eta^A + \eta^K$. η^A und η^K beschreiben die Abweichungen der Galvani-Spannungen bei Stromfluß von den Werten im stromfreien Fall, die nicht immer den Gleichgewichtswerten entsprechen müssen. Damit ergibt sich die in Abb. 7.20 dargestellte Strom-Spannungs-Kennlinie einer galvanischen Zelle.

Bei Stromfluß liegt in der Zelle eine Nichtgleichgewichtssituation vor, die nicht mit Hilfe der Thermodynamik beschrieben werden kann. Das Nichtgleichgewicht ist durch die Existenz eines elektrischen Stromes bzw. nach dem 1. Faradayschen Gesetz durch einen Stoffumsatz charakterisiert. Die in der Zelle ablaufenden Prozesse enthalten irreversible Energieumsätze, die einen Teil der eingeprägten elektrischen Energie verzehren. Der Gesamtprozeß in einer galvanischen Zelle zerfällt in folgende Teilprozesse:
a) Transport der Ionen, die an den Übertrittsreaktionen teilhaben, zu den Elektroden mit teilweise vorgelagerten chemischen Reaktionen;
b) Ladungsdurchtritt durch die Phasengrenze;
c) Abtransport der Reaktionsprodukte von der Elektrode mit eventueller Folgereaktion sowie andererseits dem Einbau von abgeschiedenen Metallatomen in das Kristallgitter des Elektrodenmaterials.

Werden z. B. Ionen an der Elektrode entladen, sinkt dort ihre Konzentration, und damit ändert sich das Elektrodenpotential (vgl. (7.13)). Der Nachtransport von Ionen kann infolge des entstandenen Konzentrationsgradienten durch Diffusion oder durch das elektrische Feld als elektrischer Strom aus der Lösung erfolgen. Ähnlich geschieht der Abtransport von Reaktionsprodukten aus dem Elektrodenbereich. Alle Teilprozesse laufen mit einer endlichen Geschwindigkeit ab, wobei der langsamste Teilprozeß die Stromstärke begrenzt. Eine Stromsteigerung ist nur durch eine zusätzliche Energiezufuhr möglich, d. h. durch einen zusätzlichen Spannungsabfall an der Phasengrenze. In der Elektrolysezelle geht er zu Lasten der angelegten Spannung, im galvanischen Element zu Lasten der erzeugten EMK. Bei Stromfluß ist im Element das innere Feld kleiner als im Gleichgewichtsfall. Daher kompensiert es nicht mehr den Ionenstrom aus der spontanen chemischen Reaktion. Mit anderen Worten: Die Potentialdifferenz ist kleiner als die Galvani-Spannung.

Ersatzschaltbild der galvanischen Zelle. Dieses elektrische Verhalten läßt sich durch eine elektri-

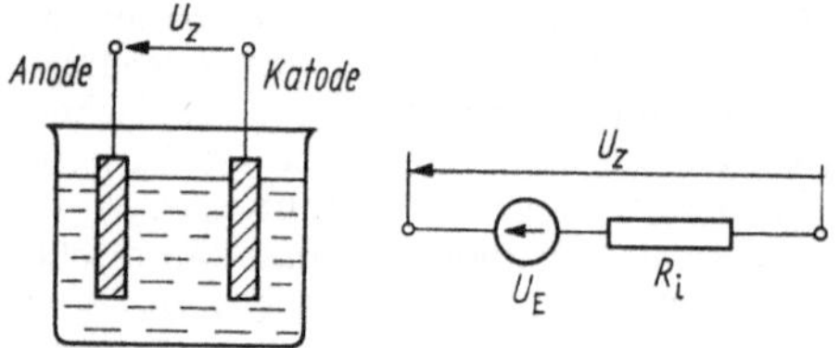

Abb. 7.21. Galvanische Zelle und ihr elektrisches Ersatzschaltbild

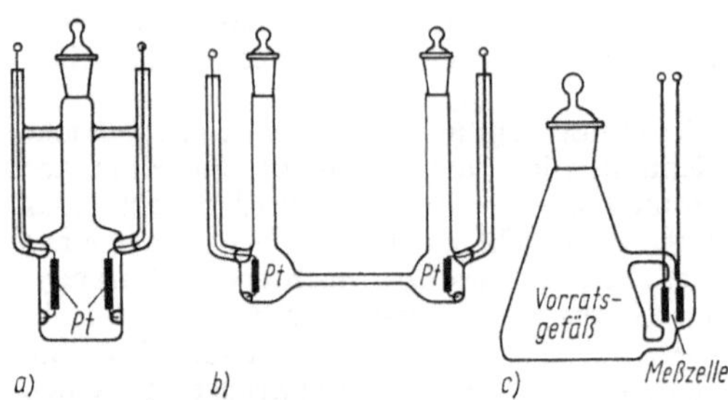

Abb. 7.22. Leitfähigkeitsmeßzellen.
a) Kohlrauschzelle für kleine Leitfähigkeiten;
b) Kohlrauschzelle für große Leitfähigkeiten;
c) Erlenmeyerzelle

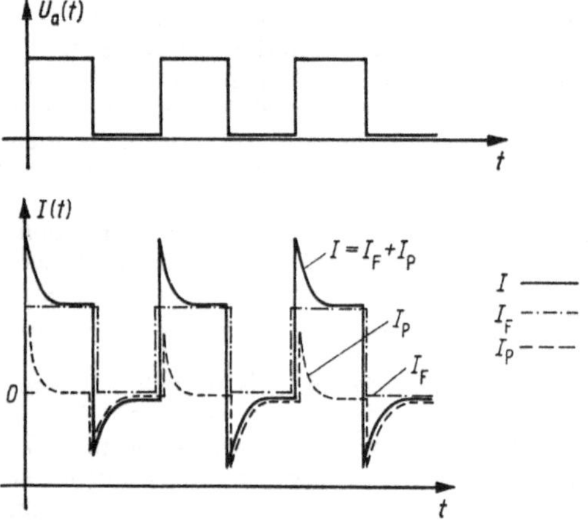

Abb. 7.23. Aufteilung des Elektrodenstromes I in einen Polarisationsstrom I_p und einen Faraday-Strom I_F für pulsierende Gleichspannung

sche Ersatzschaltung für die galvanische Zelle ausdrücken, wenn man über $U_p(I) = IR_p(I)$ einen stromstärkeabhängigen Polarisationswiderstand $R_p(I)$ definiert. Damit entspricht die galvanische Zelle einer Ersatzspannungsquelle mit der EMK U_E nach (7.14), der ein Innenwiderstand $R_i = R_E + R_p$ in Reihe geschaltet ist (Abb. 7.21).

Messung der elektrischen Leitfähigkeit. Die Messung der elektrischen Leitfähigkeit einer Flüssigkeit erfolgt in sog. Leitfähigkeitsmeßzellen vom

Aufbau nach Abb. 7.22. Durch einfache Widerstandsmessung mit Gleichstrom kann der elektrolytische Widerstand R_E nicht bestimmt werden, da die stromabhängige EMK der Zelle berücksichtigt werden muß.

Leitfähigkeitsmessungen an elektrolytischen Lösungen werden daher mit Wechselstrom zwischen 0,5 und etwa 10 kHz durchgeführt unter Benutzung von Wechselstrommeßbrücken (s. Abschn. 5.9.3).

Wird eine zeitlich veränderliche Spannung $U_a(t)$ an eine galvanische Zelle gelegt, ändern sich die Raumladungen an der Phasengrenze Metall/Elektrolyt mit der angelegten Spannung. Im Fall einer gepulsten Gleichspannung (Abb. 7.23a) erhält man einen Strom $I(t)$ durch die galvanische Zelle, den man sich aus einem ohmschen Anteil I_F (Faraday-Strom) und einem kapazitiven Anteil I_p (Polarisationsstrom) zusammengesetzt denken kann. I_C stellt den Umladestrom für die Raumladung an den Elektroden dar und I_F den mit den stationären chemischen Stoffumsätzen nach dem Faradayschen Gesetz verbundenen elektrischen Strom (Abb. 7.23b).

Daraus ergibt sich eine Wechselstromersatzschaltung der galvanischen Zelle nach Abb. 7.24a, wenn Z_{p1} und Z_{p2} die komplexen Impedanzen der Phasengrenze sind. Sie sind in Abb. 7.24b als Parallelschaltung eines Widerstandes R_F und einer Kapazität C_F dargestellt (gemäß Abschn. 5.8.3) und in Abb. 7.24c als eine äquivalente Serienschaltung einer Polarisationskapazität C_p und eines Polarisationswiderstandes R_p. Mit steigender Frequenz f einer angelegten Wechselspannung nehmen die Abweichungen vom Gleichgewicht an den Elektroden ab, da bei den relativ schnellen periodischen Umladungsvorgängen keine Elektrolyse mehr erfolgt. Damit wird der Polarisationswiderstand frequenzabhängig: $R_p = R_p(f)$. Für eine genügend hohe Frequenz wird der gesamte Wirkwiderstand der galvanischen Zelle nur durch den Elektrolytwiderstand bestimmt. In der praktischen Messung wird f bis maximal 5 oder 10 kHz variiert und der bestimmte Widerstand auf $f^{-1} \to 0$ extrapoliert. Der erhaltene Widerstand wird dann als statischer Widerstand des Elektrolyten $R_E(f \to 0)$ gedeutet, da im Tonfrequenzbereich der Widerstand des Elektrolyten als frequenzunabhängig betrachtet werden kann.

Chemische Polarisation. Neben den oben dargestellten Polarisationserscheinungen, die zu einer Abnahme der Zellspannung einer Spannungsquelle bei Stromfluß führen, gibt es eine chemische Polarisation, die die Grundlage der Arbeitsweise von Akkumulatoren darstellt (Abschn. 7.8).

Das Volta-Element z. B. hat bei $I = 0$ die Zellspannung $U_{Z,\text{Volta}}(0)$ und die Struktur Cu/H$^+$ Zn^{2+}/Zn, wenn in der flüssigen Phase nur der am Ladungsübertritt beteiligte und damit potentialbestimmende Ladungsträger angegeben wird (H$^+$ an der Anode und Zn^{2+} an der Katode). Bei Stromfluß überzieht sich aber die Cu-Elektrode mit H$_2$-Gas, und es entsteht ein Element der Struktur Cu/H$_2$/H$^+$, Zn^{2+}/Zn mit einer Zellspannung, die kleiner ist als $U_{Z,\text{Volta}}(0)$. Eindrucksvoll kann die chemische Polarisation an einem Element mit zwei gleichen Metallelektroden, z. B. dem Knallgas-Akkumulator Pt/H$^+$, OH$^-$/Pt, demonstriert werden. Nach einem Elektrolysevor-

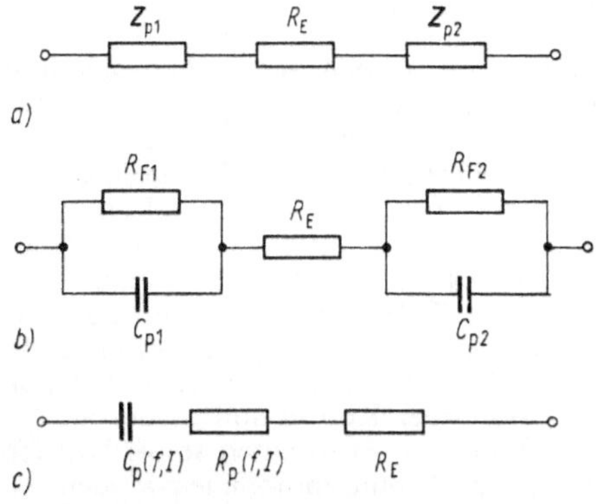

Abb. 7.24. Wechselstrom-Ersatzschaltbild einer Leit-
fähigkeitsmeßzelle
a) mit Hilfe komplexer Phasengrenzimpedanzen;
b) mit Hilfe einer Parallelschaltung eines Widerstandes
und einer Kapazität;
c) mit Hilfe einer Reihenschaltung eines Widerstandes
und einer Kapazität

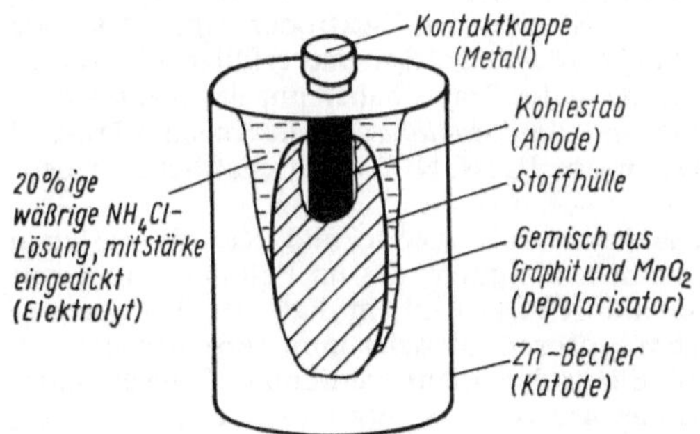

Abb. 7.25. Das Leclanché-Element

gang hat sich die eine Elektrode mit H_2-Gas, die
andere mit O_2-Gas bedeckt.

Das entstandene galvanische Element $Pt/H_2/H^+$,
$OH^-/O_2/Pt$ hat aber eine EMK, die der angelegten Spannung für den Elektrolyseprozeß entgegengerichtet ist. Schaltet man die äußere Spannungsquelle ab und ersetzt sie durch einen Spannungsmesser, wird so lange eine Zellspannung gemessen, bis sich durch den dem Elektrolysestrom
entgegengerichteten Stromfluß über das Meßinstrument bzw. eine innere „Entladung" die
chemische Polarisation zurückgebildet hat.

7.8. Elektrochemische Stromquellen

Galvanische Elemente ermöglichen die Gewinnung von elektrischer Energie, ohne über die
Energieform Wärme als Zwischenstufe zu gehen.
Damit ist der Energieumwandlungsgrad (Wirkungsgrad) nicht durch den Carnot-Faktor (Bd. 1)

begrenzt. Man unterscheidet *Primärelemente*
(z. B. die Trockenbatterie), *Sekundärelemente*
(Akkumulatoren) und *Brennstoffzellen*. Charakteristische Größen für eine elektrische Stromquelle sind neben der EMK U_E (auch Leerlaufspannung) und dem Innenwiderstand R_i die

Stromkapazität $\int\limits_0^t I\,\mathrm{d}t$ bzw. spezifische Strom-

kapazität $\dfrac{1}{m} \int\limits_0^t I\,\mathrm{d}t$ und die Energiekapazität

$\int\limits_0^t (U_z I)\,\mathrm{d}t$ bzw. spezifische Energiekapazität

$\dfrac{1}{m} \int\limits_0^t (U_z I)\,\mathrm{d}t$ (m Masse des Elements). Beide Grö-

ßen sind abhängig von der Entladungsstromstärke I.

Die Bedeutung dieser technischen Energiequellen
für den netzfreien Betrieb elektronischer Geräte
der Unterhaltungselektronik, Rechentechnik sowie Meß- und Regelungstechnik ist allgemein bekannt. Hinzu kommt ihr Einsatz für die Energieversorgung. Auch wenn oft nur Hilfsenergien gewonnen werden, z. B. zum Starten von Motoren,
haben die galvanischen Energiequellen einen wesentlichen Vorteil gegenüber vielen anderen: Sie
sind extrem umweltfreundlich.

7.8.1. Primärelemente

In Primärelementen laufen die chemischen Reaktionen nicht umkehrbar ab, so daß die Elemente
nach restloser Umsetzung einer Elektrode nicht
mehr verwendbar sind.

Leclanché-Element. Das Primärelement mit der
größten technischen und ökonomischen Bedeutung ist das Leclanché-Element (Abb. 7.25). Es
hat die Struktur $\oplus C/MnO_2/NH_4Cl$, $H_2O/Zn\ominus$.
An der Katode wird Zink oxidiert: $Zn \rightleftarrows Zn^{2+}$
$+ 2e^-$, und an der Anode wird MnO_2 reduziert:

$$MnO_2 + 4\,H^+ \rightleftarrows Mn^{2+} + 2\,H_2O - 2\,e^-.$$

Dieser Reaktion schließt sich eine Reaktion der
Form

$$Mn^{2+} + MnO_2 + 4\,OH^- + Zn^{2+}$$

$$\rightleftarrows ZnO \cdot Mn_2O_3 + 2\,H_2O$$

oder

$$Mn^{2+} + MnO_2 + 2\,OH^- \rightleftarrows 2\,MnO\,OH$$

an. Die Zellspannung im Leerlauf beträgt etwa
1,5 V. Sie nimmt mit der Belastung und auch mit
dem Entladungszustand stark ab. (Bei einer Elektrodenfläche von etwa 1 cm² ist die Zellspannung
auf 1,0 V gesunken, wenn ein Strom von 10 mA
fließt.)

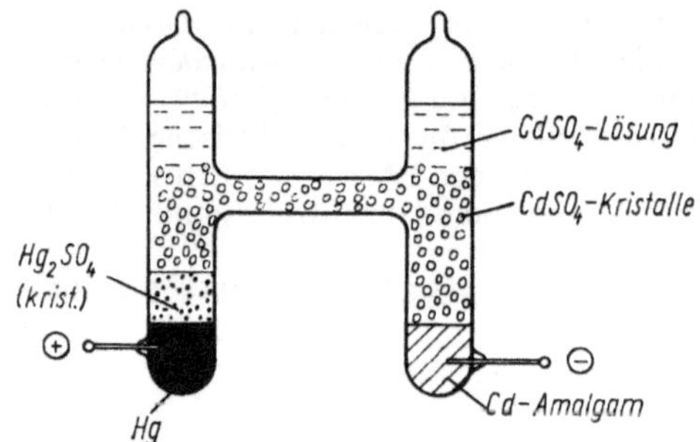

Abb. 7.26. Das Weston-Normalelement

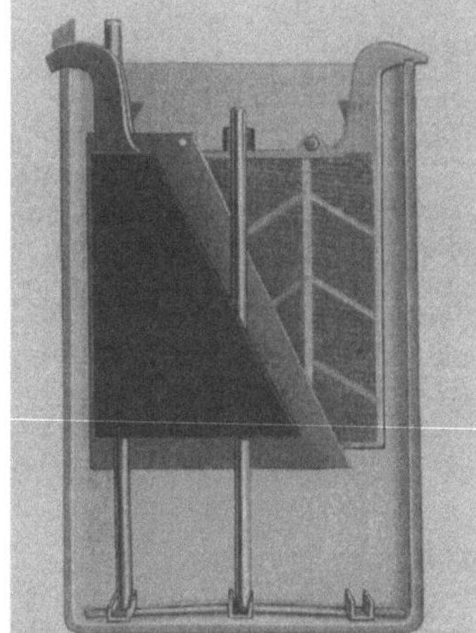

Abb. 7.27. Der Bleiakkumulator.
Schnitt durch eine Zelle mit negativer Kastenplatte

Weston-Element. Ein galvanisches Element hoher Spannungskonstanz im Leerlauf ist das Weston-Element, das wegen dieser Eigenschaft auch als Spannungsnormal verwendet wird. Das Weston-Element besteht aus zwei gut reproduzierbaren Elektroden zweiter Art, die die hohe Konstanz der Spannung garantieren und über eine gesättigte Cadmiumsulfatlösung verbunden sind:

$\ominus$Hg/Cd-Amalgam/CdSO$_4$, H$_2$O(gesättigt),
   Hg$_2$SO$_4$(krist.)/Hg $\oplus$

(Abb. 7.26). Die Temperaturabhängigkeit seiner Leerlaufspannung läßt sich beschreiben durch die Gleichung

$$U_z(T)/\text{V} = 1,01865 - 4,076 \cdot 10^{-5}(T/°\text{C} - 20)$$
$$- 9,447 \cdot 10^{-7}(T/°\text{C} - 20)^2$$
$$+ 9,8 \cdot 10^{-9}(T/°\text{C} - 20)^3 \,.$$

Für den praktischen Betrieb dieses sekundären Spannungsnormals ist es wichtig, daß das Weston-Element niemals belastet werden darf.

7.8.2. Sekundärelemente

Sekundärelemente werden auch *Akkumulatoren* genannt. Sie können nach ihrer Entladung wieder aufgeladen werden, wobei der Zyklus mehrere hundertmal wiederholbar ist. Die Forderung nach Wiederholbarkeit bedingt, daß die Reaktionsprodukte an den Elektroden beim Lade- und Entladevorgang in fester Form anfallen müssen. Gase würden aus der Zelle entweichen, und gut lösliche Produkte würden sich in der ganzen Zelle verteilen und bei Umkehrung der Reaktion nur durch Diffusion oder Konvektion wieder an die Elektroden gelangen. Es könnten somit aus der Zelle nur geringe Ströme entnommen werden.

Damit der Innenwiderstand der Akkumulatoren klein bleibt, dürfen die verwendeten galvanischen Zellen keine Überführungen besitzen und, um eine gute Reversibilität sicherzustellen, müssen Nebenreaktionen an den Elektroden weitgehend ausgeschaltet werden. Um eine Vermischung der Elektrolyte in beiden Elektrodenräumen zu vermeiden, ist eine der Elektroden eine Elektrode 2. Art. Nur wenige Systeme erfüllen die Bedingungen. In der Praxis haben nur der *Bleiakkumulator* und der *Stahlakkumulator* nach EDISON bzw. nach JUNGNER wirtschaftliche Bedeutung.

Bleiakkumulator. Anode und Katode bestehen aus einem Bleigitter, das im Fall der Anode mit Bleioxid (PbO$_2$) und im Fall der Katode mit einem porösen Bleischwamm (Pb) bedeckt ist. Als Elektrolyt dient verdünnte Schwefelsäure (Akkusäure genannt: etwa 28 Masse-% H$_2$SO$_4$ mit einer Dichte von 1,21 g/cm^3). Die Struktur des Elements ist $\oplus$PbO$_2$/PbSO$_4$(fest), H$_2$SO$_4$/Pb$\ominus$.

Der technische Aufbau ist in Abb. 7.27 dargestellt. Die Elektrodenprozesse haben folgende Form:

Anode: PbSO$_4$(fest) + 2 H$_2$O

$$\underset{\text{Entladen}}{\overset{\text{Laden}}{\rightleftarrows}} \text{PbO}_2 + 4\text{H}^+ + \text{SO}_4^{2-} + 2\,\text{e}^-$$

Katode: PbSO$_4$ + 2 e$^-$

$$\underset{\text{Entladen}}{\overset{\text{Laden}}{\rightleftarrows}} \text{Pb(fest)} + \text{SO}_4^{2-}$$

2 PbSO$_4$(fest) + 2 H$_2$O

$$\underset{\text{Entladen}}{\overset{\text{Laden}}{\rightleftarrows}} \text{PbO}_2 + \text{Pb} + 2\,\text{SO}_4^{2-} + 4\,\text{H}^+$$

Die EMK beträgt 2,04 V. Aus den Reaktionsgleichungen ist ersichtlich, daß beim Laden die Konzentration der Säure zunimmt und beim Entladen abnimmt. Daher kann aus ihrer Konzentration, die über die Dichte mit Aräometern bestimmbar ist, direkt auf den Entladezustand eines

---

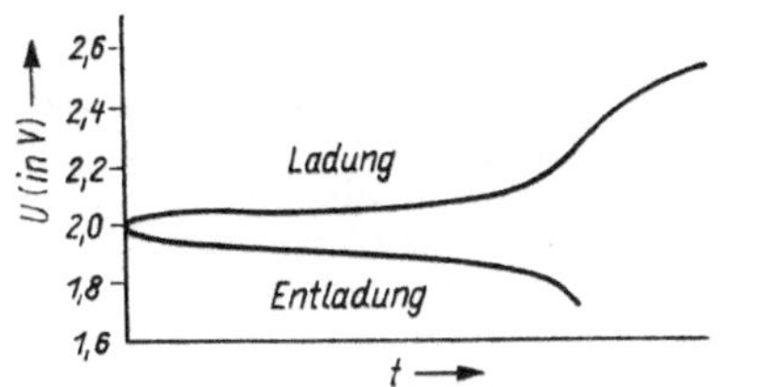

Abb. 7.28. Lade- und Entladekurve des Bleiakkumulators

Bleiakkumulators geschlossen werden. Beim Entladen soll die Zellspannung nicht unter 1,8 V absinken, da dann durch Aufladen nicht mehr der alte Zustand erreicht werden kann. – Bei einem Bleiakku, der lange nicht benutzt wird, findet eine Selbstentladung mit der Reaktion

$$Pb + H_2SO_4 \rightarrow PbSO_4(fest) + H_2\uparrow$$

statt. Das Bleisulfat kristallisiert in einer sehr groben Form an den Elektroden aus, die durch einen Ladevorgang schwer wieder umgesetzt werden kann. (Man spricht in diesem Fall von der Sulfatisierung.)
Die Lade- und Entladekurve des Bleiakkumulators ist in Abb. 7.28 dargestellt. Die Stromausbeute beträgt etwa 95 %, d. h., daß die Selbstentladung beim Bleiakku gering ist. Die Abweichungen der Zellspannung von der Leerlaufspannung im Lade- sowie Entladeprozeß sind ebenfalls nur gering, woraus sich eine Energieausbeute von etwa 75 % ergibt.

Edison-Akkumulator. Der Edison-Akkumulator ist ein Eisen/Nickel-Element mit 20 %iger Kalilauge als Elektrolyt:

$$\ominus \; Fe/Fe(OH)_2, \; KOH, \; Ni(OH)_2/Ni \oplus .$$

Seine EMK beträgt 1,22 V. An den Elektroden laufen folgende Prozesse ab:

Katode: $Fe(OH)_2$

$$\xrightarrow[\text{Entladen}]{\text{Laden}} Fe + 2\,OH^- - 2\,e^-$$

Anode: $2\,Ni(OH)_2 + 2\,OH^-$

$$\xrightarrow[\text{Entladen}]{\text{Laden}} 2\,Ni(OH)_3 + 2\,e^-$$

$$Fe(OH)_2 + 2\,Ni(OH)_2$$

$$\xrightarrow[\text{Entladen}]{\text{Laden}} Fe + 2\,Ni(OH)_3$$

Der Elektrolyt (KOH) ist im Gegensatz zur Schwefelsäure beim Bleiakku nicht an den chemischen Reaktionen beteiligt. Die geringere Zellspannung des Edison-Akkumulators wird durch seine geringere Masse gegenüber dem Bleiakku wettgemacht. Das Energiespeichervermögen des Eisen/Nickel-Akkumulators ist etwas kleiner als

beim Bleiakku, aber er ist unempfindlicher im entladenen Zustand.
Jungner-Akkumulator. Der Jungner-Akkumulator ist ein Nickel/Cadmium-Element mit einer EMK von 1,35 V. Die Reaktion an der Cadmiumelektrode hat die Form

Katode: $Cd(OH)_2$

$$\xrightarrow[\text{Entladen}]{\text{Laden}} Cd + 2\,OH^- - 2\,e^-$$

und ist reversibler als die Reaktion an der Fe-Elektrode beim Edison-Akkumulator. Die Selbstentladung unter H_2-Entwicklung ist gering. Da es gelungen ist, die Gasentwicklung beim Ladevorgang auszuschließen, kann man gasdichte Ni/Cd-Akkumulatoren bauen, die als Knopfzellen bekannt sind. Bei ihnen entfällt die Gefahr der Schädigung des durch einen Akkumulator betriebenen elektronischen Gerätes infolge auslaufender Elektrolyten. Die Lebensdauer des Jungner-Akkumulators ist größer als die des Bleiakkumulators, seine Energieausbeute beträgt 55 bis 65 % und die Stromausbeute etwa 82 %.

7.8.3. Brennstoffelemente

Während in den herkömmlichen Kraftwerken fossile Brennstoffe verbrannt werden und die frei werdende Reaktionsenergie über einen Arbeitsstoff in der Wärmekraftmaschine mit anschließendem Generator in elektrische Energie umgesetzt wird, versucht man in Brennstoffelementen, die fossilen Brennstoffe in einer galvanischen Zelle zu oxydieren und direkt elektrische Energie zu gewinnen. Im Gegensatz zu den oben besprochenen galvanischen Elementen werden nicht Metalle, Metalloxide oder Metallhydroxide chemisch an den Elektroden umgesetzt, sondern „Brennstoffe" wie Kohlenstoff, Gase (z. B. H_2, CO, Kohlenwasserstoffe) oder Flüssigkeiten (z. B. Alkohole). Als Oxydationsmittel kommt allgemein Sauerstoff oder Luft in Frage. Es wird also der Brennstoff an der Katode oxydiert und der Sauerstoff an der Anode reduziert, wobei die Rohstoffe der Zelle kontinuierlich zugesetzt und die Reaktionsprodukte in gleichem Maße entfernt werden müssen. Technische und prinzipielle Schwierigkeiten haben aber bisher eine praktische Realisierung von Brennstoffzellen mit ökonomischer Bedeutung verhindert. So führen Reaktionsprodukte allgemein zu einer „Vergiftung" der Elektroden, und die Reaktionsgeschwindigkeit der Verbrennungsprozesse bei den benutzbaren Brennstoffen ist zu klein, um geeignete Stromstärken zu erreichen. Die Reaktionen müssen daher allgemein durch Edelmetallzusätze katalysiert werden. Sie verteuern die Verfahren beträchtlich, und ihre Wiedergewinnung ist oft schwierig.

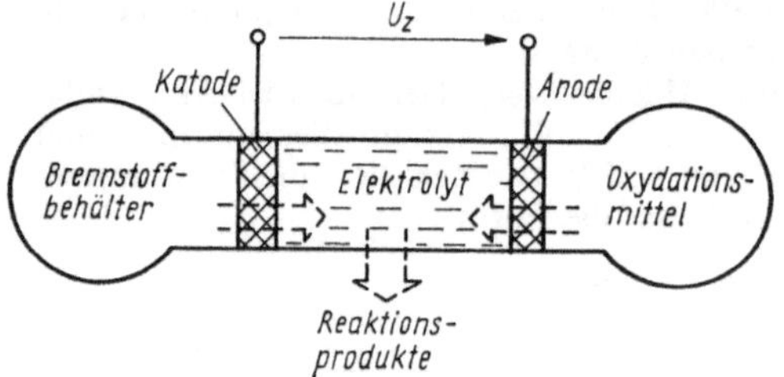

Abb. 7.29. Schema eines Brennstoffelements

Auch wenn Brennstoffzellen heute für die allgemeine Energiegewinnung keine Chance haben und sie nur in der Kosmos-Forschung technisch verwendet werden, hat das Interesse an ihnen im Hinblick auf die Energieversorgung von Raumflugkörpern mit hoher Leistungsdichte und für einen umweltfreundlichen Kraftfahrzeugsantrieb neue Bedeutung erlangt.

Der prinzipielle Aufbau einer Brennstoffzelle ist in Abb. 7.29 angegeben.

7.9. Weitere technische Anwendungen der elektrochemischen Vorgänge und elektrokinetische Erscheinungen

7.9.1. Technische Elektrolyse und Galvanotechnik

Elektrolyse. Die bei der Elektrolyse stattfindende Reduktion von Metallionen aus einer Salzschmelze oder Salzlösung an der Katode führt zur Abscheidung von Metallen. Die abgeschiedene Metallmenge hängt gemäß den Faradayschen Gesetzen mit der transportierten Ladungsmenge und der Energieaufwand mit der Zellspannung (gleich EMK plus Überspannung) multipliziert mit der Ladungsmenge zusammen.

Die elektrochemische Abscheidung von Metallen ist großtechnisch besonders wichtig für
a) die Gewinnung von Metallen wie Al, Mg, Cu, Ni, Zn, Cd,
b) die Reinigung von Metallen wie Al, Cu, Ni, Sn,
c) die Herstellung metallischer Überzüge (Cr, Ni, Cd, Zn, Ag, Au, Cu) im Rahmen der Galvanotechnik.

Der kinetische Prozeß der Metallabscheidung erfolgt in einzelnen Teilschritten:
1. chemische Reaktion an der Elektrode mit Abspaltung der Solvathülle der Ionen,
2. Durchtrittsreaktion mit dem Ladungsaustausch zwischen Elektrode und Lösung,
3. Einbau der Metallionen in das Metallgitter der Elektrode.

Eine für technische Anwendungen angestrebte große „Raum-Zeit"-Ausbeute bedingt sehr große Stromdichten. Das führt zu Überspannungen oder Polarisationsspannungen, da einzelne Teilschritte des Prozesses immer gehemmt ablaufen. Dadurch wird der Energieeinsatz wesentlich größer, als für die eigentliche chemische Energieumwandlung (vgl. Abschn. 7.7) nötig ist.

Elektrolytische Reinigung von Metallen. Das Prinzip besteht darin, daß Anoden aus dem noch unreinen Metall unter Anwendung eines Salzes desselben Metalles als Elektrolyten durch den elektrischen Strom in Lösung gebracht werden und an der Katode das reine Metall abgeschieden wird.

Die wichtigste Anwendung findet diese Methode bei der elektrischen Kupferraffination. Man verwendet gegossene Anoden mit einem Kupfergehalt von etwa 98 bis 99 %.

Das sich an der Katode auf feinen Blechen aus reinstem Kupfer abscheidende Metall zeigt einen sehr großen Reinheitsgrad bis zu 99,99 % Kupfer. Allerdings ist für die modernen Verwendungszwecke der Elektrotechnik ein solcher Reinheitsgrad durchaus erforderlich, da Verunreinigungen schon in geringster Menge die elektrische Leitfähigkeit des Kupfers außerordentlich beeinflussen können. So soll schon ein Gehalt von wenigen tausendstel Prozent Arsen genügen, um Kupfer für elektrische Leitungen unbrauchbar zu machen.

Die auf diese Weise raffinierten Mengen sind außerordentlich groß. Auch die aus dem Anodenschlamm der Kupferraffination gewonnenen Mengen von Edelmetallen sind sehr erheblich und von wirtschaftlicher Bedeutung.

Vor allem ist es das Silber, das in ähnlicher Weise, wie für Kupfer angegeben, zu Anoden von 80 bis 95 % Silbergehalt gegossen und unter Anwendung eines Elektrolyten von 1 % HNO_3 mit 1 bis 2 % $AgNO_3$ an Katoden von reinstem Silberblech elektrolytisch abgeschieden wird. Der Anodenschlamm der Silberraffination wird nach chemischer Aufbereitung zur Herstellung von Goldanoden benutzt. Diese werden unter Anwendung von salzsaurer Goldchloridlösung als Elektrolyt ebenfalls elektrolytisch gereinigt.

Chemische Oxydations- und Reduktionsprozesse. Man kann auch die Elektrolyse mit größtem Vorteil zur Ausführung von Oxydationen (an der Anode) oder von Reduktionen (an der Katode) benutzen, da diese Prozesse hierbei keine Verunreinigung der Lösungen mit sich bringen, wie es durch chemische Reduktions- oder Oxydationsmittel der Fall ist.

Oxydationsvorgänge, die in größerem Maßstab ausgeführt werden, sind z. B. die Gewinnung von Ferricyankalium aus Ferrocyankalium gemäß der Gleichung

$$[Fe(CN)_6]^{4-} \rightarrow [Fe(CN)_6]^{3-} + e^-.$$

Auch $KMnO_4$ wird fast ausschließlich elektrolytisch

durch Oxydation von Manganatlösung dargestellt:

$$MnO_4^{2-} \rightarrow MnO_4^- + e^-.$$

Weitere Anwendungsgebiete sind die Darstellung von Persulfaten, Wasserstoffsuperoxid und Perchloraten, ferner von organischen Stoffen wie Iodoform.

Die anodische Oxydation von Aluminium hat in letzter Zeit große Bedeutung gewonnen (Eloxal-Verfahren: *Elektrisch oxydiertes Al*) zur Herstellung einer äußerst widerstandsfähigen Schutzschicht. Die gewöhnlich nur 0,001 mm starke Oxidhaut des Aluminiums wird durch dieses Verfahren auf das Mehrhundertfache verstärkt. So werden auch Hochglanz-Eloxal-Spiegel hergestellt, die ein Reflektionsvermögen bis zu 90% besitzen und sehr widerstandsfähig sind.

Galvanotechnik. In der Galvanotechnik geht es um die Herstellung von Metallüberzügen als Korrosionsschutz, zur Verschönerung von Schmuckgegenständen und zur Herstellung elektrisch gut leitender Oberflächenschichten. Es kommt darauf an, daß die hergestellten Schichten dicht, gleichmäßig dick, gut auf der Unterlage haftend und möglichst glatt sowie glänzend sind. Um diese Eigenschaften auch bei sehr kleinen Schichtdicken (< 0,01 mm) zu erreichen, muß eine Wasserstoffentwicklung an der Katode beim Elektrolyseprozeß, die durch die Elektrolyse des allgemein verwendeten Wassers als Lösungsmittel entsteht, weitestgehend vermieden werden. Die spezifische Geometrie des als Unterlage verwendeten Katodenkörpers bedingt eine ungleichmäßige Stromverteilung und damit ein ungleichmäßiges Schichtdickenwachstum. Durch Zusätze zum Elektrolysebad, die die Abscheidung bei größeren Schichtdicken blockieren, wird diesem Vorgang entgegengewirkt. Allgemein werden die Metalle nicht aus ihren einfachen Salzen (Nitraten, Chloriden, Sulfaten) wie bei der Metallgewinnung abgeschieden, sondern aus Metallkomplexsalzen (z. B. Metall-Cyanid-Komplexen). Sie sind weniger hydratisiert, und daher werden zur Metallabscheidung wesentlich kleinere Überspannungen benötigt, was die Energieökonomie erhöht und die Schichtqualität verbessert.

7.9.2. Korrosion

Metalle befinden sich in ihrer Gebrauchsform in ihrem reduzierten Zustand, dem metallischen Zustand, der mit der Luftatmosphäre nicht im Gleichgewicht steht. Die Metalle haben das Bestreben, in den oxydierten Zustand überzugehen, in dem sie in der Natur z. B. in Form von Erzen vorkommen.

Bei hohen Temperaturen erfolgt dieser Übergang im Prozeß der *Zunderung*. An der Metalloberfläche bildet sich eine dichte Oxidschicht aus, deren Wachstum davon abhängt, wie schnell Metallionen durch die Zunderschicht an die Oberfläche diffundieren, wo sie dann vom Luftsauerstoff oxydiert werden. Die Diffusion von Sauerstoff durch die Zunderschicht zum Metall ist da-

gegen allgemein zu vernachlässigen. Eine Zunderschicht wirkt stabilisierend für ein Metall.

Bei niederen Temperaturen läuft ein anderer, viel schnellerer Vorgang ab, der das Metall in den oxydierten Zustand überführt, die *elektrochemische Korrosion*. Bei der Korrosion finden zwei räumlich getrennte elektrochemische Teilprozesse an der Metalloberfläche statt, die zusammen ein galvanisches Element bilden. Dieses ist über das Metall elektrisch kurzgeschlossen. Einmal erfolgt eine Reduktion des Luftsauerstoffes oder eine Entladung von Wasserstoffionen als anodischer Prozeß, zum anderen wird das Metall oxydiert in Form eines katodischen Prozesses. Dabei geht ein im Metall vorhandener Bestandteil in Lösung. Beide Teilprozesse spielen sich in ummittelbarer Nachbarschaft (etwa 10^{-5} cm) auf der Oberfläche ab. Daher spricht man von einem *Lokalelement*. Der spontan ablaufende Vorgang ist an die Existenz von Wasser gebunden, das die Ionen stabilisiert und die „innere" Leitung im entstandenen Element ermöglicht. Das Wasser kann z. B. als Kondensat oder als Oberflächenfilm vorliegen.

Die Stromstärke und damit die Korrosionsgeschwindigkeit ergeben sich aus dem elektrischen Widerstand des gesamten Stromkreises, den man im wesentlichen aus dem Polarisationswiderstand des Lokalelementes erhält. Da die elektrolytische Strombahn kurz ist, kann ihr Widerstand vernachlässigt werden. Das Lokalelement arbeitet quasi im Kurzschluß. Metalle, die einer mechanischen Beanspruchung ausgesetzt sind, korrodieren besonders stark. Mit der mechanischen Beanspruchung entstehen im Kristall innere mechanische Spannungen, die zu Kristallbaufehlern führen. Diese wandern aus energetischen Gründen mit der Zeit an die Oberfläche des Metalls. Oberflächen mit starken Abweichungen in den Bindungsverhältnissen gegenüber dem thermodynamischen Gleichgewicht begünstigen aber den katodischen Auflösungsvorgang.

Als Schutzmaßnahmen gegen die Korrosion, die jährlich jeder Volkswirtschaft Kosten in Milliarden Höhe verursacht, kommen in Frage:

1. *Anodischer Schutz*: Dabei wird die Oberfläche nicht direkt behandelt, sondern durch einen äußeren Stromkreis stark als Anode belastet. Die entstehende Polarisationsspannung senkt das elektrische Potential so weit ab, daß die katodische Auflösung des Metalls zum Stillstand kommt. Der äußere Stromkreis kann mit Hilfe einer „Opferanode" aus einem sehr unedlen Stoff (z. B. Mg oder Zn) realisiert werden. Dieses Verfahren ist besonders im Schiffbau und bei unterirdischen Rohrleitungen im Gebrauch.

2. *Passivierung der Oberfläche*: Die Metalloberfläche wird mit einer Schicht geeigneter Reaktionsprodukte bedeckt, die eine porenfreie und nur elektronenleitende Deckschicht bilden. Damit ist der Ionentransport an die Oberfläche unterbunden, und sie ist passiviert. Die Strom-Spannungs-Kennlinie ist in Abb. 7.30 dargestellt. Mit dem

---

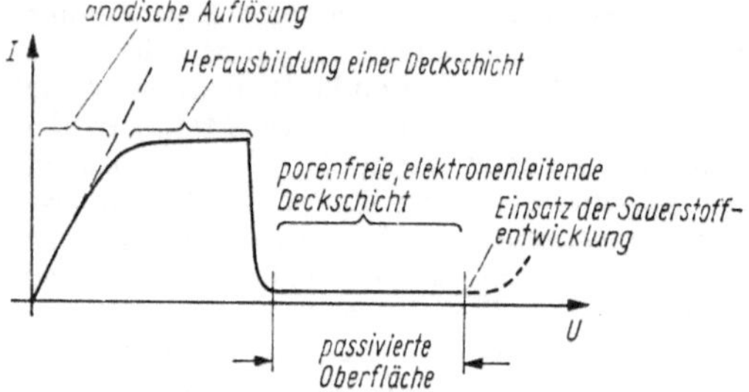

Abb. 7.30. Kennlinie bei der Bildung einer passivierenden Deckschicht

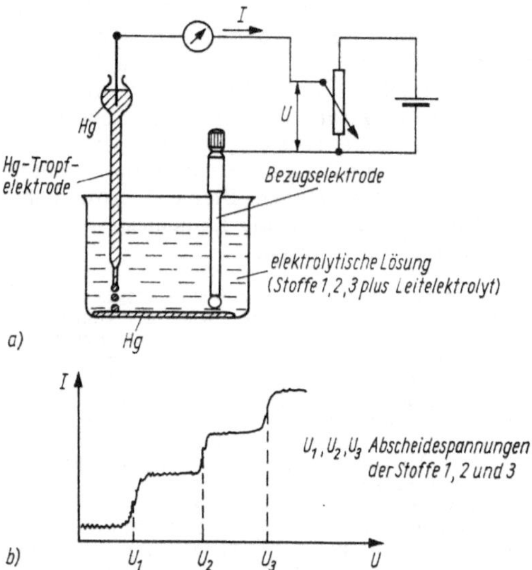

Abb. 7.31. Polarografische Methode.
a) Prinzipieller Aufbau;
b) Polarogramm

Anwachsen des Stromes bildet sich eine Deckschicht, die den Strom begrenzt und fast unterbindet, wenn eine porenfreie Schicht entstanden ist. Besondere praktische Bedeutung haben die Eloxal-Schichten auf Aluminium. Sie werden durch einen anodischen Stromfluß in einem Säurebad mit Zusätzen erzeugt und haben eine Dicke von etwa 0,01 mm.

3. *Galvanische Überzüge*: Ein unedles Metall wird mit einem galvanisch abgeschiedenen Film eines edleren Metalls überzogen, das langsamer korrodiert. Die unedlere Unterlage wirkt als Opferanode. Bei der Existenz von Poren in dem galvanischen Überzug wird dadurch allerdings die Auflösung der Unterlage gefördert. Neben den galvanisch abgeschiedenen Ni- und Cr-Schichten sind besonders die Zn-Überzüge zu nennen. Dabei bildet sich auf dem Zink eine passivierende oxidische Deckschicht.

4. *Lacküberzüge*: Sie verhindern den direkten Kontakt mit der Atmosphäre, der Voraussetzung für den Oxydationsprozeß ist.

7.9.3. Elektrochemische Analysenverfahren

Neben der Anwendung der elektrochemischen Prozesse in der technischen Elektrolyse, der Galvanotechnik und in galvanischen Spannungsquellen sowie in der Korrosionsforschung spielen sie in der modernen chemischen Analysentechnik eine wesentliche Rolle.

Elektrogravimetrie: Der zu bestimmende Stoff (allgemein ein Metall) wird auf einem Elektrodenmaterial (allgemein Platin) abgeschieden und dann die abgeschiedene Stoffmenge bestimmt. Durch die Wahl der Abscheidespannung kann selektiv ein bestimmtes Metall abgeschieden und quantitativ nachgewiesen werden. Dabei ist zu beachten, daß die angelegte Spannung gleich dem Abscheideprozeß plus der Überspannung ist. Da die Wasserstoffabscheidung sehr stark gehemmt ist (also eine große Wasserstoffüberspannung auftritt), können auch relativ unedle Metalle (z. B. Zn) bestimmt werden, obwohl ihre galvanischen Potentiale eigentlich höher liegen als die des Wasserstoffs.

Coulometrie: Für Abscheidevorgänge, die streng den Faraday-Gesetzen gehorchen (z. B. Ag in Ag-Salzlösungen), läßt sich die abgeschiedene Stoffmenge aus der leicht meßbaren transportierten Ladung (Stromstärke mal Zeit) bestimmen.

Polarografie: Mit Hilfe der polarografischen Methode sind Stoffe (Ionen und auch Moleküle) nachzuweisen, die an der Elektrode oxydiert oder reduziert werden können. Dazu mißt man den Strom einer entsprechenden Zelle als Funktion der angelegten Spannung (Abb. 7.31). Als Katode dient die Quecksilbertropfelektrode und als Anode eine geeignete Bezugselektrode (vgl. Abschn. 7.6). Durch Zusatz eines Leitelektrolyten (z. B. KCl oder NH_4Cl) wird der ohmsche Widerstand der Zelle klein gehalten und bewirkt, daß der Strom allein durch den Diffusionsprozeß der am Ladungsübertritt beteiligten Ionen zur Elektrode bestimmt ist (diffusionsbegrenzter Strom). Das Potential der Hg-Elektrode wird kontinuierlich vergrößert und der Strom gemessen. Erreicht das Potential das Umsetzungspotential eines Stoffes, erfolgt der chemische Umsatz dieses Stoffes an der Elektrode. Der fließende Strom führt zu einer Treppe in der U,I-Kurve, da die Diffusion den Strom begrenzt. Erst wenn für einen zweiten Stoff das Abscheidepotential erreicht ist, steigt der Strom weiter an. Die Lage der Treppenstufe auf der Spannungsachse ist typisch für den betreffenden Stoff und dient zu seinem analytischen Nachweis.

7.9.4. Elektrokinetische Erscheinungen

Unter elektrokinetischen Erscheinungen faßt man alle Erscheinungen zusammen, die mit dem Verhalten von zwei in Kontakt befindlichen Phasen im elektrischen Feld zusammenhängen. Typisch sind die Aufladungseffekte, die zwischen den in Kontakt befindlichen Phasen auftreten und zur Herausbildung einer elektrischen Doppelschicht führen. Solche Doppelschichten sind keinesfalls auf die Phasengrenze Metall/Elektrolyt beschränkt. Nur wegen ihrer großen praktischen Bedeutung werden die elektrokinetischen Erscheinungen wie die elektrolytische Leitfähigkeit besonders behandelt.

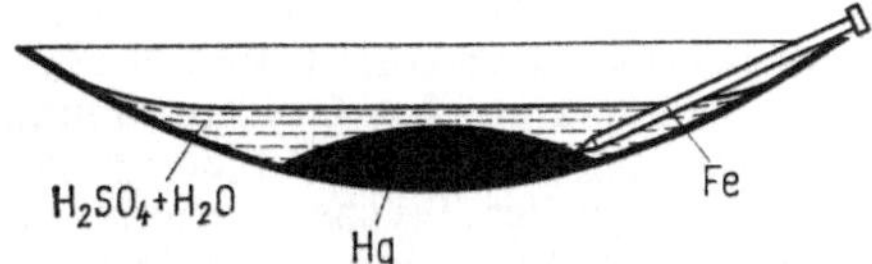

Abb. 7.32. Zur Änderung der Oberflächenspannung von Quecksilber durch elektrolytische Polarisation (das „Quecksilberherz").
Der verdünnten Schwefelsäure wird etwas Kaliumbichromat zugesetzt

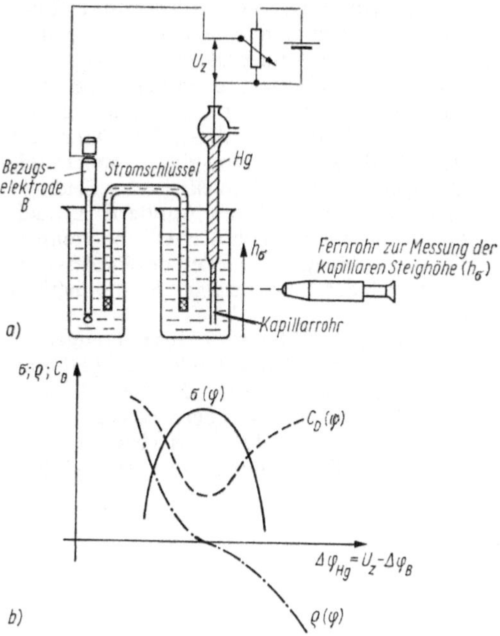

Abb. 7.33. Elektrokapillar-Kurve
a) Meßprinzip;
b) Elektrokapillar-Kurven

Sie spielen immer dann eine große Rolle, wenn die Grenzflächen zwischen den Phasen sehr groß sind, wie z. B. in kolloidalen Systemen oder in Membranen.

Elektrokapillarität. Die sich an der Phasengrenze Metall/Elektrolyt ausbildende elektrische Doppelschicht ist einmal durch eine diffuse Raumladung im Elektrolyten und eine entgegengesetzt gleiche Oberflächenladung auf dem Metall bestimmt. Zum anderen ist sie charakterisiert durch spezifisch am Metall adsorbierte Ionen und durch eine polarisierte Schicht molekularer Dipole an der Grenzfläche. Das sich damit ausbildende elektrische Feld bestimmt wesentlich die Oberflächenenergie der Grenzfläche. Wie LIPPMAN (1875) entdeckte, ist die Oberflächenspannung von Quecksilber, das von einer Elektrolytlösung um-

geben ist, abhängig von der Potentialdifferenz zwischen beiden Phasen. Die Erscheinung heißt *Elektrokapillarität.*

Eine gute Demonstration dieser Erscheinung zeigt der Versuch in Abb. 7.32. Berührt der Fe-Nagel die Hg-Oberfläche, wird das sich ausbildende galvanische Element Hg/H_2SO_4, H_2O/Fe kurzgeschlossen, und die Potentialdifferenz zwischen dem Quecksilber und der Lösung verkleinert sich. Es ändert sich die Oberflächenspannung des Hg-Tropfens an dieser Stelle, und er verformt sich. Damit reißt der Kontakt zu dem Fe-Nagel ab, und die alte Potentialdifferenz stellt sich wieder ein. Der Hg-Tropfen vollführt Oberflächenschwingungen.

Quecksilber besitzt für diese Experimente eine Reihe von Vorteilen: Die Oberfläche des flüssigen metallischen Quecksilbers reinigt sich immer wieder selbst. Dazu erweist sie sich als ideal polarisierbar, da der Faraday-Strom über die Phasengrenze klein gegen den Polarisationsstrom ist, der bei Spannungsänderungen zur Aufladung der Doppelschichtkapazität fließt.

Der prinzipielle Aufbau zur Aufnahme von Elektrokapillar-Kurven (σ als Funktion von U) ist in Abb. 7.33 angegeben. Die mechanische Oberflächenspannung wird über die Steighöhe in der Hg-Kapillare gemessen. Sie hat ein Maximum, wenn sich keine Ladungen auf der Oberfläche befinden, also die äußere Spannung gerade die Galvani-Spannung kompensiert. (Man spricht vom Ladungsnullpunkt.) Mit wachsender Ladung sinkt die Oberflächenspannung σ. Dabei gilt die *1. Lippmansche Gleichung*

$$\left(\frac{d\sigma}{d\varphi}\right)_{p,T} = q_L = -q_{Me}$$

(q_L Überschußladung in der Lösung; q_{Me} Überschußladung auf der Metalloberfläche). Die Elektrokapillar-Kurve ist nur dann symmetrisch, wenn keine Ionen spezifisch auf der Oberfläche adsorbiert sind. Daher lassen sich aus der Struktur der Elektrokapillar-Kurve Informationen über die Struktur der Phasengrenze Metall/Elektrolyt gewinnen.
Die differentielle Kapazität C_D ist $C_D = \dfrac{dq_{Me}}{d\varphi}$. Damit folgt das *2. Lippmansche Gesetz*

$$\left(\frac{d^2\sigma}{d\varphi^2}\right)_{p,T} = -C_D.$$

Mit Elektrokapillar-Kurven lassen sich also auch die Doppelschichtkapazitäten bestimmen.

Elektroosmose. Als Elektroosmose bezeichnet man die Erscheinung, daß sich eine Flüssigkeit im elektrischen Feld relativ zur Gefäßwand bewegt. Ursache hierfür ist die sich an der Phasengrenze Flüssigkeit/Gefäßwand herausbildende

---

elektrische Doppelschicht. Diese Doppelschicht existiert auch, wenn die flüssige Phase keine Ionen enthält und sie von molekularen Dipolen gebildet wird. Im elektrischen Feld kommt es zu einer Wanderung der „Gegenladung" in der Flüssigkeit relativ zur Wand. Allgemein lädt sich der Stoff mit der größeren DK positiv auf. So zeigt Wasser immer eine positive Ladung gegenüber der Gefäßwand. Die relative Strömungsgeschwindigkeit ergibt sich aus der Potentialdifferenz an der Phasengrenze – dem elektrokinetischen Potential – und aus dem angelegten äußeren elektrischen Feld. Praktisch ist das Verfahren zur Entwässerung von Kaolin und auch Torf benutzt worden, die Wasser durch Auspressen nicht vollständig abgeben.

Elektrophorese. Als Elektrophorese bezeichnet man die Wanderung von geladenen Teilchen im elektrischen Feld, die wesentlich größer als echte Ionen sind, aber noch nicht als makroskopische Teilchen anzusehen sind (z. B. Kolloide oder biologische Zellen). Die im Vergleich zu Ionen wesentlich größeren Teilchen haben allgemein eine kleine Konzentration. Ihre Wanderungsgeschwindigkeit ist eine Funktion der Größe und Ladung, die zwischen 10 und 100 Elementarladungen liegt. Wegen des großen Durchmessers der Teilchen ist das Stokessche Reibungsgesetz eine gute Näherung. Die Teilchengeschwindigkeit berechnet sich zu

$$v_K = \frac{z_K e}{6\pi\eta_0 r_K} E$$

(z_K Ladungszahl des Kolloidteilchens; r_K Radius des Kolloidteilchens; η_0 Viskosität des Lösungsmittels). Sie liegt in der gleichen Größenordnung wie die der Ionen ($z_K/r_K \approx z_i/r_i$). Wegen der geringen Konzentration der Teilchen beeinflussen sie sich nicht in ihrer Bewegung durch ihr elektrisches Feld.

Existieren in der Lösung auch Ionen, so ist ein Kolloidteilchen von einer Ionenwolke entgegengesetzter Ladung umgeben. Die elektrische Leitfähigkeit setzt sich dann aus einem Ionenanteil und einem Kolloidanteil zusammen. Diese beeinflussen sich gegenseitig, da die von einem Kolloidteilchen mitgeschleppten Ionen in entgegengesetzte Richtung wandern. Praktische Anwendung findet die Elektrophorese z. B. in der *Papierelektrophorese* zur Trennung von Eiweißmolekülen und anderen hochmolekularen Stoffen. Dann läßt man die kolloidale Lösung von einem Papierstreifen aufsaugen und legt ein elektrisches Feld an. Die einzelnen Kolloidteilchen wandern je nach ihrer Größe unterschiedlich schnell und trennen sich so. An verschiedenen Stellen des Papierstreifens lassen sich dann die einzelnen Komponenten nachweisen.

Als Umkehrung der Elektrophorese erzeugen in einem Schwerefeld fallende Kolloidteilchen eine elektrische Potentialdifferenz, da die schweren Kolloidteilchen schneller wandern als die sie umgebende diffuse Raumladung aus vielen kleinen Teilchen. Diese Erscheinung wird *Dorn-Effekt* genannt.

---

8. Leitung des elektrischen Stromes in Gasen

8.1. Grundlagen

In der Regel sind Gase und Dämpfe ausgezeichnete elektrische Isolatoren. Diese Eigenschaft, auf der viele und wichtige elektrische Erscheinungen und Anwendungen beruhen, zeigt z. B. auch die Luft unter den an der Erdoberfläche vorherrschenden Bedingungen:

Gegenüber dem Erdboden isoliert aufgestellte, elektrisch geladene Körper können ihre Ladung über längere Zeiten fast unverändert beibehalten. Erst dadurch ist eine Grundvoraussetzung für die Experimente in der Elektrostatik (vgl. Abschn. 2.1) gegeben.
Bei der Übertragung elektrischer Energie durch Freileitungen kann auf eine zusätzliche Isolation der Stromleiter aus festen Isolierstoffen verzichtet werden.
In der näheren Erdatmosphäre ist die Ausbreitung elektromagnetischer Wellen (vgl. Abschn. 11.3) über weite Entfernungen wie in einem elektrisch nichtleitenden Medium möglich.

Die Fähigkeit der Gase und Dämpfe, elektrisch gut zu isolieren, ist allerdings keine allgemeine Eigenschaft. Sie ist an ausgewählte physikalische Bedingungen (z. B. des Druckes, der Temperatur und anderer äußerer Einflüsse, die Energie in das Gas einspeisen können) gebunden. Diese Bedingungen herrschen an der Erdoberfläche meist vor. Im Weltall stellen sie die Ausnahme dar, so daß sich die überwiegende Menge gasförmiger Materie (interplanetares und interstellares Medium, Fixsternmaterie) in einem Zustand befindet, für den elektrische Leitfähigkeit charakteristisch ist. Man bezeichnet diesen Zustand, der künstlich in den sog. Gasentladungen erzeugt werden kann, als den *Plasmazustand* der Gase (I. LANGMUIR, 1929; vgl. Bd. 4). Er stellt eine Art *4. Aggregatzustand* der Materie dar.

Jeder Aggregatzustand repräsentiert einen bestimmten Grad der Organisation, dem charakteristische Werte der Energie entsprechen, mit der die Teilchen im jeweiligen Stoff gebunden sind. Übersteigt die mittlere kinetische Energie der Teilchen diese Bindungsenergie, so erfolgt mit wachsender Temperatur ein Übergang zum nächst höheren Aggregatzustand: fest, flüssig, gasförmig. Die Ionisation neutraler Gasatome bzw. Moleküle stellt in dieser Reihe eine weitere Überwindung von Bindungsenergie dar (Ionisierungsenergie), in deren Gefolge im Gas freie, geladene Teilchen auftreten, die zur Herausbildung neuer Eigenschaften des Systems (z. B. der elektrischen Leitfähigkeit) führen.

Auch die genannten Beispiele zum guten Isolationsvermögen der Gase zeigen bei näherer Betrachtung bald ihre Grenzen. Daß bereits die uns umgebende Luft kein idealer Isolator ist, stellte schon C. A. DE COULOMB 1785 bei seinen berühmten Versuchen zur Begründung des elektrischen Kraftgesetzes fest. Auch an Freileitungen beobachtet man infolge eines elektrischen Stromes durch die Luft Energieverluste, die bei hohen Spannungen beträchtliche Werte annehmen können. Schließlich zeigen Experimente mit kurzen elektromagnetischen Wellen (unter etwa 100 m Wellenlänge), daß die Lufthülle in größeren Höhen (Ionosphäre, vgl. Abschn. 8.3.1) eine beachtliche elektrische Leitfähigkeit besitzt, die zur Reflexion solcher Wellen führt.

8.1.1. Erzeugung elektrischer Ladungsträger in Gasen

Für die Elektrizitätsleitung in Gasen ist die Anwesenheit beweglicher, geladener Teilchen (*Ladungsträger*) erforderlich. Diese Träger können außerhalb des Gases erzeugt und danach in die Gasstrecke eingebracht werden. Von größerer Bedeutung ist ihre Erzeugung innerhalb des Gases durch eine äußere Einwirkung oder durch den Stromfluß selbst. Gerade die letzte Möglichkeit, die in den selbständigen Gasentladungen realisiert wird, hat zu zahlreichen technischen Anwendungen des elektrischen Stromes im Gas geführt.

Größe, Art und Ladung der Träger sind je nach den Bedingungen außerordentlich verschieden. Die Skala reicht von makroskopischen Teilchen (geladene Staubkörnchen) bis hinunter zu den Elementarteilchen (Elektronen, Protonen). Im folgenden beschränken wir uns auf die Erzeugung von Ladungsträgern durch Ionisation der Gasatome und Moleküle (Gasionisation). Die dabei entstehenden positiven oder negativen Gasionen tragen eine oder mehrere Elementarladungen. Als negative Träger treten außerdem freie Elektronen auf.

Der prinzipielle Mechanismus der Gasionisation besteht in der Einspeisung von Energie in den Gasraum und der Übertragung genügend großer Energiemengen (im eV-Bereich) an die einzelnen Atome oder Moleküle, die dabei in positive Ionen und Elektronen aufspalten. Durch Anlagerung freier Elektronen an neutrale Teilchen können negative Ionen entstehen. Die Einzelheiten der vielen möglichen Elementarprozesse werden von den Gesetzen der Quantenphysik beherrscht, deren Grundlagen in Bd. 4 dargestellt sind. Hier

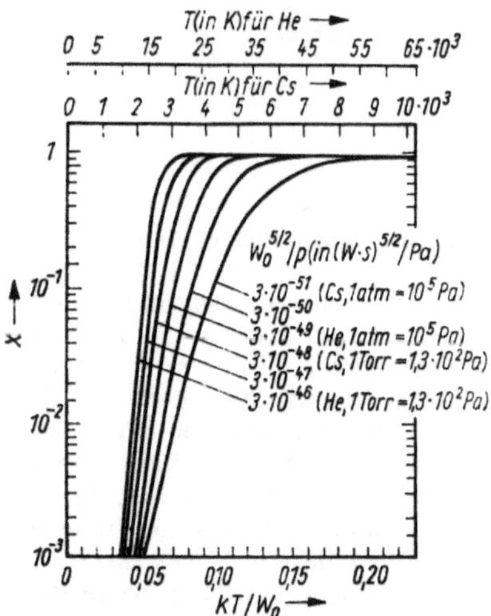

Abb. 8.1. Ionisierungsgrad in Abhängigkeit von der Gastemperatur (grafische Darstellung der Saha-Eggert-Gleichung)

genügt es festzuhalten, daß zur Ionisation der einzelnen Atome oder Moleküle bestimmte, für das jeweilige Gas charakteristische Mindestenergien erforderlich sind. In Tab. 8.1 wurden für einige Gase diese zur Ablösung eines Elektrons notwendigen Energien zusammengestellt.

Je nach der Art der Energieeinspeisung in das Gas unterscheidet man verschiedene Arten der Ionisation:

Gleichgewichts-Ionisation (*Temperaturionisation, thermische Plasmen*). In diesem Fall wird dem Gas Wärmeenergie zugeführt und die Energie aller seiner inneren Freiheitsgrade (Translation, Rotation, Schwingung der Moleküle) erhöht. Mit zunehmender Temperatur steigt die mittlere kinetische Energie der Teilchen und damit nach Maßgabe der *Maxwellschen Verteilungsfunktion* (vgl. Bd. 1) auch die Zahl schneller Teilchen, die genügend Energie besitzen, um bei Zusammenstößen zu ionisieren. Außerdem erfolgt eine Ionisation durch die im heißen Gas vorhandene kurzwellige Strahlung. Da sich das entstehende Gemisch von Ionen, Elektronen und neutralen Teilchen im thermodynamischen Gleichgewichtszustand befindet, ist die Berechnung der Ladungsträgerkonzentrationen eine Aufgabe der Gleichgewichtsstatistik. Das Ergebnis der Rechnung liefert die Trägerkonzentration als Funktion der Zustandsgröße Temperatur. Unter diesen Bedin-

Tabelle 8.1. Ionisierungsenergie W_0 einiger Gase (Reaktion: A + W_0 → A⁺ + e)

Gas	H	H₂	He	Cs	Hg	N₂	O₂
W_0 in eV	13,6	15,4	24,6	3,9	10,4	15,8	12,5

gungen ist es auch möglich, auf die Reaktion

Atom ⇌ Ion + Elektron, A ⇌ A⁺ + e

die Gesetzmäßigkeiten des chemischen Gleichgewichtes anzuwenden (J. EGGERT, 1919; M. N. SAHA, 1920).

Das *Massenwirkungsgesetz* liefert dann für die *Teilchenkonzentrationen* den Ausdruck

$$\frac{[A^+]\,[e]}{[A]} = K(T) \approx \frac{(2\pi mkT)^{3/2}}{h^3} \exp\left(-\frac{W_0}{kT}\right). \quad (8.1)$$

Die Berechnung der Gleichgewichtskonstanten K erfordert allerdings die Einbeziehung quantenstatistischer Überlegungen. Es bedeutet m die Elektronenmasse, k die Boltzmann-Konstante, T die absolute Temperatur, h das Plancksche Wirkungsquantum und W_0 die Ionisierungsenergie. Führt man in die *Saha-Eggert-Gleichung* (8.1) den kinetischen Druck als Summe der Partialdrücke $p = ([A] + [e] + [A^+])\,kT$ ein, so ergibt sich der Ionisierungsgrad des Gases $x = [A^+]/([A] + [A^+])$ als eine Funktion der auf die Ionisierungsarbeit bezogenen Temperatur kT/W_0 und eines Parameters $W_0^{5/2}/p$:

$$\frac{x^2}{1 - x^2} \approx \frac{(2\pi m)^{3/2}}{h^3}\,\frac{W_0^{5/2}}{p}\left(\frac{kT}{W_0}\right)^{5/2} \exp\left(-\frac{W_0}{kT}\right).$$

$$(8.2)$$

In Abb. 8.1 ist die Temperaturabhängigkeit von x für verschiedene Werte des genannten Parameters dargestellt worden, so daß ein großer Bereich der Ionisierungsenergien und des Gasdruckes erfaßt wurde. Typisch ist der steile Anstieg des Ionisierungsgrades in einem engen Temperaturintervall. Für zwei in der Größe W_0 sehr unterschiedliche Gase (He und Cs) kann die Abhängigkeit $x = x(T, p)$ direkt als Beispiel der Abb. 8.1 entnommen werden. Es ist hervorzuheben, daß (8.2) mit gewissen Vernachlässigungen nur die Erzeugung einfach geladener Ionen, auf die wir uns hier und im folgenden beschränken ([A⁺] = [e]), ohne Berücksichtigung einer thermischen Dissoziation des Gases beschreibt (vgl. Bd. 4).

Die Temperaturionisation der Gase ist für die Astrophysik (*stellare Plasmen, Spektren der Sternatmosphären*) von außerordentlicher Bedeutung. Auch in Gasentladungen, z. B. im *Lichtbogen* tritt thermische Ionisation auf, allerdings häufig nicht als vollständiger Gleichgewichtsprozeß. Daß Flammengase elektrisch leitend sind, gehört zu den frühen elektrischen Grunderkenntnissen des 17. Jahrhunderts. Lange Zeit dienten Flammen als das einzige Mittel, um unerwünschte Oberflächenladungen auf Isolatoren in der Elektrostatik wirkungsvoll zu beseitigen. Den Grundversuch zur elektrischen Flammenleitung zeigt Abb. 8.2. An zwei sich gegenüberstehende metallische Platten wird eine elektrische Spannung U gelegt. Die Isolation der Luftstrecke zwischen den Platten verhindert zunächst das Auftreten eines elektrischen Stromes ($I = 0$). Ein solcher fließt jedoch ($I \neq 0$), wenn in den Plattenzwischenraum eine heiße Flamme dringt. Durch Einbringung flüchtiger, leichtionisierbarer Salze kann die Leitfähigkeit der Flammengase (z. B. in einem Bunsenbrenner) beträchtlich gesteigert werden. Als Folge der im äußeren Feld auf die Ladungsträger ausgeübten Kräfte treten charakteristische

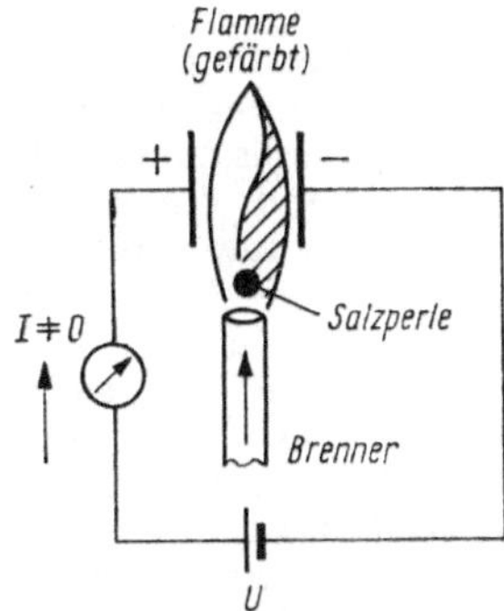

Abb. 8.2. Grundversuch zur elektrischen Flammenleitung

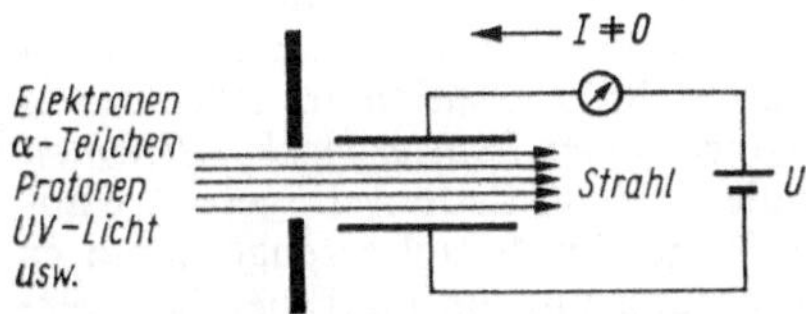

Abb. 8.3. Leitfähigkeitserzeugung durch Teilchen- oder Wellenstrahlen

Deformationen der Flamme auf. Die Ablenkung der positiven Ionen in Richtung des äußeren Feldes läßt sich bei Färbung der Flamme mit einer Alkalisalzperle indirekt sichtbar machen (P. LENARD, 1902). Die negativen Träger sind hier fast ausschließlich Elektronen.

Nichtgleichgewichts-Ionisation. Es gibt zahlreiche Möglichkeiten, in Gase zielgerichtet Energie zur Ionisation einzuspeisen, ohne dabei andere Energiespeicher (die kinetische Energie der Teilchen, Molekülschwingungen u. a. m.) nennenswert zu beeinflussen. In diesem Fall treten Trägerkonzentrationen auf, die wesentlich größer sind als diejenigen, die aus der *Saha-Eggert-Gleichung* für die jeweilige Gastemperatur folgen. Der Unterschied zu den Gleichgewichtswerten kann viele Größenordnungen betragen.

Ionisation durch Strahlen (*strahlerzeugte Plasmen*). Eine Ionisation der Gase kann sowohl durch Teilchen- als auch durch Wellenstrahlung erzeugt werden. Der experimentelle Nachweis dieser Ionisation erfolgt in ähnlicher Weise wie bei der Temperaturionisation, indem die Strahlung eine Luftstrecke durchsetzt und diese elektrisch leitend macht (Abb. 8.3). Handelt es sich um Teilchenstrahlung, so ist der Elementarakt der Ionisation ein Stoßprozeß zwischen Strahlteilchen und Gasatomen (*Stoßionisation*). Im anderen Fall liegt eine Absorption von Strahlungsenergie vor, die zur Ablösung der Elektronen aus dem Atomverband führt (*Fotoionisation*). Nach der Quantentheorie der elektromagnetischen Wellenstrahlung (z. B. *Licht, Röntgen-* oder *Gammastrahlen*) kann

man diese auch als einen Strom von Teilchen (*Photonen*, vgl. Bd. 4) auffassen, die durch ihren Energieinhalt $W = h\nu$ gekennzeichnet sind (ν Frequenz der Strahlung).

Zur quantitativen Beschreibung der Ladungsträgererzeugung im durchstrahlten Gas betrachten wir einen Parallelstrahl einheitlicher Teilchenenergie W. Für die längs der Strecke Δx im Strahl pro Zeiteinheit erzeugte Zahl an Ladungsträgerpaaren ΔZ können wir ansetzen:

$$\Delta Z \sim IN\,\Delta x; \qquad \Delta Z = INQ_i\,\Delta x \qquad (8.3)$$

I stellt die Strahlstromstärke, d. h. die Anzahl der pro Zeiteinheit durch den Strahlquerschnitt tretenden Teilchen (Elektronen, Protonen, Photonen, ...) dar. N bezeichnet die Teilchendichte des Gases. Der Proportionalitätsfaktor Q_i besitzt die Dimension einer Fläche und hängt von der Art des Gases, der Art der Strahlteilchen und von deren Energie bzw. Geschwindigkeit ab. Man bezeichnet Q_i als den *Ionisationsquerschnitt* der Gasatome. Die Größe NQ_i stellt nach (8.3) die Zahl der Ladungsträgerpaare dar, die im Strahl pro Längeneinheit und pro Strahlteilchen erzeugt werden. Dies ist die sog. *differentielle Ionisierung*, deren Zahlenwert meist auf eine bestimmte Gasdichte (z. B. bei 0 °C und 1 Torr = 133,3 Pa) bezogen wird. Aus ihr ergibt sich die Anzahl der von einem Strahlteilchen pro Zeiteinheit erzeugten Ladungsträgerpaare (*Ionisierungsfrequenz* ν_i) durch Multiplikation mit der Teilchengeschwindigkeit v:

$$\nu_i = NvQ_i. \qquad (8.4)$$

Für die Energieabhängigkeit des Ionisierungsquerschnittes $Q_i(W)$ ist das Auftreten eines Maximums charakteristisch. Dieses tritt im Falle der Fotoionisation unmittelbar bei der Ionisierungsenergie des Gases auf, wo die Ladungsträgerproduktion resonanzkurvenartig ihren größten Wert erreicht. Der anschließende Abfall des Querschnittes in Richtung höherer Energie bzw. Frequenz zeigt bei den meisten Gasen eine komplizierte Struktur mit mehreren Nebenmaxima. Im Falle der Elektronenstoßionisation steigt Q_i nach Überschreitung der Ionisierungsenergie zunächst kontinuierlich an. Hier wird das Maximum bei Energien der Größenordnung 100 eV erreicht. Der maximale Querschnitt der Stoßionisation durch schwere Teilchen liegt demgegenüber bei wesentlich höheren Energien (z. B. 100 keV). Bei der Wechselwirkung zweier Teilchen mit vergleichbarer Masse verschiebt sich auch die zur Ionisation erforderliche Mindestenergie des stoßenden Teilchens (1) zu höheren Werten, da bei Erfüllung der Erhaltungssätze für Energie und Impuls nur ein Teil der kinetischen Energie (und zwar $W_{kin}m_2/(m_1 + m_2)$) maximal auf das gestoßene Teilchen (2) übertragen werden kann.

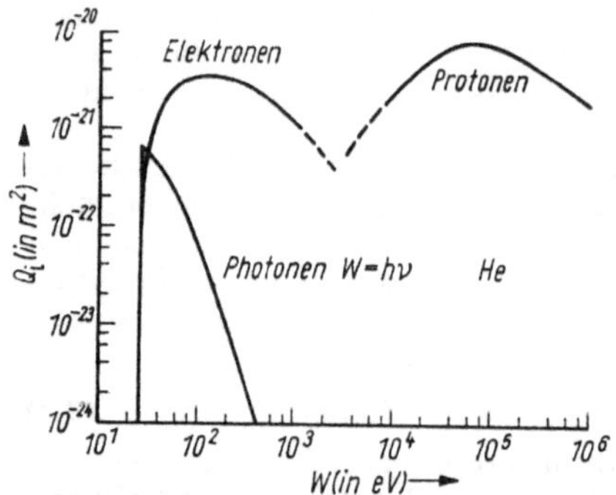

Abb. 8.4. Ionisierungsquerschnitt von He-Atomen gegenüber Photonen, Elektronen und Protonen

Abb. 8.4 zeigt die Energieabhängigkeit der Ionisierungsquerschnitte für Photonen-, Elektronen- und Protonenstoß in He als Beispiel. Eine Umrechnung der Energie $W = mv^2/2$ auf die Teilchengeschwindigkeit ergibt im Grenzfall hoher Geschwindigkeiten für Elektronen und Protonen eine gemeinsame Abhängigkeit $Q_i = Q_i(v)$. Theoretische und experimentelle Untersuchungen haben auch für andere Stoßpartner gezeigt, daß diese Erkenntnis verallgemeinert werden kann:

Bei hohen Teilchengeschwindigkeiten ist der Ionisierungsquerschnitt Q_i (unabhängig von der Masse und dem Ladungsvorzeichen des stoßenden Teilchens) allein eine Funktion dieser Geschwindigkeit.

Die ionisierende Wirkung verschiedener Strahlen (UV-Licht, Röntgen-Strahlen, radioaktive Strahlen, Katodenstrahlen) wurde Ende des vergangenen Jahrhunderts meist unmittelbar im Anschluß an die Entdeckung der Strahlen erstmalig festgestellt. An der Erkenntnisgewinnung waren zahlreiche Pioniere der modernen Atomphysik beteiligt (J. J. THOMSON, E. RUTHERFORD, P. LENARD u. a.). Diese Art der Ladungsträgererzeugung besitzt für die Entstehung der natürlichen Leitfähigkeit der Lufthülle und der Ausbildung *ionosphärischer Schichten* eine außerordentliche Bedeutung. Die ionisierende Wirkung wird auch zum quantitativen Nachweis der Strahlung selbst in vielfältiger Weise angewandt (*Ionisierungskammer, Nebelkammer, Blasenkammer,* vgl. Bd. 4). Durch energiereiche Elektronenstrahlen werden heute ausgedehnte Spezialplasmen erzeugt, die ein wichtiges Objekt der Grundlagenforschung darstellen und in der Zukunft auch eine technische Nutzung erwarten lassen.

Ionisation in elektrischen Feldern (*Gasentladungsplasmen*). Beim Anlegen genügend hoher elektrischer Spannungen an Gasstrecken werden diese in einen leitfähigen Zustand versetzt, der wesentlich durch die anliegende Spannung selbst bestimmt wird. Die Elementarprozesse der Ladungsträgerproduktion im Gas basieren hierbei auf der bereits erwähnten Stoß- und Fotoionisation.

Voraussetzung für den Übergang einer Gasstrecke in den leitenden Zustand ist die Anwesenheit mindestens eines Ladungsträgers im anliegenden elektrischen Feld. Infolge der Ionisation durch radioaktive Verunreinigungen und durch die Höhenstrahlung stehen auf der Erde praktisch stets solche Ladungsträger in größerer Anzahl zur Verfügung. Unter der Wirkung des äußeren elektrischen Feldes können diese *primären Ladungsträger* ihre Energie wesentlich über die der neutralen Teilchen erhöhen und schließlich durch Stoßionisation neue (*sekundäre*) Ladungsträger erzeugen. Die Fortsetzung des Prozesses führt zu einem *lawinenartigen* Anwachsen der Trägerzahl in der Gasstrecke, das unter bestimmten Bedingungen zur Zündung einer selbständigen Entladung (vgl. Abschn. 8.2) führen kann.

Die quantitative Beschreibung der Ladungsträgererzeugung durch Stoßionisation in elektrischen Feldern wird durch einen *Ionisierungskoeffizienten* α erfaßt, der die Zahl der Ladungsträgerpaare angibt, die ein Träger im Mittel erzeugt, wenn er sich in Feldrichtung um die Längeneinheit verschiebt (*1. Townsend-Koeffizient*). Der Ionisierungskoeffizient ist somit durch den Quotienten der Ionisierungsfrequenz ν_i und der Trägergeschwindigkeit in der Feldrichtung (Driftgeschwindigkeit) v_D gegeben. Infolge der Teilchenzusammenstöße im Gas ändern die Ladungsträger häufig Richtung und Betrag ihrer Geschwindigkeit. Die Driftgeschwindigkeit stellt deshalb einen Mittelwert dar ($v_D = \bar{v}_x$, vgl. Abschn. 8.1.3), und auch die Ionisierungsfrequenz $\nu_i = NvQ_i(v)$ ist bei der Berechnung von α über die tatsächlich vorhandene Verteilung der Geschwindigkeiten v zu mitteln:

$$\alpha = \bar{\nu}_i/v_D. \tag{8.5}$$

Die nähere Diskussion von (8.5) zeigt, daß α/N bei gegebener Gasart eine Funktion der sog. reduzierten (d. h. auf die Gasdichte N bezogenen) elektrischen Feldstärke E/N ist.

Die ersten experimentellen Untersuchungen über die Zunahme der Leitfähigkeit von Gasen in äußeren elektrischen Feldern führte A. STOLETOW 1890 aus. Ihre Deutung als Stoßionisationseffekte gab J. S. TOWNSEND 1901. Damit war die Grundlage für den Aufbau einer Physik der schon lange bekannten Gasentladungen, d. h. ihre Erklärung durch Elementarprozesse, gelegt. Bald stellte man fest, daß für die Leitfähigkeit der Gase in äußeren elektrischen Feldern praktisch nur die Ionisation durch Elektronenstoß wesentlich ist, da (im Gegensatz zu den Ionen) die mittlere Energie dieser Träger bereits in schwachen Feldern bedeutend über die thermische Energie des Gases anwachsen kann und ihre Ionisierungsquerschnitte nach Überschreitung der Mindestenergie schnell ansteigen (vgl. Abb. 8.4).

8.1.2. Vernichtung elektrischer Ladungsträger in Gasen (Rekombination)

Die Beseitigung elektrischer Ladungsträger in Gasen kann durch ihre Bewegung zu den begrenzenden Wänden mit anschließender Neutralisation (*Wandrekombination*) oder durch die Wiedervereinigung der entgegengesetzt geladenen Träger im Gas selbst (*Volumenrekombination*) erfolgen. Man unterscheidet im letzten Fall die *Elektronen-Ionen-Rekombination* und die *Ionen-Ionen-Rekombination*. Als Umkehrprozeß der Ionisation ist jede Art von Rekombination mit der Freisetzung von Energie verknüpft (z. B. wird bei der Elektronen-Ionen-Rekombination gerade die Ionisierungsenergie wieder frei: $A^+ + e \rightarrow A + W_0$). Je nach der Art der Abführung dieser Energie sind verschiedene Rekombinationstypen zu unterscheiden. Eine Überführung der Rekombinationsenergie in kinetische Energie des gebildeten neutralen Teilchens ist wegen der Erhaltung des Impulses nicht möglich. Folgende Typen der Rekombination sind besonders wichtig:
Strahlungsrekombination $A^+ + e \rightarrow A + h\nu$; hier wird die freigesetzte Energie als Strahlung abgegeben (*Wiedervereinigungsleuchten*).
Dreierstoßrekombination $A^+ + e + B \rightarrow A + B_{schnell}$; hier wird die freigesetzte Energie als kinetische Energie eines dritten Stoßpartners abgegeben. (Diese beiden Rekombinationstypen treten auch bei der Ionen-Ionen-Rekombination auf, z. B. $A^+ + B^- \rightarrow AB + h\nu$.)
Zur quantitativen Erfassung der Rekombination führt man die sog. *Rekombinationsrate V* ein, die angibt, wieviel Rekombinationsakte pro Volumen- und Zeiteinheit im Gas stattfinden. Diese Rate wird um so größer sein, je höher die Konzentrationen der beteiligten Partner sind. Es gilt für die beiden genannten Rekombinationstypen:

$$V_{St} = \alpha_{St}[A^+]\,[e] = \alpha_{St}[e]^2$$

bzw.

$$V_{Dr} = \alpha_{Dr}[A^+]\,[B]\,[e] = \alpha_{Dr}[B]\,[e]^2.$$

Die Größen α_{St} und α_{Dr} heißen *Strahlungs-* bzw. *Dreierstoßrekombinationskoeffizient*. Sie hängen u. a. von der Gasart und der mittleren Trägergeschwindigkeit ab.
Sind in einem Gas die Ladungsträgerdichten zeitlich konstant (stationärer Zustand), so müssen sich Trägererzeugung und Trägerrekombination gegenseitig ausgleichen. Der Rekombinationsrate muß eine Ionisationsrate das Gleichgewicht halten. Die entsprechende Bilanzgleichung stellt eine wichtige Beziehung in der Physik ionisierter Gase dar, die bei der Berechnung der charakteristischen Größen (z. B. Trägerdichte) wertvolle Dienste leisten kann. Im Falle der Temperaturionisation (vgl. Abschn. 8.1.1) ist (8.1) der un-

mittelbare Ausdruck des Gleichgewichtes zwischen der Trägerproduktion und Trägerrekombination. Bei der Ionisation der Gase durch Teilchenstoß ist im stationären Fall die Ionisationsrate, d. h. das Produkt der Trägerkonzentration und der entsprechenden Ionisierungsfrequenz (z. B. $[e]\nu_i$), der jeweiligen Rekombinationsrate V gleichzusetzen, falls keine Wandverluste auftreten.

8.1.3. Bewegung elektrischer Ladungsträger in Gasen

Der bisher wiederholt benutzte Begriff der elektrischen Leitfähigkeit der Gase muß für seine praktische Anwendung noch präzisiert werden. Neben der zur Verfügung stehenden *Konzentration* an Ladungsträgern, die sich aus dem Wechselspiel der Trägererzeugung und Trägervernichtung ergibt, ist für die Leitfähigkeit die *Bewegung* der Träger wesentlich. Hier zeigt sich eine große Ähnlichkeit zur Trägerbewegung in Elektrolyten (vgl. Abschn. 7.3). Das ionisierte Gas (wir setzen im folgenden einen geringen Ionisierungsgrad voraus) besteht wie der Elektrolyt aus einer Mischung neutraler und geladener Teilchen. Zwischen beiden Teilchensorten existiert über die Stoßprozesse eine enge Wechselwirkung, so daß die Ladungsträger an der Temperaturbewegung der Neutralteilchen teilnehmen. Diese thermische Bewegung ist im zeitlichen Mittel völlig ungerichtet. Es gilt für jede Richtung im Gas $\bar{v}_x = 0$ usw. Existiert innerhalb der Gasstrecke jedoch ein (makroskopisches) elektrisches Feld, so überlagert sich der Temperaturbewegung der Ladungsträger eine Feldbewegung. Im zeitlichen Mittel driften die Ladungsträger in der durch das Feld gegebenen Vorzugsrichtung. Nun ist $\bar{v}_x = v_D \neq 0$. Die Größe der Driftgeschwindigkeit v_D wird entscheidend durch die Stoßwechselwirkung mitbestimmt. Infolge der Stöße tritt für die Ladungsträger bei ihrer Bewegung in Feldrichtung eine Reibungskraft auf, die in fast allen Fällen auch bei konstant wirkender elektrischer Kraft zu einer gleichförmigen Felddrift (v_D = const) führt. Die mit der Drift im Gas verknüpfte elektrische Stromdichte ist durch folgende Beziehung gegeben (vgl. Abschn. 7.3):

$$j = e_0 \sum_k n_k v_{Dk} \tag{8.6}$$

(e_0 Elementarladung; n_k und v_{Dk} Konzentration und Driftgeschwindigkeit der k-ten Ladungsträgersorte). Die Summe in (8.6) ist über die Elektronen und alle auftretenden Arten positiver und negativer Ionen zu erstrecken. Wir beschränken uns im folgenden auf den Spezialfall, daß der Strom im ionisierten Gas überwiegend von einer Trägersorte (dies sind fast immer die Elektronen) getragen wird. Bezeichnen wir mit E den Betrag der elektrischen Feldstärke im Gas, dann lautet die Definitionsgleichung für die spezifische Leitfähigkeit: $j = \varkappa E$. Unter Einführung der *Trägerbeweglichkeit* $b = v_\mathrm{D}/E$ ergibt sich somit

$$\varkappa = e_0 n b. \tag{8.7}$$

Die Gültigkeit des *Ohmschen Gesetzes* verlangt, daß die spezifische Leitfähigkeit $\varkappa$ unabhängig von der anliegenden elektrischen Feldstärke E ist. In ionisierten Gasen trifft dies nur in Ausnahmefällen zu. In der Regel hängen hier sowohl die Konzentration als auch die Beweglichkeiten der Träger von E ab.

Folgende Überlegung liefert einen einfachen Näherungsausdruck für $b = b(E)$: Zwischen den Zusammenstößen mit den Gasatomen erfahren Ladungsträger der Masse m eine Beschleunigung in Feldrichtung vom Betrag $e_0 E/m$. Am Ende eines Freifluges der mittleren Dauer τ besitzt deshalb ein solcher Träger die Zusatzgeschwindigkeit $v_x = e_0 E\tau/m$ in Feldrichtung. Geht diese gerichtete Geschwindigkeitskomponente beim nächsten Stoß wieder verloren (kugelsymmetrische Streuung der Ladungsträger an den Gasatomen), so wird die sich im zeitlichen Mittel einstellende Geschwindigkeit $\bar{v}_x = v_\mathrm{D}$ in der Vorzugsrichtung von der Größenordnung der während eines Freifluges erworbenen Geschwindigkeit sein. Bezeichnen wir mit λ die mittlere freie Weglänge und mit $\bar{v}$ die mittlere ungeordnete (*thermische*) Geschwindigkeit der Träger, dann gilt näherungsweise

$$v_\mathrm{D} = \frac{e_0}{m}\, \frac{\lambda}{\bar{v}}\, E \quad \text{oder} \quad b = \frac{e_0}{m}\, \frac{\lambda}{\bar{v}}. \tag{8.8}$$

Diese Beziehung zeigt, daß die Frage nach der Abhängigkeit $b = b(E)$ auf die Frage der Beeinflussung der thermischen Geschwindigkeit $\bar{v}$ durch die elektrische Feldstärke E zurückgeführt wurde. Besteht zwischen den Ladungsträgern und den umgebenden Gasatomen ein guter Wärmekontakt, d. h., können die Träger ihre im elektrischen Feld während eines Freifluges gewonnene Energie schnell an Gasatome (z. B. im nächsten Stoß) wieder abgeben, dann ist $\bar{v}$ im wesentlichen

Tabelle 8.2. Ionenbeweglichkeiten b_0 in schwachen elektrischen Feldern (sog. Nullbeweglichkeiten), bezogen auf eine Gasdichte $N_0 = 2{,}69 \cdot 10^{19}\ \mathrm{cm}^{-3}$ (Beweglichkeiten im eigenen Gas)

Ion	b_0 in cm/(V s)
He$^+$	10,0
Ne$^+$	4,0
Ar$^+$	1,5
Kr$^+$	0,9
CO$^+$	1,8
H$_2^+$	13,4
N$_2^+$	2,3
O$_2^+$	1,6

durch die Gastemperatur gegeben, und b hängt praktisch nicht von der elektrischen Feldstärke ab. Dies gilt in guter Näherung für die *Bewegung von Ionen* in schwachen elektrischen Feldern, da beim (*elastischen*) Stoß von Teilchen vergleichbarer Masse (Ion, Atom) ein hoher Bruchteil ihrer kinetischen Energie (maximal die gesamte) ausgetauscht werden kann.

Tab. 8.2 enthält einige Zahlenwerte zur Ionenbeweglichkeit. Die Beweglichkeit ist umgekehrt proportional zur Teilchendichte N. Bei ihrer Angabe muß der Bezugswert N_0 mit genannt werden. Es ist $b = b_0 N_0/N$.

Anders liegen die Verhältnisse bei der *Bewegung der Elektronen*. Beim elastischen Stoß gegen (ruhende) Atome der Masse M können Elektronen maximal den Bruchteil $4m/M$ ihrer kinetischen Energie an die schweren Teilchen übertragen. Im Mittel beträgt dieser Bruchteil $2m/M$. Infolge des großen Massenunterschiedes ($m \ll M$) nehmen somit die Elektronen den größten Teil ihrer im elektrischen Feld gewonnenen Energie bei Zusammenstößen mit Atomen in den nächsten freien Flug hinein usw. Ihre mittlere ungeordnete Geschwindigkeit steigt über den durch die Gastemperatur vorgegebenen Wert an (*heiße Elektronen*). Bei hohen Geschwindigkeiten treten allerdings durch *unelastische* Stöße (z. B. Gasionisation) auch bei den Elektronen wiederum große Energieverluste auf. Welche thermische Geschwindigkeit $\bar{v}$ sich in einem gegebenen elektrischen Feld im zeitlichen Mittel einstellt, läßt sich aus der Energiebilanz der Ladungsträger ermitteln: Die pro Zeiteinheit im Feld von einem Träger aufgenommene Energie muß im stationären Fall gleich der in der Zeiteinheit durch Stöße abgegebenen Energie sein, wenn die Eigenbewegung der Gasatome (Energiegewinn der Träger durch Stöße) vernachlässigt werden kann. Diese Bilanz lautet

$$e_0 E v_\mathrm{D} = \delta\, \frac{m\bar{v}^2}{2}\, \frac{\bar{v}}{\lambda}. \tag{8.9}$$

Die Größe δ stellt den mittleren Bruchteil der kinetischen Energie dar, der bei den Stößen übertragen wird. Für elastische Elektronenstöße gilt $\delta = 2m/M$. Das Auftreten unelastischer Elektronenstöße vergrößert δ. Aus (8.8) und (8.9) folgt schließlich für $b = b(E)$

$$b = \left(\frac{e_0}{m}\right)^{1/2} \delta^{1/4} \left(\frac{\lambda}{E}\right)^{1/2}. \tag{8.10}$$

Die Trägerbeweglichkeit nimmt hier mit wachsender Feldstärke ab. Dieses Verhalten zeigt auch die Ionenbeweglichkeit in starken elektrischen Feldern, wenn sich die Ionen über die Gastemperatur aufheizen. Zahlenmäßig übersteigt die Beweglichkeit der Elektronen die der Ionen um mehrere Größenordnungen.

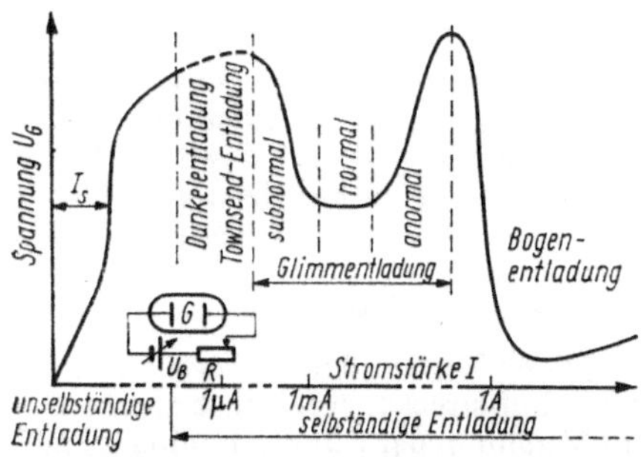

Abb. 8.5. Vollständige (stationäre) elektrische Charakteristik einer Gasstrecke

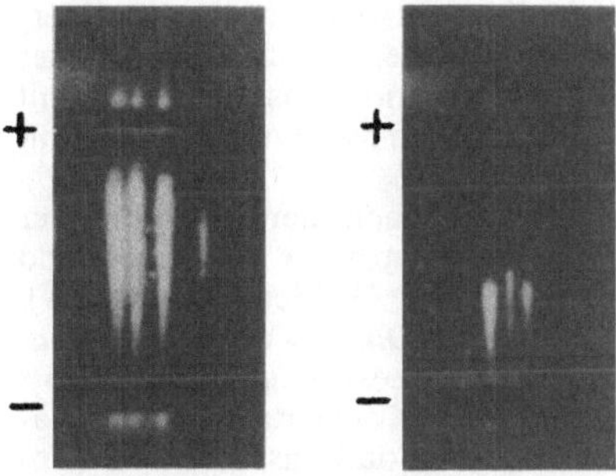

Abb. 8.6. Durch Elektronen erzeugte Trägerlawinen in CO_2 (Nebelkammeraufnahmen nach H. RAETHER; Feldstärke 10,5 kV/cm; Druck $3 \cdot 10^4$ Pa (etwa 250 Torr))

Diffusion der Ladungsträger. Die Ladungsträger verhalten sich im Gas wie eine beigemengte Zusatzkomponente. Ihre thermische Bewegung befähigt sie, wie die Atome die Erscheinung der Diffusion zu zeigen. Besteht im Gas ein Konzentrationsgefälle der Ladungsträger, dann tritt eine im Mittel gerichtete Bewegung derselben von den Stellen hoher zu den Stellen geringer Konzentration auf. Die entsprechende Teilchenstromdichte erweist sich als proportional zum Konzentrationsgefälle. Proportionalitätsfaktor ist der sog. *Diffusionskoeffizient D* der Ladungsträger. Die kinetische Theorie liefert dafür folgenden Zusammenhang: $D = \lambda \bar{v}/3$. Unter Berücksichtigung von (8.8) ergibt sich somit für das Verhältnis $D/b \sim \bar{v}^2$. Der Größe $\bar{v}^2$ kann in üblicher Weise eine Temperatur zugeordnet werden: $\bar{v}^2 \sim T$. Im Falle einer *Maxwell-Verteilung* der Trägergeschwindigkeiten gilt

$$\frac{D}{b} = \frac{kT}{e_0} \quad (\textit{Townsend-Relation}). \qquad (8.11)$$

8.2. Elektrische Gasentladungen

Die wichtigste Form der Elektrizitätsleitung in Gasen tritt in den sog. *elektrischen Gasentladungen* auf, die in Natur, Technik und Wissenschaft mit großer Mannigfaltigkeit vorkommen. An Hand der *vollständigen (stationären) Charakteristik* einer Gasstrecke G (Abb. 8.5) wird zunächst ein Überblick gegeben. Durch Variation der Betriebsspannung U_B oder des Vorschaltwiderstandes R möge der Strom I in weiten Grenzen (10^{-20} bis 10^2 A) geändert werden. Dann ergibt sich für die Spannung U_G an der Gasstrecke der dargestellte prinzipielle Verlauf. Bei kleinen Spannungen fließt durch das Gas ein sehr schwacher Strom, der auf äußeren Ionisierungsquellen (z. B. der natürlichen Raumionisation, eventueller Einstrahlung von UV-Licht usw.) beruht. In diesem Bereich besteht in guter Näherung Proportionalität zwischen U_G und I (*Gültigkeit des Ohmschen Gesetzes*), solange die Konzentration der Ladungsträger durch die äußere Ionisierungsquelle auf einem konstanten Wert gehalten werden kann. Bei größeren Strömen wird jedoch der Verlust an Ladungsträgern durch ihre Drift zu den Elektroden wesentlich, und I steigt nur noch schwach mit U_G an. Schließlich tritt ein *Sättigungszustand* ein ($I = I_s$ = const), der näherungsweise durch das Gleichgewicht zwischen dem Verlust an Trägern infolge der Entladung an den Elektroden und der Erzeugung durch die äußere Ionisierungsquelle gekennzeichnet ist. Bei weiterer Steigerung der Spannung schließt sich an das Sättigungsgebiet erneut ein Bereich wachsender Stromstärke an. Hier reicht bereits die im elektrischen Feld von den Ladungsträgern (Elektronen) aufgenommene Energie aus, um neue Träger durch Stoßionisation zu erzeugen (*Gasverstärkung*). Dieser Ionisierungsprozeß wird durch den *1. Townsend-Koeffizienten* (Abschn. 8.1.1) charakterisiert. Längs eines Wegstückes dx erzeugt ein Elektron bei seiner Bewegung auf die Anode zu $\alpha \, dx$ neue Elektronen, die anschließend ebenfalls ionisieren können usw. Damit wächst die Trägerzahl lawinenartig in der Gasstrecke an. Mit Hilfe der *Wilsonschen Nebelkammer* (vgl. Bd. 4) sind diese Lawinen direkt sichtbar gemacht worden. Abb. 8.6 zeigt ein Beispiel. Längs einer Strecke x steigt (im homogenen Feld) die von einem Startelektron ausgelöste Zahl von Elektronen auf $\exp(\alpha x)$ an. Die Vervielfachung längs des Elektrodenabstandes d beträgt dann $M = \exp(\alpha d)$. M ist der sog. *Verstärkungs-* oder *Multiplikationsfaktor* des Stromes in der Gasstrecke. Trotzdem unter diesen Bedingungen bereits bedeutende Mengen an Ladungsträgern (10^4 bis 10^8 pro Lawine) durch zusätzliche Ionisation im anliegenden elektrischen Feld erzeugt werden, ist der Stromfluß noch an die Existenz der äußeren Ionisierungsquelle gebunden. Fällt diese Ionisierungsquelle aus, so geht die Gasstrecke (obwohl U_G aufrechterhalten wird) wieder in den stromlosen Zustand über. Man bezeichnet deshalb die Entladung als *unselbständig* im Gegensatz zu den *selbständigen* Entladungen, die (ein-

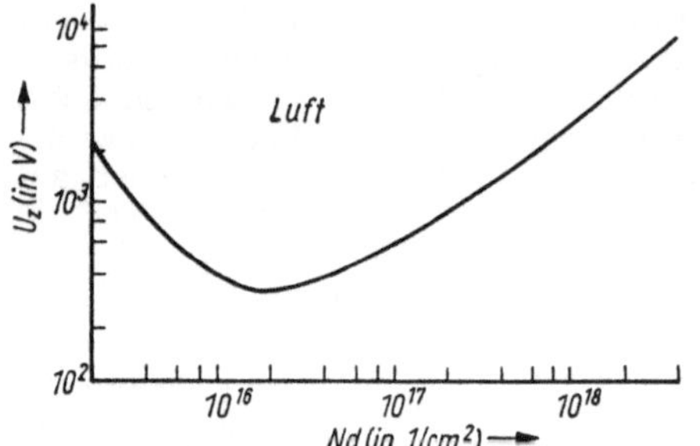

Abb. 8.7. Paschen-Kurve in Luft

mal in Gang gesetzt) auch ohne äußere Ionisierungsquellen bestehen bleiben.

In den **selbständigen Entladungen** (vgl. Abb. 8.5) sorgen spezielle Mechanismen dafür, daß im stationären Zustand jeder Ladungsträger, der (z. B. durch Übergang zu den Elektroden) verschwindet, wieder ersetzt wird. Bei der behandelten gasverstärkten Elektronenströmung bedeutet dies, daß die an der Anode verschwindenden Elektronen während ihres Aufenthaltes in der Gasstrecke dafür sorgen, daß aus der Katode so viele Elektronen neu austreten, wie zur Gewährleistung der vorhergehenden Lawinenentwicklung erforderlich waren. Ohne zunächst den speziellen Mechanismus zu beachten, bezeichnen wir mit γ die Zahl der an der Katode neu ausgelösten Elektronen, die auf einen ionisierenden Stoß im Gas entfällt. Jedes von der Katode ausgehende Elektron erzeugt auf dem Weg zur Anode $\exp(\alpha d) - 1$ zusätzliche Elektronen. Diese Zahl von Ionisationsakten im Gas führt zum Austritt von $\gamma(\exp(\alpha d) - 1)$ Elektronen aus der Katode.

Wenn gilt

$$\gamma(e^{\alpha d} - 1) = 1, \qquad (8.12)$$

wird durch die Elektronen einer Lawine gerade ein neues Elektron an der Katode bereitgestellt, das zur Entwicklung einer zweiten Lawine führt, die genau so viele Elektronen enthält wie die vorhergehende usw. Die Beziehung (8.12) ist die *Townsendsche Zündbedingung* für den Übergang der *unselbständigen* in die *selbständige* Entladung. Die Größe γ heißt *2. Townsend-Koeffizient*. Aus (8.12) kann auf die *Zünd-* oder *Durchschlagsfeldstärke* E_z der Gasstrecke geschlossen werden. Häufig hängt γ nur schwach von der Feldstärke ab. Mit $\gamma \approx$ const und $\exp(\alpha d) \gg 1$ wird $\alpha d = \ln(1/\gamma) \approx$ const. Wie in Abschn. 8.1.1 betont wurde, ist α/N im wesentlichen eine Funktion der reduzierten elektrischen Feldstärke E/N (N Gaskonzentration). Damit folgt für die *Zündbedingung*

$$\frac{\alpha}{N} = \frac{\ln(1/\gamma)}{Nd} = \text{Fkt}\left(\frac{E_z}{N}\right) = \text{Fkt}\left(\frac{U_z}{Nd}\right).$$

$$(8.13)$$

Aus (8.13) liest man folgenden Satz ab:

Die Zündspannung $U_z = E_z d$ einer Gasstrecke wird (im homogenen Feld) durch das Produkt aus Gaskonzentration und Elektrodenabstand bzw. Druck und Elektrodenabstand (pd) festgelegt (F. PASCHEN, 1899).

Abb. 8.7 zeigt den Verlauf der *Paschen-Kurve* am Beispiel einer Luftstrecke. Auch in anderen Gasen tritt ein Minimum der Zündspannung U_z auf. Bei kleinen Nd-Werten bleibt die Zahl der ionisierenden Stöße infolge der insgesamt seltenen Stöße der Elektronen im Gas gering. Bei großen Nd-Werten erreichen die Elektronen infolge der Energieverluste bei den zahlreichen Stößen seltener Energien, die zur Ionisation ausreichen: Somit gibt es einen optimalen Nd-Wert mit einem Minimum für U_z.

Wird die Stromstärke nach der Zündung der Entladung durch einen großen Vorwiderstand begrenzt (auf Werte der Größenordnung µA), dann bildet sich die sog. *Dunkel-* oder *Townsend-Entladung* aus. Die Gasstrecke zeigt keine Leuchterscheinungen und die Konzentration der Ladungsträger ist so gering, daß das von außen angelegte Feld noch nicht durch innere Raumladungen verzerrt wird. Typisch für diese *raumladungsfreie* Entladung ist eine fast horizontale Charakteristik (Abb. 8.5). Mit zunehmender Stromstärke treten in der Gasstrecke Raumladungen auf, die zu einer ausgeprägten axialen Strukturierung der Entladung führen (vgl. Abschn. 8.2.1). Damit erzeugt sich der Strom im Gas sein eigenes elektrisches Feld (*raumladungsbeschwerte Entladung*), dessen axialer und radialer Verlauf die Aufrechterhaltung der Elektrizitätsleitung unter den vorliegenden Bedingungen garantiert. Von besonderer Bedeutung sind in diesem Zusammenhang die Verhältnisse an der Katode. Hier treten zwei prinzipiell verschiedene Betriebszustände auf.

Glimmkatode. Im Bereich kleiner Stromstärke existiert das Regime der Glimmkatode (*Glimmentladung*). Vor der Oberfläche der Katode (deren Temperatur nicht wesentlich über Zimmertemperatur liegt) baut sich ein kräftiges Raumladungsfeld (*Katodenfall*) auf, in dem die aus der Katode austretenden Elektronen Energie zur Ionisation der Gasatome aufnehmen. Die gebildeten Ionen werden im selben Feld auf die Katode zu beschleunigt und lösen bei ihrem Aufprall Sekundärelektronen aus. Dies ist der durch den *2. Townsend-Koeffizienten* beschriebene Elektronennachlieferungsprozeß an der Katode. (Ein Teil der Sekundärelektronen kann allerdings auch durch *Fotoeffekt* ausgelöst werden, da bei den Zusammenstößen zwischen energiereichen Elektronen und Gasatomen neben der Ionenbildung auch

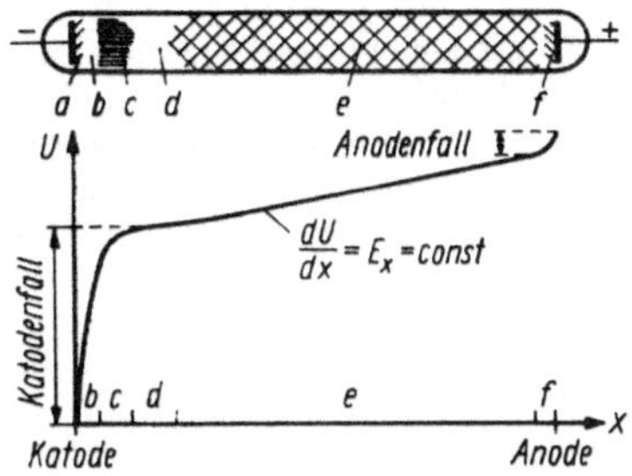

Abb. 8.8. Teile und Potentialverlauf der vollständigen Glimmentladung.
Bezeichnungen im Text

die Emission von Licht beobachtet wird.) Im Bereich großer Stromstärken tritt zu diesem auf einzelnen Elementarprozessen beruhenden Mechanismus ein kollektiver Prozeß, der schließlich den (meist plötzlichen) Umschlag der *Glimmentladung* in die *Bogenentladung* bewirkt.

Bogenkatode. An der Bogenkatode wird die zur Aufrechterhaltung des Stromes erforderliche Elektronemission durch Aufheizung des Katodenmetalls ($T \gtrsim 1000$ K) infolge der kollektiven Energiezufuhr beim Aufprall der Ionen erzeugt (*glühelektrischer Effekt*, vgl. Abschn. 9.1.2). Dazu sind allgemein hohe Stromdichten bei relativ niedrigen Katodenfällen erforderlich. In der Praxis überlagern sich den beiden genannten *individuellen* und *kollektiven* Grundmechanismen der Glimm- und Bogenkatode zusätzliche (auch nichtstationäre) Prozesse, die in der Regel zu einem außerordentlich komplexen Erscheinungsbild führen.

8.2.1. Glimmentladung

Glimmentladungen bilden sich meist in verdünnten Gasen ($p \approx 1$ bis 10^4 Pa (0,01 bis 100 Torr), sog. *Niederdruckentladungen*) beim Durchgang schwacher Ströme ($I \approx 0,1$ bis 100 mA). Zwischen den metallischen Elektroden treten dabei charakteristische Leuchterscheinungen auf, die in Abhängigkeit von der Gasart durch verschiedenfarbige hellere und dunklere Teile gekennzeichnet sind. Abb. 8.8 zeigt die Verhältnisse in einem langgestreckten Glasrohr. In den elektrodennahen Gebieten muß die Entladung den Übergang des Stromes zwischen zwei Medien (Gas und Metall) organisieren, deren elektrische Leitfähigkeit grundsätzlich verschieden ist. Dies führt zur Ausbildung axial strukturierter Randschichten, die mit einem Minimum an Verlusten die Kontinuität des Stromes gewährleisten. Besondere Bedeutung besitzt dabei das *Katodengebiet*. An der Katode breitet sich eine Glimmhaut (*a*) aus (*1. Katodenschicht*), die durch einen sehr dünnen

Dunkelraum (*Astonscher Dunkelraum*) von der Metalloberfläche getrennt ist. Die (z. B. durch Ionenaufprall, γ-Mechanismus) an der Katode ausgelösten Elektronen werden im starken Raumladungsfeld vor der Katode beschleunigt. Im Astonschen Dunkelraum reicht ihre Energie noch nicht aus, die Gasatome zur Lichtemission anzuregen. Dies geschieht jedoch in der 1. Katodenschicht. Nach Durchqueren dieser Schicht besitzen die Elektronen bereits so hohe Energien (50 eV und mehr), daß ihre Wahrscheinlichkeit zur Lichtanregung der Atome wieder relativ gering ist. Die Anregungswahrscheinlichkeit weist nämlich in Abhängigkeit von der Elektronenenergie ein Maximum bei Werten zwischen etwa 10 bis 50 eV auf (vgl. Bd. 4). Ihr Verlauf ist ähnlich dem des Ionisierungsquerschnittes in Abb. 8.4 nur in Richtung kleinerer Energien verschoben. An die 1. Katodenschicht schließt sich somit ein weiterer Katodendunkelraum, der sog. *Hittorfsche* oder *Crookesche Dunkelraum* (*b*), an. Nach seiner Durchquerung besitzen die Elektronen Energien, die eine effektive Gasionisation (in der Nähe des maximalen Ionisierungsquerschnittes, vgl. Abb. 8.4) gestatten. Dabei entstehen langsame Elektronen, die wieder zur erhöhten Lichtemission des Gases führen. Es bildet sich eine weitere leuchtende Schicht das sog. *negative Glimmlicht* (*c*). Die bei größeren Drücken ziemlich scharfe Grenze zum Hittorfschen Dunkelraum bezeichnet man als *Glimmsaum*. Das negative Glimmlicht besteht aus einem Gemisch positiver Ionen und (in der Mehrzahl) langsamer Elektronen, deren mittlere Energie nur etwa 0,01 bis 0,1 eV beträgt. Nach Durchquerung des Glimmlichtes vermögen die Elektronen somit zunächst kaum Gasatome zu ionisieren oder anzuregen. Dies führt zur Ausbildung des *Faradayschen Dunkelraumes* (*d*). Für den hier stark schematisch dargestellten Mechanismus der *Glimmkatode* ist der Aufbau eines Katodenfallgebietes mit relativ hohem Spannungsbedarf typisch. Das elektrische Feld wird im Fallgebiet durch die positive Raumladung der Ionen zwischen Katode und Glimmsaum erzeugt. Während in diesem Gebiet die Elektronenkonzentration zunächst wesentlich kleiner als die Ionenkonzentration ist (dasselbe gilt von den Stromdichten der beiden Trägersorten), liegen im *negativen Glimmlicht* und *Faradayschen Dunkelraum* fast gleiche Konzentrationen an Elektronen und Ionen vor. Dort gibt es praktisch keine Nettoraumladung, und die elektrische Feldstärke verschwindet fast ($dU/dx \approx 0$). Abb. 8.8 zeigt den entsprechenden Potentialverlauf. Die Herausbildung des Katodenfalles beim Übergang der Townsend-Entladung in die Glimmentladung ist mit einem Absinken der Brennspannung verbunden (*subnormale Entladung*, vgl. Abb. 8.5).

In der voll ausgebildeten Glimmentladung stellt sich der Katodenfall zunächst auf einen minimalen Wert, den sog. *normalen Katodenfall* U_{KN} ein. Der Rückkopplungsmechanismus, d. h. die Emission von Elektronen an der Katode durch Ionenaufprall und die Erzeugung neuer Ionen durch diese im Fallraum beschleunigten Elektronen, ist im Hinblick auf die Stationarität der Entladung optimal. Auf Stromstärkeänderungen reagiert die Entladung mit einer Querschnittsänderung des Glimmlichtes an der Katode. Der Katodenfall behält dabei seinen optimalen Wert U_{KN}. Da die mit Glimmlicht bedeckte Fläche proportional mit der Stromstärke ansteigt, bleibt auch die Stromdichte konstant (*Hehlsches Gesetz, normale* Stromdichte). Je nach den vorliegenden Metall-Gas-Kombinationen beobachtet man für U_{KN} Werte zwischen etwa 100 und 300 V. Sobald die Katode vollständig bedeckt ist, steigen Katodenfall und Stromdichte mit wachsender Stromstärke an (*anormaler* Katodenfall). In genügend langen Entladungsröhren schließt sich an den Faradayschen Dunkelraum eine weitere leuchtende Zone an, die *positive Säule* (e), und unmittelbar an der Anode ist häufig ein *Anodenglimmlicht* (f) sowie die Ausbildung eines *Anodenfalles* (10 bis 20 V) zu beobachten. Die beiden leuchtenden Hauptteile der Glimmentladung, das negative Glimmlicht und die positive Säule weisen verschiedene und für jedes Gas charakteristische Farben auf. Allerdings ist die positive Säule im Gegensatz zum negativen Glimmlicht für den Mechanismus der Glimmentladung nicht wesentlich. In weiten und kurzen Röhren tritt keine positive Säule auf. Trotzdem besitzt dieses Entladungsgebiet als Prototyp eines Laborplasmas eine hohe Bedeutung (vgl. Bd. 4 und Abschn. 8.2.4). In axialer Richtung herrscht im einfachsten Fall in der positiven Säule eine konstante elektrische Feldstärke E_x und konstante Ladungsträgerkonzentration, die sich beide in Abhängigkeit von den Betriebsbedingungen auf solche Werte einstellen, daß gerade

1. der Entladungsstrom fließen kann und
2. die (mittlere) Energie der Elektronen im elektrischen Säulenfeld so groß wird, daß durch Stoßionisation die infolge Wand- und Volumenrekombination auftretenden Trägerverluste kompensiert werden können.

Der Entladungsstrom I wird im Säulenplasma überwiegend von den Elektronen getragen, deren Konzentration zwar gleich der Ionenkonzentration ist, $[e] \approx [A^+]$ (*Quasineutralitätsbedingung*), deren Beweglichkeit jedoch die der Ionen um mehrere Größenordnungen übertrifft. Somit gilt nach (8.7)

$$I = \pi r_0^2 j_e = \pi r_0^2 e_0 n_e b_e E_x$$

(r_0 Rohrradius; n_e querschnittsgemittelte Elektronenkonzentration). Die Gleichung legt zusammen mit den Bilanzgleichungen für die Energie und Zahl der Ladungsträger die beiden Größen n_e und E_x fest. Im allgemeinen fällt mit wachsender Entladungsstromstärke die axiale Feldstärke in der positiven Säule ab (*fallende Charakteristik*).

Unter Niederdruckbedingungen liegt die mittlere Elektronenenergie W_e bedeutend über der des Neutralgases (Nichtgleichgewichtsionisation, heiße Elektronen: $W_e \approx 1$ bis 10 eV). Erst dadurch wird es möglich, die auftretenden Ladungsträgerverluste zu kompensieren.

In zahlreichen Fällen besteht die erwähnte axiale Homogenität der positiven Säule allerdings nur in Form eines Mittelwertes, da die Säule häufig in periodisch aufeinanderfolgende hellere und dunklere Schichten zerfällt. Diese können unbeweglich sein (typisch für Molekülgase) oder sich rasch bewegen (typisch für Edelgase).

8.2.2. Bogenentladung

Bei hohen Stromdichten schlägt die anormale Glimmentladung (vgl. Abb. 8.5) in eine Bogenentladung um. Dabei verändert sich der katodische Mechanismus grundlegend. Typisch für die Bogenkatode ist eine hohe Temperatur, die vielfach zur thermischen Elektronenemission ausreicht (*glühelektrischer Effekt*). Diese Form der Elektronennachlieferung aus dem Metall in die Gasstrecke erfordert nicht den komplizierten Aufbau verschiedener Schichten, der die Glimmkatode charakterisierte. Es bildet sich in der Regel auf der Katode eine eng begrenzte Ansatzstelle der Entladung (*Brennfleck*) mit hoher Stromdichte (bis zu 10^{11} A/m^2) und niedrigem Katodenfall (20 bis 50 V). Die aus dem Gasraum auf die Katode prallenden Ionen sorgen im Kollektiv für die Aufrechterhaltung der Elektronenemission. Neben der genannten Aufheizung (thermischer Bogen) kann auch das Raumladungsfeld der zur Katode fließenden Ionen so stark werden, daß eine *Feldemission* der Elektronen (vgl. Abschn. 9.1.4) auftritt (*Feldbogen*). Nach neuen Erkenntnissen spielen bei der Bogenkatode auch nichtstationäre Emissionsmechanismen eine bedeutende Rolle. Ein solcher Mechanismus besteht in der extrem schnellen Aufheizung mikroskopischer Spitzen an der Katodenoberfläche (durch *Joulesche Wärme* und Ionenaufprall), wobei diese Spitzen explosionsartig als ein dichtes Plasma verdampfen und dabei große Mengen an Ladungsträgern freisetzen.

Bogenentladungen können zwischen (meist hochschmelzenden) Metallelektroden, aber auch Kohleelektroden und flüssigen Metallelektroden (Hg) erzeugt werden. Im allgemeinen ist der in der Entladung herrschende Gasdruck wesentlich höher

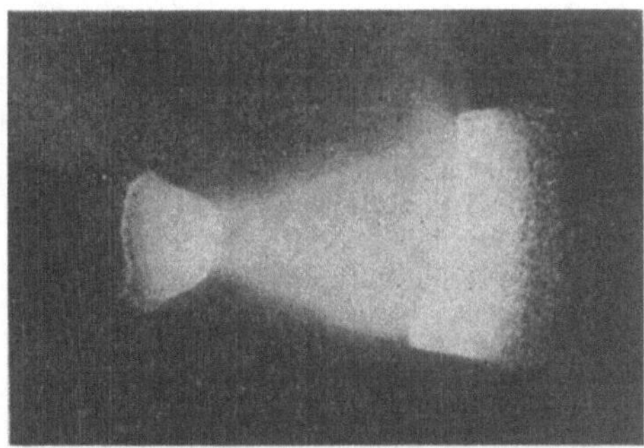

Abb. 8.9. Kohlelichtbogen

Abb. 8.10. Lichtenbergsche Gleitentladungsfigur bei positiver Spitzenladung

als in der Glimmentladung (*Hochdruckentladung*). Unter *Vakuumbogen* versteht man eine Bogenentladung, die im (von der Entladung selbst erzeugten) Dampf des Elektrodenmaterials brennt. Abb. 8.9 zeigt als historisch älteste Form der Bogenentladung einen in freier Luft brennenden Kohlebogen (H. DAVY, 1812). Die Leuchterscheinung zwischen den Elektronen entspricht der positiven Säule der Glimmentladung. Allerdings entstehen in der Bogensäule die Ladungsträger überwiegend durch die Gleichgewichtsionisation (vgl. Abschn. 8.1.1). Infolge des hohen Gasdruckes besteht hier zwischen den Elektroden und schweren Teilchen (Atome und Ionen) durch die zahlreichen Stöße ein so guter Wärmekontakt, daß die mittlere Energie (Temperatur) beider Teilchensorten nahezu gleich ist. In Abhängigkeit von den Betriebsbedingungen können im elektrischen Lichtbogen Temperaturen bis mehrere 10000 K erzielt werden.

8.2.3. Korona- und Funkenentladung

Zu den in Abb. 8.5 genannten Formen der Leitung des elektrischen Stromes im Gas treten einige weitere (stationäre und nichtstationäre), die z. B.

an spezielle Elektrodengeometrien oder spezielle Versuchsbedingungen gebunden sind.

In stark inhomogenen elektrischen Feldern, wie sie an dünnen Drahtelektroden oder Spitzen auftreten, überzieht sich die Metalloberfläche mit einer schmalen leuchtenden Haut oder büschelartigen Lichterscheinung. Ein wesentliches Kennzeichen dieser Entladungsform (*Koronaentladung*, *Spitzenentladung*) besteht darin, daß die Ionisation und Lichtanregung des Gases auf die unmittelbare Nachbarschaft der stark gekrümmten Elektrode beschränkt bleiben. Bei gewittriger Wetterlage können sich solche Entladungen auch in der Natur ausbilden (*Elmsfeuer*). Sie treten in großem Maßstab an den Freileitungen der Überlandnetze auf, besonders bei Rauhreif, wenn die Leitungen mit kleinen Eiskristallen besetzt sind.

Die Mindestspannung, d. h. die kleinste Spannung, bei der die Koronaentladung einsetzt, liegt im kV-Bereich. Diese Spannung hängt neben der Geometrie auch von der Polung der Elektroden ab. Ist die stark gekrümmte Elektrode Katode (*negative* Korona), so können sich die für die Entladung wesentlichen katodischen Vorgänge an der Grenze Metall/Gas ähnlich der Glimmentladung ausbilden. Im umgekehrten Fall (*positive* Korona) muß sich die Katode jedoch im Gas entwickeln, wozu eine höhere Mindestspannung erforderlich ist.

Lichtenbergsche Figuren. Sehr schön kann diese Verschiedenheit beobachtet werden, wenn eine Spitze auf eine isolierende, mit Bärlappsamen (Lycopodium) bestreute Platte gestellt wird. Beim Anlegen genügend hoher elektrischer Spannungen entstehen in der Umgebung der Spitze sog. *Lichtenbergsche Figuren*, deren Gestalt je nach der Polung der Spitze verschieden ist. Abb. 8.10 zeigt ein Beispiel für die positive Spitze.

Funkenentladung. Die bisher erwähnten Gasentladungen wurden nach erfolgter Zündung durch genügend ergiebige Strom- und Spannungsquellen weiter aufrechterhalten. Ist jedoch die für die Entladung zur Verfügung stehende Energie beschränkt, etwa durch ihre Speicherung auf einem Kondensator, so bilden sich impulsförmige Entladungen aus. Ein wichtiges Beispiel stellt die sog. *Funkenentladung* dar, bei der sich in einem relativ niederohmigen und induktionsarmen Kreis kapazitiv gespeicherte elektrische Ladungen über eine Gasstrecke (*Funkenstrecke*) mehr oder weniger plötzlich ausgleichen. Die zeitliche und räumliche Entwicklung des Funkendurchschlages hängt von zahlreichen Parametern ab (Druck, Gasart, Elektrodenzustand usw.). Sie gehört zu den kompliziertesten dynamischen Prozessen des elektrischen Stromes im Gas. Auch längs der Oberfläche fester Körper können sich Funken ausbilden (*Gleitfunken*). Diese Tatsache ist für den Bau der Hochspannungsisolatoren von Bedeutung. Durch

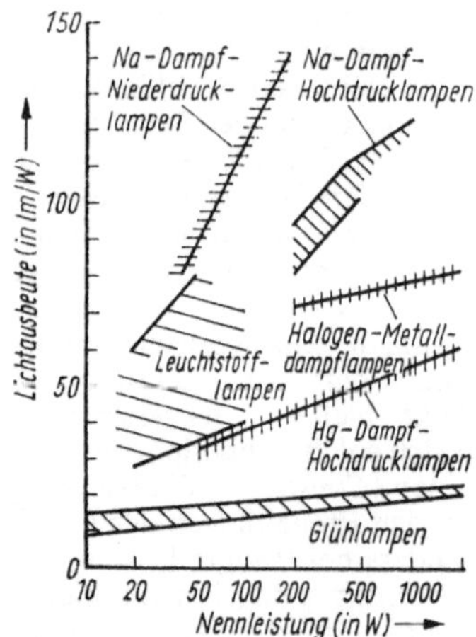

Abb. 8.11. Lichtausbeute verschiedener Lampen in Abhängigkeit von der Nennleistung

eine spezielle Formgebung, die den Gleitweg vergrößert, läßt sich die Gefahr eines elektrischen Durchschlages vermindern.

8.2.4. Anwendungen der Gasentladungen

Der mit dem elektrischen Stromdurchgang verbundene Zustand der Gase hat eine Vielzahl praktischer Anwendungen gefunden. In erster Linie werden dabei seine extremen Eigenschaften in Form hoher und höchster Temperaturen, extremer Nichtgleichgewichtszustände, außerordentlich rasch ablaufender Prozesse u. a. m. genutzt.

Gasentladungslichtquellen. Die Entwicklung hocheffektiver Gasentladungslampen hat zu einer Revolutionierung großer Bereiche der Lichttechnik geführt. Heute bestimmen solche Lampen die Straßenbeleuchtung, die Beleuchtung öffentlicher Einrichtungen, industrieller Anlagen usw. Ein breites Spektrum der Speziallichtquellen (von der Reklameröhre bis zur Nanosekunden-Impulslampe) findet in Wissenschaft und Wirtschaft zunehmend Anwendung. Die Überlegenheit der Gasentladungslampen über die konventionellen Glühlampen zeigt Abb. 8.11. Neben der höheren Lichtausbeute (erzeugter Lichtstrom pro eingespeiste elektrische Leistung) weisen die Gasentladungslichtquellen auch höhere Nutzbrenndauern (7000 bis 9000 h) und geringere Blendgefahr auf. In den Leuchtstofflampen werden in der positiven Säule einer Niederdruckentladung Hg-Atome durch Elektronenstoß zur Lichtemission angeregt. Etwa 90 bis 95 % der emittierten Strahlung liegen dabei im *ultravioletten* Spektralbereich. Die Umsetzung in sichtbares Licht erfolgt durch *Lumineszenz* (vgl. Bd. 3) in einer Leuchtstoffschicht an der Wand des Entladungsrohres.

Durch die Entwicklung neuer Leuchtstoffe, die in den für das menschliche Auge besonders wirksamen Wellenlängengebieten (um 540 nm, 545 nm und 610 nm) abstrahlen, sowie durch die Optimierung des Hg-Dampfdruckes mit Amalgam konnten die Farbwiedergabe und die Lichtausbeute der Lampen weiter gesteigert werden. Die höchsten Lichtausbeuten besitzen die *Na-Dampf-Niederdrucklampen*, in denen Na-Atome durch Elektronenstoß angeregt werden. Hier erfolgt die Abstrahlung im sichtbaren Gebiet, allerdings fast ausschließlich als gelbes Licht (schlechte Farbwiedergabe). In den *Hochdrucklampen* dient die positive Säule einer Bogenentladung zur Lichterzeugung. Durch Zusätze von Iodiden Seltener Erden konnten die *Hg-Dampf-Hochdrucklampen* in letzter Zeit wesentlich verbessert werden (*Halogen-Metalldampflampen*). Hochdrucklampen auf Na-Basis besitzen bereits gegenüber den Na-Niederdrucklampen eine verbesserte Farbwiedergabe (Druckverbreiterung der Spektrallinien, vgl. Bd. 4). Sie reichen jedoch noch nicht an die der Hg-Lampen heran.

Eine weitere Anwendung der Lichtemission aus Gasentladungen finden wir in den *Gas-Lasern* (vgl. Bd. 4) und in den *Anzeigesystemen*. Während die konventionelle Gasentladungs-Ziffernanzeigeröhre (Ausnutzung des negativen Glimmlichtes) durch moderne Festkörperbauelemente (Leuchtdioden) und Flüssigkristalle weitgehend verdrängt wurde, konnte in Form der sog. *Plasma-Tableaus* eine neue Gas-Variante entwickelt werden. Plasma-Tableaus bestehen meist aus einem flachen Gasraum, der auf den großflächigen Begrenzungsscheiben durchsichtige parallele Elektrodenbahnen (z. B. dünne, aufgedampfte Metallschichten) enthält. Diese Bahnen stehen (auf der Ober- und Unterseite) aufeinander senkrecht. Legt man an je eine Elektrode oben und unten eine Hochfrequenzspannung an, so läßt sich an der Kreuzungsstelle eine Mikrogasentladung zünden, die einen hellen Lichtpunkt (Durchmesser etwa 0,2 mm) erzeugt. Derartige Anzeigesysteme werden heute bereits mit über 1 Million individuell ansteuerbaren Lichtpunkten hergestellt.

Plasmatrons (Wärmewirkung des Lichtbogens). Den prinzipiellen Aufbau eines Lichtbogenplasmatrons zeigt Abb. 8.12. In ihm werden heiße Plasmastrahlen (3000 bis 20000 K) erzeugt, die in der Hochtemperaturchemie als plasmachemische Reaktoren sowie in der Materialbearbeitung zum Schweißen, Schneiden und Aufspritzen hochschmelzender Substanzen vielfache Anwendung finden. Die Magnetspule dient zur Erzeugung einer Rotation des Lichtbogenansatzes auf der Anode. Spezialausführungen der Plasmatrons in Form einer durch ein magnetisches Ringspaltfeld verstärkten Entladung kommen als Metall-Zerstäubungsquellen zum Einsatz. Selbstverständlich

---

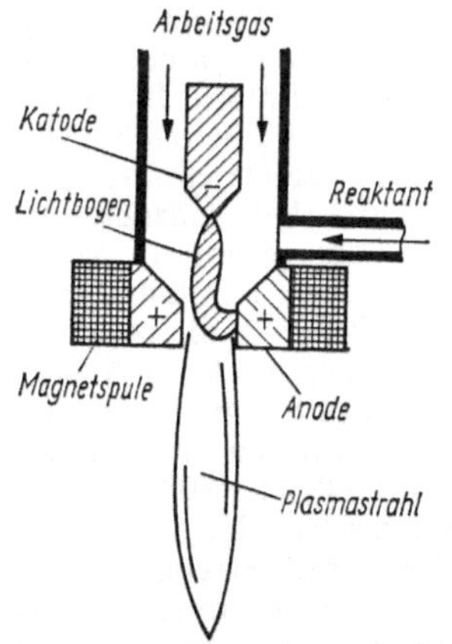

Abb. 8.12. Prinzip eines Plasmatrons

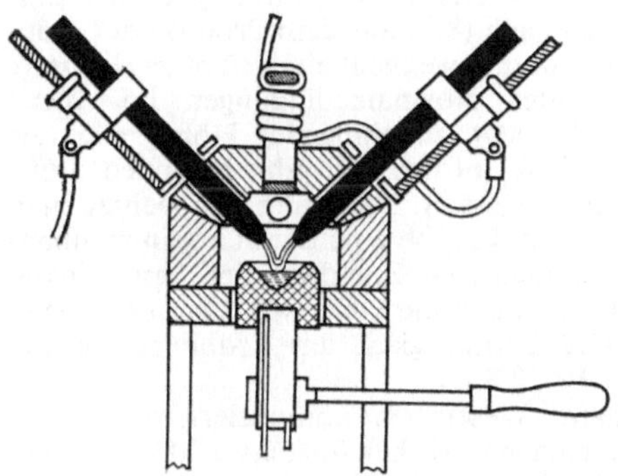

Abb. 8.13. Lichtbogenofen mit indirekter Heizung (nach COHN)

wird der hohe Wärmeinhalt des Lichtbogens auch weiterhin in der konventionellen Elektroschweißung und im Elektroofen (ein Beispiel zeigt Abb. 8.13) genutzt.

Schalter. In elektrischen Schaltern entsteht beim Trennen der Kontakte eine Gasentladung, die bei höheren Leistungen einen stromstarken Lichtbogen ergibt. Beim Schalten in Wechselstromkreisen besteht die Gefahr, daß dieser Lichtbogen nach seinem Erlöschen im Nulldurchgang des Stromes beim erneuten Ansteigen der Spannung wieder zündet. Dies muß durch eine geeignete Konstruktion des Schaltgerätes verhindert werden. Hierbei kommt es darauf an, die Gasstrecke des Schalters möglichst schnell von restlichen Ladungsträgern zu säubern. Durch eine Erhöhung des Druckes gelingt es, die Rekombination der Träger zu beschleunigen (*Hochdruckschalter*). Dieses Prinzip kommt auch in den *Ölschaltern* zum Tragen, wo der Lichtbogen in einer unter hohem Druck stehenden Gasblase brennt, die durch den Bogen im Öl erzeugt wurde. Die Verwendung spezieller Schaltergase mit starker Tendenz zur Bildung negativer Ionen (z. B. SF_6) gestattet die schnellere Beseitigung der Elektronen, wodurch die wesentliche Ionisierungsquelle für die Wiederzündung ausfällt. Schließlich führt auch die Anwendung eines Vakuums im Schalter zu einer schnellen Entionisierung (*Vakuumschalter*). In diesen Schaltern brennt der Lichtbogen im Dampf des Elektrodenmaterials. Das durch den Bogen selbst erzeugte Metalldampfplasma kann sich jedoch im umgebenden Vakuum schnell ausdehnen und an den Gefäßwänden rekombinieren.

Plasmachemische Reaktoren. Neben den bereits genannten Plasmatronanlagen, in denen die Gleichgewichtsionisation des Lichtbogens vorherrscht, finden zunehmend auch Gasentladungen bei plasmachemischen Stoffwandlungen Anwendung, die ausgeprägte Nichtgleichgewichtssysteme darstellen. Bei niedriger Gastemperatur (etwa Zimmertemperatur) weisen diese Entladungen infolge der hohen Elektronentemperatur (10 000 bis 50 000 K) große Konzentrationen angeregter und reaktiver Teilchen mit freien Valenzen auf, die viele Größenordnungen über den Gleichgewichtswerten liegen können. Damit ergibt sich die Möglichkeit der Realisierung zahlreicher chemischer Reaktionen. Beispiele stellen die *Ozonsynthese* in der Koronaentladung und die *Oberflächenvergütung* in Form der Aufbringung harter Metallnitritschichten auf Werkzeuge mittels der Glimmentladung dar. Auch die Erzeugung isolierender Polymerschichten oder die Verbesserung von Kunstfaseroberflächen in Gasentladungen zählen dazu. Von hoher Bedeutung für die Produktion mikroelektronischer Bauelemente ist die Entwicklung eines Gasentladungsverfahrens zum *Ätzen* von Halbleiteroberflächen, das gegenüber den üblichen Naßätzverfahren in chemischen Bädern zahlreiche Vorteile aufweist.

Elektrische Gasreinigung (*Elektrofilterung*). In vielen industriellen Anlagen entweichen durch die Kamine neben den warmen Gasen große Mengen von Staub aller Art, so z. B. in den Kesselanlagen Flugasche, in den Brikettfabriken Braunkohlenstaub, in den Hüttenwerken metallhaltiger Staub. Dadurch wird nicht nur die Umgebung belästigt und geschädigt, sondern es gehen auch wertvolle Stoffe verloren. Ein Modellversuch zeigt die Wirkungsweise der Elektrofilter. In einem Rohr ist axial ein dünner Draht gespannt, zwischen dem Rohr und dem Draht liegt eine so hohe gleichgerichtete Wechselspannung, daß sich am Draht eine Koronaentladung ausbildet. Bläst man staubhaltiges Gas, z. B. Rauch, durch das Rohr, so sieht man, daß es das Rohr praktisch staubfrei verläßt, wenn die Spannung angeschaltet ist. Die im Gas suspendierten Teilchen werden an die Rohrwand getrieben und dort abgelagert (Abb. 8.14).

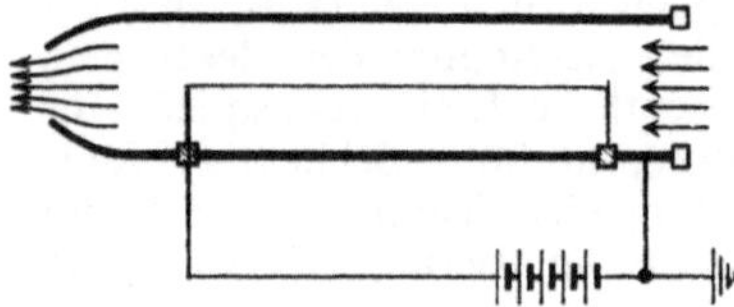

Abb. 8.14. Prinzip eines Elektrofilters (Röhrenfilter)

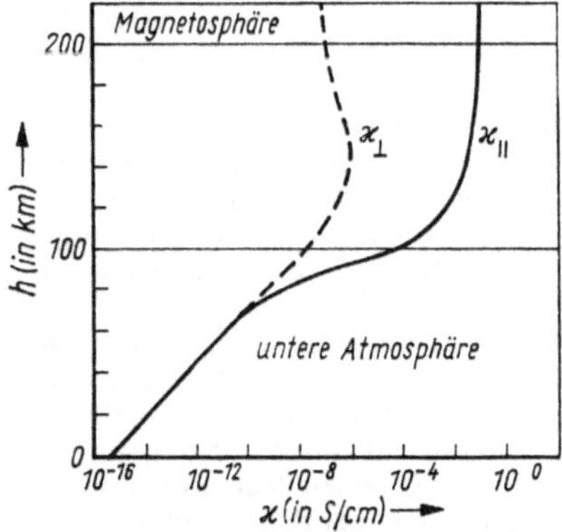

Abb. 8.15. Elektrische Leitfähigkeit der Atmosphäre in Abhängigkeit von der Höhe

8.3. Luftelektrizität

Die Atmosphäre unserer Erde ist in ihrer gesamten Ausdehnung der Schauplatz zahlreicher elektrischer Vorgänge, die ihre gemeinsame Ursache in dem ständigen Zustrom von Energie haben, der zum größten Teil aus der Sonne stammt. Die herausragende atmosphärisch-elektrische Erscheinung stellt zweifellos das *Gewitter* dar. Es gehören dazu jedoch auch die *Polarlichter, magnetische Stürme, Gezeitenwinde* in großer Höhe (100 bis 200 km) und anderes mehr.

8.3.1. Elektrische Leitfähigkeit der Atmosphäre

In der Erdatmosphäre gibt es eine Vielzahl von Ladungsträger bildenden und vernichtenden Prozessen. Wir betrachten zunächst die reine Atmosphäre (keine Niederschlagsteilchen, keine Verunreinigung mit Staub usw.). Durch radioaktive Strahlen der Umgebung, durch die Höhenstrahlung und durch den UV-Anteil des Sonnenlichtes findet in der Lufthülle eine ständige Gasionisation statt. Die *Ionisierungsstärke q* (Anzahl der pro Zeit- und Volumeneinheit gebildeten Ladungsträgerpaare) hängt für die einzelnen Ionisatoren stark von der Höhe ab. Am Erdboden dominiert die Ionisation durch radioaktive Strahlen ($q_R \approx 8\ \mathrm{cm^{-3}\ s^{-1}}$). In einer Höhe von 3 km ist dieser Anteil jedoch bereits auf 1/10 des Anfangswertes abgesunken. Die Ionisation durch Höhenstrahlung steigt demgegenüber mit der Höhe an. Am Erdboden gilt etwa $q_H \approx 1{,}5\ \mathrm{cm^{-3}\ s^{-1}}$. In 4 km

Höhe ist dieser Anteil bereits auf 15 und in 12 km auf etwa 150 $\mathrm{cm^{-3}\ s^{-1}}$ angestiegen. In der Hochatmosphäre dominiert die Ionisation durch das UV-Licht der Sonne. Die in den unteren Schichten der Atmosphäre primär gebildeten Ladungsträger haben nur eine kurze Lebensdauer. Die Elektronen bilden durch Anlagerung an Moleküle sehr schnell negative Ionen. Bei ihrer Bewegung durch das Gas umgeben sich die positiven und negativen Ionen mit einer größeren Anzahl neutraler (10 bis 20) Moleküle und bilden sog. *Cluster-Ionen.* Ihre Konzentration n liegt am Erdboden zwischen etwa 100 und 1000 Träger pro $\mathrm{cm^3}$. Dies ist das Ergebnis eines Gleichgewichtszustandes zwischen Trägererzeugung und Rekombination $q = \alpha_R n^2$. Der Rekombinationskoeffizient α_R besitzt unter Normalbedingungen einen Wert von einigen $10^{-6}\ \mathrm{cm^3/s}$.

Die spezifische elektrische Leitfähigkeit der Luft ergibt sich nach (8.7) aus dem Produkt der Konzentration und Beweglichkeit der Träger. Letztere beträgt unter Normalbedingungen im Mittel 1,5 $\mathrm{cm^2/Vs}$. Mit zunehmender Höhe steigt die Beweglichkeit infolge der abnehmenden Luftdichte an. In erster Näherung beobachtet man bis etwa 70 km Höhe eine damit zusammenhängende exponentielle Zunahme der Leitfähigkeit mit einer Skalenhöhe von etwa 6 km (vgl. Abb. 8.15). Die Leitfähigkeit am Erdboden beträgt rund $3 \cdot 10^{-16}$ S/cm.

Ionosphäre. Wesentlich kompliziertere Verhältnisse herrschen in Höhen über etwa 70 km. In diesem Höhenbereich (70 bis 400 km) werden durch die ionisierende Wirkung der kurzwelligen Sonnenstrahlung verschiedene leitfähige Schichten (Schichten der sog. *Ionosphäre*) gebildet, in denen als negative Ladungsträger überwiegend Elektronen auftreten. Man unterscheidet vier solche Schichten: D-Schicht (um 70 km), E-Schicht (um 120 km), F_1-Schicht (um 220 km) und F_2-Schicht (um 300 km). Das Maximum der Elektronenkonzentration liegt in 250 bis 350 km Höhe. In Abhängigkeit von der Tages- und Jahreszeit werden hier Werte bis einige 10^6 Elektronen pro $\mathrm{cm^3}$ beobachtet. Die Konzentration des neutralen Gases, das zu einem erheblichen Teil bereits durch die UV-Strahlung in O- und N-Atome dissoziiert ist, verringert sich von etwa 10^{18} Teilchen in der D-Schicht auf etwa 10^6 Teilchen pro $\mathrm{cm^3}$ in der F_2-Schicht. Damit ist eine entsprechende Zunahme der Trägerbeweglichkeit verbunden, die in den höheren Schichten bereits wesentlich durch die Zusammenstöße der Ladungsträger untereinander beeinflußt wird. Neben den (relativ seltenen) Stößen gewinnt jedoch hier das magnetische Erdfeld immer stärkeren Einfluß auf die Trägerbewegung. Infolge der auftretenden *Lorentz-Kräfte* ist die Leitfähigkeit senkrecht zu den magnetischen Feldlinien bedeutend

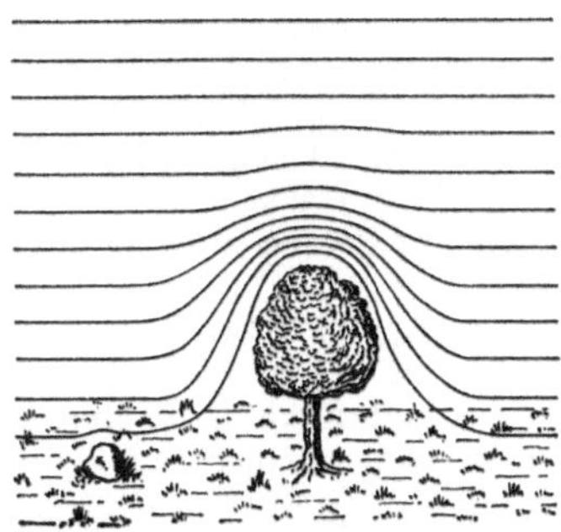

Abb. 8.16. Äquipotentialflächen in der Nähe des Erdbodens

geringer als parallel zu den Feldlinien. Abb. 8.15 zeigt diese Unterschiede.

Nachthimmelslicht. Ähnliche Vorgänge wie in der Ionosphäre spielen eine Rolle für die Entstehung des Nachthimmelslichtes. Es ist das ein sehr schwaches diffuses Leuchten der obersten Atmosphärenschichten, das nicht von zerstreutem Sternlicht herrührt, sondern ein Eigenleuchten der dort befindlichen Gase ist.

Im untersten Teil der Atmosphäre (der sog. **Austauschschicht** 0 bis 1 km) variiert die Konzentration der Ladungsträger stark mit der Tages- und Jahreszeit und der örtlichen Lage. Von besonderer Bedeutung ist dabei der *Aerosolgehalt* der Luft. Durch Anlagerung an Suspensionen bilden sich neben den bereits erwähnten Ionen (*Klein-Ionen*, $r \approx 5 \cdot 10^{-8}$ cm) wesentlich größere Ionen: *Mittel-Ionen* ($r \approx 5 \cdot 10^{-7}$ cm) und *Groß-Ionen* ($r \approx 10^{-6} \dots 10^{-4}$ cm). Die Beweglichkeit dieser Ionen beträgt unter Normalbedingungen 10^{-1} bis 10^{-4} cm²/V s, ihre Konzentration 10^3 bis 10^5 cm^{-3}. Das Auftreten eines ausgedehnten Ionenspektrums führt in den untersten atmosphärischen Schichten zu einem sehr komplexen elektrischen Verhalten, das auch wesentlich durch die Wetterlage beeinflußt wird. Dies trifft besonders für den Fall des Auftretens geladener Niederschlagteilchen ($r \approx 10^{-4} \dots 0,5$ cm) zu. Die Erzeugung elektrischer Ladungen auf Niederschlagteilchen (Regen, Hagel, Schnee) ist allerdings von grundsätzlich anderer Art als die Erzeugung der verschiedenen Ionensorten in der Atmosphäre. Darauf wird in Abschn. 8.3.4 näher eingegangen (Gewittermechanismus).

8.3.2. Elektrisches Feld der Atmosphäre

Seit Mitte des 18. Jahrhunderts (L. G. LEMONNIER, 1752) weiß man, daß die Erde ständig von einem elektrischen Feld umgeben ist. Seine Existenz kann mit Sonden ermittelt werden. An der Erdoberfläche beträgt die elektrische Feldstärke etwa 50 bis 150 V/m (Festlandsmittelwert 135 V/m;

Meeresmittelwert 126 V/m). Sie ist beträchtlichen Schwankungen in Abhängigkeit von der Wetterlage, der Tageszeit, der Oberflächenbeschaffenheit (vgl. Abb. 8.16) u. a. m. unterworfen. Mit zunehmender Höhe nimmt die Feldstärke rasch ab (etwa exponentiell). Bereits in 12 km Höhe sind rund 90 % des Gesamtpotentials, das die Schichten der Ionosphäre gegenüber der Erdoberfläche besitzen, erreicht. Bei schönem Wetter ist das elektrische Feld der Atmosphäre praktisch vertikal gerichtet und entspricht etwa den Verhältnissen in einem Kugelkondensator, dessen Begrenzungen durch die leitende Erdoberfläche und die leitenden Schichten der Ionosphäre gegeben sind. In der Nähe von Gewitterwolken tritt ein Dipolcharakter des Feldes stärker in Erscheinung, der jedoch (vgl. Abschn. 2.2.8) mit der 3. Potenz der Entfernung abklingt und in Abständen von 50 bis 100 km von der Wolke nicht mehr nachweisbar ist.

Solange die Lufthülle als ein vollkommener Isolator angesehen wurde, lag es nahe, das elektrische Erdfeld statisch durch eine Oberflächenladung der Erde zu erklären. Mit einem Durchschnittswert der Feldstärke von etwa 130 V/m folgt aus der Beziehung $\sigma = \varepsilon_0 E$ (vgl. Abschn. 2.3.2) eine negative Oberflächenladung $Q = \sigma A$ der Erde von etwa $6 \cdot 10^5$ C, d. h. $4 \cdot 10^{24}$ Elektronen. Die Schwierigkeiten dieser statischen Interpretation zeigten sich jedoch, als (nach unbeachtet gebliebenen Messungen COULOMBS 1785) um 1900 die endliche Leitfähigkeit der Lufthülle erkannt wurde (W. LINSS, 1887; J. ELSTER und H. GEITEL, 1899). Eine einfache Rechnung lehrt, daß infolge dieser Leitfähigkeit das gesamte atmosphärische Feld in knapp einer halben Stunde zusammenbrechen müßte. Da dies nicht geschieht, muß dem Abbau des Feldes ein ausreichender Feldbildungsprozeß entgegenwirken. Mit der Suche nach diesem Prozeß war die Lösung des sog. *atmosphärisch-elektrischen Grundproblems* auf die Tagesordnung gesetzt.

8.3.3. Ersatzschaltbild des luftelektrischen Stromkreises

Nach Überwindung älterer (z. T. extrem spekulativer) Theorien wird heute allgemein anerkannt, daß die Aufrechterhaltung des elektrischen Feldes der Lufthülle stationär durch eine globale Stromquelle erfolgt, die ein Ergebnis der gesamten Gewittertätigkeit der Erde darstellt (sog. *Gegenstromtheorie*, C. T. R. WILSON, A. WIGAND). Damit rückt das Gewitter in den Mittelpunkt der atmosphärisch-elektrischen Erscheinungen.

Abb. 8.17 stellt die Verhältnisse in Form eines Ersatzschaltbildes des luftelektrischen Stromkreises schematisch nach neueren Angaben dar. Die

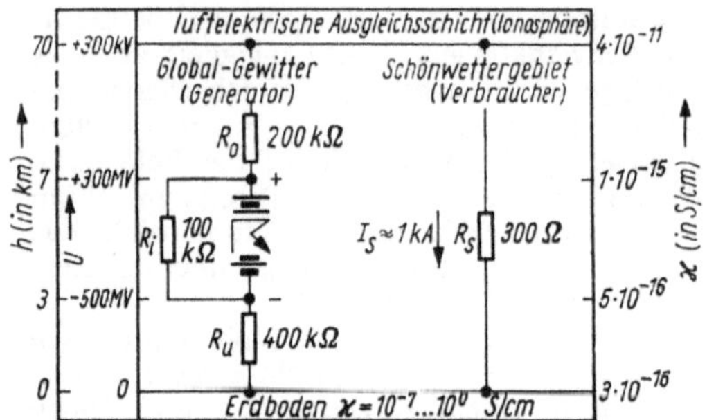

Abb. 8.17. Ersatzschaltbild des luftelektrischen Stromkreises

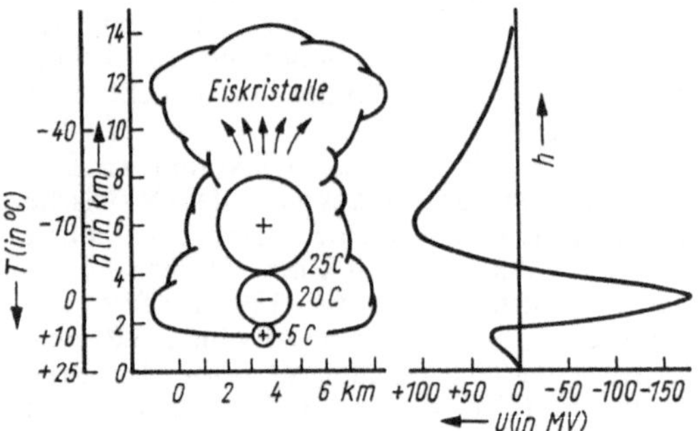

Abb. 8.18. Struktur einer Gewitterzelle

elektrischen Vorgänge spielen sich in dem unvollkommenen Dielektrikum des genannten Kugelkondensators ab, dessen eine Elektrode der Erdboden und dessen andere Elektrode die in etwa 70 km Höhe liegende, genügend leitfähige Ausgleichsschicht ist. Die elektrische Leitfähigkeit $\varkappa$ ist primär durch die in Abschn. 8.3.1 dargelegten Ionisierungsprozesse gegeben. Sie steigt mit der Höhe an. In den Schönwettergebieten der Erde, die nach diesen Vorstellungen als Verbraucher mit einem Arbeitswiderstand von $R_S = 300\,\Omega$ wirken, fließt ständig ein Strom positiver Ladung zur Erde. Seine Dichte j ist, wie Messungen zeigen, praktisch unabhängig von der Höhe, so daß sich nach dem Ohmschen Gesetz $j = \varkappa E$ für die elektrische Feldstärke E die inverse Höhenverteilung wie für die Leitfähigkeit (vgl. Abb. 8.15) ergibt. Aus dem Wert der Stromdichte folgt für die gesamte Erde ein mittlerer Schönwettervertikalstrom von $I_s \approx 1\,\text{kA}$. Diesem Strom muß im Generatorbereich (d. h. der Summe aller ständig auf der Erde tätigen Gewitter) durch einen entgegengesetzten Strom desselben Betrages das Gleichgewicht gehalten werden. Die Pole der globalen Gewittermaschine (links in Abb. 8.17) sind in etwa 3 und 7 km Höhe zu denken und führen eine Spannung von fast einer Milliarde Volt. Demgegenüber beträgt die Spannung am

gesamten atmosphärischen Kondensator nur etwa 300 kV. Der Generator ist über die beiden Widerstände $R_u \approx 400\,\text{k}\Omega$ und $R_0 \approx 200\,\text{k}\Omega$ an die Kondensatorelektroden angeschlossen und besitzt einen Innenwiderstand $R_i \approx 100\,\text{k}\Omega$. Im Generatorbereich setzen sich drei Ströme zum Gesamtstrom I_G zusammen:

– der *Niederschlagsstrom* I_{GN}, bedingt durch den Ladungstransport des Niederschlages;
– der *Blitzstrom* I_{GB}, bedingt durch die Erdblitze (Wolkenblitze stellen einen Kurzschluß im Generator dar);
– der *Gewittervertikalstrom* I_{GV}, wie er sich an der Erdoberfläche z. B. in Form eines Spitzen- oder Koronastromes äußert.

Auch unter normalen meteorologischen Verhältnissen sind Niederschläge geladen und stellen einen zur Erde fließenden Konvektionsstrom dar. Dieser kann sowohl positiv wie negativ sein, aber insgesamt bringen die Niederschläge mehr positive als negative Ladungen auf die Erde herab. Die Ladung der einzelnen Tropfen ist am größten bei Gewittern. Das statistische Material liefert die Abschätzung $I_{GN} \approx +0,5\,\text{kA}$. Nach der Weltgewitterstatistik sind auf der Erde ständig rund 2000 Gewitter in Aktion. Pro Gewitter und Minute kann mit einem Erdblitz gerechnet werden, der im Mittel 20 C Ladung transportiert. Bei einem Verhältnis der negativen zu den positiven Blitzen von 4/1 ergibt sich $I_{GB} \approx -0,4\,\text{kA}$.

Den Gewittervertikalstrom kann man grob aus Stromregistrierungen an Spitzen und isoliert aufgestellten Bodenattrappen unter Gewittern abschätzen. Genauer sind die Messungen mittels der Bestimmung der Feldstärke und der Leitfähigkeit beim Überfliegen der Gewitter. Dabei zeigte sich (um 1950), daß pro Gewitter mit einem Strom von 0,5 bis 0,8 A gerechnet werden kann. Dies ergibt $I_{GV} \approx -1$ bis $-1,6\,\text{kA}$, so daß in der Tat die Strombilanz $|I_g| = |I_{GN} + I_{GB} + I_{GV}| \approx I_s \approx 1\,\text{kA}$ annähernd erfüllt ist.

8.3.4. Gewitter

Damit der Gewittergenerator seine Funktion im luftelektrischen Stromkreis erfüllen kann, muß seine Polung richtig sein, d. h., die Gewitterwolken müssen im oberen Teil überwiegend positive und im unteren Teil überwiegend negative Raumladung aufweisen. Direkte Feldmessungen in Gewitterwolken (mit Flugzeugen) haben diese elektrische Struktur der Gewitterwolken bestätigt (Abb. 8.18). An der Basis liegt meist eine kleinere, eng begrenzte positive Raumladung von etwa 5 C Ladung und darüber ein kräftiger Dipol mit etwa $+25$ C in 6 bis 7 km Höhe und -20 C in 3 km Höhe. Der sich aus dieser Ladungsverteilung ergebende Potentialverlauf ist in Abb. 8.18 rechts dargestellt worden.

Gewitteraufbau. Zu einer Gewitterbildung kann es unter verschiedenen meteorologischen Bedingungen kommen, und zwar unterscheiden wir *Wärmegewitter* und *Frontgewitter*.

Wärmegewitter bilden sich an heißen Sommertagen, an denen die am Boden erhitzte Luft in einem begrenzten Luftstrom aufsteigt, der sich durch eine Art Schornsteinwirkung unterhält und steigert. In der Regel bilden sich mehrere (2 bis 4) Gewitterzellen, die einzelne Phasen durchlaufen.

Im *Jugendstadium* der Zelle (Dauer: 10 bis 15 min) herrscht im ganzen Bereich kräftiger Aufwind, besonders im zentralen Teil (bis 30 m/s). Die Niederschlagsbildung ist noch gering. Im *Reifestadium* (15 bis 30 min) wächst die Bildung von Niederschlag, der jedoch zunächst noch vom verbleibenden Aufwind getragen wird. Mit zunehmender Menge und Größe der Niederschlagsteilchen beginnen diese zu fallen, bis schließlich der „Wolkenbruch" erfolgt, der mit sich durchsetzenden Abwinden verknüpft ist, die am Boden durch zeitliche Ausbreitung zu den typischen Gewittersturmböen führen. Im *Altersstadium* (etwa 30 min) ist jeder Aufwind abgestorben und in dem nun mächtig angeschwollenen Wolkenkopf befinden sich große Mengen kleiner Eiskristalle, die während des Reifestadiums entstanden sind.

Weniger einfach und übersichtlich ist die Entwicklung der *Frontgewitter*. Sie entstehen, wenn sich im Rahmen der meteorologischen Ereignisse eine kalte Luftmasse keilförmig unter die warme Luft schiebt, die sich in einem Schönwettergebiet über das Land gelagert hat. Die warme Luft wird dabei hochgehoben und wie eine Walze vorwärtsgeschoben. Auch dabei entstehen vertikale, aufwärts gerichtete Luftströme. Die Frontgewitter wandern mit der Kaltfront, oft in einer Ausdehnung von hundert und mehr Kilometern Frontbreite, über das Land bei einer Geschwindigkeit bis zu 100 km/h.

Gewittermechanismus. Die wesentliche Phase eines Gewitters besteht in der Erzeugung und weiträumigen Trennung positiver und negativer elektrischer Ladungen. Dazu sind zahlreiche Theorien entwickelt worden, in denen verschiedene Elektrisierungsprozesse aus der Physik auf die atmosphärischen Bedingungen übertragen wurden. Ein solcher Prozeß ist der *Lenard-Effekt* (Wasserfallelektrizität, vgl. Abschn. 10.6.2).

Durch die aufsteigende Luft werden von der äußeren Haut großer Regentropfen kleine Teile abgerissen, die negativ geladen sind und nach oben getragen werden, während die positiv geladenen Resttropfen abwärts fallen. Ein anderer Faktor ist die Influenzierung der Tropfen durch das stets vorhandene luftelektrische Feld derart, daß ihre obere Hälfte eine negative, ihre untere eine positive Ladung trägt. Fällt ein solcher Tropfen abwärts, so werden die in der Luft vorhandenen negativen Träger von seiner Vorderseite angezogen und aufgenommen, während die positiven abgestoßen werden. Die Tropfen erhalten so allmählich eine negative Überschußladung und transportieren diese nach unten. Dadurch wird wiederum das luftelektrische Feld verstärkt durch die Ansammlung negativer Ladung im unteren Teil einer Wolke, und der ganze Vorgang schaukelt sich von selbst in die Höhe.

In den modernen Gewittertheorien spielen besonders Effekte eine Rolle, die unter Mitbeteiligung der Eisphase wirksam werden. Wie Abb. 8.18 zeigte, befindet sich der größte Teil einer Gewitterzelle im Bereich negativer Celsius-Temperaturen, so daß mit der Bildung von Hagelkörnern, Eissplittern usw. stets gerechnet werden muß. Ein davon ausgehender Effekt, der als Elementarprozeß der Gewitterelektrizität wirksam werden kann, basiert auf einer fundamentalen Eigenschaft des Eises (*Thermoseparation* der Ladungen). Durch Simulation der Gewitterbedingungen gelang es, im Laboratorium die Größe dieses Effektes abzuschätzen und eine quantitative Gewittertheorie zu entwickeln (J. B. MASON, 1960).

Aus Flugzeugbeobachtungen weiß man, daß in der Gewitterwolke große Mengen weicher Hagelkörner und unterkühlter Wassertropfen nebeneinander bestehen und infolge der heftigen Luftströmungen unterschiedliche Bewegungen ausführen. Im Reifestadium der Gewitterzelle ist zu erwarten, daß die relativ großen Hagelkörner bereits im Aufwind fallen, die kleineren Tropfen aber noch getragen bzw. nach oben gefördert werden. Zahlreiche Zusammenstöße zwischen Hagelkörnern und unterkühlten Wassertropfen sind die Folge. Dabei gefrieren die Tropfen, wobei zuerst am Außenmantel eine Eisschicht entsteht, das Innere jedoch infolge der frei werdenden Schmelzwärme noch flüssig bleibt (etwa 0 °C). Der Eismantel besitzt wegen der Abkühlung an der kälteren Luft und dem kälteren Hagelkorn eine tiefere Temperatur. Es besteht somit im Eismantel des Tropfens ein Temperaturgefälle, das nun zur Ausbildung eines Gefälles der Konzentration von H^+- und OH^--Ionen führt. Solche (bewegliche) Ionen treten im Eis auf, wobei ihre Konzentration stark mit der Temperatur zunimmt. Da die Beweglichkeit der H^+-Ionen mindestens eine Ordnung größer ist als die der OH^--Ionen, diffundieren die positiven Träger im Gefälle schneller nach außen und der kältere Teil des gefrierenden Tropfens (außen) lädt sich positiv auf (*Thermoseparation* der Ladungen). Wenn schließlich auch das Innere des Tropfens gefriert, kommt es wegen der Ausdehnung des Kerns (vgl. *Anomalie* des Eises, Bd. 1) zu einem Druckanstieg und der Tropfen zerplatzt. Die Druckanstiege können dabei bis zu 100 Atmosphären betragen. Als Folge des Zerplatzens stößt der Tropfen eine Vielzahl kleiner Eissplitter aus, die positiv geladen sind. Die innere negative Ladung verbleibt am Hagelkorn. Letzteres fällt zur Wolkenbasis,

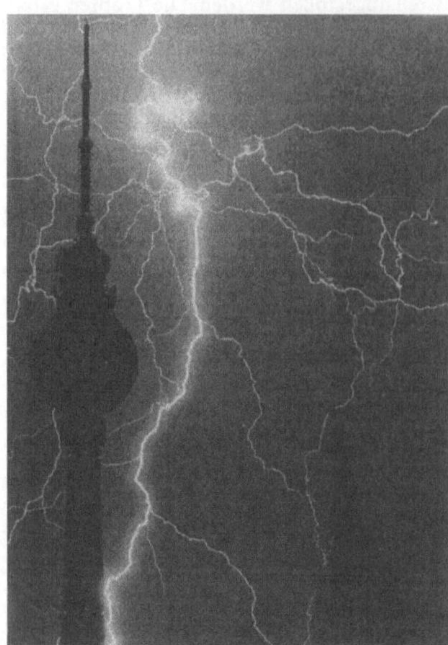

Abb. 8.19. Blitzaufnahme (nach ADN-ZB Winkler)

während die Eissplitter im herrschenden Aufwind nach oben gelangen. Durch diesen Prozeß, der die genügend zahlreich gebildeten primären Ladungen großräumig trennt, wird ein Gewittergenerator mit der in der Natur beobachteten Polung aufgebaut. Abschätzungen zeigten, daß der Prozeß auch genügend ergiebig ist. Die Gesamtladung einer Gewitterzelle (neben der Dipolladung in Abb. 8.18 liegt der größte Teil in gemischter Form vor) kann z. B. mit 1000 C angesetzt werden. Die Ladung verteilt sich auf ein Volumen von rund 50 km^3 und muß in etwa 20 Minuten erzeugt werden. Das ist die Zeit zwischen dem ersten Auftreten von Hagel (der über Radar-Beobachtungen festgestellt werden kann) und dem Zeitpunkt der „Betriebsbereitschaft" des Gewitters, die sich in den ersten Blitzentladungen kundtut. Diese Zahlen erfordern für den Elektrisierungsprozeß des Gewitters eine Ergiebigkeit von größenordnungsmäßig 1 C/km^3 min, die (im Gegensatz zu vielen anderen Effekten) bei der genannten Thermoseparation erreichbar scheint.

Der Blitz. Die am häufigsten vorkommende Form der atmosphärisch-elektrischen Entladung ist der *Linienblitz* (Abb. 8.19). Der Donner ist die durch die Blitzentladung verursachte akustische Erscheinung. Dem eigentlichen Donner eilt eine Explosionswelle mit Überschallgeschwindigkeit voraus, deren Energie schnell abklingt. Nur ein Teil der Gesamtenergie des Donners liegt innerhalb des Hörbereiches.

Die Zahl der Blitze kann bei heftigsten Tropengewittern bis zu einigen Tausend in der Stunde betragen. Die Blitzlänge beträgt im Mittel 2 bis 3 km, die längsten beobachteten Blitze können sich über etwa 50 km erstrecken. Die Dicke des fertig ausgebildeten Entladungskanals beträgt im allgemeinen kaum mehr als 10 bis 20 cm. Die Stromstärke in einem Blitz beläuft sich in der Regel auf einige tausend bis etwa 20000 A; die größten Stromstärken dürften 100000 A selten überschreiten. Man erschließt sie aus dem remanenten Magnetismus von Gesteinen, in deren Nähe die Blitze niedergegangen sind. Die Zeitdauer und die Struktur der Blitze kann man erforschen durch fotografische Momentaufnahmen, am besten mit einer rasch rotierenden Kamera. Die Dauer eines Blitzes hat man so zu 10 bis 100millionstel Sekunden festgestellt. Wegen dieser kurzen eigentlichen Entladungszeit sind trotz der großen Stromstärken und der ungeheuren Spannungen – bis etwa 500 MV – die übergehenden Elektrizitätsmengen nur verhältnismäßig gering; sie betragen im Durchschnitt 10 bis 20 C. Die Stromrichtung – Flußrichtung der positiven Ladung – ist häufiger von der Erde zur Wolke als umgekehrt gerichtet.

Die Blitze sind keine einfachen, glatt durchgehenden Funkenüberschläge, sondern sehr komplizierte Entladungsgebilde. Charakteristisch für sie ist die stufenweise Ausbildung des Entladungskanals, in dem dann meist mehrfach hintereinander (in etwa 10^{-4} bis 10^{-2} s Abstand mit Geschwindigkeiten von etwa 10^5 m/s) die Hauptentladung erfolgt. Der Vorgang ähnelt den sog. Gleitentladungen auf der Oberfläche von Isolatoren.

Gelegentlich, allerdings sehr selten, treten im Gefolge schwerer Gewitter kugel- oder eiförmige, meist rot gefärbte Lichterscheinungen auf, deren Durchmesser meist etwa 25 cm beträgt, aber auch als von der Größe einer Haselnuß bis hinauf zu Metern angegeben wird, die *Kugelblitze*. Sie bewegen sich mit einer Lebensdauer von Bruchteilen von Sekunden bis einigen Minuten und verschwinden häufig mit einem Knall explosionsartig. Die Geschwindigkeit ist im Freien von der Größenordnung 10 bis 100 m/s, in geschlossenen Räumen viel kleiner, meist einige m/s.

Über den Entstehungsmechanismus der Kugelblitze gibt es keine einheitlichen Auffassungen. Wiederholt wurde ihre Existenz überhaupt in Frage gestellt und das Phänomen als eine Art Blendungseffekt gedeutet.

---

9. Leitung des elektrischen Stromes im Hochvakuum

9.1. Erzeugung von freien Elektronen

Hochvakuum. Ein Gefäß wird mit Hilfe einer Pumpe so weit evakuiert, daß im Inneren ein Druck unterhalb 0,1 Pa (etwa 10^{-3} Torr) herrscht. Man spricht in dem Fall von einem Hochvakuum. Mit modernen Hochvakuumpumpen lassen sich leicht Drücke von 10^{-4} Pa (etwa 10^{-6} Torr) erreichen. Gaskinetisch gesehen heißt das: Von den $2{,}7 \cdot 10^{19}$ Molekülen pro cm^3 bei normalem Luftdruck 10^5 Pa (760 Torr) verbleiben bei 10^{-4} Pa nur noch rund 10^{10} Moleküle pro cm^3 in dem Gasraum. Dies ist noch immer eine sehr große Zahl. Die mittlere freie Weglänge (die zwischen zwei Zusammenstößen frei durchlaufene Strecke) beträgt bei normalem Druck etwa 10^{-7} m. Sie ist umgekehrt proportional der Teilchendichte. Bei 0,1 Pa liegt sie bei 10 cm und wächst bei 10^{-4} Pa auf rund 100 m an. Sie ist im allgemeinen groß gegenüber den Abmessungen der Vakuumgefäße. Die Gasmoleküle werden also nur noch gegen die Gefäßwände stoßen. Zusammenstöße der Moleküle untereinander kommen praktisch nicht vor. Folglich kann man auch das Gas nicht mit Hilfe der in Abschn. 8.1.1 besprochenen Möglichkeiten ionisieren. Es existieren in dem Gefäß keine Ladungsträger. Das Hochvakuum stellt einen nahezu vollständigen Isolator dar. Will man dennoch einen Stromfluß einleiten, bleibt nur der Weg, über die eingebauten Elektroden Ladungsträger in das Hochvakuum hineinzubringen. Die Möglichkeiten hierzu sollen im folgenden besprochen werden.

9.1.1. Lichtelektrischer Effekt

Legt man an die Elektroden der Röhre der Abb. 9.1 eine Spannung an (etwa 200 V) und belichtet eine der Elektroden mit ultraviolettem Licht, so beobachtet man am Galvanometer einen Ausschlag, wenn die belichtete Elektrode als Katode geschaltet ist. (Da das ultraviolette Licht Glas nicht zu durchdringen vermag, ist ein Quarzfenster F eingebaut.) Wird die belichtete Elektrode als Anode geschaltet, fließt kein Strom. Wir schlußfolgern hieraus, daß durch das ultraviolette Licht negative Ladungsträger aus der Katode ausgelöst werden. Da dieser Vorgang nicht mit einem Stofftransport verbunden ist, müssen es Elektronen sein (*lichtelektrischer Effekt*). Sie werden durch die angelegte Spannung

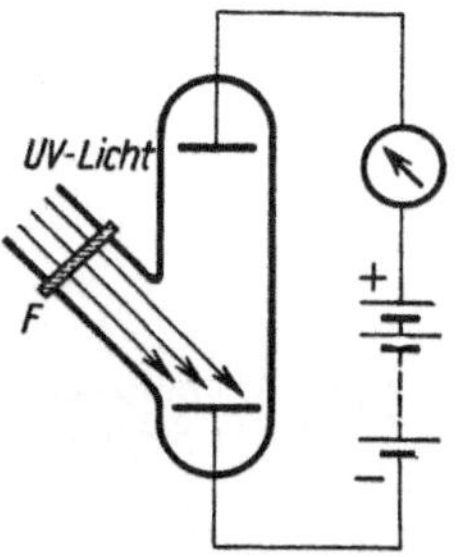

Abb. 9.1. Elektronenbefreiung durch ultraviolettes Licht. *F* Quarzfenster

zur Anode beschleunigt und führen auf diese Weise den Ladungstransport durch. Bringt man eine Glasplatte in den Strahlengang, dann mißlingt der Versuch.

Historisch gesehen wurde der erste Versuch zum lichtelektrischen Effekt von HALLWACHS bei normalem Luftdruck durchgeführt. Zur Demonstration seines Experimentes setzt man eine (frisch geschmirgelte) Zinkplatte auf ein Elektrometer und lädt die Platte (mit einem geriebenen Glas- oder Hartgummistab) auf, so daß das Elektrometer einen Ausschlag zeigt (Abb. 9.2). Wird

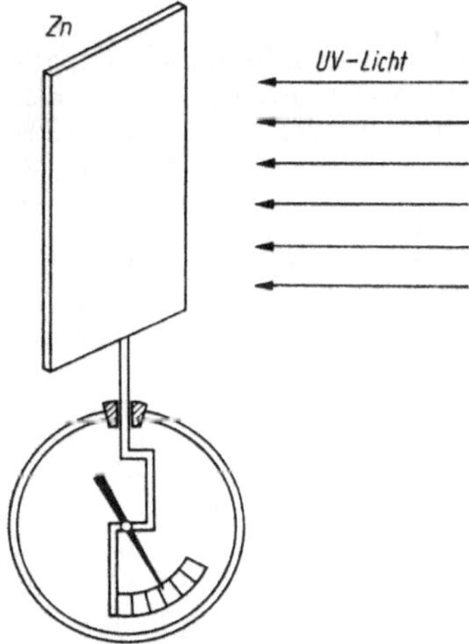

Abb. 9.2. Lichtelektrische Elektronenbefreiung aus Zink

nun die Platte mit ultraviolettem Licht bestrahlt, dann wird sie bei negativer Aufladung entladen, während sie bei positiver Aufladung unverändert

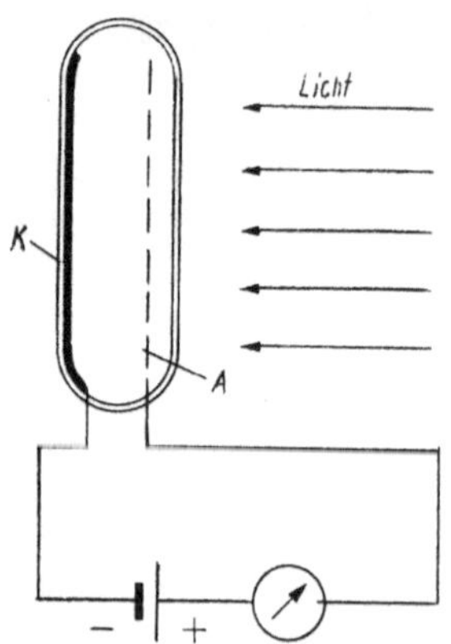

Abb. 9.3. Fotozelle.
K Katode; *A* Anode

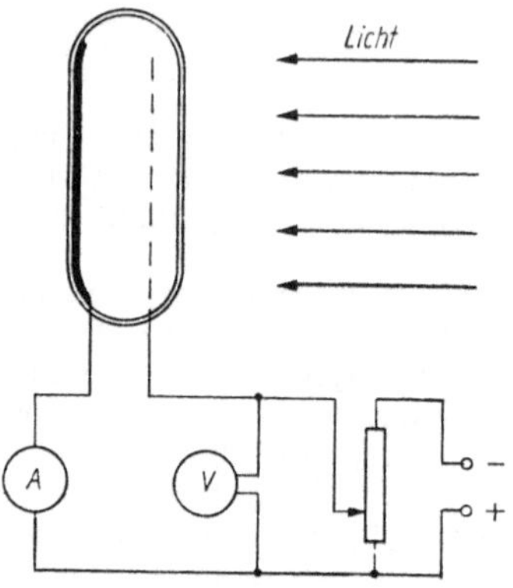

Abb. 9.4. Fotozelle mit Gegenspannung

bleibt. Demnach müssen auch bei diesem Experiment die emittierten Ladungsträger negatives Vorzeichen besitzen. Es werden also durch die Bestrahlung Elektronen aus dem Metall ausgelöst. Der Versuch mißlingt ebenfalls, wenn man eine Glasplatte in den Strahlengang hält. (Wurde die Zinkplatte mit einem geriebenen Glasstab positiv aufgeladen, dann müßte sie eigentlich durch die Bestrahlung noch positiver werden. Die positive Platte zieht jedoch emittierte Elektronen wieder zurück und verhindert somit die Emission.)

Fotozelle. Die besprochenen Experimente zeigen, daß einige Metalle (z. B. Zink) Elektronen emittieren, wenn sie mit ultraviolettem Licht bestrahlt werden. Bei Bestrahlung mit sichtbarem Licht tritt keine Emission ein. Eine Erhöhung der Intensität des sichtbaren Lichtes bringt ebenfalls keine Änderung. Verwendet man dagegen Alkalimetalle als Katodenmaterial, dann tritt auch durch Bestrahlung mit sichtbarem Licht eine Elektronenemission ein. Abb. 9.3 zeigt eine nach diesem Prinzip arbeitende Fotozelle. Ein evakuierter Glaskolben ist an der Innenseite mit einer dünnen

Silberschicht bedampft, auf die eine Schicht von Kalium oder Cäsium (einige Atomlagen dick) aufgebracht wird (Katode). Gegenüber dieser Elektrode befindet sich die Anode, die als weitmaschiges Metallnetz ausgebildet ist. Wird die Fotozelle entsprechend Abb. 9.3 mit einer Stromquelle und einem Meßinstrument verbunden und mit sichtbarem Licht bestrahlt, dann werden Elektronen aus der Katode ausgelöst. Es bildet sich ein Stromfluß aus, der der Lichtstärke proportional ist. Somit kann die Fotozelle zur *Messung der Lichtstärke* benutzt werden.

Der Emissionsmechanismus. Um den Emissionsvorgang genauer zu untersuchen, legen wir entsprechend Abb. 9.4 eine regelbare Gegenspannung an die Fotozelle. *A* ist ein sehr empfindliches Galvanometer. Zunächst ist das Potentiometer so eingeregelt, daß die Gegenspannung Null anliegt (Schieber des Potentiometers nach unten). Bestrahlen wir die Zelle mit weißem Licht, dann zeigt das Galvanometer einen Ausschlag. Die lichtempfindliche Schicht emittiert Elektronen, die zur netzartigen Elektrode gelangen und durch das Instrument *A* als Strom nachgewiesen werden.

Wir wandeln das Experiment ab und bringen eine rote Filterglasscheibe in den Strahlengang. Die Emission ist unterbrochen. Intensitätserhöhung (z. B. durch Verringerung des Abstandes der Lichtquelle) ändert diesen Zustand nicht. Ersetzen wir die rote Filterglasscheibe durch eine gelbe, dann werden Elektronen emittiert. Das Instrument zeigt einen Strom an. Nun regeln wir mit Hilfe des Potentiometers die Gegenspannung bei Null beginnend allmählich höher. Der Strom wird kleiner. Wir messen eine bestimmte Spannung U_v, bei der er gerade Null ist. Offensichtlich werden die Elektronen mit einer bestimmten Geschwindigkeit aus der bestrahlten Metallfläche emittiert. Bei der Gegenspannung U_v wird diese Geschwindigkeit gerade kompensiert. Erhöhen wir die Intensität des gelben Lichtes, dann wird bei der Spannung Null ein höherer Strom angezeigt. Die benötigte Gegenspannung zur Kompensation des Stromes ist jedoch auch bei der höheren Lichtintensität die gleiche wie zuvor. Ersetzen wir das gelbe Filter durch ein grünes oder blaues, dann wiederholt sich die gleiche Beobachtung wie mit dem gelben Filter. Es wächst jedoch zum grünen und schließlich zum blauen Licht hin die benötigte Kompensationsspannung U_v. Es werden also bei Bestrahlung mit grünem und mit blauem Licht die Elektronen mit einer höheren Geschwindigkeit emittiert als mit gelbem Licht.

Teilchennatur des Lichtes. Die Erklärung der betrachteten lichtelektrischen Erscheinungen mit Hilfe der Wellennatur des Lichtes ist nicht möglich. Vom Standpunkt der Wellennatur aus müßte

---

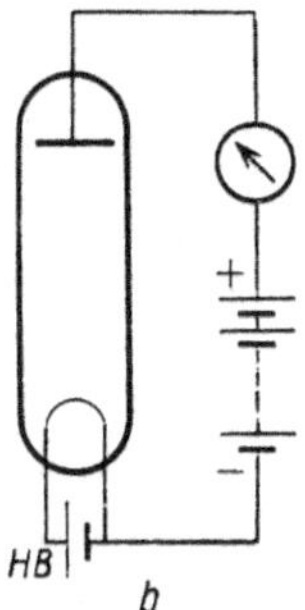

Abb. 9.5. Glühkatodenröhre.
HB Heizbatterie

eine Erhöhung der Intensität des roten Lichtes schließlich zu einer Emission der Elektronen führen. Dem widerspricht jedoch das Experiment. Der lichtelektrische Effekt ist einer der Beweise, daß das Licht Welle und Teilchen zugleich ist. Man spricht von dem *Dualismus Welle – Korpuskel. Ausbreitungsvorgänge* lassen sich durch die Modellannahme von *Lichtwellen* beschreiben.

Wechselwirkungsprozesse des Lichtes mit Materie sind unter der Annahme von *Lichtteilchen* erklärbar (Bd. 3). In diesem Modellbild nimmt man an, daß das Licht aus einzelnen Lichtquanten besteht. Bei Licht der Frequenz v hat jedes Lichtquant eine Energie der Größe hv. Es ist $h = 6{,}6262 \cdot 10^{-34}$ Js das Plancksche Wirkungsquantum, eine Naturkonstante. Kommt es zur Wechselwirkung zwischen Licht der Frequenz v mit Materie, dann kann jeweils ein Lichtquant der Energie hv mit einem Elektron wechselwirken. Hierbei liefert die Energie hv die Ablösearbeit W_A von der Metalloberfläche. Die überschüssige Energie erteilt dem Elektron zusätzlich eine kinetische Energie $m_e v^2/2$. Es gilt somit die *Einsteinsche Gleichung*

$$hv = W_{\mathrm{A}} + \frac{m}{2}\, v^2. \tag{9.1}$$

Die Ablösearbeit W_A ist eine für jedes Metall charakteristische Größe. Die Elektronen der meisten Metalle haben eine recht große Ablösearbeit W_A. Daher gelingt bei ihnen die Ablösung nur mit energiereichem kurzwelligem (ultraviolettem) Licht. Im Bereich des sichtbaren Lichtes vermögen die Alkalimetalle Elektronen zu emittieren. Die Energie der Lichtquanten des roten Lichtes hv reicht allerdings noch nicht aus, um die benötigte Ablösearbeit Wv zu decken. Bei Bestrahlung mit rotem Licht werden noch keine Elektronen emittiert. Dies ist erst bei Bestrahlung mit gelbem, grünem und blauem Licht möglich. Entsprechend dem Energieüberschuß erhalten die Elektronen zusätzlich eine kinetische Energie. Wird dagegen

die Intensität des gelben Lichtes erhöht, dann werden in der gleichen Zeit mehr Elektronen emittiert. Ihre kinetische Energie ist jedoch unverändert die gleiche.

Es zeigt sich also, daß sich der lichtelektrische Effekt mit dem Teilchenbild des Lichtes sinnvoll erklären läßt. Er ist jedoch nicht der einzige Beweis für die Teilchennatur des Lichtes.

9.1.2. Glühelektrischer Effekt

Eine evakuierte Röhre enthält zwei Elektroden von denen die eine, die Katode, als dünner Wolframdraht ausgebildet ist. Der Katodendraht wird mit Hilfe einer Stromquelle (z. B. Akkumulator) zum Glühen gebracht (2000 K bis 3000 K). Legt man zwischen Katode und Anode eine Spannung an (Abb. 9.5), dann zeigt das Instrument einen Stromfluß. Schalten wir dagegen den glühenden Draht als Anode, dann fließt kein Strom. Durch das Glühen werden offensichtlich Ladungsträger aus dem Draht ausgelöst, die negatives Vorzeichen besitzen. Es werden Elektronen emittiert. Eine solche Röhre (Diode) hat also Ventilwirkung: *Glühkatodengleichrichter* (s. auch Abschn. 9.4.1).

Man kann den Elektronenaustritt mit dem Verdampfungsprozeß einer Flüssigkeit vergleichen. Die Elektronen befinden sich als „Elektronengas" in dem Metalldraht (Bd. 4). Sie sind frei beweglich und nehmen an der Wärmebewegung der Metallatome teil. Da bei Zimmertemperatur jedoch ihre kinetische Energie kleiner ist als die zum Verlassen der Metalloberfläche benötigte Ablösearbeit, können sie nicht emittiert werden. Durch das Aufheizen des Drahtes steigt ihre kinetische Energie, so daß sie aus dem Draht „verdampft" werden. Die Zahl der freigesetzten Elektronen hängt stark von der Temperatur ab. Nach der *Richardsonschen Gleichung* gilt für die Stromdichte

$$j = AT^2\, \mathrm{e}^{-\frac{W_{\mathrm{A}}}{kT}}. \tag{9.2}$$

Die Richardsonkonstante A und die Ablösearbeit W_A sind zwei für jedes Metall charakteristische Größen.

Für die Konstante W_A in obiger Gleichung haben die Messungen folgende Werte in eV ergeben: Cs 1,8; Ba 2,1; Th 3,35; Nb 3,5; Ta 4,2; W 4,31 bis 4,57; Mo 4,38; Pt 6,2; Oxidkatoden: Ba 0,99 bis 1,85; Sr 1,27 bis 2,15; Ca 1,77 bis 2,50. Wie diese Übersicht zeigt, sind die Austrittswerte für die einzelnen Metalle sehr unterschiedlich. Zudem ist die Austrittsarbeit auch sehr stark von absorbierten Fremdatomen abhängig. Sie steigt z. B. bei W durch eine Sauerstoffschicht stark an (bis zu 9,2 eV), wird aber durch Alkali- oder Thoriumschichten stark herabgesetzt (bis zu 1,7 eV).
Bei der Ableitung der Richardsonschen Gleichung auf dem oben angedeuteten Wege wird die durch die Erfahrung gesicherte Tatsache benutzt, daß die Elektronen keinen Beitrag zur spezifischen Wärme des Metalls besitzen. Dieser müßte nach dem Gleichverteilungssatz der Energie (Bd. 1) vorhanden sein, verhielte sich das Elektro-

---

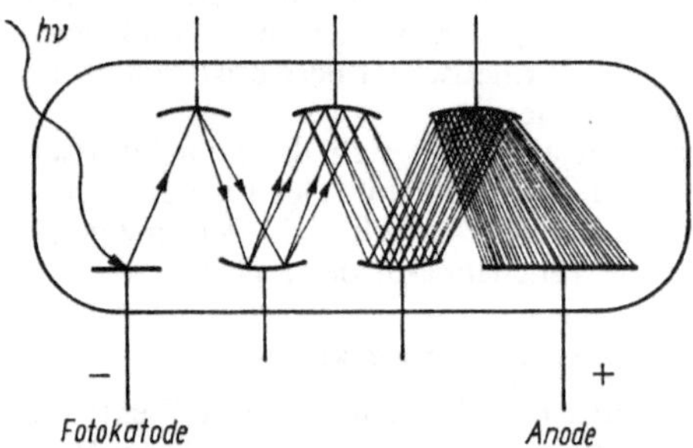

Abb. 9.6. Sekundär-Elektronen-Vervielfacher mit Fotokatode

nengas wie ein gewöhnliches Gas bei mittleren und hohen Temperaturen. Das Elektronengas kann daher nicht den idealen Gasgesetzen gehorchen: Es ist bereits bei mittleren Temperaturen stark *entartet*, wie das gewöhnliche Gase erst in der Nähe des absoluten Nullpunktes sind. Hiermit hängt zusammen, daß der Energieinhalt des Elektronengases unabhängig von der Temperatur ist, und weiterhin, daß das Elektronengas auch am absoluten Nullpunkt noch eine sehr beträchtliche *Nullpunktsenergie* besitzt. Aus dem 3. Hauptsatz (Bd. 1) läßt sich errechnen, daß erst bei Temperaturen von etwa 20000 °C ein Einfluß der Temperatur auf das Elektronengas bemerkbar wäre.

Nach diesen Vorstellungen muß durch die (infolge der statistischen Geschwindigkeitsschwankungen) zeitlich regellose Emission der einzelnen Elektronen auch eine statistische Schwankung der Stromstärke des Emissionsstromes erfolgen. Eine solche ist auch tatsächlich mit geeigneten Mitteln nachweisbar (*Schroteffekt* von SCHOTTKY). Hierdurch wird der Verstärkung sehr schwacher Ströme eine natürliche Grenze gesetzt. Bei Glühkatoden mit nicht völlig einheitlichen Oberflächen, insbesondere bei Oxidkatoden, ist die Beschaffenheit der obersten emittierenden Schicht ständigen Veränderungen unterworfen. Damit ändert sich auch die Austrittsarbeit, was naturgemäß unregelmäßige Schwankungen des Emissionsstromes bedingt (*Funkeleffekt*).

Das durch den Funkeleffekt bedingte „Röhrenrauschen" macht sich besonders bei niederen Frequenzen (unterhalb 1 kHz) bemerkbar und ist dort erheblich strärker als das durch den Schroteffekt bedingte Rauschen (s. Bd. 4).

9.1.3. Sekundärelektronenemission

Fallen energiereiche Elektronen auf eine Metallplatte, dann können sie ihrerseits Elektronen auslösen. Hierbei überträgt sich die kinetische Energie der stoßenden Elektronen auf die getroffenen des Metalls, so daß sie eine zur Ablösung genügend hohe Geschwindigkeit erhalten. Durch geeignete Wahl der Geschwindigkeit der einfallenden *Primärelektronen* kann man erreichen, daß die Zahl der ausgelösten *Sekundärelektronen* die der Primärelektronen um ein mehrfaches übersteigt. Es kommt zu einer *Elektronenvervielfachung*.

Im *Sekundär-Elektronen-Vervielfacher (SEV)* sind entsprechend Abb. 9.6 mehrere Metallflächen (*Dynoden*) in einem Vakuumkolben eingebaut. Die einzelnen Dynoden sind mit einem Spannungsteiler verbunden, der zwischen der negati-

ven Fotokatode und der positiven Anode liegt, so daß von der Katode zur Anode jeweils die folgende Dynode ein positiveres Potential hat als die vorhergehende. Im Betrieb werden die primär ausgelösten Fotoelektronen zum ersten Dynode beschleunigt. Sie schlagen dort auf und lösen Sekundärelektronen aus. Diese Elektronen werden zur zweiten Dynode beschleunigt und lösen dort ihrerseits Sekundärelektronen aus. Der Vorgang wiederholt sich an jeder weiteren Dynode. Da jeweils die Zahl der ausgelösten Sekundärelektronen die der Primärelektronen um ein mehrfaches übersteigt, kommt es zu einer Elektronenvervielfachung. Mit einem derartigen SEV erreicht man eine bis 10^{10}fache Verstärkung. Da die Ladungsmenge von 10^{10} Elektronen bereits ausreicht, um elektronisch angezeigt zu werden, kann man folglich mit einem derartigen SEV einzelne Elektronen nachweisen.

Will man experimentell die Gesamtladung der Elektronen eines Elektronenstrahls bestimmen, dann muß man vermeiden, daß die Messung durch die Emission von Sekundärelektronen verfälscht wird. Zu diesem Zweck fängt man die Elektronen in einem Becher (*Faraday-Käfig*) auf (PERRIN).

9.1.4. Feldemission

Erzeugt man in einem Vakuumkolben an der Katode ein starkes elektrisches Feld, dann erreicht man ebenfalls einen Austritt der Elektronen aus der Metalloberfläche (Tunneleffekt, Bd. 4). Zur Herstellung möglichst großer elektrischer Feldstärken bildet man die Katode als dünne Spitze aus. Die Spitze können wir als Halbkugel mit sehr kleinem Radius (etwa 10^{-3} mm) ansehen. Die Anode ist ein Metallbelag (oftmals SnO_2), der großflächig gegenüber der Katode aufgedampft wurde und zugleich als Leuchtschirm dient (Abb. 9.7). Legt man zwischen Katode und Anode eine Spannung in der Größenordnung von 10^3 V, dann erreicht man in unmittelbarer Nähe der Katode (wegen des kleinen Krümmungsradius) eine Feldstärke von etwa 10^9 bis 10^{10} V/m. Bei dieser hohen Feldstärke werden die Elektronen aus der Katode herausgelöst (*Feldemission*, s. Bd. 4). Sie werden normal zu den Äquipotentialflächen beschleunigt und gelangen zur Anode (Leuchtschirm). (Weiteres s. Abschn. 9.4.5.)

9.2. Bewegung der Ladungsträger

Bewegen sich Elektronen in einem Metall (Abschn. 3.5.2) oder in einem Gasraum (Abschn. 8.1.3) oder bewegen sich Ionen in einem Elektrolyten (Abschn. 7.3), wirkt auf die Ladungsträger

---

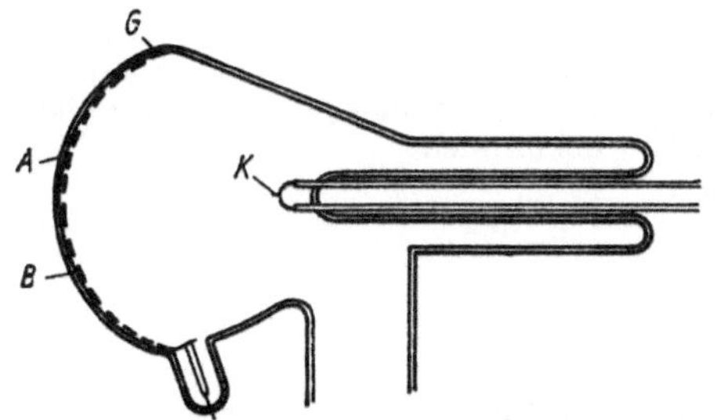

Abb. 9.7. Zur Feldemission (Feldelektronenmikroskop). *K* Katodenspitze mit Ausheizdraht; *A* Anode (SnO_2-Schicht); *B* Bildschirm; *G* Glanzgoldstreifen

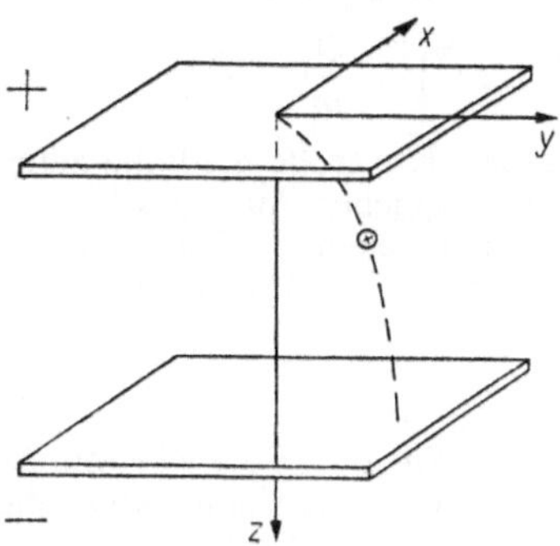

Abb. 9.8. Ladungsträger im homogenen elektrischen Feld

durch das umgebende Medium ein Reibungswiderstand. Die Reibungskraft ist hierbei proportional der Geschwindigkeit. In einem konstanten elektrischen Feld erreichen die Ladungsträger daher nach einem Anlaufvorgang konstante Geschwindigkeit.

Werden dagegen Ladungsträger (z. B. Elektronen) im Vakuum bewegt, dann existiert wegen des fehlenden Mediums kein Reibungswiderstand. Im folgenden soll diese Bewegung genauer untersucht werden. Wir beziehen uns bei den Betrachtungen allgemein auf Ladungsträger der Ladung Q. Bei experimentellen Untersuchungen wird man jedoch in den meisten Fällen mit bewegten Elektronen arbeiten.

9.2.1. Bewegung im homogenen elektrischen Feld

Allgemeine Bewegungsgleichung. Befindet sich die Ladung Q in einem elektrischen Feld E, dann wirkt auf sie die Kraft (Abschn. 2.2.3)

$$F = QE.$$

Wird die Ladung durch die Kraft in Bewegung versetzt, gilt (im Vakuum)

$$m\ddot{r} = QE. \tag{9.3}$$

m ist die Masse der Ladungsträger. Die Schwerkraft werde vernachlässigt. In Komponenten dar-

gestellt, ergibt sich aus (9.3)

$$m\ddot{x} = QE_x,$$
$$m\ddot{y} = QE_y, \tag{9.4}$$
$$m\ddot{z} = QE_z.$$

Wir wollen die Bewegung der Ladung Q in einem homogenen elektrischen Feld betrachten. Das homogene Feld soll durch einen geladenen Plattenkondensator hergestellt werden. Nach Abb. 9.8 habe es die Richtung der z-Achse. Dann vereinfacht sich (9.4) wegen $E_x = E_y = 0$ zu

$$\ddot{x} = 0,$$
$$\ddot{y} = 0, \tag{9.5}$$
$$\ddot{z} = \frac{Q}{m} E_z = \frac{Q}{m} E = \text{const}.$$

Durch zweimalige Integration erhält man hieraus die Komponenten der Geschwindigkeit und schließlich die Koordinaten des Weges als Funktion der Zeit:

$$\dot{x} = v_{x0},$$
$$\dot{y} = v_{y0},$$
$$\dot{z} = \frac{Q}{m} Et + v_{z0}$$

und

$$x = v_{x0}t + x_0,$$
$$y = v_{y0}t + y_0, \tag{9.6}$$
$$z = \frac{Q}{m} Et^2 + v_{z0}t + z_0.$$

Hierin sind v_{x0}, v_{y0}, v_{z0} die Komponenten der Anfangsgeschwindigkeit und x_0, y_0, z_0 die Anfangslage (Geschwindigkeit und Ort zur Zeit $t = 0$). (9.6) hat den gleichen Aufbau wie die Gleichungen, die die Bewegung einer Masse im konstanten Schwerefeld der Erde beschreiben (Bd. 1). Die Bewegungskurve ist eine *Parabel*. Sie entspricht der Wurfparabel im luftleeren Raum.

Anfangsgeschwindigkeit Null. Wird speziell die Bewegung einer Ladung Q betrachtet, die im Koordinatenursprung der Abb. 9.8 mit der Anfangsgeschwindigkeit Null beginnt, dann sind in (9.6) $x_0 = y_0 = z_0 = 0$ und $v_{x0} = v_{y0} = v_{z0} = 0$. Man erhält somit

$$x = 0,$$
$$y = 0,$$
$$z = \frac{1}{2} \frac{Q}{m} Et^2.$$

Die Bewegung erfolgt entlang der z-Achse. Das Weg-Zeit-Gesetz entspricht dem des freien Falls einer Masse im luftleeren Raum. Hieran ändert sich nichts, wenn die Ladung eine Anfangsgeschwindigkeit in Richtung der z-Achse besitzt.

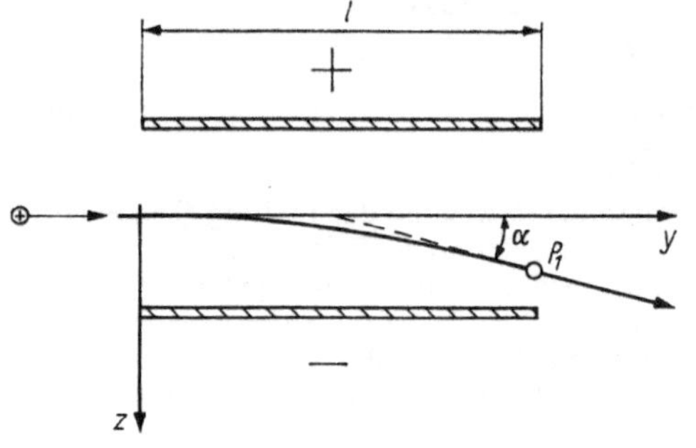

Abb. 9.9. Ablenkung im homogenen elektrischen Feld

Anfangsgeschwindigkeit senkrecht zum elektrischen Feld. Wird im Sonderfall entsprechend Abb. 9.9 die Ladung Q parallel zu den Platten eines Plattenkondensators eingeschossen (in Richtung der y-Achse), dann wird in (9.6) $v_{y0} = v_0 = $ const und $v_{x0} = v_{z0} = 0$. Nach Abb. 9.9 ist außerdem $x_0 = y_0 = z_0 = 0$. Es gilt somit

$$x = 0,$$
$$y = v_0 t, \tag{9.7}$$
$$z = \frac{1}{2} \frac{Q}{m} E t^2 .$$

Die Bewegung verläuft nur in der y,z-Ebene. Wir eliminieren t und erhalten

$$z = \frac{1}{2} \frac{QE}{mv_0^2} y^2 . \tag{9.8}$$

Es ist dies die Gleichung einer *Parabel*, deren Scheitelpunkt im Koordinatenursprung liegt. Sie entspricht der Bewegungskurve des horizontalen Wurfs im Schwerefeld der Erde.

Von Interesse ist die Frage: Wie groß ist der Ablenkwinkel α von der ursprünglichen Richtung, wenn ein Kondensator der Länge l durchlaufen wird? (Randeffekte seien hierbei vernachlässigt.) Nach Durchlaufen des Kondensators hat die Ladung Q den Punkt $P_1(y_1, z_1)$ erreicht. Es gilt mit $y_1 = l$ nach (9.8)

$$z_1 = \frac{1}{2} \frac{QE}{mv_0^2} l^2 .$$

Der Ablenkwinkel α ist der Winkel zwischen ursprünglicher Bewegungsrichtung und Bahntangente in P_1. Also wird aus (9.8)

$$\tan \alpha = \left. \frac{\mathrm{d}z}{\mathrm{d}y} \right|_{y=l} = \left. \frac{QE}{mv_0^2} y \right|_{y=l} = \frac{QE}{mv_0^2} l .$$

Der Tangens des Ablenkwinkels ist proportional der Länge des durchlaufenen Kondensators und proportional der elektrischen Feldstärke.

Energieerhaltungssatz. Die Energie der Ladungsträger erhalten wir, wenn die drei Gleichungen (9.5) jeweils mit $\dot{x}$, $\dot{y}$, $\dot{z}$ multipliziert und addiert werden. Wir bekommen

$$\ddot{x}\dot{x} = 0,$$
$$\ddot{y}\dot{y} = 0,$$
$$\ddot{z}\dot{z} = \frac{Q}{m} E\dot{z} .$$

Die Addition ergibt

$$\ddot{x}\dot{x} + \ddot{y}\dot{y} + \ddot{z}\dot{z} = \frac{Q}{m} E\dot{z} .$$

Die linke Seite läßt sich umformen zu

$$\frac{\mathrm{d}}{\mathrm{d}t} \left[\frac{1}{2} \left(\dot{x}^2 + \dot{y}^2 + \dot{z}^2 \right) \right] = \frac{Q}{m} E \frac{\mathrm{d}z}{\mathrm{d}t} .$$

(Differenziert man zur Kontrolle die linke Seite, erhält man den ursprünglichen Ausdruck.)
In der runden Klammer stehen die Komponenten des Quadrates der Geschwindigkeit. Es ist also

$$\frac{\mathrm{d}}{\mathrm{d}t} \left(\frac{v^2}{2} \right) = \frac{Q}{m} E \frac{\mathrm{d}z}{\mathrm{d}t} .$$

Nehmen wir an, daß für $z = 0$ die Anfangsgeschwindigkeit $v = v_0$ vorliegt, dann liefert die Integration

$$\frac{v^2}{2} - \frac{v_0^2}{2} = \frac{Q}{m} Ez .$$

Die umgesetzte Energie hängt nur von der durchlaufenen z-Koordinate ab. Dies ist selbstverständlich, da nur in dieser Richtung das elektrische Feld wirkt.
Im homogenen Feld gilt (Abschn. 2.2.7)

$$Ez = U,$$

wobei U die durchlaufene Potentialdifferenz oder Spannung ist. Also erhalten wir umgeformt links die Differenz der kinetischen Energien

$$\frac{m}{2} v^2 - \frac{m}{2} v_0^2 = QU .$$

Ist zu Beginn der durchlaufenen Potentialdifferenz $v_0 = 0$, wird hieraus

$$\frac{m}{2} v^2 = QU .$$

U wird in diesem Fall *Beschleunigungsspannung* genannt.

Durchläuft die Ladung Q die Beschleunigungsspannung U, so hat sie die kinetische Energie erreicht

$$W_\mathrm{k} = \frac{m}{2} v^2 = QU . \tag{9.9}$$

Wir haben also die Möglichkeit, Ladungsträger in einem elektrischen Feld in Richtung der Feldlinien zu beschleunigen. Durchlaufen *Elektronen* die Beschleunigungsspannung U, so haben sie nach (9.9) die Geschwindigkeit

$$v = \sqrt{\frac{2e}{m_e}}\,\sqrt{U} \qquad\qquad (9.10)$$

erreicht.

Die Geschwindigkeit der Elektronen ist der Quadratwurzel aus der durchlaufenen Beschleunigungsspannung proportional.

Mit $e = 1{,}602 \cdot 10^{-19}$ A s und $m_e = 9{,}10955 \times 10^{-31}$ kg ergibt sich: Nach Durchlaufen einer Spannung von 1 V haben Elektronen eine Geschwindigkeit von 596 km/s, bei 10000 V rund 60000 km/s also $^1/_5$ Lichtgeschwindigkeit.
Wird eine noch höhere Spannung zur Beschleunigung verwendet, so daß sich die Geschwindigkeit der Elektronen schon merklich der Lichtgeschwindigkeit nähert, dann muß die relativistische Abhängigkeit der Elektronenmasse von der Geschwindigkeit berücksichtigt werden. Wie sehr genaue Messungen von A. BUCHERER (1908) und G. NEUMANN (1914) gezeigt haben, gilt folgende Abhängigkeit der Masse m von der Geschwindigkeit v (A. EINSTEIN, 1905):

$$m = \frac{m_0}{\sqrt{1 - \left(\dfrac{v}{c}\right)^2}}$$

(c Lichtgeschwindigkeit; m_0 Ruhmasse des Elektrons, also seine Masse bei sehr kleinen Geschwindigkeiten). Tab. 9.1 gibt einen Zusammenhang zwischen der durchlaufenen Spannung und der Geschwindigkeit der Elektronen. Außerdem ist der Einfluß der Massenveränderlichkeit mit eingetragen.
Da sehr viele Untersuchungen in der Physik mit beschleunigten Elektronen vorgenommen werden, hat man zum handlicheren Umgang mit den

Tabelle 9.1. Zusammenhang zwischen durchlaufener Spannung und Geschwindigkeit der Elektronen

Durchlaufene Spannung in V	Geschwindigkeit in km/s	$\dfrac{v}{c}$	$\dfrac{m}{m_0}$
0,01	59,5	—	1,000
0,1	$18{,}8 \cdot 10$	—	1,000
1	$59{,}5 \cdot 10$	—	1,000
10	$18{,}8 \cdot 10^2$	—	1,000
10^2	$59{,}5 \cdot 10^2$	0,02	1,000
10^3	$18{,}7 \cdot 10^3$	0,06	1,002
10^4	$58{,}5 \cdot 10^3$	0,2	1,020
10^5	$16{,}5 \cdot 10^4$	0,55	1,196
10^6	$28{,}3 \cdot 10^4$	0,95	2,960

hierbei umgesetzten Energien eine speziell auf Beschleunigung von Elementarladungen zugeschnittene Energieeinheit geschaffen. Durchlaufen Elektronen (Ladung e) die Spannung 1 Volt, so wird die Energie

1 eV (Elektronenvolt)

umgesetzt. Es ist

$$1\,\text{eV} = 1{,}602 \cdot 10^{-19}\ \text{Ws} = 1{,}602 \cdot 10^{-19}\ \text{J}.$$

9.2.2. Bewegung im homogenen magnetischen Feld

Bewegt sich die Ladung Q mit der Geschwindigkeit v durch ein Magnetfeld B, wirkt auf sie die Lorentz-Kraft (Abschn. 4.3.5)

$$\boldsymbol{F} = Q\boldsymbol{v} \times \boldsymbol{B}. \qquad\qquad (4.32)$$

Verlaufen v und B parallel, dann ist die Lorentz-Kraft Null. Sie hat den größten Wert, wenn v und B senkrecht aufeinander stehen. Die Kraft steht ihrerseits senkrecht auf v und auf B. Diesen zweiten Fall wollen wir näher untersuchen.
Aus Bd. 1 folgt, daß eine Punktmasse m, die eine konstante Geschwindigkeit besitzt und die von einer senkrecht zur Bewegungsrichtung wirkenden konstanten Kraft beeinflußt wird, eine Kreisbahn beschreibt. Die Kraft vermag an der Masse keine Arbeit zu leisten. Sie ändert ständig die Richtung der Geschwindigkeit, jedoch nicht ihren Betrag. Bei der Bewegung der Ladung Q senkrecht zum Magnetfeld B ist die Lorentz-Kraft die Radialkraft, die das Teilchen auf die Kreisbahn zwingt. Es gilt also

$$m\,\frac{v^2}{r} = QvB.$$

Für den Radius der durchlaufenen Kreisbahn erhält man somit

$$\frac{1}{r} = \frac{QB}{mv}. \qquad\qquad (9.11)$$

Hieraus läßt sich der Ablenkwinkel α eines Teilchens, das entsprechend Abb. 9.10 ein Magnetfeld B senkrecht zu den Feldlinien durchläuft, ermitteln. Wurde im Feld der Bogen b durchlaufen, dann gilt (Abb. 9.10) $\alpha = b/r$ und folglich mit (9.11)

$$\alpha = \frac{b}{r} = \frac{QBb}{mv}.$$

Wird ein geladenes Teilchen senkrecht zu den magnetischen Feldlinien eingeschossen, dann ist der Ablenkwinkel proportional dem im Feld durchlaufenen Bogen und proportional der magnetischen Induktion. Das Teilchen durchläuft eine Kreisbahn.

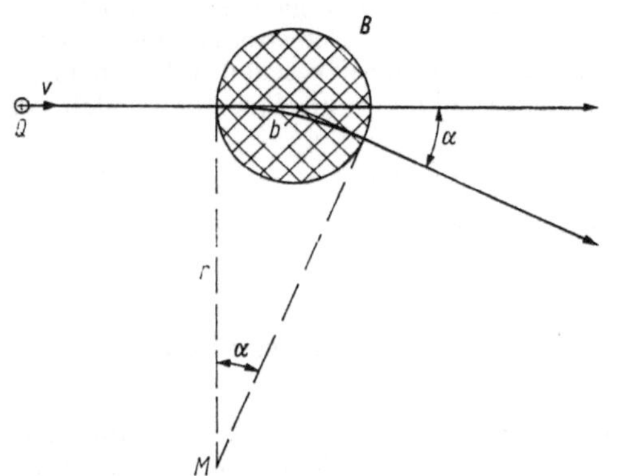

Abb. 9.10. Ablenkung im homogenen magnetischen Feld

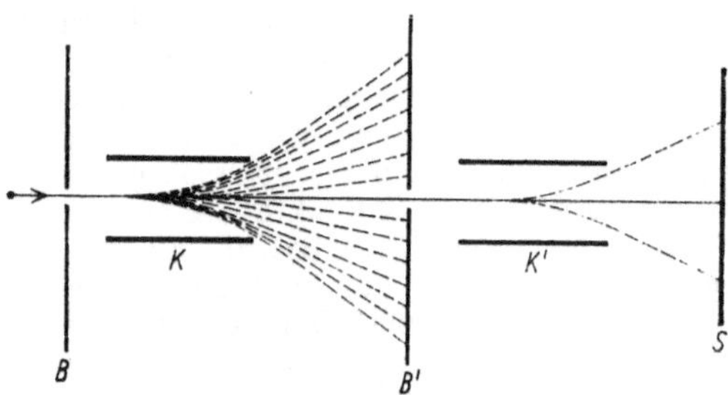

Abb. 9.11. Versuchsanordnung von KIRCHNER nach der Methode von DES COUDRES und WIECHERT zur Messung von Trägergeschwindigkeiten

Schießt man ein geladenes Teilchen in Richtung der Feldlinien in ein magnetisches Feld ein, behält das Teilchen seine ursprüngliche Bahn bei. Wird es unter beliebigem Winkel eingeschossen, beschreibt es eine Schraubenlinie. Unabhängig von der Bewegungsrichtung gilt

Im magnetischen Feld wird keine Arbeit an den Ladungsträgern verrichtet.

9.2.3. Bestimmung von e/m

Zur experimentellen Bestimmung der spezifischen Ladung e/m der Elektronen werden sie zunächst im elektrischen Feld beschleunigt und an-

Tabelle 9.2. Zusammenhang zwischen Elektronengeschwindigkeit und spezifischer Elektronenladung

v in m/s	e/m in C/kg
$1{,}10 \cdot 10^8$	$1{,}7 \cdot 10^{11}$
$1{,}50 \cdot 10^8$	$1{,}52 \cdot 10^{11}$
$2{,}36 \cdot 10^8$	$1{,}31 \cdot 10^{11}$
$2{,}48 \cdot 10^8$	$1{,}17 \cdot 10^{11}$
$2{,}59 \cdot 10^8$	$0{,}97 \cdot 10^{11}$
$2{,}72 \cdot 10^8$	$0{,}77 \cdot 10^{11}$
$2{,}83 \cdot 10^8$	$0{,}63 \cdot 10^{11}$

schließend im magnetischen Feld abgelenkt. Werden die Elektronen mit der Spannung U beschleunigt, haben sie nach (9.10) die Geschwindigkeit

$$v = \sqrt{\frac{2e}{m}}\,\sqrt{U}\,.$$

Gelangen sie mit dieser Geschwindigkeit in ein Magnetfeld B, so durchlaufen sie dort eine Kreisbahn mit der Krümmung (9.11)

$$\frac{1}{r} = \frac{eB}{mv}\,.$$

Hieraus ergibt sich

$$\frac{e}{m} = \frac{2U}{r^2 B^2}\,. \tag{9.12}$$

U, B und r kann man messen. Somit erhält man die spezifische Ladung eines Elektrons. Für nicht zu hohe Spannungen ergibt sich

$$1{,}7588 \cdot 10^{11} \text{ C/kg}.$$

Wegen der Abhängigkeit der Elektronenmasse von der Geschwindigkeit ist auch die spezifische Ladung geschwindigkeitsabhängig. Tab. 9.2 zeigt den Zusammenhang.

9.2.4. Bestimmung der Geschwindigkeit der Ladungsträger

Von grundsätzlicher Bedeutung ist eine Methode, die, ursprünglich von DES COUDRES angegeben, zuerst von WIECHERT (1899) erfolgreich zu einer unmittelbaren Geschwindigkeitsmessung angewandt wurde. Diese Methode beruht auf ähnlichen Grundsätzen, wie sie FIZEAU zur Messung der Lichtgeschwindigkeit benutzte (s. Bd. 3). Zur Vollkommenheit ausgebildet wurde das Verfahren 1931 von KIRCHNER (vgl. Abb. 9.11). Es gestattet, v sehr genau zu messen.

Ein glühelektrisch im Hochvakuum erzeugtes Trägerbündel wird durch ein elektrisches Längsfeld beschleunigt und tritt durch die Blende B in das Querfeld eines Plattenkondensators K, an dem eine hochfrequente Wechselspannung liegt. Da die Träger praktisch vollkommen trägheitslos reagieren, so pendelt der Strahl im Takte der Schwingung hin und her, und nur die Teilchen, die K während eines (im Mittel) feldfreien Zustandes durchlaufen, erfahren keine Ablenkung. Dieser Zentralstrahl wird nun durch eine zweite Blende B' ausgesondert und tritt in ein zweites Querfeld des Kondensators K', der mit der gleichen Schwingung gespeist wird. Die Träger werden nun auch dieses zweite Feld ohne Ablenkung durchlaufen, wenn die für den Weg $K - K'$ benötigte Zeit gleich der halben Schwingungsdauer oder einem ganzzahligen Vielfachen davon ist, sonst werden sie abwechselnd nach oben oder unten abgelenkt und erzeugen auf dem Schirm S zwei symmetrisch zur Mitte liegende Bilder des Strahls. Durch Veränderung der Frequenz der Wechselspannung an den Kondensatoren oder der Beschleunigungsspannung U kann man erreichen, daß sich beide Bilder zu einem scharfen Fleck zusammenziehen, und kann so unmittelbar auf die Geschwindigkeit der Träger schließen.

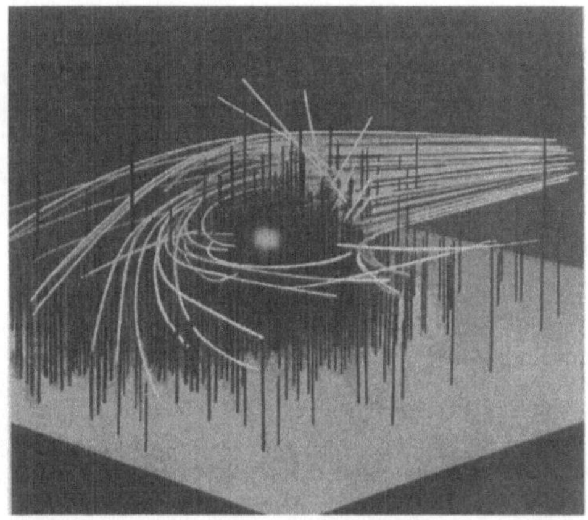
Abb. 9.12. Bahnen eines Schwarmes elektrischer Teilchen in der Nähe der Erde (nach STÖRMER)

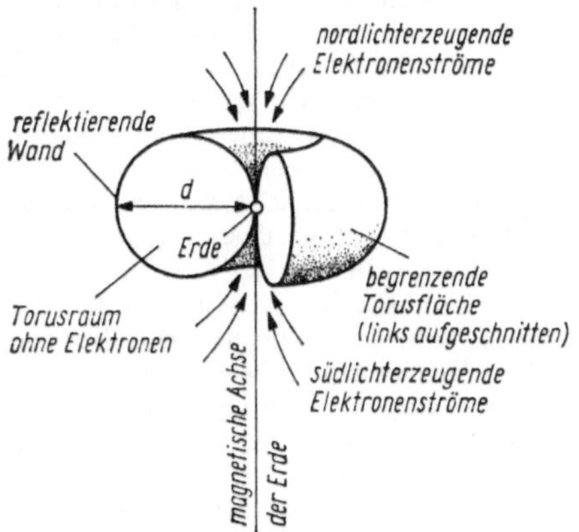

Abb. 9.13. Anordnung des elektronenfreien Ringwulstraumes und der leitenden Ringwulstfläche um die Erde (vereinfachter Ausschnitt aus Abb. 4.123)

9.2.5. Bahnen elektrischer Teilchen im magnetischen Erdfeld (Polarlicht)

In dem inhomogenen Feld eines magnetischen Dipols beschreiben elektrisch geladene Teilchen eigentümliche Bahnen; sie sind für das Verständnis der elektrischen und magnetischen Erscheinungen auf der Erde (Ionosphäre, Polarlichter usw.) von großer Bedeutung.
Die Berechnung der Bahnen (STÖRMER, Abb. 9.12) und Modellversuche (BIRKELAND, BRÜCHE) zeigen, daß nicht alle geladenen, aus dem Weltraum kommenden Teilchen die Erde erreichen, sondern nur solche von außerordentlich großer Energie (10^9 bis 10^{10} eV).
Ist ihre Geschwindigkeit kleiner, so gilt – z. B. für die Elektronen, die von der Sonne ausgehen –, daß die Teilchen die Erde nur in zwei schmalen Bändern treffen, die die magnetischen Pole der Erde in Breitenkreisen umgeben. Für Teilchen

einheitlicher Geschwindigkeit erhält man so die in Abb. 9.13 dargestellte Verteilung. Die Erde ist von einem elektronenfreien Ringwulst (sog. Torus) umgeben, dessen hohlspiegelartig wirkende, von einer großen Anzahl z. T. periodisch laufender Elektronen gebildete Wände in etwa $1\,^1/_2$facher Mondentfernung für die bei elektrischen Wellen beobachteten Echos mit mehreren Sekunden Laufzeit maßgebend sein könnten.

Es ist kein Zweifel, daß wir es bei den Polarlichtern mit Leuchterscheinungen (Abb. 9.14) zu tun haben, die durch das Eindringen dieser magnetisch gesteuerten Korpuskeln in die irdische Atmosphäre hervorgerufen werden. Außerdem spielen die Ströme im Ringwulst, die hauptsächlich in einem dem Äquator parallelen Ring fließen, eine wesentliche Rolle. Ihr Magnetfeld kann, wenn bei starker Teilchenausschleuderung der Sonne die Ströme sehr stark werden, das Vordringen der Polarlichter zu niederen Breiten (bis zu den Tropen) bewirken (s. Abschn. 4.6).

9.3. Eigenschaften und Wirkungen von Teilchenstrahlen

9.3.1. Katodenstrahlen

Erzeugung. Die ersten Untersuchungen hierzu wurden in Gasentladungsröhren vorgenommen, deren Druck durch langsames Auspumpen noch weiter erniedrigt wurde. In Abschn. 8.2.1 haben wir Aufbau und Wirkungsweise einer Glimmentladung kennengelernt. Verringert man in einem derartigen Entladungsrohr den Druck unter 100 Pa (etwa 1 Torr), dann vergrößern sich die katodenseitigen Dunkelräume. Es verschwinden schließlich die positive Säule und der Faradaysche Dunkelraum. Je schwächer das Leuchten des Gases wird, um so stärker zeigt sich die Glaswand in einem grünlichen oder bläulichen Lumineszenzlicht. Die Farbe hängt von der Glasart ab. Diese Erscheinung ist folgendermaßen zu erklären: Der in dem Kolben vorhandene Druck hat noch nicht die Werte des Hochvakuums erreicht. Es sind daher in dem Gasraum trotz des Unterdrucks eine große Zahl positiver Ionen vorhanden. Sie werden zur Katode beschleunigt und lösen beim Aufprall Elektronen aus. Da die freie Weglänge der Elektronen bei einem Gasdruck von 10 bis 1 Pa (etwa 0,1 bis 0,01 Torr) in der Größenordnung von 1 cm liegt, durchlaufen die Elektronen bis auf gelegentliche Stoßionisation das Katodenfallgebiet ungestört. Die Elektronen erreichen hierbei alle etwa die gleiche Geschwindigkeit. Da das elektrische Potential im wesentlichen im Katodenfallgebiet abfällt, ist der übrige Bereich nahezu feldfrei. Die Elektronen fliegen daher geradlinig weiter und erregen an der Glaswand des Entladungsrohres das Lumineszenzleuchten. Die räumliche Anordnung der Anode ist hierbei

a)

b)

Abb. 9.14. Aufnahme von Nordlicht a) auf der Insel Wrangel (nach ZB/TASS)
b) auf der Halbinsel Kola (nach ADN-ZB/TASS-Tele)

gleichgültig. Wie der Versuch der Abb. 9.15 zeigt, kann sie in einem Stutzen an der Seite liegen, ohne daß die Elektronen diesen Weg durchlaufen.
Trotz der Druckerniedrigung liegt eine selbständige Gasentladung vor. Die Elektronenemission aus der Katode erfolgt in der gleichen Weise wie bei der Glimmentladung. Keiner der in Abschn. 9.1 behandelten Effekte tritt zur Elektronenbefreiung in Aktion. Wir sprechen bei den auf diese Art erzeugten Elektronenstrahlen von Katodenstrahlen. An ihnen wurden die ersten Eigenschaften bewegter Elektronen untersucht. (Die Katodenstrahlen wurden 1858 von PLÜCKER ent-

deckt und insbesondere von HITTORF, J. J. THOMSON und LENARD untersucht.)
Geradlinige Ausbreitung. Bringen wir in dem Entladungsrohr zwischen Katode und Wand einen Körper, so beobachten wir an der Wand einen der Körperform entsprechenden Schatten (Abb. 9.16). In einem Magnetfeld, dessen Feldlinien senkrecht zur Achse des Entladungsrohres verlaufen, wird der Schatten abgelenkt.

(Schon HITTORF weist 1869 auf „scharfe Schatten" hin, die durch die Katodenstrahlen hervorgerufen werden, und erkennt die geradlinige Ausbreitung der Strahlen, die den Krümmungen der Röhre nicht zu folgen vermögen.)

Bei obigem Versuch macht sich jedoch ein charakteristischer Unterschied gegenüber den Lichtstrahlen bemerkbar. Würde etwa die Katodenscheibe Licht aussenden, so würde der Schatten des Pfeiles von einem Halbschatten umgeben sein. Dies ist bei Katodenstrahlen nicht der Fall. Es geht also die Katodenstrahlung nicht von jedem Punkt der Katodenoberfläche nach allen Seiten aus, sondern nur in einer Richtung, und zwar senkrecht zur Katodenoberfläche, wie folgender Versuch noch deutlicher zeigt:
Man gibt der Katodenoberfläche die Gestalt eines Hohlspiegels und bringt in dessen Brennpunkt ein Platinblech an (Abb. 9.17). Man sieht dann ganz deutlich das Blech im Mittelpunkt aufglühen. Die Katodenstrahlung vermag also eine beträchtliche Wärmewirkung hervorzurufen.
Lumineszenzerregung. Wir hatten gesehen, daß Katodenstrahlen bei ihrem Auftreffen auf Glas dieses zum Aufleuchten zu bringen vermögen. Da auch eine Reihe anderer Stoffe unter dem Einfluß der Katodenstrahlen zum Lumineszieren angeregt werden kann (*Katodolumineszenz*, s. Bd. 3), ist das Leuchten als Nachweismittel für Katodenstrahlung sehr geeignet (s. unten: *Braunsches Rohr*). Bringen wir in den Gang der Katodenstrahlen einen Schirm, der mit einer lumineszierenden Substanz versehen ist (besonders geeignet ist Zinksilikat mit sehr geringem Mangangehalt), so wird dieser Stoff durch die Strahlen zu außerordentlich hellem Aufleuchten gebracht.
Nachweis mit fotografischer Platte. Fallen Katodenstrahlen auf eine fotografische Platte, so tritt eine intensive Schwärzung ein. Man kann diese Wirkung zur Intensitätsmessung der Strahlung verwenden. Außerdem bietet das Verfahren als objektive Methode besondere Vorteile, verglichen mit anderen Verfahren.
Mechanische Wirkung. Bringt man in den Weg der Katodenstrahlung ein bewegliches Rädchen etwa nach der Art der Abb. 9.18, so gerät dieses in Rotation.
Durchdringungsvermögen und Absorption. Nach einer Beobachtung von H. HERTZ vermag die Katodenstrahlung dünne Folien zu durchdrin-

---

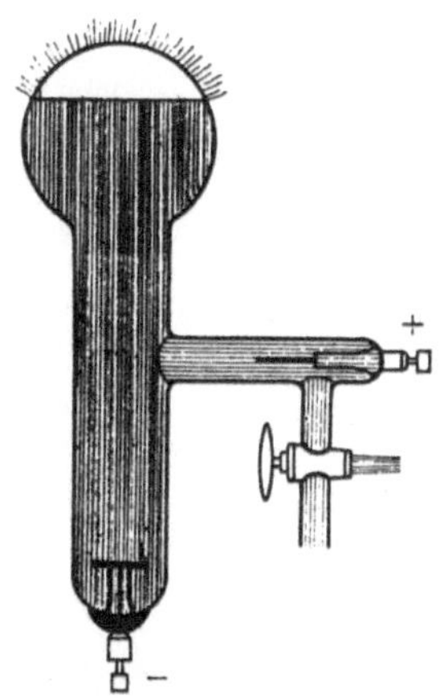

Abb. 9.15. Erzeugung von Katodenstrahlen

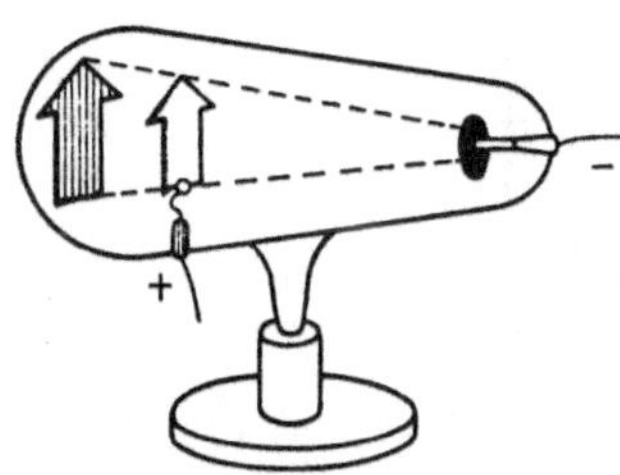

Abb. 9.16. Geradlinige Ausbreitung (Crookessches Rohr)

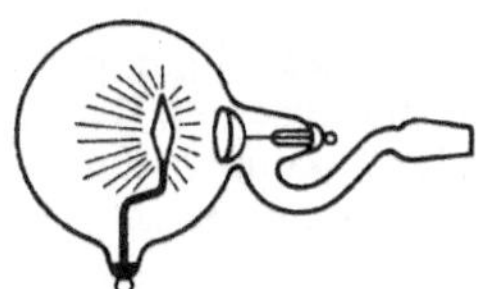

Abb. 9.17. Rohr mit Hohlspiegelkatode

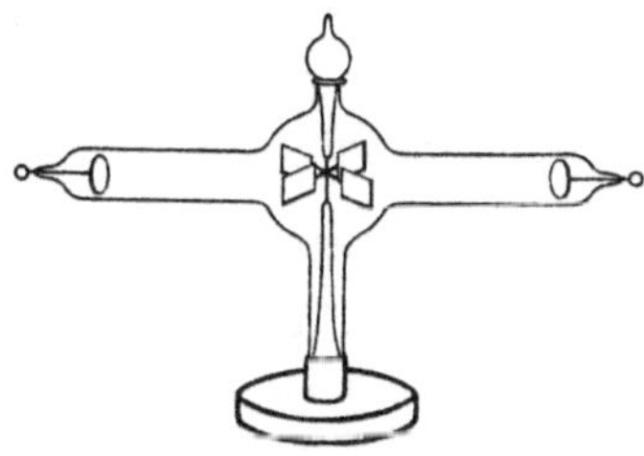

Abb. 9.18. Rohr mit Flügelrädchen

gen. Durch Abschluß einer hochevakuierten Röhre mit 0,001 mm dünner löcherfreier Aluminiumfolie (*Lenard-Fenster*) gelang es LENARD die Strahlung aus der Röhre zu befreien und unabhängig von ihren Erzeugungsbedingungen zugänglich zu machen.

Je höher die Geschwindigkeit der Elektronen eines Katodenstrahls ist, desto größer ist das Durchdringungsvermögen. Man spricht daher von harter und weicher Katodenstrahlung. Für Elektronen hoher Geschwindigkeit ($> \frac{1}{5}$ Lichtgeschwindigkeit) ist die Absorption in erster Näherung nur von der durchstrahlten Masse, aber nicht von der chemischen Natur des durchsetzten Stoffes abhängig (*Lenardsches Massenabsorptionsgesetz*, 1894).

Nach diesem grundlegenden Gesetz gilt

$$I = I_0\, e^{-ad},$$

wobei der Strahl die Schicht von der Dicke d mit der Intensität I_0 trifft und sie mit der Intensität I verläßt; a ist der Absorptionskoeffizient, er ist proportional der Dichte.

Diese Untersuchungen LENARDs sind von grundlegender Bedeutung für unsere Kenntnis des Aufbaus der Stoffe geworden. LENARD fand weiterhin, daß der Absorptionskoeffizient a ganz unerwartet kleine Werte besitzt, so daß beispielsweise das von einem der dichtesten Stoffe (Platin) in 1 m³ tatsächlich ausgefüllte undurchdringliche Eigenvolumen noch nicht einmal die Größe eines Stecknadelkopfes erreicht. (P. LENARD (1862 bis 1947) gebührt das Verdienst, das Wesentlichste zur Aufklärung der Natur der Katodenstrahlung beigetragen zu haben. Durch seine Versuche war es zum erstenmal möglich, reine Versuchsbedingungen zu erzielen. LENARD erhielt 1905 den Nobelpreis für Physik.)

Ionisationsvermögen. Bereits an anderer Stelle hatten wir davon gesprochen, daß schnellfliegende Elektronen Gase zu ionisieren vermögen. Besonders auffallend ist die Wirkung beim Austritt der Strahlung durch ein Lenardsches Fenster. Man kann die durch Stoß hervorgerufene Ionisation unmittelbar nachweisen, wenn man die Tatsache benutzt, daß sich Wasserdampf bei der Kondensation hauptsächlich an ionisierten Gasmolekülen niederschlägt (Nebelkammer, Bd. 4). Abb. 9.19 zeigt eine Nebelkammeraufnahme von Elektronen.

Chemische Wirkung. Außer ihrer ionisierenden Wirkung vermögen Katodenstrahlen in Gasen auch chemische Veränderungen, z. B. Bildung von Ozon und Stickoxiden, hervorzurufen.

9.3.2. Ionenstrahlen

Kanalstrahlen. Verwendet man bei der Glimmentladung als Katode eine mit Löchern („Kanälen") versehene Scheibe, so beobachtet man hinter der Katode eine Leuchterscheinung. Sie wird durch die auf die Katode zufliegenden und durch den Kanal hindurchtretenden positiven Gasionen verursacht. Ihr Entdecker (GOLDSTEIN) hat ihnen deshalb den Namen *Kanalstrahlen* gegeben.

Untersuchungsmethoden. Die Methoden zur Untersuchung der Kanalstrahlen sind dieselben, wie die für die Katodenstrahlen benutzten (Faraday-Käfig, elektrische und magnetische Ablenkung).

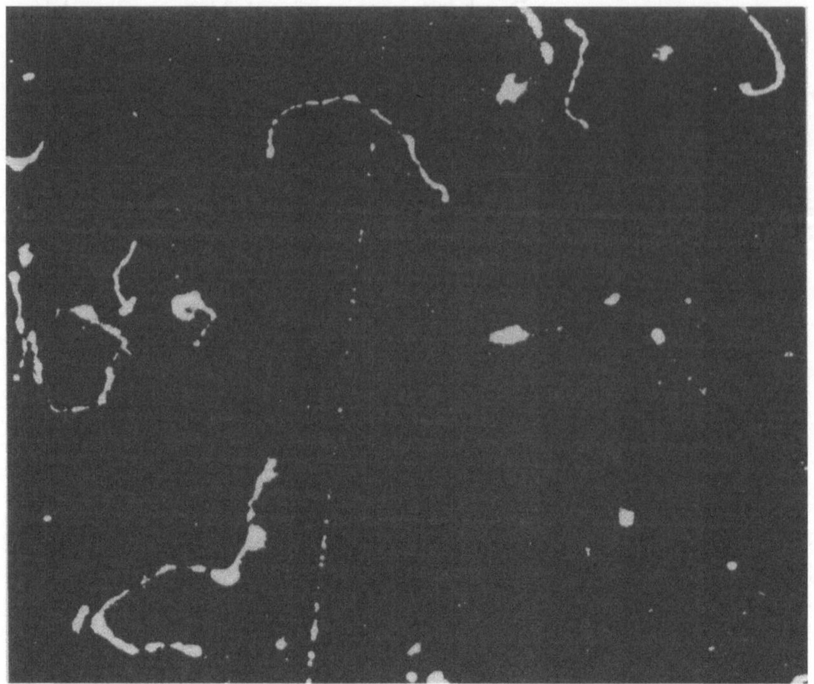

Abb. 9.19. Langsame und schnelle Elektronen (Aufnahme nach C.T.R. WILSON: Proc. roy. Soc., London (a) **104** (1923) 192.

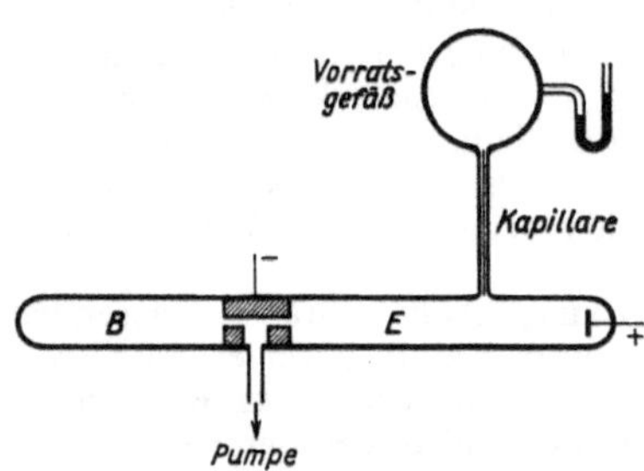

Abb. 9.20. Durchströmungsmethode von WIEN

Insbesondere durch die Forschungen W. WIENs ist eine eingehende Untersuchung der Kanalstrahlen ermöglicht worden. Seine Durchströmungsmethode beruht darauf, daß man (Abb. 9.20) als Katode einen einige cm langen Metallzylinder mit einer engeren Bohrung benutzt, der den Entladungsraum E vom Beobachtungsraum B möglichst abtrennt. Die Katode enthält ferner eine weite seitliche Bohrung, die mit einer leistungsfähigen Hochvakuumpumpe verbunden ist. Wenn man nun dem Entladungsraum durch eine Kapillare dauernd das Gas zuführt, in dem man die Kanalstrahlen erzeugen will, kann man durch Regulieren des Zuströmens und des Abpumpens erreichen, daß sich in E ein gewünschter Druck einstellt, während in B ein gutes Vakuum herrscht, in dem sich dann die Kanalstrahlen praktisch frei von allen Störungen ausbreiten.

Eigenschaften und Wirkungen der Kanalstrahlen. Ebenso wie Katodenstrahlen können auch Kanalstrahlen fluoreszierende Stoffe zum Leuchten erregen, doch leuchtet Glas unter ihrer Einwirkung kaum auf. Auch erzeugen Kanalstrahlen eine Schwärzung beim Auftreffen auf eine fotografische Platte.

Die Verhältnisse in Kanalstrahlen sind sehr kompliziert, weil sie nicht nur aus positiven Ionen einer Art, sondern für Gase höherer relativer Atommasse aus Ionen verschiedener Art (einfach und mehrfach geladen) bestehen und sogar neutrale Atome und Moleküle enthalten können, die in gegenseitiger Wechselwirkung infolge Umladungs- und Anlagerungseffekten stehen. Da die Kanalstrahlteilchen nicht nur das Gas, das sie durchfliegen, zum Leuchten anregen, sondern auch selbst Licht aussenden, ist die Möglichkeit gegeben, die Geschwindigkeit der Kanalstrahlen optisch auf Grund des zu erwartenden Doppler-Effektes (s. Bd. 1 und 3) zu bestimmen. Die Ergebnisse dieser von J. STARK ausgeführten Messungen stimmen mit den elektrischen und magnetischen überein.

(JOHANNES STARK, geb. 1874 in Schickenhof (Oberpfalz), bis 1917 Prof. der Physik in Aachen, bis 1920 in Greifswald. Nobelpreis für Physik 1919 für das Auffinden des Doppler-Effektes bei Kanalstrahlen und der Aufspaltung der Spektrallinien im elektrischen Feld. Ab 1933 Präsident der Physikalisch-Technischen Reichsanstalt, verstorben 1956.)

Anodenstrahlen. (Die Anodenstrahlen wurden von GEHRCKE und REICHENHEIM entdeckt.) Eine Aussendung von positiven Ionen durch die Anode, die in Analogie zu den Katodenstrahlen zu Anodenstrahlen führt, findet nur in Ausnahmefällen statt. Derartige *Anodenstrahlen*, die aus positiven Ionen der Anodensubstanz bestehen, erhält man z. B., wenn man als Anode ein mit den Brom- oder Iodsalzen der Alkalimetalle gefülltes Glasröhrchen benutzt. Besonders bewährt hat sich die sog. *Kunsman-Anode*, die im wesentlichen aus Eisenoxid besteht, dem geringe Mengen von Alkalioxid und Aluminiumoxid (Al_2O_3) beigemischt sind.

Die Anode erhitzt sich durch die Entladung so weit, daß das Salz thermisch dissoziiert ist; die Salzionen werden dann im Anodenfall beschleunigt und strahlartig von der Anode abtransportiert. Da sie aus materiellen Teilchen bestehen, findet ein dauernder Verbrauch von Salz statt, und die Anoden erschöpfen sich deshalb nach einiger Zeit und müssen neu gefüllt werden, im Gegensatz zu einer Katode, die nur Elektronen abgibt. Die Kunsman-Anode läßt sich auch, wenn man sie künstlich, z. B. durch eine elektrische Heizvorrichtung erhitzt und mit Hilfe einer negativen Gegenelektrode an ihr ein Feld erzeugt, im Hochvakuum betreiben und ist deshalb ein wertvolles Hilfsmittel zur Erzeugung von Ionenstrahlen.

Ionenstrahlen. Teilchenstrahlen, deren einzelne Partikel Ionen darstellen, haben wir bereits in Form von Kanalstrahlen und Anodenstrahlen kennengelernt. Die Erzeugung von Ionenstrahlen kann jedoch noch auf andere Weise vorgenommen werden: Einmal ist es möglich, die durch einen Lichtbogen entstehenden Gasionen durch eine „Beschleunigungselektrode" seitlich herauszuführen. Diese Art der Ionenstrahlgewinnung ist als die *Methode des Kapillarbogens* (LAMAR, SAMPSON, COMPTON) bekannt, wobei der Lichtbogen bei einem Druck von 0,1 Pa ($\sim 10^{-3}$ Torr) durch eine Kapillare hindurchgeführt wird, die in ihrer Mitte eine seitliche Öffnung besitzt, durch die das gewählte Gas quer zum Bogen strömt und an der entgegengesetzten Seite durch die Beschleunigungselektrode den Bogen als Ionenstrahl verläßt. Zum anderen lassen sich auch die durch Elektronenstoß entstehenden Gasionen aus einer Kammer durch eine Beschleunigungselektrode seitlich herausführen. Eine derartige *Elektronenstoßionenquelle* arbeitet mit Gasen, die sich unter einem Druck von 10^{-2} bis 10^{-4} Pa (10^{-4} bis 10^{-6} Torr) befinden. Die Elektronen erhalten durch eine Spannung von etwa 100 V gegen den Eingang in die Kammer die nötige Geschwindigkeit, um im Stoßraum selbst dann die erforderliche Ionisierung hervorzurufen.

9.4. Anwendungen der Stromleitung im Vakuum

In vielfacher Form wird die Bewegung von Elektronen im Hochvakuum technisch ausgenutzt, wobei immer noch neue Anwendungsbereiche gefunden werden. Die Möglichkeiten der Anwendung sind durch die Eigenschaften eines derartigen Elektronenstrahls gegeben. Die wichtigsten sind folgende:

Ein Elektronenstrahl bewegt Ladung, ohne daß dabei zugleich auch Stoff transportiert wird.

Die Elektronen eines Elektronenstrahls können in einem elektrischen Feld beschleunigt werden. Hierbei wird elektrische Feldenergie in kinetische Energie der Elektronen umgewandelt, die ihrerseits bei der Wechselwirkung mit Materie in andere Energieformen übergeht.

Ein Elektronenstrahl kann durch elektrische und magnetische Felder in geeigneter Weise gelenkt werden.

Ein Elektronenstrahl läßt sich durch Lumineszenzerregung (Leuchtschirm) oder durch Bestrahlen einer fotografischen Platte sichtbar machen.

9.4.1. Die Glühkatode

Die Erzeugung der benötigten freien Elektronen wird bei den meisten Elektronengeräten mit Hilfe des glühelektrischen Effektes vorgenommen. Alle hochschmelzenden Metalle vermögen bei genügend hoher Temperatur Elektronen zu emittieren; als Reinmetall-Glühkatoden werden vornehmlich Wolfram und Niob benutzt. Vielfach werden auch thoriumhaltige Wolframglühfäden verwendet, da nach den Untersuchungen von LANGMUIR derartige Katoden ein wesentlich höheres Emissionsvermögen aufweisen als solche aus reinem Metall.

Am häufigsten werden *Oxidkatoden* benutzt. WEHNELT hatte gefunden, daß eine Gasentladung mit besonders niedriger Spannung unterhalten werden kann, wenn man eine mit Erdalkalioxiden bedeckte Glühkatode verwendet. Dieses Prinzip findet heute für die weitaus größte Anzahl der in der Technik hergestellten Glühkatoden Anwendung; man bringt ein Gemisch der Oxide der Erdalkalimetalle auf eine Unterlage von Wolfram oder Molybdän und „formiert" diese Überzüge in der Entladungsröhre, wobei wahrscheinlich eine Reduktion der Oxide zu den Metallen stattfindet. Als Ausgangsstoffe können auch

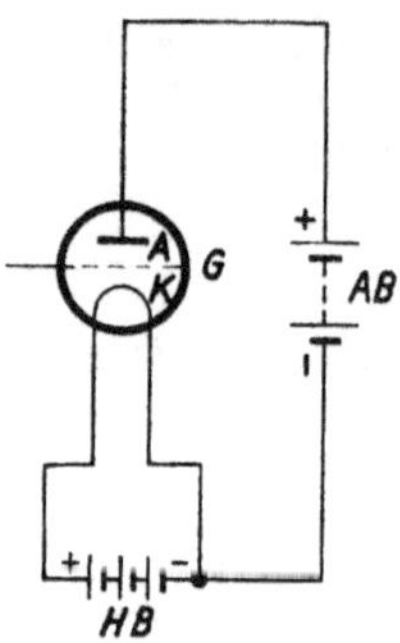

Abb. 9.21. Schema einer Triode

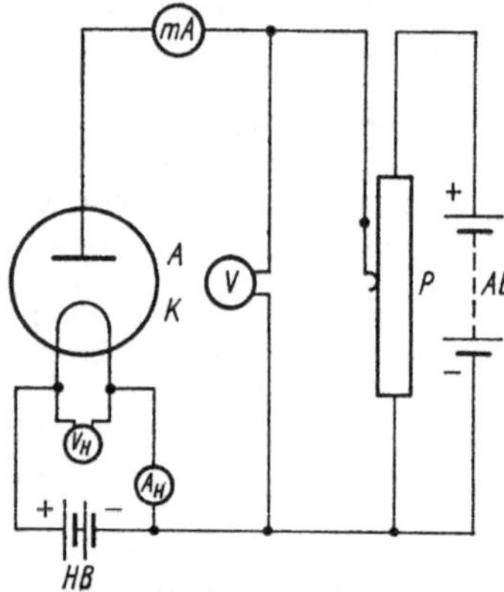

Abb. 9.22. Schaltung zur Untersuchung der Raumladung. *A* Anode; *K* Katode; *HB* Heizbatterie; *AB* Anodenbatterie; *P* Potentiometer; *V* Voltmeter zur Bestimmung der Anodenspannung; *mA* Milliamperemeter zur Bestimmung des Anodenstromes; V_H Voltmeter zur Bestimmung der Heizspannung; A_H Amperemeter zur Bestimmung des Heizstromes

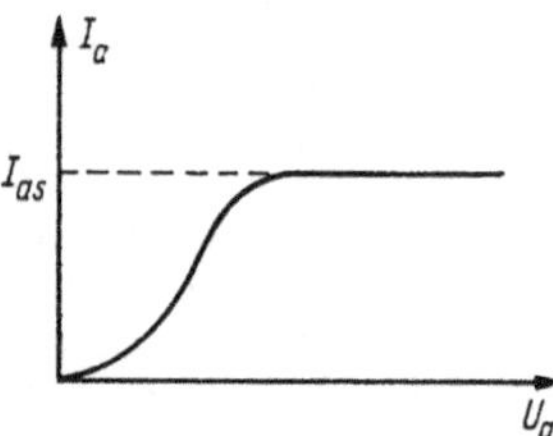

Abb. 9.23. Kennlinie der Diode

andere Bariumverbindungen dienen, wie beispielsweise das Azid, das Hydroxid oder das Silikat. (A. W. WEHNELT, geb. in Rio de Janeiro 1871, gest. in Berlin 1944. Professor der Physik in Erlangen und Berlin.)

9.4.2. Elektronenröhren

Aufbau einer Triode. Wird die in Abschn. 9.1.2 beschriebene Glühkatodenröhre mit einer dritten Elektrode, einem *Gitter*, versehen, so erhält man

eine Anordnung, die in einfachster Weise Wechselströme und Gleichströme zu steuern gestattet und dadurch eines der wichtigsten Bauelemente in der modernen Elektrotechnik geworden ist. In den letzten Jahren ist jedoch der Einsatz der Elektronenröhre als Steuerröhre nach ihrem sehr steilen Siegeszug erheblich zurückgegangen, da sie von den Transistoren (Abschn. 10.2.2) verdrängt wurde.

LENARD führte 1898 als erster ein Gitter ein; er benutzte bei seinen ersten Versuchen zur Elektronenbefreiung den lichtelektrischen Effekt, der die reinsten Versuchsbedingungen ermöglichte. Die technische Anwendung begann, als zuerst von FLEMMING (1905) der glühelektrische Effekt als Elektronenquelle eingeführt und infolge der fortgeschrittenen Vakuumtechnik die Möglichkeit seiner Anwendung in abgeschmolzenen Vakuumröhren gegeben wurde. Der Druck wird dabei auf mindestens 10^{-3} Pa (etwa 10^{-5} Torr) erniedrigt, weil erst dann die Zahl der Gasmoleküle so weit verringert und ihr gegenseitiger Abstand so groß geworden ist, daß es nur noch zu verschwindend wenig wirksamen Zusammenstößen zwischen Elektronen und Gasmolekülen kommt. Erst dann folgt die Röhre den Gesetzen der reinen Elektronenströmung.
Die technische Ausarbeitung wurde in Deutschland von LIEBEN (1906), in Amerika von LEE DE FORREST (1907) begonnen. In Deutschland sind die Elektronenröhren dann hauptsächlich von SCHOTTKY und RÜKOP technisch durchgebildet und in die Praxis eingeführt worden.

Das Schema einer solchen Triode ist in Abb. 9.21 dargestellt. *K* ist der die Elektronen liefernde Glühdraht. Er wird mit der Heizbatterie *HB* verbunden. *G* ist das Gitter, dessen Zuleitung isoliert eingeschmolzen ist. In der praktischen Ausführung besteht es oft aus einer Wendel aus Molybdändraht, die den Heizfaden koaxial umgibt. *A* ist die Anode, meist aus Molybdänblech, manchmal auch gitterförmig ausgebildet. Die Zuleitungen zu den Elektroden sind isoliert voneinander durch einen Sockel geführt. Zwischen Anode und Glühdraht ist die Anodenbatterie *AB* (100 bis mehrere tausend Volt, je nach Verwendungszweck der Röhre) eingeschaltet.
Die Raumladung. Wir sehen zunächst von der Anwesenheit des Gitters ab und schalten die Röhre in der in Abb. 9.22 angegebenen Weise. Zwischen Anode und Katode werden eine regelbare Gleichspannung und ein Milliamperemeter gelegt.
Die Heizbatterie wird eingeschaltet; Heizstrom und Heizspannung (Instrumente A_H und V_H) und damit die Fadentemperatur werden im folgenden unveränderlich gehalten. Mißt man den Anodenstrom I_a als Funktion der Spannung U_a, so erhält man die in Abb. 9.23 angegebene Abhängigkeit. Der Strom nimmt mit steigender Spannung nichtlinear zu und erreicht bei ziemlich hoher Spannung (meist erst über 100 V) den Sättigungswert I_{as}. Dieses Ergebnis erscheint zunächst überraschend. Man sollte annehmen, daß schon eine sehr kleine Spannung genügt, um alle Elektronen, die infolge ihrer thermischen Bewegungsenergie

---

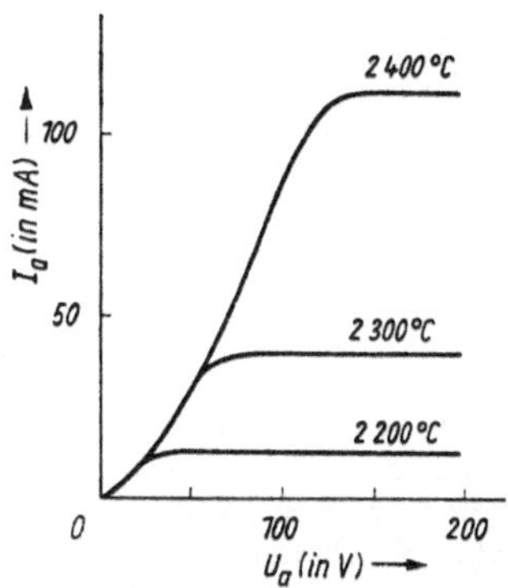

Abb. 9.24. Kennlinien der Diode bei verschiedenen Temperaturen der Katode

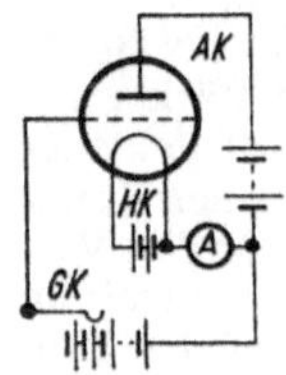

Abb. 9.25. Schaltung zur Bestimmung der Kennlinie einer Triode

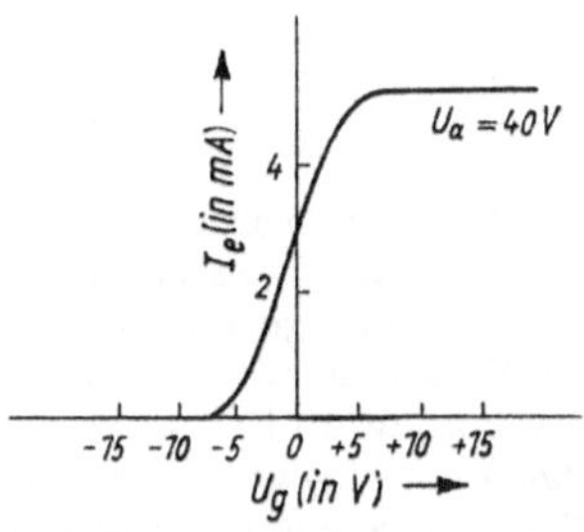

Abb. 9.26. Kennlinie einer Triode bei konstanter Anodenspannung

den Draht verlassen haben, von der Katode zur Anode wandern zu lassen.

Der Grund für die großen erforderlichen Spannungen liegt darin, daß die Elektronen den Draht wie eine Wolke umgeben und um ihn eine negative *Raumladung* erzeugen. Sie drängt die nachfolgenden Elektronen zurück und hindert sie daran, zur Anode zu gelangen. Je mehr die Anodenspannung steigt, um so schneller werden die Elektronen abgesaugt. Der Einfluß der Raumladung wird geringer. Bei genügend hoher Spannung vermag sie den Strom nicht mehr zu begrenzen, und man erhält die Sättigungsstromstärke I_{as}.

Die Form der in Abb. 9.23 angegebenen Kurve ist kennzeichnend für die meisten Eigenschaften der Elektronenröhre. Daraus ist die außerordentliche Bedeutung ersichtlich, die die Raumladung für die Wirksamkeit der Röhre hat.

Sieht man von der Temperaturgeschwindigkeit der Elektronen ab, so gilt für den ansteigenden Teil der Kurve das *Langmuir-Schottkysche Raumladungsgesetz*

$$I_a = KU_a^{3/2}, \qquad (9.13)$$

wobei K eine Röhrenkonstante ist.

Dem Langmuir-Schottkyschen Gesetz $I_a = KU_a^{3/2}$ entspricht der mittlere Teil der Raumladungscharakteristik; der untere Kurventeil wird durch eine Exponentialformel von der Gestalt $I_a = K' e^{-K''U}$ wiedergegeben; dagegen gehorcht das Sättigungsgebiet der Richardsonschen Gleichung $I_a = AT^2 e^{-E/kT}$ (vgl. Abschn. 9.1.2).

Wird die Fadentemperatur erhöht, so wird der Sättigungsstrom entsprechend höher, wie Abb. 9.24 für verschiedene Temperaturen zeigt.

Einfluß des Gitters. Legt man an das Gitter eine negative Spannung, so sinkt der Anodenstrom. Bei einer großen negativen Gitterspannung wird er sogar Null. Eine Aufladung des Gitters gestattet also, den Anodenstrom zu beeinflussen, ihn zu *steuern (Steuergitter)*. Da zur Aufladung des Gitters nahezu keine elektrische Leistung benötigt wird, geht das Steuern des Anodenstromes praktisch leistungsfrei vor sich. Abb. 9.25 zeigt die Schaltung einer Triode mit dem Heizkreis (HK), dem Anodenkreis (AK) und dem Gitterkreis (GK).

Wir nehmen nun in ähnlicher Weise wie oben eine *Kennlinie* der Röhre auf, indem wir bei konstantem Heizstrom und konstanter Anodenspannung die Gitterspannung ändern. Wir schalten zur Messung des gesamten von der Katode ausgehenden Stromes das Milliamperemeter in der in Abb. 9.25 gezeichneten Weise. Wird als Abszisse die Gitterspannung U_g (positiv und negativ), als Ordinate der Gesamt-Emissionsstrom I_e eingetragen, so erhalten wir für eine gegebene Anodenspannung (z. B. 40 V) und eine bestimmte Heizstromstärke die Kurve Abb. 9.26.

Ist die Gitterspannung Null, so hat der Emissionsstrom einen Wert, der fast genau dem Wert entspricht, der für die betreffenden Versuchsdaten (Anodenspannung, Heizstromstärke) derselben Röhre aus Abb. 9.24 abgelesen werden kann. Wird das Gitter positiv geladen, so steigt der Emissionsstrom, wird es negativ geladen, so endet ein Teil der Feldlinien der Anode bereits am Gitter. Der Emissionsstrom sinkt. Wendet man verschiedene Anodenspannungen an, so erhält man eine ganze Schar solcher Kennlinien, wie sie in Abb. 9.27 angegeben sind.

Aus Abb. 9.27 entnehmen wir, daß auch bei negativer Gitterspannung noch ein Anodenstrom fließen kann. Dies läßt sich folgendermaßen deuten: Von den elektrischen Feldlinien, die von der

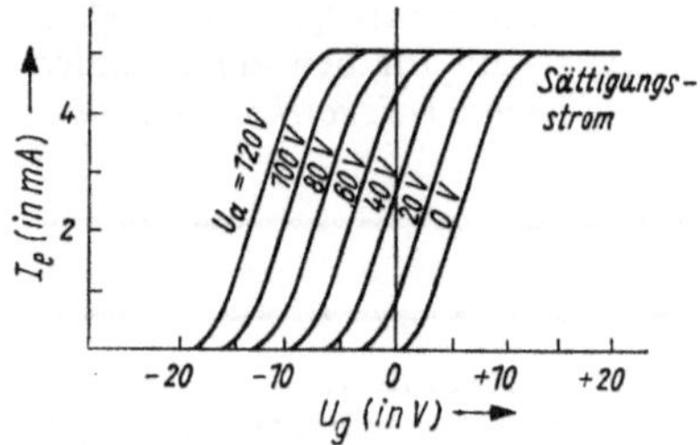

Abb. 9.27. Schar der Kennlinien einer Triode bei verschiedenen Anodenspannungen

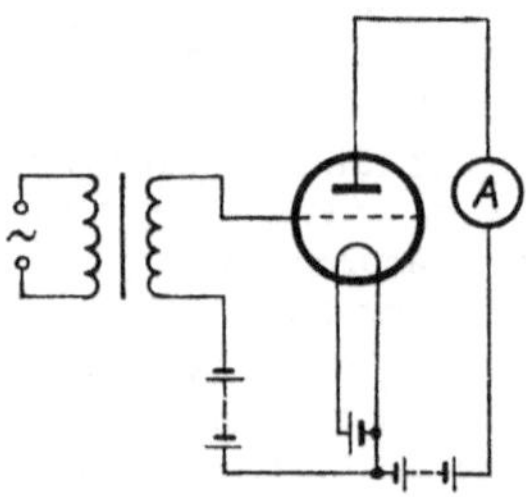

Abb. 9.28. Verstärkerschaltung einer Triode

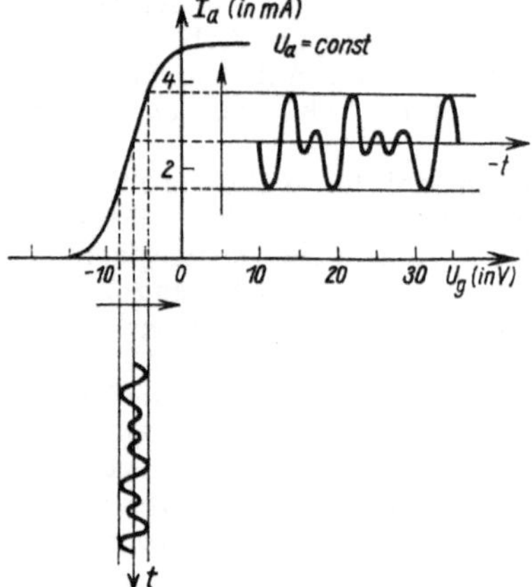

Abb. 9.29. Verstärkerwirkung einer Triode

Anode ausgehen, endet ein Teil auf dem negativ geladenen Gitter. Ein Teil der Feldlinien greift aber durch das weitmaschige Gitter hindurch und endet auf der negativen Raumladungswolke und auf dem Katodendraht. Die Elektronen werden also durch die Maschen des Gitters hindurch zur Anode gezogen. Das Gitter setzt lediglich den Elektronenstrom herab. Bei veränderlichen Gitterspannungen wird somit im gleichen Maße der Anodenstrom gesteuert. Wird durch geeignete Wahl der Anodenspannung U_a und einer negativen Gittervorspannung erreicht, daß diese Steuerung in den steil und geradlinig ansteigen-

den Teilen der Kennlinie (Abb. 9.27) zur Auswirkung kommt, dann besteht zwischen der Gitterspannung U_g und dem Anodenstrom I_a ein linearer Zusammenhang. Mit der Gitterspannung kann man also ohne wesentlichen Energieaufwand (leistungsfrei) den Anodenstrom steuern.

9.4.3. Charakteristische Größen der Elektronenröhren

Wir wollen die für das Arbeiten der Triode wichtigen Eigenschaften noch eingehender verfolgen.
Steilheit. In Abb. 9.28 ist eine Verstärkerschaltung angegeben, bei der eine Wechselspannung über einen Transformator an das Gitter gelangt.
Abb. 9.29 zeigt, wie die Wechselspannung des Gitters einen Wechselstrom im Anodenstromkreis hervorruft. Es ist offensichtlich, daß der Wechselstrom im Anodenkreis bei gleicher Spannungsschwankung am Gitter um so stärker ist, also um so größere Scheitelwerte hat, je steiler die Kennlinie verläuft. Die *Steilheit S* der Kennlinie ist also ein wesentlicher Faktor für den Verstärkungsgrad der Anordnung. Die Steilheit in irgendeinem Punkt ist gegeben durch die Tangente an die Kennlinie in dem betreffenden Punkt, also durch

$$S = \left(\frac{\partial I_a}{\partial U_g} \right)_{U_a = \text{const}}$$

Will man die Schwingung, die dem Gitter zugeführt wird, unverzerrt im Anodenkreis erhalten, so muß man, wie es in Abb. 9.29 gezeichnet ist, auf dem geraden Teil der Kennlinie arbeiten, d. h., man muß die Anodenspannung und Gitterspannung so abgleichen, daß die Schwankungen der Gitterspannung innerhalb desjenigen Teiles der Abszisse bleiben, der unter dem geradlinigen Anstieg liegt. Tut man dies nicht, so ist der verstärkte Strom verzerrt.
Durchgriff. Wichtig für die Brauchbarkeit der Röhre ist ferner der Anteil des Emissionsstromes, der als Anodenstrom fließt; denn nur er wird z. B. in einer Verstärkeranordnung ausgenützt. Dieser Anteil hängt davon ab, wie stark das von der Anode ausgehende elektrische Feld durch das weitmaschige Gitter hindurch im Katodenraum wirksam ist, wie stark es durch das Gitter hindurchgreift. Der Anteil ist um so größer, je weitmaschiger das Gitter und je kleiner der Abstand zwischen Anode, Katode und Gitter ist.
Wird die Anodenspannung um ΔU_a vergrößert, dann steigt der Anodenstrom. Soll trotz der Spannungserhöhung der Anodenstrom konstant bleiben, müssen wir die Gitterspannung um ΔU_g ändern. Das Verhältnis beider Spannungsänderungen zueinander, die sich gerade gegenseitig aufheben, hängt von den Abmessungen der Röhre

ab. Es ist der *Durchgriff*

$$D = \left(\frac{\Delta U_g}{\Delta U_a}\right)_{I_a = \text{const}}$$

Die Bedeutung des Durchgriffs wird durch folgende Betrachtung klar:
Erhöhen wir z. B. bei einer Gitterspannung Null (Abb. 9.27) die Anodenspannung von 20 V auf 40 V, so steigt der Strom um 1,9 mA. Dieselbe Stromsteigerung erhält man aber, wenn man die Anodenspannung konstant auf 20 V läßt und dafür die Gitterspannung um $+3$ V erhöht (horizontale Entfernung von dem Schnittpunkt der 40-V-Kurve mit der Ordinatenachse bis zur 20-V-Kurve). Eine Spannungserhöhung der Anode um 20 V ist also einer Spannungserhöhung des Gitters um 3 V äquivalent. Es ist also nach obiger Gleichung $D = \Delta U_g/\Delta U_a$ für diese Röhre gleich $3/20 = 15\%$.

Wir können hiernach sofort den höchsten Verstärkungsgrad μ angeben. Ist der äußere Widerstand, d. h. der Widerstand des Anodenkreises außerhalb der Röhre, sehr groß, ist also infolge des zu vernachlässigenden Stromes kein Spannungsabfall vorhanden, so stände die gesamte Spannungserhöhung ΔU_a zur Verfügung. Eine Änderung der Spannung um ΔU_a im Anodenkreis ist also einer Änderung der Gitterspannung um ΔU_g äquivalent. Die maximale Verstärkung ist somit $\mu = \Delta U_a/\Delta U_g = 1/D$, im obigen Beispiel etwa siebenfach.

Die Verstärkungswirkung einer Röhre ist um so größer, je kleiner der Durchgriff ist.

Da die Verstärkungswirkung außerdem mit der Steilheit S wächst, so wird das Verhältnis S/D Röhrengüte genannt.

Der sinnvollen Verstärkung elektrischer Spannungen sind natürliche Grenzen gesetzt, die mit dem molekularen bzw. atomaren Aufbau der Stoffe und der atomistischen Struktur der Elektrizität zusammenhängen. Man kann in jedem Leiter, auch wenn kein äußeres Feld an dem Leiter liegt, kleine schnellveränderliche Wechselspannungen feststellen. Diese werden durch die freibeweglichen Leitungselektronen infolge einer unregelmäßigen Wärmebewegung verursacht. Das sich durch diese Spannungsschwankungen ergebende Frequenzband erstreckt sich bis in den Hörbereich hinein und hat eine sehr bedeutende Breite. Hierdurch kann der Eindruck eines Rauschtons im Lautsprecher hervorgerufen werden. Man spricht dann vom *Widerstandsrauschen*. Die Rauschspannung U_R wächst mit der Größe des Widerstands R, mit der Bandbreite $\Delta\nu$ des Empfängers und mit der Zimmertemperatur T_z; nach NYQUIST gilt dabei die Formel

$$U_R = 2\sqrt{kT_z R\,\Delta\nu}.$$

Auch die Elektronenröhren geben zum Rauschen Anlaß, und zwar einmal durch den Schroteffekt (Abschn. 9.1.2), zum anderen durch überhitzte Stellen der Oxidkatoden, die überdurchschnittlich stark emittieren.

Innerer Widerstand. Für die Eigenschaften der Röhre ist noch eine weitere Größe maßgebend, nämlich ihr *innerer Widerstand*

$$R_i = (\partial U_a/\partial I_a)_{U_g = \text{const}};$$

er entspricht also dem Verhältnis einer kleinen Änderung der Anodenspannung zur entsprechenden Änderung des Anodenstromes, wenn der äußere Widerstand vernachlässigt werden kann.
Röhrenformel. Aus den drei Gleichungen

$$S = \left(\frac{\partial I_a}{\partial U_g}\right)_{U_a = \text{const}}, \qquad D = \left(\frac{\partial U_g}{\partial U_a}\right)_{I_a = \text{const}},$$

$$R_i = \left(\frac{\partial U_a}{\partial I_a}\right)_{U = \text{const}}$$

folgt die *Barkhausensche Röhrenformel*

$$SDR_i = 1.$$

9.4.4. Elektronenmikroskope

BUSCH wies im Jahre 1926 nach, daß das magnetische Feld einer Spule auf Elektronenstrahlen, die das Feld nahezu parallel zur Spulenachse durchfliegen, eine fokussierende Wirkung ausübt. Elektronen, die von einem Punkt emittiert werden und divergierend in das Feld der Spule einfallen, werden hinter der Spule wieder in einem Punkt vereinigt. Es übt also das Spulenfeld auf Elektronenstrahlen eine analoge Wirkung aus wie eine optische Linse auf Lichtstrahlen.
Man spricht daher von einer *magnetischen Linse*. Bei ihr kann man ebenso wie bei einer optischen Linse eine *Brennweite* definieren. Es liegt daher der Gedanke nahe, magnetische Linsen zur Erzeugung von reellen Bildern durch Elektronenstrahlen heranzuziehen, wie es in gleicher Weise mit optischen Linsen durch Lichtstrahlen geschieht. Gegenüber den optischen Linsen hat die magnetische Linse einen großen Vorteil: Die Brennweite hängt von der magnetischen Feldstärke und somit vom Spulenstrom ab; je größer die Feldstärke, um so kleiner ist die Brennweite. Die magnetische Linse hat also eine *stetig regelbare Brennweite*.
Auf der Grundlage dieser Erkenntnisse wurde das theoretische Gebäude der *Elektronenoptik* entwickelt, das den Bau der *Elektronenmikroskope* ermöglichte. Abb. 9.30 zeigt den Aufbau eines Elektronenmikroskops mit magnetischen Linsen (drei in Eisen gekapselte Spulen). Daneben ist zum Vergleich ein Lichtmikroskop dargestellt. Wir erkennen die optischen Linsen und die ihnen entsprechenden magnetischen. Die Kondensorspule fokussiert den Elektronenstrahl auf die Objektebene. Hierdurch wird ein breiteres Bündel Elektronen auf das Objekt gelenkt und somit die Intensität vergrößert. Im Objekt werden die Elektronen teilweise abgelenkt, so daß nicht mehr alle zum Bild gelangen können. Dieses Ablenken hängt von der Struktur (Dicke, chemische Zusammensetzung) des Objektes ab. Der Elektro-

---

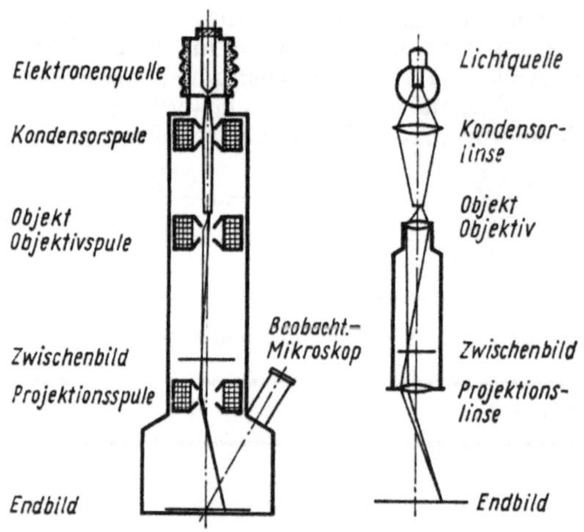

Abb. 9.30. Elektronenmikroskop und Lichtmikroskop

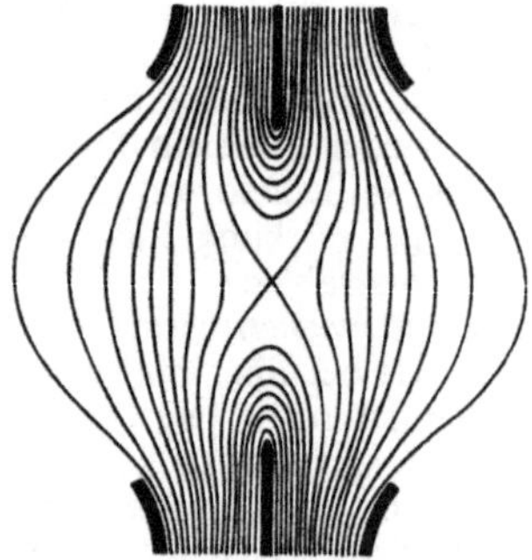

Abb. 9.31. Elektrostatische Linse

nenstrahl ist somit in seiner Intensität durch das Objekt geprägt. Die Objektivspule entwirft ein vergrößertes, reelles Zwischenbild des Objektes, und die Projektionsspule stellt ein vergrößertes, reelles Bild des Zwischenbildes auf dem Leuchtschirm her.

Es hat sich später gezeigt, daß nicht nur rotationssymmetrische magnetische Felder, sondern auch rotationssymmetrische elektrische Felder als Linsen für Elektronenstrahlen wirken können. Diese Felder werden durch geeignet geschaltete Ringblenden hergestellt. Abb. 9.31 zeigt ein System aus drei Ringblenden. Jeweils die beiden äußeren Blenden sind parallel geschaltet; die mittlere hat gegenüber den äußeren negatives Potential.

Elektronenmikroskope können auf gleiche Weise mit magnetischen als auch mit elektrischen Linsen ausgestattet werden. Aus rein technischen Gründen haben sich die magnetischen Linsen als günstiger erwiesen und durchgesetzt.

Verglichen mit Lichtmikroskopen besitzen Elektronenmikroskope ein erheblich größeres Auf-

lösungsvermögen. Es ermöglicht eine Vergrößerung, die die des Lichtmikroskops um mehrere Zehnerpotenzen übertrifft. So gestatten Elektronenmikroskope Vergrößerungen von über 10^6-fach, während sie beim Lichtmikroskop auf etwa 10^3fach begrenzt sind.

Das elektronenoptische Bild wird entweder auf einem Leuchtschirm oder einer fotografischen Platte sichtbar gemacht. Emittiert das abzubildende Objekt selbst die zur Abbildung verwendeten Elektronen, spricht man von einem *Emissionsmikroskop*. Wird das Objekt von den Elektronen, die aus einer Glühkatode stammen, durchstrahlt, ist es ein *Durchstrahlungsmikroskop* (Abb. 9.30).

9.4.5. Feldelektronen- und Feldionenmikroskope

Feldelektronenmikroskop (E. W. MÜLLER). Die Anordnung der Abb. 9.7 läßt sich in der gezeichneten Form als Elektronenmikroskop mit sehr hoher Vergrößerung verwenden (etwa 10^6fach). Da die Elektronen die halbkugelförmige Katode radial verlassen, bilden sie die Oberfläche der Katode auf dem Leuchtschirm ab. Somit ist die Vergrößerung praktisch durch das Verhältnis des Abstandes der Anode von der Spitze zum Krümmungsradius der Spitze bestimmt.

Die Spitze des Katodendrahtes zeigt bei diesem geringen Durchmesser (etwa 10000 Atomlagen) keine glatte Halbkugeloberfläche, sondern Mikrostruktur. Sie tritt besonders deutlich hervor, wenn als Katode eine Einkristallspitze (z. B. Wolframeinkristall) benutzt wird. Dann wird die Mikrostruktur der Oberfläche durch die Struktur des Einkristalls bestimmt. Da die einzelnen Kristallflächen die Elektronen unterschiedlich stark emittieren, entsteht auf dem Leuchtschirm ein stark vergrößertes Bild dieser Mikrostruktur. Abb. 9.32 zeigt das mit einem Feldelektronenmikroskop gewonnene Bild einer aus einem Wolframeinkristall geätzten Spitze mit der Indizierung der zugehörigen Kristallflächen.

Feldionenmikroskop. E. W. MÜLLER hat das Feldelektronenmikroskop zu einem Feldionenmikroskop weiterentwickelt. Der Grundaufbau ist der gleiche wie Abb. 9.7. Die Elektroden werden jedoch umgekehrt gepolt (Draht positiv, Schirm negativ), und der Kolben ist mit einem Edelgas gefüllt (meist Helium bei 0,1 Pa ($\approx 10^{-3}$ Torr)). Die Gasatome, die in unmittelbare Nähe des Drahtes gelangen, werden durch die hohe Feldstärke ionisiert und zum Leuchtschirm beschleunigt. Da der Potentialverlauf in nächster Umgebung des Drahtes ein unmittelbares Abbild seiner Mikrostruktur darstellt, wird diese Mikrostruktur auf dem Leuchtschirm sichtbar. Das Auflösungsvermögen eines Feldionenmikroskops übersteigt noch das des Feldelektronenmikro-

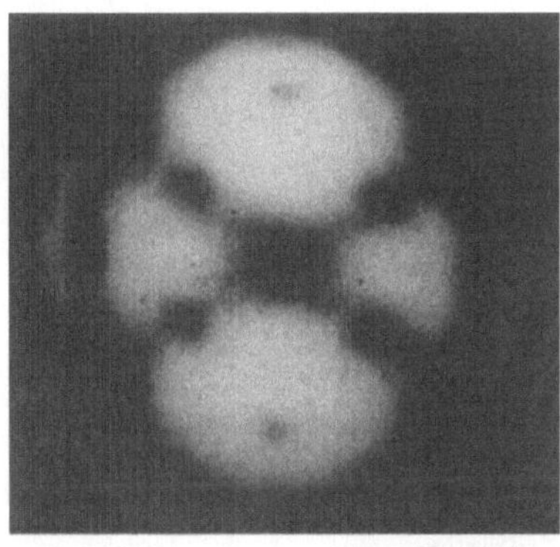

a)

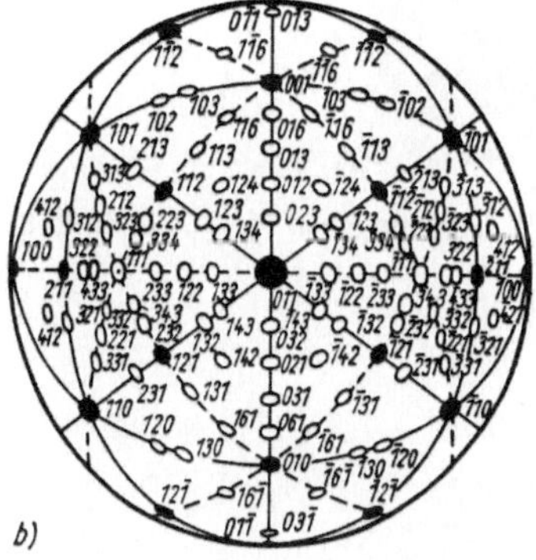

b)

Abb. 9.32. Feldelektronenmikroskopische Aufnahme einer Wolfram-Einkristallspitze (a); Indizierung der Kristallflächen (b)

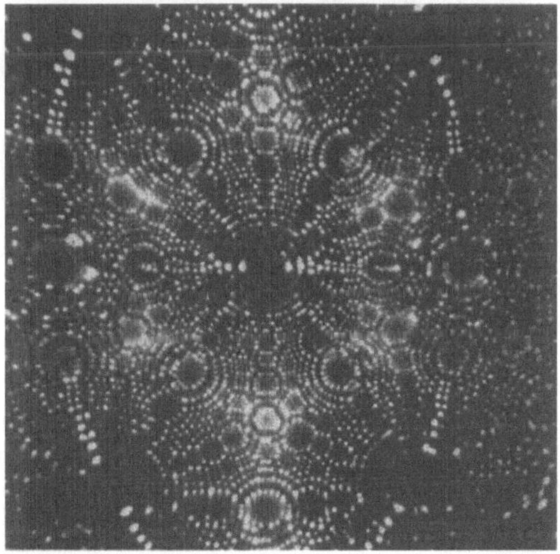

Abb. 9.33. Feldionenmikroskopische Aufnahme einer Wolfram-Einkristallspitze

skops. Es lassen sich Strukturen von 1 nm sichtbar machen. Abb. 9.33 zeigt die feldionenmikroskopische Aufnahme einer Wolframeinkristallspitze (E. W. MÜLLER). Vergleich der Abbn. 9.32 und 9.33 miteinander zeigt das noch bessere Auflösungsvermögen und damit die noch höhere Vergrößerung des Feldionenmikroskops.

9.4.6. Weitere Elektronengeräte

Elektronenstrahlöfen. Wir haben schon darauf hingewiesen, daß der größte Teil (über 99 %) der kinetischen Energie der auf einen Körper prallenden Elektronen eines Elektronenstrahls in Wärme umgesetzt wird. Diese Erwärmung zieht man zur Erzeugung örtlich begrenzter, sehr hoher Temperaturen heran. Die zu erhitzenden Stoffe werden mit Elektronen beschossen. Da der Vorgang im Vakuum abläuft, können auch Tiegelmaterialien verwendet werden, die bei den hohen Temperaturen sonst für Luft oder Flammengase durchlässig sind. Man kann also unter sehr reinen Bedingungen arbeiten.

Elektronenstrahlöfen haben in jüngster Zeit große Bedeutung erlangt zur Gewinnung schwerschmelzender Metalle (Wolfram, Tantal, Zirkonium u. a.) und von Edelstählen in höchster Reinheit, zur Entgasung von Stoffen, zur Herstellung von Legierungen, zur Aufdampfung und zur allgemeinen Wärmebehandlung von Werkstoffen im Hochvakuum.

Der Elektronenstrahlschmelzofen (M. v. ARDENNE) (Abb. 9.34) dient zum Erschmelzen von Blöcken aus Stahl und hochschmelzenden Metallen in höchster Reinheit. Der Elektronenstrahl wird abwechselnd auf den Abschmelzstab über der Schmelze und auf die Schmelze im Kristallisator gelenkt (Abb. 9.34 c).

Röntgenröhren (WILHELM CONRAD RÖNTGEN, 1845–1923. Er erhielt 1901 als erster den Nobelpreis für Physik.) Im Jahre 1895 machte RÖNTGEN an einem Katodenstrahlrohr die Beobachtung, daß von den Teilen der Röhre, die von Katodenstrahlen getroffen wurden, neue Strahlen ausgingen, die die Fähigkeit hatten, in der Nähe der Röhre stehende fluoreszenzfähige Stoffe zum Leuchten zu erregen und die fotografische Platte auch durch schwarzes Papier hindurch zu schwärzen. Während Katodenstrahlen schon durch geringe dünne Schichten von Materie vollständig absorbiert werden, zeigten die neuen Strahlen eine große Durchdringungsfähigkeit. Ihre Unbeeinflußbarkeit durch magnetische und elektrische Felder bewies, daß es sich nicht um Strahlen geladener Teilchen handeln konnte. Ihre Fähigkeit, Interferenzerscheinungen zu zeigen, wie sie für jede Wellenbewegung charakteristisch sind (s. Bd. 1 und Bd. 3), erwies ihre Wellennatur.

Abb. 9.34 a. Elektronenstrahlschmelzofen mit einer Elektronenkanone von 250 kW Leistung (nach M. v. ARDENNE)

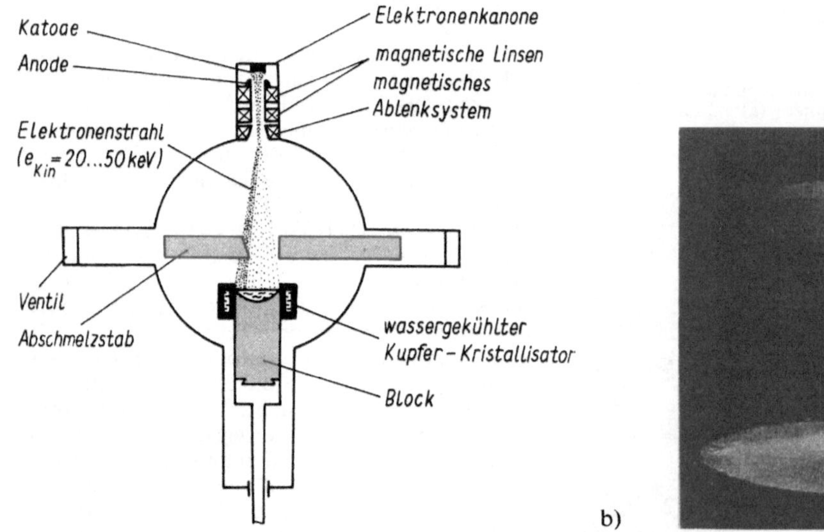

Abb. 9.34 b. Schema eines Elektronenstrahlschmelzofens

Abb. 9.34 c. Blick in einen Elektronenstrahlschmelzofen von 1200 kW Elektronenstrahlleistung

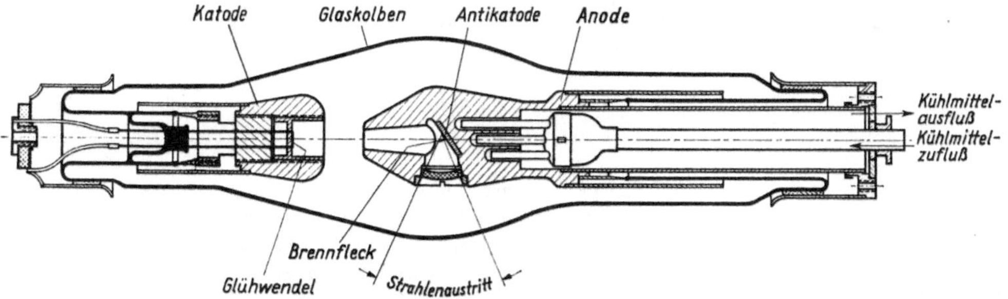

Abb. 9.35. Röntgenröhre

Abb. 9.36. Braunsche Röhre

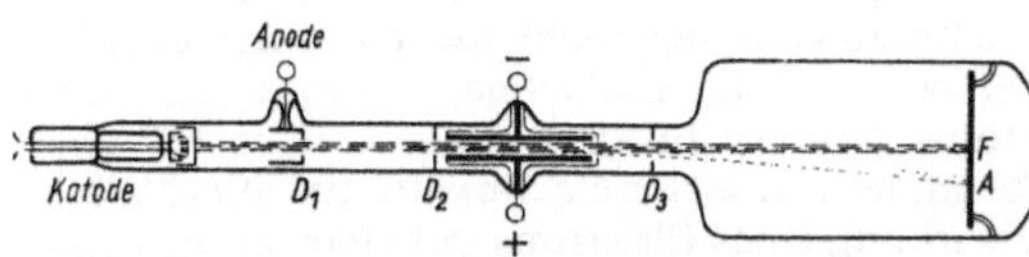

Abb. 9.37. Braunsche Röhre (schematisch)

Röntgenstrahlen sind keine Teilchenstrahlen, sondern Wellenstrahlen, analog dem Licht.

Von der Auftreffstelle der Katodenstrahlen gehen die Röntgenstrahlen wie Licht von einer Lichtquelle nach allen Seiten aus. Man läßt die Katodenstrahlen möglichst konzentriert auf ein Metallstück, die *Antikatode*, fallen, die also den Ausgangspunkt der Röntgenstrahlung darstellt. Abb. 9.35 zeigt ein Rohr mit Glühkatode. (Die Glühkatode für Röntgenröhren wurde zuerst von LILIENFELD angewandt.) Wegen der starken Wärme-entwicklung der Katodenstrahlen muß die Antikatode meist künstlich gekühlt werden. Das Durchdringungsvermögen der Röntgenstrahlen hängt von der Geschwindigkeit der auftreffenden Elektronen ab: Je größer deren Geschwindigkeit, um so durchdringender ist die entstehende Röntgenstrahlung. Man spricht auch hier von harter und weicher Strahlung, so daß also die Härte des entstehenden Röntgenlichts bedingt wird durch die „Härte" der erregenden Katodenstrahlung.

Die Braunsche Röhre. (FERDINAND BRAUN, 1850–1918, Professor der Physik in Marburg, Tübingen und Straßburg; 1909 Nobelpreis.) Die Ablenkung der Katodenstrahlen durch elektrische und magnetische Felder kann man sehr gut dazu benutzen, den zeitlichen Verlauf einer variablen Spannung oder eines variablen Stromes aufzuzeichnen. Da die Masse der Elektronen außerordentlich klein ist, folgen sie dem schnellsten Wechsel des ablenkenden elektrischen oder magnetischen Feldes ohne merkliche Trägheit.

Man kann also außerordentlich rasche, selbst in milliardstel Sekunden verlaufende Strom- oder Spannungsschwankungen noch an der Ablenkung der Katodenstrahlen erkennen. Abb. 9.36 zeigt die Ausführungsform einer solchen *Braunschen Röhre* mit Glühkatode, wie sie schematisch in Abb. 9.37 dargestellt ist. Der Fluoreszenzfleck wird durch geeignete Kippschwingungen auseinandergezogen (*Katodenstrahloszillograf*).

---

10. Leitung des elektrischen Stromes in Festkörpern

Wir haben bereits das Verhalten fester Körper in elektrischen und magnetischen Feldern betrachtet. Dabei wurden wir auf die *Permittivität* (Abschn. 2.4.1) und die *Permeabilität* (Abschn. 4.5.2) geführt und konnten beide Erscheinungen durch Vorgänge innerhalb der Atome und Moleküle deuten.

In Abschn. 3.5.1 haben wir die Stromleitung in einem Metall behandelt. Die wichtigsten Merkmale der Stromleitung ließen sich durch die Annahme, daß in einem Metall ein freies Elektronengas existiert, erklären. Unsere Annahme wurde experimentell durch den Versuch von TOLMAN (Abschn. 3.5.1) begründet. Eine theoretische Stütze wurde zu dieser Modellannahme nicht gegeben. Desgleichen sind wir auch nicht auf Stromleitungsphänomene in Halbleitern und in Isolatoren eingegangen. Gerade die letztgenannten Erscheinungen stehen gegenwärtig im Brennpunkt der Forschung. Die wichtigsten Grundlagen hierzu sollen in den folgenden Abschnitten behandelt werden. Für weiterführende Betrachtungen wird auf Bd. 4 verwiesen.

10.1. Mechanismus der Stromleitung

10.1.1. Das Energiebändermodell

Einzelnes Atom. Wir denken uns zunächst den festen Körper in seine Atome zerlegt. Sie seien genügend weit voneinander entfernt, so daß sie sich nicht gegenseitig beeinflussen. Aus der Atomphysik (s. Bd. 3) wissen wir, daß jedes der Atome eine mit seiner Ordnungszahl übereinstimmende Anzahl von Elektronen besitzt. Die Elektronen kreisen auf bestimmten, fest vorgegebenen Bahnen um den Atomkern (*Bohrsches Atommodell*). Zwischenbahnen sind nicht möglich. Sie sind „verboten". Die Elektronen auf den äußersten Bahnen sind die für die Bindungen der Atome untereinander verantwortlichen Valenzelektronen.

Befindet sich ein Elektron im elektrostatischen Feld des positiv geladenen Atomkerns, dann hat das Elektron eine potentielle Energie, die vom Abstand Kern – Elektron abhängt und überall negativ ist. Soll das Elektron auf eine höhere Bahn gebracht werden, ist hierzu eine Arbeit nötig. Das Atom wird *angeregt*. Wird das Elektron ins Unendliche befördert, ist das Atom *ioni-*

siert. Die Anregungsenergie bzw. die Ionisierungsenergie kann dem Atom auf verschiedene Weise zugeführt werden [Erwärmung, Stoß mit energiereichen Teilchen, Strahlung (s. Abschn. 8.1.1)]. Außer der potentiellen Energie besitzt das Elektron infolge seiner Bewegung auch kinetische Energie.

Für unsere Betrachtungen ist entscheidend, daß zu jedem Bahnabstand ein bestimmter Energiewert des Elektrons gehört. Da nur fest vorgegebene Bahnen möglich sind, kann das Elektron im Atom nur ganz bestimmte Energiewerte einnehmen, die außerdem sehr schmal sind. Es lassen sich somit die möglichen „erlaubten" Bahnen eines Elektrons im Atom durch die Angaben dieser Energieniveaus charakterisieren.

Festkörper. Rücken nun die Atome enger zusammen, so daß wir uns den Verhältnissen im Festkörper nähern, dann kann der Einfluß der Atome aufeinander nicht mehr unberücksichtigt bleiben. Auf die Elektronenzustände des einen Atoms wirken zusätzlich die elektrostatischen Felder der Kerne der Nachbaratome. Diese Wechselwirkung eines Elektrons mit einer großen Zahl von Atomen hat eine Verschiebung und eine Aufspaltung der einzelnen Energieniveaus in energetische Bänder zur Folge. Anstelle der ursprünglich scharfen Energieniveaus erhalten wir im Festkörper Bänder, die aus dicht beieinander liegenden Niveaulinien bestehen, und zwar so viele, wie der Festkörper Atome hat. (In Bd. 4 werden diese Vorgänge eingehend behandelt.) Da die Beeinflussung der äußeren Elektronen durch die Nachbaratome größer ist als die der inneren, ist auch die Verbreiterung der äußeren Energieniveaus größer. Elektronen auf den inneren Bahnen werden durch die äußeren Elektronen vom Einfluß der Nachbaratome abgeschirmt. Diese Abschirmung erfolgt um so vollständiger, je näher die inneren Elektronen dem Kern und je mehr Schalen noch außerhalb dieser Elektronen besetzt sind. Abb. 10.1 zeigt, wie die Breite der Energieniveaus mit zunehmender Wechselwirkung (mit abnehmendem Atomabstand) wächst. Diese Verbreiterung ist für hochliegende Energieniveauwerte stärker als für tiefliegende, die noch bei geringem Atomabstand recht scharf bleiben.

Durch das Zusammenrücken der einzelnen Atome zu einem Festkörper (Kristall) verbreitern sich also besonders die jeweils äußeren Energieniveaus zu Energiebändern. Die Einwirkungen benachbarter Atome aufeinander sind so groß, daß sich

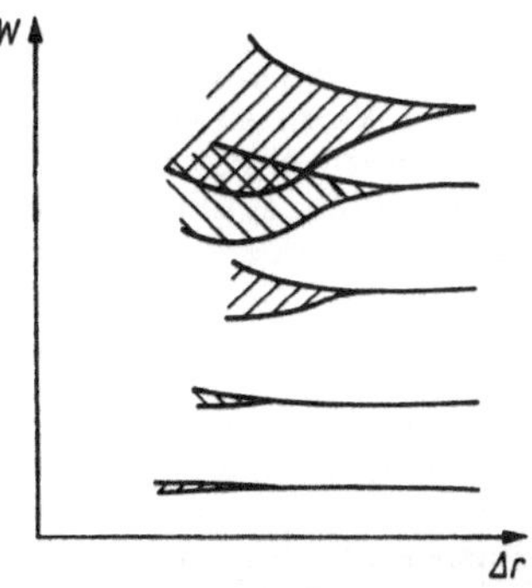

Abb. 10.1. Verbreiterung der Terme mit abnehmendem Atomabstand

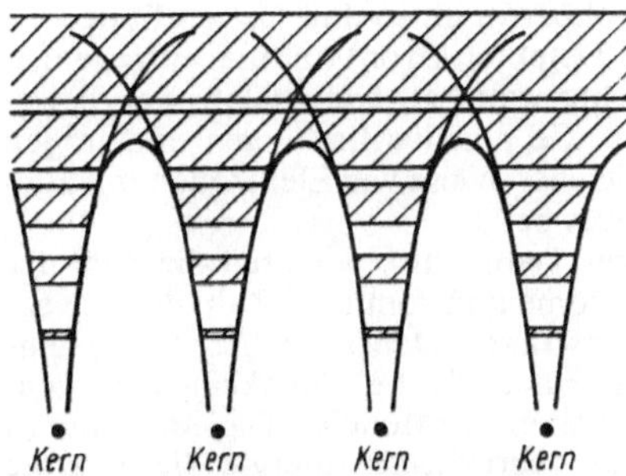

Abb. 10.2. Schematische Darstellung der potentiellen Energie eines Elektrons im Kristall

die höheren Bänder praktisch ohne Unterbrechung über den ganzen Kristall erstrecken.

Abb. 10.2 zeigt die potentielle Energie eines Elektrons in einem Kristall. Die potentielle Energie des Einzelatoms ist dünn gezeichnet, die des ganzen Kristalls dick. Desgleichen sind die Energiebänder eingetragen. Die äußeren Bänder dehnen sich ohne Unterbrechung über den ganzen Kristall aus. Elektronen dieser Bänder sind nicht mehr an das Einzelatom gebunden. Sie gehören in ihrer Gesamtheit dem ganzen Kristall an und können sich durch den Kristall bewegen. Aber auch Elektronen in den immerhin noch relativ breiten Bändern der mittleren Bereiche sind nicht eindeutig einem bestimmten Atom zugeordnet. Die Bänder sind durch schmale Potentialwälle zwischen den Atomen unterbrochen. Elektronen dieser Bänder können ihren Platz untereinander austauschen, sofern in einem Band die Anzahl der Elektronen im Bereich eines Atoms die zulässige Maximalzahl nicht überschreitet. Elektronen in diesen Bändern sind also mit gewissen Einschränkungen ebenfalls frei beweglich.

Zwischen den Bändern existieren Bereiche, in denen keine Elektronen möglich sind (*verbotene Zonen*). Je nach der Stoffart können die verbote-

nen Zonen unterschiedlich breit sein. Zwischen den oberen Bändern können sie bei einigen Stoffen sehr schmal werden und auch gänzlich wegfallen, so daß sich die oberen Bänder überlappen.

Für die Untersuchung der Leitfähigkeit eines Festkörpers sind das oberste Band, das im unangeregten Zustand noch Elektronen enthält (*Valenzband*), und die Lage des nächsten leeren Bandes von Interesse. Wir nehmen zunächst an, das (ohne Unterbrechung durchführende) Valenzband sei vollständig mit Elektronen gefüllt. Das ist der Fall, wenn jedes Atom des Kristalls gerade die maximale Anzahl Elektronen des Terms, aus dem das Band durch die Verbreiterung entstanden ist, auch zur Verfügung stellt. Dann kann kein weiteres Elektron in diesem Band untergebracht werden. Die Elektronen sind infolge gegenseitigen Platztausches zwar in reger Bewegung. Da in dem vollbesetzten Valenzband jedoch keine freien Energieterme existieren, können die Elektronen auch keine Energie aus einem angelegten elektrischen Feld aufnehmen. Es kann sich keine gerichtete Bewegung ausbilden. Ein vollbesetztes Band trägt also nicht zur Leitfähigkeit bei. Ist davon außerdem das nächst höhere (völlig leere) Band durch eine verbotene Zone getrennt, zeigt der Körper Isolator- oder Halbleitereigenschaften. Bei einem Isolator ist die verbotene Zone breit (etwa 5 bis 10 eV); bei einem Halbleiter ist sie schmal (etwa 0,5 bis 1 eV), so daß bestimmte (noch zu besprechende) Mechanismen einen Elektronentransport ermöglichen.

10.1.2. Metallische Leitfähigkeit

Ist das Valenzband nicht vollständig mit Elektronen gefüllt, dann können Elektronen durch ein angelegtes elektrisches Feld Energie aufnehmen und jeweils zum Nachbaratom gelangen. Da oberhalb der bereits besetzten Energieniveaus noch freie Energieterme in dem gleichen Energieband existieren, können sie eingebaut werden. Die kleinste angelegte elektrische Feldstärke reicht hierzu schon aus. Es liegt *metallische Leitfähigkeit* vor. Die Elektronen des nur zum Teil besetzten Valenzbandes gleichen einem leicht beweglichen *Elektronengas*. Der Zustand der metallischen Leitfähigkeit liegt ebenfalls vor, wenn sich ein volles Valenzband und das nächste leere überlappen. Auch hierbei sind oberhalb der besetzten Terme noch genügend freie vorhanden, so daß eine Elektronenleitung möglich ist. Metallische Leitfähigkeit tritt also ein, wenn das Valenzband nicht vollständig mit Elektronen besetzt ist oder wenn sich das besetzte Valenzband mit dem nächsten leeren überlappt.

Die Dichte der freien Elektronen in einem Metall ist sehr groß. Sie liegt in der Größenordnung von 10^{22} cm^{-3}. Daher ist das Verhalten der freien

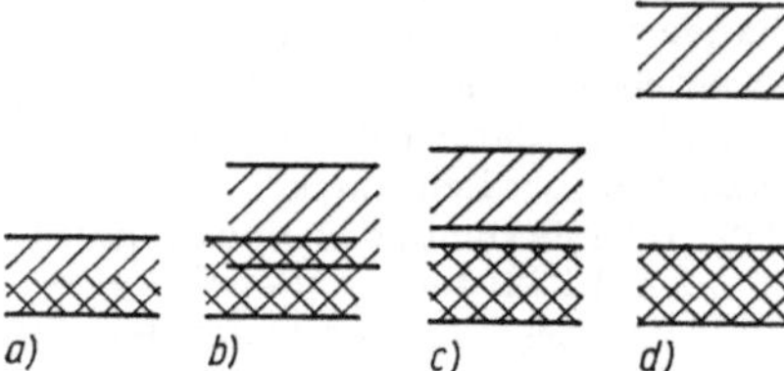

Abb. 10.3. Anordnung der Energiebänder.
a) einwertiges Metall; b) zweiwertiges Metall; c) Eigenhalbleiter; d) Isolator

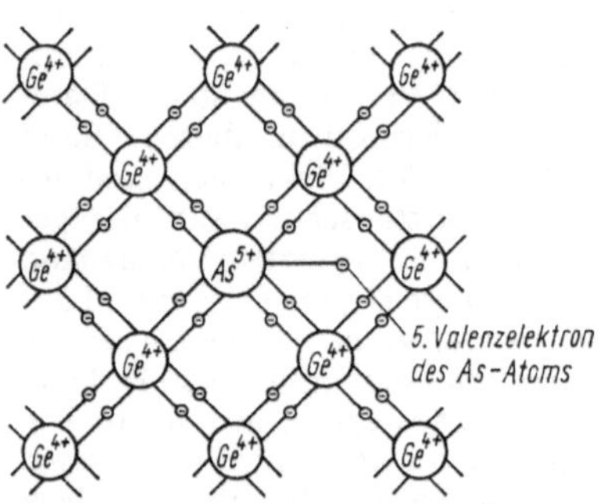

Abb. 10.4. Modell des Germaniumgitters.
Ein Germaniumatom wurde durch ein Arsenatom ersetzt

Elektronen dem eines Gases ähnlich (Elektronengas). Die sich hieraus ergebende Elektronenkinetik wurde schon in Absclin. 3.5 behandelt.

Metall; Halbleiter; Isolator. Abb. 10.3 zeigt das Valenzband und die benachbarten Bänder für die verschiedenen Möglichkeiten der Leitfähigkeit:

a) das Valenzband ist zur Hälfte mit Elektronen besetzt (einwertiges Metall);
b) das vollbesetzte Valenzband und das nächst leere Band überlappen sich (zweiwertiges Metall);
c) zwischen dem vollbesetzten Valenzband und dem nächsten leeren Band existiert eine schmale verbotene Zone (Halbleiter);
d) zwischen beiden Bändern existiert eine breite verbotene Zone (Isolator).

Das über dem Valenzband liegende leere Band ist das *Leitfähigkeitsband* oder *Leitungsband*.

10.1.3. Halbleiter

Die Untersuchung der Stromleitung in einem Halbleiter hat zur Entdeckung einer Reihe von Effekten geführt, die unerwartet große technische Bedeutung erlangt haben. Darum sollen diese Stromleitungsprozesse näher betrachtet werden.

Eigenhalbleitung. Wie wir gesehen haben, ist ein Halbleiter durch ein volles Valenzband und ein leeres Leitungsband, die durch eine verbotene Zone getrennt sind, charakterisiert. Da das Va-

lenzband vollständig gefüllt ist, tritt trotz einer angelegten Spannung keine Stromleitung ein. Sie ist jedoch möglich, sobald Valenzelektronen in das Leitungsband gehoben werden. Solch ein Anregungsprozeß kann z. B. durch Zufuhr thermischer Energie (*Eigenhalbleitung*) oder auch durch Lichteinstrahlung (*Fotoleitung*) erfolgen. Durch die Energiezufuhr wird die Energiebreite der verbotenen Zone überbrückt. In dem Leitungsband können sich dann die Elektronen unter dem Einfluß eines äußeren elektrischen Feldes bewegen. Zugleich sind im Valenzband Elektronenlücken (*Defektelektronen*) entstanden. Einem Defektelektron können wir eine positive Ladung zuordnen. Unter dem Einfluß eines Feldes wird die Lücke von einem Elektron des Nachbaratoms aufgefüllt und diese neue Lücke wieder vom nächsten Nachbaratom, so daß letzten Endes die Lücke (das Defektelektron) in die entgegengesetzte Richtung wandert. Defekteletronen bewegen sich also wie positive Ladungen und tragen deshalb in gleicher Weise wie Elektronen mit zum Stromtransport bei.

Mit steigender Temperatur wachsen die Zahl der angeregten Atome und somit die Zahl der beweglichen Ladungsträger. Daher wächst mit steigender Temperatur auch die Leitfähigkeit (im Gegensatz zum Verhalten der Metalle). Da jedoch durch die Zufuhr an thermischer Energie die gesamte Breite der verbotenen Zone überbrückt werden muß, wird die Eigenhalbleitung erst bei höheren Temperaturen wirksam.

Störstellenhalbleitung. Reale Halbleiterkristalle sind selbst bei größter Sorgfalt während der Herstellung nie frei von Baufehlern und von Verunreinigungen. Sie enthalten stets Gitterstörungen in Form von Leerstellen, Atomen auf Zwischengitterplätzen oder eingebauten Fremdatomen (*Substitutionsstörstellen*). Gerade die genannten Fehler sind jedoch für die Leitfähigkeit von Bedeutung.

Wenden wir uns zunächst dem Einfluß der Substitutionsstörstellen zu. Wir betrachten einen Germaniumkristall, der mit geringen Beimengungen von Arsen verunreinigt ist. Ge hat vier Valenzelektronen, As fünf. Wird das As-Atom in das Ge-Gitter eingebaut, dann ist das fünfte Valenzelektron des As nur lose an den Kern gebunden. Abb. 10.4 zeigt im Modell die Bindungen des eingebauten As-Atoms. Wegen der schwachen Bindung an den Kern liegt der Energieterm des fünften Valenzelektrons dicht unterhalb des Leitungsbandes (Abb. 10.5). Diese Energieniveaus (*Donatorterme*) ergeben keinen durchgehenden Term, sondern sind fest lokalisiert. Sie liegen etwa 0,05 eV unterhalb des Leitungsbandes. Bei geringer Temperaturerhöhung (Zimmertemperatur) wird das Elektron in das Leitgungsband gehoben und ist im Gitter frei beweglich. Diese

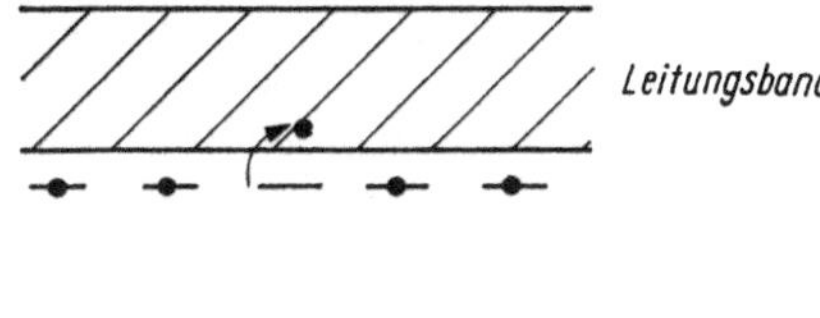

Abb. 10.5. Donatorterme im Bändermodell

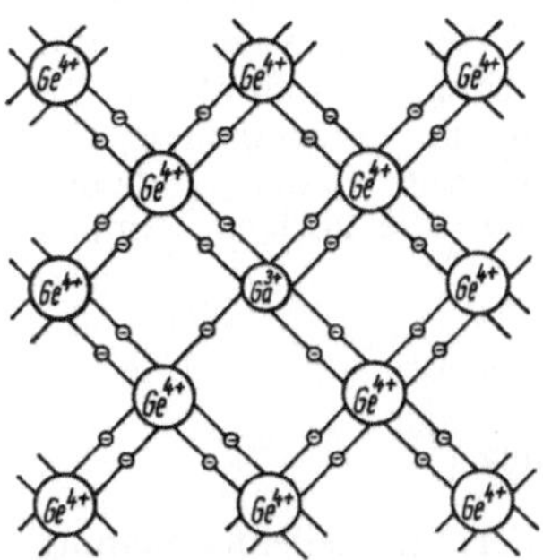

Abb. 10.6. Modell des Germaniumgitters.
Ein Germaniumatom wurde durch ein Galliumatom ersetzt

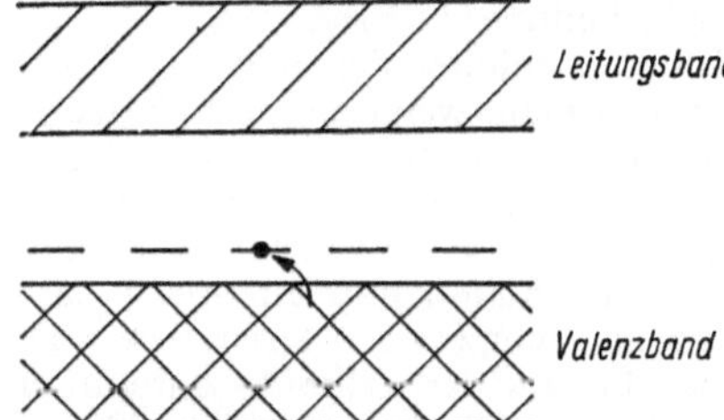

Abb. 10.7. Akzeptorterme im Bändermodell

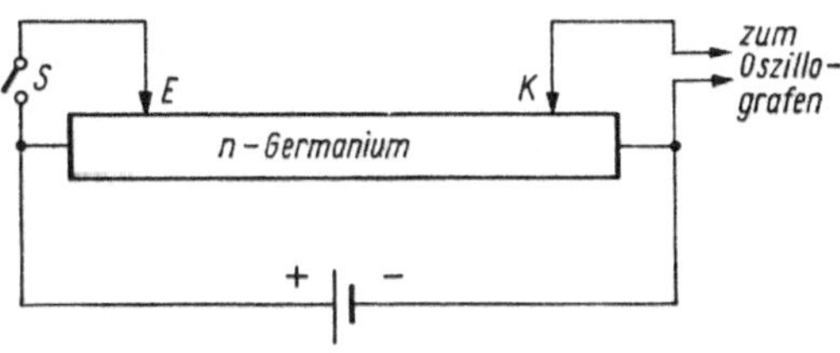

Abb. 10.8. Versuch von HAYNES und SHOCKLEY.
E Emitter; K Kollektor; S Kurzzeitschalter

durch negative Elektronen verursachte Leitfähigkeit wird als *Überschuß-* oder *n-Leitung* bezeichnet.

Ist dagegen der Germaniumkristall mit Gallium (mit drei Valenzelektronen) verunreinigt, so fehlt beim Einbau in das Ge-Gitter ein Elektron (Abb. 10.6). Es besteht somit die Tendenz, bei geringer Zufuhr von Wärmeenergie ein Elektron eines Nachbaratoms einzufangen und damit ein Defektelektron zu erzeugen. Der Energieterm dieser Störstelle liegt also dicht oberhalb des Valenzbandes (*Akzeptorterm*) (Abb. 10.7). Die erzeugten positiven Defektelektronen vermögen zur Leitfähigkeit beizutragen. Man spricht von *Mangel-* oder *p-Leitung*.

In der Halbleitertechnik werden heute vorwiegend Si, Ge und GaAs benutzt, die je nach Bedarf durch *Dotierung* (gezielter Zusatz von Beimengungen von Fremdatomen) n- oder p-leitend gemacht werden. Die gittereigenen Störungen (Leerstellen oder Atome auf Zwischengitterplätzen) können wir als fehlgeordnete Gitteratome in einer ungestörten Umgebung auffassen. Befindet sich z. B. ein Atom auf einem Zwischengitterplatz in einem Kristall, der nur aus einer Atomsorte besteht, dann hat dieses Atom von seinen Nachbaratomen einen geringeren Abstand, als ihn die übrigen Gitteratome untereinander haben. Da die Aufspaltung der Elektronenterme in Bänder gerade entscheidend von diesem Abstand abhängt (Abschn. 10.1.1), werden die Bänder deformiert. Bei starker Störung spaltet aus diesen Bändern ein Term in die verbotene Zone hinein ab. In ganz ähnlicher Weise reagieren auch die Atome in der Umgebung einer Leerstelle. Es werden also durch gittereigene Störungen in analoger Weise wie bei den Substitutionsstörstellen Akzeptor- und Donatorterme gebildet.

Im allgemeinen enthält ein Halbleiter Akzeptor- und Donatorterme. Die Stromleitung erfolgt somit zugleich durch Löcher (Leerstellen) und durch Elektronen. Rekombinieren beide miteinander, gehen sie für die Stromleitung verloren. Überwiegt durch entsprechende Dotierung eine der beiden Leitungsmöglichkeiten, dann bestimmen die im Überschuß vorhandenen Ladungsträger (*Majoritätsträger*) den Leitfähigkeitstyp, p-Leitung oder n-Leitung. Die in der Minderheit vorhandenen Ladungsträger sind die *Minoritätsträger*. In p-leitendem Material bilden Elektronen, in n-leitendem Material Löcher die Minoritätsträger.

Der Versuch von HAYNES und SHOCKLEY. J. H. HAYNES und W. SHOCKLEY haben die Bewegung von Minoritätsträgern unmittelbar durch den Versuch bestätigen können. Ihre Anordnung ist in Abb. 10.8 dargestellt. Ein Germaniumband (n-leitend) von etwa 3 cm Länge und einigen Millimetern Dicke wurde aus einem Einkristall geschnitten. Die beiden Enden wurden mit großflächigen Elektroden versehen. Bei E werden in den Kristall durch einen Kurzzeitschalter Löcher (Minoritätsträger) eingeimpft,

---

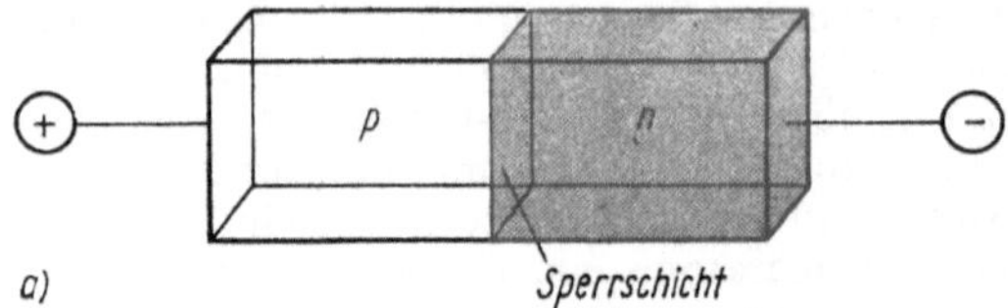

Abb. 10.9. p-n-Gleichrichter, in Flußrichtung gepolt.
a) Schema; b) Schaltbild

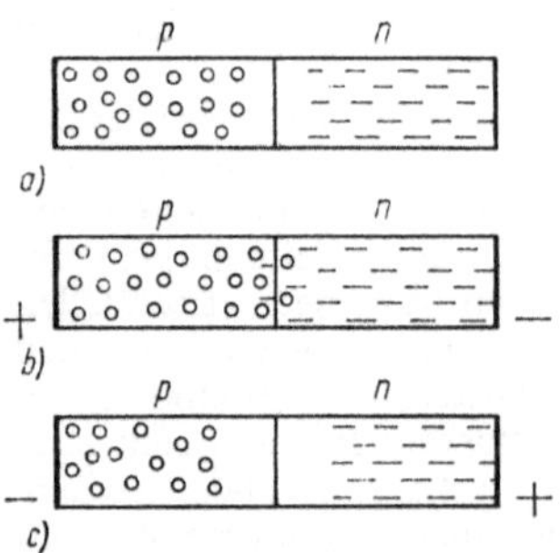

Abb. 10.10. Schematische Ladungsverteilung in einem p-n-Übergang.
a) ohne Spannung;
b) in Flußrichtung;
c) in Sperrrichtung

die unter dem Einfluß der angelegten Spannung zum Kollektor K wandern. Durch Aufzeichnung des Vorganges mittels eines Oszillografen konnte nicht nur die Tatsache der Löcherleitung, sondern auch die Lebensdauer der Ladungsträger und ihre Geschwindigkeit ermittelt werden.

Temperaturabhängigkeit. Gegenüber der Eigenhalbleitung, die erst bei höheren Temperaturen wirksam wird, tritt die Störstellenhalbleitung schon bei Zimmertemperatur ein. Wird die Temperatur allmählich erhöht, so wird zunächst der Bereich der Störstellenhalbleitung durchlaufen. Der Stromtransport wird durch Elektronen aus den Donatortermen und durch Defektelektronen getragen. Bei höheren Temperaturen werden dann zusätzlich Elektronen aus dem Valenzband in das Leitungsband befördert. Es liegt zusätzlich Eigenhalbleitung vor.

Sowohl bei Eigenhalbleitung als auch bei Störstellenhalbleitung wächst die Leitfähigkeit mit der Temperatur nach der Beziehung

$$\varkappa = A\,\mathrm{e}^{-eU/kT}$$

(k Boltzmann-Konstante; eU Ablösearbeit, die bei Eigenhalbleitern zum „Aufbrechen" einer Bindung, bei Störstellenhalbleitern zum Freisetzen des überschüssigen Elektrons oder Loches erforderlich ist; A ist eine Konstante, die in weiten Bereichen, etwa zwischen 10^{-2} und $10^{-6}\ \Omega^{-1}$ cm^{-1}, schwanken kann).

Die Temperaturabhängigkeit wird technisch bei den *Heißleitern* (z. B. CuO und UO$_2$) ausgenutzt. Man wendet sie bei elektrischen Temperaturmessungen (sog. *Thermistoren*) und für selbsttätige Anlasser an. Es seien z. B. eine Anzahl Glühlampen hintereinander geschaltet und jede Lampe habe im Nebenschluß einen solchen Heißleiter. Dann wird dieser bei normalem Betrieb infolge seines hohen Widerstandes nur sehr wenig Strom aufnehmen. Brennt aber eine Lampe durch, dann liegt fast die gesamte Netzspannung am Heißleiter; denn die übrigen Lampen brennen dunkel weiter, ihr Widerstand ist gering geworden, da der Widerstand des Wolframs stark mit der Temperatur steigt. Umgekehrt sinkt der Widerstand des Heißleiters mit zunehmender Belastung; er sinkt bis zum Betrage der parallelgeschalteten Lampe, so daß die übrigen Lampen wieder hell aufleuchten.

10.1.4. Der p-n-Übergang

Bei der Behandlung der Störstellenhalbleitung (Abschn. 10.1.3) haben wir gesehen, daß Beimengungen in einem Halbleiter zu Substitutionsstörstellen führen können. Durch geeignete Wahl der Fremdatome erreicht man, daß es zur Elektronenleitung (n-Leitung) bzw. zur Defektelektronenleitung (p-Leitung) kommt.

Räumliche Inhomogenitäten der Felder in einem Halbleiter erreicht man, wenn man durch geeignete Dotierung den einen Teil n-leitend und den anderen p-leitend macht. Zu diesem Zweck bringt man auf die eine Seite eines Germanium- oder Siliziumeinkristalls Indium und auf die andere Seite Antimon und tempert den Kristall, bis die Elemente etwa bis zur Kristallmitte diffundiert sind. In dem schmalen Übergangsgebiet stößt das p-leitende Gebiet auf das n-leitende (Abb. 10.9). In dieser Randschicht treffen Elektronen aus dem n-leitenden Bereich mit den Löchern des p-leitenden zusammen. Die Elektronen füllen die Löcher aus. Es kommt zur Rekombination beider Trägersorten. Die Übergangszone, der *p-n-Übergang*, verarmt an Ladungsträgern beider Art. Dort ist der Stromtransport unterbunden. Der Bereich wird zu einer *Sperrschicht* mit hohem elektrischem Widerstand.

Legt man eine Spannung so an den Kristall, daß das p-Gebiet positiv, das n-Gebiet negativ ist (vgl. Abb. 10.10), so werden von beiden Seiten Ladungsträger in die Sperrschicht „geweht"; ihr Widerstand wird vermindert. Ein Stromfluß ist leicht möglich. Diese Polung wird daher als *Flußrichtung* bezeichnet. Bei umgekehrter Polung (*Sperrichtung*) werden dagegen beide Sorten von Ladungsträgern von der Sperrschicht weggezogen,

---

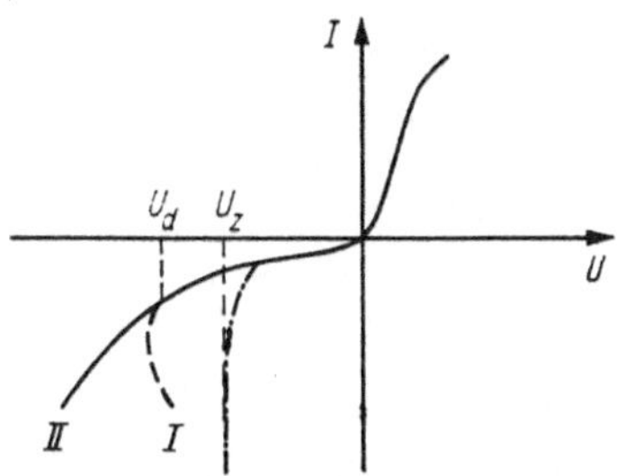

Abb. 10.11. Charakteristik eines p-n-Gleichrichters. U_D Durchbruchspannung; U_z Zener-Spannung; -.-.-. Kennlinie eines Zener-Gleichrichters

Abb. 10.12. Trockengleichrichter

und deren Widerstand wird noch erhöht. Man erhält daher die in Abb. 10.11 dargestellte Strom-Spannungs-Charakteristik.

Aus dieser Kennlinie ersieht man, daß im Sperrbereich der Widerstand U/I der Diode wesentlich größer als im Durchlaßgebiet ist: Dies gilt jedoch nur so lange, wie die Sperrspannung unterhalb der Durchbruchsspannung U_D liegt. Belastung oberhalb U_D führt zur Zerstörung der Sperrschicht und zu einem Stromdurchbruch, wobei dieser einerseits durch den Wärmedurchbruch (Kurvenast I), andererseits durch einen inneren elektrischen Durchschlag verursacht werden kann. Beim Wärmedurchbruch übersteigt die im Halbleiter in Wärme umgesetzte Verlustleistung die zulässigen Grenzen. Beim elektrischen Durchschlag überschreitet die elektrische Feldstärke einen von der Stoffart und der Dosierung abhängigen Grenzwert. Dabei können verschiedene Effekte wirksam werden: der von C. ZENER entdeckte Effekt und die Trägerlawinenbildung durch Stoßionisation. Der Zener-Effekt beruht auf einem nur durch die Quantenmechanik erklärbaren Effekt, dem sog. Tunneleffekt (vgl. Bd. 4): Auf Grund dieses Effektes vermag ein Teil der Elektronen eine Potentialschwelle, die wesentlich höher liegt als die Energie der Elektronen, zu

durchdringen und neue Paare (Elektronen - Defektelektronen) zu bilden; der Paarbildungsanteil steigt dann sprunghaft an, sofern Elektronen und Defektelektronen hinreichende Energie besitzen, um durch Stoßionisation neue Paare zu erzeugen. Infolge der starken Ladungsträgervermehrung wächst der Strom lawinenartig.

10.2. Anwendung der Halbleiter

10.2.1. Gleichrichter

Trockengleichrichter. Im vorangegangenen Abschnitt haben wir gesehen, daß der Widerstand einer Sperrschicht in der Sperrichtung sehr groß ist, in der Durchlaßrichtung dagegen klein. Anordnungen, die Sperrschichten ausbilden, lassen sich daher zur Gleichrichtung von Wechselströmen verwenden.

Am bekanntesten sind die Kupfer(I)-oxid- und die Selengleichrichter. Beim Kupfer(I)-oxid Gleichrichter ist eine Kupferplatte mit einer Cu_2O-Schicht bedeckt. Hierauf befindet sich eine Deckelelektrode (Graphit- oder Silberpaste). Der Halbleiter (Cu_2O) liegt zwischen zwei unterschiedlichen Metallelektroden. Zwischen dem Kupfer und der Cu_2O-Schicht bildet sich eine Sperrschicht aus, die die Gleichrichtung bewirkt.

Der Selengleichrichter enthält auf einer Nickel-, Eisen- oder Aluminiumplatte eine dünne Schicht Selen. Als Deckelektrode wird eine Zinn-Cadmium-Legierung verwendet. Die Sperrschicht liegt zwischen der Selen-Schicht und der Deckelektrode.

Diese Trockengleichrichter bewirken nur bei kleinen Spannungen eine zufriedenstellende Gleichrichtung. Bei höheren Spannungen wird die Gleichrichteranordnung unwirksam. So arbeitet der Cu_2O-Gleichrichter bis 5 V und der Selengleichrichter bis etwa 18 V. Zur Gleichrichtung höherer Spannungen werden mehrere Platten hintereinander geschaltet (Abb. 10.12).

Halbleiterdioden. Sie zeigen gute Gleichrichtereigenschaften. Das Verhältnis Flußstrom zu Sperrstrom ist groß; sie besitzen eine hohe maximale Sperrspannung. Bei ihnen wird die Sperrschicht durch den im vergangenen Abschnitt besprochenen p-n-Übergang erzielt, der die günstigen Gleichrichtereigenschaften bewirkt.

Sonderausführungen. Die meisten Halbleiterdioden haben Kennlinien, die ähnlich wie die in Abb. 10.11 dargestellte verlaufen. Bei gewissen Dioden treten auf Grund ihres besonderen Aufbaus Abweichungen von obiger Charakteristik auf. Diese Dioden haben bereits technische An-

---

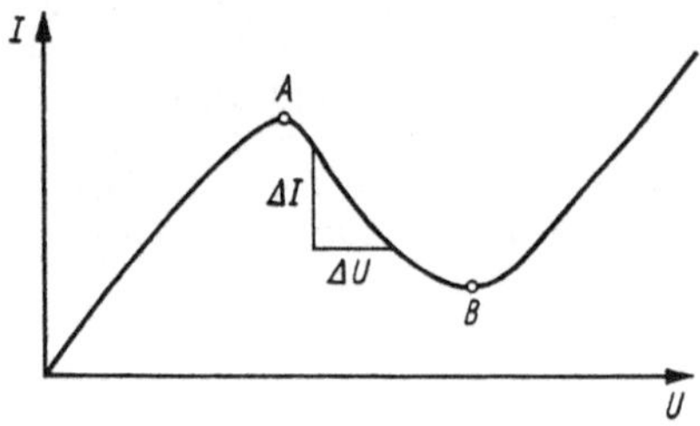

Abb. 10.13. Kennlinie einer Tunneldiode

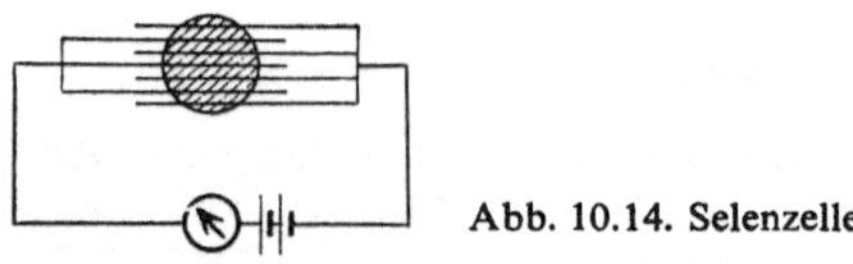

Abb. 10.14. Selenzelle

wendungen gefunden, z. B. die Zener-, die Tunnel- und die Fotodioden.

Zenerdioden (Z-Dioden). Wird eine Siliziumdiode in Sperrichtung angeschlossen und die Spannung allmählich erhöht, so ist bereits vor Eintreten des Durchbruchs ein starkes Anwachsen des Sperrstroms zu beobachten. In Abb. 10.11 zeigt der strichpunktiert gezeichnete Kurvenast den Verlauf der Kennlinie. In der Umgebung der Durchbruchspannung verläuft der Kurvenast nahezu parallel zur I-Achse. Ursache dieser Erscheinung ist der von CLARENCE ZENER (geb. 1905) entdeckte und nach ihm benannte *Zener-Effekt*. Überschreitet die elektrische Feldstärke im Bereich des p-n-Übergangs einen bestimmten Wert, so werden die Elektronen vom Valenzband in das Leitungsband gehoben (*innere Feldemission*). Hierdurch steigt die Leitfähigkeit (in Sperrichtung) stark an. Es bildet sich der in Abb. 10.11 gezeichnete Kennlinienverlauf aus. Die an der Diode liegende Spannung ist innerhalb eines gewissen Strombereichs nahezu unabhängig von der Stromstärke. Zenerdioden können daher als Spannungsstabilisator verwendet werden.

Tunnel- oder Esaki-Dioden. (LEO ESAKI, japan. Physiker.) Diese Dioden sind durch einen extrem dünnen p-n-Übergang gekennzeichnet, der zwei Gebiete sehr hoher Störstellenkonzentration trennt. Zwischen den beiden Bereichen kommt es über das sehr schmale Übergangsgebiet zum quantenmechanischen Tunneleffekt. Die Ladungsträger können die Sperrschicht wie durch einen „Tunnel" passieren, auch wenn ihre Energie nach den Sätzen der klassischen Physik hierfür nicht ausreichen würde (s. Bd. 4). Die Dioden zeigen keine Sperrwirkung. Es bildet sich der in Abb. 10.13 gezeichnete Kennlinienverlauf aus. Von Bedeutung ist hierbei, daß die Charakteristik zwischen den Punkten A und B fallenden Verlauf zeigt. Eine Spannungserhöhung um ΔU hat nicht

einen Stromanstieg, sondern einen Stromabfall um ΔI zur Folge. Der differentielle Widerstand $\Delta U/\Delta I$ wird in diesem Bereich negativ. Tunneldioden werden im Mikrowellenbereich als Oszillator und Verstärker eingesetzt.

Detektorwirkung. Bringt man eine Metallspitze oder -kante (Bronze, Stahl, Gold, auch Graphit) in mehr oder weniger lose Berührung mit einem Kristallplättchen aus Halbleitern, wie PbS, Mo_2S_3, FeS, Si und ähnlichen, so zeigt eine solche Anordnung, wie BRAUN (1875) entdeckte, einen von der Stromrichtung abhängigen Widerstand. Man bezeichnet diese Anordnung als *Detektor*. Ihre Gleichrichterwirkung beruht auf ähnlichen Erscheinungen wie bei den p-n-Gleichrichtern, (detegere, lat., = entdecken, da derartige Anordnungen in der Frühzeit des Funks zum Empfang der Wellen verwendet wurden).

Lichtelektrische Leitung. Der Widerstand eines durchsichtigen oder durchscheinenden Halbleiters kann durch Bestrahlung wesentlich verringert werden. Trifft Licht auf solch einen Körper (z. B. Se oder CdS), so werden durch den *inneren lichtelektrischen Effekt* Elektronen des Halbleiters vom Valenzband in das Leitungsband gehoben, und die Leitfähigkeit nimmt infolgedessen zu. Während die Elektronen bei ungestörtem Gitter die gesamte verbotene Zone überbrücken müssen, benötigen sie an den Störstellen nur die Energiedifferenz von den Störtermen zum Leitungsband. Durch künstliche Erzeugung von Fehlstellen – z. B. durch teilweise Überführung von Cu_2O in CuO – auf nur einer Seite des plattenförmigen Halbleiters erreicht man, daß nur auf dieser Seite durch das Licht Elektronen abgelöst werden. Dadurch entsteht bei Belichtung eine EMK, und das Gebilde wird zum *Fotoelement*. Neuerdings werden meist in Sperrichtung gepolte *Fotodioden* aus Ge, Si oder GaAs verwendet, in denen die Leitfähigkeit eines p-n-Übergangs durch das Licht beeinflußt wird.

Selenzellen. HITTORF entdeckte 1852, daß die Leitfähigkeit des metallischen Selens größer wird, wenn und solange es von Licht getroffen wird. Die Änderung des Widerstandes von metallischem Selen bei Lichtbestrahlung findet beim Tonfilm und in der Lichttelefonie technische Anwendung. Abb. 10.14 zeigt die Anordnung einer solchen Zelle, des sog. Kondensatortyps. Ein kleiner Glimmerkondensator wird an der Hochkantfläche der Elektrodenplättchen abgeschliffen, so daß zwei Scharen kammartig ineinandergreifender Elektrodensysteme sichtbar werden. In etwa 0,02 mm dicker Schicht wird metallisches Selen darübergebreitet, das die leitende Verbindung zwischen den beiden Elektrodensystemen darstellt. Bei Belichtung sinkt der Widerstand der Zelle, der im Dunkeln etwa 1 MΩ beträgt, so daß Stromänderungen entstehen, wenn eine äußere Spannungsquelle (von etwa 20 V) angeschaltet ist. Man kann also den Strom durch Licht steuern. Der Nachteil der Selenzellen liegt vor allem darin, daß sie eine gewisse Trägheit besitzen, daß die Widerstandsänderung nicht streng proportional der Lichtintensität ist, und daß Nachwirkungserscheinungen vorhanden sind. Es dauert einige Sekunden, bis der Maximalwert der Widerstandsänderung eintritt, und nach sehr starker Bestrahlung kann es Stunden dauern, bis der Dunkelwiderstand wieder erreicht wird. Diese Nachteile lassen sich jedoch für die oben erwähnten technischen

---

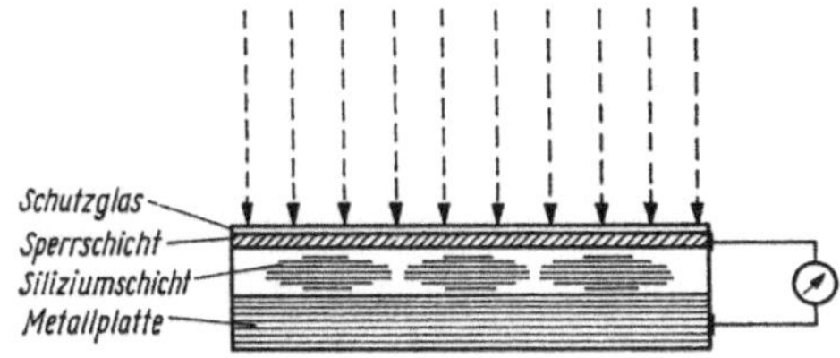

Abb. 10.15. Siliziumfotoelement

Zwecke vermeiden. Vor allem hervorzuheben ist, daß gute Selenzellen eine „statische" (d. h. bei langsamem Lichtwechsel gemessene) Empfindlichkeit von rund $50\,000 \cdot 10^{-6}$ A/lm besitzen, also die Empfindlichkeit guter gasgefüllter Fotozellen (Bd. 3) um etwa das Tausendfache übertreffen.

Hinterwandzelle. Auf einer Kupferplatte wird auf der einen Seite eine sehr dünne, noch lichtdurchlässige Schicht von Kupfer(1)oxid erzeugt und auf diese hauchdünn Silber aufgestäubt. Bei Bestrahlung dringt das Licht bis zur Plattenoberfläche, und es werden durch innere lichtelektrische Wirkung Elektronen im Cu_2O freigemacht, die (abgesehen von geringen Verlusten durch den inneren Kurzschluß) im Kupfer zur anderen Plattenoberfläche gelangen und von dort in einem äußeren Stromkreis zum Silber fließen. Man nennt ein derartiges Element (nach SCHOTTKY) eine Hinterwandzelle.

Vorderwandzelle. Wirksamer als die Hinterwandzellen sind die Vorderwandzellen, bei denen die *Sperrschicht* an der Vorderwand (vom Lichteinfall gerechnet) gelegen ist. Auf die wie oben mit der dünnen Kupfer(1)oxidschicht bedeckten Platte wird wiederum Kupfer aufgestäubt. Dann wirkt das Licht bereits nach Durchsetzung dieser Kupferhaut und wird daher weit weniger geschwächt.

Selen-Fotoelemente. Von noch wesentlich größerer Wirksamkeit sind die Selen-Fotoelemente. Eine Eisenplatte wird mit metallischem Selen bedeckt, auf diese eine noch durchscheinende Haut von Gold oder Platin gestäubt. Bei Belichtung werden im Selen lichtelektrisch Elektronen ausgelöst, welche, die Sperrschicht zwischen Selen und Eisen durchsetzend, in die Goldhaut und von dort im äußeren Stromkreis zur Eisenplatte fließen. Derartige Zellen liefern bei Beleuchtung von 1 Lux je cm² Oberfläche einen Fotostrom von einigen 10^{-8} A.

Fotodioden. Neuerdings benutzt man fast ausschließlich Silizium- oder Germaniumdioden, bei denen der Halbleiter als Einkristall verwendet wird. Während des Ziehvorganges dieser Kristalle ändert man die Dotierung so, daß eine Übergangszone, ein p-n-Übergang entsteht. Man schließt den Kristall so an, daß der positive Pol der Spannungsquelle am n-Bereich, ihr negativer Pol am p-Bereich liegt. Arbeitet man im Gebiet des Sättigungsstromes, so ist der durch den Dipol fließende Strom unabhängig von der Spannung. Bei einfallendem Licht werden zusätzliche Ladungsträger erzeugt: Die Stromstärke steigt an, und zwar proportional der Beleuchtungsstärke. Derartige Fotodioden dienen zur Umwandlung von Lichtimpulsen in elektrische Signale.

Siliziumzellen. Heute sind die Selen-Fotoelemente weitgehend durch die Siliziumzellen verdrängt worden. Die Abb. 10.15 zeigt den Aufbau eines solchen Silizium-Fotoelementes: Eine als Elektrode dienende Metallplatte trägt eine Siliziumschicht, auf deren Oberseite die Sperrschicht liegt. Ein Glasplättchen dient als Schutz. Diese Fotoelemente haben einen hohen Wirkungsgrad und dienen in der Raumfahrt als Stromerzeuger für Sender.

10.2.2. Transistoren

Bei Halbleitern läßt sich durch Injektion von Ladungsträgern die Leitfähigkeit außerordentlich stark beeinflussen. Diese Entdeckung hat ausgehend von grundlegenden Versuchen von BARDEEN, BRATTAIN und SHOCKLEY (1946) zur Entwicklung von Halbleiterbauelementen, den *Transistoren*, geführt. Sie können ähnlich wie Elektronenröhren zur Verstärkung von elektrischen Spannungen benutzt werden.

Transistoren können durch den Einbau der Fremdatome während des Wachstums des Einkristalls oder durch unmittelbare Diffusion dieser Verunreinigungen in den Kristall hergestellt werden.

Ihr Anwendungsgebiet wächst ständig. Die Vorteile der Transistoren gegenüber den Elektronenröhren sind der sehr kleine Raumbedarf, das Fehlen der Heizspannung, die lange Lebensdauer und die niedrige Betriebsspannung. Der technologische Prozeß der Herstellung der Transistoren ist erheblich leichter automatisierbar als der der Röhren. Transistoren haben die Röhren praktisch verdrängt. In der Unterhaltungselektronik, der Rechentechnik und der Raumfahrt sind sie unentbehrlich geworden. (Das Wort „Transistor" ist aus „transfer resistor" entstanden.)

Von den Transistortypen, die im Laufe der Zeit entwickelt wurden, haben sich zwei durchgesetzt, der *Flächentransistor* und der *Feldeffekttransistor*.

Flächentransistor (Bipolartransistor). In Abschn. 10.1.4 wurde gezeigt, daß ein p-n-Übergang in Sperrichtung den Strom nicht vollständig sperrt, sondern einen sehr geringen Sperrstrom besitzt. Seine Größe ist durch die Minoritätsträger, die laufend in der Nähe des p-n-Übergangs erzeugt werden, festgelegt. Er ist ein Sättigungsstrom und kann somit durch die Spannung am p-n-Übergang nicht beeinflußt werden. Könnte man diese spontane Ladungsträgererzeugung irgendwie beeinflussen oder zusätzliche Ladungsträger in die Nachbarschaft des p-n-Übergangs schaffen, dann hätte man ein Mittel, den Sättigungsstrom von außen zu steuern. Nun injiziert aber ein p-n-Übergang in Durchlaßrichtung ständig Minoritätsträger in den Halbleiter hinein, deren Stromdichte stark von der angelegten Spannung abhängt. Man kann somit die gewünschte Steuerung dadurch erzeugen, daß man im Innern ein und desselben Kristalls dem in Sperrichtung geschalteten p-n-Übergang einen zweiten (in Durchlaßrichtung geschalteten) gegenüberstellt, so daß beide entweder die p-Schicht oder die n-Schicht gemeinsam haben. Die so entstehende Kombination von drei aufeinanderfolgenden Schichten ist ein *Transistor*. Es gibt nun zwei verschiedene Kombinationen, je nach dem ob die gemeinsame Schicht p-leitend oder n-leitend ist. Wir erhalten einen n-p-n- und einen p-n-p-Transistor. Beide Kombinationen sind einander gleichwertig und arbeiten analog.

In Abb. 10.16 ist schematisch ein p-n-p-Transistor dargestellt. Der gemeinsame Bereich in der Mitte

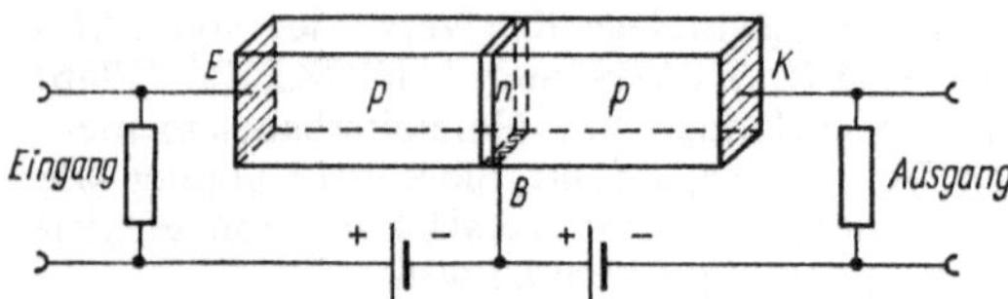

Abb. 10.16. p-n-p-Transistor.
E Emitter; *K* Kollektor; *B* Basis

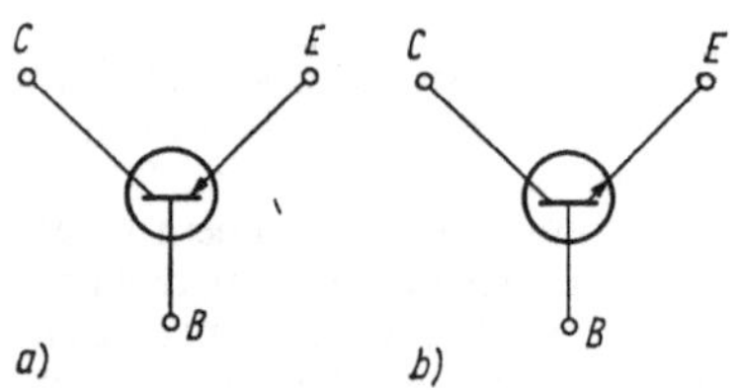

Abb. 10.17. Schaltsymbole für den
a) p-n-p-Transistor, b) n-p-n-Transistor.
B Basis; *C* Kollektor; *E* Emitter

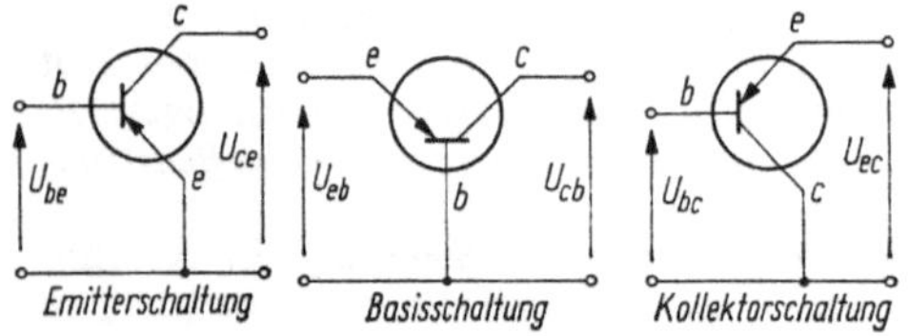

Abb. 10.18. Grundschaltungen für Transistoren

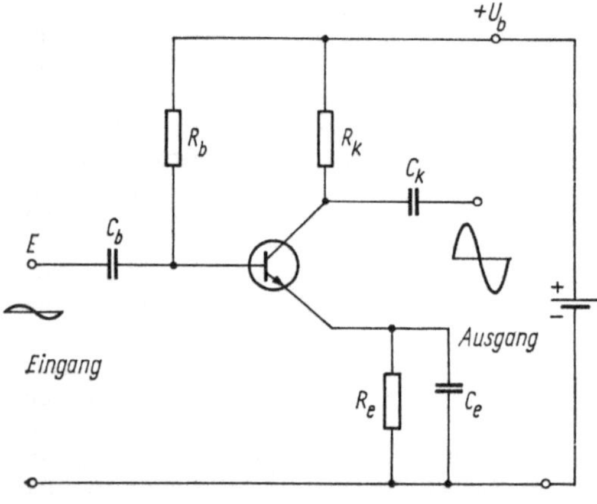

Abb. 10.19. Transistor in Verstärkerschaltung

ist die *Basis*. Der linke p-n-Übergang ist in Flußrichtung geschaltet. Die linke Elektrode *E* ist der
Emitter. Der rechte p-n-Übergang ist in Sperrrichtung geschaltet. Die Elektrode *K* ist der *Kollektor*.
Die Wirkungsweise des p-n-p-Transistors ist folgende: Die in Flußrichtung gepolte Emitterzone

ist gegenüber dem Basisbereich sehr stark dotiert.
Daher besteht der Emitterstrom im wesentlichen
aus Defektelektronen, die in die Basis hinein injiziert werden. Da die Basis außerdem sehr dünn
ist, so geht nur ein geringer Teil der Defektelektronen durch Rekombination mit den Basiselek-
tronen verloren. Die Mehrzahl erreicht den (in
Sperrichtung geschalteten) p-n-Übergang des
Kollektors und vergrößert den Sättigungsstrom
des Kollektorkreises. Insgesamt erfolgt eine geringe Schwächung des Emitterstromes, d. h., die
Stromverstärkung ist kleiner als Eins. Die Span-
nungsverstärkung ist aber groß. Da der p-n-Übergang am Emitter in Flußrichtung gepolt ist, ist
der innere Widerstand des Emitter-Basis-Strom-
kreises sehr klein. Es wird nur eine geringe Spannung benötigt. Der innere Widerstand des Basis-
Kollektor-Stromkreises ist groß (wegen der Polung in Sperrichtung). Eine Erhöhung des Kollektorstromes durch Injektion von Ladungsträgern
verursacht am Arbeitswiderstand dieses Stromkreises eine viel größere Spannung, als sie am
Eingang des Emitter-Basis-Kreises für den gleichen Strom erforderlich ist. Da die Ströme in
beiden Kreisen etwa gleich sind, ist die Span-
nungsverstärkung ungefähr gleich dem Verhältnis
der Widerstände.
Der n-p-n-Transistor arbeitet ganz analog dem
p-n-p-Transistor. Bei ihm werden Elektronen aus
der Emitterzone über die Basis in die Kollektor-
zone injiziert. In Abb. 10.17 sind die Schaltsymbole beider Transistortypen angegeben.
Bei der in Abb. 10.16 dargestellten Schaltung ist
die Basis gemeinsame Elektrode des Eingangs-
und des Ausgangskreises. Sie wird *Basisschaltung*
genannt. Die Steuerung wird am Emitter vorgenommen. Es lassen sich noch zwei weitere
Schaltmöglichkeiten angeben. Bei der *Emitterschaltung* (Abb. 10.18) ist der Emitter gemeinsame Elektrode. Die Eingangsspannung liegt zwischen Basis und Emitter. Der Eingangswiderstand
ist größer als bei der Basisschaltung. Im Gegensatz zur fehlenden Stromverstärkung der Basisschaltung liegt bei der Emitterschaltung Stromverstärkung vor. Die Emitterschaltung ist die be-
vorzugte Schaltweise für Transistoren. – Bei der
dritten Schaltmöglichkeit ist der Kollektor gemeinsame Elektrode des Eingangs- und Ausgangskreises (Abb. 10.18). Bei dieser *Kollektorschal-
tung* ist der Eingangswiderstand groß, der Aus-
gangswiderstand klein. Die Schaltung weist eine
große Stromverstärkung und eine kleine Span-
nungsverstärkung auf.

Verstärkerschaltung mit Transistor. Abb. 10.19
zeigt einen n-p-n-Transistor in Verstärkerschaltung (Emitterschaltung). Die zu verstärkende
Eingangswechselspannung wird an die Basis gelegt. Der Kondensator C_b hat die Aufgabe, den
Transistor von der Eingangswechselspannungs-

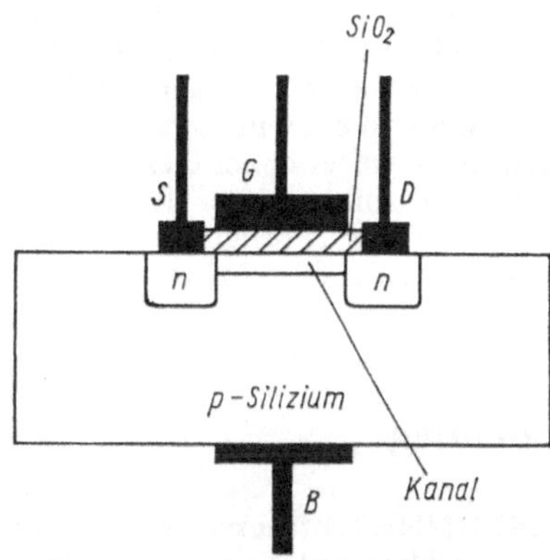

Abb. 10.20. MOS-Feldeffekttransistor.
S Quelle; *D* Senke; *G* Steuerelektrode; *B* Substratanschluß

quelle gleichstrommäßig zu trennen. Die Basis-Emitter-Strecke ist nur dann leitend, wenn die Basis dem Emitter gegenüber positiv geladen ist. Um nicht nur die positive, sondern auch die negative Halbwelle der Eingangswechselspannung verstärken zu können, wird an die Basis über den Widerstand R_b eine positive Gleichspannung gelegt, die dem Betrage nach größer ist, als die zu verstärkende Wechselspannung. Der Basisstrom setzt sich aus einem Gleich- und einem Wechselspannungsteil zusammen. Der Kollektorstrom fließt über den Lastwiderstand R_k und ist um den Stromverstärkungsfaktor größer als der Basisstrom und setzt sich entsprechend dem Basisstrom aus einem Gleich- und einem Wechselstromanteil zusammen; die Spannung wird über den Ausgangskondensator C_k abgegriffen.

Der Kollektorgleichstrom hat noch einen zweiten Anteil, den Kollektorstrom; dieser steigt, da der Transistor ein Halbleiter ist, mit der Temperatur an (Abschn. 10.1.3). Da sich die Verstärkung des Transistors mit dem Kollektorgleichstrom ändert, ist man bestrebt, diese Wirkung des Kollektorstromes auszugleichen. Dazu dient der Widerstand R_e als gleichstrommäßige Gegenkoppelung (die wechselstrommäßige Gegenkoppelung wird durch den Kondensator C_e verhindert). Steigt der Kollektorstrom, so steigt damit die Spannung an R_e; dadurch aber sinkt die Gleichspannung an der Basis und mit ihr der Basisgleichstrom; infolgedessen fällt der aus der Verstärkung des Basisstromes hervorgegangene Anteil des Kollektorgleichstromes.

Feldeffekttransistor (Unipolartransistor). Der oben beschriebene Flächentransistor arbeitet auf der Basis der Injektion von Ladungsträgern in einen in Sperrichtung gepolten p-n-Übergang. Trotz aller Vorzüge besitzt er einen großen Nachteil: Die Steuerung erfolgt nicht leistungsfrei. Sollen

Ströme von nur wenigen Ladungsträgern verstärkt werden (z. B. Fotozelle), dann sind Flächentransistoren ungeeignet, da ihr Eingangswiderstand zu klein ist. Es war daher lange Zeit nicht möglich, für die Verstärkung sehr kleiner Ströme die Verstärkerröhre durch Transistoren zu ersetzen.

Diese Lücke wurde durch den *Feldeffekttransistor* (*FET*) geschlossen. Der Grundgedanke seiner Arbeitsweise ist die Steuerung der Trägerdichte im Oberflächenbereich einer halbleitenden Schicht durch ein senkrecht auftreffendes elektrisches Feld. Obwohl die Vorgeschichte dieser Entdeckung bis in die zwanziger Jahre zurückreicht, brachten erste Muster um 1950 enttäuschende Ergebnisse. Man kannte keine Planartechnologie, die Oberflächen genügender Reinheit und Stabilität ergab. Erst etwa zwanzig Jahre später wurde diese Technologie beherrscht.

Die Arbeitsweise des Feldeffekttransistors soll am Beispiel einer speziellen Bauart, die größte Bedeutung erlangt hat, erklärt werden, dem *MOS-Feldeffekttransistor* (MOSFET, von engl. metal-oxid-semiconductor field effect transistor). Nach Abb. 10.20 enthält p-leitendes Silizium in geringem Abstand voneinander zwei n-leitende Gebiete hoher Störstellendichte. Sie werden als Quelle *S* (engl. source) und als Senke *D* (engl. drain) bezeichnet. Beide sind über Elektroden mit einem Stromkreis verbunden. Oberhalb der Verbindung zwischen *S* und *D* befindet sich auf einer Isolatorschicht (SiO_2) aufgedampft die Steuerelektrode *G* (gate, engl., = Tor). Der Stromfluß zwischen *S* und *D* wird mit Hilfe der Steuerelektrode *G* dadurch beeinflußt, daß die Defektelektronen im p-leitenden Silizium bei positiver Aufladung der Steuerelektrode mehr oder weniger in die tiefere Siliziumschicht gedrängt werden bzw. daß die Elektronen (also die Minoritätsträger) aus den tieferen Schichten angezogen werden. Auf diese Weise erhält der Kanal unter der Steuerlektrode entsprechend der angelegten Spannung mehr oder weniger Ladungsträger, und der Stromfluß wird durch *G* gesteuert. Wir sprechen von *MOSFET vom Anreicherungstyp.*

Der leitende Kanal bildet sich also durch die positive Steuerspannung. Es ist eine Inversion der Ladungsträger eingetreten. Der Kanal ist n-leitend geworden. Diese Inversion setzt erst nach Überschreiten einer bestimmten äußeren Feldstärke ein. Die Kanalbildung hat aber zur Folge, daß der n-leitende Kanal und das p-leitende Silizium einen p-n-Übergang bilden. Bei entsprechender Polung verhindert er, daß die Elektronen in das p-leitende Silizium übertreten. Dadurch bleibt der Strom auf den engen Kanal begrenzt.

Beim *MOSFET vom Verarmungstyp* sind Quelle und Senke durch eine n-leitende, als Kanal dienende Schicht verbunden. Sie wird durch Stör-

---

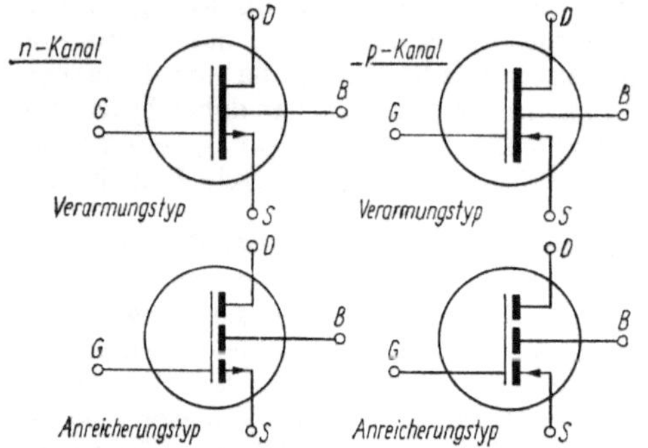

Abb. 10.21. Schaltsymbole von MOS-Feldeffekttransistoren.
Der Substratanschluß wurde getrennt herausgeführt

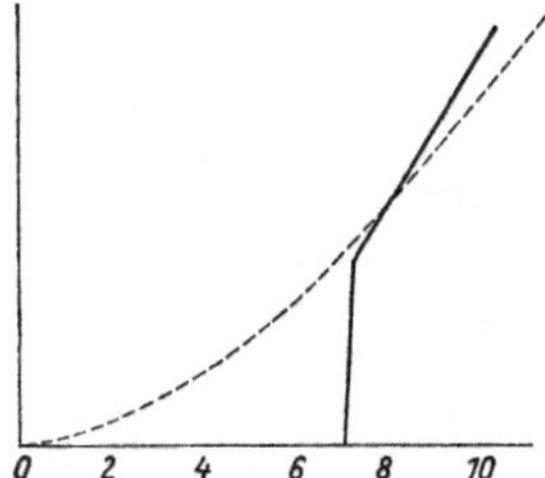

Abb. 10.22. Normal- und Supraleiter bei tiefen Temperaturen (Ordinate: Widerstand R, Abszisse: Temperatur T in K)

stellendiffusion hergestellt. Der Kanal ist also bereits ohne Gatefeld vorhanden. Kanal und Substrat sind durch eine Raumladungszone getrennt. Durch die Wirkung der (negativen) Steuerspannung werden die Elektronen aus dem Kanal „hinausgedrängt". – Beide *MOSFET*-Typen lassen sich auch mit n-leitendem Grundmaterial und p-leitendem Kanal herstellen. In Abb. 10.21 sind die Schaltsymbole von MOS-Feldeffekttransistoren angegeben.

Eine wichtige Kenngröße der *MOSFET* ist das Verhältnis der Kanalbreite zur Kanallänge. Bei vorgegebenem Herstellungsverfahren wird es allein von der Oberflächengeometrie bestimmt. Aus diesem Grund ist der Entwurf von hochintegrierten Schaltungen in der MOS-Technik relativ einfach.

Integrierte Schaltungen. In der Zielsetzung der Verkleinerung der elektronischen Bauelemente und Schaltkreise strebt man zur Zusammenfassung (Integrierung) von „passiven" (Widerstände, Kondensatoren) und „aktiven" (Dioden, Transistoren) Bauelementen einschließlich der Verbindungen. Mit dem Grad der Integration verschwindet der diskrete Charakter eines Bauelementes immer mehr. Die bisher höchste und zukunftsreichste Entwicklungsstufe der integrierten Schaltungen ist die „Funktionsblockmethode" (auch morphologisch-integrierte Technologie oder

Molekularelektronik genannt). Es werden Funktionsblöcke hergestellt, welche die gleiche Funktion wie ganz verwickelte Schaltungen erfüllen. In einem solchen Block ist es nicht mehr möglich, einzelne Bauelemente – weder in der Gestalt noch in der Funktion – zu isolieren. Der Technik ist es gelungen, durch besondere Fertigungsverfahren bis zu 2000 Transistoren auf 1 mm² zu vereinen.

10.3. Supraleitung

KAMERLINGH ONNES entdeckte 1911 bei der Untersuchung des Widerstandes von Quecksilber bei den Temperaturen des flüssigen Heliums die überraschende Tatsache der Supraleitung: Der Widerstand des Metalls, der bei etwa 4,2 K noch einen deutlich meßbaren Wert hatte, verschwand plötzlich, d. h. innerhalb eines Temperaturintervalles von einigen hundertstel Grad, vollständig (Abb. 10.22). Der Vorgang verläuft umkehrbar: Die Widerstandskurve wird in genau entgegengesetzter Richtung durchlaufen, wenn man bei zunehmenden Temperaturen vom supra- zum normalleitenden Zustand übergeht (W. MEISSNER).

10.3.1. Supraleitende Stoffe

In der Folgezeit sind noch zahlreiche andere supraleitende Stoffe aufgefunden worden; Abb. 10.23 gibt eine Darstellung der bis jetzt als supraleitend gefundenen Elemente mit Angabe der Temperaturen, bei denen der supraleitende Zustand eintritt (Sprungpunkt). (Da der Übergang während eines sehr kleinen, aber endlichen Temperaturintervalls erfolgt, wird die Temperatur, die der halben Ordinate der Übergangskurve in den Supraleitungsbereich entspricht, angegeben.) Die große Zahl anderer, selbst reinster Metalle zeigt auch bei den allertiefsten Temperaturen noch immer einen meßbaren, wenn auch sehr geringen Widerstand.

Besonders bemerkenswert sind unter den supraleitenden Elementen das Niob mit dem hohen Sprungpunkt von 9,22 K und das Hafnium mit der sehr niedrigen Sprungtemperatur von nur 0,35 K.

Auch zahlreiche Legierungen, wie z. B. Pb mit einer der Komponenten Ag, Au, Bi, Cu, Hg, In, Tl und ähnliche, auch kompliziertere, wie Woodsches Metall (18,2 K), Phosphorbronze (1 bis 6 K), PbBiSbAs (9 K), zeigen Supraleitung. Darunter sind auch solche (MEISSNER, 1928), die im reinen Zustand keine Supraleitung zeigen, wie AuBi (2,15 K) oder MoC. Auch Verbindungen sind als supraleitend gefunden worden, wie CuS,

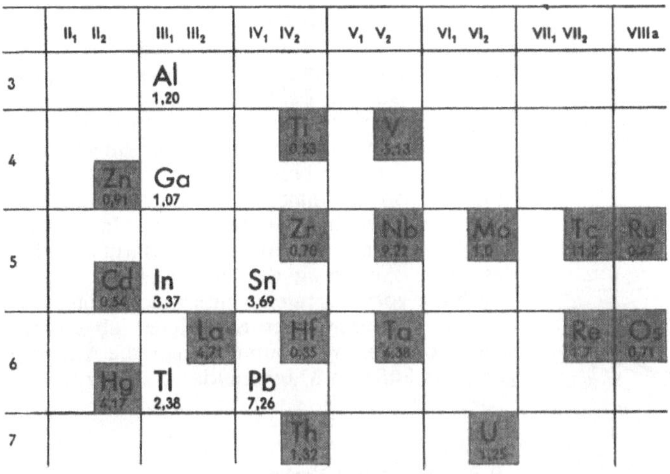

	II$_1$	II$_2$	III$_1$	III$_2$	IV$_1$	IV$_2$	V$_1$	V$_2$	VI$_1$	VI$_2$	VII$_1$	VII$_2$	VIIIa
3			Al 1,20										
4		Zn 0,91	Ga 1,07			Ti 0,53		V 5,13					
5		Cd 0,54	In 3,37		Sn 3,69	Zr 0,70		Nb 9,22		Mo 1,0		Tc 11,2	Ru 0,47
6		Hg 4,17	Tl 2,38	La 4,71	Pb 7,26	Hf 0,35		Ta 4,38				Re 1,7	Os 0,71
7						Th 1,32				U 1,25			

Abb. 10.23. Ausschnitt aus dem Periodensystem mit den supraleitenden Elementen.
Die Zahlen geben Sprungtemperaturen an

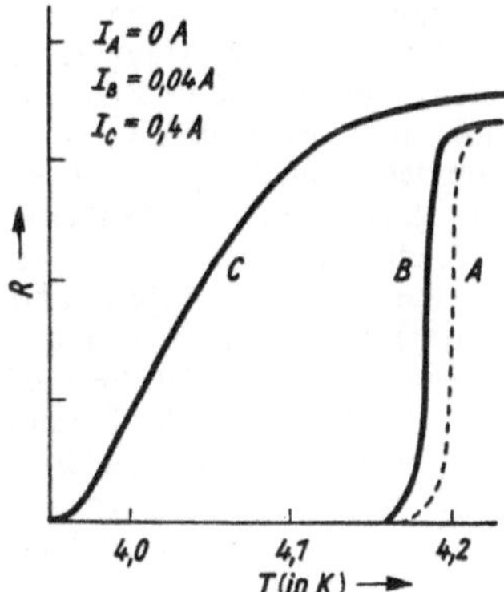

Abb. 10.24. Einfluß der Stromstärke auf die Übergangskurve

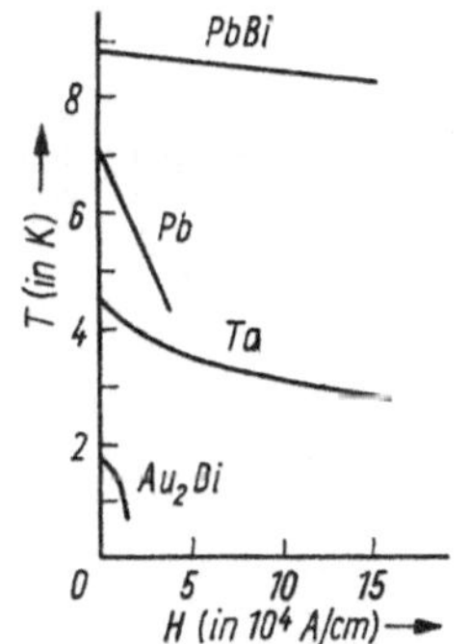

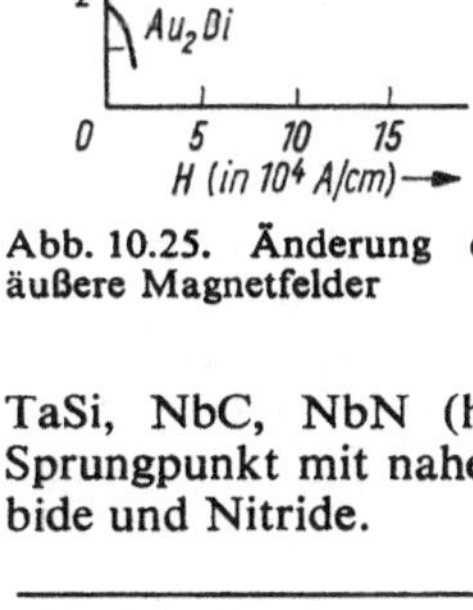

Abb. 10.25. Änderung der Sprungtemperatur durch äußere Magnetfelder

TaSi, NbC, NbN (höchster bisher erreichter Sprungpunkt mit nahe 23 K) und ähnliche Carbide und Nitride.

Beeinflussung der Übergangskurve. Das Absinken des Widerstandes erfolgt um so steiler, je reiner das Metall und je freier es von mechanischen Spannungen ist. Der Sprungbereich umfaßt im allgemeinen einige hundertstel Grad; für Einkristalle ist er kleiner als 0,0005 K. Die Einstellzeit liegt nach Versuchen mit Wechselstrom unterhalb 10^{-6} s.

Sowohl der Verlauf der Übergangskurve als auch die Sprungtemperatur sind durch äußere Einflüsse, wie elastische Spannungen oder Korngröße der Mikrokristalle, veränderlich. Sehr wichtig ist der Einfluß der Stromstärke (Abb. 10.24) und des Magnetfeldes (Abb. 10.25).

Aus Abb. 10.24 folgt, daß das Ohmsche Gesetz in diesem Bereich nicht mehr gilt, da der Widerstand von der Stromstärke abhängt. Der Einfluß des Stromes hat sich bei reinen Metallen (nicht aber bei Legierungen) auf die Wirkungen des vom Strom erzeugten Magnetfeldes zurückführen lassen. Oberhalb gewisser Höchstwerte H_s des Magnetfeldes hört die Supraleitfähigkeit auf. Daher gibt es unter den ferromagnetischen Stoffen keinen Supraleiter. Der Betrag der Felder liegt meist bei 10^4 A/m, bei PbBi erst bei etwa $1{,}6 \cdot 10^6$ A/m bei 1,9 K. Man kann einen Pb-Draht z. B. bei 4,2 K einem Magnetfeld von etwa $4 \cdot 10^4$ A/m aussetzen bzw. ihn mit einer Stromdichte von 407 A/mm^2 belasten.

Wie Abb. 10.23 erkennen läßt, gehören die supraleitenden Elemente vorwiegend der zweiten bis fünften Gruppe des Periodensystems an. Auch die Kristallform ist von entscheidender Bedeutung (DE HAAS): Gewöhnliches weißes tetragonales Zinn wird bei 3,7 K supraleitend, dagegen bleibt graues Zinn mit Diamantgitterstruktur auch bei tieferen Temperaturen normalleitend. Beugungsversuche mit Röntgenstrahlen

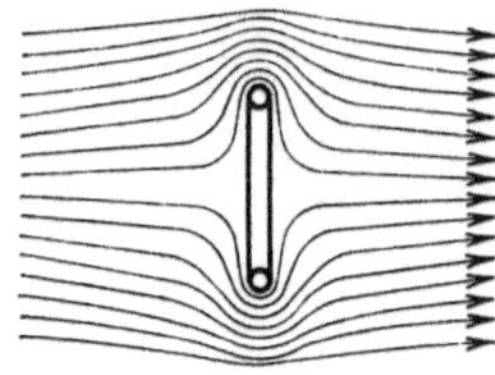

Abb. 10.26. Schnitt durch die Feldverteilung nach Einbringen eines supraleitenden Kreisringes in ein homogenes Magnetfeld

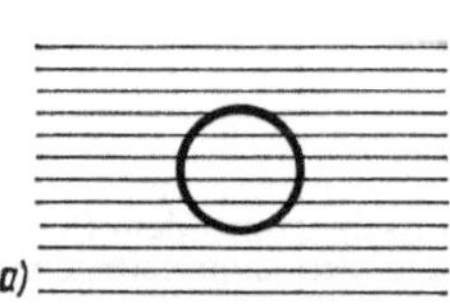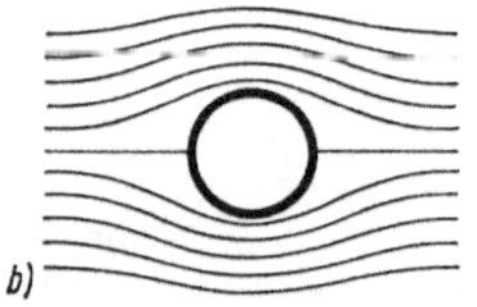

Abb. 10.27. Zylinder im Magnetfeld.
a) im normalen Zustand;
b) nach Eintreten des supraleitenden Zustandes

(vgl. Bd. 3) zeigen, daß beim Übergang in den supraleitenden Zustand das Kristallgefüge keine merkliche Änderung erleidet.

10.3.2. Supraleitende Stromkreise

Da der Widerstand eines solchen Kreises Null ist, fließen einmal in ihm erregte Ströme beliebig lange; eine derartige Spule entspricht also vollkommen einem Dauermagneten. Man kann das Abklingen der Ströme durch die Abnahme der magnetischen Wirkungen verfolgen. Die Erzeugung eines solchen Stromes kann erfolgen, indem man oberhalb der Temperatur des Sprungpunktes ein Magnetfeld einschaltet, das den Kreis durchsetzt. Infolge des ohmschen Widerstandes klingt der entstehende Induktionsstrom bald ab, indem sich die elektromagnetische Energie in Wärme verwandelt. Nun kühlt man unter die Temperatur des Sprungpunktes und läßt das Magnetfeld verschwinden. Der auftretende Induktionsstrom fließt ununterbrochen.

So konnten in einem zu einem Kreis geschlossenen dünnen Pb-Draht Dauerströme von 350 A erzeugt werden. Selbst nach 5 Stunden hatte sich keine nachweisbare Abnahme des Stromes gezeigt. Versuche ergaben, daß der Widerstand des supraleitenden Bleis kleiner als $5 \cdot 10^{-16}$ des Widerstandes bei 0 °C ist (GRASSMANN und EICKE, 1936). Ein dementsprechender spezifischer Widerstand von 10^{-20} Ω cm würde bedeuten, daß ein 1 μm dicker Draht der Länge Erde–Mond einen Widerstand von nur $^1/_{20}$ Ω hat.

Wie bereits oben gezeigt, bleiben Ströme in einem Supraleiter ständig bestehen. Bringt man daher einen Ring aus einem supraleitenden Material in ein Magnetfeld (Abb. 10.26), so wird in ihm

eine Spannung induziert, die einen Strom zur Folge hat. Dieser Strom hat eine derartige Stärke, daß der von dem Ring umfaßte gesamte magnetische Fluß (äußeres Feld plus durch den Strom erzeugtes Gegenfeld) konstant ist. Wird der Ring vom feldfreien Raum in das Magnetfeld gebracht, ist der Gesamtfluß Null.

Solange also die magnetische Feldstärke unterhalb einer kritischen Größe H_s bleibt (s. Abschn. 10.3.3), bewirkt eine Änderung des äußeren Feldes keine Änderung des magnetischen Flusses durch die vom Supraleiter umrandete Fläche. Es ist also ein durch einen Supraleiter abgeschlossener Hohlraum vollkommen gegen die Änderungen eines äußeren Magnetfeldes geschützt.

10.3.3. Spezielles Verhalten der Supraleiter

Meißner-Ochsenfeld-Effekt. Ist der Kreisleiter oberhalb seiner Sprungtemperatur einem Magnetfeld ausgesetzt und wird er im Magnetfeld durch Abkühlen in den supraleitenden Zustand gebracht, so sollte nach den bisherigen Vorstellungen keine Änderung des magnetischen Flusses im Supraleiter mehr stattfinden. MEISSNER und OCHSENFELD fanden (1933) nun, daß der Feldlinienverlauf um einen Zinneinkristall (und um alle reinen Supraleiter) von Zylinderform, der im normalen Zustand wegen $\mu_r \approx 1$ den Verlauf der Abb. 10.27a hat, nach Abkühlung des Leiters unter den Sprungpunkt nicht unverändert bleibt, sondern die in Abb. 10.27b dargestellte Form annimmt. (Vgl. hierzu auch Abb. 10.26.) Nach Ausschalten des Magnetfeldes konnte ferner kein Feld in der Umgebung des Zylinders mehr festgestellt werden. Der Supraleiter verhält sich also wie ein Stoff der Permeabilität $\mu_r = 0$ bzw. der Suszeptibilität $\chi_m = -1$.

Es scheint, daß bei genügend reinen Proben die Erreichung des supraleitenden Zustandes durch Erniedrigung der magnetischen Feldstärke bei konstanter Temperatur zum gleichen Ergebnis führt. In röhrenförmigen Supraleitern sowie bei Legierungen treten kompliziertere Erscheinungen auf, auf die hier nicht näher eingegangen werden kann. Eine Erklärung des Effektes kann noch nicht mit Sicherheit gegeben werden.
Nach Untersuchungen von MEISSNER wird der Restwiderstand der Metalle – der temperaturunabhängige zusätzliche Widerstand bei tiefen Temperaturen – mit zunehmender Reinheit des Stoffes immer kleiner; der Widerstand eines Metalles mit idealem Gitter strebt mit abnehmender Temperatur asymptotisch gegen Null, wie schon eingangs erwähnt wurde. Aber diese stetige Annäherung an den Grenzwert Null unterscheidet sich scharf von dem Eintritt der Supraleitfähigkeit, für die das Auftreten eines Sprunges, also ein unstetiger Übergang, charakteristisch ist. Nach Beobachtungen von ONNES verschwindet beim Eintritt der Supraleitfähigkeit auch ein etwa vorhandener Restwiderstand vollständig.
Auf Grund des Meißner-Effektes gelang es (LONDON, VON LAUE), die Supraleitfähigkeit in den Rahmen einer

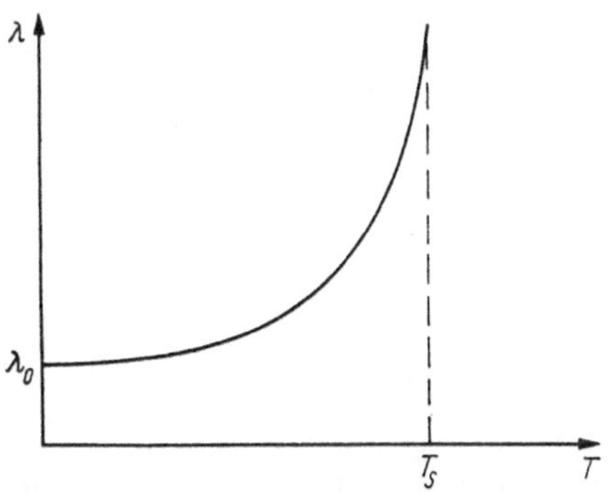

Abb. 10.28. Zur Eindringtiefe.
T_s Sprungtemperatur, λ_0 Eindringtiefe für $T = 0$

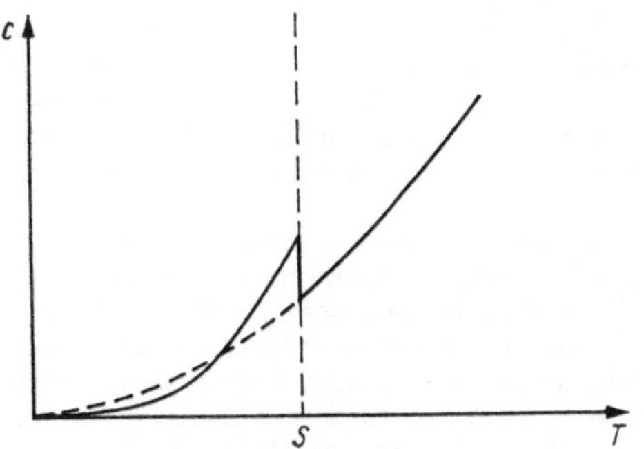

Abb. 10.29. Sprung der spezifischen Wärme c bei einem Supraleiter beim Sprungpunkt S

Erweiterung der Maxwellschen Theorie einzufügen, die mit der Erfahrung, wenigstens bei reinen Metallen, übereinstimmt und z. B. die bemerkenswerte Tatsache verständlich macht, daß der Hochfrequenzwiderstand eines Stoffes sich beim Übergang von der Normal- zur Supraleitfähigkeit stetig verändert. Eine befriedigende modellmäßige Erklärung steht noch aus.

Die Eindringtiefe. Man hat festgestellt, daß die Ströme der Supraleiter nur in deren Oberfläche fließen. Nach der Theorie von LONDON verhält sich ein Supraleiter wie ein Volleiter bei sehr schnell veränderlichen Strömen. Infolge der Hautwirkung (vgl. Abschn. 5.9.2) dringen die Strombahnen zwar nur ganz oberflächlich, aber doch mit endlicher Dicke in den Leiter ein. Demgemäß dringt auch die Induktion nur äußerst wenig in die Tiefe des Supraleiters. Da man diese Wirkungen an sehr kleinen Körpern oder sehr dünnen Schichten am ausgesprochensten beobachten kann, haben C. D. SHOENBERK und M. DESIRANT Versuche mit kolloidalen Quecksilbertröpfchen von etwa 10^{-2} mm Durchmesser bzw. mit Quecksilberfäden in Kapillarröhren, sowie J. M. LOCH mit auf Glimmer aufgedampften Häutchen von Blei, Indium und Zinn ausgeführt. Ihre Ergeb-

nisse lassen sich durch die Formel (vgl. Abb. 10.28)

$$\lambda = \frac{\lambda_0}{\sqrt{1 - \left(\dfrac{T}{T_\mathrm{s}}\right)^4}}$$

darstellen.

Die in einer Kugel induzierten Oberflächenströme lassen sich durch ein Magnetfeld nicht in der Kugel verschieben, sondern nehmen die Kugel mit, obwohl das Fehlen des ohmschen Widerstandes fehlende Reibung bedeutet (ONNES und TUYN). Man hat hierfür noch keine eindeutige Erklärung; die Ursache könnte in Inhomogenitäten (nichtsupraleitenden Gebieten) des Materials und dadurch bedingten Induktionsströmen liegen.

Supraleiter und Wärmeverhalten. Beim Übergang in den supraleitenden Zustand springt die spezifische Wärme (Abb. 10.29). Der MEISSNER-OCHSENFELD-Effekt läßt vermuten, daß der Übergang Supraleitung – Normalleitung eine gewisse Ähnlichkeit hat mit dem Übergehen eines ferromagnetischen in einen paramagnetischen Körper. Darauf fußend kann man die Gesetze der Thermodynamik anwenden und erhält z. B. für die freie Energie F des Vorganges den Ausdruck:

$$F = U - TS + pV - H|\mu|,$$

worin H die magnetische Feldstärke, $|\mu|$ das Dipolmoment des Volumens V bedeuten.

Die kritische Stromstärke. Wie oben erwähnt, wird die Supraleitfähigkeit durch ein genügend starkes Magnetfeld H_s zerstört, wobei H_s von der Temperatur abhängt. Die Supraleitfähigkeit vernichtet sich selbst, wenn der Strom I eine solche kritische Größe I_s annimmt, daß sein Magnetfeld den Wert H_s erreicht oder wenn

$$H_\mathrm{s} = \frac{2I_\mathrm{s}}{R}$$

ist, wobei R den Radius des Drahtes bedeutet. Hieraus findet man für den Sprung der spezifischen Wärme die Rutgersche Formel

$$\Delta c = c_\mathrm{s} - c_\mathrm{n} = \mu_0 T \left(\frac{\mathrm{d}H}{\mathrm{d}T}\right)^2.$$

Die Meßwerte stehen hiermit in guter Übereinstimmung.

Thermoeffekte. In einem supraleitenden Stoff verschwinden alle thermoelektrischen Wirkungen (Seebeck-, Peltier- und Thomson-Effekt). Das thermodynamische Verhalten eines Supraleiters deutet darauf hin, daß die Überleitfähigkeit an gewisse Supraleitungselektronen gebunden ist, während die Wärmeleitfähigkeit völlig mit den Normalelektronen verknüpft ist. Da die Dichte

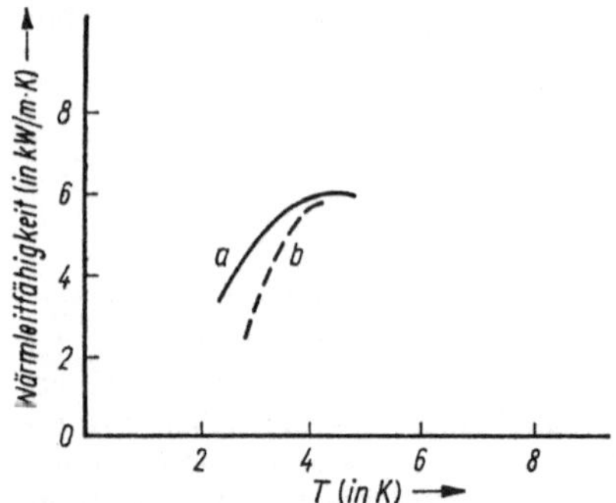

Abb. 10.30. Abhängigkeit der Wärmeleitfähigkeit im supraleitenden Zustand (Kurve *a*) und im Zustand der aufgehobenen Supraleitfähigkeit (Kurve *b*) bei Sn (nach J. K. HULM)

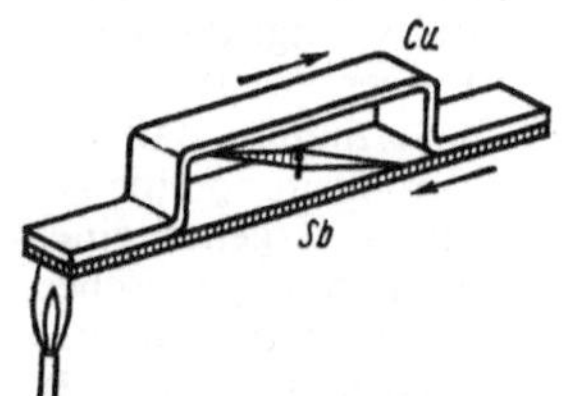

Abb. 10.31. Thermoelement

der Normalelektronen mit sinkender Temperatur sehr rasch ansteigt, fällt auch die thermische Leitfähigkeit stark ab (J. K. HULM). Wird aber der Supraleiter durch ein starkes Magnetfeld in einen Normalleiter zurückverwandelt, so können nunmehr alle Elektronen ihren Beitrag zur Wärmeleitfähigkeit beisteuern, wie Abb. 10.30 zeigt.

Supraleiter haben technische Anwendung gefunden in der Rechentechnik, zur Erzeugung sehr starker Magnetfelder sowie in der Meßtechnik zur Erhöhung der Empfindlichkeit. Es sind außerdem Projekte geplant, bei denen die Übertragung elektrischer Energie über große Entfernung durch Kabel erfolgen soll, die so tief abgekühlt werden, daß die elektrischen Ströme im Zustand der Supraleitfähigkeit fließen können.

10.4. Thermoelektrizität und Peltier-Effekt

10.4.1. Thermoelektrischer Effekt

Bildet man einen Leiterkreis aus zwei verschiedenen Metallen und erwärmt die eine der Verbindungsstellen (meist Lötstellen genannt), so fließt in dem Kreis ein Strom, wie man mit einem Strommeßgerät feststellen kann. (Zuerst von SEEBECK, 1770–1831, im Jahre 1821 beobachtet.) Man wählt oft zur Demonstration die in Abb. 10.31 angegebene Form. Bei ihr fließen an der erwärmten Verbindungsstelle die Elektronen vom Antimon zum Kupfer. Es tritt also als Folge des Temperaturunterschiedes der Lötstellen eine elektromotorische Kraft auf, die man als thermoelektrische Spannung oder kurz *Thermospannung* bezeichnet. Die Thermospannung wird nicht geändert, wenn in den Leiterkreis beliebig viele andere Leiter eingeschaltet werden, sofern alle Verbindungsstellen die gleiche Temperatur haben. Man kann den in den Leiterkreis fließenden Strom messen. Ein Metallpaar, daß bei der Erwärmung einer Verbindungsstelle einen elektrischen Strom liefert, heißt ein *Thermoelement*. Erwärmt man beide Verbindungsstellen eines aus zwei Leitern bestehenden Kreises gleich hoch, so fließt kein Strom. Die Stromstärke, also auch die Thermospannung, ist innerhalb eines ausgedehnten Temperaturbereiches um so größer, je größer der Temperaturunterschied der beiden Lötstellen ist.

Dem thermoelektrischen Effekt liegt folgender Vorgang zugrunde: Berühren sich zwei unterschiedliche Metalle, so gehen an der Berührungsstelle Elektronen des einen Metalls zu dem zweiten über, und zwar von dem Metall mit der kleineren Austrittsarbeit zu dem mit der größeren. Das Metall, das Elektronen abgibt, wird positiv gegenüber dem, welches Elektronen aufnimmt, aufgeladen. In der Berührungsschicht entsteht eine *innere Kontaktspannung* oder *Galvani-Spannung*. Werden die beiden freien Enden des Metalls (z. B. Stäbe) ebenfalls zur Berührung gebracht, so entsteht dort die gleiche Kontaktspannung. Beide „Stromquellen" sind parallel geschaltet. Es fließt kein Strom.

Nun ist der Übertritt der Elektronen des einen Metalls zum zweiten von der Temperatur der Berührungsstelle abhängig. Wird also die eine der beiden Berührungsstellen erwärmt, dann wird die Kontaktspannung des warmen Kontaktes größer als die des kalten. In dem geschlossenen Ring fließt ein *Thermostrom*. Die dafür benötigte Energie wird der Wärmequelle entnommen.

Für kleine Temperaturunterschiede ist (bei konstanter Temperatur der einen Lötstelle) die in einem Thermoelement erzeugte Spannung dem Temperaturunterschied der Lötstellen proportional. Für größere Temperaturbereiche gilt mit genügender Annäherung eine quadratische Beziehung von der Form $U = a + b\,\Delta T + c(\Delta T)^2$, worin a, b, c Konstanten und ΔT den Temperaturunterschied bedeuten.

Die Metalle können nach ihrem thermoelektrischen Verhalten in eine *thermoelektrische Spannungsreihe* geordnet werden (Zahlen hinter den Elementsymbolen bedeuten die Thermospannung

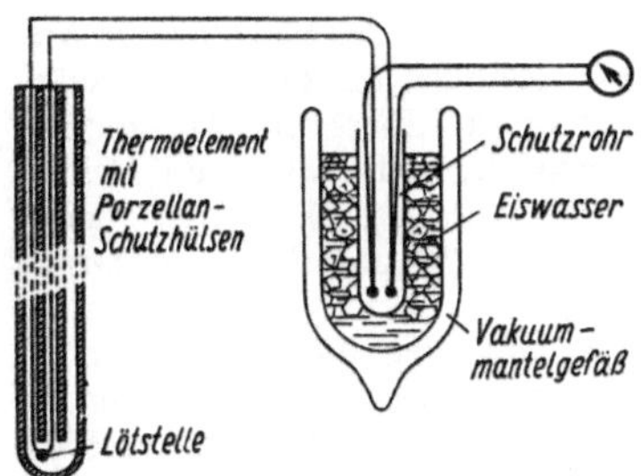

Abb. 10.32. Temperaturmessung mit Thermoelement

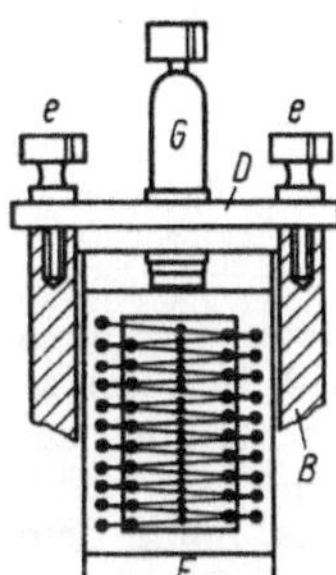

Abb. 10.33.
Rubenssche Thermosäule

in μV/K, bezogen auf Cu):

Se (+997), Te (+397), Ge (+297), Sb (+32)
Fe (+13,4). Li (+8,7), Ce (+4,4), Mo (+3,1)
Zn (+0.3), Cd (+0.2), Au (+0,1), Cu (±0),
Re (−0,1), Ag (−0,2), W (−1,1), Cs (−2,4),
Sn (−2,6), Pb (−2,8), Mg(−3,0). Al (−3,2),
Pt (−5,9), Hg (−6,0), Na(−7,0), Pd (−8,3),
Ca (−10,8), K (−14,3), Co(−20,1), Ni (−20,4),
Bi (−72,8).

Noch höhere thermoelektrische Spannungen, als sie mit reinen Metallen erzeugt werden können, lassen sich durch Paarungen geeigneter Metallverbindungen, beispielsweise $CuFeS_2$ und FeS_2, erzielen. Doch sind auch diese Thermoelemente wie die rein metallischen außerordentlich stark gegen Verunreinigung empfindlich.

Das thermoelektrische Verhalten einer Legierung hängt in hohem Grad von dem Verhältnis ihrer Bestandteile ab. Eine Legierung, die vielfach zu Thermoelementen verwendet wird, ist Konstantan, das in der Spannungsreihe zwischen Nickel und Wismut steht.

In einem aus zwei der angegebenen Metalle bestehenden Thermoelement wird durch die Erwärmung der Lötstelle dasjenige Metall positiv elektrisch, das in der Reihe voransteht; und zwar ist die thermoelektrische Spannung um so größer, je weiter zwei Metalle in der Reihe auseinanderstehen. (Der Nullpunkt wurde willkürlich für Cu angenommen.) Bei einem Temperaturunterschied der beiden Lötstellen von 1 K ist die in Mikrovolt (1 μV = 10^{-6} V) ausgedrückte elektromotorische Kraft gleich dem Unterschied der in der oben angegebenen Spannungsreihe den betreffenden Stoffen beigefügten Zahlen. Die thermoelektrischen Spannungen sind also im Vergleich zu den in den galvanischen Elementen erzeugten sehr gering.

Die elektromotorische Kraft eines Thermoelementes ist nur innerhalb enger Grenzen dem Temperaturunterschied proportional. Sie hängt außer von dem Temperaturunter-

schied der beiden Lötstellen noch von der Höhe der Temperatur ab. Hat die eine Lötstelle die Temperatur 0 °C, die andere die Temperatur 10 °C, so ist die elektromotorische Kraft in den meisten Fällen eine andere, als hätte die eine Stelle die Temperatur 100 °C, die andere die Temperatur 110 °C. Wenn man ein Thermoelement aus einem Eisen- und einem Kupferdraht durch Zusammenlötung mit Hartlot herstellt, die freien Drahtenden mit den Klemmen eines Galvanometers verbindet und dann die Lötstelle erwärmt, so zeigt das Galvanometer einen Strom an, der an der Lötstelle vom Kupfer zum Eisen fließt; hierbei wächst die Stromstärke zuerst proportional mit der Erwärmung. Bei Steigerung der Temperatur der Lötstelle nimmt die Stromstärke ab und erreicht bei 276°C den Wert Null, wenn die Temperatur der anderen Lötstelle 0 °C ist. Steigert man die Temperatur der Lötstelle weiter, so kehrt der Strom seine Richtung um. Ein ähnliches Verhalten zeigen die meisten Thermoelemente. Der Punkt, an dem eine Umkehr der Stro richtung erfolgt, heißt der *neutrale Punkt* des Thermoelementes (*thermoelektrische Umkehrung*; CUMMING, 1823).

Obwohl die Thermospannungen sehr klein sind, kann man doch sehr starke Ströme erzeugen, wenn der Widerstand des Leiterkreises sehr gering gehalten wird. In einem Leiterkreis aus einem Kupferstab von 10 cm Länge und einem Nickelstab von 4 cm Länge und von je 1 cm² Querschnitt fließt bei einem Temperaturunterschied von nur 200 °C ein Strom von etwa 100 A.

Anwendung der Thermoelemente. Die hauptsächlichste Anwendung finden die Thermoelemente zur Temperaturmessung. Man benutzt sie in der Weise, daß man lange Drähte an dem einen Ende zusammenlötet oder verschweißt. Dieser Punkt wird an die zu messende Stelle gebracht. Die Drähte führen von dort zu einer Stelle konstanter Temperatur (entweder Zimmertemperatur oder für genauere Zwecke 0 °C, durch Eiswasser hergestellt) und von da zum Meßinstrument (Abb. 10.32).

Für Temperaturen unter 0 °C und bis zu +500 °C verwendet man hauptsächlich Kupfer-Konstantan- und Eisen-Konstantan-Elemente, für höhere Temperaturen solche aus Edelmetallen. Bis 1600 °C ist eine Kombination aus Platin mit Platin-Rhodium (Legierung mit 10% Rhodium), bis 2000 °C Iridium mit Iridium-Rhodium geeignet. Der eine Draht wird gegen den anderen elektrisch durch ein übergeschobenes unglasiertes Porzellan- oder Quarzrohr isoliert und das ganze Element durch ein übergeschobenes glasiertes Porzellanrohr vor Flammengasen u. ä. geschützt. Für sehr hohe Temperaturen benutzt man Wolfram-Molybdän-Elemente im Zirkondioxid-Schutzrohr. Der durch die Temperaturunterschiede der beiden „Lötstellen" hervorgerufene Strom wird in einem empfindlichen Galvanometer gemessen, das für praktische Zwecke meist mit einer Skala versehen ist, an der man sofort die Temperatur ablesen kann.

Um die Energie von Spektrallinien in verschiedenen Teilen des Spektrums zu messen, ordnet man die ungeradzahligen Lötstellen in einer geraden Linie untereinander an und erhält so eine *lineare Thermosäule*.

In Abb. 10.33 ist eine lineare Thermosäule dargestellt, in der mehrere (0,1 mm dicke) Eisen- und Konstantandrähte so angeordnet sind, daß 20 unpaarige Lötstellen unmittelbar übereinander liegen. Die Abbildung zeigt die Thermosäule in ²/₃ natürlicher Größe. Die Säule wird im Inneren einer Metallhülse allseitig gegen fremde Einstrahlung geschützt angebracht; nur nach der Seite hin,

---

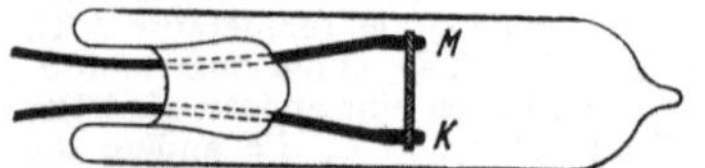

Abb. 10.34. Mollsches Vakuumthermoelement

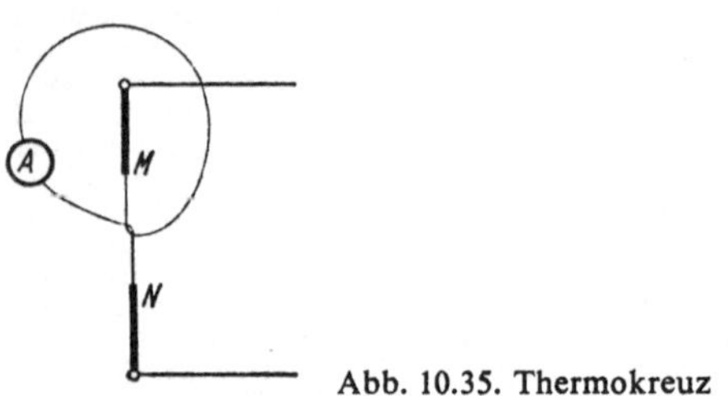

Abb. 10.35. Thermokreuz

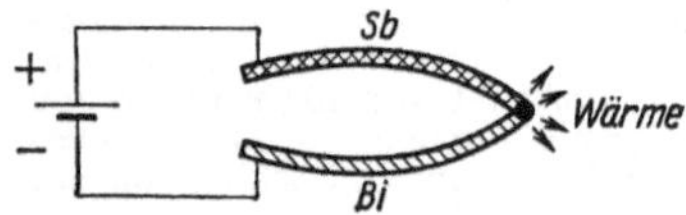

Abb. 10.36. Peltier-Effekt

von der die Strahlen aufgefangen werden sollen, ist die Hülse offen und ein Blechtrichter daran angesetzt. Die Säule ist für Strahlungsmessungen deshalb besonders gut geeignet, weil ihre Wärmekapazität infolge der geringen Drahtdicke sehr gering ist.

Die Empfindlichkeit kann außerordentlich gesteigert werden, wenn man die Masse der Thermoelemente möglichst klein macht und außerdem die Thermoelemente zur Vermeidung der Wärmeableitung durch die umgebende Luft in ein hohes Vakuum einschließt.

Abb. 10.34 zeigt ein derartiges Thermoelement auf einem Streifen von Konstantan und Manganin von 0,001 mm Dicke, 0,1 mm Breite und 2 mm Länge, das in einer hochevakuierten Glasröhre auf dicke Nickelzuleitungen gelötet ist. Die Einstellzeit beträgt etwa 0,2 s, der Widerstand etwa 10 Ω. $2 \cdot 10^{-7}$ J/s erzeugen eine Thermospannung von $1 \cdot 10^{-3}$ μV. Derartige Thermosäulen werden wegen ihrer Kleinheit hauptsächlich zur Messung der absoluten Intensität von Spektrallinien benutzt.
Die von W. W. COBLENTZ zur Messung der Strahlungsintensität von Fixsternen sowie zur Bestimmung der spektralen Energieverteilung in Sternspektren angegebenen Konstruktionen (Vakuumthermoelemente mit den Kombinationen Bi–Sn, Bi–Sb u. a.) gestatten, die Strahlung einer Kerze im Abstand von vielen Kilometern nachzuweisen.

Infolge der sehr geringen Masse und demzufolge auch geringen Wärmekapazität eignen sich Thermoelemente besonders zur Messung der Temperaturänderung ganz kleiner Körper, da sie den Temperaturverlauf dann nicht merklich stören. Man mißt so z. B. die Temperaturvorgänge in Insekten, in lebenden Zellen, die Temperaturverteilung auf den kleinen Scheiben der Planeten im Fernrohr u. dgl.
Man kann auch mit Hilfe der Thermoelemente einen Hitzdrahtstrommesser konstruieren, in dem nicht die Wärmeausdehnung des Drahtes zur Anzeige benutzt wird, sondern bei dem die Erwärmung des Drahtes direkt durch ein Thermoelement gemessen wird. Man bildet einen Leiterkreis (*Thermokreuz*, Abb. 10.35) in der Weise, daß an die Zuleitungen M und N je ein Draht angelötet wird.
Die beiden Drähte bestehen aus verschiedenen Stoffen, etwa Eisen und Konstantan. Sie werden kreuzweise umeinandergeschlungen und verlötet oder zusammengeschweißt. Die anderen Drahtenden führen zu einem empfindlichen Galvanometer, das die Thermoströme anzeigt. Thermokreuze werden zur Messung hochfrequenter Wechselströme verwendet.

10.4.2. Peltier-Effekt

PELTIER (1785–1845) beobachtete den nach ihm benannten Effekt im Jahre 1834. Er bemerkte, daß in einem aus verschiedenen Metallen zusammengesetzten elektrischen Stromkreise die an den Lötstellen entwickelte Wärme nicht dem Jouleschen Gesetze entsprach, sondern an der einen um einen gewissen Betrag höher, an der anderen um den gleichen Betrag niedriger war; die Wärmeentwicklung in der Sekunde läßt sich darstellen durch die Formel

$$RI^2 \pm pI,$$

worin p eine von der Natur der beiden sich berührenden Metalle abhängige Konstante bedeutet.
Der Peltier-Effekt bildet die der Thermoelektrizität entgegengesetzte Erscheinung. Wenn man aus einem Wismut- und einem Antimonstäbchen (Abb. 10.36) durch Zusammenlöten ihrer Enden ein Thermoelement herstellt und dann einen elektrischen Strom durch das Element schickt, so wird die Lötstelle erwärmt, wenn in ihr die Elektronen vom Wismut zum Antimon fließen. Die Lötstelle wird abgekühlt, wenn sie umgekehrt fließen. Die Temperaturänderung erfolgt stets in dem Sinne, daß der durch diese Temperaturänderung hervorgerufene Thermostrom dem hineingeleiteten Strom entgegengerichtet ist (Prinzip des kleinsten Zwanges; s. Bd. 1).

Man kann den Peltier-Effekt mit einem Luftthermoskop nachweisen, wenn man eine Anordnung benutzt, wie sie in Abb. 10.37 dargestellt ist. Die beiden Kugeln des Luftthermoskopes enthalten je ein Thermoelement; doch sind die beiden Elemente gegeneinandergeschaltet, also so, daß der Strom in dem einen Element vom Wismut zum Antimon, in dem anderen vom Antimon zum Wismut fließt. Durch diese Schaltung wirken die Abkühlung der einen und die Erwärmung der anderen Lötstelle in demselben Sinne auf das Luftthermoskop ein, während die etwa auftretende Joulesche Wärme keine Wirkung auf den Flüssigkeitsfaden im Thermoskop ausübt, da sich ihre Wirkungen in den beiden Schenkeln gegenseitig aufheben.

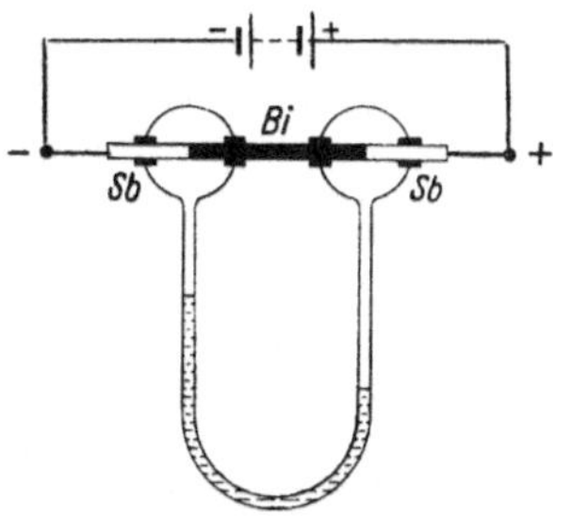

Abb. 10.37. Nachweis des Peltier-Effektes

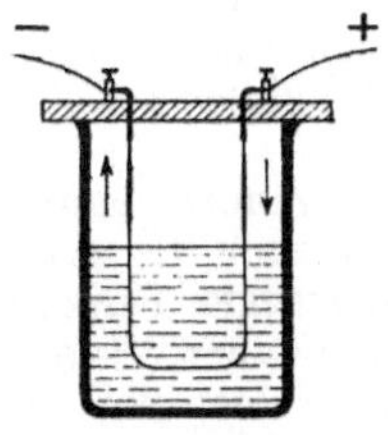

Abb. 10.38. Thomson-Effekt

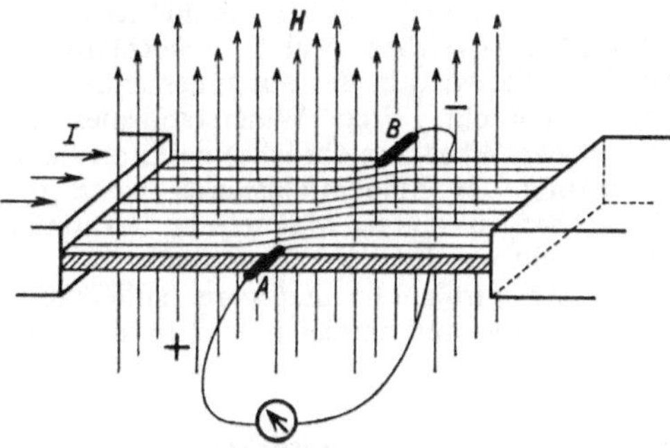

Abb. 10.39. Zum Hall-Effekt

Mit Peltierelementen werden bereits Kälteanlagen ausgerüstet.

10.4.3. Thomson- und Benedicks-Effekt

Thomson-Effekt. Wie W. THOMSON (LORD KELVIN) 1856 gezeigt hat, ist nicht nur zwischen verschiedenen Metallen eine von der Temperatur abhängige Spannung vorhanden, sondern auch zwischen Stücken eines und desselben Metalles von verschiedener Temperatur.

Leitet man also einen elektrischen Strom durch einen Draht, in dem ein Temperaturgefälle herrscht, so tritt zwischen den verschieden warmen Stellen eine Art Peltier-Effekt auf. Geht der Strom in der einen Richtung, so ist die gesamte entwickelte Stromwärme größer, als wenn er in der entgegengesetzten Richtung fließt.

Die Anordnung der Abb. 10.38 gestattet, dies sehr gut zu zeigen. Ein U-förmig gebogener Platindraht taucht teilweise in kaltes Wasser oder Quecksilber. Man schickt einen Strom hindurch, so daß die herausragenden Teile des Drahtes ins Glühen kommen. Es herrscht also oberhalb der Flüssigkeitsoberfläche ein starkes Temperaturgefälle. Man bemerkt nun, daß der Schenkel des Drahtes, in dem der Strom von der höheren Temperatur zur niedrigeren fließt, dicht über der Wasseroberfläche merklich heller glüht als der andere. Kehrt man den Strom um, so glüht nun der vorhin dunklere Draht heller.

Für Blei ist dieser Effekt verschwindend klein. Man wählt daher Blei oft in thermoelektrischen Tabellen als Bezugsstoff.

Benedicks-Effekt. Nach BENEDICKS (1916) ergibt sich die zum Thomson-Effekt inverse Erscheinung des Auftretens einer elektrischen Spannung bei unsymmetrischer Temperaturverteilung in einem homogenen Leiter, insbesondere an Stellen, an denen sich der Querschnitt stark ändert.

Die geschilderten thermoelektrischen Effekte lassen sich verstehen, wenn man die Leitungselektronen wie ein Gas (Elektronengas) behandelt. Steigt die Temperatur, dann wächst der „Binnendruck des Elektronengases". Besteht längs eines Leiters ein Temperaturgradient, so tritt ein Druckgefälle in dem Elektronengas auf. Infolge der hierdurch einsetzenden Diffusion der Elektronen, ändert sich ihre Dichteverteilung. Es tritt eine Thermospannung in einem homogenen Leiter auf. Fließt nun durch den Leiter ein Strom, dann wird das bestehende Druckgefälle im Elektronengas verschoben. Somit ändert sich auch die Temperaturverteilung (*Thomson-Effekt*).

Wird durch eine Querschnittsänderung des Leiters der Stromweg stark verengt, dann wirkt die Einschnürung ähnlich wie ein Drosselventil beim Joule-Thomson-Effekt (s. Bd. 1): Ein komprimiertes Gas kühlt sich nach dem Durchströmen des Ventils ab. In analoger Weise kühlt sich der metallische Leiter hinter der Einschnürung ab (*Benedicks-Effekt*).

Die thermoelektrischen Effekte in homogenen Materialien, die *Homogeneffekte*, liegen im allgemeinen dicht an der experimentellen Nachweisgrenze

10.5. Galvano- und thermomagnetische Effekte

10.5.1. Hall-Effekt

Bewegen sich Ladungsträger in einem Magnetfeld senkrecht zu den Feldlinien, so werden sie abgelenkt (Abschn. 9.2.2). Das gilt auch für Elektronen, die durch einen metallischen Leiter fließen. Auf sie wirkt in gleicher Weise wie auf bewegte Elektronen im Hochvakuum eine Lorentzkraft.

Wird eine dünne Metallplatte (Abb. 10.39) von einem gleichmäßig über ihren Querschnitt ver-

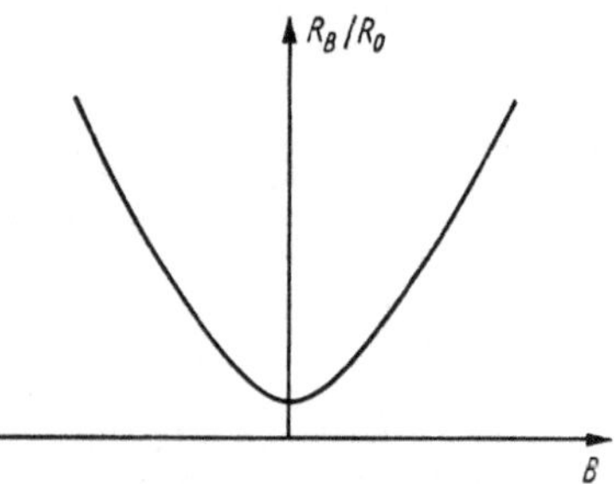

Abb. 10.40. Widerstandsänderung im Magnetfeld

teilten Strom durchflossen, so ist zwischen zwei Punkten A und B, die gleich weit von den Stromzuleitungen entfernt sind und die mit einem empfindlichen Galvanometer verbunden sind, keine Spannung feststellbar. Erzeugt man nun senkrecht zur Platte ein Magnetfeld, dann entsteht zwischen A und B eine Spannung (*Hall-Effekt*). Da A und B über einen äußeren Leiter verbunden sind, fließt in ihm ein Strom, und die Stromlinien in der Metallplatte nehmen den in Abb. 10.39 gezeichneten Verlauf (vgl. Bd. 4). (E. H. HALL, geb. 1855 zu Gorham, Maine, Prof. am Harvard-College, USA, verstorben 1938.)
Bei den in Abb. 10.39 dargestellten Verhältnissen werden die Elektronen nach hinten abgelenkt, d. h., die vordere Fläche erlangt positive, die hintere Fläche negative Aufladung. Vernachlässigt man die Einwirkung der Ionen des Metallgitters, so hält die entstehende Gegenkraft des elektrischen Feldes E der Lorentzkraft das Gleichgewicht:

$$eE = ev \times B.$$

Umgeformt ergibt sich

$$|\Delta U| = b|E| = bv|B| = \frac{I|B|}{ned} = A_\mathrm{H} \frac{I|B|}{d},$$

wenn b die Breite und d die Dicke der Platte, sowie $I = nebdv$ die Stromstärke bezeichnen. ΔU ist die zwischen A und B auftretende *Hall-Spannung*, A_H ($= 1/ne$) der *Hall-Koeffizient*.

Metalle besitzen im Mittel 1 freies Elektron je Atom. Die mit dieser Elektronendichte n berechneten Werte für A_H geben für Metalle, wie die Alkalimetalle, Ag, Au, Cu und ähnliche, richtiges Vorzeichen und richtige Größenordnung. Die anomal großen Werte sowie das umgekehrte Vorzeichen bei einigen Stoffen hängen mit dem Leitungsmechanismus des betreffenden Stoffes zusammen. Ein negatives Vorzeichen von A_H weist auf Löcherleitung hin. Der Hall-Effekt hat deshalb bei Halbleiteruntersuchungen zur Ermittlung der Natur der Ladungsträger, ihrer Konzentration und ihrer Beweglichkeit sowie zur Messung und Steuerung von Magnetfeldern große Bedeutung erlangt.

10.5.2. Widerstandsänderung im Magnetfeld

Außer der Hall-Spannung beobachtet man bei gleichen äußeren Bedingungen auch ein der

Stromstärke proportionales Spannungsgefälle in Stromrichtung: Der Widerstand des Leiters vergrößert sich im Magnetfeld (JUSTI, SCHEFFERS, KOHLER). Diese *magnetische Widerstandsänderung* ist auf die Verlängerung der Strombahnen im Magnetfeld zurückzuführen (vgl. Abb. 10.39). In schwachen Magnetfeldern hängt der Effekt quadratisch, in sehr starken Magnetfeldern nahezu linear von der Feldstärke H ab (Abb. 10.40). Bei *Metallen* ist die magnetische Widerstandsänderung im allgemeinen sehr gering (0,01 bis 0,1 %), sie wird nur bei sehr tiefen Temperaturen und hohen Feldstärken beträchtlich. Beispielsweise steigt der Widerstand von reinem Wolfram bei einer Feldstärke von $3,2 \cdot 10^6$ A/m in der Nähe des absoluten Nullpunktes auf das 10^5fache.
Bei Halbleitern treten bereits bei Zimmertemperatur wesentlich größere Effekte auf. So steigt beim Wismut der Widerstand in starken Feldern etwa auf das Doppelte. Man kann daher Wismut zur Messung der magnetischen Feldstärke benutzen. Zu diesem Zwecke verwendet man eine bifilar gewickelte kleine Spule aus dünnem Wismutdraht, die zwischen zwei Glimmerplättchen gelagert ist. Sie wird in das auszumessende Magnetfeld gebracht. Eine Widerstandsmessung (z. B. mit der Wheatstonebrücke) gestattet dann die Messung der Magnetfeldstärke, wenn die Spule vorher in einem Magnetfeld bekannter Stärke geeicht wurde.
Statt Wismutspiralen benutzt man heute meist sog. Feldplatten aus halbleitendem Indiumantimonid.

10.5.3. Thermomagnetische Effekte

Neben dem Hall-Effekt treten eine Reihe weiterer thermomagnetischer und galvanomagnetischer Effekte auf, die transversal (senkrecht zur Stromrichtung) und longitudinal (in Richtung des Stromes) verlaufen. Sie sollen im folgenden kurz vorgestellt werden. (Siehe hierzu auch Bd. 4.)
Die insgesamt auftretenden Effekte zeigt Abb. 10.41. Der Hall-Effekt ist in Abb. 10.41a dargestellt. Es entsteht transversal zur Stromrichtung die Hall-Spannung.
Gleichzeitig mit dem Hall-Effekt tritt eine transversale Temperaturdifferenz auf (*Ettinghausen-Effekt*) (Abb. 10.41 b). In Analogie zur Hall-Spannung läßt sie sich darstellen in der Form

$$\Delta T = P \frac{IB}{d}.$$

P ist der *Ettinghausen-Koeffizient*. Die Temperaturdifferenz wird am zweckmäßigsten mit Thermoelementen gemessen. Der Ettinghausen-Effekt der einzelnen Stoffe ist sehr unterschiedlich. In einer Wismutplatte von 0,1 cm Dicke, die *in*

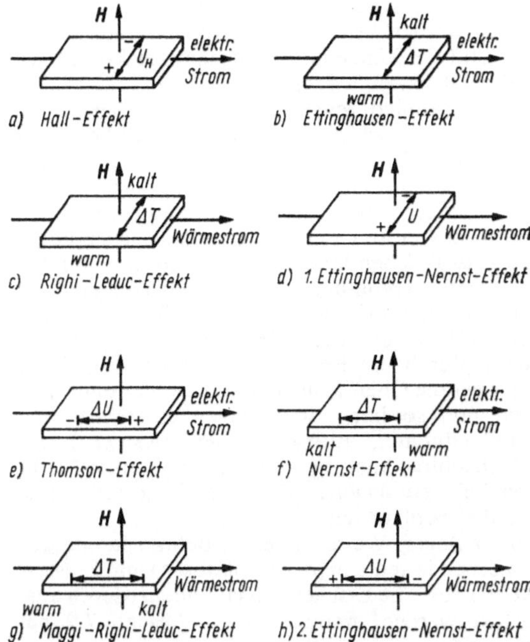

Abb. 10.41. Galvano- und thermomagnetische Effekte. a) bis d) transversal; e) bis h) longitudinal

einem Magnetfeld von 10^6 A/m von einem Strom von 10 A durchflossen wird, tritt eine Temperaturdifferenz von 9 K auf. Kupfer, Silber und Gold zeigen für die gleichen Werte nur etwa 10^{-4} K Temperaturdifferenz an.

Der *Righi-Leduc-Effekt* ist das thermomagnetische Analogon zum Hall-Effekt. Statt des elektrischen Stromes schickt man einen Wärmestrom durch die Metallplatte. Zu diesem Zweck bringt man die Enden der Platte in Wärmekontakt mit zwei Wärmebehältern unterschiedlicher Temperatur. Beim Einschalten des Magnetfeldes entsteht dann außer dem primären longitudinalen Temperaturgefälle eine zusätzliche transversale Temperaturdifferenz (Abb. 10.41 c). Hat eine Wismutplatte ein longitudinales Temperaturgefälle von 30 K/cm, dann tritt in einem Magnetfeld von 10^6 A/m ein transversales Gefälle von 0,86 K/cm auf. Für Kupfer, Silber und Gold ist dieser Wert rund zehnmal kleiner.

Schickt man durch eine Metallplatte einen Wärmestrom, dann tritt gleichzeitig mit dem transversalen Temperaturgefälle, das durch den Righi-Leduc-Effekt bestimmt ist, in transversaler Richtung eine Spannung auf (*1. Ettinghausen-Nernst-Effekt*) (Abb. 10.41 d). Bei dem gleichen primären Temperaturgefälle von 30 K/cm und einer magnetischen Feldstärke von 10^6 A/m erhält man in einer Wismutplatte ein transversales elektrisches Feld von etwa 0,1 V/m. Für Silber, Kupfer

und Gold hat der Effekt umgekehrtes Vorzeichen und ist etwa tausendmal kleiner.

Neben den in den Abbn. 10.41 a bis 10.41 d angegebenen transversalen Effekten treten noch vier longitudinale Effekte auf. Sie sind in den Abbn. 10.41 e bis 10.41 h zusammengestellt. Aus Symmetriegründen sind sie unabhängig von der Richtung der magnetischen Feldlinien und somit proportional B^2. Von den longitudinalen Effekten besitzt vor allem der Thomson-Effekt (Abb. 10.41 e) praktische Bedeutung. Durch die Verformung der Elektronenbahnen im Magnetfeld tritt in longitudinaler Richtung ein zusätzliches Spannungsgefälle auf. Es führt zu der in Abschn. 10.5.2 behandelten Widerstandsänderung und bietet die Möglichkeit, mit Hilfe von Wismutspulen Magnetfelder auszumessen.

10.6. Kontaktspannungen

10.6.1. Entstehung elektrischer Doppelschichten

Werden zwei feste Körper, die aus unterschiedlichen Materialien bestehen, in innigen Kontakt miteinander gebracht und anschließend getrennt, dann kann es zur Aufladung beider Körper kommen. Wir hatten in Abschn. 2.1.1 derartige Aufladungserscheinungen erhalten, wenn wir zwei Isolatoren (Hartgummi und Wolle, Glas und Seide) miteinander gerieben haben (*Reibungselektrizität*).

Dieser Aufladeprozeß läßt sich folgendermaßen erklären: Berühren sich zwei feste Körper, dann nähern sie sich an den Berührungsstellen bis auf molekularen Abstand (10^{-9} bis 10^{-10} m). Die Atome in der Grenzschicht wirken dadurch nicht nur auf die eigenen Elektronen, sondern auch auf die des zweiten Stoffes ein. Je nach der ,,Affinität" zu den Elektronen kann es vorkommen, daß der eine Körper Elektronen abgibt, die der zweite Körper in seiner Oberfläche aufnimmt. Es bildet sich eine elektrische Doppelschicht aus. Zwischen beiden Schichten besteht auf Grund der unterschiedlichen Elektronenverteilung eine *Kontaktspannung*.

Werden die beiden Körper nun getrennt, dann wird der Abstand der beiden geladenen Flächen sehr vergrößert, und die Kapazität des ,,Plattenkondensators" sinkt erheblich. Da die Ladung konstant ist, steigt die Spannung sehr stark an. Es kommt zur Ausbildung der hohen Feldstärke, wie sie für die Reibungselektrizität charakteristisch ist (etwa 10^7 V/m). Die Aufladungserscheinungen durch Reibung können zwischen zwei Isolatoren oder zwischen einem Isolator und einem Metall auftreten. Der Vorgang der Reibung ist hierbei von untergeordneter Bedeutung. Es ist nur notwendig, die beiden Körper miteinander in innigen Kontakt zu bringen und anschließend zu trennen. Wir werden darauf noch im folgenden eingehen.

10.6.2. Doppelschichten an Isolatoren

Die Elektronenaufnahme (bzw. -abgabe) ist von der Stoffart abhängig. Reiben wir mit einem Seidenlappen einen Hartgummistab und in einem zweiten Experiment einen Glasstab, so zeigt die Untersuchung mit einem Elektroskop, daß die Seide im ersten Fall eine positive, im anderen Fall eine negative Ladung angenommen hat. Ähnliches beobachten wir auch bei anderen Körpern. Man hat als Ergebnis solcher Untersuchungen eine *Spannungsreihe* dergestalt aufgestellt, daß sich jeder Körper der Reihe im Kontakt mit einem nachfolgenden positiv, bei Berührung mit einem vorangehenden Körper negativ auflädt. Eine solche Reihe wäre etwa: + Haare (Katzenfell, Fuchsschwanz), Glas, Wolle, Papier, Seide, Kautschuk, Harze (Siegellack, Hartgummi), Bernstein, Schwefel −.
Für Isolatoren hat COEHN festgestellt:

Bei Berührung lädt sich der Stoff mit der größeren Dielektrizitätskonstanten positiv auf.

Wir überzeugten uns hiervon in Abschn. 2.1.1. Wir tauchten eine Paraffinkugel in Wasser. (Paraffin wird von Wasser nicht benetzt.) Nach dem Herausziehen erwies sich die Kugel als negativ geladen. (Wasser hat eine größere Dielektrizitätskonstante als die meisten anderen Stoffe.) In einem empfindlichen Becherelektrometer kann die Ladung leicht nachgewiesen werden.
Die im folgenden besprochenen Versuche geben uns den Nachweis für das Vorliegen derartiger Doppelschichten:
Grenzt Wasser an Luft, so bildet sich zwischen Luft und Wasser keine Doppelschicht aus. Auch wenn wir einen gewöhnlichen Wasserstrahl durch Luft schicken, tritt keine Aufladung ein (LENARD). Reißt man hingegen aus der Wasseroberfläche kleine Stücke heraus, deren Durchmesser kleiner als etwa 10^{-6} cm ist, so erweisen sich diese als negativ geladen. Ein derartiges Zerreißen der Oberfläche findet beim Durchperlen von Gasen durch Wasser statt oder beim Zerblasen des Wassers durch einen möglichst unregelmäßigen Luftstrom. Die zurückbleibenden Teile des Wassers sind entsprechend positiv aufgeladen. Derartige Versuche spielen eine Rolle bei der Erklärung der Gewitterelektrizität (Ab-

schn. 8.3.4). Auch die Wassertropfen in Wasserfällen werden beim Aufschlagen zerstäubt, und die Luft der Umgebung ist deshalb elektrisch geladen (*Wasserfalleffekt*).
Wahrscheinlich zeigen auch feste Körper derartige Doppelschichten in ihrer Oberfläche. Denn durch Absplitterung feinster Oberflächenteilchen kann man auch bei ihnen Aufladung bekommen. Schon VOLTA stellte fest, daß ein Elektroskop, auf dessen Platte man von Zucker abgeschabte Teilchen fallen läßt, sich auflädt. Infolge der weiten Trennung der Ladungen können hohe Spannungen auftreten, so daß z. B. organischer Staub (Zucker, Mehl, Kohle) oft explodiert, wenn durch die Reibung des herumwirbelnden Staubes die Oberflächenladungen abgetrennt werden und so hohe Spannungen entstehen, daß Funkenbildung auftritt (*Staubexplosionen*). Im Hochgebirge kann man in dunklen, kalten Nächten bei Staublawinen die Entladungen des Eisstaubes beobachten.
In analoger Weise treten Kontaktspannungen zwischen festen Körpern (Isolatoren) und Flüssigkeiten auf. Die Erscheinungen, die hierdurch ausgelöst werden, hatten wir in Abschn. 7.9 behandelt.

10.6.3. Doppelschichten Metall–Isolator

Auch zwischen Metallen und Isolatoren bilden sich Doppelschichten aus. Reibt man einen Glasstab mit amalgamiertem Leder oder taucht man eine Schwefelkugel in Quecksilber, so beobachtet man eine gegenseitige Aufladung. Da die Metalle ihre Elektronen relativ leicht abgeben, ist das Metall hierbei stets positiv geladen (s. auch Abschn. 9.1).

Läßt man Dampf aus einem Metallgehäuse ausströmen, so ist ebenfalls zwischen dem Gefäß und den Wassertropfen, die durch den Dampf mitgerissen werden, eine Spannung feststellbar. Die Wassertropfen berühren die Wand des Rohres, ihre Oberfläche mit der negativen Ladung bleibt zum Teil dort haften, während der Rest durch den Dampfstrahl mitgerissen wird.
Die Aufladung beim Ausströmen von Dampf wurde 1840 zufällig von einem Arbeiter in Newcastle entdeckt. Er bemerkte, daß er aus einem Dampfkessel mit seiner Hand Funken ziehen konnte, wenn er die andere Hand in den ausströmenden Dampf hielt. FARADAY erkannte die zugrunde liegende Erscheinung und konstruierte nach diesem Prinzip eine wirksame Dampfelektrisiermaschine. Derartige Aufladungen sind auch beim Entleeren einer Kohlensäureflasche in einen Beutel, wie es bei der Erzeugung fester Kohlensäure stattfindet zu beobachten. Infolge der guten Isolation bei den tiefen Temperaturen (wegen des Fehlens leitender Wasserhäute) kann man mehrere Zentimeter lange Funken aus dem Beutel an die Umgebung, die mit der Flasche in leitender Verbindung steht, überspringen sehen.
Die Aufladung von Benzin, das durch Metallrohre strömt, kann oft gefährliche Höhe erreichen, ebenso die Aufladung von Staub, der bei Füllung von Luftschiffen mit

---

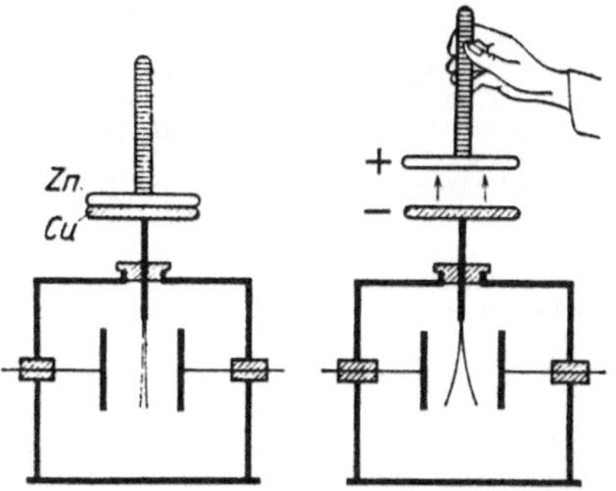

Abb. 10.42. Der Voltasche Fundamentalversuch

Wasserstoff von diesem in den Leitungen mitgerissen wird. Mehrere große Luftschiffe sind den dabei eintretenden Entzündungen zum Opfer gefallen

10.6.4. Doppelschichten an Metallen

VOLTA machte im Jahre 1794 die Entdeckung, daß auch zwei verschiedene Metalle ungleichnamig elektrisch geladen werden, wenn sie miteinander in Berührung gebracht werden.

(ALESSANDRO VOLTA, geb. 1745 in Como, war 1774 bis 1779 Professor der Physik in Como, 1779 bis 1804 Universitätslehrer in Pavia, 1815 Direktor der philosophischen Fakultät in Padua; er starb 1827 in Como.)

Der Nachweis gelang VOLTA in der Weise, daß er eine blanke Zinkplatte mit dem Knopf und eine blanke Kupferplatte mit dem Gehäuse eines Plättchenelektrometers verband. Setzte er die beiden Platten aufeinander und hob dann die obere ab, so zeigte das Elektrometer einen Ausschlag, und zwar von positiver Ladung, wenn die Zinkplatte die untere Platte war. Der Ausschlag war negativ, wenn die Kupferplatte die untere war. Dieser *Voltasche Fundamentalversuch* läßt sich mit einem sehr empfindlichen Elektrometer bestätigen (Abb. 10.42).

Auch bei sich berührenden Metallen treten also elektrische Doppelschichten auf, oder, wie wir auch sagen können, das Potential erleidet einen Sprung an der Berührungsschicht zweier Metalle. Diese Potentialdifferenz oder die *Voltasche Kontaktspannung* der beiden Leiter ist unabhängig von dem absoluten Wert des Potentials, der Ladung sowie von der Größe oder Form der Berührungsfläche; sie ist bedingt durch den umgebenden Isolator (im obigen Falle Luft) sowie durch die Oberflächenbeschaffenheit und die chemische Zusammensetzung der beiden Leiter.

Nun ist wie bei Isolatoren die Fähigkeit eines Leiters, sich positiv bzw. negativ aufzuladen, von dem ihn berührenden Körper abhängig. So lädt

sich z. B. Eisen in Berührung mit Messing negativ, im Kontakt mit Kupfer aber positiv auf. Es existiert demnach auch für metallische Leiter eine *Spannungsreihe*, wie schon VOLTA feststellte.

In der folgenden Reihe wird jeder Körper bei Berührung mit dem nächsten positiv aufgeladen:

+ Zink, Blei, Zinn, Messing, Eisen, Kupfer, Gold, Silber, Platin, Kohle, Graphit, Braunstein −.

Das Voltasche Spannungsgesetz. Messen wir die Voltasche Kontaktspannung von Zink gegen Kupfer mit einem geeichten Elektrometer, so finden wir etwa 0,89 V. Bilden wir eine Voltasche Kette, d. h., schalten wir zwischen Zink und Kupfer eine Anzahl anderer Leiter ein, so daß je zwei sich innig berühren, etwa in der Reihenfolge Zn–Pb–Sn–Fe–Cu, oder auch Zn–Fe–Ag–Au–Cu, so ergibt in jedem Fall die Messung wiederum 0,89 V.

Wir können unser Ergebnis in folgender Weise darstellen:

$$U_{\text{Zn-Pb}} + U_{\text{Pb-Sn}} + U_{\text{Sn-Fe}} + U_{\text{Fe-Cu}} = U_{\text{Zn-Cu}};$$

ganz allgemein gilt

$$U_{12} + U_{23} + U_{34} + \dots + U_{n-1,n} = U_{1n},$$

wenn wir unter U_{kl} die Kontaktspannung der beiden sich berührenden Körper k und l verstehen.

Wir fassen das Ergebnis in dem *Voltaschen Spannungsgesetz* zusammen:

Die Kontaktspannung zweier Metalle ist unabhängig davon, ob die Metalle einander unmittelbar oder durch Vermittlung beliebig vieler anderer metallischer Leiter berühren.

Ist insbesondere in obiger Gleichung $n = 1$, so folgt, da $U_{kl} = -U_{lk}$ ist,

$$U_{12} + U_{23} + \dots + U_{n1} = 0.$$

Also ist beispielsweise

$$U_{\text{Messing-Fe}} + U_{\text{Fe-Messing}} = 0.$$

Die oben angegebenen Werte beziehen sich auf gewöhnliche, d. h. feuchte Luft; demnach ist das Vorhandensein einer Wasserhaut auf den Metallen anzunehmen. Bei sehr starker Trocknung ist die Spannung bedeutend geringer. Die absoluten Werte der Berührungsspannungen zwischen ganz reinen und trockenen Metallen sind sehr schwer ermittelbar, da sie sehr stark von adsorbierten

Gasen und sonstigen Oberflächenschichten abhängen.

Die bei der Trennung zweier Metallplatten auftretenden Spannungen liegen weit unter denen, die bei der Trennung zweier Isolatoren beobachtet werden. Es hat dies folgende Ursache: Die Berührungsflächen zweier fester Körper sind nie vollständig eben. Daher ist bei der Berührung nur an wenigen Stellen eine Annäherung bis auf molekulare Abstände möglich. Desgleichen erfolgt die Trennung der Körper nie an allen Berührungsstellen zugleich. Beim Abheben zweier Isolatoren ist das ohne Bedeutung. Werden dagegen zwei Metallplatten getrennt, dann fließen die Ladungen aus den bereits abgehobenen Bereichen teilweise über die letzten Kontaktstellen ab. Nach der vollständigen Trennung ist also nicht mehr die gesamte Ladung auf den Platten.

Während bei zwei verlöteten oder verschweißten Metallen die innere Kontaktspannung oder Galvani-Spannung auftritt, sprechen wir hier von der *äußeren Kontaktspannung* oder *Volta-Spannung*. Sie ist gleich der Differenz der Austrittsarbeiten der beiden Metalle (s. auch Bd. 4).

11. Elektromagnetische Schwingungen und Wellen

Die erfolgreiche experimentelle und theoretische Untersuchung elektromagnetischer Schwingungen und Wellen stellt einen Höhepunkt in der Geschichte der Elektrodynamik dar. Die damit verknüpfte Erkenntnis des Lichtes als elektromagnetische Wellenbewegung kann als eine der größten Leistungen der gesamten klassischen Physik bezeichnet werden.

Erste Hinweise auf eine mögliche Existenz elektrischer Schwingungen bei der Entladung von Kondensatoren (Leidener Flaschen) stammen von H. v. HELMHOLTZ (1847) und P. RIESS (1849). W. THOMSON (1853) und G. R. KIRCHHOFF (1857) lieferten die erste mathematische Theorie solcher Schwingungen, und der experimentelle Nachweis gelang W. FEDDERSEN (1857) am Beispiel einer Funkenentladung.

Auf die mögliche Existenz elektromagnetischer Wellen schloß J. C. MAXWELL (1862) durch die mathematische Analyse der Grundgleichungen der elektromagnetischen Feldtheorie. Die glänzende Bestätigung dieser theoretischen Voraussage und damit der Feldtheorie insgesamt lieferten die berühmten Versuche von H. HERTZ (1888) zum Nachweis elektrischer Wellen. Bereits wenige Jahre später erfolgten die ersten drahtlosen Nachrichtenübertragungen durch A. POPOW und G. MARCONI (1895). Heute gehört die Anwendung elektromagnetischer Schwingungen und Wellen in Wissenschaft, Technik und gesellschaftlichem Leben zu den bedeutendsten praktischen Leistungen der Elektrodynamik. Abb. 11.1 zeigt einen Überblick über das Gesamtgebiet der elektromagnetischen Wellen (*elektromagnetisches Spektrum*). Im folgenden werden Schwingungen und Wellen behandelt, deren Frequenzen von den Langwellen bis zu den Mikrowellen reichen. Es ist verständlich, daß die Physik dieses riesigen Frequenzbereiches (10^3 bis 10^{12} Hz) sehr unterschiedliche Phänomene umfaßt, die je nach den Bedingungen auch ein unterschiedliches Vorgehen bei ihrer Untersuchung verlangen. Dennoch gibt es eine einheitliche Grundlage: das *System der Maxwellschen Gleichungen*, dessen volle Leistungsfähigkeit hier durch die Berücksichtigung des Verschiebungsstromes zur Entfaltung kommt. Damit hängt die Notwendigkeit der Analyse der Erscheinungen im Rahmen einer

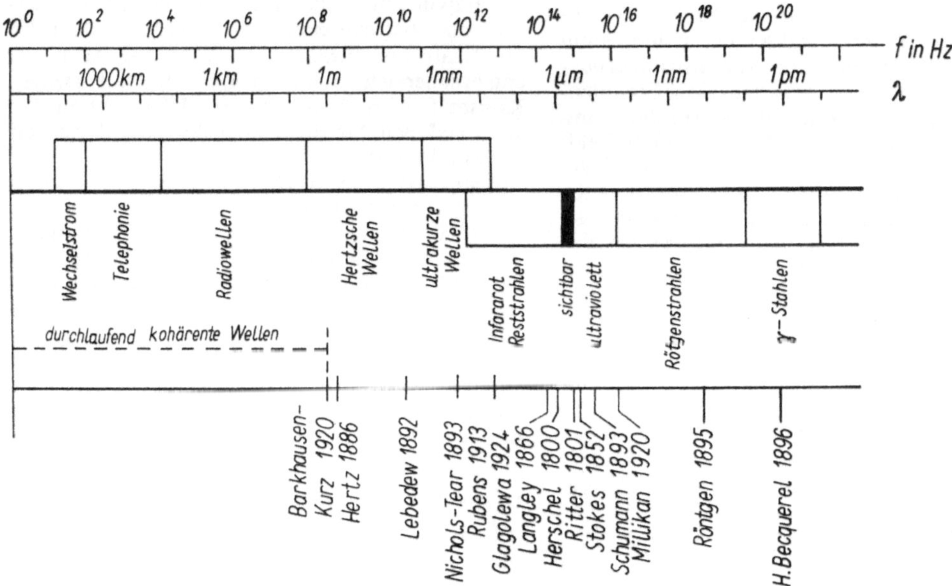

Abb. 11.1. Elektromagnetisches Spektrum

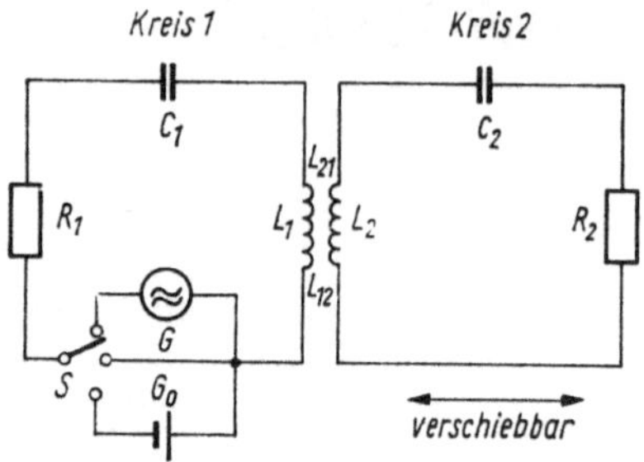

Abb. 11.2. Gekoppelte Schwingkreise

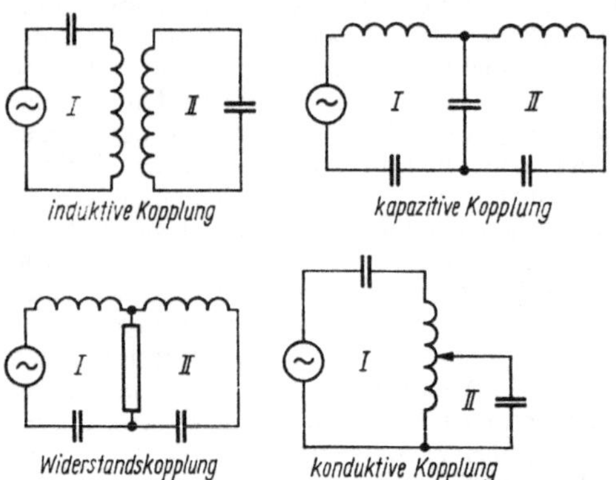

Abb. 11.3. Verschiedene Arten der Kopplung elektrischer Schwingkreise

Physik der *elektromagnetischen Wellenfelder* zusammen. Der Wellencharakter der Felder kann nur in den Fällen noch näherungsweise unberücksichtigt bleiben, in denen während einer Periodendauer der untersuchten Schwingungen die räumliche Ausbreitung der damit verknüpften Feldänderung eine Strecke überstreicht, die groß gegenüber der Längenausdehnung des betrachteten Objektes (z. B. einer elektrischen Leitung) ist. Dieser Grenzfall wird als *quasistationäre Näherung* bezeichnet. Wir betrachten zunächst den elektrischen Schwingkreis unter solchen Bedingungen.

11.1. Elektrische Schwingungen

In enger Analogie zu Pendelkörpern im Schwerefeld der Erde können auch elektrische Stromkreise schwingungsfähige Gebilde darstellen. Dies beruht auf der Möglichkeit zur Speicherung von Energie in elektrischen und magnetischen Feldern und der wechselseitigen Verknüpfung dieser Felder durch den Strom bei ihrer zeitlichen

Änderung. Dadurch kann die in elektrischer Form gespeicherte Energie in magnetische Energie übergehen und umgekehrt. Die entsprechende gegenseitige periodische Energieumwandlung stellt eine elektromagnetische Schwingung des Stromkreises dar, die der wechselseitigen Verwandlung potentieller und kinetischer Energie bei mechanischen Schwingungen voll entspricht.

Als Speicherelemente für elektrische und magnetische Energie dienen *Kapazitäten* und *Induktivitäten*. Ihre Zusammenschaltung ergibt einen elektrischen Schwingkreis, der im allgemeinen noch mindestens einen ohmschen Widerstand enthält, um Wirkleistungsverluste in den Verbindungsleitungen und den realen Speicherelementen zu erfassen. Da bereits ein einfacher langgestreckter Draht eine endliche Kapazität und Selbstinduktivität besitzt, ist prinzipiell jedes Leitersystem imstande, unter geeigneten Bedingungen elektromagnetische Schwingungen auszuführen. Das Schema eines elektrischen Schwingkreises und seine grundsätzliche Wirkungsweise wurden bereits in Abschn. 5.8.4 dargelegt. Davon ausgehend, betrachten wir den Stromkreis in Abb. 11.2, bei dem es sich um zwei induktiv gekoppelte Schwingkreise handelt. Ihre Erregung kann periodisch durch die Wechselspannungsquelle G mit variabler Kreisfrequenz (*erzwungene Schwingungen*) oder einmalig durch Aufladung des Kondensators C_1 mit der Gleichspannungsquelle G_0 erfolgen. Im zweiten Fall treten nach Umschalten von S in die Mittelstellung sog. *Eigenschwingungen* des Systems auf. Die Analyse der erzwungenen und eigenen Koppelschwingungen des betrachteten Stromkreises enthält im Grenzfall verschwindender Kopplung auch die entsprechenden Schwingungen eines einzelnen Kreises 1. Abb. 11.3 gibt eine Übersicht zu den verschiedenen Möglichkeiten der Kopplung von Schwingkreisen.

Ausgangsgleichungen. Die Grundlage der quantitativen theoretischen Behandlung des vorliegenden Schwingungsproblems (Abb. 11.2) in quasistationärer Näherung stellt der 2. Kirchhoffsche Satz (*Maschensatz*) dar: In den beiden geschlossenen Umläufen muß in jedem Zeitpunkt die Summe der an den Bauelementen (R, L, C) abfallenden elektrischen Spannungen gleich der Summe der Urspannungen sein. Bezeichnet I die Stromstärke, so gilt für die ohmschen Widerstände und die Kapazitäten

$$U_{R1} = I_1 R_1, \qquad U_{C1} = \frac{1}{C_1} \int I_1 \, dt,$$

entsprechend für R_2 und C_2.
Die Spannung an den Induktivitäten setzt sich infolge der Kopplung aus der Selbstinduktionsspannung und der durch Gegeninduktion hervor-

---

gerufenen Spannung zusammen:

$$U_{L1} = L_1 \frac{dI_1}{dt} + L_{12} \frac{dI_2}{dt},$$

$$U_{L2} = L_2 \frac{dI_2}{dt} + L_{21} \cdot \frac{dI_1}{dt}$$

mit

$$L_{12} = L_{21} = k\sqrt{L_1 L_2} \quad (k \text{ Kopplungsfaktor}).$$

Differenziert man die aus dem 2. Kirchhoffschen Satz folgenden Gleichungen

$$U_{R1} + U_{C1} + U_{L1} = U_G,$$

$$U_{R2} + U_{C2} + U_{L2} = 0$$

nach der Zeit, so ergibt sich

$$L_1\ddot{I}_1 + L_{12}\ddot{I}_2 + R_1\dot{I}_1 + I_1/C_1 = \dot{U}_G, \qquad (11.1)$$

$$L_2\ddot{I}_2 + L_{21}\ddot{I}_1 + R_2\dot{I}_2 + I_2/C_2 = 0. \qquad (11.2)$$

Bei $\dot{U}_G \neq 0$ beschreibt dieses Gleichungssystem erzwungene und bei $\dot{U}_G = 0$ Eigenschwingungen. Die allgemeine Lösung von (11.1) und (11.2) erfordert einen erheblichen mathematischen Aufwand. Das Wesentliche im Verhalten der beiden Kreise in Abb. 11.2 läßt sich jedoch bereits bei starker Vereinfachung erfassen. Wir setzen zunächst $R_1 = R_2 = R$; $C_1 = C_2 = C$; $L_1 = L_2 = L$ (identisch abgestimmte Schwingkreise). Durch Addition bzw. Subtraktion der Gln. (11.1) und (11.2) erhält man zwei in den neuen Variablen

$$I_S = I_1 + I_2 \quad \text{und} \quad I_D = I_1 - I_2$$

getrennte Gleichungen:

$$L\ddot{I}_S + kL\ddot{I}_S + R\dot{I}_S + I_S/C = \dot{U}_G,$$

$$L\ddot{I}_D - kL\ddot{I}_D + R\dot{I}_D + I_D/C = \dot{U}_G.$$

Wird eine sinusförmige Erregerspannung $U_G = U_0 \sin \omega t$ vorausgesetzt, so können diese beiden Gleichungen mit den Abkürzungen $R/L = 2\delta$ und $1/LC = \omega_0^2$ folgendermaßen geschrieben werden:

$$\ddot{I}_S + 2\frac{\delta}{1+k}\dot{I}_S + \frac{\omega_0^2}{1+k}I_S = \frac{U_0\omega}{L(1+k)}\cos \omega t, \qquad (11.3)$$

$$\ddot{I}_D + 2\frac{\delta}{1-k}\dot{I}_D + \frac{\omega_0^2}{1-k}I_D = \frac{U_0\omega}{L(1-k)}\cos \omega t. \qquad (11.4)$$

Man bezeichnet die beiden Größen I_S und I_D als die *Fundamentalschwingungen* der gekoppelten Kreise. Die Gln. (11.3) und (11.4) stellen formal jede für sich die Schwingungsgleichung eines freien (nicht gekoppelten) Kreises dar. Ihre Lösungen sind uns bereits prinzipiell bekannt (vgl. Bd. 1).

11.1.1. Eigenschwingungen

Die Eigenschwingungen des Stromkreises Abb. 11.2 werden durch (11.3) und (11.4) beschrieben,

wenn die rechten Seiten der Gleichungen verschwinden. Experimentell bedeutet dies, daß sich nach Einspeisung von Energie (z. B. durch Kondensatoraufladung) der Kreis bei der Mittelstellung des Schalters S selbst überlassen bleibt. Die dadurch charakterisierten Fundamentalschwingungen stellen zwei gedämpfte Schwingungen dar:

$$I_S = I_{S0}\, e^{-\frac{\delta}{1+k}t} \sin(\omega_S t + \varphi_S)$$

mit

$$\omega_S = \frac{\sqrt{\omega_0^2(1+k) - \delta^2}}{1+k}, \qquad (11.5)$$

$$I_D = I_{D0}\, e^{-\frac{\delta}{1-k}t} \sin(\omega_D t + \varphi_D)$$

mit

$$\omega_D = \frac{\sqrt{\omega_0^2(1-k) - \delta^2}}{1-k}. \qquad (11.6)$$

Durch Einsetzen kann man sich davon überzeugen, daß (11.5) und (11.6) Lösungen der Gln. (11.3) und (11.4) darstellen. Die Bestimmung der Amplituden (I_{S0}, I_{D0}) und der Phasenwinkel (φ_S, φ_D) erfolgt auf der Grundlage vorzugebender Anfangsbedingungen.

Bei *verschwindender Kopplung* ($k = 0$) gilt $I_S = I_D$, und es folgt mit der Anfangsbedingung $I_S = 0$ bei $t = 0$:

$$I_1 = I = \frac{I_S + I_D}{2} = I_0 e^{-\delta t} \sin \omega_1 t;$$

$$\omega_1 = \sqrt{\omega_0^2 - \delta^2}; \qquad \omega_0 = 1/\sqrt{LC};$$

$$I_2 = \frac{I_S - I_D}{2} = 0.$$

Die Amplitude der bei fehlender Kopplung auf den Kreis 1 in Abb. 11.2 beschränkt bleibenden Schwingungen nimmt hier mit der Zeit infolge der auftretenden Energieverluste (Joulesche Wärme, Wirbelstrom-, Hysterese- und dielektrische Verluste, Ausstrahlung von elektromagnetischer Energie) ab. Diese Verluste werden summarisch durch den ohmschen Widerstand des Kreises erfaßt. Die Eigenkreisfrequenz des gedämpften Kreises ist gegenüber der des ungedämpften Kreises ($\delta = 0$) verkleinert. Je nach der Größe des Dämpfungsfaktors δ unterscheidet man drei Fälle der Eigenschwingungen eines einzelnen Schwingkreises (vgl. Abb. 11.4):

1. ungedämpfte Schwingung: $\delta = 0$; $\omega_1 = \omega_0$;
2. periodisch gedämpfte Schwingung: $\omega_0^2 - \delta^2 > 0$; $\omega_1 < \omega_0$;
3. aperiodisch gedämpfte Schwingung: $\omega_0^2 - \delta^2 \leq 0$; $\omega_1 = 0$

   mit dem aperiodischen Grenzfall: $\omega_0^2 - \delta^2 = 0$.

Koppelschwingungen. Bei einem endlichen Wert des Kopplungsfaktors ($k \neq 0$) treten in den bei-

---

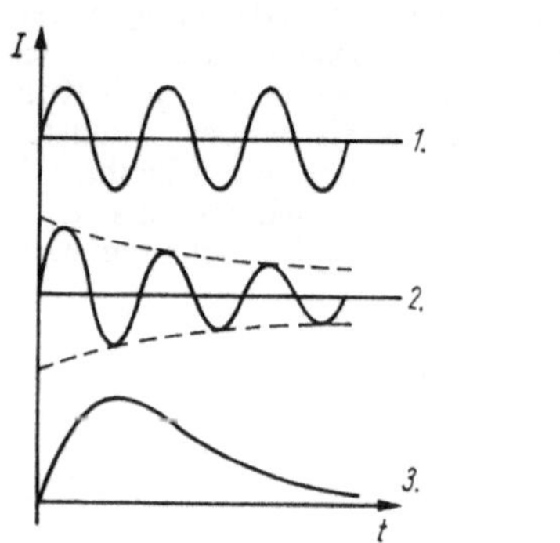

Abb. 11.4. Ungedämpfte und gedämpfte Schwingungen

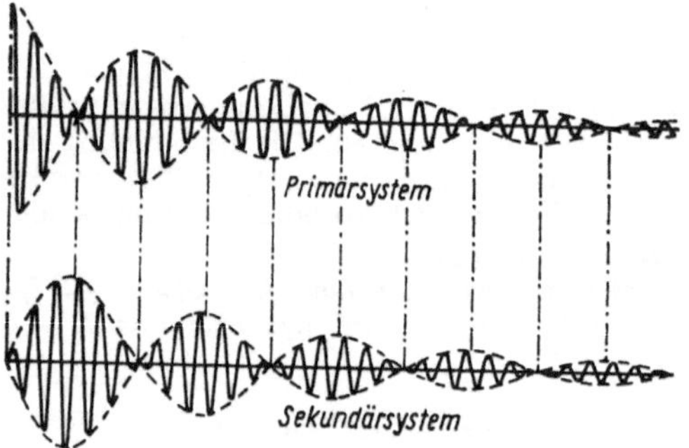

Abb. 11.5. Koppelschwingungen

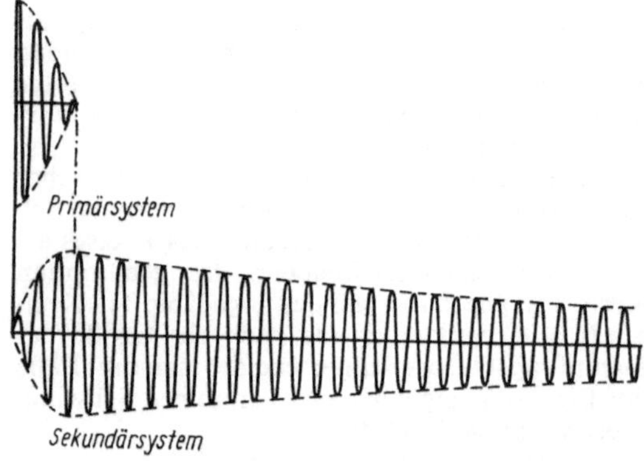

Abb. 11.6. Stoßerregung eines Schwingkreises

den Kreisen 1 und 2 der Abb.11.2 Koppelschwingungen auf, die durch einen Energieaustausch zwischen 1 und 2 gekennzeichnet sind. Zur Vereinfachung der Diskussion dieser Eigenschwingungen setzen wir zunächst ungedämpfte Kreise

voraus ($\delta = 0$). Mit den Anfangsbedingungen

$$I_1 = I_{10}; \qquad I_2 = 0; \qquad \dot{I}_1 = 0; \qquad \dot{I}_2 = 0$$

bei

$$t = 0$$

ergibt sich aus (11.5) und (11.6)

$$I_{S0} = I_{D0} = I_{10}; \qquad \varphi_S = \varphi_D = \pm \pi/2$$

und

$$I_S = I_{10} \cos \omega_S t; \qquad I_D = I_{10} \cos \omega_D t$$

mit

$$\omega_S = \frac{\omega_0}{1 + k}; \qquad \omega_D = \frac{\omega_0}{1 - k}.$$

Für die Stromschwingungen $I_1 = (I_S + I_D)/2$ und $I_2 = (I_S - I_D)/2$ folgt somit

$$I_1 = \frac{I_{10}}{2} (\cos \omega_S t + \cos \omega_D t);$$

$$I_2 = \frac{I_{10}}{2} (\cos \omega_S t - \cos \omega_D t). \tag{11.7}$$

Man erkennt, daß die Schwingungen in den beiden Kreisen 1 und 2 aus der Überlagerung zweier harmonischer Schwingungen mit verschiedener Frequenz bestehen. Unabhängig vom Dämpfungsgrad und der Art der Kopplung gilt der Satz:

Koppelt man zwei Schwingkreise mit gleicher Eigenfrequenz zusammen, so verliert das System diese Eigenfrequenz. Statt dessen treten in jedem der beiden Schwingkreise zwei Schwingungen mit verschiedenen Frequenzen auf, die um so mehr voneinander und von der zwischen ihnen liegenden Frequenz der ungekoppelten Kreise abweichen, je fester die Kopplung ist.

Die in (11.7) zum Ausdruck kommende Schwingungsüberlagerung stellt eine Schwebung dar. Dies zeigt eine einfache Umformung besonders deutlich:

$$I_1 = I_{10} \cos \frac{\omega_D - \omega_S}{2} t \cos \frac{\omega_S + \omega_D}{2} t, \tag{11.8}$$

$$I_2 = I_{10} \sin \frac{\omega_D - \omega_S}{2} t \sin \frac{\omega_S + \omega_D}{2} t. \tag{11.9}$$

Die Ausdrücke (11.8) und (11.9) ergeben bei loser Kopplung ($k \ll 1$) zwei harmonische Schwingungen, deren Amplitude zeitlich langsam schwankt ($\omega_D - \omega_S \ll \omega_S + \omega_D$). Diese Schwankungen (ebenso wie die Grundschwingungen) besitzen eine Phasenverschiebung von $\pi/2$. Physikalisch bedeutet dies, daß die beiden

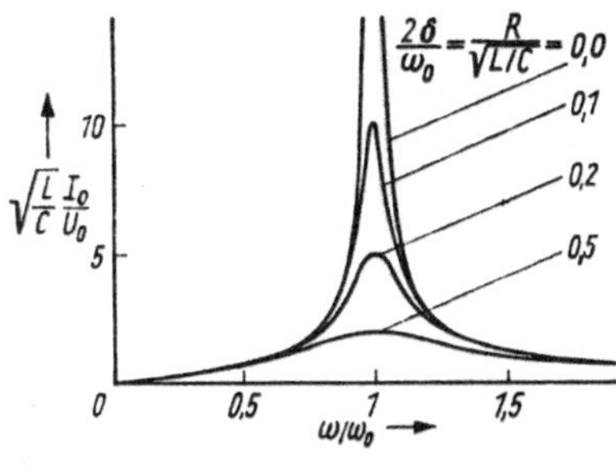

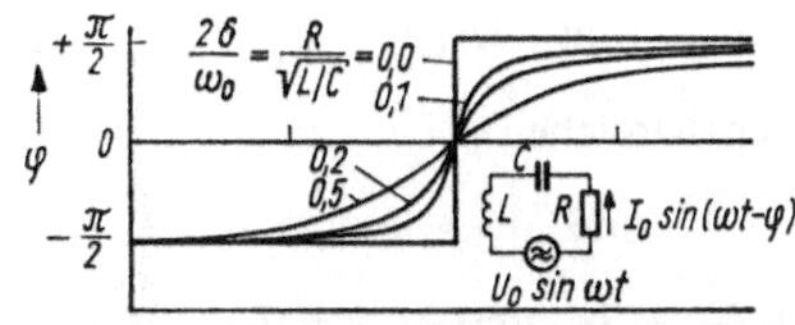

Abb. 11.7. Amplituden- und Phasengang erzwungener Schwingungen in einem RLC-Reihenschwingkreis

gekoppelten Kreise periodisch ihre Schwingungsenergie austauschen. In dem Maße, in dem die eine (primäre) Schwingung abklingt, wird die zweite (sekundäre) Schwingung angefacht. Nach der Übertragung der gesamten Energie des Kreises 1 auf den Kreis 2 kehren sich die Verhältnisse um. Falls eine Dämpfung vorliegt ($\delta \neq 0$), wird der Ausgangszustand nicht mehr ganz erreicht, und dem periodischen Energieaustausch überlagert sich zusätzlich eine monotone zeitliche Abnahme. Dafür gibt Abb. 11.5 ein Beispiel. Gelingt es, den Primärkreis in dem Augenblick, in dem er erstmalig seine gesamte Schwingungsenergie auf den Sekundärkreis übertragen hat (also beim ersten Schwebungsminimum), vom Sekundärkreis abzukoppeln, dann hört der wechselseitige Energieaustausch der beiden Kreise auf, und der Sekundärkreis schwingt gemäß seiner Eigendämpfung aus. Abb. 11.6 stellt diesen Vorgang dar (*Stoßerregung* eines Schwingkreises).

11.1.2. Erzwungene Schwingungen

Durch Einspeisung einer Wechselspannung $U = U_0 \sin \omega t$ in den Kreis 1 der Abb. 11.2 werden dort ungedämpfte Stromschwingungen erregt, die sich infolge der Kopplung auf den Kreis 2 übertragen. Selbstverständlich gibt es auch hier eine Rückwirkung des Kreises 2 auf Kreis 1. Beim Einschalten der Wechselspannung wird zunächst ein schwer zu erfassender Übergangszustand eintreten (*Einschwingvorgang*), der jedoch in der Regel bereits nach einigen Perioden der erregenden Wechselspannung in den eingeschwungenen Zustand übergeht. Auf ihn beschränken wir uns im folgenden. Er ist durch harmonische Stromschwingungen in beiden Kreisen gekennzeichnet, wobei die zeitlich konstanten Amplituden und Phasenwinkel dieser Schwingungen durch die

Parameter der Kreise und die Kenngrößen der erregenden Spannung (U_0, ω) festgelegt sind. Von besonderem Interesse ist dabei die Abhängigkeit von der Erregerfrequenz. Hier zeigt sich, wie im Falle erzwungener mechanischer Schwingungen, die Erscheinung der *Resonanz*.

Unter der Voraussetzung identisch abgestimmter Kreise ($R_1 = R_2 = R$; $C_1 = C_2 = C$; $L_1 = L_2 = L$) sind die beiden Fundamentalschwingungen I_S und I_D der gekoppelten Stromkreise aus den Gln. (11.3) und (11.4) zu berechnen. Die Lösung stellt zwei harmonische Schwingungen

$$I_S = I_{S0} \sin(\omega t + \varphi_S); \qquad I_D = I_{D0} \sin(\omega t - \varphi_D) \tag{11.10}$$

dar, für deren Amplituden und Phasenwinkel sich durch Einsetzen ergibt:

$$I_{S0} = \frac{U_0 \omega / L}{\sqrt{(\omega^2(1 + k) - \omega_0^2)^2 + 4\delta^2\omega^2}};$$

$$\tan \varphi_S = \frac{\omega^2(1 + k) - \omega_0^2}{2\delta\omega}; \tag{11.11}$$

$$I_{D0} = \frac{U_0 \omega / L}{\sqrt{(\omega^2(1 - k) - \omega_0^2)^2 + 4\delta^2\omega^2}};$$

$$\tan \varphi_D = \frac{\omega^2(1 - k) - \omega_0^2}{2\delta\omega}. \tag{11.12}$$

Der Grenzfall *verschwindender Kopplung* ($k = 0$) liefert die erzwungenen Schwingungen eines einzelnen Kreises:

Mit $I_S = I_D$ gilt $2I_2 = I_S - I_D = 0$ und weiter

$$I_1 = I = \frac{I_S + I_D}{2} = I_0 \sin(\omega t - \varphi);$$

$$I_0 = \frac{U_0 \omega / L}{\sqrt{(\omega^2 - \omega_0^2)^2 + 4\delta^2\omega^2}}; \tag{11.13}$$

$$\tan \varphi = \frac{\omega^2 - \omega_0^2}{2\delta\omega}.$$

Dieses Ergebnis ist identisch mit dem der Berechnung des Stromes in einem RCL-Reihenkreis entsprechend Abschn. 5.8.2. In Abhängigkeit von der Kreisfrequenz ω durchläuft die Stromamplitude I_0 ein Maximum bei der Eigenkreisfrequenz ω_0 des ungedämpften Kreises ($\omega_{Res} = \omega_0 = 1/\sqrt{LC}$). Die Höhe des Resonanzmaximums und seine Flankensteilheit wachsen mit abnehmendem Dämpfungsfaktor $\delta = R/2L$. Abb. 11.7 gibt dafür ein Beispiel. Als Ordinate ist hier die Größe $I_0 L \omega_0 / U_0$ über der relativen Frequenz ω/ω_0 mit $2\delta/\omega_0$ als Parameter aufgetragen. Große δ-Werte ergeben flache Resonanzkurven, die dazu führen, daß ein solcher Kreis auch von Fre-

---

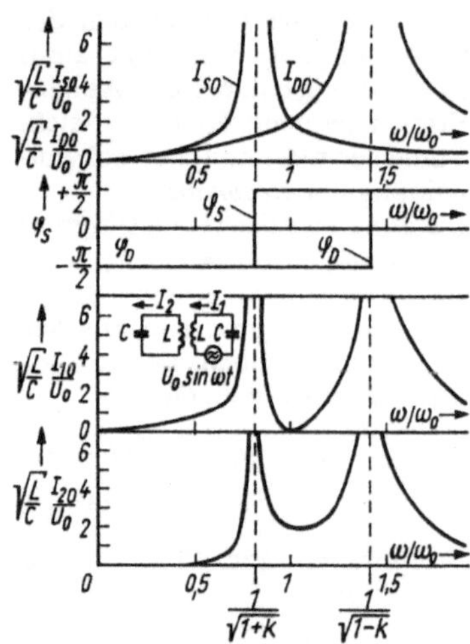

Abb. 11.8. Amplituden- und Phasengang erzwungener Koppelschwingungen (Kopplungsfaktor $k = 0{,}5$)

quenzen angeregt werden kann, die beträchtlich von der Resonanzfrequenz abweichen. In diesem Fall ist die sog. *Abstimmschärfe* des Kreises gering. Zur Charakterisierung der Abstimmschärfe kann die *Halbwertsbreite* des Kreises herangezogen werden, die das Frequenzintervall $\Delta\omega$ um die Resonanzfrequenz abgrenzt, in dem gilt $I_0(\omega) \geqq I_0(\omega_0)/\sqrt{2}$. Eine kurze Rechnung ergibt für die Halbwertsbreite des Kreises 1 in Abb. 11.2 den Wert $\Delta\omega = \delta$.

Erzwungene Koppelschwingungen. Im Falle eines endlichen Wertes des Kopplungsfaktors k entstehen im Stromkreis der Abb. 11.2 *erzwungene Koppelschwingungen*, die sich aus den beiden Fundamentalschwingungen (11.11) und (11.12) nach den Regeln der Addition und Subtraktion harmonischer Schwingungen zusammensetzen lassen. Es gilt

$$2I_1 = I_S + I_D = I_{S0} \sin(\omega t - \varphi_S)$$
$$+ I_{D0} \sin(\omega t - \varphi_D)$$
$$= 2I_{10} \sin(\omega t - \varphi_1),$$
$$2I_2 = I_S - I_D = I_{S0} \sin(\omega t - \varphi_S)$$
$$- I_{D0} \sin(\omega t - \varphi_D)$$
$$= 2I_{20} \sin(\omega t - \varphi_2).$$

Für die Stromamplituden folgt danach

$$4I_{10}{}^2 = I_{S0}{}^2 + I_{D0}{}^2 + 2I_{S0}I_{D0} \cos(\varphi_S - \varphi_D),$$
$$(11.14)$$
$$4I_{20}{}^2 = I_{S0}{}^2 + I_{D0}{}^2 - 2I_{S0}I_{D0} \cos(\varphi_S - \varphi_D).$$
$$(11.15)$$

Mit den Beziehungen (11.11) und (11.12) können nun I_{10} und I_{20} in Abhängigkeit von der Kreisfrequenz berechnet werden. (Auf die Angabe der Phasenwinkel haben wir verzichtet.) Besonders übersichtliche Verhältnisse liegen bei verschwindender Dämpfung der Kreise vor ($\delta = 0$). Für diesen Fall zeigt Abb. 11.8 den Amplituden- und Phasengang der beiden Fundamentalschwingungen I_{S0} und I_{D0} sowie den Amplitudengang von I_{10} und I_{20}, für den nach (11.14) und (11.15) dann einfach gilt

$$2I_{10} = I_{S0} + I_{D0} \quad \text{und} \quad 2I_{20} = I_{S0} - I_{D0}$$

in den Frequenzbereichen

$$\omega < \omega_0/\sqrt{1 + k} \quad \text{und} \quad \omega > \omega_0/\sqrt{1 - k}$$

sowie $2I_{10} = I_{S0} - I_{D0}$ und $2I_{20} = I_{S0} + I_{D0}$ im Frequenzbereich

$$\omega_0/\sqrt{1 + k} < \omega < \omega_0/\sqrt{1 - k}.$$

Man erkennt aus Abb. 11.8: Infolge der Ankopplung des Kreises 2 ist die Resonanz des Kreises 1 bei $\omega = \omega_0$ (vgl. Abb. 11.7) verschwunden. Dafür treten zwei Resonanzen bei $\omega_1 = \omega_0/\sqrt{1 + k}$ und $\omega_2 = \omega_0/\sqrt{1 - k}$ auf. Diese Resonanzfrequenzen entsprechen den beiden Eigenschwingungen des gekoppelten Systems.

In Abb. 11.8 fällt auf, daß bei der Eigenfrequenz der ungekoppelten Kreise $\omega = \omega_0$ im Falle der Kopplung der Strom im Kreis 1 verschwindet ($I_{10} = 0$), in Kreis 2 aber endlich bleibt ($I_{20} \neq 0$).
Obwohl am Kreis 1 ständig eine Wechselspannung anliegt, fließt dort kein Strom (unendlich großer Eingangswiderstand), und obwohl die Primärseite des Koppeltransformators in Abb. 11.2 stromlos ist, tritt in der Sekundärseite ein Strom auf. Selbstverständlich ist dies nur im eingeschwungenen Zustand und bei fehlender Dämpfung beider Kreise möglich (vollständige Kompensation der durch die Wechselspannungsquelle und die Gegeninduktion in Kreis 1 erzeugten Ströme).

Die bisherige Diskussion der Koppelschwingungen beschränkte sich auf identisch abgestimmte Kreise ($C_1 = C_2$ usw.) Nach der *Thomson-Kirchhoffschen Schwingungsgleichung* (vgl. Abschn. 5.8.3) besitzen jedoch zwei Kreise bereits gleiche Eigenfrequenzen, wenn gilt $L_1C_1 = L_2C_2$. Das Verhalten so abgestimmter gekoppelter Kreise unterscheidet sich nicht prinzipiell von dem betrachteten Spezialfall. Insbesondere tritt derselbe Charakter der Resonanzkurve mit zwei Eigenfrequenzen und der periodische Energieaustausch (vgl. Abschn. 11.1.1) zwischen den Kreisen auf. Allerdings ist bei $C_1 \neq C_2$ die Höhe der Schwebungsmaxima von I_1 und I_2 in (11.8) und (11.9) nicht mehr gleich. Es gilt vielmehr (bei verschwindender Dämpfung)

$$I_{10}/I_{20} = \sqrt{C_1/C_2}.$$

Für die Maximalamplituden der Spannung an den Kapazitäten C_1 und C_2 erhält man damit

$$U_{C10}/U_{C20} = \sqrt{C_2/C_1}\,.$$

Eine Ausnutzung dieser Gleichung zur Erzeugung hochfrequenter Wechselspannungen großer Amplitude liegt im sog. *Tesla-Transformator* (1892) vor. Der Sekundärschwingkreis dieses Transformators besteht aus einer einzelnen Spule hoher Windungszahl (großes L). Als Kapazität wirkt allein die der Spule (kleines C). Bei guter Abstimmung mit dem Primärkreis (Frequenz etwa 100 kHz) können sehr hohe Spannungen mit Funkenschlagweiten bis zu 1,5 m erzielt werden.

Frequenzmesser (Wellenmesser). Um die Frequenz der Ströme in einem Kreis festzustellen, koppelt man ihn induktiv mit einem geeichten Meßkreis. Er besteht aus einem Kondensator veränderlicher Kapazität und aus verschiedenen Spulen, die als Selbstinduktionen und zur Kopplung dienen, indem man ihre Windungsebenen derjenigen der Selbstinduktion des zu untersuchenden Kreises parallel stellt.

Die Messung beruht darauf, daß im Meßkreis dann ein sehr starker Strom feststellbar ist, wenn seine Eigenfrequenz mit der des zu messenden Kreises übereinstimmt. Man schaltet in den Meßkreis ein Amperemeter oder Wattmeter.

Trägt man die Energie der Schwingung im Meßkreis als Funktion der Eigenfrequenz auf, die man durch Drehen des Kondensators variiert, so erhält man Kurven, die je nach den Dämpfungsverhältnissen bei loser Kopplung genauso aussehen wie die in Abb. 11.7 dargestellten. Bei geringer Dämpfung der Kreise findet im Resonanzfall ein außerordentlich steiler Anstieg der *Resonanzkurve* statt. Die Kurve flacht um so mehr ab, das Resonanzmaximum wird um so geringer und verwaschener, je gedämpfter jeder der beiden Kreise schwingt. Verzichtet man auf quantitatives Ausmessen der Resonanzkurve und will nur die Lage maximalen Ansprechens feststellen, so kann anstatt des Strommessers eine kleine Glühlampe eingeschaltet werden, die bei Resonanz am hellsten leuchtet; oder es kann an die Belegungen des Kondensators, die bei Resonanz auf höhere Spannungen gebracht werden, eine spannungsempfindliche Leuchtröhre (Helium- oder Neonfüllung) angelegt werden, die bei Resonanz das hellste Leuchten zeigt.

Indem man den variablen Kreis mit geeichten Apparaten ausstattet, also mit stets bekannter Kapazität und Selbstinduktion, erreicht man es, daß seine Eigenfrequenz bei jeder Einstellung seiner Teile bekannt ist. Er ist alsdann als *Frequenzmesser* (oft aus später ersichtlichen Gründen *Wellenmesser* genannt) für elektrische Schwingungen zu verwenden.

Koppelt man einen in oben besprochener Weise erregten Primärkreis ziemlich eng mit einem zweiten, vorher auf den Primärkreis abgestimmten Kreis durch nahes Zusammenrücken der Spulen beider Kreise, so führt jeder von ihnen die geschilderten Koppelschwingungen aus, deren Frequenzen um so weiter auseinanderliegen, je fester die Kreise gekoppelt sind. Indem man einen der Kreise auf den Frequenzmesser in loser Koppelung wirken läßt, lassen sich mit dem letzten die beiden Schwingungen sehr bequem und genau beobachten und messen. Bei zu vernachlässigender oder bekannter Eigendämpfung des Frequenzmesserkreises läßt sich aus dem Verlaufe der Resonanzkurven auch die Dämpfung der beobachteten Schwingung ermitteln.

11.1.3. Instationärer Schwingkreis

Die bisherige Analyse der Schwingungsvorgänge in elektrischen Kreisen setzte quasistationäre Bedingungen voraus. Bei sehr hohen Frequenzen (z. B. im GHz-Bereich) ist diese Voraussetzung jedoch nicht mehr zutreffend: Die elektrische Stromstärke besitzt dann an verschiedenen Stellen des Kreises unterschiedliche Werte. Wir sprechen in diesem Fall von schnell veränderlichen Vorgängen bzw. instationären Schwingungen. Bei hohen Frequenzen ändern auch die bisher besprochenen Schaltelemente (L, C) ihr Verhalten. Wirkt z. B. bei 1 MHz eine Drahtspule noch als ausgezeichnetes Speicherelement für magnetische Feldenergie (gute Induktivität), so kann dieselbe Spule bei 100 MHz infolge ihrer Windungskapazität bereits ein ebenso ausgezeichnetes Speicherelement für elektrische Energie darstellen (guter Kondensator). Typisch für elektrische Kreise bei hohen Frequenzen ist das Auftreten verteilter Induktivitäten und Kapazitäten. Die Speicherelemente solcher Kreise weisen gegenüber den Niederfrequenzbauelementen sehr verschiedene Konstruktionen auf, ihre Funktion ist jedoch im Prinzip dieselbe (z. B. Hohlraumresonatoren, die als LC-Schwingkreise wirken).

Wir betrachten als ein (schematisches) Beispiel einen einfachen Drahtrahmen in Form eines flachen Rechteckes (Abb. 11.9; $l \gg d$). Zur Zeit $t = 0$ möge die links oben angegebene Ladungsverteilung vorliegen. Sie erzeugt ein elektrisches Feld E im Zwischenraum der Drähte. Natürlich ist diese Ladungsverteilung in einem Leiter nicht stabil. Sie ergibt Ausgleichsströme, die mit einem magnetischen Feld H verbunden sind ($t = T/4$). Die zeitlichen Änderungen dieses magnetischen Feldes induzieren im Drahtrahmen elektrische Ströme, die zum Aufbau einer neuen Ladungsverteilung (nun mit umgekehrter Polung) führen ($t = T/2$). Danach erfolgt erneuter Stromausgleich usw. Man erkennt, daß in dem Drahtrahmen elek-

<hr>

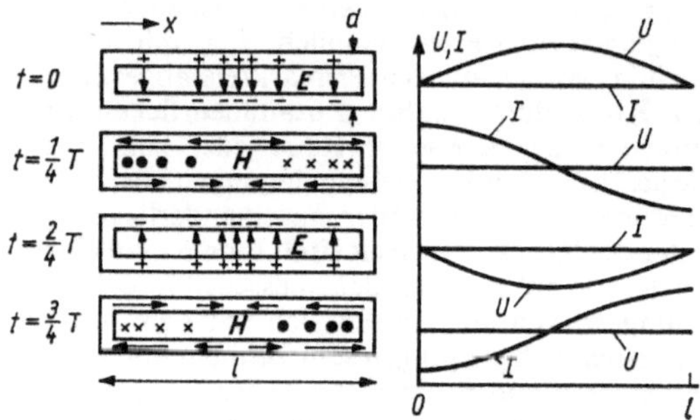

Abb. 11.9. Instationäre elektrische Schwingungen eines Metallrahmens (schematisch)

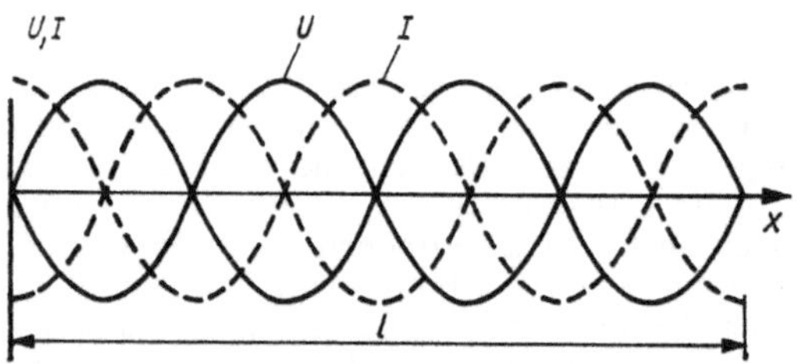

Abb. 11.10. Strom- und Spannungsverteilung der 2. Oberschwingung des Rahmens in Abb. 11.9

trische Schwingungen auftreten, die bei fehlenden Verlusten unbegrenzt andauern und deren Mechanismus ebenfalls auf der gegenseitigen Verwandlung elektrischer und magnetischer Feldenergie beruht. Im zeitlichen Mittel sind diese beiden Energien gleich groß. Die dadurch charakterisierten Eigenschwingungen sind mit entsprechenden Strom- und Spannungsänderungen längs des Rahmens verknüpft, die Abb. 11.9 ebenfalls angibt. Offensichtlich handelt es sich hier um eine Art Grundschwingung, die uns in analoger Weise bereits bei schwingenden Saiten und Luftsäulen in Pfeifen begegnete (vgl. Bd. 1). Unsere obigen Überlegungen hätten wir auch mit einer Ladungsbzw. Spannungsverteilung beginnen können, die mehrere Maxima längs des Rahmens aufweist. Dies sind mögliche Oberschwingungen des Kreises. Abb. 11.10 gibt dazu ein Beispiel. Die hier zu den vier ausgewählten Zeiten (0; $T/4$; $T/2$; $3T/4$) dargestellten Strom- und Spannungsverteilungen ergeben die 2. Oberschwingung.

Von Interesse ist die Frage nach der *Periodendauer* der Eigenschwingungen des betrachteten Drahtrahmens. Bei Vernachlässigung von Endeffekten besitzt der Rahmen (r_0 Drahtradius) eine Kapazität

$$C = \frac{\pi \varepsilon l}{\ln (d/r_0)}, \qquad d \gg r_0 \qquad (11.16)$$

und eine Induktivität

$$L = \frac{\mu}{\pi} l \ln (d/r_0). \qquad (11.17)$$

Damit ergibt die *Thomsonsche Schwingungsformel* für die Periodendauer

$$T = 2\pi \sqrt{LC} = 2\pi \sqrt{\varepsilon \mu} l. \qquad (11.18)$$

Natürlich ist diese Berechnung von T, die quasistationäre Bedingungen voraussetzt, hier nicht mehr korrekt und kann nur als grobe Orientierung dienen. Später wird sich zeigen, daß die exakte Formel um den Faktor π kleinere Werte angibt. Aus (11.18) lesen wir ab, daß für einen Drahtrahmen der Länge $l = 0,3$ m in Luft ($\mu \varepsilon \approx \mu_0 \varepsilon_0 \approx 10^{-17}$ s²/m²) eine Periode von etwa $6 \cdot 10^{-9}$ s bzw. eine Frequenz von etwa 160 MHz nach der quasistationären Rechnung zu erwarten wäre.

11.2. Elektromagnetische Wellen längs Leitungen

Eine wichtige Aufgabe der Elektrotechnik besteht in der verlustarmen Übertragung elektromagnetischer Energie. Dazu dienen Übertragungsleitungen, die je nach dem Frequenzbereich der benutzten Ströme einen unterschiedlichen Aufbau besitzen. Im folgenden interessieren uns hochfrequente Wechselströme, bei denen während der Zeit einer Schwingungsperiode T das Licht eine Strecke zurücklegt, die von der Größenordnung der Leitungslänge Δl oder noch kleiner ist (nichtstationäre Verhältnisse: $cT \lessgtr \Delta l$).
Ein häufig benutzter Leitungstyp besteht aus zwei oder mehreren parallelen Leitern (*Lecher-Leitung*). Abb. 11.11 zeigt dafür einige Beispiele. Seit etwa 1960 gewinnt die sog. Mikrowellen-Streifenleitung zunehmende Bedeutung, da ihre Abmessungen klein gehalten werden können und die Ausführung (einschließlich zugehöriger Bauelemente) in gedruckter Schaltungstechnik erfolgen kann. Neben den Lecher-Leitungen werden *Hohlleiter* (*Wellenleiter*) mit unterschiedlichem Querschnitt benutzt.
Bereits 1888 hatte H. HERTZ erstmalig die nichtquasistationäre Übertragung hochfrequenter elektromagnetischer Schwingungen auf einer Leitung in Form eines einzelnen langgestreckten Drahtes untersucht, in dessen Umgebung Energie längs der Drahtoberfläche fortschreitet. In einer modernen Version dieses Leitungstyps wird das elektromagnetische Feld durch einen dielektrischen Mantel am Draht konzentriert (*Oberflächenwellenleiter*). Die Konzentration der Feldenergie durch die Verwendung zweier Drähte (erstmalig von E. LECHER 1890 angegeben) wird im folgenden näher betrachtet.

11.2.1. Lecher-Leitungen

Die Existenz einer wellenförmigen Ausbreitung elektrischer und magnetischer Felder längs der *Lecherschen Zweidrahtleitung* läßt sich auf der Grundlage der Eigenschwingungen des rechteckigen Stromkreises in Abb. 11.9 verstehen. Die dort gezeigten Stromschwingungen können analytisch durch

$$I = I(x, t) = 2I_0 \cos \frac{\pi x}{l} \sin \omega t$$

dargestellt werden. Dies ist der mathematische Ausdruck für eine stehende Welle, die sich aus der Überlagerung zweier in entgegengesetzter

---

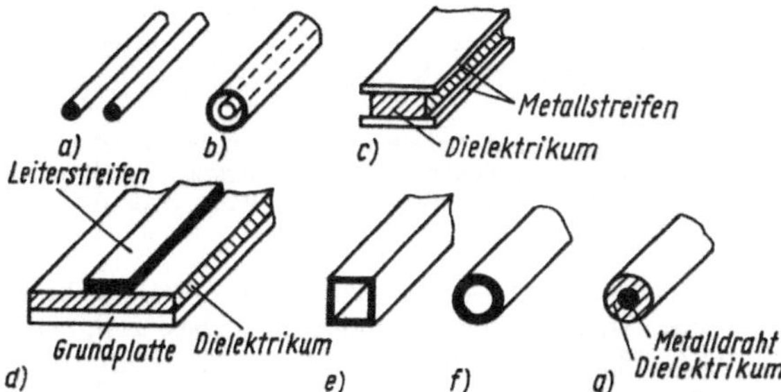

Abb. 11.11. Lecher-Leitungen und Wellenleiter. a) Zweidrahtleitung; b) Koaxialleitung; c) abgeschirmte Streifenleitung; d) offene Streifenleitung; e) Rechteckhohlleiter; f) kreisförmiger Hohlleiter; g) Oberflächenwellenleiter

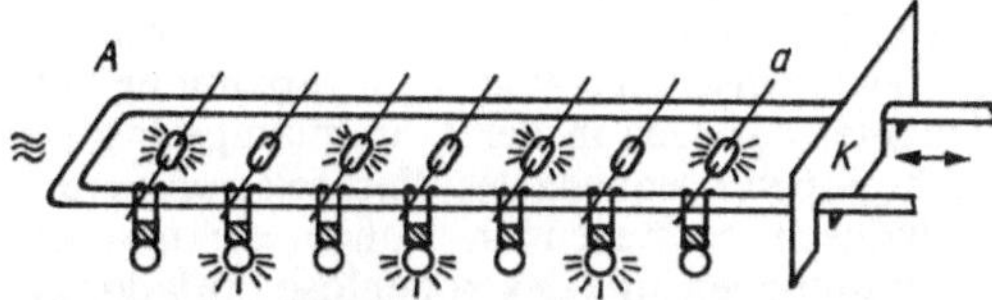

Abb. 11.12. Abgestimmte Lecher-Leitung (Verteilung der Schwingungsknoten und -bäuche)

Richtung laufender Wellen

$$I = I_0 \sin\left(\omega t + \frac{\pi}{l} x\right) + I_0 \sin\left(\omega t - \frac{\pi}{l} x\right)$$

ergibt (vgl. Bd. 1). Für die Wellenlänge ist dabei $\lambda = 2l$ zu setzen. Nach dieser Interpretation laufen an dem Paralleldrahtsystem Strom- und Spannungswellen entlang, werden an den kurzgeschlossenen Enden reflektiert und ergeben durch ihre Superposition die beschriebenen Eigenschwingungen, wie sie in analoger Weise auch an Seilen oder Luftpfeifen entstehen. Während die Stromwelle an den Enden einen Bauch aufweist, besitzt dort die Spannungswelle einen Knoten (vgl. auch Abb. 10.10).

Nachweis der Wellen. Die Existenz dieser stehenden Wellen läßt sich experimentell mit einer Anordnung nach Abb. 11.12 nachweisen. Am linken Ende der Leitung wird bei A durch (z. B. induktive) Ankopplung eines primären Schwingkreises ständig Hochfrequenzenergie eingekoppelt. Der Kurzschlußschieber K dient zur Abstimmung des *Lecher-Systems*. Durch seine Verschiebung kann das System in Resonanzzustände versetzt werden, die sich im Auftreten der erwähnten stehenden Strom- und Spannungswellen äußern. Als Spannungsnachweisgerät dienen kleine Glimmlampen, die quer über der Paralleldrahtleitung liegen. Sie leuchten auf, wenn die Spannung einen bestimmten Wert (z. B. 200 V Zündspannung) überschreitet. Zur Strommessung in der Leitung werden kleine Glühlampen an die Drähte gehängt. Bei den vorliegenden hohen Frequenzen (Größenordnung 100 MHz) reicht die Impedanz zwischen den Anschlußstellen der Glühlampe (einige Zenti-

meter) aus, um in Abhängigkeit vom fließenden Strom Spannungsabfälle von einigen Volt zu erzeugen. Die Verschiebung der Lampen längs der Lecher-Leitung zeigt, daß es Stellen maximaler und minimaler Spannung und Stromstärke gibt. In Abb. 11.12 befinden sich die Lampen gerade an diesen Stellen. Man erkennt: Die Orte maximaler Spannung entsprechen Orten minimaler Stromstärke und umgekehrt. Wellenbäuche und Wellenknoten wechseln einander ab. Die zu Abb. 11.12 gehörende Strom-Spannungs-Verteilung zeigte bereits Abb. 11.10.

Trennt man die Lecher-Leitung an einem Stromknoten durch (z. B. im Querschnitt a der Abb. 11.12), so verbleibt der linke Teil trotzdem im Resonanzzustand und die Wellenbäuche und -knoten liegen nach wie vor an denselben Stellen. Auch an einer offenen Leitung tritt am Ende eine Wellenreflexion auf, die zur Ausbildung stehender Wellen führt. Allerdings ist das offene Ende stets durch einen Stromknoten und einen Spannungsbauch gekennzeichnet. Da der Abstand zwischen zwei benachbarten Knoten (oder Bäuchen) gleich einer halben Wellenlänge λ ist, gilt in Verallgemeinerung der bisher besprochenen Fälle der folgende Sachverhalt:

Auf einer beiderseitig kurzgeschlossenen oder beiderseitig offenen Lecher-Leitung können stehende Strom- und Spannungswellen (Resonanzen) erregt werden, wenn die Länge der Leitung gleich einem Vielfachen von $\lambda/2$ ist.

Ist die Lecher-Leitung an einem Ende offen und am anderen Ende geschlossen, so erfordert die Resonanzbedingung, daß die Länge einem ungeraden Vielfachen von $\lambda/4$ gleich ist.

Offene Enden weisen Stromknoten und Spannungsbäuche, geschlossene Leitungsenden aber Strombäuche und Spannungsknoten auf.

Eine sehr schöne Demonstration kurzer stehender Wellen erlaubt die in Abb. 11.13 dargestellte *Aronssche Röhre*. Es ist dies ein langes, mit verdünntem Gas gefülltes Glasrohr, in dem Parallel-

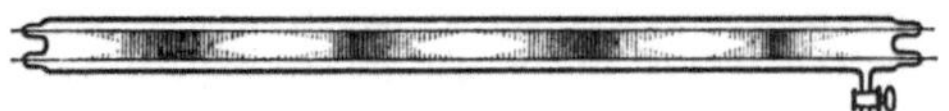

Abb. 11.13. Aronssche Röhre

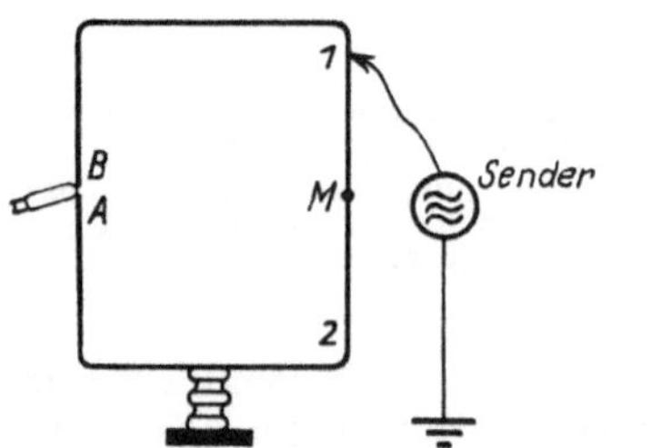

Abb. 11.14. Versuch zur Feststellung der endlichen Laufzeit elektrischer Wellen

drähte ausgespannt sind. Das Gas leuchtet an den Spannungsbäuchen und bleibt an den Knoten dunkel.

Fortpflanzungsgeschwindigkeit der Wellen. Das wesentlich Neue, das die beschriebenen Versuche lehren, ist die Tatsache, daß bei diesen Vorgängen elektromagnetische Wellen, also räumlich und zeitlich sich ausbreitende Schwingungsvorgänge, auftreten.

Zwischen der Fortpflanzungsgeschwindigkeit v, der Wellenlänge λ und der Schwingungszahl ν besteht die für alle Wellen gültige Beziehung (Bd. 1)

$$v = \nu\lambda .$$

Wählt man als Erregerkreis einen geschlossenen Kondensatorkreis, dessen Schwingungen quasistationär verlaufen und dessen Eigenfrequenz durch die bekannten Werte von Kapazität und Selbstinduktion nach der Thomsonschen Schwingungsgleichung berechenbar ist, so erlaubt die Wellenlängenbestimmung auf dem Drahtsystem unmittelbar die Messung der Fortpflanzungsgeschwindigkeit elektrischer Wellen längs frei ausgespannter Drähte. Solche Versuche sind zuerst, freilich nicht mit einem als quasistationär anzusehenden primären Schwingkreis, von HEINRICH HERTZ ausgeführt worden. Sie ergaben für Drähte in Luft:

Die Fortpflanzungsgeschwindigkeit elektrischer Wellen ist gleich der Fortpflanzungsgeschwindigkeit des Lichtes: $v = c$.

Der hohe Wert $c \approx 300\,000$ km/s bringt es mit sich, daß man ein äußerst hochfrequentes Primärsystem nehmen muß, um nicht eine zu große Wellenlänge und damit einen unbequem großen Knotenabstand zu erhalten. Eine Schwingung

von $3 \cdot 10^8$ Hz, d. i. 300 Millionen Perioden in der Sekunde, hat noch eine Wellenlänge von 100 cm, also 50 cm Knotenabstand.

H. HERTZ gelang die Herstellung von Drahtwellen bis herab zu 1 m Wellenlänge. Heute können Wellenlängen im cm- und mm-Bereich erzeugt werden (vgl. Abschn. 11.4).

Daß elektrische Wellen längs Drähten eine endliche Ausbreitungsgeschwindigkeit besitzen, zeigte H. HERTZ mit dem in Abb. 11.14 dargestellten Drahtrahmen, der an einen Hochfrequenzgenerator (Sender) angeschlossen ist. An den Stellen AB ist der Rahmen unterbrochen. Dort wird eine kleine Glimmlampe angelegt, die die Drähte berührt. Tritt zwischen A und B eine Spannung auf, so leuchtet das Gas in der Glimmlampe infolge der sehr hohen Frequenz des Wechselstromes und der dadurch entstehenden hohen elektrischen Randspannungen auf (elektrodenlose Entladung). Das Aufleuchten kann als Spannungsnachweis dienen. Es zeigt sich nun, wenn wir etwa bei 1 oder 2 den Rahmen an den Sender anschließen, ein Aufleuchten. Ist der Rahmen aber in dem bis auf einige Millimeter genau bestimmbaren Punkt M angeschlossen, so ist die Unterbrechungsstelle ohne Spannung, die Lampe bleibt dunkel. Die Erklärung entspricht vollkommen der des Quinkkeschen Interferenzversuches in der Akustik (Bd. 1). Es ist nämlich der Weg von M an die Unterbrechungsstelle für den oberen und unteren Zweig gleich lang, es kommen also an der Unterbrechungsstelle die Spannungswellen des Wechselstromes stets mit gleicher Phase an; zwischen A und B herrscht in diesem Fall stets die Spannung Null. Sind aber die Wege verschieden lang, so treten zwischen A und B Spannungen auf, da die Spannungswerte des Wechselstromes in A und B infolge der verschiedenen Laufzeit verschieden sind.

Leitungsgleichung (*Telegrafengleichung*). Entfernt man an der Lecher-Leitung Abb. 11.12 den Kurzschlußschieber K und denkt sich die Leitung nach rechts hin unbegrenzt fortgesetzt, so ist zu erwarten, daß bei Erregung hochfrequenter Schwingungen am Anfang A ungestörte Wellen die Leitung entlanglaufen (keine Interferenz mit reflektierten Wellen). Die Ausbreitung dieser Wellen kann auf der Grundlage eines elektrischen Ersatzschaltbildes der Leitung in Form eines Netzwerkes mit verteilten Parametern verstanden werden. Jedes Stück der Doppelleitung ist in der Lage, elektrische und magnetische Energie durch seine Kapazität und Induktivität zu speichern. Es stellt somit einen elektrischen Schwingkreis dar, dessen Zusammenschaltung mit vielen anderen gleichartigen Kreisen die gesamte Leitung ergibt. Längs einer solchen Kette gekoppelter schwingungsfähiger Gebilde ist die Ausbreitung elektri-

---

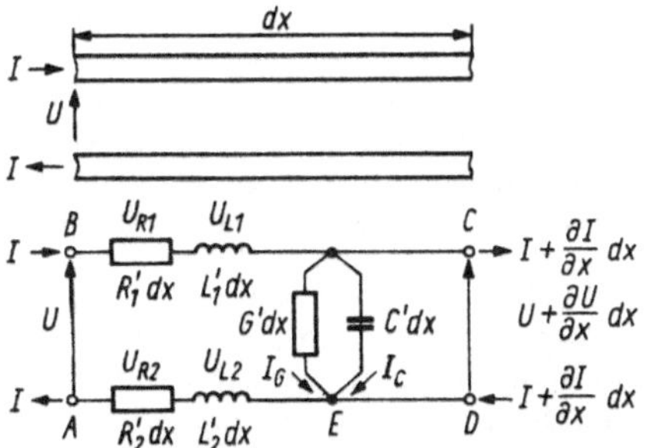

Abb. 11.15. Ersatzschaltung des Lecher-Leitungsdifferentials

scher Wellen in Analogie zur Ausbreitung mechanischer Wellen bei elastisch gekoppelten Massenpunkten zu erwarten.

Abb. 11.15 zeigt das Ersatzschaltbild eines Abschnittes der differentiellen Länge $\mathrm{d}x$ der *Lecher-Leitung*. Die gestrichenen Größen R_1', L_1' usw. stellen die auf die Längeneinheit bezogenen Kenngrößen (Widerstand, Kapazität, Induktivität) dar. In axialer Richtung ist die Leitung homogen, die Querschnittsabmessungen der beiden Drähte können jedoch noch verschieden sein. Man bezeichnet L' als den Induktivitätsbelag, C' als den Kapazitätsbelag, R' als den Widerstandsbelag und G' als den Leitwertbelag. R' repräsentiert den *ohmschen* Leitungswiderstand, G' einen eventuell vorhandenen Isolationsleitwert zwischen den beiden Leitungsdrähten.

Die Anwendung des *2. Kirchhoffschen Satzes* auf die (offene) Masche *ABCD* in Abb. 11.15 ergibt

$$U - \left(U + \frac{\partial U}{\partial x}\,\mathrm{d}x\right) = I(R_1' + R_2')\,\mathrm{d}x$$
$$+ (L_1' + L_2')\frac{\partial I}{\partial t}\,\mathrm{d}x$$

oder mit $R' = R_1' + R_2'$ und $L' = L_1' + L_2'$

$$\frac{\partial U}{\partial x} = -IR' - L'\frac{\partial I}{\partial t}. \tag{11.19}$$

Diese Gleichung besagt, daß sich die Änderung der Spannung U längs des differentiellen Leitungsstückes aus dem Spannungsabfall an den ohmschen Widerständen und den an den Selbstinduktivitäten induzierten Spannungen zusammensetzt.

Die Anwendung des *1. Kirchhoffschen Satzes* auf den Knotenpunkt E der Abb. 11.15 ergibt (bei Beschränkung auf lineare Glieder in $\mathrm{d}x$)

$$I - \left(I + \frac{\partial I}{\partial x}\,\mathrm{d}x\right) = UG'\,\mathrm{d}x + C'\frac{\partial U}{\partial t}\,\mathrm{d}x$$

oder

$$\frac{\partial I}{\partial x} = -UG' - C'\frac{\partial U}{\partial t}. \tag{11.20}$$

Diese Gleichung besagt, daß der Ausgangsstrom um den durch C' und G' fließenden Parallelstrom geringer als der Eingangsstrom ist.

Differenziert man (11.19) nach der Ortskoordinate x und (11.20) nach der Zeit t, so kann man U und I aus jeweils einer Gleichung eliminieren und erhält

$$\frac{\partial^2 U}{\partial x^2} = L'C'\frac{\partial^2 U}{\partial t^2} + (R'C' + L'G')\frac{\partial U}{\partial t} + R'G'U. \tag{11.21}$$

Für den Strom $I = I(x, t)$ erhält man eine analog gebaute Differentialgleichung. (11.21) wird als die *Telegrafengleichung* bezeichnet. Sie spielt im Fernmeldewesen bei der Übertragung elektrischer Signale längs Drähten eine bedeutende Rolle. Ihre Lösungen stellen in Ausbreitungsrichtung gedämpfte Wellen dar, deren mathematische Analyse allerdings einen erheblichen Aufwand erfordert.

Sehr übersichtliche Verhältnisse liegen im Falle einer verlustlosen Leitung ($R' = G' = 0$) vor. Dann gilt nach (11.21)

$$\frac{\partial^2 U}{\partial x^2} = L'C'\frac{\partial^2 U}{\partial t^2}. \tag{11.22}$$

Die Struktur dieser Gleichung ist mit der einer eindimensionalen Wellengleichung (vgl. Bd. 1) identisch. Ihre Lösung ist eine ungedämpfte Welle:

$$U = U_0 \sin(\omega t - kx) \tag{11.23}$$

mit $k = 2\pi/\lambda$ als Wellenzahl. Durch Einsetzen von (11.23) in (11.22) ergibt sich für die Phasengeschwindigkeit $v = \omega/k$ der Welle:

$$v = \frac{1}{\sqrt{L'C'}}. \tag{11.24}$$

Für eine Paralleldrahtleitung mit großem Abstand d der Drähte gegenüber ihrem Durchmesser r_0 gilt (Abschn. 11.1.3)

$$C' = \frac{C}{l} = \frac{\pi\varepsilon}{\ln\dfrac{d}{r_0}}$$

und für die entsprechende Selbstinduktivität

$$L' = L/l = \frac{\mu}{\pi}\ln\frac{d}{r_0}.$$

Hierbei wurde vorausgesetzt, daß die Frequenz des Wechselstromes so groß ist, daß infolge des *Skin-Effektes* nur eine dünne Oberflächenschicht der Drähte am Stromfluß beteiligt ist und somit die innere Induktivität ($L'_i = \mu/4\pi$) vernachlässigt werden kann. Setzt man die Werte für C' und L' in (11.24) ein, so ergibt sich

$$v = \frac{1}{\sqrt{\mu\varepsilon}}. \tag{11.25}$$

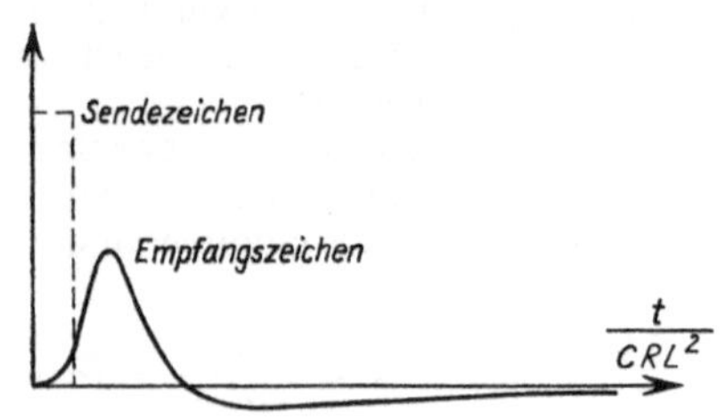

Abb. 11.16 Verformung eines rechteckigen Stromstoßes auf einer langen Leitung.
L Entfernung vom Leitungsanfang

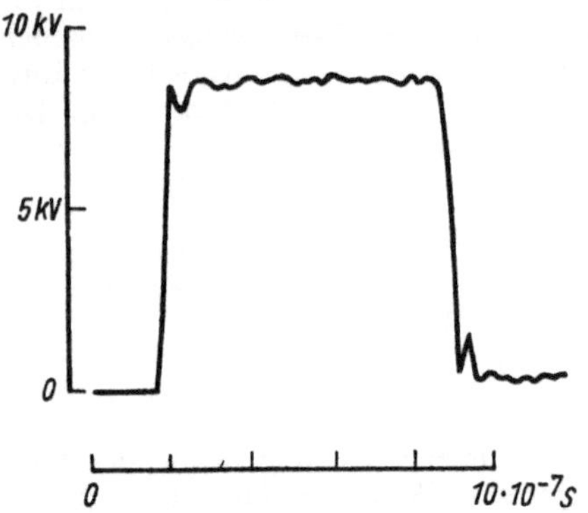

Abb. 11.17. Oszillogramm einer Wanderwelle nach BUSS.
Einschaltschwingung einer 100 m langen, offenen Doppelleitung.
Schaltspannung 5 000 V.
Verdopplung der Spannung durch Reflexion am Leitungsende.
Länge der Wellenstirn etwa 3 m

Befinden sich die Drähte im Vakuum, dann gilt $v = 1/\sqrt{\mu_0 \varepsilon_0} = c_0$, d. h., die Wellen laufen hier mit der Vakuumlichtgeschwindigkeit. Dies gilt auch in guter Näherung noch für Luft, wodurch das bereits erwähnte experimentelle Ergebnis (vgl. Abschn. 11.2.1) nun theoretisch begründet ist.

Wellenwiderstand. Da die Größen U und I derselben Differentialgleichung (11.21) bzw. (11.22) genügen, muß gelten $U(x, t) = ZI(x, t)$, wobei Z nicht mehr von x und t abhängt. Für die verlustlose Leitung ergibt sich aus (11.19) und (11.20)

$$\frac{\partial U}{\partial I} = \frac{U}{I} = Z = \sqrt{\frac{L'}{C'}}. \qquad (11.26)$$

Die Größe Z stellt den sog. *Wellenwiderstand* der Leitung dar. Er gibt in der fortschreitenden Welle das Verhältnis der an einer Stelle herrschenden Spannung zu dem dort fließenden Strom an. Wird das Ende einer Leitung mit einem Widerstand abgeschlossen, der gleich dem Wellenwiderstand Z der Leitung ist, so tritt keine Reflexion der Wellen auf, da keine Störung derselben vorliegt. Dies ist bei der Ankopplung eines Verbrauchers an die Leitung von Bedeutung. Eine volle Leistungsübertragung findet statt, wenn der Eingangswiderstand des Verbrauchers gleich dem Wellenwiderstand der Leitung ist (*Anpassung*). Bei verlustlosen Leitungen ist Z frequenzunabhängig und besitzt für übliche Leitungen Werte zwischen etwa 100 und 800 Ω. In verlustbehafteten Leitungen (z. B. Fernsprechkabeln) sind die Verhältnisse wesentlich komplizierter. Infolge der Verluste sinken die Spannungs- und Stromamplituden beim Fortschreiten der Welle exponentiell ab: $U(x) = U_0(x) \exp(-\delta x)$. Die Dämpfungskonstante δ hängt hier (neben der Frequenz) von den Verhältnissen R'/L' und G'/C' ab. Das zweite Glied ist dabei häufig von untergeordneter Bedeutung. Um möglichst geringe Dämpfung zu erzielen, muß L' groß gegenüber R' gemacht werden. Dies gelingt durch den Einbau zusätzlicher Selbstinduktivitäten in die Leitung (*Pupin-Leitung*, 1900). Heute wird die Dämpfung der Wellen durch den Einbau von Verstärkern in geeigneten Abständen wieder kompensiert.

Betrachtet man eine verlustbehaftete Leitung, auf der Wechselströme unterschiedlicher Frequenzen fortgeleitet werden, so zeigt sich, daß wegen der Frequenzabhängigkeit von L', C', R', G' bei realen Leitungen (z. B. Fernsprechkabeln) die Teilwellen höherer Frequenz eine stärkere Dämpfung erfahren (*Amplitudenverzerrung*). Da unter diesen Bedingungen auch die Ausbreitungsgeschwindigkeit v der Wellen frequenzabhängig ist, tritt zusätzlich eine *Phasenverzerrung* auf. Abb. 11.16 gibt ein Beispiel zur Verformung eines Rechteckimpulses längs einer Leitung.

Wanderwellen. Gelegentlich treten in Leitungen Spannungsstöße hoher Amplitude auf, z. B. wenn ein Verbraucher in dem Netz ein Gerät mit hoher Selbstinduktion plötzlich abschaltet. Die in diesem Fall sehr große Öffnungsspannung, deren Anstieg sehr steil ist, läuft nach beiden Seiten der Leitung mit Lichtgeschwindigkeit und vermag an den in das Netz eingeschalteten Apparaten infolge ihrer steilen Wellenstirn großen Schaden anzurichten. Abb. 11.17 zeigt die Aufnahme einer solchen Welle mit einem Katodenstrahloszillografen. Besonders dann sind diese Wanderwellen sehr gefährlich, wenn auf einer Freileitung, etwa durch eine stark geladene Wolke, elektrische Ladung influenziert worden war. Entlädt sich die Wolke dann durch einen Blitz, so wird die auf der Leitung influenzierte, unter Umständen sehr große Ladung frei und wandert nun mit Lichtgeschwindigkeit als Wanderwelle sehr hoher Scheitelspannung nach beiden Seiten in das Netz.

Zum Ausgleich der Überspannungen werden öfter *Hörnerblitzableiter* verwendet. Die Absicht bei einem solchen Überspannungsschutz ist, einen kurzzeitigen Erdschluß

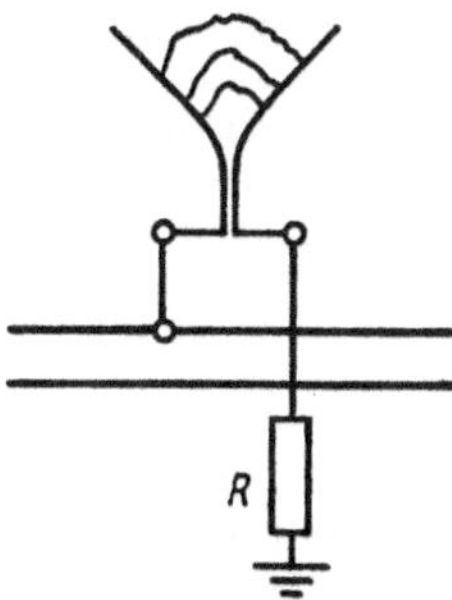

Abb. 11.18. Schaltung des Hörnerblitzableiters

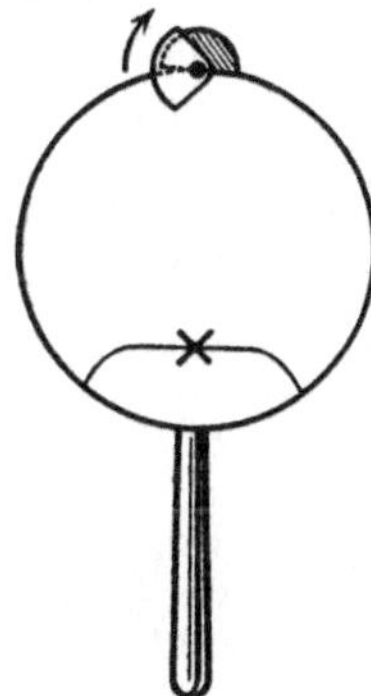

Abb. 11.19. Prüfschwingkreis mit kleinem Drehkondensator

herbeizuführen, der die Spannungswelle unschädlich macht, diesen Erdschluß aber dann sofort zu unterbrechen, da durch den Kurzschlußstrom sonst Schaden entstehen kann. Die Unterbrechung muß hierbei so erfolgen, daß nicht durch sie eine neue Wanderwelle entsteht. An zwei isolierenden Glocken sind zwei hörnerartig geformte Kupferbügel einander gegenübergestellt, von denen der eine mit der Erde, der andere mit der Starkstromleitung verbunden ist (Abb. 11.18). Entsteht nun durch die Überspannung zwischen den Kupferbügeln am unteren Ende ein Lichtbogen, so erhitzt er die Luft seiner Umgebung: Diese steigt infolgedessen in die Höhe und reißt den Lichtbogen mit nach oben. Hierbei wird er immer länger und schwächer und zerreißt endlich.
Kehrt man einen Hörnerblitzableiter um, so daß die Hörner nach unten auseinandergehen, so wird bei sehr starken Strömen der Lichtbogen nach unten geblasen. Der Versuch beweist, daß die Verschiebung des Lichtbogens z. T. auch auf elektrodynamischen Wirkungen beruht: Der magnetische Kraftfluß in dem Flächenstück, das zum größten Teil von den beiden Hörnern und dem Lichtbogen begrenzt ist, strebt danach, durch den Querdruck des Feldes die Stromfläche zu vergrößern.

Um die steile Stirn der Wanderwelle abzuflachen und ihre Gefährlichkeit dadurch zu vermindern, werden Spulen in die Leitungen und Kondensatoren zwischen die Leitungen geschaltet. Die Bekämpfung der Überspannungen ist ein sehr wichtiges technisches Problem.

Ausbreitung elektrischer und magnetischer Felder. Die bisherigen Betrachtungen zur Ausbreitung elektrischer Wellen längs Leitungen konzentrierten sich auf die Analyse der Strom- und Spannungswellen $I(x, t)$ und $U(x, t)$. Die Herleitung der entsprechenden Wellengleichung (11.22) ging von Begriffen aus (Kapazität, Induktivität, Kirch-

hoffsche Sätze), die vor der *Faraday-Maxwellschen* Feldtheorie entwickelt worden waren. Insbesondere wurde vom *Maxwellschen Verschiebungsstrom* keinerlei Gebrauch gemacht. Somit ist die Existenz elektrischer Wellen auf Leitungen nicht nur vom Standpunkt der Feldtheorie aus zu begreifen; bereits die Theorie der Fernkräfte lieferte dafür die Voraussetzungen.
Natürlich sind mit den Strom- und Spannungswellen in der Umgebung der Drähte (besonders im Zwischenraum einer *Lecher-Leitung*) wellenförmige Änderungen elektrischer und magnetischer Felder verknüpft. Dieser Zusammenhang ist bereits in Abb. 11.9 angedeutet worden. Eine Behandlung der Leitungsvorgänge muß somit auch weitgehend von den im Dielektrikum existierenden Feldern möglich sein. Dabei zeigt sich, daß dieser Ansatzpunkt für das physikalische Verständnis der Phänomene grundlegend ist und eine sehr allgemeine Analyse der Drahtwellen gestattet. Das Wesentliche dieser Wellen spielt sich nicht im Draht, sondern im umgebenden Dielektrikum ab, wobei das Vakuum als Grenzfall eingeschlossen ist. Es handelt sich somit bereits hier um die Ausbreitung elektromagnetischer Wellen im Raum, jedoch mit der Einschränkung, daß auf den Leitungsdrähten die Wellen bestimmte Randbedingungen erfüllen müssen. Die mathematische Lösung dieser Aufgabe ist im allgemeinen außerordentlich schwierig. Für die Lechersche Zweidrahtleitung hat G. MIE (1900) eine vollständige theoretische Behandlung gegeben. Die folgende Darstellung geht von stark vereinfachten Verhältnissen aus.

Wir betrachten eine verlustlose Leitung, d. h., es werden eine unendliche elektrische Leitfähigkeit der Drähte ($R' = 0$) und ein ideales Dielektrikum im Zwischenraum ($G' = 0$) vorausgesetzt. Bei hochfrequenten Wechselströmen mit ausgeprägtem Skin-Effekt (Eindringtiefe des Stromes ≪ Drahtradius) ist diese Näherung für eine Lecher-Leitung in Luft jedoch weitgehend erfüllt. Infolge der unendlichen Leitfähigkeit steht die elektrische Feldstärke E senkrecht auf der Oberfläche der Drähte, die in die x-Richtung eines Koordinatensystems zeigen sollen. Es gilt $E_x = 0$. Die magnetischen Kraftlinien umgeben die stromdurchflossenen Drähte in geschlossenen Kreisen, und es gilt ebenfalls für die x-Komponente der magnetischen Feldstärke $H_x = 0$.

Bei den elektromagnetischen Feldern einer idealen Lecher-Leitung handelt es sich um rein transversale Felder.

Der Nachweis der elektromagnetischen Wechselfelder gelingt im Falle der bereits besprochenen stehenden Wellen mit einem kleinen Prüfschwingkreis (Abb. 11.19), der auf die Wellenfrequenz der Leitung abgestimmt ist. Die Resonanz des Kreises wird mit einem parallelgeschalteten Glühlämpchen kontrolliert. Bewegt man diesen Resonanzkreis so über das Leitersystem, daß seine Ebene parallel der durch die zwei Leiter gelegten Ebene ist, so leuchtet das Lämpchen des Resonanzkreises an Stellen der Strombäuche auf. Das Magnetfeld der hochfrequenten Wechselströme durchsetzt an diesen Stellen den Resonanzkreis und erzeugt in ihm eine elektrische Randspan-

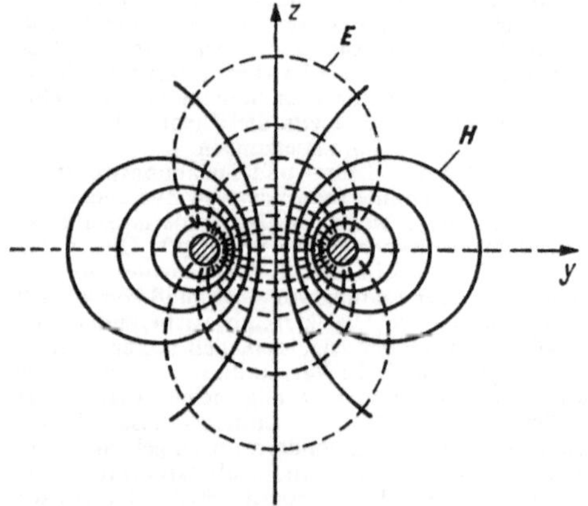

Abb. 11.20. Elektrische und magnetische Feldlinien um eine ideale Lecher-Leitung (z,y-Ebene)

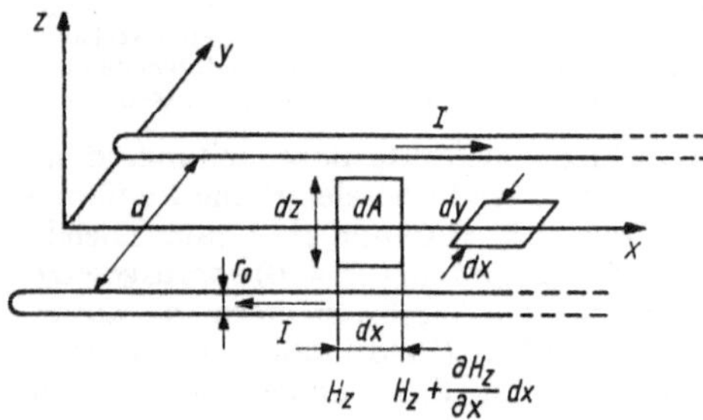

Abb. 11.21. Zur Wellenausbreitung auf der Lecher-Leitung

nung. Halten wir aber den Kreis senkrecht zur Drahtrichtung, so spricht der Kreis auf die elektrischen Feldlinien an und ergibt nun Leuchten der Lampe in den Spannungsbäuchen.

Aus der Bedingung $H_x = E_x = 0$ folgt, daß ein beliebiger geschlossener Weg in der y,z-Ebene von keinem (zeitlich variablen) magnetischen Fluß bzw. elektrischen Verschiebungsfluß durchsetzt wird. In der y,z-Ebene gilt somit (vgl. Abschn. 2.2.5 und Abschn. 4.1.8)

$$\oint E\,\mathrm{d}s = 0 \quad \text{und} \quad \oint H\,\mathrm{d}s = I. \qquad (11.27)$$

Diese Gleichungen besagen, daß der Feldverlauf von E und H in jeder zur Lecher-Leitung senkrechten Ebene nach den Methoden der Elektrostatik (E besitzt ein Potential) und den Methoden der Magnetfeldberechnung stationärer Ströme ermittelt werden kann, und zwar so, als ob die beiden Drähte entgegengesetzte elektrische Ladungen aufweisen und von entgegengesetzt gerichteten Strömen durchflossen würden. Dieser Feldverlauf ist bereits behandelt worden. Die elektrischen und magnetischen Feldlinien stellen zwei Scharen geschlossener Kreise dar (vgl. Abb. 11.20). Sie stehen überall aufeinander senkrecht,

wobei die H-Linien zugleich die Niveaulinien des elektrischen Feldes repräsentieren.

In der Mitte zwischen den beiden Drähten gilt mit $Q' = \mathrm{d}Q/\mathrm{d}x$ (Ladung pro Längeneinheit)

$$E = E_y = \frac{2Q'}{\pi\varepsilon d}; \qquad H = H_z = \frac{2I}{\pi d};$$
$$E_z = H_y = 0. \qquad (11.28)$$

Natürlich ist die in der y,z-Ebene anwendbare Methode der statischen Berechnung der Felder in der x,y- und x,z-Ebene nicht mehr zulässig. Die hier auftretenden raum-zeitlichen Feldänderungen widersprechen der Voraussetzung statischer bzw. stationärer Verhältnisse und erfordern die Ergänzung der Gln. (11.27), um die in x-Richtung vorhandene Wellenausbreitung zu erfassen.

Dazu betrachten wir ein kleines Flächenstück $\mathrm{d}A$ in der x,z-Ebene an der x-Achse (s. Abb. 11.21) und bilden längs seiner Berandung

$$\oint H\,\mathrm{d}s = -\frac{\partial H_z}{\partial x}\,\mathrm{d}x\,\mathrm{d}z = -\frac{2}{\pi d}\,\frac{\partial I}{\partial x}\,\mathrm{d}A.$$

Da hier kein Leitungsstrom umfaßt wird, sollte nach (11.27) dieses Integral verschwinden. Es gilt jedoch entsprechend (11.20) mit $Q' = C'U$

$$-\frac{\partial I}{\partial x} = \frac{\partial Q'}{\partial t}.$$

Bei Beachtung von (11.28) ergibt sich somit

$$-\frac{\partial H_z}{\partial x}\,\mathrm{d}A = \frac{2}{\pi d}\,\frac{\partial Q'}{\partial t}\,\mathrm{d}A = \varepsilon\,\frac{\partial E_y}{\partial t}\,\mathrm{d}A$$
$$= \frac{\partial D_y}{\partial t}\,\mathrm{d}A = I_\mathrm{v} \neq 0. \qquad (11.29)$$

Die Größe I_v stellt gerade den *Maxwellschen Verschiebungsstrom* dar (vgl. Abschn. 4.4.2), dessen Berücksichtigung somit für das elektromagnetische Wellenfeld der Lecher-Leitung unerläßlich ist. In analoger Weise erhält man in der x,y-Ebene für einen kleinen geschlossenen Weg an der Mittellinie

$$\oint E\,\mathrm{d}s = \frac{\partial E_y}{\partial x}\,\mathrm{d}x\,\mathrm{d}y = \frac{2}{\pi\varepsilon d}\,\frac{\partial Q'}{\partial x}\,\mathrm{d}A.$$

Nach (11.19) gilt

$$-\frac{\partial Q'}{\partial x} = C'L'\,\frac{\partial I}{\partial t},$$

also mit $C'L' = \varepsilon\mu$

$$\frac{\partial E_y}{\partial x}\,\mathrm{d}A = -\frac{2L'C'}{\pi\varepsilon d}\,\frac{\partial I}{\partial t}\,\mathrm{d}A = -\mu\,\frac{\partial H_z}{\partial t}\,\mathrm{d}A$$
$$= -\frac{\partial B_z}{\partial t}\,\mathrm{d}A = -\frac{\partial Q}{\partial t}. \qquad (11.30)$$

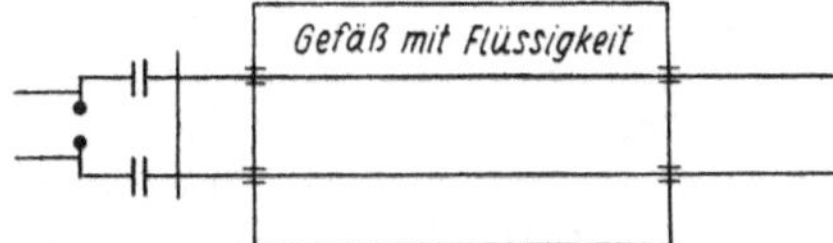

Abb. 11.22. Schema der Bestimmung des Einflusses des Dielektrikums auf die Wellenlänge

Dies ist das *Faradaysche Induktionsgesetz*, das hier besagt: In der x,y-Ebene der Lecher-Leitung existiert ein elektrisches Wirbelfeld ($\oint E\, ds \neq 0$), dessen Wirbel durch die zeitliche Änderung des magnetischen Flusses bestimmt sind.

Die in (11.29) und (11.30) enthaltene Verknüpfung der örtlichen und zeitlichen Änderungen der elektrischen und magnetischen Feldstärke stellen die Grundlage für das Auftreten eines elektromagnetischen Wellenfeldes dar, das sich längs der Lecher-Leitung mit einer bestimmten Geschwindigkeit v verschiebt. Da sich transversal zu der Leitung die Wellenfelder wie statische Felder verhalten, ist es möglich gewesen, die Lecher-Leitung in eindeutiger Weise durch ein elektrisches Netzwerk mit verteilten Parametern zu beschreiben, dessen dynamisches Verhalten die Ausbreitung von Spannungs- und Stromwellen lieferte. Selbstverständlich ergeben (11.29) und (11.30) für das Wellenfeld im Dielektrikum dieselbe Ausbreitungsgeschwindigkeit wie (11.19) und (11.20) für die Spannungs- und Stromwelle. Sowohl für E_y wie für H_z folgt aus (11.29) und (11.30) eine Wellengleichung analog (11.22) mit $v = 1/\sqrt{\mu\varepsilon}$.

Der Einfluß des Dielektrikums. Wie aus den oben gemachten Ausführungen hervorgeht, läuft die elektromagnetische Energie zwar längs der Drähte, aber die Vorgänge spielen sich im Dielektrikum ab, das die Drähte umgibt. Infolgedessen hat auch die Beschaffenheit der Drähte, nämlich ihr Material und ihre Abmessungen, keinen merklichen Einfluß auf die Ausbreitungsgeschwindigkeit, solange man Wellen von sehr großer Frequenz betrachtet.

Der Einfluß des Dielektrikums ist jedoch entscheidend. Ist der Raum zwischen den Drähten mit einem Stoff der relativen Dielektrizitätskonstanten ε_r und der relativen Permeabilität μ_r erfüllt, so gilt

$$v = \frac{1}{\sqrt{\mu_0\varepsilon_0\mu_r\varepsilon_r}} = \frac{c_0}{\sqrt{\mu_r\varepsilon_r}}. \qquad (11.31)$$

Da für Isolatoren $\mu_r \approx 1$ gesetzt werden kann, folgt aus (11.31), daß bei Einbettung des Drahtsystems in ein Dielektrikum die Wellengeschwindigkeit (und entsprechend auch die Wellenlänge) im Verhältnis $1/\sqrt{\varepsilon_r}$ gegenüber der Vakuumlichtgeschwindigkeit c_0 (bzw. Wellenlänge λ_0) absinkt.

Dies läßt sich leicht bei einem Versuch mit stehenden Wellen feststellen.

Das *Lecher-System* wird in der in Abb. 11.22 angegebenen Weise in die Flüssigkeit eingetaucht. Die Knoten und Bäuche können wieder durch empfindliche Detektoren festgestellt werden. Man bestimmt die Abstände der Knoten und Bäuche sowohl außerhalb des Gefäßes in Luft als auch innerhalb des Gefäßes. Sie sind in letzterem Fall kleiner, bei Wasser, dessen ε_r gleich 81 ist, z. B. nur etwa $^1/_9$ der Länge in Luft. Dies entspricht obiger Beziehung, denn es gilt $c = \nu\lambda$; da ν in beiden Fällen gleich ist, so ist, wenn wir die Werte im Vakuum mit dem Index Null, in der Flüssigkeit mit dem Index m bezeichnen,

$$\frac{c_0}{c_m} = \frac{\lambda_0}{\lambda_m} = \sqrt{\varepsilon_r} = n,$$

worin n die Brechungszahl (Bd. 1 und Bd. 3) bedeutet.

Diese von DRUDE angegebene Methode ist sehr geeignet zur *Bestimmung von Dielektrizitätskonstanten*.

Energiedichte, Energiestromdichte, Poynting-Vektor. Laufen Drahtwellen eine *Lecher-Leitung* entlang, so ist das umgebende Dielektrikum mit elektrischer und magnetischer Energie erfüllt.

Die Energiedichte w_E des elektrischen Feldes ist hierbei gleich der Energiedichte w_M des magnetischen Feldes.

Wir beweisen diesen (allgemein gültigen) Satz für die Mittellinie zwischen den Drähten. Mit $Q' = C'U$ ergibt sich bei Berücksichtigung von (11.26) und (11.28)

$$E_y = \frac{2C'}{\pi\varepsilon d} U = \frac{2C'}{\pi\varepsilon d}\sqrt{\frac{L'}{C'}}\, I = \frac{\sqrt{L'C'}}{\varepsilon} H_z$$

$$= \sqrt{\frac{\mu}{\varepsilon}}\, H_z.$$

Damit wird

$$w_E = \frac{1}{2}\varepsilon E_y^2 = \frac{1}{2}\mu H_z^2 = w_M = \frac{1}{2}\frac{E_y H_z}{v}.$$

Durch eine Fläche dA senkrecht zur Richtung der Fortpflanzungsgeschwindigkeit v der Welle fließt in der Zeit dt eine Energiemenge, die in dem Volumen $dV = v\, dt\, dA$ enthalten ist. Somit gilt für den Betrag des Vektors der Energiestromdichte S

$$S = \frac{(w_E + w_M)\, dV}{dt\, dA} = E_y H_z. \qquad (11.32)$$

Die Richtung von S ist die der Wellengeschwindigkeit v, auf der E und H senkrecht stehen. Die Vektorverallgemeinerung von (11.32) lautet so-

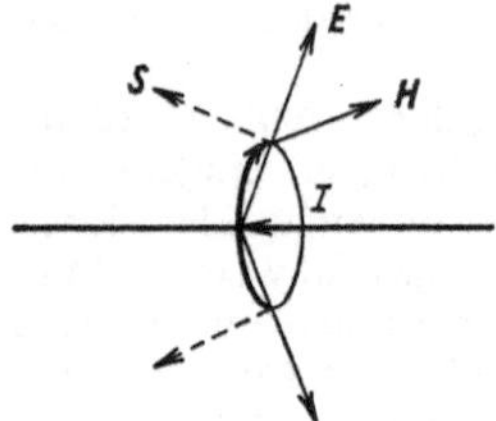

Abb. 11.23. Nach außen gerichteter Energiestrom

mit

$$S = [EH]. \tag{11.33}$$

Man bezeichnet S auch als den *Strahlungs-* oder *Poyntingschen Vektor* (J. H. POYNTING, 1884). (11.33) stellt allgemein die Dichte des Energiestromes in elektromagnetischen Wellen dar, auch für den Fall, daß E und H nicht aufeinander senkrecht stehen und der Energiestrom nicht in die Richtung der Wellennormalen fällt (Ausbreitung elektromagnetischer Wellen in Kristallen). Bei der Anwendung von (11.33) ist zu beachten, daß S in der Welle entsprechend E und H orts- und zeitabhängig ist: $S = S(x, t)$. Interessiert man sich für den mittleren Energiestrom, so erfordert dies auch eine Mittelwertsbildung von S.

Auf der verlustlosen Lecher-Leitung breiteten sich die Wellen mit der Lichtgeschwindigkeit c aus, und E und H standen aufeinander und auf der Drahtoberfläche senkrecht. E und H bilden hier mit S ein rechtshändiges, rechtwinkliges Achsenkreuz, dessen eine Achse (S) parallel zu den Drähten verläuft. Bei einer Leitung mit endlichem Widerstand ist im allgemeinen die Fortpflanzungsgeschwindigkeit nur wenig kleiner als c (z. B. bei dünnem Kupferdraht nur wenige $^0/_{00}$), und auch die Dämpfung ist gering (Absinken der Amplitude auf den e-ten Teil ihres Anfangsbetrages erst nach fast 1 km). Bei außerordentlich dünnen Drähten hingegen ($< 10^{-3}$ mm) wird die Fortpflanzungsgeschwindigkeit erheblich kleiner (je nach der Drahtstärke 90 bis 75% von c) und die Dämpfung so groß, daß schon nach wenigen Zentimetern Laufstrecke die Amplitude um die Hälfte absinkt. Im ersten Fall, bei mäßig dicken Drähten, haben wir das Gebiet der Hautwirkung vor uns: Die Stromlinien verlaufen fast ausschließlich auf der Leiteroberfläche, der Poyntingsche Vektor liegt parallel zur Drahtrichtung. Hingegen dringen bei außerordentlich dünnen Drähten die Stromlinien in das Innere des Leiters ein, und in diesem Fall ist der Poyntingsche Vektor merklich gegen den Draht zu geneigt.

Während also in dem zuerst behandelten Beispiel der Drahtwelle der Energiestrom parallel den Drähten verläuft, was auch bei einem Gleichstrom in einem widerstandslosen Draht der Fall wäre, fließt bei Leitung des Stromes durch einen Draht mit merklichem Widerstand ein Teil der Energie in den Draht hinein. Es ist das derjenige Teil, der in Joulesche Wärme verwandelt wird. In diesem Fall steht die elektrische Feldstärke nicht senkrecht zum Leiter, sondern hat eine Komponente in Richtung des Leiters, die als Spannungsabfall merklich ist (über ihre Größe s. S. 85); diese Komponente hat die Richtung des Stromes im Leiter.

Es kann aber auch der Fall eintreten, daß die Komponente der Feldstärke der Richtung des Stromes entgegengesetzt ist. In diesem Fall fließt also der Strom gegen das elektrische Feld an. Dies tritt in Schwingkreisen ein, wenn das Magnetfeld in der Spule abnimmt und die Ladung gegen die an den Kondensatoren erzeugte Spannung fließt. Es tritt in diesem Fall also eine Stauung der Ladung auf. Wie die Konstruktion der Vektoren nach der obigen Regel zeigt (Abb. 11.23), tritt an diesen Stellen Energie aus dem Leiter nach außen. Es sind dies beim geschlossenen Schwingkreis die Verbindungen zwischen Selbstinduktionsspule und Kondensator, in die von beiden Seiten in der oben angegebenen Phase der Strom gestaut wird und über die die Energie zwischen Kondensator und Spule hin- und herpendelt. Wie schon in Abschn. 11.1.1 behandelt, zeigen diese beiden immer einen entgegengesetzten Energiestrom. In die Ferne ist daher die Wirkung nur sehr klein, der Energieaustausch findet, wie wir bisher immer betrachtet haben, fast ausschließlich zwischen Kondensatorfeld und Spulenfeld statt.

Auch beim Lecher-System ist überall auf den Drähten eine Stauung der Ladung vorhanden, da jedes Leiterstück gleichzeitig Kapazität und Selbstinduktion bildet. Jedem Teil des Systems, bei dem der Poyntingsche Vektor nach außen gerichtet ist, ist ein Teil benachbart, bei dem der Poyntingsche Vektor zu gleicher Zeit nach innen gerichtet ist. In größeren Entfernungen heben sich auch hier die Wirkungen auf.

In einer fortschreitenden Welle sind elektrische und magnetische Feldstärke in Phase, d. h. gleichzeitig im Maximum und gleichzeitig Null. Jede Raumstelle wird nacheinander von allen Werten der elektrischen und magnetischen Feldstärke gleichphasig angetroffen, und es tritt ein ständiger Energiestrom entsprechend (11.33) auf. In einer stehenden Welle sind jedoch die beiden Feldstärken zeitlich und örtlich um 90° in der Phase gegeneinander verschoben. Die Energieströmung dieser Schwingung ist wattlos, es findet in einer stehenden Schwingung kein weiterer Energietransport statt, als daß die elektromagnetische Energie innerhalb einer Wellenlänge hin- und herpendelt. Das entspricht ganz der Pendelung der Druck- und Bewegungsenergie der Gasteilchen bei einer stehenden Schwingung in einer Kundtschen Röhre.

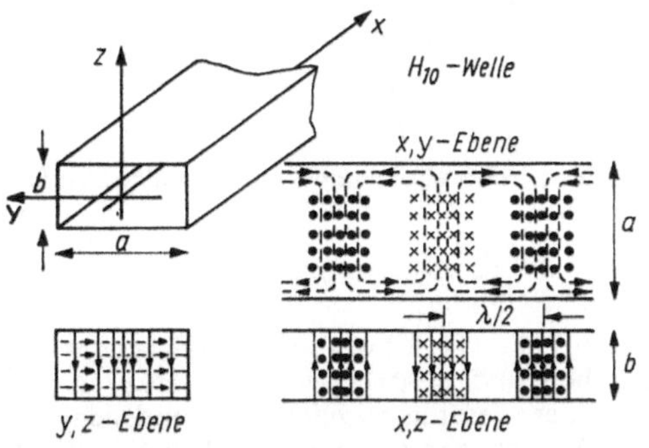

Abb. 11.24. H_{10}-Welle in einem Rechteckhohlleiter

11.2.2. Hohlleiter

Neben den Lecher-Leitungen (Paralleldrahtleitung, Koaxialleitung u. a. m.) finden besonders bei kurzen Wellenlängen *Hohlleiter* zur leitungsgeführten Übertragung elektromagnetischer Wellen Anwendung. Bei ihnen erfolgt die Übertragung im Innenraum der hohlen, metallischen Leiter. Dabei können die Verluste sehr klein gehalten werden. Ein wesentliches Kennzeichen der Wellen in Hohlleitern besteht im Auftreten longitudinaler, in Ausbreitungsrichtung liegender Feldkomponenten ($E_x \neq 0$, $H_x \neq 0$). Da bei den Hohlraumleitern (vgl. Abb. 11.11) kein zweiter Leiter (z. B. in Form eines stromführenden Mittelleiters) existiert, kann es bei ihnen rein transversale Wellen, die für Lecher-Leitungen typisch waren, nicht geben. Dies hat zur Folge, daß den Hohlraumwellen keine Spannungs- und Stromwellen auf den Leiteroberflächen in eindeutiger Weise zugeordnet werden können, die die Behandlung im Rahmen einer Ersatzschaltung der Leitung mit verteilten Induktivitäten und Kapazitäten (ähnlich Abb. 11.15) gestatten würde.

Die Analyse der Hohlraumwellen erfordert stets die Untersuchung der Feldzustände im dielektrischen Innenraum der Leiter.

In der Vielzahl möglicher Wellentypen, die den Randbedingungen genügen, besitzen die eine besondere praktische Bedeutung, bei denen eine der beiden longitudinalen Feldkomponenten (E_x oder H_x) verschwindet. Man bezeichnet eine Welle mit $E_x = 0$ und $H_x \neq 0$ als *transversalelektrische* (TE- oder *H*-) *Welle*. Gilt umgekehrt $H_x = 0$ und $E_x \neq 0$, so heißt die Welle *transversal-magnetisch* (TM- oder *E*-Welle). Die Lecher-Wellen (*L-Wellen*) tragen in diesem Zusammenhang die Bezeichnung *transversal-elektromagnetisch* (TEM-Welle).

In einem gegebenen Hohlleiter können sich sowohl *H*- als auch *E*-Wellen in vielfachen (strenggenommen in unendlich vielen) Formen (*Moden*) ausbilden. Eine Klassifizierung gelingt bei rechteckigem Querschnitt durch die Angabe der Zahl von Amplitudenmaxima, die die Wellen entlang der beiden transversalen Koordinaten (y, z) aufweisen. Diese Amplitudenmaxima können als Interferenzmaxima stehender Wellen in y- und z-Richtung angesehen werden. Man kennzeichnet sie durch entsprechende Indizes an den Wellensymbolen H oder E. Abb. 11.24 stellt die wichtigste Hohlleiterform (mit rechteckigem Querschnitt) sowie die Feldverteilung der H_{10}-Welle dar. Diese Welle ist der Haupttyp in einem Hohlleiter, sie wird am häufigsten benutzt. Während in der y-Richtung ein Maximum der Feldstärke in der Mitte auftritt (Index 1), erscheint in z-Richtung kein Maximum (Index 0). Die elektrischen Feldlinien E verlaufen parallel zur z-Richtung ($E_x = E_y = 0$). Die magnetischen Feldlinien H liegen in der x,y-Ebene ($H_z = 0$) und bilden geschlossene Linienzüge um die E-Linien, deren zeitliche Änderung (Verschiebungsstromdichte) das magnetische Feld erzeugt. Die E-Linien enden an Ladungen auf der unteren und oberen Begrenzungsfläche des Hohlleiters. Diese Ladungen schwingen in longitudinaler (und transversaler) Richtung und bilden einen Leitungsstrom, der den Verschiebungsstrom im Dielektrikum zu einer geschlossenen Schleife ergänzt, die wiederum die H-Linien umfaßt.

Voraussetzung für die Ausbreitung eines bestimmten Wellentyps im Hohlleiter ist, daß die Frequenz der Welle eine bestimmte Grenzfrequenz ν_G überschreitet. Unterhalb von ν_G kann sich der jeweilige Wellentyp nicht ausbilden (starke Dämpfung). Anders ausgedrückt: Die Wellenlänge λ muß kleiner als eine gewisse Grenzwellenlänge λ_G sein, die (außer vom jeweiligen Wellentyp) von der Gestalt und den Abmessungen des Hohlleiterquerschnittes abhängt. Für die in Abb. 11.24 dargestellte H_{10}-Welle erhält man $\lambda_G = 2a$, d. h., nur relativ kurzen Wellen (in der Größenordnung der Querschnittsabmessungen des Hohlleiters) ist eine Ausbreitung ermöglicht.

Hohlraumresonatoren. Schließt man einen Hohlleiter in seiner Längsrichtung durch metallische Wände ab, so können sich in ihm in gleicher Weise stehende Wellen ausbilden wie auf der kurzgeschlossenen Lecher-Leitung (vgl. Abschn. 11.2.1). Der Hohlleiter stellt in diesem Fall einen elektrischen Schwingkreis dar, in dem bei bestimmten Frequenzen (Resonanzfrequenzen) elektrische und magnetische Feldenergie unter ständiger gegenseitiger Verwandlung und mit gleichen Beträgen gespeichert ist. Die Funktion eines solchen *Hohlraumresonators* entspricht in den Mikrowellenschaltungen der eines konventionellen *LC*-

---

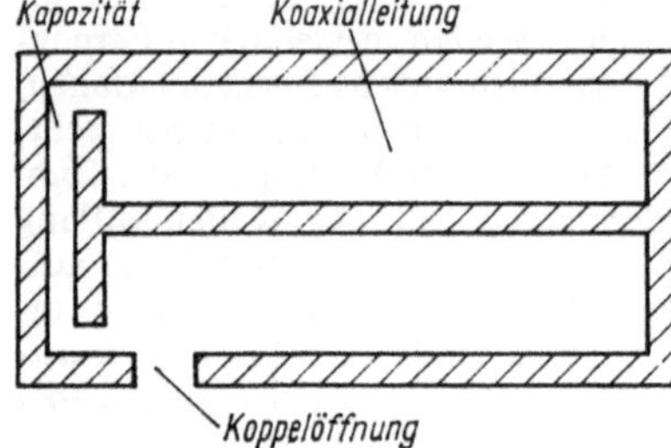

Abb. 11.25. Topfkreis

Schwingkreises bei tieferen Frequenzen. Die Anregung der Hohlraumresonatoren erfolgt über die Einkopplung elektromagnetischer Wellen durch eine kleine Öffnung im Mantel des Hohlraumes.
Eine besondere Form der Mikrowellenresonatoren stellt der sog. *Topfkreis* dar. Er bildet eine Art Übergang zwischen den Leitungsresonatoren (z. B. der abgestimmten Lecherschen Zweidrahtleitung) und den Hohlraumresonatoren. Topfkreise bestehen aus einer Kapazität, die an eine koaxiale, am Ende kurzgeschlossene Leitung angeschlossen ist. Abb. 11.25 zeigt den Schnitt durch einen solchen Koaxialresonator.

11.3. Elektromagnetische Wellen im Raum

Im vorangehenden Abschnitt wurde betont, daß die Ausbreitung elektrischer Wellen entlang der Oberfläche metallischer Leiter im Rahmen der *Fernwirkungstheorie* der Elektrodynamik durchaus möglich ist, d. h. mit endlicher Geschwindigkeit erfolgt. Im Gegensatz zur Faraday-Maxwellschen *Feldwirkungstheorie* leugnet jedoch die Fernwirkungstheorie die Existenz solcher Wellen im Dielektrikum bei Abwesenheit elektrischer Leiter.
Durch Analyse des vollständigen Systems der *Maxwellschen Gleichungen*, das neben dem Leitungsstrom auch den elektrischen Verschiebungsstrom erfaßt, kann die Ausbreitung elektromagnetischer Wellen sowohl in leitenden Medien als auch in Isolatoren (z. B. im Vakuum) verstanden werden. Die theoretische Vorhersage der Existenz dieser Wellen gelang J. C. MAXWELL 1861.

11.3.1. Die Wellengleichung

Die Maxwellschen Gleichungen lauten in differentieller Schreibweise (vgl. Abschn. 4.4):

I. Maxwellsche Gleichung (*Durchflutungsgesetz, Amperesches Verkettungsgesetz*)

$$\text{rot } \boldsymbol{H} = \boldsymbol{j}_\mathrm{G} = \boldsymbol{j} + \frac{\partial \boldsymbol{D}}{\partial t}. \tag{11.34}$$

II. Maxwellsche Gleichung (*Faradaysches Induktionsgesetz*)

$$\text{rot } \boldsymbol{E} = -\frac{\partial \boldsymbol{B}}{\partial t}. \tag{11.35}$$

In (11.34) und (11.35) werden die Wirbel der magnetischen und elektrischen Feldstärke ($\boldsymbol{E}$ und $\boldsymbol{H}$) mit der Gesamtstromdichte $\boldsymbol{j}_\mathrm{G}$ und den zeitlichen Änderungen der magnetischen Flußdichte $\boldsymbol{B}$ verknüpft. Die in den Maxwellschen Gleichungen auftretenden Feldgrößen erfüllen außerdem gewisse

Zusatzannahmen (*Materialgleichungen*):

$$\boldsymbol{D} = \varepsilon\boldsymbol{E}; \quad \boldsymbol{B} = \mu\boldsymbol{H}; \quad \boldsymbol{j} = \varkappa\boldsymbol{E}. \tag{11.36}$$

Im Gegensatz zu (11.34) und (11.35) ist (11.36) bereits nicht mehr allgemein gültig. Zum Beispiel versagt das Ohmsche Gesetz $\boldsymbol{j} = \varkappa\boldsymbol{E}$ in starken elektrischen Feldern und Supraleitern (vgl. Bd. 4).
Die Erfahrungstatsache, daß es elektrische Ladungen gibt, die die Quellen des $\boldsymbol{D}$-Feldes darstellen, aber (bisher) keine *magnetischen Ladungen* (magnetische Monopole) gefunden wurden, drückt sich in den *Zusatzbedingungen*

$$\text{div } \boldsymbol{D} = \varrho \quad \text{und} \quad \text{div } \boldsymbol{B} = 0 \tag{11.37}$$

(d. h., $\boldsymbol{B}$ existiert nur als Wirbelfeld) aus.
Die Gleichungen (11.34) bis (11.37) bilden das Fundament der gesamten Elektrodynamik. Aus ihnen kann die unübersehbare Fülle verschiedenartiger elektrischer und magnetischer Phänomene abgeleitet und in höchster Präzision berechnet werden.
Wir zeigen auf dieser Grundlage die Ausbildung *elektromagnetischer Wellen im Dielektrikum*. Da ein Dielektrikum ein Isolator ist, verschwindet in ihm die elektrische Leitfähigkeit $\varkappa = 0$. Dadurch vereinfachen sich (11.34) und (11.35) zu

$$\text{rot } \boldsymbol{H} = \varepsilon\frac{\partial \boldsymbol{E}}{\partial t}; \qquad \text{rot } \boldsymbol{E} = -\mu\frac{\partial \boldsymbol{H}}{\partial t}. \tag{11.38}$$

Um jeweils eine Gleichung für $\boldsymbol{E}$ und $\boldsymbol{H}$ zu erhalten, wird in (11.38) eine zeitliche Differentiation bzw. die Rotationsbildung (d. h. eine Differentiation nach den Ortskoordinaten) angewandt:

$$\text{rot }\frac{\partial \boldsymbol{H}}{\partial t} = \varepsilon\frac{\partial^2 \boldsymbol{E}}{\partial t^2}; \qquad \text{rot rot } \boldsymbol{E} = -\mu\,\text{rot }\frac{\partial \boldsymbol{H}}{\partial t}.$$

Somit ergibt sich

$$\text{rot rot } \boldsymbol{E} = -\mu\varepsilon\frac{\partial^2 \boldsymbol{E}}{\partial t^2}. \tag{11.39}$$

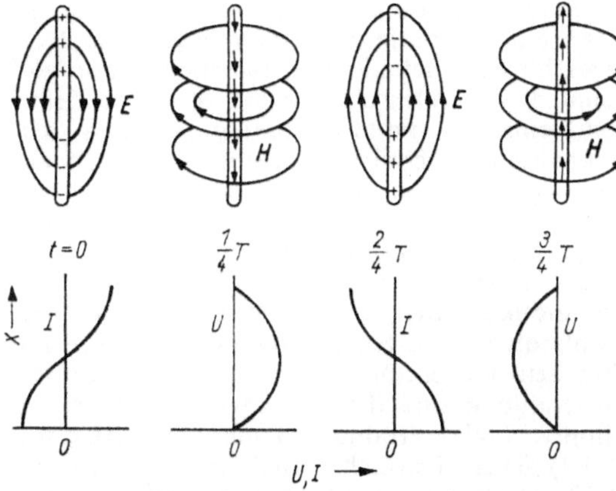

Abb. 11.26. Elektrische Schwingungen und Feldverteilung eines stabförmigen Leiters

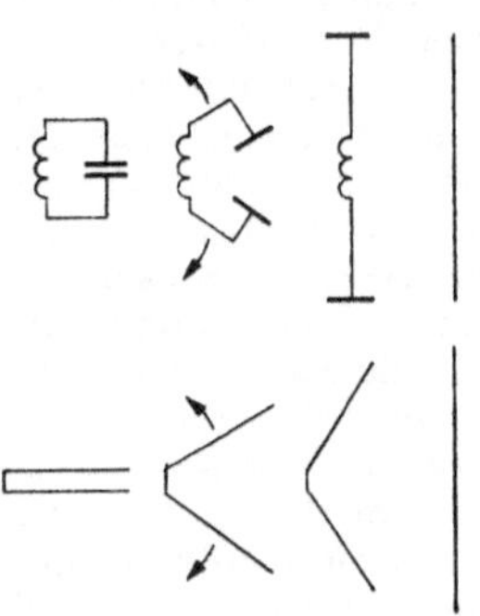

Abb. 11.27. Übergang vom geschlossenen zum offenen Schwingkreis

Da aber (vgl. Anhang I)

$$\text{rot rot } \mathbf{E} = \text{grad div } \mathbf{E} - \Delta \mathbf{E}$$

ist, gilt in raumladungsfreien Dielektrika (div $\mathbf{D}$ = ε div $\mathbf{E}$ = ϱ = 0)

$$\Delta \mathbf{E} = \mu\varepsilon \frac{\partial^2 \mathbf{E}}{\partial t^2}. \qquad (11.40)$$

Dieselbe Gleichung läßt sich auf analoge Weise auch für $\mathbf{H}$ ableiten. Mit der Definition des Laplace-Operators folgt aus (11.40) für jede Komponente der elektrischen (und magnetischen) Feldstärke in kartesischen Koordinaten

$$\frac{\partial^2 E_x}{\partial x^2} + \frac{\partial^2 E_x}{\partial y^2} + \frac{\partial^2 E_x}{\partial z^2} = \mu\varepsilon \frac{\partial^2 E_x}{\partial t^2} \quad \text{usw.} \qquad (11.41)$$

Die Beziehungen (11.40) und (11.41) stellen Wellengleichungen dar (vgl. Bd. 1). Ihre Lösungen sind harmonische Wellen, die sich frei im Raum mit der Phasengeschwindigkeit

$$v = \frac{1}{\sqrt{\mu\varepsilon}} = \frac{c_0}{\sqrt{\mu_r \varepsilon_r}} \qquad (11.42)$$

ausbreiten. Im Vakuum ($\mu_r = \varepsilon_r = 1$) laufen die Wellen mit der Lichtgeschwindigkeit $c_0 = 2{,}99792458 \cdot 10^8$ m/s.

11.3.2. Experimenteller Nachweis der elektromagnetischen Raumwellen

Dieser Nachweis war ebenso schwierig wie grundlegend in seiner Bedeutung. Er gelang H. HERTZ 1888. Die Hauptschwierigkeit bestand in der Erzeugung genügend kurzer Wellen, denn will man (stehende) Wellen im Laboratorium nachweisen, so darf die Wellenlänge den Betrag von etwa 3 m nicht wesentlich übersteigen. In Luft gilt $v \approx c_0$, und es folgt aus $\nu\lambda = v$ für 3 m Wellenlänge eine Frequenz von 10^8 Hz. Aus der *Thomsonschen Schwingungsformel* (11.18) ergibt sich für die gebräuchlichen Werte der Selbstinduktion und Kapazität eines elektrischen Schwingkreises (wie ihn etwa W. FEDDERSEN 1857 bei seinen Versuchen zum Nachweis elektrischer Schwingungen verwendete) maximal eine Frequenz in der Größenordnung von 10^6 Hz, d. h. Wellenlängen von etwa 300 m. Um die Frequenz im erforderlichen Maße zu erhöhen, mußte H. HERTZ bestrebt sein, die Kapazität C und Selbstinduktivität L eines Schwingkreises so klein wie nur irgend möglich zu machen.

Kleine Werte L und C besitzt ein einfacher stabförmiger Leiter, dessen elektrische Eigenschwingungen in Abb. 11.26 schematisch angedeutet sind. Er stellt einen sog. *offenen Schwingkreis* dar, der durch das Aufbiegen einer einseitig geschlossenen Lecher-Leitung oder das Aufbiegen eines üblichen Schwingkreises entsteht (Abb. 11.27). In Abschn. 11.1.3 hatten wir die Eigenfrequenz eines einfachen Paralleldrahtkreises bereits abgeschätzt und tatsächlich etwa 10^8 Hz erhalten. Beim Aufbiegen des Kreises wird C kleiner und L größer, aber so, daß das Produkt LC (und damit auch die Frequenz) konstant bleibt. In Abb. 11.26 ist im unteren Teil die Strom- und Spannungsverteilung (bezogen auf die Stabmitte) des offenen Schwingkreises während vier ausgewählter Zeiten (0, $T/4$, $2T/4$, $3T/4$) dargestellt. An den Stabenden existiert ein Stromknoten und ein Spannungsbauch, in der Stabmitte liegen die Verhältnisse umgekehrt. Diese Verteilung kann wie in Abb. 11.9 als stehende Welle interpretiert werden, die sich aus der Überlagerung entgegengesetzt laufender Wellen ergibt (Wellenreflexion an den Stabenden). Auch hier sind Oberschwingungen der in Abb. 11.26 gezeigten Grundschwingung möglich.

Der von H. HERTZ bei seinen berühmten Versuchen benutzte Schwingkreis hatte große Ähnlichkeit mit dem bisher erwähnten Stab. Die entscheidende Voraussetzung für seine praktische Verwendung besteht jedoch in der Möglichkeit

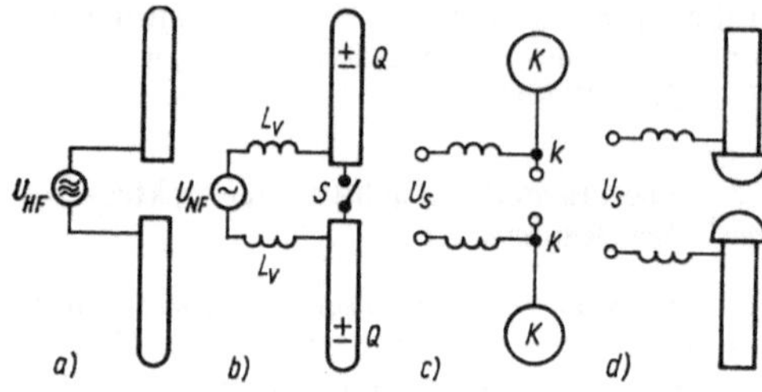

Abb. 11.28. Erregung von Dipolschwingungen

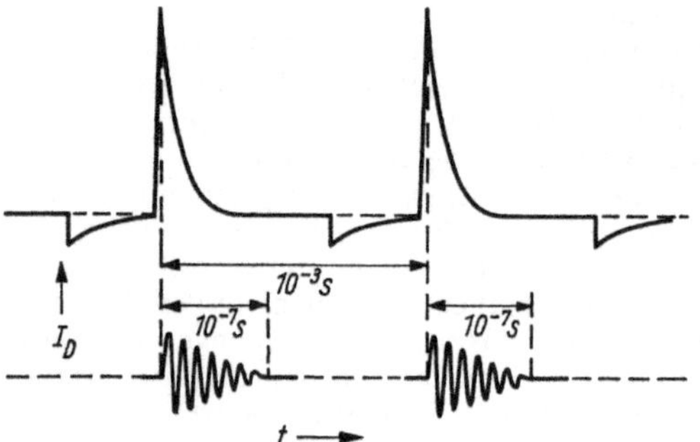

Abb. 11.29. Verlauf der Spannung an der Sekundärwicklung eines Funkeninduktors (U_s) und des Stromes im Dipol (I_D)

seiner elektrischen Erregung und in der Ausstrahlung der erregten Eigenschwingungen als elektromagnetische Wellen in den Raum hinaus. Die zuletzt genannte Forderung erfüllt der Kreis selbst. Die elektrischen Feldlinien umgeben den Stab in weiten Bögen. Es besteht ein kräftiges Streufeld. In Verbindung mit der hohen Eigenfrequenz kommt es während jeder Periode zu einer Einschnürung elektrischer Feldlinien (vgl. Abbn. 11.30 bis 11.33), die sich als geschlossene Wirbel ablösen und im Raum ausbreiten. Eine Möglichkeit zur Erregung der Eigenschwingungen zeigt Abb. 11.28a. Der Stab wird in der Mitte aufgeschnitten und an eine Hochfrequenzspannungsquelle U_{HF} angeschlossen. Bei passender Frequenz bilden sich die erwähnten stehenden Wellen längs des Stabes aus (vgl. Abb. 11.26), indem (von der Mitte ausgehend) nach beiden Seiten Strom- und Spannungswellen laufen, an den Enden reflektiert werden und sich superponieren. Für die Erzeugung der Grundschwingung des Stabes ist eine Frequenz $\nu \approx c_0/2l$ erforderlich, da die Länge l des Stabes gerade eine halbe Wellenlänge betragen muß. Natürlich stand H. HERTZ keine solche HF-Spannungsquelle (10^8 Hz) zur Verfügung. Die Anregung der Eigenschwingungen des offenen Schwingkreises mußte in seinen Versuchen auf andere Weise erfolgen. Das benutzte Prinzip zeigt Abb. 11.28b. Die bei-

den Stabhälften werden über zwei Induktivitäten L_v an eine Niederfrequenzspannungsquelle U_{NF} angeschlossen. Befindet sich zwischen den aufgetrennten Stabenden ein Schalter S, der schließt, wenn eine bestimmte Spannung zwischen den Stabhälften erreicht ist, und der nach dem schnellen oszillatorischen Ausgleich der gespeicherten Ladungen ($\pm Q$) wieder öffnet usw., dann kann der stabförmige Schwingkreis im Takt der Eingangswechselspannung periodisch erregt werden. Die Induktivitäten L_v verhindern, daß sich die hochfrequenten Eigenschwingungen des Kreises über dem Generator kurzschließen. Infolge der Ausstrahlung sind die Schwingungen stark gedämpft (vgl. Strahlungsdämpfung, Abschn. 11.3.3). Es ergeben sich Verhältnisse, wie in Abb. 11.29 angedeutet; sie entsprechen etwa denen der Originalversuche von H. HERTZ, der zur Erregung des Kreises einen üblichen Funkeninduktor ($\nu \approx 10^3$ Hz) benutzte. Der Verlauf der Spannung U_s an der Sekundärspule des Induktors ist durch hohe Spannungsspitzen gekennzeichnet. Die Funktion des (prinzipiellen) Schalters S übernimmt hier die Luftstrecke zwischen den aufgetrennten Stabenden selbst. Beim Erreichen der Durchschlagspannung zündet eine Funkenentladung (vgl. Abschn. 8.2.3), deren leitender Kanal die beiden Stabhälften niederohmig verbindet, bis die Schwingungsenergie (nach etwa 10^{-7} s) praktisch verbraucht ist. Anfänglich benutzte H. HERTZ als Schwingkreis zwei größere Kugeln K, die über eine Funkenstrecke, bestehend aus kleinen Messingkugeln k, verbunden wurden (Abb. 11.28c). Die Kapazität dieses Systems war jedoch relativ groß. Später diente als Schwingkreis lediglich eine Funkenstrecke aus zwei Messingröhren mit kugelförmigen Enden (Abb. 11.28d). Dies ist der Prototyp des *Hertzschen Dipols*.

Die Erzeugung stehender elektromagnetischer Raumwellen erforderte die Überlagerung zweier entgegengesetzt laufender Wellen. Zu diesem Zweck stellte H. HERTZ in angemessener Entfernung von einem erregten Dipol (*Oszillator*) eine ebene Metallwand auf. Dann untersuchte er den Raum vor der Wand mit einem abgestimmten Schwingkreis (*Resonator*); als solchen benutzte er eine Drahtschleife mit einer kleinen mikrometrisch einstellbaren Funkenstrecke; das Eintreten der Resonanz konnte durch das Überspringen von Funken, die mit der Lupe betrachtet wurden, festgestellt werden.

Er fand, mit dem auf Resonanz eingestellten Kreis den Raum absuchend, diesen in regelmäßigen Abständen mit Knoten und Bäuchen elektrischer Schwingungen durchsetzt.

Der Vergleich der stehenden Raumwellen mit gleichzeitig erzeugten stehenden Drahtwellen ergab (nach Überwindung anfänglicher Schwierig-

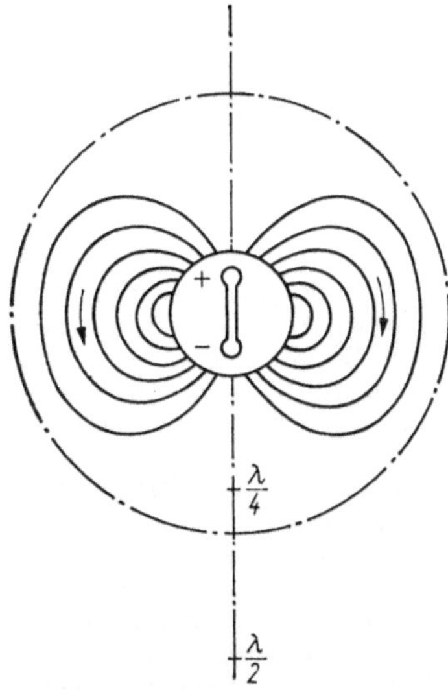

Abb. 11.30. Elektrische Feldlinien um einen Hertzschen Dipol ($t = 1/8T$)

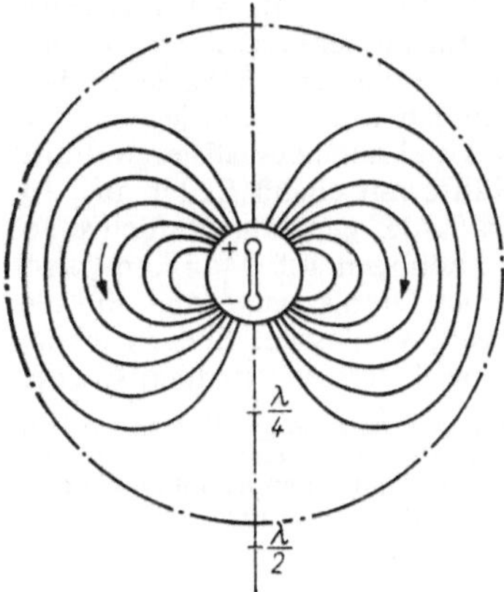

Abb. 11.31. Elektrische Feldlinien um einen Hertzschen Dipol ($t = 1/4T$)

keiten) gute Übereinstimmung der Wellenlängen und somit auch der Ausbreitungsgeschwindigkeiten. (Die benutzten Frequenzen waren in beiden Fällen gleich.)

Aus diesem Versuch folgt erstens, daß im freien Raum elektromagnetische Wellen vorhanden sind, die sich ähnlich wie Licht- oder Schallwellen ausbreiten, und zweitens, daß die Metallwand die Wellen reflektiert, denn nur durch die Interferenz zweier sich begegnender, fortschreitender Wellen kann die Bildung stehender Wellen erklärt werden.

Es ist ferner bemerkenswert, daß die Wellenlängen für Drahtwellen und für freie, in der Luft verlaufende Wellen fast übereinstimmen. Die Erklärung hierfür kann nur darin gefunden werden, daß sich auch die Drahtwellen nicht im Draht, sondern am Draht im umgebenden Dielektrikum bewegen, wie es schon früher eingehend erörtert wurde. Der ganze elektrische Vorgang der Wellenbildung spielt sich, wie FARADAY und MAXWELL vermuteten, nicht im Metall, sondern im Dielektrikum ab. Das leitende Metall wirkt nur als Führung.

11.3.3. Das Wellenfeld eines Dipols

Das Wellenfeld eines Dipols kann auf der Grundlage der *Maxwellschen Gleichungen* berechnet werden. Einzelne Phasen des Ausbreitungsvorganges hat H. HERTZ nach dieser Rechnung erstmalig grafisch dargestellt. Die Abbn. 11.30 bis 11.33 geben dazu Beispiele. Hier wird vorausgesetzt, daß die Wellenlänge groß gegenüber der Dipollänge ist. In unmittelbarer Nähe des Dipols gestattete die Rechnung keine Aussage über den Feldverlauf, deshalb ist um den Dipol eine kleine Kuge gezeichnet worden, von der die Feldlinien ausgehen. Zur Zeit $t = 0$ sei der Dipol ungeladen Die Kugel durchsetzen dann keine elektrischen Feldlinien. Mit zunehmender Ladung des Dipols bildet sich ein dielektrischer Fluß aus (Abb. 11.30). Nach einer Viertelperiode ($t = T/4$) ist der Ladungsvorgang des Dipols abgeschlossen, und die elektrischen Feldlinien sind beträchtlich aufgebläht (Abb. 11.31). Das Entscheidende ist nun, daß mit wieder abnehmender Dipolladung kein reversibler Schrumpfungsprozeß der Feldlinien einsetzt (wie quasistationär zu erwarten wäre), sondern daß sich die elektrischen Feldlinien bei anhaltender Ausdehnung am Dipol abschnüren (Abb. 11.32) und schließlich als ringförmig geschlossene Gebilde (Abb. 11.33) existieren, die nach außen abwandern. In der zweiten Hälfte der Schwingungsperiode wiederholt sich das Spiel am Dipol mit umgekehrter Polarität usw. An diesem Mechanismus ist selbstverständlich auch das hier nicht gezeigte magnetische Feld entscheidend beteiligt, das die Dipolachse kreislinienförmig umgibt, wobei die Orientierung der Kreise periodisch im Raum variiert.

Abb. 11.34 zeigt einen Schnitt durch das Gesamtfeld, und zwar einen Vertikalschnitt, in dem die elektrischen Feldlinien, und einen Horizontalschnitt, in dem die magnetischen Feldlinien gezeichnet sind. Man muß sich dieses ganze Strahlungsfeld noch räumlich ergänzen und einem mit Lichtgeschwindigkeit ablaufenden Expansionsprozeß unterwerfen, um eine Vorstellung vom Gesamtverlauf zu gewinnen.

Richtung der Feldstärken. Hierbei ist folgendes zu beachten. Das elektrische Strahlungsfeld des Dipols hat nur Komponenten, die in einer die Dipol-

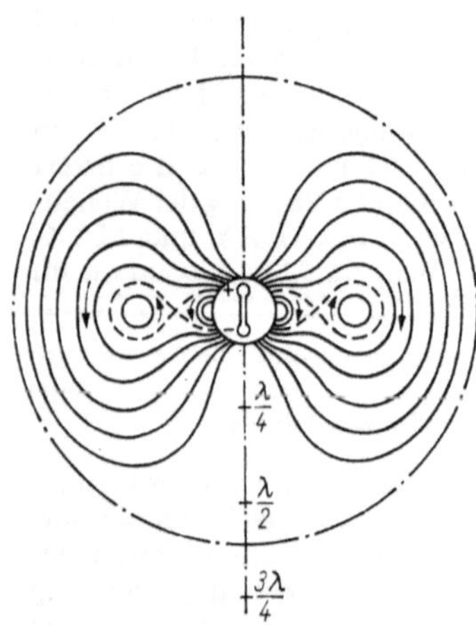

Abb. 11.32. Elektrische Feldlinien um einen Hertzschen Dipol ($t = 3/8T$)

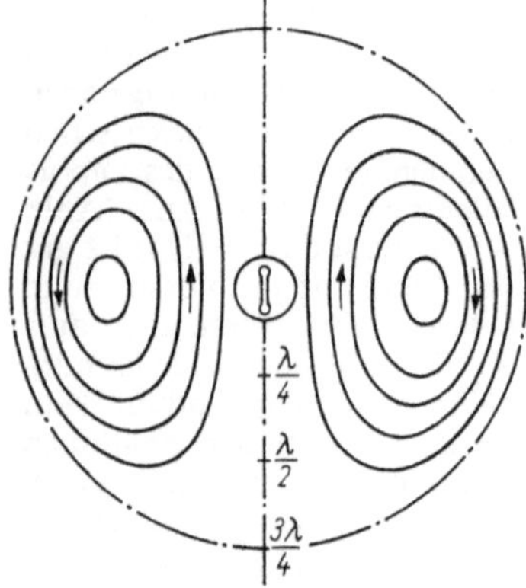

Abb. 11.33. Elektrische Feldlinien um einen Hertzschen Dipol ($t = 1/2T$)

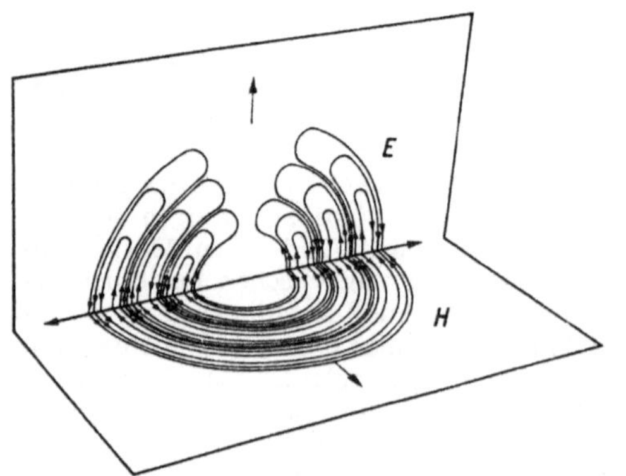

Abb. 11.34. Räumlicher Aufbau des Dipol-Strahlungs-feldes

achse enthaltenden Ebene liegen. Senkrecht dazu (also z. B. im vorliegenden Fall in der Horizontal-ebene) sind keine Komponenten der elektrischen Feldstärke vorhanden. Die magnetische Feld-stärke andererseits hat keine Komponenten in Ebenen durch die Dipolachse, sondern bildet Kreise in Ebenen, die senkrecht zur Achse des Senders stehen. Denken wir uns also in den Mit-telpunkt einer Kugel den Dipol gelegt, dessen Achse durch den Nordpol und den Südpol dieser Kugel hindurchgeht, so ist keine elektrische Feld-stärke in Richtung von Breitenkreisen und keine magnetische Feldstärke in Richtung von Meri-diankreisen vorhanden. Ferner ist keine magneti-sche Feldstärke in Richtung des Radius vorhan-den, wohl aber – wenigstens in nicht allzu großen Entfernungen – eine Komponente der elektrischen Feldstärke, wie die verschiedene Neigung der elek-trischen Feldlinien zeigt. Nur in der Äquator-ebene ist keine elektrische Komponente in der Fortpflanzungsrichtung (also radial) vorhanden, es stehen alle elektrischen Feldlinien senkrecht auf dieser Ebene.

Dies hat eine interessante Folge. Wenn man in die Äquatorebene eine dünne, leitende Fläche bringt, stört diese die Ausbreitung nicht, weil alle elek-trischen Feldlinien auf ihr senkrecht stehen. Da-für treten auf beiden Seiten der Fläche als Enden der Feldlinien Ladungen auf, die aber je einander entgegengesetzt sind und sich neutralisieren. Füllt man die untere Hälfte mit einem Leiter aus, so fällt dieser Teil des Feldes ganz aus, dafür treten an der Oberfläche Ladungen auf. Man kann also den unteren Teil eines Dipols, wenn man ihn als Sender benutzen will, weglassen. Die Erdober-fläche übernimmt die Rolle der leitenden Ebene.

Abb. 11.35 zeigt das fortschreitende Feld einer solchen Anordnung. Die Platte, als Spiegel gedacht, ergänzt die vorhandene Oszillatorhälfte mit ihrem Strahlungsfeld zu einem doppelpoligen Oszillator. Bei dem großen tech-nischen Oszillator, den eine Antenne darstellt, genügt praktisch eine gute Erdung, d. h. der Anschluß des un-teren Endes der Antenne bzw. ihrer Verlängerungsspule an ein in das Grundwasser gesenktes ausgedehntes Metall-gebilde (Gegengewicht), um die symmetrische Hälfte zu ersetzen. Das periodisch sich ausbreitende elektrische Feld steht überall auf der Erde senkrecht und hat an der Erdoberfläche seine größte Intensität. (Dies gilt nur für ein unendlich gutes Leitvermögen der Erde. Der Erd-widerstand bewirkt Abweichungen hiervon.) Daran än-dert auch die Erdkrümmung bei weiten Entfernungen nichts. Die Erdoberfläche wirkt auf die elektrische Welle als Führung, an der sie entlangläuft. Bei einem solchen Erdschluß breitet sich also die Welle nicht mehr gerad-linig aus; täte sie dies, so müßte sie ja stets die Erde in der Richtung einer Tangente verlassen. Ist der Sender nicht in der Grundschwingung erregt, so sieht das Strahlungs-feld anders aus. Es existieren dann auch Wellenflächen, die nicht an die Erdoberfläche gebunden sind.

Unsere Vorstellung von der sich ausbreitenden elektromagnetischen Wellenbewegung bedarf noch einer Ergänzung. Sie betrifft den *Betrag der Feldstärken*. Legen wir um den Dipol in großer

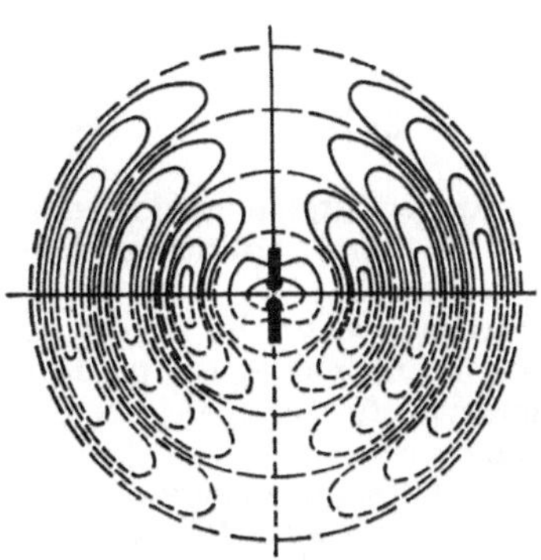

Abb. 11.35. Strahlungsfeld eines Senders

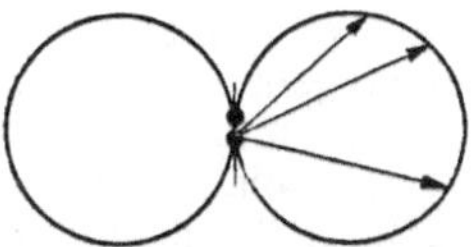

Abb. 11.36. Strahlungsdiagramm eines Dipols

Entfernung eine Kugel, so zeigt es sich, daß in Richtung der Senderachse die Intensitäten Null sind, und daß sie bei der Art der Strahlung des Senders, wie sie hier betrachtet wurde, gegen die Äquatorebene immer größer werden.
Abb. 11.36 zeigt das dementsprechende Strahlungsdiagramm in einer durch die Senderachse gehenden Ebene. In der Mitte ist der Sender eingezeichnet. Die Länge des nach einer Richtung gezogenen Vektors gibt ein Maß für die Intensität der Strahlung in dieser Richtung. Man erhält als Endpunkte der Vektoren zwei sich berührende Kreise. Für Entfernungen, die klein sind gegen die Dimensionen des Senders, gelten andere Gesetzmäßigkeiten. Wir müssen noch die *Abhängigkeit der Intensitäten von der Entfernung* betrachten. Am einfachsten ist dies für die magnetische Feldstärke, da diese sich in konzentrischen Kreisen ausbreitet. Der Abfall der Feldstärken erfolgt in großen Entfernungen proportional $1/r$. Für große Entfernungen (für das sog. *Strahlungsfeld*) gelten die Gleichungen

$$|E_\mathrm{p}| = 1{,}885 \cdot 10^3 \, \frac{l}{r} \, \frac{I_\mathrm{m}}{\lambda} \sin \varphi \, \cos 2\pi \left(\frac{t}{T} - \frac{r}{\lambda} \right),$$

$$|H_\mathrm{s}| = 5 \, \frac{l}{r} \, \frac{I_\mathrm{m}}{\lambda} \sin \varphi \, \cos 2\pi \left(\frac{t}{T} - \frac{r}{\lambda} \right),$$

wobei I_m in A und λ in m einzusetzen ist. $|E_\mathrm{p}|$ ergibt sich dabei in V/m, $|H_\mathrm{s}|$ in A/m. In diesen Gleichungen bedeuten E_p die elektrischen Feldstärken parallel zur Dipolachse, H_s die magnetische Feldstärke senkrecht zur Dipolachse, l die Länge des Dipols, I_m den Scheitelwert des Stromes, φ den Winkel zwischen Senderachse und

Richtung des betrachteten Punktes vom Sendermittelpunkt, r die Entfernung des Punktes, λ die Wellenlänge, T die Periodendauer. Die Gleichung ist, wie ein Vergleich mit der allgemeinen Wellengleichung (Bd. 1) zeigt, die einer fortschreitenden Welle, deren Amplitude mit $1/r$ abnimmt.
Es sind also elektrische und magnetische Feldstärke phasengleich; wir erhalten dieselben Verhältnisse, wie sie an den fortschreitenden Drahtwellen behandelt worden sind. Nur nimmt hier die Intensität mit $1/r$ ab.
Die Gleichungen zeigen ferner, daß die Feldstärken um so größer sind, je größere Stromstärken man in dem Sender anwendet und je größer die Entfernung l der beiden Pole ist, wobei vorausgesetzt ist, daß sie klein bleibt gegen die Wellenlänge. Schließlich ergibt sich noch die wichtige Folgerung, daß die ausgestrahlte Energie umgekehrt proportional der Wellenlänge, also direkt proportional der Frequenz ist. Dies erklärt, warum vor H. HERTZ die Strahlung nicht aufgefallen war. Man verwendete keine elektrischen Wechselströme genügend hoher Schwingungszahl. Dadurch, daß H. HERTZ sehr hohe Frequenzen verwandte, wo ihn eben obige von ihm gefundenen Gleichungen führten, gelang es, merkliche Ausstrahlung zu erreichen. Dazu kommt allerdings noch ein weiterer Umstand, nämlich die für Ausstrahlung sehr günstige Form des Dipols.
In der Nähe des Dipols, also in Entfernungen, wo r klein gegen λ ist, sind die Verhältnisse ganz anders: Die elektrische Feldstärke ist proportional $1/r^3$, die magnetische proportional $1/r^2$; ferner haben elektrische und magnetische Feldstärke dort eine Phasendifferenz von 90°.

In der praktischen Ausführung verwendet man nicht Dipole, sondern stabförmige Sender, deren eine Hälfte geerdet ist, gemäß der Darstellung in Abb. 11.35. Für sehr große Entfernungen gilt auch für sie die obige Gleichung. Die Länge l des Dipols ist zu ersetzen durch die wirksame Antennenhöhe h, die einen mehr oder weniger großen Bruchteil der wirklichen Höhe des Sendedrahtes über dem Erdboden beträgt. Man verwendet meist Sender, die langgestreckt sind, also verteilte Kapazität haben, in denen die Vorgänge also nicht mehr als quasistationär betrachtet werden können. Man erhält dann als Ergebnis die Wirkung der Summe aller kleinen Längenelemente des Senders, deren Strahlung als die kleiner Dipole von entsprechender Phase und Stärke betrachtet werden muß. Ein solcher langer Sender kann nicht nur in der Grundschwingung, sondern auch in Oberschwingungen erregt sein. In letzterem Fall ist das Strahlungsdiagramm anders. Man sieht an Abb. 11.37, daß ein Teil der kurzen Wellen, die den Oberschwingungen entsprechen, mit größerer Intensität schief in die Höhe gestrahlt wird.

Strahlungsdämpfung. Eine Änderung der in einem abgeschlossenen Raum enthaltenen elektromagnetischen Energie kann in zweifacher Weise erfolgen: einmal durch die in dem betreffenden Raumteil entwickelte Joulesche Wärme, dann aber auch dadurch, daß Energie ausgestrahlt

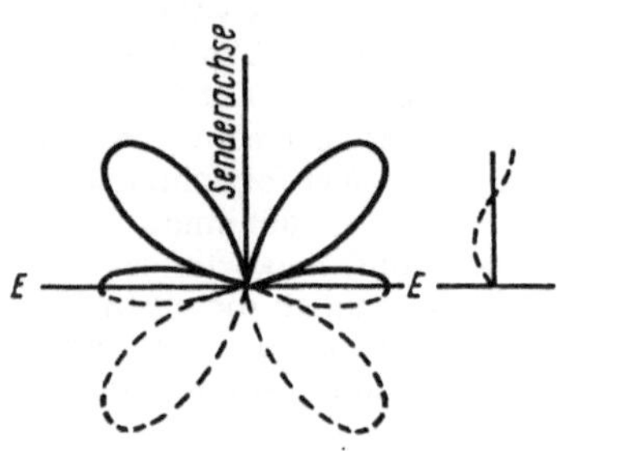

Abb. 11.37. Strahlungsdiagramm eines stabförmigen Senders, der in der 3. Oberschwingung erregt ist

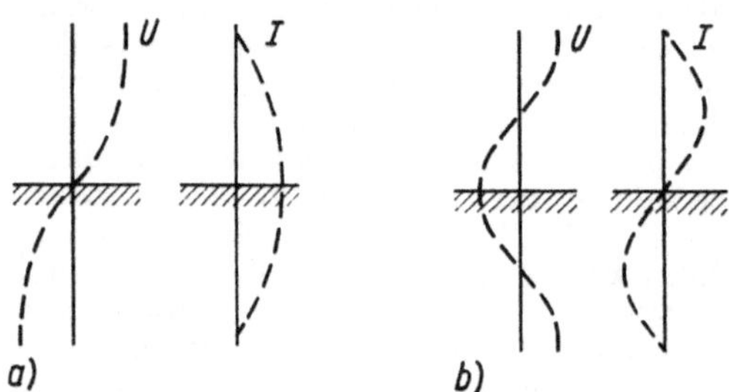

Abb. 11.38. Antenne in Grundschwingung (a) und Oberschwingung (b)

wird. Man kann zeigen, daß der Betrag der Ausstrahlung um so größer wird, je weniger Energie einesteils durch Joulesche Wärme verlorengeht, zweitens, je größer die Feldstärken E und H sind, und ferner, je schneller sich diese Größen zeitlich ändern.

Auch aus diesem Grund mußte H. HERTZ, um eine nachweisbare Ausstrahlung zu erzielen, sehr schnelle Schwingungen anwenden, da nur dann die Werte $\partial E/\partial t$ und $\partial H/\partial t$ nennenswerte Beträge annehmen.

Durch die Aussendung der Strahlung wird, wie erwähnt, dem Schwingkreis Energie entzogen, und zwar der Teil der Energie, der in den elektrischen und magnetischen Feldern steckt, die in den Raum hinauseilen. Die Schwingungen werden also durch die Ausstrahlung gedämpft (*Strahlungsdämpfung*). Man drückt diese Dämpfung oft durch einen äquivalenten Widerstand aus, der in den Schwingkreis eingebaut werden müßte, um die gleiche Dämpfung zu erhalten, wenn keine Ausstrahlung vorhanden wäre. Bezeichnet P_s die Strahlleistung und I_e die effektive Stromstärke im Dipol, dann gilt für den *Strahlungswiderstand*

$$R_\mathrm{s} = P_\mathrm{s}/I_\mathrm{e}^2\,.$$

Die Strahlleistung kann bei bekanntem Feldstärkefeld mit dem *Poyntingschen Vektor* durch Integration über eine den Dipol enthaltende geschlossene Fläche ermittelt werden. Für den Fall, daß die Länge l des Dipols klein gegenüber der

Wellenlänge ist, gilt in Luft

$$R_\mathrm{s} = \frac{2}{3}\,\pi\sqrt{\frac{\mu_0}{\varepsilon_0}}\,\frac{l^2}{\lambda^2} = 788\left(\frac{l}{\lambda}\right)^2\Omega.\qquad(11.43)$$

Wie man sieht, wird der Strahlungswiderstand für kurze Wellen groß. Der Dipol besitzt dann einen hohen Wirkungsgrad.

Der Strahlungswiderstand eines $\lambda/2$-Dipols beträgt demgegenüber in Luft nur $R_\mathrm{s} = 73,3\,\Omega$. Er ist von der Wellenlänge (für die hier stets gilt: $\lambda = 2l$) unabhängig.

Die Abnahme der Schwingungsenergie durch Ausstrahlung gilt prinzipiell auch für langsame Schwingungen, so daß jedes nicht abgeschlossene, zeitlich veränderliche elektromagnetische Gebilde Energie durch Strahlung in den Außenraum verliert. Auch bei langsamen Schwingungen eines Thomsonschen Schwingkreises geht somit die Umsetzung zwischen elektrischer und magnetischer Energie nie vollständig vor sich. Insbesondere verliert auch jede geradlinig beschleunigte Ladung, z. B. ein beschleunigtes Elektron, Energie durch Strahlung in den Außenraum. Für die pro Sekunde abgestrahlte Energie ergibt sich

$$P_\mathrm{E} = \frac{1}{4\pi\varepsilon_0}\,\frac{2}{3}\,\frac{e_0^2 a^2}{c_0^3}\,,$$

wobei a die Beschleunigung des Elektrons bedeutet.

Antennen. Je nach dem vorliegenden Wellenlängenbereich werden zur Abstrahlung (und dem Empfang) elektromagnetischer Wellen unterschiedliche Anordnungen (*Antennen*) benutzt. Neben der bereits genannten *Dipol-Antenne* finden bei größeren Wellenlängen *Flächenantennen* (*Schirmantennen*) oder langgestreckte Antennen, die aus mehreren parallelgeschalteten Drähten bestehen (*L- und T-Antennen*) Anwendung. Als Erdung wird ein dichtmaschiges Netz eingegrabener Kupferdrähte benutzt. Der Widerstand der Erdung muß möglichst gering sein (Feuchtigkeit!), da er sonst leicht allein ebenso groß wird wie alle Verlustwiderstände des Antennenkreises. Ist die Antenne gestreckt, so liegt im einfachsten Fall in der Mitte ein Spannungsknoten, an den Enden ein Spannungsbauch (Abb. 11.38a). Es ist also die ausgestrahlte Wellenlänge viermal so groß wie die Länge der Antenne, da diese meist geerdet, also nur eine Hälfte derselben verwendet wird. Die (wirksame) Antenne schwingt daher ähnlich wie eine geschlossene Luftsäule (vgl. Bd. 1). Wie diese, so kann auch die Antenne zu Oberschwingungen angeregt werden. Für die zweite Oberschwingung ergibt sich dann das in Abb. 11.38b wiedergegebene Bild. Oft erregt man Antennen in Oberschwingungen. Man erhält dann besondere Ausstrahlungsverhältnisse (Abb. 11.37). Durch Zuschalten von Kondensatoren oder Spulen läßt sich die wirksame Antennenlänge beein-

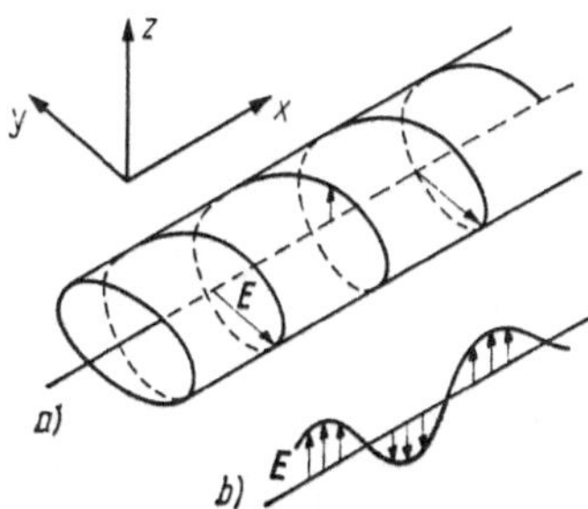

Abb. 11.39. Lage des elektrischen Feldstärkevektors in der elliptisch und linear polarisierten Welle

flussen. Da die Antenne ein schwingungsfähiges Gebilde mit verteilter Kapazität und Selbstinduktion darstellt, so können wir die Thomsonsche Formel für die Wellenlänge λ ansetzen:

$$\lambda = cT = 2\pi c \sqrt{L_A C_A},$$

wobei L_A und C_A Selbstinduktion und Eigenkapazität der Antenne bedeuten.

Bringt man an den Enden der Antenne eine Kapazität an, so wird die Schwingungsdauer, also auch die Wellenlänge, vergrößert. Schaltet man aber die Kapazität innerhalb der Antenne ein, so werden Wellenlänge und Schwingungsdauer verkleinert, da dann zwei Kondensatoren, nämlich der hinzugefügte C und die verteilte Kapazität C_A der Antenne hintereinander geschaltet sind, die Gesamtkapazität also verkleinert ist:

$$\lambda' = 2\pi c \sqrt{\frac{L_A}{C_A^{-1} + C^{-1}}}.$$

Wird in der Nähe des Strombauches eine Spule eingeschaltet, so wird durch deren Selbstinduktion L die Wellenlänge vergrößert:

$$\lambda'' = 2\pi c \sqrt{(L_A + L)\, C_A}.$$

Sie wirkt also wie eine Verlängerung der Antenne (*Verlängerungsspule*).

Die zweite Hälfte der Antenne kann ferner statt durch Erde durch einen entsprechend großen Kondensator gebildet werden (*Gegengewicht*). Dies ist z. B. bei Luftfahrzeugen notwendig. Auch bei Erdstationen mit ungenügender Bodenbeschaffenheit benutzt man ein isoliert über dem Erdboden angebrachtes Drahtsystem als Gegengewicht.

11.3.4. Ebene elektromagnetische Wellen

Das bisher behandelte Wellenfeld eines Dipols besitzt eine relativ komplizierte Struktur. Einfachere Verhältnisse liegen in ebenen Wellenfeldern vor, die näherungsweise in großer Entfernung vom strahlenden Dipol auftreten.

Eine Welle heißt eben, wenn die Wellengrößen senkrecht zur Fortpflanzungsrichtung (dies sei im folgenden die x-Achse) konstant sind. Die Phasenflächen der ebenen Welle stellen Ebenen dar, die auf der x-Achse senkrecht stehen. Da somit alle Ableitungen nach y und z verschwinden, vereinfachen sich die *Maxwellschen Gleichungen* beträchtlich. Aus (11.34) und (11.35) folgt zunächst im nichtleitenden Medium ($\varkappa = 0$):

$$\varepsilon \frac{\partial E_x}{\partial t} = \frac{\partial H_z}{\partial y} - \frac{\partial H_y}{\partial z} = 0;$$

$$-\mu \frac{\partial H_x}{\partial t} = \frac{\partial E_z}{\partial y} - \frac{\partial E_y}{\partial z} = 0. \tag{11.44}$$

Aus (11.37) folgt im ladungsfreien Dielektrikum ($\varrho = 0$):

$$\varepsilon \frac{\partial E_x}{\partial x} = 0; \qquad \mu \frac{\partial H_x}{\partial x} = 0. \tag{11.45}$$

Somit stellen E_x und H_x bezüglich t und z konstante Größen dar. Ohne Einschränkung der Allgemeinheit können wir $E_x = H_x = 0$ setzen, da im Wellenfeld nur veränderliche Feldgrößen interessieren. Es gilt der Satz:

In Ausbreitungsrichtung besitzen die (ebenen) elektromagnetischen Wellen keine Komponenten der elektrischen und magnetischen Feldstärke. Die Wellen sind transversal.

Für jede der transversalen Komponenten (E_y, E_z, H_y, H_z) besteht nach (11.40) eine Wellengleichung, die nun die Form annimmt:

$$\frac{\partial^2}{\partial x^2} = \mu\varepsilon \frac{\partial^2}{\partial t^2}. \tag{11.46}$$

Als Lösung von (11.46) erhalten wir

$$E_y = E_{y0} \sin(\omega t - kx),$$

$$E_z = E_{z0} \sin(\omega t - kx - \delta). \tag{11.47}$$

Entsprechende Ausdrücke gelten für H_y und H_z. Die Phasengeschwindigkeit der Wellen (11.47) ergibt sich [durch Einsetzen in (11.46)] zu

$$v = \lambda v = \frac{\omega}{k} = \frac{1}{\sqrt{\mu\varepsilon}}.$$

Man kann zeigen, daß im allgemeinen der durch die Komponenten (11.47) dargestellte Vektor E in Abhängigkeit von der Zeit mit seinem Endpunkt eine Schraubenlinie beschreibt, die auf der Oberfläche eines elliptischen Zylinders liegt, dessen Achse parallel zur Ausbreitungsrichtung der Wellen angeordnet ist (Abb. 11.39a). Es handelt sich hier um sog. *elliptisch polarisierte Wellen*.

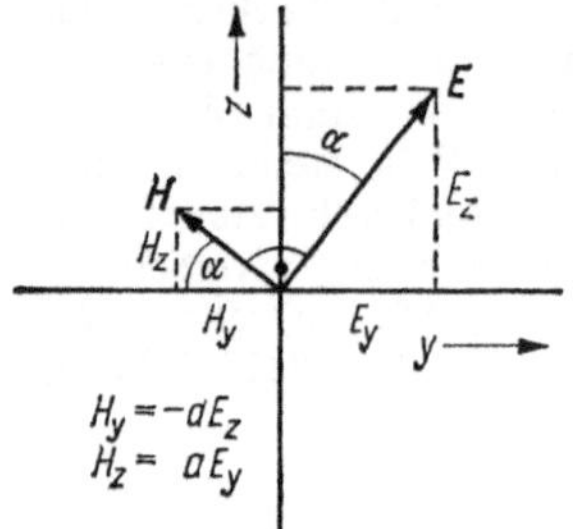

Abb. 11.40. Elektrische und magnetische Feldstärke in einer ebenen Welle

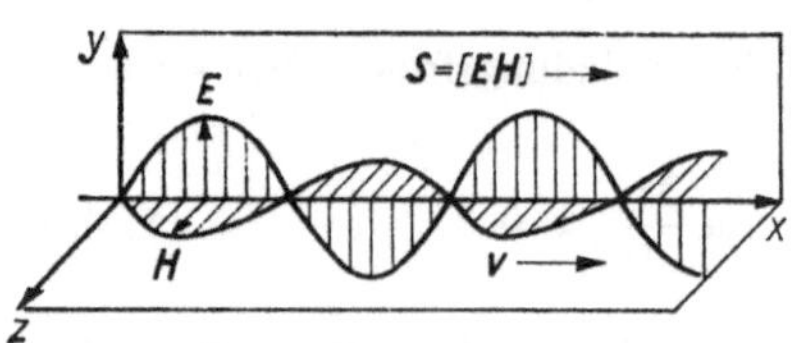

Abb. 11.41. Elektrische und magnetische Feldstärke in der linear polarisierten Welle

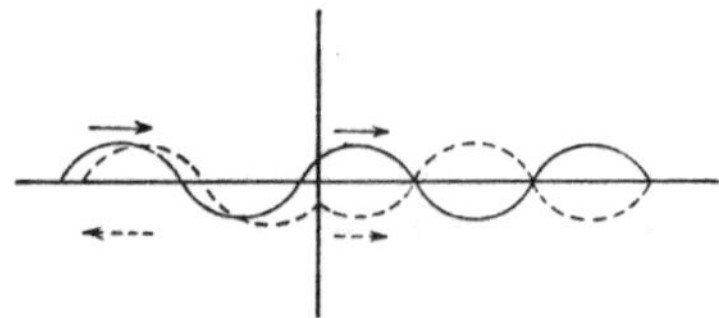

Abb. 11.42. Reflexion und Schirmwirkung (elektrischer Vektor)

Sie treten auf, wenn $E_{y0} \neq E_{z0}$ und $\delta \neq 0$ ist. Gilt $E_{y0} = E_{z0}$ und weiterhin $\delta \neq 0$, dann läuft der Endpunkt von E auf einem Kreiszylinder um (*zirkular polarisierte Wellen*). Ist jedoch $\delta = 0$, dann behält E seine Richtung im Raum stets bei, und man spricht von *linear polarisierten Wellen* (Abb. 11.39b).
Innerhalb einer elektromagnetischen Welle sind die elektrischen und magnetischen Feldstärken nicht voneinander unabhängig. Zwischen ihnen gelten die durch die *Maxwell-Gleichungen* gegebenen Relationen. Für die ebene Welle gilt nach (11.38)

$$\mu \frac{\partial H_y}{\partial t} = \frac{\partial E_z}{\partial x}; \qquad -\mu \frac{\partial H_z}{\partial t} = \frac{\partial E_y}{\partial x}. \qquad (11.48)$$

Einsetzen von (11.47) in (11.48) ergibt dann

$$H_y = -\sqrt{\frac{\varepsilon}{\mu}}\, E_z; \qquad H_z = \sqrt{\frac{\varepsilon}{\mu}}\, E_y. \qquad (11.49)$$

Aus (11.49) liest man ab, daß der Vektor H stets auf dem Vektor E senkrecht steht. Abb. 11.40 zeigt dazu ein Beispiel. Die Verhältnisse in einer linear polarisierten Welle sind in Abb. 11.41 dargestellt.
Der Quotient der Beträge der elektrischen und magnetischen Feldstärke ist nach (11.49) unabhängig von Ort und Zeit:

$$\frac{|E|}{|H|} = \frac{E}{H} = \sqrt{\frac{\mu}{\varepsilon}} = Z. \qquad (11.50)$$

Man bezeichnet Z als den *Wellenwiderstand* des Mediums. Er besitzt für die Ausbreitung der ebenen Wellen im Raum eine ähnliche Bedeutung wie der Wellenwiderstand einer Leitung (vgl. Abschn. 11.2.1). Im Vakuum gilt

$$Z = \sqrt{\mu_0/\varepsilon_0} = 376{,}7\,\Omega.$$

Wie bei den drahtgeführten Wellen ist auch bei den Raumwellen die Dichte des mit der Welle verknüpften Energiestromes durch den *Poyntingschen Vektor* (vgl. Abschn. 11.2.1) gegeben. Die Richtung von S ist auch hier die der Wellengeschwindigkeit, auf der E und H senkrecht stehen (Abb. 11.41).

11.3.5. Die Fortpflanzung der elektromagnetischen Wellen

Huygenssches Prinzip. Für die Fortpflanzung der elektromagnetischen Wellen gilt wie für jede Wellenbewegung in einem als kontinuierlich zu betrachtenden Mittel das Huygenssche Prinzip (vgl. Bd. 1). Jeder Punkt der Welle kann danach als ein neues Wellenzentrum angesehen werden. Aus der Summation der einzelnen Elementarwellen ergibt sich der Verlauf der Wellenfront. Wir haben daher wie bei allen Wellen Reflexion und Brechung an allen solchen Stellen zu erwarten, in denen sich der Wert der Geschwindigkeit ändert. Maßgebend hierfür ist der Brechungsindex $n_{12} = c_1/c_2$, der Quotient aus den Geschwindigkeiten in den beiden Mitteln (Bd. 1).
Reflexion. Daß die elektrischen Wellen reflektiert werden, ist schon aus der Besprechung der Hertzschen Versuche ersichtlich geworden. Die Reflexion ist vollkommen, wenn die Wand (der Spiegel) aus einem gut leitenden Körper, z. B. Metall, besteht; es wird keine Strahlung durch das Metall hindurchgelassen (*Schirmwirkung*).

Es ist ganz lehrreich, diesen Fall etwas eingehender zu verfolgen, da er eine Aufklärung über das Zustandekommen dieser Erscheinungen durch die „Elementarwellen" gibt. Trifft etwa eine Welle, deren elektrische Feldlinien – etwa wie in Abb. 11.42 – vertikal laufen, auf eine vertikale dünne leitende Wand (dünnes Blech), so werden durch die Wechselfelder der Welle in dem Metall Wechselströme induziert, die die gleiche Frequenz wie die einfallende Welle besitzen. Jeder Teil der Wand ist also infolge der in ihm schwingenden Ströme eine Quelle neuer Wellen.
Die induzierten Ströme haben bei vollkommener Leitfähigkeit der Wand die entgegengesetzte Phase wie die auftreffenden Verschiebungsströme; die neuen Wellen haben also gegen die auftreffenden eine halbe Wellenlänge

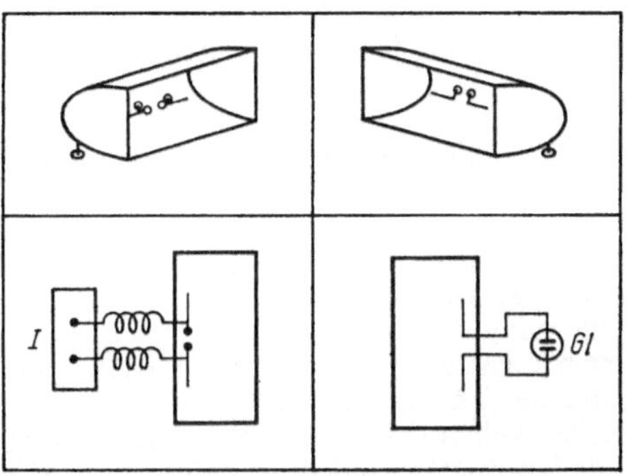

Abb. 11.43. Gerichtetes Senden und Empfangen kurzer Wellen durch Parabolspiegel

Abb. 11.44. Strahlengang der elektromagnetischen Wellen

Abb. 11.45. Reflexion der elektromagnetischen Wellen

verloren. Diese Wellen breiten sich von der Wand nach beiden Seiten aus, wie es Abb. 11.42 zeigt. Im Vorderraum verstärken sich in dem gezeichneten Augenblick die Phasen; ist die Auftreffrichtung senkrecht zur Wand, so erhalten wir vor der Wand stehende Wellen, die bei idealer, d. h. vollkommener Leitfähigkeit in der Wand einen Spannungsknoten bzw. einen Strombauch haben. Hinter der Wand heben sich die Wellen gerade auf, da sie stets entgegengesetzte Phase bei gleicher Laufrichtung haben. Es ist also zu erkennen, wie (bei einer dünnen, vollkommen leitfähigen Wand) die Wellen hinter der Wand wegen der Interferenz verschwinden.

Infolge der Reflexionswirkung von Metallen kann man auch elektrische Wellen durch metallische Hohlspiegel konzentrieren (Hertzsche Versuche).
Der Oszillator wird in die Brennlinie eines parabolischen Zylinderspiegels gebracht, dessen Anordnung Abb. 11.43 zeigt. Als Empfänger dient ein gleicher Spiegel, in dessen Brennlinie sich ein auf den Oszillator abgestimmter Dipol befindet. Die eingestrahlte Hochfrequenz-Energie wird (z. B. mittels einer Glimmlampe) zur Anzeige gebracht.

Stellen wir nun die beiden Spiegel einander so gegenüber, wie es die schematische Abb. 11.44 zeigt, so verlassen die elektrischen Wellen den Erregerspiegel als ein paralleles Strahlenbündel, das durch den Empfängerspiegel wieder in seiner Brennlinie vereinigt und hier von der Antenne aufgenommen wird. Man kann in der durch Abb. 11.44 dargestellten Anordnung bei sorgfältiger Einstellung die beiden Spiegel in einem Abstand von mehreren Metern voneinander aufstellen und erhält stets eine Einwirkung der im Geber erzeugten Wellen auf den Empfänger. Wenn man aber einen der beiden Spiegel dreht, so daß die Achsenebenen der Spiegel nicht zusammenfallen, so hört die Einwirkung der Wellen auf. Stellt man ein Metallblech zwischen die beiden Spiegel, so wird ebenfalls die Einwirkung der Wellen auf den Empfänger verhindert. Stellt man aber die Spiegel so auf, daß sich die Achsenebenen schneiden (Abb. 11.45), und stellt man ein Metallblech so auf, daß die Schnittgerade der Achsenebene in ihm liegt und daß es von beiden Achsenebenen unter gleichen Winkeln getroffen wird, so werden die elektrischen Wellen von diesem Metallschirm so reflektiert, daß sie sich in der Brennlinie des zweiten Spiegels vereinigen.

Brechung. In Bd. 1 wurde bereits auf die Brechung von Wellen hingewiesen, wenn sich die Fortpflanzungsgeschwindigkeit ändert. Auf S. 305 ist gezeigt worden, daß diese für elektromagnetische Wellen proportional $1/\sqrt{\varepsilon_r}$ ist. Treffen daher diese Wellen auf ein Dielektrikum von anderer Dielektrizitätskonstante als die Umgebung, so werden sie nach dem Brechungsgesetz (Bd. 1) gebrochen. Dies hat HERTZ mit der oben beschriebenen Anordnung mit einem großen Prisma aus Pech gezeigt. Aus der Ablenkung der Strahlen kann nun umgekehrt die Geschwindigkeit der Wellen in Pech berechnet werden. Sie ergab sich tatsächlich zu $c_0/\sqrt{\varepsilon_r}$.
Zwischen dem Brechungsindex n und der Dielektrizitätskonstanten ε_r sollte demnach in Isolatoren folgender Zusammenhang bestehen:

$$n = \sqrt{\varepsilon_r} \quad (Maxwell\text{-}Relation).$$

Diese Gleichung ist sowohl für elektrische Wellen wie für Lichtwellen experimentell geprüft worden.
Nun ist aus der Optik die Tatsache bekannt, daß die Brechungszahl n einer Substanz von der Farbe, d. h. der Frequenz des Lichtes, abhängt, also *Dispersion* aufweist; man denke an die Zerlegung eines weißen Lichtstrahls in ein Spektrum durch ein Glasprisma (vgl. Bd. 3). Die Dielektrizitätskonstante ε_r dagegen ist definitionsgemäß unabhängig von der Frequenz. Für Licht- und noch kürzere Wellen – für Röntgenstrahlen ist n stets kleiner als 1 – kann also die obige Be-

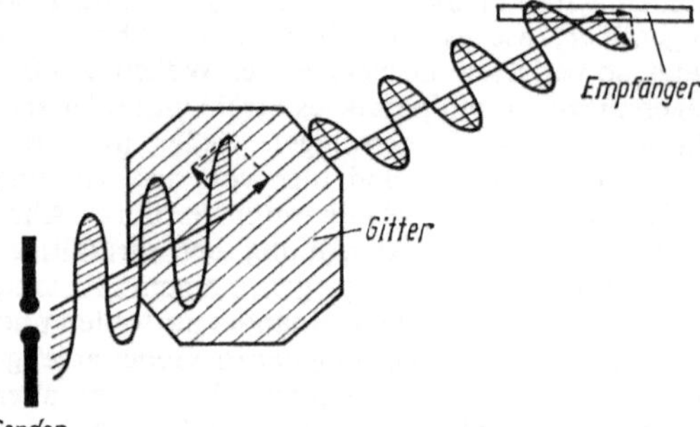

Abb. 11.46. Drehung der Polarisationsebene durch ein Metallgitter

ziehung unmöglich allgemein gelten. – Aber auch abgesehen hiervon entspricht diese Folgerung der Maxwellschen Theorie gewöhnlich nicht den Tatsachen: So ist

für Wasser

$$\sqrt{\varepsilon_r} = 9; \qquad n = 1,3;$$

für Alkohol

$$\sqrt{\varepsilon_r} = 5; \qquad n = 1,36.$$

Ferner ergäbe sich aus der strengen Gültigkeit unserer oben entwickelten Anschauungen, daß sich in Nichtleitern elektrische Wellen ohne Energieabsorption fortpflanzen sollten, d. h., alle Isolatoren müßten durchsichtig sein, alle Leiter undurchsichtig. Dies ist in manchen Fällen durchaus der Fall, wie die Beispiele Glas, Quarz, Paraffin einerseits, die Metalle andererseits zeigen: hingegen gibt es zahlreiche Beispiele undurchsichtiger Nichtleiter – Hartgummi, Porzellan, Bakelit – und durchsichtiger Leiter, z. B. die meisten Leiter zweiter Klasse.

Diese Abweichungen bilden eine für die ursprüngliche elektromagnetische Theorie des Lichtes unlösbare Schwierigkeit, weil die Maxwellsche Theorie von einer *stetigen* Raumerfüllung durch die Materie ausgeht, die Dispersion und die damit zusammenhängende Absorption aber nur durch die *atomistische* Struktur der Materie erklärt werden können. Mit anderen Worten: Für große Frequenzen werden die Eigenschwingungen der molekularen und atomaren Resonatoren merklich (vgl. hierzu Bd. 3 und Bd. 4).

Tabelle 11.1. Brechungszahl und Dielektrizitätskonstante bei Gasen

Stoff	$\sqrt{\varepsilon_r}$	n
Luft	1,000 295	1,000 292
Stickstoff	1,000 303	1,000 290
Sauerstoff	1,000 273	1,000 270
Wasserstoff	1,000 132	1,000 138
Kohlendioxid	1,000 345	1,000 346

Für Lichtwellen kann man also nur bei solchen Körpern Gültigkeit der Maxwellschen Relation

$$\sqrt{\varepsilon_r} = n$$

erwarten, die keine oder doch nur eine sehr geringe Dispersion zeigen; dies ist insbesondere bei Gasen der Fall, wie bereits BOLTZMANN experimentell nachwies. Tab. 11.1 gibt einige Werte (meist nach BOLTZMANN).

Beim Übergang zu kleineren Frequenzen jedoch ergibt sich allgemein eine befriedigende Übereinstimmung der Theorie mit der Erfahrung. Für elektrische Wellen hat man obige Gleichung durchweg bestätigt gefunden, so daß man die Ergebnisse dahingehend zusammenfassen kann, daß die von der Theorie geforderten Werte der Brechungszahlen Grenzwerte für lange Wellen darstellen. In dieser Einschränkung kann man von einer Bestätigung der elektromagnetischen Lichttheorie auch für diese Folgerung sprechen.

Für Wasser ergaben z. B. die Messungen mit *langen* Wellen den Wert $n_{H_2O} = 9 \dots 7$, letzteren für höhere Frequenzen. Diese ist in guter Übereinstimmung mit obiger Formel, da $\varepsilon_{H_2O} = 81$ ist.

Polarisation. Sehr wichtig ist folgender Versuch: Stellt man ein Metallgitter so zwischen Sender und Empfänger, daß die Drähte den Zylinderachsen der Zylinderspiegel, also auch der Achse des Dipols, parallel sind, also bei der in Abb. 11.44 dargestellten Anordnung horizontal liegen, dann wird die Strahlung vom Empfänger ganz abgeschirmt. Dies ist daraus zu erklären, daß in der zur Senderachse senkrechten Ebene keine Komponente der elektrischen Feldstärke liegt, entsprechend Abb. 11.34, und daß nur ein senkrecht zu den Drähten schwingendes Feld durch das Gitter hindurchgeht. Man sagt:

Die vom Dipol ausgehende Strahlung ist senkrecht zur Senderachse linear polarisiert.

Die Ebene, in der die elektrische Schwingung erfolgt, heißt *Schwingungsebene*, die, in der die magnetische Schwingung erfolgt, *Polarisationsebene*.

Stellt man daher den Sender so, daß seine Achse senkrecht zur Achse der Empfangsantenne ist, so erhält man im Empfänger keine Einwirkung. Hält man nun zwischen Sender und Empfänger das Drahtgitter schief zur Schwingungsebene, so erhält man die in Abb. 11.46 gezeichnete Schwächung der elektrischen Feldstärke (Zerlegung in zwei Komponenten), von der wieder nur ein Teil auf die Empfangsantenne wirkt.

Strahlungsdruck. Eine leitende Metallwand, auf die die elektromagnetische Strahlung auftrifft, stört die Gleichphasigkeit des elektrischen und des magnetischen Feldes (Abb. 11.42). Die Wellen erzeugen schon in dünnen Schichten der Wand elektrische Wechselströme, die ihrerseits Ursache von sich ausbreitenden und von der Wand zurückstrahlenden elektrischen Wechselfeldern sind. Je besser leitend das Metall ist, desto weniger tief dringt die Welle in das Metall ein; im Grenzfall einer unendlich guten Leitung würden die Ströme zu reinen „Flächenströmen" in der Oberfläche und verzehrten keine Energie als Joulesche Wärme, sondern die gesamte Energie fände sich in den durch sie erzeugten Feldern wieder. Die aus den Feldern zurückgestrahlten Wellen enthielten dann wieder die gesamte eingestrahlte Energie. Die Phase der zurückgestrahlten elektrischen Welle ist der Phase des auffallenden Feldes entgegengesetzt. Der aus ankommendem und reflektiertem Wellenzug resultierende elektrische Vektor verschwindet an der Wandfläche (Abb. 11.42). Anders verhält sich der magnetische Vektor, wie man auf Grund des Poyntingschen Satzes einsieht. Seine Phase hat im reflektierten Wellenzug einmal ein umgekehrtes Vorzeichen, weil der elektrische Vektor auch sein Vorzeichen umkehrt; er kehrt aber noch einmal sein Vorzeichen um, weil die Strahlungsrichtung des reflektierten Wellenzuges derjenigen des ankommenden entgegengesetzt ist. Somit hat der magnetische Vektor im reflektierten Wellenzug gleiche Phase mit dem im ankommenden Wellenzug. Der aus ankommendem und reflektiertem Wellenzug resultierende magnetische Vektor ist also doppelt so groß wie der Vektor im ankommenden Wellenzug. In der sich ergebenden stehenden Welle hat somit an der reflektierenden Wand der elektrische Vektor einen Knoten, der magnetische einen Bauch. Dies ist auch sofort verständlich, wenn man sich überlegt, daß in der Wandfläche die Ströme fließen, deren Magnetfeld eben dieser Bauch magnetischer Feldstärke ist. Die Energieströmungen in den beiden Wellenzügen heben sich im Mittel gegenseitig auf: Innerhalb der stehenden Welle findet also keine fortschreitende Energiewanderung mehr statt.

Da an der Wand ein elektrisches Feld dauernd fehlt, macht sich hier allein die Druckspannung des magnetischen Feldes geltend. Das Feld hat an der Oberfläche der Metallwand eine unstetige Grenze. Die Druckspannung des Feldes muß also als Druck auf die Wand wirksam werden.

Das ankommende magnetische Feld des senkrecht auffallenden Wellenzuges ebener Wellenfläche sei H, dann ist das resultierende Feld der stehenden Welle an der Außenseite der Wand $2H$. Der Druck ist also

$$p = \frac{1}{2}\mu_0 \cdot 4H^2 = 2\mu_0\,H^2.$$

Die Energiedichte S des ankommenden Wellenzuges ist $\mu_0 \cdot H^2$. Ebenso groß ist die Energiedichte des reflektierten Wellenzuges. Somit ist die gesamte Energiedichte, die sich aus ankommendem und reflektiertem Wellenzug ergibt, $2S = 2\mu_0 \cdot H^2$. Das ist aber derselbe Zahlenwert wie derjenige für den Druck auf die Metallwand.

Ein elektromagnetischer Wellenzug ebener Wellenfläche, der senkrecht auf eine reflektierende Wand auftrifft, übt auf sie einen Druck aus, der zahlenmäßig gleich der aus ankommender und reflektierter Strahlung sich ergebenden Energiedichte vor der Wand ist.

Der Satz behält seine Gültigkeit auch für nicht vollkommen reflektierende und sogar für vollständig absorbierende Flächen. In jedem Fall ist der Strahlungsdruck gleich der Energiedichte, die gerade vor der von der Strahlung getroffenen Wand herrscht. Daraus folgt, daß der Satz auch für eine emittierende Wand gelten muß.

Bei schief zu der reflektierenden Wand stehender Strahlung sind die elektrischen und magnetischen Felder in die Komponenten senkrecht und parallel zu der Wand zu zerlegen und das Verhalten dieser einzeln zu untersuchen. Fällt z. B. eine ebene Welle unter dem Winkel α gegen das Einfallslot ein und steht dabei noch der elektrische Vektor senkrecht zur Einfallsebene, so ist die zum Spiegel parallele Komponente des magnetischen Vektors gleich $|H|\cos\alpha$, während bezüglich des elektrischen Vektors nichts geändert ist. Daher ist auch der zum Spiegel parallele magnetische Vektor der reflektierten Welle $|H|\cos\alpha$. Der Strahlungsdruck ist dann

$$p = 2S\cos^2\alpha.$$

An diesem Ergebnis ändert sich nichts, wenn die Azimute der elektrischen und magnetischen Vektoren des einfallenden Strahles gedreht werden.

Ausbreitung langer Wellen. Wie Abb. 11.34 zeigt, stehen bei der in der Grundschwingung erregten geerdeten Antenne die Kraftlinien senkrecht zum Erdboden und werden daher ihm entlang ähnlich wie Drahtwellen geführt. Infolgedessen ist es nicht nur möglich, auch an solchen Orten die Wellen zu empfangen, die unter dem Horizont des Senders liegen, sondern man kann die Wellen sogar nach einer ganzen Umkreisung der Erdkugel wieder am Sendeort empfangen.

Die Amplitude der Wellen wird bei ihrer Ausbreitung nicht nur infolge der Verteilung der Energie über größere Räume geschwächt, auch die unvollkommene Leitfähigkeit des Erdbodens oder des Meerwassers bewirkt eine Schwächung (durch die entstehende Stromwärme).

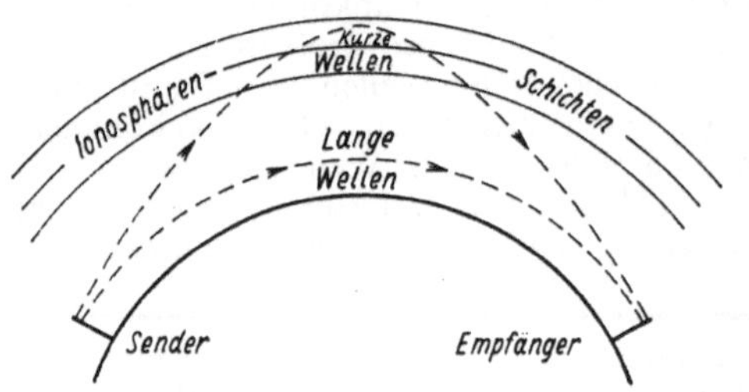

Abb. 11.47. Schema der Fortpflanzung langer und kurzer elektromagnetischer Wellen

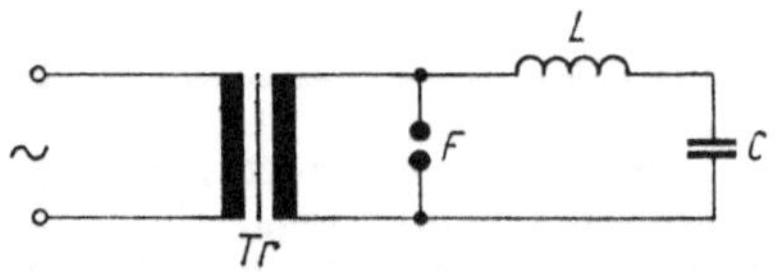

Abb. 11.48. Funkenerregung eines elektrischen Schwingkreises

Anmerkung: Die nicht vollkommene Leitfähigkeit hat den Einfluß, daß die Feldlinien etwas schräg zur Erdoberfläche stehen. Infolgedessen findet auch ein Eindringen der Wellen in den Boden statt, jedoch nur in sehr geringem Maß (Empfangsmöglichkeit in Bergwerken).
Die Atmosphäre stellt für die elektrischen Wellen ein mehr oder weniger trübes Mittel dar, besonders, wenn starke Temperaturungleichheiten vorhanden sind. Dementsprechend ist auch die Dämmerungszone für den Empfang ungünstig. Bei Nacht werden die Schwankungen viel geringer. Für sicheren Empfang ist eine Feldstärke von etwa $20 \cdot 10^{-6}$ V/m erforderlich. Die Reichweite eines Senders ist also diejenige Entfernung, bis zu der die Feldstärke der Wellen etwa auf diesen Betrag gesunken ist. Es entspricht dies einer Energiestromdichte von etwa 10^{-16} W/cm²; die Empfindlichkeit des gegenüber den Antennen kleinen menschlichen Auges ist etwa 10^{-14} W/cm²; mittels eines großen Fernrohrs oder Spiegels ist eine auf das Fernrohr auffallende Energiestromdichte von ungefähr 10^{-18} W/cm² eines Fixsterns dem Auge noch wahrnehmbar.

Ausbreitung kurzer Wellen. Die obigen Überlegungen gelten nicht mehr für kurze Wellen unter 100 m, vor allem nicht für solche, die durch Oberschwingungen der Antenne erzeugt sind. Diese gehen zu einem erheblichen Bruchteil unter einem ziemlich großen Winkel in die Höhe (Abb. 11.37), so daß man keine besondere Wirksamkeit solcher kurzen Wellen erwarten sollte. Überraschenderweise konnte festgestellt werden, daß auf sehr große Entfernungen mit kurzen Wellen außerordentlich gute Ergebnisse erzielt wurden. Man weiß heute, daß sich in Höhen von etwa 100 bis 400 km Schichten befinden, in denen die Atmosphäre durch den Einfluß der Sonnenstrahlung (lichtelektrischer Effekt, Korpuskularstrahlen von der Sonne) eine große elektrische Leitfähigkeit hat, so daß sie ähnlich wie ein Metallschirm die nach oben gehenden Wellen nach unten reflektieren (Abb. 11.47; HEAVISIDE).

11.4. Erzeugung elektromagnetischer Schwingungen

Die bisherigen Ausführungen über elektromagnetische Schwingungen und Wellen gingen im einzelnen noch nicht auf die Methoden ihrer praktischen Erzeugung ein. Lediglich bei der Behandlung des elektrischen Schwingkreises wurde bereits das Prinzip der Entstehung solcher Schwingungen dargelegt. Im folgenden werden verschiedene Verfahren der Schwingungserzeugung zusammenfassend behandelt. Hierbei stehen im Vordergrund die physikalischen Grundlagen, weniger ihre technische Realisierung.

11.4.1. Sinusschwingungen

Prinzipiell können elektrische Schwingungen mittels rotierender Wechselstromgeneratoren erzeugt werden. Nachteilig ist dabei, daß eine für viele Zwecke erforderliche Frequenzvariation über eine Drehzahländerung erreicht werden muß. Dies ist nur in relativ engen Grenzen möglich. Außerdem bewirkt nach dem Induktionsgesetz die Änderung der Drehzahl eine starke Abhängigkeit der Ausgangsspannung von der Frequenz. Immerhin wurden aber nach diesem Prinzip arbeitende *Hochfrequenzwechselstrommaschinen* gebaut, mit denen durch eine große Anzahl von Polschuhen und hohe Drehzahlen Frequenzen bis etwa 10^5 Hz bei beachtlichen Leistungen erzeugt werden konnten. Der weiteren Frequenzerhöhung sind bei diesem Verfahren mechanische Grenzen gesetzt.
Naheliegend ist die Ausnutzung der Resonanzeigenschaften elektrischer Schwingkreise für die Schwingungserzeugung. Dieses Verfahren wird heute in großem Umfang angewendet; es spielte schon in der Frühzeit der Geschichte der elektrischen Schwingungen eine wichtige Rolle in Form der *Schwingungserregung durch Funken*. Das Prinzip des Verfahrens (das bereits in Abschn. 11.3.2 erwähnt wurde) zeigt Abb. 11.48. Eine Funkenstrecke F, die an der Sekundärwicklung eines Hochspannungstransformators Tr liegt, ist mit einem aus L und C bestehenden Schwingkreis zusammengeschaltet. Beim Ansteigen der Spannung lädt sich der Kondensator so lange auf, bis der Wert der Durchbruchsspannung an der Funkenstrecke erreicht wird, so daß dort ein Überschlag erfolgt. Die durch den Funken gebildete leitende Verbindung schließt den Schwingkreis, der, beginnend mit der Entladung des Kondensators über die Induktivität, Eigenschwingungen ausführt, deren Frequenz bei genügend kleinem L und C Werte bis etwa 10^8 Hz erreichen kann.

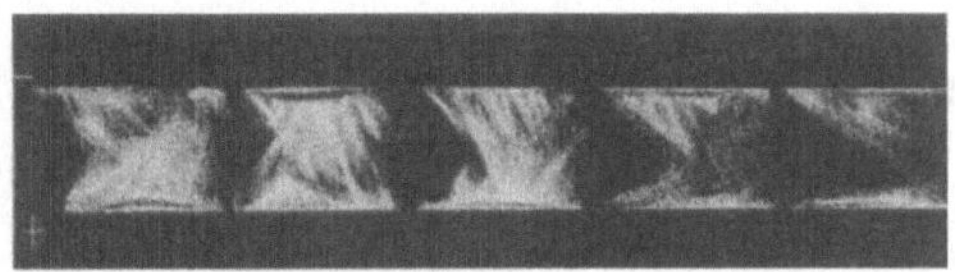

Abb. 11.49. Oszillatorische Funkenentladung nach FEDDERSEN

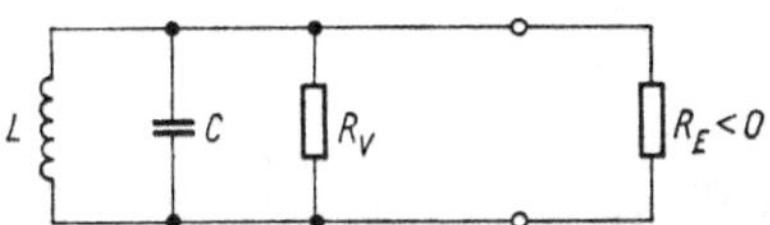

Abb. 11.50. Schema der Entdämpfung eines verlustbehafteten Schwingkreises mit einem negativen differentiellen Widerstand R_E

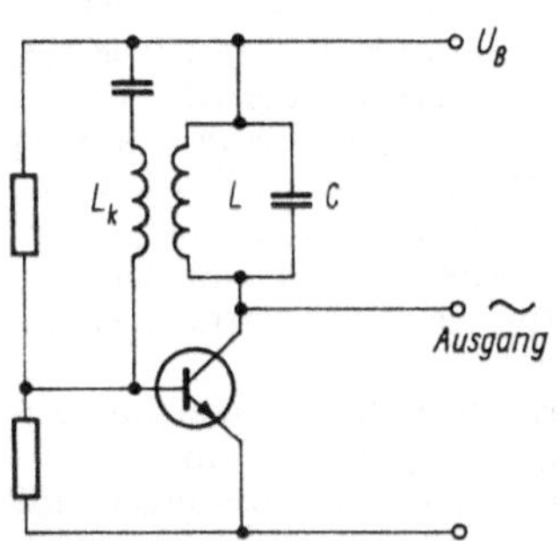

Abb. 11.51. Meissnersche Rückkopplungsschaltung

Die klassische Methode der Schwingungserzeugung durch Funkenerregung wurde erstmalig ausführlich von B. W. FEDDERSEN (1858 bis 1866) untersucht. Durch Beobachtung in einem schnell rotierenden Spiegel konnten die Schwingungen des Funkens nachgewiesen werden. Abb. 11.49 zeigt eine der Originalaufnahmen B. W. FEDDERSENS in halber natürlicher Größe. In der Zeitauflösung des Funkens ist seine periodische Struktur deutlich zu erkennen. Dieses Prinzip der Schwingungserzeugung stellte nach seiner Vervollkommnung durch eine Reihe von Verbesserungen die Grundlage für die Entwicklung der drahtlosen Nachrichtenübertragung mittels elektromagnetischer Wellen dar (Telegrafiesender).

Nachteilig ist bei der Funkenanregung, daß (analog Abb. 11.29) eine periodische Folge gedämpfter Schwingungszüge entsteht. Für die meisten Anwendungsfälle sind jedoch ungedämpfte Schwingungen erforderlich. Um sie mit Resonanzkreisen zu erzeugen, müssen die vorhandenen Verluste durch Energiezufuhr ausgeglichen werden. Man kann diesen Vorgang der Entdämpfung formal durch Zusammenschalten des verlustbehafteten Schwingkreises und eines negativen differentiellen Widerstandes R_E beschreiben (Abb. 11.50), der den in R_V zusammengefaßten positiven Verlustwiderstand des Kreises teilweise oder vollständig aufhebt. Hierdurch sind Schwingungen mit konstanter Amplitude möglich. Die Realisierung negativer Widerstände ist durch spezielle Bauelemente oder Schaltungen mit fallender Strom-Spannungs-Charakteristik möglich. Das klassische Beispiel für eine fallende Strom-Spannungs-Charakteristik, d. h. ein Absinken der Klemmenspannung U mit wachsendem Strom I ($dU/dI < 0$) stellt der elektrische Lichtbogen dar (vgl. Abb. 8.5). Er wurde daher in der Frühzeit der Funktechnik mit gutem Erfolg in Telefoniesendern (*Poulsen-Sender*) verwendet. Eine einfache Schwingungserzeugung durch Entdämpfung ist auch mittels moderner Halbleiterbauelemente möglich, die fallende Kennlinienbereiche haben, wie z. B. die *Tunneldiode* oder das *Gunn-Element* (vgl. Bd. 4).

Rückkopplung. Um Dauerschwingungen in einem gedämpften Schwingkreis aufrechtzuerhalten, muß Energie im richtigen Takt zugeführt werden. Als energiesteuerndes Organ kann dabei ein beliebiges aktives (d. h. verstärkendes) Bauelement dienen, z. B. ein *Transistor* oder eine *Verstärkerröhre*, dessen Arbeitswiderstand der Schwingkreis ist. Dem Eingang des so gebildeten Verstärkers muß eine Steuergröße der richtigen Frequenz und Phase zugeführt werden, die dem Betrag nach klein sein kann, da sie verstärkt wird. Es ist daher möglich, dem Ausgangskreis einen geringen Anteil der Schwingungsenergie zu entnehmen und auf den Eingang zur Steuerung zurückzuführen. Dieses Verfahren der *Rückkopplung* wurde bereits 1913 von A. MEISSNER zur Schwingungserzeugung in Verbindung mit Verstärkerröhren angegeben.

Abb. 11.51 zeigt die Prinzipschaltung eines Transistoroszillators in *Meissner-Schaltung*. Der aus den Widerständen an der Basis gebildete Spannungsteiler dient zur Arbeitspunkteinstellung des in Emitterschaltung betriebenen Transistors. Der aus L und C gebildete Parallelschwingkreis liegt als frequenzabhängiger Arbeitswiderstand im Kollektorkreis. Über die mit L induktiv gekoppelte Spule L_K erfolgt die Rückkopplung auf die Basis des Transistors.

Eine weitere Möglichkeit der Rückkopplung wird in den sog. *Dreipunktschaltungen* genutzt, bei denen der Resonanzkreis mit dem Ausgang und dem Eingang dreipolig verbunden ist. So kann der in Abb. 11.51 durch L und L_K gebildete Transformator zur Rückkopplung durch einen Spartransformator ersetzt werden, der durch Anzapfen der Wicklung von L entsteht. Eine andere verbreitete Dreipunktschaltung ist der *Colpitts-Oszillator* (Abb. 11.52), bei dem die Schwingkreiskapazität auf zwei Kondensatoren aufgeteilt ist, die einen kapazitiven Spannungsteiler bilden, dessen Ab-

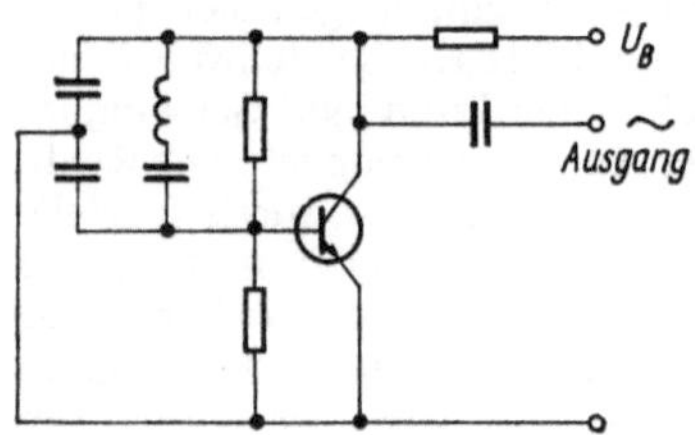

Abb. 11.52. Colpitts-Oszillator

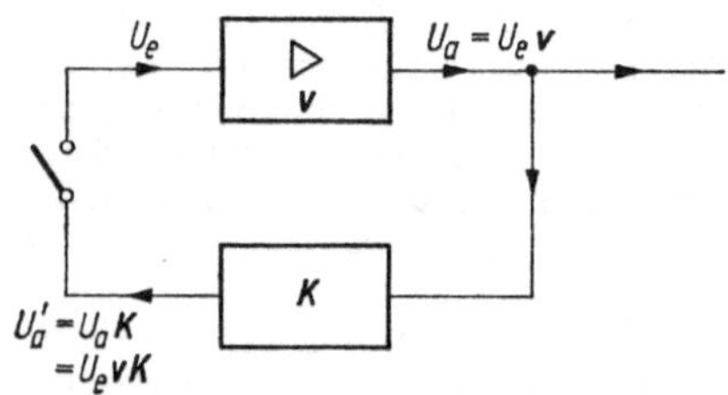

Abb. 11.53. Zur Ableitung der Selbsterregungsbedingung

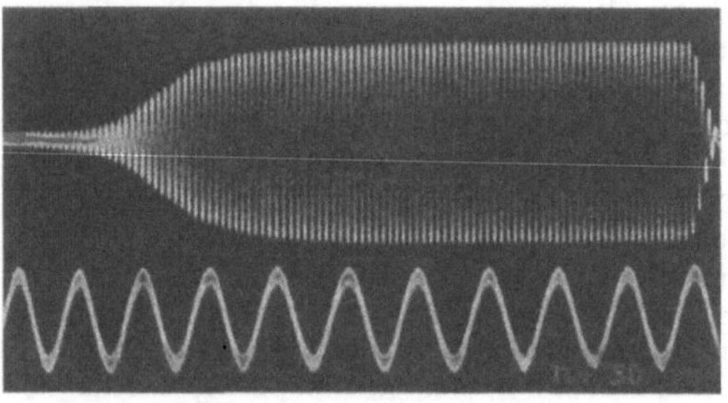

Abb. 11.54. Oszillogramm der Anfachung einer Schwingung (1 000 Hz) durch Rückkopplung

griff an den gemeinsamen Pol von Eingang und Ausgang (hier Emitter) führt. Damit ist bezüglich des Emitters die zur Rückkopplung dienende Wechselspannung an der Basis gegenphasig zu der am Kollektor liegenden. Wegen der bereits beim Emitterverstärker vorhandenen Gegenphasigkeit zwischen Ausgang und Eingang ergibt sich insgesamt Gleichphasigkeit und damit die Möglichkeit zur Selbsterregung von Schwingungen.

Die Rückkopplung stellt ein außerordentlich wichtiges allgemeines Prinzip bei der Schwingungserzeugung dar, für dessen Realisierung eine große Zahl von Schaltungsvarianten bekannt ist. Sie unterscheiden sich u. a. durch Art und Zahl der aktiven Bauelemente (z. B. Transistor, Röhre, ein- bzw. mehrstufiger Verstärker), Art des Arbeitswiderstandes und Art der Rückkopplung.

Allen Schaltungen ist gemeinsam, daß für die Entstehung und die Aufrechterhaltung von

Schwingungen die *Selbsterregungsbedingung* von H. BARKHAUSEN

$$KV \geqq 1 \qquad (11.51)$$

erfüllt sein muß. Dabei ist V die komplexe, nach Betrag und Phase frequenzabhängige Verstärkung und K der ebenfalls komplexe Rückkopplungsfaktor. Abb. 11.53 veranschaulicht die Verhältnisse. Eine sinusförmige Wechselspannung U_e am Eingang des Verstärkers verursacht an seinem Ausgang die Schwingung

$$U_\mathrm{a} = U_\mathrm{e} \cdot V.$$

Sie steht hier für einen Verbraucher zur Verfügung und gelangt gleichzeitig als Eingangsgröße auf das Rückkopplungsglied, an dessen Ausgang die Spannung

$$U_\mathrm{a}' = U_\mathrm{a} \cdot K = U_\mathrm{e} \cdot VK$$

auftritt. Für $KV = 1$ wird $U_\mathrm{a}' = U_\mathrm{e}$. In diesem Fall kann die zunächst offene Trennstelle geschlossen werden, so daß die erforderliche Steuerspannung am Verstärkereingang vom Ausgang des Rückkopplungsgliedes geliefert wird. Ohne daß von außen eine Schwingung zugeleitet werden muß, führt das System Dauerschwingungen der Frequenz aus, für die (11.51) gerade erfüllt ist.

Um das Anschwingen zu ermöglichen, muß zunächst $KV > 1$ sein, so daß durch Einschaltvorgänge oder stets vorhandene Schwankungen eine Schwingungsanfachung erfolgt. Die Schwingungen schaukeln sich dann so weit auf, bis nichtlineare Effekte die Amplitude begrenzen. In dem sich einstellenden stationären Zustand gilt dann exakt $KV = 1$. Amplitudenbegrenzende Eigenschaften (z. B. nichtlineare Verstärkung) sind meist vorhanden bzw. werden im Interesse guter Sinusform der Schwingungen durch geeignete Schaltungsmaßnahmen geschaffen. Abb. 11.54 zeigt ein Beispiel für die Schwingungsanfachung in einer Schaltung mit Elektronenröhren.

RC-Generatoren. Die Erzeugung von Schwingungen ist nicht nur unter Verwendung von Resonanzkreisen möglich (*LC*-Generatoren), sondern kann auch durch Rückkopplung über phasendrehende Glieder, die nur Widerstände und Kapazitäten enthalten, erfolgen (*RC-Generatoren, Phasenschiebergeneratoren*). Von den zahlreichen Möglichkeiten zeigt Abb. 11.55 eine häufig verwendete Schaltung als Beispiel. Der einstufige Transistorverstärker hat im interessierenden Frequenzbereich eine frequenzunabhängige Verstärkung mit einer Phasenumkehr zwischen Eingang und Ausgang. Die Rückkopplung erfolgt vom Kollektor auf die Basis über eine sogenannte *Phasenschieberkette*, die aus der Reihenschaltung von drei *CR*-Gliedern besteht. Bei genügender Verstärkung kann sich die Frequenz erregen, für

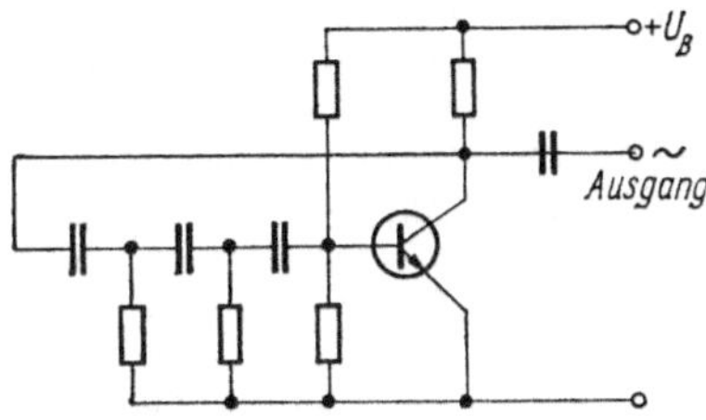

Abb. 11.55. *RC*-Generator

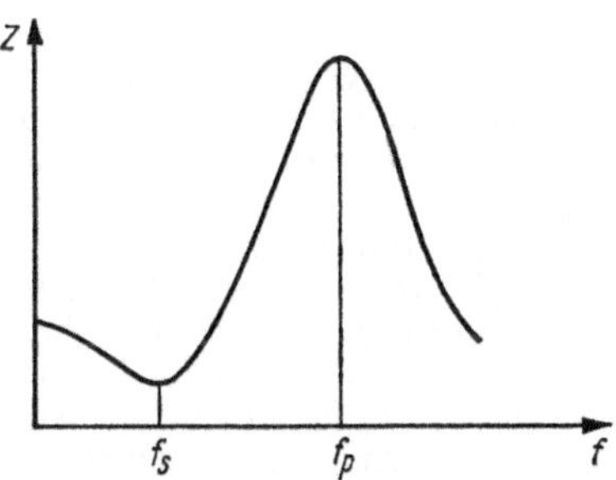

Abb. 11.56. Frequenzabhängigkeit des Wechselstromwiderstandes Z eines Schwingquarzes

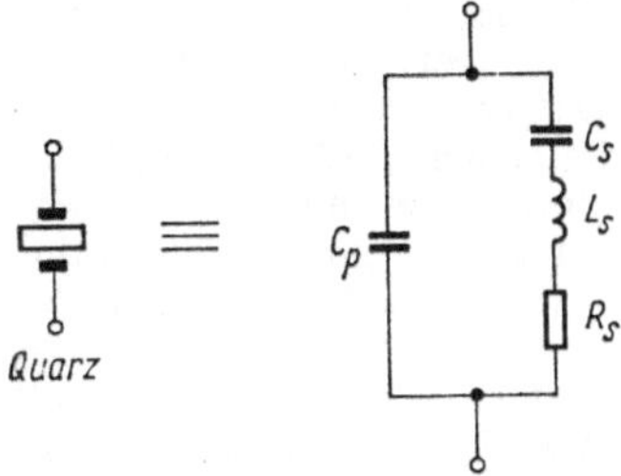

Abb. 11.57. Elektrische Ersatzschaltung des Schwingquarzes

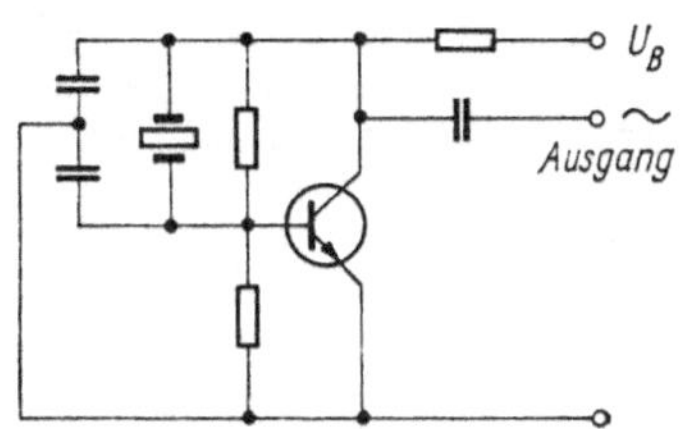

Abb. 11.58. Pierce-Schaltung eines Schwingquarzgenerators

die die Phasenverschiebung der Spannung gerade 180° beträgt, da dann wieder die Selbsterregungsbedingung erfüllt ist. Jedes der *CR*-Glieder stellt einen frequenzabhängigen Spannungsteiler dar, d. h., Betrag und Phase der Ausgangsspannung bezüglich der Eingangsspannung sind von deren

Frequenz abhängig. Im Grenzfall verschwindender Frequenz ($\omega \to 0$) kann die Phasenverschiebung je Glied maximal 90° erreichen. Sie bleibt für endliche Frequenzen kleiner als 90°. In der Kettenschaltung wird infolge Belastung der Glieder durch die jeweils folgenden die Phasenverschiebung zusätzlich reduziert, so daß für die erforderliche resultierende Gesamtverschiebung von 180° mindestens drei Glieder erforderlich sind.

RC-Generatoren werden insbesondere im Niederfrequenzbereich verwendet, wobei ein Vorteil gegenüber *LC*-Generatoren unter anderem das Wegfallen großer Induktivitäten ist.

Eine wichtige Kenngröße von Oszillatoren ist der Grad ihrer Frequenzkonstanz. Er hängt vor allem von der sog. Phasensteilheit des frequenzbestimmenden Schaltungsteils ab, z. B. bei *LC*-Generatoren von der Dämpfung des Schwingkreises. Als eine Haupteinflußgröße ist die Temperatur wirksam, die über die Temperaturabhängigkeit der Bauelemente die erzeugte Frequenz verändert.

Schwingquarze. Eine Möglichkeit zur Frequenzstabilisierung besteht in der Ausnutzung der geringen Dämpfung spezieller mechanischer Resonatoren. Sehr verbreitet ist die Verwendung von Schwingquarzen, bei denen die Kopplung der mechanischen Schwingungen nahe der Eigenfrequenz des Quarzes mit den elektrischen Schwingungen des Oszillators über den *piezoelektrischen Effekt* erfolgt (vgl. Abschn. 2.4.9).

Durch Herausschneiden aus einem Quarzkristall kann man Stäbe oder Plättchen erhalten, die je nach Orientierung der Schnittrichtung bezüglich der Kristallachsen mechanische Biege-, Längs-, Flächenscher- oder Dickenscherschwingungen ausführen können. Da Quarz piezoelektrische Eigenschaften hat, können diese Schwingungen durch eine Wechselspannung angeregt werden, die an meist auf die Kristallflächen aufgedampfte metallische Elektroden gelegt wird.

Der Wechselstromwiderstand des Schwingquarzes in Abhängigkeit von der Frequenz hat den in Abb. 11.56 dargestellten Verlauf. Er weist bei zwei dicht benachbarten Frequenzen ein sehr steiles Minimum bzw. Maximum auf. Dieses ausgeprägte zweifache Resonanzverhalten kann durch eine elektrische Ersatzschaltung des Schwingquarzes nach Abb. 11.57 wiedergegeben werden. Bei der Frequenz f_s verhält sich der Quarz wie ein Serienschwingkreis, gebildet aus C_s, L_s, R_s, bei der höheren Frequenz f_p wie ein Parallelschwingkreis.

Schwingquarze können daher in Serien- oder Parallelresonanz elektrische Schwingkreise in Oszillatorschaltungen ersetzen, wobei sich im Prinzip alle bekannten Schaltungsarten analog mit Quarzen aufbauen lassen. Als Beispiel zeigt Abb. 11.58 die viel verwendete Pierce-Schal-

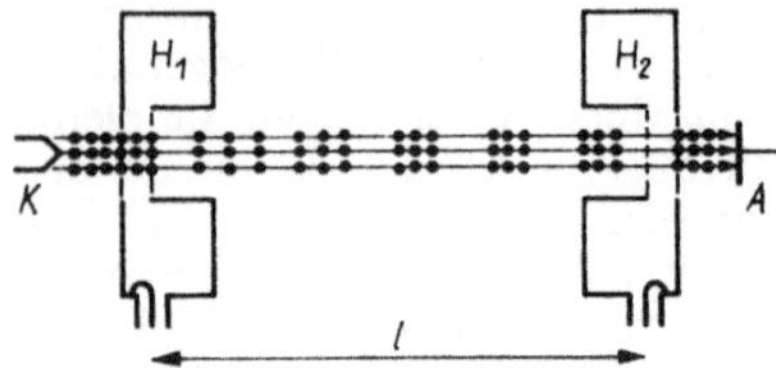

Abb. 11.59. Prinzip des Zweikreisklystrons

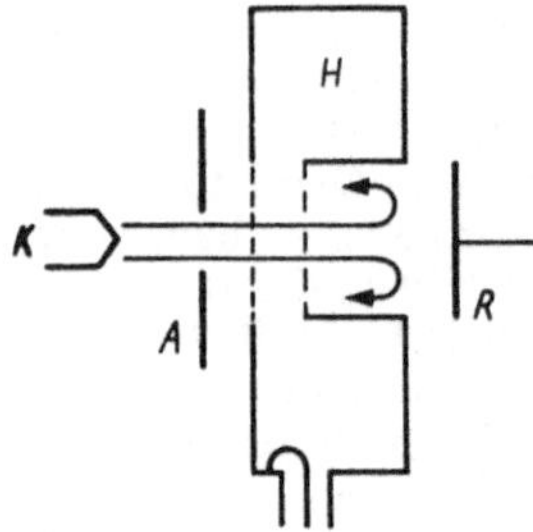

Abb. 11.60. Prinzip des Reflexklystrons

tung, bei der die Parallelresonanz des Quarzes ausgenutzt wird. Sie entspricht völlig dem Colpitts-Oszillator in Abb. 11.52. Da die mit den geometrischen Abmessungen in weiten Grenzen festlegbaren Resonanzfrequenzen von Schwingquarzen sehr wenig von der Temperatur abhängen, erreicht man – insbesondere bei zusätzlicher Temperaturkonstanthaltung in Thermostaten – sehr geringe relative Frequenzänderungen (Größenordnung $\Delta f/f \approx 10^{-8}$).
Quarzstabilisierte Oszillatoren spielen daher eine große Rolle in der Nachrichten- und Meßtechnik, insbesondere bei der Zeitmessung (*Quarzuhr*).

Höchstfrequenzerzeugung. Bei der Verstärkung und Erzeugung sehr hoher Frequenzen, etwa oberhalb 10^8 Hz, machen sich zunehmend vor allem zwei Effekte störend bemerkbar: Induktivitäten bzw. Kapazitäten sind nicht mehr mit konzentrierten Bauelementen realisierbar. Die Aufgaben dieser Bauelemente werden dann durch Leitungskreise (z. B. *Lecher-Leitungen*) bzw. *Hohlraumresonatoren* übernommen. Weiterhin liegen die Laufzeiten der Ladungsträger in den aktiven Bauelementen in der Größenordnung der Schwingungsdauer, so daß beispielsweise in Elektronenröhren die Dichtemodulation der Elektronen durch Raumladungssteuerung nicht mehr anwendbar ist. Das Auftreten von Laufzeiteffekten bietet jedoch auf der anderen Seite die Möglichkeit einer bewußten Ausnutzung zur Erzeugung und Verstärkung von Höchstfrequenzschwingungen. Dies geschieht in den sog. *Laufzeitröhren*. Bei ihnen liegt eine Wechselwirkung zwischen Elektronenstrahlen und elektromagnetischem Feld vor, bei der die Elektronen im Mittel mehr Energie an das Feld abgeben, als sie ihm in bestimmten Phasen entziehen. Die zur Funktion

ebenfalls erforderliche Dichtemodulation des Elektronenstrahls kann auf verschiedene Art realisiert werden, was zu einer Klassifizierung der Laufzeitröhren führt. Als Beispiel betrachten wir typische Vertreter zweier Gruppen. Bei den sog. *Triftröhren* bildet sich nach einer Geschwindigkeitsmodulation auf einer relativ kurzen Strecke anschließend in einem feldfreien Lauf- oder Triftraum eine Dichtemodulation heraus. Bei den *Lauffeldröhren* spielen sich Dichtemodulation und Energieabgabe der Elektronen bei deren ständiger Wechselwirkung mit einem mitlaufenden Wechselfeld ab.

Klystron. Wichtigste Vertreter der Triftröhren sind die Klystrons. Abb. 11.59 zeigt das Prinzip des *Zweikreisklystrons*. Die von der Katode K emittierten Elektronen werden durch eine Gleichspannung in Richtung Auffängerelektrode A beschleunigt. Sie durchfliegen zunächst die gitterartig ausgebildeten Bohrungen eines *Topfkreises* oder *Hohlraumresonators* H_1, der durch die über eine Kopplungsschleife eingespeiste Steuerleistung erregt wird. Zwischen den Gittern werden die Elektronen durch das axiale Wechselfeld je nach Phasenlage beim Eintritt beschleunigt oder abgebremst, so daß eine Geschwindigkeitsmodulation des ursprünglich stetigen Elektronenstroms erfolgt. Im anschließenden feldfreien Laufraum holen die schnelleren, aber später gestarteten Elektronen die langsameren, aber früher gestarteten ein. Dies führt zu einer „*Paketbildung*" von Elektronen, d. h. einer Umwandlung der Geschwindigkeitsmodulation in eine Dichtemodulation des Strahls, der beim Durchlaufen des Resonators H_2 in diesem durch Influenzwirkung eine Schwingung erregt, die dort ausgekoppelt werden kann. Durch Einhaltung bestimmter Bedingungen für Frequenz, Beschleunigungsspannung und die Längen der Beschleunigungs- bzw. Laufstrecken lassen sich optimale Verstärkereffekte erzielen. Mehrkammerklystrons werden vorwiegend zur Verstärkung verwendet, können aber durch Rückkopplung vom Ausgangsresonator auf den Eingangsresonator zur Selbsterregung gebracht werden.
Zur Schwingungserzeugung dient jedoch vorzugsweise das *Reflexklystron* (Abb. 11.60). Es enthält nur einen Resonator, der von den Elektronen zweimal durchlaufen wird. Die Beschleunigungsgleichspannung liegt hier zwischen Katode K und Resonator H, in dem der Elektronenstrahl wieder geschwindigkeitsmoduliert wird. Nach Durchlaufen von H werden die Elektronen von der auf negativem Potential liegenden Reflektorelektrode R zur Richtungsumkehr veranlaßt. Da hierbei die schnelleren Elektronen infolge ihrer größeren kinetischen Energie tiefer in den Laufraum zwischen Resonator und Reflektor eindringen als die langsamen, entsteht wieder eine Dichtemodula-

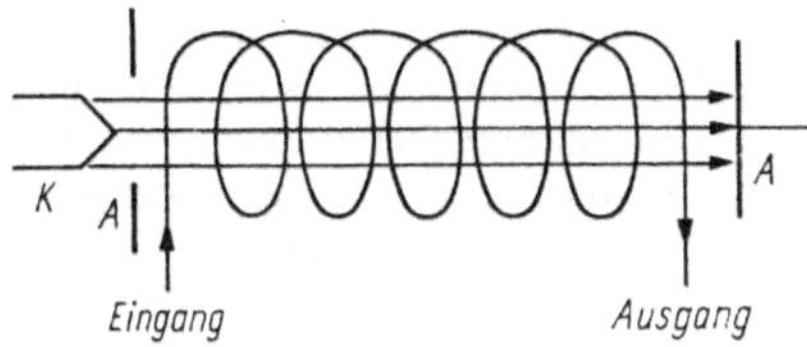

Abb. 11.61. Prinzip der Wanderfeldröhre

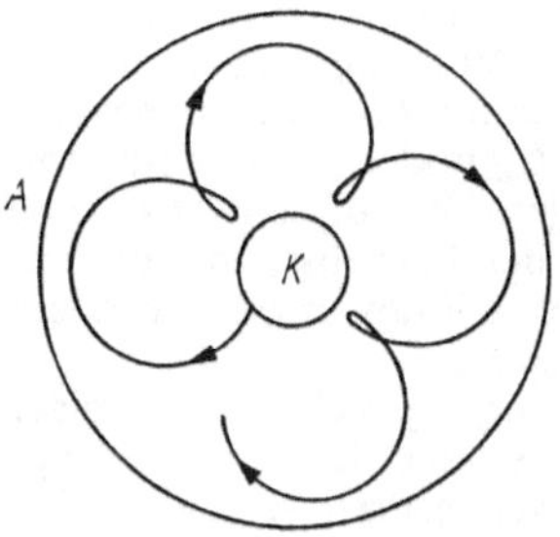

Abb. 11.62. Prinzip des Magnetrons

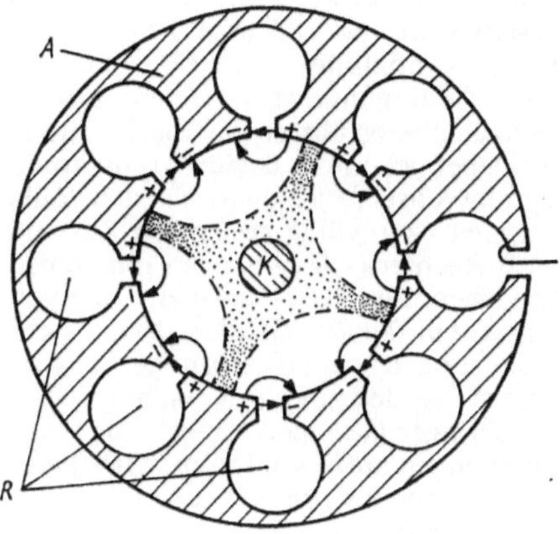

Abb. 11.63. Prinzip des Schlitzmagnetrons

Gruppe der Lauffeldröhren die Wechselwirkung des Elektronenstrahls mit räumlich veränderlichen Feldern statt.

Wanderfeldröhre. Bei der Wanderfeldröhre (Abb. 11.61) durchläuft der zwischen Katode K und Anode A beschleunigte Elektronenstrahl eine als Verzögerungsleitung wirkende Drahtwendel W, auf der eine am Eingang zugeführte Welle mit einer Wanderungsgeschwindigkeit läuft, die etwas geringer als die des Strahls ist. Durch Abbremsen der wiederum dichtemodulierten Elektronen werden in der Wendel Wechselspannungen induziert, die die Welle verstärken. Da die Wechselwirkung zwischen Elektronen und Feld nicht wie z. B. beim Klystron auf diskrete kleine Strecken innerhalb von Resonanzkreisen beschränkt ist, sondern kontinuierlich auf dem gesamten durchlaufenen Weg der Elektronen mit der begleitenden Welle erfolgt, werden beträchtliche Verstärkungen erzielt. Wegen des Fehlens von Resonanzkreisen ist der zu überstreichende Frequenzbereich relativ groß.

Magnetron. Während die Wanderfeldröhre überwiegend zur Breitbandverstärkung verwendet wird, hat zur Schwingungserzeugung im Mikrowellenbereich das *Magnetron* (ebenfalls eine Lauffeldröhre) überragende Bedeutung. Bei ihm wird die Dichtemodulation durch Zusammenwirken von elektrischem und magnetischem Feld bewirkt. Abb. 11.62 zeigt das Grundprinzip des Magnetrons. Die zylindrische Katode K ist koaxial von der Anode A umgeben. Unter dem Einfluß des radialen elektrischen Feldes und eines homogenen Magnetfeldes, das axial (senkrecht zur Zeichenebene) gerichtet ist, durchlaufen die von der Katode emittierten Elektronen rosettenförmige Zykloidenbahnen. Die Komponenten dieser Bewegung stellen hochfrequente Schwingungen dar, die zwischen Anode und Katode ausgekoppelt werden können, wobei Frequenz und Wirkungsgrad allerdings gering sind. Gegenüber diesem Prototyp des Magnetrons wird eine wesentliche Verbesserung erreicht, wenn die Anode mit Schlitzen oder Bohrungen versehen wird (*Schlitzmagnetron*, Abb. 11.63). Sie bilden eine Folge kreisförmig angeordneter Hohlraumresonatoren, deren elektrische Wechselfelder in den Beschleunigungsraum zwischen Anode und Katode hineinreichen. Da die aufeinanderfolgenden Resonatoren jeweils mit abwechselnder Polarität angeregt werden, entstehen umlaufende höchstfrequente Drehfelder, die durch Beschleunigung bzw. Abbremsung der Elektronen deren Dichtemodulation bewirken. Unter dem sich überlagernden Einfluß von Wechselfeldern, Beschleunigungsgleichspannung und Magnetfeld beschreiben die Elektronen sehr komplizierte Bahnen. Bei richtiger Wahl der genannten Betriebsparameter stellt sich ein stationärer Zustand ein, bei dem sich die

ion. Der Elektronenstrahl kann daher beim zweiten Durchqueren des Resonators an diesen Hochfrequenzenergie abgeben, was bei Erfüllung bestimmter Bedingungen zur Selbsterregung führt. Die Frequenz ist durch den Hohlraumresonator festgelegt und nur geringfügig mechanisch und mittels der Reflektorspannung elektrisch veränderlich. Die erzeugbaren Frequenzen reichen bis in das Millimeterwellen-Gebiet (10^{11} Hz). Obwohl mit Reflexklystrons Hochfrequenzleistungen von nur etwa 0,1 W bei geringem Wirkungsgrad (1 bis 2 %) erreicht werden, sind sie wegen ihres relativ einfachen Aufbaus sehr verbreitet. Während die beim Klystron verwendeten Wechselfelder räumlich stationär sind, findet bei der

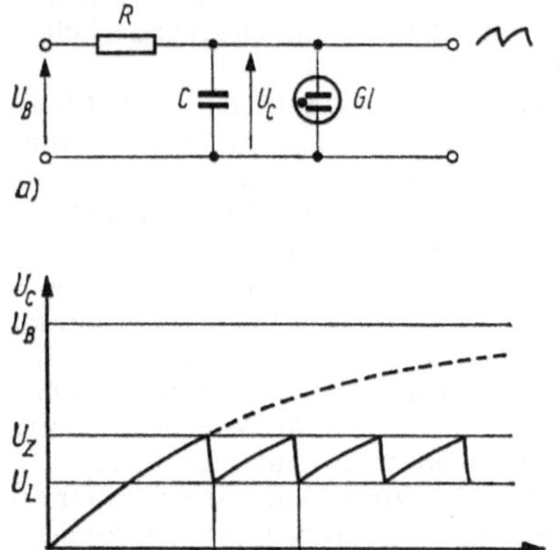

Abb. 11.64. Erzeugung von Kippschwingungen mit einer Glimmröhre

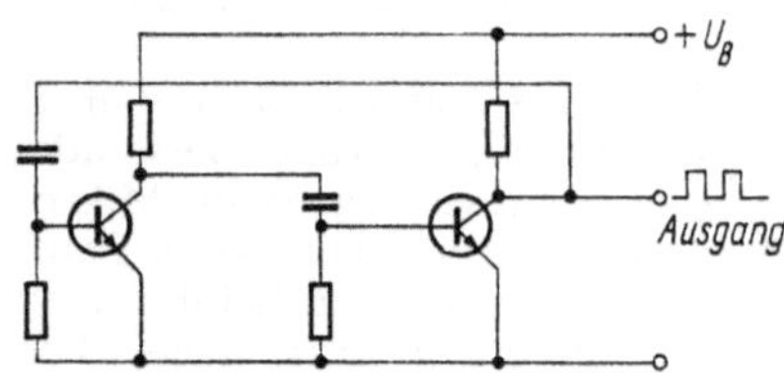

Abb. 11.65. Multivibrator-Schaltung

von der Katode zur Anode verlaufende Elektronenströmung zu einer sternförmigen Elektronenwolke ausbildet, die mit einer etwas größeren Geschwindigkeit rotiert, als eine Resonatorwelle umläuft. Dies ist wie bei der linearen Anordnung der Wanderwellenröhre die Voraussetzung dafür, daß bei der Wechselwirkung von Elektronen und Wellen letztere auf Kosten der aus der Beschleunigungsgleichspannung stammenden Elektronenenergie verstärkt wird. Die Hochfrequenzenergie wird aus einem der Resonatoren über einen Auskoppelschlitz oder eine Schleife ausgekoppelt. Wanderwellenmagnetrons haben einen hohen Wirkungsgrad (bis 70 %) und ermöglichen die Erzeugung von Schwingungen bis etwa 100 GHz mit Dauerstrichleistungen um 10 kW und Impulsleistungen bis 10 MW (Anwendung in der *RADAR-Technik*).

Zur Erzeugung von Höchstfrequenzen kleiner Leistung mit geringem apparativem Aufwand stehen in neuerer Zeit auch spezielle Halbleiterbauelemente zur Verfügung, z. B. das *Gunn-Element* und die *Tunneldiode* (s. Bd. 4).

11.4.2. Nichtsinusförmige Schwingungen

Für viele Zwecke werden nichtsinusförmige Schwingungen benötigt, die z. B. einen rechteckförmigen Verlauf oder einen zeitlinearen Anstieg mit plötzlichem Abfall (*Sägezahn*) aufweisen. Sogenannte Kippschwingungen lassen sich sehr einfach mit einer Glimmlampenschaltung erzeugen (Abb. 11.64). Von einer Gleichspannungsquelle U_B lädt sich über einen Widerstand der Kondensator allmählich auf; dabei ist der zeitliche Verlauf der Spannung U_C am Kondensator exponentiell. Bei Erreichen der Zündspannung U_Z der Glimmlampe *Gl* entlädt sich C sehr schnell über *Gl* bis zur Löschspannung U_L, wo der Entladevorgang unterbrochen wird und die Nachladung von C neu beginnt. Der Vorgang wiederholt sich ständig, wobei die Spannung U_C am Kondensator zwischen den Werten U_Z und U_L periodisch mit einem sägezahnförmigen Verlauf schwankt. Die Periode ist außer von der Betriebsspannung und den Eigenschaften der Glimmlampe vor allem vom Produkt RC abhängig.

Multivibrator. Die Erzeugung nichtsinusförmiger Schwingungen kann ebenfalls durch Rückkopplung erfolgen. Eine weitverbreitete Generatorschaltung für Rechteckschwingungen zeigt Abb. 11.65. Es handelt sich im Prinzip um einen zweistufigen Breitbandverstärker, bei dem der Ausgang der zweiten Stufe kapazitiv mit dem Eingang der ersten Stufe verbunden ist. Es liegt vollkommene Rückkopplung vor ($K = 1$), die Selbsterregungsbedingung ist in einem großen Frequenzbereich übererfüllt, so daß die Schaltung instabil ist. Dabei gehen die beiden Transistoren wie Schalter abwechselnd schlagartig in den völlig durchgesteuerten bzw. völlig gesperrten Zustand über, so daß Rechteckschwingungen mit steilen Flanken entstehen. Die Periodendauer hängt von den Zeitkonstanten der RC-Glieder ab. Da nicht harmonische, sondern rechteckförmige Schwingungen erzeugt werden, die sich nach J. FOURIER als Überlagerung einer Vielzahl sinusförmiger Schwingungen auffassen lassen, wird dieser Typ von Oszillatoren als *Multivibrator* (Vielfachschwinger) bezeichnet.

11.4.3. Modulierte Schwingungen

In der Nachrichtentechnik besteht u. a. die Aufgabe, Signale (z. B. Sprache und Musik) drahtlos zu übertragen. Da diese Signale jedoch im niederfrequenten Bereich liegen (z. B. Sprache 300 Hz bis 3,5 kHz, Musik 20 Hz bis 15 kHz), in dem eine merkliche Ausbreitung elektromagnetischer Wellen nicht stattfindet, muß eine Frequenzumsetzung in den Hochfrequenzbereich erfolgen. Das geschieht durch *Modulation* einer hochfrequenten sinusförmigen Trägerschwingung, wobei dieser das Signal aufgeprägt wird. Die Signalrückgewinnung nach der Übertragung wird mit einer als *Demodulation* bezeichneten Maßnahme durchgeführt. Eine harmonische Schwingung

$$S = A \cos(\Omega t + \Phi) \tag{11.51}$$

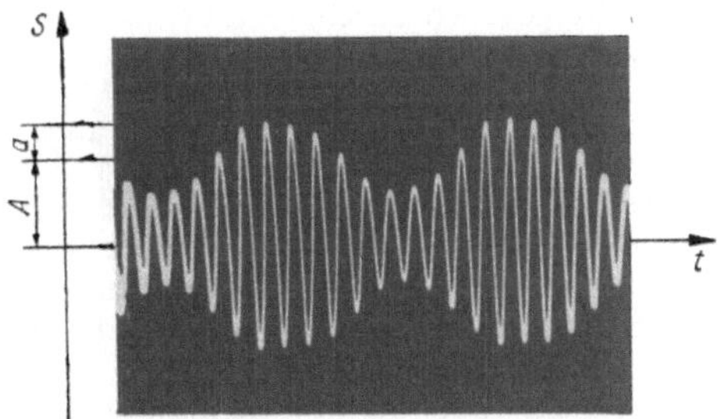

Abb. 11.66. Amplitudenmodulation

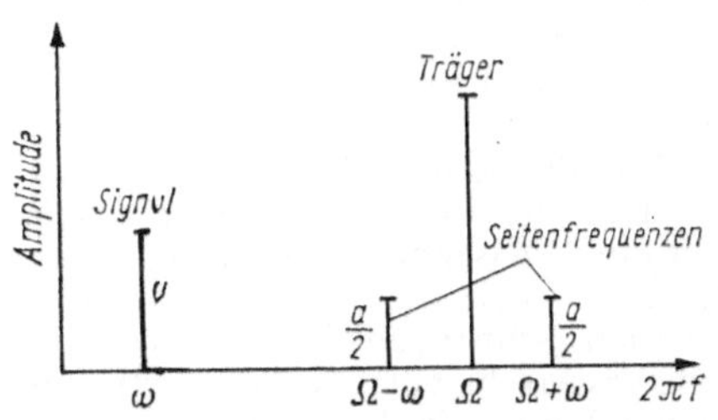

Abb. 11.67. Spektraldarstellung der Amplitudenmodulation

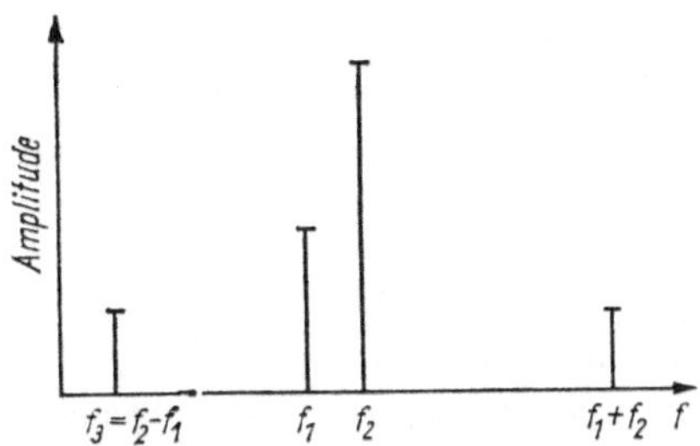

Abb. 11.68. Zur Frequenzumsetzung

ist durch drei charakteristische Größen gekennzeichnet: Amplitude A, Frequenz Ω und Phase Φ. Durch Veränderung jeder dieser Größen mittels der Signalschwingung kann eine Modulation erfolgen. Man unterscheidet daher zwischen *Amplituden-*, *Frequenz-* und *Phasenmodulation*.

Amplitudenmodulation. Bei der Amplitudenmodulation (AM) wird die Amplitude einer hochfrequenten Trägerschwingung gemäß (11.51) durch eine ebenfalls sinusförmig angenommene niederfrequente Signalschwingung

$$s = a \cos \omega t \qquad (11.52)$$

periodisch verändert. A schwankt also im Takt der Niederfrequenz (Abb. 11.66), so daß die Gleichung der amplitudenmodulierten Trägerschwingung (mit $\Phi = 0$) die Form annimmt:

$$S_{\mathrm{AM}} = (A + a \cos \omega t) \cos \Omega t. \qquad (11.53)$$

Das Verhältnis der Amplituden von Signal- und Trägerschwingung wird als *Modulationsgrad m = a/A* bezeichnet.

Durch einfache trigonometrische Umformungen erhält man aus (11.53)

$$S = A \cos \Omega t + \frac{a}{2} \cos (\Omega - \omega) t$$

$$+ \frac{a}{2} \cos (\Omega + \omega) t. \qquad (11.54)$$

Es treten somit neben der Trägerfrequenz Ω noch zwei Seitenfrequenzen $\Omega - \omega$ bzw. $\Omega + \omega$ im Abstand der Signalfrequenz ω auf, wie die Spektraldarstellung in Abb. 11.67 zeigt. Bei der Modulation mit nichtsinusförmigen Signalen, die nach J. FOURIER als eine Summe harmonischer Schwingungen darstellbar sind, erscheinen statt der einzelnen Seitenfrequenzen Seitenbänder, deren Breite von der höchsten zu übertragenen Signalfrequenz abhängt und insgesamt

$$B_{\mathrm{AM}} = (\Omega + \omega) - (\Omega - \omega) = 2\omega \qquad (11.55)$$

beträgt. Diese Bandbreite bestimmt den Mindestabstand der Trägerfrequenzen z. B. verschiedener Rundfunksender, um eine gegenseitige Störung zu vermeiden.

Während bei der Amplitudenmodulation die Trägeramplitude im Frequenzspektrum nicht verändert wird, ist die Amplitude der Seitenfrequenzen proportional der Signalamplitude a. Da das Signal in beiden Seitenbändern enthalten ist, genügt zur vollständigen Signalübermittlung die Übertragung eines Seitenbandes, während das andere sowie auch der Träger unterdrückt werden können. Hiervon wird bei manchen Übertragungsverfahren zur Bandbreiteneinsparung Gebrauch gemacht (z. B. *Einseitenbandmodulation*).

Häufig besteht auch die Aufgabe, eine (u. U. bereits modulierte) Hochfrequenzschwingung in einen anderen Bereich umzusetzen. Abb. 11.68 zeigt den oft z. B. im Überlagerungsempfänger bei der Erzeugung der Zwischenfrequenz (Abschn. 11.5) vorkommenden Fall, daß eine Frequenz f_1 in eine wesentlich tiefere Frequenz f_3 umgesetzt wird. Dies erfolgt durch Modulation (in solchen Fällen als *Frequenzmischung* bezeichnet) mit einer um f_3 größeren (oder auch kleineren) Hilfsfrequenz f_2. Die untere Seitenfrequenz $f_2 - f_1$ ist die gewünschte Frequenz. Da die obere Seitenfrequenz $f_2 + f_1$ sowie f_1 und f_2 weit entfernt von f_3 liegen, kann diese durch frequenzselektive Filterung (z. B. mittels eines Resonanzkreises) leicht separiert werden.

Frequenzmodulation. Bei der Frequenzmodulation (FM) wird die Frequenz der hochfrequenten Trägerschwingung durch die Signalschwingung beeinflußt (Abb. 11.69). Für das Glied Ωt in (11.51)

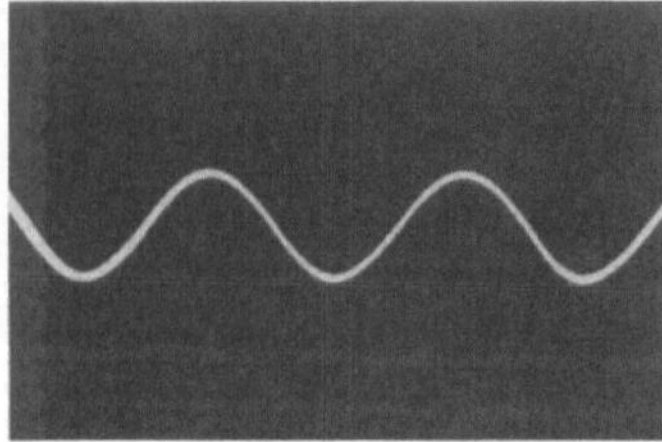

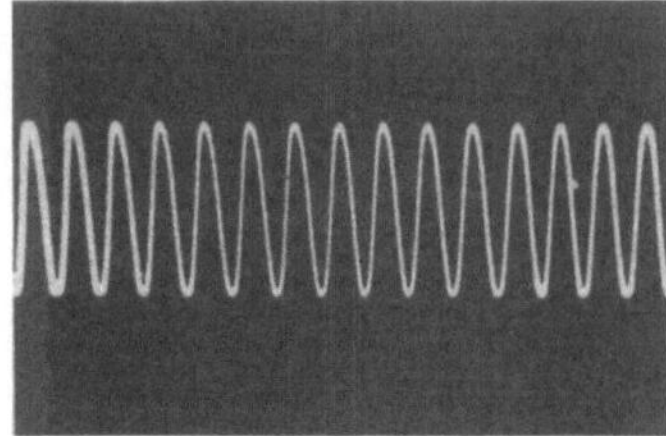

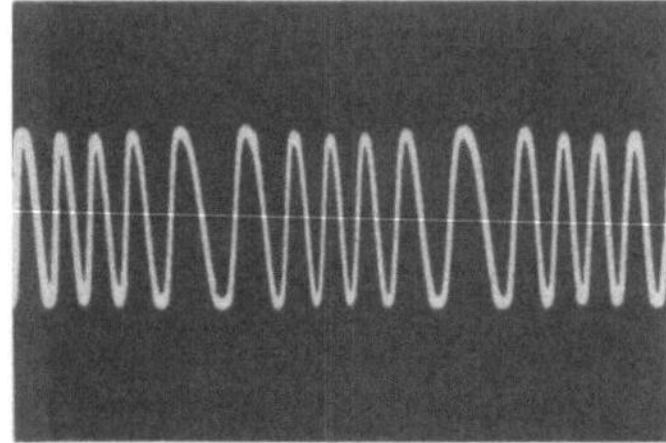

Abb. 11.69. Frequenzmodulation

ist bei zeitlich veränderlicher Frequenz das Integral $\int \Omega(t)\, \mathrm{d}t$ zu setzen. Mit

$$\Omega(t) = \Omega + \Delta\Omega \cos \omega t$$

nimmt die Gleichung der frequenzmodulierten Trägerschwingung die Form an:

$$S_{\mathrm{FM}} = A \cos\left(\Omega t + \frac{\Delta\Omega}{\omega} \sin \omega t + \Phi\right). \qquad (11.56)$$

Die symmetrisch um den Mittelwert der Trägerfrequenz erzeugte Frequenzänderung $\Delta\Omega$ ist proportional der Signalamplitude a. Die Größe $\Delta\Omega$ wird mit Frequenzhub bezeichnet.
Wie man mit etwas größerem mathematischem Aufwand zeigen kann, treten bei der Frequenzmodulation beiderseits der Trägerschwingung unendlich viele Seitenschwingungen jeweils im Abstand der Signalfrequenz auf. Für die Übertragung können jedoch die in der Amplitude stark abfallenden Seitenfrequenzen höherer Ordnung vernachlässigt werden. Die Bandbreite des dann verbleibenden Spektrums ist im wesentlichen durch den Frequenzhub $\Delta\Omega$ bestimmt und

näherungsweise gegeben durch

$$B_{\mathrm{FM}} \approx 2[\Delta\Omega + (1 \dots 2)\,\omega]. \qquad (11.57)$$

Der Bandbreitenbedarf ist bei dem meist angewandten großen Frequenzhub wesentlich größer als bei der Amplitudenmodulation [vgl. (11.55)]. Die frequenzmodulierte Übertragung ist jedoch weniger anfällig gegenüber Störspannungen, da diese meist amplitudenmoduliert sind (Anwendung beim UKW-Rundfunk).
Phasenmodulation. Bei der Phasenmodulation wird der Phasenwinkel der Trägerschwingung zeitlich verändert. Mit einer sinusförmigen Signalfunktion hat die Gleichung der phasenmodulierten Schwingung die Form

$$S_{\mathrm{PM}} = A \cos [\Omega t + (\Phi + \Delta\Phi \cos \omega t)]. \qquad (11.58)$$

Die Phase schwankt periodisch mit der Signalfrequenz ω; der Maximalwert $\Delta\Phi$ der Phasenänderung wird mit Phasenhub bezeichnet.
Der Vergleich mit dem Frequenzglied der frequenzmodulierten Schwingung in (11.56) zeigt (wobei die Phasenverschiebung belanglos ist), daß die Phasenmodulation gleichbedeutend ist mit einer Frequenzmodulation mit einem Frequenzhub

$$\Delta\Omega = \omega\,\Delta\Phi.$$

Umgekehrt läßt sich die Frequenzmodulation als Phasenmodulation mit dem Phasenhub

$$\Delta\Phi = \frac{\Delta\Omega}{\omega}$$

auffassen. Auch bei der Phasenmodulation tritt daher beiderseits der Trägerfrequenz eine unendlich große Anzahl von Seitenfrequenzen auf. Die praktische Realisierung der *Amplitudenmodulation* erfolgt durch Überlagerung von Träger- und Signalschwingung an einer nichtlinearen Kennlinie. Wie man rechnerisch unter Ansatz der analytischen Funktion der Kennlinie zeigen kann, entstehen bei dem Vorgang u. a. die Seitenfrequenzen sowie je nach Kennlinie weitere Oberschwingungen und Kombinationsfrequenzen. Besonders vorteilhaft für eine verzerrungsarme Modulation ist die *quadratische Kennlinie*. Durch geeignete Schaltungsmaßnahmen lassen sich auch bei nichtidealen Kennlinien unerwünschte Modulationsprodukte weitgehend unterdrücken.
Als Modulationskennlinie kann z. B. die Strom-Spannungs-Kennlinie einer Diode oder der Basis-Emitter-Strecke eines Transistors dienen oder eine Röhrenkennlinie. Das Prinzip eines Diodenmodulators zeigt Abb. 11.70. Durch eine Vorspannung U_0 wird der mittlere Arbeitspunkt in den Durchlaßbereich gelegt. Die niederfrequente Signalspannung U_{s} verschiebt den Arbeitspunkt periodisch auf der Kennlinie, so daß die Amplitude des von der hochfrequenten Trägerschwin-

---

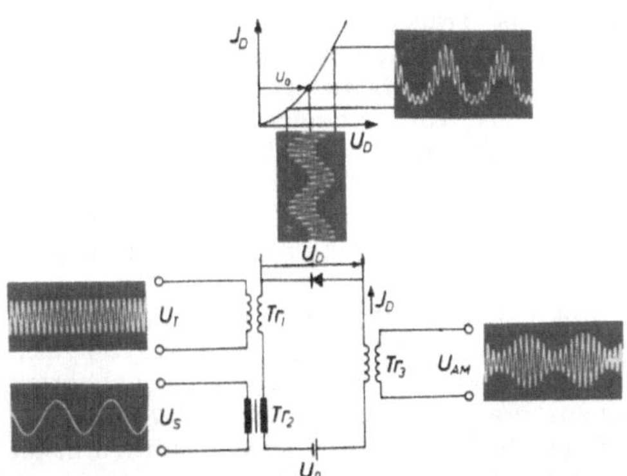
Abb. 11.70. Prinzip eines Diodenmodulators

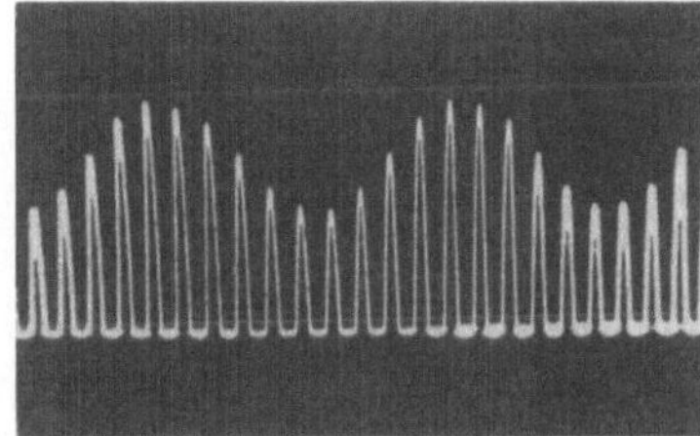
Abb. 11.71. Demodulation durch Gleichrichtung

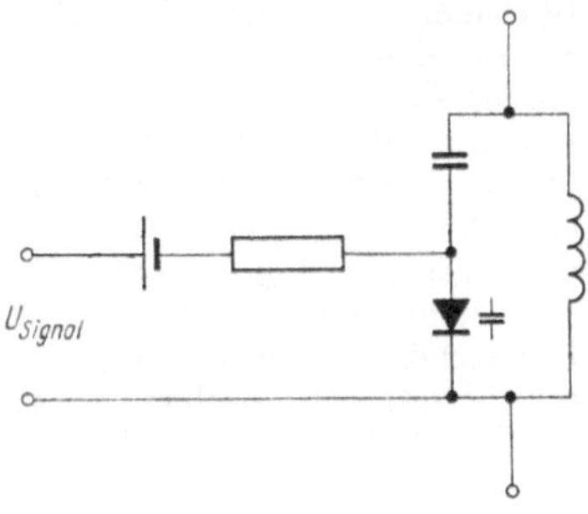

Abb. 11.72. Schaltung zur Frequenzmodulation

gung U_T verursachten Diodenstromes je nach dem örtlichen Anstieg der Kennlinie schwankt. Der amplitudenmodulierte Diodenstrom I_D enthält zunächst noch die niederfrequente Signalfrequenz und eine Gleichstromkomponente, die durch den Hochfrequenztransformator $Tr\,3$ abgetrennt werden, an dessen Ausgang der zeitabhängige Verlauf der Spannung U_{AM} wie in Abb. 11.66 erscheint.

Die Wiedergewinnung des Signals aus amplitudenmodulierten Schwingungen, die *Demodulation*, erfolgt ebenfalls mittels nichtlinearer Kennlinien. Am besten ist die möglichst ideale Knickkennlinie eines Gleichrichters geeignet. Abb. 11.71 zeigt anschaulich den Vorgang. Der als Richt-

strom entstehende Gleichanteil läßt sich durch einen Kondensator abtrennen, der Rest der hochfrequenten Trägerfrequenz durch ein *RC*-Glied unterdrücken.

Zur *Frequenzmodulation* wird dem frequenzbestimmenden Schwingkreis eines Oszillators ein durch die Modulationsspannung steuerbarer Blindwiderstand parallel geschaltet, der die Oszillatorfrequenz durch Beeinflussung der Resonanzfrequenz ändert. Steuerbare kapazitive oder induktive Blindwiderstände können durch sog. *Reaktanzschaltungen* mit Transistoren und Widerständen realisiert werden. Eine einfache Schaltung zur Frequenzmodulation erhält man (Abb. 11.72), wenn man in einem Resonanzkreis eine *Kapazitätsdiode* verwendet, deren spannungsabhängige Sperrschichtkapazität durch die Signalspannung gesteuert wird.

Im Mikrowellenbereich kann eine einfache Frequenzmodulation bei Reflexklystrons durch Steuerung der Reflektorspannung erfolgen.

Die *Phasenmodulation* wird ebenfalls mit steuerbaren Blindwiderständen durchgeführt, die z. B. in Verbindung mit einem Schwingkreis einen steuerbaren Phasenschieber bilden, der die Phase der frequenzkonstanten Trägerschwingung im Takt des Signals ändert. Obwohl sich mit den bekannten Schaltungen nur kleine Werte für den Phasenhub erreichen lassen, hat das Verfahren gegenüber der direkten Frequenzmodulation den Vorteil, daß der Trägerfrequenzoszillator quarzstabilisiert werden kann.

Die Demodulation frequenzmodulierter bzw. phasenmodulierter Schwingungen erfolgt stets in zwei Schritten:
1. Umwandlung der Frequenzmodulation in eine Amplitudenmodulation,
2. Amplituden-Demodulation.

Die Modulationsumwandlung wird beispielsweise durch einen Schwingkreis erreicht, der gegenüber der Trägerfrequenz so verstimmt ist, daß der Arbeitspunkt auf der Flanke der Resonanzkurve liegt. Der frequenzmodulierte Schwingkreisstrom verursacht eine Ausgangsspannung, die vom Momentanwert der Frequenz abhängt. Die Signalgewinnung erfolgt danach wie üblich bei der Amplitudenmodulation durch Gleichrichtung.

11.5. Anwendungsbeispiele elektromagnetischer Schwingungen und Wellen

Aus der großen Fülle der Anwendungen elektromagnetischer Schwingungen unterschiedlicher Frequenzen, Kurvenformen und Leistungen in Technik, Wissenschaft und täglichem Leben können hier nur einige markante Beispiele herausgegriffen werden.

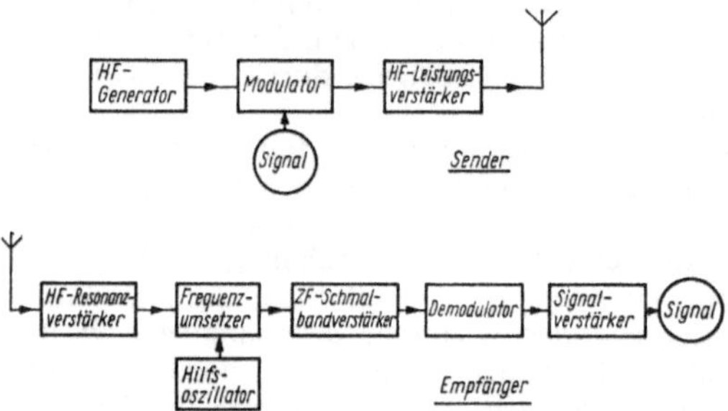

Abb. 11.73. Prinzip der trägerfrequenten Signalübertragung

Frequenzen im Hörbereich spielen auf dem Gebiet der *Elektroakustik* eine große Rolle, z. B. bei der Erzeugung von Schwingungen verschiedener Kurvenformen zur Erzielung bestimmter Klangfarben mittels elektronischer Musikinstrumente.

Elektrische Schwingungen hoher zeitlicher Frequenzkonstanz ersetzen zunehmend mechanische Schwingungen bei der *Zeitmessung* in Quarzuhren. Hochfrequenzschwingungen werden zur Erzeugung von Ultraschall benötigt, der u. a. in der *Materialbearbeitung* und *Werkstoffprüfung, medizinischen Diagnostik* und *Therapie* angewandt wird (s. Bd. 1). Elektrische Schwingungen werden auch zur Erzeugung von *Hochfrequenzwärme* benutzt, die in der Industrie bei der induktiven Erwärmung metallischer Werkstücke zur *Oberflächenhärtung* dient bzw. bei der dielektrischen Erwärmung von nichtleitenden Stoffen, z. B. zur Trocknung von Materialien und zur Verarbeitung thermoplastischer Kunststoffe; in der Medizin spielt die auf gleichen Prinzipien beruhende *Kurzwellen-Diathermie* zur Heilbehandlung von erkranktem Gewebe eine Rolle.

In der Wissenschaft sind Hochfrequenzschwingungen neben unzähligen anderen Anwendungsfällen von Bedeutung für den Betrieb der verschiedenen Arten von *Teilchenbeschleunigern.*

Eine breite Anwendung finden kurze elektromagnetische Wellen in der sog. *RADAR-Technik*, die z. B. im Verkehrs- und Militärwesen zur Ortung und Verfolgung von Objekten große Bedeutung besitzt.

Die verbreiteteste Anwendung haben jedoch elektromagnetische Schwingungen und Wellen seit den Anfängen ihrer Erzeugung in der *Nachrichtentechnik* gefunden, insbesondere bei den verschiedenen Formen der drahtgebundenen wie drahtlosen Telefonie, Telegrafie und Datenübertragung in kommerziellen, militärischen und zivilen Bereichen, im Verkehrswesen zu Lande, in der Seefahrt, Luftfahrt- und Raumfahrttechnik, Meteorologie, beim Hörrundfunk, Fernsehen usw.

11.5.1. Prinzip der trägerfrequenten Signalübertragung

Die meisten Verfahren zur Nachrichtenübertragung, vor allem die drahtlosen, verwenden die Trägerfrequenztechnik, bei der mit den relativ niederfrequenten Signalen (z. B. Sprache) hochfrequente Trägerschwingungen moduliert werden. Erst diese ermöglichen mit gutem Wirkungsgrad die Abstrahlung elektromagnetischer Wellen zur Überbrückung größerer Entfernungen zwischen Sender und Empfänger. Das heute übliche prinzipielle Funktionsschema einer Signalübertragung mittels Trägerfrequenz zeigt Abb. 11.73. Im Sender werden die von einem Hochfrequenzoszillator erzeugten Schwingungen mit dem Signal moduliert, wofür eine der verschiedenen, bereits in Abschn. 11.4.3 behandelten Modulationsarten angewendet wird. Nach genügender Leistungsverstärkung erfolgt über die angepaßte Sendeantenne die Abstrahlung der elektromagnetischen Welle.

Die von der Empfangsantenne aufgenommene Energie ist meist sehr gering und muß von zahlreichen gleichfalls empfangenen benachbarten Frequenzen anderer Sender getrennt werden. Im Empfänger ist deshalb häufig ein beträchtlicher Aufwand zur *frequenzselektiven Verstärkung* nötig, weshalb man mehrstufige Verstärker verwendet, deren Durchlaßbandbreite mit Schwingkreisen auf das erforderliche Maß beschränkt wird. Bei der meist vorhandenen Möglichkeit, verschiedene Sender zu empfangen, müßten alle Kreise jeweils auf die gewünschte Frequenz abgestimmt werden. Da das praktisch kaum durchführbar ist, wird fast ausschließlich das *Überlagerungsverfahren* angewandt. Hierbei wird die Empfangsfrequenz durch Überlagerung mit der Frequenz eines einstellbaren Hilfsoszillators auf eine feste Frequenz umgesetzt. Diese Zwischenfrequenz ist für alle Sender gleich, so daß die erforderliche hohe Schmalbandverstärkung in einem fest abgestimmten, optimierten Zwischenfrequenzverstärker erfolgen kann.

In dem anschließenden *Demodulator*, dessen Typ sich nach dem senderseitig benutzten Modulationsverfahren richtet, erfolgt die Wiedergewinnung des Signals, das nach Verstärkung zur Nutzung bzw. Weiterverarbeitung verfügbar ist und beispielsweise einem Lautsprecher, Bildschirm oder Datenspeicher zugeführt wird.

Die praktische Realisierung der einzelnen Stufen bzw. die Art der verwendeten Bauelemente richtet sich wesentlich nach der benutzten Trägerfrequenz (z. B. *LC*-Schwingkreise, Hohlraumresonatoren, Drahtverbindungen, Koaxialkabel, Hohlleiter, Dipol- oder Parabolspiegelantennen usw.). Für die Erzeugung der Trägerschwingungen kommen je nach Frequenzbereich und erforderlicher Leistung die in Abschn. 11.4 behandelten Prinzipien zur Anwendung.

Das heute für die drahtlose Nachrichtenübertragung genutzte Frequenzintervall reicht etwa von 10^4 Hz (Längstwellen) bis 10^{11} Hz (MillimeterWellen). Für die Wahl der Sendefrequenz sind zahlreiche Gesichtspunkte maßgebend, z. B. erforderliche Reichweite, verfügbare Leistung, Zahl und Verteilung der zu erreichenden Empfänger. So lassen sich auf der Erde mit Langwellen wegen der ungestörten Ausbreitung als Bodenwelle große Reichweiten erzielen. Kurzwellen ermöglichen mit wesentlich geringeren Leistungen ebenfalls

---

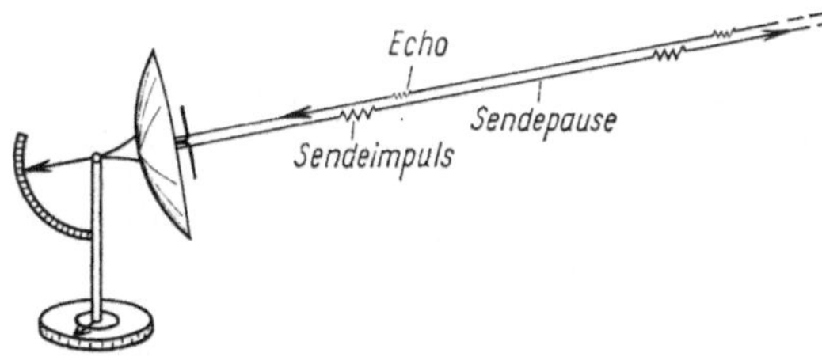

Abb. 11.74. Prinzip des RADAR-Verfahrens

große Reichweiten unter Ausnutzung von Reflexionen an der *Ionosphäre*. Sie sind jedoch starken tageszeitlichen Schwankungen unterworfen. Sehr kurze Wellen, etwa unterhalb 1 m Wellenlänge, sind wegen ihrer quasioptischen Ausbreitungseigenschaften praktisch nur mit direkter Sichtverbindung zwischen Sender und Empfänger brauchbar. Sie erfordern jedoch wegen der Verwendbarkeit stark bündelnder *Richtantennen* beim Sender und Empfänger nur geringe Leistungen. Dieses Verfahren ist beispielsweise für den allgemeinen Hör- und Fernsehrundfunk ungeeignet, da hierbei eine Vielzahl von Empfängern auf einer großen Fläche versorgt werden muß. Es bewährt sich jedoch sehr gut in der kommerziellen Richtfunktechnik, z. B. in der Raumfahrt, wo selbst über interplanetare Entfernungen hinweg Sichtverbindung besteht, aus energietechnischen Gründen die Sendeleistung aber beschränkt ist.

Wichtig für die Wahl der Trägerfrequenz ist auch die Art des Signals, das die erforderliche Übertragungsbandbreite bestimmt. Sie ist am geringsten bei *Telegrafie*, wächst bei *Telefonie* und noch mehr bei der *Musikübertragung* und erreicht den Höchstwert bei *Fernsehsignalen*. Da letztere eine Bandbreite von etwa 7 MHz erfordern, ist bei Fernsehsendern die minimale Trägerfrequenz etwa 40 MHz. Sender zur Telegrafie oder Zeitzeichenübertragung können dagegen noch mit Frequenzen unterhalb 100 kHz arbeiten.

Wegen der beim Modulationsvorgang auftretenden Seitenbänder (Abschn. 11.4.3) müssen zur Vermeidung gegenseitiger Störungen von den Sendern gewisse Mindestabstände der Frequenzen eingehalten werden. Da somit die Zahl der in einem bestimmten Frequenzbereich betreibbaren Sender begrenzt ist, versucht man den ständig wachsenden Bedarf an Sendefrequenzen u. a. durch Übergang auf höhere Frequenzen zu befriedigen. Dabei ist die Entwicklung in der Anwendung ungedämpfter elektrischer Schwingungen (begonnen etwa Anfang dieses Jahrhunderts im Langwellenbereich) jetzt bei der Erschließung der Millimeter-Wellen für die allgemeine Nachrichtenübertragung angelangt. Dies wird mit technisch und ökonomisch vertretbarem Aufwand erst durch die Schaffung neuer Bauelemente für die Erzeugung und Verstärkung höchstfrequenter Schwingungen auf der Grundlage neuer physikalischer Effekte der Halbleiterphysik möglich.

11.5.2. RADAR-Technik

Eine wichtige Anwendung finden elektrische Schwingungen in der *RADAR-Technik* (Abkürzung von: **ra**dio **d**etecting **a**nd **r**anging – Auffinden und Entfernungsbestimmung durch Funk). Man versteht darunter ein Verfahren zum Nachweis und zur Ortung von Objekten, z. B. Fahrzeugen, Schiffen, Flugzeugen. Zur Messung wird die Reflexion elektromagnetischer Wellen im Dezimeter-, Zentimeter- und Millimeter-Bereich an den Objekten herangezogen. Das Verfahren ist deshalb meßtechnisch so vorteilhaft, weil sich elektromagnetische Wellen in diesem Wellenlängenbereich praktisch geradlinig (mit Lichtgeschwindigkeit) ausbreiten. Sie werden weder durch Dunkelheit noch durch schlechte Witterungsverhältnisse (z. B. Nebel) behindert. Die Funktionsweise des weitverbreiteten *Impuls-RADAR* ist in Abb. 11.74 schematisch dargestellt. Über eine hohlspiegelartige Antenne mit starker Richtwirkung werden durch kurzzeitiges periodisches Einschalten eines Senders kurze Hochfrequenzimpulse von je etwa 1 μs Dauer mit einer Folgefrequenz von ungefähr 1 000 Hz ausgestrahlt. Die sich ausbreitenden Wellen werden von Objekten wie Schiffen, Flugkörpern, Gebäuden, Bergen usw. teilweise reflektiert. Die entstehenden Echos, deren Intensität von Material, Größe und Form der Objekte abhängt, laufen zur Antenne zurück, die meistens neben der Abstrahlung auch zum Empfang der Signale benutzt wird. An die Antenne ist ein Empfänger angeschlossen, der in den relativ langen Pausen zwischen den Impulsen empfangsbereit ist. Die Zeit zwischen Aussendung eines Impulses und Aufnahme des zugehörigen Echos ist gleich der doppelten Laufzeit zwischen RADAR-Gerät und Objekt. Sie kann mit elektrischen Mitteln bestimmt werden und ist ein Maß für die Entfernung.

Die benutzten Wellenlängen richten sich nach der erforderlichen *Reichweite* bzw. dem *Auflösungsvermögen*. Gebräuchlich sind Werte zwischen 30 cm (1 GHz) und 8 mm (40 GHz). Durch die starke Richtwirkung der Antennen, insbesondere bei Verwendung kleiner Wellenlängen, kann man außer der Entfernung aus der Laufzeit zusätzlich aus der Stellung der Antenne (Horizontal- und Vertikalwinkel) die Richtung des erfaßten Objektes bestimmen. Läßt man die Antenne ständig um eine Achse, z. B. die vertikale rotieren, so wird periodisch der gesamte Winkelbereich in einer Ebene abgetastet. Die georteten Objekte lassen sich auf einer Bildröhre als Punkte darstellen, so daß man ein kartenähnliches Abbild der Umgebung, z. B. eines mit einem derartigen Rundsicht-RADAR ausgerüsteten Schiffes, erhält. Bei einer Relativbewegung zwischen Objekt und RADAR-Gerät weisen infolge des Doppler-Effektes die aufgenommenen Echos eine Frequenzänderung gegenüber der Senderfrequenz auf. Durch Messung der Frequenzverschiebung kann mit sog. *Doppler-RADAR-Geräten* die Geschwindigkeit von Objekten bestimmt werden (Anwendung z. B. beim Verkehrs-RADAR). Die Ortung mittels RADAR in zahlreichen verschiedenen Ausführungsformen hat eine überragende Bedeutung in der See- und Luftfahrt zur Navigation und als Kollisionsschutz, in der Raumfahrt, in der Militärtechnik (z. B. zur Fliegerabwehr, wofür es ursprünglich im 2. Weltkrieg entwickelt und eingesetzt wurde) sowie in der Wissenschaft (z. B. zur Abtastung der Mondoberfläche oder zur Präzisionsmessung von Planetenentfernungen). Dabei lassen sich große Reichweiten durch große Antennendurchmesser, hochempfindliche Spezialempfänger und starke Sender erzielen. Übliche Geräte haben Impulsleistungen bis 500 kW; Werte von 10 MW werden mit Magnetrons erreicht.

Anhang

I. Mathematische Hilfsmittel

In diesem Abschnitt sind die wichtigsten mathematischen Formeln und Sätze zusammengestellt, die in dem Lehrbuch benötigt werden. Die Ableitungen sind nicht mit aufgenommen; sie sind Bestandteil der Mathematiklehrbücher.

Der Nabla-Operator

Definition des Nabla-Operators:

$$\nabla = i\,\frac{\partial}{\partial x} + j\,\frac{\partial}{\partial y} + k\,\frac{\partial}{\partial z}\,.$$

Anwendungen:

$$\nabla u = \operatorname{grad} u,$$

$$\nabla v = \operatorname{div} v,$$

$$\nabla \times v = \operatorname{rot} v.$$

Der Laplacesche Operator

Definition des Laplaceschen Operators:

$$\Delta = \operatorname{div} \operatorname{grad} = \nabla\nabla.$$

In kartesischen Koordinaten:

$$\Delta u = \frac{\partial^2 u}{\partial x^2} + \frac{\partial^2 u}{\partial y^2} + \frac{\partial^2 u}{\partial z^2}\,.$$

In Zylinderkoordinaten:

$$\Delta u = \frac{\partial^2 u}{\partial r^2} + \frac{1}{r}\,\frac{\partial u}{\partial r} + \frac{1}{r^2}\,\frac{\partial^2 u}{\partial \varphi^2} + \frac{\partial^2 u}{\partial z^2}\,.$$

In Kugelkoordinaten:

$$\Delta u = \frac{\partial^2 u}{\partial r^2} + \frac{2}{r}\,\frac{\partial u}{\partial r} + \frac{1}{r^2 \sin^2 \vartheta}\,\frac{\partial^2 u}{\partial \varphi^2}$$
$$+ \frac{1}{r^2}\,\frac{\partial^2 u}{\partial \vartheta^2} + \frac{1}{r^2}\cot\vartheta\,\frac{\partial u}{\partial \vartheta}\,.$$

Integralsätze

Integralsatz von GAUSS:

$$\oint_{O(G)} v\,\mathrm{d}A = \int_G \operatorname{div} v\,\mathrm{d}V.$$

Integralsatz von STOKES:

$$\oint v\,\mathrm{d}s = \int \operatorname{rot} v\,\mathrm{d}A.$$

Mehrfache Differentiationen

$$\operatorname{rot} \operatorname{grad} u = 0,$$

$$\operatorname{rot} \operatorname{rot} v = \operatorname{grad} \operatorname{div} v - \Delta v,$$

$$\operatorname{div} \operatorname{rot} v = 0.$$

Differentiation von Produkten

$$\operatorname{grad} uvw = vw \operatorname{grad} u + wu \operatorname{grad} v + uv \operatorname{grad} w,$$

$$\operatorname{div} uv = v \operatorname{grad} u + u \operatorname{div} v,$$

$$\operatorname{rot} uv = (\operatorname{grad} u) \times v + u \operatorname{rot} v,$$

$$\operatorname{div}(v \times w) = w \operatorname{rot} v - v \operatorname{rot} w.$$

Additionstheoreme der Kreisfunktionen

$$\sin\alpha + \sin\beta = 2 \sin\frac{\alpha+\beta}{2}\cos\frac{\alpha-\beta}{2},$$

$$\sin\alpha - \sin\beta = 2 \cos\frac{\alpha+\beta}{2}\sin\frac{\alpha-\beta}{2},$$

$$\cos\alpha + \cos\beta = 2 \cos\frac{\alpha+\beta}{2}\cos\frac{\alpha-\beta}{2},$$

$$\cos\alpha - \cos\beta = -2 \sin\frac{\alpha+\beta}{2}\sin\frac{\alpha-\beta}{2},$$

$$\sin^2\alpha + \cos^2\alpha = 1,$$

$$\tan(\alpha \pm \beta) = \frac{\tan\alpha \pm \tan\beta}{1 \mp \tan\alpha \tan\beta},$$

$$\sin\alpha \cos\alpha = \frac{1}{2}\sin 2\alpha.$$

Kreis- und Exponentialfunktionen im Komplexen

$$e^{j\alpha} = \cos\alpha + j\sin\alpha,$$

$$e^{-j\alpha} = \cos\alpha - j\sin\alpha,$$

$$e^{z+2n\pi j} = e^{z} \quad \text{mit} \quad n = 0;\ \pm 1;\ \pm 2;\ \dots$$

Spezielle unendliche Reihen

$$\sin\alpha = \alpha - \frac{\alpha^3}{3!} + \frac{\alpha^5}{5!} - \frac{\alpha^7}{7!} + - \dots,$$

$$\cos\alpha = 1 - \frac{\alpha^2}{2!} + \frac{\alpha^4}{4!} - \frac{\alpha^6}{6!} + - \dots,$$

$$e^{\alpha} = 1 + \frac{\alpha}{1!} + \frac{\alpha^2}{2!} + \frac{\alpha^3}{3!} + \dots$$

II. Tabellen

Übersicht über die elektrischen Einheiten im Internationalen Einheitensystem

Physikalische Größe	Benennung der Einheit	Einheitenzeichen	Definition der Einheit	im Lehrbuch eingeführt
elektrische Stromstärke I	Ampere	A	Das Ampere ist die Stärke des zeitlich unveränderlichen elektrischen Stromes durch zwei geradlinige, parallele, unendlich lange Leiter von vernachlässigbarem Querschnitt, die den Abstand 1 m haben und zwischen denen die durch den Strom elektrodynamisch hervorgerufene Kraft im leeren Raum je 1 m Länge der Doppelleitung $2 \cdot 10^{-7}$ N beträgt.	Seite 14 und Seite 117
Elektrizitätsmenge, elektrische Ladung Q	Coulomb	C	$1\ \text{C} = 1\ \text{s A}$	Seite 15
elektrische Verschiebung D	Coulomb je Quadratmeter	C/m²	$1\ \text{C/m}^2 = 1\ \text{m}^{-2}\ \text{s A}$	Seite 50
elektrische Leistung P	Watt	W	$1\ \text{W} = 1\ \text{m}^2\ \text{kg s}^{-3}$	Seite 15 und Seite 81
elektrische Spannung U	Volt	V	$1\ \text{V} = 1\ \text{W/A} = 1\ \text{m}^2\ \text{kg s}^{-3}\ \text{A}^{-1}$	Seite 15 und Seite 81
elektrische Feldstärke E	Volt je Meter	V/m	$1\ \text{V/m} = 1\ \text{m kg s}^{-3}\ \text{A}^{-1}$	Seite 25
elektrische Kapazität C	Farad	F	$1\ \text{F} = 1\ \text{C/V} = 1\ \text{m}^{-2}\ \text{kg}^{-1}\ \text{s}^4\ \text{A}^2$	Seite 41
elektrischer Widerstand R	Ohm	Ω	$1\ \Omega = 1\ \text{V/A} = 1\ \text{m}^2\ \text{kg s}^{-3}\ \text{A}^{-2}$	Seite 15 und Seite 71
elektrischer Leitwert G	Siemens	S	$1\ \text{S} = 1/\Omega = 1\ \text{m}^{-2}\ \text{kg}^{-1}\ \text{s}^3\ \text{A}^2$	Seite 71
magnetischer Fluß Φ	Weber	Wb	$1\ \text{Wb} = 1\ \text{Vs} = 1\ \text{m}^2\ \text{kg s}^{-2}\ \text{A}^{-1}$	Seite 107
magnetische Induktion B	Tesla	T	$1\ \text{T} = 1\ \text{Wb/m}^2 = 1\ \text{kg s}^{-2}\ \text{A}^{-1}$	Seite 107
magnetische Feldstärke H	Ampere je Meter	A/m	$1\ \text{A/m} = 1\ \text{m}^{-1}\ \text{A}$	Seite 95
Induktivität L	Henry	H	$1\ \text{H} = 1\ \text{Wb/A} = 1\ \text{m}^2\ \text{kg s}^{-2}\ \text{A}^{-2}$	Seite 109

Physikalische Konstanten

Elektrische Feldkonstante oder Influenzkonstante	ε_0	$= 8{,}859 \cdot 10^{-12}$ F/m
Magnetische Feldkonstante oder Induktionskonstante	μ_0	$= 1{,}2566 \cdot 10^{-6}$ H/m
Lichtgeschwindigkeit im leeren Raum	$c = 1/\sqrt{\varepsilon_0\mu_0}$	$= 2{,}997925 \cdot 10^{8}$ m/s
Ladung des Elektrons	e	$= 1{,}60219 \cdot 10^{-19}$ C
Ruhmasse des Elektrons	m_e	$= 9{,}1096 \cdot 10^{-31}$ kg
Spezifische Elektronenladung	e/m_e	$= 1{,}75880 \cdot 10^{-11}$ C/kg
Masse des Protons	m_p	$= 1{,}67261 \cdot 10^{-27}$ kg
Protonenmasse/Elektronenmasse	m_p/m_e	$= 1836{,}11$
Masse des Wasserstoffatoms	m_H	$= 1{,}67352 \cdot 10^{-27}$ kg
Masse des Alphateilchens	m_α	$= 6{,}6446 \cdot 10^{-27}$ kg
Avogadrosche Konstante	N_A	$= 6{,}0222 \cdot 10^{23}$ mol^{-1}
Faraday-Konstante	F	$= eN_A = 96\,484$ As $\cdot$ mol^{-1}
Gaskonstante	R	$= 8{,}314_3$ Ws K^{-1} mol^{-1}
Boltzmannsche Konstante	$k = R/N_A$	$= 1{,}38062 \cdot 10^{-23}$ Ws/K
Plancksches Wirkungsquantum	h	$= 6{,}6262 \cdot 10^{-34}$ Ws^2
Gravitationskonstante	γ	$= 6{,}673 \cdot 10^{-11}$ Nm^2 kg^{-2}

Verhältnis der Einheiten elektrischer und magnetischer Größen in den verschiedenen Maßsystemen

Größe		1 SI-Einheit	= Gaußsche Einheiten	= el. magn. Einheiten
Spannung	U	1 V	$\dfrac{1}{300}$ cm$^{1/2}$ g$^{1/2}$ s^{-1}	10^8 cm$^{3/2}$ g$^{1/2}$ s^{-2}
Stromstärke	I	1 A	$3 \cdot 10^9$ cm$^{3/2}$ g$^{1/2}$ s^{-2}	$0{,}1$ cm$^{1/2}$ g$^{1/2}$ s^{-1}
Elektrizitätsmenge = Ladung	Q	1 C = 1 As	$3 \cdot 10^9$ cm$^{3/2}$ g$^{1/2}$ s^{-1}	$0{,}1$ cm$^{1/2}$ g$^{1/2}$
elektr. Widerstand	R	1 Ω	$\dfrac{1}{9 \cdot 10^{11}}$ cm^{-1} s	10^9 cm s^{-1}
Kapazität	C	1 F 1 μF	$9 \cdot 10^{11}$ cm $9 \cdot 10^5$ cm	10^{-9} cm^{-1} s^2 10^{-15} cm^{-1} s^2
Induktivität	L	1 H	$\dfrac{1}{9 \cdot 10^{11}}$ cm^{-1} s^2	10^9 cm
spezifischer elektr. Widerstand	ρ	1 Ωm	$\dfrac{1}{9 \cdot 10^9}$ s	10^{11} cm^2 s^{-1}
elektr. Leitfähigkeit	$\varkappa$	$\dfrac{1}{\Omega\text{m}}$	$9 \cdot 10^9$ s^{-1}	10^{-11} cm^{-2} s
Raumladungsdichte	ϱ	$1\,\dfrac{\text{C}}{\text{m}^3}$	$3 \cdot 10^3$ cm$^{-3/2}$ g$^{1/2}$ s^{-1}	10^{-5} cm$^{-5/2}$ g$^{1/3}$
Flächenladungsdichte	σ	$1\,\dfrac{\text{C}}{\text{m}^2}$	$3 \cdot 10^5$ cm$^{-1/2}$ g$^{1/2}$ s^{-1}	10^{-3} cm$^{-3/2}$ g$^{1/2}$
spezifischer magn. Widerstand	ϱ_m	$\dfrac{\text{Am}}{\text{Vs}}$	$\dfrac{4\pi}{10^9}$	$\dfrac{4\pi}{10^9}$
magn. Widerstand	R_M	$\dfrac{1}{\Omega\,\text{s}}$	$\dfrac{4\pi}{10^9}$ cm^{-1}	$\dfrac{4\pi}{10^9}$ cm^{-1}
magnetomotorische Kraft = magn. Randspannung	V	1 A	$\dfrac{4\pi}{10}$ cm$^{1/2}$ g$^{1/2}$ s^{-1} $= \dfrac{4\pi}{10}$ Gilbert	$\dfrac{4\pi}{10}$ cm$^{1/2}$ g$^{1/2}$ s^{-1} $= \dfrac{4\pi}{10}$ Gilbert
magn. Fluß	Φ_F	1 Vs = 1 Weber	10^8 cm$^{3/2}$ g$^{1/2}$ s^{-1} $= 10^8$ Maxwell	10^8 cm$^{3/2}$ g$^{1/2}$ s^{-1} $= 10^8$ Maxwell

Relative Atommassen der Elemente (Werte von 1970)

bezogen auf den exakten Wert 12 für die relative Atommasse des Kohlenstoffisotops ^{12}C. Bei radioaktiven Elementen ist die relative Atommasse des Isotops mit der längsten Lebensdauer angegeben und in Klammern gesetzt.

Name	Symbol	Ordnungszahl	relative Atommasse
Actinium	Ac	89	(227,028)
Aluminium	Al	13	26,9815
Americium	Am	95	(243,06)
Antimon	Sb	51	121,75
Argon	Ar	18	39,948
Arsen	As	33	74,9216
Astat	At	85	(209,987)
Barium	Ba	56	137,34
Berkelium	Bk	97	(247,070)
Beryllium	Be	4	9,0122
Blei	Pb	82	207,19
Bor	B	5	10,811
Brom	Br	35	79,904
Cadmium	Cd	48	112,40
Caesium	Cs	55	132,905
Calcium	Ca	20	40,08
Californium	Cf	98	(251,08)
Cer	Ce	58	140,12
Chlor	Cl	17	35,453
Chrom	Cr	24	51,996
Curium	Cm	96	(247,07)
Dysprosium	Dy	66	162,50
Einsteinium	Es	99	(254,088)
Eisen	Fe	26	55,847
Erbium	Er	68	167,26
Europium	Eu	63	151,96
Fermium	Fm	100	(257,085)
Fluor	F	9	18,9984
Francium	Fr	87	(223,020)
Gadolinium	Gd	64	157,25
Gallium	Ga	31	69,72
Germanium	Ge	32	72,59
Gold	Au	79	196,967
Hafnium	Hf	72	178,49
Helium	He	2	4,0026
Holmium	Ho	67	164,930
Indium	In	49	114,82
Iod	I	53	126,9045
Iridium	Ir	77	192,2
Kalium	K	19	39,102
Kobalt	Co	27	58,9332
Kohlenstoff	C	6	12,01115
Krypton	Kr	36	83,80
Kupfer	Cu	29	63,546
Kurtschatovium	Ku	104	
Lanthan	La	57	138,91
Laurentium	Lr	103	(256)
Lithium	Li	3	6,941
Lutetium	Lu	71	174,97
Magnesium	Mg	12	24,305
Mangan	Mn	25	54,938
Mendelevium	Md	101	(258)
Molybdän	Mo	42	95,94
Natrium	Na	11	22,9898
Neodym	Nd	60	144,24
Neon	Ne	10	20,179
Neptunium	Np	93	(237,048)
Nickel	Ni	28	58,71
Niob	Nb	41	92,906
Nobelium	No	102	(255)
Osmium	Os	76	190,2
Palladium	Pd	46	106,4
Phosphor	P	15	30,9738
Platin	Pt	78	195,09
Plutonium	Pu	94	(244,064)
Polonium	Po	84	(210)
Praseodym	Pr	59	140,9077
Promethium	Pm	61	(144,913)
Protactinium	Pa	91	(231,036)
Quecksilber	Hg	80	200,59
Radium	Ra	88	226,025
Radon	Rn	86	(222,018)
Rhenium	Re	75	186,2
Rhodium	Rh	45	102,905
Rubidium	Rb	37	85,47
Ruthenium	Ru	44	101,07
Samarium	Sm	62	150,35
Sauerstoff	O	8	15,9994
Scandium	Sc	21	44,956
Schwefel	S	16	32,064
Selen	Se	34	78,96
Silber	Ag	47	107,868
Silicium	Si	14	28,086
Stickstoff	N	7	14,0067
Strontium	Sr	38	87,62
Tantal	Ta	73	180,948
Technetium	Tc	43	98,91
Tellur	Te	52	127,60
Terbium	Tb	65	158,9254
Thallium	Tl	81	204,37
Thorium	Th	90	232,038
Thulium	Tm	69	168,934
Titan	Ti	22	47,90
Uran	U	92	238,03
Vanadium	V	23	50,941
Wasserstoff	H	1	1,00797
Wismut	Bi	83	208,9806
Wolfram	W	74	183,85
Xenon	Xe	54	131,30
Ytterbium	Yb	70	173,04
Yttrium	Y	39	88,9059
Zink	Zn	30	65,37
Zinn	Sn	50	118,69
Zirkonium	Zr	40	91,22

Namenverzeichnis

Sachverzeichnis

Bildquellen

Lötzsch u. a., Physikalisches Praktikum, Bergakademie Freiberg, 1968, Fernstudium: 2.21, 2.24 – Strahlentherapie, Bd. 63, 1938. Verlag Urban & Schwarzenberg, Wien: 2.30 – Ritscher GmbH, Berlin: 2.37 – Wissenschaftliche Zeitschrift der Universität Greifswald, 2. Jg., 1952/53, Math.-Nat. Reihe, H. 3: 2.69 – Osram GmbH, Berlin: 3.7 – Gebr. Rühstrat AG, Göttingen: 3.9 – Hartmann & Braun AG, Frankfurt a. Main: 3.28, 4.74, 4.75, 4.76, 5.57, 5.59 – W. C. Haraeus GmbH, Hanau a. Main: 3.29 – Recknagel, Physik Bd. II. VEB Verlag Technik Berlin, 1965: 4.32 – VEB Buchungsmaschinenwerk, Karl-Marx-Stadt: 4.116 – Fr. Weitzel, Mühlhausen/Thür.: 5.51 – Akkumulatorenfabrik Wilhelm Hagen, Soest: 7.27 – Die Metallwirtschaft VIII, H. 25/26, 1929: 8.13 – Marx, Túl az Atomfizikán. Gondolat Kiadó, Budapest: 8.19 – Handbuch der Physik, Bd. 15. Springer-Verlag, Berlin: 9.12 – Jahrbuch des Forschungsinstitutes der AEG, Bd. 2, 1930. Springer-Verlag, Berlin: 9.13, 9.14 – Meitner, Atomvorgänge und ihre Sichtbarmachung. Verlag F. Enke, Stuttgart: 9.19 – Zeitschrift für Physik, Springer-Verlag, Berlin, Bd. 131: 9.33 – Forschungsinstitut Manfred von Ardenne, Dresden: 9.34 – Siemens-Reiniger-Werke AG, Erlangen: 9.35 – Leyboldt & von Ardenne Oszillographengesellschaft mbH, Köln-Bayental: 9.36 – E. Leyboldt's Nachf. Köln-Bayental: 11.54

Festkörperphysik

Kristallstruktur – Elektronenzustände – Wechselwirkungen

Von einem Autorenkollektiv unter Leitung von Prof. Dr. K. UNGER, Leipzig, und Dr. H. G. SCHNEIDER, Leipzig

Technisch-physikalische Monographien, Band 37

468 Seiten mit 266 Abbildungen und 21 Tabellen.
14,7 cm × 21,5 cm.
In Leinen 89, – M.
Bestell-Nr. 669 723 7   Bestellwort: Unger, Festkörperphysik

In dem aus Einzelbeiträgen von Fachexperten aufgebauten Buch werden alle wesentlichen Kapitel der modernen Festkörperphysik erfaßt; dabei wird auf die Gebiete besonderer Wert gelegt, die sich als wesentliche Grundlagen von Forschung und Entwicklung elektronischer Bauelemente herausgebildet haben. So wird eine breit angelegte Fundierung der für die moderne Mikroelektronik notwendigen Kenntnisse ermöglicht, wobei Eigenschaften makroskopisch homogener Festkörper im Vordergrund stehen. Die inhaltliche Untergliederung des Stoffes in strukturgeometrische Aspekte, in Bandstruktureigenschaften bei gegebener Kristallstruktur und in Wechselwirkungen zwischen geometrischer und elektronischer Struktur entspricht einer generellen Einteilung der Festkörperphysik. Somit ist das Werk auch für die vielen Anwender der modernen Festkörperforschung in den Naturwissenschaften und in dem weiten Bereich der technischen Nutzung sehr gut geeignet.

Vakuumphysik und -technik

Von einem Autorenkollektiv unter Leitung von Dozent Dr. CHR. EDELMANN, Dresden, und Dr. H. G. SCHNEIDER, Leipzig

Technisch-physikalische Monographien, Band 36

444 Seiten mit 235 Abbildungen und 51 Tabellen.
14,7 cm × 21,5 cm.
In Leinen 89, – M.
Bestell-Nr. 669 699 8   Bestellwort: Edelmann, Vakuumphysik

In dem Werk werden die physikalischen Grundlagen der modernen Vakuumtechnik sowie die darauf basierenden konstruktiven Lösungen zur Erzeugung und Messung kleiner Gasdrücke vermittelt. Es werden die theoretischen Grundlagen zur Berechnung von Vakuumanlagen sowie praktische Anleitungen zur Materialauswahl, zum Aufbau und zur Vorbehandlung von Vakuumanlagen sowie zur Lecksuche gebracht. Die ausführliche Behandlung aller Meßgeräte und -verfahren ermöglicht eine richtige Interpretation der Meßergebnisse. Das Werk wurde von einem Autorenkollektiv verfaßt, dessen Mitarbeiter führende Fachexperten ihres jeweiligen Spezialgebietes in Hochschulforschungseinrichtungen und in der Industrie sind. Das Buch ist Lehr- und Nachschlagewerk zugleich.

AKADEMISCHE VERLAGSGESELLSCHAFT GEEST & PORTIG K.-G., LEIPZIG